DIN VDE 0100

- Die Bestimmungen der DIN VDE 0100 behandeln das „Errichten von Niederspannungsanlagen".
- Die Deutschen Normen der Reihe DIN VDE 0100 stehen im Zusammenhang mit den CENELEC

Normenstruktur

DIN VDE 0100

Gruppe 100	Teil 100	Allgemeine Anforderungen
Gruppe 200	Teil 200	Begriffe
Gruppe 300	Teil 300	Bestimmungen allgemeiner Merkmale (Allgemeine Angaben zur Planung elektrischer Anlagen)

Gruppe 400 Schutzmaßnahmen

Teil 410	Schutz gegen elektrischen Schlag/gefährliche Körperströme
Teil 420	Schutz gegen thermische Einflüsse
Teil 430	Schutz von Kabeln und Leitungen bei Überstrom
Teil 442	Schutz bei Überspannungen
Teil 443	Schutz gegen Überspannungen infolge atmosphärischer Einflüsse
Teil 444	Schutz gegen elektromagnet. Störungen in Anlagen von Gebäuden
Teil 450	Schutz gegen Unterspannung
Teil 460	Trennen und Schalten
Teil 470	Anwendung von Schutzmaßnahmen
Teil 481	Auswahl von Schutzmaßnahmen gegen gefährliche Körperströme
Teil 482	Auswahl von Schutzmaßnahmen – Brandschutz

Gruppe 500 Auswahl u. Errichtung elektrischer Betriebsmittel

Teil 510	Allgemeine Bestimmungen
Teil 520	Kabel- und Leitungssysteme (-anlagen)
Teil 530	Schaltgeräte und Steuergeräte
Teil 534	Überspannungs-Schutzeinrichtungen
Teil 537	Geräte zum Trennen und Schalten
Teil 540	Erdung, Schutzleiter, Schutzpotenzialausgleichsleiter
Teil 550	Steckvorrichtungen, Schalter und Installationsgeräte
Teil 551	Andere Betriebsmittel Niederspannungsstromerzeugungsanlagen
Teil 559	Leuchten und Beleuchtungsanlagen
Teil 560	Elektrische Anlagen für Sicherheitszwecke

Gruppe 600 Prüfungen

Teil 600	Erstprüfungen
Teil 620	Wiederkehrende Nachweise durch Prüfungen
Teil 630	Nachweise – Bericht

Gruppe 700 Betriebsstätten, Räume (Beispiele)

Teil 701	Räume mit Badewanne oder Dusche
Teil 707	Anforder. für die Erdung von Einrichtungen der Informationstechnik
Teil 731	Elektrische Betriebsstätten/abgeschlossenen elektr. Betriebsstätten

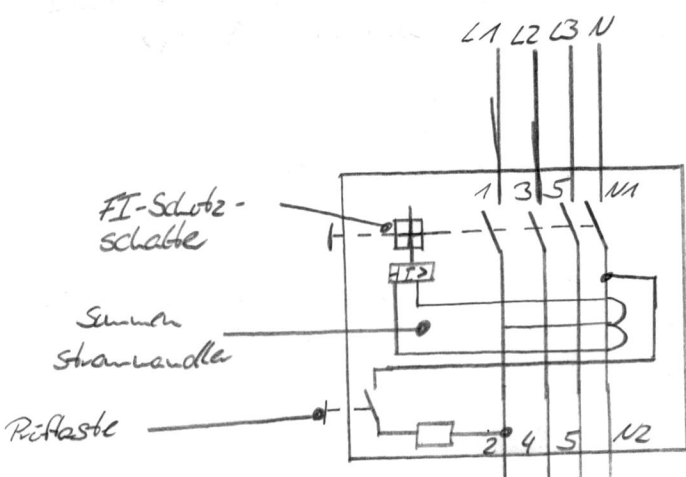

L1 L2 L3 N

FI-Schutz-
schalter

Summen
Stromwandler

Prüftaste

1 3 5 N1

2 4 5 N2

Elektronik Tabellen
Betriebs- und
Automatisierungstechnik

Gerhard Brechmann, Cremlingen
Dr. Michael Dzieia, Darmstadt
Ernst Hörnemann, Heiden
Heinrich Hübscher, Lüneburg
Dieter Jagla, Neuwied
Jürgen Klaue, Roxheim
Harald Wickert, Emmelshausen

Diesem Buch wurden die bei Manuskriptabschluss vorliegenden neuesten Ausgaben der DIN-Normen, VDI-Richtlinien und sonstigen Bestimmungen zu Grunde gelegt. Verbindlich sind jedoch nur die neuesten Ausgaben der DIN-Normen und VDI-Richtlinien und sonstigen Bestimmungen selbst.

Die DIN-Normen wurden wiedergegeben mit Erlaubnis des DIN Deutsches Institut für Normung e.v. Maßgebend für das Anwenden der Norm ist deren Fassung mit dem neuesten Ausgabedatum, die bei der Beuth-Verlag GmbH, Burggrafenstraße 6, 10787 Berlin, erhältlich ist.

Auf verschiedenen Seiten dieses Buches befinden sich Verweise (Links) auf Internet-Adressen.
Haftungshinweis: Trotz sorgfältiger inhaltlicher Kontrolle wird die Haftung für die Inhalte der externen Seiten ausgeschlossen. Für den Inhalt dieser Seiten sind ausschließlich deren Betreiber verantwortlich. Sollten Sie bei dem angegebenen Inhalt des Anbieters dieser Seite auf kostenpflichtige, illegale oder anstößige Inhalte treffen, so bedauern wir dies ausdrücklich und bitten Sie, uns umgehend per E-Mail unter www.westermann.de davon in Kenntnis zu setzen, damit der Verweis beim Nachdruck gelöscht wird.

1. Auflage, 2006
Druck 5, Herstellungsjahr 2009

© Bildungshaus Schulbuchverlage
Westermann Schroedel Diesterweg Schöningh Winklers GmbH,
Braunschweig
www.westermann.de

Redaktion: Armin Kreuzburg, Gabriele Wenger
Verlagsherstellung: Harald Kalkan
Satz und Lay-out: Fa. Lithos, Dirk Hinrichs, Wolfenbüttel
Druck und Bindung: westermann druck GmbH, Braunschweig

ISBN 978-3-14-**23 5035**-6

**Elektrotechnische Systeme –
Grundlagen, Bauelemente, Grundschaltungen**
5 … 82
1

Elektrische Installationen
83 … 126
2

Steuerungen
127 … 168
3

Informationstechnik
169 … 204
4

Energieversorgung
205 … 236
5

Technische Dokumentation
237 … 276
6

Automatisierungstechnik
277 … 304
7

Antriebe
305 … 342
8

Kommunikationstechnik
343 … 368
9

Gebäudetechnik
369 … 402
10

**Betrieb und Umfeld –
Planen, Realisieren, Bewerten**
403 … 438
11

Formeln
439 … 450
12

Vorwort

Das Buch „Elektronik Tabellen Betriebs- und Automatisierungstechnik" ist das Nachfolgebuch für "Elektrotechnik Tabellen Energieelektronik". Wesentliche Inhalte und Themen wurden übernommen, überarbeitet, erweitert, aktualisiert und aufgrund der Neuordnung nach Lernfeldern gegliedert. Es ist deshalb besonders geeignet für Elektronikerinnen und Elektroniker der Industrie in den Ausbildungsberufen **Betriebs- und Automatisierungstechnik**.

Darüber hinaus lässt es sich auch in der Ausbildung entsprechender Berufe des Handwerks sinnvoll einsetzten. Da in dem Buch wesentliche und aktuelle Inhalte dargestellt sind, kann es hervorragend für eine fachliche Vertiefung im Rahmen der Fort- und Weiterbildung und auch als Nachschlagewerk eingesetzt werden. Die aktuelle technologische Entwicklung wird besonders durch die Darstellung von Bus-Systemen, der Sensorik, Aktorik und Pneumatik sowie der Gebäudesystemtechnik deutlich.

Im Buch ist das „klassische" Grundlagenwissen der Elektrotechnik enthalten. Der zunehmenden Forderung nach fachübergreifenden Kenntnissen und Fähigkeiten im beruflichen Alltag wird durch das Kapitel „Betrieb und Umfeld – Planen, Realisieren, Bewerten" Rechnung getragen. Hier sind u. a. kaufmännische, rechtliche und betriebswirtschaftliche Sachverhalte sowie Arbeitsschutzthemen in konzentrierter Form für den Praktiker zusammenfassend dargestellt.

Da auch in mehr energietechnisch ausgerichteten Berufen informations- und kommunikationstechnisches Grundlagenwissen wichtig ist, gibt es hierfür eigene Kapitel.

In jedem Kapitel sind auf einer bzw. mehreren Seiten wesentliche technologische Sachverhalte übersichtlich dargestellt. Die komplexen technischen Zusammenhänge werden dabei strukturiert dargestellt und mit verschiedensten Veranschaulichungs- und Darstellungsmitteln präsentiert (Tabellen, Struktogramme, Diagramme der verschiedensten Art, Zeichnungen, Technologieschemata, usw.). Die Darstellungsart ist dem jeweiligen Sachverhalt angepasst. Durchgängig werden Farben verwendet, die für die Verdeutlichung der Funktionen sowie zur Unterscheidung eingesetzt werden. Vielfältige Fotos veranschaulichen die Praxis- und Handlungssituationen. Besonderer Wert wurde auf die Darstellung von Arbeitssicherheit und dem Schutz bei der beruflichen Tätigkeit gelegt.

Dem zusammenwachsenden europäischen Markt wird dadurch Rechnung getragen, dass die Überschriften und das Stichwortverzeichnis auch in englischer Übersetzung angegeben sind. Der Übergang von englischen Texten in Katalogen und Informationsbroschüren ausländischer Firmen auf die jeweilige deutsche Technik wird dadurch erleichtert.

Autoren und Verlag wünschen ein zielstrebiges und erfolgreiches Arbeiten mit diesem Werk und sind für Hinweise und Verbesserungsvorschläge jederzeit aufgeschlossen und dankbar.

Autoren und Verlag

Braunschweig 2008

1 Elektrotechnische Systeme

Allgemeine mathematische Zeichen
und Begriffe 6
Zeichen und Begriffe der Mengen-
lehre 6
Addition und Subtraktion...................... 7
Multiplikation und Division................... 7
Potenzieren 8
Radizieren 8
Zehnerpotenzen 8
Logarithmieren.................................... 9
Binäre und hexadezimale Potenzen 9
Standard-Zahlenmengen..................... 10
Vektoren.. 10
Prozentrechnung 10
Zinsrechnung...................................... 10
Zahlen und Zahlensysteme 11
Gleichungen.. 12
Römische Zahlen 12
Griechisches Alphabet........................ 12
Winkelfunktionen 13
Lehrsätze.. 13
Flächen- und Körperberechnungen 14
Physikalische Größen und Einheiten 15
Formelzeichen und Einheiten............... 16
Physikalische Konstanten 18
Indizes.. 18
Masse und Kraft.................................. 19
Mechanische Arbeit, Leistung und
Drehmoment 20
Wirkungsgrad...................................... 20
Mechanische Energie 21
Reibung 21
Hebel und Rollen 22
Getriebe, Übersetzungen.................... 22
Bewegungen 23
Gleichförmige Kreisbewegung............ 24
Dichte, spezifisches Volumen............. 24
Auftriebskraft 24
Druck 25
Wärme 26
Grundlegende Größen und Formeln
der Elektrotechnik 27
Bemessungsspannungen in V 28
Bemessungsströme in A 28
Spannung und Strom 28
Elektrischer Widerstand 29
Messung elektrischer Widerstände 29
Schaltungen mit Widerständen 30
Schaltungen mit Spannungsquellen 32
Wärmewirkungsgrad 32
Elektrisches Feld, Kondensator 33
Magnetisches Feld 34
Induktionsspannung 36
Schaltvorgänge bei Kondensatoren
und Spulen 37
Wechselspannung und Wechsel-
strom 38

Stromsysteme 39
Drehstromübertragung 39
Verbraucherschaltungen im Dreh-
stromnetz 40
Widerstände im Wechselstromkreis 41
Filterschaltungen 43
Schwingkreise 44
Anwendungsklassen und
Zuverlässigkeitsangaben 45
Widerstände 46
Kennzeichnung von Widerständen
und Kondensatoren 47
Einstellbare Widerstände 48
Temperatur- und spannungs-
abhängige Widerstände 49
Kondensatoren 51
Anwendungsbereiche und Kenn-
daten von Kondensatoren 52
MP-Kondensatoren 53
Gepolte Aluminium-Elektrolyt-
kondensatoren 53
Kennzeichnung der Anschlüsse für
Kondensatoren bis 1000 V 54
Motor-Kondensatoren 54
Halbleiterkennzeichnungen 55
Gehäuseformen von Halbleiterbau-
elementen 55
Dioden 56
Halbleiterbauelemente mit Schalt-
verhalten.. 57
Bipolare Transistoren 58
Feldeffekttransistoren (FET) 59
Leistungs-Feldeffekttransistoren 60
Transistorgrundschaltungen 61
Optoelektronische Bauelemente 63
Übertrager mit Ferritkernen 66
Magnetfeldabhängige Bauelemente 67
Operationsverstärker 68
Schaltungen mit Operations-
verstärkern 69
Periodensystem 70
Stoffwerte von Werkstoffen 70
Stoffwerte von chemisch reinen
Elementen 71
Grundlagen der Chemie 72
Stoffabscheidung durch Elektrolyse 73
Korrosionsschutzmaßnahmen 73
Eigenschaften von Werkstoffen 74
Nichteisen-Metalle 76
Widerstands-Werkstoffe 77
Kontakt-Werkstoffe 77
Magnet-Werkstoffe 77
Kunststoffe 79
Isolierstoffklassen 80
Isolierstoffe aus Keramik bzw. Glas 80
Löten 81
Schweißen 82

Allgemeine mathematische Zeichen und Begriffe
General mathematical signs and terms

Zeichen	Verwendung	Sprechweise (Erläuterungen)	Zeichen	Verwendung	Sprechweise (Erläuterungen)
Pragmatische Zeichen (nicht mathematisch im engeren Sinne. Bedeutung von Fall zu Fall präzisieren)			**Besondere Zahlen und Verknüpfungen**		
$\approx$	$x \approx y$	x ist ungefähr gleich y	π		pi $(3{,}1415926\ldots)$; exp (1)
$\ll$	$x \ll y$	x ist klein gegen y	e		e $(2{,}718281\ldots)$
$\gg$	$x \gg y$	x ist groß gegen y		x^n	x hoch n, n-te Potenz von x
$\triangleq$	$x \triangleq y$	x entspricht y	$\sqrt{}$	$\sqrt{x}$	Wurzel (Quadratwurzel) aus x
$\ldots$		und so weiter bis, und so weiter (unbegrenzt), Punkt, Punkt, Punkt	$\sqrt[n]{}$	$\sqrt[n]{x}$	n-te Wurzel aus x
			$|\ \ |$	$|x|$	Betrag von x
			∞		unendlich
Allgemeine arithmetische Relationen und Verknüpfungen			**Elementare Geometrie**		
$=$	$x = y$	x gleich y	$\perp$	$g \perp h$	g und h stehen senkrecht zueinander (g orthogonal zu h)
$\neq$	$x \neq y$	x ungleich y	$||$	$g || h$	g ist parallel zu h
$<$	$x < y$	x kleiner als y	$\uparrow\uparrow$	$g \uparrow\uparrow h$	g und h sind gleichsinnig parallel
$\leq$	$x \leq y$	x kleiner oder gleich y, x höchstens gleich y	$\uparrow\downarrow$	$g \uparrow\downarrow h$	g und h sind gegensinnig parallel
$>$	$x > y$	x größer als y	$\sphericalangle$	$\sphericalangle(g, h)$	(nicht orientierter) Winkel zwischen g und h
$\geq$	$x \geq y$	x größer oder gleich y, x mindestens gleich y	$\measuredangle$	$\measuredangle(g, h)$	orientierter Winkel von g nach h (Zählrichtung festgelegt)
$+$	$x + y$	x plus y, Summe von x und y	$\overline{}$	$\overline{PQ}$	Strecke von P nach Q
$-$	$x - y$	x minus y, Differenz von x und y	d	$d(P, Q)$	Abstand (Distanz) von P nach Q
$\cdot$	$x \cdot y$ oder xy	x mal y, Produkt von x und y	$\triangle$	$\triangle(ABC)$	Dreieck ABC
$-$ oder $/$	$\frac{x}{y}$ oder x/y	x durch y, Quotient von x und y	$\cong$	$M \cong N$	M ist kongruent zu N
Σ	$\sum\limits_{i=1}^{n} x_i$	Summe über x_i von i gleich 1 bis n			
$\sim$	$f \sim g$	f ist proportional zu g			
Exponentialfunktion und Logarithmus			**Trigonometrische Funktionen sowie deren Umkehrungen**		
exp	exp z oder e^z	Exponentialfunktion von z oder e hoch z	sin	sin z	Sinus von z
ln	ln x	natürlicher Logarithmus von x (Basis e)	cos	cos z	Cosinus von z
	x^z	x hoch z	tan	tan z	Tangens von z
log	$\log_y x$	Logarithmus von x zur Basis y	cot	cot z	Cotangens von z
			Arcsin	Arcsin x	Arcussinus von x
			Arccos	Arccos x	Arcuscosinus von x
lg	lg x	dekadischer Logarithmus von x (Basis 10)	Arctan	Arctan x	Arcustangens von x

Zeichen und Begriffe der Mengenlehre – *Signs and terms of set theory*

Zeichen	Verwendung	Sprechweise (Erläuterungen)	Zeichen	Verwendung	Sprechweise (Erläuterungen)
$\in$	$x \in M$	x ist Element von M	$\subsetneq$	$A \subsetneq B$	A ist echte Teilklasse von B, A echt sub B
$\notin$	$x \notin M$	x ist nicht Element von M	$\cap$	$A \cap B$	A geschnitten mit B, Durchschnitt von A und B
	$x_1, \ldots, x_n \in A$	$x_1, \ldots, x_n$ sind Elemente von A	$\cup$	$A \cup B$	A vereinigt mit B, Vereinigung von A und B
$\{\ |\ \}$	$\{x \mid \varphi(x)\}$	die Klasse (Menge) aller x mit $\varphi(x)$	$\backslash$	$A \backslash B$	A ohne B, Differenz von A und B
$\{,\ldots,\}$	$\{x_1, \ldots, x_n\}$	die Menge mit den Elementen $x_1, \ldots, x_n$	$\emptyset$ oder $\{\}$		leere Menge
$\subseteq$	$A \subseteq B$	A ist Teilklasse (Teilmenge) von B, A sub B			

Addition und Subtraktion
Addition and subtraction

Addition

Summand + Summand + ... = Summe

$$\underbrace{a \quad + \quad b \quad + ... =}_{\text{Term}} \quad x$$

(a, b, x $\in \mathbb{R}$)

Ein **Term** ist ein mathematischer Ausdruck, der aus Zahlen, Variablen und Rechenzeichen besteht.

Subtraktion

Minuend – Subtrahend = Differenz

$$a \quad - \quad b \quad = \quad c \text{ (a, b, c } \in \mathbb{R})$$

(wenn Subtrahend größer als Minuend, Differenz negativ)

Regeln

- Kommutativgesetz $\quad a + b = b + a$
- Assoziativgesetz $\quad (a + b) + c = a + (b + c)$

Rechenoperation in Klammer zuerst ausführen!

- Klammern auflösen

$a + (+b) = a + b$	$a + (b + c) = a + b + c$
$a + (-b) = a - b$	$a + (b - c) = a + b - c$
$a - (+b) = a - b$	$a - (b + c) = a - b - c$
$a - (-b) = a + b$	$a - (b - c) = a - b + c$

- Mehrere Klammern

$$a - [(b - c) - (a + c)] = a - [b - c - a - c]$$
$$= 2a - b + 2c$$

Zuerst innere Klammer auflösen!

- Irrationale Zahlen

z.B.: $\sqrt{2} + 3 \approx 1{,}414 + 3 \approx 4{,}414$

(Rundungsregeln anwenden)

Brüche
(a, b, c, d $\in \mathbb{R}$)

- Gleichnamige Brüche (Zähler addieren bzw. subtrahieren, Nenner unverändert belassen)

$$\frac{a}{b} \pm \frac{c}{b} = \frac{a \pm c}{b}$$

- Ungleichnamige Brüche (Hauptnenner bilden, kleinste gemeinsame Vielfache)

$$\frac{a}{b} \pm \frac{c}{d} = \frac{a \cdot d \pm b \cdot c}{b \cdot d}$$

- Term als Zähler (Klammer um Zähler)

$$\frac{a + b}{c} + \frac{c - d}{c} = \frac{(a + b) + (c - d)}{c}$$

Beträge

Soll von einer Zahl nur der Wert ohne Berücksichtigung des Vorzeichens geschrieben werden, setzt man die Zahl zwischen zwei senkrechte Striche (Betrag).

$$|-13| = 13; \quad |1{,}5| = 1{,}5$$

Multiplikation und Division
Multiplication and division

Multiplikation

Faktor · Faktor = Produkt

$$a \quad \cdot \quad b \quad = \quad c \text{ (a, b, c } \in \mathbb{R})$$

- Kommutativgesetz $\quad a \cdot b = b \cdot a$
- Assoziativgesetz $\quad a \cdot (b \cdot c) = (a \cdot b) \cdot c$

Division

$$\frac{\text{Dividend}}{\text{Divisor}} = \text{Quotient} \quad \frac{a}{b} = c$$

(a, b, c $\in \mathbb{R}$, b $\neq 0$)

Regeln

- Division durch Null ist nicht erlaubt!

- Division durch 1 $\quad \dfrac{a}{1} = a$

- Vorzeichen

$$\frac{+a}{+b} = \frac{a}{b} \qquad \frac{+a}{-b} = -\frac{a}{b}$$

$$\frac{-a}{+b} = -\frac{a}{b} \qquad \frac{-a}{-b} = \frac{a}{b}$$

- Punktrechnung vor Strichrechnung (Rechnung höherer Ordnung geht vor)

$$4 \cdot a = 4a \qquad a \cdot b = ab$$

Rechenzeichen kann entfallen

$(+ a) \cdot (+ b) = ab$	$(- a) \cdot (+ b) = - ab$
$(+ a) \cdot (- b) = - ab$	$(- a) \cdot (- b) = ab$

$$a \cdot 0 = 0 \qquad a \cdot 1 = a$$

$$3 a \cdot 8 b = 24 ab \qquad 3 a + 8 b = 3 a + 8 b$$
$$ab \cdot cd = abcd \qquad ab + cd = ab + cd$$

- Distributivgesetz

$$a(b + c) = ab + ac$$

- Ausklammern

$$4 a + 9 a - 3 a = (4 + 9 - 3) \cdot a = 10a$$

$$ba + ca - da = (b + c - d) \cdot a$$

$$2 a + 3 a - 4 m + m = a \cdot (2 + 3) + m \cdot (-4 + 1)$$
$$= 5 a - 3 m$$

$$ba + ca + dm + fm = a \cdot (b + c) + m \cdot (d + f)$$
$$(a + b) \cdot (c + d) = a(c + d) + b(c + d)$$
$$= ac + ad + bc + bd$$

- Irrationale Zahlen werden multipliziert und dividiert, nachdem man gerundet hat.

Brüche
(a, b, x $\in \mathbb{R}$)

- Multiplikation

$$\frac{a}{b} \cdot c = \frac{ac}{b} \qquad \frac{a}{b} \cdot \frac{c}{d} = \frac{ac}{bd} \qquad \frac{a}{b} \cdot \frac{b}{a} = 1$$

- Division

$$\frac{a}{b} : c = \frac{a}{bc} \qquad \frac{a}{b} : \frac{c}{d} = \frac{ad}{bc} \quad \text{(mit Kehrwert multipliziert)}$$

Potenzieren – *Raise to a power*

Potenzieren

$a^n = c$ $n \in \mathbb{N}$ a Basis

$a^n = \underbrace{a \cdot a \cdot \ldots \cdot a}_{\text{n Faktoren}} = c$ a, b, c $\in \mathbb{R}$ n Exponent

                                       c Potenz

Regeln

- Positive Basis $a \geq 0; b \geq 0; c \geq 0$

$$a^b = c$$

- Negative Basis $a > 0; c > 0; n \in \mathbb{N}$

Exponent geradzahlig $(-a)^{2n} = c$

Exponent ungeradzahlig $(-a)^{2n+1} = -c$

- Addition und Subtraktion von Potenzen mit der gleichen Basis und dem gleichen Exponenten

$$a \cdot b^n \pm c \cdot b^n = (a \pm c) \cdot b^n \quad \text{Distributivgesetz}$$

- Multiplikation und Division von Potenzen mit der gleichen Basis

$$a^m \cdot a^n = a^{m+n} \qquad a^1 = a \qquad a^{-n} = \frac{1}{a^n}$$
$$a^m : a^n = a^{m-n} \qquad a^0 = 1$$

- Multiplikation und Division von Potenzen mit dem gleichen Exponenten

$$a^m \cdot b^m = (ab)^m \qquad a^m : b^m = \frac{a^m}{b^m} = \left(\frac{a}{b}\right)^m$$

- Potenzieren von Potenzen $(a^b)^c = a^{bc}$

Binomische Formeln:
$$(a + b)^2 = a^2 + 2ab + b^2$$
$$(a - b)^2 = a^2 - 2ab + b^2$$
$$(a + b)(a - b) = a^2 - b^2$$

Radizieren – *Extract the root*

Radizieren

$\sqrt[n]{a} = b$ a, b $\in \mathbb{R}$;   n Wurzelexponent

                  $n \in \mathbb{Z}$ a Radikand

                  $a \geq 0$ b Wurzel

Regeln

- Addition und Subtraktion von Wurzeln mit gleichem Exponenten und gleichem Radikanden

$$b \cdot \sqrt[n]{a} \pm c \cdot \sqrt[n]{a} = (b \pm c)\sqrt[n]{a} \qquad \begin{array}{l} a \geq 0 \\ n \in \mathbb{N}; n \neq 0 \end{array}$$

- Multiplikation und Division von Wurzeln mit gleichem Exponenten

$$n\sqrt[x]{a} \cdot m\sqrt[x]{b} = nm\sqrt[x]{ab}$$

$$m\sqrt[y]{a} : n\sqrt[y]{b} = \frac{m}{n}\sqrt[y]{\frac{a}{b}}$$

- Potenzieren und Radizieren $(m, n \in \mathbb{R})$

$$\left(\sqrt[n]{a}\right)^m = \sqrt[n]{a^m} \qquad\qquad a^{\frac{m}{n}} : a^{\frac{p}{q}} = a^{\frac{m}{n} - \frac{p}{q}}$$

$$\sqrt[n]{a^m} = a^{\frac{m}{n}}$$

$$\frac{1}{\sqrt[n]{a^m}} = a^{-\frac{m}{n}} \qquad\qquad \sqrt[m]{\sqrt[n]{a}} = \sqrt[m \cdot n]{a}$$

$$a^{\frac{m}{n}} \cdot a^{\frac{p}{q}} = a^{\frac{m}{n} + \frac{p}{q}} \qquad \left(a^{\frac{m}{n}}\right)^{\frac{p}{q}} = a^{\frac{mp}{nq}}$$

Zehnerpotenzen – *Powers of ten*

$10^n = c$ $n \in \mathbb{Z}$

$10^n = 10 \cdot 10 \cdot 10 \cdot \ldots \cdot 10$ Basis 10

$10^0 = 1$	
$10^1 = 10$	$10^{-1} = \frac{1}{10} = 0{,}1$
$10^2 = 100$	$10^{-2} = \frac{1}{100} = 0{,}01$
$10^3 = 1000$	$10^{-3} = \frac{1}{1000} = 0{,}001$

Beispiele für Rechenoperationen

Addieren	$4 \cdot 10^2 + 2 \cdot 10^2 = (4 + 2) \cdot 10^2 = 6 \cdot 10^2$
Subtrahieren	$4 \cdot 10^2 - 2 \cdot 10^2 = (4 - 2) \cdot 10^2 = 2 \cdot 10^2$
Multiplizieren	$10^4 \cdot 10^3 \quad = 10^{(4+3)} \quad = 10^7$
Dividieren	$\dfrac{10^4}{10^3} \quad = 10^{(4-3)} \quad = 10^1$
Potenzieren	$(10^2)^3 \quad = 10^{2 \cdot 3} \quad = 10^6$
Radizieren	$\sqrt{10^6} \quad = 10^{\frac{6}{2}} \quad = 10^3$

Logarithmieren
Take the logarithm

$a^n = c$ $\quad$ **$\log_a c = n$** $\quad$ a Basis
(sprich: Logarithmus $\qquad\qquad$ c Numerus
zur Basis a von c ist n) $\qquad\quad$ n Logarithmus
Der Logarithmus n gibt an, mit welcher Zahl man
die Basis a potenzieren muss, um den Numerus c
als Potenz zu erhalten.

Gebräuchliche Basen

Basis	Logarithmus-Bezeichnung	Schreib-weise	Taschen-rechner
10	dekadischer (Zehner-logarithmus)	$\lg c$; $\log_{10} c$	log
e = 2,71828...	natürlicher	$\ln c$; $\log_e c$	ln
2	binärer	lbc; $\log_2 c$	

Regeln

$a > 0$; $c > 0$; $d > 0$

- Multiplizieren
  $\log_a (c \cdot d) = \log_a c + \log_a d$ $\quad$ Multiplikation wird zur Addition
- Dividieren
  $\log_a \dfrac{c}{d} = \log_a c - \log_a d$ $\quad$ Division wird zur Subtraktion
- Potenzieren
  $\log_a c^n = n \cdot \log_a c$ $\quad$ Potenzieren wird zum Multiplizieren
- Radizieren
  $\log_a \sqrt[m]{c} = \dfrac{1}{m} \log_a c$ $\quad$ Radizieren wird zum Dividieren

Sonderfälle

$\log_a 0 = -\infty$	$\log_a 1 = 0$	$\lg 10 = 1$
$\log_a \infty = \infty$	$\log_a a = 1$	$\ln e = 1$
		$\text{lb}\, 2 = 1$

Umrechnungen

$\log_a b = \dfrac{\log_c b}{\log_c a}$ $\qquad$ $\ln x = 2{,}30258 \cdot \lg x$
$\qquad\qquad\qquad$ $\text{lb}\, x = 3{,}32193 \cdot \lg x$
$\qquad\qquad\qquad$ $\ln x = 0{,}69314 \cdot \text{lb}\, x$

Logarithmische Teilung
(dekadischer Logarithmus)

Binäre und hexadezimale Poten-zen – *Binary and hexadecimal powers*

Binäre Potenzen

$2^n = c$ $\qquad\qquad\qquad$ $n \in \mathbb{Z}$ $\quad$ Basis 2
$2^n = 2 \cdot 2 \cdot ... \cdot 2$
$2^{-n} = \dfrac{1}{2^n}$ $\qquad\qquad$ $2^{-n} = \dfrac{1}{2} \cdot \dfrac{1}{2} \cdot ... \cdot \dfrac{1}{2}$

Beispiele

$2^0 =$	1	
$2^1 =$	2	$2^{-1} = \dfrac{1}{2} = 0{,}5$
$2^2 =$	4	$2^{-2} = \dfrac{1}{4} = 0{,}25$
$2^3 =$	8	$2^{-3} = \dfrac{1}{8} = 0{,}125$
$2^4 =$	16	$2^{-4} = \dfrac{1}{16} = 0{,}0625$
$2^5 =$	32	$2^{-5} = \dfrac{1}{32} = 0{,}03125$
$2^6 =$	64	$2^{-6} = \dfrac{1}{64} = 0{,}015625$
$2^7 =$	128	$2^{-7} = \dfrac{1}{128} = 0{,}0078125$
$2^8 =$	256	$2^{-8} = \dfrac{1}{256} = 0{,}00390625$

Abkürzungen durch Vorsatzzeichen

1 K (Kilo) $\quad = 2^{10} = 1\,024$
1 M (Mega) $= 2^{20} = 2^{10} \cdot 2^{10}$ $\qquad = 1\,048\,576$
1 G (Giga) $\quad = 2^{30} = 2^{10} \cdot 2^{10} \cdot 2^{10} = 1\,073\,741\,824$

Hexadezimale Potenzen

$16^n = c$ $\qquad\qquad\qquad$ $n \in \mathbb{Z}$ $\quad$ Basis 16
$16^n = 16 \cdot 16 \cdot ... \cdot 16$
$16^{-n} = \dfrac{1}{16^n}$ $\qquad$ $16^{-n} = \dfrac{1}{16} \cdot \dfrac{1}{16} \cdot ... \cdot \dfrac{1}{16}$

Beispiele

$16^0 =$	1	
$16^1 =$	16	$16^{-1} = \dfrac{1}{16} = 0{,}0625$
$16^2 =$	256	$16^{-2} = \dfrac{1}{256} = 0{,}00390625$
$16^3 =$	4096	$16^{-3} = \dfrac{1}{4096} = 0{,}244140 \cdot 10^{-3}$
$16^4 =$	65536	$16^{-4} = \dfrac{1}{65536} = 0{,}015259 \cdot 10^{-3}$

Umrechnungen (Beispiele)

$2^4 = 16^1 =$		16 $=$	$10000_B =$	10_H
$2^8 = 16^2 =$		256 $=$	$100000000_B =$	100_H
$2^{16} = 16^4 =$	65536 $=$		64 K $=$	10000_H
$2^{20} = 16^5 =$	1\,048\,576 $=$		1 M $=$	100000_H

Standard-Zahlenmengen – *Standard number sets*

Zeichen	Definition	Sprechweise	**Beispiele**
$\mathbb{N}$ oder **N**	Menge der **nichtnegativen ganzen Zahlen**. Menge der **natürlichen Zahlen**. $\mathbb{N}$ enthält die Zahl 0.	Doppelstrich-N	
$\mathbb{Z}$ oder **Z**	Menge der **ganzen Zahlen**.	Doppelstrich-Z	
$\mathbb{Q}$ oder **Q**	Menge der **rationalen Zahlen**.	Doppelstrich-Q	
$\mathbb{R}$ oder **R**	Menge der **reellen Zahlen**.	Doppelstrich-R	
$\mathbb{C}$ oder **C**	Menge der **komplexen Zahlen**.	Doppelstrich-C	

Vektoren – *Vectors; phasors*

Schreibweise	$\boldsymbol{A}, \boldsymbol{B}, ..., \boldsymbol{a}, \boldsymbol{b}, ...$ $\vec{A}, \vec{B}, ..., \vec{a}, \vec{b}, ...$
Grafische Darstellung	
Komponenten eines Vektors	$\vec{A} = \vec{A}_x + \vec{A}_y$
Betrag eines Vektors	$A = |\vec{A}|$

Multiplikation mit einem Skalar	$\vec{A} \cdot B = \vec{C}$
Addition von Vektoren	$\vec{A} + \vec{B} = \vec{C}$
Subtraktion von Vektoren	$\vec{A} + (-\vec{B}) = \vec{C}$

Prozentrechnung
calculation of percentages

$$P = \frac{G \cdot p}{100\,\%}$$

G: Grundwert
P: Prozentwert
p: Prozentsatz

Prozent (%) bedeutet: $1\% = \dfrac{1}{100}$

Promille (‰) bedeutet: $1‰ = \dfrac{1}{1000}$

Zinsrechnung
calculation of interest

$$Z = \frac{K \cdot p \cdot t}{100\,\%}$$

Z: Zinsen in €
K: Kapital in €
p: Zinssatz in % pro Jahr (a)
t: Zeit in Jahren (a)

Zahlen und Zahlensysteme – *Numbers and number systems*

Dezimalzahlen-System

- Zeichenvorrat: 0, 1, 2, 3, 4, 5, 6, 7, 8, 9
- Mögliche unterschiedliche Zeichen pro Stelle: 10
- Basis 10 (B = 10)
- Kennzeichnung: Index 10 oder D (dezimal)

Stelle	4.	3.	2.	1.	1.	2.
Wertigkeit	10^3	10^2	10^1	10^0	10^{-1}	10^{-2}
	1000	100	10	1	1/10	1/100
Beispiel:	**5**	**0**	**3**	**2** ,	**1**	**2**

$$5 \cdot 10^3 + 0 \cdot 10^2 + 3 \cdot 10^1 + 2 \cdot 10^0 + 1 \cdot 10^{-1} + 2 \cdot 10^{-2}$$

Dualzahlen-System

- Zeichenvorrat: 0 und 1
- Mögliche unterschiedliche Zeichen pro Stelle: 2
- Basis 2 (B = 2)
- Kennzeichnung: Index 2 oder B (binär)

Stelle	4.	3.	2.	1.	1.	2.
Wertigkeit					2^{-1}	2^{-2}
	8	4	2	1	1/2	1/4
Beispiel:	**1**	**0**	**0**	**1** ,	**1**	**1**

$$1 \cdot 2^3 + 0 \cdot 2^2 + 0 \cdot 2^1 + 1 \cdot 2^0 + 1 \cdot 2^{-1} + 1 \cdot 2^{-2}$$

Hexadezimal-Zahlensystem (Sedezimal-System)

- Zeichenvorrat: 0, 1, 2, 3, 4, 5, 6, 7, 8, 9, A, B, C, D, E, F
- Mögliche unterschiedliche Zeichen pro Stelle: 16
- Basis 16 (B = 16)
- Kennzeichnung: Index 16 oder H (hexadezimal)

Stelle	4.	3.	2.	1.	1.	2.
Wertigkeit	16^3	16^2	16^1	16^0	16^{-1}	16^{-2}
	4096	256	16	1	1/16	1/256
Beispiel:	**1**	**3**	**F**	**C** ,	**5**	**A**

$$1 \cdot 16^3 + 3 \cdot 16^2 + F \cdot 16^1 + C \cdot 16^0 + 5 \cdot 16^{-1} + A \cdot 16^{-2}$$

Vergleich zwischen Zahlensystemen

dual	dezi-mal	hexa-dezimal	dual	dezi-mal	hexa-dezimal
0	0	0	10000	16	10
1	1	1	10001	17	11
10	2	2	10010	18	12
11	3	3	10011	19	13
100	4	4	10100	20	14
101	5	5	10101	21	15
110	6	6	10110	22	16
111	7	7	10111	23	17
1000	8	8	11000	24	18
1001	9	9	11001	25	19
1010	10	A	11010	26	1A
1011	11	B	11011	27	1B
1100	12	C	11100	28	1C
1101	13	D	11101	29	1D
1110	14	E	11110	30	1E
1111	15	F	11111	31	1F

Komplementbildung

B-Komplement: Ergänzung der gegebenen Zahl zur ganzen Potenz der Basis des gewählten Zahlensystems.

(B-1)-Komplement: B-Komplement minus 1

Beispiele:

Basis	Zahl	B-Komplement	(B-1)-Komplement
B = 10	6	Zehnerkomplement 4	Neunerkomplement 3
	73	27	26
B = 2	111	Zweierkomplement 001	Einerkomplement 000
	101	011	010

Umwandlungen von Zahlen

Dezimalzahl in Dualzahl (Rest-Verfahren)

Beispiel: $13,3_D$

Ganzzahliger Anteil	Nachkommastelle
13 : 2 = 6 Rest 1	$0,3 \cdot 2 = 0,6 + 0$
6 : 2 = 3 Rest 0	$0,6 \cdot 2 = 0,2 + 1$
3 : 2 = 1 Rest 1	$0,2 \cdot 2 = 0,4 + 0$
1 : 2 = 0 Rest 1	$0,4 \cdot 2 = 0,8 + 0$
	$0,8 \cdot 2 = 0,6 + 1$
	$0,6 \cdot 2 = 0,2 + 1$
	$\cdot = \cdot$
$13_D = 1101_B$	$0,3_D = 0,010011\ldots_B$

$$13,3_D = 1101,\overline{01001}\ldots_B$$

Dezimalzahl in Hexadezimalzahl (Rest-Verfahren)

Beispiel: $5116,33_D$

5116 : 16 = 319 Rest C	$0,33 \cdot 16 = 0,28 + 5$
319 : 16 = 19 Rest F	$0,28 \cdot 16 = 0,48 + 4$
19 : 16 = 1 Rest 3	$0,48 \cdot 16 = 0,68 + 7$
1 : 16 = 0 Rest 1	$0,68 \cdot 16 = 0,88 + A$
	$0,88 \cdot 16 = 0,08 + E$
	$\cdot = \cdot$
	$\cdot = \cdot$
$51116_D = 13FC_H$	$0,33_D = 0,547AE\ldots_H$

$$5116,33_D = 13FC,547AE\ldots_H$$

Hexadezimalzahl in Dezimalzahl

1. Potenzwert-Verfahren

Beispiel:

$$\begin{aligned} C0A,E_H &= 12 \cdot 16^2 + 0 \cdot 16^1 + 10 \cdot 16^0 + 14 \cdot 16^{-1} \\ &= 3072 + 0 + 10 + 0,875 \\ &= 3082,875_D \end{aligned}$$

2. Horner-Schema **Beispiel:** $13FC,E8_H$

	1 3 F C	0, E 8
16·	1+3 = 19	8 :16 = 0,5
16·19	+15 = 319	(14 +0,5):16 = 0,90625
16·319	+12 = 5116	
	$13FC_H = 5116_D$	$0,E8_H = 0,90625$

$$13FC,E8_H = 5116,90625_D$$

Dualzahl in Dezimalzahl

1. Potenzwert-Verfahren

Beispiel:

$$\begin{aligned} 1001,11_H &= 1 \cdot 2^3 + 0 \cdot 2^2 + 0 \cdot 2^1 + 1 \cdot 2^0 + 1 \cdot 2^{-1} + 1 \cdot 2^{-2}{}_D \\ &= 8 + 0 + 0 + 1 + 0,5 + 0,25_D \\ &= 9,75_D \end{aligned}$$

2. Horner-Schema **Beispiel:** 1101,0101

	1 1 0 1	0,0101
2·1	+1 = 3	1 : 2 = 0,5
2·3	+0 = 6	(0 + 0,5) : 2 = 0,25
2·6	+1 = 13	(1 + 0,25) : 2 = 0,625
		(0 + 0,625) : 2 = 0,3125
	$1101_B = 13_D$	$0,0101_B = 0,3125_D$

$$1101,0101_B = 13,3125_D$$

11

Zahlen und Zahlensysteme – *Numbers and number systems*

Umwandlung von Zahlen

Hexadezimalzahl in Dualzahl	Dualzahl in Hexadezimalzahl
Jede Ziffer durch die entsprechende vierstellige Dualzahl ausdrücken.	• Dualzahl in „Viererblöcke" aufteilen. • Jedem Block die Hexadezimalzahl zuordnen.

Beispiel:

$$7 \quad C \quad 3$$
$$0111 \quad 1100 \quad 0011$$
$$7C3_H = 0111 \quad 1100 \quad 0011_B$$

Beispiel:

$$0101 \quad 1110$$
$$5 \quad E$$
$$0101\ 1110_B = 5E_H$$

Rechnen mit Dualzahlen

Addition

$$\begin{aligned}0 + 0 &= 0\\ 0 + 1 &= 1\\ 1 + 0 &= 1\\ 1 + 1 &= 10 \quad \text{Übertrag (Carry)}\\ 0,1 + 0,1 &= 1,0\end{aligned}$$

Bsp.:
```
    110,11
 + 1011,01
  1111,10  Carry
 10010,00
```

Subtraktion

$$\begin{aligned}0 - 0 &= 0\\ 10 - 1 &= 1 \quad \text{Entleihung (Borrow)}\\ 1 - 0 &= 1\\ 1 - 1 &= 0\\ 0,1 - 0,1 &= 0,0\end{aligned}$$

Bsp.:
```
  11000,11
 - 1101,01
  11110,00  Borrow
   1011,10
```

Multiplikation

$$\begin{aligned}0 \cdot 0 &= 0\\ 0 \cdot 1 &= 0\\ 1 \cdot 0 &= 0\\ 1 \cdot 1 &= 1\end{aligned}$$

Bsp.:
```
 1010 · 101,1
 1010
+ 0000
+  1010
+   1010
 110111,0
```

Division

$$\begin{aligned}0 : 0 &\quad \text{nicht definiert}\\ 0 : 1 &= 0\\ 1 : 0 &\quad \text{nicht definiert}\\ 1 : 1 &= 1\end{aligned}$$

Bsp.:
```
1010 : 11 = 11,01
- 11
  100
-  11
   10
-  11
   100
-   11
    10
```

Gleichungen – *Equations*

Gleichung: Zwei Terme, die durch ein Gleichheitszeichen verknüpft sind.

Term: Sammelname für einzelne Summen, Differenzen, Produkte usw.

Beide Terme kann man mit gleichen Zahlen, Größen, Einheiten Potenzieren, Radizieren, Multiplizieren, Dividieren ($\neq 0$), Addieren, Subtrahieren.

Lineare Gleichungen mit einer Unbekannten
• Brüche beseitigen.
• Klammern auflösen.
• Glieder ordnen und zusammenfassen.
• Unbekannte auf eine Seite bringen.
• Unbekannte berechnen.
• Ergebnis durch Einsetzen der Unbekannten in Ausgangsgleichung überprüfen (keine Reihenfolge).

Es gilt immer: Term 1 = Term 2

Lineare Gleichungen mit zwei Unbekannten
1. Einsetzungsverfahren
• Eine Gleichung nach der Unbekannten umstellen.
• Umgestellte Gleichung in die zweite Gleichung einsetzen.

2. Gleichsetzungsverfahren
• Gleichungen nach der Unbekannten umstellen.
• Terme gleichsetzen.

3. Additionsverfahren
• Gleichung so umstellen, dass die eine Unbekannte in beiden Gleichungen den gleichen Faktor, aber ein umgekehrtes Vorzeichen besitzt.
• Beide Gleichungen addieren.

Römische Zahlen
Roman numbers

I	= 1	XI	= 11	CX	= 110
II	= 2	XX	= 20	CC	= 200
III	= 3	XXX	= 30	CCC	= 300
IV	= 4	XL	= 40	CD	= 400
V	= 5	L	= 50	D	= 500
VI	= 6	LX	= 60	DC	= 600
VII	= 7	LXX	= 70	DCC	= 700
VIII	= 8	LXXX	= 80	DCCC	= 800
IX	= 9	XC	= 90	CM	= 900
X	= 10	C	= 100	M	= 1000

Griechisches Alphabet
Greek alphabet

A	α	Alpha	N	ν	Ny
B	β	Beta	Ξ	ξ	Xi
Γ	γ	Gamma	O	o	Omikron
Δ	δ	Delta	Π	π	Pi
E	ε	Epsilon	P	ϱ	Rho
Z	ζ	Zeta	Σ	σ	Sigma
H	η	Eta	T	τ	Tau
Θ	ϑ	Theta	Y	υ	Ypsilon
I	ι	Iota	Φ	φ	Phi
K	$\varkappa$	Kappa	X	χ	Chi
Λ	λ	Lambda	Ψ	ψ	Psi
M	μ	My	Ω	ω	Omega

Winkelfunktionen – *Angular functions*

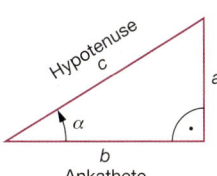

Hypotenuse c
Gegenkathete a
α
b
Ankathete

$$\sin \alpha = \frac{a}{c}$$

Sinus = $\dfrac{\text{Gegenkathete}}{\text{Hypotenuse}}$

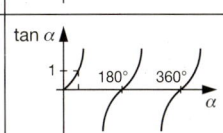

$$\cos \alpha = \frac{b}{c}$$

Cosinus = $\dfrac{\text{Ankathete}}{\text{Hypotenuse}}$

Einheitskreis

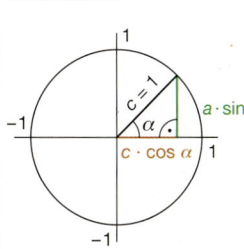

$c = 1$
$a \cdot \sin \alpha$
$c \cdot \cos \alpha$

$$\tan \alpha = \frac{a}{b}$$

$$\tan \alpha = \frac{\sin \alpha}{\cos \alpha}$$

Tangens = $\dfrac{\text{Gegenkathete}}{\text{Ankathete}}$

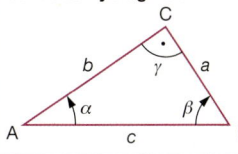

$$\cot \alpha = \frac{b}{a}$$

Cotangens = $\dfrac{\text{Ankathete}}{\text{Gegenkathete}}$

Lehrsätze – *Theorems*

Satz des Pythagoras

C
b γ a
α β
A c B

$$c^2 = a^2 + b^2$$

Sonderfall: $1 = \sin^2 \alpha + \cos^2 \alpha$

Das Quadrat über der Hypotenuse ist gleich der Summe der beiden Kathetenquadrate.

Sinussatz

$$a : b : c = \sin \alpha : \sin \beta : \sin \gamma$$

Gilt für alle Dreiecke.

Cosinussatz

$$a^2 = b^2 + c^2 - 2bc \cos \alpha$$
$$b^2 = a^2 + c^2 - 2ac \cos \beta$$
$$c^2 = a^2 + b^2 - 2ab \cos \gamma$$

Additionstheoreme

$$\sin (\alpha + \beta) = \sin \alpha \cos \beta + \cos \alpha \sin \beta$$
$$\cos (\alpha + \beta) = \cos \alpha \cos \beta - \sin \alpha \sin \beta$$
$$\sin (\alpha - \beta) = \sin \alpha \cos \beta - \cos \alpha \sin \beta$$
$$\cos (\alpha - \beta) = \cos \alpha \cos \beta + \sin \alpha \sin \beta$$

Winkelfunktionen von Winkelsummen und Winkeldifferenzen

Strahlensatz
(ähnliche Dreiecke)

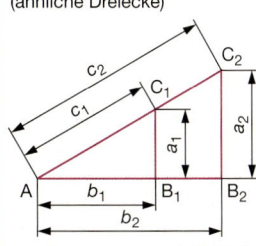

c_2 C_2
c_1 C_1
a_1 a_2
A b_1 B_1 B_2
b_2

In ähnlichen Dreiecken verhalten sich die Seiten des Dreiecks (A B$_1$ C$_1$) wie die gleich-liegenden Seiten des Dreiecks (A B$_2$ C$_2$).

$$\frac{a_1}{b_1} = \frac{a_2}{b_2}$$

$$\frac{a_1}{c_1} = \frac{a_2}{c_2}$$

$$\frac{b_1}{c_1} = \frac{b_2}{c_2}$$

Flächen- und Körperberechnungen – *Area- and solid volume calculations*

Quadrat

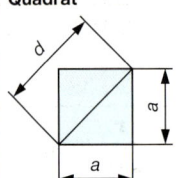

$$A = a^2$$
$$U = 4 \cdot a$$
$$d = \sqrt{2} \cdot a$$

Kreis

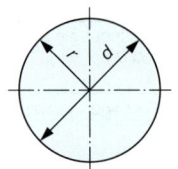

$$A = \pi \cdot r^2$$
$$A = \frac{\pi \cdot d^2}{4}$$
$$U = \pi \cdot d$$

Rechteck

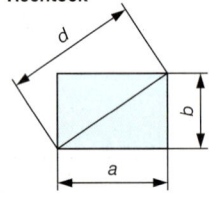

$$A = a \cdot b$$
$$U = 2 \cdot (a + b)$$
$$d = \sqrt{a^2 + b^2}$$

Kreisring

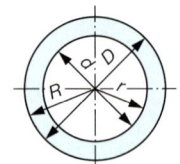

$$A = \pi (R^2 - r^2)$$
$$A = \frac{\pi}{4} (D^2 - d^2)$$

Raute (Rombus)

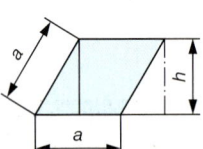

$$A = a \cdot h$$
$$U = 4 \cdot a$$

Trapez

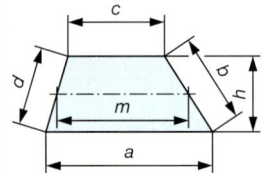

$$A = m \cdot h$$
$$m = \frac{a + c}{2}$$
$$U = a + b + c + d$$

Parallelogramm

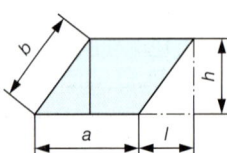

$$A = a \cdot h$$
$$U = 2 \left(a + \sqrt{l^2 + h^2}\right)$$
$$U = 2 (a + b)$$

Dreieck

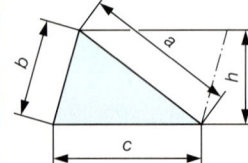

$$A = \frac{c \cdot h}{2}$$
$$U = a + b + c$$

Würfel

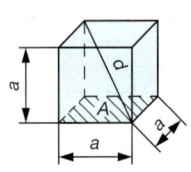

$$V = a^3$$
$$d = a \sqrt{3}$$
$$A_0 = 6 \cdot a^2$$

Prisma

allgemein: $V = A \cdot h$

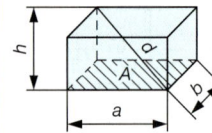

$$V = a \cdot b \cdot h$$
$$d = \sqrt{a^2 + b^2 + h^2}$$
$$A_0 = 2 (a \cdot b + a \cdot h + b \cdot h)$$

Zylinder

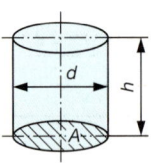

$$V = \frac{\pi \cdot d^2}{4} \cdot h$$
$$A_M = \pi \cdot d \cdot h$$
$$A_0 = \pi \cdot d \cdot h + \frac{\pi \cdot d^2}{2}$$

Pyramide

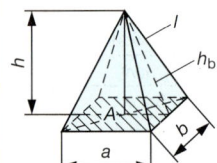
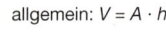

$$V = \frac{a \cdot b \cdot h}{3}$$
$$h_b = \sqrt{h^2 + \frac{a^2}{4}}$$
$$l = \sqrt{h_b^2 + \frac{b^2}{4}}$$

Physikalische Größen und Einheiten
Physical quantities and units   DIN 1301: 93-12

Größen	Erklärungen	Beispiele
Skalare	Zur eindeutigen Festlegung genügt die Angabe des • Zahlenwertes und der • Einheit	Masse, m Zeit, t Arbeit, W
Vektoren	Zur eindeutigen Festlegung sind erforderlich: • Zahlenwert, • Einheit, • Richtung im Raum oder in der Ebene, • Richtungssinn (Drehsinn)	Kraft $\vec{F}$, Geschwindig- keit $\vec{v}$, Elektrische Feldstärke $\vec{E}$

Schreibweise   DIN 1313: 78-04

Beispiel:

$$\text{Größenwert} = \text{Zahlenwert} \cdot \text{Einheit}$$
$$l = \{l\} \cdot [l]$$
$$l = 3 \cdot m$$
$$\text{Länge} = \text{Zahlenwert} \cdot \text{Einheit}$$
$$\text{der Länge} \quad \text{der Länge}$$

Physikalische Gleichungen   DIN 1313: 78-04

Größengleichungen	Einheitengleichungen	Zahlenwertgleichungen
z. B. $v = \dfrac{s}{t}$; $m = 8\ kg$	z. B. $1\ m = 100\ cm$ $1\ h = 3600\ s$ $1\ kWh = 3600\ Ws \cdot 10^3$	z. B. $\{v\} = 3{,}6 \dfrac{\{s\}}{\{t\}}$
Zugeschnittene Größengleichung		v in km/h s in m t in s
z. B. $\dfrac{v}{km/h} = 3{,}6 \cdot \dfrac{s/m}{t/s}$		

SI-Basiseinheiten [1])   DIN 1301: 93-12

Größe	Formelzeichen	Einheitenname	Einheitenzeichen
Länge	l	Meter	m
Masse	m	Kilogramm	kg
Zeit	t	Sekunde	s
Elektrische Stromstärke	I	Ampere	A
Thermodynamische Temperatur	T	Kelvin	K
Stoffmenge	n	Mol	mol
Lichtstärke	I_v	Candela	cd

[1]) **S**ystème **I**nternational d'Unités (Internationales Einheitensystem)

Vorsätze und Vorsatzzeichen für dezimale Teile und Vielfache von Einheiten   DIN 1301: 93-12

Faktor	Vorsätze	Vorsatzzeichen	Faktor	Vorsätze	Vorsatzzeichen	Faktor	Vorsätze	Vorsatzzeichen
10^{-24}	Yocto	y	10^{-3}	Milli	m	10^6	Mega	M
10^{-21}	Zepto	z	10^{-2}	Zenti	c	10^9	Giga	G
10^{-18}	Atto	a	10^{-1}	Dezi	d	10^{12}	Tera	T
10^{-15}	Femto	f	10^1	Deka	da	10^{15}	Peta	P
10^{-12}	Piko	p	10^2	Hekto	h	10^{18}	Exa	E
10^{-9}	Nano	n	10^3	Kilo	k	10^{21}	Zetta	Z
10^{-6}	Mikro	μ				10^{24}	Yotta	Y

Einheitenähnliche Namen und Zahlen

Größe	Einheitenname	Einheitenzeichen	Bemerkungen
Pegel und Maße in der Nachrichtentechnik und Akustik	Neper Bel Dezibel	Np B dB	$1\ Np = (20/\ln 10)\ dB \approx 8{,}69\ dB$ $1\ dB = (\ln 10/20)\ Np \approx 0{,}115\ Np$
Lautstärkepegel L_s	Phon	phon	DIN 45 630-1
Lautheit S	Sone	sone	DIN 45 630-1
Anzahl der Binärentschei-dungen, Entscheidungs-gehalt, Informationsgehalt	Bit	bit	DIN 44 300

Formelzeichen und Einheiten
Formula signs and units

DIN 1301: 93-12 und DIN 1304: 94-03

Formel-zeichen	Bedeutung	SI-Einheit	Einheitenname, Bemerkungen
Längen und ihre Potenzen, Winkel			
x, y, z	Kartesische Koordinaten	m	
α, β, γ	ebener Winkel, Drehwinkel	rad	Radiant, 1 rad = 1 m/m
ϑ, φ	(bei Drehbewegungen)		1 Vollwinkel = 2π rad
			Gon: 1 gon = $(\pi/200)$ rad
			Grad: $1° = (\pi/180$ rad)
			Minute: $1' = (1/60)°$
			Sekunde: $1'' = (1/60)'$
Ω, ω	Raumwinkel	sr	Steradiant, 1 sr = 1 m^2/m^2
l	Länge	m	Meter, 1 int. Seemeile = 1852 m
b	Breite	m	
h	Höhe, Tiefe	m	
δ, d	Dicke, Schichtdicke	m	
r	Radius, Halbmesser, Abstand	m	
f	Durchbiegung, Durchhang	m	
d, D	Durchmesser	m	
s	Weglänge, Kurvenlänge	m	
A, S	Flächeninhalt, Fläche, Oberfläche	m^2	Quadratmeter, 1 a = 10^2 m^2
S, q	Querschnittsfläche, Querschnitt	m^2	1 ha = 10^4 m^2
V	Volumen, Rauminhalt	m^3	Kubikmeter, 1 l (Liter) = 1 dm^3 = 1 L
Zeit und Raum			
t	Zeit, Zeitspanne, Dauer	s	Sekunde, min, h (Stunde), d (Tage)
T	Periodendauer, Schwingungsdauer	s	
τ, T	Zeitkonstante	s	
f, ν	Frequenz, Periodenfrequenz	Hz	Hertz, 1 Hz = 1 s^{-1}, $f = 1/T$
f_o	Kennfrequenz, Eigenfrequenz	Hz	
	im ungedämpften Zustand		
ω	Kreisfrequenz, Pulsatanz	s^{-1}	$\omega = 2\pi f$
	(Winkelfrequenz)		
n, f_r	Umdrehungsfrequenz (Drehzahl)	s^{-1}	1 $min^{-1} = (1/60)\,s^{-1}$
ω, Ω	Winkelgeschwindigkeit, Drehgeschw.	rad/s	
α	Winkelbeschleunigung, Drehbeschl.	rad/s^2	
λ	Wellenlänge	m	
v, u, w, c	Geschwindigkeit	m/s	1 km/h = 1/3,6 (m/s)
c	Ausbreitungsgeschw. einer Welle	m/s	
a	Beschleunigung	m/s^2	
g	örtliche Fallbeschleunigung	m/s^2	g_n = 9,80665 m/s^2 (Normalfallbeschl.)
Mechanik			
m	Masse, Gewicht als Wägeergebnis	kg	Kilogramm, 1 t (Tonne) = 1 Mg
ϱ, ϱ_m	Dichte, volumenbezogene Masse	kg/m^3	1 g/cm^3 = 1 kg/dm^3 = 1 Mg/m^3
J	Trägheitsmoment	kg · m^2	
F	Kraft	N	Newton, 1 N = 1 kg · m/s^2 = 1 J/m
F_G, G	Gewichtskraft	N	
G, f	Gravitationskonstante	N · m^2/kg^2	
M	Kraftmoment, Drehmoment	N · m	
p	Bewegungsgröße, Impuls	kg · m/s	
L	Drall, Drehimpuls	kg · m^2/s	
p	Druck	Pa	Pascal, 1 Pa = 1 N/m^2, 1 bar = 10^5 Pa
σ	Normalspannung, Zug- oder Drucksp.	N/m^2	
ε	Dehnung, relative Längenänderung	1	$\varepsilon = \Delta l/l$
E	Elastizitätsmodul	N/m^2	$E = \sigma/\varepsilon$
μ, f	Reibungszahl	1	$\mu = F_R/F_N$, F_R: Reibungskraft
W, A	Arbeit	J	Joule, 1 J = 1 N · m = 1 W · s
E, W	Energie	J	1 Wh = 3,6 kJ, eV (Elektronenvolt)
E_p, W_p	potenzielle Energie	J	
E_k, W_k	kinetische Energie	J	
P	Leistung	W	Watt, 1 W = 1 J/s
η	Wirkungsgrad	1	

Formelzeichen und Einheiten
Formula signs and units

Formel-zeichen	Bedeutung	SI-Einheit	Einheitenname, Bemerkungen
Elektrizität und Magnetismus			
Q	elektrische Ladung	C	Coulomb, $1\,C = 1\,A \cdot s$, $1\,A \cdot h = 3{,}6\,kC$
e	Elementarladung	C	
D	elektrische Flussdichte,	C/m^2	
P	elektrische Polarisation	C/m^2	
φ, φ_e	elektrisches Potenzial	V	Volt, $1\,V = 1\,J/C$
U	elektr. Spannung, Potenzialdifferenz	V	
E	elektrische Feldstärke	V/m	$1\,V/mm = 1\,kV/m$
C	elektrische Kapazität	F	Farad, $1\,F = 1\,C/V$, $C = Q/U$
ε	Permittivität	F/m	früher: Dielektrizitätskonstante
ε_o	elektrische Feldkonstante	F/m	Permittivität des leeren Raumes
ε_r	Permittivitätszahl, relat. Permittivität	1	füher: Dielektrizitätszahl
I	elektrische Stromstärke	A	Ampere
J	elektrische Stromdichte	A/m^2	$1\,A/mm^2 = 1\,MA/m^2$, $J = I/A$
Θ	elektrische Durchflutung	A	
V, V_m	magnetische Spannung	A	
H	magnetische Feldstärke	A/m	$1\,A/mm = 1\,kA/m$
Φ	magnetischer Fluss	Wb	Weber, $1\,Wb = 1\,V \cdot s$
B	magnetische Flussdichte	T	Tesla, $1\,T = 1\,Wb/m^2$, $B = \Phi/S$
L	Induktivität, Selbstinduktivität	H	Henry, $1\,H = 1\,Wb/A$
μ	Permeabilität	H/m	$\mu = B/H$
μ_o	magnetische Feldkonstante	H/m	Permeabilität des leeren Raumes
μ_r	Permeabilitätszahl, relat. Permeabilität	1	$\mu_r = \mu/\mu_o$
H_i, M	Magnetisierung	A/m	$1\,A/mm = 1\,kA/m$, $M = B/\mu_o - H$
R_m	magnetischer Widerstand, Reluktanz	H^{-1}	
Λ	magnetischer Leitwert, Permeanz	H	
R	elektr. Widerstand, Wirkwiderstand, Resistanz	Ω	Ohm, $1\,\Omega = 1\,V/A$
G	elektr. Leitwert, Wirkleitwert, Konduktanz	S	Siemens, $1\,S = 1\,\Omega^{-1}$, $G = 1/R$
ϱ	spez. elektr. Widerstand, Resistivität	$\Omega \cdot m$	$1\,\mu\Omega \cdot cm = 10^{-8}\,\Omega \cdot m$, $1\,\Omega \cdot mm^2/m = 10^{-6}\,\Omega \cdot m = 1\,\mu\Omega \cdot m$
$\gamma, \sigma, \varkappa$	elektrische Leitfähigkeit, Konduktivität	S/m	$\gamma = 1/\varrho$
X	Blindwiderstand, Reaktanz	Ω	
B	Blindleitwert, Suszeptanz	S	$B = 1/X$
$Z, |Z|$	Scheinwiderstand, Betrag d. Impedanz	Ω	$\underline{Z}$: Impedanz (komplexe Impedanz)
$Y, |Y|$	Scheinleitwert, Betrag der Admittanz	S	$\underline{Y}$: Admittanz (komplexe Admittanz)
Z_w, Γ	Wellenwiderstand	Ω	
W	Energie, Arbeit	J	
P, P_p	Wirkleistung	W	
Q, P_q	Blindleistung	W	Energietechnik: var (Var), $1\,var = 1\,W$
S, P_s	Scheinleistung	W	Energietechnik: VA (Voltampere)
φ	Phasenverschiebungswinkel	rad	auch Winkel der Impedanz
$\delta_\varepsilon, \delta_\mu$	Verlustwinkel (Permittivität, Permeabil.)	rad	
λ	Leistungsfaktor	1	$\lambda = P/S$, Elektrotechnik: $\lambda = \cos \varphi$
d	Verlustfaktor	1	
k	Oberschwingungsgehalt, Klirrfaktor	1	
N	Windungszahl	1	
Akustik-, Atom- und Kernphysik			
p	Schalldruck	Pa	Pascal
c, c_a	Schallgeschwindigkeit	m/s	
P, P_a	Schallleistung	W	
L_p, L	Schalldruckpegel		wird in dB angegeben
L_N	Lautstärkepegel		wird in phon angegeben
N	Lautheit		wird in sone angegeben
A	Aktivität einer radioaktiven Substanz	Bq	Becquerel, $1\,Bq = 1/s$
H	Äquivalentdosis	S_v	Sievert, $1\,S_v = 1\,J/kg$

Formelzeichen und Einheiten
Formula signs and units

DIN 1301: 93-12
DIN 1304: 94-03

Formel-zeichen	Bedeutung	SI-Einheit	Einheitenname, Bemerkungen
Thermodynamik und Wärmeübertragung			
T, Θ	Temperatur, thermodyn. Temperatur	K	Kelvin
$\Delta T, \Delta t, \Delta \vartheta$	Temperaturdifferenz	K	
t, ϑ	Celsius-Temperatur	°C	Grad Celsius, $t = T - T_0$, $T_0 = 273{,}15$ K
α_l	(therm.) Längenausdehnungskoeffiz.	K^{-1}	
α_v, γ	(therm.) Volumenausdehnungskoeffiz.	K^{-1}	
Q	Wärme, Wärmemenge	J	Joule
$\Phi_{th}, \Phi, \dot{Q}$	Wärmestrom	W	
R_{th}	therm. Widerstand, Wärmewiderstand	K/W	$R_{th} = \Delta\vartheta/\Phi_{th}$
G_{th}	therm. Leitwert, Wärmeleitwert	W/K	$G_{th} = 1/R_{th}$
ϱ_{th}	spezifischer Wärmewiderstand	K · m/V	
λ	Wärmeleitfähigkeit	W/(m · K)	
α, h	Wärmeübergangskoeffizient	W/(m² · K)	
k	Wärmedurchgangskoeffizient	W/(m² · K)	
a	Temperaturleitfähigkeit	m²/s	
C_{th}	Wärmekapazität	J/K	
c	spezifische Wärmekapazität	J/(kg · K)	auch: massenbez. Wärmekapazität
H_o	spezifischer Brennwert	J/kg	auch: massenbez. Brennwert
H_u	spezifischer Heizwert	J/kg	auch: massenbez. Heizwert
Licht, elektromagnetische Strahlung			
Q_e, W	Strahlungsenergie, Strahlungsmenge	J	
I_v	Lichtstärke	cd	Candela
Φ_v	Lichtstrom	lm	Lumen, 1 lm = 1 cd · sr
Q_v	Lichtmenge	lm · s	1 lm · h = 3 600 lm · s
L_v	Leuchtdichte	cd/m²	
E_v	Beleuchtungsstärke	lx	Lux, 1 lx = 1 lm/m² = 1 cd · sr/m²
η	Lichtausbeute	lm/W	
H_v	Belichtung	lx · s	
c_o	Lichtgeschwindigkeit im leeren Raum	m/s	$c_o = 2{,}99792485 \cdot 10^8$ m/s
ε	Emissionsgrad	1	
f	Brennweite	m	
n	Brechzahl	1	$n = c_o/c$
D	Brechwert von Linsen	m^{-1}	Dioptrie, 1 dpt = 1 m^{-1}, $D = n/f$
ϱ	Reflexionsgrad	1	
α	Absorptionsgrad	1	

Physikalische Konstanten – *Physical constants*

Konstante	Formel-zeichen	Zahlenwert und Einheit
Elektrische Feldkonstante	ε_o	$8{,}854 \cdot 10^{-12}$ As/Vm
Magnetische Feldkonstante	μ_o	$1{,}257 \cdot 10^{-6}$ Vs/Am
Elementarladung	e	$1{,}6021 \cdot 10^{-19}$ C

Indizes – *Indices*

DIN 1304: 94-03

Index	Bedeutung	Index	Bedeutung
0	null, leerer Raum, Leerlauf	mag	magnetisch
1	eins, primär, Eingang, Anfangszustand	max	maximal
2	zwei, sekundär, Ausgang, Endzustand	n	allgemeine Zahl, Normzustand
abs	absolut	par	parallel
eff	effektiv	ser	seriell
el	elektrisch	tot	total
en	energetisch	v	Verlust
G	Generator	w	Wirk…
kin	kinetisch	x	Blind…

Masse und Kraft – *Mass and force*

Masse, Kraft und Gewichtskraft

	Masse	Kraft	Gewichtskraft
Formelzeichen	m	F	F_G, G
Einheitenzeichen	kg	N (Newton), $1\,N = 1\,kg \cdot m/s^2$	N, $1\,N = 1\,kg \cdot m/s^2$
Definition	Die physikalische Masse m ist die Eigenschaft eines Körpers, die sich sowohl in Trägheitswirkungen gegenüber einer Änderung seines Bewegungszustandes als auch in der Anziehung auf andere Körper äußert (Gravitation). **Die Masse ist ortsunabhängig.**	Die physikalische Kraft F kann als Produkt der Masse m eines Körpers und der Beschleunigung a, die er unter der Kraft F erfahren würde, dargestellt werden: $F = m \cdot a$	Die Gewichtskraft F_G ist das Produkt aus der Masse m eines Körpers und der (örtlichen) Fallbeschleunigung g: $F_G = m \cdot g$ **Die Gewichtskraft ist ortsabhängig.**

Beispiele:

Ort	Masse in kg	Fallbeschleunigung in $\dfrac{m}{s^2}$	Gewichtskraft in N
Äquator (Erde)	100	9,78	978
Pol (Erde)	100	9,84	984
Mond	100	1,62	162
Jupiter	100	25,99	2 599

Zusammensetzung von Kräften

Winkel zwischen den Kräften	Wirkungslinie	Zeichnerische Darstellung	Resultierende Kraft F_R
$\alpha = 0°$	gleich		$F_R = F_1 + F_2$
$\alpha = 180°$	gleich		$F_R = F_2 - F_1$
$\alpha = 90°$	senkrecht zueinander		$F_R = \sqrt{F_1^2 + F_2^2}$ $\tan\beta = \dfrac{F_1}{F_2}$
α beliebig	beliebig		$F_R = \sqrt{F_1^2 + F_2^2 - 2\,F_1 \cdot F_2 \cdot \cos(180° - \alpha)}$ $\tan\beta = \dfrac{F_1 \cdot \sin\alpha}{F_2 + F_1 \cdot \cos\alpha}$

Zerlegung von Kräften

$\vec{F}_{1x}$ und $\vec{F}_{1y}$ sind die Komponenten von $\vec{F}_1$ in Richtung des vorgegebenen Koordinatensystems.

$F_{1x} = F_1 \cdot \cos\alpha$
$F_{1y} = F_1 \cdot \sin\alpha$

Mechanische Arbeit, Leistung und Drehmoment
Mechanical work, power and torque

	Arbeit	Leistung	Drehmoment
Formelzeichen	W	P	M
Einheiten-zeichen	J (Joule) N · m (Newtonmeter) W · s (Wattsekunde)	W (Watt) $\dfrac{N \cdot m}{s}$	N · m
Definition	Eine mechanische Arbeit wird verrichtet, wenn an einem Körper längs eines Weges s eine Kraft F wirkt. $W = F \cdot s$	Die Leistung ist der Quotient aus der Arbeit W und der Zeit t. $P = \dfrac{W}{t}$ mit $W = F \cdot s$ und $v = \dfrac{s}{t}$ ergibt sich: $P = F \cdot v$	Ein Drehmoment entsteht, wenn eine Kraft außerhalb eines Drehpunktes angreift. $M = F \cdot r$ r: Abstand vom Drehpunkt

Beispiele für mechanische Arbeit

Hubarbeit	Reibungsarbeit	Federspannarbeit
Bedingung: F und v sind konstant	Bedingung: F und v sind konstant	Bedingung: Elastische Feder $F \sim s, D = \dfrac{F}{s}$
$F = F_G$ $W = F_G \cdot s$ $W = m \cdot g \cdot s$	$F = F_R$ $W = F_R \cdot s$	$F = F_F$ $W = \dfrac{F_F \cdot s}{2}$

(Diagramme: Kraft über Weg / Verlängerung)

Wirkungsgrad η – *Efficiency η*

Einzelwirkungsgrad

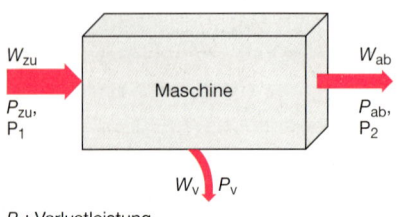

W_v: Verlustleistung

Der Wirkungsgrad ist gleich dem Quotienten aus der abgegebenen Arbeit W_{ab} (Leistung) und der zugeführten Arbeit W_{zu} (Leistung).

$$\eta = \frac{W_{ab}}{W_{zu}}; \quad \eta = \frac{P_{ab}}{P_{zu}}$$

$$\eta = \frac{P_2}{P_1}$$

Angabe in Prozent oder als Zahl, z. B. $\eta = 0{,}82 \;\hat{=}\; 82\ \%$

$$W_v = W_{zu} - W_{ab} \qquad P_v = P_{zu} - P_{ab}$$

Gesamtwirkungsgrad

$$\eta_{ges} = \eta_1 \cdot \eta_2 \cdot \ldots \cdot \eta_n$$

Mechanische Energie – *Mechanical energy*

Formelzeichen: E, W
Einheitenzeichen: Nm (Newtonmeter), Ws (Wattsekunde), J (Joule)   1 Nm = 1 Ws = 1 J

Umwandlung von Arbeit in Energie

Arbeit	→ Energie	$W = E$
Hubarbeit	→ Energie der Lage, potenzielle Energie	$E_p = m \cdot g \cdot s$
Federspannarbeit	→ Spannenergie, potenzielle Energie	$E_s = \dfrac{F \cdot s}{2}$
Beschleunigungs-arbeit	→ Bewegungsenergie, kinetische Energie	$E_k = \dfrac{m \cdot v^2}{2}$

Energieerhaltung

Wenn Energien umgewandelt werden, ist die Summe immer konstant.	$E_p + E_k = $ konstant

Beispiel: Hubarbeit

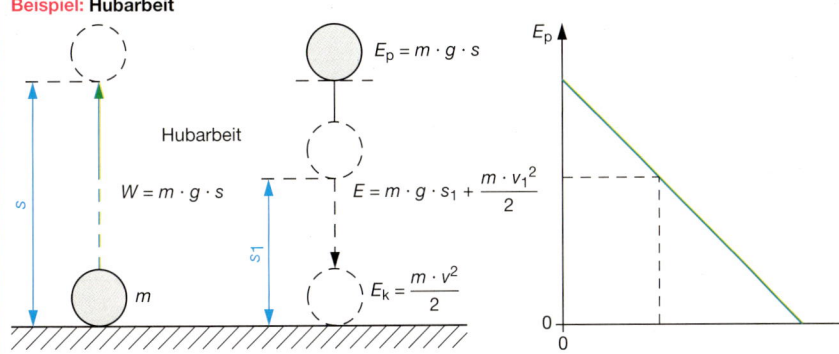

$E_p = m \cdot g \cdot s$

Hubarbeit

$W = m \cdot g \cdot s$

$E = m \cdot g \cdot s_1 + \dfrac{m \cdot v_1^2}{2}$

$E_k = \dfrac{m \cdot v^2}{2}$

Reibung – *Friction*

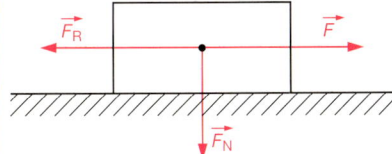

$F_R = \mu \cdot F_N$

F_R: Reibungskraft
μ: Reibungszahl
F_N: Normalkraft
(senkrecht zur Bewegungsrichtung)

Die Reibungskraft hängt nicht von der Größe der Berührungsfläche ab.

Haftreibung	Gleitreibung	Rollreibung
Haftreibung tritt auf, bevor sich ein Körper bewegt.	Wenn Körper aufeinander gleiten, tritt Gleitreibung auf.	Wenn ein Körper auf einen anderen Körper rollt, tritt Rollreibung auf.

Beispiele für Reibungszahlen

Stoffe	Haftreibungszahl	Gleitreibungszahl		Rollreibungszahl
		trocken	flüssig	
Gleitlager	0,1	–	0,03	
Stahl auf Stahl	0,3	0,2	0,04	0,001
Stahl auf Holz	0,5	0,3	0,05	
Lederriemen auf Stahl	0,6	0,3	–	
Gummireifen auf Asphalt	0,8	0,7	0,3	0,02 … 0,03
Mauerwerk auf Beton	1,0	0,8	–	

Hebel und Rollen – *Levers and pulleys*

Momentengleichgewicht	Arbeit	Momentengleichgewicht	Arbeit
Zweiseitig ungleicharmiger Hebel		**Feste Rolle**	

Zweiseitig ungleicharmiger Hebel:
$$F_1 \cdot l_1 = F_2 \cdot l_2$$
$$F_1 \cdot s_1 = F_2 \cdot s_2$$

Feste Rolle:
$$F_1 = F_2$$
$$F_1 \cdot s_1 = F_2 \cdot s_2$$

Einseitig ungleicharmiger Hebel		**Lose Rolle**	

Einseitig ungleicharmiger Hebel:
$$F_1 \cdot l_1 = F_2 \cdot l_2$$
$$F_1 \cdot s_1 = F_2 \cdot s_2$$

Lose Rolle:
$$F_1 = \frac{F_2}{2}$$
$$F_1 \cdot s_1 = F_2 \cdot s_2$$

Beispiele:		**Flaschenzug**	

Zweiseitiger Hebel | Winkelhebel

Zweiseitiger Hebel:
$$\Sigma M_l = \Sigma M_r$$
$$F_1 \cdot l_1 + F_2 \cdot l_2 = F_3 \cdot l_3 + F_4 \cdot l_4$$
M_l: Linksdrehendes Moment
M_r: Rechtsdrehendes Moment

Winkelhebel:
$$M_l = M_r$$
$$F_1 \cdot l_1 = F_2 \cdot l_2$$

Flaschenzug:
$$F_1 = \frac{F_2}{n}$$
$n = 4$
$$F_1 \cdot s_1 = F_2 \cdot s_2$$

Getriebe, Übersetzungen – *Gears, transmission ratios*

Flachriemengetriebe mit einfacher Übersetzung	**Zahnradgetriebe mit einfacher Übersetzung**

Flachriemengetriebe mit einfacher Übersetzung:
$$i = \frac{n_1}{n_2}$$
$$i = \frac{d_2}{d_1}$$
d: Durchmesser
n: Drehzahl
i: Übersetzungsverhältnis
$$d_1 \cdot n_1 = d_2 \cdot n_2$$

Zahnradgetriebe mit einfacher Übersetzung:
$$i = \frac{n_1}{n_2}$$
$$i = \frac{z_2}{z_1}$$
z: Zähnezahl
$$n_1 \cdot z_1 = n_2 \cdot z_2$$

Flachriemengetriebe mit doppelter Übersetzung	**Zahnradgetriebe mit doppelter Übersetzung**

Flachriemengetriebe mit doppelter Übersetzung:
$$i_{ges} = i_1 \cdot i_2$$
$$i_{ges} = \frac{n_1}{n_4}$$
$$i_{ges} = \frac{d_2 \cdot d_4}{d_1 \cdot d_3}$$
$$n_4 = n_1 \frac{d_1 \cdot d_3}{d_2 \cdot d_4}$$

i_1, i_2: Einzelübersetzungsverhältnisse
i_{ges}: Gesamtes Übersetzungsverhältnis

Zahnradgetriebe mit doppelter Übersetzung:
$$i_{ges} = i_1 \cdot i_2$$
$$i_{ges} = \frac{n_1}{n_4}$$
$$i_{ges} = \frac{z_2 \cdot z_4}{z_1 \cdot z_3}$$
$$n_4 = n_1 \frac{z_1 \cdot z_3}{z_2 \cdot z_4}$$

i_{ges}: Gesamtes Übersetzungsverhältnis

Bewegungen – *Motions*

Formelzeichen und Einheiten

s: Weg, Strecke $\quad [s] = $ m, km

t: Zeit $\quad [t] = $ s, min, h

v: Geschwindigkeit $\quad [v] = \dfrac{m}{s}$; $\dfrac{km}{h}$; $\dfrac{m}{min}$; $\quad 1\dfrac{km}{h} = \dfrac{1}{3,6}\dfrac{m}{s} = 0,278\dfrac{m}{s}$ $\quad 60\dfrac{m}{min} = 3,6\dfrac{km}{h}$

a: Beschleunigung $\quad [a] = \dfrac{m}{s^2}$

Allgemeine Beziehungen

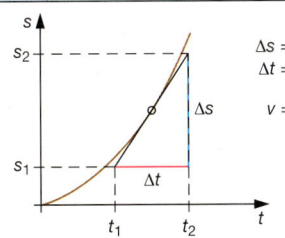

$$\Delta s = s_2 - s_1$$
$$\Delta t = t_2 - t_1$$
$$v = \frac{\Delta s}{\Delta t}$$

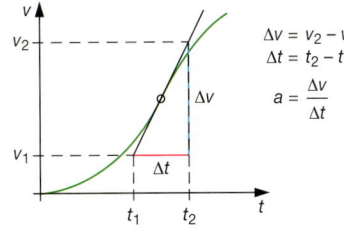

$$\Delta v = v_2 - v_1$$
$$\Delta t = t_2 - t_1$$
$$a = \frac{\Delta v}{\Delta t}$$

Sonderfälle

	Geradlinig gleichförmige Bewegung	Gleichmäßig beschleunigte Bewegung	
	In gleichen Zeiten werden gleiche Wegstrecken zurückgelegt.	In gleichen Zeiten werden ungleiche Wegstrecken zurückgelegt.	
		positive Beschleunigung	**negative Beschleunigung**
Weg	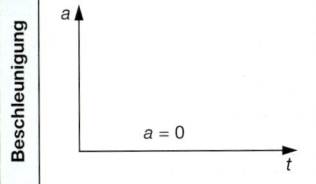 $s = v \cdot t$	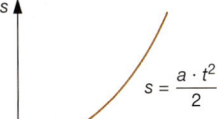 $s = \dfrac{a \cdot t^2}{2}$	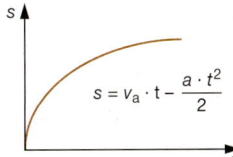 $s = v_a \cdot t - \dfrac{a \cdot t^2}{2}$
Geschwindigkeit	$v = $ konst. $\quad v = \dfrac{s}{t}$	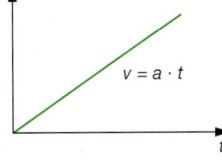 $v = a \cdot t$	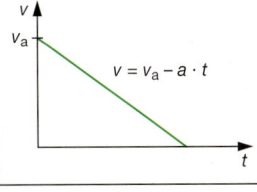 v_a $\quad v = v_a - a \cdot t$
Beschleunigung	$a = 0$	$a = $ konst. $\quad a = \dfrac{v}{t}$	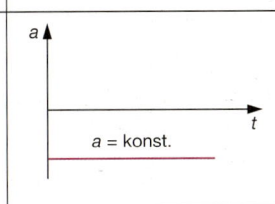 $a = $ konst.

Freier Fall

(gleichmäßig beschleunigte Bewegung im Vakuum)

$$s = \frac{g \cdot t^2}{2}$$
$$v = g \cdot t; \quad v = \sqrt{2\,g \cdot s}$$

g: örtliche Fallbeschleunigung

$$g = 9,80665\,\frac{m}{s^2}$$

Gleichförmige Kreisbewegung – *Uniform circular motion*

Geschwindigkeit *v*		
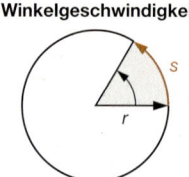	Der Betrag der Geschwindigkeit ist stets gleich. T: Zeit für eine Umdrehung $2\pi \cdot r$: Wegstrecke bei einer Umdrehung	$v = \dfrac{s}{t}$ $v = \dfrac{2\pi \cdot r}{T}$
	Die Richtung der Geschwindigkeit ändert sich ständig. Deshalb tritt eine Radialbeschleunigung a_r auf. Sie ist stets zum Mittelpunkt gerichtet.	$a_r = \dfrac{v^2}{r}$

Winkelgeschwindigkeit *ω*		
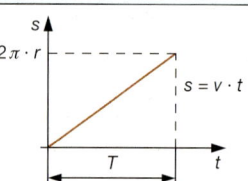	α_G: Winkel im Gradmaß α_B: Winkel im Bogenmaß In der Zeit T wird der Vollwinkel von $360°$ (2π) überstrichen. ω: Winkelgeschwindigkeit $[\omega] = \dfrac{1}{s}$	$\alpha_B = \dfrac{s}{r}$ $\dfrac{\alpha_G}{\alpha_B} = \dfrac{360°}{2\pi}$ $\omega = \dfrac{2\pi}{T}$ $\omega = 2\pi \cdot f$

Weg	Geschwindigkeit	Winkelgeschwindigkeit
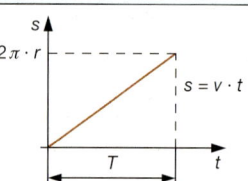 $s = v \cdot t$	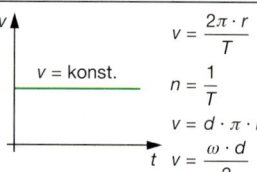 $v = \dfrac{2\pi \cdot r}{T}$ $v = \text{konst.}$ $n = \dfrac{1}{T}$ $v = d \cdot \pi \cdot n$ $v = \dfrac{\omega \cdot d}{2}$	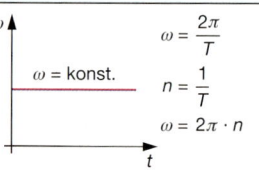 $\omega = \dfrac{2\pi}{T}$ $\omega = \text{konst.}$ $n = \dfrac{1}{T}$ $\omega = 2\pi \cdot n$

Leistung und Drehmoment

allgemein: $P = \omega \cdot M$

$P = 2\pi \cdot n \cdot M$

n in $\dfrac{1}{s}$

$P = \dfrac{n \cdot M}{9549}$

P in kW
M in Nm
n in $\dfrac{1}{min}$

Dichte, spezifisches Volumen – *Density, specific volume*

Die Dichte ϱ eines Stoffes ist der Quotient aus der Masse m und dem Volumen V.

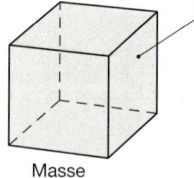

Volumen

$\varrho = \dfrac{m}{V}$

Masse

Einheit: $\dfrac{g}{cm^3}$; $\dfrac{kg}{dm^3}$; $\dfrac{Mg}{m^3}$

Auftriebskraft – *Buoyant force*

Die Auftriebskraft, die ein Körper in einer Flüssigkeit erfährt, ist gleich der Gewichtskraft der von diesem Körper verdrängten Flüssigkeit.

F_A: Auftriebskraft
ϱ_{Fl}: Dichte der Flüssigkeit
V_K: Volumen des eingetauchten Körpers
g: Fallbeschleunigung
F_G: Gewichtskraft des Körpers
m_{Fl}: Masse der Flüssigkeit

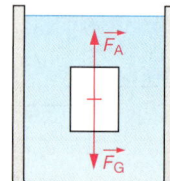

$F_A = m_{Fl} \cdot g$

$\varrho_{Fl} = \dfrac{m_{Fl}}{V_K}$

$F_A = \varrho_{Fl} \cdot g \cdot V_K$

Druck – *Pressure*

p: Druck $\qquad [p] = \dfrac{N}{m^2} \qquad 1\,\dfrac{N}{m^2} = 1\,Pa$ (Pascal)

F: Kraft $\qquad [F] = N \qquad 1\,\dfrac{N}{m^2} = 10^{-5}\,bar$

A: Fläche $\qquad [A] = m^2 \qquad 1\,bar = 10^5\,\dfrac{N}{m^2}$

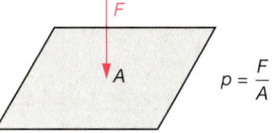

$$p = \dfrac{F}{A}$$

Atmosphärische Druckangaben

p_{abs}: Absolutdruck (Druck gegenüber dem Druck Null im leeren Raum)

p_{amb}: Absoluter Atmosphärendruck

$\Delta p,\ p_{1,2}$: Druckdifferenz, Differenzdruck

p_e: Atmosphärische Druckdifferenz, Überdruck (positiv oder negativ)

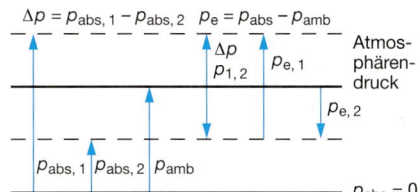

$\Delta p = p_{abs,\,1} - p_{abs,\,2} \qquad p_e = p_{abs} - p_{amb}$

Umrechnung nicht mehr anzuwendender Druckeinheiten

$1\,\dfrac{kp}{cm^3} = 1\,at = 98066{,}5\,Pa = 0{,}980665\,bar$

$1\,Torr = \dfrac{1\,atm}{760} = 133{,}322\,Pa = 1{,}33322\,mbar$

$1\,atm = 101325\,Pa = 1{,}01325\,bar$

$1\,mm\,Hg = 133{,}322\,Pa = 1{,}33322\,mbar$

$1\,m\,WS = 9806{,}65\,Pa = 98{,}0665\,mbar$

WS: Wassersäule; Hg: Quecksilber

Hydraulischer Druck

p: Hydrostatischer Druck

h: Höhe der Flüssigkeitssäule

ϱ: Dichte der Flüssigkeit

g: Fallbeschleunigung

A: Bodenfläche

F_B: Bodendruckkraft

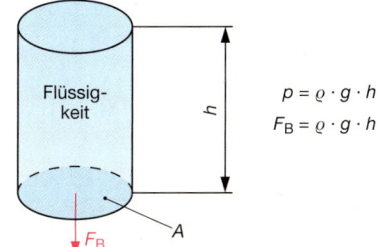

$$p = \varrho \cdot g \cdot h$$
$$F_B = \varrho \cdot g \cdot h \cdot A$$

Hydraulische Anlagen

Druckgleichgewicht	Verrichtete Arbeit

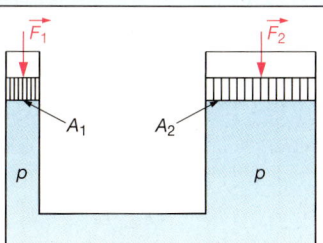 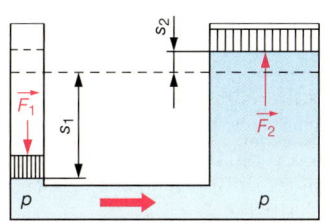

$\dfrac{F_1}{A_1} = \dfrac{F_2}{A_2} \qquad \dfrac{F_1}{F_2} = \dfrac{A_1}{A_2}$

$F_1 \cdot s_1 = F_2 \cdot s_2$

$\dfrac{F_1}{F_2} = \dfrac{s_2}{s_1}$

Wärme – *Heat*

Temperatur

tiefste Temperatur $\vartheta_0 = -273{,}15\,°C = 0\,K$

Temperatur	Kelvin-Temperatur	Celsius-Temperatur	Fahrenheit-Temperatur
Formelzeichen	T	t, ϑ	t, ϑ
Einheitenzeichen	K (Kelvin)	°C (Grad Celsius)	°F (Grad Fahrenheit)
Einheit der Temperatur-differenz	1 K (Kelvin)	1 K (Kelvin)	–
Zusammenhang	$0\,K = -273\,°C$ $273\,K = 0\,°C$ $373\,K = 100\,°C$		$\vartheta_F = \dfrac{9}{5}\vartheta_C + 32°$ $\vartheta_C = (\vartheta_F - 32°)\dfrac{5}{9}$

Temperaturmessung

Flüssigkeitsthermometer mit Quecksilber	$-30\,°C \ldots 280\,°C$	Segerkegel	$220\,°C \ldots 2000\,°C$
Flüssigkeitsthermometer mit Quecksilber und Gasfüllung	$-30\,°C \ldots 750\,°C$	Metallausdehnungs-thermometer	$-20\,°C \ldots 500\,°C$
		Elektrische Widerstands-thermometer	$-250\,°C \ldots 1000\,°C$
Flüssigkeitsthermometer mit Alkohol	$-110\,°C \ldots 50\,°C$	Glühfarben	$500\,°C \ldots 3000\,°C$
Thermocolore	$150\,°C \ldots 600\,°C$	Gasthermometer	$-272\,°C \ldots 2800\,°C$

Ausdehnung durch Wärme

lineare Ausdehnung	kubische Ausdehnung

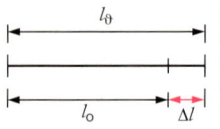

l_0: Anfangslänge
Δl: Längenänderung
l_ϑ: Endlänge
$\Delta\vartheta$: Temperaturänderung
α: Längenausdeh-nungskoeffizient

$\Delta l = l_0 \cdot \alpha \cdot \Delta\vartheta$
$l_\vartheta = l_0 + \Delta l$
$l_\vartheta = l_0 (1 + \alpha \cdot \Delta\vartheta)$
$[\alpha] = \dfrac{1}{K}$

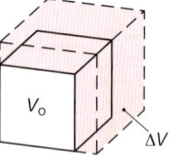

V_0: Anfangsvolumen
ΔV: Volumenänderung
V_ϑ: Endvolumen
$\Delta\vartheta$: Temperaturänderung
γ: Volumenausdehnungs-koeffizient

$\Delta V = V_0 \cdot \gamma \cdot \Delta\vartheta$
$V_\vartheta = V_0 + \Delta V$
$V_\vartheta = V_0 (1 + \gamma \cdot \Delta\vartheta)$

es gilt angenähert:

$\gamma \approx 3\alpha \quad [\gamma] = \dfrac{1}{K}$

Wärmemenge Q

$Q = m \cdot c \cdot \Delta\vartheta$

Q: Wärmemenge $[Q] = J$ (Joule)
m: Masse
$\Delta\vartheta$: Temperaturänderung
c: spezifische Wärmekapazität

$[c] = \dfrac{kJ}{kg \cdot K}$

Die einem Körper zugeführte oder von ihm abgegebene Wärmemenge ist abhängig vom Produkt aus der Masse, der spezifischen Wärmekapazität und der Temperaturänderung, die der Körper erfährt.

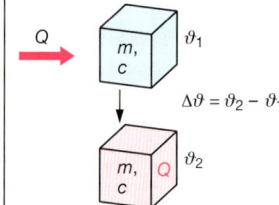

$\Delta\vartheta = \vartheta_2 - \vartheta_1$

Mischungsvorgänge

abgegebene Wärmemenge = aufgenommener Wärmemenge

$$Q_{ab} = Q_{auf}$$
$$m_1 \cdot c_1 (\vartheta_1 - \vartheta_m) = m_2 \cdot c_2 (\vartheta_m - \vartheta_2)$$
$$\vartheta_m = \frac{m_1 \cdot c_1 \cdot \vartheta_1 + m_2 \cdot c_2 \cdot \vartheta_2}{m_1 \cdot c_1 + m_2 \cdot c_2}$$

ϑ_m: Mischungstemperatur

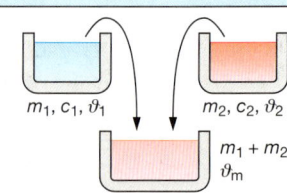

Grundlegende Größen und Formeln der Elektrotechnik

Basic quantities and formulas of electrical engineering

Größe	Darstellung	Größen und Formelzeichen	Einheit und Einheitenzeichen	Formel
Spannung		Spannung U	Volt V	
		Ladung Q	Coulomb C Amperesekunde As	$U = \dfrac{W}{Q}$
		Arbeit W	Wattsekunde Ws, VAs	
	Die **elektrische Spannung** zwischen zwei Punkten eines elektrischen Feldes ist gleich dem Quotienten aus der verrichteten Verschiebungsarbeit und der bewegten Ladung.			
Stromstärke		Stromstärke I	Ampere A	
		Zeit t	Sekunde s $1 \text{ As} = 1 \text{ C}$	$I = \dfrac{Q}{t}$
	Ein Ampere ist die Stärke eines zeitlich unveränderlichen elektrischen Stromes durch zwei geradlinige, parallele, unendlich lange Leiter, die einen Abstand von 1 m haben und zwischen denen im leeren Raum je 1 m Doppelleitung eine Kraft von $2 \cdot 10^{-7}$ N wirkt.			
Stromdichte		Stromdichte J	Ampere durch Quadratmeter $\dfrac{A}{m^2}$	
		Querschnittsfläche q	Quadratmeter m^2 $1 \text{ m}^2 = 10^4 \text{ cm}^2$ $= 10^6 \text{ mm}^2$	$J = \dfrac{I}{q}$
Stromstärke, Spannung, Widerstand und Leitwert		Widerstand R	Ohm Ω $1 \Omega = 1 \dfrac{V}{A}$	$I = \dfrac{U}{R}$
		Leitwert G	Siemens S $1 \text{ S} = 1 \dfrac{A}{V}$	$G = \dfrac{1}{R}$ $I = G \cdot U$
Elektrische Arbeit		Elektrische Arbeit W	Wattsekunde Ws, VAs $1 \text{ kWh} = 3{,}6 \cdot 10^6 \text{ Ws}$ $1 \text{ Nm} = 1 \text{ Ws} = 1 \text{ J}$	$W = U \cdot I \cdot t$ $W = P \cdot t$
Elektrische Leistung		Elektrische Leistung P	Watt W, VA	$P = \dfrac{W}{t}$ $P = U \cdot I$ $P = I^2 \cdot R$ $P = \dfrac{U^2}{R}$

Bemessungsspannungen in V – *Rated voltages*

Wechselspannungen unter 120 V (für Betriebsmittel)

bevorzugt		6	12		24		42		60		110
ergänzend	5			15		36		48		100	

Gleichspannungen unter 750 V (für Betriebsmittel)

bevorzugt						6		12	24	36		48	60	72		96	110		220	440	
ergänzend	2,4	3	4	4,5	5		7,5	9			15		30		40			80		125	250	600

Drehstrom-Vierleiter- oder Dreileiternetz				Einphasen-Dreileiternetz
230 V/400 V	277 V/480 V	400 V/690 V	1 000 V	120 V/240 V

Gleichstrom-Bahnnetze		Wechselstrom-Einphasen-Bahnnetze		
Bemessungsspannung (bevorzugt)	Bereich	Bemessungsspannung (bevorzugt)	Bereich	Frequenz in Hz
750	500 … 900	15 000	12 000 … 17 250	16 $^2/_3$
1 500	1 000 … 1 800	25 000	19 000 … 27 500	50 oder 60
3 000	2 000 … 3 600			

Drehstromnetze über 1 kV bis 230 kV (Bemessungsspannung)

bevorzugt in Deutschland	3	6	**10**	15	**20**		35	45	**66**	**110**	**132**	150	**220**
andere Länder	3,3	6,6	11		22	33			69	115	138		230

Fettgedruckte Werte sind Vorzugswerte für öffentliche Verteilernetze.

Drehstromnetze über 245 kV (höchste Spannung)

300	363	**420**	525	765	1 200	Vorzugswert fett gedruckt

Bemessungsströme in A – *Rated currents in A*

1	1,25	1,6	2	2,5	3,15	4	5	6,3	8
10	12,5	16	20	25	31,5	40	50	63	80
100	125	160	200	250	315	400	500	630	800
1 000	1 250	1 600	2 000	2 500	3 150	4 000	5 000	6 300	8 000
10 000									

Es können, falls erforderlich, anstatt 1,6 A; 3,15 A; 6,3 A und 8 A auch die Werte 1,5 A; 3 A; 6 A und 7,5 A bzw. das 10-, 100- und 1 000fache dieser Werte vorgesehen werden.

Spannung und Strom (gekürzte Schreibweise)
Voltage and current *(abbreviated notation)*

Grafisches Symbol	Kurz-bez.[3]	Benennung	Reihenfolge der Angaben (nicht erforderliche Angaben können entfallen):
———— [1] === [2]	DC	Gleichspannung, Gleichstrom	– Anzahl der Außenleiter – übrige Leiter – Spannungs- und Stromart
$\sim$	AC	Wechselspannung, Wechselstrom	– Frequenz (Zahlenwert und Einheit) – Spannung oder Strom (Zahlenwert und Einheit)
$\overset{\sim}{=}$	UC	Gleich- und Wechselspannung oder Strom	**Beispiel:** 1/N/PE ~ 230 V oder 1/N/PE AC 230 V

[1] Vorzugsweise in Schaltungen
[2] Vorzugsweise auf Betriebsmitteln und Einrichtungen
[3] Anwendung z. B. in Datenverarbeitung und Schrifttum

Elektrischer Widerstand – *Electrical resistance*

Bezeichnung	Darstellung	Größen und Formelzeichen	Einheiten-zeichen	Formel
Widerstand von Leitern		R: Widerstand l: Leiterlänge q: Querschnitts-fläche ϱ: Spezifischer Widerstand $\gamma, \varkappa$: Elektrische Leitfähigkeit	Ω m m^2, mm^2 $\Omega \cdot m, \dfrac{\Omega \cdot mm^2}{m}$ $1\dfrac{\Omega \cdot mm^2}{m} =$ $1\,\mu\Omega \cdot m$ $\dfrac{S}{m}, \dfrac{S \cdot m}{mm^2}$ $1\dfrac{S \cdot m}{mm^2} = 1\dfrac{MS}{m}$	$R = \dfrac{\varrho \cdot l}{q}$ $\varkappa = \dfrac{1}{\varrho}$ $R = \dfrac{l}{\varkappa \cdot q}$
Widerstand und Temperatur	ϑ_1 R_{20} Wärme ϑ_2 R_ϑ	ΔR: Widerstands-änderung R_{20}: Widerstand bei 20 °C α, β: Temperatur-koeffizient $\Delta\vartheta$: Temperatur-änderung R_ϑ: Widerstand bei Erwär-mung	Ω Ω $\dfrac{1}{K}$, K^{-1} $\dfrac{1}{K^2}$, K^{-2} K Ω	$\vartheta < 200$ °C $\Delta R = R_{20} \cdot \alpha \cdot \Delta\vartheta$ $R_\vartheta = R_{20} + \Delta R$ $R_\vartheta = R_{20}(1 + \alpha \cdot \Delta\vartheta)$ $\vartheta > 200$ °C $R_\vartheta = R_{20}(1 + \alpha \cdot \Delta\vartheta + \beta \cdot \Delta\vartheta^2)$

Messung elektrischer Widerstände – *Measurement of electrical resistors*

Spannungs-fehler-schaltung (für große Widerstände)		U: gemessene Spannung I: gemessene Stromstärke $R_{i(I)}$: Widerstand des Strom-messgerätes	V A Ω	$R = \dfrac{U - I \cdot R_{i(I)}}{I}$
Stromfehler-schaltung (für kleine Widerstände)		U: gemessene Spannung I: gemessene Stromstärke $R_{i(U)}$: Widerstand des Spannungsmess-gerätes	V A Ω	$R = \dfrac{U}{I - \dfrac{U}{R_{i(U)}}}$
Brücken-schaltung (Wheatstone-Messbrücke)		R_1, R_2, R_3, R_4: Widerstände der Messbrücke	Ω	abgeglichene Brücke: $\dfrac{R_1}{R_2} = \dfrac{R_3}{R_4}$ $I = 0$

Schaltungen mit Widerständen – *Circuits with resistors*

Vorzeichen und Richtungssinne von Strom und Spannung

DIN 5489: 90-09

Gleicher Bezugssinn	Ungleicher Bezugssinn	Verbraucher-Pfeilsystem	Erzeuger-Pfeilsystem
$U = I \cdot R$	$U = -I \cdot R$	**Spannungsq.** $U = U_0 + I \cdot R$ **Stromquelle** $I = -I_0 + G \cdot U$	$U = U_0 - I \cdot R$ $I = I_0 - G \cdot U$

Erstes Kirchhoffsches Gesetz (Knotenregel)

In jedem Knotenpunkt ist die Summe aller Ströme Null.

$$\sum I = 0$$

$$I_1 - I_2 - I_3 + I_4 + I_5 = 0$$

Beispiel:

Zweites Kirchhoffsches Gesetz (Maschenregel)

Die Summe aller Teilspannungen entlang eines geschlossenen Weges (willkürlich gewählter Umlaufsinn) ist Null.

$$\sum U = 0$$

$$-U_1 + I \cdot R_1 + I \cdot R_2 - U_2 + I \cdot R_3 = 0$$

Beispiel:

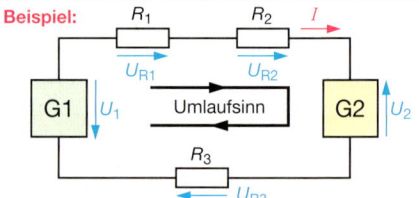

	Reihenschaltung	Parallelschaltung
Schaltung		
Spannung	$U_g = U_1 + U_2 + \ldots + U_n$	Alle Widerstände liegen an derselben Spannung U.
Stromstärke	Durch alle Widerstände fließt derselbe Strom I.	$I_g = I_1 + I_2 + \ldots + I_n$
Widerstände und Leitwerte	$R_g = R_1 + R_2 + \ldots + R_n$	$\dfrac{1}{R_g} = \dfrac{1}{R_1} + \dfrac{1}{R_2} + \ldots + \dfrac{1}{R_n}$ $G_g = G_1 + G_2 + \ldots + G_n$
Verhältnisse	$\dfrac{U_1}{U_2} = \dfrac{R_1}{R_2}$; $\dfrac{U_1}{U_n} = \dfrac{R_1}{R_n}$; $\dfrac{U_1}{U_g} = \dfrac{R_1}{R_g}$; …	$\dfrac{I_1}{I_2} = \dfrac{R_2}{R_1}$; $\dfrac{I_1}{I_n} = \dfrac{R_n}{R_1}$; $\dfrac{I_1}{I_g} = \dfrac{R_g}{R_1}$; …

Schaltungen mit Widerständen – *Circuits with resistors*

Unbelasteter Spannungsteiler	Belasteter Spannungsteiler

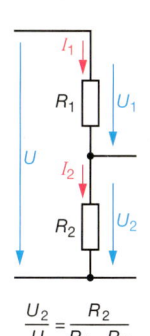

$$\frac{U_2}{U} = \frac{R_2}{R_1 + R_2}$$

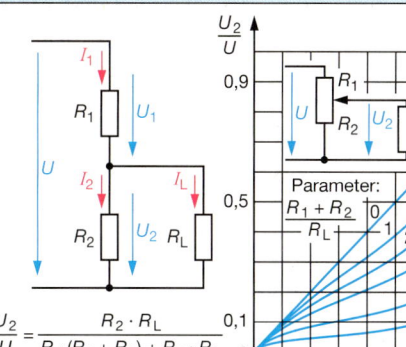

$$\frac{U_2}{U} = \frac{R_2 \cdot R_L}{R_1(R_2 + R_L) + R_2 \cdot R_L}$$

Parameter: $\dfrac{R_1 + R_2}{R_L}$ 0, 1, 2, 4, 10, 20

Messbereichserweiterung

Spannungsmessung

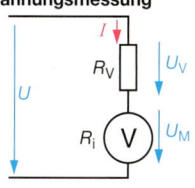

n : Faktor der Messbereichs-
erweiterung
R_v : Vorwiderstand
R_i : Innenwiderstand
U_M : Spannung am Messwerk
bei Vollausschlag
I : Strom durch das Messwerk
bei Vollausschlag

$$n = \frac{U}{U_M}$$

$$R_v = \frac{U - U_M}{I}$$

$$R_v = (n - 1)\,R_i$$

Strommessung

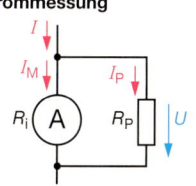

n : Faktor der Messbereichs-
erweiterung
R_p : Parallelwiderstand
R_i : Innenwiderstand
U : Spannung am Messwerk
bei Vollausschlag
I_M : Strom durch das Messwerk
bei Vollausschlag

$$n = \frac{I}{I_M}$$

$$R_p = \frac{U}{I - I_M}$$

$$R_p = \frac{R_i}{(n - 1)}$$

Stern-Dreieck-Umwandlung

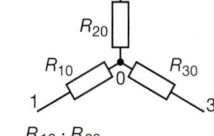

Umwandlung ⟺

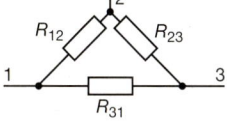

$$R_{12} = \frac{R_{10} \cdot R_{20}}{R_{30}} + R_{10} + R_{20}$$

$$R_{23} = \frac{R_{20} \cdot R_{30}}{R_{10}} + R_{20} + R_{30}$$

$$R_{31} = \frac{R_{10} \cdot R_{30}}{R_{20}} + R_{10} + R_{30}$$

$$R_{10} = \frac{R_{12} \cdot R_{31}}{R_{12} + R_{23} + R_{31}}$$

$$R_{20} = \frac{R_{12} \cdot R_{23}}{R_{12} + R_{23} + R_{31}}$$

$$R_{30} = \frac{R_{23} \cdot R_{31}}{R_{12} + R_{23} + R_{31}}$$

Beispiel:

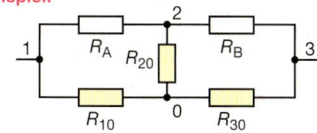

⟹

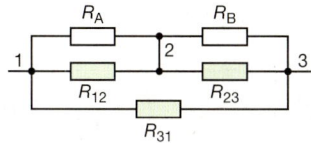

Schaltungen mit Spannungsquellen – *Circuits with voltage sources*

Spannungsquelle mit Innenwiderstand

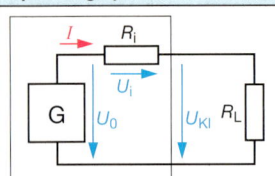

U_0	: Leerlaufspannung (Quellensp.)
U_{Kl}	: Klemmenspannung
ΔU	: Spannungsänderung
R_i	: Innenwiderstand
R_L	: Belastungswiderstand
I_k	: Kurzschlussstromstärke
ΔI	: Stromänderung
P_L	: Ausgangsleistung
P_i	: Verlustleistung der Spannungsquelle

$$U_0 = U_i + U_{Kl}$$

$$I = \frac{U_0}{R_i + R_L} \; ; \quad I_k = \frac{U_0}{R_i}$$

$$R_i = \frac{U_i}{I} \; ; \quad R_i = \frac{\Delta U}{\Delta I}$$

$$U_{Kl} = U_0 - I \cdot R_i$$

Anpassung

Stromanpassung, $R_L \ll R_i$	Spannungsanpassung, $R_L \gg R_i$	Leistungsanpassung, $R_L = R_i$
$I \approx \dfrac{U_0}{R_i}$	$I \approx \dfrac{U_0}{R_L}$	$I = \dfrac{U_0}{2R_i} \; ; \quad I = \dfrac{U_0}{2R_L}$
$U_{Kl} \approx \dfrac{U_0 \cdot R_L}{R_i}$	$U_{Kl} \approx U_0$	$U_{Kl} = \dfrac{U_0}{2}$
$P_L \approx 0$	$P_L \approx 0$	$P_L = \dfrac{U_0^2}{4R_i} \; ; \quad P_i = \dfrac{U_0^2}{4R_L}$

Reihenschaltung

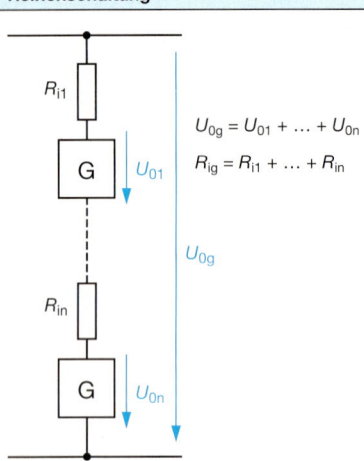

$$U_{0g} = U_{01} + \ldots + U_{0n}$$

$$R_{ig} = R_{i1} + \ldots + R_{in}$$

Parallelschaltung

$$I_g = I_1 + \ldots + I_n$$

$$\frac{1}{R_{ig}} = \frac{1}{R_{i1}} + \ldots + \frac{1}{R_{in}}$$

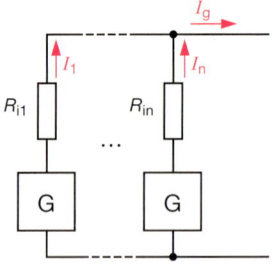

Bei unterschiedlichen Leerlaufspannungen fließen zwischen den Spannungsquellen Ausgleichs-ströme.

Wärmewirkungsgrad – *Thermal efficiency*

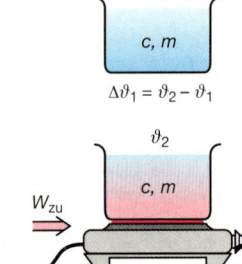

$$\Delta \vartheta_1 = \vartheta_2 - \vartheta_1$$

W_{zu}	: Zugeführte elektrische Arbeit
W_{ab}, Q	: Abgegebene Wärme-menge
$\Delta \vartheta$	: Temperaturänderung
c	: Spezifische Wärme-kapazität
η_{th}	: Wärmewirkungsgrad
t	: Zeit
m	: Masse (z. B. Wasser)

$$c_{H_2O} = \frac{4,19\ \text{kJ}}{\text{kg} \cdot \text{K}}$$

$$W_{zu} = P \cdot t$$

$$W_{ab} = Q$$
$$Q = m \cdot c \cdot \Delta \vartheta$$

$$\eta_{th} = \frac{W_{ab}}{W_{zu}}$$

$$P = \frac{\Delta \vartheta \cdot c \cdot m}{\eta_{th} \cdot t}$$

$[W_{zu}]$	$= \text{Ws}$
$[P]$	$= \text{W}$
$[t]$	$= \text{s}$
$[Q]$	$= \text{J}$
$[m]$	$= \text{kg}$
$[c]$	$= \dfrac{\text{J}}{\text{kg} \cdot \text{K}}$
$[\Delta \vartheta]$	$= \text{K}$
$[\eta]$	$= 1$

Elektrisches Feld, Kondensator – *Electric field, capacitor*

Kraft zwischen Ladungen (Coulombsches Gesetz)

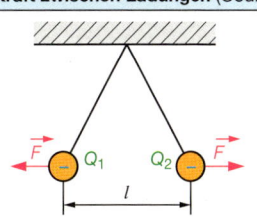

F	: Kraft zwischen den Ladungen
Q_1, Q_2	: Ladungen
ε	: Permittivität
ε_0	: Elektrische Feldkonstante
ε_r	: Permittivitätszahl
l	: Abstand der Ladungen

$$F = \frac{Q_1 \cdot Q_2}{4\pi\varepsilon \cdot l^2}$$

$$\varepsilon = \varepsilon_0 \cdot \varepsilon_r \qquad [\varepsilon_r] = 1$$

$$\varepsilon_0 = 8{,}86 \cdot 10^{-12} \frac{As}{Vm}$$

Elektrische Feldstärke

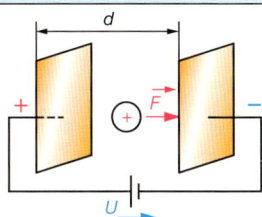

E	: Elektrische Feldstärke
F	: Kraft auf die Ladung im Feld
Q	: Ladung im Feld
U	: Spannung zwischen den Platten
d	: Abstand der Platten

$$E = \frac{F}{Q} \qquad [E] = \frac{N}{C}$$

$$1\,C = 1\,As$$

$$E = \frac{U}{d} \qquad [E] = \frac{V}{m}$$

Kondensator und Kapazität

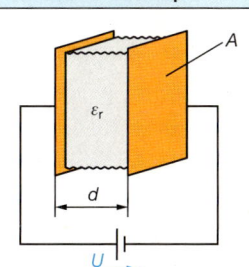

C	: Kapazität des Kondensators
Q	: Ladung des Kondensators
U	: Spannung zwischen den Kondensatorplatten
ε	: Permittivität
ε_0	: Elektrische Feldkonstante
ε_r	: Permittivitätszahl
A	: Plattenfläche
d	: Plattenabstand
W	: Gespeicherte Energie des Kondensators

$$C = \frac{Q}{U} \qquad [C] = \frac{As}{V}$$

$$1\frac{As}{V} = 1\,F \text{ (Farad)}$$

$$C = \frac{\varepsilon \cdot A}{d}$$

$$\varepsilon = \varepsilon_0 \cdot \varepsilon_r \qquad [\varepsilon_r] = 1$$

$$\varepsilon_0 = 8{,}86 \cdot 10^{-12} \frac{As}{Vm}$$

$$W = \frac{C \cdot U^2}{2} \qquad [W] = V\,As$$

Parallelschaltung von Kondensatoren

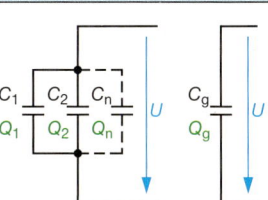

$Q_1 \ldots Q_n$	: Ladungen der Einzelkondensatoren
$C_1 \ldots C_n$	: Kapazitäten der Einzelkondensatoren
Q_g	: Ladung der Gesamtkapazität
C_g	: Gesamtkapazität

$$Q = C \cdot U$$

$$Q_g = Q_1 + Q_2 + \ldots + Q_n$$

$$C_g = C_1 + C_2 + \ldots + C_n$$

Reihenschaltung von Kondensatoren

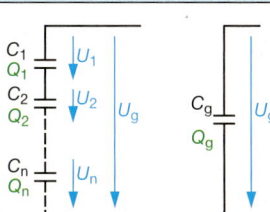

$Q_1 \ldots Q_n$	: Ladungen der Einzelkondensatoren
$C_1 \ldots C_n$	: Kapazitäten der Einzelkondensatoren
Q_g	: Ladung der Gesamtkapazität
C_g	: Gesamtkapazität
$U_1 \ldots U_n$	: Einzelspannungen
U_g	: Gesamtspannung

$$Q = C \cdot U$$

$$Q_g = Q_1 = Q_2 = \ldots = Q_n$$

$$U_g = U_1 + U_2 + \ldots + U_n$$

$$\frac{1}{C_g} = \frac{1}{C_1} + \frac{1}{C_2} + \ldots + \frac{1}{C_n}$$

Magnetisches Feld – *Magnetic field*

Magnetische Feldstärke

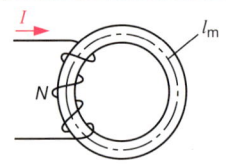

H : Magnetische Feldstärke
I : Stromstärke
N : Windungszahl
l_m : Mittlere Feldlinienlänge
Θ : Elektrische Durchflutung

$$H = \frac{I \cdot N}{l_m} \qquad [H] = \frac{A}{m}$$

$$\Theta = I \cdot N \qquad [\Theta] = A$$

Magnetische Flussdichte (Induktion)

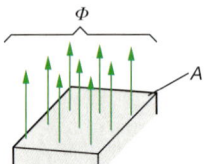

B : Magnetische Flussdichte
Φ : Magnetischer Fluss
A : Fläche

$$B = \frac{\Phi}{A} \qquad [\Phi] = V\,s$$

$$1\ V\,s = 1\ Wb\ (Weber)$$

$$[B] = \frac{V\,s}{m^2}$$

$$1\ \frac{V\,s}{m^2} = 1\ T\ (Tesla)$$

Zusammenhang zwischen magnetischer Feldstärke und Flussdichte

Vakuum (Luft)

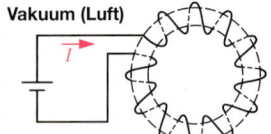

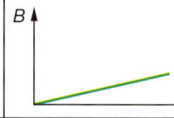

μ_o : Magnetische Feldkonstante

Magneti-sierungs-Kennlinie von Luft

$$B = \mu_o \cdot H$$

$$\mu_o = 1{,}257 \cdot 10^{-6}\ \frac{V\,s}{A\,m}$$

Eisenkern

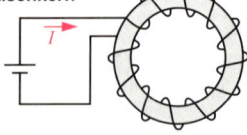

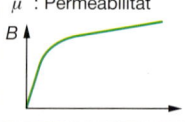

μ_r : Permeabilitätszahl
μ : Permeabilität

Magneti-sierungs-Kennlinie von Eisen

$$B = \mu \cdot H$$

$$\mu = \mu_o \cdot \mu_r \qquad [\mu_r] = 1$$

Magnetischer Kreis mit Luftspalt

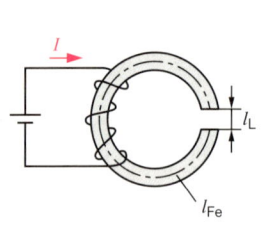

R_m : Magnetischer Widerstand
Λ : Magnetischer Leitwert
R_{mg} : Gesamter magnetischer Widerstand
R_{mFe} : Magnetischer Widerstand des Eisens
R_{mL} : Magnetischer Widerstand des Luftspalts
Θ_g : Gesamtdurchflutung
H_{Fe}, l_{Fe}: Größen des Eisenkerns
H_L, l_L: Größen des Luftspalts

$$R_m = \frac{\Theta}{\Phi} \qquad [R_m] = \frac{A}{V\,s}$$

$$1\ \frac{A}{V\,s} = \frac{1}{H}\ (1/Henry)$$

$$\Lambda = \frac{1}{R_m} \qquad [\Lambda] = \frac{V\,s}{A}$$

$$R_{mg} = R_{mFe} + R_{mL}$$

$$\Theta_g = H_{Fe} \cdot l_{Fe} + H_L \cdot l_L$$

Tragkraft von Magneten

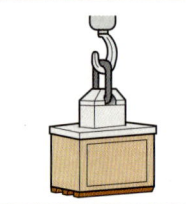

F : Kraft
B : Magnetische Flussdichte
A : Fläche
μ_o : Magnetische Feldkonstante

$$F = \frac{B^2 \cdot A}{2\mu_o}$$

$$\mu_o = 1{,}257 \cdot 10^{-6}\ \frac{V\,s}{A\,m}$$

Magnetisches Feld – *Magnetic field*

Stromdurchflossener Leiter im Magnetfeld

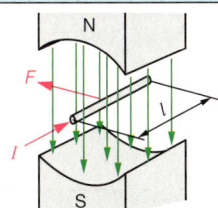

F : Kraft auf den Leiter
I : Stromstärke
l : Leiterlänge im Magnetfeld
z : Anzahl der Leiter

$$F = B \cdot I \cdot l \cdot z$$

$$[F] = N$$

Spule im Magnetfeld

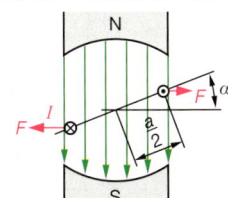

M: Drehmoment

a : Spulenlänge

N : Windungszahl

$$M = \frac{F \cdot a \cdot \sin \alpha}{2}$$

$$F = 2 \cdot N \cdot B \cdot l \cdot I$$

Kraft zwischen stromdurchflossenen Leitern

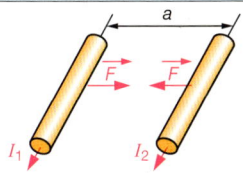

F : Kraft zwischen den
     Leitern
l : Leiterlänge
a : Abstand der Leiter
I_1, I_2 : Stromstärken
μ_0 : Magnetische Feld-
     konstante

$$F = \frac{\mu_0 \, I_1 \cdot I_2 \cdot l}{2\pi \cdot a}$$

$$\mu_0 = 1{,}257 \cdot 10^{-6} \, \frac{V \, s}{A \, m}$$

Induktivität der Spule

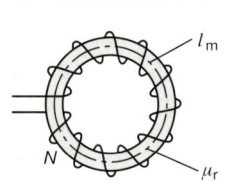

L : Induktivität
N : Windungszahl
A : Fläche (Querschnitt)
    der Spule
μ_0 : Magnetische Feldkonstante
μ_r : Permeabilitätszahl
μ : Permeabilität
l_m : Feldlinienlänge (mittlere)
W : Energie der Spule

$$L = \frac{\mu \cdot N^2 \cdot A}{l_m} \qquad [L] = \frac{V \, s}{A}$$

$$1 \, \frac{V \, s}{A} = 1 \, H \, (Henry)$$

$$\mu = \mu_0 \cdot \mu_r \qquad [\mu_r] = 1$$

$$W = \frac{L \cdot I^2}{2}$$

Reihenschaltung von Spulen

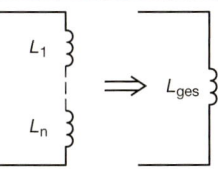

$L_1 \ldots L_n$: Einzelinduktivitäten
L_g : Gesamtinduktivität

$$L_g = L_1 + \ldots + L_n$$

Parallelschaltung von Spulen

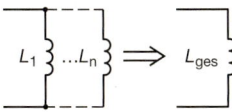

$L_1 \ldots L_n$: Einzelinduktivitäten
L_g : Gesamtinduktivität

$$\frac{1}{L_g} = \frac{1}{L_1} + \ldots + \frac{1}{L_n}$$

Induktionsspannung – *Induction voltage*

Induktion der Bewegung

Leiter im Magnetfeld

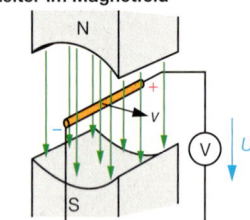

U	: Induktionsspannung
B	: Magnetische Flussdichte
l	: Leiterlänge im Magnetfeld
v	: Geschwindigkeit des Leiters
z	: Anzahl der Leiter

$$U = B \cdot l \cdot v \cdot z$$

Spule im Magnetfeld

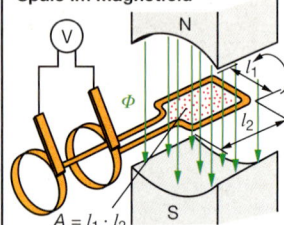

$A = l_1 \cdot l_2$

U	: Induktionsspannung
N	: Windungszahl
$\Delta\Phi$	: Flussänderung
Δt	: Zeitänderung

$$U = N \cdot \frac{\Delta\Phi}{\Delta t}$$

$$U = -N \cdot \frac{\Delta\Phi}{\Delta t}$$

(Das Vorzeichen hängt vom gewählten Richtungssinn ab.)

Induktion der Ruhe

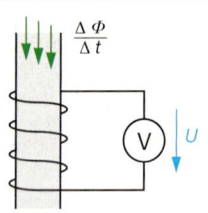

U	: Induktionsspannung
N	: Windungszahl
$\Delta\Phi$	: Flussänderung
Δt	: Zeitänderung

$$U = N \cdot \frac{\Delta\Phi}{\Delta t}$$

$$U = -N \cdot \frac{\Delta\Phi}{\Delta t}$$

(Das Vorzeichen hängt vom gewählten Richtungssinn ab.)

Einphasentransformatoren, Übertrager

Übersetzungsverhältnisse

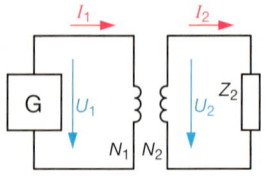

U_1	: Primärspannung
U_2	: Sekundärspannung
I_1	: Primärstromstärke
I_2	: Sekundärstromstärke
N_1	: Primärwindungszahl
N_2	: Sekundärwindungszahl
Z_1	: Primärer Scheinwiderstand
Z_2	: Sekund. Scheinwiderstand
$ü$	: Übersetzungsverhältnis

$$\frac{U_1}{U_2} \approx \frac{N_1}{N_2} \; ; \quad ü = \frac{N_1}{N_2}$$

$$\frac{I_1}{I_2} \approx \frac{N_2}{N_1}$$

$$\frac{Z_1}{Z_2} \approx \left(\frac{N_1}{N_2}\right)^2$$

Wicklungssinn

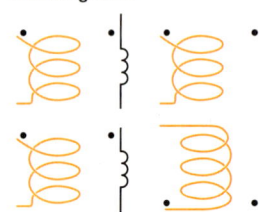

L	: gesamte Selbstinduktivität
$\left.\begin{array}{l} L_1 \\ L_2 \end{array}\right\}$	: Einzelinduktivitäten
L_{12}	: Gegeninduktivität

$$L = L_1 + L_2 + 2\,L_{12}$$

$$L = L_1 + L_2 - 2\,L_{12}$$

Schaltvorgänge bei Kondensatoren und Spulen
Switching action of capactions and coils

Kondensator

Aufladung

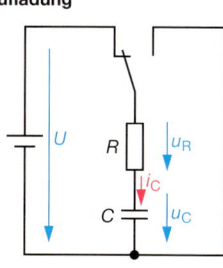

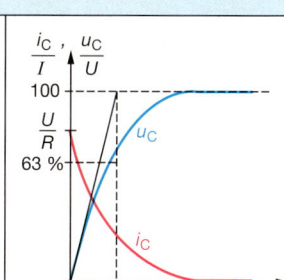

$$\tau = R \cdot C \qquad [\tau] = s$$
$$e = 2{,}718\ldots$$
$$u_C = U\left(1 - e^{-\frac{t}{\tau}}\right)$$
$$i_C = \frac{U}{R} \cdot e^{-\frac{t}{\tau}}$$

bei $t \approx 5\,\tau$:
Kondensator geladen
(99,33 % von U)

τ : Zeitkonstante
u_C: Spannung am Kondensator
i_C : Strom in der Reihenschaltung

Entladung

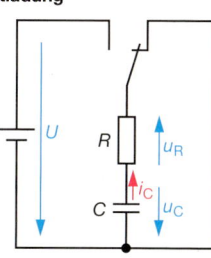

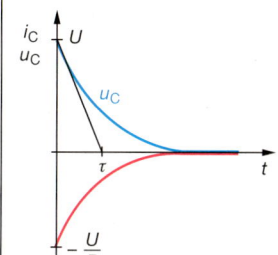

$$\tau = R \cdot C \qquad [\tau] = s$$
$$e = 2{,}718\ldots$$
$$u_C = U \cdot e^{-\frac{t}{\tau}}$$
$$i_C = -\frac{U}{R} \cdot e^{-\frac{t}{\tau}}$$

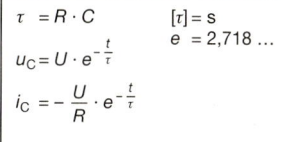

bei $t \approx 5\,\tau$:
Kondensator entladen

τ : Zeitkonstante
u_C: Spannung am Kondensator
i_C : Strom in der Reihenschaltung

Induktivität

Einschaltvorgang

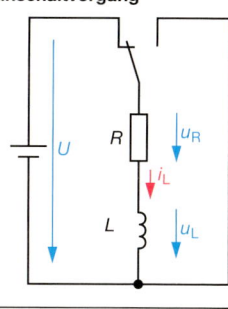

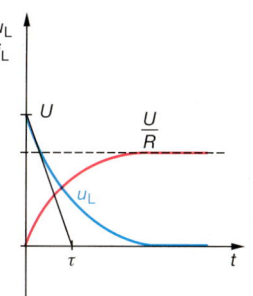

$$\tau = \frac{L}{R} \qquad [\tau] = s$$
$$e = 2{,}718\ldots$$
$$u_L = U \cdot e^{-\frac{t}{\tau}}$$
$$i_L = \frac{U}{R}\left(1 - e^{-\frac{t}{\tau}}\right)$$

τ : Zeitkonstante
u_L: Spannung an der Induktivität
i_L : Strom in der Reihenschaltung

Ausschaltvorgang

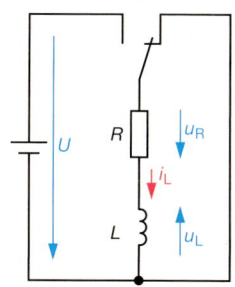

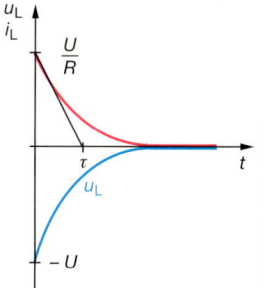

$$\tau = \frac{L}{R} \qquad [\tau] = s$$
$$e = 2{,}718\ldots$$
$$u_L = -U \cdot e^{-\frac{t}{\tau}}$$
$$i_L = \frac{U}{R} \cdot e^{-\frac{t}{\tau}}$$

τ : Zeitkonstante
u_L: Spannung an der Induktivität
i_L : Strom in der Reihenschaltung

Wechselspannung und Wechselstrom – *Alternating voltage and alternating current*

Sinusförmige Wechselspannung

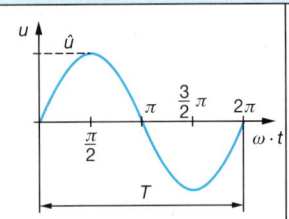

u, i : Momentanwerte (Augen-
blickswerte)
$\hat{u}, \hat{\imath}$: Maximalwerte, Spitzenwerte
f : Frequenz
T : Periodendauer
ω : Kreisfrequenz
p : Polpaarzahl
n : Drehzahl

$$u = \hat{u} \sin \omega \cdot t$$

$$\omega = 2\pi \cdot f \qquad [\omega] = \frac{1}{s}$$

$$f = \frac{1}{T} \qquad [f] = Hz$$

$$f = p \cdot n \qquad [n] = \frac{1}{s}$$

Spitzen- und Effektivwerte

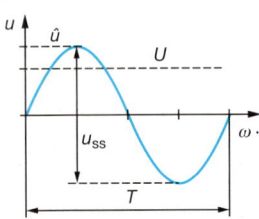

$\hat{u}, \hat{\imath}$: Maximalwerte, Spitzenwerte, Amplituden
U, I : Effektivwerte
auch: U_{eff} und I_{eff}

u_{ss}, i_{ss}: Spitze-Spitze-Wert

$$U = \frac{\hat{u}}{\sqrt{2}}$$

$$I = \frac{\hat{\imath}}{\sqrt{2}}$$

$$u_{ss} = 2 \cdot \hat{u}$$
$$i_{ss} = 2 \cdot \hat{\imath}$$

Addition phasenverschobener Spannungen und Ströme

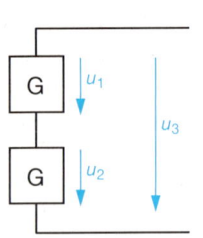

$\varphi_{13}, \varphi_{32}, \varphi_{12}$: Phasenverschie-
bungswinkelwinkel

$\hat{u}_1, \hat{u}_2$: Spitzenwerte der
Einzelspannungen

$\hat{u}_3$: Spitzenwert der
Gesamtspannung

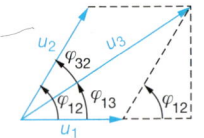

$$u_3^2 = u_1^2 + u_2^2 - 2 \cdot u_1 \cdot u_2 \cdot \cos(180° - \varphi_{12})$$

$$\tan \varphi_{13} = \frac{u_2 \cdot \sin \varphi_{12}}{u_1 + u_2 \cdot \cos \varphi_{12}}$$

Leistungen im Wechselstromkreis

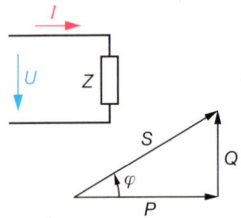

S : Scheinleistung
P : Wirkleistung
Q : Blindleistung
$\cos \varphi$: Leistungsfaktor
λ : (Wirkleistungsfaktor)

$\sin \varphi$: Blindleistungsfaktor

$$S = U \cdot I \qquad [S] = V \cdot A$$
$$S = \sqrt{P^2 + Q^2}$$
$$P = U \cdot I \cdot \cos \varphi \qquad [P] = W$$

$$\cos \varphi = \frac{P}{S}$$

$$\lambda = \frac{P}{S}$$

$$Q = U \cdot I \cdot \sin \varphi \qquad [Q] = var$$

Rechtecksignale

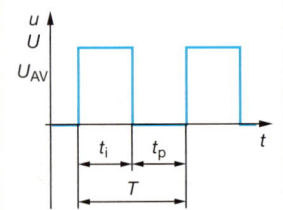

t_i : Impulsdauer
t_p : Pausendauer
T : Periodendauer
f : Frequenz
g : Tastgrad
U_{AV} : Mittelwert
V : Tastverhältnis

$$T = t_i + t_p$$

$$f = \frac{1}{T}$$

$$g = \frac{t_i}{T} \qquad V = \frac{1}{g}$$

$$U_{AV} = \frac{U \cdot t_i}{T}$$

Stromsysteme – *Distribution systems*

Kennzeichnung von Systempunkten und Leitern

Strom-system	Teil	Außenpunkte, Außenleiter	Mittelpunkt, Mittelleiter, Sternpunkt, Neutralleiter	Be-zugs-erde	Schutz-leiter geerdet	Neutral-leiter, PEN-Leiter [3]
Gleichstrom	Netz	Polarität: positiv: L+; negativ: L–	M			–
m-Phasen-system	Netz	vorzugsweise: L1, L2, L3 … Lm				
		zulässig auch: 1, 2, 3, … m [1] [2]				
Drehstrom	Netz	vorzugsweise: L1, L2, L3	N	E	PE	PEN
		zulässig auch: 1, 2, 3 [1] [2]				
		zulässig auch: R, S, T [2]				
	Betriebsmittel	allgemein: U, V, W [2]				–

[1] wenn keine Verwechslung möglich [2] Nummerierung oder Reihenfolge der Buchstaben im Sinne der Phasenfolge [3] auch noch Nullleiter üblich

Beispiele von Formelzeichen für Spannungen

Art der Spannungen	Stromsystem		Formelzeichen
Außenleiterspannungen	Gleichstromsystem		U, U_{L+}, U_{L-}
	m-Phasensystem		U_{12}, U_{23}, U_{34} … U_m
	Drehstromsystem		U_{12}, U_{23}, U_{31}
	Drehstrom-Generatoren, -Motoren, -Transformatoren		U_{UV}, U_{VW}, U_{WU}
Außenleiter-Mittelleiterspan.	Gleichstromsystem		U, U_{L+M}, U_{M-L}
Sternspannungen	Sternschaltung	m-Phasensystem	U_{1N}, U_{2N}, U_{3N} … U_{mN}
		Drehstromsystem	U_{1N}, U_{2N}, U_{3N}
	Drehstrom: Generatoren, Motoren, Transformatoren		U_{UN}, U_{VN}, U_{WN}
Mittelpunktspannung	Gleichstromsystem		U_{ME}
Sternpunktspannung	Sternschaltung: m-Phasensystem, Drehstromsystem		U_{NE}

Drehstromübertragung – *Three-phase current transmission*

Verteilung

Drehstromgenerator mit Gleichstromerregung

Drehstromtransformator in $\Delta\curlywedge$– Schaltung

Verteilungsnetz

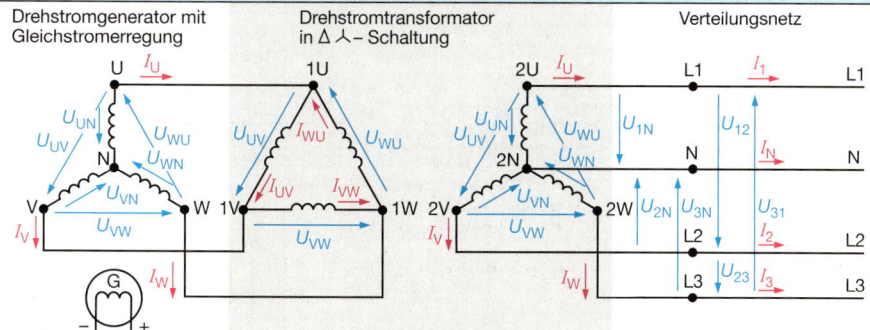

Liniendiagramm	Zeigerdiagramm

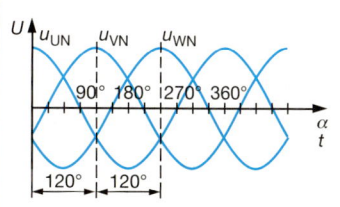

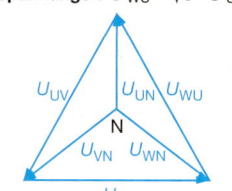

Spannungen $U_{WU} = \sqrt{3} \cdot U_{UN}$

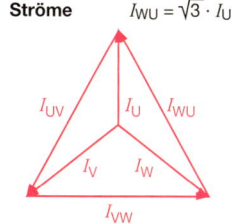

Ströme $I_{WU} = \sqrt{3} \cdot I_U$

Verbraucherschaltungen im Drehstromnetz
Consumer circuits in three phase network

U_S: Strangspannung I_S: Strangstrom S : Gesamt-Scheinleistung Q : Gesamt-Blindleistung
U : Leiterspannung I : Leiterstrom P : Gesamt-Wirkleistung $\cos \varphi$: Leistungsfaktor

Symmetrische Belastung $I_N = 0$

$$S = \sqrt{3} \cdot U \cdot I \quad [S] = \text{VA} \qquad P = \sqrt{3} \cdot U \cdot I \cdot \cos \varphi \quad [P] = \text{W} \qquad Q = \sqrt{3} \cdot U \cdot I \cdot \sin \varphi \quad [Q] = \text{var}$$

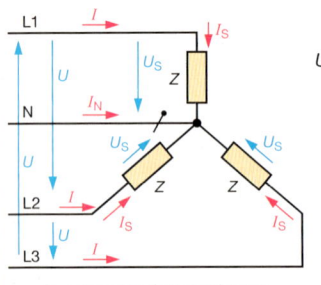

$$U_S = \frac{U}{\sqrt{3}}$$

$$I = I_S$$

$$U = U_S$$

$$I = \sqrt{3} \cdot I_S$$

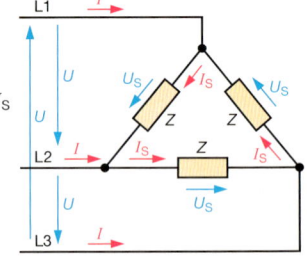

S_Y: Gesamt-Scheinleistung
bei Sternschaltung

$$S_Y = \frac{1}{3} \cdot S_\Delta$$

S_Δ: Gesamt-Scheinleistung
bei Dreieckschaltung

Unsymmetrische gleichartige Belastung

Sternschaltung

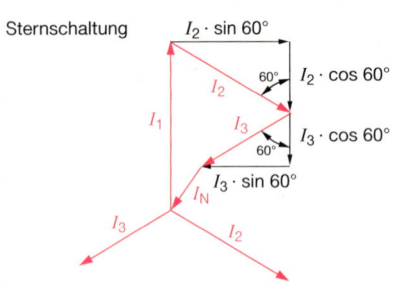

$$I_N = \sqrt{0{,}75 \cdot (I_2 - I_3)^2 + (I_1 - 0{,}5 \cdot I_2 - 0{,}5 \cdot I_3)^2}$$

Dreieckschaltung

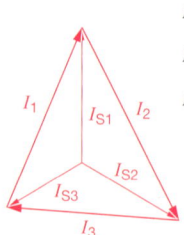

$$I_1 = \sqrt{I_{S1}^2 + I_{S3}^2 + I_{S1} \cdot I_{S3}}$$

$$I_2 = \sqrt{I_{S1}^2 + I_{S2}^2 + I_{S1} \cdot I_{S2}}$$

$$I_3 = \sqrt{I_{S2}^2 + I_{S3}^2 + I_{S2} \cdot I_{S3}}$$

Gestörte Belastungen (Ausfall von Außenleitern und/oder Strängen)

S: Leistung bei Störung S_{or}: ursprüngliche Leistung

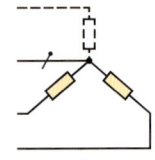

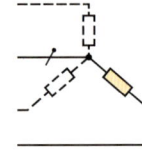

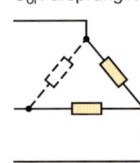

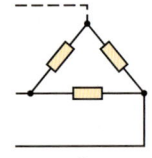

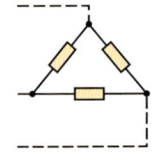

$$S = \frac{2}{3} S_{or} \qquad S = \frac{1}{3} S_{or} \qquad S = \frac{2}{3} S_{or} \qquad S = \frac{1}{2} S_{or} \qquad S = 0$$

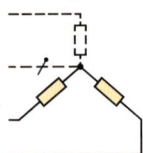

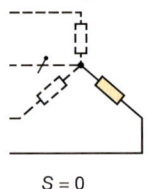

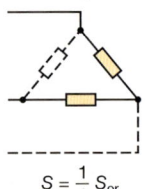

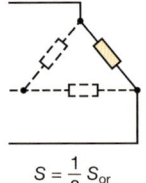

$$S = \frac{1}{2} S_{or} \qquad S = 0 \qquad S = \frac{1}{6} S_{or} \qquad S = \frac{1}{3} S_{or} \qquad S = \frac{1}{3} S_{or}$$

Widerstände im Wechselstromkreis – *Resistance in a.c. circuit*

Schaltung	Stromstärke und Spannung	Widerstand und Leitwert	Leistung
R (Wirkwiderstand)	$I = \dfrac{U}{R}$ $\varphi = 0°$	$R = \dfrac{U}{I}$	$P = U \cdot I$ $P = I^2 \cdot R$ $P = \dfrac{U^2}{R}$
X_L	$I = \dfrac{U}{X_L}$ $\varphi = 90°$ (induktiv)	$X_L = 2\pi \cdot f \cdot L$ $X_L = \omega \cdot L$	$Q_L = U \cdot I$
X_C	$I = \dfrac{U}{X_C}$ $\varphi = 90°$ (kapazitiv)	$X_C = \dfrac{1}{2\pi \cdot f \cdot C}$ $X_C = \dfrac{1}{\omega \cdot C}$	$Q_C = U \cdot I$
R, X_L in Reihe	$I = \dfrac{U_R}{R}$ $I = \dfrac{U_L}{X_L}$ $I = \dfrac{U}{Z}$ $U^2 = U_R{}^2 + U_L{}^2$ $\tan\varphi = \dfrac{U_L}{U_R}$ $\sin\varphi = \dfrac{U_L}{U}$; $\cos\varphi = \dfrac{U_R}{U}$	$Z^2 = R^2 + X_L{}^2$ $\tan\varphi = \dfrac{X_L}{R}$ $\sin\varphi = \dfrac{X_L}{Z}$; $\cos\varphi = \dfrac{R}{Z}$	$P = U_R \cdot I$ $Q_L = U_L \cdot I$ $S = U \cdot I$ $S^2 = P^2 + Q_L{}^2$ $\tan\varphi = \dfrac{Q_L}{P}$ $\sin\varphi = \dfrac{Q_L}{S}$; $\cos\varphi = \dfrac{P}{S}$
X_L, R parallel	$U = I_R \cdot R$ $U = I_L \cdot X_L$ $U = I \cdot Z$ $I^2 = I_R{}^2 + I_L{}^2$ $\tan\varphi = \dfrac{I_L}{I_R}$ $\sin\varphi = \dfrac{I_L}{I}$; $\cos\varphi = \dfrac{I_R}{I}$	$Y^2 = G^2 + B_L{}^2$ $\left(\dfrac{1}{Z}\right)^2 = \left(\dfrac{1}{R}\right)^2 + \left(\dfrac{1}{X_L}\right)^2$ $\tan\varphi = \dfrac{R}{X_L}$ $\sin\varphi = \dfrac{Z}{X_L}$; $\cos\varphi = \dfrac{Z}{R}$	$P = U \cdot I_R$ $Q_L = U \cdot I_L$ $S = U \cdot I$ $S^2 = P^2 + Q_L{}^2$ $\tan\varphi = \dfrac{Q_L}{P}$ $\sin\varphi = \dfrac{Q_L}{S}$; $\cos\varphi = \dfrac{P}{S}$
R, X_C in Reihe	$I = \dfrac{U_R}{R}$ $I = \dfrac{U_C}{X_C}$ $I = \dfrac{U}{Z}$ $U^2 = U_R{}^2 + U_C{}^2$ $\tan\varphi = \dfrac{U_C}{U_R}$ $\sin\varphi = \dfrac{U_C}{U}$; $\cos\varphi = \dfrac{U_R}{U}$	$Z^2 = R^2 + X_C{}^2$ $\tan\varphi = \dfrac{X_C}{R}$ $\sin\varphi = \dfrac{X_C}{Z}$; $\cos\varphi = \dfrac{R}{Z}$	$P = U_R \cdot I$ $Q_C = U_C \cdot I$ $S = U \cdot I$ $S^2 = P^2 + Q_C{}^2$ $\tan\varphi = \dfrac{Q_C}{P}$ $\sin\varphi = \dfrac{Q_C}{S}$; $\cos\varphi = \dfrac{P}{S}$

Widerstände im Wechselstromkreis – *Resistance in a.c. circuit*

Schaltung	Stromstärke und Spannung	Widerstand und Leitwert	Leistung

Row 1 (R ∥ X_C):

Stromstärke und Spannung:
$$I_R = \frac{U}{R}$$
$$I_C = \frac{U}{X_C}$$
$$I = \frac{U}{Z}$$
$$I^2 = I_R{}^2 + I_C{}^2$$
$$\tan\varphi = \frac{I_C}{I_R}; \quad \cos\varphi = \frac{I_R}{I}$$
$$\sin\varphi = \frac{I_C}{I}$$

Widerstand und Leitwert:
$$Y^2 = G^2 + B_C{}^2$$
$$\left(\frac{1}{Z}\right)^2 = \left(\frac{1}{R}\right)^2 + \left(\frac{1}{X_C}\right)^2$$
$$\tan\varphi = \frac{R}{X_C}; \quad \cos\varphi = \frac{Z}{R}$$
$$\sin\varphi = \frac{Z}{X_C}$$

Leistung:
$$P = I_R \cdot U$$
$$Q_C = I_C \cdot U$$
$$S = I \cdot U$$
$$S^2 = P^2 + Q_C{}^2$$
$$\tan\varphi = \frac{Q_C}{P}; \quad \cos\varphi = \frac{P}{S}$$
$$\sin\varphi = \frac{Q_C}{S}$$

Row 2 (X_C, X_L, R in series):

$U_L > U_C$	$U_L < U_C$	$X_L > X_C$	$X_L < X_C$	$Q_L > Q_C$	$Q_L < Q_C$

$$U^* = U_L - U_C \qquad U^* = U_C - U_L$$
$$U^2 = U_R{}^2 + U^{*2}$$
$$\tan\varphi = \frac{U^*}{U_R}$$
$$\sin\varphi = \frac{U^*}{U}; \quad \cos\varphi = \frac{U_R}{U}$$

$$X^* = X_L - X_C \qquad X^* = X_C - X_L$$
$$Z^2 = R^2 + X^{*2}$$
$$\tan\varphi = \frac{X^*}{R}$$
$$\sin\varphi = \frac{X^*}{Z}; \quad \cos\varphi = \frac{R}{Z}$$

$$Q^* = Q_L - Q_C \qquad Q^* = Q_C - Q_L$$
$$S^2 = P^2 + Q^{*2}$$
$$\tan\varphi = \frac{Q^*}{P}$$
$$\sin\varphi = \frac{Q^*}{S}; \quad \cos\varphi = \frac{P}{S}$$

Row 3 (R ∥ X_L ∥ X_C):

$I_C > I_L$	$I_C < I_L$	$X_C < X_L$	$X_C > X_L$	$Q_C > Q_L$	$Q_C < Q_L$

$$I^* = I_C - I_L \qquad I^* = I_L - I_C$$
$$I^2 = I_R{}^2 + I^{*2}$$
$$\tan\varphi = \frac{I^*}{I_R}$$
$$\sin\varphi = \frac{I^*}{I}; \quad \cos\varphi = \frac{I_R}{I}$$

$$\frac{1}{X^*} = \frac{1}{X_C} - \frac{1}{X_L} \qquad \frac{1}{X^*} = \frac{1}{X_L} - \frac{1}{X_C}$$
$$Y^2 = G^2 + B^{*2}$$
$$\left(\frac{1}{Z}\right)^2 = \left(\frac{1}{R}\right)^2 + \left(\frac{1}{X^*}\right)^2$$
$$\tan\varphi = \frac{R}{X^*}$$
$$\sin\varphi = \frac{Z}{X^*}; \quad \cos\varphi = \frac{Z}{R}$$

$$Q^* = Q_C - Q_L \qquad Q^* = Q_L - Q_C$$
$$S^2 = P^2 + Q^{*2}$$
$$\tan\varphi = \frac{Q^*}{P}$$
$$\sin\varphi = \frac{Q^*}{S}; \quad \cos\varphi = \frac{P}{S}$$

Filterschaltungen – *Filter circuits*

Schaltung	Grenzfrequenz f_g	Durchlasskurve und Phasenverschiebungswinkel
Tiefpass	f_g bei: $$\frac{u_2}{u_1} = \frac{1}{\sqrt{2}}$$ $$f_g = \frac{1}{2\pi R \cdot C}$$	
	$$f_g = \frac{R}{2\pi L}$$	
Tiefpass	$C_1 = C_2 = C$ $$f_g = \frac{1}{2\pi\sqrt{L \cdot C}}$$ $$L = \frac{L_1}{2}$$	
	$L_1 = L_2 = L$ $$f_g = \frac{1}{2\pi\sqrt{L \cdot C}}$$ $$C = \frac{C_1}{2}$$	
Hochpass	$$f_g = \frac{1}{2\pi R \cdot C}$$	
	$$f_g = \frac{R}{2\pi L}$$	
Hochpass	$L_1 = L_2 = L$ $$f_g = \frac{1}{2\pi\sqrt{L \cdot C}}$$ $$C = 2 \cdot C_1$$	
	$C_1 = C_2 = C$ $$f_g = \frac{1}{2\pi\sqrt{L \cdot C}}$$ $$L = \frac{L_1}{2}$$	

Schwingkreise – *Resonant circuits*

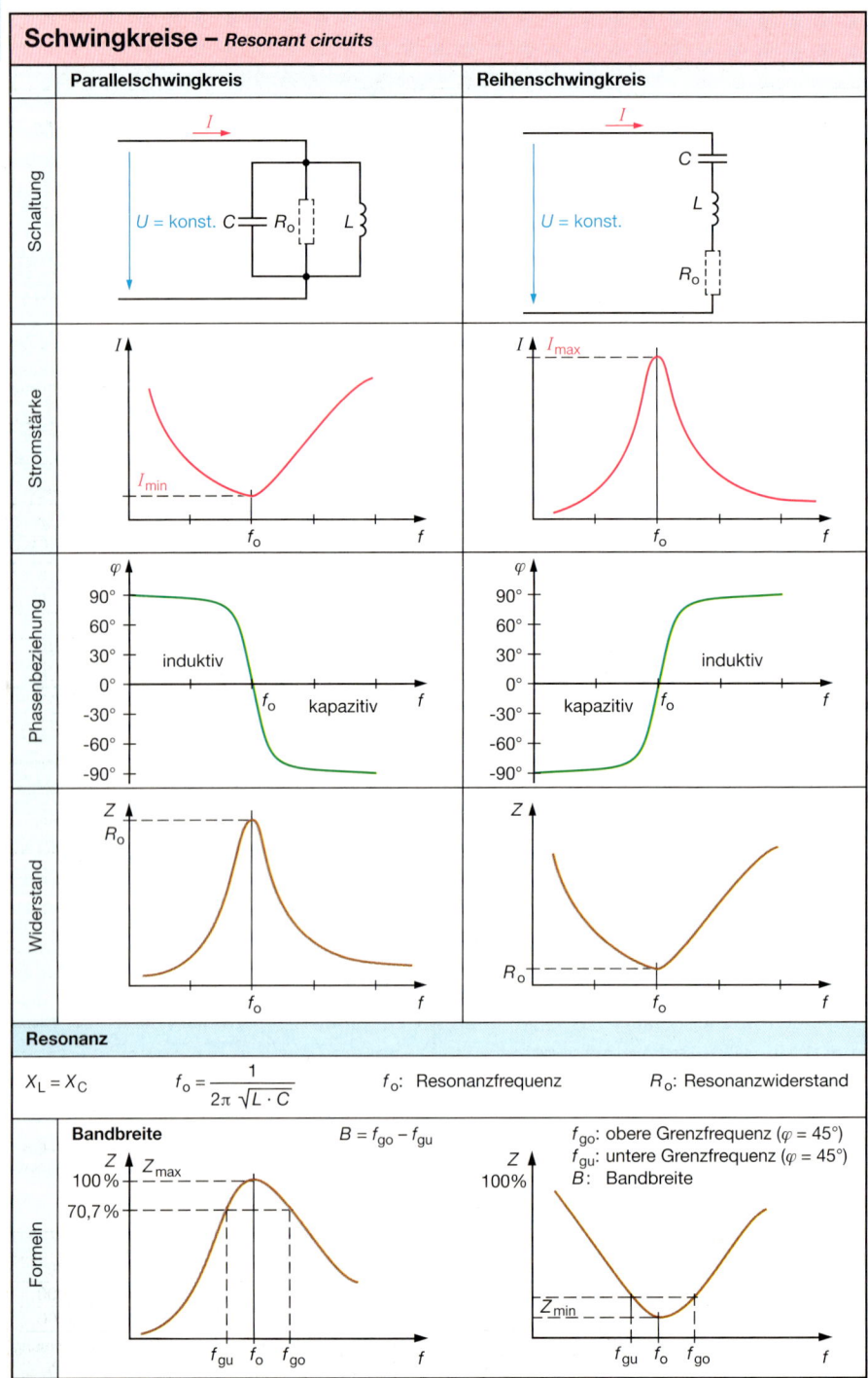

	Parallelschwingkreis	**Reihenschwingkreis**
Schaltung	U = konst. C R_o L	U = konst. C L R_o
Stromstärke	I_{min}, f_o, f	I_{max}, f_o, f
Phasenbeziehung	induktiv, kapazitiv, f_o	kapazitiv, induktiv, f_o
Widerstand	Z, R_o, f_o	Z, R_o, f_o

Resonanz

$$X_L = X_C \qquad f_o = \frac{1}{2\pi \sqrt{L \cdot C}} \qquad f_o: \text{ Resonanzfrequenz} \qquad R_o: \text{ Resonanzwiderstand}$$

Bandbreite $\qquad\qquad B = f_{go} - f_{gu}$

f_{go}: obere Grenzfrequenz ($\varphi = 45°$)
f_{gu}: untere Grenzfrequenz ($\varphi = 45°$)
B: Bandbreite

Formeln

Z, Z_{max}, 100 %, 70,7 %, f_{gu}, f_o, f_{go}, f

Z, 100 %, Z_{min}, f_{gu}, f_o, f_{go}, f

Anwendungsklassen und Zuverlässigkeitsangaben
Utilization classes and reliability data

Beispiel:

Klimatischer Bereich:	G P E / L T / W N Z	Mechanische Anwendung:

Klimatischer Bereich:
- Untere Grenztemperatur
- Obere Grenztemperatur
- Feuchtebeanspruchung

Zuverlässigkeit:
- Ausfallquotient
- Beanspruchungsdauer

Mechanische Anwendung:
- Sonderbeanspruchung (Einzelbestimmung)
- Luftdruck
- mechanische Beanspruchung

1. Buchstabe: Untere Grenztemperatur ϑ_{min} in °C

A bis D	frei	J	– 10
E	– 65	K	0
F	– 55	L	+ 5
G	– 40	Z	Einzelbestimmung der Hersteller
H	– 25		

5. Buchstabe: Beanspruchungsdauer in Stunden

Q	300 000	U	3 000
R	100 000	V	1 000
S	30 000	W	300
T	10 000	Z	Einzelbestimmung der Hersteller

2. Buchstabe: Obere Grenztemperatur ϑ_{max} in °C

A	400	N	90
B	350	P	85
C	300	Q	80
D	250	R	75
E	200	S	70
F	180	T	65
G	170	U	60
H	155	V	55
J	140	W	50
K	125	Y	40
L	110	Z	Einzelbestimmung der Hersteller
M	100		

6. Buchstabe: Grenzwerte der mechanischen Beanspruchung

	Schwingungsbeanspruchung		Schockbeanspruchung	
	Frequenz in Hz 10 Hz bis ...	Beschleunigung in m/s^2	Beschleunigung in m/s^2	Zeit in ms
Q	2 000	500	1 000	6
R	2 000	200	1 000	6
S	2 000	100	500	11
T	500	100	300	18
U	55	50	300	18
V	55	50	150	11
W	55	20	150	11
Z	Einzelbestimmung der Hersteller			

3. Buchstabe: Feuchtebeanspruchung

	Höchstwerte der relativen Luftfeuchtigkeit in %				Bemerkungen
	Jahresmittel [1]	30 Tage im Jahr [1]	60 Tage im Jahr [1]	Übrige Tage [2]	
A	≤ 100	–	–	–	andauernde Nässe
B	frei				
C	≤ 95	100	–	100	
R	≤ 90	100	–	95	Betauung
D	≤ 80	100	–	90	
E	≤ 75	95	–	85	[3]
F	≤ 75	95	–	85	
G	≤ 65	–	85	75	keine Betauung
H	≤ 50	–	75	65	
J	≤ 50				
Z	Einzelbestimmung der Hersteller				

[1] Über das ganze Jahr verteilt [2] Unter Einhaltung des Jahresmittels
[3] Seltene und leichte Betauung, z. B. beim kurzzeitigen Öffnen von Geräten, die im Freien installiert sind

7. Buchstabe: Luftdruck

	Untere Druckgrenze in mbar bis ...	Entspricht einer Betriebshöhe in m über NN
N	840	1 000
R	700	2 200
S	600	3 500
T	530	4 300
U	300	8 500
V	85	16 000
W	44	20 000
Y	20	26 000
Z	Einzelbestimmung der Hersteller	

8. Buchstabe: Sonderbeanspruchng Z

Beispiele:
- Spritzwasser, Regen, Schnee, Vereisung, Schwall-, Strahl-, Druckwasser
- Trockenheit, Meeres-, Industrieluft, Isolierstoffausdünstung in abgeschloss. Räumen
- Staub, Sandsturm
- Schimmel, Insekten
- Sonnenstrahlung, andere Strahlung

4. Buchstabe: Ausfallquotient in Ausfällen je 10^9 Bauelementestunden

D	0,1	J	30	P	10 000	U	3 000 000
E	0,3	K	100	Q	30 000	V	10 000 000
F	1	L	300	R	100 000	W	30 000 000
G	3	M	1000	S	300 000	Z	Einzelbestimmung der Hersteller
H	10	N	3000	T	1 000 000		

Widerstände – *Resistors*

```
                          ┌──────────────┐
                          │  Widerstände │──────────────┐       ┌──────────────┐
                          └──────────────┘              │   ┌──▶│    linear     │
              ┌──────────────────┤                      │   │   └──────────────┘
              ▼                                          ▼   │   ┌──────────────┐
        ┌──────────┐                          ┌──────────────┐│  │ positiv log. │
        │   fest   │──────────────┐           │ einstellbar  ├┤  └──────────────┘
        └──────────┘              │           └──────────────┘│  ┌──────────────┐
         │                        │                           └─▶│ negativ log. │
         ▼                        ▼                              └──────────────┘
   ┌──────────┐            ┌──────────────┐
   │  linear  │            │  nichtlinear │
   └──────────┘            └──────────────┘
    │       │          ┌────┬────┬────┬────┬────┐
    ▼       ▼          ▼    ▼    ▼    ▼    ▼
 ┌──────┐ ┌──────┐  ┌─────┐┌─────┐┌─────┐┌─────┐┌─────┐
 │ Draht│ │Schicht│ │ PTC ││ NTC ││ VDR ││ LDR ││ ... │
 └──────┘ └──────┘  └─────┘└─────┘└─────┘└─────┘└─────┘
```

Draht | Schicht → Kohle | Metall | Edelmetall | Metallglasur

Drahtwiderstände

Anforderungen

- Hoher spezifischer Widerstand
- Große spezifische Wärmekapazität
- Schlechte Wärmeleitfähigkeit
- Gute Korrosionsbeständigkeit
- Gute Zunderbeständigkeit
- Kleiner Ausdehnungskoeffizient

- Kleiner Temperaturkoeffizient (gewünscht bei Messwiderständen)
- Gute mechanische Eigenschaften (z. B. elastisch, stoßfest)
- Gute technologische Eigenschaften (lötbar, warmfest, u. U. schweißbar)

Wertebereich	Toleranz	Werkstoffe	Temperatur-bereich	Belastbarkeit bei 70 °C	Temperatur-koeffizient
0,1 Ω bis 300 kΩ	±0,01 % bis ±20 %	Chrom-Nickel Kupfer-Nickel Kupfer-Mangan	−50 °C bis +500 °C	0,25 W bis 100 W	$\pm 1 \cdot 10^{-6}\,K^{-1}$ bis $\pm 200 \cdot 10^{-6}\,K^{-1}$

Lineare Schichtwiderstände

Merkmale	Kohle, C	Metall, Cr/Ni	Edelmetall, Au/Pt
Herstellverfahren	Thermischer Zerfall von Kohlenwasserstoffen	Aufdampfen im Hochvakuum	Reduktion von Edel-metallsalzen durch Ein-brennen
Spezifischer Widerstand	$3000 \cdot 10^{-6}\,\Omega \cdot cm$	$\approx 100 \cdot 10^{-6}\,\Omega \cdot cm$	$\approx 40 \cdot 10^{-6}\,\Omega \cdot cm$
Schichtdicke	$10 \ldots 30\,000 \cdot 10^{-9}\,m$	$10 \ldots 100 \cdot 10^{-9}\,m$	$10 \ldots 1000 \cdot 10^{-9}\,m$
Flächenwiderstand	$1 \ldots 5000\,\Omega$	$20 \ldots 1000\,\Omega$	$0,5 \ldots 100\,\Omega$
Temperaturkoeffizient	$(-200 \ldots -800) \cdot 10^{-6} \cdot K^{-1}$	$\pm 100 \cdot 10^{-6} \cdot K^{-1}$	$(+250 \ldots +350) \cdot 10^{-6} \cdot K^{-1}$
max. Schichttemperatur	125 °C	175 °C	155 °C
Drift nach 10^4 h Lage-rung bzw. bei Belastung auf 125 °C in %	−0,5 … +1,5	−0,6 … +1	−0,5
Stromrauschen	klein	sehr klein	sehr klein
Nichtlinearität	klein	sehr klein	sehr klein
Anwendungen	Vermittlungstechnik, Datentechnik, Weitverkehrstechnik, Elektronik	Für extreme klimatische und elektrische Bean-spruchungen, Luft- und Raumfahrt, Messgeräte	Kompensation in Transistorschaltungen, Hochlastwiderstände mit Sicherungswirkung.

Kennzeichnung von Widerständen und Kondensatoren
Marking codes of resistors and capacitors

Farbkennzeichnung von Widerständen

Erster Ring ↓ Beispiel: 27 kΩ ± 5 %

Rot
(Erste Ziffer)
Violett
(Zweite Ziffer)
Orange
(Multiplikator)
Gold
(Zulässige Toleranz)

Erster Ring ↓ Beispiel: 24,9 kΩ ± 1 %

Rot
(Erste Ziffer)
Gelb
(Zweite Ziffer)
Weiß
(Dritte Ziffer)
Rot
(Multiplikator)
Braun
(Zulässige Toleranz)

Temperaturkoeffizient:
- sechster und breiter Farb-ring, evtl. unterbrochen
- Schraubenlinie

Farb-schlüssel	Widerstands-wert in Ω		Zulässige rel. Ab-weichung des Wider-stands-wertes	Tempe-ratur-Koeffizient $(10^{-6}/K)$
Kennfarbe	zäh-lende Ziffern	Multi-plika-tor		
silber ⬜	–	10^{-2}	± 10 %	–
gold ⬜	–	10^{-1}	± 5 %	–
schwarz ⬛	0	10^{0}	–	± 250
braun ⬛	1	10^{1}	± 1 %	± 100
rot ⬛	2	10^{2}	± 2 %	± 50
orange ⬛	3	10^{3}	–	± 15
gelb ⬛	4	10^{4}	–	± 25
grün ⬛	5	10^{5}	± 0,5 %	± 20
blau ⬛	6	10^{6}	± 0,25 %	± 10
violett ⬛	7	10^{7}	± 0,1 %	± 5
grau ⬛	8	10^{8}	–	± 1
weiß ⬜	9	10^{9}	–	–
keine ⊠	–	–	± 20 %	–

Wertkennzeichnung durch Buchstaben EN 60 062: 94-10

Kennbuchstabe	Multiplikator		Beispiele:
p	Pico	10^{-12}	3μ3 = 3,3 μF
n	Nano	10^{-9}	m33 = 330 μF
μ	Mikro	10^{-6}	33m = 33000 μF
m	Milli	10^{-3}	R33 = 0,33 Ω
R, F		10^{0}	3R3 = 3,3 Ω
K	Kilo	10^{3}	33K = 33 kΩ
M	Mega	10^{6}	330K = 330 kΩ
G	Giga	10^{9}	M33 = 0,33 MΩ
T	Tera	10^{12}	3M3 = 3,3 MΩ

Buchstabenkennzeichnung der zulässigen Abweichungen

Symmetrische Abweichung in %	
zul. Abweichung	Kennzeichen
± 0,1	B
± 0,25	C
± 0,5	D
± 1	F
± 2	G
± 5	J
± 10	K
± 20	M
± 30	N
Unsymmetrische Abweichung in %	
+ 30 … – 10	Q
+ 50 … – 10	T
+ 50 … – 20	S
+ 80 … – 20	Z
Symmetrische Abweichung in absoluten Werten (Kapazitätswerte unter 10 pF)	
± 0,1	B
± 0,25	C
± 0,5	D
± 1	F

Vorzugsreihen für Bemessungswerte bis ± 5 % zul. Abweichung DIN IEC 63: 85-12

E3(>±20%)	E6(±20%)	E12(±10%)	E24(±5%)
1,0	1,0	1,0	1,0
			1,1
		1,2	1,2
			1,3
	1,5	1,5	1,5
			1,6
		1,8	1,8
2,2			2,0
	2,2	2,2	2,2
			2,4
		2,7	2,7
			3,0
	3,3	3,3	3,3
			3,6
		3,9	3,9
4,7			4,3
	4,7	4,7	4,7
			5,1
		5,6	5,6
			6,2
	6,8	6,8	6,8
			7,5
		8,2	8,2
			9,1

47

Einstellbare Widerstände – *Adjustable resistors*

Unterscheidungen und Begriffe

Betätigung durch		Widerstandsmaterial aus	
Schieben	Drehen ① ② ④	Draht ② ④	Schicht ①

Drehen:
– eingängig ①
– mehrgängig ②
(Wendel-
potenziometer)

Widerstandsmaterial:
– Kohle ①
– Cermet [1] ③
– Leitplastik

[1] Cermet: ceramic metal, Werkstoff aus Metallkeramik (große Härte, elektrisch leitfähig)

Potenziometer (Potentiometer):
Ursprünglicher Begriff für Spannungsteiler zur Einstellung von Spannungen (Potenziale).
Heute: Allgemeine Verwendung für einstellbaren Widerstand (Schieben, Drehen).

Trimmer: ③
Einstellbarer Widerstand mit entsprechendem Werkzeug (z.B. Schraubendreher).

Kennlinien

linear

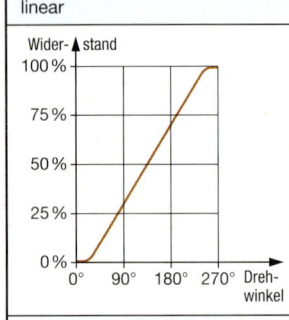

linear mit Drehschalter

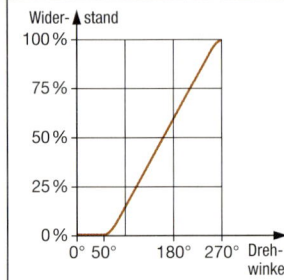

linear mit Drehschalter — erweiterter Drehwinkel

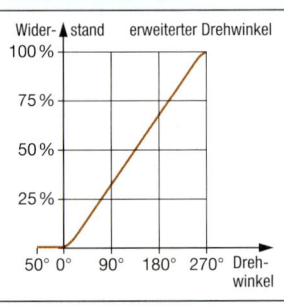

negativ logarithmisch

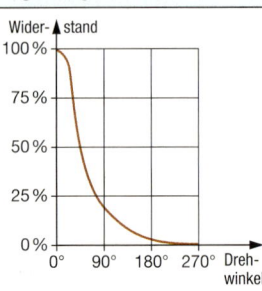

positiv logarithmisch

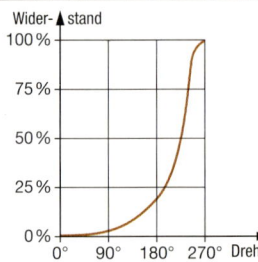

linear positiv logarithmisch — mit Abgriff

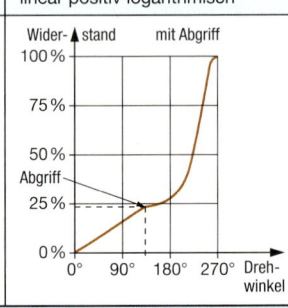

Ausführungen

①

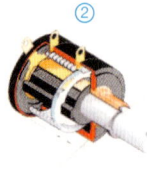

②

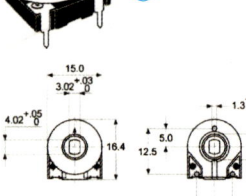

③

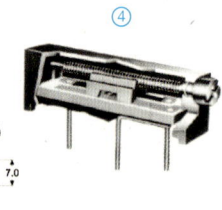

④

Temperatur- und spannungsabhängige Widerstände
Temperature- and voltage dependent resistors

Heißleiter	Kaltleiter DIN 44080: 1983-10	Varistoren
NTC-Widerstand	PTC-Widerstand	VDR-Widerstand
(**N**egative **T**emperature **C**oefficient)	(**P**ositive **T**emperature **C**oefficient)	(**V**oltage **D**ependent **R**esistor)

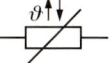 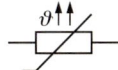 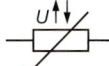

Heißleiter sind temperaturabhängige Halbleiterwiderstände, deren Widerstandswerte sich mit steigender Temperatur verringern. Material: polykristalline Mischoxidkeramik	Kaltleiter sind temperaturabhängige Widerstände, deren Widerstandswerte bei ansteigender Temperatur annähernd sprungförmig ansteigen, sobald eine bestimmte Temperatur überschritten wird. Material: ferroelektrische Keramik, z.B. TiO_3	Varistoren sind Widerstände, deren Widerstandswerte sich bei ansteigender Spannung verringern. Material: Siliciumkarbid, $\alpha < 5$, Zinkoxid, $\alpha < 30$

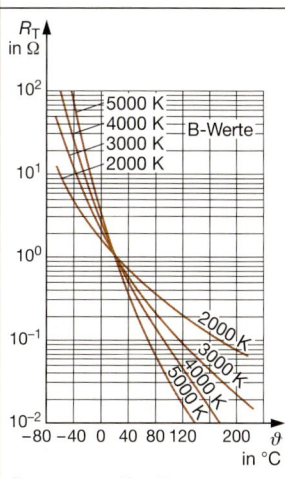

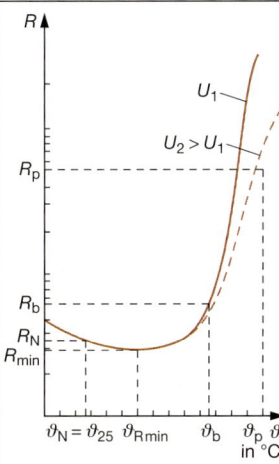

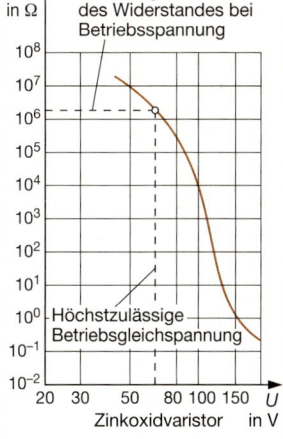

Temperatur-Koeffizient α_R

$$\alpha_R = \frac{-B \cdot 100}{T^2} \quad [\alpha_R] = \frac{\%}{K} \quad [T] = K$$

B-Wert

$$B = \frac{T_1 \cdot T_2}{T_2 - T_1} \ln \frac{R_1}{R_2}$$

R_1: Widerstandswert in Ω bei T_1 in K (Kelvin)

R_2: Widerstand in Ω bei T_2 in K (Kelvin)

B: B-Wert als Maß für die Temperaturabhängigkeit des Heißleiters in K (Kelvin), Materialkonstante

R_N: Bemessungswiderstandswert bei 25 °C

R_{min}: Kleinster Widerstandswert

R_p: Widerstandswert bei der höchstzulässigen Spannung

α_R: Temperaturkoeffizient

β: Spannungsabhängigkeit (der Widerstandswert des Kaltleiters ist spannungsabhängig)

Beispiele:

$R_{min} = 50\ \Omega$
$\vartheta_{Rmin} = 20\,°C$
$R_b = 100\ \Omega$
$\vartheta_b = 60\,°C$
$R_p \geq 50\ k\Omega$
$\vartheta_p = 110\,°C$

$U_{max} = 30\ V$
$\alpha_R = 20\ \%/K$

$$R = \frac{U^{1-\alpha}}{K}$$

K: Elementarkonstante in A, von der Geometrie abhängig
α: Nichtlinearitätsexponent

Kennwerte
Beispiele:

$\alpha > 30$ bei ZnO (Zinkoxidvaristoren)

Betriebstemperatur: $-40\,°C \ldots +85\,°C$

Betriebsspannung: $14 \ldots 1500\ V$

Ansprechzeit: $< 50\ ns$

Stoßstrom: bis 4000 A

Dauerbelastbarkeit: 0,8 W

Temperatur- und spannungsabhängige Widerstände
Temperature- and voltage dependent resistors

Heißleiter	Kaltleiter	Varistoren

Heißleiter in Scheibenform

6_{-2}^{0} 5,5 max

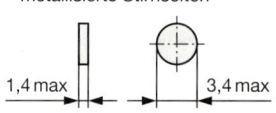

- Form A

30 min

- Form AB

übrige Maße
wie Form A

Betriebs-bedin-gungen	Klimatische Anwendungsklasse		
	FKF	HKF	HHH
untere Grenztemperatur	−55 °C	−25 °C	−25 °C
obere Grenztemperatur	125 °C	125 °C	155 °C

Bemessungswiderstandswert
R_N bei 25 °C (R_{25})
Bezugstemperatur: 10 Ω bis 100 kΩ

zulässige Abweichung vom Nennwiderstand ±10 %; ±20 %

Belastbarkeit P_{max} bei 25 °C: 0,6 W

Kaltleiter

- ohne Umhüllung, metallisierte Stirnseiten

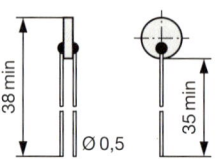

1,4 max   3,4 max

- ohne Umhüllung, radiale Anschlussdrähte

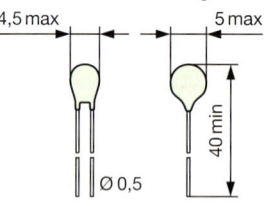

38 min   35 min

Ø 0,5

- mit Kunststoffumhüllung

4,5 max   5 max

40 min

Ø 0,5

Bezugstemperatur:
− 30 °C … +180 °C
Endtemperatur:
+ 40 °C … +220 °C

Varistoren

Scheibenform

Blockform

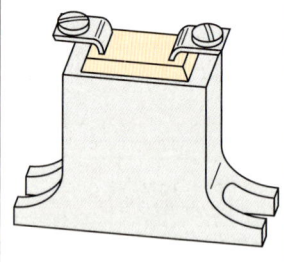

Anwendungen

Arbeitspunkt-stabilisierung

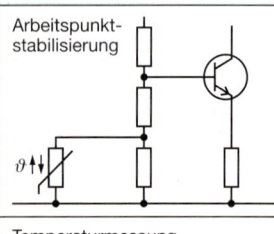

Temperaturmessung

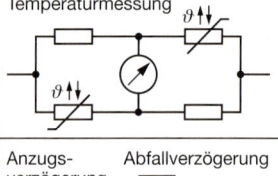

Anzugs-verzögerung   Abfallverzögerung

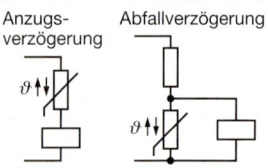

Flüssigkeitsniveaufühler

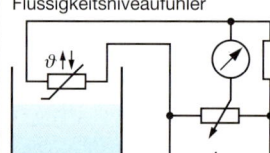

Temperaturregelung für eine Heizung

L1

160 °C
120 °C
R_L
80 °C

N

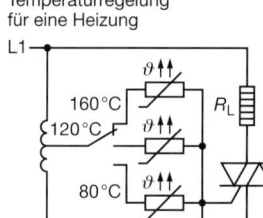

Überspannungsschutz von Halbleiterschaltungen

L+

U

L−

Spannungsstabilisierung

u u
R
U
t t

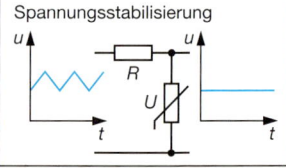

Absorption von Schaltenergie

U

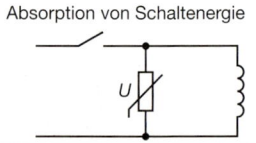

Kondensatoren – *Capacitors*

Übersicht

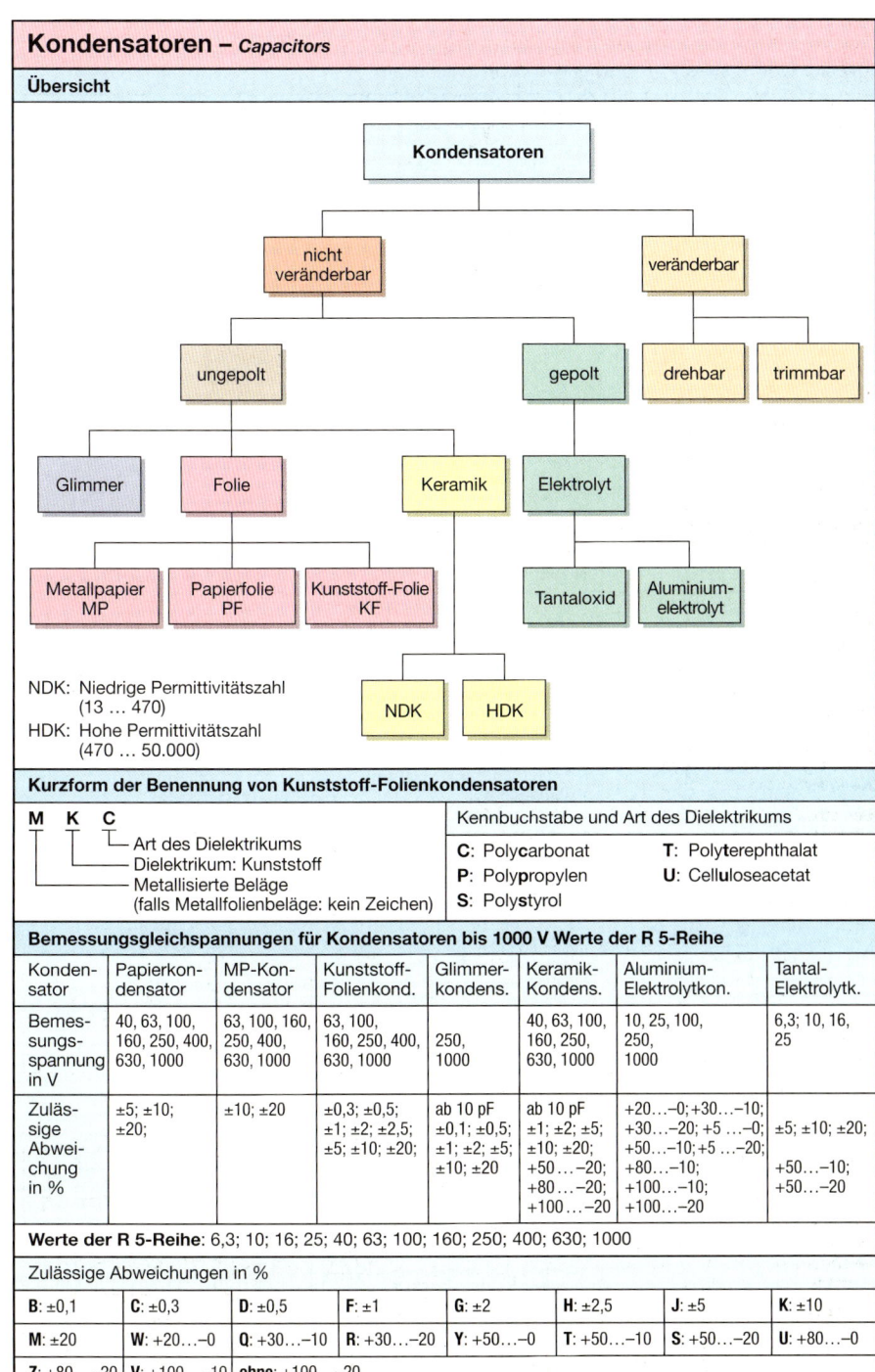

NDK: Niedrige Permittivitätszahl
(13 … 470)
HDK: Hohe Permittivitätszahl
(470 … 50.000)

Kurzform der Benennung von Kunststoff-Folienkondensatoren

M K C

— Art des Dielektrikums
— Dielektrikum: Kunststoff
— Metallisierte Beläge
(falls Metallfolienbeläge: kein Zeichen)

Kennbuchstabe und Art des Dielektrikums

C: Poly**c**arbonat   **T**: Poly**t**erephthalat
P: Poly**p**ropylen   **U**: Cell**u**loseacetat
S: Poly**s**tyrol

Bemessungsgleichspannungen für Kondensatoren bis 1000 V Werte der R 5-Reihe

Kondensator	Papierkondensator	MP-Kondensator	Kunststoff-Folienkond.	Glimmerkondens.	Keramik-Kondens.	Aluminium-Elektrolytkon.	Tantal-Elektrolytk.
Bemessungsspannung in V	40, 63, 100, 160, 250, 400, 630, 1000	63, 100, 160, 250, 400, 630, 1000	63, 100, 160, 250, 400, 630, 1000	250, 1000	40, 63, 100, 160, 250, 630, 1000	10, 25, 100, 250, 1000	6,3; 10, 16, 25
Zulässige Abweichung in %	±5; ±10; ±20;	±10; ±20	±0,3; ±0,5; ±1; ±2; ±2,5; ±5; ±10; ±20;	ab 10 pF ±0,1; ±0,5; ±1; ±2; ±5; ±10; ±20	ab 10 pF ±1; ±2; ±5; ±10; ±20; +50…−20; +80…−20; +100…−20	+20…−0; +30…−10; +30…−20; +5 …−0; +50…−10; +5 …−20; +80…−10; +100…−10; +100…−20	±5; ±10; ±20; +50…−10; +50…−20

Werte der R 5-Reihe: 6,3; 10; 16; 25; 40; 63; 100; 160; 250; 400; 630; 1000

Zulässige Abweichungen in %

B: ±0,1	**C**: ±0,3	**D**: ±0,5	**F**: ±1	**G**: ±2	**H**: ±2,5	**J**: ±5	**K**: ±10
M: ±20	**W**: +20…−0	**Q**: +30…−10	**R**: +30…−20	**Y**: +50…−0	**T**: +50…−10	**S**: +50…−20	**U**: +80…−0
Z: +80…−20	**V**: +100…−10	**ohne**: +100…−20					

Anwendungsbereiche und Kenndaten von Kondensatoren

Field of applications and characteristic data of capacitors

Konden-satorart	Temperatur-bereich in °C	Verlustfaktor $\tan \delta$ in 10^{-3}	Bevorzugte Anwendung
Papierkondensatoren			
Papier-kondensator	– 55…+ 125	50 Hz: 2…2,7	Glättungs- und Hochspannungskond.; Stoß- und Stützk.; besonders für 50 Hz, bis 10 kHz möglich.
Metallpapier-Gleichspannungskondensatoren			
MP	– 55…+ 85	50 Hz: 7…8 1 kHz: 12	Nachrichtentechnik: Koppel-, Glättungs-; Hoch-spannungs-; Stoß- und Stützkondensatoren.
Metallisierte Kunststoffkondensatoren			
MKU	– 55…+ 70/+ 85	1 kHz: 12…15	Für Gleichspannung, aber auch für reduzierte Wechselspannung; Miniaturtechnik; Hochtempe-ratur; Glättung; Kopplung; Ablenkstufen von Fern-sehgeräten; besonders verlustarmer Kondensator; viele Bauformen (auch in Schichtausführung mit Rastermaß).
MKT	– 55/– 40…+ 100	1 kHz: 5…7	
MKC	– 55/– 40… + 85/+ 100	1 kHz: 1…3	
MKP	– 40…+ 85	1 kHz: 0,25	
Verlustarme Kondensatoren			
KS	– 55/– 10…+ 70	1 MHz: 0,4…1	Schwingkreiskondensatoren in frequenzbestimmen-den Kreisen; Filter; hochisoierte Kopplung und Ent-kopplung; Miniaturtechnik; Hochtemperatur (Glim-mer- und Glaskondensatoren); Blockkondensatoren; Messkondensatoren; Glas; sehr hohe Konstanz und Strahlungsfestigkeit.
MKS	– 55…+ 70	1 kHz: 0,5…1	
KP	– 55/– 25…+ 85	1 MHz: 0,3…1	
Glimmer-Kondensator	– 40…+ 80	1 MHz: ≤ 0,2 (< 1 nF)	
MKV	– 55…+ 85	1 kHz: ca. 1	
Glas-Kondens.	– 55…+ 125	1 MHz: < 0,5	
Keramik-Kondensatoren			
NDK-Kondensator (ε_r = 13…470)	– 55/– 25… + 85/+ 125	1 MHz: 0,4…1	In frequenzstabilisierten Schwingkreisen zur Temperaturkompensation; Filter-, Hochspannungs-, Impuls-Kondensatoren, auch als Chip.
HDK-Konden-sator (ε_r = 700…50000)	– 55/+ 10… + 70/+ 125	1 kHz: 10…20	Kopplung, Siebung, Hochspannungs-, Impuls-kondensator, auch als Chip.
Elektrolyt-Kondensatoren			
Aluminium-Elektrolytkon.	– 55/– 25… + 70/+ 125	50 Hz: 80…300 (bis 1000 µF)	Sieb-, Koppel-, Glättungs-, Block-, Motorkondensator; Energiespeicher.
Tantal-Elektrolyt-kondensator	– 55… + 85 (+ 125)	120 Hz: ≤ 40…350	Nachrichtentechnik; Mess- und Regelungstechnik; Chip-Kondensator für Hybridschaltung; Glättung und Kopplung.

$\frac{\Delta C}{C}$ in % **Temperaturabhängigkeit**

MKT

MKC

MKP

ϑ in °C

Z in Ω **Scheinwiderstand**

Elektrolytkondensator 100 µF/63 V

– 40 °C
– 25 °C
0 °C
+ 20 °C
+ 85 °C

f in Hz

MP-Kondensatoren – *Metallized paper capacitors*

Anwendungsklasse		FPC	GPC	HSF	
Grenz-temperatur	untere	$-55\,°C$	$-40\,°C$	$-25\,°C$	
	obere	$+85\,°C$	$+85\,°C$	$+70\,°C$	
zulässige Feuchte-beanspruchung	Höchstwert	100 %	100 %	95 %	
	Jahresmittel	> 80 %	> 80 %	$\leqq 75$ %	
	Betauung	ja	ja	nein	
Toleranzen	$C_n < 1\ \mu F$	±20 %			
	$C_n \geqq 1\ \mu F$	±10 %			
	zw. 0 u. 60 °C	Richtwert: ± 3 %			
tan δ_{max} bei 20 °C	C_n-Bereich	$\leqq 4\ \mu F$	> 4...10 μF	> 10...32 μF	> 32...64 μF
	$f =$ 50 Hz	$6\cdot10^{-3}$	$6\cdot10^{-3}$	$7\cdot10^{-3}$	$8\cdot10^{-3}$
	100 Hz	$7\cdot10^{-3}$	$7\cdot10^{-3}$	$8\cdot10^{-3}$	$8\cdot10^{-3}$
	300 Hz	$8\cdot10^{-3}$	$9\cdot10^{-3}$	$12\cdot10^{-3}$	$14\cdot10^{-3}$
	1 000 Hz	$10\cdot10^{-3}$	$12\cdot10^{-3}$	$17\cdot10^{-3}$	$25\cdot10^{-3}$
	4 000 Hz	$14\cdot10^{-3}$	$17\cdot10^{-3}$	$28\cdot10^{-3}$	–
	10 000 Hz	$17\cdot10^{-3}$	$20\cdot10^{-3}$	$35\cdot10^{-3}$	–
Isolationswider-stand (R_i für $C \leq 0{,}1\ \mu F$ bei 20 °C)	bei Anlieferung	10 000 MΩ			
	nach 5jähriger Lagerung	8 000 MΩ		6 000 MΩ	
Isolationsgüte ($R_i \cdot C$ für $C >$ 0,1 μF bei 20 °C)	bei Anlieferung	1 000 s			
	nach 5jähriger Lagerung	800 s		600 s	

Gepolte Aluminium-Elektrolytkondensatoren
Polarized aluminium-electrolytic capacitors

Typ	Verwendung
I	Kondensator für erhöhte Anforderungen hinsichtlich Betriebszuverlässigkeit und elektrischer Werte.
I A	Glättungs- und Kopplungskondensatoren, Kondensatoren zur Ableitung von Niederfrequenz- und Hochfrequenzströmen.
I B	Kondensatoren für häufiges Laden und Entladen, erhöhte Anforderung an die zeitliche Kapazitäts-toleranz.
II	Kondensatoren für gewöhnliche Anforderungen hinsichtlich Betriebszuverlässigkeit und elektrischer Werte.
II A	Kondensatoren entsprechend Typ I A
II B	Kondensatoren entsprechend Typ I B, mit geringeren Anforderungen.

Typ		I				I					II A					
Anwendungs-klasse		HSF				HUF			HSF		GSF	GPF	HUF	HSF	HPF	
Bemessungsspan-nung U_n in V–	6	15	35	70	6	15	35	70	100	250	3	6	10	16	25	35	50
	100				350						63	100	160	250	350	450
Spitzenspannung U_S in V–	8	18	40	80	8	18	40	80	115	275	bis 100 V: 1,15 U_n, über 100 V: 1,1 U_n					
	115				385											
tan δ_{max} bei 20 °C	50 Hz	0,15...0,05 ($\leqq 1$ mF)									0,30...0,10 ($\leqq 1$ mF)					
	50 Hz	> 1 mF; obige Werte erhöhen sich um 0,01 je 1 mF														
Betriebs-rest-strom	$K_b{}^{1)}$	$0{,}005\,\dfrac{\mu A}{\mu F \cdot V}$				$0{,}01\,\dfrac{\mu A}{\mu F \cdot V}$					$0{,}02\,\dfrac{\mu A}{\mu F \cdot V}$					
	I_o	5 μA				5 μA					3 μA					
U_n in V	6	35	100		6	35	100	350			6,3	35		100		450

1) Betriebsreststrom: $I_{rb} = K_b \cdot U_n \cdot C_n + I_o$ in μA bei 20 °C (Richtwerte), wenn U_n in V und C_n in μF eingesetzt werden.

Kennzeichnung der Anschlüsse für Kondensatoren bis 1000 V
Terminal marking for capacitors up to 1000 V

Kondensator	Bauform, Gehäuse, Anschlüsse	Kennzeichnung
Papier-, Metallpapier-, Kunststoff-, Folien-kondensatoren (KS-Konden-satoren)	Gehäuse: Zylinder- oder quader-förmig Anschlüsse: Axiale Draht- oder Löt-fahnen	Außenbelag: durch Strich (Umfang) **Farbring zur Kennzeichnung der Bemessungsspannung:** Blau: 25 V, Gelb: 63 V, Rot: 160 V, Grün: 250 V, Violett: 400 V, Schwarz: 630 V, Braun: 1000 V
	Gehäuse: Zylinder- oder quader-förmig Anschlüsse: Einseitige Draht- oder Lötfahnen	Außenbelag: durch Strich (Umfang)
Glimmerkond.	Gehäuse: Zylinder- od. quaderförmig alle Bauformen vorhanden	Außenbelag: ⊥
Keramik-Kondensatoren	Rohrkondensatoren, Scheiben-kondensatoren mit axialen oder radialen Anschlüssen	Der Innenbelag wird durch ein Farbzeichen ge-kennzeichnet (Temperaturkoeffizient), Typ I A: weißer Punkt für den Außenbelag
Aluminium-Elektrolyt-kondensatoren	Gehäuse: Zylinder- od. quaderförmig mit einseitigen Anschlüssen	Pluspol: +
	Gehäuse: Zylindrisch mit axialen Anschlüssen	Pluspol: + Minuspol: Strich auf dem Umfang
	Verschiedene Bauformen u. Anschlüsse (Schraubenanschluss, Lötfahnen usw.)	Minuspol: – Pluspol: +; Kennzahl 1 oder rote Farbe
Tantal-Elektrolyt-kondensatoren	Kunststoffumhüllung mit einseitigen Drahtanschlüssen (Tropfenform)	Pluspol: Pluszeichen, längerer Anschlussdraht
	Gehäuse: Zylinder- od. quaderförmig mit Aufschrift u. axialen Anschlüssen	Pluspol: Pluszeichen Minuspol: Strich auf dem Umfang
	Gehäuse: Zylinder- od. quaderförmig mit einseitigen Anschlüssen	Pluspol: Pluszeichen oder durch besondere Formgebung des Gehäuses (Orientierungsnase)

Kennzeichnung nach Stromart		ungepolte Kondens.	gepolte Kondensatoren
Gleichstrom	Stranganfang und Strangende	A–B, C–D, …	+ und – bzw. A–B, C–D, …
	Sternende	A, B, C, …	A, B, C, …
	Mittelpunkt	MP	MP
Einphasenstrom		U–V	
Zweiphasen-strom	verkettet	U, XY, V	
	unverkettet	U–X, V–Y	
Drehstrom	verkettet	U, V, W	
	unverkettet	U–X, V–Y, W–Z	
	Mittel- bzw. Sternpunkt	Mp	

Motor-Kondensatoren – *Motor-capacitors*

Bemessungswechselspannung in V

Betriebskond.	125			220	240	260	280	320		360	400	450	480	560
Anlasskondens.		160	210		240		280	320	330	360	400			

Bemessungskapazität in µF

Betriebs-kondensator														
	0,1				0,2	0,25	0,3		0,4		0,5	0,6		0,8	0,9
	1	1,2	1,4	1,6	1,8	2	2,5	3	3,5	4	4,5	5	6	7	8	9
	10	12	14	16	18	20	25	30	35	40	45	50	60	70	80	90
	100														
Anlass-kondensator										5			
	10		16		20	25	30		40		50	60		80
	100		160		200	250	320		400		500			

Halbleiterkennzeichnungen – *Semiconductor marking codes*

Beispiel:

B   C   X   70

Ausgangsmaterial ⎤
Hauptfunktion ⎤   Registriernummer (2 oder 3 Ziffern)
Hinweis auf kommerziellen Einsatz

1. Kenn-buchstabe	Ausgangsmaterial	2. Kenn-buchstabe	Bedeutung	2. Kenn-buchstabe	Bedeutung
A	Germanium	A	Diode, allgemein	N	Optokoppler
B	Silizium	B	Kapazitätsdiode	P	z. B. Fotodiode, Fotoelement
C	z. B. Gallium-Arsenid (Energieabstand ≥ 1,3 eV)	C	NF-Transistor	Q	z. B. Leuchtdiode
		D	NF-Leistungstransistor	R	Thyristor
		E	Tunneldiode	S	Schalttransistor
D	z. B. Indium-Antimonid (Energieabstand ≥ 0,6 eV)	F	HF-Transistor	T	z. B. steuerbare Gleichrichter
		G	z. B. Oszillatordiode	U	Leistungsschalttransistor
R	Fotohalbleiter- und Hallgeneratoren-Ausgangsmaterial	H	Hall-Feldsonde	X	Vervielfacher-Diode
		K (M)	Hallgenerator	Y	Leistungsdiode
		L	HF-Leistungstransistor	Z	Z-Diode

Als dritter Buchstabe wird bei kommerziellen Bauelementen X, Y oder Z benutzt.

Gehäuseformen von Halbleiterbauelementen – *Semiconductor packages*

Glasgehäuse D0-7

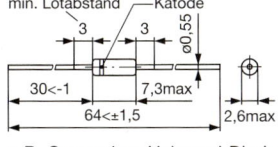

z. B. Germanium-Universal-Diode
AA 118

Glasgehäuse D0-35

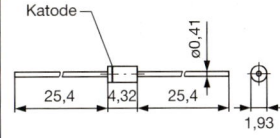

z. B. Silizium-Universal-Diode
BAY 61

Metallgehäuse D0-13

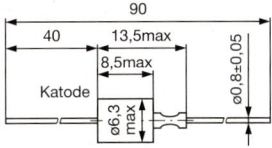

z. B. Z-Diode 1,3 Watt
BZD 10 C 9 V 1

Kunststoffgehäuse T0-92

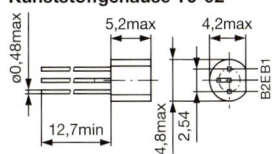

z. B. Unijunction-Transistor
2N 4870

Metallgehäuse T0-72

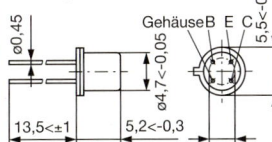

z. B. Silizium-HF-
Transistor BFT 66

Metallgehäuse T0-39

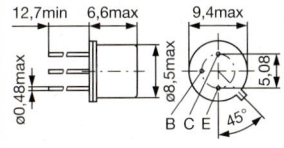

z. B. Silizium-NPN-Transistor
BC 140

Kunststoffgehäuse T0-220 mit Metallflansch

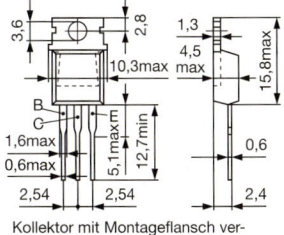

Kollektor mit Montageflansch verbunden
z. B. Silizium-NPN-Darlingtontransistor BD 649

Metallgehäuse T0-3

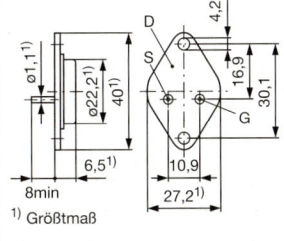

[1] Größtmaß
z. B. MOS-Leistungstransistor
BUZ 32

Metallgehäuse D0-5 (mit M 6)

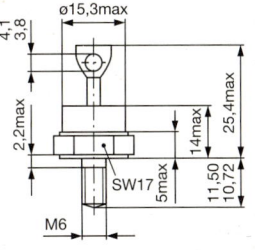

z. B. Schnelle Gleichrichter-Diode
BYW 92

Dioden – *Diodes*

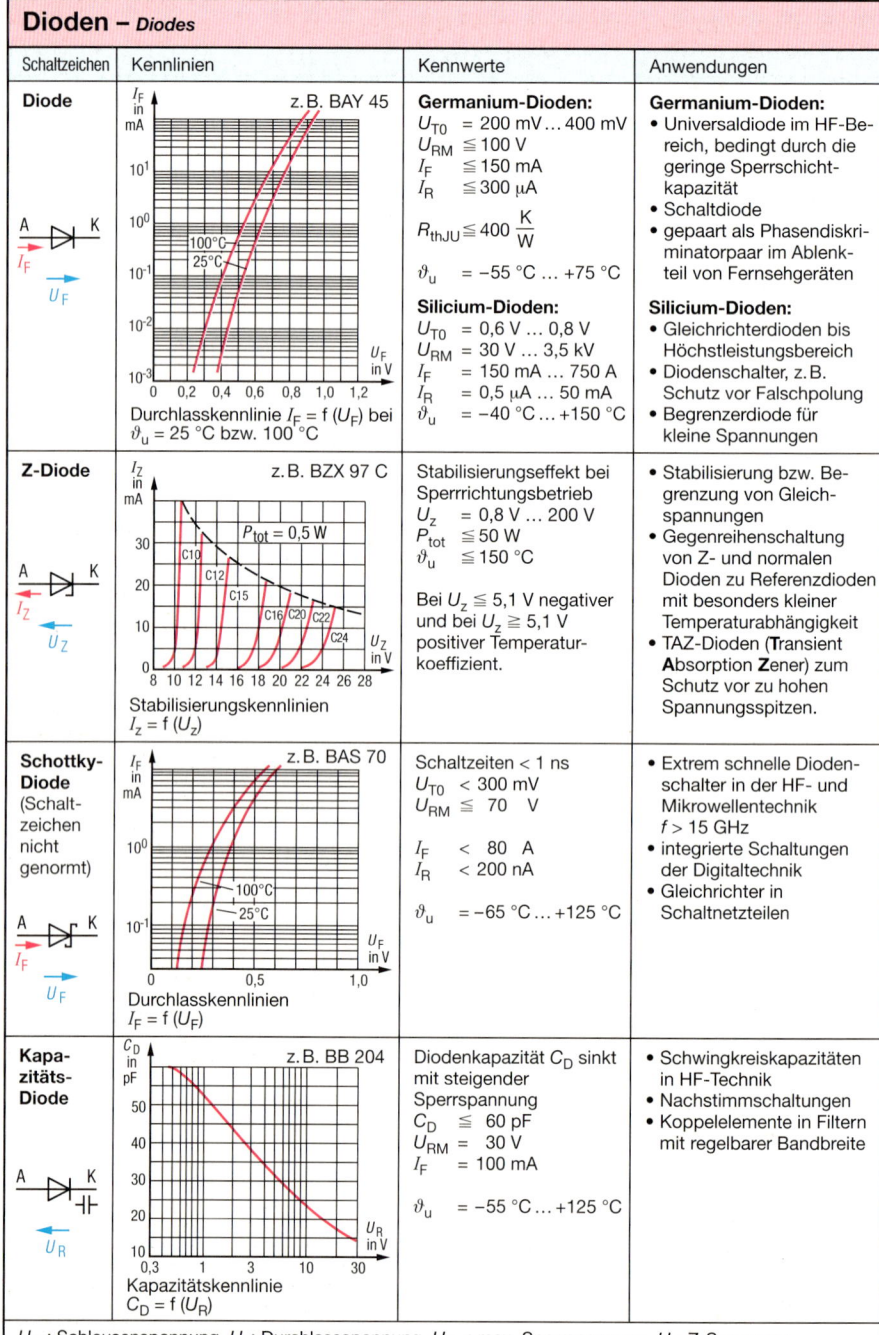

Schaltzeichen	Kennlinien	Kennwerte	Anwendungen
Diode A ▷|◁ K I_F U_F	z. B. BAY 45 I_F in mA 10^1 10^0 100 °C / 25 °C 10^{-1} 10^{-2} 10^{-3} 0 0,2 0,4 0,6 0,8 1,0 1,2 U_F in V Durchlasskennlinie $I_F = f(U_F)$ bei $\vartheta_u = 25\ °C$ bzw. 100 °C	**Germanium-Dioden:** U_{T0} = 200 mV … 400 mV $U_{RM} \leqq 100$ V $I_F \leqq 150$ mA $I_R \leqq 300\ \mu A$ $R_{thJU} \leqq 400\ \dfrac{K}{W}$ ϑ_u = −55 °C … +75 °C **Silicium-Dioden:** U_{T0} = 0,6 V … 0,8 V U_{RM} = 30 V … 3,5 kV I_F = 150 mA … 750 A I_R = 0,5 µA … 50 mA ϑ_u = −40 °C … +150 °C	**Germanium-Dioden:** • Universaldiode im HF-Bereich, bedingt durch die geringe Sperrschichtkapazität • Schaltdiode • gepaart als Phasendiskriminatorpaar im Ablenkteil von Fernsehgeräten **Silicium-Dioden:** • Gleichrichterdioden bis Höchstleistungsbereich • Diodenschalter, z. B. Schutz vor Falschpolung • Begrenzerdiode für kleine Spannungen
Z-Diode A ▷|◁ K I_Z U_Z	z. B. BZX 97 C I_Z in mA P_{tot} = 0,5 W 30 C10 20 C12 C15 10 C16 C20 C22 C24 0 8 10 12 14 16 18 20 22 24 26 28 U_Z in V Stabilisierungskennlinien $I_z = f(U_z)$	Stabilisierungseffekt bei Sperrrichtungsbetrieb U_z = 0,8 V … 200 V $P_{tot} \leqq 50$ W $\vartheta_u \leqq 150$ °C Bei $U_z \leqq 5,1$ V negativer und bei $U_z \geqq 5,1$ V positiver Temperaturkoeffizient.	• Stabilisierung bzw. Begrenzung von Gleichspannungen • Gegenreihenschaltung von Z- und normalen Dioden zu Referenzdioden mit besonders kleiner Temperaturabhängigkeit • TAZ-Dioden (**T**ransient **A**bsorption **Z**ener) zum Schutz vor zu hohen Spannungsspitzen.
Schottky-Diode (Schaltzeichen nicht genormt) A ▷|◁ K I_F U_F	z. B. BAS 70 I_F in mA 10^0 100 °C 25 °C 10^{-1} 0 0,5 1,0 U_F in V Durchlasskennlinien $I_F = f(U_F)$	Schaltzeiten < 1 ns U_{T0} < 300 mV $U_{RM} \leqq 70$ V I_F < 80 A I_R < 200 nA ϑ_u = −65 °C … +125 °C	• Extrem schnelle Diodenschalter in der HF- und Mikrowellentechnik $f > 15$ GHz • integrierte Schaltungen der Digitaltechnik • Gleichrichter in Schaltnetzteilen
Kapazitäts-Diode A ▷|◁ K U_R	z. B. BB 204 C_D in pF 50 40 30 20 10 0,3 1 3 10 30 U_R in V Kapazitätskennlinie $C_D = f(U_R)$	Diodenkapazität C_D sinkt mit steigender Sperrspannung $C_D \leqq 60$ pF U_{RM} = 30 V I_F = 100 mA ϑ_u = −55 °C … +125 °C	• Schwingkreiskapazitäten in HF-Technik • Nachstimmschaltungen • Koppelelemente in Filtern mit regelbarer Bandbreite

U_{T0}: Schleusenspannung, U_F: Durchlassspannung, U_{RM}: max. Sperrspannung, U_z: Z-Spannung
I_F: Durchlassstrom, I_R: Sperrstrom, ϑ_u: Umgebungstemperatur, R_{thJU}: therm. Widerstand zwischen Sperrschicht und Umgebung

Halbleiterbauelemente mit Schaltverhalten
Semiconductor components with switching behaviour

Triggerdioden, UJT, PUT

Schaltzeichen	Kennlinie	Eigenschaften	Anwendung, Kennwerte
Zweirichtungsdiode (**Diac**: **Di**ode **a**lternating **c**urrent)		Stetiger Übergang im Durchbruchbereich Hohe Durchlassspannung.	• Triggern von Zündströmen für Triacs Kippspannungen ca. 35 V • Durchlassstrom stark von Impulslänge abhängig • Maximale Verlustleistung ca. 300 mW
Unijunktion-Transistor UJT, (auch Doppelbasisdiode)		Mit steigender Spannung U_{EB1} kehrt sich der Sperrstrom um. Ab Höckerspannung U_p wird die Emitter-B1-Strecke leitend.	• Ansteuern von Triacs und Thyristoren • RC-Generatoren • Spannung: max. 30 V • Strom: max. 50 mA

Thyristoren, Triac

P-Gate-Thyristor		Thyristortriode • katodenseitig steuerbar • rückwärtssperrend	Stromrichter bis zu größten Leistungen. Von 100 V … 4000 V, Strom je nach Bauart bis max. 1000 A bei Scheibenthyristoren, wassergekühlt
N-Gate-Thyristor		Thyristortriode • anodenseitig steuerbar • rückwärtssperrend	Kleinleistungsbereich Bei Beschaltung mit Spannungsteiler auch als PUT
Abschaltbarer Thyristor (**GTO, G**ate-**t**urn-**o**ff)		Thyristortriode • katodenseitig steuerbar • Sperren von I_F mit negativem Gatestrom • rückwärtssperrend	Gleichstromsteller bis zum mittleren Leistungsbereich. Spannung ≤ 1200 V Strom ≤ 400 A
Zweirichtungsthyristor, Triac (**Tri**ode **a**lternating **c**urrent)		• Verhalten ähnlich antiparallel geschalteter Thyristoren • Zündung mit positivem oder negativem Gatestrom unabhängig von Polung der Anoden	Phasenanschnittssteuerungen, elektronische Relais und Schütze im Klein- und im Mittelleistungsbereich. Spannungen bis 1200 V, Ströme bis ca. 300 A

Bipolare Transistoren – *Bipolar transistors*

NPN-Transistor

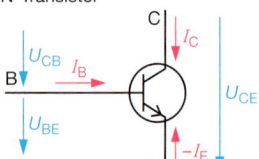

$$I_E = I_C + I_B$$
$$U_{CE} = U_{CB} + U_{BE}$$
$$B = \frac{I_C}{I_B}$$
$$P_{tot} = U_{CE} \cdot I_C + U_{BE} \cdot I_B$$
$$P_{tot} \approx U_{CE} \cdot I_C$$

PNP-Transistor

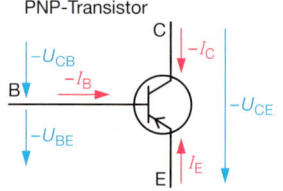

Kennzeichnung von Transistorrestströmen und -sperrspannungen

3. Index-Buchstabe	Bedeutung
0	Nicht genannte Elektrode ist offen, z.B. I_{CE0}
R	Zwischen zwei- und nichtgenannter Elektrode liegt Widerstand, z.B. I_{CER}
S	Zwischen zwei- und nichtgenannter Elektrode ist Kurzschluss, z.B. I_{CES}
V	Zwischen zwei- und nichtgenannter Elektrode liegt Sperrspannung, z.B. I_{CEV}

Beispiel: Silicium-NPN-Epitaxial-Planar-NF-Transistor BC 140

Besondere Merkmale:
– Verlustleistung 3,7 W
– komplementär zu BC 160
– Gehäuse TO 39, Kollektor mit Gehäuse verbunden
– Gewicht max. 1,5 g

Absolute Grenzdaten:
$U_{CES} = 80\ V$
$U_{CE0} = 40\ V$
$U_{EB0} = 7\ V$
$I_C = 1\ A$
$I_B = 100\ mA$
$P_{tot} = 650\ mW$ bei $t_{amb} \leq 45\,°C$
$P_{tot} = 3,7\ W$ bei $U_{CE} \leq 7V$ und $t_{case} \leq 45\,°C$
$\vartheta_j = 175\ °C$

Wärmewiderstände:
R_{thJA}: max. $200\ \dfrac{K}{W}$
R_{thJC}: max. $35\ \dfrac{K}{W}$

Statische Kenngrößen ($t_{amb} = 25\,°C$):
$I_{CES} = 10 \dots 100\ nA$ bei $U_{CE} = 60\ V$
$U_{(Br)CE0} = 80\ V$ bei $I_C = 100\ \mu A$
$U_{(Br)EB0} \leq 7\ V$ bei $I_E = 100\ \mu A$
$U_{BE} = 1,2\ V$ bei $U_{CE} = 1\ V$ und $I_C = 1\ A$

Dynamische Kenngrößen ($t_{amb} = 25\,°C$):
$f_T = 50\ MHz$
$C_{CB0} \leq 25\ pF$
$C_{EB0} = 80\ pF$

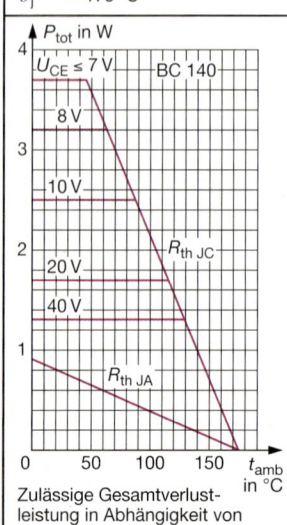

Zulässige Gesamtverlustleistung in Abhängigkeit von der Umgebungstemperatur

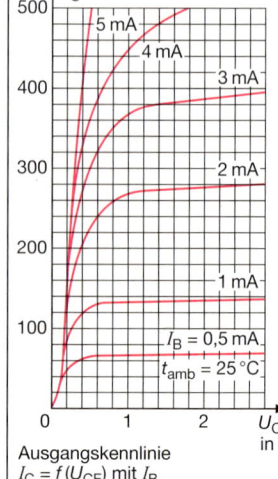

Ausgangskennlinie
$I_C = f(U_{CE})$ mit I_B als Parameter

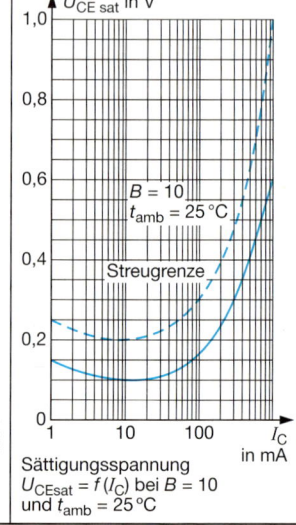

Sättigungsspannung
$U_{CEsat} = f(I_C)$ bei $B = 10$ und $t_{amb} = 25\,°C$

B: Gleichstromverstärkung, P_{tot}: Gesamtverlustleistung, ϑ_j: Sperrschichttemperatur, t_{amb}: Umgebungstemperatur, f_T: Transitfrequenz, R_{thJA}, R_{thJC}: Wärmewiderstand zwischen Sperrschicht u. Umgebung (Gehäuse)

Feldeffekttransistoren (FET) – *Field-effect transistors*

FET (unipolare Transistoren)
- steuern den Arbeitsstrom I_D über ein elektrostatisches Feld zwischen Gate (G) und Source (S).
- zeichnen sich durch praktisch leistungslose Ansteuerung und wesentlich höheren Eingangswiderstand gegenüber bipolaren Transistoren aus.

Sperrschicht-Feldeffekttransistoren (PN-FET; JFET) selbstleitend	Isolierschicht-Feldeffekttransistoren (JGFET), auch MOS-FET[1]	
	selbstleitend (Verarmungstyp)	selbstsperrend (Anreicherungstyp)

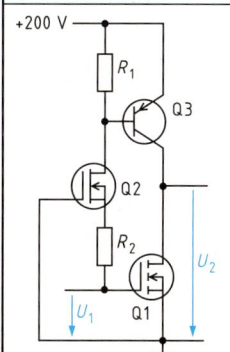

N-Kanal (I_D, $-U_{GS}$, U_{DS}, U_{GS}: 0V, −1V, −2V, −3V)

N-Kanal (I_D, $-U_{GS}$, U_{DS}, U_{GS}: 2V, 1V, 0V, −1V)

N-Kanal (I_D, U_{GS}, U_{DS}, U_{GS}: 4V, 3V, 2V, 1V)

P-Kanal ($-I_D$, U_{GS}, $-U_{DS}$, U_{GS}: 0V, 1V, 2V, 3V)

P-Kanal ($-I_D$, U_{GS}, $-U_{DS}$, U_{GS}: −2V, −1V, 0V, 1V)

P-Kanal ($-I_D$, $-U_{GS}$, $-U_{DS}$, U_{GS}: −4V, −3V, −2V, −1V)

Anwendungen von Kleinsignal-MOS-FET

Hochvoltinverter

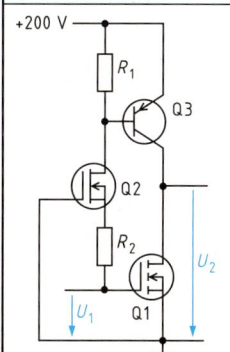

- $U_1 = +5$ V schaltet Q1 ein. Negative Vorspannung am Gate von Q2 sperrt Q2 und Q3 ($I_B = 0$ A). $U_2 \approx 0$ V
- Bei $U_1 \leq +1,5$ V sperrt V1.
- Ab $U_1 \leq -1,0$ V wird Q2 leitend und schaltet Q3 ein. $U_2 \approx 200$ V
- Einsatz von MOS-FET mit unterschiedlichen Schwellenspannungen verhindern Querstrom während Umschaltphase.

Hochspannungsschalter mit galv. Trennung

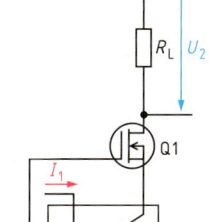

- Kombination von MOS-FET mit Optokoppler trennt Steuer- und Lastkreis galvanisch.
- Hohe Schaltspannungen z.B. BSS 135 mit $U_{DS} > 600$ V bei kleinem Gehäuse (TO 92) und $I_{Dmax} = 70$ mA.
- Bei $U_{GS} \leq -3$ V sperrt Q1.
- Durch $I_1 \approx 80$ mA wird Fototransistor leitend und $U_{GS} \approx 0$ V. V1 schaltet durch.
- $R_L = 50$ Ω

Konstantspannungsquelle

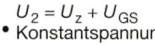
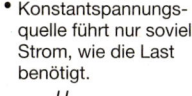

- Bestimmung der Ausgangsspannung durch Q2. $U_2 = U_z + U_{GS}$
- Konstantspannungsquelle führt nur soviel Strom, wie die Last benötigt. $I_D = \dfrac{U_{GS}}{R_1}$
- Einsatz u.a. zur Spannungsversorgung von CMOS-Bausteinen.

Elektronischer Spannungsteiler

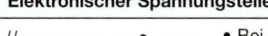
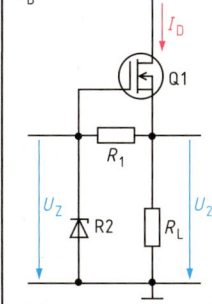

- Bei $U_B < U_z$ erzeugt Teilerschaltung eine von U_B und I_D abhängige Ausgangsspannung U_2.
- Bei $U_B > U_z$ wird U_2 auf U_z und der Strom auf $I_D \approx \dfrac{U_z}{R_L}$ begrenzt.
- Einsatz anstelle ohmscher Spannungsteiler, um eine große Stromaufnahme zu vermeiden.
- $R_1 = 1$ MΩ

---

[1] **M**etal-**O**xid-**S**emiconductor

U_B: Betriebsspannung, U_1, U_2: Eingangs- bzw. Ausgangsspannung, R_L: Lastwiderstand

Leistungs-Feldeffekttransistoren – *Power field-effect transistors*

Halbleiterstruktur: z.B. V-MOS, U-MOS, HEX-FET, dadurch Spannungen von $U_{DS} \geq 1$ kV bei $I_D \geq 5$ A möglich. Zum Teil sind Schutzelemente wie z.B. Freilaufdiode mit in den FET integriert. Kombination von MOS-FET und Bipolartransistor ergibt BIMOS-Transistor.

Vorteile:
- Hohe Schaltleistung und Überlastsicherheit
- Einfaches Parallelschalten mehrerer Transistoren zur Leistungssteigerung
- Sehr hohe Schaltgeschwindigkeiten, $T_s \leq 10$ µs
- Sehr hohe Grenzfrequenzen

Anwendungen:
- Getaktete Stromversorgungsgeräte
- Motorsteuerung, z.B. in Umrichtern
- Leistungsendstufen in Datentechnik
- Kfz-Elektronik, z.B. in Zündschaltung

Kennwerte und Schaltung eines Leistungs-MOS-FET

N-Kanal-Anreicherungstyp BUZ 10 im Gehäuse TO-220 mit $R_{thJC} = 1,67 \dfrac{K}{W}$

Absolute Grenzdaten
- Drain-Source-Spannung $\quad U_{DS} = 50$ V
- Gate-Source-Spannung $\quad U_{GS} = \pm 20$ V
- Maximaler Drainstrom $\quad I_{DM} = 23$ A bei $\vartheta_G = 25$ °C
- Maximale Verlustleistung $\quad P_{tot} = 75$ W bei $\vartheta_G = 25$ °C

Dynamische Kenngrößen
- Übertragungssteilheit $\quad g_{21} = 8$ S bei
  $I_D = 16$ A und $U_{DS} = 25$ V
- Einschaltzeit $\quad t_E = 85$ ns
- Ausschaltzeit $\quad t_A = 175$ ns

Beispiel:
Fahrtregler mit Motorstrom
$I_M = I_D = 12$ A

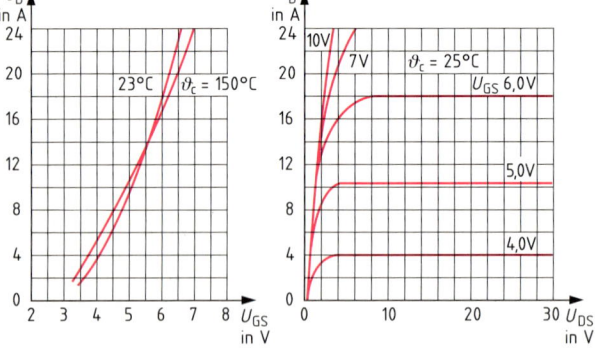

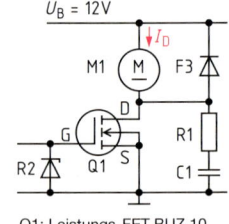

$U_B = 12$ V

Reihe BUZ umfasst mehrere Typen, z.B. BUZ 50 mit $U_{DS} = 100$ V, $I_D = 2,8$ A

Q1: Leistungs-FET BUZ 10
R2: Begrenzung von U_{GS}
F3: Freilaufdiode
R1, C1: Schutzschaltung

Leistungs-BIMOS-Transistor (IGBT)

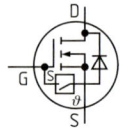

IGBT
(**I**nsulated **G**ate
Bipolar **T**ransistor)

- Schaltgeschwindigkeit, Ansteuerleistung und Robustheit wie Leistungs-MOS-FET.
- Geringer Einschaltwiderstand wie beim bipolaren Darlington-Transistor.
- Einsatz in Frequenzumrichtern, getakteten Stromversorgungen für Schweißgeräte, Schaltnetzteile größerer Leistung, Kfz-Zündung.

Leistungs-MOS-FET
mit integriertem Übertemperaturschutz

TEMP – FET
(**Tem**peratur
Protected-FET)

- Integrierte Freilaufdiode erspart externe Schutzbeschaltung.
- Sensorchip S ist in Hybridtechnik auf FET-Chip geklebt und elektrisch mit Gate und Source verbunden.
- Thyristorähnlicher Sensor schaltet bei $\vartheta_G = 155$ °C durch und sperrt FET solange, bis Haltestrom mindestens 5 µs unterbrochen wird.

Kennwerte des IGBT BUP 304

- Kollektorstrom $I_C = 25$ A bei $\qquad \vartheta_G = 25$ °C
- Verlustleistung $P_{tot} = 2000$ W bei $\qquad \vartheta_G = 25$ °C
- Wärmewiderstand Chip-Gehäuse $R_{thJC} \leq 0,63 \dfrac{K}{W}$
- Gate-Schwellenspannung $\qquad U_{GE} = 5$ V
- Kollektor-Emitter-Sättigungsspannung
  $U_{CE(sat)} = 2,5$ V
- Kollektor-Emitter-Durchbruchspannung
  $U_{(BR)CE} = 1000$ V

Abschaltzeit t_A des BTS 130

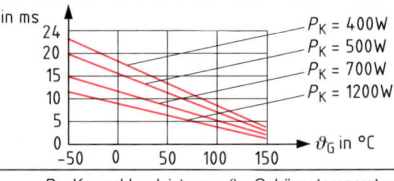

P_K: Kurzschlussleistung, ϑ_G: Gehäusetemperatur

Transistorgrundschaltungen – *Basic transistor circuits*

Transistorart	Bipolar mit NPN-Struktur			Unipolar mit N-Kanal-Struktur		
Grundschaltg.	Emitterschaltung	Kollektorschaltung	Basisschaltung	Sourceschaltung	Drainschaltung	Gateschaltung
Eingangs-Widerstand[1]	$r_e = r_{BE} \| R_1 \| R_2$ $20\,\Omega \ldots 5\,k\Omega$	$r_e = (r_{BE} + \beta R_E)$ $\| R_1 \| R_2$ $10\,k\Omega \ldots 200\,k\Omega$	$r_e = \dfrac{r_{BE}}{\beta} \| R_E$ $10 \ldots 200\,\Omega$	$r_e \approx R_1 \| R_2$ $1\,M\Omega \ldots 10\,M\Omega$	$r_e \approx R_1 \| R_2$ $5\,M\Omega \ldots 20\,M\Omega$	$r_e \approx R_S + \dfrac{1}{S}$ $100 \ldots 500\,\Omega$
Ausgangs-Widerstand[1]	$r_a = r_{CE} \| R_C \approx R_C$ $5\,k\Omega \ldots 100\,k\Omega$	$r_a \approx \dfrac{r_{BE}}{\beta} \| R_E \| R_L$ $10\,\Omega \ldots 200\,\Omega$	$r_a = r_{CE} \| R_C \approx R_C$ $50\,k\Omega \ldots 1\,M\Omega$	$r_a \approx R_D$ $2\,k\Omega \ldots 20\,k\Omega$	$r_a \approx \dfrac{1}{S}$ $100\,\Omega \ldots 1\,k\Omega$	$r_a \approx R_D$ $20\,k\Omega \ldots 2\,M\Omega$
Verstär-kungen[1] $v_p = v_u \cdot v_i$	$v_u = -\dfrac{\beta}{r_{BE}} \cdot R_C \| r_{CE}$ $100 \ldots 1000$ $v_i \approx \beta;\ 20 \ldots 500$	$v_u \approx 1$ $v_i \approx \beta$ $20 \ldots 500$	$v_u \approx \beta \dfrac{R_C}{r_{BE}}$ $100 \ldots 1000$ $v_i \approx 1$	$v_u \approx -S \cdot R_D$ $5 \ldots 200$ $v_i \to \infty$	$v_u \approx 1$ $v_i \to \infty$	$v_u \approx S \cdot R_D$ $5 \ldots 20$ $v_i \approx 1$
Phasenver-schiebung	$\varphi = 180°$	$\varphi = 0°$	$\varphi = 0°$	$\varphi = 180°$	$\varphi = 0°$	$\varphi = 0°$
Anwendungen	• Universelle Schaltung zur Spannungs- und Stromverstärkung im NF- und HF-Bereich	• NF-Eingangsverstärker • Impedanzwandler	• Oszillatorschaltungen • HF-Verstärker	• Gebräuchliche Verstärkerschaltung im NF- und HF-Bereich	• Vorverstärker • Impedanzwandler	• Da hoher Gate-Kanal-Widerstand ungenutzt, erfolgt Anwendung nur in Sonderfällen wie z. B. Messwert- oder Antennenverstärker mit Leistungsanpassung

[1] Die angegebenen Werte können im Einzelfall deutlich unter- bzw. überschritten werden.

r_e : Eingangswiderstand; r_{BE} : differentieller Eingangswiderstand; v_u : Wechselspannungsverstärkung; v_i : Wechselstromverstärkung; v_p : Leistungsverstärkung;
r_a : Ausgangswiderstand; r_{CE} : diff. Ausgangswiderstand; β : Transistor-Wechselstromverstärkung; φ : Phasenverschiebung zwischen u_A und u_E;
R_L : Lastwiderstand; S : Steilheit, ca. 1 mS ... 50 mS; $\|$: Parallelschaltung.

Transistorgrundschaltungen – *Basic transistor circuits*

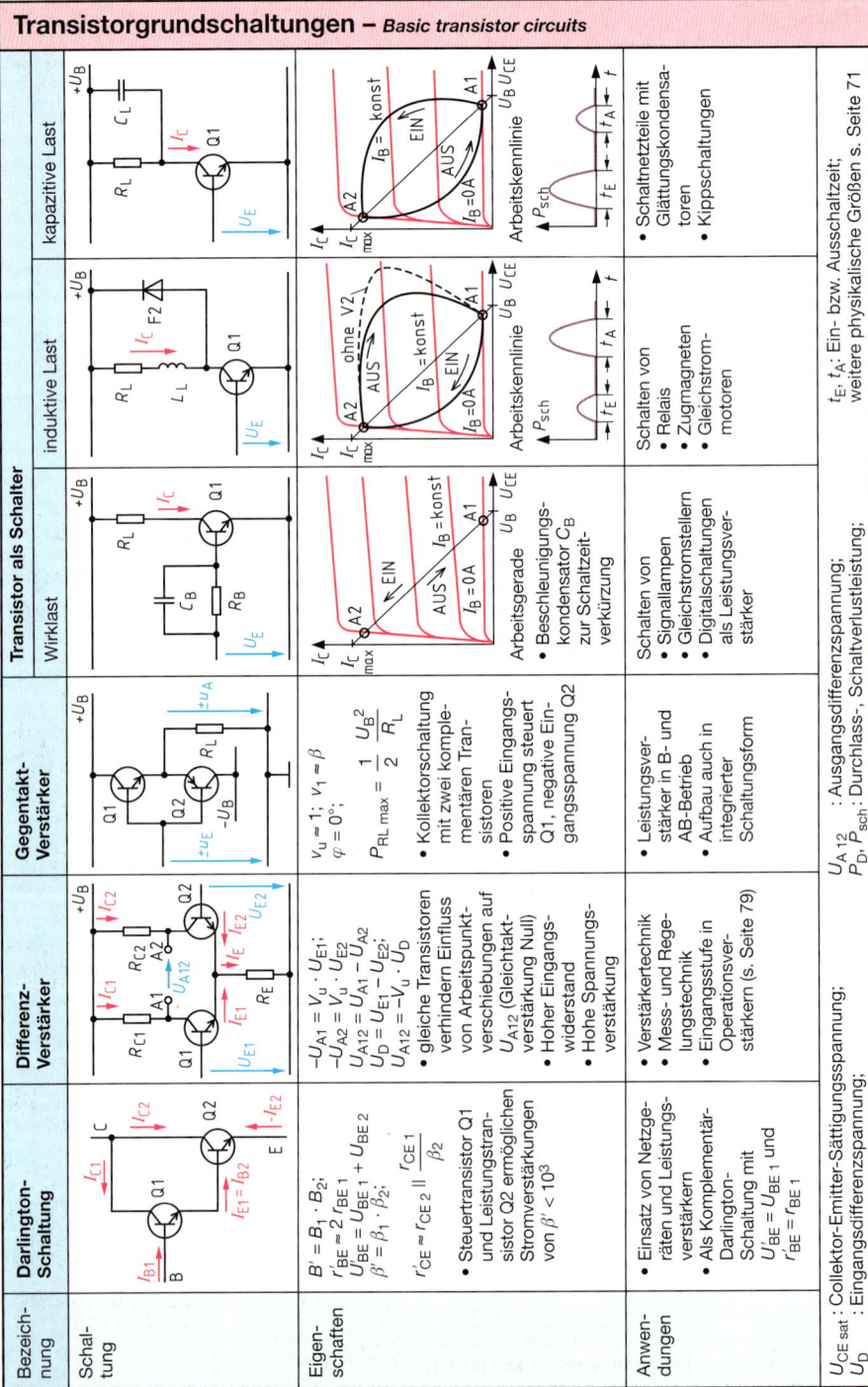

Bezeichnung	Darlington-Schaltung	Differenz-Verstärker	Gegentakt-Verstärker	Transistor als Schalter		
				Wirklast	induktive Last	kapazitive Last
Schaltung						
Eigenschaften	$B' = B_1 \cdot B_2$; $r_{BE} \approx 2\,r_{BE\,2}$; $U'_{BE} = U_{BE\,1} + U_{BE\,2}$; $\beta' = \beta_1 \cdot \beta_2$; $r'_{CE} \approx r_{CE\,2} \parallel \dfrac{r_{CE\,1}}{\beta_2}$ • Steuertransistor Q1 und Leistungstransistor Q2 ermöglichen Stromverstärkungen von $\beta' < 10^3$	$-U_{A1} = V_u \cdot U_{E1}$; $-U_{A2} = V_u \cdot U_{E2}$; $U_D = U_{E1} - U_{E2}$; $U_{A12} = -V_u \cdot U_D$ • gleiche Transistoren verhindern Einfluss von Arbeitspunktverschiebungen auf U_{A12} (Gleichtaktverstärkung Null) • Hoher Eingangswiderstand • Hohe Spannungsverstärkung	$v_u = 1;\ v_1 = \beta$ $\varphi = 0°;$ $P_{RL\,max} = \dfrac{1}{2}\,\dfrac{U_B^2}{R_L}$ • Kollektorschaltung mit zwei komplementären Transistoren • Positive Eingangsspannung steuert Q1, negative Eingangsspannung steuert Q2	Arbeitsgerade • Beschleunigungskondensator C_B zur Schaltzeitverkürzung	Arbeitskennlinie P_{sch}	Arbeitskennlinie P_{sch} • Schaltnetzteile mit Glättungskondensatoren • Kippschaltungen
Anwendungen	• Einsatz von Netzgeräten und Leistungsverstärkern • Als Komplementär-Darlington-Schaltung mit $U_{BE} = U_{BE\,1}$ und $r'_{BE} = r_{BE\,1}$	• Verstärkertechnik • Mess- und Regelungstechnik • Eingangsstufe in Operationsverstärkern (s. Seite 79)	• Leistungsverstärker in B- und AB-Betrieb • Aufbau auch in integrierter Schaltungsform	Schalten von • Signallampen • Gleichstromstellern • Digitalschaltungen als Leistungsverstärker	Schalten von • Relais • Zugmagneten • Gleichstrommotoren	

$U_{CE\,sat}$: Collector-Emitter-Sättigungsspannung; U_D : Eingangsdifferenzspannung; $U_{A\,12}$: Ausgangsdifferenzspannung; P_D, P_{sch} : Durchlass-, Schaltverlustleistung; t_E, t_A : Ein- bzw. Ausschaltzeit; weitere physikalische Größen s. Seite 71

Optoelektronische Bauelemente – *Opto-electronic components*

Schaltzeichen	Typische Kennlinie	Eigenschaften	Anwendung, Kennwerte
Fotowiderstand (**LDR**, **L**ight-**D**ependant-**R**esistor)		Passives Bauelement • Je nach Basismaterial empfindlich von $0,5 \ldots 8\ \mu m$ (UV- bis IR-Bereich) • höchste Lichttempfindlichkeit • sehr träge bei Helligkeitsänderung	• Einsatz im Gleich- und Wechselstromkreis • Beleuchtungsstärkemessung, Dämmerungsschalter • Betriebsspannung bis zu mehreren 100 V • Belastbarkeit bis 500 mW
Fotodiode		• Betrieb in Sperrrichtung • geringe Lichttempfindlichkeit • sehr kurze Ansprechzeit • Stromstärke annähernd proportional zur Beleuchtungsstärke	• Messaufgaben • Spannungen bis 25 V • Verlustleistung bis max. 150 mW • Grenzfrequenz bei ca. 500 MHz
Fototransistor		• Wirkungsweise wie Fotodiode mit Verstärker, daher 100- bis 500fach größere Empfindlichkeit • Einstellung des Arbeitspunktes mit dem Basisanschluss (nicht immer vorhanden)	• fotoelektronische Empfänger in Überwachungs- und Regelkreisen • Spannungen bis 30 V • Verlustleistung bis 200 mW • Grenzfrequenz bei ca. 0,5 MHz
Fotothyristor		Zündung durch • Gatestrom oder • Lichtimpuls Löschen durch • Unterschreiten des Haltestromes oder • durch negativen Impuls auf Anodenanschluss	• Kleinleistungsbereich, Verlustleistungen bis 500 mW • Hochspannungstechnik, Zündung über Lichtwellenleiter (LWL), ≤ 4000 V, ≤ 10 A
Solarzelle (Fotoelement)		Aktives Bauelement. Entnehmbare Leistung ist abhängig von • Lichtintensität, • Zellentemperatur und • Größe der aktiven Fläche	• Energiegewinnung aus Sonnenlicht • Serien- und Reihenschaltung ermöglicht Leistungen im kW-Bereich (s. auch Fotovoltaik, Seite 120) • Zellengröße 100 mm Ø • Leerlaufspg. ≤ 600 mV
Lumineszenzdiode (**LED**, **l**ight-**e**mitting-**d**iode)	 *I*: Lichtstärke in Achsenrichtung	• Lichtaussendung im Durchlassbereich • robust, hohe Lebensdauer, klein • gering. Sperrspannung • modulierbar bis 20 MHz • Vorwiderstand erforderlich • rot, gelb, grün, blau, infrarot, weiß	• Anzeigen, Zeichen- und Zifferndarstellung • Sender in Optokopplern, Lichtwellenstrecken, Infrarotsteuerungen • Durchlassstromstärken bis ca. 100 mA

Optoelektronische Bauelemente – *Opto-electronic components*

Laserdiode

Light **A**mplification by **S**timulated **E**mission of **R**adiation

U_F
I_F

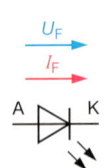

A — K

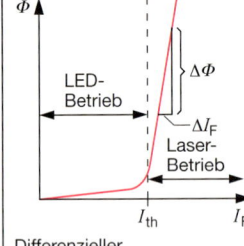

LED-Betrieb

$\Delta\Phi$
ΔI_F

Laser-Betrieb

I_{th} I_F

Differenzieller Wirkungsgrad: $\Delta\Phi/\Delta I_F$

- Lichtemittierende Diode mit Laserresonator
- Oberhalb des Schwellenstromes Austritt von Lichtwellen gleicher Energie (Farbe), Polarisation, Phasenlaserlage und Ausbreitungsrichtung
- Strombegrenzung erforderlich
- Hohe Lichtbündelung, **Augenschädigung möglich!**
- Farben: Infrarot, rot, gelb, grün
- Anwendung: Lichtwellenleiter, Laserdrucker, CD-Geräte

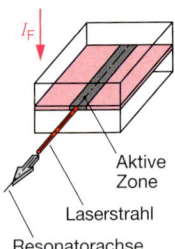

I_F

Aktive Zone

Laserstrahl

Resonatorachse

Fotovoltaisches Relais (PVR)

- Aufbau ähnlich Optokoppler
- Fotovoltaischer Generator (mehrere Fotodioden in Reihe) steuert einen BOSFET (Bidirectional-Output-Switch-Field-Effect-Transistor)
- Zwei Systeme im DIL-Gehäuse

Steuerstrom I_F	$\geq$ 2 mA
Steuerspannung U_F	$\geq$ 1,5 V
Max. Laststrom I_{Amax}	1 A
Max. Lastspannung U_{Dmax}	300 V
Durchlasswiderstand (s. Kennlinie)	10…30 Ω
Thermospannung	0,2 μV
Sperrwiderstand	10^{10} Ω

Fotovoltaischer Koppler   BOSFET

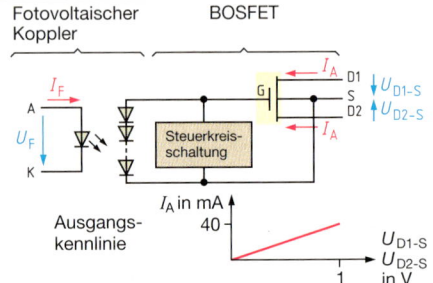

Ausgangs-kennlinie

I_A in mA
40

U_{D1-S}
U_{D2-S}
in V
1

Optokoppler

Kenngrößen

CTR: Koppelfaktor, auch Stromübertragungsverhältnis; (**CTR**: **C**urrent-**t**ransfer-**r**atio)

$CTR = \dfrac{I_C}{I_F}$ (in %) bei I_F = 10 mA und U_{CE} = 5 V

U_{ISOL}: Isolationsprüfspannung   (max. $\approx$ 10 kV)
I_F: Dioden-Durchlassstrom   (max. $\approx$ 80 mA)
I_C: Kollektorstrom   (max. $\approx$ 100 mA)
f_g: Grenzfrequenz   (typ. 250 kHz)

Beispiel:
Koppelfaktor $\dfrac{I_C}{I_F}$ = f (I_F) bei ϑ_u = 25 °C, U_{CE} = 5 V

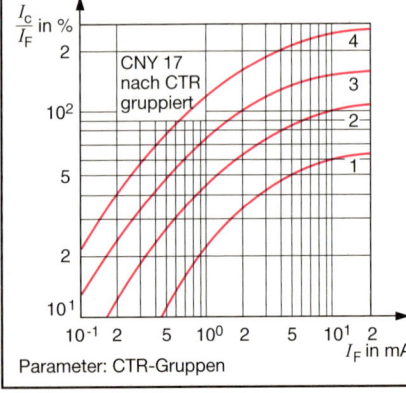

$\dfrac{I_C}{I_F}$ in %

CNY 17 nach CTR gruppiert

4
3
2
1

I_F in mA

Parameter: CTR-Gruppen

Ausführungen

Schaltung		Bemerkung
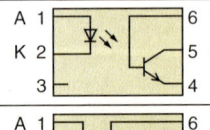 A 1 K 2 4 E 3 C		Basisanschluss nicht vorhanden
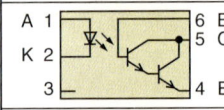 A 1 K 2 3 6 B 5 C 4 E		Basisanschluss vorhanden, mit R_{BE} Erhöhung der Grenzfrequenz möglich.
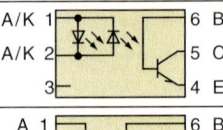 A 1 K 2 3 6 B 5 C 4 E		Darlington-Fototransistor $\dfrac{I_C}{I_F}$ > 500 %
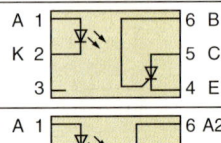 A/K 1 A/K 2 3 6 B 5 C 4 E		Antiparallel geschaltete Lumineszenzdioden (Wechselspannungsübertragung)
A 1 K 2 3 6 B 5 C 4 E		SCR-Koppler, keine stetige Stromübertragung, sondern Schaltverhalten
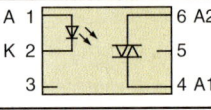 A 1 K 2 3 6 A2 5 4 A1		Triac-Koppler, Schaltverhalten, für Wechselspannung, Spitzensperrspannung bis 600 V

Optoelektronische Bauelemente – *Opto-electronic components*

Leuchtdioden-Anzeigen (LED-Anzeigen)

Emissionsspektren, Durchlassspannungen

LED-Farbe	Halbleiter	Wellen-länge in nm	Durchlass-spannung in V
infrarot	Ga AS	950	1,3 … 1,5
rot	Ga AS P	660	1,6 … 1,8
orange	Ga AS P	610	1,6
gelb	Ga AS P	590	2,0 … 2,2
grün	Ga P	565	2,0 … 2,2

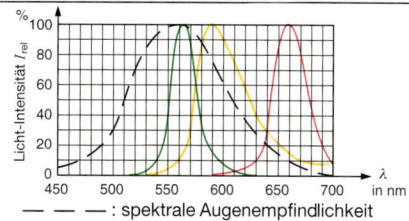

— — — : spektrale Augenempfindlichkeit

7-Segment-Anzeige

Symbolaufbau, charakteristische Größen

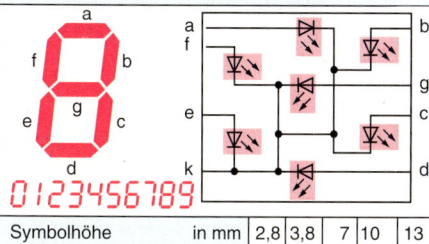

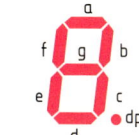

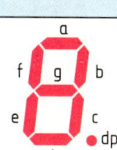

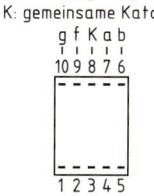

K: gemeinsame Katode

A: gemeinsame Anode

Symbolhöhe	in mm	2,8	3,8	7	10	13
Betrachtungsabstand	in m	2	3	3	4,5	6
typ. Segmentstrom	in mA	5	5	10	10	10
desgl. bei Niedrig-stromausführung	in mA	2,8	3,8	2	2	2

Flüssigkristall-Anzeigen (LCD-Anzeigen)

Funktionsprinzip

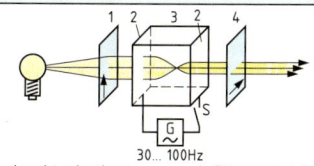

1: Senkrecht orientierter Polarisator
2: Transparente Elektroden
3: Flüssigkristallschicht
4: Waagerecht orientierter Polarisator

LCD's sind je nach Reflektorart mit oder ohne Hintergrundbeleuchtung betreibbar.

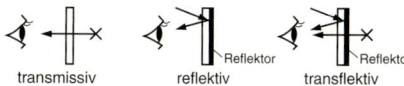

transmissiv — reflektiv (Reflektor) — transflektiv (Reflektor)

Erklärung

- **Ohne Spannung:** Licht wird durch Flüssigkristalle um 90° gedreht und kann beide Polarisationsfilter passieren: Symbole hell, Umfeld hell

- **Mit Spannung:** Keine Drehung der Lichtpolarisation: Symbole dunkel, Umfeld hell

- **Parallelorientierte Polarisatoren:** umgekehrter Effekt (Symbole hell, Umfeld dunkel)

- **Schaltzeit** stark temperaturabhängig Für extreme Temperaturbereiche verschiedene Flüssigkeiten

- **Farbige** LCD's: Aufdruck farbiger Tinten

- **Betriebsspannung:** ca. 3…15 V ~, $f = 30…100$ Hz

Vakuum-Fluoreszenz-Anzeigen (VF-Anzeigen)

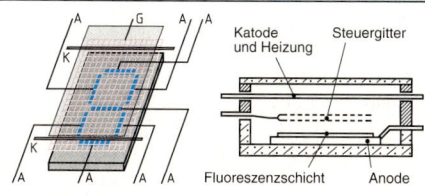

Katode und Heizung — Steuergitter

Fluoreszenzschicht — Anode

- Aufbau und Funktion wie direktgeheizte Triode
- Anoden leuchten, wenn Anoden an Pluspotenzial liegen und Gitter gegen Katode positiv
- Gitter gegen Katode negativ: Segment dunkel
- Segmentanode abgeschaltet: Segment dunkel
- **Farben:** blau/grün, grün, gelb, rot, orange (je nach Anodenbeschichtung)
- **Betriebsspannung** (Anodenspannung): 25…50 V

Übertrager mit Ferritkernen – *Transformer with ferrite core*

Übertrager, allgemein

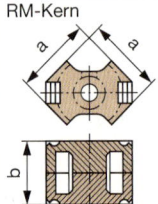

$$\ddot{u} = \frac{N_1}{N_2} \qquad \ddot{u}^2 = \frac{Z_1}{Z_2}$$

$$\frac{I_1}{I_2} = \frac{N_2}{N_1} = \frac{U_2}{U_1}$$

$\ddot{u}$: Übersetzungsverhältnis
Z_1: Eingangs-Wechselstromwiderstand
Z_2: Ausgangs-Wechselstromwiderstand

Kenngrößen

Magnetische Formgrößen pro Kernsatz
l_e: mittlere magnetische Weglänge im Kern
$\Sigma l/A$: magnetischer Formfaktor
A_e: effektiver magnetischer Querschnitt

Elektrische Kenngrößen
f: Schaltfrequenz
A_N: Wickelquerschnitt
A_L: Induktivitätsfaktor $A_L = L/N^2$
(Spezifische Induktivität für $N = 1$)

Typ/ Anwendung	Hauptmaße (Größtwerte)					Magnetische Kenngrößen			Elektrische Kenngrößen	
	Kern				Spulenkörper					
	Größe	a in mm	b in mm	c in mm	d in mm	l_e in mm	$\Sigma l/A$ in mm^{-1}	A_e in mm^2	A_N in mm^2	A_L-Wert in nH
P-Kern										Ferrit N30
• Kleinsignal- • Breitband- übertrager	P 4,6 x 4,1	4,65	4,1	2,05	0,49	7,6	2,60	2,8	0,8	800
	P 5,8 x 3,3	5,8	3,3	1,65	0,67	7,9	1,68	4,7	0,95	1500
	P 7 x 4	7,35	4,2	2,15	1,05	10,0	1,43	7,0	2,2	2000
	P 9 x 5	9,3	5,4	2,8	1,30	12,2	1,25	9,8	3,6	2500
	P 11 x 7	11,3	6,6	3,4	1,60	15,9	1,00	15,9	4,2	3500
	P 14 x 8	14,3	8,5	4,9	2,20	20,0	0,80	25	8,4	4600
	P 18 x 11	18,4	10,6	6,0	3,05	25,9	0,60	43	16,0	5900
	P 22 x 13	22,0	13,6	7,8	3,55	31,6	0,50	63	23,4	7600
	P 26 x 16	26,0	16,3	6,9	4,05	37,2	0,40	93	32,0	9700
	P 30 x 19	30,5	19,0	11,4	4,85	45,0	0,33	136	48,0	11500
	P 36 x 22	36,0	22,0	12,8	5,85	52,0	0,26	202	63,0	15200
RM-Kern										Ferrit N30
• Kleinsignal- • Breitband-, • Leistungs- übertrager	RM 4	9,8	10,5	5,78	1,50	22,0	1,7	13	7,7	1900
	RM 5	12,3	10,5	4,88	2,07	22,1	0,93	23,8	9,5	3500
	RM 6	14,7	12,5	6,53	2,42	28,6	0,78	36,6	15	4300
	RM 7	17,2	13,5	7,05	3,17	30,4	0,7	43	21,4	5000
	RM 8	19,7	16,5	9,15	3,47	38	0,59	64	30	5700
	RM 10	24,7	18,7	10,7	4,25	44	0,45	98	41,5	7600
	RM 12	29,8	24,6	14,8	5,1	57	0,39	146	73	8400
	RM 14	34,6	30,2	18,7	6,0	70	0,35	200	107	9500
ETD-Kern										Ferrit N87
Leistungs- übertrager	ETD 29	30,6	9,8	19,4	4,90	71	0,92	76	97	2200
	ETD 34	35,0	11,1	20,9	5,80	78,6	0,81	97,1	122	2600
	ETD 39	40,0	12,8	25,7	6,90	92,2	0,74	125	178	2800
	ETD 44	45	15,2	29,5	7,10	103	0,60	173	210	3500
	ETD 49	49,8	16,7	32,7	8,25	114	0,54	211	269	3800
	ETD 54	55,8	19,3	36,8	8,57	127	0,49	280	315	4450
	ETD 59	61,2	22,1	41,2	8,87	139	0,38	368	365	5300
U-Kern										Ferrit N27
Leistungs- übertrager	U 15	15,9	6,7	10,3	3,7	48	1,5	32	37	1200
	U 20	21,4	7,7	14,7	4,5	68	1,23	55	70	1600
	U 25	25,0	13	20,0	5,9	86	0,82	105	138	2500

P-Kern	RM-Kern	ETD-Kern (Halber Kernsatz)	U-Kern (Halber Kernsatz)	Spulenkörper

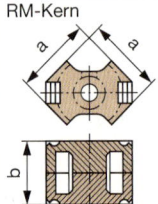
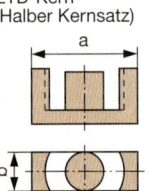
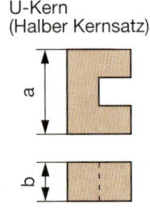
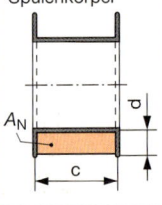

Magnetfeldabhängige Bauelemente – *Magnetic field-dependent components*

Hallgenerator

Halleffekt

Ein Halbleiterplättchen wird von einem Steuerstrom I_1 durchflossen und von einem Magnetfeld durchsetzt. Eine Spannung U_2 (Hallspannung) entsteht an den Anschlüssen 3–4.

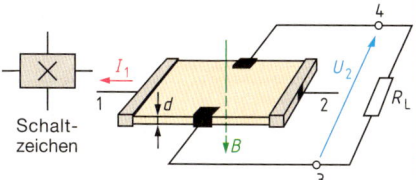

Schaltzeichen

Lineare Anpassung

Abschlusswiderstand für lineare Anpassung R_{LL}: Widerstand R_L, bei dem die Linearität zwischen der steuerstrombezogenen Hallspannung U_2/I_1 und dem Steuerfeld erreicht wird.

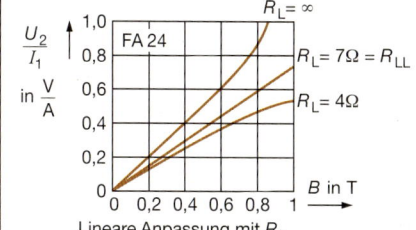

Lineare Anpassung mit R_L

Charakteristische Größen

• Leerlaufhallspannung U_{20}: Spannung U_2 bei $R_L = \infty$, Nenninduktion (z. B. 1 T) und Nennsteuerstrom I_{1N}.

$$U_{20} = \frac{R_h}{d} \cdot I_1 \cdot B \text{ in V} \quad \text{Typ. Werte: 50 ... 1000 mV}$$

• Hallkonstante R_h:
Material- und formgebungsabhängige Konstante
• Induktionsempfindlichkeit K_{BO}:
Material- und formgebungsabhängige Konstante

$$K_{BO} = \frac{U_{20}}{I_{1N} \cdot B} \text{ in } \frac{V}{AT} \quad \text{Typ. Wert: 0,5 ... 100 } \frac{V}{AT}$$

Steuerbemessungsstrom I_{1N}, Typ. Wert: 10 ... 400 mA

Anwendung

• Feldregelung   • Feldmessung
• Signalgabe   (auch bei tiefenTemperaturen)
• Multiplikation

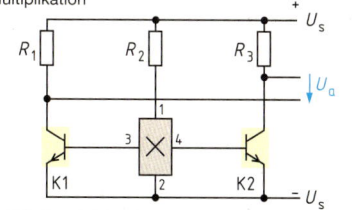

Feldplatte

Aufbau

Der Widerstandswert eines Halbleitermaterials nimmt bei wachsendem magnetischen Feld beliebiger Polarität zu. Die Struktur des Materials bewirkt Umlenken der Strombahnen bei Feldeinwirkung. Bei konstanter Feldstärke sind Strom und Spannung linear. Mit der Gestaltung des Mäanders wird der Grundwiderstand R_o beeinflusst.

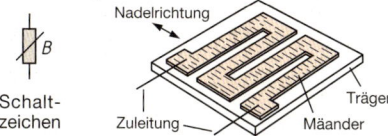

Schaltzeichen

Charakteristische Größen

• Grundwiderstand R_o:
Widerstand der Feldplatte ohne Einwirkung eines Magnetfeldes
• Widerstand R_B im Magnetfeld:
Widerstand bei senkrecht einwirkendem Magnetfeld

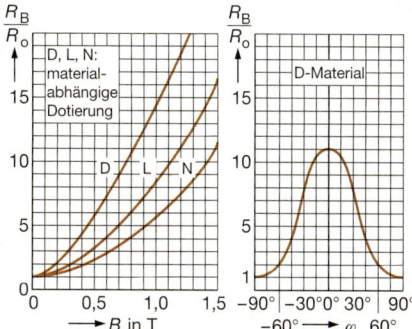

Widerstandsverhältnis $R_B/R_o = f(B)$

Widerstandsverhältnis $R_B/R_o = f(\varphi)$
φ: Neigungswinkel des Magnetfeldes (D-Halbleitermaterial)

Anwendung

• Positionserfassung   • Winkelschrittgeber
• Drehzahl- und Drehsinnerfassung   • Potenziometer

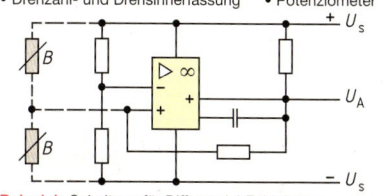

Beispiel: Schaltung für Differenzial-Feldplatten-Positionssensoren

Operationsverstärker – *Operational amplifiers*

Aufbau

Operationsverstärker enthalten einen Differenzverstärker und einen nachgeschalteten, meist mehrstufigen Verstärker.

Blockschaltbild

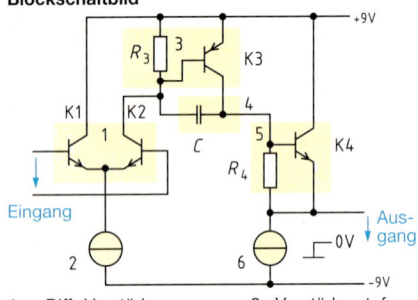

1: Diff.-Verstärker
2,6: Konstant-
stromquellen
3: Verstärkerstufe
4: Komp.-Kapazität
5: Ausgangsstufe

Frequenzverhalten

Infolge interner Phasendrehung bei hohen Frequenzen besteht Schwingneigung.
Daher ist eine Reduzierung der Verstärkung um 20 dB/Dekade mittels C_K und R notwendig (häufig bereits intern vorhanden).

Frequenzkompensation

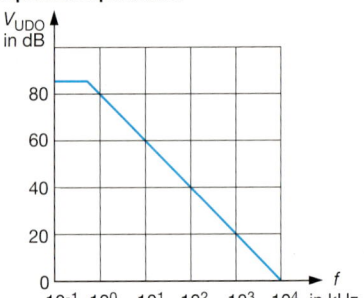

Schaltzeichen

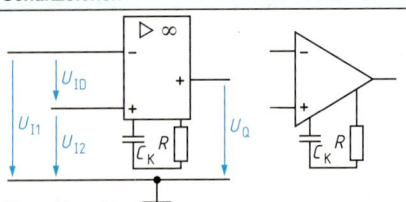

$U_{ID} = U_{I1} - U_{I2}$
Darstellung: einpolig, ohne Speisespannungs-
anschlüsse
–: Invertierender Eingang
+: Nichtinvertierender Eingang
C_K, R: Frequenzkompensation
U_{ID}: Differenz-Eingangsspannung

Übertragungskennlinie

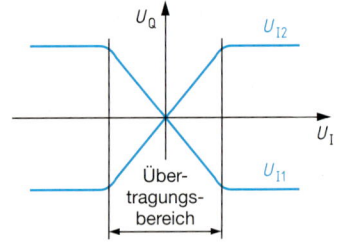

Anwendungsbereiche

Industrielle Elektronik, Regelungstechnik, NF-Technik

Begriff, Formelzeichen	Definition	Beziehung	Typ. Werte
Eingangs-Null-Spannung (input-offset-voltage) U_{I0}	Spannungsdifferenz, die an den Eingängen angelegt werden muss, damit die Ausgangsspannung Null ist.	$U_{I0} = U_{I1} - U_{I2}$ bei $U_Q = 0\text{V}$ und Generatorwiderstand $R_G = 50\ \Omega$	max. ± 6 mV
Gleichtakt-Eingangs-spannung (common mode input voltage) U_{IC}	Arithmetischer Mittelwert der Eingangsspannungen, wenn die Ausgangsspannung Null ist.	$U_{IC} = \dfrac{U_{I1} + U_{I2}}{2}$	
Eingangs-Null-Strom (input-offset-current) I_{I0S}	Differenz der Eingangsströme im Arbeitsbereich, wenn die Ausgangsspannung Null ist.	$I_{I0S} = I_{I1} - I_{I2}$	80 nA
Eingangs-Ruhestrom (input-bias-current) I_I	Mittlerer statischer Eingangsstrom, der für die Funktion des OP notwendig ist.	$I_I = \dfrac{I_{I1} + I_{I2}}{2}$	80 nA
Differenz-Leerlaufspannungs-Verstärkung (open-loop-voltage-gain) v_{UD0}	Verstärkung einer Differenz-Eingangsspannung ohne Gegenkopplung	$v_{UD0} = \dfrac{U_Q}{U_{ID}}$ $= 20 \log \dfrac{U_Q}{U_{ID}}$ in dB	80 dB
Gleichtakt-Leerlaufspannungs-Verstärkung (common-mode-voltage-gain) v_{UC0}	Verhältnis der Ausgangsspannung zur Gleichtakt-Eingangsspannung	$v_{UC0} = \dfrac{U_Q}{U_{IC}}$	

Schaltungen mit Operationsverstärkern – *Circuits with operational amplifiers*

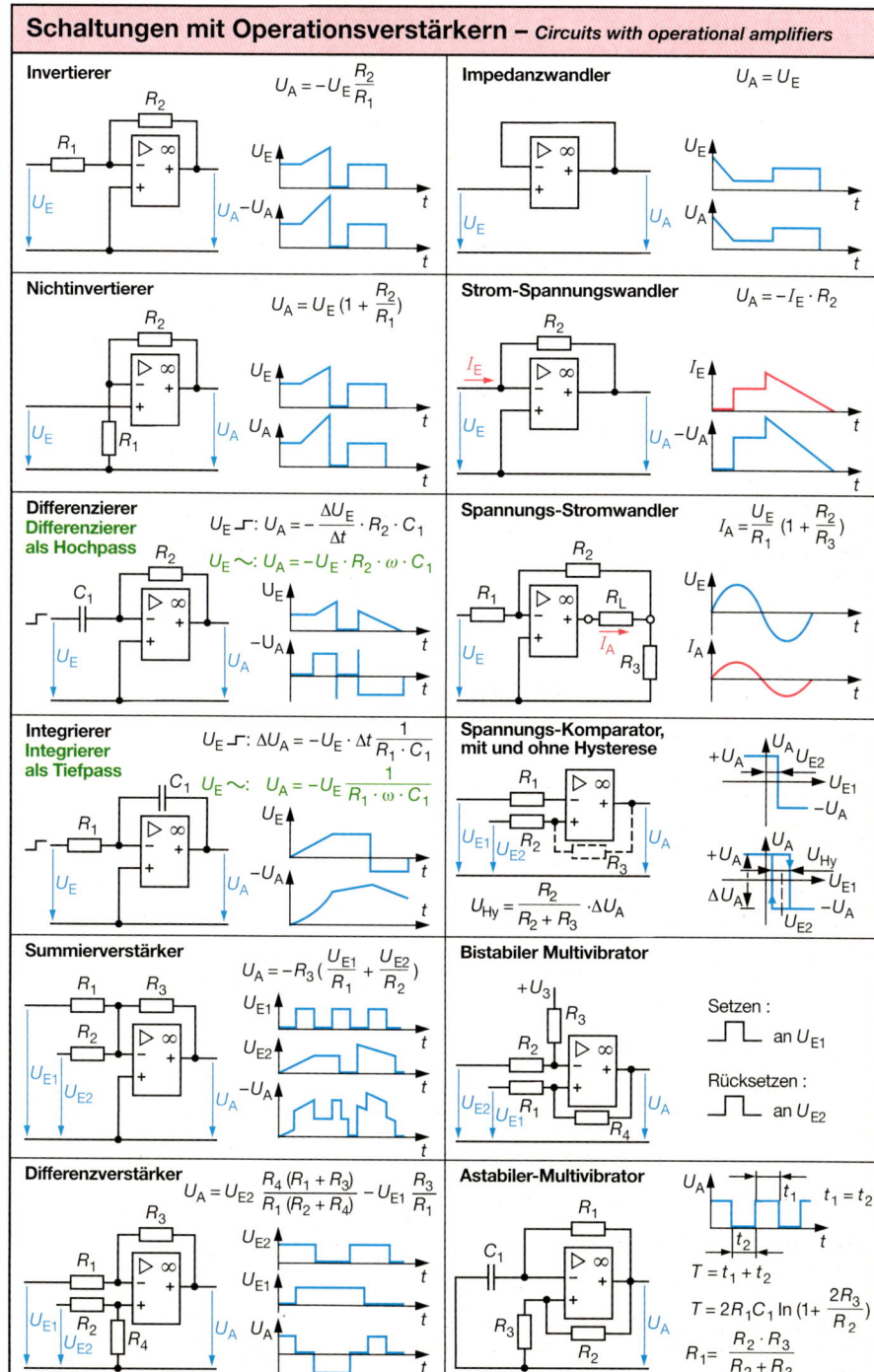

Invertierer

$$U_A = -U_E \frac{R_2}{R_1}$$

Impedanzwandler

$$U_A = U_E$$

Nichtinvertierer

$$U_A = U_E \left(1 + \frac{R_2}{R_1}\right)$$

Strom-Spannungswandler

$$U_A = -I_E \cdot R_2$$

Differenzierer
Differenzierer als Hochpass

$$U_E \sqcap: U_A = -\frac{\Delta U_E}{\Delta t} \cdot R_2 \cdot C_1$$

$$U_E \sim: U_A = -U_E \cdot R_2 \cdot \omega \cdot C_1$$

Spannungs-Stromwandler

$$I_A = \frac{U_E}{R_1}\left(1 + \frac{R_2}{R_3}\right)$$

Integrierer
Integrierer als Tiefpass

$$U_E \sqcap: \Delta U_A = -U_E \cdot \Delta t \frac{1}{R_1 \cdot C_1}$$

$$U_E \sim: U_A = -U_E \frac{1}{R_1 \cdot \omega \cdot C_1}$$

Spannungs-Komparator, mit und ohne Hysterese

$$U_{Hy} = \frac{R_2}{R_2 + R_3} \cdot \Delta U_A$$

Summierverstärker

$$U_A = -R_3 \left(\frac{U_{E1}}{R_1} + \frac{U_{E2}}{R_2}\right)$$

Bistabiler Multivibrator

Setzen : ⎍ an U_{E1}

Rücksetzen : ⎍ an U_{E2}

Differenzverstärker

$$U_A = U_{E2} \frac{R_4(R_1 + R_3)}{R_1(R_2 + R_4)} - U_{E1}\frac{R_3}{R_1}$$

Astabiler-Multivibrator

$$t_1 = t_2$$

$$T = t_1 + t_2$$

$$T = 2R_1 C_1 \ln\left(1 + \frac{2R_3}{R_2}\right)$$

$$R_1 = \frac{R_2 \cdot R_3}{R_2 + R_3}$$

Periodensystem – *Periodic system*

Peri-ode	Schale																		
1	K	H¹ ₁			**Beispiel:** Atommassezahl — Kurzzeichen — Nichtmetall														He⁴ ₂ ₀
2	L	Li⁷ ₃ ₁	Be⁹ ₄ ₂		Ordnungszahl — Wertigkeit									B¹¹ ₅ ₃	C¹² ₆ ₄	N¹⁴ ₇ ₃	O¹⁶ ₈ ₂	F¹⁹ ₉ ₁	Ne²⁰ ₁₀ ₀
3	M	Na²³ ₁₁ ₁	Mg²⁴ ₁₂ ₂		Schwermetall									Al²⁷ ₁₃ ₃	Si²⁸ ₁₄ ₄	P³¹ ₁₅	S³² ₁₆	Cl³⁵ ₁₇	Ar⁴⁰ ₁₈ ₀
4	N	K³⁹ ₁₉ ₁	Ca⁴⁰ ₂₀ ₂	Sc⁴⁵ ₂₁ ₃	Ti⁴⁸ ₂₂	V⁵¹ ₂₃	Cr⁵² ₂₄	Mn⁵⁵ ₂₅	Fe⁵⁶ ₂₆	Co⁵⁹ ₂₇	Ni⁵⁹ ₂₈	Cu⁶⁴ ₂₉	Zn⁶⁵ ₃₀	Ga⁷⁰ ₃₁ ₃	Ge⁷³ ₃₂ ₄	As⁷⁵ ₃₃	Se⁷⁹ ₃₄	Br⁸⁰ ₃₅ ₁	Kr⁸⁴ ₃₆ ₀
5	O	Rb⁸⁵ ₃₇ ₁	Sr⁸⁸ ₃₈ ₂	Y⁸⁹ ₃₉ ₃	Zr⁹¹ ₄₀	Nb⁹³ ₄₁	Mo⁹⁶ ₄₂	Tc⁹⁹ ₄₃	Ru¹⁰¹ ₄₄	Rh¹⁰³ ₄₅	Pd¹⁰⁶ ₄₆	Ag¹⁰⁸ ₄₇	Cd¹¹² ₄₈	In¹¹⁵ ₄₉	Sn¹¹⁹ ₅₀	Sb¹²² ₅₁	Te¹²⁸ ₅₂	J¹²⁷ ₅₃	Xe¹³¹ ₅₄ ₀
6	P	Cs¹³³ ₅₅ ₁	Ba¹³⁷ ₅₆ ₂	La¹³⁹*⁾ ₅₇ ₃	Hf¹⁷⁹ ₇₂	Ta¹⁸¹ ₇₃	W¹⁸⁴ ₇₄	Re¹⁸⁶ ₇₅	Os¹⁹⁰ ₇₆	Ir¹⁹² ₇₇	Pt¹⁹⁵ ₇₈	Au¹⁹⁷ ₇₉	Hg²⁰¹ ₈₀	Tl²⁰⁴ ₈₁	Pb²⁰⁷ ₈₂	Bi²⁰⁹ ₈₃	Po²¹⁰ ₈₄	At²¹⁰ ₈₅ ₇	Rn²²² ₈₆ ₀
7	Q	Fr²²³ ₈₇ ₁	Ra²²⁶ ₈₈ ₂	Ac²²⁷*⁾ ₈₉ ₃	Ku ₁₀₄	Ha ₁₀₅ ₅													

Edelmetall — Halbmetall — Edelgas

Leichtmetall

| 6 | P | Lanthanide | Ce¹⁴⁰ ₅₈ ₄ | Pr¹⁴¹ ₅₉ | Nd¹⁴⁴ ₆₀ | Pm¹⁴⁷ ₆₁ | Sm¹⁵⁰ ₆₂ | Eu¹⁵² ₆₃ | Gd¹⁵⁷ ₆₄ | Tb¹⁵⁹ ₆₅ | Dy¹⁶³ ₆₆ | Ho¹⁶⁵ ₆₇ | Er¹⁶⁷ ₆₈ | Tm¹⁶⁹ ₆₉ | Yb¹⁷³ ₇₀ | Lu¹⁷⁵ ₇₁ |
| 7 | Q | Actinide | Th²³² ₉₀ | Pa²³¹ ₉₁ | U²³⁸ ₉₂ | Np²³⁷ ₉₃ | Pu²⁴² ₉₄ | Am²⁴³ ₉₅ | Cm²⁴⁷ ₉₆ | Bk²⁴⁹ ₉₇ | Cf²⁵¹ ₉₈ | Es²⁵⁴ ₉₉ | Fm²⁵⁶ ₁₀₀ | Md ₁₀₁ | No ₁₀₂ | Lr ₁₀₃ |

Stoffwerte von Werkstoffen
Physical characteristics of chemical elements   (20 °C und $1{,}013 \cdot 10^5$ Pa)

Name	Kurz-zeichen	Dichte ρ in $\frac{kg}{dm^3}$ Gas: $\frac{mg}{cm^3}$	Schmelz-punkt ϑ_{Fl} in °C	Siede-punkt ϑ_G in °C	Spez. Schmelz-wärme q in $\frac{kJ}{kg}$	Spez. Wärme-kapazität c in $\frac{kJ}{kg \cdot K}$	Längen-/Volumen-Ausdehnungs-koeffizient α in $\frac{10^{-6}}{K}$ (0…100 °C)
Aluminiumoxid	Al_2O_3	4,0	2050	2700	263	0,764	6,5
Glas	–	2,4 … 2,7	≈ 700	–		0,850	5
Polyvinylchlorid	PVC	1,35	–	–	165	1,500	8,0
Porzellan	–	2,3 … 2,5	1600	–		0,880	4
Quarz	SiO_2	2,1 … 2,6	1480	2230		0,745	8
Benzin	–	0,68 … 0,75	– 30 … – 50	40 … 200		2,020	1000
Heizöl	–	≈ 0,82	– 10	> 170		2,070	950
Petroleum	–	0,81	– 70	150 … 300		2,150	1000
Wasser (destilliert)	H_2O	1,00¹⁾	0	100		4,182	207
Kohlendioxid	CO_2	1,977²⁾	– 56,6	– 78,5		0,630³⁾	–
Luft	–	1,29²⁾	– 220	– 191,4		0,716³⁾	–
Methan	CH_4	0,72²⁾	– 182,5	– 161,5		1,680³⁾	–

¹⁾ bei 4 °C   ²⁾ bei 0 °C   ³⁾ bei V = const.

Stoffwerte von chemisch reinen Elementen (20 °C und 1,013 · 10⁵ Pa)
Physical characteristics of pure chemical elements

Name	Kurzzeichen	Ordnungszahl	Elektrische Leitfähigkeit $\varkappa$ in $\frac{MS}{m}$	Temperaturkoeffizient α_{20} in $\frac{10^{-3}}{K}$	Spez. Wärmekapazität c in $\frac{kJ}{kg \cdot K}$	Dichte ϱ in $\frac{kg}{dm^3}$ Gas: $\frac{mg}{cm^3}$	Schmelzpunkt ϑ_{Fl} in °C	Siedepunkt ϑ_{G} in °C	Spez. Schmelzwärme q in $\frac{kJ}{kg}$	Längenausdehnungskoeffizient α in $\frac{10^{-6}}{K}$
Aluminium	Al	13	37,8*)	4,7*)	0,899	2,7	660	2270	398	23,9
Antimon	Sb	51	2,59	5,4	0,210	6,69	630,5	1640	163	10,8
Argon	Ar	18	–	–	–	1,78	−189	−186	–	–
Arsen	As	33	–	4,7	0,350	5,73	sublimiert	618	–	10,8
Barium	Ba	56	2,78	6,5	0,277	3,8	710	1696	–	19
Beryllium	Be	4	31,2	9,0	1,885	1,85	1283	2870	–	12,3
Bismut (Wismut)	Vi	83	0,91	4,5	0,126	9,8	271	1560	54	13,5
Blei	Pb	82	4,77	4,2	0,130	11,34	327	1750	25	29
Bor (bei 0 °C)	B	5	0,91	–	0,960	1,7...2,3	2300	2500	–	8
Brom (bei 18 °C)	Br	35	–	–	–	3,19	−7,3	59	–	1150
Cadmium	Cd	48	13,7	4,2	0,230	8,64	321	767	54	29,4
Calcium	Ca	20	–	–	0,630	1,55	850	1439	329	–
Chlor	Cl	17	–	–	–	1,557	–	−34,1	–	–
Chrom	Cr	24	6,76	5,9	0,460	7,1	1900	2300	314	8,5
Eisen	Fe	26	10	4,6	0,466	7,87	1535	2880	268	11
Fluor	F	9	–	–	–	1,69	−218	−188	–	–
Gallium	Ga	31	2,5	4,0	–	5,91	29,75	2400	–	18
Germanium	Ge	32	0,0011	1,4	0,310	5,32	938	2700	409	6
Gold	Au	79	47,6	4,0	0,130	19,3	1063	2700	63	14,3
Helium	He	2	–	–	5,230	0,18	−272	−268,9	–	–
Indium	In	49	–	–	–	7,3	155	2000	238	44
Iridium	Ir	77	20,4	4,1	–	22,4	2454	>4800	–	–
Jod	J	53	–	–	0,220	4,94	113,7	184,5	62	–
Kalium	K	19	15,9	5,7	0,750	0,86	63,5	776	58	84
Kobalt	Co	27	17,8	5,9	0,437	8,9	1490	3200	243	15
Kohlenstoff	C	6	–	–	0,500	3,51	–	–	–	–
Krypton	Kr	36	–	–	–	3,74	−157,2	−152,9	–	–
Kupfer	Cu	29	58*)	4,3*)	0,390	8,93	1083	2390	205	16,8
Lithium	Li	3	11,7	4,9	–	0,53	180	1340	669,9	58
Magnesium	Mg	12	23,3	4,1	0,924	1,74	650	1097	373	26
Mangan	Mn	25	2,56	5,3	0,504	7,43	1244	2152	264	15
Molybdän	Mo	42	20	4,7	0,270	10,2	2620	5550	273	5
Natrium	Na	11	23,3	5,4	1,260	0,97	97,7	883	113	72
Neon	Ne	10	–	–	–	0,899	−248	−246	–	–
Nickel	Ni	28	14,5	6,7	0,441	8,9	1452	3075	301	13
Osmium	Os	76	10,5	4,2	–	22,7	2500	4400	–	5
Palladium	Pd	46	10,2	3,7	–	12	1554	3387	–	10,6
Phosphor (b. 0 °C)	P	15	–	–	0,755	1,83	44,1	280	21	–
Platin	Pt	78	10,2	3,9	0,134	21,4	1769	3800	100	9
Quecksilber	Hg	80	1,063	0,99	0,138	13,96	−38,9	357	11,3	182
Radium	Ra	88	–	–	–	5	700	1140	–	–
Radon	Rn	86	–	–	–	–	−71	−61,9	–	–
Sauerstoff	O	8	–	–	0,920	1,43	−219	−183	13	–
Schwefel (bei 0 °C)	S	16	–	–	0,710	2,07	112,8	444,6	38	90
Selen	Se	34	–	–	0,330	4,8	220	688	83	–
Silber	Ag	47	67,1	4,1	0,230	10,5	960,8	1980	105	19,7
Silicium	Si	14	0,001	–	0,075	2,35	141,4	2630	142	7
Stickstoff	N	7	–	–	1,050	1,25	−210	−196	–	–
Strontium	Sr	38	3,25	3,8	0,075	2,54	757	1366	136	–
Tantal	Ta	73	7,14	3,5	0,138	16,6	2990	4100	172	6,5
Tellur	Te	52	0,0016	–	0,200	6,24	453	1390	140	17,2
Thallium	Tl	81	6,25	5,2	0,134	11,85	303	1457	–	2,9
Titan	Ti	22	2,38	5,4	0,630	4,5	1660	3535	88	8,2
Uran	U	92	4,76	2,8	0,120	18,7	1130	3500	365	–
Vanadium	V	23	–	3,9	0,504	6,1	1900	3000	343	8,3
Wasserstoff	H	1	–	–	14,240	0,09	−257	−252	–	–
Wolfram	W	74	18,2	4,8	0,143	19,3	3380	4727	193	4,5
Xenon	Xe	54	–	–	–	–	−112	−108	–	–
Zink	Zn	30	17,6	4,2	0,395	7,13	419,5	906	100	29
Zinn	Sn	50	8,7	4,6	0,228	7,29	232	2360	59	27

*) **Leitungsmaterial:** Aluminium $\varkappa > 35\,\frac{MS}{m} \Rightarrow \varrho < 0,02857\,\mu\Omega m$ $\alpha_{20} = 0,0036\,K^{-1}$ Kupfer $\varkappa > 56\,\frac{MS}{m} \Rightarrow \varrho < 0,01786\,\mu\Omega m$ $\alpha_{20} = 0,0039\,K^{-1}$

Grundlagen der Chemie – *Basics of chemistry*

Stoffeinteilung

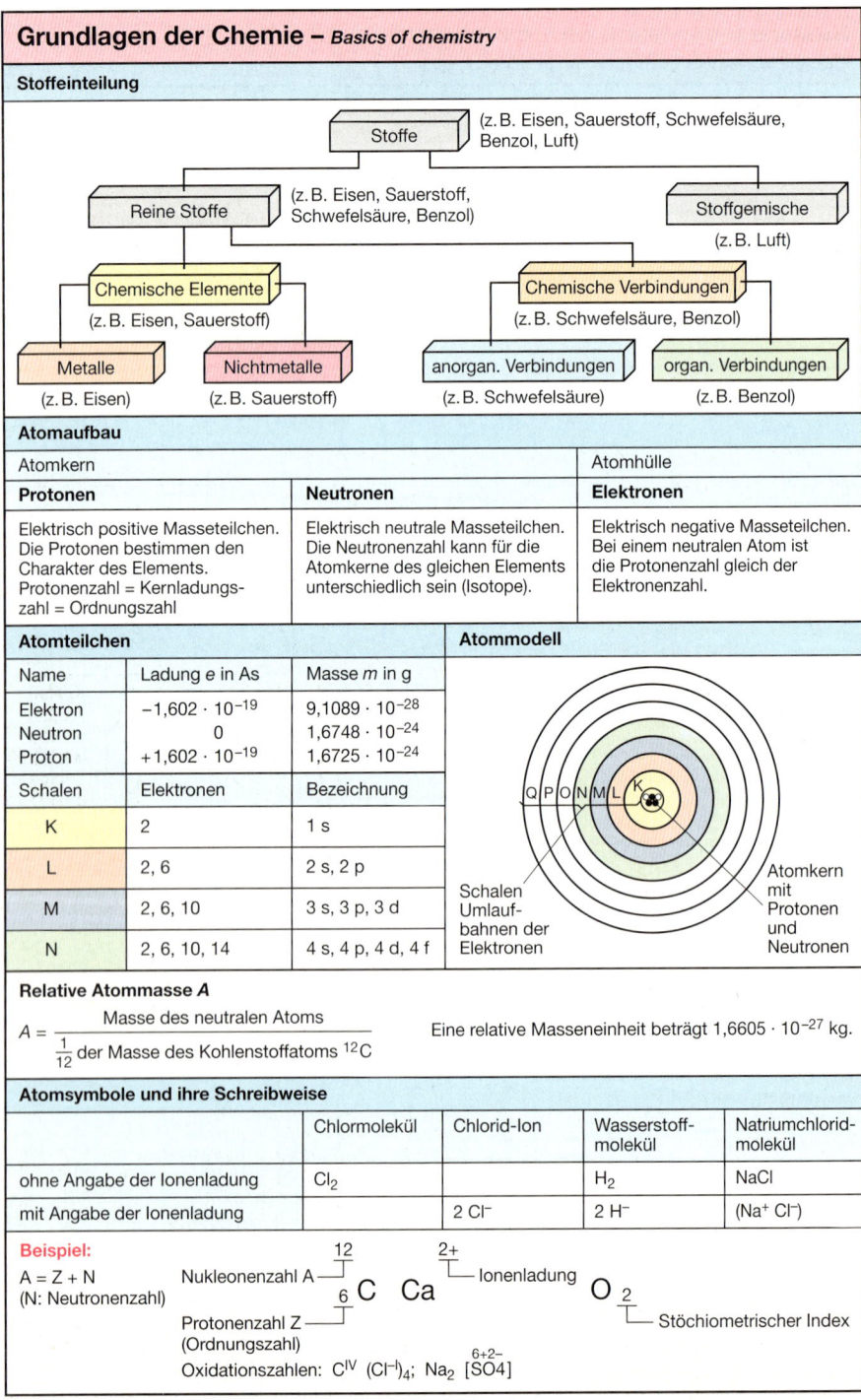

Stoffe (z.B. Eisen, Sauerstoff, Schwefelsäure, Benzol, Luft)

Reine Stoffe (z.B. Eisen, Sauerstoff, Schwefelsäure, Benzol)

Stoffgemische (z.B. Luft)

Chemische Elemente (z.B. Eisen, Sauerstoff)

Chemische Verbindungen (z.B. Schwefelsäure, Benzol)

Metalle (z.B. Eisen)

Nichtmetalle (z.B. Sauerstoff)

anorgan. Verbindungen (z.B. Schwefelsäure)

organ. Verbindungen (z.B. Benzol)

Atomaufbau

Atomkern		Atomhülle
Protonen	**Neutronen**	**Elektronen**
Elektrisch positive Masseteilchen. Die Protonen bestimmen den Charakter des Elements. Protonenzahl = Kernladungszahl = Ordnungszahl	Elektrisch neutrale Masseteilchen. Die Neutronenzahl kann für die Atomkerne des gleichen Elements unterschiedlich sein (Isotope).	Elektrisch negative Masseteilchen. Bei einem neutralen Atom ist die Protonenzahl gleich der Elektronenzahl.

Atomteilchen

Name	Ladung e in As	Masse m in g
Elektron	$-1{,}602 \cdot 10^{-19}$	$9{,}1089 \cdot 10^{-28}$
Neutron	0	$1{,}6748 \cdot 10^{-24}$
Proton	$+1{,}602 \cdot 10^{-19}$	$1{,}6725 \cdot 10^{-24}$

Schalen	Elektronen	Bezeichnung
K	2	1 s
L	2, 6	2 s, 2 p
M	2, 6, 10	3 s, 3 p, 3 d
N	2, 6, 10, 14	4 s, 4 p, 4 d, 4 f

Atommodell

Schalen Umlaufbahnen der Elektronen

Atomkern mit Protonen und Neutronen

Relative Atommasse A

$$A = \frac{\text{Masse des neutralen Atoms}}{\frac{1}{12} \text{ der Masse des Kohlenstoffatoms } ^{12}C}$$

Eine relative Masseneinheit beträgt $1{,}6605 \cdot 10^{-27}$ kg.

Atomsymbole und ihre Schreibweise

	Chlormolekül	Chlorid-Ion	Wasserstoffmolekül	Natriumchloridmolekül
ohne Angabe der Ionenladung	Cl_2		H_2	NaCl
mit Angabe der Ionenladung		$2\,Cl^-$	$2\,H^-$	$(Na^+ Cl^-)$

Beispiel:

$A = Z + N$
(N: Neutronenzahl)

Nukleonenzahl A ⌐ Ionenladung

$^{12}_{6}C$ ^{2+}Ca O_2

Protonenzahl Z (Ordnungszahl)

Stöchiometrischer Index

Oxidationszahlen: $C^{IV}(Cl^-)_4$; $Na_2[\overset{6+2-}{SO4}]$

Stoffabscheidung durch Elektrolyse (Galvanisieren)
Material separation by electrolysis (electroplating)

Stoffabscheidung durch Elektrolyse

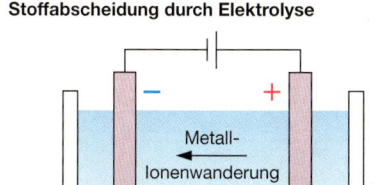

Metall-Ionenwanderung

Werkstück

Wirkungsgrad (Stromausbeute)

Katodischer Wirkungsgrad

$$\eta = \frac{m^*}{c \cdot I \cdot t} \qquad m^*\text{: verfügbare Masse}$$

Der Wirkungsgrad ist stark von der Anlage abhängig.

Die Verluste entstehen durch:
- Nebenreaktionen (z. B. Wasserstoffabscheidung)
- Zusammensetzung der Flüssigkeit
- Erwärmung der Flüssigkeit

Massenberechnung (Faradaysches Gesetz)

$m = c \cdot I \cdot t$
m: Masse
c: elektrochemisches Äquivalent

$$[c] = \frac{mg}{As}, \frac{g}{Ah} \qquad 1\,\frac{mg}{As} = \frac{3,6\,g}{Ah}$$

I: Stromstärke
t: Zeit

Schichtdicke s

$$s = \frac{m}{A \cdot \varrho} \qquad s = \frac{c \cdot I \cdot t}{A \cdot \varrho} \qquad s = \frac{c \cdot J \cdot t}{\varrho}$$

ϱ: Dichte

Stromdichte J

$$J = \frac{I}{q} \qquad q\text{: Fläche} \qquad [J] = \frac{A}{dm^2}$$

Metall	Wertigkeit	elektrochem. Äquivalent c in $\frac{g}{A \cdot h}$	Metall	Wertigkeit	elektrochem. Äquivalent c in $\frac{g}{A \cdot h}$	Metall	Wertigkeit	elektrochem. Äquivalent c in $\frac{g}{A \cdot h}$
Al Aluminium	III	0,3356	Au Gold	I	7,3490	Mn Mangan	II	1,0249
Pb Blei	II	3,8654	Au Gold	III	2,4497	Ni Nickel	II	1,0954
Cd Cadmium	II	2,0969	Co Kobalt	II	1,0994	Pt Platin	IV	1,8195
Cr Chrom	III	0,6467	Cu Kupfer	I	2,3707	Ag Silber	I	4,0247
Cr Chrom	VI	0,3233	Cu Kupfer	II	1,1854	Zn Zink	II	1,2197
Fe Eisen	II	1,0419	Mg Magnesium	II	0,4535	Sn Zinn	II	2,2142

Korrosionsschutzmaßnahmen – *Corrosion protection measures*

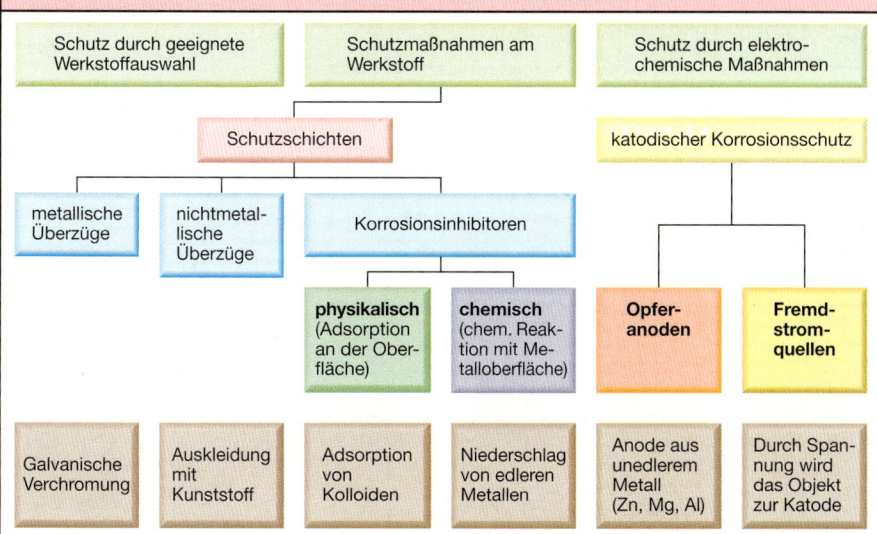

Eigenschaften von Werkstoffen – *Characteristics of materials*

Bezeichnung	Formel-zeichen	Einheit	Erklärung	Formel
Dichte	ϱ	$\dfrac{kg}{dm^3}$	Masse bezogen auf Volumen	$\varrho = \dfrac{m}{V}$
Elastizität	–	–	Verformung durch Krafteinwirkung und Rückgang der Verformung nach Kraftzurücknahme.	–
Plastizität	–	–	Verformung durch Krafteinwirkung ohne Rückgang der Verformung nach Kraftzurücknahme.	–
Zähigkeit	–	–	Zerbrechen durch Krafteinwirkung mit Formveränderung.	–
Sprödigkeit	–	–	Zerbrechen durch Krafteinwirkung ohne Formveränderung.	–
Härte	HB HV HRC	– – –	Widerstand gegen Eindringen in ein Material Prüfverfahren: • **Brinell** (Stahlkugel in Material gedrückt) • **Vickers** (Diamantpyramide in Material gedrückt) • **Rockwell** (Diamantkugel in zwei Stufen in Material gedrückt)	$H = \dfrac{F_B}{A} \cdot 0{,}102$ $HRC = 100 - \dfrac{t_b}{0{,}002}$ F_B: Belastungskraft A: Eindruckoberfläche t_b: bleibende Eindringtiefe
Festigkeit	R_m $\sigma_{d,B}$ $\sigma_{d,B}$ τ_B $\sigma_{k,B}$ $\tau_{t,B}$	$\dfrac{N}{mm^2}$ $\dfrac{N}{mm^2}$ $\dfrac{N}{mm^2}$ $\dfrac{N}{mm^2}$ $\dfrac{N}{mm^2}$ $\dfrac{N}{mm^2}$	Widerstand gegen Bruch **Zugfestigkeit** **Druckfestigkeit** **Biegefestigkeit** **Scherfestigkeit** (Schubfestigkeit) **Knickfestigkeit** **Verdrehfestigkeit**	$R_m = \dfrac{F_m}{S_o}$ F_m: Kraft bei Bruch S_o: ursprünglicher Querschnitt
Streckgrenze	R_e	$\dfrac{N}{mm^2}$	Zugfestigkeits-Grenze (auch: Fließgrenze), bei der die elastische Verformung in eine plastische Verformung übergeht. Spannungs-Dehnungs-Diagramm für weichen Stahl	
Dehnung **Bruch-dehnung**	ε A	1 1	Längenveränderung bei Krafteinwirkung vor Krafteinwirkung — bei Bruch	$A = \dfrac{\Delta l_B}{l_o} \cdot 100\,\%$ A_5: Zugstablänge $l_o = 5 \cdot d_o$ A_{10}: Zugstablänge $l_o = 10 \cdot d_o$ Δl_B: Längenänderung bei Bruch l_o: ursprüngliche Länge

Eigenschaften von Werkstoffen – *Characteristics of materials*

Bezeichnung	Formel-zeichen	Einheit	Erklärung	Formel
Warmfestigkeit	–	–	Widerstand gegen Zerstörung durch hohe Temperaturen	–
Warmstand-festigkeit	–	–	Einsatzfähigkeit von Werkzeugen bei hohen Temperaturen	–
Wärmeleit-fähigkeit	λ	$\dfrac{W}{m \cdot K}$	**Wärmeleitung:** Durchdringen von Wärmemengen durch ein Werkstück. **Wärmeleitfähigkeit:** Wärmeleitung bezogen auf Werkstückmaße und Temperaturunterschied. Werte sind bei Gasen und Flüssigkeiten stark temperaturabhängig!	$\lambda = \dfrac{Q \cdot s}{\Delta\vartheta \cdot A \cdot t}$ s: Dicke A: Fläche
Spezifische Wärmekapazität	c	$\dfrac{kJ}{kg \cdot K}$	Zum Erwärmen notwendige Wärmemenge bezogen auf Masse und Temperaturunterschied	$c = \dfrac{Q}{m \cdot \Delta\vartheta}$
Spezifische Schmelzwärme	q	$\dfrac{kJ}{kg}$	Wärmemenge zum Schmelzen von 1 kg eines Stoffes bei Schmelztemperatur	–
Spezifische Verdampfungs-wärme	r	$\dfrac{kJ}{kg}$	Wärmemenge zum Verdampfen von 1 kg eines Stoffes bei Siedetemperatur	–
Volumen-ausdehnungs-Koeffizient	γ	$\dfrac{1}{K}$ K^{-1}	**Wärmeausdehnung:** Volumenveränderung eines Körpers bei Temperaturänderung. **Volumenausdehnungs-Koeffizient:** Volumenänderung bezogen auf ursprüngliches Volumen und Temperaturänderung.	$\gamma = \dfrac{\Delta V}{V_o \cdot \Delta\vartheta}$ Gase: $\gamma = \dfrac{1}{273\ K}$
Längen-ausdehnungs-Koeffizient	α	$\dfrac{1}{K}$ K^{-1}	Längenänderung bezogen auf ursprüngliche Länge und Temperaturänderung Feste Körper: $\gamma \approx 3 \cdot \alpha$	$\alpha = \dfrac{\Delta l}{l_o \cdot \Delta\vartheta}$
Spezifischer Heizwert **Spezifischer Brennwert**	H_u H_o	$\dfrac{kJ}{kg}$ $\dfrac{kJ}{kg}$	Bei Verbrennung von Stoffen entsteht Wärme. Unterer Heizwert: Abgase enthalten Wassergas Oberer Heizwert: Abgase enthalten Wasserdampf	–
Spezifischer elektrischer Widerstand	ϱ	$\mu\Omega \cdot m$ $\dfrac{\Omega \cdot mm^2}{m}$	Elektrischer Widerstand eines Stoffes von 1 m Länge und 1 mm^2 Querschnitt	$\varrho = \dfrac{R \cdot q}{l}$
Elektrische Leitfähigkeit	$\varkappa$	$\dfrac{MS}{m}$ $\dfrac{m}{\Omega \cdot mm^2}$	Kehrwert des spezifischen elektrischen Widerstandes	$\varkappa = \dfrac{l}{R \cdot q}$
Temperatur-Koeffizient	α β	$\dfrac{1}{K}$; K^{-1} K^{-2}	Änderung des elektrischen Widerstandes bei Temperaturänderung < 200 °C: α_{20} Temperatur-Koeffizient bei 20 °C > 200 °C: β	$\alpha = \dfrac{\Delta R}{R_{20} \cdot \Delta\vartheta}$ $\beta = \dfrac{\alpha^2}{2}$ $\Downarrow$ $\Delta R \approx$ $R_{20} \cdot (\alpha \cdot \Delta\vartheta + \beta \cdot \Delta\vartheta^2)$

Nichteisen-Metalle – *Non ferrous metals*

Werkstoff-Bezeichnung

Beispiel:

$$E \;-\; Al \quad Mg \quad Si \quad 0{,}5 \quad F22$$

Herstellung/Verwendung ⌐

Eigenschaften/Zustand

Zusammensetzung

Herstellung/Verwendung		Zusammensetzung		Eigenschaften/Zustand	
Buch-staben	Bedeutung	Buch-staben	Bedeutung	Buch-staben	Bedeutung
G	Guss, allgemein	Al	Aluminium	g	geglüht
GD	Druckguss	Ag	Silber	ka	kaltausgehärtet
GK	Kokillenguss	Cr	Chrom	ta	teilausgehärtet
GZ	Schleuderguss	Cu	Kupfer	wa	warmausgehärtet
Gl	Gleitmetall	Cd	Cadmium	hh	halbhart (1,2 · weich)
L	Lot	Mg	Magnesium	h	hart (1,4 · weich)
V	Vorlegierung	Mn	Mangan	fh	federhart (1,8 · weich)
Kb	Kabel	Ni	Nickel	zh	ziehhart
E	Elektrotechnik	Pb	Blei	G	rückgeglüht
KE	katodisch abgeschieden	Si	Silicium	W	weichgeglüht
E1, E2	sauerstoffhaltig	Sn	Zinn	F	Festigkeit
F	feuerraffiniert	Zn	Zink	L	Leitfähigkeit, elektr.
SF	sauer-stofffrei / Phosphor-gehalt: hoch		Die Zahlen geben entweder die Legierungsbestandteile in % oder die Leitfähigkeit in $\frac{MS}{m}$ an.		Die Zahlen geben die Mindest-zugfestigkeit in $\frac{daN}{mm^2}$ oder die Leitfähigkeit in $\frac{MS}{m}$ an.
SW	niedrig				
SE	sehr niedrig				
S	Schweißzusatz-Werkstoff				

Kupfer

Leitungskupfer: $\varkappa_{min} = 56 \frac{MS}{m}$

Kurzname	Bestandteile in %			Eigenschaften					Verwendungs-beispiele
	Cu	O	P	$\varkappa$ in $\frac{MS}{m}$	R_m in $\frac{N}{mm^2}$	A_5 in %	HB	λ in $\frac{W}{m \cdot K}$	
E – Cu 57	99,9	0,005		> 57	200	38	45	395	Drähte,
E1 – Cu 58	99,9	…0,04		> 58	…250	45	…70	395	Gussstücke
KE – Cu F20	99,9			58	–	–	–	–	Katoden
SE – Cu F20	99,9	0,003		57	200	17	70	385	Leiterwerkstoff
SF – Cu F20	99,9	< 0,04	45 … 50		200	45	55	305…340	Wasserrohre
SW – Cu F20	99,9	< 0,014	52		200	42	55	352	Apparatebau
G – CuL45	99,8			45	150	25	40	305	Schaltbauteile
G – CuL50	99,9			50	150	25	40	340	

Aluminium

Leitungsaluminium: $\varkappa_{min} = 36 \frac{MS}{m}$

Kurzname	Bestandteile in % (Rest Al)					Eigenschaften				Verwendungs-beispiele
	Si	Fe	Cu	Mg	andere	$\varkappa$ in $\frac{MS}{m}$	R_m in $\frac{N}{mm^2}$	A_5 in %	HB	
E – Al F7						35,4	65…100	25	20…30	Rohre, Stangen
E – Al F10	0,25	0,4	0,02	0,05	Cr + Mn	34,8	100…140	6	28…38	Rohre, Stangen
E – Al F13					+ Ti + V max. 0,03	34,5	130…170	4	32…48	Bänder, Bleche
E – AlMgSi 0,5F22	0,55	0,2	0,05	0,5		30	215…280	12	65…90	Stromschienen

Widerstands-Werkstoffe – *Resistance materials*

Kurzname (Handelsnamen als Beispiel)	ϱ in $\frac{kg}{dm^3}$	R_m in $\frac{N}{mm^2}$	A_5 in %	α in $\frac{10^{-6}}{K}$	λ in $\frac{W}{m \cdot K}$	c in $\frac{J}{g \cdot K}$	T_S in °C	T_A in °C	ϱ_{20} in $\mu\Omega m$	α_{20} in $\frac{10^{-3}}{K}$	besondere Eigenschaften	Verwendung
CuNi2	8,9	220	18	16,5	130	0,38	1090	300	0,05	+1,4	weich lötbar	niedrigohmige Widerstände Heizdrähte,
CuNi6	8,9	250	18	16	92	0,38	1095	300	0,10	+0,7		Heizkabel mit niedriger Temperatur
CuMn12Ni (Manganin)	8,4	390	20	18	22	0,41	960	140	0,43	±0,01	hohe zeitliche Konstanz des Widerstandes	Mess- und Normalwiderstände, Vorschaltwiderstände
CuNi44 (Konstantan)	8,9	420	20	13,5	23	0,41	1280	600	0,49	−0,08 ±0,04	gut zunderbeständig	Heizdrähte, Potenziometer
CuNi10	8,9	290	20	16	59	0,38	1100	400	0,15	+0,35	korrosions- und zunderbeständig	

Kontakt-Werkstoffe – *Contact materials*

Kurzname	ϱ in $\frac{kg}{dm^3}$	T_S in °C	λ in $\frac{W}{m \cdot K}$	$\varkappa$ in $\frac{MS}{m}$	α in 10^{-3} K⁻¹	Verwendungsbeispiele
Reine Metalle						
Ag (Feinsilber)	10,5	961	1	67,1	4,1	Relais
Au (Feingold)	19,3	1063	0,72	47,6	4	Fernmeldetechnik
Ir	22,5	2454	0,14	20,4	4,1	Legierungen
Pd	12,0	1552	0,17	9,8	3,7	Fernmeldetechnik
Re	21,0	3180	0,14	5,3	4,5	Unterbrecher-Kontakte
Hg	13,6	−39	10	1,04	−	ex-Schaltgeräte
Legierungen						
CuAg (2 ... 6 % Ag) (Silberbronze)	9,2	1010	0,27	38	−	Federn, Messer, Elektroden
Ag (2 % Cu + Ni) (Hartsilber)	10,5	945	0,97	52	3,5	Schütze, Relais
PtIr (80 % Pt)	21,7	1840	0,042	3,2	0,77	in Mess- und F-Technik
PtAg (70 % Pt)	12,8	1090	−	3,4	0,3	Schütze, Relais

Magnet-Werkstoffe – *Magnetic materials*

Übertragerblech

Kurzname	Bestandteile	Kennzeichnung Farbe	Kennzeichnung Strichanzahl	ϱ in $\frac{kg}{dm^3}$	$\varkappa$ in $\frac{MS}{m}$	H_c in $\frac{A}{m}$	$B_{Sät}$ in T	μ_{16}[2] (μ_4)	T_{Curie}[3] in °C	Handelsnamen (Beispiele)
A0	Stahl mit	−	0	7,7	2,5	100	2,03	450	750	Trafoperm
A2	2,5 ...	hell-	2	7,63	1,82	60	2	800...900	750	
A3	4,5 % Si	grün	3	7,57	1,47	35	1,92	750...900	750	Hyperm 4
E3	Ni-Fe-Leg.	hellrot	1	8,6	2,00	2	0,7 ... 0,8	(16000... 35000)	400	Mumetall, Hyperm 500
E4	mit ≈ 75 % Ni	hellrot/ weiß	je 1	8,7	1,82	1	0,6 ... 0,8	(30000... 40000)	270... 400	

Magnet-Werkstoffe – *Magnetic materials*

Magnetisierungs-Kennlinien von Elektroblechen und Grauguss

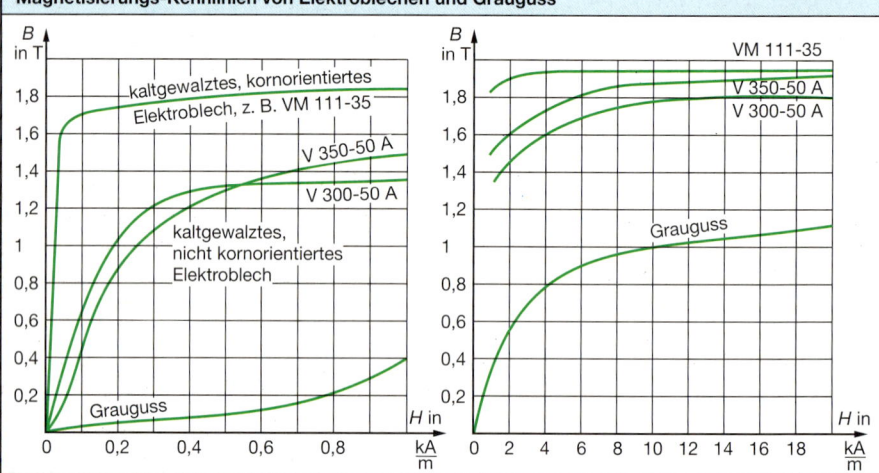

Magnetisierungs-Kennlinien von Relais-Werkstoffen und Übertragerblechen

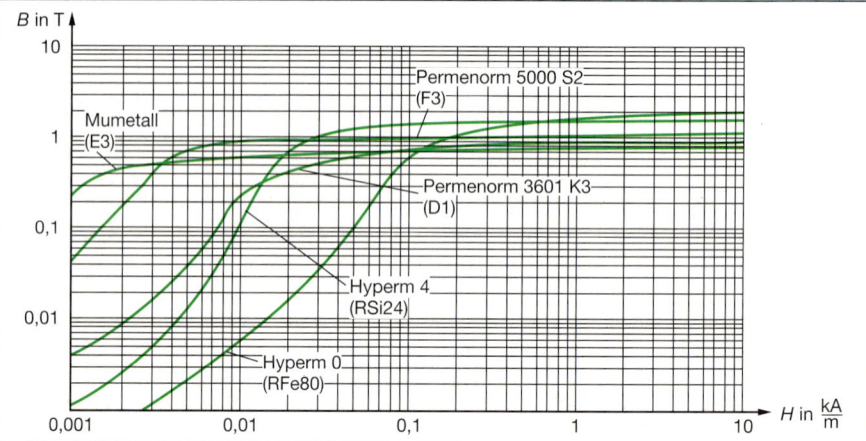

Entmagnetisierungs-Kennlinien von Dauermagnet-Werkstoffen

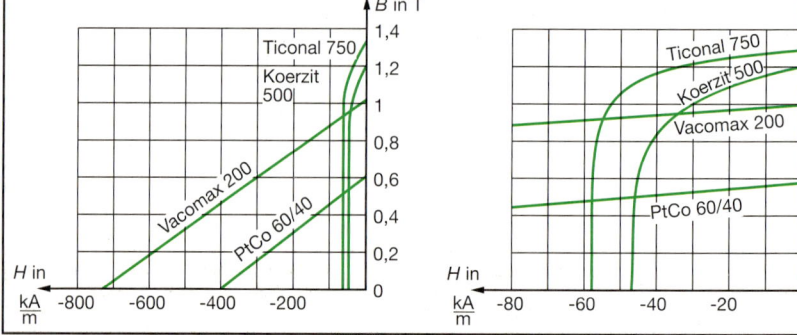

Kunststoffe – *Plastics*

	Kunststoff	Kurz-zeichen	Eigenschaften	Verwendungen	Handelsnamen (Beispiele)
Thermoplaste	Polyvinyl-chlorid	PVC hart	beständig gegen viele Chemikalien, alterungs-beständig	Apparatebau, Bau-industrie, Folien, Rohre, Flaschen	Hostalit Vinoflex Trividur
	Polyvinyl-chlorid	PVC weich	geringere chemische Beständigkeit	Fußbodenbelag, Tapeten, Kunstleder, Drahtisolation	Mipolam Acella Vestolit
	Polystyrol	PS	hart, spröde, Oberflächen-glanz, sehr gute elektrische Eigenschaften	Verpackung, Spulen-körper	Styroflex Trolitul Hostyren
	Styrol-Butadien	SB	höhere Zähigkeit als PS, empfindlich gegen UV-Licht	Gehäuse, Installations-material	Styron Hostyren
	Styrol-Acrylnitril	SAN	beständig gegen Küchen-flüssigkeiten, kratzfest	Haushaltsgeräte	Vestoran Tyril
	Acrylmitril-Butadien-Styrol	ABS	Oberflächenglanz, Schlagzähigkeit, kratzfest	Gehäuse, Geräteteile, Batteriekästen	Novodur Perluran
	Polyethylen Weich-PE Hart-PE	PE LDPE HDPE	wenig witterungsbeständig. Steigende Dichte ergibt steigende Härte und Wär-meformbeständigkeit, aber sinkende Transparenz.	Kabelisolierung, Folien, Flaschen	Hostalen Lupolen Corothene
	Polypropylen	PP	chemische Beständigkeit, harte Oberfläche	Batteriekästen, Haushaltsgeräte	Novolen Trolen P
	Polyamid 12	PA 12	geringe Wasseraufnahme, sehr gute chemische Beständigkeit	Lebensmittelfolien, Präzisionsteile der Elektrotechnik	Rilsan A Durethan Ultramid
	Polyoxy-methylen (Acetalharz)	POM	zäh, wärmeformbeständig, maßhaltig, abriebfest, nicht säurefest	Zahnräder, Gleitlager, Armaturen, Schaltrelais, Beschläge	Hostaform Delrin Sustain
	Polymethyl-methacrylat	PMMA	glasklar, spröde, chemisch beständig, alterungs- und witterungsbeständig	Lichtkuppeln, Leuchten-abdeckung, optische Linsen	Plexiglas Degalan Vedril
	Celluloseacetat Cellulose-Acetobutyrat	CA CAB	zäh, transparent, nicht lebensmittelecht, kraftstoffbeständig	Brillengestelle, Filme, Gehäuse für elektrische Geräte	Cellidor Tenite Cellon
	Polyethylen-Polybutylen-enterephthalat	PETP PBTP	hart, kristallin, abriebfest, geringe Wasseraufnahme, niedrige Ausdehnung	Zahnräder, Ader-isolierung, Gehäuse, Rohre	Vestodur A, B Ultradur Crastin
	Polycarbonat	PC	hart, steif, zäh, maß-haltig, alterungsbeständig	Gehäuse, Stecker-leisten, Helme	Makrolon Lexan
Duroplaste	Polyester ungesättigt	UP	maßhaltig, licht- und farbecht, sehr fest	Sturzhelme, Schalter, Karosserieteile	Hostaphan Vestopal
	Epoxid	EP	chemisch beständig, sehr leicht fließend, geringe Steifigkeit bei Wärme	Präzisionsteile, Zwei-Komponenten-Kleber, Metalleinbettungen	Araldit Terokal Skotch-Weld
	Phenol-Formaldehyd	PF	bräunlich, dunkel nach, spröde, nicht lebensmittel-echt, chemisch beständig	Topfgriffe, Spulenträger, Sockelplatten, Gleitlager	Bakelite Resinol Trolitan

Isolierstoffklassen – *Insulation classes*

Klasse	V	A	E	B	F	H	C
Grenztemperatur	90 °C	105 °C	120 °C	130 °C	155 °C	180 °C	>180 °C
Beispiele für Werkstoffe	Holz, Baumwolle, Seide, Papier PA, PE, PVC, PS, Anilin-Form-aldehyd-Kunstharz, Harnstoff	Holz, Baumwolle, Seide, PA Textilien, Papier geschich-tetes Holz CA, vernetzte PE-Harze	PC-, PTA-Folie, vernetzte PE-Harze, Drahtlacke Verbund-stoffe, Pressteile mit Cellulose-Füllkörper Ethylen-Vinylacetat-Copolymer	Glasfaser, Asbest Glimmer Drahtlacke, Gewebe und Folien auf PE-Glykolter-ephthalat-Basis minerali-sche Füllstoffe	Glasfaser, Asbest, Glimmer, cellulose-freie Ver-bundstoffe Drahtlacke, (Basis: IPE, EI, Polyter-ephthalat) Folien auf Polymono-chlortrifluor-ethylen-Basis	Glasfaser, Asbest Glasfaser-textilien Glimmer Fasern (PA-Basis) Folien (PI-Basis), Drahtlacke (PI-Basis)	Glimmer, Porzellan, Glas, Quarz Glasfaser-textilien, Asbest Polytetra-fluorethylen

Isolierstoffe aus Keramik bzw. Glas
Ceramic or glass insulating materials   DIN VDE 0335-1: 96-02

Keramische Isolierstoffe	**Glas-isolierstoffe**	**Glaskeramische Werkstoffe**
C 100 Alkalialuminiumsilicate	G 100 Alkalikalksilicate	GC 100
C 200 Magnesiumsilicate	G 200 Borosilicate	
C 300 Titanate		
C 400 Erdalkalialuminiumsilicate	G 400 Aluminiumkalksilicate	
C 500 Aluminiumsilicate, porös	G 500 Bleialkalisilicate	**Isolierstoffe aus glasgebundenen Glimmern**
C 600 Multikeramik (niedriger Alkaligehalt)	G 600 Bariumkalisilicate	
C 700 Hoch Al_2O_3-haltige Keramik	G 700 Kieselgläser	GM 100
C 800 Oxidkeramikwerkstoffe		
C 900 Nichtoxidische Keramik-isolierstoffe		

Löten – *Soldering*

Weichlöten

Anwen-dungen	Leitungsdraht	Motorwicklung	Bleimantel	Aluminium
Weich-lot	L-Sn 90 L-Sn 60 L-Sn 50 L-Sn 40 L-Sn50PbSb	L-SnAg5 L-PbAg3 L-SnPbCd18	L-PbSn35(Sb) L-PbSn33(Sb)	L-ZnAl15 L-ZnSn L-Zn60Zn
Fluss-mittel	F-SW21 … 24	F-SW26	F-SW23	F-LW1

Hartlöten

Anwen-dungen	Kupfer und Legierungen	Neusilber	Edelmetalle	Aluminium
Hartlot	L-Ms48, 54, 85 L-CuSn46 L-CuP8 L-Ag15P L-Ag12Cd L-Ag25Cd L-Ag30Cd12 L-Ag40Cd L-Ag72	L-CuSn42	L-Ag50Cd L-Ag60Cd L-Ag67Cd L-Ag 45 L-Ag 60 L-Ag 67 L-Ag 75	L-AlSi7,5 L-AlSi10 L-AlSi12
Fluss-mittel	F-SH1	F-SH1,2	F-SH4	F-SH2

Lötkolben-Arten

Drähte	Elektronik	Gedruckte Schaltungen	Mikroelektronik
Standard-Lötkolben	Lötpistole	Schnell-Lötgerät	Lötnadel
bis 150 W $t_{Aufheiz} < 3$ min	bis 100 W $t_{Aufheiz} < 10$ s	bis 20 W $t_{Aufheiz} < 10$ s **kein** Dauerbetrieb!	≈ 5 W $t_{Aufheiz} ≈ 15$ min

Schweißen – *Welding*

Metall

Lichtbogenschweißen

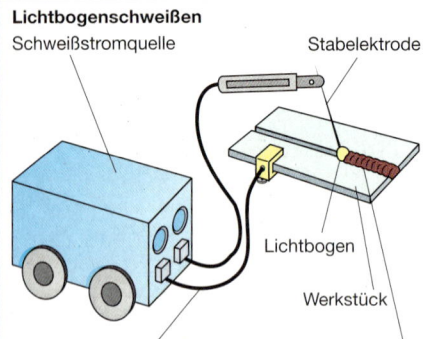

Schweißstromquelle
Stabelektrode
Lichtbogen
Werkstück
Schweißstromkabel
Schweißnaht

U = 15 bis 80 V/I = bis 1 kA
Lichtbogen-Temperatur ≈ 4000 °C

Arbeitsschritte:
1. Werkstück mit Masse verbinden
2. Elektrode auf Werkstück ⇒ Antippen
   (Kurzschließen)
3. Elektrode etwas anheben ⇒ Zünden
4. Elektrode entlang ziehen ⇒ Schmelzen
5. Elektrode weit abheben ⇒ Beenden
6. Schlacke entfernen

Autogenschweißen

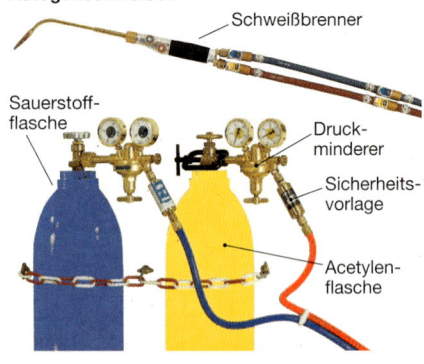

Schweißbrenner
Sauerstoff-flasche
Druck-minderer
Sicherheits-vorlage
Acetylen-flasche

Arbeitsschritte:
1. Sauerstoffflasche: erst Hauptventil dann Druck-minderventil öffnen
2. Acetylenflasche: wie bei 1., dann Sauerstoff am Brenner
3. Gemisch zünden
4. Flamme einstellen
5. Mit Flamme und Schweißdraht auf Werkstoff entlang gleiten
6. Erst Acetylen- und dann Sauerstoffventile schließen

Kunststoff

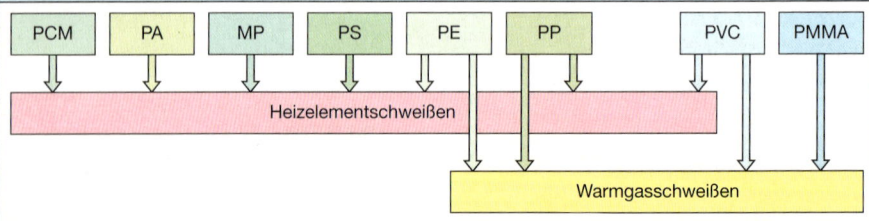

| PCM | PA | MP | PS | PE | PP | PVC | PMMA |

Heizelementschweißen

Warmgasschweißen

| **Heizelementschweißen** | **Warmgasschweißen** |

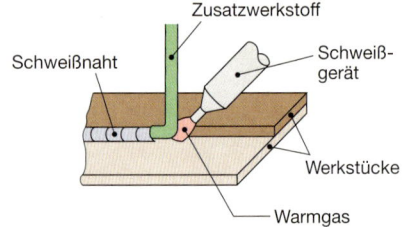

Heizelement
Werkstücke
Schweißnaht

Zusatzwerkstoff
Schweißgerät
Schweißnaht
Werkstücke
Warmgas

Arbeitsschritte:
1. Schweißflächen mit Heizelement erwärmen
2. Heizelement entfernen
3. Schweißflächen zusammen pressen

$\vartheta_{Schmelz}$ = 190 °C bis 250 °C

Arbeitsschritte:
1. Schweißgerät in Position bringen
2. Erhitztes Gas einschalten
3. Schweißflächen und Zusatzwerkstoff gleichzeitig erwärmen

$\vartheta_{Schmelz}$ = 310 °C bis 380 °C

2 Elektrische Installationen

Niederspannungsnetz 84
Verteilungssysteme 85
Kabel................................... 86
Kennfarben von Leitern 87
Spannungsfall und Verlust-
leistung.. 87
Leitungen 88
Installieren von Leitungen 90
Leitungsverlegung 91
Strombelastbarkeit 91
Zuordnung von Überstrom-
Schutzorganen 92
Belastbarkeit von Leitungen 93
Blindstrom-Kompensations-
schaltungen 94
Stromtarife 95
Schalter... 96
Schaltgeräte 97
Verteilungen, Hausinstalla-
tionen.. 98
Niederspannungs-
Schaltanlagen 99
Leitungsschutz-Schalter 100
RCD 100
Schmelzsicherungen 101
Schaltungen mit
Installationsschaltern.................. 103
Schaltungen mit elektro-
magnetischen Schaltern 104

Schaltungen mit Dimmern 105
Schaltungen mit Sensoren 106
Erder 107
Schutzpotenzialausgleich
(Potenzialausgleich)[1] 108
Schutzmaßnahmen 109
Verteilungssysteme – Netz-
formen 110
Schutz gegen elektrischen
Schlag 111
Fehlerschutz (Schutz bei
indirektem Berühren)[1] 112
Prüfung von Schutzmaßnahmen.... 113
Schutz durch RCD 114
Allgemeine Bedingungen für
Tarifkunden – Auszug 114
Prüfungen in Anlagen mit Fehler-
strom-Schutzeinrichtungen 115
Räume mit elektrischen
Anlagen 116
Instandhaltung 119
Reparatur elektrischer Geräte........ 120
Funkentstörung 121
Elektromagnetische
Verträglichkeit (EMV) 122
Wirkungen elektrischer und
magnetischer Felder 124
Strahlenschutz 125
Steckvorrichtungen 126

[1] Neue Bezeichnungen nach DIN VDE
0100-410: 07-06 (Bisherige Bezeichnungen gelten noch bis 01.02.2009)

Niederspannungsnetz – *Low-voltage system*

Ortsnetzstation und Leitungsführung

- **Lasttrennschalter Q1, Q2**
  Trennen unter Last,
  nicht bei Kurzschluss
- **Lasttrennschalter Q3**
  mit Hochspannungs-
  Hochleistungssicherung (HH)
- **Ortsnetztransformator T1**
  Transformation von
  Mittel- in Niederspannung
- **Leistungsschalter Q4**
  Schalten unter Last,
  mit Überlast- und
  Kurzschlussschutz
- **Stromwandler B1**
  Umwandlung großer
  Ströme in Messströme
- **Sicherungs-
  Lasttrennschalter Q11 – Q14**
  Schalten Verbraucher-
  stromkreise unter Last

Übersichtschaltplan

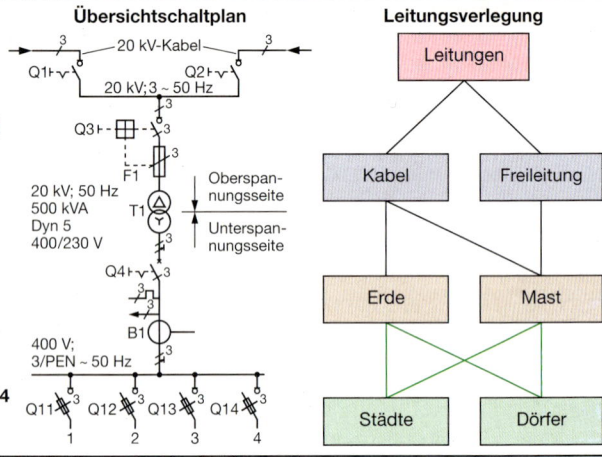

Leitungsverlegung

Energietransport in Ortsnetzen

Freileitungen:
- Leitungen ohne Isolation, blanke
  Leiter,
- VPE-isolierte Leitungen aus Alumi-
  nium (VPE: **V**ernetztes **P**oly**e**thylen).

Energieeinspeisung:
- vom Dachständer,
- vom Abspannmast über 4-adrige
  selbsttragende PVC-Mantelleitung
  (NYMT-J),
- Hauseinführung über Dachständerrohr durch feste Wand bzw. Dach,
  nicht durch explosionsgefährdete
  Räume.

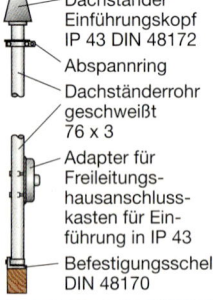

Dachständer
Einführungskopf
IP 43 DIN 48172

Abspannring

Dachständerrohr
geschweißt
76 x 3

Adapter für
Freileitungs-
hausanschluss-
kasten für Ein-
führung in IP 43

Befestigungsschelle
DIN 48170

Kabel:
- PVC-isolierte Kabel mit PVC-Man-
  tel, z. B. NYY-J, NAYY-J,
- VPE-isolierte Kabel mit Al-Leiter,
  z. B. NA2XY-J, A2XY-J.

Verlegung:
- mindestens in 60 cm Tiefe in Sand-
  schicht und steinfreiem Erdreich,
- Formsteine zur Kabelabdeckung
  oder 10 cm dicke Sandschicht bei
  Ziegelsteinabdeckung,
- Kabelschutzrohre bei feuchtem Bo-
  den,
- Sicherheitsband 30 cm über dem
  Kabel.

Netzarten

Energieversorgung

Strahlennetz

Ringnetz

Maschennetz

Strahlenförmig von einer
Ortsnetzstation

Eigenschaften:
- einfacher, kostengünstiger
  Netzaufbau
- Abschaltung eines ganzen Leitungsstranges bei Fehler
- keine Versorgung im Fehlerfall

Ringförmig von zwei
Ortsnetzstationen

- Abschaltung nur des fehlerhaften Leitungsstranges
- weitere Energieeinspeisung bei
  einem Fehler, z. B. Leitungs-
  bruch, möglich

Maschenförmige Verknüpfung
mehrerer Netzknotenpunkte

- Versorgung bei einer Störung
- Heraustrennen des fehlerhaften
  Leitungsstückes
- große Kurzschlussströme
  wegen kurzer Zuleitungen

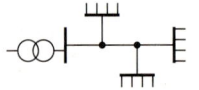

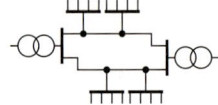

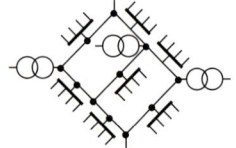

Verteilungssysteme – *Distribution systems*

Beispiel:

T   N – C – S –   **System**

1. Buchstabe:	2. Buchstabe:	3. Buchstabe:	4. Buchstabe:
Beschreibung der Erdungen beim VNB	Beschreibung der Erdungen in der Anlage des Verbrauchers	Beschreibung der N- und PE-Leiter-Verlegung in der	
		VNB-Anlage	Verbraucheranlage

Systemarten

TN-C-System	TN-S-System	TN-C-S-System	TT-System	IT-System
Kennzeichen:				
Neutral- und Schutzleiter ⇓ N- und PE-Leiter zusammen als PEN-Leiter	Neutral- und Schutzleiter ⇓ Getrennte Führung von N- und PE-Leiter	Kombin. des TN-C- und TN-S-Systems ⇓ Getrennte Führung von N- u. PE-Leiter ab Hauptverteilung	Gehäuse in der Anlage geerdet ⇓ Keine Leiterverbindung vom Anlagen- zum Betriebserder	Aktive Leiter gegen Erde isoliert ⇓ Erdung aller Gehäuse nur in der Anlage

Kurzzeichen:

I: Trennung aller aktiven Teile von Erde; Sternpunkt isoliert (oder) über Impedanz mit der Erde verbunden.	**T**: Direkte Erdung des Netz-Stern-punktes ① bzw. der Geräte-gehäuse ②.	**N**: Komponenten sind direkt mit Stern-Punkt des Versorgungssys-tems verbunden.	**C**: PEN-Leiter hat Neutralleiter (N)- und Schutzleiter (PE)-Funktion.	**S**: PE-Leiter ist vom N-Leiter getrennt.

Bedeutung: **I**: Isolation (isoliert); **T**: Terre (Erde); **C**: Combined (kombiniert); **S**: Separated (getrennt)

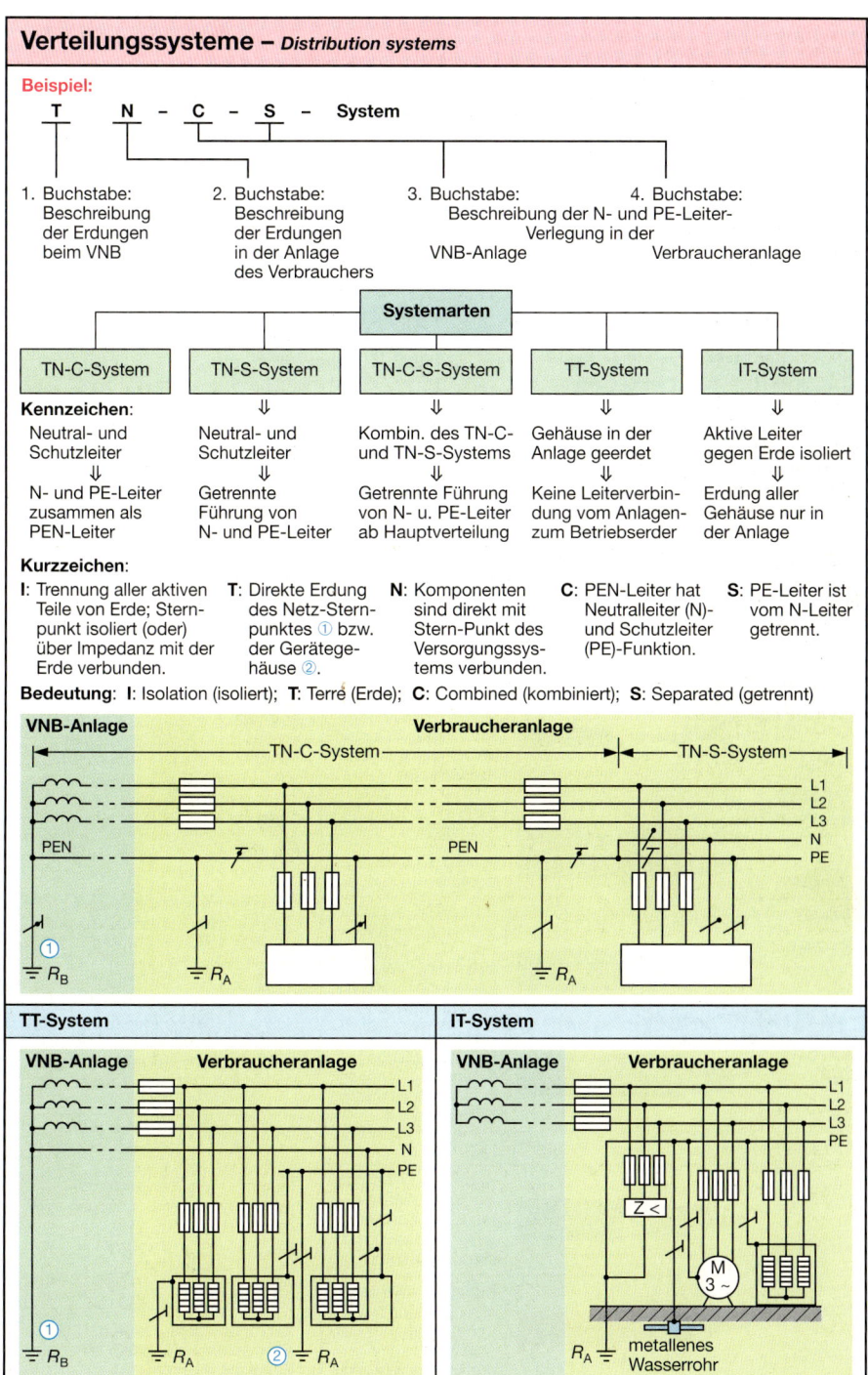

VNB-Anlage **Verbraucheranlage**

← TN-C-System → ← TN-S-System →

L1, L2, L3, N, PE, PEN, R_B ①, R_A

TT-System

VNB-Anlage Verbraucheranlage

L1, L2, L3, N, PE, R_B ①, R_A, ② R_A

IT-System

VNB-Anlage Verbraucheranlage

L1, L2, L3, PE, Z <, M 3 ~, R_A metallenes Wasserrohr

Kabel – *Cables*

Kabelbezeichnungen

Kurzz.	Erklärung	Kurzz.	Erklärung
N	**Genormte Ausführung**, folgende Buchstaben in der Reihenfolge des Kabelaufbaus	**B** **F** **G** **R**	**Bewehrung:** Bewehrung aus Stahlband Flachdraht verzinkt Gegenwendel aus verzinktem Stahlband Runddraht verzinkt
A **–**	**Leiterart:** Aluminium kein Zeichen für Kupfer	**A** **K** **KL** **Y** **2Y**	**Mantel:** Schutzhülle aus Faserstoffen Bleimantel Aluminiummantel PVC-Isolierung PE-Isolierung
Y **2X**	**Isolierwerkstoff:** PVC vernetztes PE (VPE)		
C **CW** **S** **(F)**	**Konzentrischer Leiter, Schirm:** konzentrischer Leiter aus Cu konzentrischer Leiter aus Cu, wellenförmig Kupferschirm längswasserdichter Schirm	**-J** **-O**	**Schutzleiter:** mit Schutzleiter ohne Schutzleiter

Kabelarten

Niederspannungskabel bis $U_o/U = 0{,}6/1$ kV

Bezeichng.	Abbildung	Erkl./Verwendung
NYCY Rundleiter		Erd-/Energiekabel mit PVC-Isolierung; Ortsnetze; Hausanschlüsse; Straßenbeleuchtung
NYY Rund- oder Sektorleiter		Erd-/Energiekabel mit PVC-Isolierung; Kraftwerke; Industrie- und Schaltanlagen; Kabelkanäle
NA2XY Sektorleiter, eindrähtig		Energie-/Kunststoffkabel mit VPE-Isolierung; Ortsnetze; bei Kabelhäufungen
NYCWY Sektorleiter		Erd-/Energiekabel mit PVC-Isolierung; Ortsnetze; Industrie; konz. Leiter auch als N- und PE-Leiter
NAYCWY Sektorleiter		Energiekabel mit PVC-Isolierung; Ortsnetze; Kraftwerke; Industrie- und Schaltanlagen

Mittelspannungskabel $U_o/U = 6/10$ kV; 12/20 kV; 18/30 kV

NA2XS2Y mehrdrähtig		Kabel mit VPE-Aderisol. u. PE-Mantel; Industrie; Schaltanlagen; bei starker mechan. Beanspruchung
N2XSY mehrdrähtig		Kabel mit VPE-Isolierung; Industrie- u. Schaltanlagen; Kraftwerke; bei schwieriger Trassenführung

Kabelangaben über Leiterform und Leiteraufbau

Abbildung	Kurzz.	Erklärung
	SM	sektorförmiger Leiter, mehrdrähtig
	SE	sektorförmiger Leiter, eindrähtig
	RM	runder Leiter, mehrdrähtig
	RE	runder Leiter, eindrähtig bei 10 mm²

Zuordnung[1] des Schutz- oder PEN-Leiters (S) zum Außenleiter (A)

Querschnitt in mm²

A	S	A	S
1,5	1,5	35	16
2,5	2,5	50	25
4	4	70	35
6	6	95	50
10	10	120	70
16	16	150	70
25	16	185	95

[1] Zuordnung gilt für isolierte Starkstromleitungen und 0,6/1-kV-Kabel mit 4 Leitern

Kennfarben von Leitern – *Code colours of cors*

DIN VDE 0281-1: 03-09
DIN VDE 0293-308: 03-01

Isolierte und blanke Leiter

Leiterbezeichnung		Zeichen	Farbe	Leiterbezeichnung	Zeichen	Bildzeichen	Farbe
Wechselstrom	Außenleiter	L1; L2; L3	1)	Schutzleiter	PE	⏚	gnge
	Neutralleiter	N	bl	PEN-Leiter (Neutrall. mit Schutzfunktion)	PEN	⏚	gnge
Gleichstrom	positiv	L+	1)	Erde	E	⏚	1)
	negativ	L−	1)	1) Farbe nicht festgelegt			
	Mittelleiter	M	bl				

Adern bei isolierten Leitungen und Kabeln

	für feste Verlegung				für ortsveränderliche Verbraucher			
Ader-zahl	Leitungen mit Schutzleiter			Leitungen ohne Schutzleiter	Leitungen mit Schutzleiter		Leitungen ohne Schutzleiter	
2	–	–		bl br	–	–	bl br	
3	gnge bl br			– br sw gr	gnge bl br		– br sw gr	
4	gnge – br sw gr			bl br sw gr	gnge – br sw gr		bl br sw gr	
5	gnge bl br sw gr			bl br sw gr sw	gnge bl br sw gr		bl br sw gr sw	

Farbangaben laut DIN VDE 0293-308

Farbkurzzeichen (DIN 47002):
Schwarz BK (sw); Braun BN (br); Blau BU (bl); Grau GR (gr); Gelb YE (ge); Grün GN (gn)

Anwendungen
Aderkennzeichnung bei Leitungen und Kabel für feste Verlegung und flexible Leitungen in
• Installationen elektrischer Anlagen,
• Verteilungssystemen,
• Energieversorgung von fest installierten und ortsveränderlichen Betriebsmitteln,
• Anschlussleitungen bei transportierbaren Betriebsmitteln.

Keine Gültigkeit der DIN VDE 0293-308 für
• Leitungen, Kabel und isolierte Leiter zur inneren Verdrahtung elektrischer Betriebsmittel und fabrikfertiger Schaltkombinationen,
• Leitungen und Kabel in Gleichstromanlagen,
• Leitungen und Kabel, die mehr Adern besitzen als in der Tabelle aufgeführt,
• umhüllte Freileitungen und isolierte Freileitungsseile.

Farbe der Isolierung bei einadrigen Leitungen		
Schutzleiter	Neutralleiter	Außenleiter
grün/gelb	blau	braun, schwarz, grau

Spannungsfall und Verlustleistung – *Voltage drop and power loss*

Kenngröße	Art des Netzes		
	Gleichstrom	Wechselstrom	Drehstrom
Spannungsfall in V, unverzweigtes Netz	$\Delta U = \dfrac{2 \cdot l \cdot I}{\varkappa \cdot q}$	$\Delta U = \dfrac{2 \cdot l \cdot I \cdot \cos\varphi}{\varkappa \cdot q}$	$\Delta U = \dfrac{\sqrt{3} \cdot l \cdot I \cdot \cos\varphi}{\varkappa \cdot q}$
Spannungsfall in V, verzweigtes Netz	$\Delta U = \dfrac{2}{\varkappa \cdot q} \cdot \Sigma\,(I \cdot l)$	$\Delta U = \dfrac{2 \cdot \cos\varphi_m}{\varkappa \cdot q} \cdot \Sigma\,(I \cdot l)$	$\Delta U = \dfrac{\sqrt{3} \cdot \cos\varphi_m}{\varkappa \cdot q} \cdot \Sigma\,(I \cdot l)$
Verlustleistung in W	$P_v = \dfrac{2 \cdot l \cdot I^2}{\varkappa \cdot q}$	$P_v = \dfrac{2 \cdot l \cdot I^2}{\varkappa \cdot q}$	$P_v = \dfrac{3 \cdot l \cdot I^2}{\varkappa \cdot q}$
maximale Leitungslänge in m	$l = \dfrac{\Delta u \cdot U \cdot q \cdot \varkappa}{2 \cdot 100\,\% \cdot I}$	$l = \dfrac{\Delta u \cdot U \cdot q \cdot \varkappa}{2 \cdot 100\,\% \cdot I \cdot \cos\varphi}$	$l = \dfrac{\Delta u \cdot U \cdot q \cdot \varkappa}{\sqrt{3} \cdot 100\,\% \cdot I \cdot \cos\varphi}$
Spannungsfall in %	$\Delta u = \dfrac{\Delta U}{U_N} \cdot 100\,\%$	Verlustleistung in %	$P_{v\%} = \dfrac{P_v}{P} \cdot 100\,\%$

Leitungen – *Insulated wires*

Isolierte Leitungen für feste Verlegung

Typenkurzzeichen

Beispiel: H 05 RR – F 3 G 0,75

Kennzeichnung der Bestimmung

H: Harmonisierter Typ
A: Anerkannter nationaler Typ

Bemessungsspannung

03: 300/300 V
05: 300/500 V
07: 450/750 V

Isolier- und Mantelwerkstoff

B: Etylen-Propylen-Kautschuk
V: PVC
R: Natur- und synthetischer Kautschuk
N: Chloropren-Kautschuk
S: Silikon-Kautschuk
J: Glasfasergeflecht
T: Textilgewerbe
Q: Polyurethan

Aufbauart

H: flache, aufteilbare Leitung; H2: nicht aufteilbare Leitung

Leiterquerschnitt

Schutzleiter

X: ohne gnge Schutzleiter
G: mit gnge Schutzleiter

Aderzahl

Leiterart

U: eindrähtig
R: mehrdrähtig
K: feindrähtig; Leitungen fest verlegt
F: feindrähtig; Leitungen flexibel
H: feinstdrähtig
Y: Lahnlitze
ö: Ölbeständig

Bezeichnung	Abbildung	Kurzzeichen	Ader-zahl	Verwendung
PVC-Einzeladern		H05V-U/K H07V-U/K	1 1	Leitung für innere Verdrahtung von Geräten; geschützte Verlegung in und an Leuchten
Wärme-beständige PVC-Einzeladern		H05V2-K	1	Verbindungsleitung für Energieanlagen, Schaltschränke; bei höheren Temperaturen bis +105°C
Steg-leitung		NYIF	3…5	Installationsleitung nur in trockenen Räumen in und unter Putz
PVC-Mantelleitung		NYM	1…7	Industrie- und Hausinstallationen im Innen- u. Außenbereich; Schutz vor direkter Sonneneinstrahlung
Halogenfreie Mantelleitung		NHXMH	1…7	Industrie; Hotels; Flughäfen; U-Bahnen u.a.; bei erhöhtem Schutz für Menschen und Sachwerte
PVC-Mantelleitung mit Tragseil, Zugentlastung		NYMT	3…4	Leitung mit selbsttragender Aufhängung; Straßenbeleuchtung; Hausanschluss über Dachständer
Spezial-PVC-Steuerleitung (geschirmt)		MSY	3…7	Steuer- u. Signalleitung in Hospitälern, Labors; baubiologische Energieleitung im Wohnungsbau

Leitungen – *Insulated wires*

Isolierte, flexible Leitungen

Bezeichnung	Abbildung	Kurzzeichen	Aderzahl	Verwendung
Spiralleitung		H05BQ-F	2, 3	Elektrowerkzeuge; Handlinggeräte; Unterhaltungselektronik
PVC-Schlauchleitung		H03VV-F	2...7	Anschlussleitung bei geringer mechanischer Beanspruchung für Küchengeräte, Tisch- und Stehleuchten u. a.
PVC-Schlauchleitung (mittlere Ausführung)		H05VV-F	2...7	Anschlussleitung bei mittlerer mechanischer Beanspruchung für Kühlschränke, Waschmaschinen u. a.; feste Verlegung in Möbeln, Stellwänden u. Hohlräumen von Fertigbauteilen
Gummi-Schlauchleitung (leichte Ausführung)		H05RR-F H05RN-F	2...5	Anschlussleitung bei geringer mechanischer Beanspruchung für Elektrogeräte in Haushalten und Büros; feste Verlegung in Möbeln, Stellwänden u. a.
Gummi-Schlauchleitung (schwere Ausführung)		H07RN-F	1...7	Anschlussleitung bei mittlerer mechanischer Beanspruchung für Eektrogeräte wie große Kochkessel, Heizplatten u. Bohrmaschinen, Kreissägen u. a.
Gummi-Schlauchleitung (schwere Ausführung)		NSSHöU	1...7	Anschlussleitung bei großer mechanischer Beanspruchung im Bergbau u. in Steinbrüchen; auf Baustellen für schwere Geräte und Werkzeuge

Leitungen und Kabel für Klingel-, Signal- und Fernmeldeanlagen

Bezeichnung	Abbildung	Kurzzeichen	Verwendung
Schaltdraht		YV	Anlagen für Signalübertragung und in Kommunikationsanlagen; Informationsverarbeitungsgeräte
PVC-Schaltlitze (verzinnt)		LiY	Verdrahtung von Kleinspannungsanlagen, Fernmeldegeräten, elektronischen Baugruppen in Geräten
PVC-Datenleitung		LiY-CY	Steuer- u. Signalleitung für Rechneranlagen, Steuer- u. Regelgeräte bei erhöhter elektrischer Beeinflussung
Computerkabel		J-2Y(ST)Y	Anschluss- und Verbindungsleitung zur Datenübertragung für Peripheriegeräte, Bildschirme, Drucker u. a.
Fernmelde-Innenkabel		J-YY	Installationskabel als Kommunikationsleitung im Sprechstellen- und Nebenstellenbau
Fernmelde-Außenkabel		A-2Y(L)2Y	Ortsteilnehmerkabel; Anschlusskabel zur Verbindung von Sprechstellen mit Vermittlungsstellen

Installieren von Leitungen – *Installation of cables*

DIN 18015-1: 07-09
DIN VDE 0606-1: 05-10

Hinweise zur Leitungsführung:
- Planung des Leitungsweges unter Berücksichtigung anderer Installationen (z. B. Wasser, Heizung).
- Waagerechte und senkrechte Leitungsführung bei verdeckter Verlegung z. B. im oder unter Putz (Installationszonen beachten).
- Damit verdeckt liegende Leitungen nicht beschädigt werden, vor Nachinstallationen die Montagefläche mit Leitungssuchgerät prüfen.
- Schutz vor mechanischen Beschädigungen bei Leitungsverlegung unter Putz durch Installationsrohre.

Art der Verlegung		Anwendungen	
im Putz ⌇		• Stegleitung NYIF (nur in trockenen Räumen) • Verlegung auf der Mauer, Putzschicht 4 mm über der Leitung. **Befestigung:** – NYIF durch Stahlnägel mit Isolierstoffscheibe, Gipspflaster oder Ankleben mit speziellem Kontaktkleber; Abstand max. 200 mm	△ I
unter Putz ⌇		• Feuchte und trockene Räume NYM; PVC-Aderleitung H07V-U im flexiblen Isolierrohr, Stegleitung NYIF nur in trockenen Räumen. **Ausfräsen:** – Aussparungen für Verbindungs- und Gerätedosen mit Dosenfräser, – Schlitze für Leitung mit Mauernutfräse, bündiger Abschluss der Leitung mit Mauer.	△ U
auf Putz ⌇		• Feuchte und nasse Räume NYM. • Kennzeichnung des Leitungsweges mit Hilfe von Wasserwaage und Schnur (Schnurschlag). • Einhalten des Mindestbiegeradius (4facher Leitungsdurchmesser).	△ A
in Hohlwand		• Brennbare Baustoffe in Fertighäusern aus Leichtbauwänden, Wohnwagen und Schiffen, z. B. NYM oder H07V-U in biegsamem, flammwidrigem Isolierrohr. • Temperaturbeständige Verbindungs-, Geräte und Leuchtenanschlussdosen (DIN VDE 0606-1).	△ H
in Beton		• Leitungsverlegung in Beton z. B. NYY (direkt in Beton) oder Ader- und Mantelleitungen in druckfesten Schutzrohren (DIN VDE 0605). • Dichte Verbindung der Dosen mit Rohren für die Zuleitung, um Eindringen von Beton und Flüssigkeiten zu verhindern.	△ B
im Kanal		• Leitungsverl. in Installationskanälen aus Kunststoff oder Metall, z. B. NYM. • Unterflurinstallationen mit Kanälen aus verzinktem Stahlblech. **Verlegung:** – leitende Verbindung der metallischen Kanäle mit Schutzleiteranschluss – bei Verbindungsstellen und Steckvorrichtungen im Metallkanal Einbeziehen in die Schutzmaßnahme erforderlich, Anschluss an PE-Leiter – Trennung der Antennen- und Energieleitungen durch Abstand (10 mm) oder Trennsteg	△ K
Stromschienensystem		• Energieversorgung (Hauptleitung) z. B. in Hochhäusern oder Schienenverteilern bei ortsveränderlichen Betriebsmitteln • Energieversorgung von Leuchten z. B. Niedervoltsysteme	

Isolierrohre

DIN EN 50086-2-4: 01-12

Rohrarten
- Glatte Rohre: Glattes Profil im Längsschnitt
- Gewellte Rohre: Gewelltes Profil im Längsschnitt
- Starre Rohre: Rohre nur mit mechanischen Hilfsmitteln biegbar
- Biegsame Rohre: Rohre mit der Hand biegbar
- Flexible Rohre: Rohre mit der Hand häufiger biegbar
- Sich selbst zurückbildende Rohre: Verformbare Rohre, die nach kurzer Zeit wieder die Ausgangsform annehmen.

Mechanische Eigenschaften
Klassen: ① sehr leicht ② leicht ③ mittel ④ schwer ⑤ sehr schwer bei
- Widerstand gegen Belastung durch Druck
- Widerstand gegen Beanspruchung durch Schlag
- Zugfestigkeit
- Fähigkeit zur Aufnahme einer Hängelast
Klassen: ① starr ② biegsam ③ biegsam und zurückbiegend ④ flexibel bei
- Widerstand bei Beanspruchung durch Biegung
Weitere Klassifizierung nach Temperatur, elektrischen Eigenschaften und anderen äußeren Einflüssen laut o. g. DIN.

Leitungsverlegung – *Cable installation* DIN VDE 0298-4: 03-08

In wärmegedämmten Wänden und im Elektro-Installationsrohr/-kanal	
A1	• Aderleitungen im Elektro-Installationsrohr oder in Formleisten oder Formteilen • Ein- oder mehradrige Kabel oder Mantelleitung in Türfüllungen oder Fensterrahmen
A2	• Mehradrige Kabel oder mehradrige Mantelleitung: – im Elektro-Installationsrohr – direkt in wärmegedämmter Wand

Auf Wänden im Elektro-Installationsrohr/-kanal	
B1	• Aderleitungen im Elektro-Installationsrohr im belüfteten Kabelkanal im Fußboden • Ein- oder mehradrige Kabel oder Mantelleitung im offenen oder belüfteten Kabelkanal • Aderleitungen, einadrige Kabel oder Mantelleitung
B2	• Mehradrige Kabel oder Mantelletiung Verlegung für beide Arten: – direkt auf einer Wand oder im Abstand $a < 0,3 \cdot d$ (d = Außendurchmesser des Elektro-Installationsrohres) – in abgehängtem Elektro-Installationskanal – im Fußbodenleistenkanal – Unterflurverlegung im Kanal – im Elektro-Installationsrohr im Mauerwerk/Beton bei spez. Wärmewiderstand 2 K · m/W

Auf einer Wand	
C	• Ein- oder mehradrige Kabel oder Mantelleitung: – auf einer Wand oder im Abstand $a < 0,3 \cdot d$ (d = Außendurchmesser des Kabels/der Leitung) – unter der Decke oder mit Abstand von der Decke – auf nicht gelochter Kabelwanne – direkt im Mauerwerk oder Beton bei spez. Wärmewiderstand 2 K · m/W ohne/mit zusätzlichem mechanischen Schutz – Stegleitung im und unter Putz

In der Erde	
D	• Ein- oder mehradrige Kabel oder Mantelleitung im Elektro-Installationsrohr oder Kabelschacht im Erdboden • Ein- oder mehradrige Kabel ohne/mit zusätzlichem mechanischen Schutz direkt im Erdboden: – höhere Strombelastbarkeit möglich (Stromwerte aus Tabelle mal Faktor 1,17)

Frei in der Luft	
E	• Ein- oder mehradrige Kabel oder Mantelleitung: – auf einer Wand oder im Abstand $a > 0,3 \cdot d$ (d = Außendurchmesser des Kabels/der Leitung) – auf gelochter Kabelwanne, Kabelkonsolen, Kabelpritschen oder abgehängt an einem Tragseil
F	• Einadrige Kabel mit Berührung im Abstand zur Wand $a \geq 1 \cdot d$ (d = Außendurchmesser des Kabels)
G	• Einadrige Kabel ohne Berührung im Abstand zueinander und zur Wand $a \geq 1 \cdot d$

Strombelastbarkeit – *Current carrying capacity* DIN VDE 0298-4: 03-08

Einflussfaktoren f_1, f_2, f_3, f_4

Zur Bestimmung der Bemessungsstromstärke eines Überstrom-Schutzorgans einer Leitung sind neben der Verlegeart folgende Faktoren ausschlaggebend:
• erhöhte Umgebungstemperatur f_1
• gehäufte Leitungsverlegung f_2
• Vielzahl belasteter Adern f_3
• Auswirkung von Oberschwingungen f_4
(vgl. DIN VDE 0298-4)

$$I_Z = f_1 \cdot f_2 \cdot f_3 \cdot f_4 \cdot I_r$$

I_r: Strombelastbarkeit nach Belastbarkeitstabelle (s. folgende Seite)
I_Z: Strombelastbarkeit bei vorhandenen Betriebsbedingungen (Berücksichtigung der Faktoren)

Erhöhte Umgebungstemperatur (Faktor f_1)

ϑ in °C	10	15	20	25	30	35
f_1	1,15	1,1	1,06	1,0	0,94	0,89
ϑ in °C	40	45	50	55	60	65
f_1	0,82	0,75	0,67	0,58	0,47	0,33

Gehäufte Leitungsverlegung (Faktor f_2)

Verlegung	Anzahl der mehradrigen Leitungen					
	1	2	3	4	6	9
gebündelt im Elektroinstallationsrohr/-kanal	1,0	0,8	0,7	0,65	0,57	0,5
Einlagig direkt aufder Wand oder dem Fußboden	1,0	0,85	0,79	0,75	0,72	0,7
in gelochter Kabelwanne	1,0	0,88	0,82	0,79	0,76	0,73
auf einer Kabelpritsche	1,0	0,87	0,82	0,8	0,79	0,78

Zuordnung von Überstrom-Schutzorganen
Assignment of over-current protective devices

DIN VDE 0298-4: 03-08

Belastbarkeit[1]) von Kabeln und Leitungen mit Isolierwerkstoff PVC für feste Verlegung in Gebäuden (zul. Betriebstemperatur 70°C) und Zuordnung von Überstrom-Schutzorganen für Dauerbetrieb bei der Umgebungstemperatur von 25°C (Auszug)

Referenz-Verlegeart	Leitungsbeisp.	Verlegung
A1 in wärmegedämmten Wänden im Elektro-Installationsrohr / Aderleitungen	H07V-U/-R/-K, H07V3-U/-R/-K	—
A2 in wärmegedämmten Wänden im Elektro-Installationsrohr / Mehradrige Kabel und Mantelleitung	NYM, NYMZ, NYMT, NYBUY, NYY, N05VV-U/-R	—
B1 im Elektro-Installationsrohr auf Wand / Aderleitungen	H07V-U/-R/-K, H07V3-U/-R/-K	—
B2 im Elektro-Installationsrohr auf Wand / Mehradrige Kabel und Mantelleitung	NYM, NYMZ, NYMT, NYY, N05VV-U/-R	—
C Verlegung auf und in Wand / Kabel und Mantelleitung Abstand zur Wand: ≤ 0,3 · d	NYM, NYMZ, NYMT, NYBUY, NYY, N05VV-U/-R	—
E Mehradrige Kabel und Mantelleitung Abstand zur Wand: ≥ 0,3 · d	NYM, NYMZ, NYMT, NYIF, NYIFY, NYBUY, NYDY, NYY, N05VV-U/-R	Verlegung in Luft
F Einadrige Kabel und Mantelleitung Abstand zur Wand: ≥ 1 · d (mit Berührung / mit Abstand d)	NYY	Verlegung in Luft
G Einadrige Kabel und Mantelleitung Abstand zur Wand: ≥ 1 · d mit Abstand d	NYY blanke Leiter	Verlegung in Luft

Zulässige Strombelastbarkeit I_z der Leitung und Bemessungsstromstärke I_n der zugehörigen Überstrom-Schutzorgane in A

q_n in mm² (Cu)	A1 2 I_z	A1 2 I_n	A1 3 I_z	A1 3 I_n	A2 2 I_z	A2 2 I_n	A2 3 I_z	A2 3 I_n	B1 2 I_z	B1 2 I_n	B1 3 I_z	B1 3 I_n	B2 2 I_z	B2 2 I_n	B2 3 I_z	B2 3 I_n	C 2 I_z	C 2 I_n	C 3 I_z	C 3 I_n	E 2 I_z	E 2 I_n	E 3 I_z	E 3 I_n
1,5	16,5	16	14,5	13 [2]	16,5	16	14,0	13 [2]	18,5	16	16,5	16	17,5	16	16	16	21	20	18,5	16	23	20	20	18,5
2,5	21	20	19,0	16	19,5	16	18,5	16	25	25	22	20	24	20	20	20	29	25	25	25	32	32 [2]	27	25
4	28	25	25	25	27	25	24	20	34	32 [2]	30	25	32	32 [2]	29	25	38	32 [2]	34	32 [2]	42	40 [2]	36	35 [2]
4	–	–	–	–	–	–	–	–	–	–	–	–	–	–	–	–	–	–	35 [3]	35 [3]	–	–	–	–
6	36	35 [2]	33	32 [2]	34	32 [2]	31	25	43	40 [2]	38	35 [2]	40	40 [2]	36	35	49	40 [2]	43	40 [2]	54	50	46	40 [2]
10	49	40 [2]	45	40 [2]	46	40 [2]	41	40 [2]	60	50	53	50	55	50	50	49 [2]	67	63	60	50	74	63	64	63
10	–	–	–	–	–	–	–	–	–	–	–	–	–	–	–	–	–	–	63 [3]	63 [3]	–	–	–	–
16	65	63	59	50	60	50	55	50	81	80	72	63	73	63	66	63	90	80	81	80	100	100	85	80
25	85	80	77	63	80	80	72	63	107	100	94	80	95	80	85	80	119	100	102	100	126	125	107	100
35	105	100	94	80	98	80	88	80	133	125	117	100	118	100	105	100	146	125	126	125	157	125	134	125
50	126	100	114	100	117	100	105	100	160	160	142	125	141	125	125	125	178	160	153	125	191	160	162	160
70	160	160	144	125	147	125	133	125	204	200	181	160	178	160	158	125	226	200	195	160	246	200	200	200

q_n in mm² (Cu)	F 2 I_z	F 2 I_n	F 3 I_z	F 3 I_n	F 3 I_z	F 3 I_n	G 2 I_z	G 2 I_n	G 3 I_z	G 3 I_n	G 3 I_z	G 3 I_n
1,5	–	–	–	–	–	–	–	–	–	–	–	–
2,5	–	–	–	–	–	–	–	–	–	–	–	–
4	–	–	–	–	–	–	–	–	–	–	–	–
6	–	–	–	–	–	–	–	–	–	–	–	–
10	–	–	–	–	–	–	–	–	–	–	–	–
16	100	100	–	–	–	–	–	–	–	–	–	–
25	139	125	121	100	117	100	100	100	117	100	125	125
35	172	160	152	125	145	125	125	125	145	125	138	160
50	208	200	184	160	177	160	155	160	192	160	200	200
70	266	250	239	200	229	200	200	200	232	200	269	250

1) Belastbarkeit für A1, A2, B1, B2 und C wurde für Verlegung auf einer Holzwand ermittelt, welche die thermisch ungünstigste Bedingung ist. Für die Verlegung auf anderen Wandarten, z. B. Putz, Mauerwerk und Gipskartonplatten, sind die Belastbarkeiten sicher gewährleistet.

2) Hinweis zu den Überstrom-Schutzorganen mit den Bemessungsströmen 13A, 32A, 35A und 40A: Wenn diese Schutzeinrichtungen nicht zur Verfügung stehen, müssen solche mit nächstniedrigeren Bemessungsströmen verwendet werden.

3) Gilt nicht für die Verlegung auf einer Holzwand. Für die Verlegung in Erde gilt die **Verlegeart D**.

Belastbarkeit von Leitungen – *Load carrying capacity of cables*

Elektrische Anlagen			
Trockene Räume	Feuchte und nasse Räume, im Freien	Feuergefährdete Betriebsstätten	Explosionsgefährdete Betriebsstätten
⇓	⇓	⇓	⇓
Ab q = 1,5 mm² auch in nichtmetallischem Rohr auf und unter Putz	Nicht zulässig in Räumen mit Badewanne oder Dusche außerhalb der Bereiche 0, 1 und 2	In Kunststoffrohren auf und unter Putz	Nur in Schalt- und Verteileranlagen
Im und unter Putz	Nicht zulässig	Nicht zulässig	Nicht zulässig
Über, auf, im und unter Putz Im Mauerwerk	Im Freien bei geschützter Verlegung In Kabelkanälen		Unter Berücksichtigung der chemischen und thermischen Bedingungen
wie vorher In Innenräumen In Beton Im Erdreich, hier gelten andere Belastungswerte			

Kenngrößen

Leitung	Maße			max. Belastung		max. Leitungslänge in m bei Δu (U_V)		
	q in mm²	Aderzahl	$d_\mathrm{Außen}$ in mm	I in A	P in kW	Wechselstrom 4,0 %	Drehstrom 0,5 %	4,0 %
H07V-U (NYA)	1,5	1	3,3	16[1]	3,68	24,1	–	–
	1,5	1	3,3	3 · 16[1]	11,07	–	–	48,5
	2,5	1	3,9	25[1]	5,75	25,7	–	–
	2,5	1	3,9	3 · 20[1]	13,84	–	–	64,8
	4	1	4,4	3 · 25[1]	17,3	–	–	82,9
	6	1	4,9	3 · 35[1]	24,22	–	–	88,8
	10	1	6,4	3 · 50[1]	34,6	–	12,9	103,6
H07V-R (NYA)	16	1	7,3	3 · 63[1]	43,6	–	16,4	131,6
	25	1	9,8	3 · 80[1]	55,36	–	20,2	161,9
NYIF	1,5	3	4,4 · 19	16	3,68	24,1	–	–
	1,5	4	4,4 · 26	3 · 16	11,07	–	–	48,5
	2,5	3	5,2 · 21,5	25	5,75	25,7	–	–
	2,5	4	5,2 · 29,5	3 · 25	17,3	–	–	51,7
NYM	1,5	3	10,5	16	3,68	24,1	–	–
	1,5	4	11,0	3 · 16	11,07	–	–	48,5
	2,5	3	11,5	25	5,75	25,7	–	–
	2,5	4	12,5	3 · 25	17,3	–	–	51,7
	4	4	14,5	3 · 35	24,22	–	–	59,2
	6	4	16,5	3 · 40	27,68	–	–	77,7
	10	4	19,5	3 · 63	43,6	–	10,3	82,3
	16	4	23,5	3 · 80	55,36	–	12,9	103,6
NYY	1,5	3	14,0	16	3,68	24,1	–	–
	1,5	4	16,0	3 · 16	11,07	–	–	48,5
	2,5	3	15,0	25	5,75	25,7	–	–
	2,5	4	17,0	3 · 25	17,3	–	–	51,7
	4	4	19,0	3 · 35	24,22	–	–	59,2
	6	4	20,0	3 · 40	27,68	–	–	77,7
	10	4	22,0	3 · 63	43,6	–	10,3	82,3
	16	4	25,0	3 · 80	55,36	–	12,9	103,6

[1] Zuordnung der Überstrom-Schutzeinrichtungen nach B1, alle anderen Werte nach C bei Umgebungstemperatur 25 °C

Blindstrom-Kompensationsschaltungen – *Circuits for reactive-current compensation*

Einzelkompensation

Beispiel: Leuchtstofflampen (Duo-Schaltung)
      induktiver Zweig   kapazitiver Zweig

Beispiel: Drehstrommotor

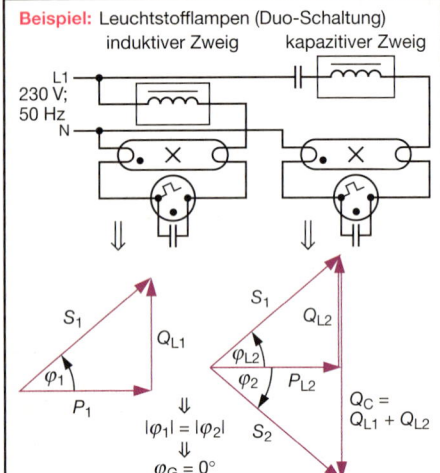

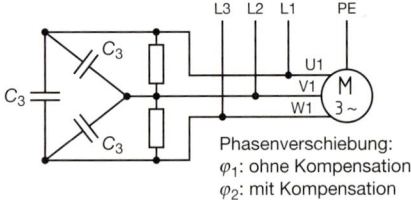

Phasenverschiebung:
φ_1: ohne Kompensation
φ_2: mit Kompensation

Laut TAB 2007 §10.2.1: $\cos\varphi = 0{,}9$ ind ... 0,9 kap

$$Q_C = P \cdot (\tan\varphi_1 - \tan\varphi_2)$$

$$C = \frac{Q_C}{\omega \cdot U^2}$$

$|\varphi_1| = |\varphi_2|$
$\varphi_G = 0°$

$Q_C = Q_{L1} + Q_{L2}$

Näherungsformeln für 50 Hz:
C_1, C_3 in µF   **230 V** $C_1 \approx 60 \cdot \dfrac{Q_C}{\text{kvar}}$

                      400 V $C_3 \approx 20 \cdot \dfrac{Q_C}{\text{kvar}}$

Gruppenkompensation

3/N/PE~50 Hz/TN-S

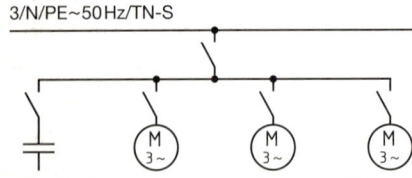

- Blindleistungsverbraucher mit einer parallel geschalteten Kondensatoreinheit
- Installation in kleineren elektrischen Anlagen mit Motoren oder Leuchtstofflampen

Zentralkompensation

3/N/PE~50 Hz/TN-S

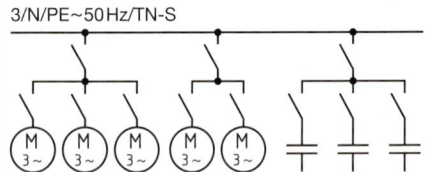

- Blindleistungsverbraucher mit zentraler Kondensatorregeleinheit (Herstellerangaben beachten)
- Installation in Gewerbe- und Produktionsbetrieben, Bürohäusern und Werkstätten

Einzelkompensation von Motoren		Zuordnung der Kondensatoren zu Transformatoren			
Bemessungsleistung P des Motors in kW	Bemessungsleistung Q_C des Kondensators in kvar	Trafo-Bemessungsleistung S in kVA	Kondensatorleistung Q_C in kvar bei Trafo-Primärspannungen		
			5 ... 10 kV	15 ... 20 kV	25 ... 30 kV
1,0 ... 3,9	ca. 55 % von P				
4,0 ... 4,9	2	25	2	3	3
5,0 ... 5,9	3	50	4	5	6
6,0 ... 7,9	3	75	5	6	7,5
8,0 ... 10,9	4	100	6	7,5	10
11,0 ... 13,9	5	160	10	10	15
14,0 ... 17,9	6	250	15	15	20
18,0 ... 21,9	7,5	315	15	20	25
22,0 ... 29,9	10	400	20	20	30
ab 30,0	ca. 40 % von P	630	30	30	40

Berechnung der Kompensationsleistung

Stromrechnung des VNB für einen Großverbraucher weist auf:
- Verbrauch für Wirkarbeit in kWh
- Verbrauch für Blindarbeit in kvarh

Ist der Betrag für Blindarbeit größer als die kostenlose Freimenge von 50 % der Wirkarbeit, dann muss die darüber hinaus verbrauchte Blindarbeit bezahlt werden.

Beispiel:
- Verbrauch an Wirkarbeit: 9 200 kWh/Monat
- Verbrauch an Blindarbeit: 11 200 kvarh/Monat

- kostenl. Freimenge an Blindarbeit: 4 600 kvarh/Monat
- berechn. Verbrauch an Blindarbeit: 6 600 kvarh/Monat

Stromtarife – *Electricity tariffs*

Tarifbestandteile:

```
                    ┌─────────────────┐
                    │   Preisarten    │
                    └─────────────────┘
         ┌───────────────┼───────────────┐
┌────────────────┐ ┌────────────────┐ ┌──────────────────┐
│  Arbeitspreis  │ │ Leistungspreis │ │ Verrechnungspreis│
└────────────────┘ └────────────────┘ └──────────────────┘
```

Arbeitspreis	Leistungspreis	Verrechnungspreis
Entgelt für genutzte elektrische Energie (kWh)	Entgelt für Bereitstellung von elektrischer Leistung (kW)	Entgelt für Kosten der Verrechnung und der vom Kunden zusätzlich veranlassten Mess- und Steuereinrichtungen

- Arbeitspreise enthalten die Stromsteuer laut Stromsteuergesetz (z. B. 2,05 Cent/kWh).
- Bei Änderungen innerhalb des Abrechnungszeitraumes erfolgt eine zeitanteilige Verrechnung der Arbeits- und Leistungspreise.

- Regelungen zur Verbrauchsfeststellung, Rechnungsausstellung und Bezahlung erfolgt laut AVBEltV (Verordnung über Allgemeine Bedingungen für die Elektrizitätsversorgung von Tarifkunden).

Tarifvergleich

Beispiel: Tarifstromrechner nach www.verivox.de   Stand: 01.10.2006

Eingabe folgender Daten zum Stromverbrauch:

1. Gesamtverbrauch: 4000 kWh/a
2. Nebenzeit (in % von 1.):   0

3. Standort (PLZ): 26122
4. Kundengruppe: privat

Anzeige folgender Anbieter und Preise (Auswahl):   (Ohne Gewähr)

Anbieter/ Tarif	Arbeitspreis in Cent/kWh	Grundgebühr in EUR	Kosten/a [1] in EUR	Differenz in EUR	Kommentar gültig seit
M EWE AG	16,31	4,17	702,40	–	02/2005
NaturWatt Strom EWE NaturWatt GmbH	16,31	6,25	727,40	+25,00	01/2005
Yellow Strom Yello	15,57	10,51	748,92	+46,52	09/2006
EWE M Schwach EWE AG	HT: 17,26 NT: 9,87	6,15	764,16	+61,76	02/2005

[1] Preise inkl. Abgaben und Steuern.

Hinweise

Wie finden Sie den günstigsten Stromanbieter?
Zur Berechnung des Tarifs nach dem Tarifstromrechner müssen u. a. der Jahresverbrauch in Kilowattstunden (kWh) und die Postleitzahl eingegeben werden.

Es gelten folgende Richtwerte:
Singles: 1.500 kWh/a
Paare: 2.800 kWh/a
Kleinfamilien: 4.000 kWh/a
Familien: 6.000 kWh/a

Was kostet Ökostrom?
Zur Anzeige wird der **Ökostrom Tarifrechner** aufgerufen. Es müssen wie im Beispiel die vier Daten und die Art des Ökostroms angegeben werden. (Tarifangabe nach Onlineanmeldung)

☐ Solar
☐ Wasser
☐ Ökostrom-Mix
☐ Kraft-Wärme-Kopplung
☐ Biomasse

Worauf muss beim Wechsel des Stromanbieters geachtet werden?
- Preisgarantien von Stromanbietern für bestimmte Laufzeiten
- Laufzeiten und Kündigungsfristen
- Empfehlungen:
  - Laufzeiten nicht länger als 12 Monate
  - Kündigungsfrist nicht länger als drei Monate
- Vertrag mit Sonderkündigungsrecht im Fall von Preissteigerungen

Was versteht man unter der Durchleitungsgebühr?
Diese Gebühr für Stromanbieter enthält Kosten für
- Netzaufbau
- Erhaltung, Wartung und Reparatur des Netzes
- Erneuerung und Umspannungen zwischen den verschiedenen Spannungsebenen
- Anteilige Übertragungsverluste
- Dienstleistungen

Schalter – *Switches* DIN EN 60617-7: 97-08

Bezeichnung	Schaltzeichen	Erklärung	Anwendung
Trennschalter (Trenner) Leerschalter		• Ein- und Ausschalten von Stromkreisen bei vernachlässigbaren kleinen Strömen • sichtbare Trennstrecke beim Ausschalten	• Spannungsfrei schalten von Geräten und Anlagenteilen
Erdungstrennschalter		• Erden und Kurzschließen ausgeschalteter Betriebsmittel und Anlagenteile	• Anbau an andere Schalter • Erden und Kurzschließen • Mittelspannungsanlagen
Sicherungstrennschalter		• Sicherungsschalter mit Sicherungseinsatz • bewegbares Schaltstück in der Strombahn	• Sonderausführung von Trennschaltern • Niederspannungsanlagen
Lastschalter		• schaltet Lastströme unter normalen Bedingungen • festgelegte Überlastbedingungen • kein Kurzschluss-Ausschaltvermögen	• Ein- und Ausschalten von Betriebsmitteln (nicht Motoren) und Anlagenteilen • Kombination mit Schmelzsicherungen • Niederspannungsanlagen
Lasttrennschalter		• Schaltung im belasteten Zustand • sichtbare Trennstrecke	• Schalten von Freileitungen, Kabelstrecken, Transformatoren, Ringleitungen • Mittelspannungsanlagen
Lasttrennschalter mit selbsttätiger Auslösung		• allpoliges Ausschalten bei Kurzschluss (z. B. bei Ausfall einer Sicherung)	• HH-Sicherungen mit Kurzschlussschutz • Mittelspannungsanlagen
SicherungsLasttrennschalter		• Sicherungen im Schalter als Teile der Strombahn • gefahrloses Schalten unter Belastung	• Sonderausführung von Lasttrennschaltern • Niederspannungsanlagen
Leistungsschalter		• mit Strombegrenzung und kurzem Öffnungsverzug • Kurzverzögerung bei Auslösung • Schaltung unter allen Betriebsbedingungen	• Schalten von Motoren, Transformatoren • Schalter für Betriebsmittel und Anlagen
Leistungsselbstschalter	$I >$	• einstellbarer thermischer Überstromauslöser • magnetischer Kurzschluss-schnellauslöser	• Vorschaltgerät für Schütze • Hauptschalter mit Überlast- und Kurzschlussschutz • Leitungsschutz in Niederspannungsanlagen
Leistungstrennschalter		• sichtbare Trennstrecke beim Ausschalten • allpoliges Ausschalten bei Kurzschluss (z. B. bei Ausfall einer Sicherung)	• Anlagen mit höheren Kurzschlussleistungen in Verbindung mit Sicherung • Mittelspannungsanlagen
Selektiver Hauptleitungs-Schutzschalter (SH-Schalter)	S	• Trennvorrichtung vor Zähl-, Mess- und Steuereinrichtungen (TAB 2000) zum einfacheren Abschalten bei Reparaturen	• SH-Schalter zum Einbau im unteren Anschlussbereich eines jeden Zählerfeldes mit Bemessungsstromstärke ≥ 63 A

Elektrische Installationen

Schaltvorgänge

Einschaltvorgang

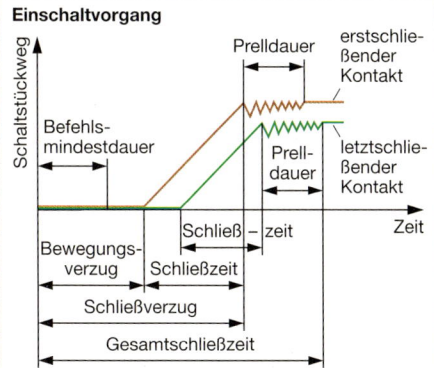

Ausschaltvorgang

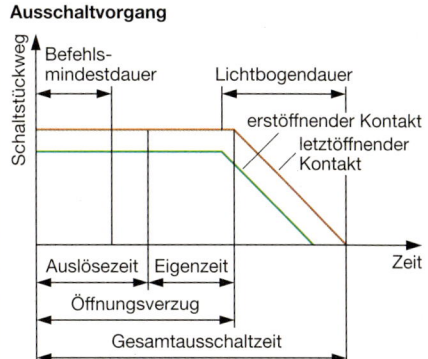

Bemessungseinschaltvermögen ist der Scheitelwert des Stromes, den der Schalter beim Einschalten ohne Verschweißen der Schaltkontaktstücke und mechanischer Verformung aushält.

Kurzschlussfestigkeit ist die mechanische Festigkeit eines eingeschalteten Schaltgerätes oder eines seiner

Bemessungsausschaltvermögen ist der Effektivwert des Stromes, den das Schaltgerät unter Berücksichtigung der Spannung und des Leistungsfaktors unterbricht, ohne dass Lichtbogenüberschläge zwischen den Kontakten auftreten.

Bestandteile (z. B. Auslöser) gegen die auftretenden elektrodynamischen u. thermischen Beanspruchungen.

Bemessungsströme in A[1] für Niederspannungs-Schaltgeräte bis 1000 V

Schalter, Anlasser, Steller, Steckvorrichtungen	–	–	–	–	–	–	–	–	6,5	–
	10	–	16	20	25	31,5	40	–	63	80
	100	125	160	200	250	–	400	–	630	–
	1000	–	1600	2000	2500	3150	4000	–	6300	8000
NH-Sicherungsunterteile	–	–	–	–	–	31,5[2]	–	–	63[2]	–
	100	–	160	–	250	–	400	–	630	800
	1000	1250	–	–	–	–	–	–	–	–
NH-Sicherungseinsätze	–	–	2[2]	–	–	4[2]	–	6,3	8[2]	
	10	12,5[2]	16	20	25	31,5[2)3)]	40[3]	50	63	80
	100	125	160	200	250	315	400	500	630	800
	1000	1250	–	–	–	–	–	–	–	–

Bemessungströme in A für Wechselspannungs-Schaltgeräte über 1000 V

Schalter, Durchführungen	< 60 kV	400	630	1250	1600	2500	3150	4000	6300	8000	–
	≥ 60 kV	630[4]	800	1250	1600	2000	3150	4000	–	–	–
Sicherungsunterteile bis Reihe 30 N	200	–	400	–	–	–	–	–	–	–
Sicherungseinsätze bis 30/36 kV	6,3[1]	10	16	25	40	63	100	160	200	250
Primärauslöser	6,3[1]	10	16	25	40	63	100	160	200	250
	315	400	500	630	–	–	–	–	–	–

[1] Rundung der Werte 6,3 A, 12,5 A und 31,5 A auf 6 A, 12 A und 32 A
[2] Nur im Bedarfsfall als zusätzliche Zwischenwerte
[3] Noch gebräuchlicher Zwischenwert 35 A 　　　[4] Für Lastschalter

Verteilungen, Hausinstallationen
Distribution boards, domestic electrical installations

Hausanschluss

Kabel-Hausanschlusskasten – 3 x KH 00-A

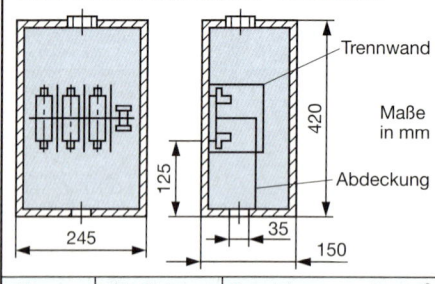

Trennwand

Maße
in mm

Abdeckung

Kurz-zeichen	NH-Siche-rungen	Anschluss: q_{max} in mm^2	
		Zugang	Abgang
KH 00-A	3 x Größe 00 + PEN/N	4 x 50	4 x 50
KH 1-B	3 x Größe 1 + PEN/N	4 x 150	4 x 120

Zulässiger maximaler Spannungsfall

0,5 % in den Leitungen vom Hausanschluss bis zu den Messeinrichtungen bei $S \leq 100$ kVA[1]
3,0 % zwischen Zähler und den Verbrauchsmitteln
[1] Siehe Angaben der Technischen Anschlussbedingungen (TAB)

Hauptleitungsquerschnitte

Bemessung von Hauptleitungen für Wohnungen ohne Elektroheizung:
- Laut Diagramm in DIN 18 015-1
- **Mindestabsicherung** von 63 A bis 5 Wohneinheiten; Selektivität der Schmelzsicherungen gewährleistet
- **Mindestleiterquerschnitte** 10 mm^2 für Cu-Leitungen

Zählerplatz nach Rastersystem

bauseitige minimale Einbauöffnung, maximale Zählerplatzumhüllung

Überdeckung

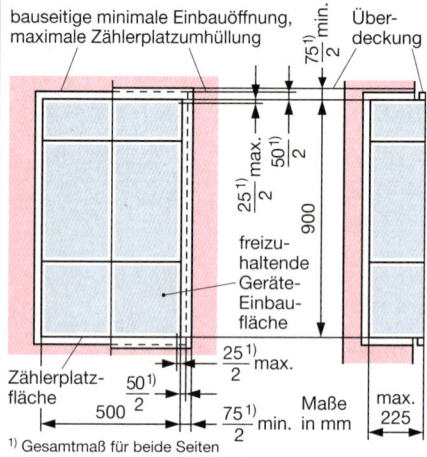

freizu-haltende Geräte-Einbau-fläche

Zählerplatz-fläche

Maße in mm

[1] Gesamtmaß für beide Seiten

Beispiel: Zentrale Zähleranordnung

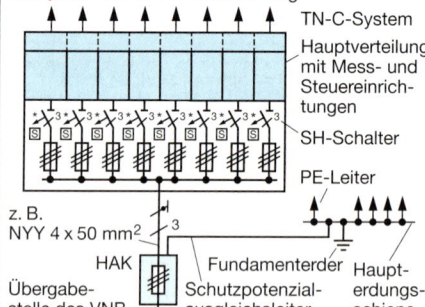

TN-C-System
Hauptverteilung mit Mess- und Steuereinrichtungen
SH-Schalter
PE-Leiter

z. B.
NYY 4 x 50 mm^2

HAK
Übergabe-stelle des VNB

Fundamenterder
Schutzpotenzial-ausgleichsleiter
Haupt-erdungs-schiene

Installationszonen und Vorzugsmaße

Küchen, Hausarbeitsräume
Wohnräume

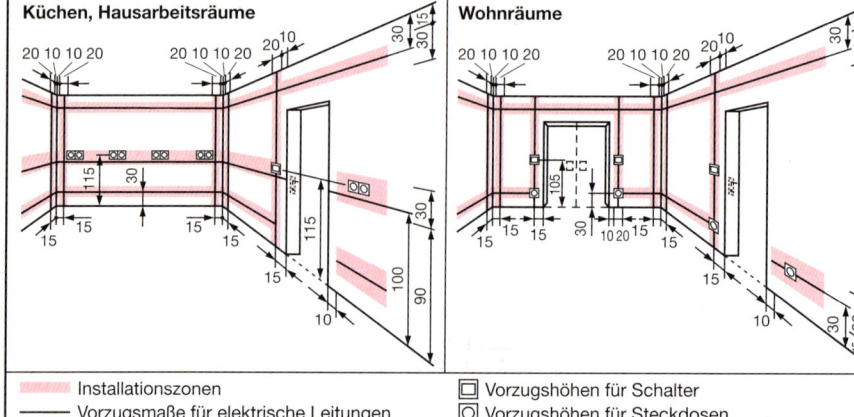

▨ Installationszonen
— Vorzugsmaße für elektrische Leitungen

▢ Vorzugshöhen für Schalter
◯ Vorzugshöhen für Steckdosen

Niederspannungsschaltanlagen
Low-voltage switchgear and controlgear assemblies

DIN VDE 0660-500: 05-01

Bauformen

Schaltgerätekombinationen

Äußere Bauform	Aufstellung	Schutzmaßnahme gegen	Schutzart	Prüfung

– offen
– Tafelbauform
– geschlossen
  - Schrank
  - Pult
  - Kasten
  - Schienen-
    verteiler
	Ort
	– innen
	– außen
	
	Art
	– fest
	– veränder-
	  bar
		– Direktes Berühren
		  - Isolieren
		  - Abdecken
		  - Hindernisse
		– Indirektes Berühren
		  - Abschaltung
		  - Schutzisolieren
			– IP00
			– IP2X
			– IP3X
			– IP4X
			– IP5X
			
			Umhüllung
			– Metall
			– Isolierstoff
				– TSK
				– PTSK
				
				Einbauten
				– fest
				– herausnehm-
				  bar

Typgeprüfte Schaltgerätekombinationen (TSK)	Partiell typgeprüfte Schaltgerätekombination (PTSK)
• Höchstbelastete Kombination wird geprüft (Kurzschlussfestigkeit, Erwärmung, Schutzmaßnahmen, Schutzart) • modulare Bauform • standardisierte Module • Nach Montage von Einzelkomponenten erfolgt eine Stückprüfung	• Aus der Typprüfung aller Einzelkomponenten wird **rechnerisch** eine Gesamtprüfung **abgeleitet**. • Anwendung bei kleinen Stückzahlen/Einzelfertigung • Kurzschlussfestigkeit wird aus der Sammelschienen-Typprüfung abgeleitet • Erwärmungsbetrachtung erfolgt durch Summierung

Baugruppen und Komponenten	Bemessungsgrößen
• Sammelschienen • Verteilschienen • elektrische, mechanische Verbindungen • Schaltgeräte für Einspeisung, Verteilung, Kupplung und Verbraucherabgänge • Einbauräume, Einschübe und Tragbleche • Kapselungen je nach Schutzart	• Betriebsspannung, Isolationsspannung, Stoßspannung • Betriebsstrom • Kurzzeitstrom (I_{CW}) mit Einwirkungsdauer • Stoßstromfestigkeit • Frequenz

Beispiele:

Wand-/Standschrankverteilung	Isolierstoffkastensystem	Schrank-Anreihsystem
	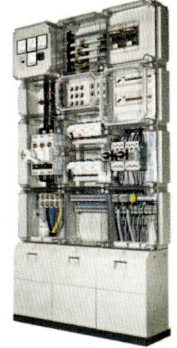	

• kleine Leistungen
  z.B. Haus-/Lichtverteilung in Bürogebäuden
	• mittlere Leistungen
	  z.B. Industrieanlagen
		• hohe Leistungen
		  z.B. Industrieanlagen
		• modularer Aufbau ermöglicht Umbauarbeiten im Betrieb

Leitungsschutz-Schalter – *Circuit breaker*   DIN VDE 0641-100: 04-05

Auslösecharakteristiken, Anwendungen

Z Verwendung für
- Überstromschutz von Leitungen
- Steuerstromkreise ohne Stromspitzen
- Messstromkreise mit Wandlern
- Halbleiterschutz

B und
C Verwendung u.a. in Hausinstallationen
- direkte Zuordnung der LS-Schalter
- nach I_z der Leitungen möglich;
- 2. Bedingung $I_2 = 1,45 \cdot I_z$ ist erfüllt.

K Verwendung für
- Stromkreise mit hohen Stromspitzen durch Motoren, Transformatoren, Kondensatoren.
- Vorteil: Elektromagnetischer Auslöser hält hohe Einschaltstromspitzen aus.

Auslösebedingungen

Bei LS-Schaltern laut DIN VDE 0100-430:
Bedingungen:
1. $I_b \leq I_n \leq I_z$
2. $I_2 \leq 1,45 \cdot I_n$

Nach der 2. Bedingung ist I_2 der Strom, bei dem spätestens nach einer Stunde der LS-Schalter abschalten muss. Er darf maximal das 1,45-fache der maximalen Strombelastbarkeit der Leitung bzw. des Kabels betragen.

Auslösekennlinien

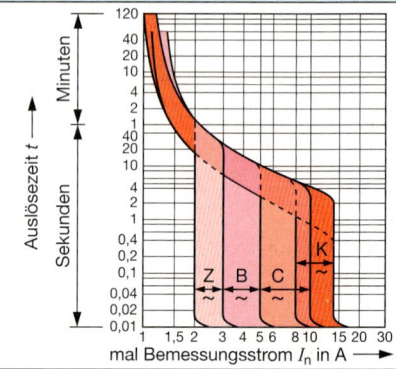

Auslöseverhalten

Typ	Überstrom-schutz – thermisch –	Zeit	Kurzschluss-schutz – el.mag.–	Zeit
Z[1]	$1,05\,I_n$ - $1,2\,I_n$	< 2 h	$2\,I_n$ - $3\,I_n$	< 0,2 s
B[2]	$1,13\,I_n$ - $1,45\,I_n$	< 1 h	$3\,I_n$ - $5\,I_n$	< 0,1 s
C[2]	$1,13\,I_n$ - $1,45\,I_n$	< 1 h	$5\,I_n$ - $10\,I_n$	< 0,1 s
K[3]	$1,05\,I_n$ - $1,2\,I_n$	< 2 h	$8\,I_n$ - $12\,I_n$	< 0,2 s
K[4]	$1,05\,I_n$ - $1,5\,I_n$	< 2 min	$10\,I_n$ - $14\,I_n$	< 0,2 s

Gültig für Baureihen: [1] 0,5 – 63 A; [2] 6 – 40 A; [3] 0,2 – 8 A; [4] 10 – 63 A;

Abmessungen der LS-Schalter

ohne Hilfsschalter (1- bis 4polig)

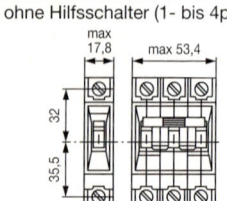

mit Hilfsschalter (1- bis 4polig)

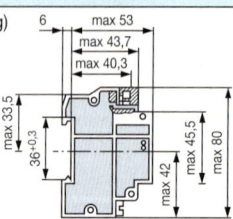

RCD – *Residual-current protective device*   DIN VDE 0664-101: 03-10

Funktion der RCD

Abschaltung bei gefährlichen Berührungsspannungen durch Isolationsfehler innerhalb von 0,2 s.

Abmessungen der RCDs

Bemessungsspannung U_n in V:
230 400 500 660 690

Bemessungsstromstärke I_n in A:
10 13 16 20 25 32 40 63
80 100 125 160 200 225 250

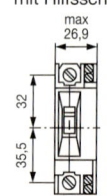 

Baugrößen und maximaler Erdungswiderstand

$I_{\Delta n}$	R_A in Ω bei max. Berührungsspannung	
	50 V	25 V
10 mA	5000	2500
30 mA	1666	833
100 mA	500	250
300 mA	166	83
500 mA	100	50

RCD mit Kurzschlussvorsicherung

I_n in A	16	25	40	63	100	125	160	224
I_k in kA	1,5	1,5	1,5	2	3,5	2	4	4

Maximale Kurzschlussvorsicherung in A

NH (gG)	63	80	80	100	125	125	160	224
Neozed	63	80	80	100	–	–	–	–
Diazed (gG)	50	63	63	80	100	–	–	–

TN = 0,4
TT = 0,2

Schmelzsicherungen – *Fuses* · DIN VDE 0636-2: 08-03; -3: 08-03

Niederspannungs-Sicherungen

Bezeichnung	Bereiche	Darstellung	Einzelteile
Diazed-Sicherungssystem (D-System)	**AC und DC:** bis 100 A und 500 V	Schraubkappe Einsatz Passeinsatz	• Sicherungsunterteile, • Sicherungseinsätze (mit Schmelzleiter in geschlossenem Schutzraum), • Sicherungseinsatzhalter (z. B. Schraubkappe), • Unverwechselbarkeitseinrichtung (z. B. Passeinsatz).
Neozed-Sicherungssystem (DO-System)	**AC:** bis 100 A und 400 V **DC:** bis 100 A und 250 V		
NH-Sicherungssystem	**AC:** bis 1250 A und 400 V, 500 V bzw. 690 V **DC:** bis 1250 A und 250 V bzw. 440 V		

D- und DO-Sicherungssystem

Sicherung und Passeinsatz		Sockel Bemessungsstromstärke in A	Gewindegröße der Schraubkappe	
Bemessungsstromstärke in A	Kennfarbe		Diazed	Neozed
2	rosa	25	D II (E 27)	DO 1 (E 14)
4	braun			
6	grün			
10	rot			
13	schwarz			
16	grau			
20	blau			
25	gelb			
32/35/40	schwarz	63	D III (E 33)	DO 2 (E 18)
50	weiß			
63	kupfer			
80	silber	100	D IV (R 1/4")	DO 3 (M 30 x 2)
100	rot			

Anwendungsbereiche von Sicherungen

Funktionsklassen

g: Ganzbereichssicherungen können
• Bemessungsstromstärke dauernd führen und
• Ströme vom kleinsten Schmelzstrom bis zum Bemessungsausschaltstrom schalten.

a: Teilbereichssicherungen können
• Bemessungsstromstärke dauernd führen und
• Ströme oberhalb eines bestimmten Vielfachen ihrer Bemessungsstromstärke bis zum Bemessungsausschaltstrom schalten.

Schutzobjekte

B: Bergbau- und Anlagenschutz
G: Schutz für allgem. Zwecke
M: Motorenschutz
R: Halbleiterschutz
Tr: Transformatorenschutz

Betriebsklassen

gG: Ganzbereichs-Kabel- und Leitungsschutz
aM: Teilbereichs-Schaltgeräteschutz in Motorenstromkreisen
aR: Teilbereichs-Halbleiterschutz
gR: Ganzbereichs-Halbleiterschutz
gB: Ganzbereichs-Bergbauanlagenschutz

NH-Sicherungen

Baugröße	Unterteile Bemessungsstromstärke in A	Einsätze Bemessungsstromstärke in A	Gesamtlänge in mm	maximale Bemessungsleistungsabgabe P_n in W gG			aM	
				AC 400 V	AC 500 V	AC 690 V	AC 500 V	AC 690 V
00	160	6 ... 160	78	12	12	12	7,5/12	12
0	160	6 ... 160	125	12	16	25	16	25
1	250	80 ... 250	135	18	23	32	23	32
2	400	125 ... 400	150	28	34	45	34	45
3	630	315 ... 630	150	40	48	60	48	60
4	1000	500 ... 1000	200	–	90	90	90	90
4a	1250	500 ... 1250	200	90	110	110	110	110

Schmelzsicherungen – *Fuses*

DIN 41576-1: 84-06; -2: 87-06
DIN 41577-1: 87-06; -2: 84-06

Zeit-Strom-Bereiche für Leitungsschutz-Sicherungen der Betriebsklasse gL

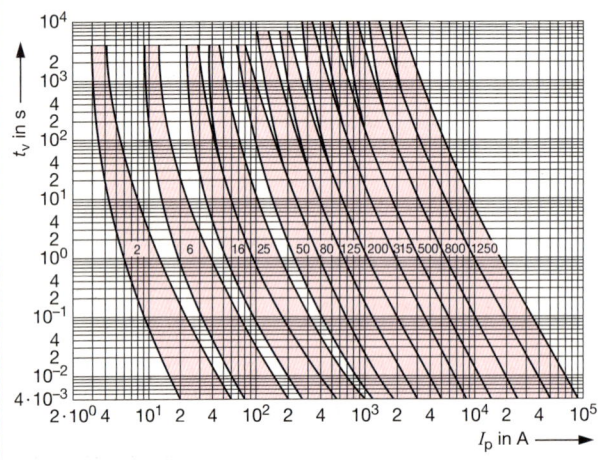

Begriffe:

- t_v[1] sind im Diagramm die Schmelzzeit t_{vs} (kleinste Zeit) und die Auslösezeit t_{va} (größte Zeit)
- I_p Strom im Fehlerfall (unbeeinflusster – prospektiver – Kurzschlussstrom)

Beispiel:

Zeit-Strom-Bereich einer 63-A-Sicherung

- Kurzschlussstrom $I_k \approx 750\,A$
- Schmelzzeit $t_{vs} \approx 0,03\,s$
- Auslösezeit $t_{va} \approx 0,2\,s$

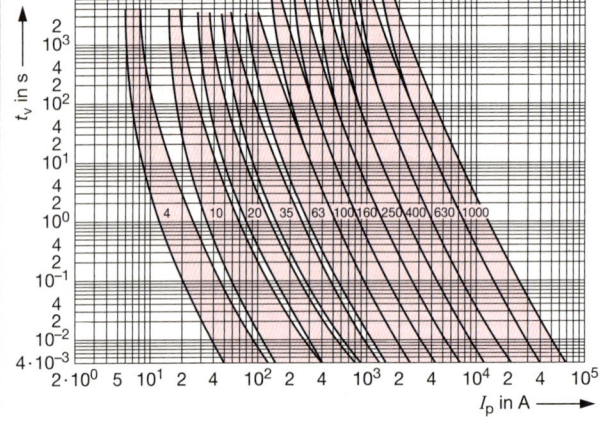

Selektivität:

Zeit-Strom-Bereiche für Leitungsschutz-Sicherungen sind so aufeinander abgestimmt, dass Sicherungen, deren Bemessungsströme ($\geq 16\,A$) im Verhältnis $1:1,6$ stehen, in bestimmten Bereichen der Betriebsspannung untereinander selektiv abschalten.

Geräteschutzsicherungen (Feinsicherungen)	DIN VDE 0820-5: 92-11

G-Schmelzeinsatz 250 V ~, 125 V =, **verwechselbar**	G-Schmelzeinsatz 250 V ~, 125 V =, **unverwechselbar**

	I_n: 0,032 ... 10 A (M) I_n: 0,08 ... 10 A (T) Größe: 5 · 20 mm	I_n: 0,035 ... 0,06 A Größe: 5 · 30 mm
		I_n: 0,08 ... 0,6 A Größe: 5 · 25 mm
		I_n: 0,8 ... 4 A Größe: 5 · 20 mm

Aulöseverhalten/Kennbuchstaben

FF: superflink	F: flink	M: mittelträge	T: träge	TT: superträge

[1] dem Schaltvermögen nach mögliche (virtuelle) Zeiten

Schaltungen mit Installationsschaltern – *Circuits with installation switches*

Stromlaufplan in zusammenhängender Darstellung	Übersichtsschaltplan

Elektrische Installationen

Ausschaltung

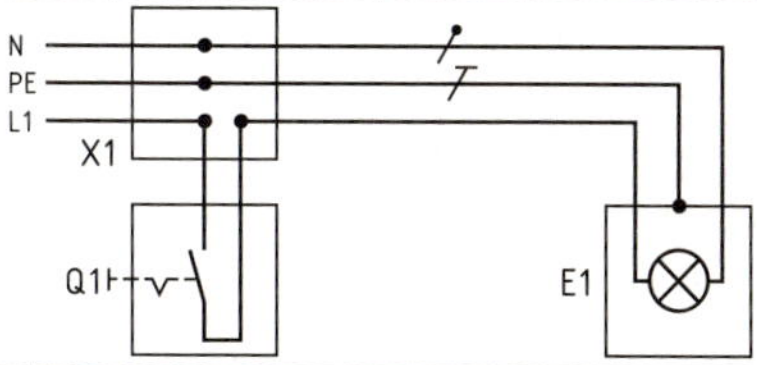

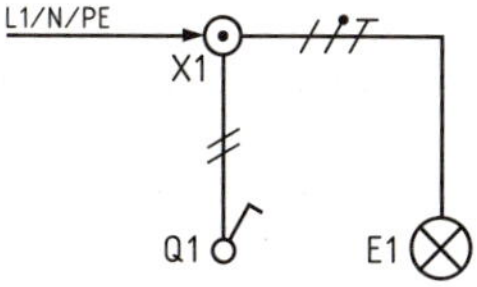

Ausschaltung mit Kontrolllampe

Kontrolllampe ①
leuchtet bei
- eingeschalteter Leuchte E1,
- ausgeschalteter Leuchte E1 in Parallelschaltung zum Ausschalter.

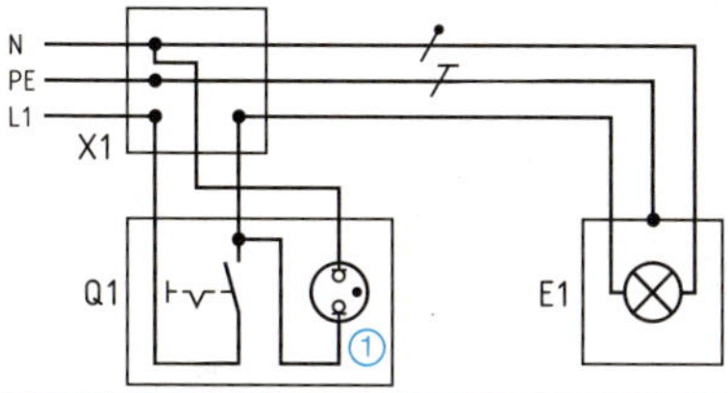

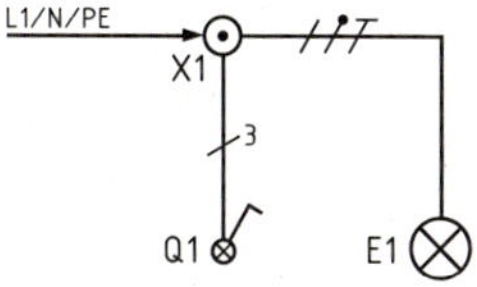

Wechselschaltung mit Kontrolllampe

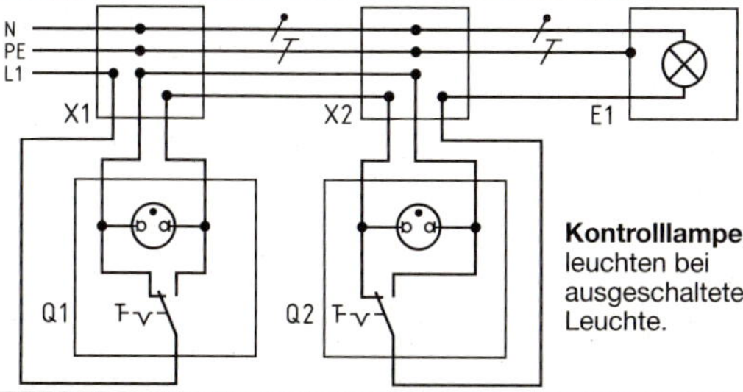

Kontrolllampen
leuchten bei ausgeschalteter Leuchte.

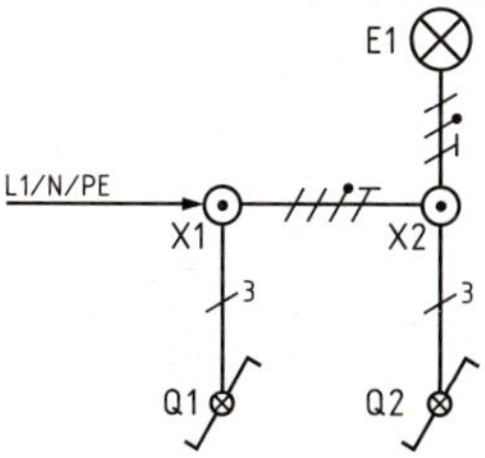

Serienschaltung mit Kontrolllampe

Kontrolllampe
leuchtet bei
- ausgeschalteten Leuchten E1 ②,
- eingeschalteten Leuchten E1, wenn Anschluss ③ an N-Leiter gelegt wird.

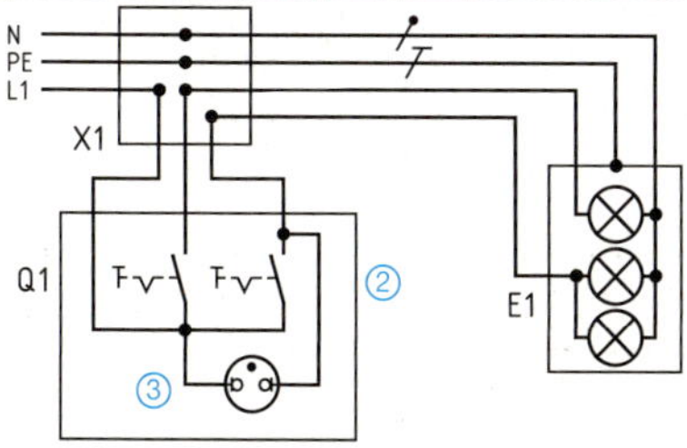

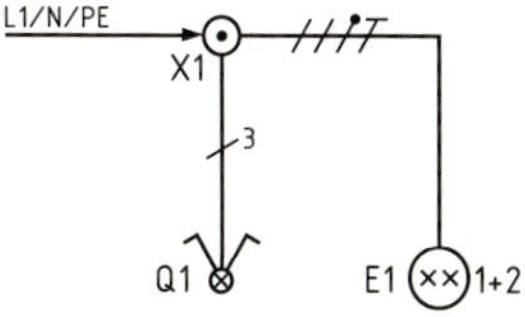

Gruppenschaltung

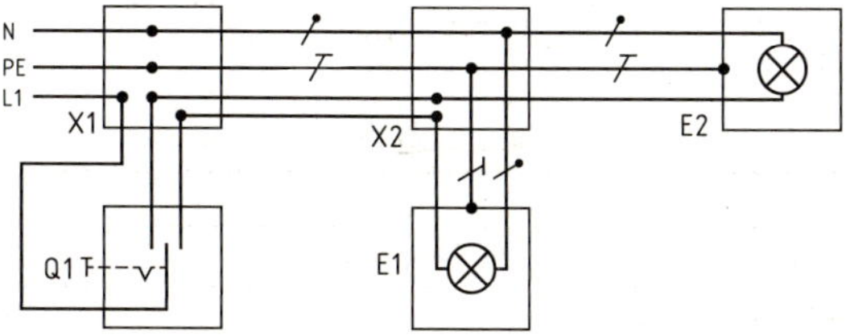

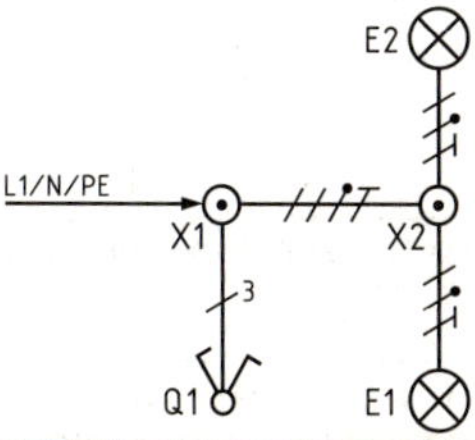

Schaltungen mit elektromagnetischen Schaltern
Circuits with electromagnetic switches

Stromlaufplan in zusammenhängender Darstellung	Übersichtsschaltplan

Stromstoßschaltung mit beleuchteten Tastern

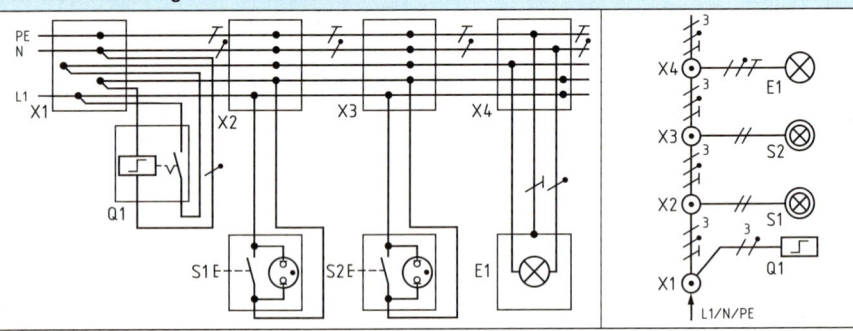

Glimmlampen
- bei geräuscharmen Stromstoßschaltern parallel zu den Tastern (max. 30 Glimmlampen mit 1 mA) schalten oder
- in Tastern an L und N anschließen, um optimale Leuchtkraft und sichere Funktion zu erzielen.

Ansteuerung von geeigneten Stromstoßschaltern auch mit Kleinspannung möglich.

Treppenhausschaltung mit Treppenlicht-Zeitschalter in L1-gesteuertem Dreileiteranschluss
(nicht nachschaltbar)

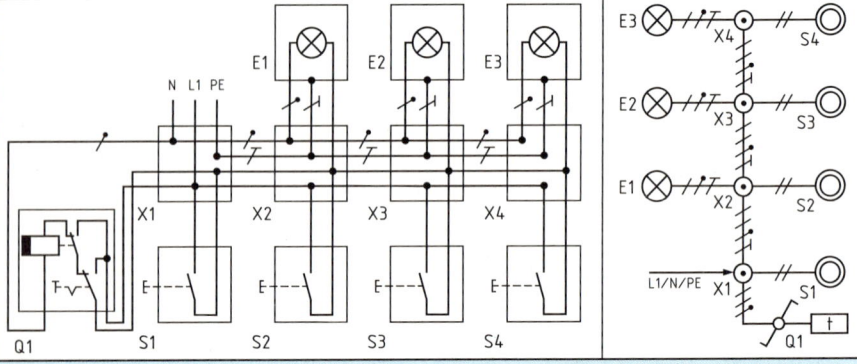

Treppenhausschaltung mit Treppenlicht-Zeitschalter in L1-gesteuertem Vierleiteranschluss
(nachschaltbar)

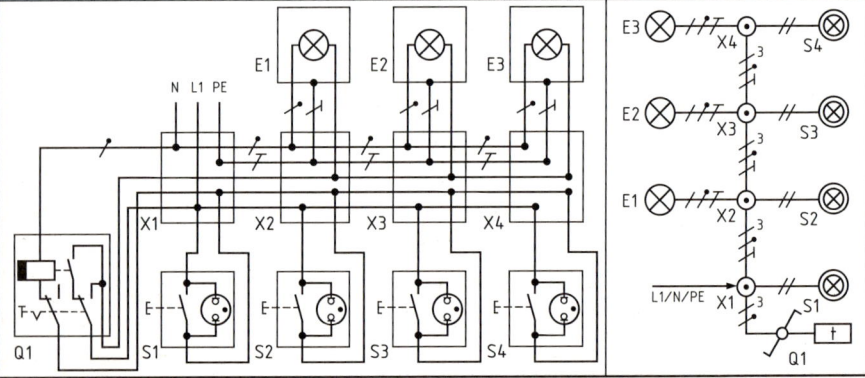

Schaltungen mit Dimmern – *Circuits with dimmer*

Stromlaufplan in zusammenhängender Darstellung	Übersichtsschaltplan

Dimmer für Glühlampen (mit drei Anschlussklemmen)

Dimmer für Allgebrauchslampen:
- Einstellung der Grundhelligkeit mittels Einstellknopf (Einstellung bei minimaler Belastung vornehmen.)
- Betrieb auch von Hochvolt-Halogenlampen möglich (Herstellerangaben beachten.)

Ausschaltung

Wechselschaltung

Dimmer für Leuchtstofflampen (mit 4 Anschlussklemmen, auch für Glühlampen)

Ausschaltung mit Vorschaltgerät

Wechselschaltung mit Vorschaltgerät

Schaltungen mit Sensoren – *Circuits with sensors*

Stromlaufplan in zusammenhängender Darstellung	Übersichtsschaltplan

Ausschaltung mit Tastdimmer

Tastdimmer mit Memory-Funktion
- **OFF**: Dimmer schaltet nach kurzem Tasten auf volle Helligkeit (Dimmfunktion aus).
- **ON**: Dimmer schaltet auf zuletzt eingestellten Helligkeitswert (Dimmfunktion ein).
- Anschluss von Glimmlampen in beleuchteten Tastern immer zwischen Außenleiter und Neutralleiter.

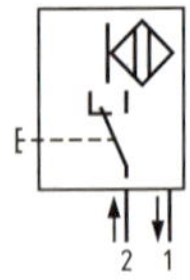

1 : Lampe E1
2 : Außenleiter L1

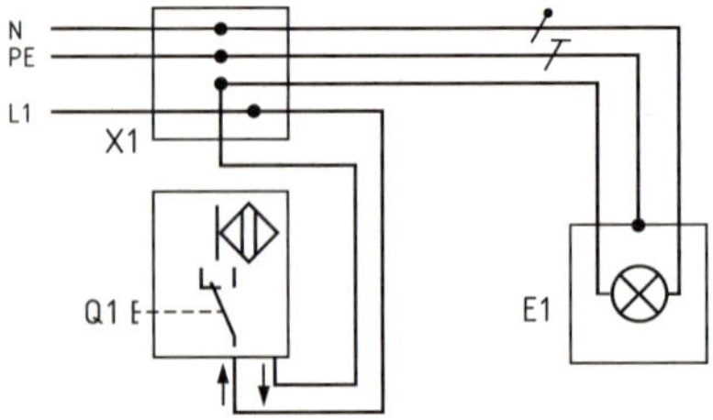

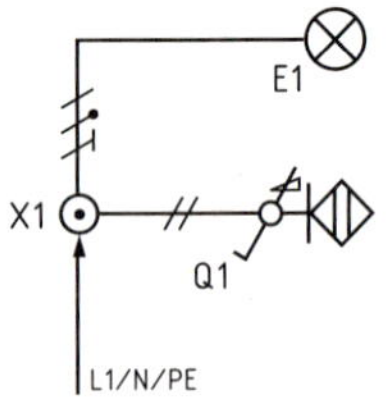

Wechselschaltung mit Tastdimmer

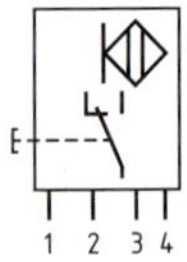

1 : ⎫ Taster-Dimmer
2 : ⎭ Nebenstellen
3 : Lampe E1
4 : Beleuchtung
    T.-D.-Neben-
    stellen

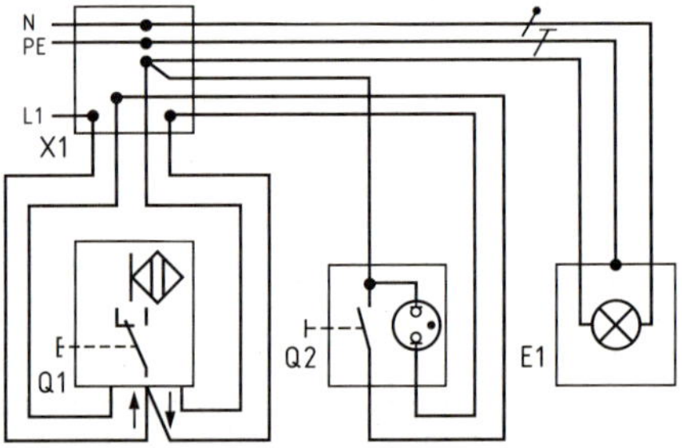

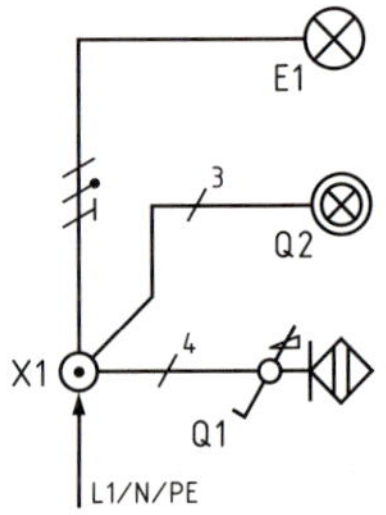

Wechselschaltung mit Sensorschalter und Sensor

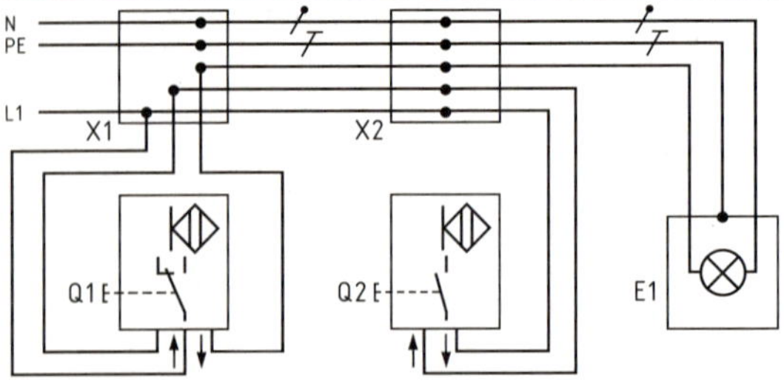

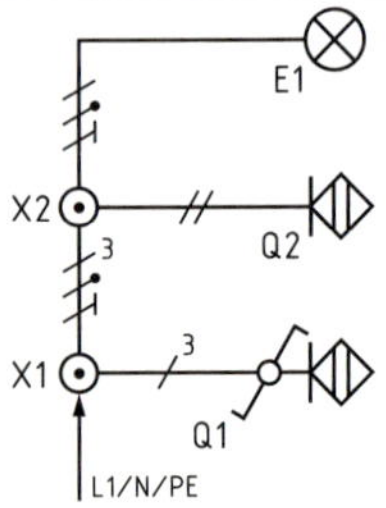

Stromstoßschaltung mit Sensortastern

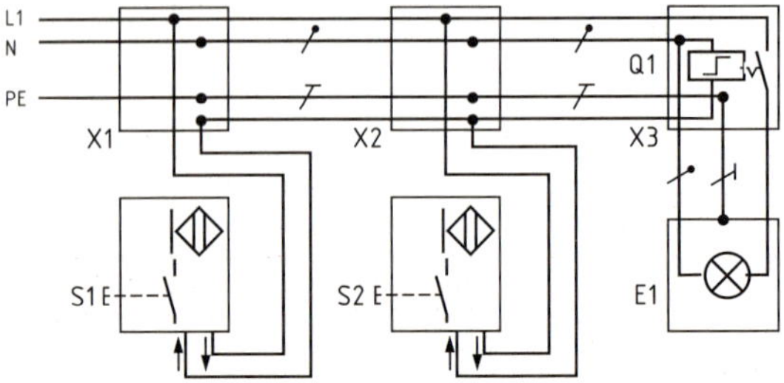

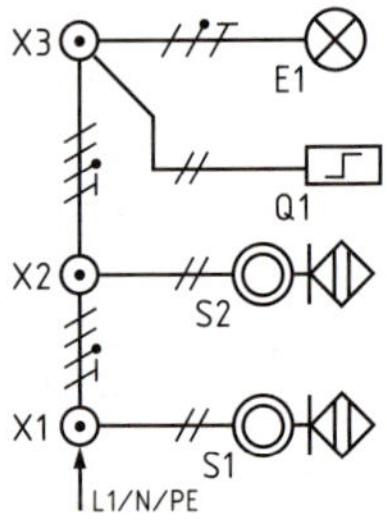

Erder – *Earth electrode*

DIN 18 014: 07-09 VDEW-Richtlinie
DIN VDE 0100-410: 07-06; -540: 07-06

Ausführung des Fundamenterders

in unbewehrtem Fundament

- Erdreich
- Isolieranstrich
- Außenputz mit Dichtungsmittel
- Mauerwerk
- Innenputz
- Bitumendichtung
- Anschlussfahne freies Ende mind. 1,5 m
- Estrich
- Bodenplatte
- Isolierpappe
- Aschenlage
- Erdreich
- Fundament aus Stampfbeton oder bewehrtem Beton
- Betonschicht 10 cm
- Fundamenterder mit Abstandhalter

Abstand a ≥ 5 cm

Arten von Erdern

- Staberder
- Plattenerder
- Banderder mit den Ausführungen:

Strahlenerder Ringerder Maschenerder

Durchschnittswerte von Erdern

Art des Bodens	spezifischer Erdwiderstand in Ω · m	Ausbreitungswiderstand R_A in Ω beim Banderder (Länge: 20 m)
Moorboden	30	3
Lehm-, Ton-, Ackerboden	100	10
Sand (feucht)	200	20
Kies (feucht)	500	50
Sand und Kies (trocken)	1000	100
Beton (Zement/ Kies: 1/5)	400	40

Mindestabmessungen und einzuhaltende Bedingungen für Erder

Werkstoff	Erderform	Mindestquerschnitt in mm²	Mindestdicke in mm	Sonstige Mindestabmessungen bzw. einzuhaltende Bedingungen
Stahl bei Verlegung im Erdreich, feuerverzinkt mit einer Mindestzinkauflage von 70 µm	Band	90	3	
	Runddraht Runddraht	78 ≙ 10 mm Ø 201 ≙ 16 mm Ø		als Oberflächenerder als Tiefenerder, mit mindestens 70 µm Zinkauflage
	Rohr	491 ≙ 25 mm Ø		Mindestwandstärke: 2 mm 55 µm Zinkauflage
	Profilstäbe	90	3	
Stahl mit Kupferauflage	Rundstab: • mit Kupfermantel	177 ≙ 15 mm Ø		Beschichtung: als Tiefenerder mit 2000 µm Kupferauflage
	• verkupfert	154 ≙ 14 mm Ø		als Tiefenerder mit 90 µm Kupferauflage
Kupfer	Band	50	2	
	Seil	25		Mindestdrahtdurchmesser: 1,8 mm
	Runddraht	25		Oberflächenerder
	Rohr	314 ≙ 20 mm Ø		Mindestwandstärke: 2 mm

Bei ausgedehnten Erdern aus blankem Kupfer oder Stahl mit Kupferauflage ist darauf zu achten, dass sie von unterirdischen Anlagen aus Stahl, z.B. Rohrleitungen und Behältern, möglichst metallisch getrennt gehalten werden. Andernfalls können die Stahlteile einer erhöhten Korrosionsgefahr ausgesetzt sein.

Schutzpotenzialausgleich
Protective equipotential bonding

DIN 18 012: 08-05
DIN VDE 0100-410: 07-06; -540: 07-06

Hausanschlussraum mit Schutzpotenzialausgleich

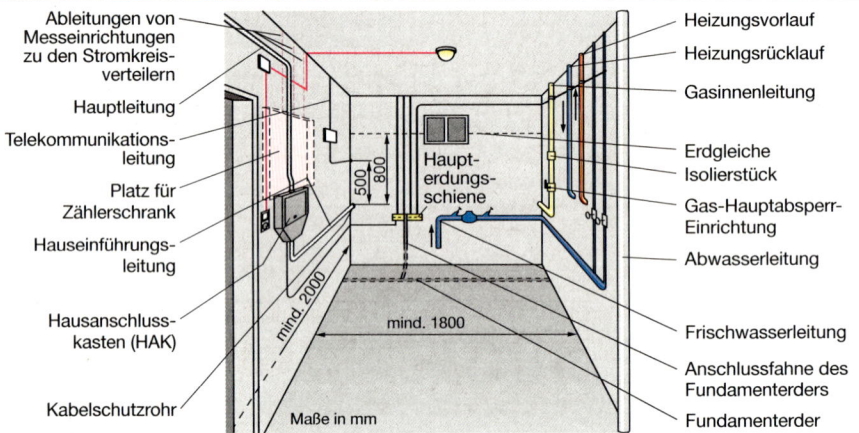

Ableitungen von Messeinrichtungen zu den Stromkreisverteilern

Hauptleitung

Telekommunikationsleitung

Platz für Zählerschrank

Hauseinführungsleitung

Hausanschlusskasten (HAK)

Kabelschutzrohr

Haupterdungsschiene

Maße in mm

500
800
mind. 2000
mind. 1800

Heizungsvorlauf

Heizungsrücklauf

Gasinnenleitung

Erdgleiche

Isolierstück

Gas-Hauptabsperr-Einrichtung

Abwasserleitung

Frischwasserleitung

Anschlussfahne des Fundamenterders

Fundamenterder

Haupterdungsschiene

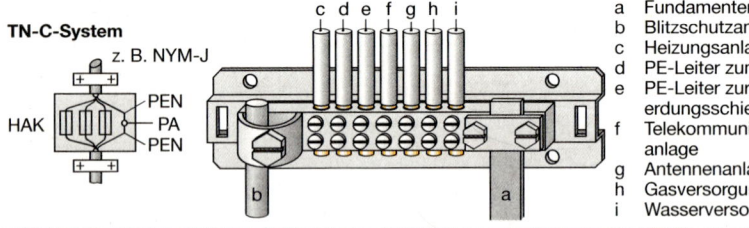

TN-C-System

z. B. NYM-J

HAK

PEN
PA
PEN

c d e f g h i

a Fundamenterder
b Blitzschutzanlage
c Heizungsanlage
d PE-Leiter zum HAK
e PE-Leiter zur Haupterdungsschiene
f Telekommunikationsanlage
g Antennenanlage
h Gasversorgungsanlage
i Wasserversorgungsanlage

Zusätzlicher Schutzpotenzialausgleich bei leitender Standfläche nach DIN VDE 0100

Darstellung	Erklärung	Anwendung
	Schutzpotenzialausgleichsleiter zwischen Körpern und leitfähigen Teilen, die innerhalb des Handbereichs liegen	Schutzleitermaßnahmen (-410) Baderäume (-701) Schwimmbäder (-702) landwirtschaftl. Betr. (-705) feuergefährdete Betr. (-482) mobile Ersatzstromversorgungsanlagen (-551)

Leiterquerschnitte für Schutzpotenzialausgleichsleiter

Verbindung mit der Haupterdungsschiene		Verbindung für zusätzlichen Schutzpotenzialausgleich
Material	Mindestquerschnitt in mm^2	Zwischen zwei Körpern von elektrischen Betriebsmitteln: $q_{PE1} \leq q_{PE2} \Rightarrow q_P \geq q_{PE1}$ q_{PE}: Querschnitt des jeweiligen Schutzleiters q_P: Querschnitt des Schutzpotenzialausgleichsleiters
Kupfer	6	
Aluminium	16	Zwischen Körper eines elektrischen Betriebsmittels und einem metallenen Konstruktionsteil: $q_P \geq 2{,}5$ mm^2 bei mechanischem Schutz des Leiters, z.B. durch Elektroinstallationsrohr
Stahl	50	$q_P \geq 4$ mm^2 bei Leitern ohne mechanischen Schutz

Schutzmaßnahmen – *Protective measures*

Wirkung des elektrischen Stromes auf den menschlichen Körper (DIN V VDE V 0140-479)

Wechselstrom (50/60 Hz)

Zeit-Strom-Diagramm I in mA

Gefährdungsbereiche für erwachsene Personen und Stromweg »linke Hand zu beiden Füßen«
① keine Reaktion
② keine physiologisch gefährliche Wirkung
③ bei $t > 10$ s oberhalb der Loslassschwelle Muskelverkrampfungen
④ Herzkammerflimmern, Herzstillstand

Gleichstrom

Zeit-Strom-Diagramm I in mA

Gefährdungsbereiche für erwachsene Personen und Stromweg »linke Hand zu beiden Füßen«
① keine Wahrnehmung
② keine physiologisch gefährliche Wirkung
③ mögliche Störungen durch Impulse im Herzen
④ Herzkammerflimmern, Verbrennungen

Elektrischer Widerstand des menschlichen Körpers

Ersatzschaltbild	Erklärung
	Teilwiderstände R_1: Hände/Arme R_2: Körperrumpf R_3: Beine/Füße R_K: innerer Körperwiderstand mit Durchschnittswerten • bei 25 V mit 3250 Ω • bei 50 V mit 2625 Ω • bei 230 V mit 1350 Ω

Begriffe

L1 L2 L3	**Außenleiter**: Leiter, die Stromquellen mit Verbrauchsmitteln verbinden.
N	**Neutralleiter**: Leiter, der mit dem Mittel- oder Sternpunkt verbunden ist.
PE	**Schutzleiter**: Leiter, der Körper von Betriebsmitteln, leitfähige Teile, Haupterdungsklemme und Erde verbindet.
PEN	**PEN-Leiter**: Leiter, der die Funktionen von Neutral- und Schutzleiter vereinigt.
U_o	**Wechselspannung** (Effektivwert) z.B. zwischen Außenleiter und N-Leiter bzw. Erde
U_B	**Berührungsspannung**
U_L	**höchstzulässige Berührungsspannung**

Menschen	Nutztiere
50V~, 120 V ⎓	25V~, 60 V ⎓

U_F	**Fehlerspannung**: Spannung, die im Fehlerfall zwischen Körpern oder zwischen Körpern und der Bezugserde auftritt.
I_F	**Fehlerstrom**: Strom, der aufgrund eines Isolationsfehlers fließt.
I_K	**Kurzschlussstrom**: Strom, der bei direkter Verbindung von zwei Außenleitern oder zwischen Außenleiter und Neutralleiter fließt. **Erdschluss**: Leitende Verbindung eines Außenleiters mit der Erde (auch einpoliger Kurzschluss).
I_b	**Betriebsstromstärke** eines Stromkreises
I_n	**Bemessungsstromstärke** (Nennstrom) eines Verbrauchsmittels oder Überstrom-Schutzorgans
$I_{\Delta n}$	**Bemessungsnennfehlerstromstärke** der RCD
t_a	Abschaltzeiten der Überstrom-Schutzorgane in **Endstromkreisen** bei **Betriebsstromstärke $I_b \leq 32$ A** **TN-Systeme:** • $t_a \leq 0{,}4$ s für 120 V $< U_0 \leq$ 230 V • $t_a \leq 0{,}2$ s für 230 V $< U_0 \leq$ 400 V • $t_a \leq 0{,}1$ s für $U_0 >$ 400 V **TT-Systeme:** • $t_a \leq 0{,}2$ s für 120 V $< U_0 \leq$ 230 V • $t_a \leq 0{,}07$ s für 230 V $< U_0 \leq$ 400 V • $t_a \leq 0{,}04$ s für $U_0 >$ 400 V **IT-Systeme:** • Körper mit PE-Leiter verbunden und gemeinsame Erdungsanlage ⇒ Abschaltzeiten wie im TN-System • Körper in Gruppen od. einzeln geerdet ⇒ Abschaltzeiten wie im TT-System

Verteilungssysteme – Netzformen
Distribution systems – system configurations

DIN VDE 0100-300: 96-01
DIN VDE 0100-410: 07-06

Kennzeichen von Verteilungssystemen:
- Art und Anzahl aktiver Leiter eines Systems
- Art der Verbindungen mit Erde im System

Bedeutung der Kurzzeichen für übliche Drehstromnetze

Beispiel: T N – C – S – System

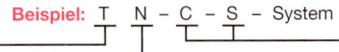

Erdungen im Verteilungssystem	Erdungen der Körper der elektrischen Anlage	Anordnung von Neutralleiter und Schutzleiter (TN-System)
T: Direkte Erdung eines Punktes. **I:** Trennung aller aktiven Teile von Erde oder Verbindung eines Punktes über eine Impedanz mit Erde.	**T:** Direkte Erdung der Körper, unabhängig von vorhandener Erdung eines Punktes im Versorgungssystem. **N:** Direkte Verbindung eines Körpers mit geerdetem Punkt des Versorgungssystems (bei Wechselstromnetzen der Sternpunkt oder bei fehlendem Sternpunkt ein Außenleiter).	**S:** Leiter (PE) mit Schutzfunktion, der vom Neutralleiter oder geerdetem Außenleiter getrennt ist. **C:** Kombinierte Neutralleiter- und Schutzleiterfunktion in einem Leiter (PEN).

Schutzmaßnahmen im Drehstromnetz

TN-S-System mit Überstrom-Schutzeinrichtung und getrennten Neutral- und Schutzleiter im gesamten System

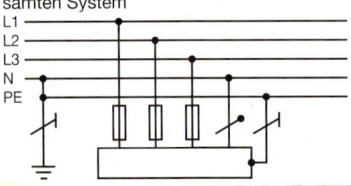

TT-System mit Überstrom-Schutzeinrichtung, direkte Erdung eines Punktes und der einzelnen Körper

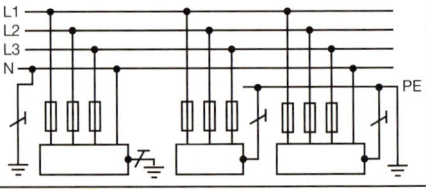

TN-C-System mit Überstrom-Schutzeinrichtung, Funktionen des Neutral- und Schutzleiters sind im gesamten System in einem Leiter kombiniert (PEN)

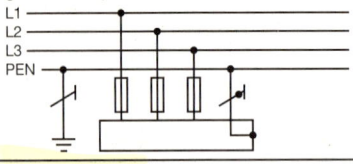

TT-System mit RCD

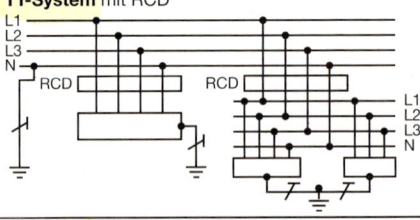

TN-C-S-System mit Überstrom-Schutzeinrichtung, Funktionen des Neutral- und Schutzleiters sind in einem Teil des Systems kombiniert

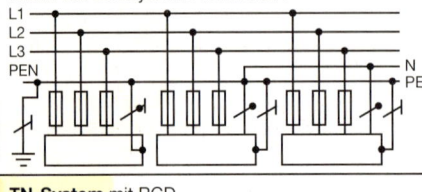

IT-System mit Überstrom-Schutzeinrichtung, Trennung aller aktiven Teile von Erde oder Verbindung eines Punktes mit Erde über Impedanz

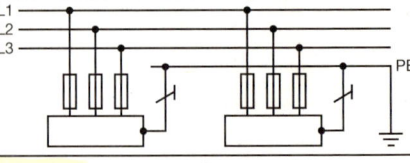

TN-System mit RCD

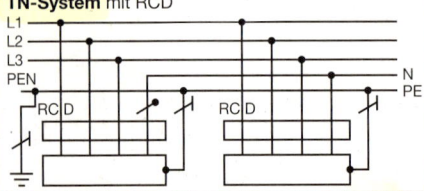

IT-System mit Isolations-Überwachungseinrichtung

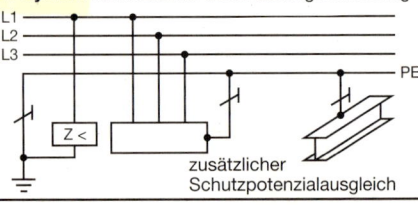

zusätzlicher Schutzpotenzialausgleich

Schutz gegen elektrischen Schlag
Protection against electric shock

DIN VDE 0100-410: 07-06
DIN VDE 0100-739: 89-06

Basisschutz und Fehlerschutz

Sicherheitskleinspannung SELV[1]

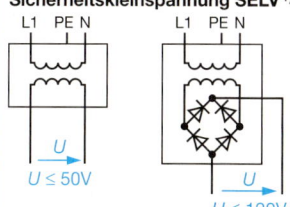

$U \leq 50V$
$U \leq 120V$

Keine Verbindung mit Erde, Schutz-leiter oder aktiven Teilen anderer Stromkreise, **sichere Trennung**
[1] = **S**afety **E**xtra **L**ow **V**oltage

Funktionskleinspannung PELV[2] bzw. FELV[3]

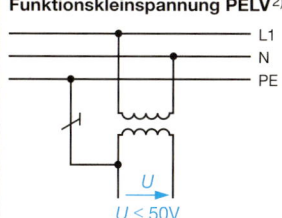

$U \leq 50V$

Hinweis:
Bei FELV ist wie bei PELV aus Funktionsgründen Klein-spannung erforderlich, jedoch werden im Unterschied zu PELV nicht alle Bedingungen bei der Isolierung angeschlos-sener Betriebsmittel erfüllt.

Erdung und Verbindung mit Schutzleiter anderer Stromkreise zulässig, PELV: **sichere Trennung**; FELV: **ohne sichere Trennung**, FELV als eigenständige Schutzmaßnahme nicht anerkannt (DIN VDE 0100-470).
[2] = **P**rotective **E**xtra **L**ow **V**oltage   [3] = **F**unctional **E**xtra **L**ow **V**oltage

Basisschutz (Schutz gegen direktes Berühren)

Basisisolierung aktiver Teile

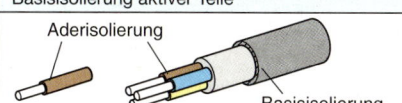

Aderisolierung

Basisisolierung

Abdeckungen oder Umhüllungen

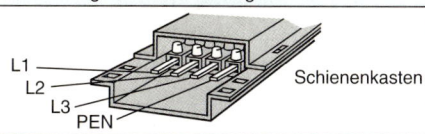

L1
L2
L3
PEN

Schienenkasten

Hindernisse

z. B. Barrieren, Schranken

Anordnung außerhalb des Handbereichs

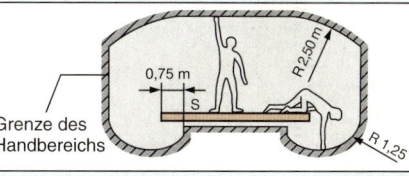

0,75 m
$R \, 2{,}50 \, m$
S
$R \, 1{,}25$

Grenze des Handbereichs

Zusätzlicher Schutz durch RCD ($I_{\Delta n} \leq 30$ mA)

Fehlerschutz (Schutz bei indirektem Berühren)

Schutzpotenzialausgleich

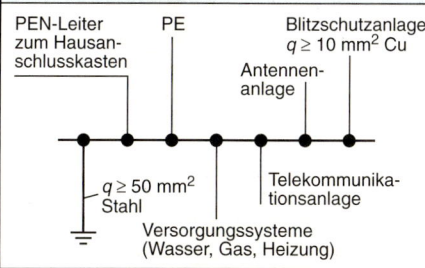

PEN-Leiter zum Hausan-schlusskasten

PE

Blitzschutzanlage $q \geq 10$ mm² Cu

Antennen-anlage

$q \geq 50$ mm² Stahl

Telekommunika-tionsanlage

Versorgungssysteme (Wasser, Gas, Heizung)

Doppelte oder verstärkte Isolierung

• Vollisolierung
• Isolierungsumkleidung
• Isolierauskleidung
• Zwischenisolierung

Nicht leitende Umgebung

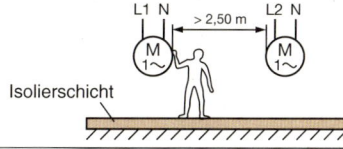

L1 N
L2 N
> 2,50 m
M 1~
M 1~

Isolierschicht

Schutztrennung

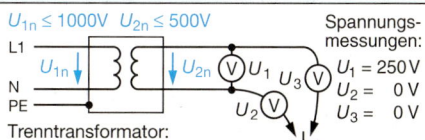

$U_{1n} \leq 1000V$ $U_{2n} \leq 500V$

L1
N
PE

U_{1n}
U_{2n}
U_1
U_2
U_3

Spannungs-messungen:
$U_1 = 250$ V
$U_2 = \quad 0$ V
$U_3 = \quad 0$ V

Trenntransformator:
• Sekundärstromkreis ohne Verbindung zu anderem Stromkreis oder Erde
• $l_{2\,max} \leq 500$ m; $U_{2n} \cdot l_2 \leq 100\,000$ Vm

Schutz elektrischer Betriebsmittel

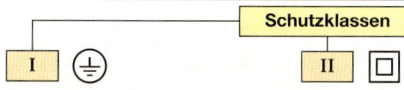

Schutzklassen

I

II

III

Schutzmaßnahme mit Schutzleiter
• Gerät mit Metallgehäuse z.B. Motor

Doppelte oder verstärkte Isolierung (Schutzisolierung)
• Geräte mit Kunststoff-gehäuse z.B. Handbohrmaschine

Kleinspannung (SELV, PELV)
• Geräte mit Bemessungsspannun-gen bis 25 V AC bzw. 50 V AC und 60 V DC bzw. 120 V DC
z.B. Elektrische Handleuchten

Fehlerschutz (Schutz bei indirektem Berühren)

TN-C-S-System

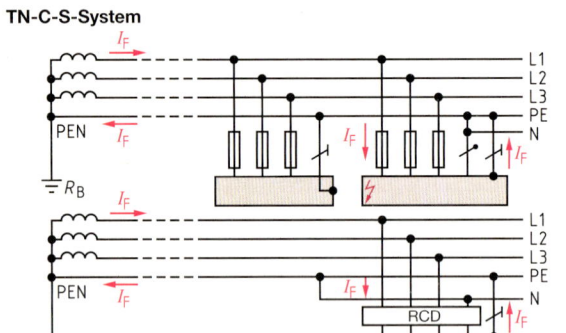

Schutzeinrichtungen:
* Schmelzsicherungen
* Leitungsschutz-Schalter
* RCD

Prinzip:
Fehlerstrom I_F wird zum Kurz-schlussstrom und fließt über PE- und PEN-Leiter zur Quelle.

Abschaltung:
innerhalb der für I_a angegebenen Zeiten

Abschaltbedingung:
$Z_S \cdot I_a \leq U_o$

RCD:
$I_a = I_{\Delta n}$, Abschaltzeit $t_a \leq 0,2$ s; bei selektivem RCD-Schutz $t_a \leq 0,5$ s

TT-System

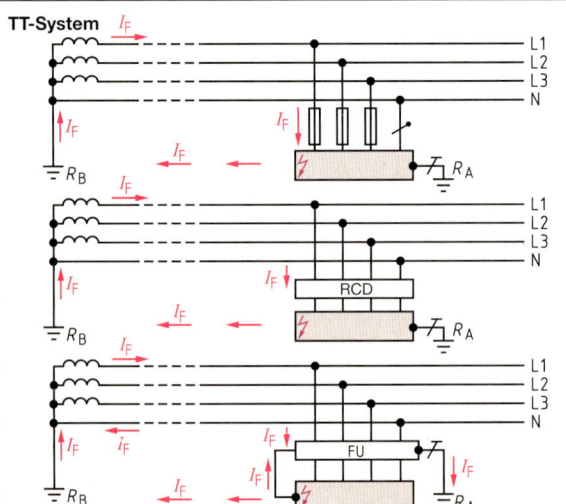

Schutzeinrichtungen:
* Schmelzsicherungen
* Leitungsschutz-Schalter
* RCD
* FU-Schutzschalter

Prinzip:
Fehlerstrom I_F wird zum Erdschlussstrom und fließt über Erder (Erde) zur Quelle.

Abschaltung:
gewährleistet bei RCD, da Fehlerstrom niedrig.

Abschaltbedingung:
$R_A \cdot I_a \leq U_L$

RCD:
$I_a = I_{\Delta n}$ wie oben

Fehlerspannungs-Schutzeinrichtung (FU):
bei $R_A \geq 200\ \Omega$ beträgt Abschaltzeit $\leq 0,2$ s.

IT-System

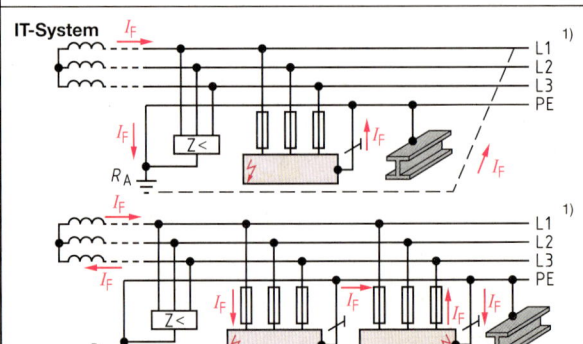

Schutzeinrichtungen:
* Schmelzsicherungen
* Leitungsschutz-Schalter
* Isolationsüberwachungs-einrichtung
* RCD

Prinzip der Isolationsüber-wachung:
* Einfachfehler: Fehleranzeige durch Meldung, I_d ($\triangleq I_F$) ist Fehlerstrom (Ableitstrom).
* Doppelfehler: Abschaltung durch Überstrom-Schutz-organe innerhalb 0,2 bzw. 5 s

Abschaltbedingung:
$R_A \cdot I_d \leq U_L$

---

[1] Auch mit Neutralleiter möglich

Prüfung von Schutzmaßnahmen
Checking of protective measures

DIN VDE 0100-600: 08-06
DIN VDE 0100-410: 07-06

Isolationswiderstand

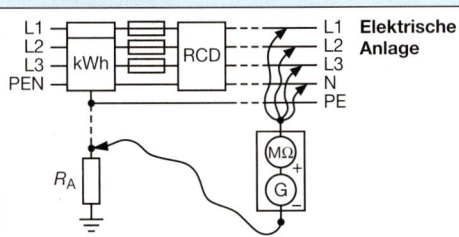

Messung des Isolationswiderstandes:
- Anlage vom Netz trennen und Außenleiter überbrücken.
- Messung von R_{iso} zwischen Außenleiter und Neutral-leiter sowie Neutralleiter und PE-Leiter.
- Messung zwischen 2 Außenleitern nicht erforderlich.
- Werte für R_{iso} ohne angeschlossene Verbraucher bei folgenden Nennspannungen:
  - SELV, PELV $\Rightarrow R_{iso} \geq 0,5\ M\Omega$
  - $U_0 \leq 500\ V \Rightarrow R_{iso} \geq 1,0\ M\Omega$
  - $U_0 > 500\ V \Rightarrow R_{iso} \geq 1,0\ M\Omega$

Fußbodenimpedanz Z_x:
- Messung von I und U_x an mindestens drei Stellen des Fuß-bodens
- Berechnung von Z_x

$$Z_x = \frac{U_x}{I}$$

Mindestwerte für Z_x (R_{iso}) in Wechselspannungsanlagen
- 50 kΩ bis AC 500 V
- 100 kΩ ab AC 500 V

Erdungswiderstand

Messarten

- **Zweileitermessung**: Der Widerstand zwischen dem zu messenden Erder R_E und einem bekannten Erder R_{PEN} des TN-Systems wird gemessen und vom bekannten Widerstand R_{PEN} subtrahiert.
  Anwendung: In dicht bebauten Gebieten, wo keine Sonden oder Hilfserder gesetzt werden können.

- **Dreileitermessung**: Aus Messstrom und Spannungsfall zwischen Hilfserder und Sonde (Verwendung von Erdspießen) ergibt sich der Erdungswiderstand. Direkte Anzeige auf dem Display.
  Anwendung: Fundamenterder, Baustellenerder, Blitzschutzerder

- **Messung mit zwei Stromzangen**: Mit einer Stromzange wird ein Messstrom in die Erdschleife induziert, mit einer zweiten Zange wird in einem Abstand von $a > 0,25\ m$ die Stromstärke durch den Erder gemessen.
  Anwendung: Praxisgerechte Messung in Erdungsanlagen mit untereinander verbundenen Erdern, z. B. der Blitzschutzanlage.
  (Aufbau der Schaltungen nach Angaben der Messgerätehersteller.)

Spannungstrichter eines Staberders

U_0: Erderspannung
U_s: Schrittspannung
I: Stromstärke

Schleifenimpedanz („Schleifenwiderstand")

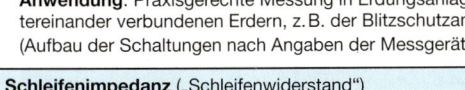

Messschleife („Erdschleife")
zwischen Außenleiter und Erde

Messung der Schleifenimpedanz:
- Anzeige von Z_s mit Messgerät nach DIN EN 61 557-3.
- Messung der Netzspannung U_0 bei geöffnetem Schalter Q1.
- Messung der Spannung U_p bei eingeschaltetem Lastwiderstand R_p.
- Bestimmung von Z_s nach
  $\Delta U = U_0 - U_p$ und $\Delta U = Z_s \cdot I_E$

$$I_E = \frac{U_0}{R_p + Z_s} \qquad (Z_s \ll R_p)$$

$$I_E \approx \frac{U_0}{R_p} \Rightarrow Z_s \approx \frac{\Delta U \cdot R_p}{U_0}$$

Schutz durch RCD – *Protection by RCD*

Fehlerstrom-Schutzeinrichtung – RCD[1)]

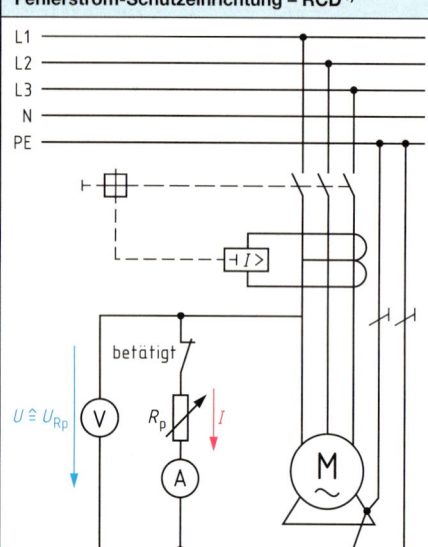

Funktionsprüfung der Anlage:

* Messung der Fehlerspannung beim Auslösen durch künstlichen Fehler,
  $U_F = 50\,V \sim$ bzw. $25\,V \sim$
* Messung des Erdungswiderstandes und Vergleich mit

$$R_A \le \frac{50\,V}{I_{\Delta n}} \quad \text{bzw.} \quad \le \frac{25\,V}{I_{\Delta n}}$$

[1)] **RCD** = **R**esidual **C**urrent protective **D**evice

Schutz durch RCD bei pulsierenden Gleichfehlerströmen

Wirksamkeit des Schutzes

Schutz in Drehstromnetzen:
* Abschaltung je nach $I_{\Delta n}$

Schutz in Drehstromnetzen mit auftretenden Gleichstromkomponenten:
* pulsierende Gleichfehlerströme (siehe Diagramme) bei Anwendung von
  – Einpuls-Mittelpunktschaltung (Abb. 1)
  – Zweipuls-Mittelpunktschaltung mit Glättung (Abb. 2)
  – Phasenanschnittsteuerung symmetrisch (Abb. 3)
  – Schwingungspaketsteuerung (Abb. 4)
* Auslösung durch RCD bei pulsierenden Gleichfehlerströmen, die innerhalb einer Periode der Netzfrequenz Null oder nahezu Null werden
* Kennzeichnung der RCD:

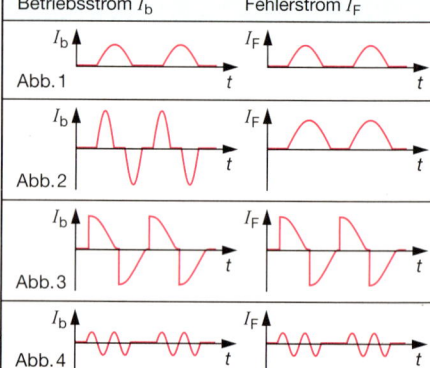

Betriebsstrom I_b	Fehlerstrom I_F
Abb. 1	
Abb. 2	
Abb. 3	
Abb. 4	

Allgemeine Bedingungen für Tarifkunden – Auszug
General conditions for tariff customers – excerpt

Kundenanlage § 12

* Anschlussnehmer ist verantwortlich für die ordnungsgemäße Errichtung, Erweiterung, Änderung und Unterhaltung der elektrischen Anlage hinter der Hausanschlusssicherung.
  Ausnahme: Messeinrichtung des VNB (Verteilungsnetzbetreiber)
* Ausführung von Arbeiten in der elektrischen Anlage darf nur durch den VNB und einen in dem Installateurverzeichnis des VNB eingetragenen Installateur vorgenommen werden.

Inbetriebsetzung der Kundenanlage § 13

* Inbetriebsetzung der elektrischen Anlage bis zu den Haupt- oder Verteilungssicherungen erfolgt durch den VNB oder einen Beauftragten. Den elektrischen Anlageteil hinter diesen Sicherungen setzt der Installateur in Betrieb.
* Inbetriebsetzung der elektrischen Anlage ist über den Installateur beim VNB zu beantragen.

Überprüfung der Kundenanlage § 14

* VNB ist berechtigt, die Anlage vor Inbetriebnahme zu überprüfen.
* Festgestellte Sicherheitsmängel müssen beseitigt werden.

Betrieb, Erweiterung und Änderung von Anlagen und Verbrauchsgeräten § 15

* Erweiterungen und Änderungen in Anlagen ($P > 4,4\,kW$ mit Ausnahme von Elektroherden) sind dem VNB mitzuteilen.

Technische Anschlussbedingungen (TAB) § 5

* Festlegung technischer Anforderungen an den Hausanschluss und andere Anlagenteile sowie Betrieb von Anlagen erfolgt durch die TAB der VNB.

Prüfungen in Anlagen mit Fehlerstrom-Schutzeinrichtung
Test in installations with RCD

Klassifikation und Bemessungswerte

Fehlerstrom-Schutzeinrichtungen werden nach folgenden Kriterien unterteilt:

- Bemessungsstromstärke I_n:
  16 A; 25 A; 40 A; 63 A; 100 A; 125 A; 160 A; 200 A

- Bemessungs-Fehlerstromstärke $I_{\Delta n}$:
  0,01 A; 0,03 A; 0,1 A; 0,3 A; 0,5 A; 1 A

- Bemessungs-Kurzschlussfestigkeit:
  3000 A; 6000 A; 10000 A; 20000 A; 50000 A

- Polzahl (zwei-, drei- bzw. vierpolig)

- IP-Schutzart

- Fehlerstromarten: sinusförmige Wechselfehlerströme $\sim$

  pulsierende Gleichfehlerströme $\wedge\wedge$

  glatte Gleichfehlerströme $=$

- Selektive Abschaltung $\boxed{S}$ (zeitliche Auslöseverzögerung)

- Kurzzeitverzögerung $\boxed{K}$ (verhindert unerwünschtes Auslösen durch kurzzeitige hohe Ableitströme)

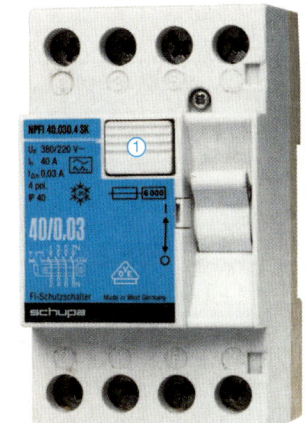

Prüfung der Fehlerstrom-Schutzeinrichtung

| 1. Besichtigung | Kontrolle der leichten Zugänglichkeit zur Bedienung und Wartung |
| | Prüfung der korrekt gewählten Auswahlkriterien der eingebauten RCD |

| 2. Erprobung | Prüfung der elektromechanischen Funktionsfähigkeit der RCD mit Hilfe der Prüftaste T ①. |

3. Messung	Die RCD muss mindestens vor Erreichen des Bemessungs-Fehlerstromes auslösen ($I_\Delta \leq I_{\Delta n}$).
	Messverfahren: Messung mit ansteigendem Prüfstrom
	Impulsmessung
	Die für die Anlage vereinbarte dauernd zulässige Berührungsspannung U_L (25 V bzw. 50 V) darf nicht überschritten werden ($U_B \leq U_L$).
	Messverfahren: Messung mit ansteigendem Prüfstrom
	Impulsmessung
	Messung der Berührungsspannung U_B
	Messverfahren: Messung mit bzw. ohne Sonde
	Messung mit Neutralleiter als Sonde

Fehlerursache bei der Prüfung		Auswirkung von Fehlern in der elektr. Anlage	
Fehler	Ursache	Fehler	Folge
RCD löst bei der Prüfung nicht aus.	• Berührungsspannung $U_B > U_L$ ⇒ Erdungswiderstand R_A zu hoch ⇒ niedrigere Bemessungs-Fehlerstromstärke der RCD wählen. • Fehlerstrom $I_F > I_{\Delta n}$ ⇒ Schluss zwischen Neutral- und Schutzleiter ⇒ RCD defekt	Verbindung zwischen N- und PE-Leiter	• RCD löst aus, da das Summenstromprinzip der RCD gestört ist. • RCD löst nicht aus, da ein Teil des Fehlerstromes über den N-Leiter abfließt.
RCD löst ungewollt bei der Prüfung aus.	• Falsche Messbereichseinstellung am Messgerät ($I_{\Delta n}$ zu groß gewählt) • Vorbelastung des Schutzleiters durch Ableitströme bereits vor der Prüfung	Verbindung zwischen N-Leitern verschiedener RCD's	• RCD kann ungewollt und unkontrolliert auslösen (z.B. RCD mit dem kleinsten $I_{\Delta n}$).
		N- und PE-Leiter vertauscht	• RCD löst bei angeschlossenem Verbraucher sofort aus (bei $I > I_{\Delta n}$).

Räume mit elektrischen Anlagen – *Rooms with electrical installations*

Bezeichnung	Erklärungen
Elektrische Betriebsstätten: Räume bzw. Orte mit elektrischen Anlagen DIN VDE 0105-100: 05-06	Anforderungen für das Arbeiten, Bedienen, Instandhalten und Instandsetzen an elektrischen Anlagen. Anwendungsbereiche: • elektrische Anlagen mit Kleinspannung bis Hochspannung, • ortsfeste Anlagen, z. B. in Industriebetrieben und Bürogebäuden, • ortsveränderliche Anlagen, z. B. an Baustellen und im Bergbau, • abgeschlossene elektr. Betriebsstätten mit Zugang für unterwiesene Personen.
Trockene Räume: Räume ohne hohe Luftfeuchtigkeit und Kondenswasser DIN VDE 0100-731: 86-02	Wohnräume Büros Geschäftsräume • Leitungsart: NYIF, NYM, H07V-U, H07V-K
Feuchte und nasse Räume: Räume mit Kondenswasser DIN VDE 0100-737: 02-01	Backräume, Kühlräume, Großküchen, unbeheizte und unbelüftete Kellerräume, Nasswerkstätten, Weinkeller, Duschecken usw. Schutz in feuchten und nassen Bereichen und Räumen: • Betriebsmittel mindestens nach Schutzart IPX1, • nicht direkt mit Strahlwasser angestrahlte Betriebsmittel IPX4, • Schutzanstrich oder korrosionsfeste Werkstoffe bei ätzenden Dämpfen, • RCD: $I_{\Delta n} \leq 10$ mA bzw. 30 mA, • Leitungsart: NYM, NYY.
Anlagen im Freien: Orte mit und ohne Überdachungen DIN VDE 0100-737: 02-01	Geschützte Anlagen im Freien: • Betriebsmittel mindestens nach Schutzart IPX1 Ungeschützte Anlagen im Freien: • Betriebsmittel mindestens nach Schutzart IPX3 RCD: $I_{\Delta n} \leq 10$ mA bzw. 30 mA und Leitungsart: NYM, NYY.
Feuergefährdete Betriebsstätten: Orte in Räumen oder im Freien mit leicht entzündlichen Stoffen DIN VDE 0100-482: 03-06	Auswahl von geeigneten Betriebsmitteln mit der Schutzart: • bei möglicher Staub- und Faseransammlung IP5X, • bei anderen leicht entzündlichen Stoffen IP4X, • für Wärmegeräte IP2X. Kabel- und Leitungssysteme: • bei nicht vollständiger Verlegung in nicht brennbaren Stoffen (z. B. Putz, Beton) Kabel- und Leitungsauswahl nach DIN EN 50265-2, • Schutz gegen Überlast und Kurzschluss, • Installation der Schutzeinrichtungen außerhalb der Betriebsstätten. Schutz bei Isolationsfehlern, außer bei mineralisolierten Leitungen und Stromschienensystemen, durch: • RCD in TN- und TT-Systemen (RCD: $I_{\Delta n} \leq 0,3$ A), • bei Brandgefahr durch Fehler an Widerständen (z. B. Widerstandsheizung mit Flächenheizelementen) mit RCD: $I_{\Delta n} \leq 30$ mA, • Abschaltzeit der Überstrom-Schutzeinrichtung ($t \leq 5$ s) in IT-Systemen. PEN-Leiter in feuergefährdeten Betriebsstätten nicht zugelassen.
Niederspannungs- stromerzeugungs- anlagen: Energieversorgung von Netzteilen und Verbrauchern DIN VDE 0100-551: 97-08	Stromerzeugungsanlagen: • Verbrennungsmotoren, Elektromotoren, Batterien (evtl. mit Wechselrichtern und Umformern), • Stromversorgung für fest oder zeitweilig errichtete Anlagen. Schutzmaßnahmen nach DIN VDE 0100-410: • Stromversorgung nach SELV oder PELV bzw. Schutztrennung möglich, Stromerzeugungsanlage als umschaltbare Versorgungsanlage zum öffentlichen Netz (Ersatzstromversorgungsanlage), • RCD in TN-, TT- und IT-Systemen. RCD maximal bis $I_{\Delta n} \leq 30$ mA, um automatisches Abschalten zu bewirken.
Elektrische Anlagen in Möbeln und ähnlichen Einrichtungs- gegenständen: DIN VDE 0100-724: 80-06	Leuchten in Hohlräumen abschaltbar durch Schalter bei Schließen des Raumes. Leiterquerschnitt mindestens 1,5 mm^2 Cu oder 0,75 mm^2 Cu, wenn Leitungslänge $l \leq 10$ m und keine Steckvorrichtungen vorhanden. Leitungsverlegung in fester Form oder durch Hohlräume mit Zugentlastung Leitungsart: • feste Verlegung mit NYM oder H07V-U, • feste und bewegliche Verlegung mit H05RR-F oder H05VV-F.

Räume mit elektrischen Anlagen – *Rooms with electrical installations*

Baustellen:

Orte auf Tief- und Hochbauten sowie Stahlbauten

DIN VDE 0100-704: 07-10

Energieversorgung über Baustromverteiler

- Schalt- und Verteileranlagen mindestens nach Schutzart IP43
- Schalter und Steckverbindungen usw. nach Schutzart IPX1
- Leitungsart: NYM, NYMT, H07RN-F, NSSHöu
- RCD: $I_{\Delta n} \leq 30$ mA für Steckvorrichtungen ($I_n \leq 32$ A) und angeschlossene Betriebsmittel ($I_n \leq 32$ A)

① Messeinrichtung
② Hauptsicherungen
  - Sicherungs-Lasttrennschalter 63 A
  - Niederspannungs-Hochleistungssicherung (NH) 50 A; Größe 00
③ • Steckdosenstromkreise bis 16 A
     RCD: $I_{\Delta n} \leq 30$ mA
  - Steckdosenstromkreise über 32 A
     RCD: $I_{\Delta n} \leq 0,5$ A
④ Überstrom-Schutzorgane
  - Schmelzsicherungen
  - Leitungsschutz-Schalter mit C-Auslösecharakteristik
⑤ CEE- und Schutzkontakt-Steckdosen
⑥ Betriebserder

Baustromverteiler

3N PE

Medizinisch genutzte Räume:	**Raumarten (Auswahl) und Anwendungsgruppen**		
Anlagen in Krankenhäusern und medizinisch genutzten Räumen außerhalb von Krankenhäusern DIN VDE 0100-710: 04-06	Anwendungs-gruppe	Raumart	Art der medizinischen Nutzung
	0	Bettenräume OP-Sterilisationsräume OP-Waschräume Praxisräume	Keine Anwendung elektromedizinischer Geräte
	1	Bettenräume Therapieräume Untersuchungsräume	Anwendung elektromedizinischer Geräte am oder im Körper (kleine, ambulante Chirurgie)
	2	OP-Vorbereitungsräume OP-Räume Intensiv-Untersuchungs- und Überwachungsräume	Organoperationen jeder Art chirurgisches Einbringen von Geräteteilen

Schutz gegen elektrischen Schlag

- Basisschutz (Schutz gegen direktes Berühren) in Räumen der Anwendungsgruppen 0, 1 und 2 laut DIN VDE 0100-410 (in Räumen der Gruppen 1 und 2 auch bei Betriebsspannungen AC $U < 25$ V und DC $U < 60$ V)
- Fehlerschutz (Schutz bei indirektem Berühren) mit bevorzugten Schutzmaßnahmen wie
  - Schutz durch Meldung mit Isolations-Überwachungseinrichtung im IT-Netz beim 1. Fehler
  - Doppelte oder verstärkte Isolierung (Schutzisolierung)
  - Sicherheitskleinspannung, Funktionskleinspannung, Schutztrennung
  - Schutz durch Abschaltung einzelner Verbraucher mit RCD beim 2. Fehler $I_{\Delta n} \leq 0,03$ A in Stromkreisen mit Überstrom-Schutzeinrichtungen bis 63 A
- zusätzlicher Schutzpotenzialausgleich in Räumen der Gruppen 1 und 2
- Sicherheitsstromversorgung, Umschaltzeit $t \leq 15$ s für Sicherheitsbeleuchtung von Rettungswegen und Räumen der Gruppen 1 und 2

Explosionsgefährdete Bereiche:	**Anforderungen (Auswahl) für alle explosionsgefährdeten Bereiche:**
Bereiche mit einer explosionsfähigen Atmosphäre DIN VDE 0166: 81-05	• Auswahl der elektrischen Betriebsmittel entsprechend den Zonen, Temperaturklassen und Explosionsgruppen der brennbaren Stoffe, • Basisschutz und Fehlerschutz, • Schutzpotenzialausgleich zwischen leitfähigen Teilen von elektrischen Betriebsmitteln und Konstruktionsteilen, • Schutz- und Überwachungseinrichtungen mit allpoligem Abschalten und nicht selbsttätigem Wiedereinschalten, • Auswahl der Kabel und Leitungen je nach mechanischen, chemischen und thermischen Beanspruchungen (DIN VDE 0298-3, -4; DIN VDE 0891-1, -5, -6).

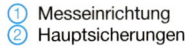

Räume mit elektrischen Anlagen – *Rooms with electrical installations*

Räume mit Badewanne oder Dusche:
Räume mit Bade- oder Duscheinrichtungen
DIN VDE 0100-701: 08-10
	Gültigkeit für elektrische Anlagen in Räumen, in denen Wannen oder Duschen fest eingebaut sind.
	Zusätzlicher Schutzpotenzialausgleich zwischen Heizungs-, Wasserzufluss- und Abflussrohren sowie Gasrohren und Klimaanlagen:
	• **Erforderlich** nur in Gebäuden, in denen **kein Schutzpotenzialausgleich** über die Haupterdungsschiene vorliegt.
	• **Schutzleiterquerschnitt**:
	  – bei geschützter Verlegung $\geq 2{,}5\ mm^2$ Cu
	  – bei ungeschützter Verlegung $\geq 4\ mm^2$ Cu

Bereich	Kabel und Leitungen (bis 6 cm unter Putz)	Schalter und Steckdosen	Elektrische Betriebsmittel
0	–	–	–
1	+ } 1)	+ } 2) } 3)	+ } 4)
2	+	+	+

Unter folgenden Bedingungen:

1) Senkrechte und waagerechte Leitungsführung zu den Betriebsmitteln, Leitungseinführung für die Energieversorgung von der Rückseite der Betriebsmittel

2) Alle Installationsgeräte, nur Steckdosen für Betriebsmittel der Signal- und Kommunikationstechnik (SELV, PELV)

3) Schalter in Verbrauchern, Steckdosen für die Energieversorgung außerhalb der Bereiche mit Schutz durch RCD: $I_{\Delta n} \leq 30$ mA

4) **Bereich 0:**
– Schutzart IP X7, Kleinspannung (≤ 12 V AC, 25 V DC), ortsfester Anschluss
Bereich 1:
– Schutzart IP X4, Kleinspannung (≤ 25 V AC, 60 V DC), ortsfester Anschluss, Whirlpooleinrichtungen, Duschpumpen, Geräte zur Lüftung, Handtuchtrockner und Wassererwärmer
Bereich 2:
– Schutzart IP X4, Gerät der Signal- und Kommunikationstechnik (SELV, PELV)

Bereichseinteilungen

Raum mit Badewanne

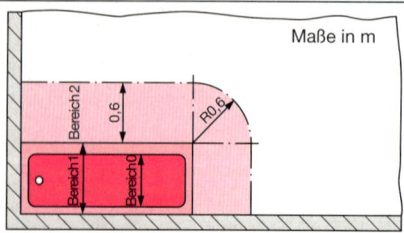

Maße in m

Raum mit Duschwanne und fester Trennwand

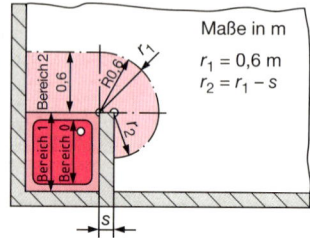

Maße in m

$r_1 = 0{,}6$ m
$r_2 = r_1 - s$

Räume mit Dusche

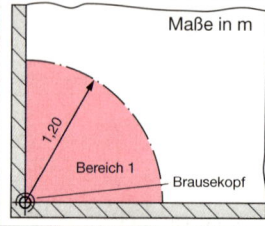

Maße in m

Bereich 1 – Brausekopf

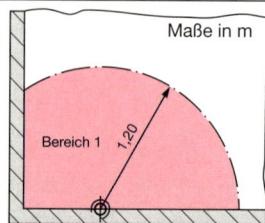

Maße in m

Bereich 1

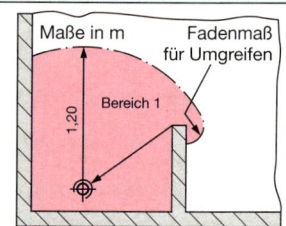

Maße in m

Fadenmaß für Umgreifen

Bereich 1

Sauna-Anlagen: Räume mit hohen Lufttemperaturen DIN VDE 0100 -703: 06-02	Fehlerschutz bei elektrischen Geräten der Schutzklasse I • Sicherheitskleinspannung • RCD: $I_{\Delta n} \leq 30$ mA – Brandschutz bei Heißluft-Saunen, Temperaturbegrenzung maximal 165 °C – Schutz durch Freischalten bei Heißluft-Saunen, d. h. Abschaltung der elektrischen Einrichtungen außer Beleuchtung durch einen Schalter

Instandhaltung – *Maintenance*

Instandhaltungselemente

```
                    Instandhaltung
     ┌──────────┬──────────┴──────────┬──────────┐
   Wartung   Inspektion        Instandsetzung  Verbesserung
```

Begriffe

Instand-haltung	Kombination aller Maßnahmen (technisch, administrativ, Management) zur Erhaltung oder Wiederherstellung des funktionsfähigen Zustandes	**Abnutzung**	Abbau des Abnutzungsvorrates durch physikalische/chemische Einwirkungen (z. B. Verschleiß, Alterung, Rost, …)
Wartung	Maßnahmen zur Verzögerung des Abbaus von vorhandenem Abnutzungsvorrat	**Abnutzungs-vorrat**	Vorrat möglicher Abnutzung bei gleichzeitiger Funktionserfüllung
Inspektion	Feststellung und Beurteilung des Istzustandes einschließlich Ursachenbestimmung der Abnutzung und Ableitung notwendiger Konsequenzen	**Funktion**	Durch den Verwendungszweck bedingte Aufgabe (z. B. Pumpen von mind. 50 l/min)
		Fehler	Zustand in dem das System unfähig ist, die geforderte Funktion zu erfüllen
Instand-setzung	Wiederherstellung des funktionsfähigen Zustandes (außer Verbesserungen)	**Fehleranalyse**	Nach Fehlerdiagnose (Erkennung, Ortung, Ursachenermittlung) erfolgt eine Prüfung, ob eine Verbesserung machbar und wirtschaftlich ist
Verbesserung	Kombination aller Maßnahmen zur Steigerung der Funktionsfähigkeit, ohne die geforderte Funktion zu ändern	**Schwach-stelle**	System bei dem ein Ausfall häufiger auftritt, als dies nach der geforderten Verfügbarkeit zu erwarten ist

Einfluss der Instandhaltung

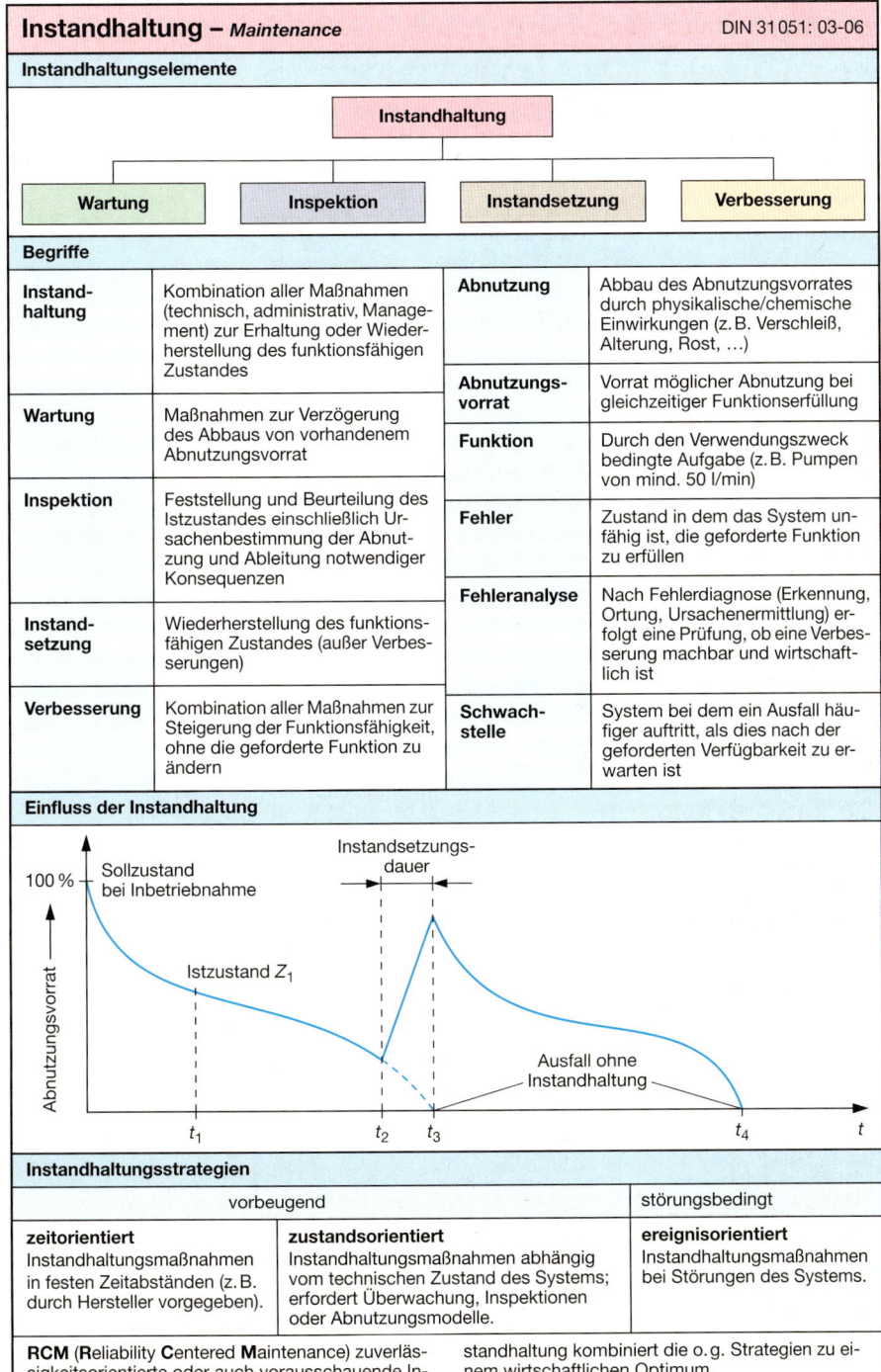

Instandhaltungsstrategien

vorbeugend		störungsbedingt
zeitorientiert Instandhaltungsmaßnahmen in festen Zeitabständen (z. B. durch Hersteller vorgegeben).	**zustandsorientiert** Instandhaltungsmaßnahmen abhängig vom technischen Zustand des Systems; erfordert Überwachung, Inspektionen oder Abnutzungsmodelle.	**ereignisorientiert** Instandhaltungsmaßnahmen bei Störungen des Systems.

RCM (**R**eliability **C**entered **M**aintenance) zuverlässigkeitsorientierte oder auch vorausschauende Instandhaltung kombiniert die o. g. Strategien zu einem wirtschaftlichen Optimum.

Reparatur elektrischer Geräte – *Repair of electrical devices*   DIN VDE 0701-1: 00-09

- Reparaturen nur von Elektrofachkraft oder unter dessen Verantwortung durchführen lassen.
- Zur Sicherheit beitragende Teile müssen geeignet und unbeschädigt sein.
- Prüfungen in der genormten Reihenfolge durchführen mit Messgeräten nach DIN VDE 0404.

- Eingebaute Einzelteile, Bauelemente, Baugruppen und Software müssen für die Anforderungen geeignet sein.
- Bestandene Prüfung dokumentieren.
- Nicht sichere Geräte kennzeichnen (Prüfprotokoll).

Prüfungen

1. Besichtigung
Kontrollieren, ob Geräteteile, die zur Sicherheit beitragen, ungeeignet oder beschädigt sind.
Untersucht werden müssen:
- Gehäuse, Schutzabdeckungen,
- Anschluss- und andere äußere Leitungen,
- Zustand der Isolierungen,
- Zugentlastung, Knickschutz u. ä.,
- Gerätesicherungshalter und Gerätesicherungen,
- Kühlöffnungen, Luftfilter, Überdruckventile,
- Befestigungen der Leiter und anderer Teile,
- Kennzeichnungen, die der Sicherheit dienen.

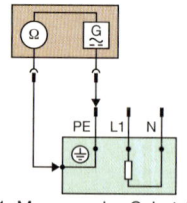

Abb. 1: Messung des Schutzleiterwiderstandes

2. Schutzleiterprüfung (Abb. 1)
- Kontrolle des Schutzleiters auf mechanische Schäden durch Sicht- und Handprobe.
- Messung des Schutzleiterwiderstandes.
  $R \le 0,3\ \Omega$, für $l \le 5$ m
  $+ 0,1\ \Omega$ je weitere 7,5 m
  $R_{max} \le 1\ \Omega$
  DC 4 V $< U_0 <$ 24 V, $I >$ 0,2 A

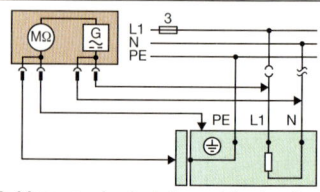

Abb. 2: Messung des Isolationswiderstandes

3. Isolationswiderstandsmessung (Abb. 2)
- Messung des Widerstandes zwischen aktiven und berührbaren leitfähigen Teilen.
- Schutzklasse I $P \le 3,5$ kW $R_{iso} > 1$ MΩ
  $P \ge 3,5$ kW $R_{iso} > 0,3$ MΩ
  sonst Schutzleiterstrommessung
  Schutzklasse II $R_{iso} > 2$ MΩ
  Schutzklasse III $R_{iso} > 0,25$ MΩ
  $U > 500$ V, $R_{Last} = 0,5$ MΩ
- Gerät vom Netz trennen. Sonst Messung des Schutzleiter- bzw. Berührungsstromes.

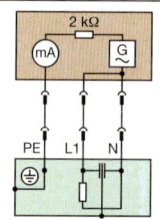

Abb. 3: Messen des Schutzleiterstromes

4.a Messung des Schutzleiterstromes (Abb. 3)
- Gerät an Netzspannung legen.
- Messung nach dem direkten oder Differenzstromverfahren. $I_{Schutzleiter} \le 3,5$ mA

4.b Messung des Berührungsstromes (Abb. 4)
- Messung bei Geräten der Schutzklasse I nach Anlegen der Netzspannung an allen leitfähigen Teilen mit direkten oder indirekten Verfahren.
- Bei Netzspannung $I_b \le 0,5$ mA

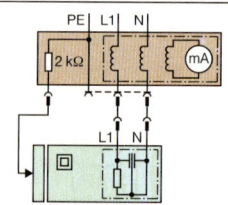

Abb. 4: Messen des Berührungsstromes

4.c Messung des Ersatzableiterstromes (Abb. 5)
- Alternatives Messverfahren zur Schutzleiterstrom- bzw. Berührungsstrommessung.
- Gerät vom Netz trennen.
  Schutzklasse I $P \le 3,5$ kW $I \le 3,5$ mA
  $P > 3,5$ kW $I = 1$ mA/kW
  Schutzklasse II $I \le 0,5$ mA

5. Funktionsprüfung
Zum Schluss die Funktion des Gerätes prüfen.

6. Prüfen der Aufschriften
Vorhandensein der Aufschriften kontrollieren und gegebenenfalls ersetzen.

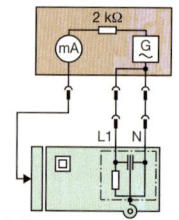

Abb. 5: Ersatzableiterstrommessung

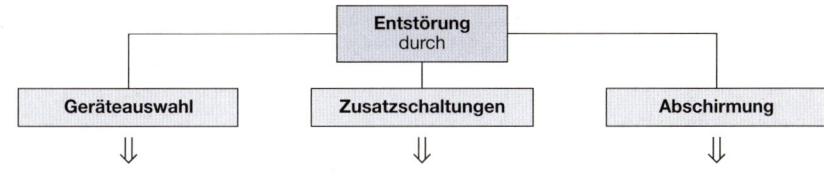

	Entstörung durch	
Geräteauswahl	**Zusatzschaltungen**	**Abschirmung**
⇓	⇓	⇓
Funkenbildung vermeiden.	Spannungsspitzen vom Gerät fernhalten und abbauen.	Elektromagnetische Fremd-felder von Gerät fernhalten.
Maßnahmen:		
• Kurzschlussläufer-statt Kommutatorläufer-motoren einsetzen.	• Elektrische Geräte mit Drosselspulen, Siebgliedern, Widerständen und Funken-löscheinrichtungen beschalten.	• Leitungen, Geräte und Räume mit Metallfolien umgeben.

Beispiel: Starter für Leuchtstofflampen mit eingebautem Entstörkondensator (Folienwickelkondensator)

Begriffe

• **Funkstörung** ist eine hochfrequente Störung (0,15 MHz … 300 MHz) des Funkempfanges.

• Eine **Dauerstörung** ist eine Funkstörung, die länger als 200 ms andauert.

• **Grenzwertpegel** L siehe Diagramme.

• Die **Knackrate** N ist die Anzahl der Funkstörun-gen pro Minute.

• Die **Knackstörung** ist eine Funkstörung, die weniger als 200 ms dauert. Der Grenzwertpegel L_Q ist wie folgt zu berechnen

$L_Q = L + 44$ für $N < 0,2$
$L_Q = L + 20 \log_{10} \dfrac{30}{N}$ für $0,2 < N < 30$
$L_Q = L$ für $30 < N$

Dabei ist die Einheit für L_Q
db (µV) für $0,15$ MHz $< 1 < 30$ MHz
dB (pW) für 30 MHz $< 1 < 300$ MHz

• Der **Funkstörgrad** ist eine frequenzabhängige Grenze für Funkstörungen
0 funkstörfrei
N funkentstört (Normalstörgrad)
K funkentstört (Kleinststörgrad)
G grobentstört (Einsatz beschränkt)

Funkschutzzeichen mit Angabe des Störgrades

Grenzwertpegel

a **Haushaltsgeräte**
b **Halbleiterstellglieder**
 1 am Netz,
 2 am Verbraucher

c **Elektrowerkzeuge**
 1 bis 700 W,
 2 700 W … 100 W,
 3 1000 W … 2000 W

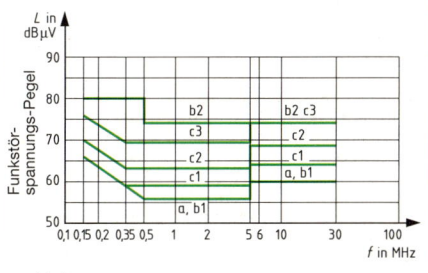

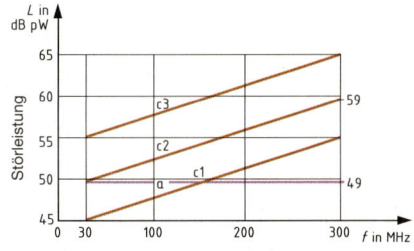

Schaltungen

Beispiel: Funkentstörung am Wechselstrommotor

Beispiel: Funkenlöschung bei Schaltern

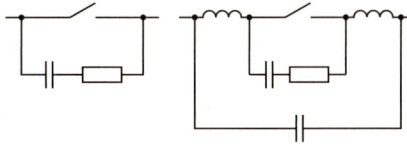

Verwendung nur spezieller Funkentstörkondensatoren nach DIN VDE 0565 zulässig:

• **Klasse X**, parallel zum Netz ①
 X 1 für Spitzenspannung $u_{max} \geq 1200$ V,
 X 2 für $u_{max} < 1200$ V

• **Klasse Y**, Schaltung zwischen Außenleiter und Neutralleiter sowie Außenleiter und Schutzleiter ②

Elektromagnetische Verträglichkeit (EMV) – *Electromagnetic compatibility (EMC)*

Elektromagnetische Umgebung

Kennzeichnung der EM-Umgebung eines Gerätes oder einer Einrichtung durch
- elektromagnetische Störungen, die am Einsatzort auftreten können und
- Randbedingungen, z.B. Luftfeuchtigkeit.

Entstehung elektromagnetischer Störungen durch
- systemfremde natürliche Störquellen, z.B. atmosphärische Entladungen,
- systemeigene künstliche Störquellen, z.B. elektrische Maschinen.

Störquellen

Systemfremd

- Blitzentladungen mit Direkt-, Nah- oder Ferneinschlägen
- Elektrostatische Entladungen in Form von Gleit-, Büschel-, Funken- o. blitzähnlichen Entladungen
- Schalten von Sammelschienen mittels Kontakten
- Kurz-, Erd- und Doppelerdschlüsse
- Abschalten leerlaufender Hochspannungsleitungen
- Prellvorgänge an mechanisch. Kontakten (Bursts)
- Ein- und Ausschalten von Leuchtstofflampen
- Betrieb von Lichtbogenschmelzöfen
- Zuschalten leerlaufender Kabel

Systemeigen

- Versorgungswechselspannung (50 Hz/60 Hz)
- Öffnen und Schließen von Kontakten (Funkenentladung)
- Abschaltvorgänge von Induktivitäten (Relaisspulen)
- Flankenwechsel auf Steuer- und Datenleitungen
- Lastwechsel auf Elektronik-Stromversorgungsleitungen
- Taktsignale (hoch- und niederfrequente)
- Reflexionserscheinungen auf Leitungen
- Magnetfelder von Speicherlaufwerken

Störgrößen – Elektromagnetisches Umfeld

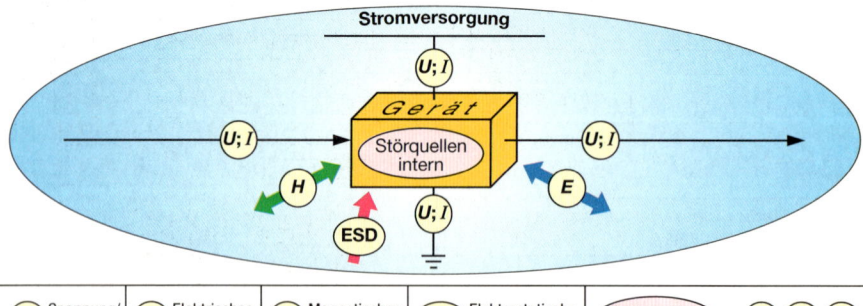

 Spannung/Strom    Elektrisches Feld    Magnetisches Feld    Elektrostatische Entladung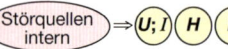

Umgebungsklassen

Einteilung der Umgebungsbedingungen:
- Umgebungsklassen für unterschiedliche Anforderungen an die EMV der Geräte.
- Umgebungsklassen für Anforderungen an die EMV von Systemen, die an bestimmten Orten eingesetzt werden.

Klasse 1 (Gut geschützte Umgebung)	Klasse 2 (Geschützte Umgebung)	Klasse 3 (Industrielle Umgebung)	Klasse 4 (Erhöhte Beanspruchung)
• EMV-gerechtes Erdungs-, Verkabelungs- und Schirmungskonzept • Unterbrechungsfreie Stromversorgung für einzelne Anlagenteile • Gebrauch von Sendeeinrichtungen jeglicher Art untersagt	• Keine Leistungsschalter in der Umgebung • Abgestimmtes Erdungskonzept • Steuer- und Leistungskreise teilweise mit Störschutz und Überspannungseinrichtungen • Keine Funksprechgeräte o. Sendeeinrichtungen	• Kein Überspannungsschutz in Steuer- und Leistungskreisen • Erdungsanlage vorhanden • Getrennte Kabel für Steuer-, Signal- und Datenleitungen • Ungenügende Trennung d. Versorgungs-, Steuer- und Kommunikationsleitungen	• Kein Überspannungsschutz • Undefinierte Erdungsverhältnisse • Steuer- u. Signalleitungen in einem Kabel • Funksprechgeräte uneingeschränkt möglich • Elektroöfen, Schweißgeräte in der Nähe

Elektromagnetische Verträglichkeit (EMV) – *Electromagnetic compatibility (EMC)*

EMV – Normenübersicht

Fach-grund-normen (EMV-Umgebung eines Gerätes)	Beeinflussung	
	Wohngebiet	Industriegebiet
	DIN EN 61000	
	Aussendung	
	Wohngebiet	Industriegebiet
	DIN EN 61000	

Grund-normen (physika-lische Phäno-mene und Mess-verfahren)	Messgeräte	DIN VDE 0876
	Messverfahren	DIN VDE 0877
	Ober-schwingungen	DIN VDE 0838
	Beeinflussungsgrößen	
	ESD	DIN EN 60749-26
		-27

Produkt-normen	Radio und TV-Geräte	DIN EN 300339
		DIN EN 300386-2
		DIN EN 300831
	Leuchten	DIN EN 61547
	Hausgeräte	DIN VDE 0875-370-2
	Funkgeräte und -systeme	E DIN ETS 300342-3
		E DIN ETS 300447
		E DIN ETS 300682
		E DIN ETS 300683
	Fahrzeuge	DIN 40839-1

Begriffe

EMC	**E**lectro**m**agnetical **C**ompatibility: Elektromagnetische Kompatibilität
EME	**E**lectro**m**agnetical **E**mission: Elektromagnetische Emission (Abstrahlung)
EMI	**E**lectro**m**agnetical **I**nterference: Elektromagnetische Störung
EMP	**E**lectro**m**agnetical **I**mpulse: Elektromagnetischer Impuls
EMR	**E**lectro**m**agnetical **R**adiation: Elektromagnetische Strahlung
EMS	**E**lectro**m**agnetical **S**usceptibility: Elektromagnetische Empfindlichkeit
ERP	**E**arth **R**eference **P**lane: Erdpotenzialbezugsfläche
ESD	**E**lectro**s**tatic **D**ischarge: Elektrostatische Entladung
HBD	**H**uman **B**ody **D**ischarge: Elektrostatische Körperentladung
Burst	Entladungsstoß
Surge	Überspannungsstoß

Blitzschutz als Maßnahme der EMV

Prinzipdarstellung zu den Blitz-Schutzzonen (LPZ)

Äußerer Bereich	Innere Bereiche
LPZ 0	LPZ 1 und LPZ 2

Blitzstrom-ableiter (Typ 1) Überspannungs-schutzgerät (Typ 2) Überspannungs-schutzgerät (Typ 3)[1]

[1] Typ 1 – 3: ZnO-Varistoren (Spezifikation nach Herstellerangaben)
LPZ: **L**ightning **P**rotection **Z**one

Einflüsse auf Blitz-Schutzzonen

Blitz-Schutzzone	direkte Blitzeinschläge	elektromagne-tisches Feld
0	+	+
0	–	–
1	–	+/–
2	–	+/– –

+ (–) möglich (nicht mögl.) +/– abgeschwächt
+/– – stark abgeschwächt – – nicht vorhanden

Blitz-Schutzzonen in einer Computeranlage

☐ Blitz-Schutzzone 0	☐ Blitz-Schutzzone 2
☐ Blitz-Schutzzone 1	

① Blitzstromableiter für Energie-Netz
④ Blitzstromableiter für Info-Netz BEE-Schutzkarten[1]
②③ Überspannungs-schutzgerät S-Protector[1] SF-Protector[1] Protector NSM[1]
⑤⑥⑦ Blitzductor Datenschutz-modul CS-Protector[1]

[1] Laut Herstellerangaben

123

Wirkungen elektrischer und magnetischer Felder
Effects of electric and magnetic fields

Gesundheitliche Risiken nach **ICNIRP**:
(**I**nternational **C**ommission on **N**on-**I**onizing **R**adiation)
- Gewebeerwärmung durch HF-Absorbtion.
- Wirkung induzierter Ströme ($f < 500$ kHz) auf Nerven- und Muskelzellen.
- Verbrennungen und Elektroschocks durch Berühren von leitenden Gegenständen.
- Höreffekte
- Krebsentstehung und -förderung.
- Wirkungen bei Modulation von HF-Strahlung mit ELF-Frequenzen.

Gefahren für Personen bestehen
- **unmittelbar** durch direkte Einwirkung,
- **mittelbar** durch Berühren von elektrisch-leitfähigen Gegenständen.

Schutzmaßnahmen:
- Bereiche, in denen die Grenzwerte überschritten werden, absperren und auf die Gefahr hinweisen.
- Von unterwiesenen Personen zugängliche Bereiche durch Kennzeichnung abgrenzen.
- Leistungsreduzierung, Abschirmung u.ä.
- Wirksamkeit überprüfen.

Spezifische Absorbtionsrate SAR

$$SAR = \frac{\text{absorbierte HF-Leistung}}{\text{Körpermasse}} \quad \text{in} \quad \frac{W}{kg}$$

SAR-Grenzwerte (Absorbierte HF-Energie während 6 min) in W/kg

Gesamter Körper		Körperteile je 10 g Masse
Allgemein	Arbeitsbereich	
0,08	0,4	2

Grenzwerte in Wohngebieten

Frequenz in MHz	Effektivwerte		S (Mittelwert) in W/m²
	E in $\frac{V}{m}$	H in $\frac{A}{m}$	
30 - 400	27,5	0,073	2
900	41,1	0,11	4,5
1600	54,8	0,146	7,5
2450	61,4	0,16	10
$2 \cdot 10^3$ bis $3 \cdot 10^5$	61,4	0,16	10

Grenzwerte (Basis SAR-Grenzwert = 0,08 W/kg)

bei 50 Hz	Gefährdung	
	Mittelbare	Unmittelbare
$E = 20$ kV/m $H = 4$ kA/m	$U_B > 72$ V	siehe Diagramm

Warnung vor elektro-magnetischem Feld, W

Beispiele

Quelle	f in MHz	s	E, H oder S		Grenzwerte
UKW-Sender	88…108	50 m 300 m	450 90	V/m V/m	73,5 V/m wird für $S > 350$ m eingehalten
CB-Funk	27	5 cm	<1000 < 0,2	V/m A/m	2 W/kg
VHF UHF	174-216 470-890	1,5 km	< 0,02 < 0,005	V/m V/m	2 W/m² 2-4 W/m²
Mobil-funk	890-960	50 cm 3 cm	0,001 <2	W/m² W/m²	4 W/m² 2 W/kg
Mikro-wellen-gerät	2450	5 cm 30 cm	0,62 0,06	W/m² W/m²	< 50 W/m²

Grenzwerte zum Personenschutz bei unmittelbarer Gefährdung

① 10 kHz ≤ f ≤ 30 kHz: eingetragen die zulässigen Spitzenwerte, Effektivwert ≤ 350 A/m

② 10 kHz ≤ f ≤ 30 kHz: eingetragen die zulässigen Spitzenwerte, Effektivwert ≤ 1500 V/m

③ 30 kHz ≤ f ≤ 3000 GHz: angegeben die zulässigen Effektivwerte bei einer Einwirkdauer von 6 min.

④ 30 MHz ≤ f ≤ 3000 GHz: eingetragen die Grenzwerte bei einer Einwirkdauer von 6 min.

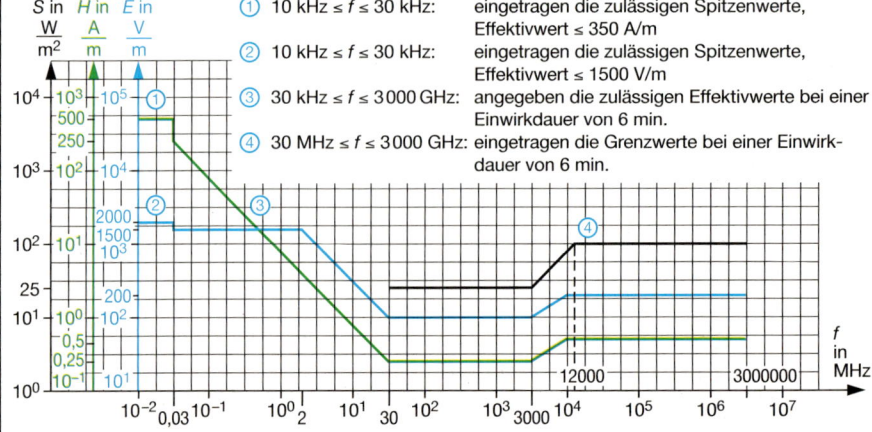

Strahlenschutz – *Radiation protection*

Strahlenschutzverordnung (Strl.SchV): 86-12

Aktivität A

Aktivität = $\dfrac{\text{Anzahl der Kernumwandlungen}}{\text{Zeit}}$

$A = \dfrac{\Delta N}{\Delta t}$ $[A] = 1\ \text{Bq} = 1\ \text{s}^{-1}$ $1\ \text{Ci} = 3{,}7 \cdot 10^{10}\ \text{s}^{-1}$
$= 3{,}7 \cdot 10^{10}\ \text{Bq}$

Bq: Bequerel   Ci: Curie

Energiedosis D

Energiedosis = $\dfrac{\text{absorbierte Energie}}{\text{Masse}}$

$D = \dfrac{\Delta W}{\Delta m}$ $[D] = 1\ \text{Gy} = 1\ \text{J/kg}$

Gy: Gray

Strahler	Aktivität in Bq	in Ci
Radiumstrahler für Unterrichtszwecke	$3{,}7 \cdot 10^3$	$0{,}1 \cdot 10^{-6}$
Kalium 40 im menschlichen Körper	$3{,}7 \cdot 10^3$	$0{,}1 \cdot 10^{-6}$ $0{,}2 \cdot 10^{-6}$
1 g reines Ra 226 ohne Folgeprodukte	$3{,}67 \cdot 10^{10}$	≈ 1
1 g Co 60	$4{,}181 \cdot 10^{13}$	$1{,}13 \cdot 10^3$
Das in der gesamten Natur vorkommende C14 (geschätzt).	$8{,}5 \cdot 10^{18}$	$2{,}3 \cdot 10^8$
Die in einem Kernreaktor angesammelten radioaktiven Spaltprodukte.	bis $3{,}7 \cdot 10^{20}$	bis 10^{10}

Als spezifische Aktivität eines radioaktiven Stoffes bezeichnet man seine Aktivität pro Masse.

$A_{sp} = \dfrac{A}{m}$

Äquivalentdosis H; Qualitätsfaktor $\overline{Q}$

Äquivalentdosis = Energiedosis · Qualitätsfaktor

$H = D \cdot \overline{Q}$ $[H] = 1\ \text{Sv} = 1\ \text{J/kg}$ $1\ \text{rem} = 10^{-2}\ \text{Sv}$

Sv: Sievert

Strahlenart	$\overline{Q}$
Röntgenstrahlen, Gammastrahlen	1
Beta- und Elektronenstrahlen	1
Thermische (langsame) Neutronen	2,3
Schnelle Neutronen, Protonen	10
Alphastrahlen	20
Schwere Rückstoßkerne (Richtwert)	20

Bei der Dosisleistung wird die Äquivalentdosis auf eine bestimmte Zeitspanne bezogen, z.B. Sv/h, Sv/d oder mrem/a.

WOS, Warnung vor gefährlicher Strahlung

Grenzwerte der Körperdosis

Körperteile	Werte für Personen, die mit strahlendem Material arbeiten[1]			Maximalwerte für allgemeine Bevölkerung in mSv
	Maximalwerte in mSv	Kontrollbereich[2] in mSv	Überwachungs- oder Kontrollbereich Jugendliche < 18 Jahre in mSv	
Keimdrüsen, Gebärmutter rotes Knochenmark	50	15	5	0,3
Hände, Unterarme, Füße, Unterschenkel, Knöchel einschließlich der zugehörigen Haut	500	150	50	–
Schilddrüse, Knochenoberfläche, übrige Haut	300	90	30	1,8
Alle Organe und Gewebe, soweit bisher nicht genannt	150	45	15	0,9

[1] Die Summe aller effektiven Dosen darf 400 mSv nicht überschreiten.
[2] Im Kontrollbereich können die hier angegebenen Werte beim Aufenthalt von $40\ \dfrac{\text{h}}{\text{Woche}}$ und $50\ \dfrac{\text{Wochen}}{\text{Jahr}}$ überschritten werden.

Steckvorrichtungen – *Plugs, socket-outlets and couplers*

Industrielle Anwendungen   DIN EN 60309-1; -2: 00-05

Notwendige Aufschriften	U in V	U_n in V	Farbe	Querschnitte von Leitungen in mm²			

Notwendige Aufschriften	U in V	U_n in V	Farbe
• Bemessungsspannung	20 – 25	24	Violett
• Bemessungsstrom	40 – 50	42	Weiß
• Symbol für die Stromart (z. B. ~)	100 – 130	110	Gelb
• Bemessungsfrequenz, wenn > 60 Hz	200 – 250	230	Blau
• Hersteller oder Markenzeichen	380 – 480	400	Rot
• Schutzgrad	500 – 690	600	Schwarz
• Markierung des Schutzkontaktes		125	
• evtl. Isolationsspannung		250	Orange
• Kennzeichnung der Kontakte		277	Grau
(z. B. L1, L2, L3, N)			

Querschnitte von Leitungen in mm²:

U in V	I in A I	I in A II	Stecker und Kupplungen	Steck- dosen
< 50	16	20	4…10	4…10
	32	30	4…10	4…10
> 50	16	20	1…2,5	1,5…4
	32	30	2,5…6	2,5…10
	63	60	6…16	6…25
	125	100	16…50	25…70
	250	200	70…150	70…185

U_n in V	I_n in A	Frontansicht der Kontaktstifte und -buchsen	
		Stecker und Gerätestecker	Steckdosen und Kupplungen
< 50	16/20 32/30	2P 3P	2P 3P
> 50	16/20 32/30 63/60 125/100	2P + ⏚ 3P + ⏚ 3P + N + ⏚	2P + ⏚ 3P + ⏚ 3P + N + ⏚
> 50	63/60 125/100	2P + ⏚ Pilotstift 3P + ⏚ Pilotstift 3P + N + ⏚ Pilotstift	2P + ⏚ Loch f. Pilotst. 3P + ⏚ Loch f. Pilotst. 3P + N + ⏚ Loch f. Pilotst.

Hausgebrauch und ähnliche Zwecke   DIN EN 60320-1: 02-06

Gerätesteckdosen müssen folgende Aufschriften haben:
• Bemessungsstrom, außer bei $I = 0,2$ A
• Bemessungsspannung
• Symbol für die Stromart (z. B. ~)
• Hersteller oder Markenzeichen
• Typzeichen oder Katalognummer

Gerätestecker muss mit dem Typzeichen des Herstellers (z. B. Katalognummer) gekennzeichnet sein.

Gerätesteckdosen und -stecker dürfen nicht mit dem Symbol der Klasse-II-Geräte gekennzeichnet werden.

Alle Aufschriften müssen leicht erkennbar sein, wenn die Gerätesteckdose gebrauchsfertig ist, d.h. Gerätestecker in Gerätesteckdose eingeführt ist.

Folgende Anschlussstellen wie folgt kennzeichnen:
• Schutzleiteranschluss: ⏚
• Neutralleiter: N

Die Anordnung der Kontakte bei Draufsicht auf die Eingriffsflächen bei polunverwechselbaren Gerätesteckdosen ist folgendermaßen:
• Schutzkontakt: oben in der Mitte
• Außenleiterkontakt: unten rechts
• Neutralleiterkontakt: unten links

[1] Bei Steckern und Steckdosen der Schutzklasse I ist bei Draufsicht auf die Eingriffsflächen der Schutzkontakt oben in der Mitte.

Bemessungsstrom in A	Geräteklasse	Gerätestecker	Gerätesteckdose	Wiederanschließbar
0,2	II			nein
2,5	I			nein
	II			nein
6	II			nein
10	I	[1]	[1]	ja
10	I	[1]	[1]	ja
	I			ja
	II			nein
16	I	[1]	[1]	ja
	I	[1]	[1]	ja
	II			nein

3 Steuerungen

Steuerungstechnik 128
Farben für Drucktaster, Anzeigen
 und Leuchtdrucktaster 129
Anschlussbezeichnungen von
 Schützen und Relais 129
Schütze 130
Elektromagnetische Relais 131
Elektronische Relais 132
Sicherheitskategorien für
 Steuerungen 133
Not-Aus 134
Steuerungen mit Schützen 135
Speicherprogrammierbare
 Steuerungen (SPS).................... 137
Schaltalgebra 141
Verknüpfungsbausteine 142
Kippschaltungen 143
Logikfamilien 144
Digitale Zähler 145
Teiler, Schieberegister 146
Steuerrelais 147
Sensoren 148
Sensorsysteme 149
Induktive Sensoren 150

Kapazitive Sensoren 151
Temperatursensoren..................... 152
Resistive Kraft- und
 Drucksensoren.......................... 153
Piezoelektrische Kraft- und
 Drucksensoren.......................... 154
Sensoren zur Beschleunigungs-
 messung 154
Optoelektronische Sensoren 155
Digitalisierung 157
Schrittmotor 158
Darstellung pneumatischer
 Systeme 159
Pneumatische Ventile 160
Pneumatische Druckventile 162
Pneumatische Zeitverzögerungs-
 ventile 162
Pneumatische Zylinder 163
Elektropneumatik 164
Grundschaltungen der
 Pneumatik 165
Hydrosysteme 167
Montage pneumatischer bzw.
 hydraulischer Systeme 168

Steuerungstechnik – *Control engineering*

Kennzeichen des Steuerns

- Eingangsgrößen beeinflussen Ausgangsgrößen
- Die Beeinflussung geschieht nach den Gesetzmäßigkeiten, die das System besitzt.
- Ausgangsgrößen werden von Störgrößen beeinflusst
- Offener Wirkungsweg (Steuerkette)

Elemente der Steuerungstechnik [1]

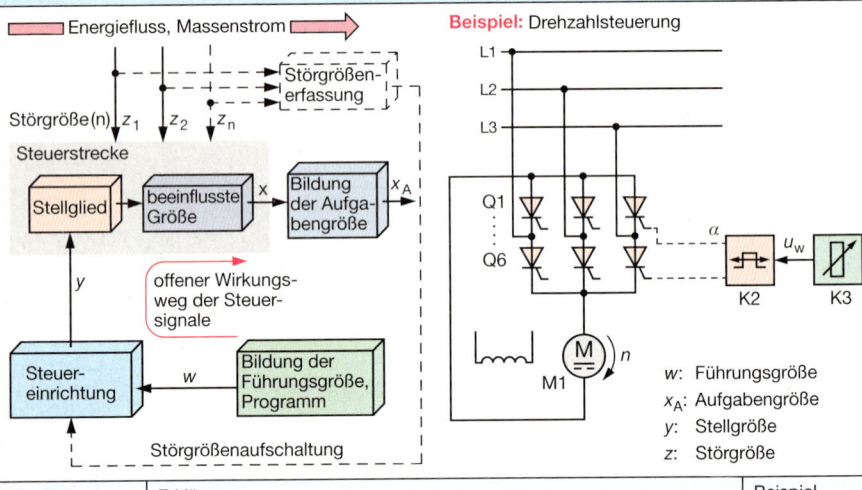

Beispiel: Drehzahlsteuerung

w: Führungsgröße
x_A: Aufgabengröße
y: Stellgröße
z: Störgröße

Bezeichnung	Erklärung	Beispiel
Steuerstrecke	Teil des Systems oder Wirkungsplans, der aufgabengemäß beeinflusst werden soll	Q1 … Q6, M1 K2
Stellglied	Funktionseinheit am Eingang der Strecke, die in den Massenstrom oder Energiefluss eingreift und zur Strecke gehört	Q1 … Q6
Steuereinrichtung	Teil des Wirkungsweges, der die aufgabengemäße Beeinflussung der Strecke über das Stellglied bewirkt	K2
Störgrößenaufschaltung	Störgröße wird direkt gemessen und der Steuereinrichtung als zusätzliche Eingangsgröße zugeführt und ausgesteuert	

Sensor, Aktor

Wirkungsweg

- Physikalische Größe
- **Sensor**
- Steuereinrichtung
- **Aktor**
- Prozess (Arbeitsablauf)

Einteilung der Steuerungen

Elektrische Steuerungen	Pneumatische Steuerungen	Hydraulische Steuerungen
Signalverarbeitung	Programmverwirklichung	
• Synchrone Steuerung • Asynchrone Steuerung • Verknüpfungssteuerung	• Speicherprogrammierbare Steuerung • Freiprogrammierbare Steuerung • Austauschprogrammierbare Steuerung	
Steuerungsablauf	Hierarchische Zuordnung	
• Ablaufsteuerung • Zeitgeführte Ablaufsteuerung • Prozessabhängige Ablaufsteuerung	• Einzelsteuerung • Gruppensteuerung • Prozesssteuerung • Prozesssteuerungsebene	

[1] Größen in der Steuerkette siehe Regelungstechnik

Farben für Drucktaster, Anzeigen und Leuchtdrucktaster
Colours for push-buttons, displays and illuminated push-buttons DIN EN 60 204-1: 98-11

Farbe	Drucktaster/Leuchtdrucktaster		Anzeige (Leuchten)	
	Bedeutung	Anwendung	Bedeutung	Anwendung
ROT	Notfall	**NOT-AUS**	Notfall	Gefahrbringender Zustand, sofort Ausschalten.
GELB	Anormal	Beseitigung anormaler Bedingungen oder unerwünschter Änderungen	Anormal	Kontrolle, ob die physikalische Größe den normalen Bereich überschreitet.
GRÜN	Normal	Vorbereiten, Bestätigen, Start/Ein erlaubt, Stopp/Aus verboten	Normal	Physikalische Größe liegt im normalen Bereich.
BLAU	Zwingend	Rückstellfunktion	Zwingend	Handlung erforderlich, z.B. vorgegebene Werte eingeben.
WEISS			Neutral	Kontrollieren, ob Umschaltung notwendig.
GRAU		START/EIN } bevorzugt		
SCHWARZ		STOPP/AUS } anwenden		

Anschlussbezeichnungen von Schützen und Relais
Terminal markings of contactors and relays

DIN EN 50 005: 77-07
DIN EN 50 011: 78-05
DIN EN 50 012: 78-05

Haupt-schalt-glieder, Schutz-einrich-tungen	Ziffern		Bedeutung	Beispiele
	1	2	1. Schaltglied	
	3	4	2. Schaltglied	
	5	6	3. Schaltglied	
	7	8	4. Schaltglied	
	9	0	5. Schaltglied	

Hilfs-schalt-glieder	Funktionsziffer		Kontaktart	Beispiele
	1	2	Öffner	
	5	6	Öffner, mit besonderer Funktion	
	3	4	Schließer	
	7	8	Schließer, mit besonderer Funktion	
	1 2 4		Wechsler	
	5 6 8		Wechsler, mit besonderer Funktion	

lfd. Nummer [1] (No. 1) — Kontaktart (Öffner)

Antriebe und Auslöser	Antrieb		Anschlussart	Beispiele
	A	magn. Antrieb (Spule)	1 Spulenanfang	
	B	2. Spule	2 Spulenende	
	C	Arbeitsstrom-auslöser	3 Anzapfungen	
	D	Unterspan-nungsauslöser	4 Anzapfungen	
	E	Verriegelungs-auslöser	.	
	U	Motoren	.	
	X	Leuchtmelder	.	

[1] wird bei Hauptkontakten weggelassen.

Schütze – Contactors

Aufbau und Funktion

- Schütze sind Schalter, die durch einen Elektromagneten betätigt werden. Bei Stromfluss (Gleich- oder Wechselstrom) durch eine Spule wird ein Eisenanker angezogen, Kontakte (**Schaltglieder**) werden geschlossen oder geöffnet.
- Bevorzugte Betriebsspannungen: 24 V, 48 V, 110 V, 230 V
- **Hauptschütze (Lastschütze)** werden für das direkte Schalten von elektrischen Maschinen oder elektrischen Geräten in Stromkreisen eingesetzt und besitzen dafür Hauptschaltglieder. Zusätzlich verfügen sie oft über Hilfsschaltglieder (in der Regel bis 10 A belastbar).
- **Hilfsschütze (Steuerschütze)** sind im Prinzip wie Hauptschütze aufgebaut. Mit den Schaltgliedern können Ströme bis 10 A bzw. 16 A geschaltet werden. Mit ihnen werden im Wesentlichen Steuerungsaufgaben realisiert.

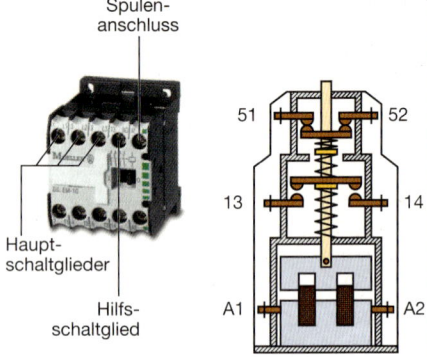

Spulenanschluss

Hauptschaltglieder

Hilfsschaltglied

Anschlussbezeichnungen

- **Spule:** A1 und A2
- **Hauptschaltglieder:** eine Ziffer, z.B. 1 und 2, 3 und 4, …
- **Hilfsschaltglieder:** zwei Ziffern, z.B. für Öffner 21 und 22, für Schließer 13 und 14
  1. Ziffer: Ordnungsziffer (Klemmenreihenfolge von links nach rechts)
  2. Ziffer: Funktionsziffer (1 und 2 für Öffner, 3 und 4 für Schließer)

Beispiel:
Hauptschütz mit 3 Hauptschaltgliedern und 4 Hilfsschaltgliedern (2 Schließer und 2 Öffner)

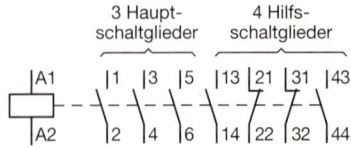

Kennzahl 22 (2 Schließer und 2 Öffner)

Beispiel:
Hilfsschütz mit zwei Etagen.
Untere Etage: 2 Schließer und ein Öffner
Obere Etage: 4 Schließer und ein Öffner

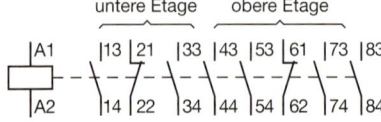

Kennzahl 62 (6 Schließer und 2 Öffner)

Schütze mit Zeitverhalten (Zeitrelais)

Ansprechverzögerung

Der Steuerbefehl wird erst nach Ablauf der voreingestellten Zeit t wirksam. Die Umschaltung bleibt bis zum Abschalten des Spulenstroms bestehen.

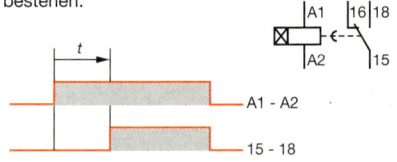

Abfallverzögerung

Das Zeitrelais wird ständig mit Spannung versorgt. Durch den potenzialfreien Schließer erfolgt die Umschaltung. Sie bleibt bis zum Ablauf der Zeit t bestehen.

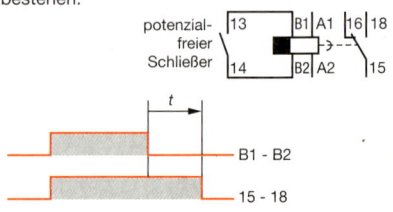

Blinkverhalten (Blinkrelais)

Nach Ablauf der eingestellten Blinkzeit t erfolgt das ständige Umschalten.

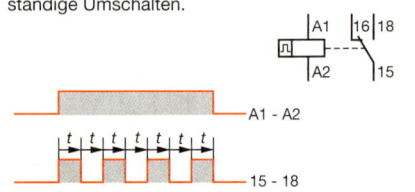

Steuerungen

Elektromagnetische Relais – *Electromagnetic relays*

Ungepoltes Relais

Grundsätzlicher Aufbau

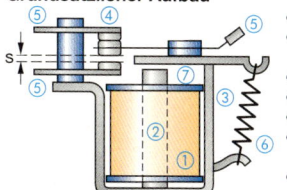

- Spule ①
- Ferromagne-
  tischer Kern ②
- Joch ③
- Kontakte ④
- Zuführungen ⑤
- Rückstell-
  feder ⑥
- Beweglicher
  Anker ⑦

Relais in Kompaktbauweise

- Der Ankerluftspalt liegt in der Mitte der Spule.
- Das Innere der Spule ist die schutzgasgefüllte Kontaktkammer.

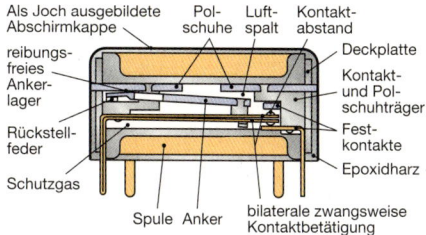

Als Joch ausgebildete Abschirmkappe — Pol-schuhe — Luft-spalt — Kontakt-abstand
reibungs-freies Anker-lager
Rückstell-feder
Schutzgas
Spule Anker bilaterale zwangsweise Kontaktbetätigung
Deckplatte
Kontakt- und Pol-schuhträger
Fest-kontakte
Epoxidharz

Reed-Relais

Grundsätzlicher Aufbau

Schutzgas (oder evakuiert)

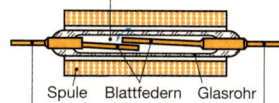

Spule Blattfedern Glasrohr
Anschlüsse für den Last- oder Anzeigekreis

- Verschlossenes Gasröhrchen mit zwei einge-schmolzenen ferromagnetischen Kontaktzungen (engl.: reed).
- Erregerspule umschließt das Glasröhrchen.

Sicherheitsrelais

- Mindestens zwei voneinander unabhängig in Serie geschaltete Kontakte ①. Wenn einer der Kontakte verschweißt, so muss der in Serie liegende zweite Kontakt die Abschaltung über-nehmen.
- Die Kontakte im Kontaktsatz sind miteinander zwangsgeführt ②.

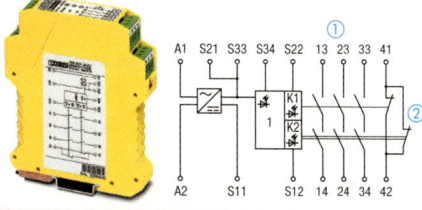

Schutzarten

- **RT 0** (Unenclosed relay)
  Offenes und somit ungeschütztes Relais
- **RT I** (Dust protection relay)
  Staubgeschützt mit Kapselung, bewegliche Teile sind geschützt
- **RT II** (Flux proof relay)
  Gegen Flussmittel geschützt (bei Lötarbeiten)
- **RT III** (Wash tight relay)
  Waschdicht, geeignet für Lötbadverarbeitung mit anschließendem Waschverfahren
- **RT IV** (Sealed relay)
  Das Relais ist so gekapselt, dass keine Umge-bungsatmosphäre eindringen kann.
- **RT V** (Hermetically sealed relay)
  Hermetisch dichtes Relais, höchste Qualitäts-stufe
  (EN 116000-3, IEC 61810-7)

Schutzbeschaltungen

Funktion:

- Belastung der Kontakte reduzieren
- Schutz der elektronischen Bauelemente vor hohen Induktionsspannungen (Stromänderung in der Spule)

Gleichstromschutzbeschaltung
- **Freilaufdiode**

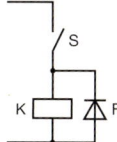 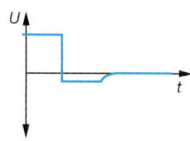

Abschaltspannung 0,7 V (Silizium-Diode), geringe Kosten, geringer Platzbedarf

Wechselstrom- u. Gleichstromschutzbeschaltung
- **RC**

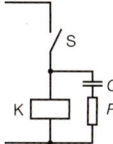 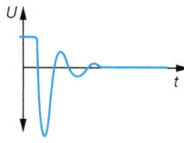

Hohe Stromspitze, großer Platzbedarf

- **Varistor**

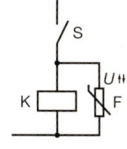 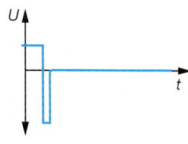

Große Überspannung, großer Platzbedarf

Elektronische Relais – *Electronic relays*

Aufbau und Bezeichnungen

- Elektronisches Lastrelais (**ELR**)
- Halbleiterrelais
- Halbleiterlastrelais
- Halbleiterschütz
- **SSR** (Solid State Relay)

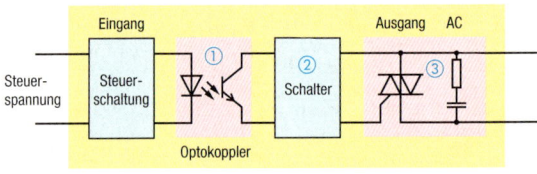

Funktion und Schaltverhalten

- Eingangsschaltung mit Optokoppler ① (galvanische Trennung zwischen Ein- und Ausgang)
- Schalter ② (bei Wechselspannung in der Regel Nullspannungsschalter)

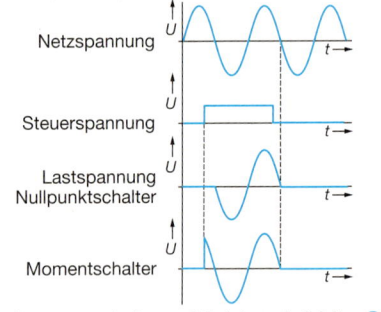

- Ausgangsschaltung mit Leistungshalbleiter ③ bei
  - Gleichspannung: Bipolarer Transistor, MOS-FET, Thyristor
  - Wechselspannung: Triac, antiparallele Thyristoren

Vor- und Nachteile von Schaltgeräten

Eigenschaft	mechanisch	elektronisch
Steuerleistung	–	
Lebensdauer	–	+
Prellverhalten	–	+
Schaltzeiten	–	+
Schalthäufigkeit	–	+
Kontaktzahl und -art	+	–
Galvanische Trennung, Leckstrom	+	–
Lebensdauer	–	+
Schaltgeräusch	–	+
Korrosionsfestigkeit	–	+
Verlustleistung	+	–
Nullpunktschaltend	–	+

Eingangsschaltungen (Prinzip)

Gleichspannung	Wechselspannung

Ausgangsschaltungen Gleichspannung

Zweileiterausgang

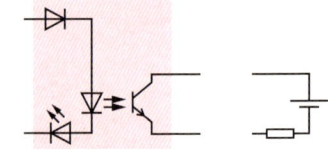

Dreileiterausgang

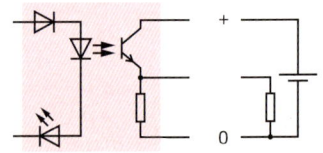

Schutzbeschaltungen bei induktiver Last

Gleichspannung	Wechselspannung

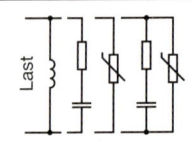

Elektronisches Relais für 3 Phasen

Beispiel:

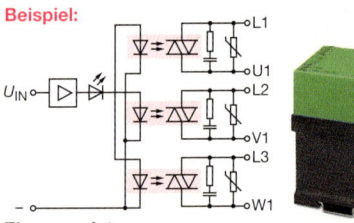

Eingangsdaten

Steuerspannung:	24 V DC ± 20 %
Eingangsstromstärke:	ca. 8 mA

Ausgangsdaten

Betriebsspannung:	400 V AC, 50/60 Hz
Betriebsspannungsbereich:	110 … 440 V AC
Max. Dauerlaststromstärke:	3×9 A
Sperrspannung:	800 V
Prüfspannung Ein-/Ausgang:	$2{,}5$ kV$_{\text{eff}}$

Steuerungen

Sicherheitskategorien für Steuerungen – *Safety categories of control*

Sicherheitsnormen

- Sicherheitskategorien sind für jede Art von Steuerungen gültig (elektrisch, hydraulisch, pneumatisch, mechanisch) und legen das erforderliche Verhalten der sicherheitsbezogenen Teile einer Steuerung in Bezug auf deren Widerstandsfähigkeit gegen Fehler auf der Grundlage der Vorgehensweise bei der Gestaltung fest.
- Wenn eine Sicherheitsfunktion durch mehrere Teile ausgeführt wird (z. B. Sensoren, Überwachungsbausteine), können diese Teile einer und/oder mehreren Kategorien in Kombination angehören.

Gruppennormen B-Normen	
EN 294	Sicherheitsabstände
EN 394	Mindestabstände
EN 418	Not-Aus-Einrichtungen
EN 574	Zweihandschaltung
EN 953	Trennende Schutzeinrichtungen (TSE)
EN 954-1	Sicherheitsrelevante Teile von Steuerungen
EN 1037	Energiezufuhr und Energieabbau
EN 1088	Verriegelungseinrichtungen
EN 60204	Elektrische Ausrüstung von Maschinen
EN 61496	Berührungslos wirkende Schutzeinrichtungen (BWS)

Grundnormen A-Normen	
EN 292	Allgemeine Gestaltungsleitsätze
EN 1050	Risikobeurteilung

Produktnormen C-Normen

Sicherheitskategorien nach DIN EN 954-1

Kategorie B
Die sicherheitsbezogenen Teile müssen in Übereinstimmung mit den zutreffenden Normen so gestaltet, gebaut, ausgewählt und kombiniert werden, dass sie den zu erwartenden Einflüssen standhalten können. Die Anforderungen der Kategorie B sind Voraussetzung für die Kategorien 1 bis 4.

Kategorie 1 [1]	Kategorie 2 [2]	Kategorie 3 [2]	Kategorie 4 [2]
Anforderungen			
Bewährte Bauteile und die bewährten Sicherheitsprinzipien müssen angewendet werden.	Die Sicherheitsfunktion muss in geeigneten Zeitabständen durch die Maschinensteuerung geprüft werden.	Sicherheitsbezogene Teile müssen so gestaltet sein, dass 1. ein einzelner Fehler in jedem dieser Teile nicht zum Verlust der Sicherheitsfunktion führt und 2. wann immer in angemessener Weise durchführbar, der einzelne Fehler erkannt wird.	Sicherheitsbezogene Teile müssen so gestaltet sein, dass 1. ein einzelner Fehler in jedem dieser Teile nicht zum Verlust der Sicherheitsfunktion führt und 2. der Fehler bei oder vor der nächsten Anforderung an die Sicherheitsfunktion erkannt wird oder wenn dies nicht möglich ist, darf eine Anhäufung von Fehlern dann nicht zum Verlust der Sicherheitsfunktion führen.

zunehmende Sicherheit →

Systemverhalten			
Ein Fehler kann zum Verlust der Sicherheitsfunktion führen, aber die Wahrscheinlichkeit des Auftretens ist geringer als in Kategorie B.	Wenn ein Fehler zwischen den Prüfungen auftritt, kann dies zum Verlust der Sicherheitsfunktion führen. Ein Verlust der Sicherheitsfunktion wird durch die Prüfung erkannt.	Wenn ein einzelner Fehler auftritt, bleibt die Sicherheitsfunktion immer erhalten. Einige, aber nicht alle Fehler werden erkannt. Eine Anhäufung unerkannter Fehler kann zum Verlust der Sicherheitsfunktion führen.	Wenn Fehler auftreten, bleibt die Sicherheitsfunktion immer erhalten. Die Fehler werden rechtzeitig erkannt, um einen Verlust der Sicherheitsfunktion zu verhindern.

[1] Die Anforderungen von B müssen erfüllt sein. [2] Die Anforderungen von B und die Verwendung bewährter Sicherheitsprinzipien müssen erfüllt sein.

Not-Aus – *Emergency stop*

EN 418: 01-93; VDE 0113-1: 98-11

Anwendungen	Aufgaben/Ziele
• Pumpeneinrichtungen für brennbare Flüssigkeiten • Lüftungsanlagen • Große Gebäude (Produktionsgebäude, Warenhäuser, …) • Elektrische Prüf- und Forschungseinrichtungen • Räume für Ausbildungszwecke, Laboratorien • Heizungs- und Kesselanlagen • Großküchen • Elektrische Maschinen	Gefahren entstehen z. B. durch Fehlfunktion einer Anlage, fehlerhaftes zu bearbeitendes Material, Fehlerbedienung, usw. • Aufkommende/Bestehende Gefahren für Personen, Maschinen oder Arbeitsgut abwenden/mindern. • Nach Betätigen der Not-Aus-Einrichtung muss die Gefahr automatisch und in bestmöglicher Weise abgewendet werden.

Elektrische Maschinen

• Bei elektrischen Maschinen wird statt Not-Aus der Begriff „Stillsetzen im Notfall" verwendet.	• Nach einer Gefährdungsanalyse wird eine Stopp-Kategorie für das Stillsetzen im Notfall bestimmt.

Stopp-Kategorie	Bedeutung
0	• unverzögertes Ausschalten der Versorgungsspannung • Stillsetzung durch natürliche Gegenmomente, Auslösen ungesteuerter Bremsen (elektrisch/mechanisch)
1	• Einsatz bei Gefahr: Anlage wird ungesteuert stillgesetzt. • Anlage bleibt unter Spannung bis der Stillstand eingetreten ist. • Mit Energieeinsatz Gefährdung abwenden (z. B. Gegenstrombremsen, Anheben von Walzen, …)
2	• Die Anlage wird gesteuert stillgesetzt. • Die Energiezufuhr wird nicht abgeschaltet. • Nur für betriebsmäßiges Stillsetzen, nicht für Handlungen im Notfall zugelassen.

Anforderungen	Beispiel
• Not-Aus-Einrichtung muss jederzeit verfügbar sein. • Einmalige Betätigung muss zu unverzögertem, nicht verhinderbarem Abschalten/Stillsetzen führen. • Rückstellung der Not-Aus-Betätigung darf keinen Wiederanlauf verursachen. • Stromkreise ausschliessen, deren Abschaltung eine zusätzliche Gefährdung verursacht (z. B. Licht). • Eine einzige Handlung durch eine Person muss Not-Aus ermöglichen. • Not-Aus-Einrichtung darf ausreichende Schutzmaßnahmen sowie automatische Sicherheitseinrichtungen nicht ersetzen. • Bedienelemente sind Taster (Pilz- oder Palmenkopf), Zugschalter, Trittschalter. • Eindeutige Kennzeichnung (vorzugsweise rot); bei Maschinen rot mit gelbem Hintergrund. • Schaltgerät muss nach Betätigung verklinken oder verrasten. Ausnahme: Geräte für Not-Aus-Betätigung und Wiedereinschaltung unter Aufsicht einer Person. • Bedienelemente an den Gefahrenstellen und leicht zugänglich anordnen; ggf. auch an entfernten Stellen (z. B. Ausgang).	Anordnung in Kfz-Werkstatt: Bedienelement:

Steuerungen mit Schützen – *Contactor controllers*

Direktes Schalten von Drehstrommotoren

Umsteuern der Drehrichtung von Drehstrommotoren

Stern-Dreieck-Anlassen

Stern-Dreieck-Anlassen in 2 Drehrichtungen

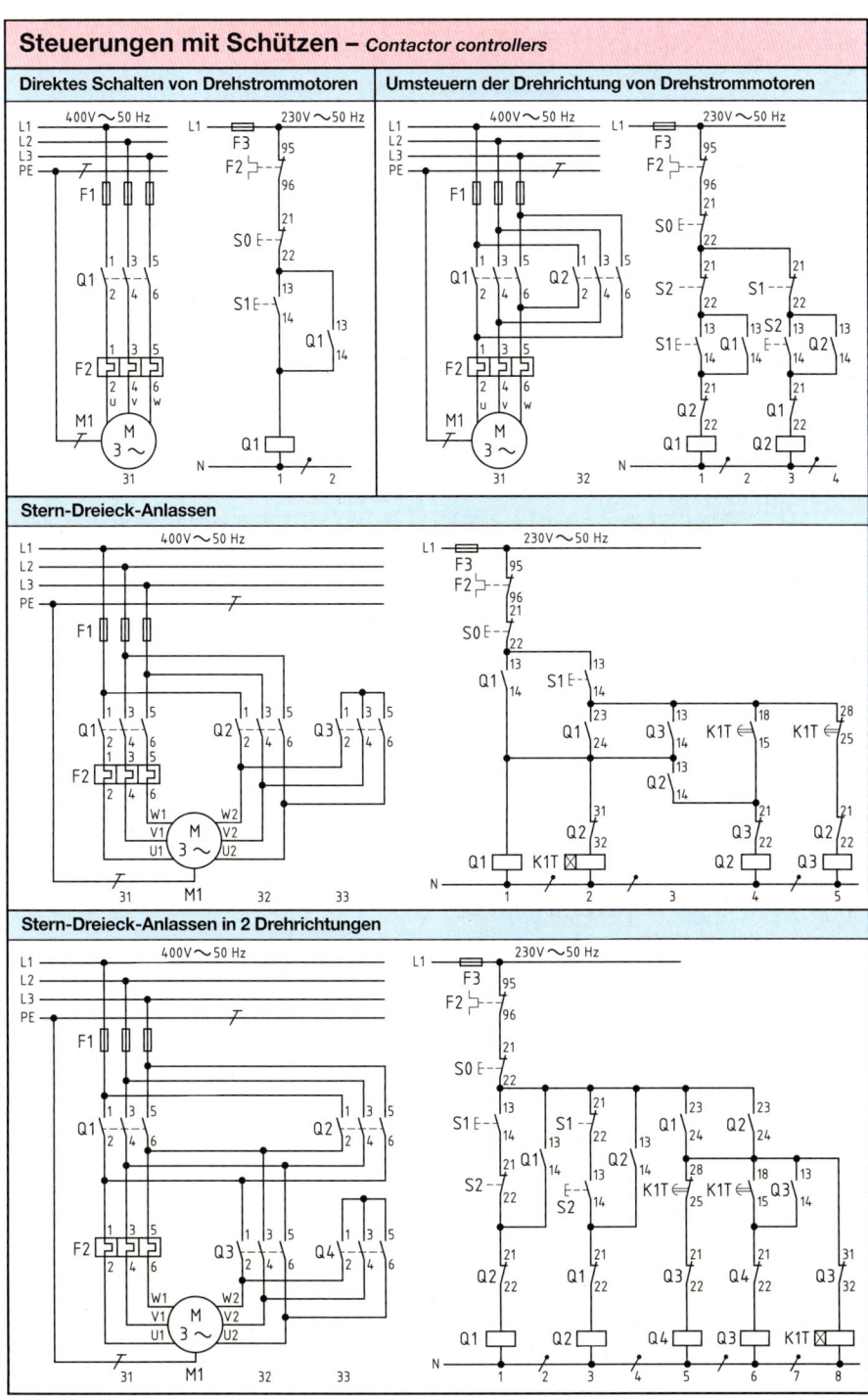

Steuerungen mit Schützen – *Contactor controllers*

Polumschaltbarer Drehstrommotor mit 2 Drehzahlen, 1 Drehrichtung, 1 Wicklung (Dahlander-Schaltung)

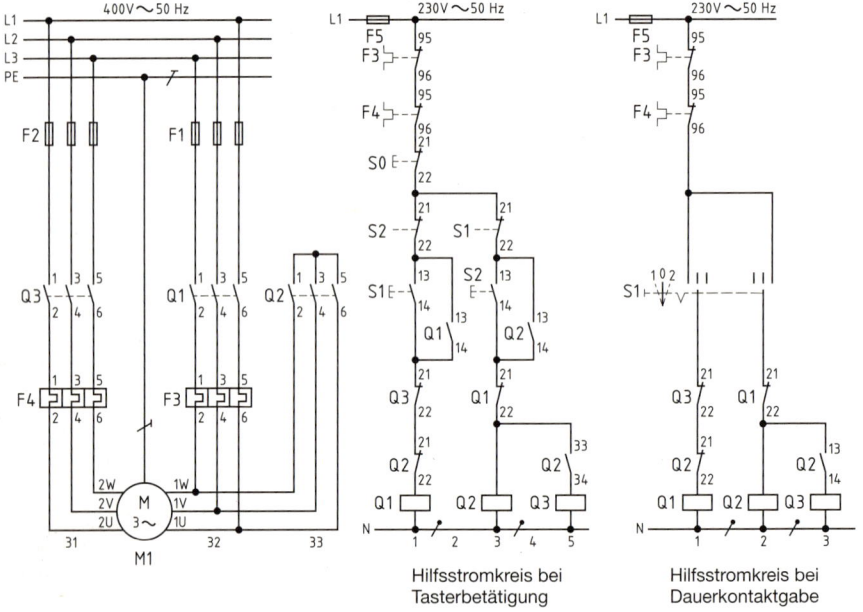

Hilfsstromkreis bei
Tasterbetätigung

Hilfsstromkreis bei
Dauerkontaktgabe

Polumschaltbarer Drehstrommotor mit 2 getrennten Wicklungen, 2 Drehzahlen, 2 Drehrichtungen

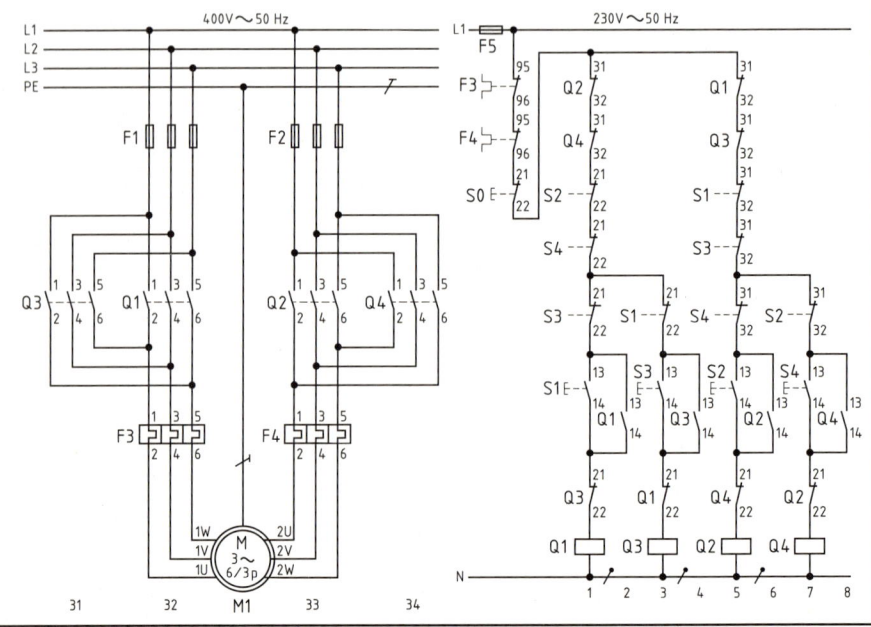

Speicherprogrammierbare Steuerungen (SPS)
Programmable logic controllers (PLC)

DIN EN 61131-3: 94-08

Funktionsprinzip

Programmiersprachen für SPS

Bezeichnung, deutsch	Abk.	Bezeichnung, englisch	Abk.	Eigenschaften
Textuelle Sprachen				
Anweisungsliste	AWL	Instruction List	IL	Geringer genormter Operationsumfang (ca. 20 Operat.)
Strukturierter Text	ST	Structured Text	ST	Hochsprache, geeignet für komplexe Rechenaufgaben
Ablaufsprache textuelle Variante	AS	Sequential Function Chart	SFC	Für Programmierung von Ablaufketten gut geeignet (kaum gebräuchlich)
Grafische Sprachen				
Kontaktplan	KOP	Ladder Diagram	LD	Dem herkömmlichen Stromlaufplan sehr ähnlich, im Wesentlichen auf boolesche Elemente beschränkt
Funktionsbausteinsprache	FBS	Function Block Diagram	FBD	Wegen Analogie zu herkömmlichen Funktionsplänen sehr anschaulich
Ablaufsprache, grafische Variante	AS	Sequential Function Chart	SFC	Für Programmierung von Ablaufketten gut geeignet

Operatoren für Sprachen AWL und ST

AWL	Mod.[1]	ST	Bedeutung
LD	N		Setzt aktuelles Ergebnis dem Operanden gleich.
ST	N		Speichert aktuelles Ergebnis auf die Operanden-Adresse.
S			Setzt booleschen Operator auf 1.
R			Setzt booleschen Operator auf 0.
AND, &	N, (	AND, &	Boolesches UND
OR	N, (	OR	Boolesches ODER
XOR	N, (	XOR	Boolesch. EXKLUSIV-ODER
ADD	(	+	Addition
SUB	(	−	Subtraktion
MUL	(	*	Multiplikation
DIV	(	/	Division
GT	(	>	Vergleich: >
GE	(	> =	Vergleich: > =
EQ	(	=	Gleichheit
NE	(	< >	Ungleichheit
LE	(	< =	Vergleich: < =
LT	(	<	Vergleich: <
JMP	C, N		Sprung zur Marke
CAL	C, N		Aufruf Funktionsbaustein
RET	C, N		Rücksprung von Funktion oder Funktionsbaustein

[1] Modifizierer (für AWL)

Modifizierer für AWL

Modifizier.	Bedeutung
N	Boolesche Negation des Operanden
C	Ausführung der Anweisung nur bei boolescher "1" des Ergebnisses (oder "0", falls Operator mit "N" verknüpft)
(	Rückstellung der Auswertung des Operators bis Operator ")" erscheint
)	Bearbeitung der zurückgestellten Operation

Eingangsoperatoren von Standard-FB für AWL

FB-Typ	Operator	FB-Typ	Operator
SR	S1,R	CTU	CU,R,PV
RS	S,R1	CTD	CD,LD,PV
R_TRIG	CLK	CTUD	CU,CD,R,LD,PV
F_TRIG	CLK	TP	IN,PT
		TON,TOF	IN,PT

Anweisungen für Sprache ST

Anweisungstyp	Bedeutung
: =	Zuweisung
RETURN	Rücksprung
IF, CASE	Auswahlanweisungen
FOR	Zählschleife
WHILE	Abweisende Schleife
REPEAT	Nicht abweis. Schleife
EXIT	Schleifenabbruch
Bausteinname (Parameter)	Bausteinaufruf

Speicherprogrammierbare Steuerungen (SPS)
Programmable logic controllers (PLC)

DIN EN 61131-3: 94-08

Variable, Präfixe für Speicherort und Größe

Aufbau	Präfix	Bedeutung	Präfix	Bedeutung
% I X 2.4 — Speicherort / Bitgröße / Eingang / absolute Adresse	I	Speicherort Eingang	B	Byte-(8 bit) Größe
	Q	Speicherort Ausgang	W	Wort-(16 bit) Größe
	M	Speicherort Merker	D	Doppelwort-(32 bit) Größe
	X	(Einzel-) Bit-Größe	L	Langwort-(64 bit) Größe

Elemente grafischer Sprachen (KOP, FBS)

Boolesche Funktionen		Bistabile Funktionen		Bitschiebe-Funktionen	
Darstellung	Bedeutung	Darstellung	Bedeutung	Darstellung	Bedeutung
—o—	Negierter Eingang	SR / S1 Q1 / R	Speicher, vorrangig Setzen	IN N Q ✱✱✱	• SHR: rechts schieben • SHL: links schieben • ROR: rechts rotieren • ROL: links rotieren
	negierter Ausgang	RS / S Q1 / R1	Speicher, vorrangig Rücksetzen		

		Arithmetische Standardfunktionen	Zeitfunktionen	
ANY_BIT — ✱✱✱ — ANY_BIT • ANY_BIT —		ANY_NUM — ✱✱✱ — ANY_NUM • ANY_NUM —	TP / IN Q / PT ET	Zeitgeber, Puls
ANY_BIT: Bool, Byte, Word…		ANY_NUM: Int, Real…	TON / IN Q / PT ET	Zeitgeber, Einschaltverzögerung

✱✱✱	Symbol	✱✱✱	Symbol	✱✱✱	Symbol		
AND	&	ADD	+	MOD		TOF / IN Q / PT ET	Zeitgeber, Ausschaltverzögerung
OR	>=1	MUL	*	EXPT	✱✱		
XOR		SUB	-	MOVE	:=		
NOT		DIV	/				

Standard-Funktionsbausteine

Bezeichnung	Grafische Sprachen	ST-Sprache
Semaphore, "Test u. Setzen", nicht unterbrechbar	BOOL — SEMA CLAIM / BUSY — BOOL / BOOL — RELEASE	VAR X : BOOL := 0 ; END_VAR BUSY := X ; IF CLAIM THEN X := 1 ; ELSIF RELEASE THEN BUSY := 0 ; X := 0 ; END_IF
Flankenerkennung, steigende Flanke	BOOL — R_TRIG / CLK Q — BOOL	VAR_INPUT CLK : BOOL ; END_VAR VAR_OUTPUT Q : BOOL ; END_VAR VAR M : BOOL := 0 ; END_VAR Q := CLK AND NOT M ; M := CLK ;
Flankenerkennung, fallende Flanke	BOOL — F_TRIG / CLK Q — BOOL	VAR_INPUT CLK : BOOL ; END_VAR VAR_OUTPUT Q : BOOL ; END_VAR VAR M : BOOL := 1 ; END_VAR Q := NOT CLK AND NOT M ; M := NOT CLK ;
Aufwärtszähler	BOOL — CU CTU Q — BOOL / BOOL — R / INT — PV CV — INT	IF R THEN CV := 0 ; ELSIF CU AND (CV < PVmax) THEN CV := CV + 1 ; END_IF ; Q := (CV >= PV) ;
Abwärtszähler	BOOL — CD CTD Q — BOOL / BOOL — LD / INT — PV CV — INT	IF LD THEN CV := PV ; ELSIF CD AND (CV > PVmin) THEN CV := CV – 1 ; END_IF ; Q := (CV <= 0) ;

Speicherprogrammierbare Steuerungen (SPS)
Programmable logic controllers (PLC)

DIN EN 61131-3: 94-08

Elemente für Sprache KOP (Kontaktplan)			Beispiel: Programmierung in FBS, KOP, AWL
Darstellung	Bedeutung		FBS

Statische Kontakte

-- I I --	Schließer
-- I / I --	Öffner

Verknüpfungen	Bedeutung	Zum Vergl. in FBS
-- I I --- I I --	UND	&
--+- I I -+-- I I +- I I -+	ODER	>=1

Kontakte zur Erkennung von Übergängen

-- I P I --	Kontakt zur Erkennung von positivem Übergang
-- I N I --	Kontakt zur Erkennung von negativem Übergang

Spulen

--( )--	Spule
--(/)--	Negative Spule
--(S)--	SETZE-Spule
--(R)--	RÜCKSETZE-Spule
--(M)--	Gepufferte (Speicher)-Spule
--(SM)--	SETZE-gepufferte (Speicher)-Spule
--(RM)--	RÜCKSETZE-gepufferte (Speicher)-Spule
--(P)--	Spule zur Erkennung von positivem Übergang
--(N)--	Spule zur Erkennung von negativem Übergang

FBS

```
                          Z1
                        ┌──────┐
%I1.1 ─┐                │ CTU  │
       │ & ├─┐ ┌──────┐ │CU   Q├─ %Q2.1
%I1.2 ─┘    └─┤ >=1  ├─┤      │
%I3.1 ─┐      │      │ │ R    │
       │ & ├──┘ └────┘ │      │
%I3.2 ─┘         10 ─┤PV   CV ├─
                        └──────┘
```

KOP

```
                              Z1
                            ┌──────┐
  %I1.1    %I1.2            │ CTU  │  %Q2.1
 ──┤ ├──────┤ ├────────────┤CU   Q├──( )──
                            │      │
  %I3.1    %I3.2           ─┤ R    │
 ──┤ ├──────┤ ├──           │      │
                    10 ────┤PV   CV├─
                            └──────┘
```

AWL [1]	AS-Operationsbefehle
LD (%I1.1 AND %I1.2) OR (%I3.1 AND %I3.2)	N nicht gespeichert, d.h. während des Schrittes gesetzt R vorrangiges Rücksetzen S vorrangiges Setzen L mit Zeitangabe D mit Zeitangabe verzögert (delay) P Impuls
CU Z1 LD 10 PV Z1	SD gespeichert mit Zeitangabe DS verzögert und gespeichert mit Zeitangabe
LD Z1.Q ST %Q2.1	SL gespeichert und zeitbegrenzt mit Zeitangabe

Elemente der Ablaufsprache (AS)

Schritt- und Transitionsbedingungen	Beispiel (unterscheide vom Funktionsplan, IEC 848!)

```
     │
+-------+
| STEP5 |         Vorgängerschritt
+-------+
+ %IX.4 & %IX2.3    Transitionsbedingung,
                    hier in ST-Sprache
+-------+
| STEP6 |          Nachfolgeschritt
+-------+
     │
```

```
              | STEP5 |
              +-------+
  %IX2.4 %IX2.3       |    Transitionsbedingung,
+-- ||------ ||-------+    in KOP-Sprache
|                     |
              +-------+
              | STEP6 |
```

```
              | STEP5 |
              +-------+
         +-----+      |
         |  &  |      |
%IX2.4 --|     |------+   Transitionsbedingung,
%IX2.3 --|     |      |   in FBS-Sprache
         +-----+      |
              +-------+
              | STEP6 |
```

```
     ┌────>───────────┐
     │      ┌────┐     │
     │      │ S1 │    Anlaufschritt
     │     ─┤ T1
     │    ┌──┴──┐
     │ ┌──┤     ├──┐    Parallel-
     │ │ S2 │ │ S3 │    verzweigung
     │ └──┬─┘ └─┬──┘    (UND)
     │    │     │
     │   ─┤ T2 ─┤ T4
     │  ┌─┴─┐ ┌─┴─┐
     │  │S4 │ │S5 │
     │  └─┬─┘ └─┬─┘
     │   ─┤ T3 ─┤ T5    Alternativ-
     │        ┌─┴─┐     verzweigung
     │        │S6 │     (ODER)
     │        └─┬─┘
     │         ─┤ T6
     │      ┌───┴──┐
     │      │  S7  │
     │      └───┬──┘
     │         ─┤ T7
     └────<─────┘
```

[1] Datentyp der Operatoren: BOOL

Speicherprogrammierbare Steuerungen (SPS)
Programmable logic controllers

DIN EN 61131-3: 03-12

Erstellung eines SPS-Projektes	Problemstellung

Erstellung eines SPS-Projektes

Problemstellung

↓

Funktionsbeschreibung erstellen

↓

Betriebsmittel auswählen

↓

Zuordnungsliste erstellen

↓

Verdrahtung mit der SPS herstellen

↓

Anwendungsprogramm erstellen (FBS, KOP, AWL)

↓

Anwendungsprogramm zur SPS übertragen

Problemstellung

In einem Dampfkessel wird ein Produktionsstoff unter Druck vermischt, erhitzt und abgepumpt.

Aus sicherheitstechnischen Gründen wird die Funktion der Temperatursensoren angezeigt und überwacht.

Funktionsbeschreibung:

• Die Meldeleuchte P10 zeigt die Funktionsfähigkeit der Sensoren B10 und B11 an.

• Die Meldeleuchten P11 und P12 melden den Ausfall des jeweils zugeordneten Sensors.

• Der Ausfall beider Sensoren wird durch den Melder P13 akustisch angezeigt. Die Melder P10 bis P12 leuchten nicht.

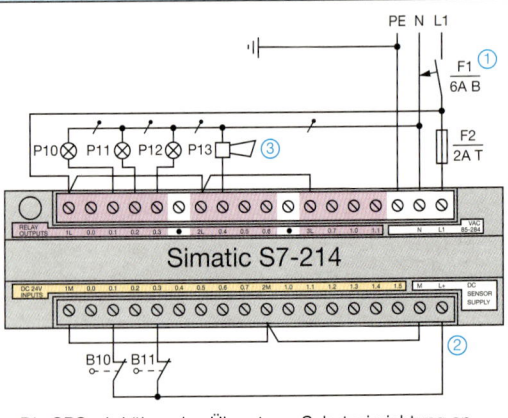

Anwendungsprogramm	Anschlussbeispiel

Zuordnungsliste:

Name	Adresse	Kommentar
B10	I0.1	Drucksensor 1
B11	I0.2	Drucksensor 2
P10	Q0.1	B10 und B11 arbeiten
P11	Q0.2	B10 ausgefallen
P12	Q0.3	B11 ausgefallen
P13	Q0.4	B10 und B11 ausgefallen

Anweisungsliste (AWL):

NETWORK 1 //B10 und B11 arbeiten
LD I0.1
O   I0.2
=   Q0.1

NETWORK 2 //B10 ausgefallen
LDN I0.1
A   I0.2
=   Q0.2

NETWORK 3 //B11 ausgefallen
LD I0.1
AN I0.2
=   Q0.3

NETWORK 4 //B10 und B11 ausgefallen
LDN I0.1
AN I0.2
=   Q0.4

Anschlussbeispiel

Simatic S7-214

• Die SPS wird über eine Überstrom-Schutzeinrichtung an 230 V angeschlossen ①.

• Die Speisung der Steuerspannung ② (24 V DC) für die Sensoren erfolgt über einen kurzschlussfesten Ausgang an der SPS. 24 V am Eingang = 1-Signal; 0 V am Eingang = 0-Signal

• Die Aktoren werden über die Ausgänge Q0.0 bis Q1.1 angeschlossen (Strombelastbarkeit: I_n = 2 A). ③

• Der Leitungsschutz-Schalter F1 schützt gleichzeitig die Ausgänge.

Steuerungen

Schaltalgebra – *Boolean algebra*

Konjunktion (UND-Funktion)	Disjunktion (ODER-Funktion)	Negation (NICHT-Verknüpfung)
$x = a \wedge 0 = 0$ $x = a \wedge 1 = a$ $x = a \wedge a = a$ $x = a \wedge \bar{a} = 0$	$x = a \vee 0 = a$ $x = a \vee 1 = 1$ $x = a \vee a = a$ $x = a \vee \bar{a} = 1$	$x = \bar{a}$ $\qquad x = \bar{\bar{a}} = a$ $x = \bar{\bar{\bar{a}}} = \bar{a}$ $\qquad x = \bar{\bar{\bar{\bar{a}}}} = a$

Rechenregel	Schaltungsbeispiel

Vertauschungsregel (Kommutatives Gesetz)

$x = a \wedge b = b \wedge a$
$x = a \vee b = b \vee a$

Verbindungsregel (Assoziatives Gesetz)

$x = a \wedge \; b \wedge c \; = a \wedge (b \wedge c)$
$\quad = b \wedge (a \wedge c) = c \wedge (a \wedge b)$
$x = a \vee \; b \vee c = a \vee (b \vee c)$
$\quad = b \vee (a \vee c) = c \vee (a \vee b)$

Verteilungsregel (Distributives Gesetz)

$x = \; a \wedge b \; \vee \; a \wedge c \; = a \wedge (b \vee c)$

UND-Funktion geht vor ODER-Funktion

$x = (a \vee b) \wedge (a \vee c) = a \vee (b \wedge c)$

De Morgansches Gesetz

$x = a \wedge b = \overline{\bar{a} \vee \bar{b}}$

$x = a \vee b = \overline{\bar{a} \wedge \bar{b}}$

$x = \overline{a \wedge b} = \bar{a} \vee \bar{b}$

$x = \overline{a \vee b} = \bar{a} \wedge \bar{b}$

Vereinfachungen

$x = a \wedge (a \vee b) = a$

$x = a \vee \; a \wedge b = a$

$x = a \wedge (\bar{a} \vee b) = a \wedge b$

$x = a \vee (\bar{a} \wedge b) = a \vee b$

$x = a \vee \bar{a} \wedge \bar{b} = a \vee \bar{b}$
$x = \bar{a} \vee a \wedge b = \bar{a} \vee b$
$x = \bar{a} \vee a \wedge \bar{b} = \bar{a} \vee \bar{b}$

Verknüpfungsbausteine – *Logic gates*

DIN 66 000: 85-11

Steuerungen

Schaltzeichen	Schaltfunktion, Benennung	Wertetabelle a	b	x	Beispiel mit Kontakten	Benennung
&	$x = a \wedge b$ **UND-Verknüpfung** (Konjunktion)	0	0	0	S1 S2 E1	$x = a \wedge b$ (a und b)
		0	1	0		
		1	0	0		
		1	1	1		
≥1	$x = a \vee b$ **ODER-Verknüpfung** (Disjunktion)	0	0	0	S1 S2 E1	$x = a \vee b$ (a oder b)
		0	1	1		
		1	0	1		
		1	1	1		
1	$x = \bar{a}$ **NICHT** (Negation)	0	–	1	S1 E1	$\neg a$ (nicht a)
		1	–	0		
		–	–	–		
		–	–	–		
&	$x = \overline{a \wedge b}$ **NAND-Verknüpfung**	0	0	1	S1 S2 E1	$x = a \bar{\wedge} b$ (a nand b)
		0	1	1		
		1	0	1		
		1	1	0		
≥1	$x = \overline{a \vee b}$ **NOR-Verknüpfung**	0	0	1	S1 S2 E1	$x = a \bar{\vee} b$ (a nor b)
		0	1	0		
		1	0	0		
		1	1	0		
=1	$x = (a \wedge \bar{b}) \vee (\bar{a} \wedge b)$ **Exklusiv-ODER** (Antivalenz)	0	0	0	S1 S2 E1	$x = a \nLeftrightarrow b$ (a xor b)
		0	1	1		
		1	0	1		
		1	1	0		
=	$x = (a \wedge b) \vee (\bar{a} \wedge \bar{b})$ **Exklusiv-NOR** (Äquivalenz)	0	0	1	S1 S2 E1	$x = a \leftrightarrow b$ (a Doppelpfeil b)
		0	1	0		
		1	0	0		
		1	1	1		
&	$x = \bar{a} \wedge b$ **Sperrgatter** (Inhibition)	0	0	0	S1 S2 E1	
		0	1	1		
		1	0	0		
		1	1	0		
≥1	$x = \bar{a} \vee b$ **Subjunktion** (Implikation)	0	0	1	S1 S2 E1	$x = a \rightarrow b$ (a Pfeil b)
		0	1	1		
		1	0	0		
		1	1	1		

UND durch ODER

a & x ⟹ a 1, b 1, ≥1, 1 → x

ODER durch UND

a ≥1 x ⟹ a 1, b 1, & 1 → x

NAND durch ODER

a & x ⟹ a 1, b 1, ≥1 → x

NOR durch UND

a ≥1 x ⟹ a 1, b 1, & → x

Ersetzen von Verknüpfungsgliedern

Man erhält gleichwertige Verknüpfungsglieder, wenn:

1. alle & durch ≥,

2. alle ≥ durch & ersetzt und

3. alle Anschlüsse gegenüber dem Ausgangszustand invertiert werden. (Ausnahme: NICHT-Glied)

Kippschaltungen – *Trigger circuits*

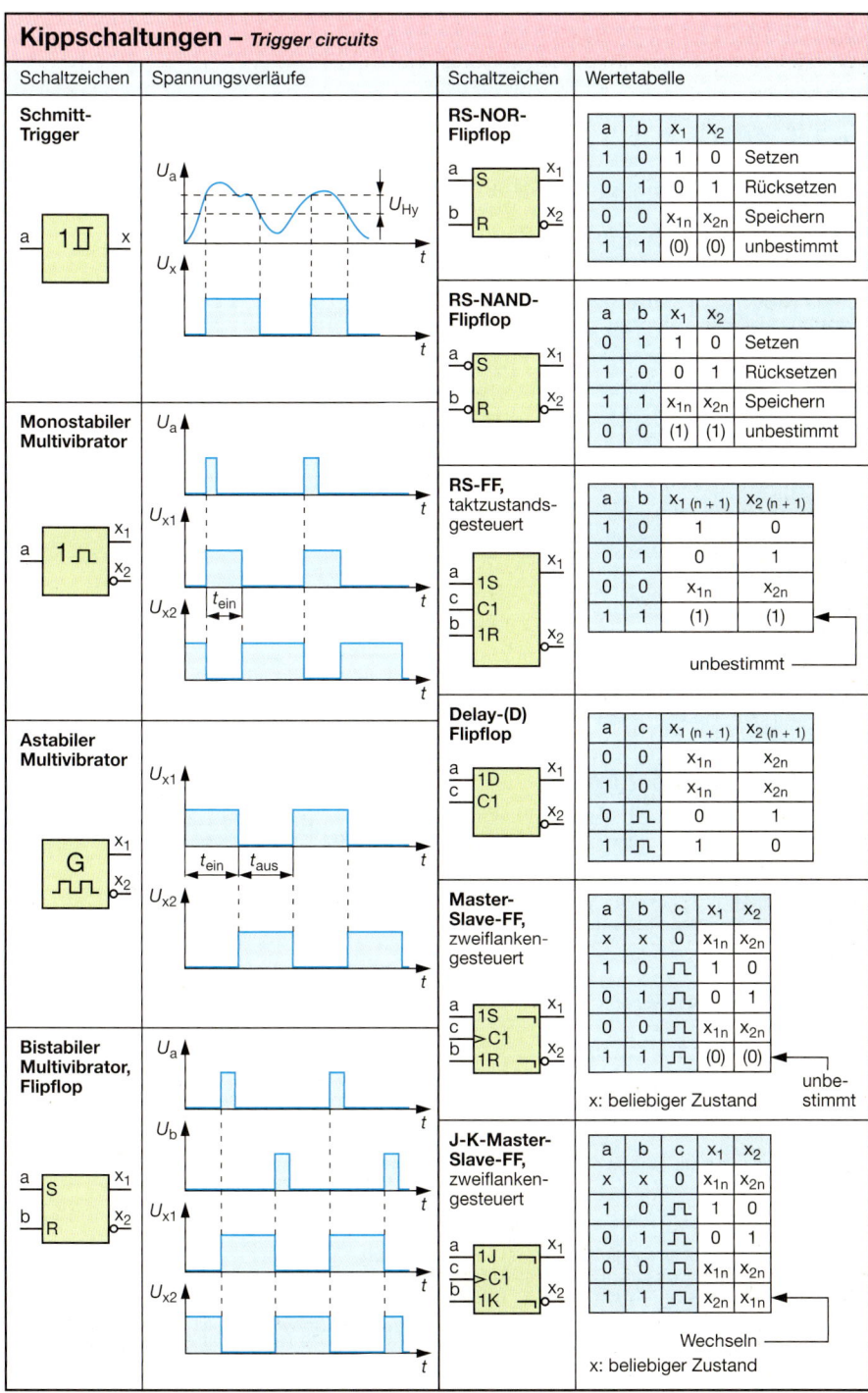

Schaltzeichen	Spannungsverläufe	Schaltzeichen	Wertetabelle

Schmitt-Trigger (Schaltzeichen: $1 \square$, a → x; Spannungsverläufe: U_a, U_{Hy}, U_x, t)

RS-NOR-Flipflop (a = S / x_1, b = R / x_2)

a	b	x_1	x_2	
1	0	1	0	Setzen
0	1	0	1	Rücksetzen
0	0	x_{1n}	x_{2n}	Speichern
1	1	(0)	(0)	unbestimmt

RS-NAND-Flipflop (a = S / x_1, b = R / x_2)

a	b	x_1	x_2	
0	1	1	0	Setzen
1	0	0	1	Rücksetzen
1	1	x_{1n}	x_{2n}	Speichern
0	0	(1)	(1)	unbestimmt

Monostabiler Multivibrator (Schaltzeichen: $1 \sqcap$, a → x_1/x_2; Spannungsverläufe: U_a, U_{x1}, U_{x2}, t_{ein}, t)

RS-FF, taktzustandsgesteuert (a = 1S, c = C1, b = 1R; x_1, x_2)

a	b	$x_{1\,(n+1)}$	$x_{2\,(n+1)}$
1	0	1	0
0	1	0	1
0	0	x_{1n}	x_{2n}
1	1	(1)	(1)

unbestimmt

Astabiler Multivibrator (Schaltzeichen: G, $\sqcap\sqcap$, x_1/x_2; Spannungsverläufe: U_{x1}, t_{ein}, t_{aus}, U_{x2}, t)

Delay-(D) Flipflop (a = 1D, c = C1; x_1, x_2)

a	c	$x_{1\,(n+1)}$	$x_{2\,(n+1)}$
0	0	x_{1n}	x_{2n}
1	0	x_{1n}	x_{2n}
0	$\sqcap$	0	1
1	$\sqcap$	1	0

Master-Slave-FF, zweiflankengesteuert (a = 1S, c = C1, b = 1R; x_1, x_2)

a	b	c	x_1	x_2
x	x	0	x_{1n}	x_{2n}
1	0	$\sqcap$	1	0
0	1	$\sqcap$	0	1
0	0	$\sqcap$	x_{1n}	x_{2n}
1	1	$\sqcap$	(0)	(0)

unbestimmt

x: beliebiger Zustand

Bistabiler Multivibrator, Flipflop (a = S / x_1, b = R / x_2; Spannungsverläufe: U_a, U_b, U_{x1}, U_{x2}, t)

J-K-Master-Slave-FF, zweiflankengesteuert (a = 1J, c = C1, b = 1K; x_1, x_2)

a	b	c	x_1	x_2
x	x	0	x_{1n}	x_{2n}
1	0	$\sqcap$	1	0
0	1	$\sqcap$	0	1
0	0	$\sqcap$	x_{1n}	x_{2n}
1	1	$\sqcap$	x_{2n}	x_{1n}

Wechseln

x: beliebiger Zustand

Logikfamilien – *Logic families*

Übersicht

AUC	Advanced Ultra-Low-Voltage-CMOS Logic	**LVT**	Low-Voltage BiCMOS Technology Logic
GTLP	Gunning-Transceiver Logic Plus	**ABT**	Advanced BiCMOS Technology
AVC	Advanced Very-Low-Voltage CMOS Logic	**FCT**	Fast CMOS Technology
TVC	Translation Voltage Clamp Logic	**AC**	Advanced CMOS Logic
ALVT	Advanced Low-Voltage BiCMOS Technology-Logic	**BCT**	BiCMOS Technology
CBTLV	CBT Low-Voltage Crossbar	**HC**	High-Speed CMOS
AHC	Technology Logic Advanced-High-Speed CMOS	**ALS**	Advanced Low-Power Schottky
		F	Fast Logic
		AS	Advanced Schottky Logic
ALVC	Advanced Low-Voltage CMOS	**CD 4000**	CMOS B-Serie
CBT	CrossBar Technology	**LS**	Low-Power Schottky Logic
LV	Low-Voltage CMOS	**S**	Schottky Logic
LVC	Low-Voltage CMOS	**TTL**	Transistor-Transistor Logic

■ CMOS ■ BiCMOS ■ Bipolar

Einordnung nach Eigenschaften | Formelzeichen

U_{CC}
- 5 V
- 3,3 V
- 2,5 V
- 1,8 V
- 1,2 V
- 0,8 V

U_{CC}: Betriebsspannung
U_{IH}: Eingangsspg. für H-Pegel
U_{IL}: Eingangsspg. für L-Pegel
U_{OH}: Ausgangsspg. für H-Pegel
U_{OL}: Ausgangsspg. für L-Pegel
I_{OL}: Ausgangsstrom je Ausgang bei L-Pegel
I_{OH}: Ausgangsstrom je Ausgang bei H-Pegel
I_{IL}: Eingangsstrom je Ausgang bei L-Pegel
I_{IH}: Eingangsstrom je Ausgang bei H-Pegel
t_{pd}: mittlere Signallaufzeit
F_I: Fan in, Eingangslastfaktor
F_O: Fan out, Ausgangslast- faktor

Kenndaten einiger Logikfamilien

Technologie		CBT	AUC	AHC	LVC	LVT	LS	F
Betriebsspannung(en)	in V	5	0,8…2,5	5	2,0…3,6	2,7…3,3	5	5
Betriebsspannungsbereich	in V	4,0…5,5	0,8…2,7	4,5…5,5	1,65…3,6	2,7…3,6	4,75…5,25	4,5…5,5
Temperaturbereich	in °C	-40…+85	-40…+85	-40…+85	-40…+85	-40…+85	0…+70	0…+70
U_{IH}	in V	2	[1]	2	[1]	2	2	2
U_{IL}	in V	0,8	0…0,7	0,8	[1]	0,8	0,8	0,8
I_{OH}	in mA	–	−9[1]	−8	−24	−12	−0,4	−1
I_{OL}	in mA	–	9[1]	8	24	12	8	20
t_{pd} (max.)	in ns	0,25	2,2[1]	8,5	4,5	5,3	15	6

[1] abhängig von U_{CC}

Digitale Zähler – *Digital counters*

Zählerarten

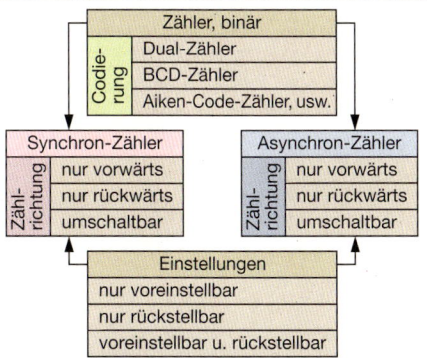

Zähler, binär
Dual-Zähler
BCD-Zähler
Aiken-Code-Zähler, usw.

Codierung

Synchron-Zähler	Asynchron-Zähler
nur vorwärts	nur vorwärts
nur rückwärts	nur rückwärts
umschaltbar	umschaltbar

Zählrichtung

Einstellungen
nur voreinstellbar
nur rückstellbar
voreinstellbar u. rückstellbar

Aufbau

Zähler werden mit binären Kippstufen (Flipflop, FF) aufgebaut. Zähler mit n Bit (Zählstufen) können bis $2^n - 1$ zählen.

Beispiel:
Zähler mit 8 Flipflops: n = 8
zählt bis $2^8 - 1 = 255$

Vorwärtszählen: X-Ausgänge an Eingänge der jeweils nächsten FF-Stufe legen.
Rückwärtszählen: $\bar{X}$-Ausgänge an Eingänge der jeweils nächsten FF-Stufe legen.

Rückstellen: R-Eingänge der FF-Stufen geichzeitig (parallel) rücksetzen.

Asynchronzähler

Dual-Vorwärtszähler (n Bit)

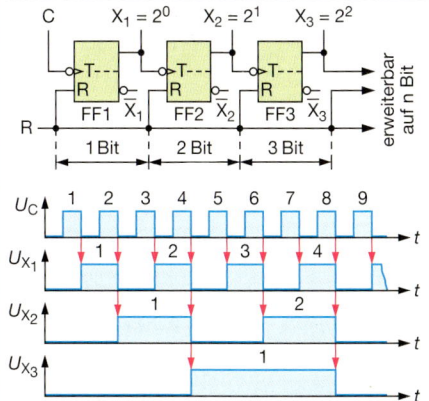

Erklärung

JK-MS-FF (als T-FF geschaltet) Taktimpuls nur am 1. FF. Flipflops kippen nacheinander, die Signalverzögerungszeiten addieren sich. Dadurch ist die Zählfrequenz eingeschränkt.

Realisierung mit IC

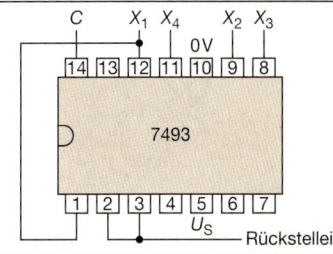

7493

U_S — Rückstelleingang

Synchrone Zähler

Dual-Vorwärtszähler

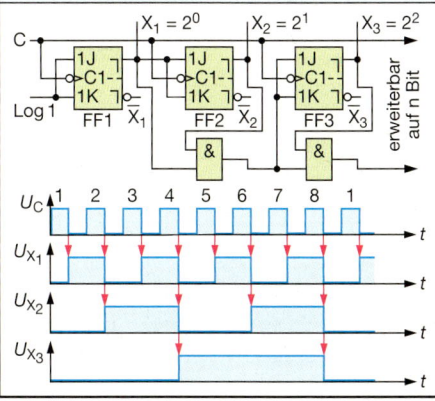

Aufbau

Synchrone Zähler werden vorzugsweise mit JK-MS-Flipflops aufgebaut.

Da das 1. Fipflop des Zählers bei jedem Taktimpuls kippen soll, wird dieses als T-Fipflop geschaltet, indem die Eingänge 1S und 1K an Log 1 gelegt werden.

Die Taktimpulse gelangen parallel an die FF´s, diese kippen synchron. Damit sind sehr hohe Zählfrequenzen möglich.

Teiler, Schieberegister – *Divider, shift register*

Digitale Frequenzteiler

Teilerarten

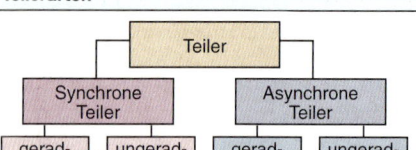

Aufbau

Aufbau mit Flipflops, ähnlich den Zählern

Asynchrone Teiler sind in der Zählfrequenz eingeschränkt (Aufsummierung der Schaltzeiten).

Synchrone Teiler: Jedes Flipflop wird vom Takt direkt angesteuert. Höchste Betriebsfrequenzen sind möglich.

Geradzahlige Teiler

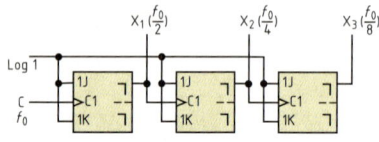

Erklärung

Teilungsverhältnis ergibt sich aus der Anzahl n der Flipflops. $N = 2^n$

$$f_T = \frac{f_0}{2^n}$$

f_0: Eingangsfrequenz
f_T: geteilte Frequenz
n: Zahl der FF

Ungeradzahlige Teiler

Beispiel: Teiler 1:7

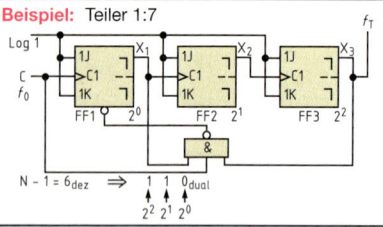

$N - 1 = 6_{dez} \Rightarrow 1\ 1\ 0_{dual}$

Schaltungsentwurf

- Ermitteln der Zahl erforderlicher Flipflops wie bei geradzahligem Teiler.
- $N-1$ als Dual-Zahl aufschreiben.
- X-Ausgänge, die bei $N-1$ Log 1 führen sollen, an NAND-Glied-Eingänge legen.
- Ausgang des NAND-Gliedes mit Stelleingängen der bei $N-1$ log 0 führende Flipflops verbinden.

Schieberegister (SRG)

Arten, Aufbau

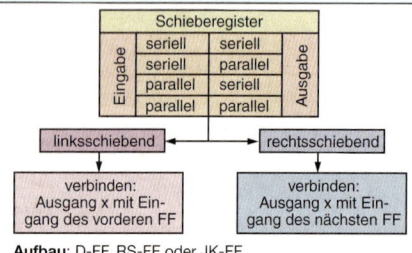

Aufbau: D-FF, RS-FF oder JK-FF
Taktimpuls zugleich (parallel) an alle FF

Funktion

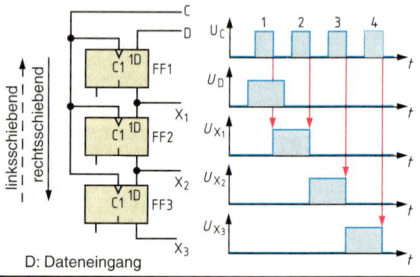

D: Dateneingang

SRG als Serien-Parallel-Umsetzer

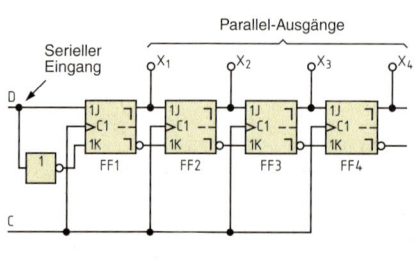

SRG als Parallel-Serien-Umsetzer

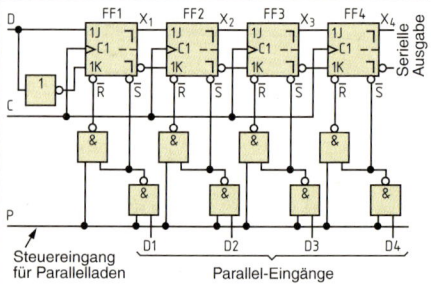

Steuereingang für Parallelladen   Parallel-Eingänge

Steuerrelais – *Control relays*

Eigenschaften:

- Logikfunktionen (UND, ODER, …)
- Zeitfunktionen (ansprechverzögert bzw. rückfallverzögert, blinken)
- Zählfunktionen (vorwärts/rückwärts)
- Echtzeituhr (gepuffert)
- Komparatorfunktionen
- Programmeingabe über Bedienfeld am Gerät oder mit Hilfe einer Software über die PC-Schnittstelle
- Anbindung an EIB bzw. Profibus möglich

Eingangsklemmen ——

Versorgungsspannung (z.B. AC 230 V) ——

Anzeigefeld ——

Bedientastenfeld ——

PC-Schnittstelle ——

Ausgangsklemmen ——

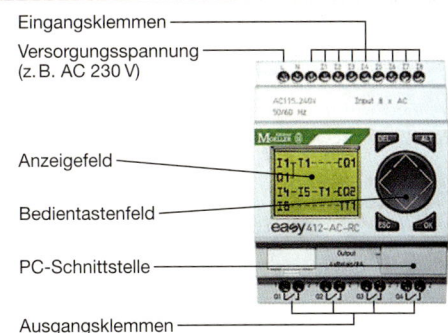

Installation und Inbetriebnahme

Montage des Steuerrelais

- auf einer Hutschiene
- mit Hilfe von Gerätefüßen

Baugröße: 4/6 TE
TE: Teileinheit bei Reiheneinbaugeräten

Verdrahten der Eingänge

- Sensoren an gleichen Außenleiter anschließen wie die Spannungsversorgung des Gerätes.
- Auf die Spannungsart (DC bzw. AC) und Spannungswerte achten.
- $I_{n\,max}$ am Eingang nicht überschreiten

8/12 Eingänge
Eingangsspannung
0…40 V (0 Pegel)
79 bis 264 V (1 Pegel)
typ. I_n = 0,5 mA

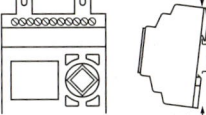

Verdrahten der Ausgänge

- $I_{n\,max}$ und maximale Schaltspannung beachten.
- Kontakte sind potenzialfrei und können mit unterschiedlichen Außenleitern beschaltet werden.

4/6 Relaisausgänge
potenzialfreie Kontakte
Dauerstromstärke max. 10 A
10.000.000 Schaltvorgänge
10 Hz Schaltfrequenz

Max.: 8A/B16
L1, L2, L3
(115/230 AC)
+24 V DC

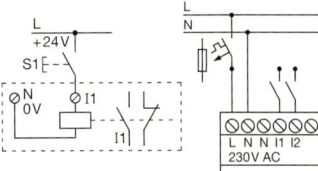

Spannungsversorgung anschließen

- Spannungswert und Polarität beachten. DC: L+ bzw. L– AC: L bzw. N
- Zuleitung mit einer Überstrom-Schutzeinrichtung installieren.

U_n = 97 V … 264 V AC
I_n = 20 mA
P_V = 3,5 W

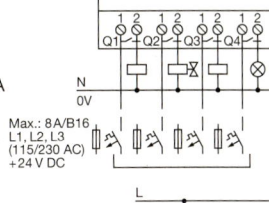

Programmierung der Steuerfunktion

- Direkte Eingabe über die Bedientasten und das Anzeigefeld am Gerät.
- Erstellung mit Hilfe einer Software am Computer und Übertragung.
- Speicherung des Programms für den Netzausfall über die Computersoftware oder eine Zusatzspeicherkarte.

- Schaltkontakte werden in die drei **Kontaktfelder** eingegeben.
- Das **Spulenfeld** kennzeichnet die angesteuerte Spulenfunktion/Relaisbezeichnung.
- Jede Zeile steht für einen **Strompfad**.

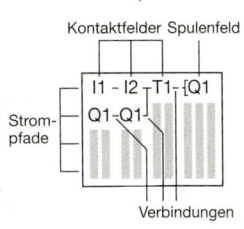

Sensoren – *Sensors*

Sensoren in Steuerungen

- Sensoren sind in der Regel Bestandteile eines modularen Steuerungs-Systems.
- Die Module sind in vielen Fällen autonom funktionsfähig, sie lassen sich separat überprüfen.
- Module haben definierte Schnittstellen.
- Die Ausgangsgröße (Aktor) ist eine Funktion der Eingangsgröße (Sensor).

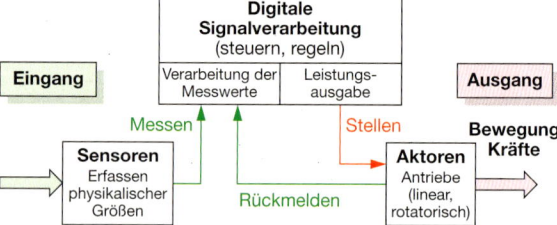

Aktive Sensoren

Die mit dem Sensor zu messende Größe wird **direkt** in eine elektrische Größe umgewandelt (bevorzugt elektrische Spannung).

Beispiele:
- Temperatur $\Rightarrow$ Spannung (Thermoelement)
- Magn. Flussdichte $\Rightarrow$ Spannung (Hallsonde)
- Kraft $\Rightarrow$ Ladung (Piezokristall)
- Beleuchtungsstärke $\Rightarrow$ Stromstärke (Fotodiode)

Passive Sensoren

Zur Umwandlung der zu messenden Größe benötigt der passive Sensor elektrische Energie (**indirekte Umwandlung**). Die elektrische Energie (Stromstärke, Spannung) wird durch die Sensorgröße beeinflusst.

Beispiele:

Resistive Änderung bei
- Dehnungsmessstreifen
- Temperaturabhängigen Widerständen
- Feldplatten
- Fotowiderstand
- Leitfähigkeitsmesszelle

Kapazitive Beeinflussung durch
- Abstandsänderung der Platten
- Flächenänderung
- Veränderung des Dielektrikums
- Veränderung des elektrischen Feldes

Induktive Beeinflussung durch
- Änderung der geometrischen Abmessungen von Spulen
- Permeabilitätsveränderung
- Veränderung des Dielektrikums
- Veränderung des magnetischen Feldes

Lichtstrombeeinflussung durch Änderung der
- Intensität
- Wellenlänge bzw. Frequenz
- Polarisation

Sensoreinteilung nach der Art des Ausgangssignals

- **Analogausgang**
  Das Messsignal wird in ein stetiges Ausgangssignal umgewandelt.
  Beispiele:
  – Spannung 0 V … 10 V; 2 V … 10 V
  – Stromstärke 0 mA … 20 mA; 4 mA … 20 mA

- **Binärausgang (schaltende Sensoren)**
  Am Ausgang sind nur zwei Zustände möglich, zwischen denen bei Über- bzw. Unterschreitung eines Schwellwertes gewechselt wird. Wenn die beiden Schwellwerte verschieden sind, ergibt sich im Schaltverhalten eine **Hysterese**.
  Beispiele:
  – Näherungsschalter durch kapazitive, induktive oder optische Beeinflussung (Lichtschranken)
  – Ultraschall-Näherungsschalter
  – Mechanische Endschalter (Schnappschalter)

- **Digitalausgang**
  Das Ausgangssignal ist ein digital codiertes Signal, das über diese Schnittstelle direkt in Bus-Systeme eingekoppelt werden kann.

Sensoreinteilung nach der Art der Messgröße

Geometrisch	Bewegung	Kraft
Länge Volumen Winkel Füllstand Anwesenheit Kontur Position …	Weg Geschwindigkeit Drehzahl Beschleunigung Vibration Phasenlage Frequenz …	Masse Kraft Druck Drehmoment Dehnung Härte Elastizität …
Hydrostatisch, hydrodynamisch	Thermisch, kalorisch	Chemisch, biologisch
Druck Durchfluss Strömungsgeschwindigkeit Teilchendichte Viskosität …	Temperatur Wärmemenge Wärmeströmung Leitfähigkeit Spezifische Wärmekapazität …	Leitfähigkeit pH-Wert Feuchtigkeit Substanzart Anwesenheit von Substanzen …
Optisch	Elektrisch	Strahlung
Beleuchtungsstärke Absorption und Emission Brechung Farbart Polarisation …	Ladung Spannung Stromstärke Leistung Leitfähigkeit Feldstärke Potenzial …	Strahlungsart Aktivität Dosis Energiedichte …

Sensorsysteme – *Sensor systems*

Aufbau eines digitalen Sensorsystems (dreistufiger AD-Umsetzer)

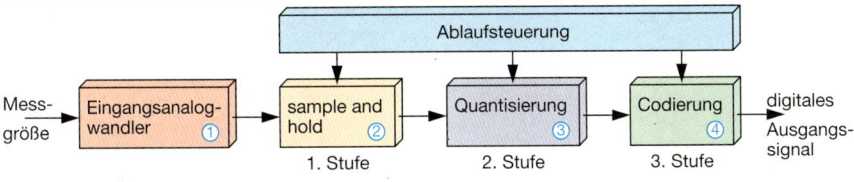

Ablaufsteuerung

Mess-größe → Eingangsanalog-wandler ① → sample and hold ② → Quantisierung ③ → Codierung ④ → digitales Ausgangs-signal

1. Stufe · 2. Stufe · 3. Stufe

① Umsetzung der nichtelektrischen Messgröße in analoges elektrisches Signal.

② Abtastung des Messwertes in der Zeit t_{ab}, Messwerterhaltung für die Zeit t_{hold}.

③ Messbereichsunterteilung in endliche Zahl von Teilbereichen. Davon abhängig sind Auflösung und Messfehler.

④ Teilbereichsumwandlung in bestimmten Code sowie Anzeige bzw. Weiterleitung.

Widerstandsmessung

Anwendungen für Widerstandsmessungen sind:
- Temperaturmessung (z. B. PT 100)
- Messung mechanischer Spannungen (Dehnungsmessstreifen)
- Strommessung (über Shunt)

Fehlerquellen:
Die Anschlussleitung des Sensors hat einen eigenen Widerstand. Dieser ist abhängig von der Temperatur und der Leitungslänge. Er verfälscht je nach Schaltungsart das Messergebnis. Je kleiner der zu messende Widerstand ist, desto größer ist der Messfehler.

Zweileitermessung	Dreileitermessung	Vierleitermessung
Spannungsgespeiste Messbrücke	Spannungsgespeiste Messbrücke	Stromgespeiste Messung
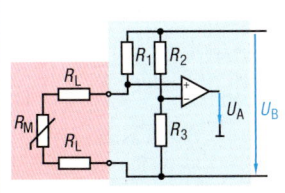	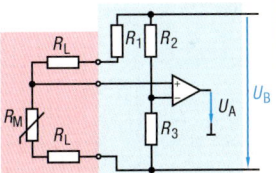	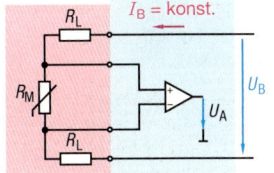
Leitungswiderstand R_L führt zu • Messfehlern $(R_M + 2 R_L)$ • Nullpunktverschiebungen bei Widerstandsänderung in der Messleitung (R_L)	• Leitungswiderstand R_L ist auf obere und untere Brückenhälfte gleich verteilt. Temperaturein-flüsse werden dadurch kom-pensiert. • Der Messfehler ist geringer als bei der Zweileitermessung, aber noch vorhanden.	• Messstrom I_B = konstant • Messstrom zum Operations-verstärker = 0 A, da Eingangswiderstand $R_E = \infty$ • $U_A \sim R_M$ • Keine Messfehler durch R_L

Sensorsignalübertragung

Konventionell	Intelligent	Feldbus (s. Profibus)
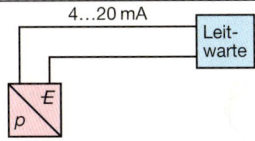	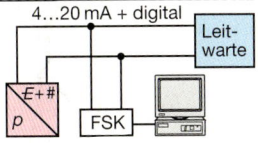	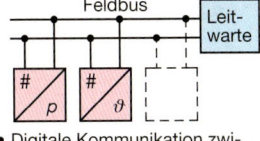
• Digitales Sensorsignal wird in analoges 4…20 mA-Signal um-gewandelt und zur Leitwarte übertragen.	• Analogem 4…20 mA-Signal wird frequenzmoduliertes Sig-nal überlagert (FSK = **F**requency **S**hift **K**eying). • Speicherung von Werten und Ereignissen zur Prozessopti-mierung möglich.	• Digitale Kommunikation zwi-schen Sensoren und Aktoren möglich. • Eigensichere Speisung und Datenübertragung von Leit-warte ins Feld.

Steuerungen

Induktive Sensoren – *Inductive sensors*

Messprinzip

- Die Erkennung erfolgt durch Dämpfung des elektromagnetischen Wechselfeldes einer Spule ① (offener Schalenkern) durch metallische Leiter.
- Es werden in den metallischen Leiter Wirbelströme induziert, die dem Feld Energie entzieht. Die Schwingungsamplitude des Oszillators ② verringert sich.
- Das Signal wird demoduliert ③, in ein Schaltsignal umgeformt ④ und entsprechend verstärkt ⑤.

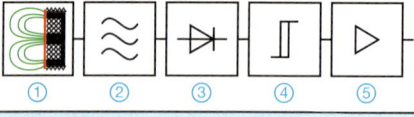

Schaltabstand

Der Schaltabstand s des Sensors wird durch eine **Normmessplatte** bestimmt:
– Quadratische Platte aus Fe 360 (ISO 630: 1980)
– Dicke $d = 1$ mm
– Seitenlänge a entsprechend dem Durchmesser der aktiven Fläche des Sensors.

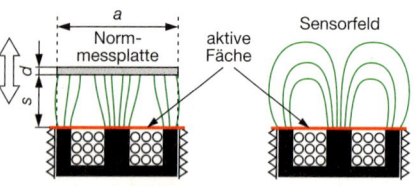

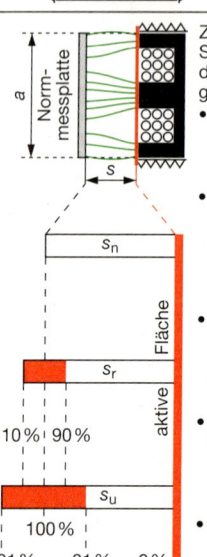

Zur Kennzeichnung von Sensoren werden folgende Schaltabstände angegeben:

- **s: Schaltabstand**
  Er ist der Abstand, bei dem ein Signalwechsel ausgelöst wird.
- **s_n: Bemessungsschaltabstand**
  Er ist eine Sensorkenngröße, ohne Berücksichtigung von Fertigungstoleranzen.
- **s_r: Realschaltabstand**
  Er ist der Schaltabstand, der bei festgelegten Bedingungen gemessen wird.
- **s_u: Nutzschaltabstand**
  Er ist der zulässige Abstand innerhalb der angegebenen Spannungs- und Temperaturbereiche.
- **s_a: Gesicherter Schaltabstand**
  Dieser Abstand ist bei festgelegten Spannungs- und Temperaturbereichen gewährleistet.

Korrekturfaktoren

Die Art des Materials im magnetischen Feld beeinflusst den Schaltabstand. Die Reduzierung des Schaltabstandes gegenüber dem Material der Normmessplatte wird als Faktor angegeben.

Werkstoff	Faktor	Werkstoff	Faktor
Stahl	1,0	Aluminium	0,30…0,45
Kupfer	0,25…0,45	Nickel	0,65…0,75
Messing	0,35…0,50	Gusseisen	0,93…1,05

Schaltfrequenz

- Sie ist die Zahl der möglichen Schaltfolgen pro Sekunde.
- Gedämpft wird mit Normmessplatten, die sich auf einer rotierenden und nichtleitenden Scheibe befinden.
- Das Flächenverhältnis von Eisen zu Nichteisen beträgt 1:2.
- Die Bemessungsschaltfrequenz ist erreicht, wenn das Ein- oder Ausschaltsignal 50 µs betragen.

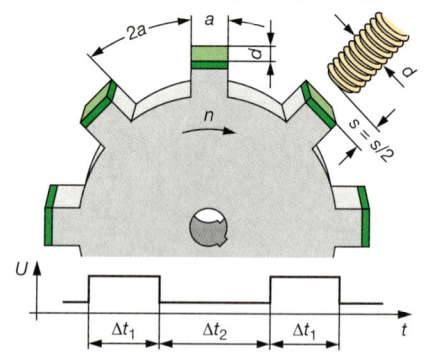

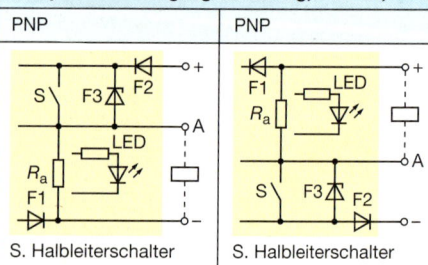

Beispiel einer Ausgangsschaltung, 3-Draht, DC

PNP	PNP

S. Halbleiterschalter	S. Halbleiterschalter

Bauformen

150

Kapazitive Sensoren – *Capacitive sensors*

Messprinzip

- Die Erkennung erfolgt durch Änderung des elektrischen Feldes eines Kondensators ① durch
  – metallische und
  – nichtmetallische Objekte (fest oder flüssig).
- Durch das externe Material ändert sich die Dielektrizitätskonstante ε_r bzw. die Kapazität.
- Durch die Kapazitätsänderung verändert sich die Schwingkreisfrequenz des Oszillators ②. Sie wird durch nachgeschaltete Stufen ③ ausgewertet.

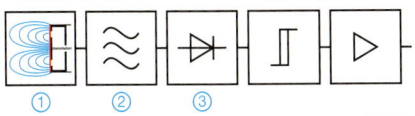

Schaltabstand

- **Nutzschaltabstand s_u**
  Er ist der zulässige Schaltabstand innerhalb der angegebenen Spannungs- und Temperaturbereiche: $0{,}72\,s_n \le s_u \le 1{,}325\,s_n$
- **Gesicherter Schaltabstand s_a**
  Er ist der Abstand, in dem ein gesicherter Betrieb bei festgelegtem Spannungs- und Temperaturbereich gewährleistet ist:
  $0 \le s_a \le 0{,}72\,s_n$

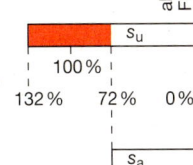

Beeinflussungsarten der Messsonde

Nicht leitendes Material

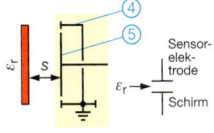

④ Abschirmung
⑤ Sensorelektrode
Durch das nicht leitende Material verändert sich die Gesamtkapazität.

Leitendes und isoliertes Material

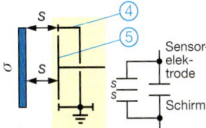

Es entstehen zwei in Reihe liegende Kondensatoren, die zur Sensorkapazität parallel liegen. Die Gesamtkapazität vergrößert sich.

Leitendes und geerdetes Material

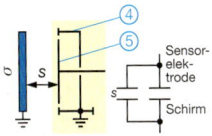

Es entsteht ein zusätzlicher, zur Sensorkapazität parallel liegender Kondensator. Die Gesamtkapazität vergrößert sich.

Anwendungen

Verpackung	Füllstand	Qualität
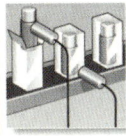	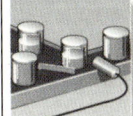	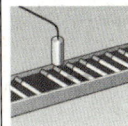

Füllstand	Fehler	Messführung
		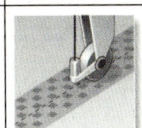

Zählen	Inspektion	Zufluss
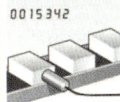		

Normmessplatte

Der Schaltabstand s des Sensors wird durch eine **Normmessplatte** bestimmt:
– Quadratische Platte aus Fe 360 (ISO 630: 1980)
– Dicke $d = 1\,mm$
– Seitenlänge a entsprechend dem Durchmesser der aktiven Fläche des Sensors

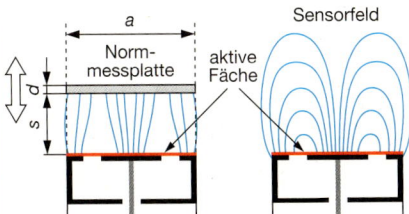

Korrekturfaktor

Wenn ein nicht leitendes Material in das Sensorfeld eintritt, ändert sich die Kapazität in Abhängigkeit von ε_r der Eintauchtiefe und vom Abstand zur „aktiven Fläche". Je nach Material muss der Schaltabstand durch einen Faktor korrigiert werden.

Material	Korrekturfaktor
Metalle	1
Holz	0,2 … 0,7
Glas	0,5
Wasser	1,0
PVC	0,6
Öl	0,1

Bauformen

Steuerungen

Temperatursensoren – *Temperature sensors*

Widerstandsthermometer

- Normierte Platin-Temperatursensoren (temperaturabhängiger Widerstand) entsprechend DIN EN 60 751
- Der Bemessungswert wird bei 100 °C angegeben
- Widerstandsänderungen bis ca. 100 °C:
  PT 100: 0,4 Ω/K; PT 500: 2,0 Ω/K; PT 1000: 4,0 Ω/K
- Kennlinien

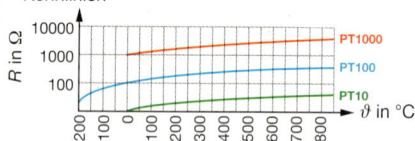

Aufbau

In DIN 43 764 bis 43 769 sind verschiedene Schutzrohr-Bauformen für unterschiedliche Aufgabenstellungen festgelegt. Beispiel: Form B

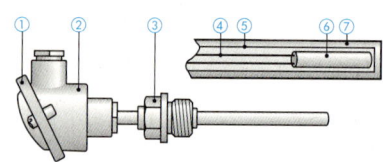

① Anschlusskopf ② Anschlusssockel ③ Verschraubung
④ Anschlussdrähte ⑤ Einsatzrohr ⑥ Temperatursensor
⑦ Schutzrohr

Form	Ausführung und Anwendung
A	Emailliertes Rohr, Befestigung mit verschiedenen Anschlagflanschen, Rauchgas-Messung
B	Rohr mit angeschweißtem Gewinde G 1/2 A
C	Rohr mit angeschweißtem Gewinde G 1A
D	Druckfestes, dickwandiges Rohr zum Einschweißen
E	Am Ende verjüngtes Rohr für schnell ansprechendes Verhalten, Befestigung durch verschiebbaren Anschlagflansch
F	Rohr wie Form E, jedoch angeschweißter Flansch
G	Rohr wie Form E, jedoch mit angeschweißtem Gewinde G 1A

Anschlussmöglichkeiten

- **Zweileitertechnik**
  Sensor und Auswerteschaltung sind gemeinsam mit einer zweiadrigen Leitung verbunden. Da der Leitungswiderstand und der Sensor in Reihe liegen, kommt es zu einer Messwertverfälschung (Kompensation erforderlich).
- **Dreileitertechnik**
  Ein zusätzlicher Leiter wird zum Sensor geführt, so dass zwei Messkreise entstehen. Der Leitungswiderstand sowie seine Temperaturabhängigkeit lassen sich kompensieren.
- **Vierleitertechnik**
  Durch den Sensor fließt ein Konstantstrom. Der Spannungsfall am Sensor wird abgegriffen und an den Eingang einer hochohmigen Auswerteschaltung geführt. Leitungswiderstände und deren Temperaturabhängigkeit sind weitgehend ohne Einfluss.

Thermoelemente

- Thermoelemente geben eine Spannung (μV) ab, wenn zwischen den Kontaktstellen ein Temperaturunterschied besteht.
- Prinzip:

- Kennlinien

Farbkennzeichnung von Thermoelementen

Typ/Norm/ Werkstoff	Farbcode	Typ/Norm/ Werkstoff	Farbcode
B EN 60 584 Pt30%Rh-Pt		**L** DIN 43 710 Fe-CuNi	
E EN 60 584 NiCr-CuNi		**R** EN 60 584 Pt13%Rh-Pt	
J EN 60 584 Fe-CuNi		**T** EN 60 584 Cu-CuNi	
K EN 60 584 NiCr-Ni		**U** DIN 43 710 Cu-CuNi	

Anschluss und Bauformen

Thermospannungsklemmpaar, Typ K

Thermoelement: Nickel Nickelchrom — Messpunkt / Strombalken: Nickel Nickelchrom

Thermoleitung: Nickel Nickelchrom

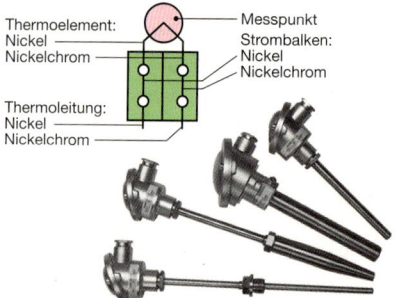

152

Resistive Kraft- und Drucksensoren – *Resistive force and pressure sensors*

Messprinzip

- Durch Krafteinwirkung (Druck, Zug) auf elektrische Leiter kommt es zu einer Verformung. Dadurch verändert sich der Querschnitt und der spezifische Widerstand (**piezoresistiver Effekt**).

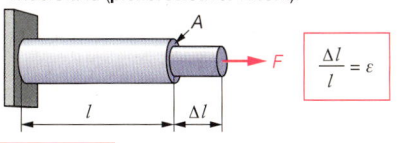

$$\frac{\Delta l}{l} = \varepsilon$$

$$\frac{\Delta R}{R} = k \cdot \varepsilon$$

F: Kraft ε: Dehnung

$F \sim \varepsilon$ (im elastischen Bereich)

ΔR: Widerstand R: Gesamtwiderstand

Material	Konstantan	NiCr	PtW	Si
k	2,05	2,2	4,0	10 … 200

Metallische Dehnmessstreifen (DMS)

- Metallischer Leiter (Folien) sind mäanderförmig angeordnet.
- Die Querschnittsveränderung und die Veränderung des spezifischen Widerstandes sind die Ursachen für die Widerstandsänderung.

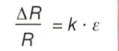

Dehnung in einer Richtung

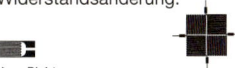

Dehnung in zwei Richtungen

Dehnung in drei Richtungen   Torsion (Verdrehung)

Werte:
120 Ω
350 Ω
600 Ω
1000 Ω

Halbleiter Dehnmessstreifen

- Der piezoresistive Effekt ist bei Halbleitern größer als bei Metallen. Er hängt von der Orientierung der Halbleiterkristalle und der Dotierung mit Fremdatomen ab.
- Es werden in der Regel 4 Widerstände (R_1 bis R_4) auf einer Membran angeordnet:
  - alle im Randbereich, s. Abbildung (ca. 3,5 kΩ, ΔR bis 1 kΩ)
  - alle im Zentrum
  - zwei im Randbereich, zwei im Zentrum
- Die Widerstände werden als Messbrücke geschaltet.

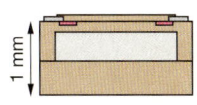
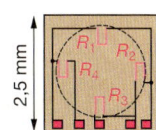

- **Beispiel:** Gekapselter Druckaufnehmer (s. Fotos)
- Membran mit wenigen hundertsten Millimetern
- Membran ist mit Sicken (konzentrisch eingeprägte Wellen) versehen. Dadurch ist eine spannungsfreie Deformation gewährleistet.
- Der Druck wird über die Membran und über das im Innern befindliche Öl auf die Membran der Druckmesszelle übertragen.

Schaltungen

- Brückenschaltung mit 1 bis 4 DMS als Brückenwiderstände
- Abgeschirmte 4-(6-)adrige Standardleitung mit nachfolgendem Brückenverstärker

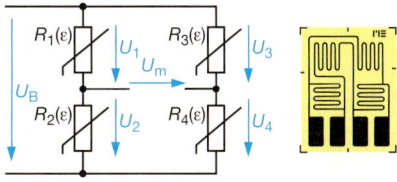

- **Beispiel:**
  Zwei DMS zur Torsionsmessung

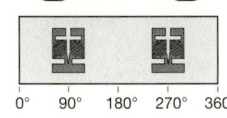

0°   90°   180°   270°   360°

Keramische Drucksensoren

- DMS-Vollbrücke wird auf eine Keramik-Membran (Aluminiumoxid) aufgebrannt (1000 °C). Dadurch verschmilzt die Messbrücke mit dem biegsamen Keramik-Substrat.
- Vorteile des Keramikmaterials:
  Extrem hart, sehr elastisch, guter Isolator, große Zugfestigkeit, sehr biegsam
- Die Messbrücke ist im Vergleich zu metallischen DMS und Silizium-DMS hochohmig (→ geringe Leistung).

Steuerungen

Piezoelektrische Kraft- und Drucksensoren – *Piezo-electric force and pressure sensors*

Piezoelektrischer Effekt

- Bei Krafteinwirkung verschieben sich die im Kristallverband eingelagerten Ladungen.
- Zwischen den Elektroden an der Oberfläche treten dann Ladungsunterschiede auf.
- Das Ladungssignal wird in ein proportionales Spannungs- oder Stromsignal umgewandelt und zur Anzeige bzw. Steuerung verwendet.

d: Piezoelektrischer Koeffizient (temperaturabhängig)

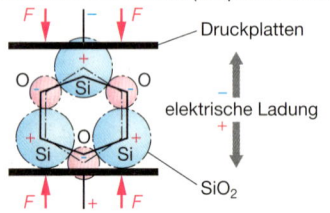

Druckplatten

elektrische Ladung

SiO_2

Drucksensoren

- Messbereich: 0,1 mbar … 4000 mbar (z. B.)
- Sind eine besondere Form von Kraftsensoren
- Auf eine Membran (konstante Fläche) wirkt die Kraft, so dass die ausgeübte Kraft proportional zum Druck ist.
- Absolutdruck: Druck wird bezüglich Vakuum gemessen.
- Differenzdruck: Druck wird bezüglich eines Referenzdrucks gemessen.

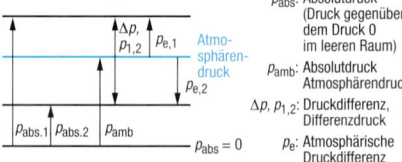

p_{abs}: Absolutdruck (Druck gegenüber dem Druck 0 im leeren Raum)

p_{amb}: Absolutdruck Atmosphärendruck

$\Delta p, p_{1,2}$: Druckdifferenz, Differenzdruck

p_e: Atmosphärische Druckdifferenz

Material	d in pC/N	Material	d in pC/N
Turmalin	1,83	Lithiumtantalat $LiTaO_3$	9,2
Quarz SiO_2	2,3	Piezoelektrische Keramik	590

Aufbau eines Kraftsensors

Messbereich: mN bis 120 kN (z. B.)

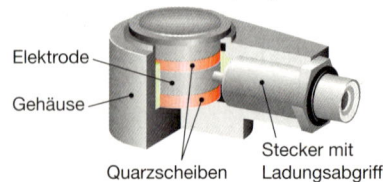

Elektrode
Gehäuse
Quarzscheiben
Stecker mit Ladungsabgriff

Anwendungen von Kraftsensoren

Axialkraft am Zylinder	Torsion
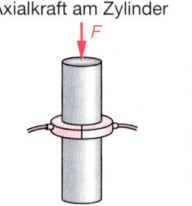	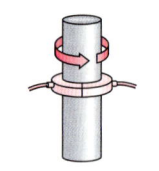
Biegung am Zylinder	Biegung am Träger
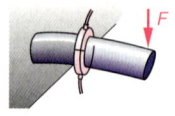	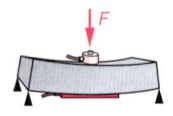

Sensoren zur Beschleunigungsmessung – *Sensors for acceleration measurement*

Messprinzip

- Die Kraft auf eine bekannte Masse wird gemessen. Die Masse ist an einer Feder (Blattfeder oder andere, Federkonstante D) in einem Gehäuse aufgehängt und wird durch die Kraft F in Richtung z ausgelenkt.

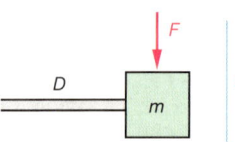

- Formelmäßige Beziehung: $a = \dfrac{F}{m}$

m : Seismische Masse
a : Beschleunigung
g : 9,81 m/s^2 (Erdbeschleunigung)

Bauformen

- **Kapazitiv**
  Verschiebung der seismischen Masse in einem Kondensator, der dadurch seine Kapazität verändert.
  Prinzip:

  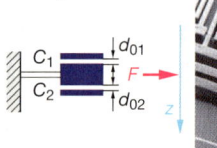

  Aufbau aus Polysilizium:

- **Piezoresistiv**
  Widerstandsänderung durch Materialdehnung
- **Piezoelektrisch**
  Durch Belastung piezoelektrischer Materialien treten an den Oberflächen Ladungen auf.
- **Optisch**
  Änderung der Lichtintensität, Zählung des Durchlaufs von Interferenzstreifen, Laser-Doppler-Effekt

Steuerungen

Optoelektronische Sensoren – *Opto-electronic sensors*

Kontrastsensoren

- Die Helligkeitsunterschiede (Graustufen) zwischen dem Testgut und der darauf angebrachten Markierung werden ausgewertet.
- Sender und Empfänger befinden sich auf einer gemeinsamen optischen Achse (Atokollimationsprinzip).
- Anwendungsbereiche: Verpackungsindustrie, Etikettiermaschinen

Druckmarkenleser	Kontrastmessung

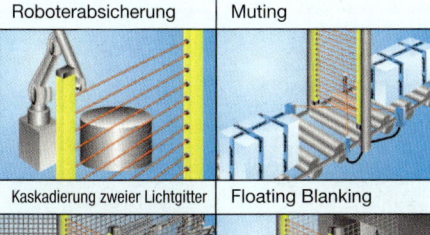

Lichtgitter

- Sonderausführung der Einweg-Lichtschranke
- Parallele Anordnung von mehreren Einweg-Lichtschranken
- Alle Sender sowie die Empfänger sind in einem einzigen Gehäuse zusammengefasst.
- Die Schaltausgänge sind logisch verknüpft.
- Anwendung: Überwachung größerer Flächen

Roboterabsicherung	Muting

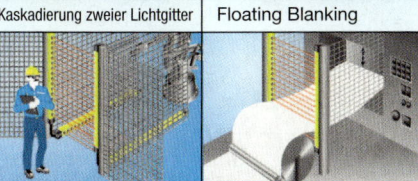

Kaskadierung zweier Lichtgitter	Floating Blanking

Barcodescanner

- Ein Identifikationssystem für optisch verschlüsselte Informationen
- Laserstrahl wird mit hoher Geschwindigkeit über den Strichcode geführt.
- Die Intensität des reflektierten Lichts hängt davon ab, ob der Laserstrahl auf einen Strich oder eine Lücke fällt.
- Der im Scanner vorhandene Empfänger rekonstruiert aus diesen Lichtschwankungen die gespeicherte Information.

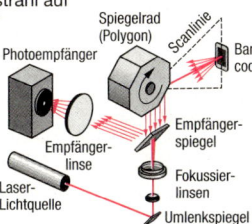

Spiegelrad (Polygon), Scanlinie, Bar-code, Photoempfänger, Empfängerspiegel, Empfängerlinse, Fokussierlinsen, Laser-Lichtquelle, Umlenkspiegel

Farbsensoren

- Prinzip:
  Zerlegung des vom Objekt reflektierten Lichts
- Verfahren:
  - Das Objekt wird mit weißem Licht bestrahlt (weiße LED). Rote, grüne und blaue Anteile werden herausgefiltert und über die Lichtstärke wird die Objektfarbe ermittelt.
  - Das Objekt wird mit den Sendefarben Rot, Grün und Blau sequenziell bestrahlt. Die Lichtstärke des reflektierten Lichts wird für jede Farbe einzeln gemessen. Aus den drei Werten kann die Farbe des Objekts ermittelt werden.

Farbsensor mit Glasfaser

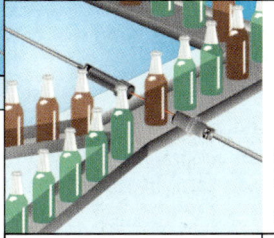

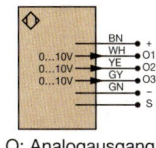

O: Analogausgang
BN, GN: Betriebs-Spannung
S: Synchronisation

Spektrale Empfindlichkeit	400 nm … 700 nm
Max. zul. Fremdlicht	10^3 lx
Öffnungswinkel	12°
Versorgungsspannung	20 V … 30 V DC
Stromstärke bei $U_B = 24$ V	< 50 mA
Anzahl der Farbausgänge	3
Analoge Farbwerte für	blau/grün, rot/grün
Analoger Grauwert	ja
Analoger Ausgang	0 V … 10 V

Farbsensor mit Reflektor, für durchsichtige Medien

- Gleichzeitige Auswertung von drei Farben
- Ausgang: Schaltausgang oder Schnittstelle

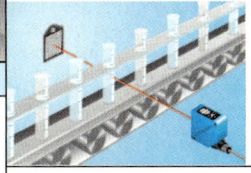

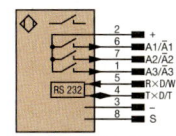

Spektrale Empfindlichkeit	10 nm … 1000 nm
Lichtart	Weißlicht
Lichtfleckdurchmesser	10 mm
Max. zul. Fremdlicht	10^3 lx
Versorgungsspannung	10 V … 30 V DC
Stromstärke bei $U_B = 24$ V	< 50 mA
Anzahl der Schaltausgänge	3
Schaltausgang kurzschlussfest	PNP, 200 mA
Spannungsfall Schaltausgang	1,5 V
Schnittstelle	RS 232 (RGB-Farbwert)

Optoelektronische Sensoren – *Optoelectronical sensors*

Lichtschranken

Reflexions-Lichtschranke

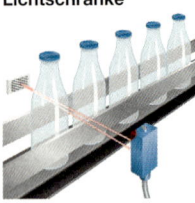

- Sender und Empfänger in einem Gehäuse
- Große Reichweiten, matte Oberflächen werden erkannt, geeignet für transparente Objekte
- Stapelhöhenüberwachung, Abtasten von Objekten auf Förderbändern, Erfassen transparenter Objekte

Reflexions-Lichtschranke mit Polarisationsfilter

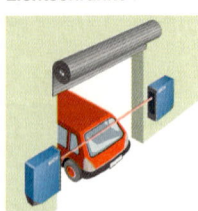

- Sender und Empfänger in einem Gehäuse
- Vom Sender geht polarisiertes Licht aus. Das vom Reflektor in der Polarisationsebene gedrehte Licht löst keinen Schaltvorgang im Sensor aus.
- Erkennen glänzender Objekte, da durch sie keine Drehung der Polarisationsebene erfolgt.

Einweg-Lichtschranke

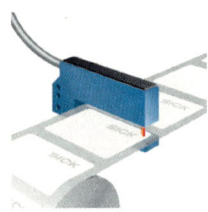

- Sender und Empfänger in getrennten Gehäusen
- Große Reichweiten möglich, Schaltpunkt unabhängig von der Oberfläche des Objektes, hohe Reproduzierbarkeit aufgrund der schmalen aktiven Bereiche
- Überwachung, Zählen, Positionieren von Objekten

Gabellichtschranke

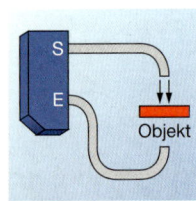

- Einwegprinzip mit Sender und Empfänger in einem Gehäuse
- Fest vorgegebener Abstand zwischen Sender und Empfänger (Gabelweite), präzise gebündelter Lichtaustritt
- Hohe Detektionsgenauigkeit, geringe Lichtdämpfungsunterschiede werden erkannt.

Lichtschranke mit Lichtleitern

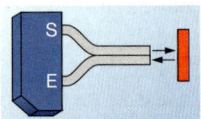

- Ausführung als Einweg- und Reflexionslichtschranken
- Schwer zugängliche Orte sind gut erreichbar
- Erkennung sehr kleiner Objekte

Lichttaster

Reflexions-Lichttaster

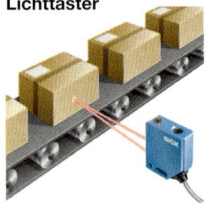

- Gemeinsames Gehäuse für Sender und Empfänger
- Tastbereich abhängig vom Reflexionsgrad der Objekte, geeignet zur Unterscheidung von dunklen und hellen Objekten.
- Zählen, Anwesenheitskontrolle von Objekten

Reflexions-Lichttaster mit Hintergrundunterdrückung

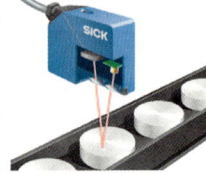

- Einstellung des Winkels zwischen Sende- und Empfangslichtstrahl ergibt definierten Tastbereich.
- Objekte außerhalb des Tastbereichs werden ignoriert, Einfluss von Oberfläche und Farbe der Objekte gering
- Erkennen kleiner Gegenstände, Kontrolle der Inhalte von Behältern

Lichtschnittsensor

- Sender und Empfänger in einem Gehäuse
- Laserlinie fährt in definiertem Winkel über das Tastobjekt. Auf dem Empfängerarray wird eine dem Höhenprofil entsprechende Linie als Kontur abgebildet (Bild im Bild).
- Überwachen von Stapelhöhen, Füllständen, Objektorientierungen

Abstandsensor

- Sender und Empfänger in einem Gehäuse
- Anwesenheit u. Position eines Objektes werden nach dem Triangulationsprinzip ermittelt. Ausgabe kontinuierlicher Entfernungswerte mittels Analogschnittstelle. Digitale Schnittstelle signalisiert vorhandene Objekte.
- Tastweite: ca. 300 bis 3000 mm

Lumineszenztaster

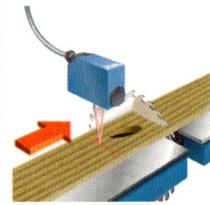

- Sender und Empfänger in einem Gehäuse
- Gesendetes UV-Licht des Tasters trifft auf lumineszierende Pigmente, die zum Leuchten angeregt werden.
- Nur von markierten Objekten zurückgestrahltes Licht wird im Empfänger des Tasters ausgewertet.

Steuerungen

Digitalisierung – *Digitalization*

Digitalisierung

1. Die Quelle liefert ein analoges Signal ①.
2. Durch **Abtastung** wird ein pulsamplitudenmoduliertes Signal gebildet ②.
3. Jeder Pulsamplitude wird in der **Quantisierungsstufe** ③ ein bestimmter Wert zugeordnet. Wenn der Abtastwert zwischen den Stufen liegt, ergeben sich Fehler. Sie sind um so kleiner, je größer die Zahl der Quantisierungsstufen ist.
4. Jeder Stufe wird danach eine bestimmte Bitfolge zugeordnet (Codierung ④ durch ein Codewort). In diesem Fall sind es 3 Bit.

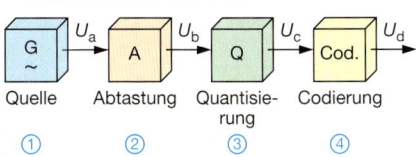

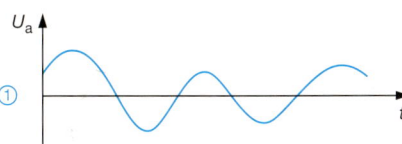

Eingangsgröße, Informationsspannung

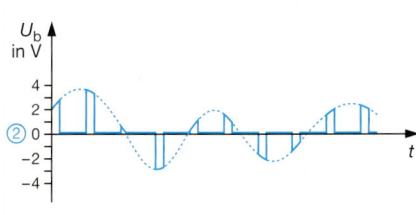

Pulsamplitudenmoduliertes Signal

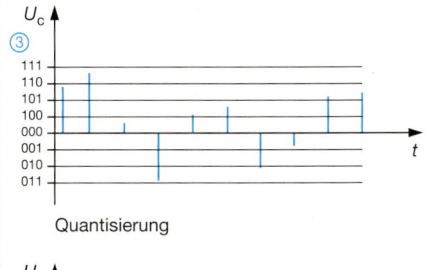

Quantisierung

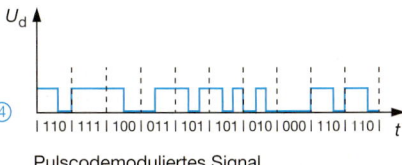

Pulscodemoduliertes Signal

Bit und Byte

Bit: Binär**Di**git, Binärziffer
Kleinste Informationseinheit der Computertechnik und anderer digital arbeitender Systeme.

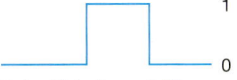

Byte: Einheit von 8 Bit.

z. B. 01101011

Jedes Bit kann die Zustände 0 und 1 annehmen. Demzufolge ergibt sich die folgende Zahl an Kombinationen:

$$2^8 = 256$$

1 B (Byte)	= 8 Bit
1 KB (Kilobyte)	= 1024 Byte
1 MB (Megabyte)	= 1024 KB (etwa 1 Million Bytes)
1 GB (Gigabyte)	= 1024 MB (etwa 1 Milliarde Bytes)

Umsetzer

Analog-Digital-Umsetzer

Beispiel:

Ein rampenförmiges Signal (analog) wird mit binären Signalen (0 und 1) in einen Signalfluss von 4 Bit (Dual-Code) umgesetzt.

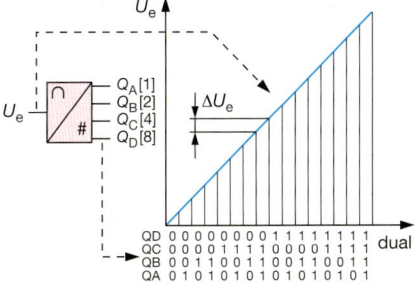

Digital-Analog-Umsetzer

Beispiel:

Eine 4 Bit Signalfolge (Dual-Code) wird in ein treppenförmiges Signal umgesetzt. Nach anschließender Glättung ist wieder ein analoges Signal vorhanden.

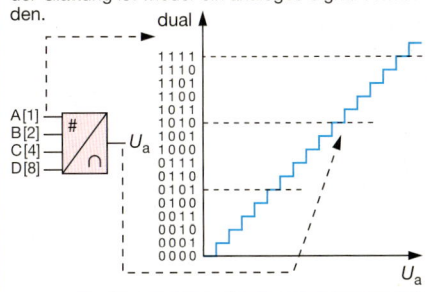

Schrittmotor – *Step motor*

DIN 42 021-2: 76-10 und DIN 42 027: 84-12

Begriffe, Formelzeichen, Kennlinien

n:	Drehzahl, Umdrehungsfrequenz
z:	Schrittzahl, Schritte je Umdrehung
α:	Schrittwinkel, Winkel je Steuerimpuls
p:	Polpaarzahl
m:	Phasenzahl
f_z:	Schrittfrequenz, Schritte je Sekunde (f_s = konst.)
f_s:	Steuerfrequenz entspricht f_z, wenn kein Schrittfehler
f_{AOm}:	Max. Steuerfrequenz, höchste Steuerfrequenz, bei welcher der unbelastete Motor ohne Schrittfehler starten und stoppen kann.
M_L:	Lastdrehmoment
J_{Lm}:	Grenz-Lastträgheitsmoment im Startbereich

$$n = 60\,\frac{f_z}{z} \qquad \alpha = \frac{360°}{z} = \frac{360°}{2 \cdot m \cdot p}$$

① : Begrenzung für Betriebsbereich
② : Begrenzung für Startbereich, $J_L = 0$
③ : Begrenzung für Startbereich, $J_L > 0$

Eigenschaften der Ansteuerungsarten

Ansteuerungsart	Vorteile
unipolar	Einfache Leistungsschaltstufen (einfacher Umschalter)
bipolar	Cu-Volumen gut genutzt. Höheres Drehmoment, höhere Schrittfrequenz
Konstant-**spannungs**-(L/R-)Steuerung	Höhere Schrittfrequenz durch kleinere Zeitkonstante L/R, Preiswerte Strombegrenzung durch Widerstand
Konstant-**strom**-(Chopper-)Steuerung	Optimale Motorleistung, hohe Schrittfrequenz, hohes Drehmoment, hoher Wirkungsgrad
Vollschritt-betrieb	Höheres Drehmoment
Halbschritt-betrieb	Doppelte Schrittzahl gegenüber Vollschrittbetrieb, geringeres Überschwingen

Ansteuerungsarten

unipolar mit R_s: L/R-Steuerung

bipolar mit R_s: L/R-Steuerung

Schritt-Nr. bei Drehrichtung		Halbschrittbetrieb							
		unipolar				bipolar			
		S1	S1	S2	S2	S1	S1	S2	S2
R	L	1	2	1	2	1,3	2,4	1,3	2,4
1	1	x	–	x	–	–	x	–	x
1½	1½	x	–	–	–	–	x	–	–
2	4	x	–	–	x	–	x	x	–
2½	3½	–	–	–	x	–	–	x	–
3	3	–	x	–	x	x	–	x	–
3½	2½	–	x	–	–	x	–	–	–
4	2	–	x	x	–	x	–	–	x
½	1½	–	x	x	–	–	–	–	x
1	1	x	–	x	–	–	x	–	x

Vollschrittbetrieb ergibt sich, wenn die roten Zahlen entfallen.

Konstantstrom-(Chopper-)Steuerung

Schalter S3 wird nach Erreichen des zulässigen Steuerstromes geöffnet. Die Freilaufdioden führen den abklingenden Strom, bis S3 nach Erreichen der unteren Schaltschwelle schließt usw.

Schrittmotorsteuerung, bipolar

Fahrprofil

Darstellung pneumatischer Systeme – *Presentation of pneumatic systems*

Beispiel

Schaltung	Signal-/Energiefluss	Beispiele:

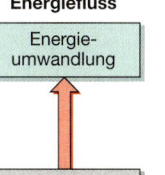

Schaltung components (labels):
① 1A1, 1V6, 1V5, ③ 1V4, ⑤, 1V3, ② 1V2, 1V1, ⑥, 1S1, 1S2, ④, 0V1, 0Z1, Druckquelle

von unten nach oben

Signal-/Energiefluss:
- Energie-umwandlung
- Signalausgabe
- Signal-verarbeitung
- Signaleingabe
- Energie-versorgung

Beispiele:

Arbeitsglieder
– Zylinder
– Motoren

Stellglieder
– Wegeventile

Steuerglieder
– Wegeventile
– Wechselventile
– Zweidruckventile
– Druckventile
– Schrittschalter

Signalglieder
– Wegeventile mit Taster
– Sensoren
– Schalter
– Programmgeber

Versorgungsglieder
– Verdichter
– Druckluftspeicher

Darstellungsregeln für Pläne

- Signalfluss von unten nach oben
- Bauglieder (Zylinder, Ventile, …) möglichst waagerecht, von links nach rechts, von unten nach oben (entsprechend dem Signalfluss)
- Bauglieder in Ausgangsstellung (z. B. nach dem Einschalten der Anlage, Betätigung des Starttasters)
- Leitungen und Verbindungen möglichst kreuzungsfrei
- Energiequelle unten, links
- Antriebe oben, von links nach rechts
- Baugruppen durch strichpunktierte Linien umgrenzen

Kennzeichnungen

Bauglieder		Leitungen und Verbindungen		
Reihenfolge: – Schaltkreisnummer (1…) (Energieversorgung, Zubehör mit 0) – Kennzeichnungsbuchst. des Bauglieds – Nummer des Bauglieds (1…) Z. B. ① 1A1		Arbeits- und Anschluss-leitungen	durchgezogene Linie ——— ②	Z. B. Versorgung der Ventile und Zylinder mit Druckluft
		Steuer-leitungen	unterbrochene Linie – – – – ③	Z. B. Weiterleitung der Steuersignale, z. B. Umschaltung von Ventilen

Buchstabe	Bauglieder	Beispiele
A	Antriebsglied, Arbeitsglied	Zylinder
M	Antriebsmotor	Elektromotor
P	Pumpe, Verdichter	Kompressor
S	Signalglieder	Starttaster, Grenztaster
V	Steuerglied	Druckventil, Drosselrückschlagventil
Z	Zubehör, sonstige Bauglieder	Aufbereitungseinheit, Manometer, Behälter

Mechanische Verbindung	Doppellinie ═══ ④	Z. B. Welle, Hebel, Kolbenstange
Baugruppe	Strichpunkt-linie —·—·— ⑤	Z. B. Umrahmung von mehreren Komponenten
Verbindung, Verzweigung	Punkt ⑥	Z. B. Aufteilung eines Steuersignals

Pneumatische Ventile – *Pneumatic valves*

Arten

- **Wegeventile**
  In Steuerungen verwendbar als
  - Stellglied
  - Verarbeitungsglied
  - Eingabeglied
- **Sperrventile**
  Zur Beeinflussung der Druckluftrichtung (z. B. Rückschlagventil, Wechselventil, Zweidruckventil)
- **Stromventile**
  Zur Beeinflussung der Durchflussmenge (z. B. Drosselventil)
  Häufig: Kombinationen aus Sperr- und Stromventilen
- **Druckventile**
  Einstellung und Regelung eines bestimmten Ausgangsdrucks

Schaltstellungen (DIN ISO 1219)

Jede Schaltstellung wird durch ein Quadrat dargestellt.

Zwei Schaltstellungen

Drei Schaltstellungen

Ruhestellung ①
(unbetätigt), Ausgangsstellung:
ohne Leitungsanschlüsse

Schaltstellung ②
(betätigt), Arbeitsstellung:
mit Leitungsanschlüssen

Strömungswege

Die Strömungswege der Druckluft werden in jedes Quadrat eingetragen.
- geöffnet: Richtungspfeil ③
- gesperrt: Querstrich ④

Anschlusskennzeichnung

Durch Ziffern und Buchstaben
Beispiel:
Ruhestellung
– Druckluft am Anschluss 1
– Entlüftung von 2 nach 3
Schaltstellung
– Strömungsweg von 1 nach 2 geöffnet

Arbeits- und Ausgleichsleitungen

1	P	Druckluftanschluss
2, 4	A, B	Arbeitsleitung
3, 5	R, S	Entlüftungsleitung

Steuerleitungen

10	Z	anliegendes Signal gesperrt, Durchgang von 1 nach 2
12	Y, Z	anliegendes Signal verbindet 1 mit 2
14	Z	anliegendes Signal verbindet 1 mit 4
81, 91	Pz	Hilfssteuerluft

Bezeichnung pneumatischer Wegeventile

1. Anzahl der Anschlüsse
2. Anzahl der Schaltstellungen (durch Querstrich getrennt)

Beispiel: 3 Anschlüsse — 3/2-Wegeventil
2 Schaltstellungen

Sprechweise: Drei-Strich-Zwei Wegeventil

2/2 Wegeventil

Sperr-Ruhestellung   Durchfluss-Ruhestellung

Im Gegensatz zum 3/2 Wegeventil ist hier keine Entlüftung vorgesehen. Häufige Bauform: Kugelsitzventil

3/2 Wegeventil

Sperr-Ruhestellung   Durchfluss-Ruhestellung

Signale können gesetzt und rückgesetzt werden. Über Anschluss 3 erfolgt die Entlüftung.

Kugelsitzventil (Beispiel)

unbetätigt, Entlüftung   betätigt, Durchfluss

Tellersitzventil (Beispiel)

unbetätigt, Entlüftung   betätigt, Durchfluss

Pneumatische Ventile – *Pneumatic valves*

4/2 Wegeventil, in beide Richtungen

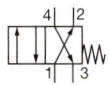

Durchfluss von 1 nach 2
und von 4 nach 3

- Ventil besitzt zwei Steuerkolben
- Das 4/2 Wegeventil erfüllt dieselbe Funktion wie eine Kombination aus zwei 3/2 Wegeventilen (ein Ventil in Sperr-Ruhestellung, das andere in Durchfluss-Ruhestellung).
- Einsatzgebiet: Doppeltwirkende Zylinder

Beispiel (Tellersitz):

unbetätigt   betätigt

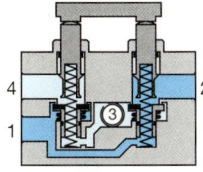 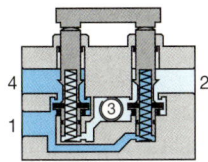

5/2 Wegeventil (Impulsventil)

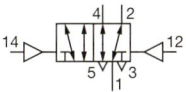

- Das Ventil besitzt speicherndes Verhalten.
- Die Umschaltung wird durch ein kurzes Signal an den Steueranschlüssen 12 (Durchfluss von 1 nach 2) bzw. 14 (Durchfluss von 1 nach 4) erreicht.
- Anwendung: Ansteuerung doppeltwirkender Zylinder

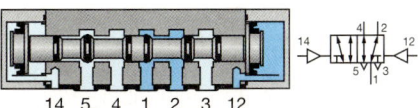

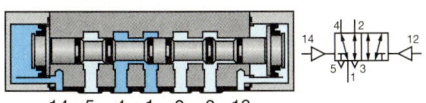

Bauformen von 3/2 und 5/2 Wegeventilen

Rückschlagventil

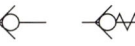  federbelastet

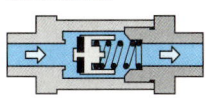

- Der Durchfluss ist nur in eine Richtung möglich, die andere Richtung ist gesperrt.
- Die Sperrung wird unwirksam, wenn die Kraft der Druckluft größer als die Vorspannkraft der Feder ist.

- Anwendung: Bei Druckausfall an Spannzylindern sorgen Rückschlagventile dafür, dass der Druck im Zylinder bestehen bleibt.

Schnellentlüftungsventil

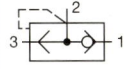

- Aufgabe: Schnelle Entlüftung von Leitungen und Baugliedern.
- Installation direkt oder nahe am Arbeitsglied.
- Vorteil: Durch schnellere Entlüftung erreicht man eine höhere Kolbengeschwindigkeit.

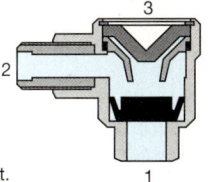

Drosselventil (Stromventil)

 fest

einstellbar

- Mit dem Drosselventil kann der Druckluftstrom beeinflusst werden.
- Drosselventile sollen nicht vollständig geschlossen werden.
- Anwendung: Zuluft- und Abluftdrosselung von Zylindern.

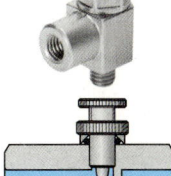

Drosselrückschlagventil

Kombination aus Drosselventil und Rückschlagventil

- Ungehinderter Durchfluss in eine Richtung, in Gegenrichtung kann die Druckluft nur durch den eingestellten Querschnitt fließen.
- Installation direkt oder nahe am Zylinder.
- Anwendung: Zuluft- und Abluftdrosselung von Zylindern, Signalverzögerung

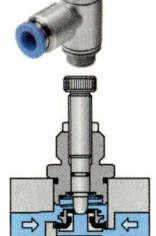

Pneumatische Druckventile – *Pneumatic pressure valves*

Druckregelventil

einstellbar, mit Entlastungsöffnung

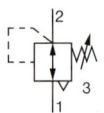

Der Eingangsdruck muss größer als der Ausgangsdruck sein.

- Unabhängig von Druckschwankungen und Luftverbrauch wird der Arbeitsdruck im eingestellten Bereich konstant gehalten.
- Wenn sich der Arbeitsdruck erhöht (z. B. Lastwechsel am Zylinder), kann die Druckluft durch eine Entlastungsöffnung ① entweichen.

ohne Entlastung

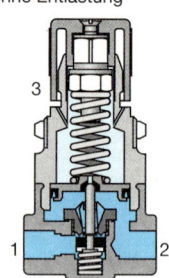

mit Entlastung

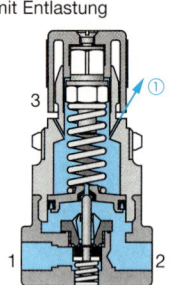

Druckschaltventil, Folgeventil

Kombination aus Druckbegrenzungsventil und 3/2 Wegeventil

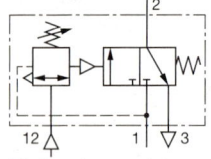

Die Druckgrenze ist einstellbar.

- Wird der eingestellte Druck am Steueranschluss 12 überschritten, schaltet das nachgeschaltete 3/2 Wegeventil. Druckluft wird von 1 nach 2 durchgeschaltet.
- Wenn der Druck am Steueranschluss den eingestellten Wert unterschreitet, schaltet das 3/2 Wegeventil wieder zurück (Entlüftung über 2).

Gezeichnete Schaltstellung: Druck am Steueranschluss nicht überschritten, Ruhestellung

Anwendung: Signalweitergabe in Steuerungen

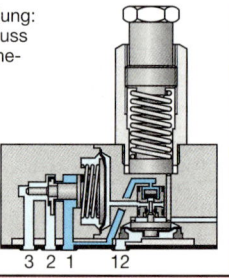

Pneumatische Zeitverzögerungsventile – *Pneumatic time delay valves*

Kombination aus:
Drosselrückschlagventil, Druckluftbehälter und 3/2 Wegeventil

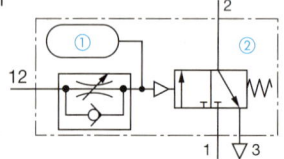

Arbeitsweise:
- Druckluft strömt über den Steueranschluss 12 und das Drosselrückschlagventil in den Druckluftbehälter ①.
- Wenn der Steuerdruck für das nachfolgende 3/2 Wegeventil erreicht ist, schaltet dieses ②.
- Wenn das Steuersignal abgeschaltet wird, schaltet das 3/2 Wegeventil in die Ruhestellung zurück.

Ruhestellung, gesperrt

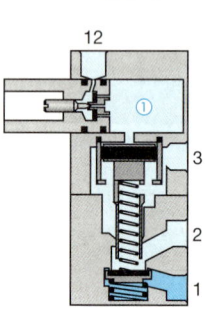

Durchflussstellung ②

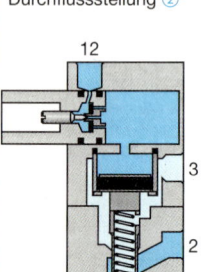

Anwendungen, 3/2 Wegeventil in Sperrnullstellung

Anzugsverzögerung

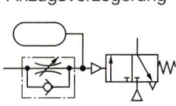

- Durch den Druckaufbau im Behälter schaltet das 3/2 Wegeventil um Δt verzögert.
- Die Zeit für das verzögerte Anziehen Δt wird mit dem Drosselrückschlagventil eingestellt.

Abfallverzögerung

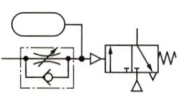

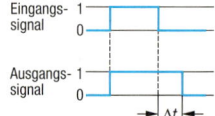

- Durch den Druckabbau im Behälter behält das 3/2 Wegeventil noch seinen Zustand um Δt.
- Die Zeit für das verzögerte Abfallen Δt wird mit dem Drosselrückschlagventil eingestellt.

Steuerungen

Pneumatische Zylinder – *Pneumatic cylinders*

Arbeitsglieder für

geradlinige Bewegung Zylinder	**Drehbewegung** Motoren	**Schwenkbewegung** Schwenkantriebe

Einfachwirkender Zylinder

Bauformen:
- Kolbenzylinder
- Membranzylinder
- Rollenmembran-
  zylinder

- Druckluft ① wirkt nur von einer Seite auf den Kolben.
- Arbeit wird nur in eine Richtung verrichtet.
- Der Rückhub erfolgt über die gespannte Feder ②.
- Die Ansteuerung erfolgt über 3/2 Wegeventile.

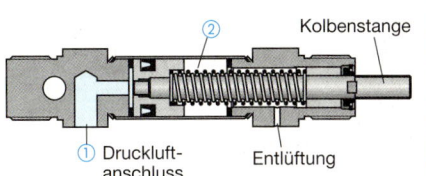

②   Kolbenstange

① Druckluft-anschluss   Entlüftung

Doppeltwirkender Zylinder

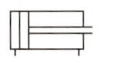

Bauformen:
- Kolbenzylinder
- Zylinder mit durchge-hender Kolbenstange
- Tandemzylinder
- Mehrstellungszylinder

- Druckluft kann von bei-den Seiten ① ② auf den Kolben einwirken.
- Unterschiedliche Kräfte beim Ein- und Ausfahren, da ein Kolbenboden um die Fläche der Kolben-stange verringert ist.
- Dämpfer an den End-lagen verringern Stöße.
- Die Ansteuerung erfolgt über 5/2 bzw. 5/3 Wege-ventile.

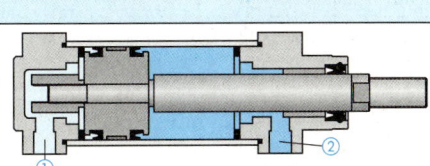

Zylinder mit einstellbaren Dämpfungen

einfach   doppelt

Drehzylinder

Drehmoment:
0,5 Nm bis 150 Nm
(bei 600 kPa)

- Ein Zahnrad ① wird durch das Zahnprofil ② des Kolbens angetrieben.
- Die lineare Bewegung des Kolbens wird in eine Drehbewegung (0° bis 360°) umgesetzt.

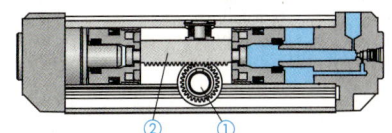

Schwenkantrieb

Drehmoment:
0,5 Nm bis 20 Nm
(bei 600 kPa)

- Der Schwenkflügel ① wird durch Druckluft ② angetrieben.
- Die Drehbewegung wird direkt auf die An-triebswelle übertragen (0° bis 270°).

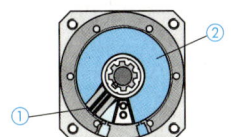

Bauformen (Beispiele)

Minizylinder:
Durchmesser 8 bis 25 mm, ein-fach- oder doppeltwirkend, runde oder ovale Ausführung, auch in Messing oder Edelstahl

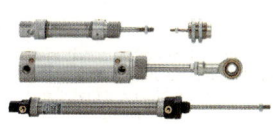

Profilzylinder:
Durchmesser 32 bis 200 mm, ein-fach- oder doppeltwirkend, auch mit Führung und Feststelleinheit

Kompaktzylinder:
Durchmesser 12 bis 100 mm, ein-fach- oder doppeltwirkend, Luft-anschlüsse wahlweise vorne ra-dial, hinten radial, hinten axial oder konventionell vorne und hinten

Elektropneumatik – *Electropneumatics*

Begriff	Schaltzeichen	
Gemeinsamer Einsatz bzw. Kombination elektrischer und pneumatischer Bauglieder, Komponenten, Bauteile.	**Elektromagnetische Betätigung**	**Spulenkennzeichnung bei Ventilen**

Aufgabenteilung (**Beispiele**):

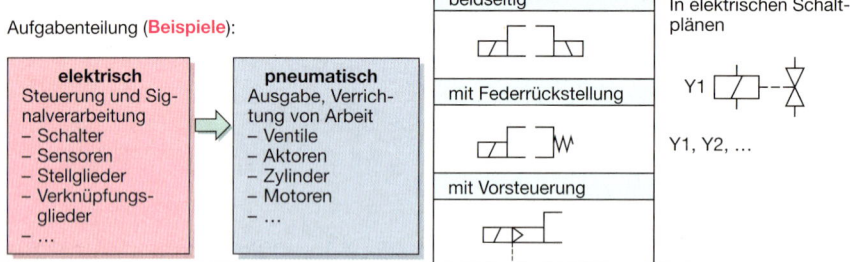

elektrisch
Steuerung und Signalverarbeitung
– Schalter
– Sensoren
– Stellglieder
– Verknüpfungsglieder
– ...

pneumatisch
Ausgabe, Verrichtung von Arbeit
– Ventile
– Aktoren
– Zylinder
– Motoren
– ...

Schaltzeichen-Bereich:
beidseitig

mit Federrückstellung

mit Vorsteuerung

Spulenkennzeichnung:
In elektrischen Schaltplänen

Y1

Y1, Y2, ...

Umwandlung eines pneumatischen Signals in ein elektrisches Signal (Umschalter)

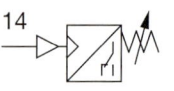

14

Die Ausgabe des elektrischen Signals kann auch indirekt über z. B. Reed-Kontakte oder andere magnetische Schaltglieder erfolgen.

- Die elektrischen Kontakte arbeiten in diesem Fall als Umschalter (Wechsler).
- Die Druckluft des pneumatischen Steuersignals 14 drückt gegen die Membran ①.
- Bei genügend großem Druck wird die Federkraft überwunden und es kommt zu einer Umschaltung ②.

unbetätigt

betätigt

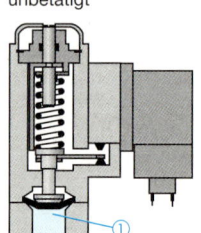

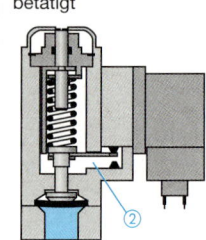

3/2 Magnetwegeventil, vorgesteuert

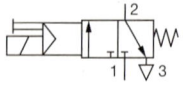

Vorteile der Vorsteuerung:
Geringerer Verbrauch an elektrischer Energie

- Ausgangsstellung: Durch die Spule ① fließt kein Strom. Das Ventil befindet sich in der Ruhestellung (Anschluss 2 ist nach 3 entlüftet).
- Strom fließt durch die Spule und das Vorsteuerventil ② wird betätigt (Vorsteuerkanal wird frei).
- Das Vorsteuerventil betätigt das Ventil ③, Druckluft strömt von 1 nach 2.

unbetätigt

betätigt

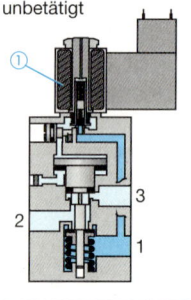

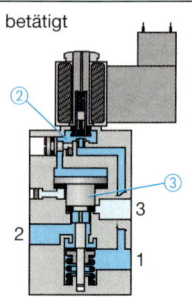

5/2 Magnetwegeventil, vorgesteuert, Handhilfsbetätigung

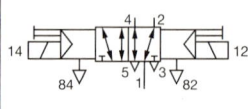

- Situation 1:
  Strom fließt durch Y1, Y2 ist stromlos.
- 3 ist gesperrt, 4 wird nach 5 entlüftet.
- Druckluft gelangt von 1 nach 2.

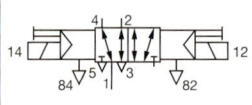

- Situation 2:
  Strom fließt durch Y2, Y1 ist stromlos.
- 5 wird gesperrt, 2 wird nach 3 entlüftet.
- Druckluft gelangt von 1 nach 4.

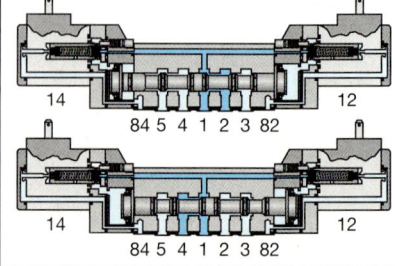

Grundschaltungen der Pneumatik – *Basic circuits of pneumatics*

Ausgangsstellung	Energieversorgung	Direkte Ansteuerung	
Wenn in einem Pneumatik-plan ein Ventil in der Ausgangsstellung betätigt ist, wird dieses durch die Darstellung eines Schaltnockens dargestellt.	Die Energieversorgung ist in den nachfolgenden Schaltungen nicht mitgezeichnet worden. – Energiequelle ① – Einschaltventil ②	**Einfachwirkender Zylinder**	**Doppeltwirkender Zylinder**

Indirekte Ansteuerung

Einfachwirkender Zylinder	Doppeltwirkender Zylinder	

UND-Funktion	ODER-Funktion

Luftdrosselung bei doppeltwirkendem Zylinder		Schnellentlüftung	
Zuluft	Abluft	Einfachwirkender Zylinder	Doppeltwirkender Zylinder

Grundschaltungen der Pneumatik – *Basic circuits of pneumatics*

Drei Eingabeglieder

Druckabhängige Steuerung

Anzugsverzögerung mit 3/2 Wegeventil

Sperrnullstellung

Abfallverzögerung mit 3/2 Wegeventil

Durchflussnullstellung

t_E : Eingangs-
impulszeit
Δt : Verzöge-
rungszeit

Eingangs-
signal y

Ausgangs-
signal x

Anzugs- und Abfallverzögerung mit 3/2 Wegeventil

Sperrnullstellung

$\Delta t_1, \Delta t_2$:
Verzögerungs-
zeiten der
Drosselrück-
schlagventile
t_E : Eingangs-
impulszeit
t_A : Ausgangs-
impulszeit

Eingangs-
signal y

Ausgangs-
signal x

t_E : Eingangs-
impulszeit
Δt : Verzöge-
rungszeit

Eingangs-
signal

Ausgangs-
signal

Durchflussnullstellung

$\Delta t_1, \Delta t_2$:
Verzögerungs-
zeiten der
Drosselrück-
schlagventile
t_E : Eingangs-
impulszeit
t_A : Ausgangs-
impulszeit

Eingangs-
signal y

Ausgangs-
signal x

Durchflussnullstellung

Eingangs-
signal y

Ausgangs-
signal x

t_E : Eingangsimpulszeit
Δt : Verzögerungszeit

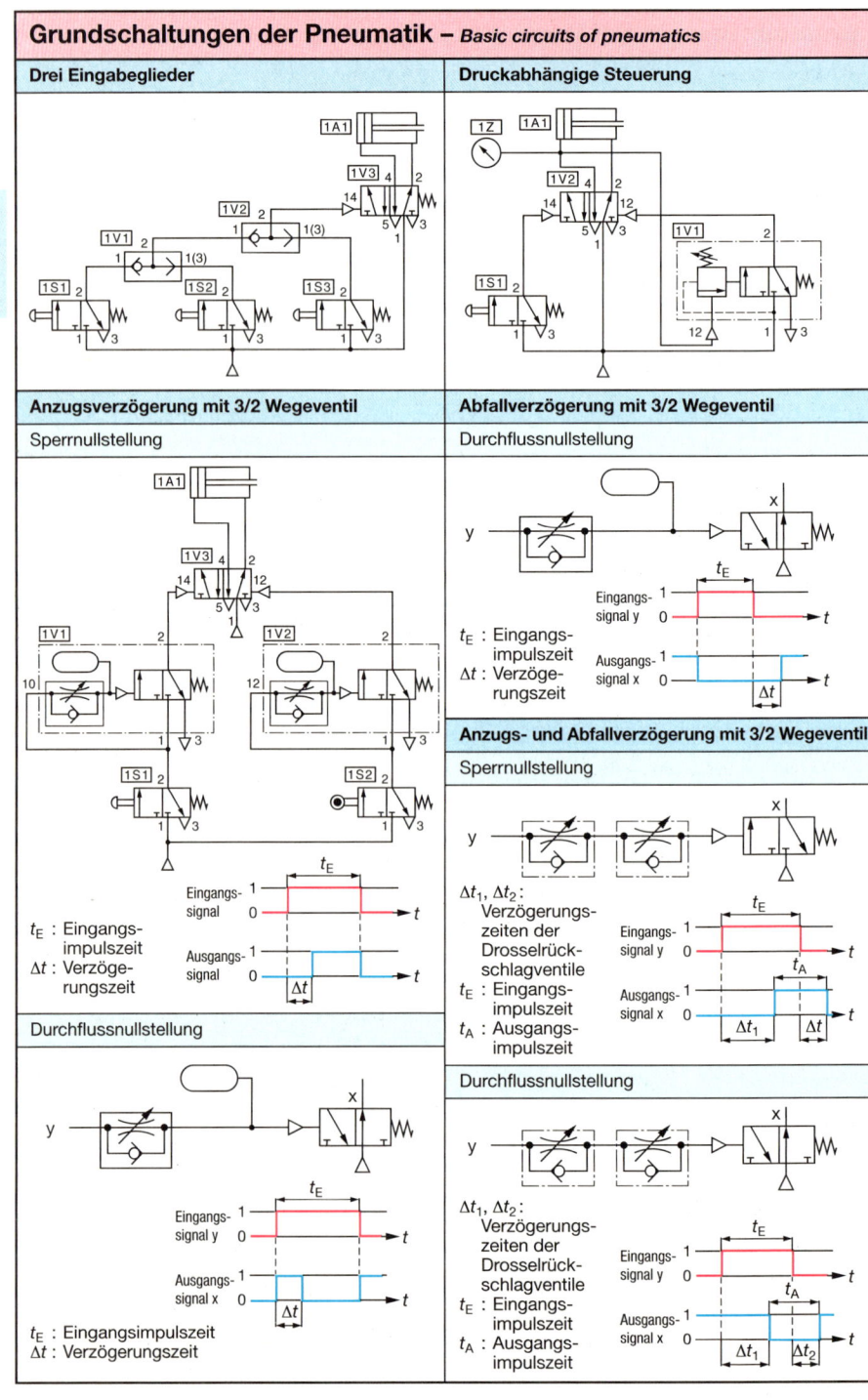

Hydrosysteme – *Hydraulic systems*

Offenes System

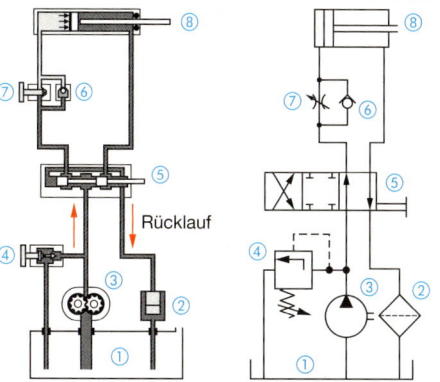

Rücklauf

Energieabgabe
– Zylinder ⑧

Energiesteuerung
– Druckbegrenzungsventil ④
– 4/3 Wegeventil ⑤
– Rückschlagventil ⑥
– Drosselventil ⑦

Energieumwandlung
– Hydropumpe ③

Öl-Aufbereitung
– Tank ①
– Filter ②

Geschlossenes System

Anwendung:
• Systeme mit hydraulischen Motoren
• Volumenstrom kann in diesem System rasch umgesteuert werden.

Grundsätzliche Arbeitsweise:
• Mit einer Pumpe wird das Öl in einem Kreislauf transportiert und damit ein Motor angetrieben.
• Der Ölbehälter dient lediglich zur Auffüllung der Anlage und zum Ausgleich von Ölverlusten.
• Druckbegrenzungsventile sorgen für einen konstanten Druck.
• Rückschlagventile beeinflussen die Fließrichtung.

Anschlussbezeichnungen in hydraulischen Plänen

P: Druckanschluss
T: Rücklaufanschluss
A, B: Arbeitsanschlüsse
L: Lecköl

Hydraulikaggregat

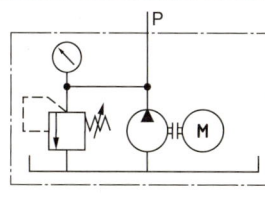

P

Bestandteile:
– Antriebsmotor
– Hydraulikpumpe mit Ansaugfilter
– Druckbegrenzungsventil (Sicherheit)
– Öltank

Hydrospeicher

• Anwendungen:
– Energiespeicherung zur Einsparung von Pumpen-Antriebsleistung
– Energiereserve bei Notfällen
– Ausgleich von Leckverlusten
– Stoß- und Schwingungsdämpfung
– Schockabsorption

• Wirkungsweise:
– Beim Anstieg des Flüssigkeitsdrucks wird Gas verdichtet.
– Beim Absinken des Drucks expandiert das verdichtete Gas und verdrängt die gespeicherte Flüssigkeit in den Hydraulikkreislauf.

• Bauformen:
– Membran- und Blasenspeicher

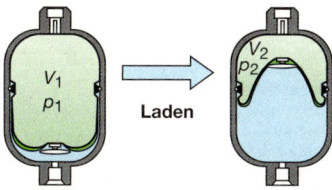

V_1
p_1

Laden

V_2
p_2

Sicherheitsmaßnahmen bei Eingriffen in hydraulische Systeme

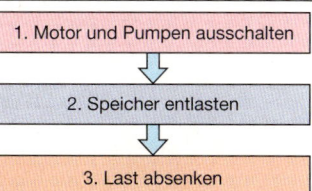

1. Motor und Pumpen ausschalten

2. Speicher entlasten

3. Last absenken

4. Druck überprüfen

Montage pneumatischer bzw. hydraulischer Systeme
Pneumatic/hydraulic mounting

Pneumatik

Leitungen	Verbindungen	
	fest	lösbar

Leitungen
- Verwendung von Kunststoffschläuchen
- Schlauchlängen kurz halten
- Befestigung mit Klemmleisten ①
- min. Biegeradien beachten (Hersteller) ②
- Abstand zwischen Schlauchanschluss und Bogen min. 1,5 x Schlauchdurchmesser ③

fest
- Schlauchtüllen ④ und Schlauchklemme
- Schlauchklemme als
  – Ohr-Schlauchklemme ⑤
  – Schlauchklemme mit Schneckentrieb ⑥

lösbar
- Steckschraubverbindung
- Einschrauben in pneumatisches Bauteil
- Schlauch wird in lösbare Verbindung geklemmt ⑦

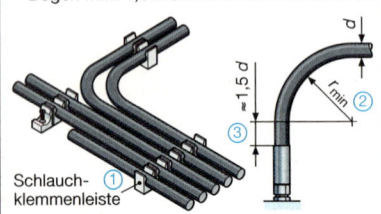

Schlauch-
klemmenleiste ①

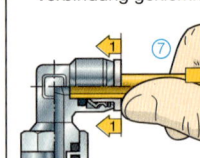
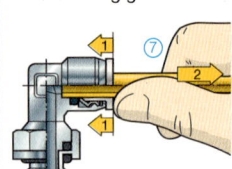

Hydraulik

Rohrleitungen	Schläuche und Schlauchleitungen

Rohrleitungen
- Verwendung von Präzisionsstahlrohren
- Rohrlängenänderungen müssen durch Verlegung aufgefangen werden.
- Verschraubungsstellen gut zugänglich platzieren (Montage, Inspektion)
- Rohrbefestigungen

Mindestabstand   Rohrbefestigung

Überwurf-
mutter

Befestigungs-
abstand

Rohrbogen

Verschraubungen:
- **Einschraubstutzen** verbinden Rohre mit hydraulischen Bauteilen.
- **Verbindungsverschraubungen** verbinden Rohre untereinander.
- Verschraubungen sind als Bördelverschraubung, Schneidring- oder Dichtkegelverschraubung verfügbar.

Schläuche und Schlauchleitungen

Sie bestehen aus einem Schlauch und Armatur.

Schläuche:
- Bei Herstellung von Schlauchleitungen dürfen Schläuche maximal zwei Jahre alt sein.
- Verwendungsdauer von Schläuchen sollte sechs Jahre nicht überschreiten.
- Schläuche sind in einem maximalen Abstand von 500 mm gekennzeichnet.

Schlauchkennzeichnung:

CONTI / EN 853 / 2ST / 16 / 4002

Hersteller-
kennzeichen
Normangabe
Schlauchtyp
Nenndurchmesser
Herstelldatum
(Quartal und Herstelljahr)

- Schlauchleitungen werden gekennzeichnet (meist auf der Armatur)

Kennzeichnung von Schlauchleitungen:

INDU / 250 / 0210

Herstellerkennzeichen
Betriebsdruck in bar
Herstelldatum
(Herstelljahr und Monat)

Verlegebeispiele:

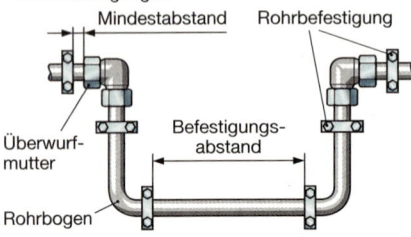

ausreichender
Abstand

Verlegebeispiele:

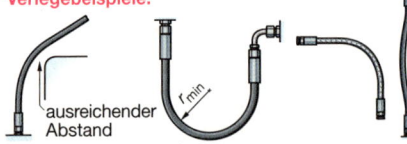
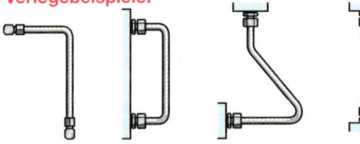

Hinweise für Arbeiten an hydraulischen Anlagen

- Hydraulikpumpe ausschalten
- Keine Verbindungen lösen, solange die Anlage unter Druck steht.
- Alle Öffnungen mit Schutzkappen versehen.
- Keine Putzwolle zum Reinigen von Ölbehältern verwenden.

Steuerungen

4 Informationstechnik

Information und Kommuni-
kation 170
Begriffe und Formeln zur
Datenübertragung 171
Zahlen-Codes 172
ASCII-Code 173
Mikroprozessor 174
PC-Hauptplatine 175
PC-Schnittstellen und
-Anschlüsse 176
IDE-, EIDE- und ATAPI-
Schnittstellen 176
PC-Netzteil 177
Speichermodule 178
Magnetische Datenspeicher 179
Festplatten 179
Optische Datenspeicher 180
Dateneingabegeräte 181
Datenausgabegeräte.................... 182
Monitor 183
USB 184
IEEE 1394 184
Parallele Schnittstelle 185
Serielle Schnittstelle 185
Videoanschlüsse.......................... 185
Wireless LAN (WLAN) 186
IEC-BUS-Schnittstelle 187
Betriebssysteme 188
Windows Vista 188
Windows Betriebssysteme 189
BIOS 190
Hardwareinstallation 191
Software 192
Softwareinstallation 193
Datensicherheit, Datenschutz........ 194
Datensicherung........................... 195
Datentechnische Sicherheit 196
Urheber- und Medienrecht 197
PC-Netze 198
Messen in Datennetzen 199
Netzwerkprotokolle...................... 200
Strukturierte Verkabelung 201
Lichtwellenleiter 202
Lichtwellenleiter-Montage 204

Information und Kommunikation – *Information and communication*

Nachricht und Information

Unter einer Nachricht versteht man jede Art von Mitteilungen.

Beispiele:

Ampelsignal, gesprochener Text, Mitteilung auf einer Tonkassette, …
In die Nachricht ist immer eine Information eingebettet. Es wird unterschieden:

Syntaktischer Aspekt [1] einer Nachricht:
Aufbau der Nachricht nach formalen Regeln, Zeichen, Zeichenfolge usw.

Semantischer Aspekt [2] einer Nachricht:
Bedeutung der Nachricht für den Empfänger (z.B. das Rot der Ampel bedeutet: Stopp!)

[1] Syntax (gr., lat.): Lehre vom Satzbau, Satzlehre
[2] Semantik (gr.): Wortbedeutungslehre

Prinzip der Nachrichtenübertragung

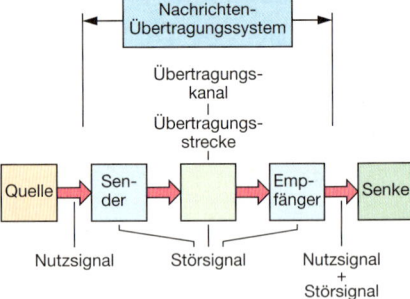

Informationsformen

Töne:
Sprache, Musik, Geräusche

Bilder:
Feste Bilder, bewegte Bilder (farbig, monochrom)

Text:
Alphanumerische Zeichen

Daten:
Elektrische oder optische Signale, die nicht direkt vom Menschen wahrgenommen werden können

Kommunikation

Einseitiger oder wechselseitiger Austausch zwischen Menschen, technischen Einrichtungen (Endeinrichtungen) oder zwischen Menschen und technischen Einrichtungen.

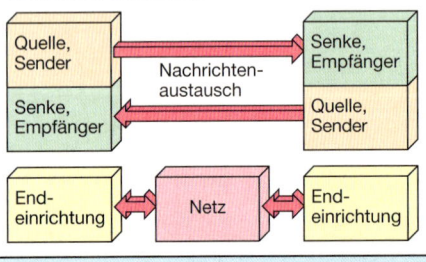

Informationsübertragung

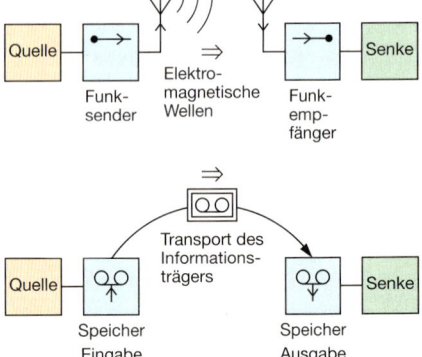

Betriebsarten der technischen Kommunikation

Duplex-Betrieb (Gegenbetrieb)

Beide Partner sind gleichberechtigt. Sie können gleichzeitig senden und empfangen (z.B. Telefon).

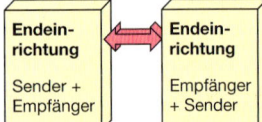

Halbduplex-Betrieb (Wechselbetrieb)

Die Kommunikationspartner können abwechselnd (alternierend) senden und empfangen.

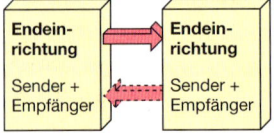

Simplex-Betrieb (Richtungsbetrieb)

Der Empfänger kann keine Signale zum Sender schicken (z.B. Verteilkommunikation bei Rundfunk-Sendungen).

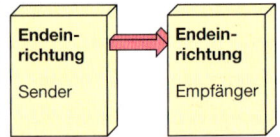

170

Begriffe und Formeln zur Datenübertragung
Terms and formulas in data transmission

Funktionelle Einteilung einer Datenstation

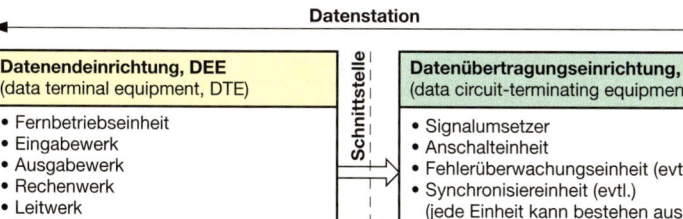

Datenstation

| Datenendeinrichtung, DEE (data terminal equipment, DTE) | Schnittstelle | Datenübertragungseinrichtung, DÜE (data circuit-terminating equipment, DCE) | Übertragungsleitung |

Datenendeinrichtung, DEE
(data terminal equipment, DTE)

- Fernbetriebseinheit
- Eingabewerk
- Ausgabewerk
- Rechenwerk
- Leitwerk
- Speicher
- Fehlerüberwachungseinheit (evtl.)
- Synchronisiereinheit (evtl.)

Schnittstelle

Datenübertragungseinrichtung, DÜE
(data circuit-terminating equipment, DCE)

- Signalumsetzer
- Anschalteinheit
- Fehlerüberwachungseinheit (evtl.)
- Synchronisiereinheit (evtl.)
  (jede Einheit kann bestehen aus:
  Sende-, Empfangs- und Schaltteil)

Übertragungsleitung

Datenübertragungssystem

Schrittgeschwindigkeit

$$v_s = \frac{1}{T_s} \qquad [v_s] = \text{Baud}^{1)}$$

$$1\ \text{Baud} = \frac{1}{s}$$

T_s: Schrittdauer $[T_s] = s$

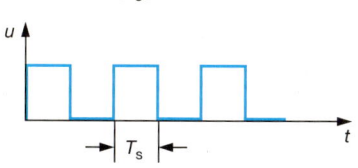

$^{1)}$ Abkürzung von Baudot, franz. Telegrafentechniker

Übertragungsgeschwindigkeit (Baudrate)

$$v_ü = v_s \cdot \text{lb}\ n \qquad [v_ü] = \frac{\text{bit}}{s}$$

$$v_ü = Z \cdot v_z \cdot \text{lb}\ n$$

$n = 2$ (binäre Übertragung)
lb: Logarithmus zur Basis 2
lg: Logarithmus zur Basis 10

$$\text{lb}\ n = \frac{\text{lg}\ n}{\text{lg}\ 2}$$

Beispiele für Baudraten:
(asynchrone serielle Übertragung, V.24)

Zeichengeschwindigkeit

$$v_z = \frac{1}{T_z} \qquad T_z = Z \cdot T_s$$

$$v_z = \frac{v_s}{Z} \qquad \text{(Zeichen/Sekunde)}$$

T_z: Übertragungsdauer eines Zeichenrahmens
Z: Anzahl der Einheitsschritte in einem Zeichenrahmen

Beispiel:

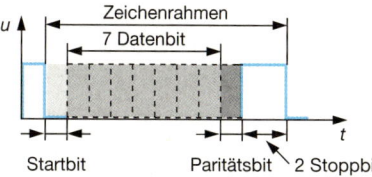

Startbit   Paritätsbit   2 Stoppbits

1 Startbit
7 Datenbit
1 Paritätsbit $\Big\}\ Z = 11$
2 Stoppbits

Baud in bit/s	Zeichen/s	Zeit/bit in ms
150	10	6667
300	15	3333
600	60	1667
1200	120	833
2400	240	416
4800	480	208
9600	960	104
19200	1920	52

Wirkungsgrad (Datendurchsatz)

$$n_ü = \frac{n_{Dat}}{n_{Sta} + n_{Dat} + n_{Par} + n_{Sto}}$$

n_{Dat}: Anzahl der Datenbit

n_{Sta}: Startbit

n_{Par}: Paritätsbit

n_{Sto}: Anzahl der Stoppbits

Zahlen-Codes – Number codes

- Codieren bedeutet, den gegebenen Vorrat an Symbolen eines Zeichensatzes den Symbolen eines anderen Zeichensatzes zuzuordnen.
- Codieren erfolgt aus verschiedenen Gründen:
  - Bei Datenübertragung: Einfache und zeitsparende Übertragung der Symbole.
  - Für Datensicherheit: Daten möglichst schwer entschlüsselbar (kryptologische Codierungen).
  - Für Datenverarbeitung: Mathematische Operationen mit geringem technischen Aufwand durchführen.

- Überwiegend werden binäre Codes verwendet.
- Besondere Bedeutung haben die Codes, bei denen die Codewörter aus gleich vielen Elementen bestehen (z. B. vier Bit).
- Bei n Elementen pro Codewort und v unterscheidbaren Zuständen pro Element sind $M = v^n$ Codewörter darstellbar. (Binärsystem mit $v = 2$ ist $M = 2^n$.)

Tetradische Codes

- Bestehen aus vier Bit (Tetrade) je Codewort.
- Codieren die Dezimalziffern 0…9.
- Enthalten sechs Codewörter (Dezimalzahlen 10…15), die nicht verwendet werden (Pseudotetraden).

Einschrittige Tetradische Codes

- Ändern nur eine Binärstelle beim Übergang von einem Codewort zum folgenden.
- Anwendung bei Analog-Digital-Umsetzern (z. B. Winkelcodierern).

Mehrschrittige Tetradische Codes

- Ändern mehrere Binärstellen beim Übergang von einem Codewort zum folgenden.
- BCD-Code: Binary-Coded Decimals (binärcodierte Dezimalziffern), geeignet für Addition.
- Aiken-Code: geeignet für Addition und Subtraktion.

Dezimal-Ziffer	BCD-Code	Aiken-Code	Gray-Code	Glixon-Code	O'Brien-Code
0	0 0 0 0	0 0 0 0	0 0 0 0	0 0 0 0	0 0 0 1
1	0 0 0 1	0 0 0 1	0 0 0 1	0 0 0 1	0 0 1 1
2	0 0 1 0	0 0 1 0	0 0 1 1	0 0 1 1	0 0 1 0
3	0 0 1 1	0 0 1 1	0 0 1 0	0 0 1 0	0 1 1 0
4	0 1 0 0	0 1 0 0	0 1 1 0	0 1 1 0	0 1 0 0
5	0 1 0 1	1 0 1 1	0 1 1 1	0 1 1 1	1 1 0 0
6	0 1 1 0	1 1 0 0	0 1 0 1	0 1 0 1	1 1 1 0
7	0 1 1 1	1 1 0 1	0 1 0 0	0 1 0 0	1 0 1 0
8	1 0 0 0	1 1 1 0	1 1 0 0	1 1 0 0	1 0 1 1
9	1 0 0 1	1 1 1 1	1 1 0 1	1 0 0 0	1 0 0 1
Wertigkeit	8 4 2 1	2 4 2 1			
Stelle	4 3 2 1	4 3 2 1	4 3 2 1	4 3 2 1	4 3 2 1

Höherstellige Codes

- Verwenden mehr als vier Stellen zur Darstellung eines Codewortes.
- 2 aus 5-Code: gleichgewichtiger Code; jeweils zwei von fünf Stellen sind in jedem Codewort mit 1 besetzt; fehlererkennbar.

- 1 aus 10-Code: fehlererkennbar.
- Libaw-Craig-Code: einschrittiger Code.
- Biquinär-Code: 2 aus 7-Code

Dezimal-Ziffer	2 aus 5-Code	1 aus 10-Code	Libaw-Craig-Code	Biquinär-Code
0	0 0 0 1 1	0 0 0 0 0 0 0 0 0 1	0 0 0 0 0	1 0 0 0 0 0 1
1	0 0 1 0 1	0 0 0 0 0 0 0 0 1 0	0 0 0 0 1	1 0 0 0 0 1 0
2	0 0 1 1 0	0 0 0 0 0 0 0 1 0 0	0 0 0 1 1	1 0 0 0 1 0 0
3	0 1 0 0 1	0 0 0 0 0 0 1 0 0 0	0 0 1 1 1	1 0 0 1 0 0 0
4	0 1 0 1 0	0 0 0 0 0 1 0 0 0 0	0 1 1 1 1	1 0 1 0 0 0 0
5	0 1 1 0 0	0 0 0 0 1 0 0 0 0 0	1 1 1 1 1	0 1 0 0 0 0 1
6	1 0 0 0 1	0 0 0 1 0 0 0 0 0 0	1 1 1 1 0	0 1 0 0 0 1 0
7	1 0 0 1 0	0 0 1 0 0 0 0 0 0 0	1 1 1 0 0	0 1 0 0 1 0 0
8	1 0 1 0 0	0 1 0 0 0 0 0 0 0 0	1 1 0 0 0	0 1 0 1 0 0 0
9	1 1 0 0 0	1 0 0 0 0 0 0 0 0 0	1 0 0 0 0	0 1 1 0 0 0 0
Stelle	5 4 3 2 1	9 8 7 6 5 4 3 2 1 0	5 4 3 2 1	6 5 4 3 2 1 0

Nichtdekadische Codes

- Zahlen werden vollständig in einem Codewort dargestellt.
- Codes müssen auf die Menge der zu codierenden Zahlen ausgelegt sein.

Dezimal-Ziffer	Dual-Code	Hamming-Code	Dezimal-Ziffer	Dual-Code	Hamming-Code
0	0 0 0 0	0 0 0 0 0 0 0	8	1 0 0 0	1 0 0 1 0 1 1
1	0 0 0 1	0 0 0 0 1 1 1	9	1 0 0 1	1 0 0 1 1 0 0
2	0 0 1 0	0 0 1 1 0 0 1	10	1 0 1 0	1 0 1 0 0 1 0
3	0 0 1 1	0 0 1 1 1 1 0	11	1 0 1 1	1 0 1 0 1 0 1
4	0 1 0 0	0 1 0 1 0 1 0	12	1 1 0 0	1 1 0 0 0 0 1
5	0 1 0 1	0 1 0 1 1 0 1	13	1 1 0 1	1 1 0 0 1 1 0
6	0 1 1 0	0 1 1 0 0 1 1	14	1 1 1 0	1 1 1 1 0 0 0
7	0 1 1 1	0 1 1 0 1 0 0	15	1 1 1 1	1 1 1 1 1 1 1

ASCII-Code

Erklärung der Zellenstruktur (siehe Legende): ASCII-Zeichen, Wert hexadezimal (oben rechts), Wert dezimal (darunter), Wert binär (unten links, mit Paritätsbit P), Wert oktal (unten rechts).

Zeile \ Spalte	00	01	02	03	04	05	06	07
00	NUL — hex 0, dez 0, bin P000 0000, okt 000	DLE — hex 10, dez 16, bin P001 0000, okt 020	SP — hex 20, dez 32, bin P010 0000, okt 040	0 — hex 30, dez 48, bin P011 0000, okt 060	@ — hex 40, dez 64, bin P100 0000, okt 100	P — hex 50, dez 80, bin P101 0000, okt 120	\` — hex 60, dez 96, bin P110 0000, okt 140	p — hex 70, dez 112, bin P111 0000, okt 160
01	SOH — hex 01, dez 1, bin P000 0001, okt 001	DC$_1$ — hex 11, dez 17, bin P001 0001, okt 021	! — hex 21, dez 33, bin P010 0001, okt 041	1 — hex 31, dez 49, bin P011 0001, okt 061	A — hex 41, dez 65, bin P100 0001, okt 101	Q — hex 51, dez 81, bin P101 0001, okt 121	a — hex 61, dez 97, bin P110 0001, okt 141	q — hex 71, dez 113, bin P111 0001, okt 161
02	STX — hex 02, dez 2, bin P000 0010, okt 002	DC$_2$ — hex 12, dez 18, bin P001 0010, okt 022	" — hex 22, dez 34, bin P010 0010, okt 042	2 — hex 32, dez 50, bin P011 0010, okt 062	B — hex 42, dez 66, bin P100 0010, okt 102	R — hex 52, dez 82, bin P101 0010, okt 122	b — hex 62, dez 98, bin P110 0010, okt 142	r — hex 72, dez 114, bin P111 0010, okt 162
03	ETX — hex 03, dez 3, bin P000 0011, okt 003	DC$_3$ — hex 13, dez 19, bin P001 0011, okt 023	# — hex 23, dez 35, bin P010 0011, okt 043	3 — hex 33, dez 51, bin P011 0011, okt 063	C — hex 43, dez 67, bin P100 0011, okt 103	S — hex 53, dez 83, bin P101 0011, okt 123	c — hex 63, dez 99, bin P110 0011, okt 143	s — hex 73, dez 115, bin P111 0011, okt 163
04	EOT — hex 04, dez 4, bin P000 0100, okt 004	DC$_4$ — hex 14, dez 20, bin P001 0100, okt 024	$ — hex 24, dez 36, bin P010 0100, okt 044	4 — hex 34, dez 52, bin P011 0100, okt 064	D — hex 44, dez 68, bin P100 0100, okt 104	T — hex 54, dez 84, bin P101 0100, okt 124	d — hex 64, dez 100, bin P110 0100, okt 144	t — hex 74, dez 116, bin P111 0100, okt 164
05	ENQ — hex 05, dez 5, bin P000 0101, okt 005	NAK — hex 15, dez 21, bin P001 0101, okt 025	% — hex 25, dez 37, bin P010 0101, okt 045	5 — hex 35, dez 53, bin P011 0101, okt 065	E — hex 45, dez 69, bin P100 0101, okt 105	U — hex 55, dez 85, bin P101 0101, okt 125	e — hex 65, dez 101, bin P110 0101, okt 145	u — hex 75, dez 117, bin P111 0101, okt 165
06	ACK — hex 06, dez 6, bin P000 0110, okt 006	SYN — hex 16, dez 22, bin P001 0110, okt 026	& — hex 26, dez 38, bin P010 0110, okt 046	6 — hex 36, dez 54, bin P011 0110, okt 066	F — hex 46, dez 70, bin P100 0110, okt 106	V — hex 56, dez 86, bin P101 0110, okt 126	f — hex 66, dez 102, bin P110 0110, okt 146	v — hex 76, dez 118, bin P111 0110, okt 166
07	BEL — hex 07, dez 7, bin P000 0111, okt 007	ETB — hex 17, dez 23, bin P001 0111, okt 027	' — hex 27, dez 39, bin P010 0111, okt 047	7 — hex 37, dez 55, bin P011 0111, okt 067	G — hex 47, dez 71, bin P100 0111, okt 107	W — hex 57, dez 87, bin P101 0111, okt 127	g — hex 67, dez 103, bin P110 0111, okt 147	w — hex 77, dez 119, bin P111 0111, okt 167
08	BS — hex 08, dez 8, bin P000 1000, okt 010	CAN — hex 18, dez 24, bin P001 1000, okt 030	(— hex 28, dez 40, bin P010 1000, okt 050	8 — hex 38, dez 56, bin P011 1000, okt 070	H — hex 48, dez 72, bin P100 1000, okt 110	X — hex 58, dez 88, bin P101 1000, okt 130	h — hex 68, dez 104, bin P110 1000, okt 150	x — hex 78, dez 120, bin P111 1000, okt 170
09	HT — hex 09, dez 9, bin P000 1001, okt 011	EM — hex 19, dez 25, bin P001 1001, okt 031	) — hex 29, dez 41, bin P010 1001, okt 051	9 — hex 39, dez 57, bin P011 1001, okt 071	I — hex 49, dez 73, bin P100 1001, okt 111	Y — hex 59, dez 89, bin P101 1001, okt 131	i — hex 69, dez 105, bin P110 1001, okt 151	y — hex 79, dez 121, bin P111 1001, okt 171
10	LF — hex 0A, dez 10, bin P000 1010, okt 012	SUB — hex 1A, dez 26, bin P001 1010, okt 032	* — hex 2A, dez 42, bin P010 1010, okt 052	: — hex 3A, dez 58, bin P011 1010, okt 072	J — hex 4A, dez 74, bin P100 1010, okt 112	Z — hex 5A, dez 90, bin P101 1010, okt 132	j — hex 6A, dez 106, bin P110 1010, okt 152	z — hex 7A, dez 122, bin P111 1010, okt 172
11	VT — hex 0B, dez 11, bin P000 1011, okt 013	ESC — hex 1B, dez 27, bin P001 1011, okt 033	+ — hex 2B, dez 43, bin P010 1011, okt 053	; — hex 3B, dez 59, bin P011 1011, okt 073	K — hex 4B, dez 75, bin P100 1011, okt 113	[— hex 5B, dez 91, bin P101 1011, okt 133	k — hex 6B, dez 107, bin P110 1011, okt 153	{ — hex 7B, dez 123, bin P111 1011, okt 173
12	FF — hex 0C, dez 12, bin P000 1100, okt 014	FS — hex 1C, dez 28, bin P001 1100, okt 034	, — hex 2C, dez 44, bin P010 1100, okt 054	< — hex 3C, dez 60, bin P011 1100, okt 074	L — hex 4C, dez 76, bin P100 1100, okt 114	\\ — hex 5C, dez 92, bin P101 1100, okt 134	l — hex 6C, dez 108, bin P110 1100, okt 154	| — hex 7C, dez 124, bin P111 1100, okt 174
13	CR — hex 0D, dez 13, bin P000 1101, okt 015	GS — hex 1D, dez 29, bin P001 1101, okt 035	− — hex 2D, dez 45, bin P010 1101, okt 055	= — hex 3D, dez 61, bin P011 1101, okt 075	M — hex 4D, dez 77, bin P100 1101, okt 115	] — hex 5D, dez 93, bin P101 1101, okt 135	m — hex 6D, dez 109, bin P110 1101, okt 155	} — hex 7D, dez 125, bin P111 1101, okt 175
14	SO — hex 0E, dez 14, bin P000 1110, okt 016	RS — hex 1E, dez 30, bin P001 1110, okt 036	. — hex 2E, dez 46, bin P010 1110, okt 056	> — hex 3E, dez 62, bin P011 1110, okt 076	N — hex 4E, dez 78, bin P100 1110, okt 116	^ — hex 5E, dez 94, bin P101 1110, okt 136	n — hex 6E, dez 110, bin P110 1110, okt 156	~ — hex 7E, dez 126, bin P111 1110, okt 176
15	SI — hex 0F, dez 15, bin P000 1111, okt 017	US — hex 1F, dez 31, bin P001 1111, okt 037	/ — hex 2F, dez 47, bin P010 1111, okt 057	? — hex 3F, dez 63, bin P011 1111, okt 077	O — hex 4F, dez 79, bin P100 1111, okt 117	_ — hex 5F, dez 95, bin P101 1111, okt 137	o — hex 6F, dez 111, bin P110 1111, okt 157	DEL — hex 7F, dez 127, bin P111 1111, okt 177

Erklärung

ASCII-Zeichen: DLE
Wert hexadezimal: 10
Wert dezimal: 16
Wert binär: P001 0000
Wert oktal: 020
LSB (Least Significant Bit: niederwertiges Bit)
MSB (Most Significant Bit: höchstwertiges Bit)

P: Paritätsbit (P = 0 oder P = 1 muss vereinbart sein; s. DIN 66 022).

Befehl	Art des Befehls	Bedeutung englisch	deutsch	Befehl	Art des Befehls	Bedeutung englisch	deutsch
NUL	–	NULL	Null, Nichts	SI	–	SHIFT IN	Rückschaltungszeichen
SOH	TC	START OF HEADING	Kopfzeilenbeginn	DLE	TC	DATALINE ESCAPE	Datenübertragungs-Umschaltung
STX	TC	START OF TEXT	Textanfangzeichen	DC 1...4	DC	DEVICE CONTROL 1...4	Gerätesteuerzeichen 1...4
ETX	TC	END OF TEXT	Textendezeichen	NAK	TC	NEGATIVE ACKNOWLEDGE	Negative Rückmeldung
EOT	TC	END OF TRANSMISSION	Ende der Übertragung	SYN	TC	SYNCHRONOUS IDLE	Synchronisierung
ENQ	TC	ENQUIRY	Aufforderung zur Datenübertragung	ETB	TC	END OF TRANSMISSION BLOCK	Ende des Übertragungsblocks
ACK	TC	ACKNOWLEDGE	Positive Rückmeldung	CAN	–	CANCEL	Ungültig
BEL	–	BELL	Klingelzeichen	EM	–	END OF MEDIUM	Ende der Aufzeichnung
BS	FE	BACKSPACE	Rückwärtsschritt	SUB	–	SUBSTITUTE	Substitution
HT	FE	HORIZONTAL TABULATION	Horizontal-Tabulator	ESC	–	ESCAPE	Umschaltung
LF	FE	LINE FEED	Zeilenvorschub	FS	IS	FILE SEPARATOR	Hauptgruppen-Trennzeichen
VT	FE	VERTICAL TABULATION	Vertikal-Tabulator	GS	IS	GROUP SEPARATOR	Gruppentrennzeichen
FF	FE	FORM FEED	Formularvorschub	RS	IS	RECORD SEPARATOR	Untergruppen-Trennzeichen
CR	FE	CARRIAGE RETURN	Wagenrücklauf	US	IS	UNIT SEPARATOR	Teilgruppen-Trennzeichen
SO	–	SHIFT OUT	Dauerumschaltungszeichen	SP	–	SPACE	Leerzeichen
				DEL	–	DELETE	Löschen

Informationstechnik

Mikroprozessor – *Microprocessor*

Aufbau und Arbeitsweise (grundsätzlich)

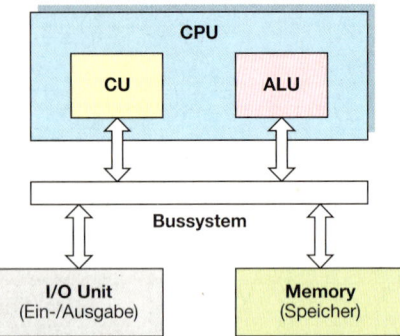

Grundsätzliche Arbeitsweise:
Nacheinander (sequenziell) werden die aus dem Speicher stammenden Befehle und Daten innerhalb einer bestimmten Zeit (Taktzyklus) verarbeitet.

- **CPU**: **C**entral **P**rocessing **U**nit, Prozessor
- **CU**: **C**ontrol **U**nit, Steuerwerk (Leitwerk), Steuerung von Prozessen und Abläufen im Innern und Kommunikation mit der „Außenwelt".
- **ALU**: **A**rithmetical **L**ogical **U**nit, Arithmetisch Logische Einheit (Rechenwerk) zur Durchführung arithmetischer und logischer Verknüpfungen.
- **I/O Unit**: Ein- und Ausgabeeinheit für Daten.
- **Memory**: Speicher für Daten und Befehle.
- **Bussystem**: Leitungen über die der Austausch der Adressen und Daten erfolgt.

Erweiterungen

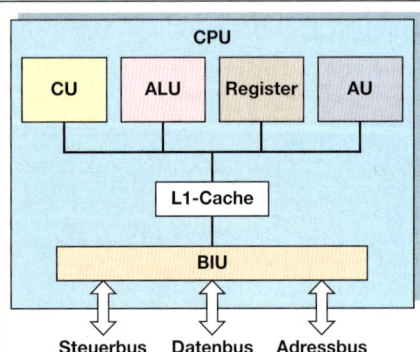

- **Register**: Speicherbereich für diverse Parameter, Adressen, Operanden oder Zwischenergebnisse (schneller Zugriff ohne Wartezyklus).
- **AU**: **A**dress **U**nit, Berechnung der Adressen.
- **L1-Cache**: Level 1 Speicher, Zwischenspeicher für die am häufigsten benötigten Daten (Data-Cache) und Instruktionen (Code-Cache, z.B. 8 kB, 16 kB).
- **BIU**: **B**us **I**nterface **U**nit, Busschnittstelle zur Entkopplung und Verbindung zwischen internen und externen Bussen.
- **Pipeline-Prinzip**: Parallele und überlappende Bearbeitung.

Begriffe

- **Prozessortakt**:
  Taktfrequenz, mit der der Prozessor intern arbeitet (z.B. f = 1,8 GHz).
- **Systemtakt**:
  Taktfrequenz, mit der der Prozessor auf den Arbeitsspeicher extern zugreift. Sie wird von der Hauptplatine bestimmt (FSB, z.B. 100 MHz, 133 MHz, 400 MHz).
- **Bustakt**:
  Taktfrequenz des Systembusses. Er ist mit dem Systemtakt gekoppelt.
- **FPU**: **F**loating-**P**oint-**U**nit (Gleitkomma-Einheit). Gleitkommazahlen sind Zahlen mit Nachkommastellen (z.B. 33,3). Sie werden in speziellen Einheiten bearbeitet.
- **MMX-Befehle** (**M**ulti**m**edia E**x**tension): Befehlssätze für die beschleunigte Multimedia-Bearbeitung (Bild und Audio).
- **L2-Cache (Second-Level-Cache, 2nd-Level-Cache)**:
  Interner (PentiumPro) oder separater Zwischenspeicher (Pentium II, …) mit z.B. 256 kB, 512 kB zur beschleunigten Verarbeitung. Er wird bei separater Anordnung mit dem halben Prozessortakt betrieben.
- **ZIF-Sockel** (**Z**ero-**I**nsertion-**F**orce-Sockel): Die CPU wird durch das Umlegen eines Hebels am Sockel arretiert.

Kenndaten

Prozessor	Pentium III	Pentium 4	Athlon XP
Transistoren	28 Mio.	48 Mio.	37,5 Mio.
Pipeline-Stufen	10	20	11
L1-Datencache	16 kB	8 kB	64 kB
L1-Befehlscache	16 kB	12 kB	64 kB
L2-Cache	256 kB	256 kB	256 kB
L2-Busbreite	256 Bit	256 Bit	64 Bit
L2-Datenrate	20 GB/s	64 GB/s	9,6 GB/s
FSB-Datenrate	1064 MB/s	3,2 GB/s	2,1 GB/s
Leistung	33 W	60 W	66 W

Pentium III

Pentium 4

AMD Athlon

PC-Hauptplatine – *PC-main board*

Slot 1 (beispielhafter Aufbau)

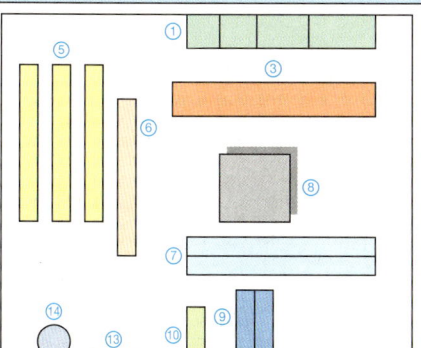

Sockel 7 (beispielhafter Aufbau)

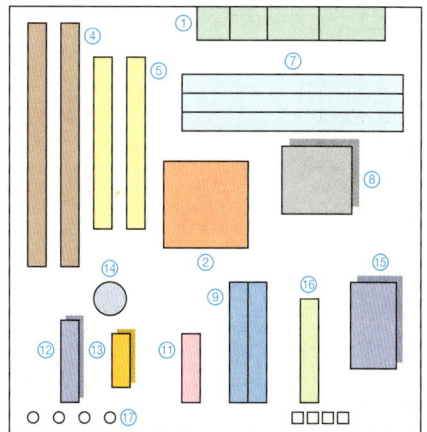

Komponenten und Elemente

- **Abmessungen der Platine (Formfaktoren)**
  - **AT** (**A**dvanced **T**echnology): 30,48 x 35,05 cm.
  - **BAT** (**B**aby-**AT**): 21,77 x 15,24 cm.
  - **ATX** (**AT** E**x**tended): 12 Zoll x 9,6 Zoll; 30,5 cm x 24,4 cm, gute Erweiterbarkeit, kurze Leitungswege, Kühlung der Platine durch Netzteil-Lüfter für Sockel- und Slot-CPU, mit Buchsen für den I/O-Bereich.
  - **Mini-ATX**: 11,2 Zoll (28,4 cm) x 8,2 Zoll (20,8 cm).
  - **LPX** (**L**ow **P**rofile E**x**tended) und **NLX**: Abwandlung von ATX für besonders flache Gehäuse. Die Slots befinden sich nicht auf der Hauptplatine, sondern auf einer im Winkel von 90° angebrachten Riser-Card.
- **Ein-/Ausgabeschnittstellen** ①
  Serielle Schnittstellen (COM1 u. 2), PS/2 (Maus- u. Tastaturanschluss), USB, Parallelschnittstelle (LPT).
- **Prozessorsteckplatz (Sockel bzw. Slot)**
  - **Sockel 7** (Intel Pentium②, AMD und IBM/Cyris Prozessoren, 320 Pins).
  - **Slot 1 und 2** (Schlitz)
    Steckplatz wie für Erweiterungskarte für Pentium II, III und Celeron ③, Leiterplatte mit Prozessor und Modul für L2-Cache.
- **Slots für Erweiterungskarten**
  - **ISA** ④, 16 Bit, 5 Mbit/s, große Abmessungen, Bedeutung geht zurück.
  - **PCI** ⑤, 32/64 Bit, 132/264 Mbit/s, kleinere Abmessungen als ISA-Steckplatz.
- **AGP** (**A**ccelerated **G**raphics **P**ort ⑥)
  Steckplatz für Grafikkarte, entlastet CPU, 532 Mbit/s.
- **Steckplätze (Speicherbänke) für Speichermodule**
  - 72-polige PS/2-SIMMS
  - 168-polige SDRAMs ⑦
  Taktfrequenzen: 66 MHz, 100 MHz, 133 MHz, 400 MHz (Pentium 4) für den Front-Side-Bus (FSB).

- **Chipsatz** ⑧
  Verwaltet u. steuert die Zusammenarbeit zwischen dem Prozessor und den einzelnen Komponenten (z. B. Cache, Arbeitsspeicher, Erweiterungskarten). Bezeichnungen auch: North- und Southbridge.
- **EIDE-Schnittstellen** ⑨
  Zwei Steckplätze, EIDE 1 und 2, insgesamt sind vier Laufwerke anschließbar (z. B. zwei CD-ROM, zwei Festplatten, Master-Slave-Prinzip).
- **Schnittstelle für Diskettenlaufwerk** ⑩
  (Floppy Disc)
- **Spannungsversorgung** ⑪
  12 V und 5 V aus Netzteil (z. B. 200 bis 300 W)
- **BIOS-ROM** (**B**asic **I**nput **O**utput **S**ystem) ⑫
  Festwertspeicher z. B. als EEPROM, Vermittler zwischen Betriebssystem und Hardware, Update mit Flash-Diskette möglich.
- **CMOS-Speicher**
  Speicher für aktuelle BIOS-Einstellungen (oft gemeinsam mit Echtzeituhr ⑬).
- **BIOS-Batterie** ⑭
  CMOS-Batterie, Spannungsversorgung für den CMOS-Speicher und die Echtzeituhr, Energieversorgung wenn PC abgeschaltet ist.
- **Cache** ⑮
  Externer Speicher (Second-Level-Cache, L2), Zwischenspeicher, z. B. 256 kB bzw. 512 kB.
- **Konfigurations-Jumper oder DIP-Schalter** ⑯
  Steckbrücken oder Schalter zur Anpassung (z. B. Betriebsspannung, Taktrate), es gibt auch Jumperless-Boards, die ohne Jumper bzw. Schalter auskommen (Werte werden automatisch erkannt).
- **Steckanschlüsse** ⑰
  Z. B. für Lautsprecher, LEDs, Reset-Taste.

PC-Schnittstellen und -Anschlüsse – *PC-interfaces and connectors*

Chipsatz Intel 975x

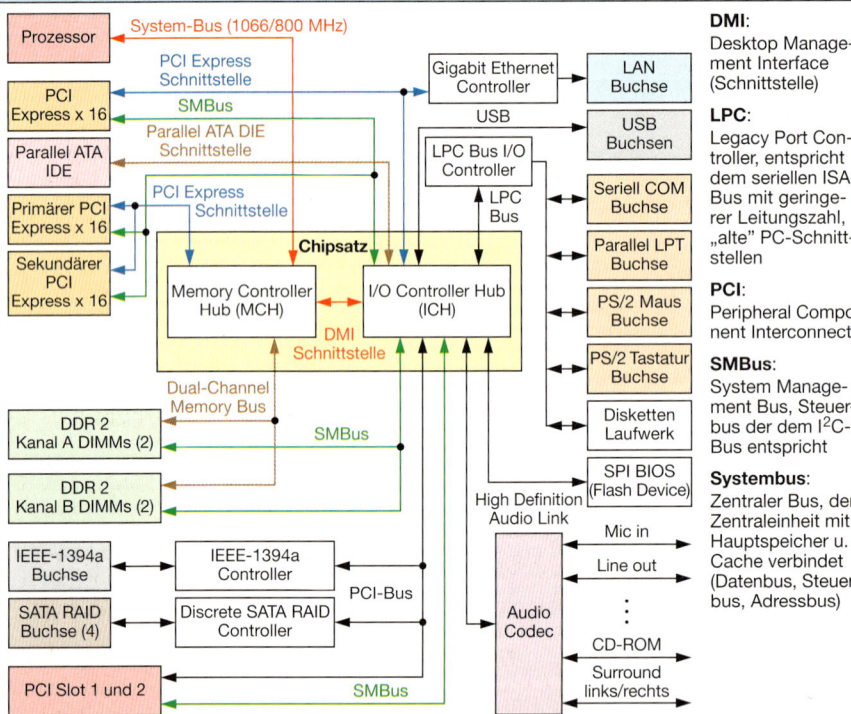

DMI:
Desktop Management Interface (Schnittstelle)

LPC:
Legacy Port Controller, entspricht dem seriellen ISA-Bus mit geringerer Leitungszahl, „alte" PC-Schnittstellen

PCI:
Peripheral Component Interconnect

SMBus:
System Management Bus, Steuerbus der dem I^2C-Bus entspricht

Systembus:
Zentraler Bus, der Zentraleinheit mit Hauptspeicher u. Cache verbindet (Datenbus, Steuerbus, Adressbus)

IDE-, EIDE- und ATAPI-Schnittstellen – *IDE-, EIDE- and ATAPI-interfaces*

IDE	ATAPI
IDE: **I**ntegrated **D**evice **E**lectronics (Schnittstelle für Geräte mit integriertem Controller). Andere Bezeichnungen: ATA, AT-Bus.	AT: **A**dvanced **T**echnology (fortschrittliche Technologie, Bezeichnung für PCs mit 80286 Prozessor oder höher). ATA: **AT-A**ttachment (Synonym für IDE). ATAPI: **ATA-P**acket-**I**nterface (Schnittstelle für AT-Anschlusspakete).
• Aufgabe des Controllers: Verwalten der Daten für den reibungslosen Datenaustausch zwischen der Hauptplatine und dem Laufwerk.	• EIDE-Schnittstelle für z. B. CD-ROM-Laufwerke, DVD, Streamer usw.
• Vorteil: Controller und Laufwerk können optimal aufeinander abgestimmt sein.	• Es können bis zu vier Geräte an einem Controller angeschlossen werden (Master-/Slave-Einstellung erforderlich).
• Datenleitung zwischen Gerät und Hauptplatine: 40polig.	• Datenleitung zwischen Gerät und Hauptplatine: 40polig (ATA-Anschluss).
• Datentransferrate (theoretisch): 13,3 MB/s.	• Datentransfer hängt vom PIO-Modus ab.
• 16 Bit Datenbusbreite.	

EIDE, E-IDE	PIO
EIDE: **E**nhanced **IDE**-Schnittstelle (erweiterte IDE-Schnittstelle). Andere Bezeichnungen: Fast-ATA, ATA-2.	PIO: **P**rogrammed **In/O**ut-Modus (programmierter Ein-/Ausgabe-Modus).
• Schnellerer Datentransfer als bei IDE.	Theoretisch mögliche Datentransferraten:
• Zwei Stecker auf der Hauptplatine: Primärer und sekundärer IDE-Anschluss.	PIO 0: 3,33 MB/s PIO 3: 11,11 MB/s PIO 1: 5,22 MB/s PIO 4: 16,66 MB/s
• Datenleitung zwischen Gerät und Hauptplatine: 40polig (ATA-Anschluss).	PIO 2: 8,33 MB/s PIO 5: 20,00 MB/s

Informationstechnik

PC-Netzteil – *PC-power supply unit*

Angaben	Prinzip und Beispiel (P8 und P9)

Angaben

- Leistung P in Watt (W).
- Eingangsgrößen:
  - Wechselspannungsbereich U in Volt (V),
  - Frequenz f der Wechselspannung in Hertz (Hz),
  - Sicherung in Ampere (A).
- Ausgangsgrößen:
  - Spannungen U in Volt (V),
  - Maximale Stromstärke I in Ampere (A),
  - Polarität (+ oder –) der Spannungsanschlüsse gegenüber einem gemeinsamen Bezugspunkt (Masse).

Prinzip und Beispiel (P8 und P9)

Wandlung von Wechsel- in Gleichspannung.

Wechselspannung AC $\sim$ ⎓ Gleichspannung DC

Eingang AC	Ausgang DC	
P = 200 W	+ 5 V;	20 A
U = 115/230 V	+ 12 V;	8 A
f = 50/60 Hz	– 5 V;	0,5 A
Sicherung: 6/3,5 A	– 12 V;	0,5 A

PC-Netzteil (BAT)

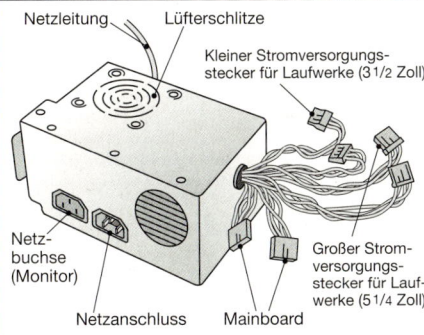

Netzleitung, Lüfterschlitze

Kleiner Stromversorgungsstecker für Laufwerke (3 1/2 Zoll)

Netzbuchse (Monitor)

Großer Stromversorgungsstecker für Laufwerke (5 1/4 Zoll)

Netzanschluss   Mainboard

Achtung – Gefahr!

- Die 230 V Netzspannung ist lebensgefährlich!
- Vor dem Aufschrauben des Gerätes unbedingt Netzstecker aus der Steckdose ziehen!
- Am Netzschalter des Gerätes kann die Netzspannung liegen.
- An den Anschlüssen des Netzschalters ist mitunter nicht erkennbar, zwischen welchen Kontakten beim Betätigen des Schalters Verbindungen hergestellt werden.
- Mitunter befindet sich am Gerät eine vom Netzschalter geschaltete Netzbuchse, über die ein anderes Gerät angeschlossen werden kann. Vorsicht: Netzspannung 230 V!

Mainboard P8 und P9

Pin	Farbe	Funktion	Stecker-Anschluss
1	Orange	Power Good[1]	
2	Rot	+ 5 V DC	
3	Gelb	+ 12 V DC	
4	Blau	– 12 V DC	
5	Schwarz	Masse	
6	Schwarz	Masse	
7	Schwarz	Masse	
8	Schwarz	Masse	
9	Weiß	– 5 V DC	
10	Rot	+ 5 V DC	
11	Rot	+ 5 V DC	
12	Rot	+ 5 V DC	

5 1/4 Zoll

Pin	Farbe	Funktion	Stecker-Anschluss
1	Gelb	+ 12 V DC	
2	Schwarz	Masse	
3	Schwarz	Masse	
4	Rot	+ 5 V DC	

3 1/2 Zoll

Pin	Farbe	Funktion	Stecker-Anschluss
1	Gelb	+ 12 V DC	
2	Schwarz	Masse	
3	Schwarz	Masse	
4	Rot	+ 5 V DC	

PC-Netzteil (ATX)

Pin	Farbe	Funktion	Stecker-Anschluss
1	Orange	3,3 V	
2	Orange	3,3 V	
3	Schwarz	Masse	
4	Rot	+ 5 V	
5	Schwarz	Masse	
6	Rot	+ 5 V	
7	Schwarz	Masse	
8	Grau	Power Good[1]	
9	Violett	Standby 5 V	
10	Gelb	+ 12 V	
11	Orange	3,3 V	
12	Blau	– 12 V	
13	Schwarz	Masse	
14	Grün	Soft-Off[2]	
15	Schwarz	Masse	
16	Schwarz	Masse	
17	Schwarz	Masse	
18	Weiß	– 5 V	
19	Rot	+ 5 V	
20	Rot	+ 5 V	

[1] Überwachungssignal, ob die Spannungen im vorgeschriebenen Toleranzbereich liegen.

[2] Signal zum An- und Abschalten des Netzteils, das ATX-Netzteil ist deshalb nicht völlig abgeschaltet.

Speichermodule – *Memory modules*

Hinweise

- Der Arbeitsspeicher des PC (Hauptspeicher, RAM) ist in der Regel aus **steckbaren Modulen** gleichartiger Chips aufgebaut.
- Die Module stecken in **Speicherbänken**.
- Vom PC kann nur eine bestimmte Speicherkapazität verwaltet werden.

Speicherbausteine

- **RAM**:
  Random **A**ccess **M**emory
  Schreib-Lese-Speicher mit freiem Zugriff, kann beliebig gelesen und verändert werden.
- **DRAM**:
  Dynamic **R**andom **A**ccess **M**emory
  Speicherinhalt muss nach kurzer Zeit wieder aufgefrischt werden (**Refresh**).
- **SRAM**:
  Static **R**andom **A**ccess **M**emory
  Kein Refresh erforderlich, deshalb schnellere Zugriffszeit als beim DRAM. Verwendung als externer Cache-Speicher (2-Level Cache).
- **DDR-RAM**
  Double **D**ate **R**ate RAM
  Daten werden auf der ansteigenden und abfallenden Flanke gelesen (doppelte Datenrate), Betriebsspannung 1,8 V; 2,5 V.

Module

Standard-SIMM

SIMM: **S**ingle **I**nline **M**emory **M**odul
- 30 poliger Sockel
- Kapazität: 256 kB bis 4 MB (z. B. für 486 er PC)
- Datenbusbreite: 8 Bit

PS/2-SIMM

PS/2: **P**ersonal **S**ystem **2** (von IBM als PC-Nachfolger vorgestellt)
- 72 poliger Sockel
- Kapazität: 1 MB bis 64 MB (z. B. für 486 er und Pentium PC)
- Datenbusbreite: 32 Bit

16 MB PS/2 SIMM-Modul (72 polig)

DIMM

DIMM: **D**ual **I**nline **M**emory **M**odul
- Baustein mit doppelseitigem Anschluss
- 168 poliger Sockel
- Kapazität: 8 MB bis 512 MB (z. B. für Pentium und Pentium II/III)
- Datenbusbreite: 64 Bit

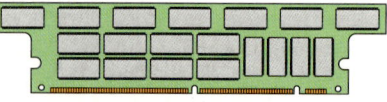

128 MB SDRAM DIMM-Modul (168 polig)

SDRAM (**S**ingle **D**ata **R**ate)

Beispiel: PC133
- Chip-Kern (Memory Core), I/O-Buffer (im Speicherchip integrierter Zwischenspeicher) und der externe Speicherbus arbeiten mit gleicher Frequenz von 133 MHz.
- Nur bei aufsteigender Flanke werden Daten übertragen.

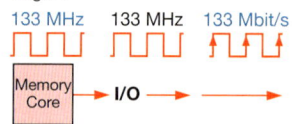

- Berechnung der Speicherbandbreite für PC133:
  $\Rightarrow$ 1 Bit · 133 MHz · 64 Bit = 8512 Mbit/s
      1 Byte besteht aus 8 Bit.
  $\Rightarrow$ 8512 Mbit/s · (1B/8bit) = 1064 MB/s = 1 GB/s

DDR1 (**D**DR **I**, **D**ouble **D**ata **R**ate)

Beispiel: PC3200
- Chip-Kern, I/O-Buffer und externer Speicherbus arbeiten mit gleicher Frequenz von 200 MHz.
- Bei steigender und fallender Flanke werden Daten übertragen.

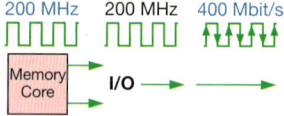

- Berechnung der Speicherbandbreite für DDR1-400:
  $\Rightarrow$ 2 Bit · 200 MHz · 64 Bit = 25600 Mbit/s
  $\Rightarrow$ 3200 MB/s (PC3200)
- Es werden Taktfrequenzen von 100 MHz, 133 MHz, 166 MHz und 200 MHz verwendet.
- Die Versorgungsspannung beträgt 2,5 V.

DDR2 (**D**DR **II**, **D**ouble **D**ata **R**ate)

Beispiel: PC2-4200
- I/O-Buffer taktet mit doppelter Frequenz von 266 MHz.
- Bei steigender und fallender Flanke werden Daten übertragen.
- Die Schnittstelle zwischen Chip-Kern und I/O-Buffer ist auf vier Leitungen (Prefetch of 4) verbreitert.

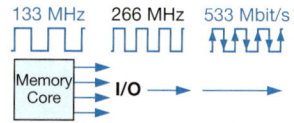

  $\Rightarrow$ 2 Bit · 266 MHz · 64 Bit = 34048 Mbit/s
  $\Rightarrow$ 4256 MB/s (PC4200)
- Taktfrequenzen 400 MHz, 533 MHz, 667 MHz
- Versorgungsspannung beträgt 1,8 V.
- Modulkontakte 200, 214, 240 und 244
- Geringere Leistung als bei DDR1 (247 mW gegenüber 527 mW).
- Die Chips sind um 50 % kleiner als bei DDR1.

Magnetische Datenspeicher – *Magnetic data storage*

3,5 Zoll-Diskettenlaufwerk

- Magnetische Abtastung (zweiseitig)
- Aufteilung in Sektoren (9 – 36) und Spuren (80)
- Spurbreite: 0,33 mm (360 kB) und 0,115 mm (1,44 MB)
- Drehzahl: 300 · 1/min
- Datentransferrate: 500 kB/s (HD), 250 kB (DD)

Spuren und Sektoren

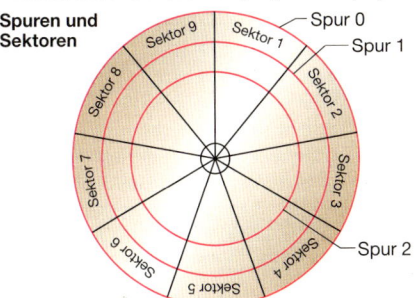

Spannungsversorgung:
+ 5 V (1, Rot); Masse; GND (2, 3, Schwarz); + 12 V (Gelb)

Datentransfer:
Controlleranschluss auf der Hauptplatine (33 polig)

Diskettentypen

Typ	Sektoren	Horizont. Dichte	Kapazität
DS/DD	9	135 TPI	720 kB
DS/HD	18	135 TPI	1,44 MB
DS/HD	36	96 TPI	2,88 MB

Magnetooptisches Laufwerk (MO)

Aufzeichnungsprinzip (magnetisch):

- Anwendung des Kerr-Effektes. Ferromagnetisches Material wird durch Laser erwärmt (200°C).
- Ausrichtung der Molekularmagnete entsprechend der Daten.
- Bei Abkühlung bleibt die Ausrichtung erhalten.
- Schreiben relativ langsam und berührungslos.

Leseprinzip (optisch):
Die Polarisierungsebene des reflektierten Laserlichtes hängt von der Ausrichtung der Elementarmagnete ab.

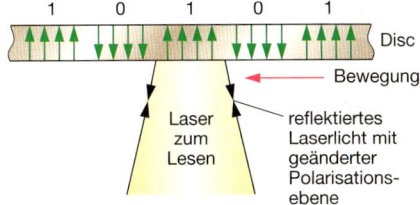

Kennwerte:

- Drehzahl: 3 600 – 4 300 · 1/s
- Kapazität: 3,5 Zoll: 125/230/540/640 MB
  5,25 Zoll: 650 MB; 1/1,3/5,2 GB
- Datentransferrate (bis ca.)
  Lesen: 4 MB/s; Schreiben: 1,3 MB/s
- Zugriffszeit: 20 – 30 ms

Festplatten – *Hard disks*

Aufbau

- Die Scheiben einer Festplatte sind über eine Zentralverankerung miteinander verbunden.
- Oberhalb und unterhalb jeder Scheibe befindet sich mindestens ein Arm mit einem Schreib- und Lesekopf.
- Der Arm kann an jeder beliebigen Stelle der Platte positioniert werden.

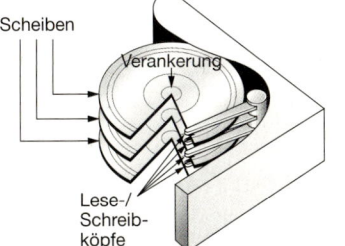

Spuren: Konzentrische Kreispfade auf jeder Scheibenseite.
Zylinder: Spurensatz, der auf allen Seiten der Platten im gleichen Abstand von der Mitte angelegt wird.
Sektoren: Ausschnitte der Spuren.

Partitionen

Eine Festplatte kann in einzelne in sich zusammenhängende Bereiche (Partitionen) aufgeteilt werden. Sie wirken wie separate Laufwerke und werden deshalb durch fortlaufende eigene Buchstaben gekennzeichnet.

Vorteile:

- Bessere Organisation der Dateien
- Schnellerer Zugriff
- Datensicherung durch Verlagerung
- Effizientere Nutzung der Festplattenkapazität

Primärpartitionen:
Gespeichert sind:

- Betriebssystem
- Anwendungsprogramme, Dateien, usw.

Der PC wird von einer Primärpartition (C:) aus gebootet. Auf der Festplatte können mehrere Primärpartitionen für verschiedene Betriebssysteme eingerichtet sein. Es kann allerdings nur eine aktiv (sichtbar) sein und nur deren Daten können genutzt werden.

Erweiterte Partitionen:
Es handelt sich dabei um weitere physikalische Unterteilungen der Festplatte, für die eine logische Formatierung (logische Laufwerke) vorgenommen wird.

Optische Datenspeicher – *Optical data storage*

CD-ROM

Leseverfahren

Konstante Übertragungsrate
CLV: Constant **L**inear **V**elocity
Die Daten auf der CD sind in einer Spirale mit gleichbleibender Dichte angeordnet. Der Laser tastet zu jedem Zeitpunkt gleiche Strecken ab. Die Rotationsgeschwindigkeit muss demzufolge angepasst werden (Anwendung auch bei der Audio-CD).
  Single-Speed:
  Innenbereich ca. 500 · 1/min
  Außenbereich ca. 200 · 1/min
Konstante Umdrehungsgeschwindigkeit
CAV: Constant **A**ngular **V**elocity
Die Übertragungsrate ist nicht konstant. Sie hängt vom Ort des Lasers auf der Scheibe ab. (Anwendung auch bei Festplatten).
Partial CAV
Kombination aus CLV und CAV (Bezeichnungsbeispiel: 12-20x)

Übertragungsrate

Single Speed:
Jeder Sektor enthält 2 kB Daten, Anzahl 75/s ⇒
Übertragungsrate 150 kB/s;
Zugriffszeit 600 ms
Die Übertragungsrate wird zur Kennzeichnung von Laufwerken benutzt (**x-Faktor, Klasse**).
4x bedeutet: 4 mal so große Übertragungsrate wie ein Single-Speed-Laufwerk, 4x150 kB/s = 600 kB/s

Anschlüsse (Rückseite)

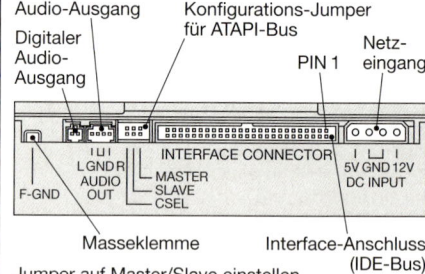

Audio-Ausgang · Konfigurations-Jumper für ATAPI-Bus
Digitaler Audio-Ausgang · PIN 1 · Netzeingang

INTERFACE CONNECTOR
L GND R · AUDIO OUT · MASTER SLAVE CSEL
F-GND
5V GND 12V · DC INPUT

Masseklemme · Interface-Anschluss (IDE-Bus)
Jumper auf Master/Slave einstellen

Mögliche IDE-Konfiguration

Wenn kein anderes Laufwerk angeschlossen ist: CD-ROM-Laufwerk mit primärem IDE-Anschluss verbinden ① und Jumper auf „SLAVE" oder mit sekundärem IDE-Anschluss verbinden ② und Jumper auf „MASTER".

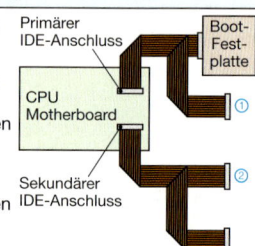

Primärer IDE-Anschluss · Boot-Festplatte
CPU Motherboard
Sekundärer IDE-Anschluss

DVD

Vergleich DVD mit CD

DVD: Digital **V**ersatile **D**isc

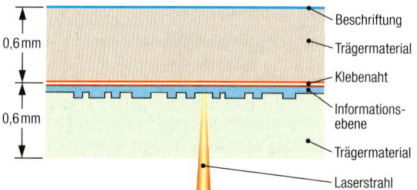

0,83 (min.) · **CD**
0,4 (min.) · **DVD**
1,6 · 0,74 · (Maße in µm)

Kenndaten

Durchmesser	120 mm (wie CD)
Dicke	1,2 mm (wie CD)
Spurweite	0,74 µm
Laser	635 nm, 650 nm (Rot)
Kapazität (Daten)	4,7 GB; 8,5 GB; 9,4 GB und 17 GB
Fehlerkorrektur	RS-PC (Reed Solomon Product Code)
Datentransferrate	1 bis 10 MB/s (Mittelwert für Audio/Video)
Bildkompression	MPEG-2
Dateisystem	Micro UDF (M-UDF) und/oder ISO 9660

DVD-5, einseitig und einschichtig (4,7 GB)

Eine Aufzeichnungsebene.
Ca. 2,2 Stunden Videoaufzeichnung möglich.

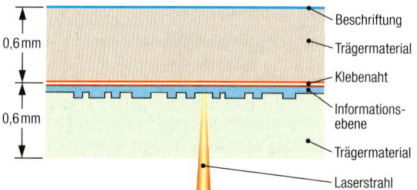

0,6 mm · 0,6 mm
Beschriftung
Trägermaterial
Klebenaht
Informationsebene
Trägermaterial
Laserstrahl

DVD-9, einseitig und zweischichtig (8,5 GB)

Zwei Aufzeichnungsebenen.
Ca. 4,4 Stunden Videoaufzeichnung möglich.

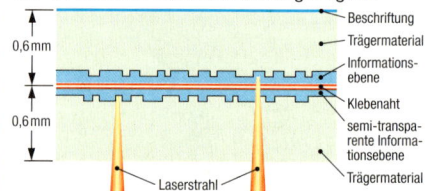

0,6 mm · 0,6 mm
Beschriftung
Trägermaterial
Informationsebene
Klebenaht
semi-transparente Informationsebene
Trägermaterial
Laserstrahl

DVD-10, beidseitig und einschichtig (9,4 GB)
Im Prinzip zwei zusammengeklebte einschichtige DVDs. Ca. 4 Stunden Videoaufzeichnung möglich.

DVD-18, beidseitig und zweischichtig (17 GB)
Im Prinzip zwei zusammengeklebte zweischichtige DVDs. Ca. 8 Stunden Videoaufzeichnung möglich.

Dateneingabegeräte/-ausgabegeräte – *Data input/-output devices*

Übersicht

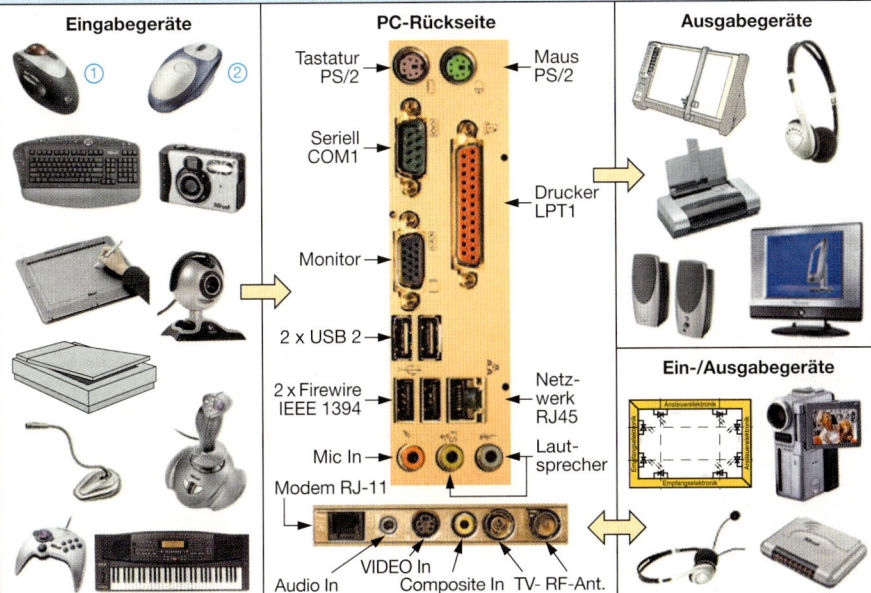

Eingabegeräte

① ②

PC-Rückseite

Tastatur PS/2 → ← Maus PS/2

Seriell COM1 →

→ Drucker LPT1

Monitor →

2 x USB 2 →

2 x Firewire IEEE 1394 →

← Netz-werk RJ45

Mic In →

→ Laut-sprecher

Modem RJ-11 →

VIDEO In
Audio In   Composite In TV- RF-Ant.

Ausgabegeräte

Ein-/Ausgabegeräte

Gerät	Aufbau, Funktion	Eigenschaften
Mechanische Maus, Trackball ①  Segmentscheibe Wal-ze — Taste Taste Taste Kontakt Kugel Andruckwalze	• Die Bewegung der **mechanischen Maus** auf einer Unterlage wird über eine Kugel auf Walzen übertragen, die mit Segment-scheiben verbunden sind. Deren optische Abtastung wird in elektrische Impulse umgesetzt. • Die **Wheelmaus** besitzt ein Tastenrad zum Scrollen des Bildes.	• Schnelle Steuerung des Cursors auf dem Bildschirm • Umsetzung der Mausbewegung in Cursorbewegung kann über Softwareeinstellung variiert werden. • Mit bis zu fünf Tasten lassen sich Cursor und Bildlauf beeinflussen.
Optische Maus ②	• Die **optische Maus** erzeugt mittels Lichtsender und -empfänger Bilder von der Oberfläche, auf der sie bewegt wird und wertet die Bilder der Reihe nach aus, um Geschwindigkeit und Richtung zu bestimmen.	• Beim Trackball ruht der Körper, der Cursor folgt der mit Fingern bewegten Kugel. • Über Leitungen oder Funk werden die Werte an den Computer übertragen. • Funkmaus (Sendeteil und Empfängerteil) bietet mehr Bewegungsfreiheit, Entfernung bis zu ca. 2 m.
Tastatur numerischer Tastenblock Funktionstasten  alphanumerische Tasten und Steuertasten	• **Alphanumerisches Tastenfeld** ähnlich der Schreibmaschinen-tastatur • **Funktionstasten** können mit Kurzbefehlen belegt werden. • **Numerische Tastaturen** zur Eingabe von Zahlenkolonnen • **Tastenprinzipien**: Kontakte, Folie, Membran, Leitgummi, Piezoeffekt	• Eingabe von alphanumerischen Kommandos oder Texten • Tastenabfrage durch internen Tastaturprozessor über Matrix-steuerung • Ermittelte Tastencodes werden über Kabel oder Funk zum PC übertragen.

Dateneingabegeräte/-ausgabegeräte – *Data input/-output devices*

Gerät	Aufbau, Funktion	Eigenschaften
Digitalisiertablett 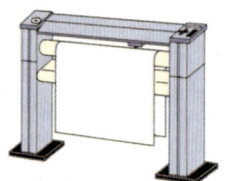	• Engmaschiges **Gitternetz** mit Leiterbahnabständen von 0,025 mm • Damit ist eine Auflösung von 40 Linien/mm möglich. • Abtastung der Koordinaten erfolgt induktiv über Koppelstift oder über Fadenkreuzlupe.	• Umsetzen von Weg- oder Positionsinformationen in digitale Daten **Betriebsarten** • **Punkt**: Übergabe eines einzelnen Koordinatenpunktes • **Strom**: Fortlaufende Übertragung der Koordinaten, solange Taste am Abtaster eingeschaltet ist.
Plotter 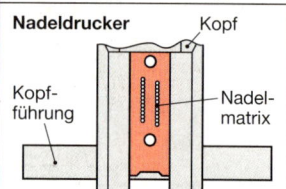	• **Flachbettplotter**: Papier wird auf Schreibunterlage elektrostatisch fixiert. **Zeichenstifte** bewegen sich in X- und Y-Richtung. • **Trommel- oder Walzenplotter**: Papier wird über Zeichentrommel in X-Richtung transportiert. Stifte bewegen sich in Y-Richtung.	• X-Y-Schreiber zur Ausgabe von Vektorgrafiken (auch Zeichen und Symbole) • Flachbett- und Trommelplotter geeignet bis Papierformat A0 • Stifte in verschiedenen Farben und Strichstärken • Automatisches Zentrieren des Papiers, eigene Programmiersprache zur Ansteuerung
Nadeldrucker 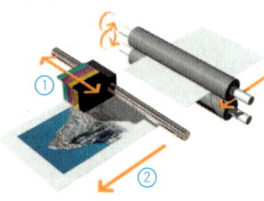	• Druckkopf besteht aus elektromagnetisch bewegten Nadeln. • Je Kopf 9, 18 oder 24 Nadeln • Nadelstärke 0,2 … 0,3 mm • Bezeichnung auch als **SIDM**-Drucker (**S**eriell **I**mpact **D**ot **Ma**trix: Seriell anschlagender Matrix-Drucker)	• Zeichen werden aus einzelnen Punkten zusammengesetzt. • Matrixanordnungen: 9×9, 9×18, 12×24, 24×36 Zeichenpunkte • **Druckqualitäten**: **Draft** (Entwurf), **NLQ** (Near Letter Quality: Annähernd Briefqualität), **LQ** (Letter Quality: Briefqualität)
Tintenstrahldrucker 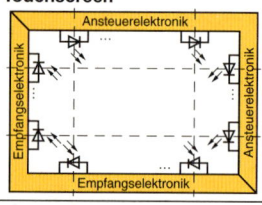	• Der Druckkopf ① wandert zeilenweise über das Papier. Dieses wird schrittweise in Längsrichtung durch den Drucker bewegt ②. • Aus getrennten Farbkartuschen und -Düsen gelangen Tintentröpfchen auf das Papier. • Für die Steuerung aller Elemente und der Düsen ist umfangreiche Software erforderlich.	• **Thermo-Verfahren**: Düsen mit Heizelementen sind in die Kartusche integriert. Durch Erhitzen werden Dampfblasen erzeugt, die die Tinte herausschleudern. • **Piezoelektrisches Verfahren**: Düsen sind nicht integriert. Durch elektr. Spannung wird das Piezoelement verformt, Tinte wird herausgeschleudert.
Touchscreen 	• Ein-/Ausgabegeräte mit vorgebauter berührungssensibler Oberfläche • Einfache Versionen besitzen Leuchtdioden und gegenüberliegende Empfänger. • Über das Matrixfeld werden durch Berührung mit Fingern oder Stiften die zugeordneten Funktionen aktiviert.	• Aktivieren von Programmfunktionen, die als Menüpunkte den Matrixfeldern zugeordnet sind. • Steuerung und Abfrage der LED-Sender bzw. Empfänger muss vom jeweiligen Anwenderprogramm übernommen werden.
Camcorder	• Vom **analogen Camcorder** gesendete Bild- und Tonsignale werden im PC mittels Codec (Codierer/Decodierer) digitalisiert und komprimiert, dann auf Festplatte gespeichert. • Bei Wiedergabe vom PC erfolgt die Umwandlung im Codec in analoge Signale. • Beim **digitalen Camcorder** entfällt jeweils die Umcodierung.	• **Analoge** Aufzeichnung: Wiedergabe vom Camcorder und Komprimierung verursachen Bildqualitätsverluste. • Codec-Karte mit S-VHS- bzw. Composite-Anschlüssen im PC erforderlich • Mit **digitalem** Camcorder treten Verluste nur durch Komprimierung auf. Die Verbindung über IEEE 1394 (Firewire) ist üblich.

Monitor – Monitor

Bildröhre

Wehneltzylinder
Kathode
Fokussier-einheit
Heizdraht Anode
Horizontal-ablenkung
Vertikal-ablenkung
Horizontal-rücklauf Raster-zeile
Elektronenstrahl
Vertikal-rücklauf
Leuchtschirm

Kenndaten

- **CRT:** **C**athode **R**ay **T**ube
- **Bildwiederholfrequenz:**
  Anzahl der Bilder pro Sekunde in Hz, je höher, um so ruhiger das Bild, ab etwa 72 Hz kein Flimmern mehr wahrnehmbar.
- **Zeilenfrequenz:**
  Zeilen pro Sekunde in kHz.
- **Auflösung:**
  Anzahl der waagerechten und senkrechten Bildpunkte (Pixel), Angabe z. B. 1024 x 768 (Breite x Höhe).
- **Lochmaskenabstand (DOT-Pitch):**
  Abstand zwischen zwei Öffnungen der Lochmaske (0,32 bis 0,25 mm), je geringer der Abstand, um so höher die Auflösung.

Masken

Lochmaske

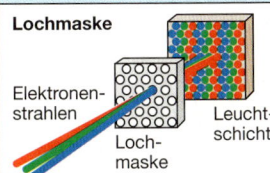

Elektronen-strahlen
Loch-maske
Leucht-schicht

Streifenmaske

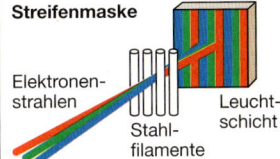

Elektronen-strahlen
Stahl-filamente
Leucht-schicht

Schlitzmaske

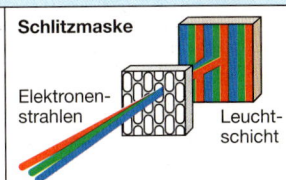

Elektronen-strahlen
Leucht-schicht

Flachbildschirme

LCD (**L**iquid **C**rystal-**D**isplay)

Aufbau und Arbeitsweise

- Zwei planparallele Glasplatten, zwischen denen sich Flüssigkristalle befinden.
- Durch eine elektrische Spannung werden die Moleküle ausgerichtet, die Lichtdurchlässigkeit verändert sich.
- **TFT:** **T**hin **F**ilm **T**ransistor
  Transistoren in Dünnfilmtechnik auf der Glasplatte, Tripel aus drei Transistoren (RGB), über die jedes Pixel angesteuert werden kann.
- Hintergrundbeleuchtung zur Bilderzeugung erforderlich.

Vergleich CRT mit LCD

Merkmal	LCD	CRT
Flächenaus-nutzung	100 %	85 % bis 90 %
Größe	geringere Tiefe, 15 bis 20 cm mit Fuß	Tiefe > 40 cm, steigt mit Monitor-größe
Masse	5 – 7 kg (15 Zoll)	> 20 kg
Leistung	z. B. 30 W	z. B. 120 W
Strahlung	keine	reduziert
Abbildungs-eigenschaft	keine Verzerrun-gen	hängt von der Qualität der Fokussie-rung ab (Rand)
Winkelab-hängigkeit	vorhanden, Kon-trast und Farben	unabhängig
Nachleuch-ten	gering, hängt von der Qualität ab	vernachlässigbar

PLD (**P**lasma-**D**isplay)

Aufbau und Arbeitsweise

- Die Lichtpunkte entstehen durch Gasentladungen in den einzelnen Zellen. Für jede Farbe gibt es eine Zelle.
- Zeilen- und Spaltenelektroden sind um 90° versetzt.
- Keine zeilenweise Bildentstehung, sondern Vollbilddarstellung, ⇒ kein Zeilenflimmern.
- Ansteuerung:
  1. Zeilenweise Adressierung
  2. Displayphase (Haltephase):
     Durch angelegte Spannung entsteht Plasma (geladene Ionen), Strom fließt, Licht wird emittiert.
  3. Löschphase

PLD-Zelle

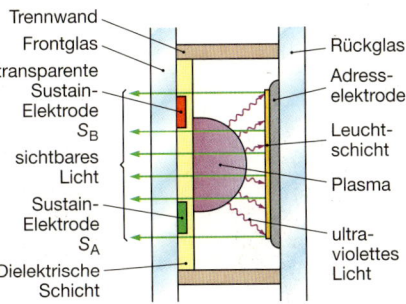

Trennwand
Frontglas
transparente Sustain-Elektrode S_B
sichtbares Licht
Sustain-Elektrode S_A
Dielektrische Schicht
Rückglas
Adress-elektrode
Leucht-schicht
Plasma
ultra-violettes Licht

USB

Serielle Schnittstellen (Übersicht)	**System**

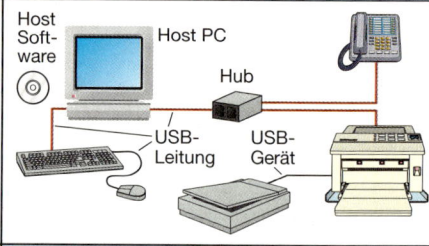

V.24 (RS 232)	USB 1.0/1.1 2.0	IEEE 1394 (FireWire, i.Link)

V.24: Serielle PC-Schnittstele
USB: Universal Serial Bus
IEEE: Institute of Electrical and Electronic Engineers-Standard
FireWire: Handelsname der Fa. Apple
i.Link: Bezeichnung der Fa. Sony (bei 4-poligem Anschluss keine Spannungsversorgung)

V.24	**USB**	**IEEE 1394**
Datenraten		
300 bit/s bis 19,2 kbit/s bzw. 230 kbit/s	**Version 1.0/1.1:** 1,5 Mbit/s (z. B. Maus) bis 12 Mbit/s (z. B. Drucker) **Version 2.0:** bis 480 Mbit/s	100 Mbit/s 200 Mbit/s 400 Mbit/s (skalierbar), bis 1,2 Gbit/s möglich
Anwendungen		
Für geringe Datenraten (Maus, Tastatur, …)	Für geringe und hohe Datenraten (Maus, CD-Brenner, Drucker, Scanner, …)	Für hohe Datenraten (Festplatten, Multimedia, z. B. Video-Daten, …)
Spannungsversorgung für Geräte		
nein	5 V, bis zu 500 mA	8 V bis 40 V, bis 1,5 A
Verbindungsstruktur		
Punkt-zu-Punkt-Verbindung	Bus-Struktur, bis zu 127 Geräte	Bus-Struktur, bis zu 63 Geräte

Steckverbinder

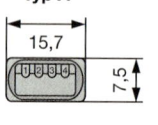
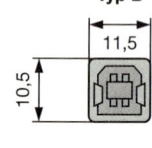
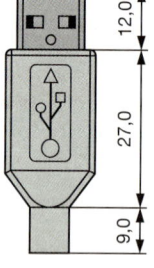

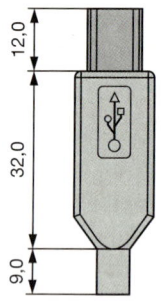

Typ A   Typ B

Maße in mm

IEEE 1394

System	**Merkmale**

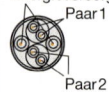

DVD
Festplatte
VCR
Computer
Drucker
HDTV
Set-top Box
Scanner
Kamera
Stereo-Gerät

Merkmale

- Verwendung zum Datenaustausch von Geräten mit großen Datenraten (100 Mbit/s, 200 Mbit/s und 400 Mbit/s; Festplatten; CD-ROM; Video-Kamera usw.).
- Serieller Bus, bis zu 63 Geräte können in Reihe geschaltet werden.
- Kommunikation der Geräte kann untereinander, ohne PC erfolgen.
- Geräte können während des Betriebs angeschlossen werden (hot plugging).
- Leitung mit 4 bzw. 6 Adern; 4 für Signale, 2 für Energieversorgung (entsprechende 4- u. 6-polige Stecker).

Leitung und 6-poliger Stecker

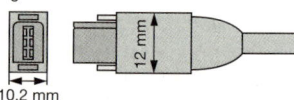

Energieversorgung
Paar 1
Paar 2
10,2 mm
12 mm

Parallele Schnittstelle – *Parallel interface*

PC-Anschluss	Drucker-Anschluss (IBM)	Drucker-Anschluss (Centronics)
25-polige Buchsenleiste	25-polige Buchsenleiste	36-polige Buchsenleiste

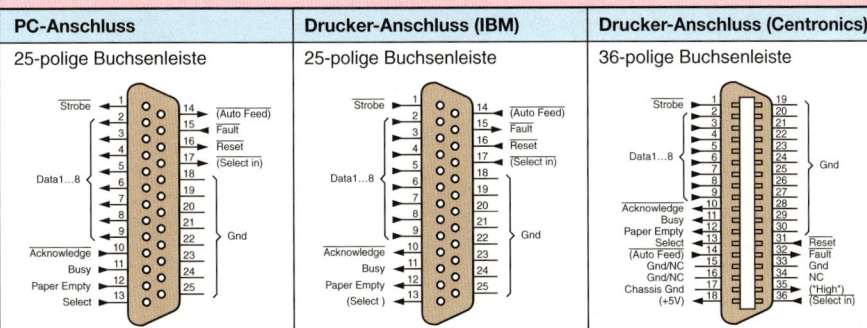

Signal	Bedeutung, Funktion	Signal	Bedeutung, Funktion
Strobe	Datenübergabe; Daten müssen bei 0-Signal gültig sein	(Auto feed)	automatischer Zeilenvorschub nach Zeilen-ende: Ein/Aus
Data 1…8	Datensignale 1…8;	Fault	Fehlermeldung
Acknow-ledge	Quittungssignal; Drucker empfangsbereit bei 0-Signal	Reset	Drucker rücksetzen, initialisieren
		Gnd	Ground: 0 V
		NC	Not connected: nicht angeschlossen
Busy	Wartesignal: Drucker nicht empfangsbereit bei 1-Signal	(High)	+5 V, vom Drucker geliefert
Paper Empty	Meldung vom Drucker: Papier zu Ende	(Select in)	Drucker auswählen
Select	Drucker ist online		Signale in Klammern werden nicht von allen Druckern ausgewertet. Pfeile geben die Signalrichtung an.

Serielle Schnittstelle (V.24, RS-232) – *Serial interface*

Steckerleiste, Buchsenleiste

Mindestumfang

Anschluss-Nr. · Schutzerde · Sendedaten · Empfangsdaten · Betriebserde · Anschluss-Nr.

25-pol. Steckerleiste DEE · 25-pol. Buchsenleiste DÜE

Signalpegel

Signalname	Pegel	Betriebszustand
Datenleitung	−3 V … −15 V	EIN (1)
	+3 V … +15 V	AUS (0)
Steuer- bzw. Meldeleitung	−3 V … −15 V	AUS
	+3 V … +15 V	EIN

Asynchroner Zeichenrahmen (Beispiel „U")

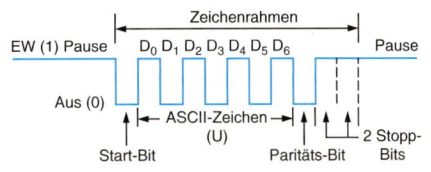

Zeichenrahmen

EW (1) Pause | D_0 D_1 D_2 D_3 D_4 D_5 D_6 | Pause

Aus (0)

Start-Bit · ASCII-Zeichen (U) · Paritäts-Bit · 2 Stopp-Bits

Videoanschlüsse – *Video interfaces*

Steckver-binder am PC	Stift	Signal bei Grafikkarte			Steckver-binder am PC	Signal bei Grafikkarte			
		Hercules monochrom	CGA, digital	EGA, digital		VGA, analog			
						Stift	Signal	Stift	Signal
	1	0 V	0 V	0 V		1	rot	10	Sync. Rückl.
	2	0 V	0 V	rot		2	grün	11	Monitor-ID0
	3	frei	rot	rot		3	blau	12	Monitor-ID1
	4	frei	grün	grün		4	Monitor-ID2	13	H.-Sync.
	5	frei	blau	blau		5	frei	14	V.-Sync.
	6	Intensität	Intensität	grün		6	rot Rückl.	15	frei
	7	Video	frei	blau		7	grün Rückl.	bei neueren Modellen:	
	8	H.-Sync.	H.-Sync.	H.-Sync.		8	blau Rückl.	12	SDA
	9	V.-Sync.	V.-Sync.	V.-Sync.		9	Codierung	15	SCL

Wireless LAN (WLAN) – *Wireless Local Area Network*

- Funk-LAN bzw. **Wireless-LAN** (WLAN) bezeichnen drahtlose lokale Funknetzwerke.
- Als Standard wird **IEEE 802.11** verwendet.
- Aufbau von drahtlosen Netzwerken ist mit geringem Aufwand möglich.
- **Einsatzgebiete**: Integration mobiler Geräte (Notebook, PDA, Drucker, Messgeräte) in ein bestehendes Netzwerk, Netzwerkzugang an öffentlichen Plätzen (Flughafen, Bahnhof, Hotel usw.) über sogenannte Hot Spots.
- Die Daten werden vor unerlaubtem Abhören Dritter verschlüsselt. Verfahren: WEP (Wired Equivalent Privacy), WEPplus, WPA (WiFi Protected Access).

Betriebsarten eines WLAN

Ad-hoc Modus
Das Netzwerk besteht aus gleichberechtigten Stationen. Die Teilnehmer kommunizieren direkt miteinander.

Infrastruktur-Modus
Die Clients kommunizieren über eine Basisstation (Access Point) miteinander bzw. in ein weiteres Netz.

Netzaufbau

- Netzaufbau aus einer Struktur von Zellen (**BSS**: **B**ase **S**tation **S**ubsystem).
- Jede Zelle wird von einer Basisstation (Access Point AP) gesteuert.
- Über einen AP erfolgt der Zugriff auf das restliche Netzwerk (Distribution DS).
- Ein vollständig installiertes Netz (mehrere Funkzellen, AP und ortsfestes LAN) wird auch als ESS (Extended Service Set) bezeichnet.
- Die Reichweiten betragen 30 m bis 100 m innerhalb von Gebäuden und bis zu 600 m im Freien (mit speziellen Antennen mehrere Kilometer).

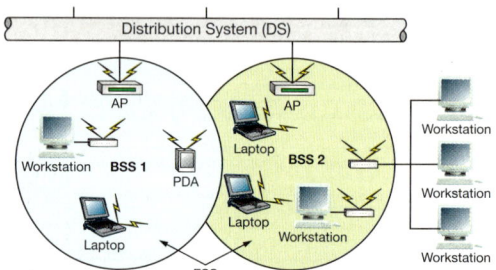

Übertragungsdaten

Standard	Datenraten	Frequenzband	Merkmale
IEEE 802.11	max. 2 Mbit/s	2,4 GHz	–
IEEE 802.11a	max. 54 Mbit/s	5,0 GHz	15 m – 25 m Reichweite, nur im Indoor-Bereich einsetzbar
IEEE 802.11b	max. 11 Mbit/s	2,4 GHz	bis zu 300 m Reichweite
IEEE 802.11e	max. 30 Mbit/s	–	Erweiterung um QoS (Quality of Service), z. B. für IP-Telefonie
IEEE 802.11g	max. 54 Mbit/s	2,4 GHz	Abwärtskompatibel zu 802.11b
IEEE 802.11h	max. 54 Mbit/s	5,0 GHz	Nur im Indoor-Bereich einsetzbar
IEEE 802.11i	–	–	Integration von Authentifizierungs- und Verschlüsselungsverfahren
IEEE 802.11n	max. 540 Mbit/s	2,4 GHz	–

Systemvergleich unterschiedlicher Funktechnologien

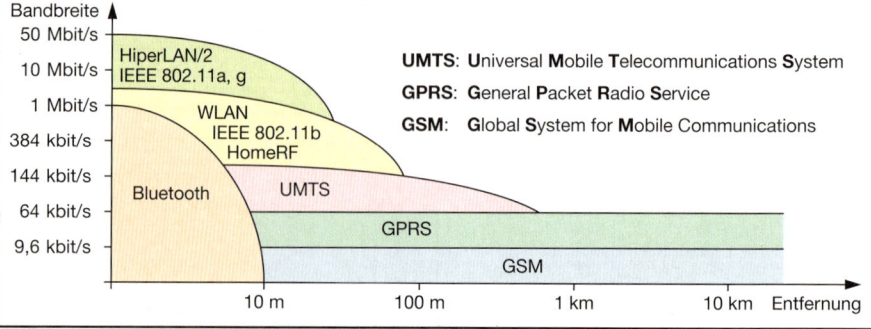

UMTS: **U**niversal **M**obile **T**elecommunications **S**ystem
GPRS: **G**eneral **P**acket **R**adio **S**ervice
GSM: **G**lobal **S**ystem for **M**obile Communications

Informationstechnik

IEC-BUS-Schnittstelle – *IEC-bus interface*

Struktur (z. B. Messdatenerfassung)

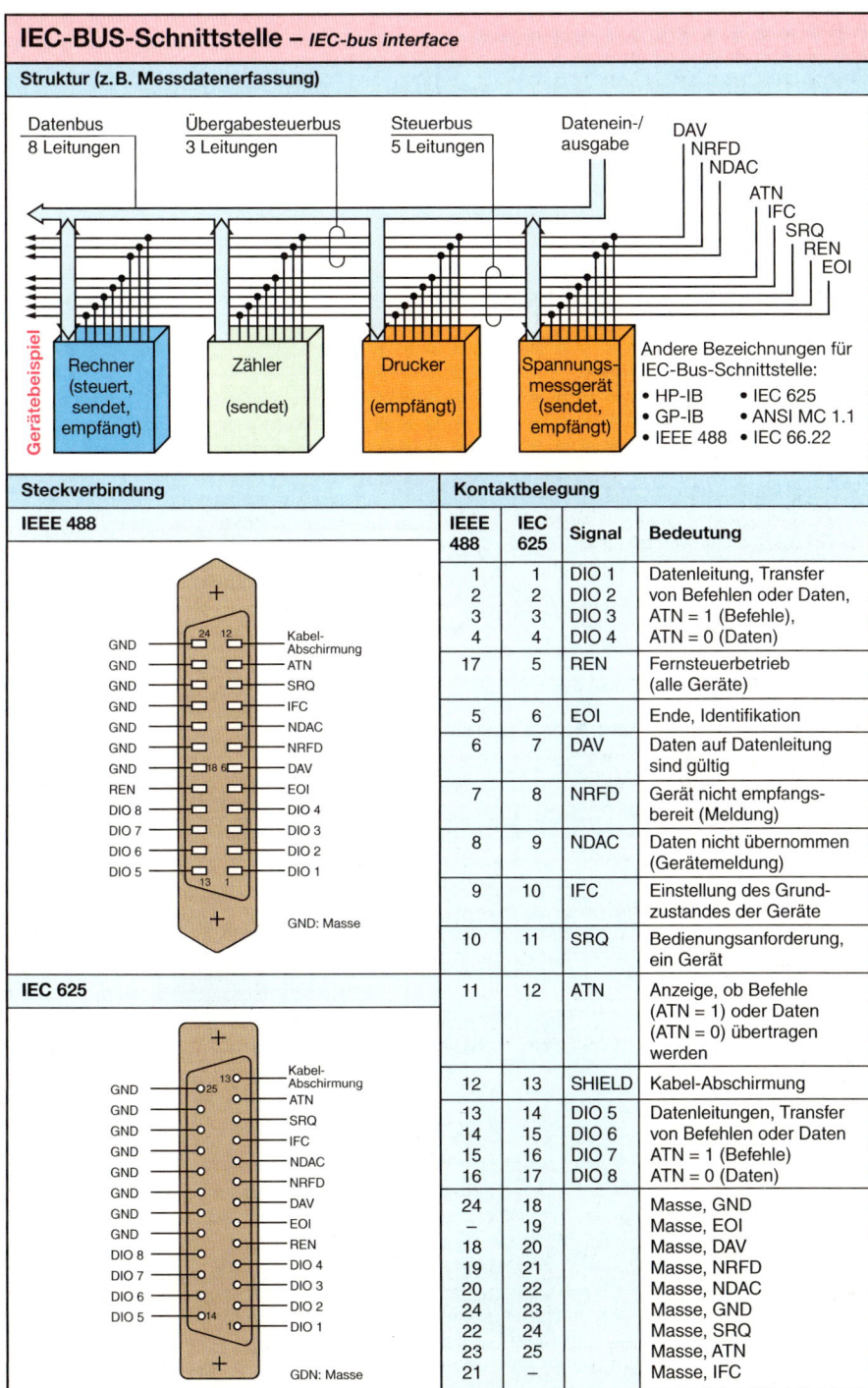

Datenbus
8 Leitungen

Übergabesteuerbus
3 Leitungen

Steuerbus
5 Leitungen

Datenein-/
ausgabe

DAV
NRFD
NDAC
ATN
IFC
SRQ
REN
EOI

Gerätebeispiel

| Rechner (steuert, sendet, empfängt) | Zähler (sendet) | Drucker (empfängt) | Spannungs- messgerät (sendet, empfängt) |

Andere Bezeichnungen für
IEC-Bus-Schnittstelle:
- HP-IB
- GP-IB
- IEEE 488
- IEC 625
- ANSI MC 1.1
- IEC 66.22

Steckverbindung

IEEE 488

GND — Kabel-Abschirmung
GND — ATN
GND — SRQ
GND — IFC
GND — NDAC
GND — NRFD
GND — DAV
REN — EOI
DIO 8 — DIO 4
DIO 7 — DIO 3
DIO 6 — DIO 2
DIO 5 — DIO 1

24 12
18 6
13 1

GND: Masse

IEC 625

GND — Kabel-Abschirmung
GND — ATN
GND — SRQ
GND — IFC
GND — NDAC
GND — NRFD
GND — DAV
GND — EOI
GND — REN
DIO 8 — DIO 4
DIO 7 — DIO 3
DIO 6 — DIO 2
DIO 5 — DIO 1

25 13
14 1

GDN: Masse

Kontaktbelegung

IEEE 488	IEC 625	Signal	Bedeutung
1	1	DIO 1	Datenleitung, Transfer
2	2	DIO 2	von Befehlen oder Daten,
3	3	DIO 3	ATN = 1 (Befehle),
4	4	DIO 4	ATN = 0 (Daten)
17	5	REN	Fernsteuerbetrieb (alle Geräte)
5	6	EOI	Ende, Identifikation
6	7	DAV	Daten auf Datenleitung sind gültig
7	8	NRFD	Gerät nicht empfangs- bereit (Meldung)
8	9	NDAC	Daten nicht übernommen (Gerätemeldung)
9	10	IFC	Einstellung des Grund- zustandes der Geräte
10	11	SRQ	Bedienungsanforderung, ein Gerät
11	12	ATN	Anzeige, ob Befehle (ATN = 1) oder Daten (ATN = 0) übertragen werden
12	13	SHIELD	Kabel-Abschirmung
13	14	DIO 5	Datenleitungen, Transfer
14	15	DIO 6	von Befehlen oder Daten
15	16	DIO 7	ATN = 1 (Befehle)
16	17	DIO 8	ATN = 0 (Daten)
24	18		Masse, GND
–	19		Masse, EOI
18	20		Masse, DAV
19	21		Masse, NRFD
20	22		Masse, NDAC
24	23		Masse, GND
22	24		Masse, SRQ
23	25		Masse, ATN
21	–		Masse, IFC

Betriebssysteme – *Operating systems*

Aufgaben

Grundsätzlich:
Verwaltung der technischen Komponenten eines Computers sowie Steuerung und Überwachung des Einsatzes der Software (Programme).

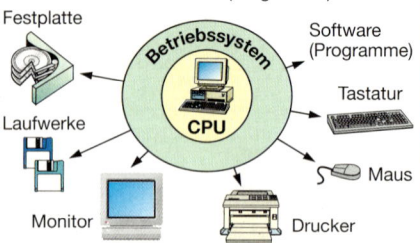

Wichtige Einzelaufgaben:
- Starten und Beenden des Computers.
- Organisation und Verwalten der Arbeitsspeicher.
- Verwalten der Dateien in den Katalogen.
- Steuern der Hardwarekomponenten (Soundkarte, Drucker, usw.).
- Organisierung und Verwaltung der mobilen Speicher (z. B. Festplatten, CD-ROM).
- Laden und Kontrollieren der Anwenderprogramme (z. B. Weitergabe von Benutzereingaben, Verwalten von Benutzerrechten).
- Verwaltung und Bedienung mehrerer Nutzer (z. B. Zugriffsrechte, Nutzungsprofil).
- Bereitstellen von Dienstprogrammen (z. B. Datensicherung, Datenfernübertragung).

Unterscheidungen

Singleuser:
Einzelplatzsystem, ein Anwender.
Multiuser:
Mehrplatzsystem, mehrere Anwender.
Singletask:
Nur eine Anwendung möglich.
Multitask:
Verschiedene Anwendungen zeitlich parallel möglich.

Startvorgang (BOOT-Vorgang)

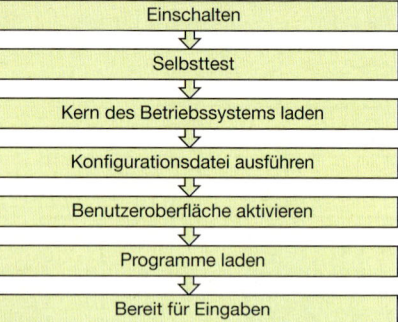

BIOS

BIOS: Basic **I**nput **O**utput **S**ystem
(Basis-Eingangs-Ausgangs-System)
Das BIOS ist ein grundlegendes Systemprogramm im PC, das nach dem Einschalten zur Verfügung steht. Es ist im Festwertspeicher (ROM) vom Hersteller abgelegt und ist dem Betriebssystem vorgelagert.

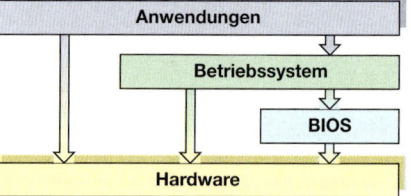

POST: Power **O**n **S**elf **T**est
Beim Booten führt das BIOS einen Selbsttest durch. Es sucht ein Betriebssystem und ruft dieses auf. Grundlegende Treiber (Laufwerk, Grafikkarte und Schnittstellen).

Windows Vista – *Windows Vista*

- Betriebssystem ab 2007
- Es werden fünf Editionen unterschieden

Merkmale und Funktionen	Home Basic	Home Basic N	Home Premium	Unter-nehmen	Business N	Ulimate
Besondere Sicherheit	●	●	●	●	●	●
Sofortsuche, Explorer 7	●	●	●	●	●	●
Aero-Benutzeroberfläche			●	●	●	●
Unterstützung Laptopeinsatz			●	●	●	●
Gemeinsame Datennutzung			●	●	●	●
Media Center (Fotos, Video, …)			●			●
Schutz vor Hardwarefehlern				●	●	●
Geplante Sicherung			●	●	●	●
Unternehmensnetzwerke				●	●	●
Verbesserter Datenschutz						●
Vereinfacht DVD-Erstellung			●			●
Neue Spiele			●	●	●	●
Erstellung von HD Video-Filmen			●			●

Windows Betriebssysteme – *Windows operating systems*

⊙ Funktion teilweise unterstützt/enthalten
● Funktion enthalten

Funktion (Auswahl)	95/98 Me	NT 4.0	2000 Prof.	XP Prof.	Erläuterung
Zuverlässigkeit (ununterbrochener Betrieb möglich durch …)					
Systemwiederherstellung	⊙			●	Durch Wiederherstellungspunkte (Datum u. Uhrzeit) kann das System zurückgesetzt werden.
Zurücksetzung der Geräte-treiber				●	Bei der Installation neuer Gerätetreiber wird automatisch der zuvor installierte Treiber gesichert.
Device Driver-Verifizierung			●	●	Umfangreiche Belastungstests für Gerätetreiber → Systemstabilität
Skalierbarer Speicher und Prozessorunterstützung		●	●	●	XP: Unterstützung bis 4 GB RAM und zwei Multiprozessoren
Schutz vor Anwendungsausfall					
Windows File Protection			●	●	Das Ersetzen/Überschreiben von Windows-Systemdateien durch Anwendungen wird verhindert.
Windows Installer			●	●	Informationsdatenbank für jede Anwendung wird erstellt, dadurch komplette Deinstallation u. Reparatur.
Sicherheit					
Internet-Firewall				●	Firewall-Client schützt vor Internetattacken.
Encrypting File System (EFS)			⊙	●	Jede Datei wird mit einem nach dem Zufallsprinzip. generierten Schlüssel verschlüsselt.
IP Security (IPSec)				●	Netzwerkdaten werden geschützt.
Desktop-Verwaltung					
Setup mit Dynamic Update				●	Durch Setup-Routine aktuelle Betriebssystemdateien
Systemvorbereitungs-Tool (SysPrep)		⊙	⊙	●	Systemverwalter können Systeme und Anwendungen „klonen".
Setup Manager	●	●	●	●	Grafik-Assistent für Installations-Skripte
Mehrere Sprachen				●	Dokumente in verschiedenen Sprachen erstellbar
Remote-Unterstützung				●	Zugriff auf eigenen PC von anderen Personen über ein Netzwerk kann gewährt werden.
Group Policy			⊙	●	Systemverwalter bildet logische Einstellungs-Einheiten, die anderen Gruppen zugewiesen werden können.
Resultant Set of Policy (RSoP)				●	Auswirkungen von Group Policy können angezeigt werden.
Recovery Console			●	●	Befehlszeilen-Konsole für Systemverwalter, um administrative Aufgaben auszuführen
Benutzereffizienz					
Integrierter CD-Brenner				●	Archivierung von Daten auf CD-R und CD-RW
Dual View				●	Zwei Bildschirme an einem PC
Remote Desktop				●	Zugriff auf Programme und Dateien auf dem PC von jedem anderen PC im Netzwerk
Offline-Dateien und Verzeichnisse			⊙	●	Ein Benutzer kann angeben, welche Netzwerk-Daten er beim Abmelden aus dem Netzwerk benötigt.
Synchronisations Manager			●	●	Vergleichen und Aktualisieren von Dateien und Verzeichnissen im Netzwerk
Laptop-Funktionen					
Ruhezustand			●	●	Nach festgelegter Zeit werden Dateien und Einstellungen gespeichert und das System heruntergefahren.
Hot-Docking	●		●	●	Docken und undocken, ohne neu zu booten
Advanced Configuration and Power Interface (ACPI)	⊙		●	●	Energieverwaltung, Unterstützung von Plug & Play
Networking					
Wireless Networking				●	Zugriff auf drahtloses Netzwerk
Netzwerkverbindungs-Assistent	⊙			●	Vereinfachte Einrichtung und Verwaltung eines Netzwerkes
Internet Connection Sharing (ICS)	⊙		●	●	Verbindet kleine Netze über Einwähl- oder Breitbandverbindung mit dem Internet.

Informationstechnik

BIOS

Einstellungen

- **BIOS: B**asic **I**nput **O**utput **S**ystem (Basis-Eingangs-Ausgangs-System)
- Im BIOS werden wichtige Einstellungen für den PC in einem CMOS-Speicher ④ (64 oder 128 Byte) abgelegt. Der Speicher wird permanent durch einen Akku oder eine Batterie ⑤ mit Spannung versorgt.
- BIOS-Einstellungen können über das BIOS-Setup vorgenommen werden.
- Das BIOS-Setup kann kurz nach dem Start durch z. B.
  - „Press F1 to enter SETUP" oder
  - „Press DEL (deutsch: Entf) to enter SETUP" aufgerufen werden (vom Hersteller abhängig)
- Es gibt verschiedene BIOS-Hersteller, z. B.:

- Es empfiehlt sich aus Sicherheitsgründen, die bestehenden Einstellungen vor der Änderung zu notieren oder auszudrucken (Taste „Druck" oder „Print").
- Beispiel BIOS-Hauptmenü (Hersteller Award)

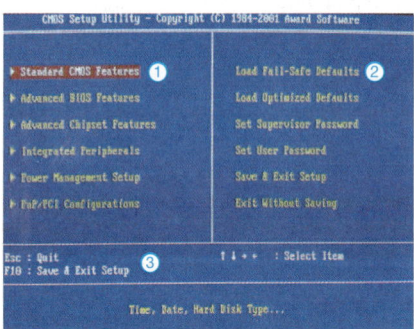

- Menüeinträge ① mit Untermenüs, bei denen der ausgewählte Eintrag farblich hervorgehoben wird.
  Menüpunkt wird durch „Enter" gewählt.
- Allgemeine Steuerungsfunktionen ② (z. B. Speichern der Einstellungen, Verlassen der BIOS-Einstellungen)
- Informationen zur Navigation innerhalb des Menüs ③, Bewegung um jeweils einen Schritt nach oben, unten, rechts und links.
- Sicherheitsabfragen werden durch die Tasten „Y" oder „N" und anschließend durch „Enter" durchgeführt.
  Achtung: Es wird die englische Tastaturbelegung verwendet, „Y" und „Z" sind vertauscht.
- Mit „ESC" kann man das Menü bzw. jeden Dialog im BIOS verlassen.

CMOS-Speicher mit Spannungsquelle

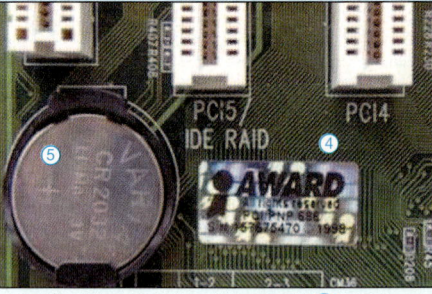

Menüs und ihre Bedeutung (Auswahl) ①

Award	AMI	Bedeutung
Standard CMOS Features	Standard CMOS Setup	Einstellungen für Datum und Uhrzeit; Parameter für Laufwerke und Grafikkarte
Advanced BIOS Features	Advanced CMOS Setup	Besondere BIOS-Einstellungen: Bootreihenfolge, Cache- und Prozessoreinstellungen, Tastatur, Speicher
Advanced Chipset Features	Advanced Chipset Setup	Einstellungen für den Chipsatz: Speicherzyklus, AGP- und PCI-Optionen, Onboardkomponenten
Integrated Peripherals	Peripheral Setup	Kommunikationssteuerung mit angeschlossenen Geräten: Festplatten, Parallelport usw.
Power Management Setup	Power Management Setup	Einstellungen der Stromsparfunktionen im PC
PnP/PCI Configuration	PCI/Plug and Play Setup	Verteilung der Systemressourcen für Erweiterungskarten (IRQ, DMA)

Wichtige Steuerungsfunktionen ②

Load Fail-Safe Defaults	Autoconfig. with Fail-Safe Settings	BIOS-Einstellungen werden auf Standardeinstellung zurückgesetzt.
Load Optimized Defaults	Autoconfig. with optimal Settings	BIOS-Einstellungen werden auf Optimal-Einstellungen zurückgesetzt.
Set Supervisor Password	Change Supervisor Password	Passwort für den Zugang zum BIOS-Setup wird festgelegt (Supervisor).
Set User Password	Change User Password	Passwort für den Zugang zum BIOS-Setup wird festgelegt (User).
Save & Exit Setup	Save Settings and Exit	Verlassen des BIOS-Setup, Speichern der Änderungen
Exit Without Saving	Exit Without Saving	Verlassen des BIOS-Setup ohne Speichern der Änderungen

Hardwareinstallation – *Hardware installation*

Mechanische Installation

Schritte zum Einfügen von Zusatzkarten (Netzwerke, Sound, Grafik, Controller, …):

1. – Peripheriegeräte und PC ausschalten,
– Hinweise im Benutzerhandbuch ggf. beachten

⇩

2. – Netzverbindung noch angeschlossen lassen (PC ist dadurch noch geerdet),
– Mögliche Körperladungen durch Berühren von Metallgehäuseteilen abfließen lassen,
– Netzstecker aus Steckdose ziehen

⇩

3. – Gehäuseabdeckung entfernen

⇩

4. – Geeigneten Steckplatz auswählen,
– Steckplatz evtl. nicht unmittelbar neben bereits einer installierten Karte wählen, da diese Störungen aussenden können (z. B. Videokarte kann Soundkarte stören),
– Steckplatzabdeckung entfernen

⇩

5. – Karte vorsichtig aus Verpackung herausnehmen,
– Karte möglichst nur am Rand anfassen,
– Bauteile sollten nicht berührt werden,
– Damit ggf. Körperladungen abfließen können, mit einer Hand das metallene PC-Gehäuse berühren

⇩

6. – Karte in Steckplatz vorsichtig einfügen,
– Richtigen Sitz der Karte im Steckplatz kontrollieren

⇩

7. – Karte mit Schraube befestigen,
– Gehäuseabdeckung wieder anbringen

Konfiguration bei Plug & Play

• Plug & Play (Einstecken und Losspielen) ist die Fähigkeit des PCs, neu angeschlossene Geräte oder Steckkarten zu erkennen, zu installieren und zu konfigurieren.
• Beim Start von Windows erscheint die Meldung:

Neue Hardwarekomponente gefunden

• Es folgt eine Entscheidung über die Installation des
– im Betriebssystem vorrätigen Treibers oder
– des Treibers, der vom Hersteller der Komponente geliefert wurde.

Treiber:
– Sie sind Programme und haben die Aufgabe, Daten zwischen dem Betriebssystem und der Hardware in beide Richtungen zu übertragen
– Jede Hardware benötigt einen eigenen Treiber, der in der Treiberbibliothek des Betriebssystems eingebunden ist.

Konfiguration durch „Hardware hinzufügen"

Vorgehensweise beim Betriebssystem Windows:

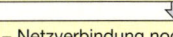

Der Hardware-Assistent leitet danach durch den gesamten Installationsvorgang.

Es empfiehlt sich, das zu installierende Gerät aus der vorgegebenen Liste auszuwählen ① und über die Herstellersoftware den Treiber zu installieren.

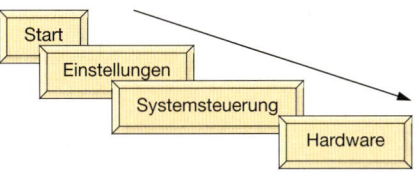

Treiber-Update

Beispiel:
Der Treiber für Grafik-Karte soll aktualisiert werden.
• Ausgang der Installation: Geräte-Manager ② (Systemsteuerung → System → Hardware)
• Hardwarekomponenten im Verzeichnisbaum ③ mit rechter Maustaste anklicken und im Kontextmenü „Eigenschaften" wählen.
• Hinter der Registerkarte „Treiber" findet man Informationen zum installierten Treiber ④.

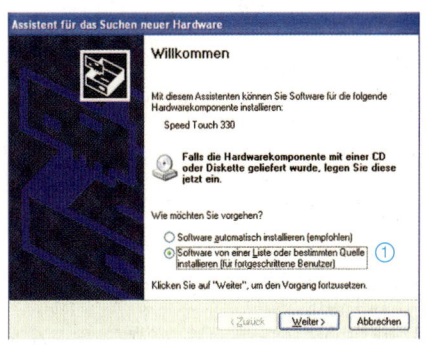

• Mit den Optionen „Aktualisieren" und „Deinstallieren" ⑤ können die gewünschten Änderungen vorgenommen werden.

Informationstechnik

Software

Informationstechnik

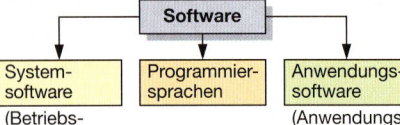

System-software (Betriebs-systeme) | **Programmier-sprachen** | **Anwendungs-software** (Anwendungs-programme)

Unter Software versteht man Programme (Anwei-sungen in Form von Daten), die den Computer zur Ausführung von Aktionen veranlassen.

Dateiformate

Die innerhalb der Anwendersoftware erstellten Da-teien werden am Ende des Dateinamens durch ei-nen Punkt und das Dateiformat gekennzeichnet:

Beispiel: Dateiname.Dateiformat
Brief.doc

Anwendungssoftware zur Bürokommunikation

- **Textverarbeitungsprogramme**
  z. B. Word (.doc, **Doc**ument: Dokument)
- **Kalkulationsprogramme**
  z. B. Excel (.xls, **Ex**cel **S**heet: Arbeitsblatt in Excel)
- **Datenbankprogramme**
  Erstellung relationaler Datenbanken, z. B. Access (Zugang). Dateiformate: .mdb; .adp; .ade
- **Organisationsprogramme**
  z. B. Outlook (Ausblick) besteht aus Terminplaner, Adressverwaltung, Aufgabenliste (zu erledigende Aufgaben, Termine usw.), Journal (Dokumentation von Aktivitäten und Ereignissen), E-Mail-Programm.
- **Präsentationsprogramme**
  Programm zur Erstellung von Folien- und Bild-schirmpräsentationen, z. B. PowerPoint.
  .ppt für PowerPoint-Präsentationen;
  .pot für Präsentationsvorlagen;
  .pps für Pack-and-go-Präsentation (selbstlau-fend);
  .ppa für Zusatzmodule
- **Office-Programme (Office Pakete)**
  Zusammenfassung verschiedener Programme zur Bürokommunikation, z. B. Access, Excel, Out-look, Word und PowerPoint.

Desktop-Publishing-Programme

DTP: **D**esk**t**op-**P**ublishing (Publizieren vom Schreib-tisch)
Software zur Herstellung von Druckvorlagen. Einge-bunden sind Texte, Grafiken, Formeln und Tabellen zu einem gemeinsamen Layout, z. B. Publisher, Quark Xpress, Corel Ventura, Page-Maker.

CAD

CAD: **C**omputer-**A**ided **D**esign (Computergestütztes Zeichnen bzw. Konstruieren)
- Grafikprogramm (Vektorgrafik) für die Erstellung technischer Zeichnungen in professioneller Qua-lität.
- Mit Layertechnik (Schichten) können verschie-ne Zeichnungsebenen unabhängig voneinander erstellt und kombiniert werden.
- Umfangreiche Programmbibliotheken (Zeichenvor-lagen) erleichtern die Erstellung der Zeichnungen.
- Z. B. AutoCad

Grafiksoftware

Rastergrafiken, Pixel-Grafiken

- Bilder in Pixel-Formaten werden auch als Bitmaps bezeichnet.
- Die Speicherung erfolgt wie bei einem Mosaik. Jedes Pixel (Bildpunkt) wird mit Informationen über Lage (x-y-Achse) und Farbe gespeichert.
- Pixel-Grafiken verlieren beim Skalieren (vergrö-ßern) stark an Qualität, da die Pixel vergrößert werden. Stufungen sind mitunter erkennbar.
- Anwendung: Wiedergabe von Fotos mit feinen Abstufungen.
- Z. B. Photoshop, Photodraw

Beispiele für Dateiformate: **.BMP** (**Bit**ma**p**); **.JPEG** (**J**oint **P**hotographic **E**xperts **G**roup); **.PDF** (**P**ortable **D**ocument **F**ormat); **.TIF** (**T**aged **I**mage **F**ormat)

Vektor-Grafiken

- Bei Vektor-Grafiken werden geometrische Formen (z. B. Kreise, Rechtecke) gespeichert. Ein Recht-eck besitzt z. B. einen Ursprungspunkt und eine Ausdehnung in Form von Längen- und Breiten-angaben.
- Vektorgrafiken können deshalb ohne Qualitäts-verlust frei gedreht und vergrößert werden (Ska-lierbarkeit).
- Anwendung im Konstruktionsbereich (CAD).
- Z. B. CorelDraw, Adobe Illustrator

Beispiele für Dateiformate: **.AI** (**A**dobe **I**llustrator); **.CDR** (**C**orel **D**raw); **.EPS** (**E**ncapsulated **P**ost**s**cript)

Programmiersprachen

- **Algol** (**Alg**aorithmic **L**anguage)
  Algorithmische Formelsprache zur strukturierten Programmierung.
- **Basic** (**B**eginners **A**ll Purpose **S**ymbolic **I**nstruc-tion **C**ode)
  Leicht erlernbare problemorientierte Programmier-sprache in naturwissenschaftlichen und techni-schen Bereichen.
- **C** (entwickelt aus Basic Combined Programming Language)
  Maschinennahe Programmierung mit kompaktem Code für strukturierte Programmierung.
- **C++**
  Objektorientierte Variante von C.
- **Cobol** (**Co**mmon **B**usiness **O**riented **L**anguage)
  Problemorientierte Programmiersprache für kauf-männische und administrative Bereiche, Pro-grammcode ist lesbar wie englischer Text.
- **Fortran** (**For**mula **Tran**slation)
  Geeignet für die Programmierung mathematischer Formeln.
- **JAVA**
  Plattformunabhängige Programmiersprache, lässt sich mit Browsern ausführen, Anwendung im In-ternet.
- **Pascal** (benannt nach Blaise Pascal)
  Ursprünglich als Universalsprache gedacht, gute Strukturierung möglich, leichte Dokumentation, wenige Grundbefehle.
- **PL/1** (**P**rogramming **L**anguage No. **1**)
  Problemorientierte Programmiersprache von IBM. Anwendung auf Großrechnern, enthält Elemente von Fortran und Cobol.

Softwareinstallation – *Software installation*

Installationsmöglichkeiten	Zusammenhang Software-Hardware

1. Über das Setup-Programm des Herstellers

Nach dem Autostart wird die Software vollständig installiert.

2. Über das Installationsprogramm des Herstellers

Beim Betriebssystem Windows über „Systemsteuerung" und Funktion „Software".

Vorteil:
Das Ergebnis der Installation wird genau protokolliert, so dass eine Deinstallation in der Regel wesentlich gründlicher erfolgt.

Software

Dienstprogramme für das Betriebssystem	Anwenderprogramme (Textverarbeitung, Tabellenkalkulation, Grafikbearbeitung, CAD, Datenbanken, Spiele, Programmiersprachen, …)

Teil des Betriebssystems, das hardwareunabhängig ist.

Teil des Betriebssystems, das an die Hardware angepasst ist.

Treiber	BIOS		
Peripheriegeräte (Drucker, Scanner, …)	Hauptplatine (CPU, BUS, Arbeitsspeicher, …)	Laufwerke (Festplatten, CD, DVD, …)	Grafik, Netzwerk, …

Hardware

Installationsschritte	Deinstallation

Installationsschritte

1.
– CD einlegen und Installationsvorgang abbrechen,
– CD öffnen und Installationsprogramme wie z.B. SETUP.EXE oder INSTALL.EXE suchen,
– Pfad des Programms ggf. notieren

Beispiele:

Setup.exe Setup.exe Setup32.exe

2.
– Informationen zur Installation suchen über Dateien wie z.B. LIESMICH.TXT oder README.TXT

Beispiele:

README.txt LIESMICH.WRI

3.
– Schrittweise Klicken auf: „Start", „Systemsteuerung" und „Software" (Windows XP)

4.
– Windows XP: Neue Programme hinzufügen ①
– Das Installationsprogramm wird automatisch auf der Diskette, CD, DVD, … gesucht

Deinstallation

Ablauf der Deinstallation

Programme und Daten werden entfernt.

Nicht mehr benötigte DLL- (Dynamic Link Librarys) und OCX-Dateien (ActiveX-Module) werden gelöscht.   CDRSCP.DLL

Einträge in der Registrierungsdatenbank werden gelöscht.

Anwendungsspezifische Deinstallation

Es bestehen grundsätzlich zwei Möglichkeiten:
1. Das in der Software enthaltene Deinstallations-Programm starten. Es ist häufig als Untermenü in der Anwendung zu finden.

Beispiel:

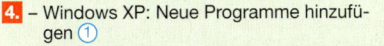

2. Wenn kein derartiges Untermenü vorhanden ist, findet man mitunter im Programmordner der Anwendung Deinstallationsprogramme.   Uninst32.exe   UNINSTAL.EXE

Deinstallation mit Windows

Windows XP:
1. „Start", „Systemsteuerung" und „Software"; „Programme ändern oder entfernen" ②
2. In der Liste das zu löschende Programm markieren und dann „entfernen".

– Unter Umständen erscheint bei der Deinstallation die Abfrage, ob eine bestimmte Datei wirklich gelöscht werden soll. Im Zweifelsfall mit „Nein" beantworten.
– In der Zusammenfassung („Details") am Ende erhält man Hinweise, welche Dateien nicht gelöscht wurden.

Datensicherheit, Datenschutz – *Data security, data protection*

Allgemeine Prinzipien des Datenschutzes

Vertraulichkeit
Daten nur für Befugte!

Integrität
Keine Verfälschungen!

Revisionsfähigkeit
Wer hat wann welche Daten in welcher Weise verändert?

Verfügbarkeit
Zeitgerecht für eine ordnungsgemäße Verarbeitung!

Authentizität
Jederzeit ist eine Zuordnung zum Ursprung möglich!

Transparenz
Verfahrensweisen vollständig und aktuell dokumentiert (nachvollziehbar)!

Rechtsgrundlage: Bundesdatenschutzgesetz (BDSG)

Recht der Betroffenen auf …

Benachrichtigung § 33
des Betroffenen über:
Speicherung, Datenart, Zweckbestimmung der Erhebung, Verarbeitung, Nutzung.
Identität der verantwortlichen Stelle.
Ausnahme:
Wenn Rechtsvorschriften bzw. Gesetze dafür bestehen.

Auskunft § 34
über
• gespeicherte Daten,
• ihre Herkunft,
• Zweck der Speicherung

Auskunft, § 35
wenn
die Daten unrichtig sind.

Löschung, § 35
wenn die
• Speicherung unzulässig ist,
• Richtigkeit von der verantwortlichen Stelle nicht bewiesen werden kann.
• Speicherung nicht mehr erforderlich ist.

Sperrung, § 35
wenn die
• Daten unrichtig sind,
• schutzwürdige Interessen beeinträchtigt würden,
• Richtigkeit von dem Betroffenen bestritten wird,
• Löschung zu aufwändig wäre.

Technisch-organisatorischer Datenschutz (Anlage zu § 9 BDSG)

Kontrollmaßnahmen	Technische Realisierung	Kontrollmaßnahmen	Technische Realisierung
Zutritt Unbefugten wird der Zutritt zur Datenverarbeitungsanlage verwehrt.	Gebäude- bzw. Raumsicherung, Zutrittsvermerk, Schlüsselregelung, …	**Eingabe** Es muss nachträglich feststellbar sein, ob und von wem Daten eingegeben, verändert oder entfernt worden sind.	Dokumentation: Bevollmächtigter, Zeit, Änderungen, …
Zugang Es wird verhindert, dass Unbefugte Daten nutzen.	Identifikation durch Passwort, Protokollierung der Zugänge, …	**Auftrag** Es ist zu gewährleisten, dass die Daten nur entsprechend den Weisungen des Auftraggebers bearbeitet werden.	Auftragsbeschreibung, Lasten- und Pflichtenheft, …
Zugriff Es wird gewährleistet, dass nur auf die der Zugriffsberechtigung unterliegenden Daten zugegriffen werden kann.	Festlegung und Prüfung der Zugriffsberechtigten, Protokollierung von Zugriffen, zeitliche Verschlüsselung, …	**Verfügbarkeit** Die Daten sind gegen zufällige Zerstörung oder Verlust zu schützen.	Gebäudeschutz, Diebstahlschutz, Datensicherung, …
Weitergabe Es wird gewährleistet, dass bei der Weitergabe Daten nicht unbefugt gelesen, kopiert oder verändert werden können.	Festlegung der Transportwege, Quittierung, Verschlüsselung, …	**Organisation** Die zu unterschiedlichen Zwecken erhobenen Daten müssen getrennt verarbeitet werden können.	Aufgabenteilung, Funktionstrennung, Richtlinien für Verfahren und Dokumentation, …

Datensicherung – *Data security*

Prinzip	Schutz vor Computerviren aus dem Internet

Ordnungsgemäßer Betrieb einer Datenverarbeitung durch Sicherung der

- **Hardware**
- **Software** gegen
- **Daten**

- **Verlust**
- **Beschädigung**
- **Missbrauch**

Einstellungen am PC

- Sicherheitsfunktionen aktivieren.
- Aktuelles Virenschutz-Programm einsetzen, das im Hintergrund läuft.
- Anzeige aller Dateitypen aktivieren.
- Makro-Virenschutz von Anwenderprogrammen aktivieren.
- Sicherheitseinstellungen am Browser auf gewünschte Stufe einstellen (z.B. Deaktivieren von aktiven Inhalten (ActiveX, Java, JaveScript) und Skript-Sprachen (z.B. Visual Basic)).

Schädigende Einflüsse

- **Wanzen:**
  Fehler in der Software (auch ohne Absicht), keine selbstständige Ausbreitung.
- **Manipulationen:**
  Absichtliche Verfälschungen in der Software.
- **Hacker:**
  Personen, die in spielerischer, amateurhafter Weise Schwachstellen aufdecken.
- **Cracker:**
  Personen, die professionell Schwachstellen aufdecken, um Schäden anzurichten.
- **Würmer:**
  Übertragen sich selbstständig von Rechner zu Rechner über Netze, z.B. als Anlage einer E-Mail.
- **Trojaner:**
  Programme (z.B. als Bildschirmschoner oder Tools) zum Einschmuggeln von getarnten Viren. Der Virus wird gesondert aktiviert.
- **Viren:**
  Eigenständiges Programmelement in einem Wirtsprogramm. Er besitzt die Fähigkeit sich selbst zu kopieren und dadurch in ein zuvor nicht infiziertes Programm einzudringen.
  – **Bootsektorviren** setzen sich im Bootbereich fest und nehmen damit einen festen Platz in der Konfiguration des Betriebssystems ein.
  – **Makroviren** sind direkt im Dokument gespeichert.
- **Backdoor:**
  „Hintertür" in einem Anwenderprogramm für eine später erfolgende Manipulation.

Verhalten beim Empfang von E-Mails

- Nicht sinnvolle E-Mails von unbekannten Absendern löschen (SPAM).
- Prüfen, ob der Text der Nachricht auch zum Absender passt.
- E-Mails mit gleichlautendem „Betreff" prüfen.
- Ausführbare Programme (*.COM, *.EXE), Skript-Sprachen (*.VBS, *.BAT) oder Bildschirmschonern (*.SCR) nicht durch „Doppelklick" öffnen.
- Vorsicht bei Dateien im HTML-Format.
- Datei-Anhänge nur von vertrauenswürdigen Absendern öffnen.

Verhalten beim Versenden von E-Mails

- Öfter prüfen, ob sich E-Mails im Postausgang befinden, die nicht vom Benutzer verfasst sind.
- Der Aufforderung zur Weiterleitung von Warnungen, Mails oder Anhänge an Freunde usw. nicht nachkommen.

Verhalten bei Downloads aus dem Internet

- Programme nur von vertrauenswürdigen Seiten laden.
- Angabe über die Größe der Datei mit der tatsächlichen Größe der Datei nach dem Download überprüfen.
- Vor der Installation Dateien mit aktuellem Viren-Schutzprogramm überprüfen.
- Gepackte Dateien erst entpacken und dann auf Viren überprüfen.

Firewall

Sicherheitsmaßnahmen

Virenschutz durch
- Virenscanner (im Server, beim Client, im Netz)
- Laufwerke sperren
- Organisatorische Maßnahmen

Kryptographie durch
- Verschlüsselung
- Asymmetrische Verfahren (Public key: Öffentlicher Schlüssel, Private key: Privater Schlüssel)
- Signatur (Authentizität, Integrität)

Datensicherung
- Kontinuierlich (Spiegelfestplatten (RAID), Spiegelserver)
- Periodisch (Voll-/Komplettsicherung, Differenzsicherung)

Schutzmaßnahme (Filter), die einen unerlaubten Zugriff von außen auf ein privates Netzwerk verhindert.
- **Paketfilterung** (Packet Filter):
  Inhalte der Datenpakete werden nach festgelegten Regeln überprüft.
- **Application Gateway** (in Verbindung auch mit Proxy-Servern):
  PC oder Software, die die Verbindung zwischen zwei Netzen herstellt und Sicherheitsüberprüfungen vornimmt.

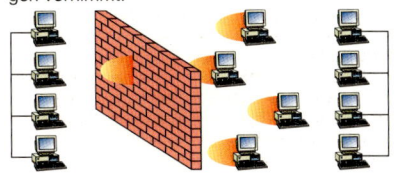

Datentechnische Sicherheit – *Data security*

RAID-Systeme

- **RAID: R**edundant **A**rray of **I**nexpensive **D**rive
- Prinzip:
  Festplatten sind über Controller bzw. Software zu Organisationseinheiten zusammengefasst.
- Funktion:
  – Erhöhung der Lesegeschwindigkeit
  – Datensicherung
- Verschiedene Variationen von RAID-Systemen werden als **Raid-Level** bezeichnet (0 bis 5 und Kombinationen).

RAID 0

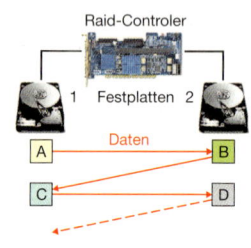

– Mindestens zwei gleichgroße Festplatten
– Daten werden in Datenblöcke (Stripes A, B, …) aufgeteilt und wechselseitig geschrieben
– Lesegeschwindigkeit größer
– Datensicherheit ist geringer

RAID 1

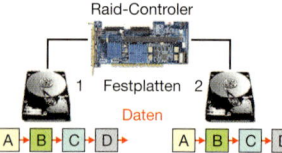

– Mindestens zwei Festplatten sind erforderlich.
– Unterschiedlich große Festplatten sind möglich, die Festplatte mit der kleineren Kapazität ist bestimmend.
– Daten der Festplatte 1 werden auf Festplatte 2 kopiert.
– Datensicherheit ist gewährleistet, fällt eine Festplatte aus, können die Daten von der gespiegelten Festplatte gelesen werden.

RAID 5

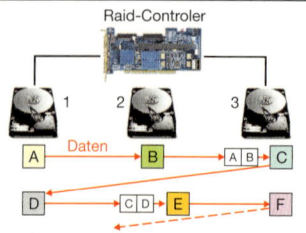

– Mindestens 3 Festplatten werden zu einem Laufwerk zusammengefasst.
– Neben den Daten (z. B. A und B) werden auf der Festplatte 3 aus den Daten A und B Parity-Daten (AB) gespeichert, die das Wiederherstellen verlorener Daten ermöglichen.

RAID 10 (RAID 0 + 1)

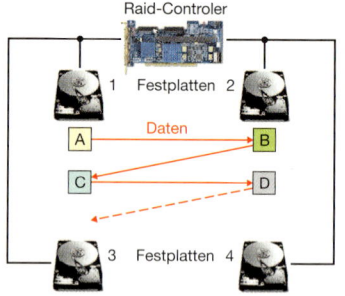

– Kombination aus RAID 0 und 1 mit mindestens 4 Festplatten
– Daten der Festplatten 1 und 2 werden auf Festplatten 3 und 4 gespiegelt
– Erhöhte Lesegeschwindigkeit und Datensicherheit

RAID 1.5

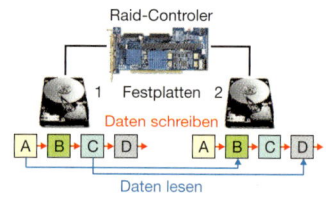

– Zwei identische Festplatten, die wie RAID 1 untereinander gespiegelt werden
– Beim Lesen wird auf beide Festplatten gleichzeitig zugegriffen (erhöhte Lesegeschwindigkeit)

Verschlüsselung (Encryption)

Symmetrisch

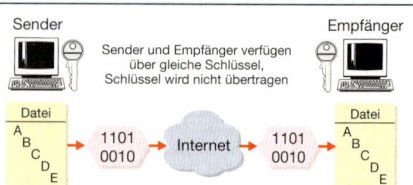

Asymmetrisch

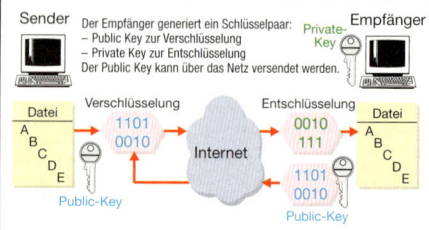

Urheber- und Medienrecht – *Copyright and mediaright*

Urheberrechtsgesetz

- Gesetz über das Urheberrecht und verwandte Schutzrechte vom 9. 9. 1965
- Urheber erhalten Schutz für ihre Werke
- Urheberschutz für:
  - Literatur-
  - Wissenschafts- und
  - Kunstwerke

- Geschützte Werke sind insbesondere:
  - Schriftwerke
  - Computerprogramme
  - Werke der Baukunst, angewandten Kunst und zugehörige Entwürfe
  - Lichtbild- und Filmwerke
  - wissenschaftliche oder technische Zeichnungen, Pläne, Skizzen, Tabellen, Karten

Urheberpersönlichkeitsrechte

Veröffentlichungsrecht	Anerkennung der Urheberschaft	Entstellung des Werkes
Recht auf Festlegung, ob und wie das Werk veröffentlicht wird. Mitteilungsrecht über das Werk, solange dies noch nicht veröffentlicht ist.	Recht auf Festlegung der Bezeichnung des Werkes und Entscheidung, ob Urheberbezeichnung angebracht wird.	Entstellung oder Beeinträchtigung des Werkes kann verboten werden, falls geistige oder persönliche Interessen am Werk gefährdet sind.

Verwertungsrechte

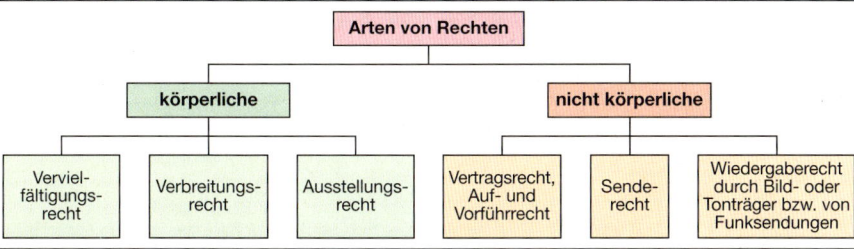

Schranken des Urheberrechts

Urheberrecht ist eingeschränkt, u.a. bei Vervielfältigungen zu privaten oder sonstigem eigenem Gebrauch.

Beispiele

Es ist zulässig, Vervielfältigungen

- von kleinen Teilen eines erschienenen Werkes oder von einzelnen Beiträgen in Zeitungen und Zeitschriften zu erstellen.
- eines mindestens seit zwei Jahren vergriffenen Werkes zu erstellen.
- in bestimmten Fällen (siehe a, b) von kleinen Teilen eines Druckwerkes oder Beiträgen in Zeitungen und Zeitschriften zum eigenen Gebrauch einzusetzen, soweit die Vervielfältigungen zu diesem Zweck geboten sind.

Fälle für zulässige Vervielfältigung

a) im Schulunterricht, in nichtgewerblichen Einrichtungen der Aus-/Weiterbildung sowie in Einrichtungen der Berufsbildung in der für eine Schulklasse erforderlichen Anzahl bzw.

b) für staatliche Prüfungen und Prüfungen in Schulen, Hochschulen, nicht gewerblichen Einrichtungen der Aus-/Weiterbildung sowie in der Berufsausbildung.

Medienrecht

Begriff

- Oberbegriff für Teilgebiete des öffentlichen Zivilrechts

Beispiele:
- Pressegesetze der Länder
- Rundfunkstaatsvertrag
- Rundfunk- und Landesmediengesetze
- Medienstaatsvertrag
- Jugendmedienschutz-Staatsvertrag
- Telekommunikationsgesetz regelt im wesentlichen technische Kriterien zur Übermittlung von Inhalten

Gegenstände

- Presse
- Rundfunk (Radio, Fernsehen)
- Film
- Multimedia (Internet)

Ziele: Nutzung der Medien regeln
- Gewährleistung einer allgemein zugänglichen Kommunikationsinfrastruktur
- Sicherung der Meinungsvielfalt
- Schutz der Mediennutzer
- Daten- und Jugendschutz
- Schutz geistigen Eigentums

PC-Netze – *PC-networks*

Bus

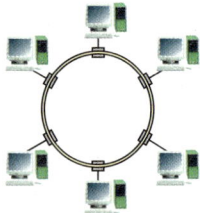

R R

Busleitung muss durch einen Widerstand abgeschlossen sein, damit es zu keiner Signalreflexion kommt.

Vorteile:	Nachteile:
– Geringer Leitungsaufwand, – einfache Netzstruktur, – leicht erweiterbar.	– Leitungsunterbrechung führt zum Ausfall von einer bzw. mehreren Stationen. – Fehler sind schwer zu lokalisieren.

Ring

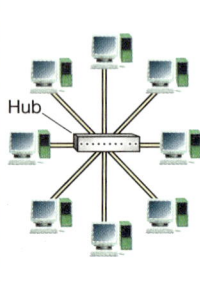

PCs wirken wie Repeater (Verstärker), indem sie die Signale verstärkt weiterleiten.

Vorteile:

– Gleicher Zugriff für alle PCs,
– gleichmäßiger Datentransfer trotz hoher Teilnehmerzahl.

Nachteile:

– Unterbrechung des Netzes bei Erweiterung,
– bei Ausfall eines PCs ist das Netzwerk beeinträchtigt,
– Probleme sind schwer lokalisierbar.

Stern

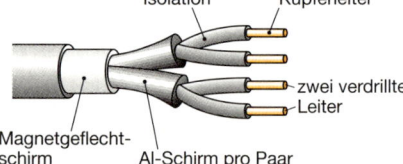

Hub

Vorteile:

– Leicht erweiterbar,
– zentralisierte Überwachung und Verwaltung durch Hub,
– der Ausfall eines PCs führt zu keiner Beeinträchtigung des Netzes.

Nachteile:

– Größerer Leitungsaufwand,
– das gesamte Netz fällt aus, wenn der Hub ausfällt.

Netzwerkkarten

NIC: **N**etwork **I**nterface **C**ard
Sie sind das Bindeglied zwischen dem Netzwerk und dem PC.
Datenraten: 10 Mbit/s; 100 Mbit/s; 1000 Mbit/s

Dialog beim Senden und Empfangen:
– Größe der gesendeten Datenpakete,
– Umfang der gesendeten Daten, bevor Bestätigung erfolgt,
– Zeitlicher Abstand zwischen den Datenblöcken,
– Wartezeit, bevor die Bestätigung gesendet wird,
– Menge der Daten, die eine Netzwerkkarte aufnehmen kann, bevor Überlauf eintritt,
– Geschwindigkeit der Datenübertragung.

Leitungen

Thinnet (biegsames Koaxialkabel, 50 Ω)

RG-58/U	Innenleiter massiv aus Cu
RG-58 A/U	Litzenförmiger Innenleiter aus Cu

Twisted-Pair-Kabel

Verdrillte Kupferleiter
UTP: **U**nshielded **T**wisted **P**air Cable (ungeschirmt)

Kategorie	
1	Telefonleitung, nur für Sprache
2	4 verdrillte Adern, 4 Mbit/s
3	4 verdrillte Adern, 9 Wdg./m, 10 Mbit/s
4	Datenübertragung bis 16 Mbit/s
5	Datenübertragung bis 100 Mbit/s

STP: **S**hielded **T**wisted **P**air Cable (geschirmt)

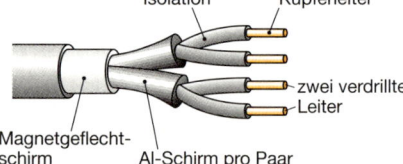

Isolation   Kupferleiter

zwei verdrillte Leiter

Magnetgeflechtschirm   Al-Schirm pro Paar

Glasfaserkabel

– Modulierte Lichtimpulse werden in einem Lichtwellenleiter übertragen.
– Maximaler Schutz vor Abhören.
– Keine Störungen durch elektrische und magnetische Felder.
– Hohe Datenübertragungsraten (Gbit/s).

Faseraufbau

Farbbeschichtung
Tertiäre Beschichtung
Sekundäre Beschichtung
Primäre Beschichtung
Mantel
Ader

Steckverbinder

Koaxialkabel

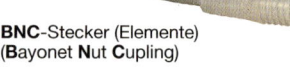

BNC-Stecker (Elemente)
(**B**ayonet **N**ut **C**upling)

Twisted-Pair

Western-Steckverbinder
RJ 45
(**R**egistered **J**ack)

Informationstechnik

Messen in Datennetzen – *Measurements in data networks*

Messprinzip

- Die Messanordnung besteht aus dem Messgerät ① (Senden, Empfangen, Auswerten) und der Remote-Einheit ②.
- Die Messergebnisse werden mit Normwerten verglichen und als erfüllt (pass) oder nicht erfüllt (fail) gekennzeichnet.

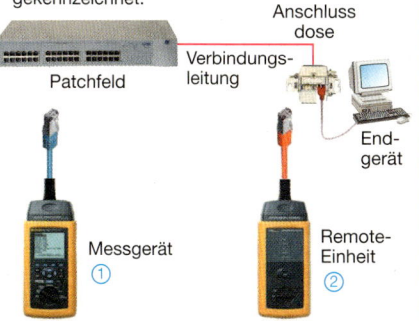

Dämpfung

- **Leitungsdämpfung**
  - Logarithmisches Maß in dB
  - Abhängigkeit von Länge, Frequenz, Wirkwiderstand, induktivem und kapazitivem Belag der Leitung
- **Rückflussdämpfung** (return loss)
  - Leitung wird mit einem Widerstand abgeschlossen.
  - Die Dämpfung der Übertragungsstrecke ändert sich z.B. durch Klemmen oder Anschlüsse von Dosen; Signale werden teilweise reflektiert.

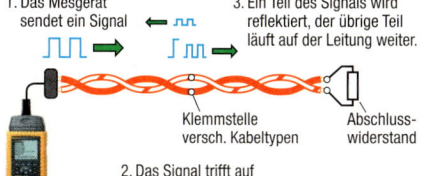

1. Das Messgerät sendet ein Signal
2. Das Signal trifft auf die Übergangsstelle
3. Ein Teil des Signals wird reflektiert, der übrige Teil läuft auf der Leitung weiter.

Klemmstelle versch. Kabeltypen

Abschlusswiderstand

Laufzeit und Länge

- Offener Ausgang
- Über die Signallaufzeit wird die Länge der einzelnen Adernpaare ermittelt und angezeigt.

3. Nach einer Zeit „x" empfängt das Messgerät wieder das Signal
2. Das Signal wird am Kabelende reflektiert
1. Das Messgerät sendet ein Signal auf die Leitung

Nebensprechen

- **Nebensprechen** (crosstalk)
  - Das sendende Signal (Leitung 1) induziert eine Spannung in die Leitungspaare 2, 3 und 4.
  - Durch die Kabeldämpfung wird das Nebensprechen mit zunehmender Leitungslänge geringer.

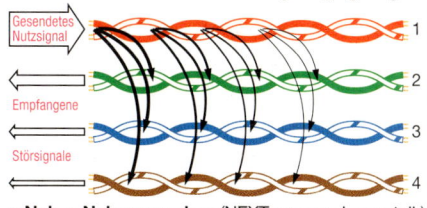

- **Nahes Nebensprechen** (NEXT, near end crosstalk)
  - Es entsteht zwischen anliegenden Leitungspaaren, z.B. Leitungspaar 1 und 2.
  - NEXT ist frequenzunabhängig und verursacht die häufigsten Fehler in Datennetzen.
- **Fernes Nebensprechen** (FEXT, far end crosstalk)
  - FEXT wird am fernen Ende gemessen und entspricht dem Nahen Nebensprechen (NEXT).

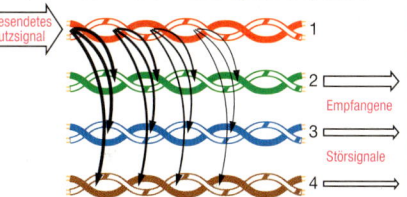

- **Längenabhängiges Nebensprechen am fernen Ende** (ELFEXT, equal level far end crosstalk)
  - Den ELFEXT-Wert erhält man, wenn man die Differenz zwischen FEXT und Dämpfung bildet.
  - Er ist längenunabhängig und kann mit verschieden langen Leitungen verglichen werden.

Rausch-Signal-Abstand
(**ACR**, **a**ttenuation to **c**rosstalk **r**atio)

- Differenz aus dem NEXT-Wert ① und der Dämpfung ② (ACR = NEXT – Dämpfung)
- Abstand zwischen Nutzsignal und Störsignal
- Je größer der ACR-Wert, desto besser kann das Nutzsignal erkannt werden.
- Der ACR-Wert ist ein Maßstab für die Qualität der gesamten Verbindung.

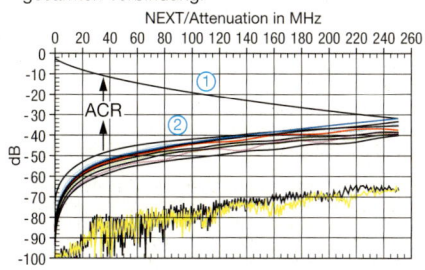

Netzwerkprotokolle – *Network access protcol*

Aufgaben	Unterscheidungsmerkmale
Ein Netzwerkprotokoll ist die exakte Vereinbarung (Regeln, Formate), mit der Computer (Endgeräte) miteinander Daten austauschen.	Netzwerkprotokolle lassen sich nach folgenden Merkmalen unterscheiden:

Aufgaben (Fortsetzung)

Einzelaufgaben:
- Sicherer und zuverlässiger Verbindungsaufbau
- Zustellen von Datenpaketen an den gewünschten Empfänger
- Wiederholung der Datenpakete bei unvollständigen Sendungen
- Sicherstellung und Überprüfbarkeit der gesendeten Daten (Prüfsummenverfahren)
- Gesendete Daten beim Empfänger in die korrekte Reihenfolge bringen
- Eventuelle Verschlüsselung der Daten

Unterscheidungsmerkmale (Fortsetzung)

- Anzahl der Kommunikationsteilnehmer
  - Unicast (ein Empfänger)
  - Multicast (mehrere Empfänger)

- Richtung der Kommunikation
  - Simplex (nur in eine Richtung)
  - Halb-Duplex (wechselweise in beide Richtungen)
  - Vollduplex (in beide Richtungen gleichzeitig)

Aufbau

Das Datenpaket (Datagramm) besteht aus
- Steuerdaten (Datagramm-Header) und
- Nutzdaten (Datagramm-Data).

Datagramm:

Header	Data

Informationen im Header:
- Adresse des Empfängers und des Absenders
- Pakettyp (Verbindungsaufbau bzw. -abbau oder Nutzdaten)
- Länge des Paketes
- Prüfsumme

Für den Verbindungsaufbau/-abbau sind feste Paketsequenzen vereinbart (Overhead).

- Stellung der Kommunikationsteilnehmer
  - Peer-to-Peer (gleichberechtigt)
  - Client-Server-System (hierarchisch)

- Wird auf eine Antwort gewartet?
  - Synchrone Kommunikation (auf die Antwort warten)
  - Asynchrone Kommunikation (nicht auf die Antwort warten)

- Zeitlicher Ablauf der Kommunikation
  - Paketorientiert
  - kontinuierlicher Datenstrom

Protokolle innerhalb von TCP/IP

Netzwerk-schicht / Anwendung / Darstellung / Sitzung	**FTP** (**F**ile **T**ransfer **P**rotocol) Austausch von Dateien **HTTP** (**H**yper **T**ext **T**ransfer **P**rotocol) Internetseiten **SMTP** (**S**imple **M**ail **T**ransfer **P**rotocol) Versenden von E-Mails	**SNMP** (**S**imple **N**etwork **M**anagement **P**rotocol) Überwachung und Verwaltung von Netzwerkelementen **RIP** (**R**outing **I**nformation **P**rotocol) Wegefindung im Netzwerk	**PING** (**P**acket **I**nternet **G**roper) Erreichbarkeit von Computern im Netzwerk testen
Transport	**TCP** (**T**ransmission **C**ontrol **P**rotocol) Datentransport sicherstellen	**UDP** (**U**ser **D**atagramm **P**rotocol) Übermittlung unwichtigerer Daten	**ICMP** (**I**nternet **C**ontrol **M**essage **P**rotocol) Steuerbefehle versenden
Netzwerk	**IP** (**I**nternet **P**rotocol) Aufteilung und Zusammensetzung der Pakete, Zuordnung der Pakete zu einer IPAdresse, Übertragung der Daten		

Informationstechnik

Strukturierte Verkabelung – *Structured cabling*

Verkabelungsstruktur

Dreistufige strukturierte Gebäudeverkabelung

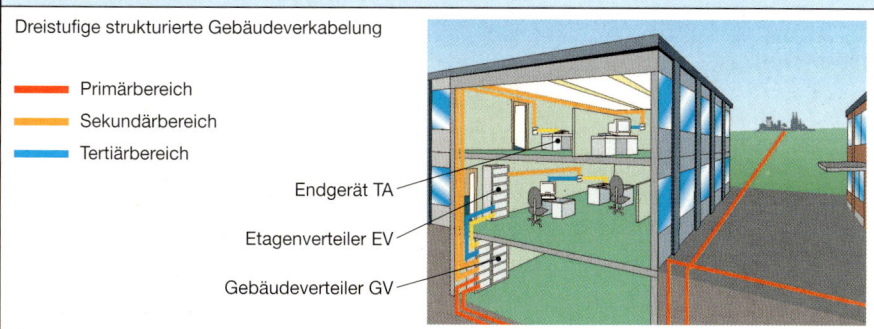

■ Primärbereich

■ Sekundärbereich

■ Tertiärbereich

Endgerät TA

Etagenverteiler EV

Gebäudeverteiler GV

Bereich	Kabelverbindung	max. Kabellänge	Kabeltypen
Primär	Zwischen einzelnen Gebäudebereichen	1500 m	LWL
Sekundär	Vom Gebäudeverteiler (GV) zu den Etagenverteilern (EV)	500 m	LWL, bestehend aus mindestens zwölf Fasern
Tertiär	Vom Etagenverteiler zur Anschlussdose des Endgerätes (TA). Die Verbindung zwischen TA und Endgerät beträgt max. 5 m.	90 m	LWL, Kupferkabel oder Hybrid-Kabelsystem (LWL mit integriertem Kupfer-kabel)

Aufbau eines Kupferkabels

UTP
(**U**nshielded
Twisted **P**air)
(ohne Schirmung)

STP
(**S**hielded **T**wisted
Pair)
(mit Einzelschirm)

S/UTP
(**S**creened/**UTP**)
(mit Gesamtschirm)

S/STP
(**S**creened/**STP**)
(mit Einzel- und
Gesamtschirm)

Leiteraufbau:
massiv oder 7drähtig

Paarverseilung:
zwei Adern formen
ein symmetrisches
Paar (Twisted Pair)

Farbcode:
weiß blau/blau
weiß orange/orange
weiß grün/grün
weiß braun/braun

— Leiter
— Isolation
— Einzelschirm
— Gesamtschirm

Kategorie	Klasse	Frequenz	Übertragungsraten
Cat. 3	B	16 MHz	10 MBit/s Ethernet
Cat. 4	C	20 MHz	10 MBit/s Ethernet
Cat. 5	D	100 MHz	100 MBit/s Ethernet
Cat. 6	E	250 MHz	155 MBit-ATM
Cat. 7	F	600 MHz	622 MBit Gigabit-Ethernet
Cat. 8	G	1200 MHz	10-Gigabit-Ethernet Kabel TV

Leiterquerschnitt (angegeben in AWG)
Massiver Leiter: 24/1 bis 23/1 (0,5 bis 0,6 mm²)
7drähtiger Leiter: 27/7 bis 24/7 (0,08 bis 0,22 mm²)
AWG = **A**merican **W**ire **G**auge

Steckverbinder

Installation einer RJ45 Anschlussdose:

1. Leitung ablängen und isolieren.

2. Adernpaare in die Richtung der Anschlussklemmen biegen.

3. Einzeladern in die farbig markierten Schneidklemmen legen und mit Anlegewerkzeug anschließen. Darauf achten, dass der Twist der Paare so wenig wie möglich aufgedrillt wird.

4. Optische Kontrolle der Adernenden auf Kontaktstellen zwischen den Leitern und/oder dem Gehäuse.

Belegung RJ45:

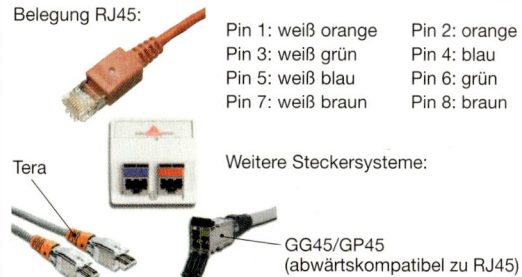

Pin 1: weiß orange   Pin 2: orange
Pin 3: weiß grün   Pin 4: blau
Pin 5: weiß blau   Pin 6: grün
Pin 7: weiß braun   Pin 8: braun

Tera

Weitere Steckersysteme:

GG45/GP45
(abwärtskompatibel zu RJ45)

Lichtwellenleiter – *Fibre optic cable*

Aufbau und Kenndaten	Modenausbreitung

Mehrmoden-Stufenfaser

Stufenindex-Profil

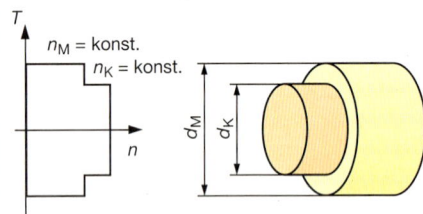

Typische Werte:
$n_M = 1{,}517$ (Mantel)
$n_K = 1{,}527$ (Kern)

n = Brechzahl

Typische Werte:
$d_K \begin{cases} 100\ \mu m \\ 200\ \mu m \\ 400\ \mu m \end{cases}$

$d_M \begin{cases} 200\ \mu m \\ 300\ \mu m \\ 500\ \mu m \end{cases}$

Multimode-Lichtwellenleiter

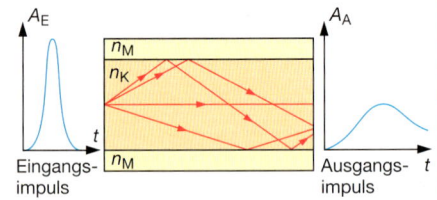

Eingangsimpuls — Ausgangsimpuls

- Große Laufzeitunterschiede der Lichtstrahlen,
- Starke Impulsverbreitung,
- Bandbreite – Reichweite – Produkt
  $B \cdot l > 100\ \text{MHz} \cdot \text{km}$,
- Einsatzbereich: Kurzstrecken, in Gebäuden

Mehrmoden-Gradientenfaser

Gradientenindex-Profil

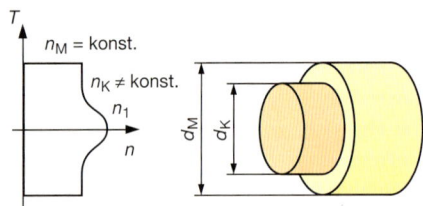

Typische Werte:
$n_M = 1{,}457$ (Mantel)
$n_K = 1{,}417$ (Kern)

Typische Werte:
$d_K = 50\ \mu m$

$d_M = 125\ \mu m$

Multimode-Lichtwellenleiter

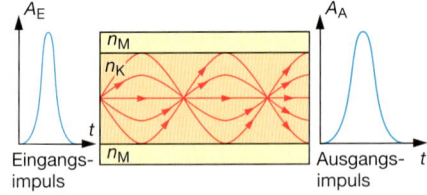

Eingangsimpuls — Ausgangsimpuls

- Geringe Laufzeitunterschiede der Lichtstrahlen,
- Geringe Impulsverbreiterung,
  $B \cdot l > 1\ \text{GHz} \cdot \text{km}$,
- Einsatzbereich: Ortsnetz, Bezirksnetz

Einmoden-Stufenfaser

Stufenindex-Profil

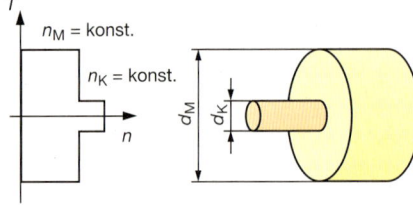

Typische Werte:
$n_M = 1{,}457$ (Mantel)
$n_K = 1{,}417$ (Kern)

Typische Werte:
$d_K = 10\ \mu m$

$d_M = 125\ \mu m$

Einmoden-Lichtwellenleiter

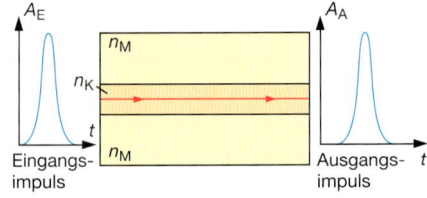

Eingangsimpuls — Ausgangsimpuls

- Keine Laufzeitunterschiede, da nur eine Ausbreitungsrichtung,
- Formtreue Impulsübertragung,
  $B \cdot l > 10\ \text{GHz} \cdot \text{km}$,
- Einsatzbereich: Fernverkehr

Lichtwellenleiter (LWL) – *Fibre optic cables*

Aufbau

Anwendung	Beispiel	Aufbau
• Verbindung zwischen Endverteilern und/oder Endgeräte • kurze Übertragungswege • direkte Steckermontage möglich (häufig vorkonfektioniert)	Duplex-Patchkabel (innen) 	① LWL-Faser mit Primärcoating (Primärbeschichtung) ② Sekundärcoating ③ Zugentlastung (Aramid- oder Glasfaser) ④ Außenmantel (ggf. mit Nagetierschutz)
• Verbindung zwischen Haupt- und Nebenverteiler • direkte Steckermontage je Faser möglich • aufspleissbar für Kabelendverteiler	Breakout-Innenkabel mit Kompaktadern 	⑤ nummerierter Mantel ⑥ Polyesterfolie ⑦ LWL-Faserbündel mit Primärcoating
• Telekommunikations-/ Kabelfernsehanwendung • Computernetzwerke • große Entfernungen/ Datenmengen	Zentral-Bündeladerkabel (außen) 	⑧ mit Gel gefüllte Zentralbündelader

Kurzbezeichnung

Beispiel: A – D F – (ZN)2Y – 4x6 – G50/125 – 3,5 B 800

Kabelart
Faserschutz
Zentralelement *)
Kabelfüllung *)
Außenmaterial
Bewehrung *)
Faseranzahl

Sonderarten *)
Dispersion
Wellenlänge
Dämpfung
Fasermantel
Faserkern
Faserart

*) kann je nach Kabeltyp entfallen

Kabelart		Außenmaterial		Faserart	
A	Außenkabel	2Y PE	Polyethylen	E	Singlemode
AT	Breakoutkabel	4Y	Polyamid	G	Gradientenindex
I	Innenkabel	11Y	Polyurethan	K	Stufenindex (Glas/Plastik)
		(D)2Y PE	" mit Kunststoffsperrschicht	P	Plastikfaser
Faserschutz				S	Stufenindex (Glas(Glas)
B	Bündelfaser (trocken)	(L)2Y PE H	Schichtmantel halogenfrei	**Faserkern**	
D	Bündelfaser (Gelfüllung)	Y PVC			Faserdurchmesser in µm
F	Faser mit 250 µm Buffer	(ZN)2Y PE	mit metallfreier Zugentlastung	**Fasermantel**	
H	Hohlader (trocken)				Manteldurchmesser in µm
V	Volllader	**Bewehrung**		**Dämpfung**	
W	Hohlader (Gelfüllung)	B	allgemein Bewehrung		in dB/km
Zentralelement		BY	zusätzliche PVC-Hülle		
S	Seele aus Metall	B2Y	zusätzliche PE-Hülle	**Wellenlänge**	
Kabelfüllung		Q	Quellfliesumwicklung	B	850 nm
F	Hohlräume der Verseilung mit Gelfüllung	**Faseranzahl**		F H	1300 nm (Monomode), 1310 nm (Singlemode) 1550 nm (Singlemode)
		a	Anzahl der Volladern	**Dispersion – Sonderarten**	
		a x b	Anzahl der Bündeladern x Faserzahl	LG SZ	Lagenverseilung SZ-Verseilung

Informationstechnik

203

Lichtwellenleiter-Montage – *Mounting of fibre optic cables*

Spleißen

Herstellen einer nicht lösbaren Verbindung von Lichtwellenleitern durch Schmelzspleiß

Vorbereitung des LWL	→	Faser schneiden	→	Schmelzspleiß erstellen	→	Spleiß schützen

1. Ablängen mit Spezialschere für Kevlarfasern
2. Bewehrung/Mantel entfernen ①
3. Füllelemente z. B. Röhrchen entfernen

1. Faserbeschichtung (Coating) mit Spezialwerkzeug ② entfernen
2. Faser mit Alkohol reinigen
3. Faser in Cleaver (Schneidgerät) einlegen
4. Faser einritzen und brechen

1. Spleißmaschine verwenden ③
2. Fasern einlegen und ausrichten
3. Fasern erhitzen und fügen
4. automatischer Schweißablauf

- erhitzte Fasern sind spröde
- Sicherung z.B. durch
  – Klebemasse in Aluprofil
  – Schrumpfschlauch mit Draht und Kleber
  – Spleißkassette für mehrere Fasern ④

Werkzeuge

①

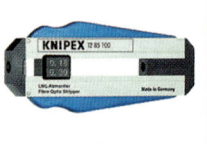

②

③

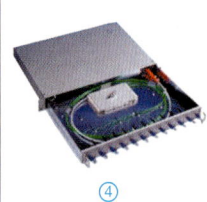

④

einstellbares Abmantelungswerkzeug für simplex und duplex LWL

Absetzwerkzeug zum Entfernen des Primärcoating

automatisches Spleißgerät

Spleißkassette zum Schutz der Spleißstelle vor mechanischer Beschädigung

Steckverbinder montieren

Vorbereitung des LWL	→	Vorbereitung der Stecker	→	Stecker-montage	→	Faser-behandlung

1. Ablängen mit Spezialschere für Kevlarfasern
2. Mantel entfernen ①
3. Primärcoating entfernen ②
4. Faser reinigen

1. Knickschutz ⑤ über LWL ziehen
2. Crimphülse ⑥ über LWL ziehen

1. Faser einführen
2. Zweikomponenten-Kleber mischen und Faser fixieren
3. Knickschutz und Crimphülse überziehen
4. Crimpen

1. überstehende Faser anritzen und abbrechen
2. grob schleifen (Körnung …)
3. Schleifstelle reinigen
4. fein schleifen (Körnung …)

Steckverbinder

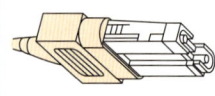

FDDI-Steckverbinder
für Duplexverbindung (zwei Fasern/Übertragungsrichtungen je Steckverbinder)

⑤   ⑥

ST-Steckverbinder
für Simplexverbindung (eine Faser je Steckverbinder)

5 Energieversorgung

Energieerzeugung von
Kraftwerken 206
Kraft-Wärme-Kopplung 207
Energieübertragung 208
Freileitungen, Kabel 209
Kabelgarnituren............................ 210
Transformatoren 211
Drehstromtransformatoren 213
Sondertransformatoren................. 215
Fotovoltaik 216
Windkraftanlagen 216
Bleiakkumulatoren 217
Primärbatterien 218
Gasdichte Ni-Cd-Zellen 220
Gasdichte Nickel-Metallhydrid-
Zellen...................................... 220
Laden gasdichter Akku-
mulatoren................................. 221
Grundbegriffe der Messtechnik 222
Skalensymbole 222

Messwandler................................ 223
Messen von Mischspannungen
und Mischströmen..................... 223
Leistungs- und Leistungs-
faktormessung........................... 224
Elektrizitätszähler, Tarif-
schaltuhren 225
Zählerschaltungen 226
Digitale Messtechnik..................... 227
Oszilloskop 228
Digitales Oszilloskop..................... 229
Messen mit dem Oszilloskop 230
Netzteile 231
Sieb- und Stabilisierungs-
schaltungen 232
Schaltnetzteile, Schaltregler 233
Oberschwingungen....................... 234
Spannungsqualität 235
Unterbrechungsfreie Strom-
versorgung................................ 236

Energieerzeugung von Kraftwerken – *Energy generation in power plants*

Kraftwerke

| Wärmekraftwerke | Wasserkraftwerke | Windkraftanlagen | Solarkraftwerke |

Energieträger:

| Steinkohle Heizöl
Braunkohle Müll
Kernenergie Biomasse
Erdgas | Laufwasser
Speicherwasser
Pumpspeicher
Gezeiten | Wind in
Windkraftanlage | Sonne in
Fotovoltaikanlage |

Einsatz von Kraftwerken

Grundlast	**Mittellast**	**Spitzenlast**
Gleichbleibender Energie-bedarf während eines Tages	Wechselnder Energiebedarf zu verschiedenen Tageszeiten	Zusätzlicher Energiebedarf bei Belastungsspitzen z. B. mittags
⇓	⇓	⇓
Laufwasser-, Kernkraft- und Braunkohlekraftwerke	Steinkohlekraftwerke	Pumpspeicher-, Gas- und Ölkraftwerke

Beispiele:

Braunkohlekraftwerk Niederaußem
P_{Ges} = 2700 MW
U_{Gen} = 10,5 kV und 21 kV
U_{Tr} = 230 kV und 400 kV
Kernkraftwerk Grohnde
P_{Ges} = 3850 MW
U_{Gen} = 27 kV
U_{Tr} = 420 kV

Steinkohlekraftwerk Ibbenbühren
P_{Ges} = 770 MW
U_{Gen} = 21 kV
U_{Tr} = 110 kV und 230 kV
Kraftwerk Werne
(Kohlekombiblock)
P_{Ges} = 770 MW
U_{Gen} = 21 kV/10 kV
U_{Tr} = 380 kV/110 kV

Pumpspeicherkraftwerk Herdecke
P_{Ges} = 160 MW
U_{Gen} = 11,25 kV
U_{Tr} = 110 kV und 230 kV
Gersteinwerk/Emsland
(Gaskombiblöcke)
P_{Ges} = 427 MW
U_{Gen} = 21 kV/10 kV
U_{Tr} = 230 kV/110 kV

Funktionsablauf im Wärmekraftwerk

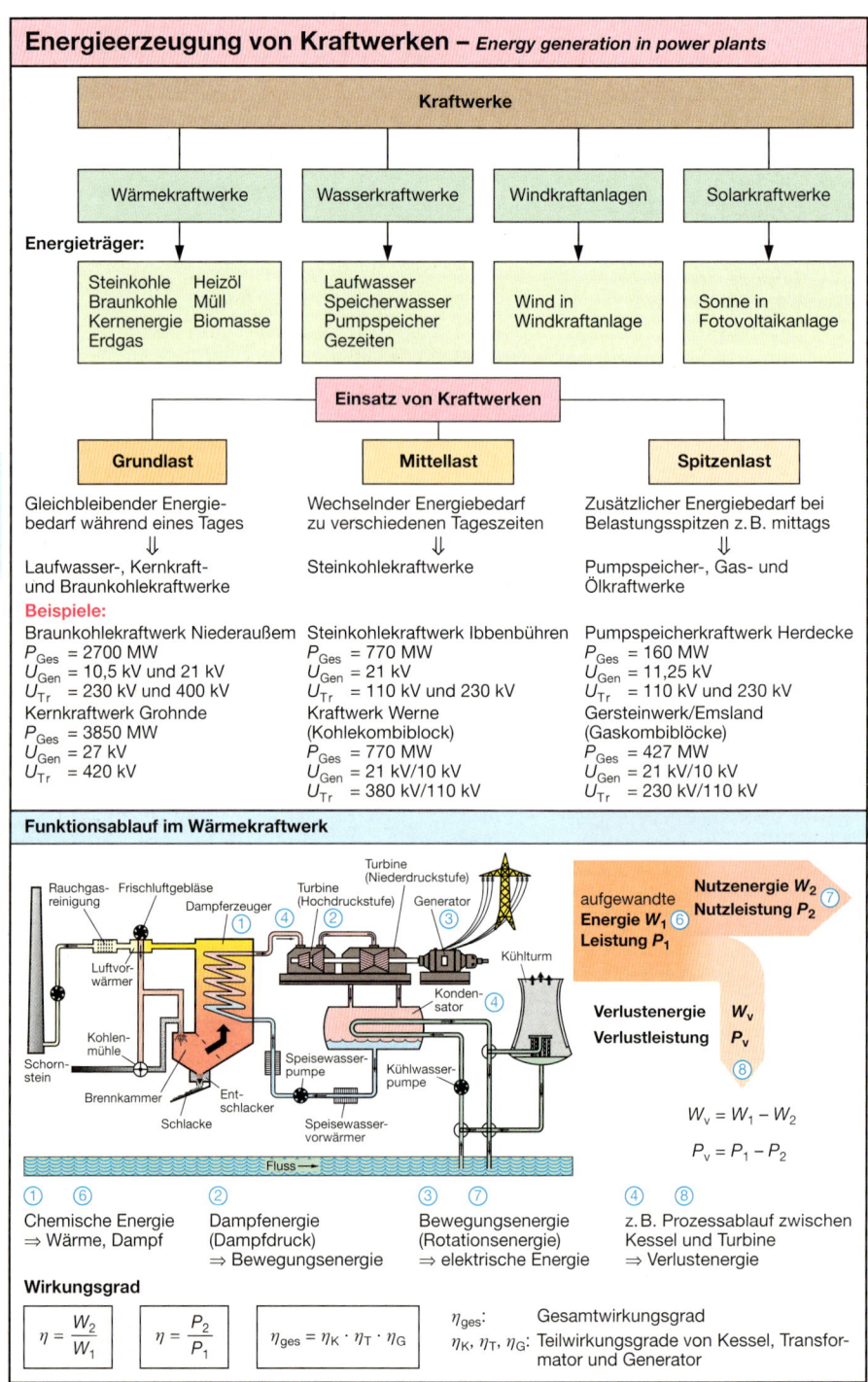

$$W_v = W_1 - W_2$$

$$P_v = P_1 - P_2$$

① ⑥ Chemische Energie ⇒ Wärme, Dampf

② Dampfenergie (Dampfdruck) ⇒ Bewegungsenergie

③ ⑦ Bewegungsenergie (Rotationsenergie) ⇒ elektrische Energie

④ ⑧ z.B. Prozessablauf zwischen Kessel und Turbine ⇒ Verlustenergie

Wirkungsgrad

$$\eta = \frac{W_2}{W_1}$$

$$\eta = \frac{P_2}{P_1}$$

$$\eta_{ges} = \eta_K \cdot \eta_T \cdot \eta_G$$

η_{ges}: Gesamtwirkungsgrad

η_K, η_T, η_G: Teilwirkungsgrade von Kessel, Transformator und Generator

Kraft-Wärme-Kopplung – *Combined heat and power*

Energieumwandlung

Prinzip:
Bei Kraft-Wärme-Kopplung können gleichzeitig elektrische Energie, Wärme, Druckluft und Kälte erzeugt werden.

Vorteile:
- Nutzung der Abwärme des Motors
  ⇒ hoher Wirkungsgrad und Umweltfreundlichkeit.

Energiefluss:

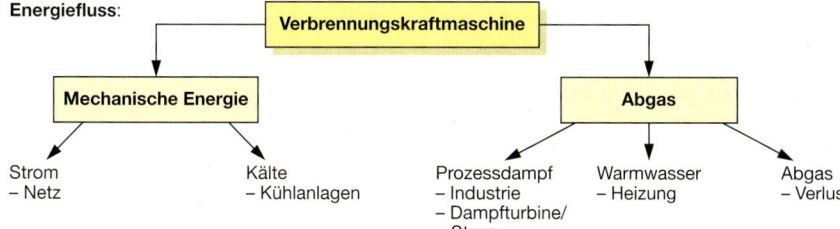

```
                    ┌──────────────────────────────┐
                    │ Verbrennungskraftmaschine    │
                    └──────────────────────────────┘
          ┌─────────────────┐              ┌─────────┐
          │ Mechanische     │              │ Abgas   │
          │ Energie         │              └─────────┘
          └─────────────────┘
```

Strom   Kälte   Prozessdampf   Warmwasser   Abgas
– Netz   – Kühlanlagen   – Industrie   – Heizung   – Verluste
                                      – Dampfturbine/
                                        Strom

Zugeführte Energien
- Kohle, Öl, Gas, Biomasse, Müll

Zielenergien
- mechan. Energie ⇒ elektrische Energie ①
  und Kälte ②
- Wärme ⇒ Dampf für Industrieanlagen ③
- Warmwasser ⇒ Raumheizung ④

Beispiel: Gasturbine

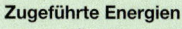

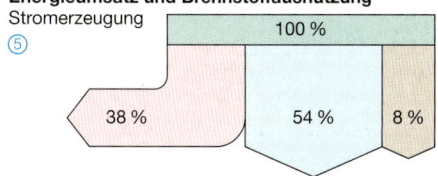

Ablauf:
Strom- und Dampf-/Wärmeversorgung aus Systemen mit Verbrennungskraftmaschinen, wo der größte Teil der zugeführten Energie als Abwärme anfällt.

Kraftwerke im Vergleich

Beispiele:

Kondensationskraftwerk ⑤
- Erzeugt nur elektrische Energie,
- Verluste durch Kühlung und Abgase,
- Wirkungsgrad ca. 38 %.

Blockheizkraftwerk (BHKW) mit Kraft-Wärme-Kopplung ⑥
- erzeugt elektrische Energie und Wärme,
- geringer Verlust durch Kühlung und Abgase,
- Wirkungsgrad ca. 80 %,
- Einsatz zur Fernwärmeversorgung.

Beispiel: Anlage der BEWAG Berlin
- Wärmeversorgung durch Heizkraftwerke und BHKW,
- Wärmeanschlussleistung ca. 5.200 MW,
- Wärme pro Jahr ca. 9.000 bis 10.000 GWh,
- Heizölersparnis ca. 500.000 t pro Jahr,
- CO_2-Reduzierung ca. 2.000.000 t pro Jahr,
- Streckenlänge der gesamten Anlage ca. 1.250 km.

Energieumsatz und Brennstoffausnutzung

Stromerzeugung ⑤

Gleichzeitige Strom- und Wärmeerzeugung ⑥

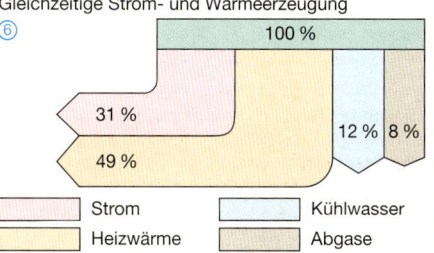

Strom   Kühlwasser
Heizwärme   Abgase

Energieübertragung – *Power transmission*

Netzaufbau

- 400 kV — 400 kV-Netz Verbundnetz → Große Wärme- und Speicherkraftwerke
- Trafo 400/230 kV
- 400 kV
- 230 kV — 230 kV-Netz Verbundnetz → Große Wärme- und Speicherkraftwerke
- Trafo 230/110 kV
- 230 kV
- 110 kV — 110 kV-Netz überregionales Verteilungsnetz → Mittlere Wärme-Speicher- und Laufwasserkraftwerke
- 110 kV große Sondervertragskunden (Industrie) — Trafo 110/20 kV 110/10 kV
- 20 kV / 10 kV — 20 kV / 10 kV regionales Verteilungsnetz → Kleine Kraftwerke
- 20 kV / 10 kV Sondervertragskunden (Industrie) — Trafo 20/0,4 kV 10/0,4 kV
- 400 V / 230 V — 0,4 kV (400/230 V) örtliches Verteilungsnetz
- 400/230 V Industrie/Gewerbe — 400/230 V Haushalt — 400/230 V Landwirtschaft

Anwendungen	Bezeichnung	Bemessungsspannung in kV
Überregionaler und internationaler Bereich (Verbundnetz)	Höchstspannungsnetz	230 … 400
Großindustrien, Großstädte	Hochspannungsnetz	60 … 110
Industriebetriebe, Hochhäuser, Ortsnetzstationen	Mittelspannungsnetz	10 … 30
Wohnhäuser, Gewerbebetrieb, landw. Betriebe	Niederspannungsnetz	0,4

Bemessungsspannungen von Netzen

Bezeichnungen		Bemessungsgrößen			
Gleichstrom-Bahnnetze	in kV	0,75	1,5	3	–
Einphasen-Wechselstrom-Bahnnetze	in kV	15	25	–	–
	in Hz	$16^{2}/_{3}$	50, 60	–	–
Drehstrom-4- oder 3-Leiter-Netze	in V	230/400	277/480	400/690	1000
	in Hz	50	50	50	50

Stahlgittermast

- Erdseil
- Traverse
- 400 kV-System (3 Langstabisolatoren)
- 230 kV-System (2 Langstabisolatoren)
- 110 kV-System (1 Langstabisolator)

Masttypen

Nieder- und Mittelspannungsleitung
mit Stütz- und Hängeisolatoren

Holzmast:
0,4 kV,
$h \approx 12$ m,
Eingrabtiefe
1/6 der Mastlänge ≥ 1,60 m

Betonmast:
20 kV,
$h \approx 14$ m,
Fundament
aus Beton

Hochspannungsleitung
mit Stütz- und Hängeisolatoren

Stahlgittermasten:
110 kV,
2 Systeme,
$h \approx 27$ m

Höchstspannungsleitung
mit Hängeisolatoren und Erdseilen

① ②

Stahlgittermasten:
400 kV,
2 Systeme ①,
$h \approx 47$ m
bzw.
1 System ②,
$h \approx 36$ m

Freileitungen, Kabel
Overhead lines, cables

DIN 48 200-1: 81-04   DIN VDE 0271: 04-02
DIN 48 085-3: 85-04   DIN VDE 0293-308: 03-01

Begriffe

- Betriebsspannung: Spannung in Drehstromanlagen und Einphasen- und Gleichstromanlagen zwischen den Außenleitern.

- U_0: Spannung zwischen Außenleiter und Neutralleiter bzw. Erde.

- U: Spannung zwischen den Außenleitern

$$- \frac{U_0}{U} = \frac{1}{\sqrt{3}}$$ Spannungsverhältnis bei Kabeln für Drehstromanlagen

$$- \frac{U_0}{U} = \frac{1}{2}$$ Spannungsverhältnis bei Kabeln für Einphasen- und Gleichstromsysteme, wenn beide Außenleiter isoliert sind.

$$- \frac{U_0}{U} = 1$$ Spannungsverhältnis bei Kabeln für Einphasen- und Gleichstromsysteme, wenn ein Außenleiter isoliert ist.

Freileitungswerkstoffe (Auswahl)

Werkstoff	Cu	Al	Aldrey	BzI	StI	StII
q in mm^2	10	16	16	10	16	16
zul. Höchstzugspannung in N/mm^2	190	80	120	240	160	280
Längenausdehnungszahl α in 10^{-5} K^{-1}	1,7	2,3	2,3	1,7	1,1	1,1
Leitfähigkeit $\varkappa$ in $\frac{m}{\Omega \, mm^2}$	56	35,4	30,5	48	8	6,7

Aluminium-Stahl-Leitungsseile (Auswahl)

Bemessungsquerschnitt in mm^2	Seildurchmesser in mm	Al/Stahl Anzahl der Drähte	Al/Stahl Durchmesser in mm	Dauerbelastbarkeit in A[1]
16/2,5	5,4	6/1	1,8/1,8	90
25/4	6,8	6/1	2,25/2,25	125
35/6	8,1	6/1	2,7/2,7	145
50/8	9,6	6/1	3,2/3,2	170
95/15	13,6	26/7	2,15/1,67	350
120/20	15,5	26/7	2,44/1,9	410
150/25	17,1	26/7	2,7/2,1	470
210/35	20,3	26/7	3,2/2,49	590
450/40	28,7	48/7	3,45/2,68	920
680/85	36	54/19	4,0/2,4	1150

[1] Werte gelten für
Windgeschwindigkeit: 0,6 m/s,
Temperatur: 35 °C und
Seilendtemperatur: 80 °C

Grenzspannweiten für Freileitungen bei gleichhohen Aufhängepunkten (Auszug)

	außerhalb von Kreuzungsfeldern (Ausnahme: Wasserstraßen, Fernmeldeleitungen)			innerhalb von Kreuzungsfeldern bei Bahnen, O-Bus-Leitungen, Seilbahnen		
Bemessungsquerschnitt in mm^2	zulässige Spannweite in m			zulässige Spannweite in m		
	Cu	Al	Aldrey	Cu	Al	Aldrey
25	280	75	200	115	35	100
35	430	110	285	170	50	140
50	530	165	420	280	70	200
70	610	235	590	470	100	275
95	705	380	900	600	145	395
120	770	530	1080	650	185	505
	Al/St.6/1			Al/St.6/1		
25/4	180			80		
35/6	275			120		
50/8	430			170		
70/12	680			200		
95/15	815			380		

Kabel

Arten	Erklärung
Papierisolierte Kabel für Niederspannung	Aderisolierung aus: • Papier mit Massetränkung (Massekabel)
Kunststoffisolierte Kabel für Nieder- und Mittelspannung	Aderisolierung aus: • PVC, PE oder VPE • Gummi mit Gummimantel für 0,6/1 kV
Kabel für Hochspannung	Gasisolierte Übertragungsleitung • U_N bis 800 kV • S_N bis 3000 MVA • Verlegung direkt in Erde, im Tunnel, im Kanal od. oberirdisch

Kennzeichnung der Adern in mehr- und vieladrigen Kabeln

Aderzahl	Kennzeichnung der Kabel		
	mit grüngelber Ader (»J«)	ohne grüngelbe Ader (»O«)	mit konzentr. Leiter[1]
2	–	bl/br	bl/br
3	gnge/bl/br	br/sw/gr	br/sw/gr
4	gnge/br/sw/gr	bl/br/sw/gr	bl/br/sw/gr
5	gnge/bl/br/sw/gr	bl/br/sw/gr/sw	sw mit Zahlen 1, 2, …
6 und mehr	gnge/ weitere Adern sw mit Zahlen 1, 2, …	sw mit Zahlen 1, 2, …	sw mit Zahlen 1, 2, …

[1] Leiter, z. B. metallener Mantel, werden nicht durch Farben gekennzeichnet.

Kabelgarnituren – *Cable fittings*

Eigenschaften von Kabelgarnituren

Spannung	Verbindungsart	Isolierung	Einsatzart	Sonstige
– Niederspannung – Mittelspannung – Hochspannung	– Schraubverbindung – Crimpverbindung	– Giessharz – Schrumpfschlauch	– Endverschluss – Verbindungsmuffe – …	– Schirmung (ja/nein) – innen/außen

Verwendung	Beispiel	Beschreibung
Kabel-Endverschluss		• Schutz des abgeschnittenen Kabels vor eindringender Feuchtigkeit • Anschluss der Schirmung mit gleichmäßiger Feldsteuerung zwischen Schirm und Anschlusspunkt
Verbindungsmuffe		• Verbindung zwischen gleichartigen Kabeln • Leiterverbindung gecrimpt oder geschraubt • Isolierung durch Schrumpfschlauch oder Vergussmasse
Übergangsmuffe		• Verbindung von papier- mit kunststoffisolierten Kabeln • Papierisoliertes Kabel wird mit Aufteilkappe abgedichtet. • Potenzialausgleich zwischen Bleimantel und Stahlbandbewehrung
Abzweigmuffe		• Abzweig von durchgehendem Kabel • Anbindung gleichartiger oder unterschiedlicher Kabeltypen (je nach Muffentyp)
Endmuffe		• Spannungsfester Abschluss an kunststoff- oder papierisolierten Kabeln • Schutz des Kabelendes vor eindringender Feuchtigkeit

Schrumpfmuffenmontage

1. Kabelenden absetzen (Abstände gemäß Herstellerangaben).
2. Innenmuffe über Adern und Außenmuffe über Kabel ziehen.
3. Crimpverbindung herstellen.
4. Innenmuffe über Verbiegestelle schieben.
5. Durch Wärmeeinwirkung Muffe aufschrumpfen.
6. Außenmuffe positionieren.
7. Durch Wärmeeinwirkung Muffe aufschrumpfen.
8. Überprüfung der Spannungsfestigkeit.
9. Muffe ist einsatzbereit.

Transformatoren – *Transformers*

Arten

Energieversorgung

```
                         Transformatoren
                    ┌──────────┴──────────┐
              Einphasen-              Drehstrom-
           transformatoren         transformatoren
```

Klein-transformatoren	Schweiß-transformatoren	Mess-wandler	Stell-transformatoren	Block- oder Maschinen-transformatoren	Netz-transformatoren	Verteilungs- oder Ortsnetz-transformatoren

Sicherheitstransformatoren

- Trenntransformatoren
- Steuertransformatoren
- Spielzeugtransformatoren
- Klingeltransformatoren
- Handleuchtentransformatoren
- Transformatoren für medizinische Geräte

Netzanschluss-transformatoren

Verwendung:
Verstärkeranlagen, Gleichrichteranlagen, Elektrozaun-Geräte

Zündtransformatoren

Verwendung:
Zünden von Gas- und Ölfeuerungsanlagen

Betriebszustände

Spannungsübersetzung

$$\frac{U_1}{U_2} = \frac{N_1}{N_2}$$

Übersetzungsverhältnis

$$\ddot{u} = \frac{U_1}{U_2}; \frac{N_1}{N_2} = \ddot{u}; \ddot{u} = \frac{I_2}{I_1}$$

Stromübersetzung

$$\frac{I_2}{I_1} = \frac{N_1}{N_2}$$

Widerstandsübersetzung

$$\ddot{u}^2 = \frac{Z_1}{Z_2}$$

Energieumwandlung

zugeführte Arbeit
$W_{zu} = W_1$

abgeführte Arbeit
$W_{ab} = W_2$

$W_2 = P_2 \cdot t_B$

W_{Fe} Eisenverluste W_{Cu} Kupferverluste

$W_{Fe} = P_{Fe} \cdot t_E$ $W_{Cu} = P_{Cu} \cdot t_B$

Leerlauf und Belastung ⇒ Eisenverluste
Belastung ⇒ Kupferverluste
(Leerlauf: $W_{vCu} = 0$)

Ströme

Leerlaufstrom I_0

Wirkstrom I_w

verursacht die Wirbelströme im Eisenkern (Eisenverluststrom) und Kupferverluste

Blindstrom I_m

bewirkt die Ummagnetisierung des Eisenkerns (Magnetisierungsstrom)

Transformatoren – *Transformers*

Idealer Transformator

$$\ddot{u} = \frac{U_1}{U_2} \qquad \frac{U_1}{U_2} = \frac{N_1}{N_2} \qquad \frac{I_1}{I_2} = \frac{N_2}{N_1}$$

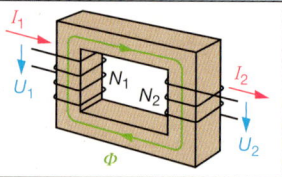

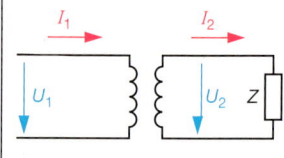

Realer Transformator

Umrechnung der Größen am Transformator auf die Eingangsseite (Widerstandstransformation):

$$U_2' = U_2 \cdot \ddot{u} \qquad Z' = Z \cdot \ddot{u}^2$$
$$R' = R \cdot \ddot{u}^2$$
$$I_2' = I_2 \cdot \frac{1}{\ddot{u}} \qquad X' = X \cdot \ddot{u}^2$$

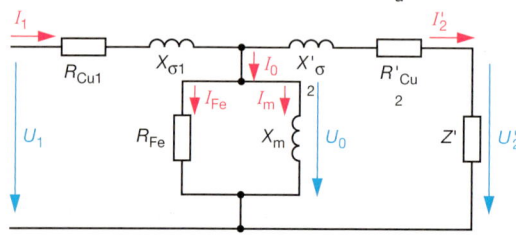

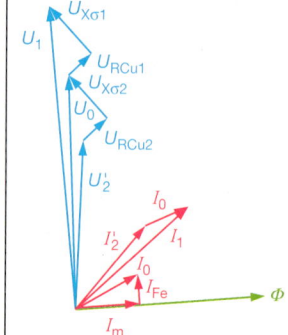

Transformatorenhauptgleichung	Kurzschlussspannung	Kurzschlussströme
$\|U_0\| = N \dfrac{\Delta \Phi}{\Delta t}$ $U_0 = 4{,}44\, \hat{B} \cdot A_{Fe} \cdot f \cdot N$ Mit Hilfe der Transformatorenhauptgleichung wird die Leerlaufspannung aus den Konstruktionsgrößen des Transformators bestimmt.	$u_k = \dfrac{U_k}{U_n} \cdot 100\,\%$ Fließt bei kurzgeschlossener Sekundärwicklung in der Primärwicklung der Bemessungsstrom, so liegt an der Primärwicklung die Kurzschlussspannung U_k.	$I_{kd} = \dfrac{I_n}{u_k} \cdot 100\,\%$ $I_S = 1{,}8 \cdot \sqrt{2} \cdot I_{kd}$ I_{kd}: Dauerkurzschlussstrom I_S: Stoßkurzschlussstrom

Leerlauf	Kurzschluss	Belastung	Hohe Frequenzen
$R_{Cu} \ll R_{Fe}$ $X_\sigma \ll X_m$	R_{Fe} und X_m vernachlässigbar, da $I_0 \ll I_2'$ $R_{Cu} = R_{Cu1} + R'_{Cu2}$; $R_{Cu1} \approx R'_{Cu2}$ $X_\sigma = X_{\sigma 1} + X'_{\sigma 2}$; $X_{\sigma 1} \approx X'_{\sigma 2}$		$R_{Cu}, R_{Fe} < X_\sigma$ X_m vernachlässigbar, da $I_0 \ll I_2$
Messung von R_{Fe} und P_{vFe}	Messung von R_{Cu} und P_{vCu}	U_2 hängt von I_2 und von φ ab, gilt für Leistungstransformatoren	

Begriffe

- **Bemessungsübersetzung**: $\ddot{u} = \dfrac{U_{OS}}{U_{US}}$

- **Bemessungsleistung**: $S_n = U \cdot I \cdot \sqrt{3}$

- **Oberspannungswicklung** (OS-Wicklung): Wicklung mit der höchsten Bemessungsspannung

- **Unterspannungswicklung** (US-Wicklung): Wicklung mit der niedrigen Bemessungsspannung

- **Wirkungsgrad**

$$\eta = \dfrac{P_{ab}}{P_{ab} + P_{vFe} + P_{vCu}}$$

- **Jahreswirkungsgrad**

$$\eta_a = \dfrac{W_{ab}}{W_{ab} + W_{Fe} + W_{vCu}}$$

- **Leerlaufverluste** (Eisenverluste P_{vFe}) bei Leerlauf aufgenommene Wirkleistung

- **Kurzschlussverluste** (Bemessungswicklungsverluste P_{vCu}) werden beim Kurzschlussversuch gemessen.

- **Schaltgruppe** gibt die Schaltung der OS-Wicklung (großer Buchstabe) und die Schaltung der US-Wicklung (kleiner Buchstabe) und die Phasenverschiebung zwischen Ober- und Unterspannung an.

  Dreieckschaltung: D oder d

  Sternschaltung: Y oder y

  Zick-Zack-Schaltung: z

  herausgeführter
  Sternpunkt: N oder n

- **Kennzahl** x 30° gleich Phasenverschiebungswinkel zwischen Ober- und Unterspannung

Kennzahlen

Beispiele:

| Oberspannungsseite: **Dreieckschaltung** | Unterspannungsseite: **Sternschaltung** | Oberspannungsseite: **Sternschaltung** | Unterspannungsseite: **Zick-Zack-Schaltung** |

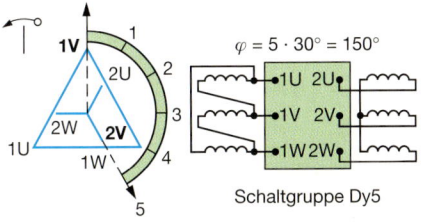

$\varphi = 5 \cdot 30° = 150°$

Schaltgruppe Dy5

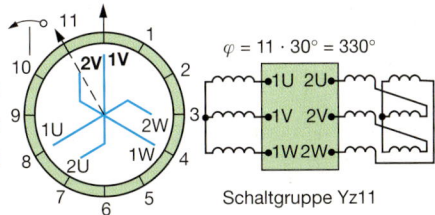

$\varphi = 11 \cdot 30° = 330°$

Schaltgruppe Yz11

Schaltgruppen für unsymmetrische Belastung (Beispiele)

| Schalt-gruppe | Zeigerbild | | Schaltungsbild | | Übersetzung $\ddot{u} = \dfrac{U_1}{U_2}$ | Einsatz |
	Primär	Sekundär	Primär	Sekundär		
Yyn 0	1V / 1U 1W	2v / 2u 2w	1U 1V 1W	2u 2v 2w	$\dfrac{N_1}{N_2}$	Verteilungs-Transformator mit kleinerer Leistung, Sternpunkt bis 10 % belastbar.
Dyn 5	1V / 1U 1W	2u / 2w 2v	1U 1V 1W	2u 2v 2w	$\dfrac{N_1}{\sqrt{3} \cdot N_2}$	Verteilungs-Transformator mit voll belastbarem Sternpunkt
Yzn 5	1V / 1U 1W	2u / 2w 2v	1U 1V 1W	2u 2v 2w	$\dfrac{2 \cdot N_1}{\sqrt{3} \cdot N_2}$	Verteilungs-Transformator mit kleinerer Leistung und voll belastbarem Sternpunkt

Energieversorgung

Drehstromtransformatoren – *Three phase transformers*

Parallelschaltung

- Gleiche Bemessungsspannungen.
- Schaltgruppen müssen zueinander passen, z. B., gleiche Kennzahlen, siehe auch Abbildungen.
- Gleiche Übersetzung (innerhalb der Toleranzen).
- Annähernd gleiche Kurzschlussspannung.

- Bemessungsleistungsverhältnis

$$\frac{S_{n1}}{S_{n2}} \leq \frac{3}{1} \qquad u_k = \frac{S_{1n} + S_{2n}}{\dfrac{S_{1n}}{u_{k1}} + \dfrac{S_{2n}}{u_{k2}}}$$

Für die Lastverteilung gilt:

$$\frac{S_1}{S_2} = \frac{S_{1n} \cdot u_{k2}}{S_{2n} \cdot u_{k1}} \quad \text{und} \quad S_{ges} = S_1 + S_2$$

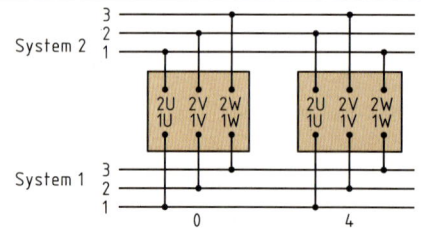
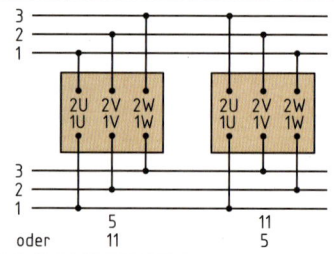

Anschlussbezeichnung   DIN 42402: 76-03

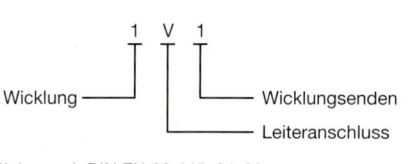

Wicklung ———
Wicklungsenden
Leiteranschluss

Siehe auch DIN EN 60 445: 91-09,
Kennzeichnung von Anschlüssen

Wicklungsstrang mit Anzapfungen in Wicklungsmitte

[1] Sind Zweifel ausgeschlossen, dann kann der Buchstabe entfallen!

Ziffer	Wicklung
1	Wicklung 1 (z. B. Oberspg.-Wickl.)
2	Wicklung 2 (z. B. Unterspg.-Wickl.)
3	Wicklung 3
Buchstabe	**Leiteranschluss**[1]
U	Außenleiter 1
V	Außenleiter 2
W	Außenleiter 3
N	Neutralleiter
Ziffer	**Wicklungsenden**
1	Wicklungsanfang
2	Wicklungsende
3	Anzapfung
4	Anzapfung
:	fortlaufend gezählt

Leistungsschilder   DIN EN 60076-1: 03-01

Beispiel

Name oder Firmenzeichen

Typ		Nr		Baujahr		VDE 0532
Bemessungsleistung kVA	160	Art LT		Bemessungsfrequenz Hz		50
	1	20 400		Schaltgruppe		Yzn 5
Bemessungsspg. V 2	20 000	400		U_m	kV	24/1,1
	3	19 600				
Bemessungsstrom A	4,62	231		Isolierstoffkl.		
Bemessungskurzschl.-Spg. %	4,1		Dauerkurzschl.-Strom	kA		
Schutzart			Kurzschl.-Dauer	max. s		2
Kühlungsart		ONAN				
Gesamt-Gewicht	t 1,0		t 0,27			

Öltransformator mit Umsteller

Mindestangaben

- Art des Transformators
- Name des Herstellers
- Baujahr
- Bemessungsleistung
- Bemessungsspannungen
- Schaltgruppe
- Gesamtgewicht
- DIN EN 60076-1
- Fertigungsnummer
- Phasenzahl
- Bemessungsfrequenz
- Bemessungsströme
- Kurzschlussspannung in %
- Ölgewicht

Zusatzangaben

- Isolierstoffklasse
- Schaltbild
- Kenndaten des Zubehörs
- Isolierflüssigkeit
- Übertemperatur
- Anzapfungsart
- Transportgewicht

Sondertransformatoren – *Special transformers*   DIN EN 61558

Anwendungen	Bezeichnung/ Bildzeichen	Verwendung/ Kennzeichnung	Eigenschaften
Schutzmaßnahme Schutztrennung	**Trenntransformator**[1]	allgemein	$U_{1n} \leq 1000$ V $S_n \leq 25$ kVA (einphasig) $U_{2n} \leq 500$ V $S_n \leq 40$ kVA (mehrphasig) $U_{2n} \leq 708$ V (gleichgerichtet) $f_n \leq 500$ Hz Galvanische Trennung auch bei Defekt
Bade- und Duschräume		für Rasiersteckdose	$U_{1n} \leq 250$ V 20 VA $< S_n \leq 50$ VA $U_{2n} \leq 250$ V Schutzart mindestens IPX1 Bedingt oder unbedingt kurzschlussfest
Schutzmaßnahme Sicherheitskleinspannung	**Sicherheitstransformator**	allgemein	$U_{1n} \leq 1000$ V $S_n \leq 10$ kVA (einphasig) $U_{2n} \leq 50$ V $S_n \leq 16$ kVA (mehrphasig) $U_{2n} \leq 120$ V (gleichgerichtet) $f_n \leq 500$ Hz Galvanische Trennung auch bei Defekt
Kinderspielzeug	Fail-Safe-Sicherheitstransformator[2]	für Spielzeug	$U_{1n} \leq 250$ V $S_n \leq 200$ VA $I_{2n} \leq 10$ A $U_{2n} \leq 24$ V $f_n = 50/60$ Hz $U_{2n} \leq 33$ V (gleichgerichtet) Schutzklasse II Selbsttätig zurückstellender Überlastauslöser
Haussignalanlagen	nicht kurzschlussfest	für Klingelanlagen	$U_{1n} \leq 250$ V $S_n \leq 100$ VA $U_{2n} \leq 33$ V (8 V, 10 V, 12 V, 16 V, 24 V) $U_{2n} \leq 46$ V (gleichgerichtet)
Beleuchtung in besonderen Räumen	kurzschlussfest[3]	für Handleuchten	$U_{2n} < 50$ V (6 V, 12 V, 24 V) Schutzklasse III
Elektronische Geräte	**Geräte- oder Netztransformator**[1]		$U_{1n} \leq 1000$ V $S_n \leq 10$ kVA (einphasig) $U_{2n} \leq 1000$ V $S_n \leq 16$ kVA (mehrphasig) $U_{2n} \leq 1415$ V (gleichgerichtet) $f_n \leq 1$ MHz
Meldung Steuerungen Verriegelung	**Steuertransformator**[1]		$U_{1n} \leq 1000$ V $f_n \leq 500$ Hz $U_{2n} \leq 1000$ V $U_{2n} \leq 1415$ V (gleichgerichtet)
Medizinische Geräte	**Transformator für med. Zwecke**	med	$U_{2n} \leq 24$ V, in Sonderfällen 6 V Schutzklasse II
Gas- und Ölfeuerungsanlagen	**Zündtransformator**		$U_2 = 5; 7; 10; 14$ kV Primär- und Sekundärwicklung galvanisch getrennt
Elektroschweißen	**Schweißtransformator**		$U_2 \leq 70$ V, $U_2 \leq 42$ V in engen Metallbehältern I_2 steuerbar
Wenn $U_1 \approx U_2$	**Spartransformator**		Keine galvanische Trennung $S_D = U_2 \cdot I_2$ $S_B = S_D\left(1 - \dfrac{U_2}{U_1}\right)$ $S_B = S_D\left(1 - \dfrac{U_1}{U_2}\right)$
Anlassen von Drehstrommotoren			$U_1 > U_2$ $U_2 > U_1$

[1] Können als Fail-Safe-Transformator, nicht kurzschlussfeste oder kurzschlussfeste (bedingt oder unbedingt kurzschlussfest) Transformatoren gebaut sein.

[2] Fail-Safe-Transformatoren fallen im Fehlerfall dauerhaft aus und stellen dabei keine Gefahr für Anwender und Umgebung dar.

[3] Bedingt kurzschlussfeste Transformatoren schalten den Eingangs- oder den Ausgangsstromkreis des Transformators bei Überlast oder Kurzschluss mit eigener Schutzeinrichtung aus.

Energieversorgung

215

Fotovoltaik – *Photovoltaics*

Prinzip einer Solarzelle

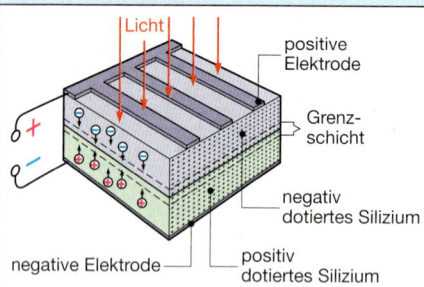

Licht
positive Elektrode
Grenz-schicht
negativ dotiertes Silizium
negative Elektrode
positiv dotiertes Silizium

Aufbau und Betrieb von Solarmodulen

- Reihenschaltung von z.B. 36 oder 40 Silizium-zellen (Größe: 10 x 10 cm)
- Bemessungsleistung je Modul ca. 50 W bis 85 W
- Ladung eines 12-V-Akkumulators über Laderegler, der den Akkumulator vor Überladung und Tief-entladung schützt.
- Versorgung von 230-V-Geräten mit Hilfe eines Wechselrichters, der Gleichspannung in Wechsel-spannung umformt.

Beispiel:
Fotovoltaikanlage am Neurather See mit
3772 Module $\Rightarrow$ DC 400 V, 357 kW
1 Wechselrichter $\Rightarrow$ AC 800 V, 360 kW
1 Transformator $\Rightarrow$ 800 V/20 kV, 500 kVA

Kennlinien von Solarzellen

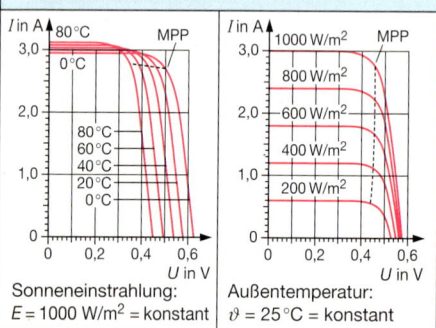

Sonneneinstrahlung:
$E = 1000$ W/m^2 = konstant

Außentemperatur:
$\vartheta = 25\,°C$ = konstant

MPP: **M**aximum **P**ower **P**oint
Arbeitspunkt bei maximaler Leistungsabgabe

Anwendungen

- Direkter Betrieb kleiner Ventilatoren und Bewäs-serungspumpen durch Module.
- Betrieb über Akkumulatoren von 12-V-Netzen in Wohnmobilen und auf Segeljachten.
- Betrieb von 230-V-Netz über Wechselrichter für abgelegene Verbraucheranlagen.
- Fotovoltaikanlagen am Neurather See (360 kWp) mit Einspeisung ins 20-kV-Netz und Neunburg (280 kWp) zur Wasserstofferzeugung.
- In Regionen mit großer Sonneneinstrahlung, z.B. Südeuropa und Afrika.

Windkraftanlagen – *Wind power plants*

Aufbau

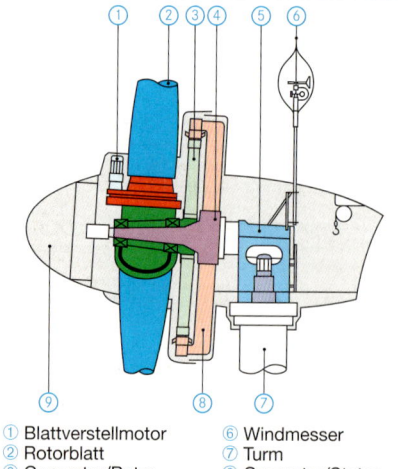

① Blattverstellmotor
② Rotorblatt
③ Generator/Rotor
④ Achszapfen
⑤ Maschinenträger
⑥ Windmesser
⑦ Turm
⑧ Generator/Stator
⑨ Spinner

Merkmale

Beispiel:
- Einschaltwindgeschwindigkeit: 2,5 m/s
- Bemessungswindgeschwindigkeit: 13,0 m/s
- Drehzahl: variabel 18 1/min bis 38 1/min
- Bemessungsleistung: 600 kW
- Energiefluss:
  direktgetriebener Ringkerngenerator
  $\Rightarrow$ Gleichspannungs-Zwischenkreis
  $\Rightarrow$ Wechselrichter
  $\Rightarrow$ Drehstromtransformator
  $\Rightarrow$ VNB-Netz
- Wirkungsgrad im gesamten Arbeitsbereich: 94 %
- Leistungsfaktor: cos φ = 1; Verstellung auf 0,95 (induktiv) oder 0,9 (kapazitiv) möglich.
- Blitzschutz:
  Blitzableitung über durchgängige Verbindung von Rotorblattspitze bis zur Fundamentgründung.
- Steuerung:
  Überwachung der Anlagenkomponenten u.a. der Windrichtung und Windgeschwindigkeit durch Mikroprozessorsystem („Windnachführung").

Bleiakkumulatoren – *Lead-acid accumulators*

DIN 72 311-13: 76-09

Begriffe

- **Bemessungskapazität** C (CA) oder C_5 bezeichnet die Strommenge in mAh oder Ah, die bei einer 5 stündigen Entladung ($I_E = 0{,}2$ CA) mindestens entnommen werden kann.
- **Lade- und Entladeströme** gibt man als Vielfaches von C_n mit CA in A an.
  Beispiel: $C_n = 4$ Ah $\Rightarrow$ $0{,}1$ CA $= 400$ mA
- **Bemessungsladestrom** ist der Strom ($I_L = 0{,}1$ CA), der erforderlich ist, um eine entladene Zelle in 14 - 16 Stunden zu laden.
- **Dauerladestrom** fließt zur Beibehaltung der Vollladung einer Zelle und beträgt z. B. $I_L = 0{,}03$ CA.
- **Bemessungsentladestrom** ist der 5 stündige Entladestrom von z. B. $I_E = 0{,}2$ CA. Bei diesem Strom wird die Bemessungskapazität innerhalb von 5 Stunden entnommen.
- **Ah-Wirkungsgrad** η_{Ah} ist das Verhältnis der effektiv entnehmbaren Kapazität zu der eingeladenen Kapazität. η_{Ah} ist abhängig vom Zellentyp, dem Lade-/Entladestrom und der Zellentemperatur.
  Unter Nennbedingungen beträgt $\eta_{Ah\,max} \approx 80$ %.

Kenndaten von Bleiakkumulatoren

- **Ladezustand:**
  Säuredichte ortsfester Akkumulatoren,
  entladen bei der Dichte $1{,}14$ g/cm^3;
  geladen bei der Dichte $1{,}2$ g/cm^3.
- **Spannungswerte:**
  Kleinste Entladespannung $1{,}8$ V/Zelle,
  Gasungsspannung $2{,}4$ V/Zelle,
  Ladeschlussspannung $2{,}65$ V/Zelle,
  größte Ladespannung $2{,}4$ V/Zelle.
- **Laden:**
  Polarität + an +, – an –,
  Ladespannung: Zellenzahl x 2,75 V.
  Belüftung des Laderaumes, Nachfüllen von destilliertem Wasser zu Beginn des Gasens.

Ladung von Starterbatterien

Stromstärke: $\quad I_L = \dfrac{0{,}05}{h} \cdot C_{20}$

Ende der Ladung: Ladespannung und Säuredichte steigen nach 3 Ablesungen pro Stunde nicht mehr an.

Säuretemperatur: $15 \dots 55\,°C$

Säuredichte
(Nennsäuredichte): $1{,}28 \pm 0{,}01$ kg/l bei $27\,°C$

Korrekturformel bei Temperatur ϑ: Dichte ($27\,°C$)

$= $ abgelesene Säuredichte $+ \, 0{,}0007\,(\dfrac{\vartheta}{°C} - 27)$ in $\dfrac{\text{kg}}{l}$

Bezeichnung von Starterbatterien

6 V 6 O Gro S 150 DIN 40 732–b

- Plattenverbinder
- Entladedauer bei 20 h
- Ausführung
- Plattenoberfläche
- Art der Anlage
- Anzahl der pos. Platten
- Bemessungsspannung in V

Kennzeichen von Akkumulatoren

Kurz-zeich.	Bedeutung	Kurz-zeich.	Bedeutung
E	Engeinbau	O	ortsfeste Zelle
F	Fahrzeug	Pz	Panzerplatte
Gi	Gitterplatte	Q	querliegende Platte
Gro	Großober-flächenplatte	S	Standardaus-führung
v b s	Plattenverbinder:		vergossen verschraubt verschweißt

Ladekennlinien von Bleiakkumulatoren

Konstantstromladen (I) nach Abb. 1:
Die Ladespannung U_L wird so eingestellt, dass der Ladestrom konstant bleibt.
Konstantspannungsladen (U) nach Abb. 2:
Der Ladestrom I_L wird im Ladegerät so geändert, dass U_L bei Erreichen der Gasungsspannung konstant bleibt.

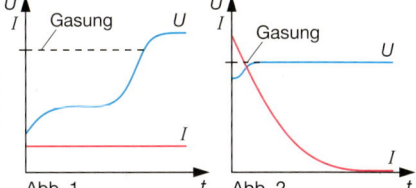

Abb. 1 $\qquad$ Abb. 2

Technische Ladedaten von Bleiakkumulatoren

Bezeichnung	Fahrzeug-Batterie GiS	PzS	ortsfeste Batterie Gro	PzS	Kraft-fahrzeug-Batterie
Kapazität	C_5	C_5	C_{10}	C_{10}	C_{20}
Ladefaktor	1,17	1,2	1,1	1,2	1,15
Wirkungs-grad der Energie η_{Wh}	0,7	0,68	0,75	0,68	0,75

Technische Daten wartungsfreier Batterien

Typ[1]	U_n in V	C_n in Ah (20 °C) bei 10 h bis 1,8 V[2]	bei 3 h bis 1,8 V[2]	Maße in mm l	b	h
1	12	22	18	166	125	176
2	12	32	27	166	156	203
3	12	53	42	271	164	204
4	12	75	60	360	164	227
5	6	64	51	165	165	204
6	6	115	91	326	171	161

Verwendung in stationären Anlagen, für unterbrechungsfreie Spannungsversorgung (USV) und Anlagen der Telekommunikation.
[1] Zellentyp, laut Herstellerangabe
[2] Begrenzung der Entladeschlussspannung

Energieversorgung

Primärbatterien – *Primary (galvanic) batteries*

Zustandswerte von Elementen

Begriff	Erklärung
Ruhespannung, Leerlaufspannung	Klemmenspannung des unbelasteten Elements
Arbeitsspannung, Bemessungsspannung	Klemmenspannung bei Belastung
Entladeendspannung	minimal zulässige Betriebsspannung (halbe Bemessungsspannung)
Entladeschlussspannung	Klemmenspannung, bei der das Element als entladen gilt
Selbstentladung	innerer Vorgang, der bei Lagerung die Betriebsdauer vermindert
Dauerentladung	ununterbrochene Stromentnahme
Innenwiderstand	innerer Widerstand der Zelle
Lecksicherheit	Schutz gegen Elektrolytaustritt, der durch konstruktive Maßnahmen erreicht wird

Temperaturverhalten

Temperatur	Erklärung
$\vartheta \le -20\,°C$	keine Entladung
$-10\,°C < \vartheta < 0\,°C$	schlechter Wirkungsgrad
$10\,°C < \vartheta < 20\,°C$	normale Betriebsbedingung
$30\,°C < \vartheta < 40\,°C$	Verluste an Kapazität
$\vartheta > 50\,°C$	große Selbstentladung, Erweichung der Vergussmasse

Batteriearten

- **Industrie-Batterien:**
  Blei- und Nickel-Cadmium-Batterien
- **Starter-Batterien:**
  Bleiakkumulatoren in Kraftfahrzeugen, Schiffen
- **Geräte-Batterien:**
  Rund- und Knopfzellen als aufladbare Akkumulatoren und nichtaufladbare Primärbatterien

Kennbuchstaben nach IEC

Kurzzeichen	Bedeutung
A	Zink-Luft-Element (saurer Elektrolyt)
M, N	Quecksilberoxid-Element
L	Alkali-Mangan-Element
P	Zink-Luft-Element (KOH-Elektrolyt)
S	Silberoxid-Element

Alkali-Mangan-Rundzellen und -Batterien

U_n in V	IEC-Bez.	C_n in mAh	Maße (max.) in mm d	h	l	b
Alkaline						
1,5	LR 1	800	12	30,2	–	–
1,5	LR 03	1 100	10,5	44,5	–	–
1,5	LR 6	2 600	14,5	50,5	–	–
4,5	3 LR 12	6 300	–	67	62	22
1,5	LR 14	7 800	26,2	50	–	–
6	4 LR 61	605	–	9,2	48,5	35,6
1,5	LR 20	16 500	34,2	61,5	–	–
9	6 LR 61	550	–	48,5	26,5	17,5
1,5	LR 61	550	8,2	40,2	–	–
Foto						
1,5	LR 6	2 600	14,5	50,5	–	–
1,5	LR 03	1 100	10,5	44,5	–	–

Handelsbezeichnungen: Alkaline, extra longlife, FOTO
Schadstoffe: 0 % Hg, 0 % Cd

Nicht aufladbare Batterien

Anwendung	Batterietyp	Merkmale
Tragbare Audiogeräte, Fotoapparate, Fernbedienungen, Spielzeug	Alkali-Mangan-Element (Alkaline) als Rundzelle ① und Knopfzelle ②	Eignung für Betrieb mit hohem Stromverbrauch, Dauerbetrieb, umweltverträglich
Uhren, Fotoapparate, Taschenrechner	Silberoxid-Zink-Element als Knopfzelle und Knopfzellenbatterie ③	Konstante Spannung, geringe Selbstentladung, geringe Umweltbelastung
Hörgeräte, Personenrufgeräte	Zink-Luft-Element als Knopfzelle	Hohe Kapazität, geringe Selbstentladung, umweltverträglich
Elektronische Datenspeicher, Uhren, Taschenrechner, Fernbedienungen	Lithium-Mangan-Element als Rundzelle ④ und Rundzellenbatterie	Extrem niedrige Selbstentladung, umweltverträglich

①
LR 14
1,5 V/7,8 Ah

②
LR 9
1,5 V/200 mAh

③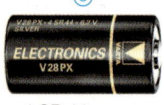
4 SR 44
6,2 V/145 mAh

④
CR 17335
3 V/135 mAh

Primärbatterien – *Primary (galvanic) batteries*

Eigenschaften nicht aufladbarer Batterien

System	Silberoxid-Zink Ag_2O-Zn	Alkali-Mangan-Zink MnO_2-Zn	Zink-Luft Zn-O_2	Lithium-Mangandioxid Li-MnO_2
Aufbau	Silberoxid (+) Zinkpulver (–) Kali- oder Natronlauge	Braunstein (+) Zinkpulver (–) Kalilauge	Sauerstoff der Luft (+) Zinkpulver (–) Kalilauge	Braunstein (+) Lithium (–) organischer Elektrolyt
U_n in V	1,55	1,5	1,4	3,0
Energiedichte in mWh/cm^3	350 bis 430	200 bis 300	650 bis 950	400 bis 800
Belastbarkeit	hoch (KOH)	hoch	hoch	niedrig
Selbstentladung	ca. 3 %/a	ca. 3 %/a	ca. 3 %/a	ca. 1 %/a

EU-Batterierichtlinie: Ab 01. 01. 2000 ist in den EU-Staaten das Vermarkten von Quecksilberoxid-batterien verboten, die mehr als 2 % Quecksilber enthalten. Spezielle Entsorgung erforderlich.

Silberoxid-Knopfzellen und -Batterien

U_n in V	IEC-Bez.	C_n in mAh	Maße in mm d	h	Verwendung
1,55	SR 62	9	5,8	1,7	Fotogeräte
1,55	SR 64	16	5,8	2,7	Uhren
1,55	SR 43	115	11,6	4,2	Taschen-
1,55	SR 44	170	11,6	5,4	rechner
6,2	4 SR 44	145	13	25,2	
1,55	–	3400	26	50	Einsatz: $\vartheta \leq 165°C$

Nicht umweltverträglich, spezielle Entsorgung.

Alkali-Mangan-Knopfzellen und -Batterien

U_n in V	IEC-Bez.	C_n in mAh	Maße in mm d	h	Verwendung
1,5	LR 41	30	7,9	3,6	Fotogeräte
1,5	LR 55	25	11,6	2,1	Uhren
1,5	LR 54	50	11,6	3,1	elektroni-
1,5	LR 43	80	11,6	4,2	sche Geräte
1,5	LR 44	115	11,6	5,4	Fernbedie-
1,5	LR 9	185	16	6,2	nungen
1,5	LR 53	350	23,2	6,1	
6	4 LR 44	100	13	25,2	
15	10 LR 54	45	16	35	

Umweltverträglich, keine spezielle Entsorgung.

Zink-Luft-Knopfzellen und -Batterien

U_n in V	IEC-Bez.	C_n in mAh	Maße in mm d	h	Verwendung
1,4	PR 70	70	5,8	3,6	Hörgeräte
1,4	PR 48	240	7,9	5,4	Personen-
1,4	PR 44	570	11,6	5,4	rufgeräte
1,4	AR 40	75	67	172	universal
7	5 AR 40	90	181	180	Weidezaun

In spezieller Ausführung geeignet für Normal- und Spitzenlast- (Push Pull) Betrieb, d. h. mit konst. Strom I_1 und zusätzlichem Pulsstrom I_2. Schadstoffe: 0 % Hg und 0 % Cd

Typische Entladekennlinien

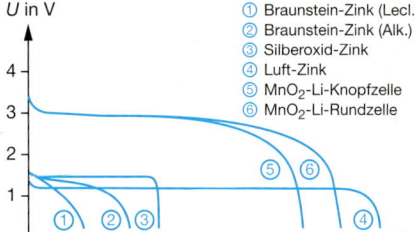

① Braunstein-Zink (Lecl.)
② Braunstein-Zink (Alk.)
③ Silberoxid-Zink
④ Luft-Zink
⑤ MnO_2-Li-Knopfzelle
⑥ MnO_2-Li-Rundzelle

Bedingung: Gleiche Energieentnahme pro Zellenvolumen!

Systemeigenschaften von Lithium-Zellen

Typ	Rundzelle	Knopfzelle
System	Li-MnO_2	Li-MnO_2
Energie-dichte	400 bis 800 Wh/dm^3	360 bis 660 Wh/dm^3
U_0/U_n	3,2 V/3 V	3,2 V/3 V
C_n in mAh	400 bis 2000	25 bis 500

Anwendung z. B. in elektronischen Datenspeichern und Echtzeit-Uhren (RTC) bei Ausfall der netzab-hängigen Versorgungsspannung.

Begriffe zu Batterien

- **Energiedichte** in Primärbatterien größer als in Sekundärbatterien (z. B. Fernbedienung beim Fernsehgerät mit Primärbatterie)
- **Belastbarkeit** in Sekundärbatterien größer (z. B. für Geräte mit hoher Stromaufnahme)
- **Selbstentladung** bei wiederaufladbaren Batterien (Akkumulatoren, Sekundärbatterien) ca. 20 %/Mo-nat, bei einmal entladbaren Batterien (Primärbat-terien) ca. 2 %/Jahr.
- **Lagertemperatur** für Batterien 0 °C bis 10 °C, z. B. in wasserdampfdichter Verpackung im Kühlschrank. Vor Gebrauch auf Raumtemperatur angleichen.

Gasdichte Ni-Cd-Zellen – *Sealed Ni-Cd-cells*

DIN 40 771-1: 81-12

Bauarten zylindrischer Zellen

- **Standardzellen** (Typ 1),
  Trockenbatterien: Lady-, Micro- und Mignonzelle;
  Zyklenbetrieb: Personenrufanlagen
  Dauerbetrieb: Signal- und Warnanlagen
- **Hochstromzellen** (Typ 2),
  für hohen Strombedarf;
  Zyklenbetrieb: Mobiltelefone
- **Hochkapazitätszellen** (Typ 3),
  optimierte Volumenkapazität;
  Zyklenbetrieb: z. B. Laptop Computer
  Dauerladebetrieb: Notstromanlagen
- **Hochtemperaturzellen** (Typ 4),
  maximal bis +70°C; geringere Belastbarkeit;
  Dauerladebetrieb: Kfz-Bord-Computer
- **Schnellladbare Zellen** (Typ 5),
  Ströme bis zu 2CA;
  Zyklenbetrieb: Elektrowerkzeuge

Kennlinien zylindrischer Ni-Cd-Zellen

Selbstentladung von Zellen (Typ 1, 2, 3)

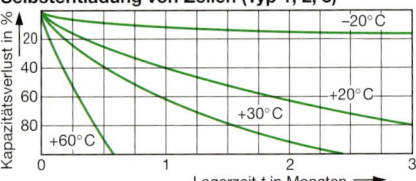

Lagerzeit t in Monaten →

Entladespannung

Zellen vom Typ 3

Entladezeit t in Minuten →

Belastung bei Raumtemperatur: ○ 0,6·CA; ○ 1·CA; ○ 2·CA

Kenngrößen zylindrischer Ni-Cd-Zellen

Typ Größe	1	2	3	4	5
U_n in V	1,2	1,2	1,2	1,2	1,2
C_n in Ah	0,15 - 0,6	1,3 - 7,0	0,26 - 5,0	0,09 - 7,0	1,2 - 4,0
I_{En} in mA 0,2 · CA	30 - 120	240 - 1400	52 - 1000	18 - 1400	240 - 800
I_{Ln} in mA 0,1 · CA	15 - 60	130 - 700	26 - 500	9 - 700	120 - 400
R_i in mΩ	27 - 30	12,5 - 3,1	60 - 4	60 - 5,5	12,5 - 5

Beispiel: Zelle des Typs 3 mit C_n = 5 Ah
I_{En}: Entladestrom innerhalb von 5 h;
$\Rightarrow I_{En} = 0,2 \cdot CA = 1000$ mA
I_{Ln}: Ladestrom, Vollladung einer Zelle
in 14 bis 16 h;
$\Rightarrow I_{Ln} = 0,1 \cdot CA = 500$ mA

Ni-Cd-Knopfzellenbatterien

- Batterien für elektronische Geräte mit
  C_n = 110 mAh; U_n = 8,4 V;
  beschleunigt ladbar mit 22 mA
- Batterien für schnurlose Telefone mit
  C_n = 280 mAh; U_n = 3,6 V;
  Lebensdauer ca. 1000 Zyklen
- Batterien für elektronische Speicher z. B.
  Memory Backup (MBU) und Real Time Clocks
  in PCs; C_n = 8 bis 110 mAh;
  U_n = 1,2 V, 2,4 V und 3,6 V;

Eigenschaften von Knopfzellen-Typen

- **Hohe Überladefestigkeit** bei Raumtemperatur;
  C_n = 12 bis 110 mAh, U_n = 1,2 V
- **Erhöhte Außentemperaturen** bis +65°C;
  C_n = 11 bis 280 mAh, U_n = 1,2 V
- **Hohe Strombelastbarkeit** dauernd bis 3 · CA;
  C_n = 250 bis 550 mAh, U_n = 1,2 V

Gasdichte Nickel-Metallhydrid-Zellen – *Sealed nickel-metallhydrid cells*

Rundzellen

U_n in V	C_5 in mAh	I_E in mA 0,2 · CA	I_L in mA 14 - 16 h	Maße in mm d	h
1,2	1100	220	110	14,4	48,2
1,2	1500	300	150	17,0	42,6
1,2	2400	480	240	17,0	66,6

Prismatische Zellen

U_n in V	C_5 in mAh	I_E in mA 0,2 · CA	I_L in mA 14 - 16 h	Maße in mm a	b	h
1,2	570	114	57	14,4	7,5	47,8
1,2	550	110	55	17,0	6,3	47,5

Knopfzellen

U_n in V	C_n in mAh	I_E in mA	I_{Emax} in mA	I_{Ln} in mA 14h	Maße in mm d	h
1,2	11	11	22	1,1	11,5	3,1
1,2	60	60	120	6	15,5	6,0
1,2	280	280	560	28	25,5	8,8

Kennlinien von Ni-Cd und Ni-MH-Zellen

Entladespannung und Kapazität

Ni-Cd-
Rundzellen

Ni-MH-
Zellen

Entnehmbare Kapazität in mAh →
(bei vergleichbarer Zellengröße)

Spezifische Eigenschaften:
- Energiedichte ca. 180 Wh/l;
  ca. 50% mehr als bei Ni-Cd-Zellen
- Umweltverträglichkeit, 0% Hg, Cd und Pb
- Kein Memory-Effekt bei Ni-MH-Zellen
  Anwendungen:
- Tragbare Kommunikationsgeräte
- Audio-visuelle Systeme, Computer

Laden gasdichter Akkumulatoren
Charging of sealed accumulators

Ladebedingungen

Es gelten die folgenden Bedingungen für das Laden von Ni-Cd-Zellen:
- Ladung mit I = konstant (Konstantstromladen).
- Größe des Ladestromes je nach Zellentyp und Temperaturbedingungen.

Ladearten

- **Normalladen** für zylindrische Zellen:
  Ladebemessungsstrom von 0,1 · CA bei Raumtemperatur in 14 h (Ladefaktor 1,4),
  Ladung auf 140 % der Bemessungskapazität.
- **Beschleunigtes Laden:**
  Laden mit Ladeströmen der Größe 0,2 · CA bis 0,3 · CA.
- **Schnellladen mit Spannungsüberwachung:**
  Ladebemessungsstrom beträgt 1 · CA,
  Ladezeit von 1 h bei Standard-, Hochkapazitäts- und Hochstrom-Zellen,
  Spannungsabschaltung bei 1,52 V/Zelle bei 20° C.
- **Schnellladung nach Vorentladung:**
  Bei unbekanntem Ladezustand der Batterie zuerst entladen bis 0,9 V/Zelle,
  Ladebemessungsstrom von 1 · CA innerhalb 1 h.
- **Schnellladen mit Temperaturüberwachung:**
  Ladebemessungsstrom bis 2 · CA,
  Überwachung durch NTC-Widerstand im Batteriepaket mit Unterbrechung bei +50° C Zellentemperatur.
- **Dauerladen (Erhaltungsladen):**
  Laden von gasdichten, zylindrischen Zellen,
  Dauerladestrom von 0,05 · CA (maximal).
- **Dauerladen in Intervallen:**
  Laden je nach Belastung,
  Vollladung bei z. B. 6 bis 7 h mit 0,2 · CA,
  Dauerladung in Intervallen mit mindestens 1 min/h mit 0,2 · CA.

Akkumulatoren für Ersatzstromgeräte

Ersatzstromaggregate übernehmen bei Netzstörungen z. B. in Industriebetrieben, Telekommunikationsanlagen und Krankenhäusern die Energieversorgung für bestimmte Anlagenbereiche. Folgende Anforderungen ergeben sich laut DIN VDE 0108:

- **Bemessung des Akkumulators:**
  Aus Erhaltungszustand muss bei Umgebungstemperatur von 5°C ein dreimaliger Start mit 10s Dauer und 5s Pause möglich sein.
- **Ladeverlauf nach *I-U*-Kennlinie**, d. h. der Akkumulator muß in 10h auf 90% von C_n gebracht werden.
- **Ladegerät** für Ni-Cd-Starterbatterien.

Umweltschutz, Recycling

Batterien

Kenndaten von Ladegeräten

Technische Ausstattung
- **Anschlussspannung:** 230V ±10%, 47-63Hz (±5%)
  Typ: 12 V DC, Spannungsbereich 12...15,5 V
  24 V DC, Spannungsbereich 24...31 V
  mit Bemessungsstrom von je 10 A.
- **Absicherung:** DC-seitig mit einpoliger Schmelzsicherung.
- Ladegeräte für:
  Ni-Cd-Akkumulatoren mit 10 bzw. 20 Zellen,
  Blei-Akkumulatoren mit 6 bzw. 12 Zellen.

Ladefunktionen

- **Automatische Schnell- und Erhaltungsladung:**
  IC-Baustein mit Programmiereinrichtung kontrolliert I_L und ϑ_{zul}, wobei der Laststrom über die Spannung, die Temperatur mit einem Thermistor kontrolliert werden.
- **Kennlinienumschalter** für Ladekennlinien zur Anpassung an jeweilige Akkumulatoren. Einstellung der typischen Ladekennlinien auch über eingebautes Potentiometer.

Ladegeräte

- **Geräte mit direkter Aufladung** des Akkumulators ohne Berücksichtigung des Entladezustands. Nachteil: Reduzierung der Lebensdauer u. Kapazität z. B. des Ni-Cd- bzw. Ni-MH-Akkumulators.
- **Geräte mit Entlade-Ladetechnik**, die die Akkumulatoren zunächst entladen und dann automatisch aufladen; Anzahl der Zellen von 1 bis 10 sowie Bemessungskapazität über Schalter einstellbar. Vorteil: Vermeidung von Überladung und Erhalt der Kapazität des Akkumulators.
- **Ladekontrolle** wird z.B. von einem Mikrokontroller übernommen, der den Verlauf der Lade-/Entladefunktion je nach Entladezustand des Akkumulators automatisch beeinflusst. Die Lebenszeit des Akkumulators erhöht sich, da der „Memory-Effekt" wegfällt.

Ladetechnik

Systemvergleich

Typ	Ni-Cd	Ni-MH	Li-Ion[1]
U_n in V	6V/ 5 Zellen	4,8V/ 4 Zellen	7,2V/ 2 Zellen
C_n in Ah	1,2	1,2	1,2
Selbstentladung	60%/ 6 Monate	60%/ 6 Monate	30%/ 6 Monate
Energiedichte	1,0 fach	1,4 fach	2,4 fach
Memory-Effekt	ja	nein	nein

[1] Der Lithium-Ion-Akkumulator besteht aus Li-C-Metalloxid. Er besitzt eine hohe Energiedichte u. Umweltverträglichkeit.

Batterieverordnung 98-04; EU-Batterierichtlinie 98-12

Umweltgefährdung:	Maßnahmen zum Schutz:	Alternativen:
• Quecksilber	• Rückgabe an Handel	• wiederaufladbare Batterien
• Blei und Cadmium	• Sondermüllsammlung	• solarbetriebene Geräte
• Nickel und Zink	• Wiederverwertung	

Grundbegriffe der Messtechnik – *Basic terms of measurement technique*

- **Messen**
  Experimenteller Vorgang zur Ermittlung eines speziellen Wertes einer physikalischen Größe als Vielfaches einer Einheit oder eines Bezugswertes.

- **Messgröße**
  Durch Messung erfasste physikalische Größe, z. B. Spannung.

- **Messwert**
  Speziell zu ermittelnder Wert der Messgröße in Zahlenwert und Einheit, z. B. 12 kWh.

- **Messprinzip**
  Nutzung einer charakteristischen physikalischen Erscheinung zur Messung, z. B. Drehmomentbildung beim elektrodynamischen Motorzähler zur Messung der elektrischen Arbeit.

- **Messverfahren**
  Praktische Anwendung und Auswertung eines Messprinzips.

- **Direktes Messverfahren**
  Messwertlieferung durch unmittelbaren Vergleich mit einem Bezugswert derselben Messgröße, z. B. Massenvergleich mit Gewichten.

- **Indirektes Messverfahren**
  Rückführung des gesuchten Messwertes auf anderen physikalischen Größen, z. B. drehzahlproportionale Arbeit beim Motorzähler.

- **Messeinrichtung** (Messanordnung)
  Besteht aus einem oder mehreren zusammenhängenden Messgeräten mit Zusatzeinrichtungen und Zubehör.

- **Analoges Messverfahren**
  Eindeutige punktweise stetige Darstellung der Messgröße, z. B. stetig verschiebbarer Zeiger.

- **Digitales Messverfahren**
  Zahlenmäßige Darstellung der Messgröße bei gegebenem kleinsten Messschritt.

- **Zählen**
  Ermittlung der Anzahl von gleichartigen Elementen oder Ereignissen, die bei der Untersuchung eines Vorganges auftreten.

- **Prüfen**
  Feststellung, ob Prüfgegenstand eine oder mehrere vereinbarte oder vorgeschriebene Bedingungen erfüllt.

Skalensymbole – *Scale symbols*

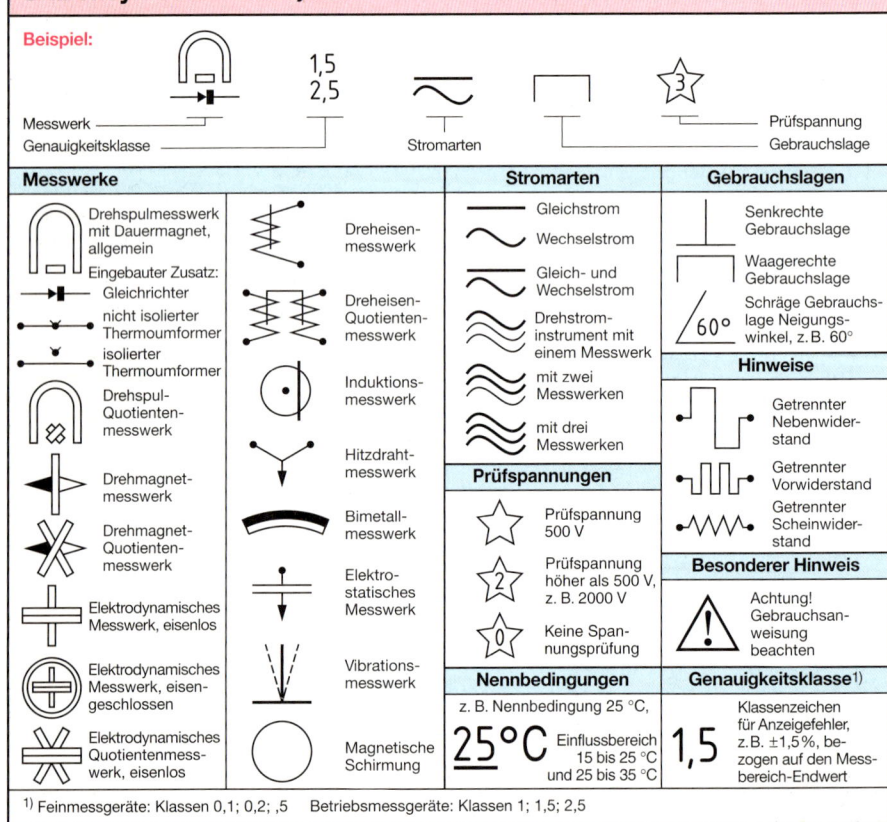

¹⁾ Feinmessgeräte: Klassen 0,1; 0,2; ,5   Betriebsmessgeräte: Klassen 1; 1,5; 2,5

Messwandler – *Instrument transformer*

DIN EN 60044-1: 03-12
DIN EN 60044-2: 03-12

Messwandler: Transformator zur Speisung von Messgeräten, Elektrizitätszählern, Schutzrelais, u. ä.

Begriffe	Stromwandler	Spannungswandler
U-/I-Wandler	Wandler, bei dem der Sekundärstrom dem Primärstrom proportional ist.	Wandler, bei dem die Sekundärspannung der Primärspannung proportional ist.
Bürde	Admittanz Y des Sekundärkreises in S	Impedanz Z des Sekundärkreises in Ω
Bemessungs-größen, Normwerte (primär) (sekundär)	Bemessungsstromstärken in A **10** 12,5 **15 20** 25 **30** 40 **50** 60 **75** sowie dezimale Teile oder Vielfache 1 2 **5** Bei im Dreieck geschalteten Sekundär-Wicklungen sind auch die durch $\sqrt{3}$ geteilten Werte genormt.	Bemessungsspannungen bis 1 kV in V 230/400 277/480 400/690 1000 (gegen Neutralleiter/zwischen Außenleiter) Bemessungsspannungen über 1 kV in kV 3,6 7,2 12 (17,5) 24 36 40,5 (Spannung zwischen Außenleitern) Europa: **100** 110 200 (bei erweiter-ten Sekundärkreisen) USA/Kanada: 120 (Verteilungsnetze) 115 (Übertragungsnetze) 230 (bei erweiterten Sekun-därkreisen)
Bemessungs-leistung	Wert der Scheinleistung in VA bei festem Leistungsfaktor, Bemessungsbürde und sekundärer Bemessungsstromstärke. Normwerte bei Leistungsfaktor 0,8 ind.: **10** 15 **25** 30 **50** 75 **100** 150 **200** 300 400 **500**	Wert der Scheinleistung in VA bei festem Leistungsfaktor, Bemessungsbürde und sekundärer Bemessungsspannung.
Anschluss-bezeichnungen (primär) (sekundär)	P1 ⌒⌒⌒ ⌒⌒⌒ P2 (K) (L) 1S1 1S2 2S1 2S2 2S3 (1k) (1l) (2k) (2l₂) (2l₁) 2S1 └ Nr. der Anschlüsse (1 hat an allen Wicklungen gleiche Polarität) └ P (primär), S (sekundär) └ Nr. bei mehreren Wicklungen	A B C N (U) (U) (U) mehrere Sekundärwick-lungen 1a, 2a, …, 1b, 2b, … (V) (V) (V) Sekundärwicklung mit Anzapfungen (V) (V) (V) a1, a2, …, b1, b2, … Anschluss zur Erdschluss-erfassung (Dreieckschaltg.) a b c n (u) (u) (u) (x) da, dn

Messen von Mischspannungen und Mischströmen
Measuring of pulsating voltages and pulsating currents

Elektrische Spannungen und Ströme werden je nach Messwerk durch den arithmetischen Mittel-wert (AV) oder durch den Effektivwert (RMS) cha-rakterisiert.

Formfaktor: $F = \dfrac{I_{RMS}}{I_{AV}}$; $F = \dfrac{U_{RMS}}{U_{AV}}$

Der Formfaktor gibt das Verhältnis von Effektivwert zu arithmetischem Mittelwert an. Als Crest-Faktor (Scheitelfaktor) gilt das Verhältnis von Spitzenwert zu Effektivwert.

Scheitelfaktor: $F_{Crest} = \dfrac{\hat{\imath}}{I_{RMS}}$; $F_{Crest} = \dfrac{\hat{u}}{U_{RMS}}$

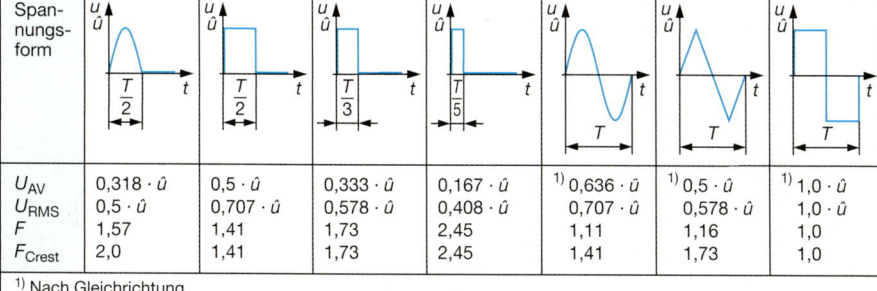

Spannungs-form							
U_{AV}	$0{,}318 \cdot \hat{u}$	$0{,}5 \cdot \hat{u}$	$0{,}333 \cdot \hat{u}$	$0{,}167 \cdot \hat{u}$	[1] $0{,}636 \cdot \hat{u}$	[1] $0{,}5 \cdot \hat{u}$	[1] $1{,}0 \cdot \hat{u}$
U_{RMS}	$0{,}5 \cdot \hat{u}$	$0{,}707 \cdot \hat{u}$	$0{,}578 \cdot \hat{u}$	$0{,}408 \cdot \hat{u}$	$0{,}707 \cdot \hat{u}$	$0{,}578 \cdot \hat{u}$	$1{,}0 \cdot \hat{u}$
F	1,57	1,41	1,73	2,45	1,11	1,16	1,0
F_{Crest}	2,0	1,41	1,73	2,45	1,41	1,73	1,0

[1] Nach Gleichrichtung

Leistungs- und Leistungsfaktormessung – *power- and power factor measurement*

Schaltungsnummer für Leistungs- und Leistungsfaktormessgeräte

Kennzeichnungsbeispiel: 6 2 0 1

Stromart ——————————┘ │ │ └—————— Anschlussart
Messgröße ————————————┘ └———————— Messart

Ziffer	Stromart	Messgröße	Messart	Anschlussart
0	.	Stromstärke	alle Fälle, außer 1 … 6.	unmittelbar
1	Gleichstrom-Zweileiter	Spannung	L+ - Leiter in Stromspule	an Stromwandler
2	Gleichstrom-Dreileiter	Wirkleistung	L– - Leiter in Stromspule	an Strom- u. Sp.-Wandl.
3	Einph.-Wechselstrom	Blindleistung	o. angeschl. N-Leiter	an Nebenwiderstände
4	Dreileiter-Drehstrom symm. Belastung	Leistungsfaktor	mit angeschl. N-Leiter	
5	Dreileiter-Drehstrom beliebige Belastung		eingebauter Nullpunkt-Widerstand	
6	Vierleiter-Drehstrom beliebige Belastung		eingebaute Kunstschaltung	

Messschaltungen

Wirkleistungsmessgerät für Wechselstrom bzw. Gleichstrommessgerät

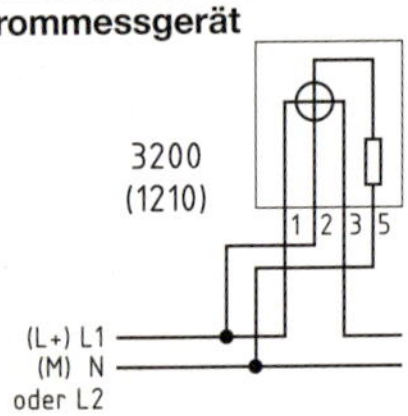

3200
(1210)

(L+) L1
(M) N
oder L2

Wirkleistungsmessgerät für Dreileiter-Drehstrom
beliebige Belastung, unmittelbarer Anschluss

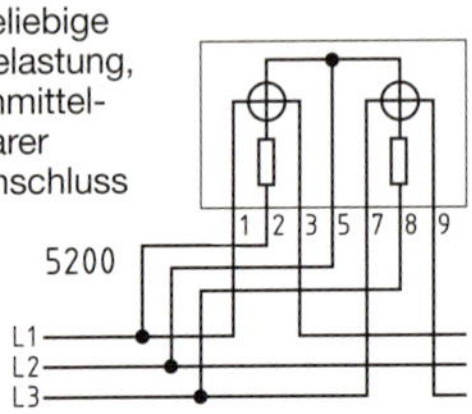

5200

L1
L2
L3

Wirkleistungsmessgerät für Vierleiter-Drehstrom
unmittelbarer Anschluss

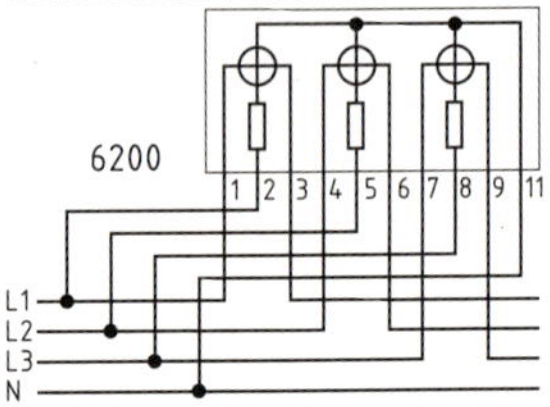

6200

L1
L2
L3
N

Blindleistungsmessgerät für Wechselstrom
unmittelbarer Anschluss

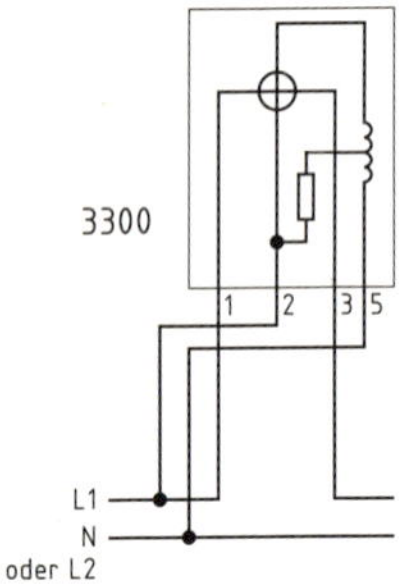

3300

L1
N
oder L2

Blindleistungsmessgerät für Dreileiter-Drehstrom
beliebiger Belastung mit Stromwandler

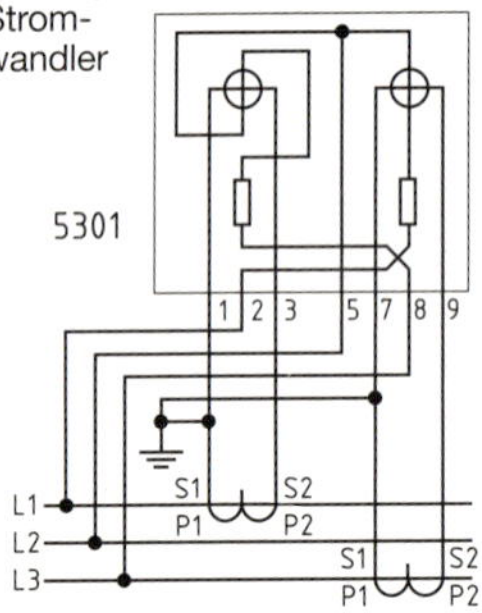

5301

L1
L2
L3

Wirkleistungsmessgerät für Vierleiter-Drehstrom
mit Strom- u. Spannungswandler [1]

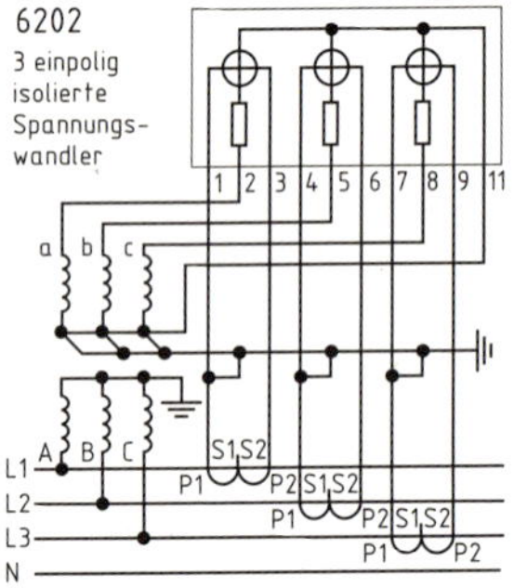

6202
3 einpolig isolierte Spannungswandler

L1
L2
L3
N

Leistungsfaktor-Messgerät für Wechselstrom
unmittelbarer Anschluss

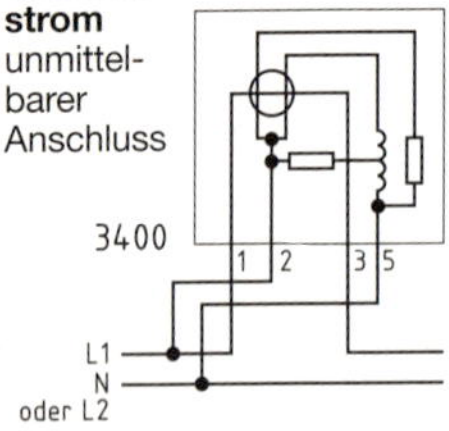

3400

L1
N
oder L2

Leistungsfaktor-Messgerät für Dreileiter-Drehstrom

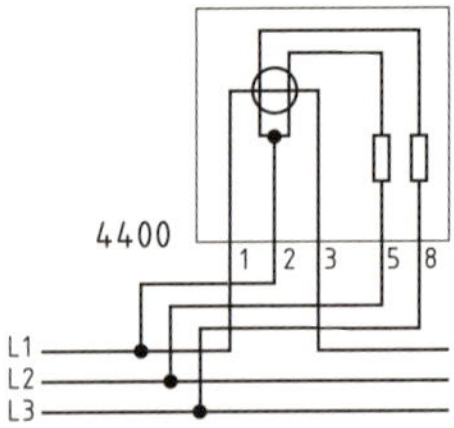

4400

L1
L2
L3

Blindleistungsmessgerät für Vierleiter-Drehstrom
unmittelbarer Anschluss

6300

L1
L2
L3
N

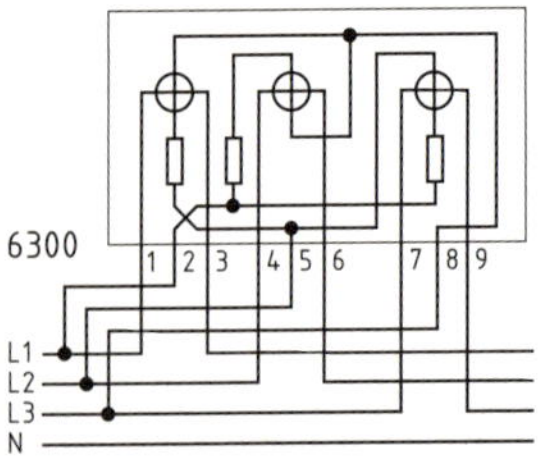

[1] Stromwandler in Niederspannungsnetzen müssen nicht geerdet sein.

Energieversorgung

224

Elektrizitätszähler, Tarifschaltuhren – *Electricity meter, tarif switching clock*

Schaltungsnummern für Elektrizitätszähler, Tarifschaltuhren und Rundsteuerempfänger DIN 43 856: 89-09

Kennzeichnungsbeispiel:

| | | 4 | 1 | 2 | 2 | |
Zähler-Grundart ────────┘ │ │ └──── Schaltung der Zusatzeinrichtung
Zusatzeinrichtung ──────────────┘ └──── Anschluss

Ziffer		Grundart	Zusatzeinrichtung	Anschluss	Schaltung d. Zusatzeinr.
			keine	direkt	kein äußerer Anschluss
1	Wirkverbrauchszähler	L/N (Klemmen: 1 … 6)	Zweitarif (Klemmen: 13, 15)	Stromwandler	einpoliger innerer Anschluss (Klemmen: 13 oder 14)
2		L1/L2 (Klemmen: 1 … 6)	Maximum (Klemmen: 14, 16)	Strom- und Spannungswandler	äußerer Anschluss (Klemmen: 13, 15 oder 14, 16)
3		L1/L2/L3 (Klemmen: 1 … 9)	Zweitarif und Maximum (Klemmen: 13 … 16)	innerer Anschluss	Maximumauslöser in Öffnungsschaltung
4		L1/L2/L3/N (Klemmen: 1 … 12)	Maximum mit elektrischer Rückstellung (Klemmen: 13 … 16)		Maximumauslöser in Kurzschließschaltung
5	Blindverbrauchszähler	L1/L2/L3 60° Abgleich (Klemmen: 1 … 9)	Zweitarif und Maximum mit elektrischer Rückstellung (Klemmen: 13 … 15, 18, 19)	äußerer Anschluss	Maximumauslöser in Öffnungsschaltung
6		L1/L2/L3 90° Abgleich (Klemmen: 1 … 9)			Maximumauslöser in Kurzschließschaltung
7		L1/L2/L3/N 90° Abgleich (Klemmen: 1 … 12)			

Schaltungsnummer	Bedeutung	Zusätzliche Kennzeichen	
		Symbol	Bedeutung
01	**Tarifschaltuhr** mit Tagesschalter	Z	Zweitarif-Auslöser für Zählwerke
02	Maximumschalter	d	Tagesschalter für Zweitarifauslöser
03	Tages- und Maximumschalter	w	Wochenschalter
04	Tages- und Wochenschalter	M	Maximum-Auslöser für Max.-Mitnehmer
05	Maximum- und Wochenschalter	ML	Maximum-Laufwerk
06	Tages- und Maximumschalter	mo	Maximum-Schalter zu Betätigen der Maximum-Auslöser in Öffnungsschaltung
07	Wochenschalter	mk	Maximum-Schalter zum Betätigen der Maximum-Auslöser in Kurzschließschaltung
11	**Rundsteuerempfänger** mit einem Umschalter		
12	zwei Umschaltern	Ⓜ	Antriebsmotor
13	drei Umschaltern		
14	vier Umschaltern	🄴	Empfangsteil des Rundsteuerempfängers

Leistungsmessung mit Elektrizitätszähler

Hersteller. Zulassungszeichen

Drehstromzähler Fabriknummer	212
	333
	3 x 230/400 V	10 (60) A
Typ	50 Hz	75 U/kWh
	Schaltg. 4000	1997

Beispiel: Zählerschild

$$P = \frac{n}{c_z} = \frac{\text{Umdrehungen in Messzeit}}{t_M \cdot c_z}$$

P : Wirkleistung in kW

c_z : Zählerkonstante in $\frac{1}{\text{kWh}}$

n : Umdrehungen der Zählerscheibe pro Stunde

$$n = \frac{\text{Umdrehungen in Messzeit}}{t_M}$$

t_M : Messzeit in h, üblich sind u. a.

$$2 \text{ min} = \frac{1}{30} \text{ h bzw. } 3 \text{ min} = \frac{1}{20} \text{ h}$$

Energieversorgung

Zählerschaltungen – *Electricity meter circuits*

Einpolige Wechselstrom-Wirkverbrauchzähler

1000

für unmittelbaren Anschluss

1101

für unmittelbaren Anschluss,
mit Zweitarifeinrichtung
(einpolig innerer Anschluss)

01

Tarifschaltuhr
mit Tagesschalter

Dreileiter-Drehstrom-Wirkverbrauchzähler

3000

für unmittelbaren Anschluss

2 zweipolig
isolierte
Spannungs-
wandler in
V-Schaltung

3 einpolig
isolierte
Spannungs-
wandler

3000

für Anschluss an Strom- und Spannungswandler [1]

Vierleiter-Drehstrom-Wirkverbrauchzähler

4000

für unmittelbaren Anschluss

4010

für Anschluss an Stromwandler [1]

Vierleiter-Drehstrom-Wirkverbrauchzähler

4020

für Anschluss an Strom- und Spannungswandler [1]

Vierleiter-Drehstrom-Blindverbrauchzähler

7020

für Anschluss an Strom- und Spannungswandler [1]

[1] Stromwandler in Niederspannungsnetzen müssen nicht geerdet sein

Digitale Messtechnik – *Digital measurement technique*

Anzeige	Fehlergrenzen
Zahlenmäßige Anzeige des Messwertes erfolgt bei Sieben-Segment-Anzeigen durch • **LED** (**l**ight **e**mitting **d**iode) • **LCD** (**l**iquid **c**ristal **d**isplay)	• Keine Angabe der Genauigkeitsklasse • Angabe der möglichen, prozentualen Abweichung vom Messwert sowie Abweichung der Anzeige in Digits[1].

Bezeichnung von Funktionstasten

Kenn-zeichnung	Bedeutung	Kenn-zeichnung	Bedeutung
HOLD	Messwert wird in Digitalanzeige gespeichert.	dB	Pegelmessung, dB-Werte absolut oder auf eingegebenen Wert bezogen.
EXTR	Minimal- und Maximalwert werden während der Messung gespeichert.	TIME	Messwertspeicherung in vorgegebe-nen Zeitintervallen. Neue Messwert-übernahme wird akustisch gemeldet.
EXPAND, ZOOM	Lupenfunktion bei Hybridmultimetern (Analog- und Digitalanzeige, hier Deh-nung des linearen Skalenbereichs)	BEEP	Ein- oder Ausschalter des Summers. Aktivierung wird mit ♪ angezeigt.
REL	Vorgegebener Wert dient als Referenz-wert, Anzeige der Abweichung.	AUT/MAN	Automatische oder manuelle Bereichs-umschaltung
LIM	Grenzwertvorgabe, Grenzwertüber-schreitungen werden optisch und akustisch gemeldet	STO	Speicherung mehrerer gleicher oder verschiedener Messwerte mit Einheit und Polarität
BLANK	Displayabschaltung von $4\frac{1}{2}$- auf $3\frac{1}{2}$-stellige Anzeige	♪ ⌁	Durchgangsprüfung
		▷⊢	Halbleitermessung

Beispiel

Digitales Multimeter	Anzeige	Fehlerrechnung
	• 4stellige Anzeige • Messbereich: 2 000 V (größtmögliche Anzeige = 1 999,9 V) • Anzeigenumfang: 19 999 Digits[1] (20 000 Messschritte á 0,1 V)	• Fehler: +/– 0,5 %, +/– 4 Digits[1] • Anzeige: 600,0 V • minimaler Messwert: $600\,V - 600\,V\,\dfrac{0,5}{100} - 0,4V = 596,6\,V$ • maximaler Messwert: $600\,V + 600\,V\,\dfrac{0,5}{100} + 0,4V = 603,4\,V$

[1] Digit: kleinster anzuzeigender Messschritt (im Beispiel 0,1 V)

PC-Messtechnik

Monitor

PC
– Schnittstelle (seriell, parallel)
– Netzwerkkarte oder
– Datenerfassungs-karte

Datenübertragung
– Messleitung
– Bus/Netzwerk

Messgerät/Sensor

Messgröße im Prozess

→ Steuern
← Messen

Bussysteme	Datenerfassungskarte
• PC wird an Bussystem angeschlossen. (z. B.: RS 232, IEEE/IEC 625, Ethernet, Firewire, LAN, …) • Mehrere Messgrößen können über einen Bus eingelesen werden. • Busfähige Sensoren/Messgeräte oder Buskopp-ler erforderlich • Erfassung weit entfernter Prozessgrößen möglich.	• Direkt im PC eingebaute Karte (z. B. über PCI-Steckplatz) • Hohe Datenübertragungsrate • Digitale/analoge Eingänge möglich • Geringe Entfernungen zum Prozess erforderlich.

Energieversorgung

Oszilloskop – *Oscilloscope*

Elektronenstrahloszilloskop (Prinzip)

- Triggerimpulsstufe startet Zeitbasisgenerator, der den Elektronenstrahl in vorgegebener Zeit von links nach rechts führt.
- Strahlablenkung in Y-Richtung erfolgt durch Eingangssignal.
- Ruhendes Bild entsteht durch wiederholende Darstellung gleicher Signalverläufe.

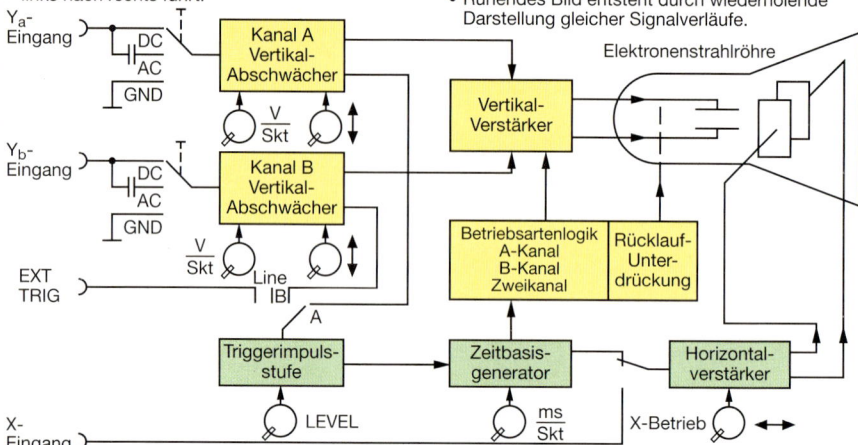

Beschriftung der Bedienungselemente

Beschriftung	Bedeutung	Beschriftung	Bedeutung
POWER	Netzschalter, Ein-Aus Rasterbeleuchtung	X-MAGN	Dehnung der Zeitablenkung
INTENS HELLIGK	Heligkeitssteuerung des Oszillogrammes	Triggerung: A; B EXT TRIG Line	Zeitablenkung wird getriggert durch – Signal von Kanal A (B) – externes Signal – Signal von der Netzspannung
FOCUS	Schärfeeinstellung des Oszillogrammes		
INPUT A (B)	Eingangsbuchse für Kanal A (Kanal B), oft Kanal 1 und 2	LEVEL NIVEAU	Einstellung des Triggersignalpegels
AC-DC-GND	Eingang: über Kondensator – direkt – auf Masse – geschaltet	AUTO	Endstellung der LEVEL-Einstellung. Automatische Triggerung der Zeitablenkung beim Spitzenpegel. Ohne Triggersignal ist die Zeitablenkung frei laufend.
CHOP –	Strahlumschaltung mit Festfrequenz von einem Vertikalkanal zum anderen		
– ALT	Strahlumschaltung am Ende des Zeitablenkzyklus von einem Vertikalkanal zum anderen	+ / –	Triggerung auf positiver bzw. negativer Flanke des Triggersignals
INVERT CH.B	Messsignal auf Kanal B wird invertiert	TIME/DIV ZEIT/Skt	Zeitmaßstab in µs/DIV oder ms/SKT oder ms/cm
ADD	Addition der Signale von Kanal A und B	VOLTS/DIV V/SkT; V/cm	Vertikalabschwächer für Kanal A und B in mV/DIV oder mV/Skt oder V/cm
POSITION	Vertikale Bildverschiebung	CAL	Eichpunkt für Maßstabsfaktoren bei Rechtsanschlag
	Horizontale Bildverschiebung		

Zubehör

- **Mehrkanalvorsatz**:
  Darstellung mehrerer Kanäle auf einem Oszilloskopeingang.
- **Trennverstärker**:
  Potenzialtrennung zwischen Messobjekt und Oszilloskop (Personensicherheit); begrenzte Bandbreite (< 2 MHz) beachten

- **Stromzange**:
  Direkte Messung von Strömen
  1. Trafoprinzip: keine DC-Ströme, hohe Bandbreite
  2. Hallwandler: AC- und DC-Messung, begrenzte Bandbreite (< 50 MHz)
- **Trenntransformator**:
  Direkte Messung am Versorgungsnetz

Energieversorgung

Digitales Oszilloskop – *Digital oscilloscope*

Blockschaltbild

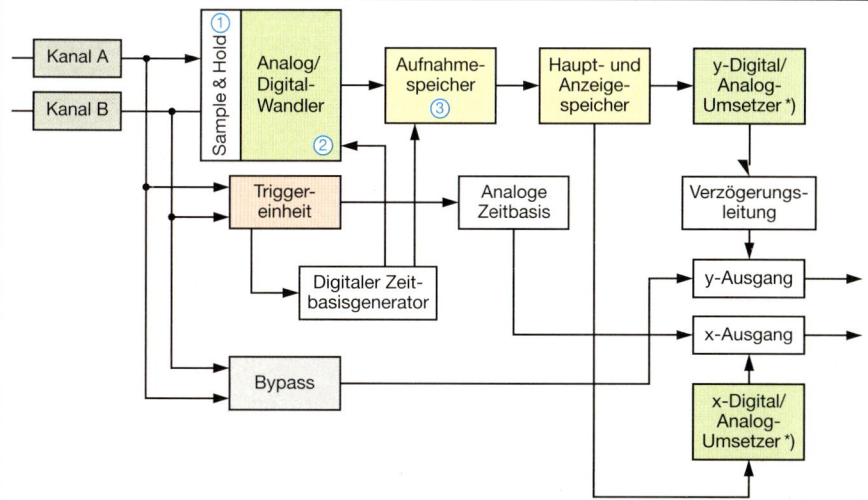

*) Werden LCD-Displays verwendet, sind D/A-Umsetzer nicht erforderlich.

Funktionsprinzip	Schnittstellen

Funktionsprinzip

- **Abtastung**
  Signal wird in festen Zeitabständen abgetastet und zwischengespeichert (Sample & Hold) ①.
- **Digitalisierung**
  Gespeichertes Signal wird in digitales Signal gewandelt ②.
- **Speicherung**
  Abgetastete und digitalisierte Werte werden fortlaufend im Speicher abgelegt ③.
- **Anzeige**
  Gespeicherte Werte werden zykisch aus dem Speicher ausgelesen und angezeigt.
- **Kombioszilloskope**
  Arbeiten mit Elektronenstrahlröhre und können als Speicheroszilloskop oder über Bypass als analoges Oszilloskop arbeiten.

Schnittstellen

Typen

- RS232 (seriell)
- Centronics (parallel z. B. für Drucker)
- IEEE 488 (parallel für Verbindung in Messsystemen)

Datenrichtung

- **Senden**
  Daten an PC, Drucker, Speicher (Diskette, USB-Stick, …)
- **Empfangen**
  Daten (z. B. Einstellungsparameter) von PC, automatischen Testsystemen, Fernbedienungen
- **Bidirektional**
  Kombinationen aus Senden und Empfangen; je nach Anwendungsfall sind zahlreiche verschiedene Ausstattungen verfügbar.

Typische Funktionen von Digitaloszilloskopen	Kenngrößen	

Typische Funktionen von Digitaloszilloskopen

- **Pre-Trigger**
  Durch fortlaufende Messwertspeicherung können Signale vor dem Triggerzeitpunkt dargestellt werden.
- **Speicher**
  Speicherung der Messwerte ermöglicht die Darstellung von einmaligen Signalverläufen.
- **Zoom**
  Nach der Messung können Signalverläufe gezoomt werden.
- **Cursormessung**
  Mit Hilfe eines Cursors können die Messwerte eines Punktes genau ermittelt werden (Ablesefehler = 0)

Kenngrößen

Abtastrate	Anzahl möglicher Abtastungen/Sekunde [Hz]; häufig auch Samples/S (S/s, Sa/s oder Sp/S) • Bei Mehrkanalmessungen wird Abtastrate auf alle Messkanäle verteilt. • Abtastrate ist maßgeblich für maximal darstellbare Frequenzen
Speichertiefe	Anzahl der speicherbaren Abtastwerte ergibt die Aufzeichnungsdauer bzw. die zeitliche Auflösung
Binäre Wortlänge	Maß für die digitale Auflösung des Messsignals, ergibt die Messgenauigkeit (Quantisierungsfehler)

Messen mit dem Oszilloskop – *Measuring with the oszilloscope*

Spannungs- und Strommessung mit dem Zweikanaloszilloskop

Beispiel:

Da beide Y-Ablenksysteme eine gemeinsame Masse besitzen, müssen die Messleitungen einen gemeinsamen Bezugspunkt (z. B. C) haben.

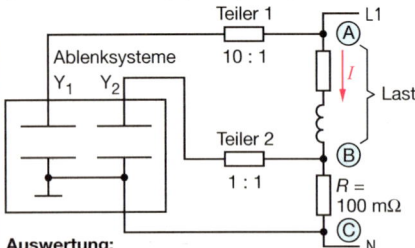

Auswertung:

$$A = 2 \, \frac{ms}{Skt} \; ; \; k_{Y1} = 10 \, \frac{V}{Skt} \; ; \; k_{Y2} = 0{,}2 \, \frac{V}{Skt}^{1)}$$

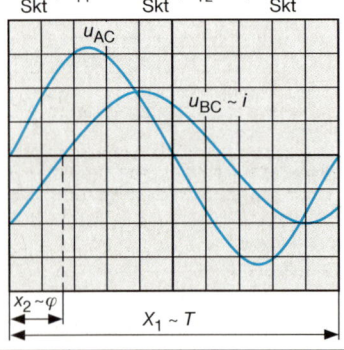

In der Praxis gilt:

$u_{AC} \gg u_{BC}$ und damit $u_{AB} \approx u_{AC}$

Die Spannung u_{AB} kann mit einem Zweikanal-oszilloskop auch als Differenzspannung gemessen werden.

Dabei ist

- für beide Kanäle der gleiche Vertikal-Maßstab einzustellen ($k_{Y1} = k_{Y2}$).
- ein Y-Eingangssignal zu invertieren.
- die Addition beider Y-Signale (Add) zu veran-lassen.

$$T = X_1 \cdot k_x = 10 \, Skt \cdot 2 \, \frac{ms}{Skt} = \underline{\underline{20 \, ms}}$$

$$f = \frac{1}{T} = \frac{1}{20 \, ms} = \underline{\underline{50 \, Hz}}$$

$$\hat{u}_{AC} = Y_1 \cdot k_{Y1} \cdot k_{T1} = 3{,}1 \, Skt \cdot 10 \, \frac{V}{Skt} \cdot \frac{10}{1} = \underline{\underline{310 \, V}}$$

$$\hat{u}_{BC} = Y_1 \cdot k_{Y2} \cdot k_{T2} = 2 \, Skt \cdot 0{,}2 \, \frac{V}{Skt} \cdot \frac{1}{1} = \underline{\underline{400 \, mV}}$$

$$\hat{i} = \frac{\hat{u}_{BC}}{R_{Mess}} = \frac{400 \, mV}{100 \, m\Omega} = \underline{\underline{4 \, A}}$$

$$\varphi = X_2 \cdot k_X \cdot \frac{360°}{20 \, ms}$$

$$= 1{,}5 \, Skt \cdot 2 \, \frac{ms}{Skt} \cdot \frac{360°}{20 \, ms} = \underline{\underline{54°}}$$

Messung im Niederspannungsnetz

- In der Messtechnik werden Oszilloskope vor-zugsweise über Trenntransformatoren versorgt. So kann jeder Punkt des geerdeten Niederspan-nungsnetzes mit der Masse des Oszilloskops verbunden werden.
- Messanschlüsse und metallische Gehäuseteile können Netzpotenzial haben ①. Dies ist für Menschen gefährlich.

Gefahrenvermeidung:

- Gehäuse isolierend abdecken oder
- Trennverstärker (z. B. mit Optokoppler) verwen-den.

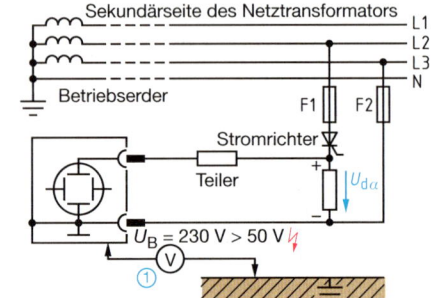

Kennliniendarstellung einer Diode

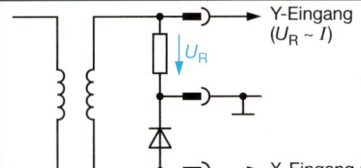

Beispiel:

Diodenkennlinie

$$k_x = 0{,}5 \, \frac{V}{Skt} \; ; \; k_y \triangleq 5 \, \frac{mA}{Skt}^{1)}$$

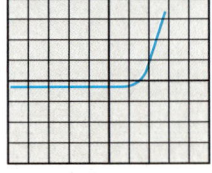

$^{1)}$ k_X Ablenkfaktor in X-Richtung; k_{Y1}; k_{Y2} Ablenkfaktor in Y-Richtung für Kanal 1; 2

- Sie bilden aus Wechselspannung eine konstante Gleichspannung.
- Sie versorgen elektronische Komponenten (z. B. in PC, Fernseher, Telefonanlage, …).

Übersicht

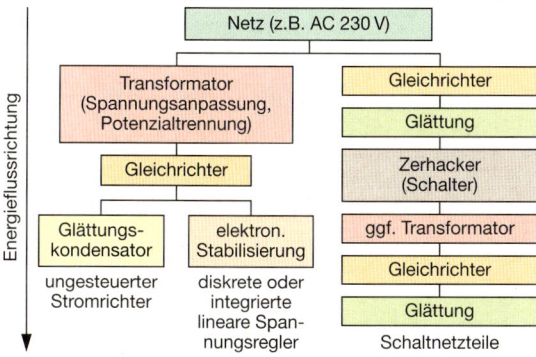

Ungesteuerte Gleichrichter:
- einfacher Aufbau
- Spannung stark von Laststrom abhängig

Diskrete/integrierte, lineare Spannungsregler:
- gute Spannungskonstanz
- hohe Verlustleistung bei Differenzspannung zwischen Eingang und Ausgang

Schaltnetzteile:
- wegen hoher Schaltfrequenz nur kleine Transformatoren erforderlich

Stabilisierte Gleichspannungs-Versorgungsgeräte

Stabilisierte Gleichspannungs-Versorgungsgeräte (Netzgeräte) enthalten stetige Gleichstromsteller. Allen gemeinsam sind Netztransformator, Gleichrichtung und Glättung (hier nicht dargestellt) zur Bildung der Eingangsgleichspannung U_1.

Versorgungsgerät mit Differenzverstärker

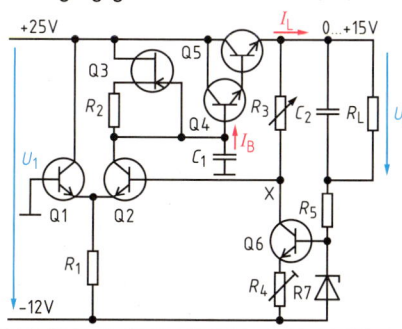

- Konstantstromquelle (Q3, R_2): stabilisiert gegen Schwankungen von U_1.
- Differenzverstärker (Q1, Q2, R_1): beseitigt Temperaturabhängigkeit sonst üblicher Regeltransistoren.
- Darlingtonstufe (Q4, Q5): hohe Lastströme bei kleinen Basisströmen.
- Sollwertpotentiometer (R_3): stellt U_2 zwischen 0 V … U_{2max} (z. B. + 15 V)
- Konstantstromquelle (Q6, R_4, R_5, R7): bildet virtuelle Masse X, stabilisiert U_2 gegen Lastschwankungen.

Versorgungsgerät mit integrierten einstellbaren Spannungsreglern für positive und negative Ausgangsspannungen

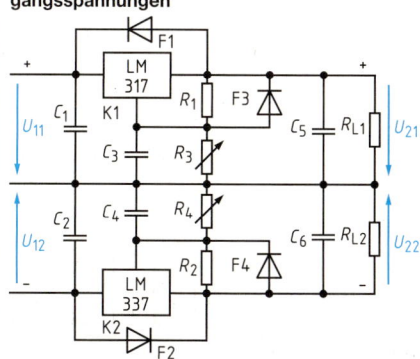

- LM 317 (N1) und LM 337 (N2) sind gebräuchliche integrierte einstellbare Spannungsregler.

- $U_{21} = (U_{11} - 3\,\text{V}) \ldots 1{,}2\,\text{V} \approx 1{,}25 \left(1 + \dfrac{R_3}{R_1}\right) \text{V}$
  $U_{11max} = 40\,\text{V}$

- $U_{22} = [U_{12} - (-3\,\text{V})] \ldots -1{,}2\,\text{V} \approx -1{,}25 \left(1 + \dfrac{R_4}{R_2}\right) \text{V}$
  $U_{12max} = -40\,\text{V}$

- $R_1 = R_2 = 240\ \Omega$
  $R_3 = R_4 = 54\ \Omega$
  C_1 bzw. $C_2 = 0{,}1\ \mu\text{F}$

- Rückstromschutz durch F1 bzw. F2
- Entladeschutz durch F3 bzw. F4

Sieb- und Stabilisierungsschaltungen – *Filter- and stabilizer circuits*

Schaltung	Bemerkungen	Schaltung	Bemerkungen
Ladekondensator	Spannungsglättung durch Ladekondensator C_L. Bei Belastung durch R_L entsteht als Wechselspannungsanteil die Brummspannung U_W. $$C_L \approx \frac{k \cdot I_d}{p \cdot f \cdot U_W}$$ $k = 0,25$ bei Einpuls- u. $k = 0,2$ bei Zweipulsschaltungen.	**Glättungsdrossel**	Stromglättung durch Glättungsdrossel L. Stromwelligkeit $$w_1 = \frac{I_w}{I_d}$$ $$L \geq \frac{\sqrt{Z^2 - R_L{}^2}}{p \cdot 2 \cdot \pi \cdot f}$$
RC-Siebglied	Frequenzabhängiger Spannungsteiler als Tiefpass. Siebfaktor $s = \dfrac{U_{W1}}{U_{W2}}$ $s \approx p \cdot 2 \cdot \pi \cdot f \cdot R_s \cdot C_s$ p: Pulszahl der Gleichrichterschaltung $s_G = s_1 \cdot s_2 \cdot \ldots \cdot s_n$	**LC-Siebglied**	Tiefpass für höhere Lastströme. Siebfaktor $s = \dfrac{U_{W1}}{U_{W2}}$ $s \approx (p \cdot 2 \cdot \pi \cdot f)^2 \cdot L_s \cdot C_s$ p: Pulszahl der Gleichrichterschaltung $s_G = s_1 \cdot s_2 \cdot \ldots \cdot s_n$
RZ-Stabilisierung	Der differenzielle Widerstand r_z von R1 wirkt bei Wechselspannungen glättend und bei Gleichspannungen stabilisierend. $$G = \frac{\Delta U_1}{\Delta U_2} = 1 + \frac{R_v}{r_z}$$ $$R_{v\,min} = \frac{U_{1max} - U_Z}{I_{Zmax} + I_{Lmin}}$$ $$R_{v\,max} = \frac{U_{1min} - U_Z}{I_{Zmin} + I_{Lmax}}$$ $I_{Zmin} \geq 0,1 \cdot I_{Zmax}$ $I_{Zmax} \leq \dfrac{P_{tot}}{U_Z}$	**RZ-Präzisions-Stabilisierung**	Glättungsfaktor G $$G = G_1 \cdot G_2$$ $$G_1 \approx \frac{R_{v1}}{r_{Z1}}$$ $$G_2 \approx \frac{R_{v2}}{r_{Z2}}$$
Konstantspannungsquelle mit Transistor	R1 bewirkt feste Basisspannung an R2. $U_L = U_Z - U_{BE}$ $U_L = U_1 - U_{CE}$ $G \approx \dfrac{R_v}{r_z}$ $r_i = \dfrac{\Delta U_L}{\Delta I_L} \approx \dfrac{r_z}{\beta}$	**Integrierter Festspannungsregler**	Festspannungsregler arbeiten als Konstantspannungsquelle mit Differenzverstärker. $U_1 \geq U_L + 2$ V $r_i \approx 20$ mΩ $G \approx 500 \ldots 5000$ Sehr verbreitet: Serie 78XX für pos., Serie 79XX für neg. Spannungen $C_1 = 470 \ldots 2200$ µF, $C_2 = 1 \ldots 10$ µF
Konstantstromquelle mit Transistor	Da Q2 PNP-Transistor, liegt R_L an Masse. Stromeinstellung erfolgt mit Emitterwiderstand R_E. $$I_E = \frac{U_Z - U_{EB}}{R_E} \approx I_L$$ $r_i \approx 50 \ldots 500 \cdot r_{CE}$	**Konstantstromquelle mit Feldeffekttransistor**	Steuerspannung $-U_{GS}$ wird am Source-Widerstand R_S abgenommen. Die I_D–U_{GS}-Kennlinie liefert für jeden Betrag von R_S den Konstantstrom I_D. $$I_L = I_D = \frac{-U_{GS}}{R_S}$$ $r_i \approx 20 \ldots 100 \cdot r_{DS}$

Schaltnetzteile, Schaltregler – *Switch mode power supply, switching controller regulator*

Funktionsgruppen von Schaltnetzteilen (SNT)

Schaltnetzteil

DC/DC-Wandler Primär | Sekundär

| Entstören (EMV) | Gleichrichten | Glätten, Speichern | Schalten | Übertragen, Spg. wandeln, Pot. trennen | Gleichrichten | Glätten | Entstören (EMV) | Abschalten, (OVP) |

| Steuern, überwachen, Schützen PWM | Übertragen | | Regeln | Überwachen $U_A \leq$ |

EMV: **E**lektro-**M**agnetische-**V**erträglichkeit
OVP: **O**ver **V**oltage **P**rotection
Überspannungsschutz
PWM: **P**uls**w**eiten**m**odulation

Sperrwandler

Schaltbild	Spannungen, Ströme	Formeln für Kenngrößen
Hochsetzsteller (Boost-converter) $U_E \leq U_A$		$U_A = \dfrac{1}{1-g} \cdot U_E$ $L = \dfrac{(U_A - U_E) \cdot U_E}{\Delta I_L \cdot f \cdot U_A}$ $I_L = \dfrac{1}{1-g} \cdot I_A$ $U_{Q1max} = 2 \cdot U_E$
Inverter mit galv. Trennung Sperrwandler (fly-back-converter)		$U_A = \dfrac{N_2 \cdot g \cdot U_E}{N_1 \cdot (1-g)}$ $L_{primär} = \dfrac{U_E \cdot t_{ein}}{\hat{\imath}_1}$ $\hat{\imath}_1 = \dfrac{2 \cdot P_A}{\eta \cdot U_E \cdot g}$ $U_{Q1max} = 2\,U_E$

Flusswandler

Eintakt-Durchflusswandler (Forward-converter)		$U_A = \dfrac{N_2}{N_1} \cdot g \cdot U_E = \dfrac{g \cdot U_E}{\ddot{u}}$ $I_1 = \dfrac{I_L}{\ddot{u}} + \dfrac{\ddot{u} \cdot U_A}{f \cdot L} \approx \dfrac{I_L}{\ddot{u}}$ $U_{Q1max} = 2 \cdot U_E$
Gegentakt-Durchflusswandler (Push-Pull-converter)		$U_A = \dfrac{2 \cdot g}{\ddot{u}} \cdot U_E$ $I_1 = \dfrac{I_L}{\ddot{u}} + \dfrac{\ddot{u}}{4 \cdot L \cdot f} \cdot U_A \approx \dfrac{I_L}{\ddot{u}}$ $U_{Q1,\,V2max} = 2 \cdot U_E$

Tastgrad $g = \dfrac{t_{ein}}{T}$; $g = \dfrac{\text{Einschaltdauer}}{\text{Periodendauer}}$; Übersetzungsverhältnis: $\ddot{u} = \dfrac{N_1}{N_2}$

Oberschwingungen – *Harmonics*

Prinzip	Ursachen
• Gleichgrößen und Sinuskurven unterschiedlicher Frequenz und Amplitude können addiert werden. • Durch die Addition lassen sich beliebige periodische Kurvenverläufe erzeugen. • Das Prinzip heißt Fourieranalyse.	• Schaltende Bauelemente (z. B. Gleichrichter) erzeugen nicht sinusförmige Ströme (z. B. PC, Energiesparlampe, Frequenzumformer, …) • Durch Ströme mit Oberschwingungen kann auch die Netzspannung Oberschwingungen aufweisen.

Begriffe	Kenngrößen
• **Grundschwingung**: Sinusschwingung mit der geringsten Frequenz (meistens 50 Hz). • **Harmonische h**: Oberschwingung mit einer ganzzahligen vielfachen Frequenz der Grundschwingung (z. B. 50 Hz). • **Zwischenharmonische**: Oberschwingung mit einer Frequenz, die kein ganzzahlig Vielfaches der Grundschwingung ist.	**THD** (**T**otal **H**armonic **D**istortion): Gesamtverzerrungsfaktor. Effektivwert aller Oberschwingungen für Spannung/Strom. $$THD_U = \sqrt{\frac{U_2{}^2 + U_3{}^2 + U_4{}^2 + \ldots + U_{40}{}^2}{U_1{}^2}}$$ $$THD_I = \sqrt{\frac{I_2{}^2 + I_3{}^2 + I_4{}^2 + \ldots + I_{40}{}^2}{I_1{}^2}}$$

Darstellung

zeitlicher Verlauf	Frequenzspektrum
Der zeitliche Verlauf zeigt die nicht sinusförmige Spannungs- und Stromform.	Im Frequenzspektrum lassen sich die Anteile der einzelnen Oberschwingungen erkennen.

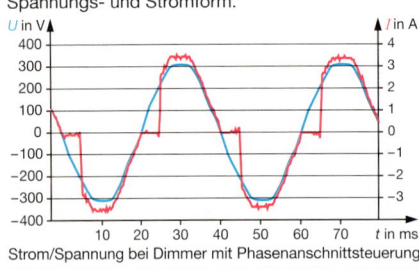

Strom/Spannung bei Dimmer mit Phasenanschnittsteuerung

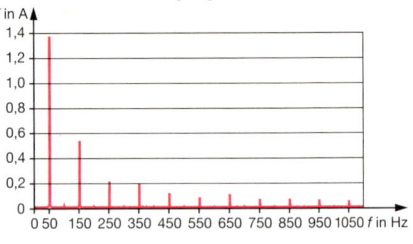

Grenzwerte   DIN EN 61000-3-2: 06-10

Geräteklassen

A	Symmetrische dreiphasige Geräte, Haushaltsgeräte, Elektrowerkzeuge, Beleuchtungsregler (Dimmer) für Glühlampen, Audio-Einrichtungen (außer Geräten die in Klasse D genannt sind.)	C	Beleuchtungseinrichtungen inkl. Beleuchtungsregler
		B	Tragbare Elektrowerkzeuge, Lichtbogenschweißeinrichtungen
		D	Geräte mit einer Leistung $P \leq 600$ W

Ordnungszahl n		maximaler Oberschwingungsstrom			
		Klasse A	Klasse B	Klasse C	Klasse D[2]
gerad- zahlig	2	1,08 A	1,62 A	2 % I_1	kein Grenzwert
	4	0,43 A	0,65 A	kein Grenzwert	kein Grenzwert
	6	0,30 A	0,45 A	kein Grenzwert	kein Grenzwert
	8…40	0,23 · 8/n A	0,35 · 8/n	kein Grenzwert	kein Grenzwert
un- gerad- zahlig	3	2,3 A	3,45 A	30 λ % I_1[1]	3,4 mA/W	2,3 A
	5	1,14 A	1,71 A	10 % I_1	1,9 mA/W	1,14 A
	7	0,77 A	1,16 A	7 % I_1	1,0 mA/W	0,77 A
	9	0,4 A	0,6 A	5 % I_1	0,5 mA/W	0,4 A
	11	0,33 A	0,5 A	kein Grenzwert	0,35 mA/W	0,33 A
	13	0,21 A	0,32 A	kein Grenzwert	0,3 mA/W	0,21 A
	15…39	0,15 · 15/n A	0,23 · 15/n A	3 % I_1	3,85/n mA/W	0,15 · 15/n A

[1] λ = Leistungsfaktor der Schaltung   [2] kleinerer der beiden Grenzwerte ist gültig; Grenzwert auf Eingangsleistung bezogen.

Spannungsqualität – *Power quality*

Begriffe

		Messgeräte (Beispiel)
Grundschwingung	Sinuskurve mit 50 Hz (f_1 = 50 Hz, 1. Harmonische)	
Oberschwingung	Sinuskurve mit vielfachem von 50 Hz ($f_n = n \cdot 50$ Hz, n. Harmonische, n = 2, 3, 4, …)	
Oberschwingungsstrom (THD)	Effektivwert aller Oberschwingungsströme	
Spannungsänderung	Änderung des Effektivwertes oder Spitzenwertes zwischen zwei Spannungsperioden	
Flicker	Wahrnehmung einer Leuchtdichteänderung aufgrund von Spannungsänderungen	• Acht Eingänge (z. B. 4 x Strom und 4 x Spannung) • Festplatte zur Datensicherung • Software zur automatischen Bewertung der Messgrößen

Störquellen	Probleme	Maßnahmen
• nicht sinusförmige Ströme • unsymmetrische, nichtlineare Verbraucher • Überspannungen	• Funktionsstörungen • erhöhte Ströme im N-, PE oder PEN • Ausgleichsströme über Schirme und leitende Gebäudeteile	• konsequentes TNS-Netz • Filter einsetzen • N-Leiter-Querschnitte gleich Außenleiterquerschnitt dimensionieren

Grenzwerte

maximale Oberschwigungsspannungen in Niederspannungsnetzen

• öffentliche Netze (DIN EN 61000-2-2: 03-02)
• Industrieanlagen (DIN EN 61000-2-4: 03-05)
  Klasse 1: empfindliche Geräte (z. B. Labor)
  Klasse 2: anlageninterne Verknüpfungspunkte
  Verknüpfungspunkt mit öffentlichem Netz
  Klasse 3: anlageninterner Anschlusspunkt mit industrieller Umgebung

Flicker

Kurzzeitflicker (10-Min-Intervall)	$P_{st} < 1$
Langzeitflicker (2-Std-Intervall)	$P_{lt} < 0{,}8$

Messung der Flickerstärke erfolgt mit speziellen Flickermetern oder Messsystemen zur Spannungsqualität. Spannung wird gemessen und deren Schwankung bewertet.

		öffentliche Netze	Industrienetze der Klasse		
			1	2	3
	h	u_h/%	u_h/%	u_h/%	u_h/%
geradzahlig	2	2	2	2	3
	4	1	1	1	1,5
	6	0,5	0,5	0,5	1
	8	0,5	0,5	0,5	1
	10	0,5	0,5	0,5	1
ungeradzahlig — Vielfache von 3	3	5	3	5	6
	9	1,5	1,5	1,5	2,5
	15	0,4	0,3	0,4	2
	21	0,3	0,2	0,3	1,75
	>21 <45	0,2	0,2	0,2	1
ungeradzahlig — keine Vielfachen von 3	5	6	3	6	8
	7	5	3	5	7
	11	3,5	3	3,5	5
	13	3	3	3	3,5
	17	–	2	2	4

THD (in Industrienetzen)

Klasse 1	5 %	Berücksichtigt werden Oberschwingungen der Ordnungszahl 2 bis 40.
Klasse 2	8 %	
Klasse 3	10 %	

Spannungsabweichungen

Industrienetze	< 60 sec.	$U = 0{,}85 \ldots 0{,}9\, U_N$
	> 60 sec.	$U = 0{,}9 \ldots 1{,}1\, U_N$
öffentliche Netze	95 % aller Messwerte:	$U = 0{,}9 \ldots 1{,}1\, U_N$
	100 % aller Messwerte:	$U = 0{,}85 \ldots 0{,}9\, U_N$

Frequenz[1]

f = 49,5 Hz … 50,5 Hz (99,5 % eines Jahres)
f = 47,0 Hz … 52,0 Hz (100 % der Messdauer)
Grenzwerte nur bei synchronem Anschluss an ein Verbundnetz.

langsame Spannungsänderungen[1]

$U = U_n$ +/– 10 %
Grenzwerte für 95 % aller gemessenen 10-Minuten-Mittelwerte

[1] Grenzwerte aus EN 50160 „Merkmale der Spannung in öffentlichen Elektrizitätsversorgungsnetzen"

Unterbrechungsfreie Stromversorgung (USV)
Uninteruptable power supply (UPS)   DIN VDE 0558-530: 02-02

Anwendungen:

- Verbesserung der Spannungsqualität für ausgewählte Verbraucher (z. B. Computer, sicherheitsrelevante Anlagen)
- Versorgung der Verbraucher auch bei Spannungsausfall

Beispiel: VFI SS 111
Stufe: 1 2   3

Stufe	Bedeutung
1	Abhängigkeit der Ausgangsspannung von der Eingangsspannung
2	Kurvenform der Ausgangsspannung
3	Ausgangsverhalten bei Lastsprüngen

Stufe 1

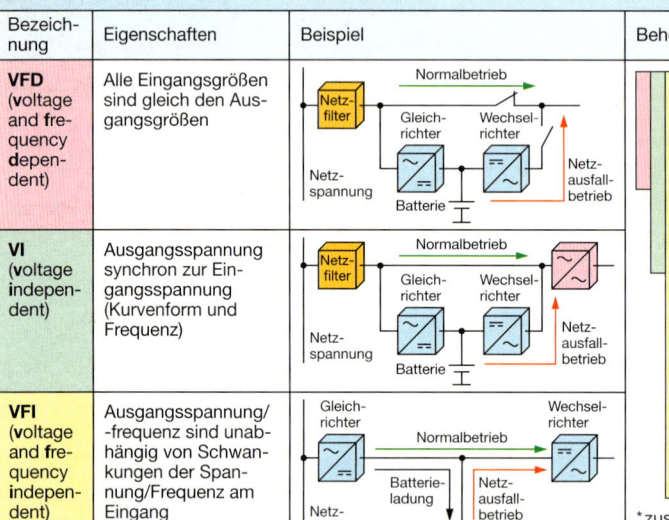

Bezeich-nung	Eigenschaften	Beispiel	Beherrschte Phänomene
VFD (**v**oltage and **f**re-quency **d**epen-dent)	Alle Eingangsgrößen sind gleich den Aus-gangsgrößen	Normalbetrieb / Netzfilter / Gleichrichter / Wechselrichter / Netzspannung / Batterie / Netzausfallbetrieb	1. Netzausfall
			2. Spannungs-schwankung
			3. Spannungsspitzen
VI (**v**oltage **i**ndepen-dent)	Ausgangsspannung synchron zur Ein-gangsspannung (Kurvenform und Frequenz)	Normalbetrieb / Netzfilter / Gleichrichter / Wechselrichter / Netzspannung / Batterie / Netzausfallbetrieb	4. Unterspannungen
			5. Überspannungen*
			6. Blitzeinwirkungen* Spannungsgröße
			7. Frequenz-schwankungen
VFI (**v**oltage and **f**re-quency **i**ndepen-dent)	Ausgangsspannung/-frequenz sind unab-hängig von Schwan-kungen der Span-nung/Frequenz am Eingang	Gleichrichter / Wechselrichter / Normalbetrieb / Batterie-ladung / Netzausfallbetrieb / Netzspannung / Batterie	8. Spannungs-verzerrung (Burst)
			9. Spannungs-oberschwingung
			*zusätzlicher Überspan-nungsschutz erforderlich

Stufe 2		**Stufe 3**	
1. Kennbuchstabe: Netzbetrieb 2. Kennbuchstabe: Batteriebetrieb		1. Ziffer: Netz-/Batterie-/Bypassbetrieb 2. Ziffer: Lastsprung (lineare Last) 3. Ziffer: Lastsprung (nichtlineare Last)	
S	Sinusform mit Verzerrung $D < 8\,\%$ bei Referenzlast	1	sehr gute Eigenschaften, Ausgangsspannungs-abweichung max. +/− 30 %; nach 0,1 s max. +/− 10 %
X	bei linearer Last Güte nach Form „S", sonst $D > 8\,\%$ zulässig	2	nach 1 ms max. +100 %; nach 10 ms max. +20 %/ −100 %; nach 0,1 s max. +/−10 %
Y	Form der Ausgangsspannung weicht von Vor-gaben ab.	3	nach 1 ms max. +100 %; nach 10 ms max. +20 %/ −100 %; nach 0,1 s max. +/−10 %/− 20 %
D:	Verzerrung als Maß für Abweichung von der Sinusform.	4	Genaue Eigenschaften sind beim Hersteller zu erfragen.

Auswahlkriterien für USV-Anlagen

- Maximal benötigte Leistung (mögliche zukünftige Lasterhöhung berücksichtigen)
- Überlastfähigkeit/-dauer (Motoranläufe, Auslöse-energie für Sicherungen/Sicherungsautomaten, …)
- Klassifizierung
- Netzwerkanbindung für automatischen Shutdown angeschlossener Computer bei Ende der Auto-nomiezeit
- Rückwirkungen auf das speisende Netz (Strom-oberschwingungen)
- Redundanz mehrerer Systeme
- Autonomiezeit (Batteriekapazität)
- Ein-/Ausgangsspannung (1- oder 3-phasig)
- 19"-Einbauvariante/Standgerät
- Umgebungstemperatur (Lebensdauer der Batte-rien)

6 Technische Dokumentation

Nationale und internationale
Normung 238
Bemaßung 239
Dimetrische Projektion 239
Linien 239
Darstellung in mehreren
Ansichten 239
Liniendiagramme 240
Bauzeichnungen 241
Bemaßung, Gewinde, Schnitte 242
Hydraulik und Pneumatik 243
Bildzeichen der Elektrotechnik 244
Prüfzeichen an elektrischen
Betriebsmitteln und Geräten 245
CE-Kennzeichnung 245
Kennzeichnung von Betriebs-
mittelanschlüssen und Leitern 246
Pläne der Elektrotechnik 247
Stromlaufplan 248
Übersichtsschaltplan 249
Funktionsschaltplan und
Diagramm 250
Verdrahtungsplan 251
Installationsplan 252
Informationsverarbeitung 253
Dokumente der Elektrotechnik 254
Funktionsbezogene Dokumente 255
Ortsbezogene Dokumente 256

Verbindungsbezogene
Dokumente 256
Kennzeichnung von elektrischen
Betriebsmitteln 257
Symbolelemente und Kenn-
zeichen 259
Passive Bauelemente 260
Halbleiter 260
Leitungen und Verbinder 261
Kontakte 262
Elektroinstallation 262
Melde- und Signaleinrichtungen.... 264
Grafische Symbole für EIB 264
Schaltgeräte und Schutz-
einrichtungen 265
Mess- und Schutzeinrichtungen.... 266
Erzeugung und Umwandlung
elektrischer Energie 267
Binäre Elemente 269
Binäre Signalverarbeitung............. 270
Nachrichtentechnik 271
Programmablaufplan,
Struktogramm 272
Symbole und Kennbuchstaben
der Prozessleittechnik 273
Grafische Symbole der
Prozessleittechnik 274
Funktionsplan (GrafCET).............. 275

Normung – *Standardisation*

Normen

- Normen sind anerkannte und veröffentlichte Regeln zur Lösung von Sachverhalten.
- Durch Einbeziehung in Rechts-/ Verwaltungsvorschriften oder Privatwirtschaftliche Verträge können diese verbindlich werden.
- Normen werden in festgelegten Normungsverfahren verabschiedet.

- Internationale Normung dient dem Abbau von Handelshemmnissen.
- Internationale Normen werden europäischen Normungsgremien zur Übernahme vorgeschlagen.
- EU-Normen sind durch EWG-Vertrag auch für Deutschland bindend und entsprechen DIN-Normen.

Elektro- und informationstechnische Normungsgremien

International	Europäisch	National
• **IEC** (**I**nternational **E**lectrotechnical **C**omission, Genf) • Wird gebildet aus Mitgliedern nationaler Normungsgremien (z. B. DKE). • Erstellt Standards als Basis für nationale Normung oder internationale Verträge. • www.iec.ch	• **CENELEC** (**C**omité **E**uropéen de **N**ormalisation **Elec**trotechnique, Brüssel) • Mitglieder sind nationale Normungsinstitute der EU (z. B. DKE) • Erstellt Standards für die Umsetzung in nationale europäische Normen. • www.cenelec.org	• **DKE** (**D**eutsche **K**ommission **E**lektrotechnik Elektronik Informationstechnik im DIN u. VDE) • Ist ein Organ von DIN und VDE (Träger) • Erstellt nationale Normen und vertritt Deutschland in europäischen und internationalen Gremien. • www.dke.de

VDE-Vorschriftenwerk

- Wird vom DKE erarbeitet und herausgegeben.
- Bezeichnung von VDE-Vorschriften ist gegliedert nach Herausgeber (VDE, DIN VDE), Gruppe (0 – 8), Unternummerierung der Gruppen und Teilen.

Kennzeichnungsbeispiel

DIN VDE   0 7 01 – 1 : 2000-09

- Blindnull
- Gruppe
- Nr. innerhalb der Gr.
- Herausgeber
- Jahr/Monat des Inkrafttretens
- Teil-Nummerierung

Gruppen des VDE-Vorschriftenwerkes

0 Allgemeines 1 Starkstromanlagen 2 Starkstromleitungen und -kabel	3 Isolierstoffe 4 Messung und Prüfung 5 Maschinen, Transformatoren, Umformer	6 Installationsmaterial, Schaltgeräte, Hochspannungsgeräte 7 Verbrauchsgeräte 8 Fernmelde- und Rundfunkanlagen

Auswahl wichtiger VDE-Vorschriften

VDE 0100	Bestimmungen für das Errichten von Starkstromanlagen bis 1000 V
VDE 0105	Betrieb von elektrischen Anlagen
VDE 0185	Blitzschutz
VDE 0800	Fernmeldetechnik
VDE 0805	Einrichtungen der Informationstechnik
VDE 0808	Signalübertragung auf elektrischen Niederspannungsnetzen im Frequenzbereich von 3 kHz bis 148, 5 kHz
VDE 0820	Geräteschutzsicherungen
VDE 0824	Elektrische Systemtechnik für Heim und Gebäude
VDE 0830	Alarm-/ Einbruchmeldeanlagen
VDE 0838 VDE 0834 VDE 0847	Elektromagnetische Verträglichkeit
VDE 0887	Koaxialkabel für Kabelverteilanlagen
VDE 0888	Lichtwellenleiterkabel

Technische Dokumentation

Blattformate – *Sheet formats*

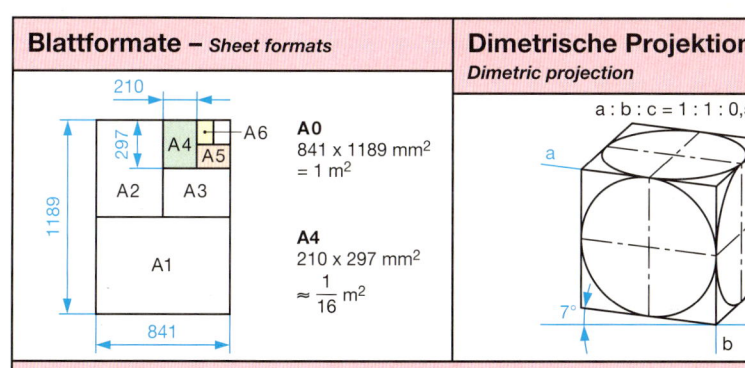

A0
841 x 1189 mm² = 1 m²

A4
210 x 297 mm²
$\approx \frac{1}{16}$ m²

Dimetrische Projektion
Dimetric projection

$a : b : c = 1 : 1 : 0,5$

Linien – *Lines*

Linien-art	Volllinie		Strichlinie		Strichpunktlinie		Frei-hand-linie	Zick-zack-linie	Strich-Zwei-punkt-linie
	breit	schmal	breit	schmal	breit	schmal	schmal	schmal	schmal
Kenn-buch-stabe	A	B	E	F	J	G	C	D	K
Linien-breiten in mm	1 0,7 0,5	0,5 0,35 0,25	1 0,7 0,5	0,5 0,35 0,25	1 0,7 0,5	0,5 0,35 0,25	0,5 0,35 0,25	0,5 0,35 0,25	0,5 0,35 0,25
Anwen-dungs-bei-spiele	sichtbare Körper-kanten ②, Gewinde-begren-zung ⑤	Maßlinie, ③ Maßhilfs-linie ⑧, Schraffur, ④ Gewinde-linie ⑥	Kenn-zeich-nung von Oberflä-chenbe-hand-lung ⑩	verdeckte Körper-kanten ⑨	Schnitt-verlauf ⑪	Mittel-linie ⑬	Bruch-linie ⑦	Bruch-linie (alterna-tiv zu C)	angren-zende Teile ①, Grenz-stellung beweg-licher Teile ⑫

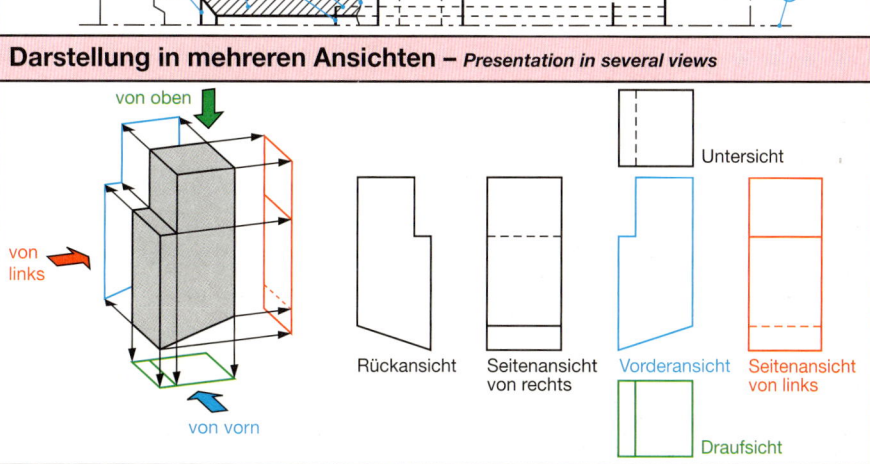

Darstellung in mehreren Ansichten – *Presentation in several views*

Liniendiagramme – *Line diagrams*

Kartesisches Koordinatensystem

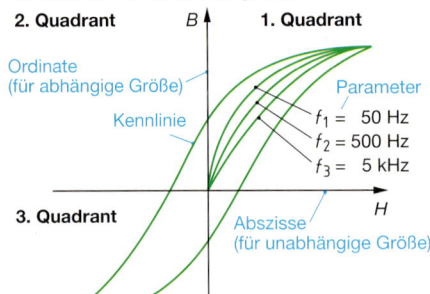

2. Quadrant   *B*   1. Quadrant

Ordinate
(für abhängige Größe)

Kennlinie

Parameter
$f_1 = 50$ Hz
$f_2 = 500$ Hz
$f_3 = 5$ kHz

3. Quadrant   *H*

Abszisse
(für unabhängige Größe)

4. Quadrant

Achsenbeschriftungen

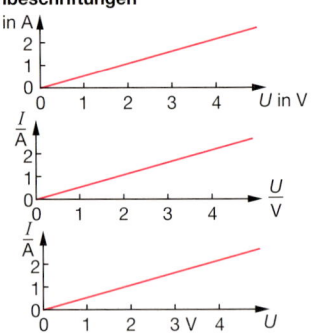

Normierte Achse

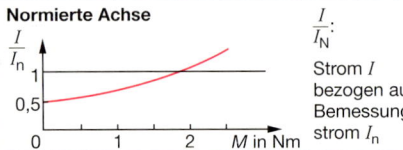

$\dfrac{I}{I_N}$:
Strom I
bezogen auf
Bemessungs-
strom I_n

Linienbreiten

Kennlinie : Achse : Gitternetz =
1 : 0,5 : 0,25

z. B. 0,7 mm : 0,35 mm : 0,2 mm

Unterbrochene Achsen

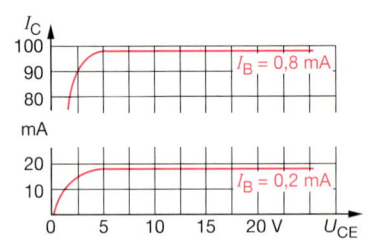

$I_B = 0,8$ mA

$I_B = 0,2$ mA

(dekadisch) logarithmische Teilung

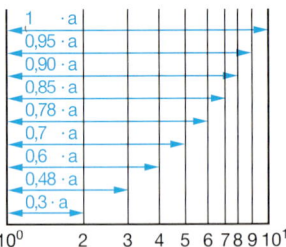

1 · a
0,95 · a
0,90 · a
0,85 · a
0,78 · a
0,7 · a
0,6 · a
0,48 · a
0,3 · a

Polarkoordinaten

Darstellung von Größen in Abhängigkeit von
Winkeln und Abstand vom Pol

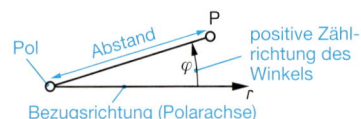

Pol   Abstand   P

positive Zähl-
richtung des
Winkels

φ *r*

Bezugsrichtung (Polarachse)

Anwendungen:
Richtcharakteristiken, Lichtstärkeverteilungs-
kurven (LVK)
Beispiel: LVK einer Reflektorlampe 60 W/80°

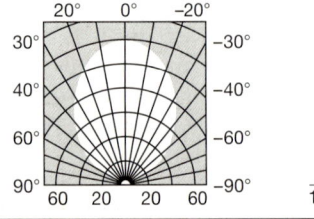

$\dfrac{cd}{1000\ lm}$

Netztafeln

Lösen von Aufgaben der Typen

• $y = \dfrac{x}{a}$ z. B. $I = \dfrac{U}{R}$

• $y = \dfrac{a}{x}$ z. B. $I = \dfrac{P}{U}$

Ablesebeispiele:
• $R = 500\ \Omega$; $U = 20$ V $\Rightarrow I = 40$ mA
• $P = 9$ W; $U = 30$ V $\Rightarrow I = 30$ mA

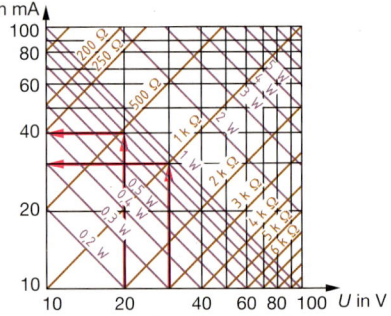

Bauzeichnungen – *Architect drawings*

Beispiel: Grundriss einer Wohnung

Hinweise:

- Maße werden üblicherweise in cm und m angegeben.
- Höhen von Fenstern und Türen werden direkt **unter** der Maßlinie angegeben ①.
- Öffnungsart von Fenstern wird im Grundriss nicht angegeben.
- Durchlässe können als Bruch bemaßt werden (Breite/Höhe).

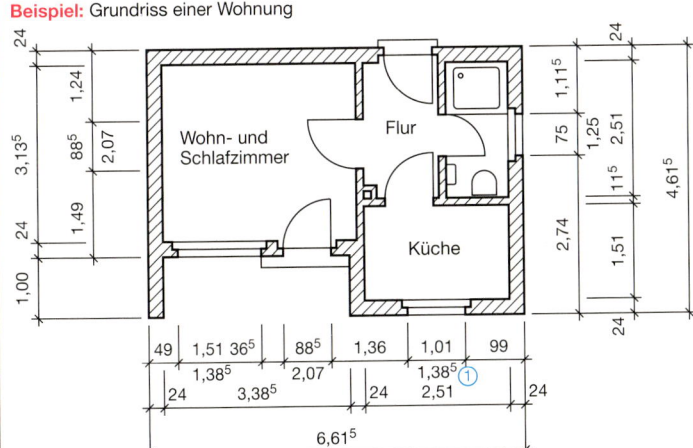

Wohn- und Schlafzimmer · Flur · Küche

Öffnungsarten

Flügel-art	Türen im Grundriss	Türen und Fenster in der Ansicht	Flügel-art	Türen im Grundriss	Türen und Fenster in der Ansicht
Dreh-flügel		← Öffnung	Schwing-flügel		
Kipp-flügel			Schiebe-flügel		
Klapp-flügel			Hebe-Schiebe-flügel		
Dreh-Kipp-flügel			Drehtür		
Hebe-Dreh-flügel			Falltür		

Treppen im Grundriss

Einläufige Treppe mit Zwischenpodest	
Zweiläufige Treppe	
Treppenlauf horizontal geschnitten	

Schächte im Grundriss

Schornsteine	
Aufzug	
Lüftung	

Bemaßung – *Dimensioning*

Bemaßungsregeln

- Keine Doppelbemaßung
- Keine Bemaßung an verdeckten Kanten
- Keine Maße in markierten Bereichen (siehe Abb.)
- Maß in der Ansicht, in der es am deutlichsten zu sehen ist
- Maßzahlen von unten (Schriftfeld) oder von rechts lesbar
- Maßlinien sollen sich nicht kreuzen

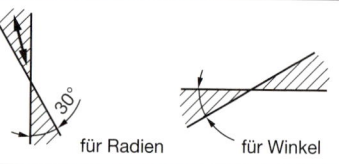

für Radien   für Winkel

Begriffe

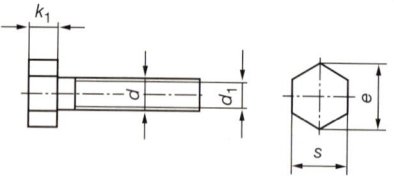

Symmetrielinie

Maßhilfslinie

Maßlinie

Maßzahl

Maßpfeil

Werkstück-
dicke: 7 mm

13

30

$t = 7$

12

Ø10

30

45

2 mm   10 mm   10 mm   7 mm   2 mm

Bohrungen

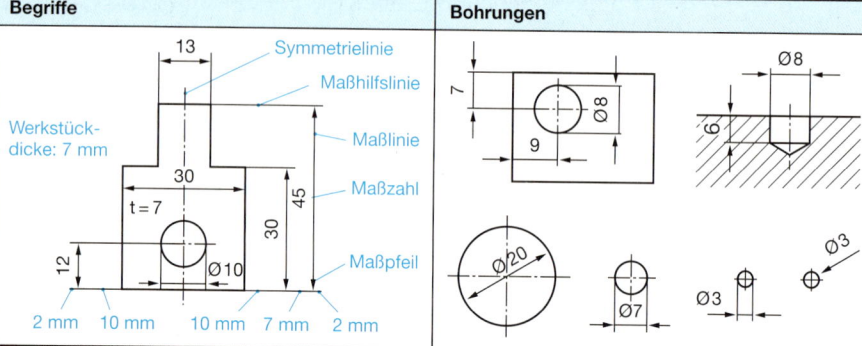

7

Ø8

9

Ø8

6

Ø20

Ø7

Ø3

Ø3

Gewinde – *Threads*

Sechskant-Schraube

Vereinfachte Darstellung (ohne Fasen)

k_1

d

d_1

e

s

Richtwerte zum Zeichnen:
Eckmaß $e = 2 \cdot d$ $d_1 = 0,8 \cdot d$
Schlüsselweite $s = 1,7 \cdot d$ $k_1 = 0,7 \cdot d$

Innengewinde

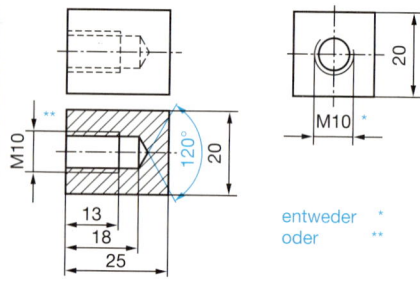

M10

120°

20

13
18
25

20

M10

entweder   *
oder   **

Schnitte – *Sections*

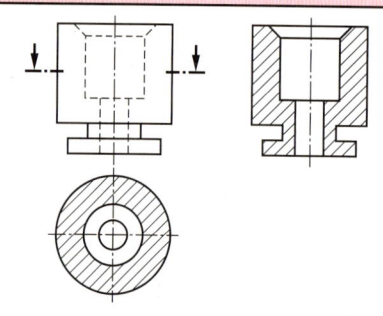

In Schnittdarstellungen werden keine verdeckten
Körperkanten eingezeichnet.

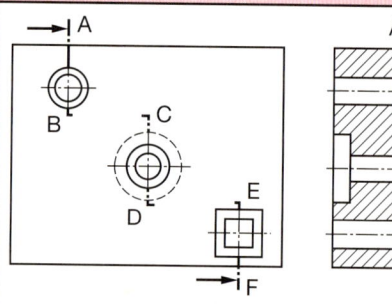

A

A-F

B

C

D

E

F

Normteile (s. o.) werden im Schnitt als Ansicht
gezeichnet.

Hydraulik und Pneumatik – *Hydraulics and pneumatics*

DIN ISO 1219: 93-11

Schaltzeichen	Benennung	Schaltzeichen	Benennung	Schaltzeichen	Benennung
Funktionssinnbilder		**Wegeventile**		**Energieübertragung**	
	Hydrostrom		Grundsymbol (Zahl der Felder = Zahl der Schaltstellungen; z. B. a und b)		Hydraulikdruckquelle
	Druckluftstrom				Pneumatikdruckquelle
	Anzeige einer Strömungsrichtung		Ventil mit Kennzeichnung der Anschlüsse: P Zufluss, Druckluftanschluss		Arbeitsleitung
	Anzeige einer Drehrichtung				Steuerleitung
	Durchflussweg und Richtung des Druckmittelstromes durch Ventile		A, B … Arbeitsanschlüsse R Abfluss, Entlüftung		Abfluss- oder Leckleitung
					Leitungsverbindung
	Anzeige einer Verstellbarkeit		Wegeventil mit zwei gesperrten Anschlüssen		Leitungskreuzung; ohne Verbindung
Energieumformung			Ventil geöffnet; mit Angabe der Strömungsrichtung		Hydrospeicher
	Kompressor mit konst. Verdrängungsvolumen; eine Stromrichtung				Druckbehälter
					Filter oder Sieb
	Hydropumpe mit konst. Verdrängungsvolumen; eine Stromrichtung		Ventil geschlossen; A-Anschluss mit R-Anschluss verbunden		Kühler
					Öler
	verstellbare Hydropumpe; zwei Stromrichtungen		3 / 2 – Wegeventil; in Stellung a geschlossen — Zahl der Schaltstellungen (a; b) — Zahl der Anschlüsse (A, P, R)		Wasserabscheider, handbetätigt
	verstellbarer Hydromotor; zwei Stromrichtungen				Aufbereitungseinheit; (vereinfacht)
Zylinder			3 / 2 – Wegeventil; in Stellung a geöffnet	**Betätigung durch Muskelkraft**	
	einfachwirkend; Rückhub durch eingebaute Feder	**Sperrventile**			allgemein
	doppeltwirkend; mit einseitiger Kolbenstange		Rückschlagventil		Druckknopf, Taster
			Wechselventil		Hebel
	doppeltwirkend; mit zweiseitiger Kolbenstange und Endlagendämpfung		Schnellentlüftungsventil		Pedal
				Mechanische Betätigung	
					Taster, Stößel
	Zylinder mit Dämpfung, nicht einstellbar, eine Richtung		Drosselrückschlagventil		Rolle
Stromventile		**Druckventile**			Rolle, nur in einer Richtung arbeitend
	Drosselventil; fest				Feder
	Drosselventil; verstellbar		Druckbegrenzungsventil mit Vorsteuerung	**Elektrische Betätigung**	
	Stromregelventil; verstellbar				Elektromagnet
					Elektromotor
	Stromregelventil; verstellbar; mit Entlastung zum Behälter		Druckregelventil (Druckminderer) ohne Entlastungsöffnung	**Druckbetätigung**	
					direkte Druckbeaufschlagung; hydraulisch
					direkte Druckbeaufschlagung; pneumatisch
					indirekte Druckbeaufschlagung; hydraulisch
					indirekte Druckbeaufschlagung, pneumatisch

Technische Dokumentation

243

Bildzeichen der Elektrotechnik – *Symbols in electrical engineering*

Bild-zeichen	Benennung	Bild-zeichen	Benennung	Bild-zeichen	Benennung	Bild-zeichen	Benennung
	Ein On		Wärme-energie		Umschalt-einrichtung		Aufnahme einer Information auf Informationsträger
	Aus Off		Pneumati-sche Energie		Akustisches Signal, Klingel		Wiedergabe einer Information von Informationsträger
	Vorbereiten Bereitschafts-stellung		Elektrische Energie		Akustisches Signal, Wecker		Impuls-markierung
	Ein/Aus stellend		Hydraulische Energie		Feuer-Alarm mit Sirene		Löschen einer Information vom Informationsträger
	Ein/Aus tastend		Bewegung in Pfeilrichtung		Akustisches Signal, Hupe		Tonabnehmer
	Start, Ingangset-zung		Bewegung in beiden Rich-tungen		Uhr, Zeitgeber, Zeitschalter		Lesekopf für Bildplatten
	Schnellstart		Wirkung auf einen Bezugs-punkt zu		Ventilator		Monophon
	Stop, Anhal-ten der Be-wegung		Langsamer Lauf		Rauher Betrieb		Stereophon
	Hand-betätigung		Kurzwieder-holung		Zulässige Über-temperatur		Ton (Schall)
	Automati-scher Ablauf		Einstellen		Notruf, Feuerwehr		Ohrhörer, Hörkapsel
	Fern-bedienung		Oszilloskop		Warnblink-anlage		Haupt-waschen
	Verändern einer Größe		Messwert-anzeiger, analog		Gefährliche elektrische Spannung	95	Waschen mit 95°C Maximal-temperatur
	Regeln	000	Messwert-anzeiger, digital		Lampe, Beleuchtung, Licht		Spülen
	Höhenstand; Niveau		Grafisches Auf-zeichnungsgerät, Schreiber	IR	Bestrahlung, infrarot		Wasserstand (hoch)
	Licht-strahlung		Drucker		Farbfern-sehen		Spezial-behandlung
	Licht-messung		Elektrische Maschine		Mikrofon		Schleudern
	Strahlung, allgemein		Handschalter		Lautsprecher		Normal verschmutz-tes Geschirr
	Mechanische Energie		Fußschalter		Telefon, Telefon-Adapter		Trocknen oder Wärmen

Prüfzeichen an elektrischen Betriebsmitteln und Geräten
Test marks at electrical equipment and devices

Nationale Prüfzeichen an elektrischen Betriebsmitteln und Geräten

Zeichen	Erklärung	Zeichen	Erklärung	Zeichen	Erklärung
(VDE)	Verband der Elektrotechnik Elektronik und Informationstechnik e.V.	GS geprüfte Sicherheit	Sicherheitszeichen Prüfzeichen Geprüfte Sicherheit	(E)	Prüfzeichen für Bauelemente der Elektronik
◁VDE▷ ◁HAR▷	VDE-Harmonisierungszeichen für Kabel u. Leitungen	**DIN AGI**	Qualitätszeichen für geräuscharme Ausführung elektr. Geräte	Elektr. geprüft	Prüfzeichen Sicherheitsprüfung z.B. bei elektrischen Geräten

Internationale Prüfzeichen an elektrischen Betriebsmitteln und Geräten

Zeichen	Zeichen	Zeichen	Erklärung
(+S) Schweiz	(UL) USA (Einzelgeräte)	(E 1)	ECE: Kommission der UN für Europa mit Kennzahl des Landes, das Genehmigung erteilt hat, z.B. 1 für Deutschland
Frankreich	USA (Geräte in Anlagen)	≣	CCE: Internationale Kommission für Regeln zur Begutachtung elektrotechnischer Erzeugnisse
(SP) Kanada	KEMA KEUR Niederlande	(CEE)	IEC (CEI): International Electrotechnical Commission Internationale Elektrotechnische Kommission

CE-Kennzeichnung – *CE marks*

- CE-Kennzeichung (**C**ommunanté **E**uropéenne = Europäische Gemeinschaft) bestätigt Übereinstimmung der Erzeugnisse mit relevanten EU-Richtlinien.
- CE-Kennzeichnungspflicht besteht für die Erzeugnisse, die in den Anwendungsbereich einer EU-Richtlinie fallen.
- Freiwillige CE-Kennzeichnungen sind ausgeschlossen.

Auswahl von Erzeugnissen mit CE-Kennzeichnungspflicht

Produktgruppe	EU-Richtlinie	Umsetzung in deutsches Recht
Geräte die elektromagnetische Störungen verursachen oder deren Betrieb durch diese Störungen beeinträchtigt werden kann.	89/336/EWG	Gesetz über die elektromagnetische Verträglichkeit von Geräten (EMVG)
Elektr. Betriebsmittel zur Verwendung bei einer Nennspannung zwischen 50 V u. 1000 V (AC) oder zwischen 75 V und 1500 V (DC).	73/23/EWG	Verordnung über das Inverkehrbringen elektr. Betriebsmittel zur Verwendung innerhalb bestimmter Spannungsgrenzen (1. GSGV)
Geräte und Schutzsysteme zur bestimmungsgemäßen Verwendung in explosionsgefährdeten Bereichen.	94/9/EG	Verordnung über das Inverkehrbringen von Geräten und Schutzsystemen für explosionsgefährdete Bereiche (12. GSGV)

Weg zur CE-Kennzeichnung

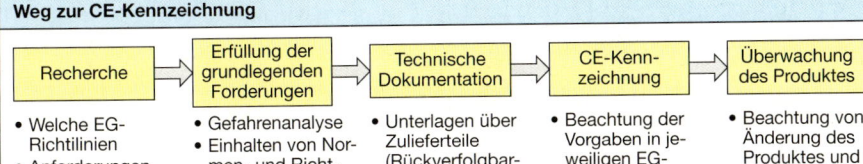

Recherche	Erfüllung der grundlegenden Forderungen	Technische Dokumentation	CE-Kennzeichnung	Überwachung des Produktes
• Welche EG-Richtlinien • Anforderungen • Nachweise	• Gefahrenanalyse • Einhalten von Normen- und Richtlinienforderungen. • Abhilfemaßnahmen, damit Gefährdungen nicht auftreten.	• Unterlagen über Zulieferteile (Rückverfolgbarkeit). • Betriebsanleitung • Konformitätserklärung	• Beachtung der Vorgaben in jeweiligen EG-Richtlinien. • Anbringen des CE-Kennzeichens.	• Beachtung von Änderung des Produktes und der Normen.

Kennzeichnung von Betriebsmittelanschlüssen und Leitern
Designation of electrical equipment terminals and conductors

DIN EN 60445: 00-08

Betriebsmittel oder Leiterenden müssen nach Norm (DIN IEC 30) angeordnet werden.
Farbkennzeichnung darf erfolgen.
Kennzeichnung kann auch durch Bildzeichen (DIN IEC 60417 und 60617) oder große lateinische Buchstaben und arabische Zahlen erfolgen.
Bei Gleichstrom Buchstaben der ersten Hälfte und bei Wechselstrom der zweiten Hälfte des Alphabets wählen. (I und O nicht verwenden)
"+" und "–" dürfen benutzt werden.
Teile der Kennzeichnung weglassen, wenn keine Verwechselungsgefahr besteht.
Bei Anschlüssen:
- Enden eines Elementes mit 1 und 2 bezeichnen ①.
- Anzapfungen durch aufsteigende Zahlen kennzeichnen ②.
- Mehrere Elemente einer Gruppe durch vorangestellte Buchstaben ③ oder Zahlen ④ oder verschiedene Zahlen ⑤ unterscheiden.
- Mehrere Gruppen mit gleichen Buchstaben erhalten vorangestellte Zahlen ⑥⑦.
- Betriebsmittelanschlüsse, die an bestimmte Leiter angeschlossen werden, erhalten die Buchstaben der nebenstehenden Tabelle. Einigen Leitern sind die in der Tabelle angegebenen Bezeichnungen zugeordnet ⑧.

Leiter	Kennzeichnung		
	Betriebs-mittel-anschluss	Leiter- und Leiter-enden	Symbol
Wechselstrom-leiter			$\sim$
Außenleiter 1	U	L1	
Außenleiter 2	V	L2	
Außenleiter 3	W	L3	
Neutralleiter	N	N	
Gleichstrom-leiter			$---$
Positiv	+ oder C	L+	
Negativ	– oder D	L–	
Mittelleiter	M	M	
Schutzleiter	PE	PE	
PEN-Leiter	PEN	PEN	
PEM-Leiter	PEM	PEM	
PEL-Leiter	PEL	PEL	
Funktions-erdungsleiter	FE	FE	
Funktions-potenzialaus-gleichsleiter	FB	FB	

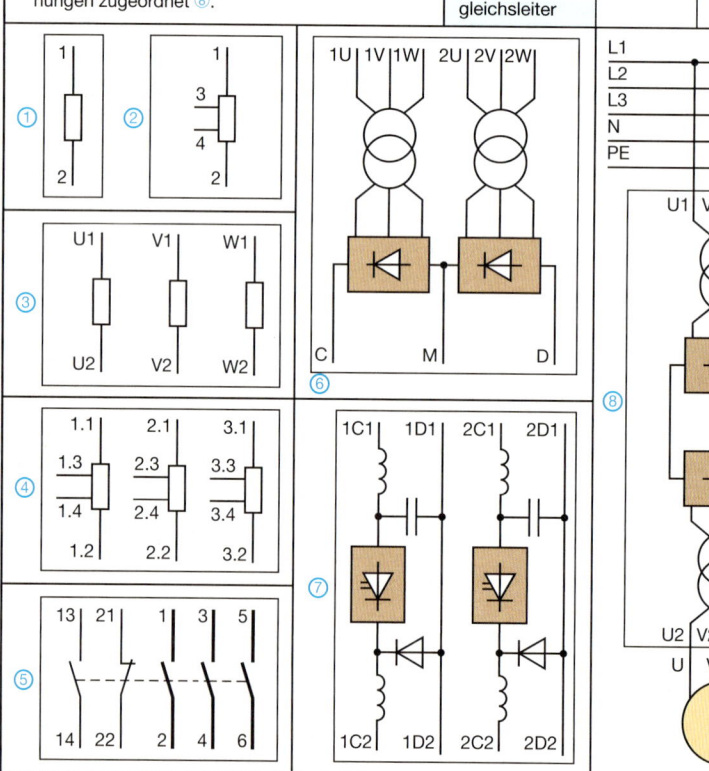

Pläne der Elektrotechnik – *Shemes of electrical engineering*

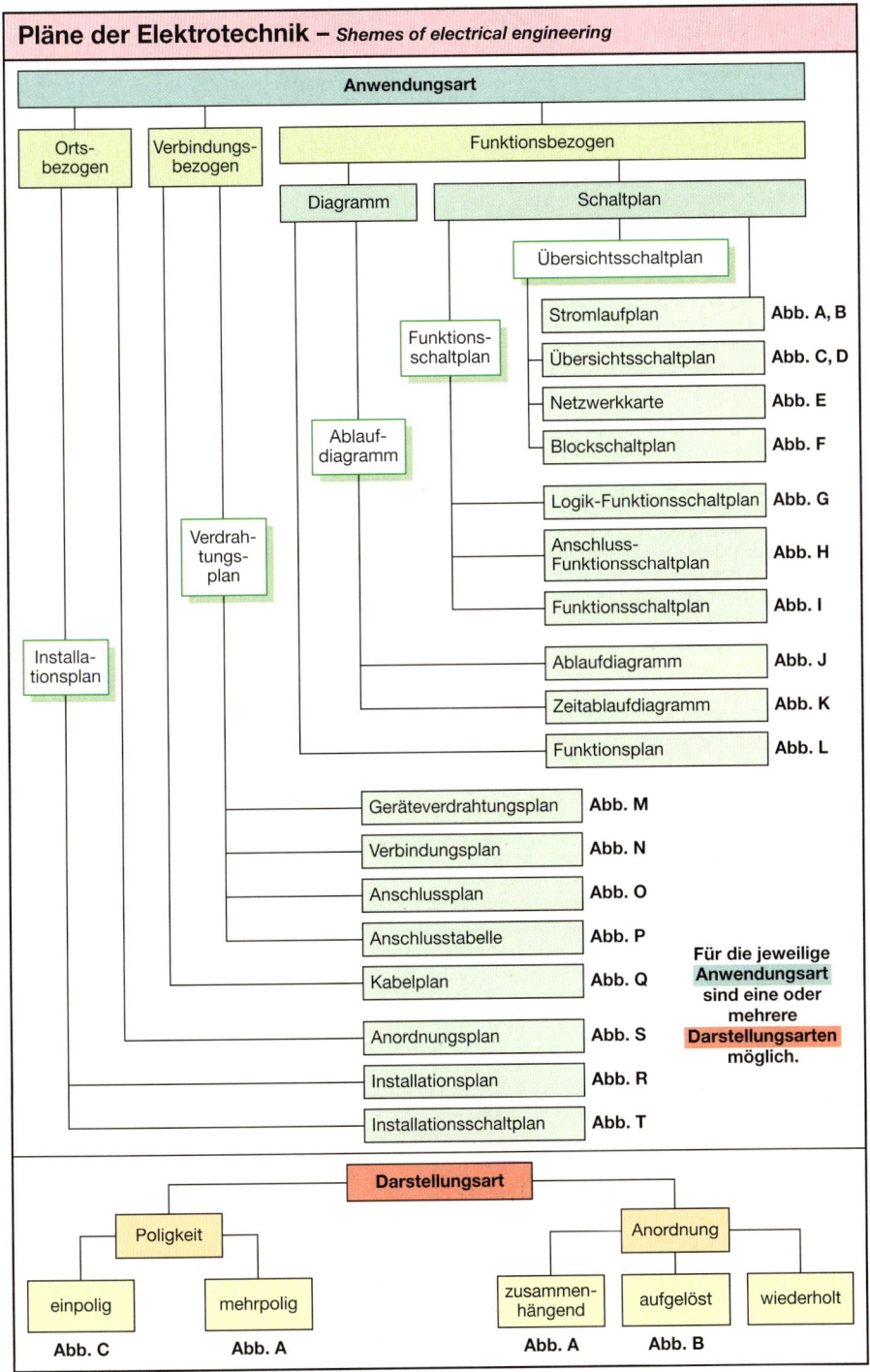

Anwendungsart

- Orts-bezogen
- Verbindungs-bezogen
- Funktionsbezogen
  - Diagramm
  - Schaltplan

Übersichtsschaltplan

Funktions-schaltplan	Stromlaufplan	**Abb. A, B**
	Übersichtsschaltplan	**Abb. C, D**
	Netzwerkkarte	**Abb. E**
	Blockschaltplan	**Abb. F**

Logik-Funktionsschaltplan — **Abb. G**

Anschluss-Funktionsschaltplan — **Abb. H**

Funktionsschaltplan — **Abb. I**

Ablauf-diagramm

Ablaufdiagramm — **Abb. J**

Zeitablaufdiagramm — **Abb. K**

Funktionsplan — **Abb. L**

Verdrah-tungs-plan

Geräteverdrahtungsplan — **Abb. M**

Verbindungsplan — **Abb. N**

Anschlussplan — **Abb. O**

Anschlusstabelle — **Abb. P**

Kabelplan — **Abb. Q**

Anordnungsplan — **Abb. S**

Installa-tionsplan

Installationsplan — **Abb. R**

Installationsschaltplan — **Abb. T**

Für die jeweilige **Anwendungsart** sind eine oder mehrere **Darstellungsarten** möglich.

Darstellungsart

- Poligkeit
  - einpolig — **Abb. C**
  - mehrpolig — **Abb. A**
- Anordnung
  - zusammen-hängend — **Abb. A**
  - aufgelöst — **Abb. B**
  - wiederholt

Technische Dokumentation

Stromlaufplan – *Circuit diagram*

Anwendungsart: funktionsbezogen

Alle Betriebsmittel und Leitungen sind mit allen Anschlüssen und Klemmen dargestellt.

Darstellungsart: mehrpolig

Alle Adern sind dargestellt.

Zusammenhängende Darstellung (Abb. A)

Die Schaltzeichen werden als Einheit dargestellt.

z. B. Q1 ①

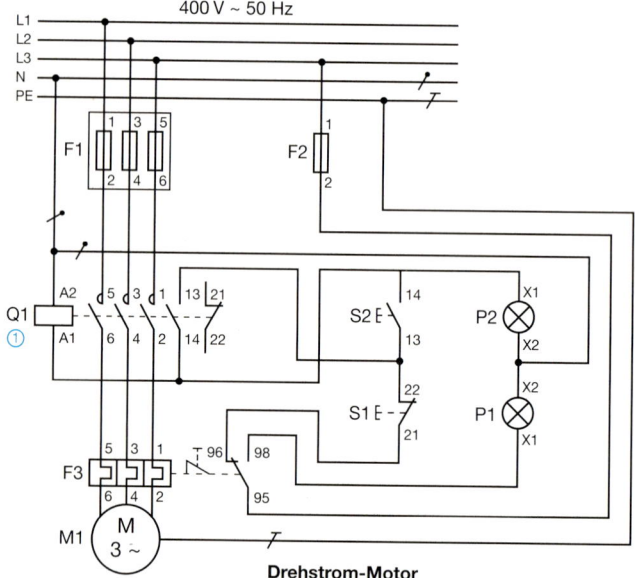

Drehstrom-Motor

Aufgelöste Darstellung (Abb. B)

Die Schaltzeichen werden in Teile aufgelöst dargestellt, um den Schaltplan übersichtlich zu gestalten.

z. B. Q1 ②③④

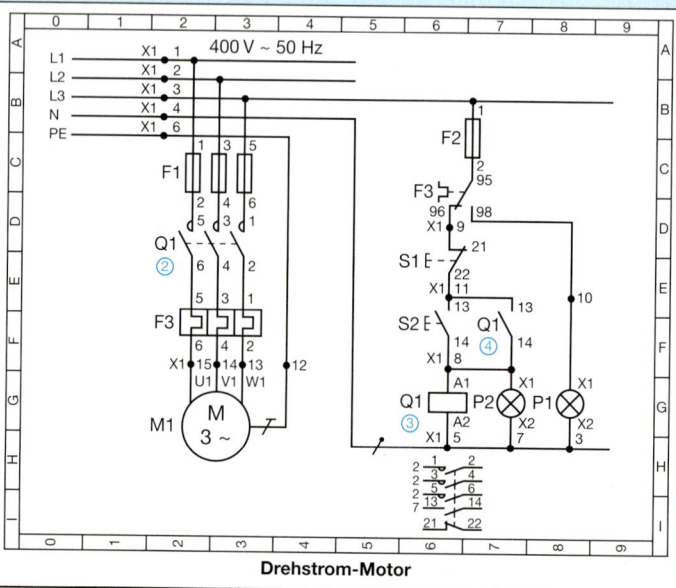

Drehstrom-Motor

Übersichtsschaltplan – *Block diagram*

Anwendungsart: funktionsbezogen   **Darstellungsart:** einpolig zusammenhängend

Nur die wichtigsten Betriebsmittel und deren Verbindungen sind dargestellt.

Abb. C

400 V ~ 50 Hz

F1   3

Q1

F3   3

M1 $\left(\begin{matrix} M \\ 3 \sim \end{matrix}\right)$

Drehstrom-Motor

Abb. D

L2
F13
C16A   5   3 Mikrowellengerät

L3
F14
B16A   5   4 Kühlschrank

L1
F15
B16A   7   5 Dunstabzugshaube

400 V
50 Hz
3/N/PE

X0.3

NYM-J
5x16 mm²

L2   6 Beleuchtung, Wohnzimmer

L3   7 Steckdosen, Wohnzimmer

F104
40A   L1   8 Kinderzimmer

ΔI = 0,5A   L2   9 Flur

Stromkreisverteiler

Netzwerkkarte (Abb. E)

Die Gebäude und Leitungen sind in einer Karte lagerichtig dargestellt.

Blockschaltplan (Abb. F)

Die Funktionseinheiten der Betriebsmittel sind als Blocksymbole dargestellt.

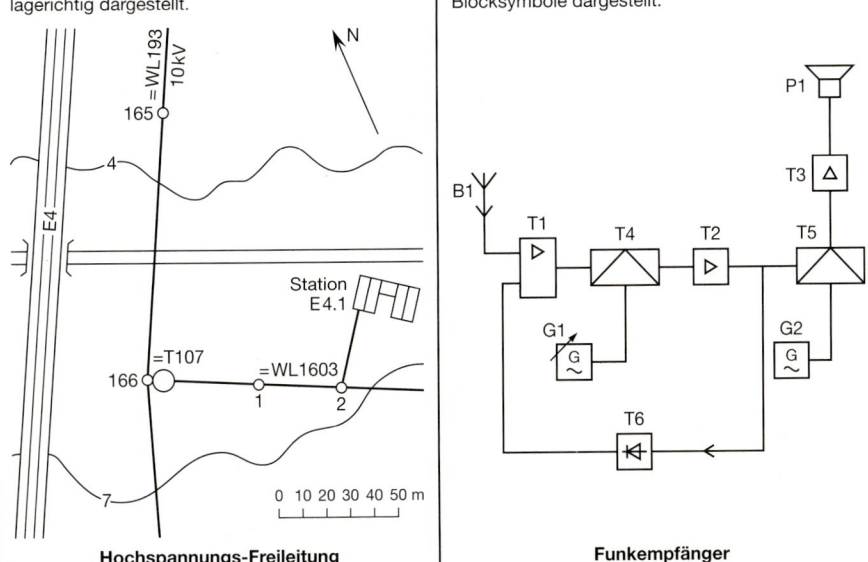

Hochspannungs-Freileitung

Funkempfänger

Funktionsschaltplan und Diagramm – *Functional diagram and diagram*

Logik-Funktionsschaltplan (Abb. G)

Das Verhalten von Steuerungs- und Regelsystemen ist beschrieben.

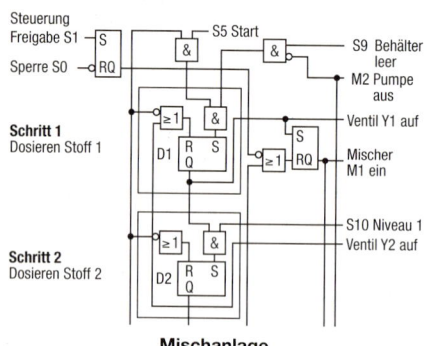

Mischanlage

Anschluss-Funktionsschaltplan (Abb. H)

Die Anschlusspunkte und die interne Funktion der Einheit sind dargestellt.

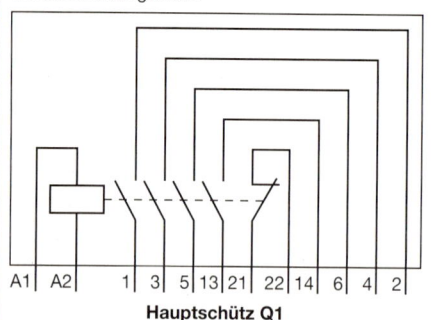

| A1 | A2 | | 1 | 3 | 5 | 13 | 21 | 22 | 14 | 6 | 4 | 2 |

Hauptschütz Q1

Funktionsschaltplan (Abb. I)

Die Arbeitsweise der Anlage wird mit Hilfe von informationstechnischen Symbolen erläutert ohne Angabe der technischen Realisierung.

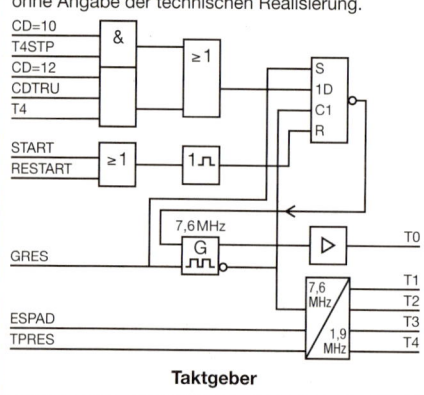

Taktgeber

Ablaufdiagramm (Abb. J)

Das Verhalten der Anlage ist in Abhängigkeit von Schritten beschrieben.

Schalt-vor-gang	S1	S2	F3		Q1			M1			P1	P2
	21	13	95	95	A1	1 3 5	13	U1 V1 W1			X1	X1
	22	14	96	98	A2	2 4 6	14	U2 V2 W2			X2	X2
S2 EIN												
S2 AUS												
Motor-Stö-rung												

Drehstrom-Motor

Zeitablaufdiagramm (Abb. K)

Das Verhalten der Anlage ist in Abhängigkeit von der Zeit dargestellt.

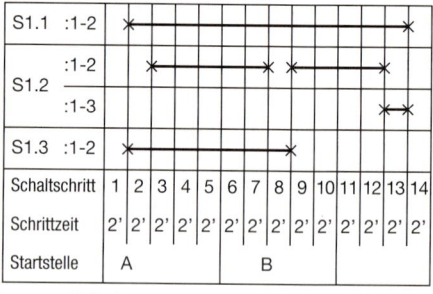

S1.1 :1-2														
S1.2 :1-2														
:1-3														
S1.3 :1-2														
Schaltschritt	1	2	3	4	5	6	7	8	9	10	11	12	13	14
Schrittzeit	2'	2'	2'	2'	2'	2'	2'	2'	2'	2'	2'	2'	2'	2'
Startstelle	A						B							

Schaltwerk einer Waschmaschine

Funktionsplan (Abb. L)

Das Verhalten von Steuerungs- bzw. Regelsystemen ist mit Hilfe von Schritten beschrieben ohne Angabe der technischen Realisierung.

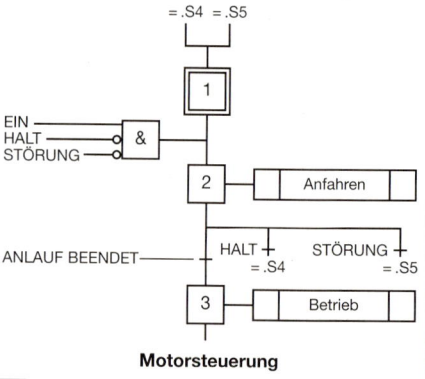

Motorsteuerung

Verdrahtungsplan – *Wiring plan*

Anwendungsart: verbindungsbezogen   **Darstellungsart:** mehrpolig

Geräteverdrahtungsplan (Abb. M)

Die Verdrahtung in einem Gerät ist mit allen Betriebsmitteln und deren Klemmen dargestellt.

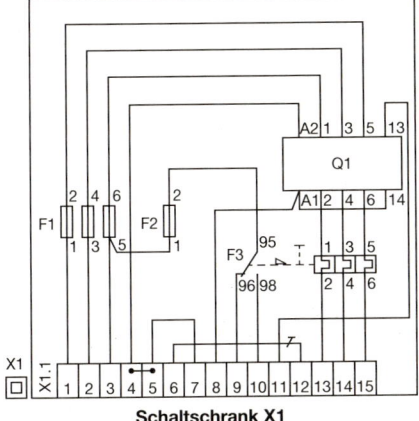

Schaltschrank X1
(hierzu auch Abbildung A)

Anschlussplan (Abb. O)

Die Verbindungen der Klemmen von der Baueinheit nach innen und außen sind dargestellt.

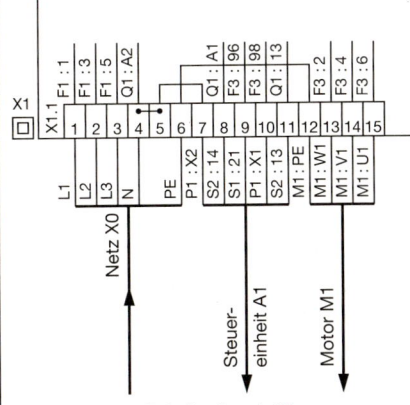

Schaltschrank X1
(hierzu auch Abbildung A)

Verbindungsplan (Abb. N)

Die Verbindungen zwischen den Klemmen der Baueinheiten sind dargestellt.

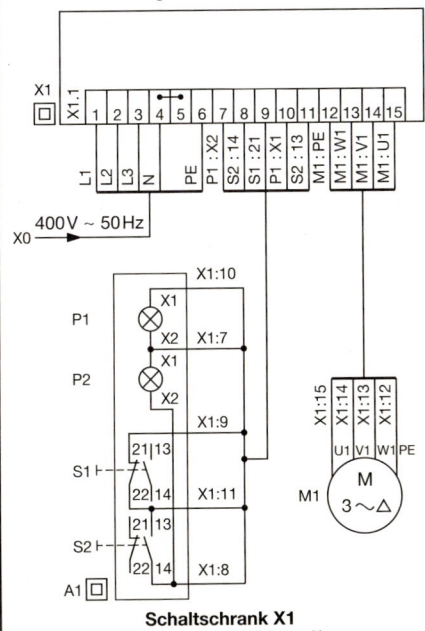

Schaltschrank X1
(hierzu auch Abbildung A)

Anschlusstabelle (Abb. P)

Die Verbindungen der Klemmen einer Baueinheit nach innen und außen sind dargestellt.

Klemmleiste: X1.1

Kabel		Ziel			Klemme	Ziel		Kabel	
Nr.	Ader	Klemme	Betriebsmittel	Lasche		Betriebsmittel	Klemme	Nr.	Ader
		1	F1		1	X0	L1	1	1
		3	F1		2	X0	L2	1	2
		5	F1		3	X0	L3	1	3
		A2	Q1	○	4	X0	N	1	4
		7	X1.1	○	5				
		12	X1.1		6	X0	PE	1	5
		5	X1.1		7	P1	2	1	6
		A1	Q1		8	S2	14	1	7
		96	F3		9	S1	21	1	8
		98	F3		10	P1	1	1	9
		13	Q1		11	S2	13	1	10
		6	X1.1		12	M1	PE	2	gnge
		2	F3		13	M1	W1	2	1
		4	F3		14	M1	V1	2	2
		6	F3		15	M1	U1	2	3

Schaltschrank X1
(hierzu auch Abbildung A)

Installationsplan – *Installation plan*

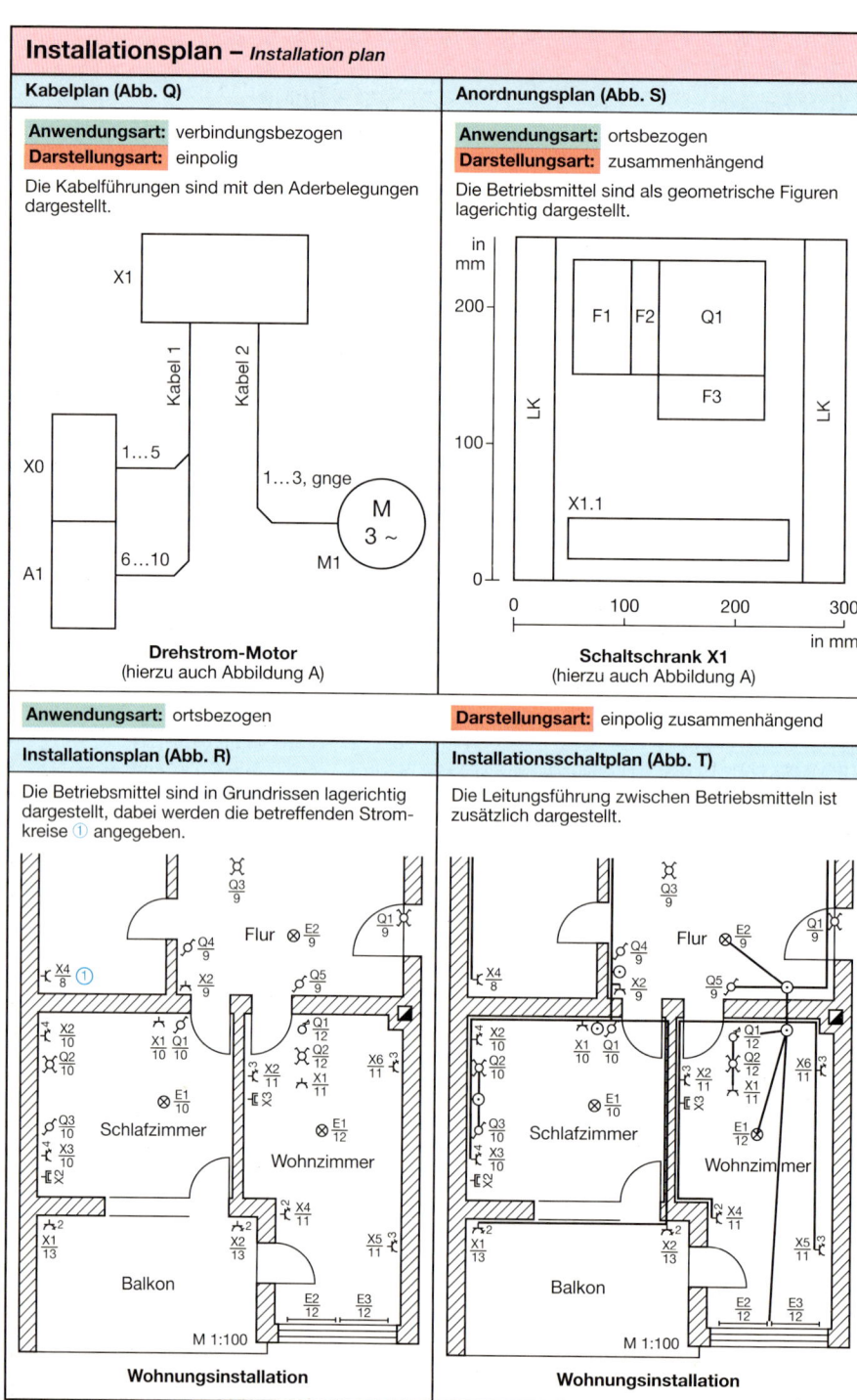

Kabelplan (Abb. Q)

Anwendungsart: verbindungsbezogen
Darstellungsart: einpolig

Die Kabelführungen sind mit den Aderbelegungen dargestellt.

X1

Kabel 1 Kabel 2

X0

1...5

1...3, gnge

M
3 ~

A1

6...10

M1

Drehstrom-Motor
(hierzu auch Abbildung A)

Anordnungsplan (Abb. S)

Anwendungsart: ortsbezogen
Darstellungsart: zusammenhängend

Die Betriebsmittel sind als geometrische Figuren lagerichtig dargestellt.

in mm

200 —

F1 F2 Q1

F3

LK   LK

100 —

X1.1

0 —

0   100   200   300
in mm

Schaltschrank X1
(hierzu auch Abbildung A)

Anwendungsart: ortsbezogen

Darstellungsart: einpolig zusammenhängend

Installationsplan (Abb. R)

Die Betriebsmittel sind in Grundrissen lagerichtig dargestellt, dabei werden die betreffenden Stromkreise ① angegeben.

Flur

Schlafzimmer

Wohnzimmer

Balkon

M 1:100

Wohnungsinstallation

Installationsschaltplan (Abb. T)

Die Leitungsführung zwischen Betriebsmitteln ist zusätzlich dargestellt.

Flur

Schlafzimmer

Wohnzimmer

Balkon

M 1:100

Wohnungsinstallation

Technische Dokumentation

Informationsverarbeitung – *Information processing*

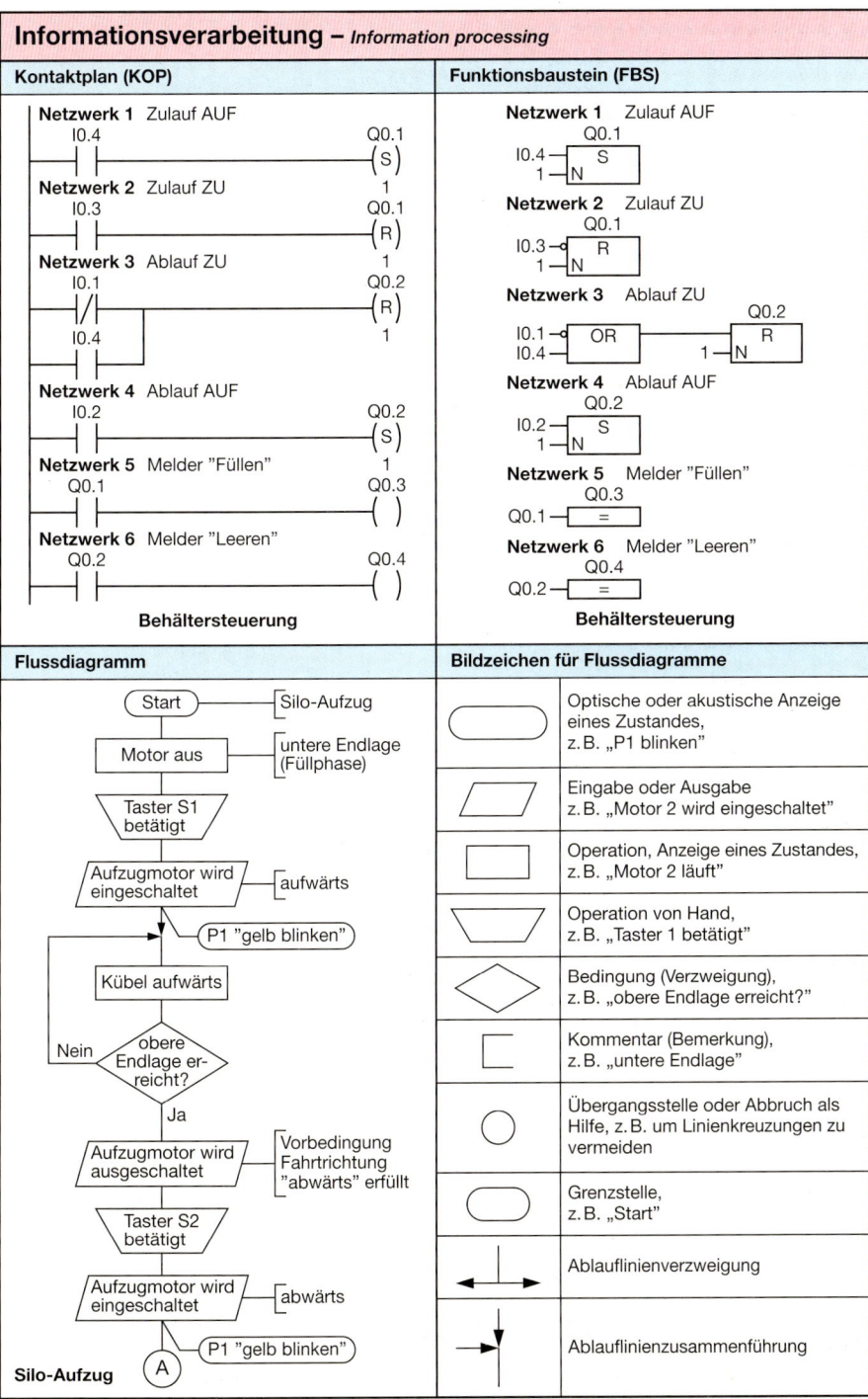

Kontaktplan (KOP)

Netzwerk 1 Zulauf AUF

```
I0.4                        Q0.1
─┤ ├─                      ─(S)─
                             1
```

Netzwerk 2 Zulauf ZU

```
I0.3                        Q0.1
─┤ ├─                      ─(R)─
                             1
```

Netzwerk 3 Ablauf ZU

```
I0.1                        Q0.2
─┤/├─                      ─(R)─
 I0.4                        1
─┤ ├─
```

Netzwerk 4 Ablauf AUF

```
I0.2                        Q0.2
─┤ ├─                      ─(S)─
                             1
```

Netzwerk 5 Melder "Füllen"

```
Q0.1                        Q0.3
─┤ ├─                      ─( )─
```

Netzwerk 6 Melder "Leeren"

```
Q0.2                        Q0.4
─┤ ├─                      ─( )─
```

Behältersteuerung

Funktionsbaustein (FBS)

Netzwerk 1 Zulauf AUF

```
        Q0.1
I0.4 ─┤  S  │
   1 ─┤N    │
```

Netzwerk 2 Zulauf ZU

```
        Q0.1
I0.3 ─o┤ R  │
   1 ─┤N    │
```

Netzwerk 3 Ablauf ZU

```
                          Q0.2
I0.1 ─o┤     │          ┌─────┐
I0.4 ─┤ OR  │────────── 1─┤N  R │
```

Netzwerk 4 Ablauf AUF

```
        Q0.2
I0.2 ─┤  S  │
   1 ─┤N    │
```

Netzwerk 5 Melder "Füllen"

```
        Q0.3
Q0.1 ─┤  =  │
```

Netzwerk 6 Melder "Leeren"

```
        Q0.4
Q0.2 ─┤  =  │
```

Behältersteuerung

Flussdiagramm

Start — Silo-Aufzug

Motor aus — untere Endlage (Füllphase)

Taster S1 betätigt

Aufzugmotor wird eingeschaltet — aufwärts

P1 "gelb blinken"

Kübel aufwärts

obere Endlage erreicht? — Nein

Ja

Aufzugmotor wird ausgeschaltet — Vorbedingung Fahrtrichtung "abwärts" erfüllt

Taster S2 betätigt

Aufzugmotor wird eingeschaltet — abwärts

P1 "gelb blinken"

Silo-Aufzug Ⓐ

Bildzeichen für Flussdiagramme

(abgerundetes Rechteck)	Optische oder akustische Anzeige eines Zustandes, z.B. „P1 blinken"
(Parallelogramm)	Eingabe oder Ausgabe z.B. „Motor 2 wird eingeschaltet"
(Rechteck)	Operation, Anzeige eines Zustandes, z.B. „Motor 2 läuft"
(Trapez)	Operation von Hand, z.B. „Taster 1 betätigt"
(Raute)	Bedingung (Verzweigung), z.B. „obere Endlage erreicht?"
(Klammer)	Kommentar (Bemerkung), z.B. „untere Endlage"
(Kreis)	Übergangsstelle oder Abbruch als Hilfe, z.B. um Linienkreuzungen zu vermeiden
(Oval)	Grenzstelle, z.B. „Start"
(Linie mit Pfeilen)	Ablauflinienverzweigung
(Linie mit Pfeil)	Ablauflinienzusammenführung

Dokumente der Elektrotechnik – *Documents of electrical engineering* DIN EN 61082: 07-03

Elektrotechnische Dokumente

| Bilder | Technische Zeichnungen | Schaltpläne | Karten | Diagramme | Tabellen | Listen | Texte |

Dokumentationsgrundlagen

- Die Dokumentation ist die Grundlage für die Planung, den Entwurf, die Installation, die Inbetriebnahme, die Nutzung, die Wartung und den Rückbau einer Anlage oder eines Objekts.
- Mit Hilfe der Dokumentation muss nachgewiesen werden können, dass die Anforderungen an Qualität, Sicherheit und Umweltverträglichkeit erfüllt sind.
- Dokumente über Systeme und Objekte sollen in baumähnliche Strukturen organisiert und die Zusammengehörigkeit durch Kennzeichnung erkennbar sein.

- Dokumente müssen in Datenbanken abspeicherbar sein. Sie sollen dann so gekennzeichnet sein, dass sie jederzeit abrufbar sind.
- Ein Dokument muss die praktische Anwendung klar erkennen lassen.
- Informationen können in unterschiedlichen Dokumentenarten dargestellt werden.
- Eine Seite muss in ein oder mehrere Identifikationsfelder (Schriftfelder) und in ein Inhaltsfeld (Zeichnungsfeld) unterteilt sein.

Zeichnungsregeln

- **Genormte** Zeichnungsformate, -nummern, Linien, Schrift usw. verwenden.
- **Hauptflussrichtung** von oben nach unten oder von links nach rechts.
- **Schaltzeichen** so darstellen, dass funktionelle Beziehung oder räumliche Lage deutlich ist. ⑭
- **Mindestgröße** eines Schaltzeichens richtet sich nach Lesbarkeit, Linienbreite, -abstand, Beschriftung usw.
- **Besondere** Stromkreise durch breite Volllinien hervorheben. ① ⑤
- **Unterbrochene** Verbindungslinien müssen gekennzeichnet werden.
- **Parallele** Verbindungslinien sollen **gruppiert** ② ⑤ oder durch eine Linie **gebündelt** ③ ④ ⑬ gezeichnet werden.

- Jedes **Feld** auf einer Zeichnung darf durch einen Buchstaben für die Zeile, eine Zahl für die Spalte oder durch eine alphanumerische Kombination bezeichnet werden.
- **Technische Daten** neben das Schaltzeichen (z. B. Kontaktbelegung), in das Bauteil (z. B. Widerstandswert) oder entlang der Verbindungslinie (z. B. Kurvenform) angeben. ①
- **Anmerkungen** u. **Hinweise** machen, wenn d. Sachverhalt anders nicht vermittelt werden kann. ⑦ ⑩
- **Funktionseinheiten, -gruppen** oder **Baueinheiten** mit Strichpunktlinie umrahmen. ⑥ ⑪ ⑫
- **Gehäuse** als Kreise oder Rechtecke mit durchgezogener Volllinie zeichnen. ⑧ ⑨
- **Vereinfachungsverfahren** verwenden, die die Aussagekraft einer Zeichnung nicht beeinträchtigen.

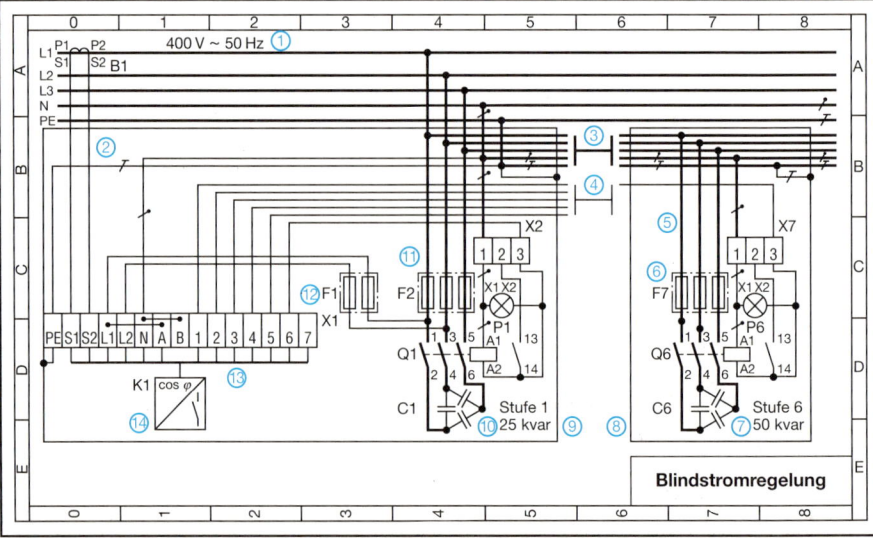

Blindstromregelung

Funktionsbezogene Dokumente – *Function-related documents* DIN EN 61082-1: 07-03

Regeln für funktionsbezogene Dokumente (Seite 247)

- Die Funktion der Schaltung muss erkennbar sein.
- Schaltgeräte im nichtbetätigten Zustand darstellen.
- Sonst betätigt gezeichneten Zustand angeben.
- Schaltgeräte mit mehreren Schaltzuständen, z.B. durch Diagramm, erläutern.
- Zusammenhänge zwischen elektrischen und nichtelektrischen Funktionen müssen erkennbar sein.

- Räumliche Lage der Betriebsmittel wird nicht berücksichtigt.
- Halbleiterschalter im Ausgangszustand darstellen.
- Grundschaltungen, z.B. Stern-Dreieck-Anlasser oder Brückenschaltungen usw., einheitlich darstellen.
- Betriebsmittel durch Schaltzeichen darstellen.

Stromlaufplan (Seite 248)

- Alle Verbindungen zwischen den Betriebsmitteln und den Funktionen zeichnen.
- Betriebsmittel-Anschlüsse kennzeichnen.
- Logiksignale und Signalpegel vereinbaren.

Zusammenhängende Darstellung:
- Keine Trennung zwischen Haupt- und Hilfsstromkreis.
- Darstellung des Betriebsmittels als Einheit durch ein Schaltzeichen.

Aufgelöste Darstellung:
- Hauptstromkreis und Hilfsstromkreis trennen.
- Schaltung in senkrechte Stromwege zerlegen.
- Stromwege sind durch eine Kombination eines Buchstabens und einer Zahl beschreibbar oder müssen nummeriert werden.
- Jedes Einzelteil eines Schaltzeichens bekommt die gleiche Kennzeichnung.
- Bei Schützspulen die Kontaktbelegung unter dem Stromweg angeben, durch Kontaktteil des Schützes oder Tabelle.

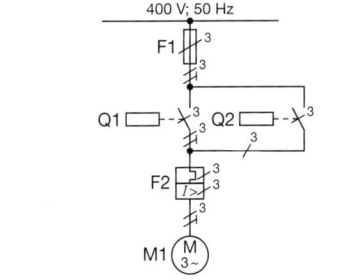

Übersichtsschaltplan (Seite 249)

- Schaltung vereinfacht einpolig ohne Hilfsstromkreise darstellen.
- Wichtige Zusammenhänge zwischen Hauptfunktion und Betriebsmittel aufzeigen.
- Energieflussrichtung muss erkennbar sein.
- Lageangaben dürfen gemacht werden.
- Eventuell mit verschiedenen Teileebenen arbeiten.

Funktionspläne und Funktionsschaltpläne (Seite 250)

- Der Plan muss alle Einzelheiten des funktionalen Verhaltens von Steuerungs- und Regelungssystemen, Installationen, Software usw. ohne Angabe der Ausführung enthalten.
- Erforderliche Symbole und Schaltzeichen für Funktionen, Signal- und Steuerverbindung sind zu zeichnen.
- Der zeitliche Hauptsignalfluss geht von oben nach unten.
- Wellenform, Formeln und Algorithmen bei Bedarf angeben.

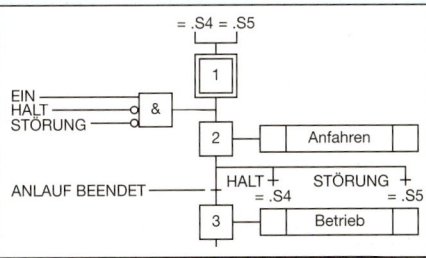

Ortsbezogene Dokumente – *Location-related documents* DIN EN 61082-1: 07-03

Regeln für ortsbezogene Dokumente (Seite 247)

Installationsplan (Seite 252)

- Betriebsmittel werden durch Schaltzeichen in Baugrundrissen lagerichtig eingezeichnet.
- Abstandsmaße und Montagemaße können angegeben werden.
- Leitungsart und Verlegeart angeben.
- Personenschutz angeben.
- Eventuell Stromkreiszugehörigkeit der Betriebsmittel angeben.
- Bei Installationsschaltplänen (Seite 252) Leitungen mit Angabe der Leiterart und Leiterzahl einzeichnen.

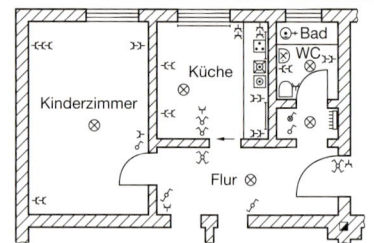

Anordnungsplan (Seite 252)

- Betriebsmittel, z. B. zum Einbau in Verteilerschränken, lagerichtig darstellen.
- Betriebsmittel werden als Quadrate, Rechtecke, Kreise oder Schaltzeichen dargestellt.
- Die Kennzeichnung der Betriebsmittel muss nach DIN EN 61346 erfolgen.
- Montagemaße angeben.

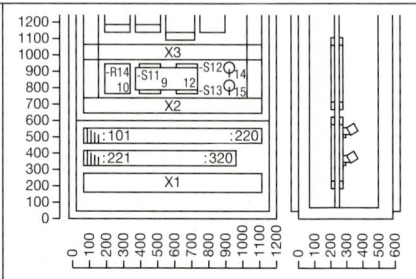

Technische Dokumentation

Verbindungsbezogene Dokumente – *Connection related documents* DIN EN 61082

Regeln für verbindungsbezogene Dokumente (Seite 247)

- Anschlussstellen kennzeichnen.
- Kabel- und Leitungsart angeben.
- Anschlussbelegung angeben.
- Evtl. Leitungsführung und Verlegeart angeben.
- Leiterlänge oder Kabellänge angeben.

- Leiter mit Zielbezeichnung versehen durch Betriebsmittelkennzeichnung, Klemmenbezeichnung, Markierung oder Farbe (DIN EN 61346).
- Besondere Angaben, wie z. B. Signalkennzeichnung, Klassifizierung oder Verdrillungsart, machen.

Verbindungsplan, Anschlussplan, Anschlusstabellen (Seite 251) und -liste

- Lagerichtig, jedoch nicht maßstäblich, zeichnen.
- Betriebsmittel als Quadrate, Rechtecke, Kreise oder Schaltzeichen darstellen.
- Leitergruppen, Kabel und Kabelbündel mit einer Linie zeichnen.

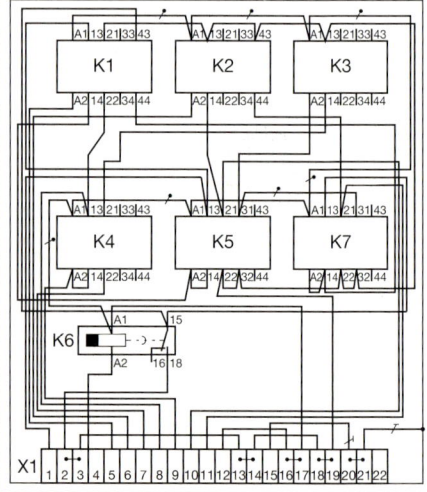

Geräteverdrahtungsplan und -tabelle (Seite 251)

- Alle Angaben über interne Verbindungen einer Baueinheit oder Baugruppe müssen enthalten sein.
- Die Lage der Betriebsmittel aus Sicht der Verdrahtung in der Zeichnung festlegen.
- Eventuell sind mehrere Ansichten und Ebenen erforderlich.

Kabelplan, -tabelle und -liste (Seite 252)

- Sie müssen die für das Verlegen notwendigen Angaben enthalten.
- Kabelnummer festlegen.
- Verwendungszweck angeben.

Kennzeichnung von elektrischen Betriebsmitteln
Designation of electrical equipment

DIN EN 61346-2: 00-12

Kennzeichnungsstruktur

Funktionsbezogene Struktur	Beschreibt den Zweck oder die Aufgabe von Objekten (Trennzeichen: =).	=NE2=QA1: Leistungsschütz, AC 400/230 V Verteilung
Produktionsbezogene Struktur	Dient zur Identifizierung von Objekten (Trennzeichen: –).	–NE2–P1: Zählerschrank, AC 400/230 V Verteilung
Ortsbezogene Struktur	Beschreibt die örtliche Lage von Objekten (Trennzeichen: +).	+J1+N1: Batterieraum, 20 kV Gebäude

Bei der nachfolgend beschriebenen **funktionsbezogenen Klassifizierung** wird jedes Objekt (Betriebsmittel) als Teil eines Prozesses mit einem Ein- bzw. Ausgang betrachtet.

Beispiel:
Elektroheizung   elektrische Energie 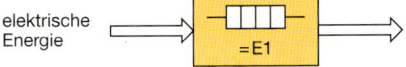 Wärmeenergie

Bei der Kennzeichnung eines Objektes sind folgende Punkte zu beachten:

- Das Betriebsmittel wird nach seiner **Aufgabe** und nicht nach seiner Wirkungsweise gekennzeichnet.

Beispiel:
Ein Tauchsieder wird mit E (Erzeugen von Wärme) bezeichnet, nicht mit R (Begrenzen elektrischer Energie).

- Das Betriebsmittel wird nach seinem **Hauptzweck** und nicht nach Teilaufgaben gekennzeichnet.

Beispiel:
Ein Prüfgerät für Schutzmaßnahmen mit Speicherfunktion wird mit P (Darstellen von Information) bezeichnet, nicht mit C (Speichern).

Klassen für infrastrukturelle Objekte

Objekte	Kennbuchstabe	Beschreibung	Beispiele	Energieverteilstation	
				Buchstabe	Spannungswerte
... für gemeinsame Aufgaben	A	Objekte, die mehreren Infrastrukturklassen zugeordnet werden.	Fernwirkanlage, zentrale Leittechnikanlage	B	> 420 kV
				C	380 ... ≤ 420 kV
... für Hauptprozesseinrichtungen	B ... U	Die Buchstaben B bis U sind in der nebenstehenden Tabelle ausgeführt.	400/230 V Energieverteilung	D	220 ... < 380 kV
				E	110 ... < 220 kV
	V	Objekte für die Lagerung von Materialien.	Fertigwarenlager, Mülllager, Rohmateriallager	F	60 ... < 110 kV
	W	Objekte mit administrativen oder sozialen Aufgaben.	Büro, Garage, Kantine	G	45 ... < 60 kV
				H	30 ... < 45 kV
... die nicht dem Hauptprozess zuzuordnen sind.	X	Objekte mit Hilfsaufgaben neben dem Hauptprozess.	Alarmanlage, Brandschutzanlage, Beleuchtungseinrichtung, Elektroenergieverteilung, Gasversorgung, Klimaanlage, Wasserversorgung	J	20 ... < 30 kV
				K	10 ... < 20 kV
				L	6 ... < 10 kV
	Y	Objekte mit Informations- oder Kommunikationsaufgaben.	Antennenanlage, Computernetzwerk, Lautsprecheranlage, Telefonanlage	M	1 ... < 6 kV
				N	< 1 kV
				P	Potenzialausgleich
	Z	Objekte zur Unterbringung technischer Anlagen.	Fabrikgelände, Gebäude, Straße, Wand	T	Anlagen zum Umspannen

Kennzeichnung von elektrischen Betriebsmitteln
Designation of electrical equipment

Kennbuchstaben zur Objektklassifizierung			Unterklassen
Kenn-buch-stabe	Hauptaufgabe/-zweck	Beispiele	Zur eindeutigen Beschreibung können weiterhin **Unterklassen** gebildet werden, die ebenfalls durch Kennbuchstaben gekennzeichnet werden.
A	Hauptaufgabe lässt sich nicht eindeutig bestimmen.	Schaltschrank, Sensorbildschirm	Die Unterklassen müssen von Anwendern festgelegt und dokumentiert werden, wobei die Buchstaben I und O wegen der Verwechslungsgefahr mit den Ziffern 1 und 0 nicht benutzt werden sollen.
B	Umwandeln einer physikalischen Größe in Signal zur Weiterverarbeitung	Bewegungsmelder, Fotozelle, Fühler, Messrelais, Messwiderstand, Rauchmelder	
C	Speichern von Energie bzw. Information	Festplatte, Kondensator, Pufferbatterie, RAM, Speicher	**Beispiel:**
E	Kühlen, Heizen, Beleuchten, Strahlen	Boiler, Heizung, Lampe, Laser, Leuchte, Mikrowellengerät	Ist für einen Leistungstransformator die Klassenbezeichnung T nicht ausreichend, kann zusätzlich die Unterklasse A (Leistung transformieren) eingeführt werden.
F	Direktes Schützen von Personen oder Einrichtungen	Leitungsschutz-Schalter, Überspannungsableiter, RCD, Sicherung, SH-Schalter	
G	Erzeugen von Energie, Materialfluss oder Signalen	Batterie, Brennstoffzelle, Dynamo, Generator, Lüfter, Solarzelle, Ventil	
K	Verarbeiten von Signalen oder Informationen	Binärbaustein, Frequenzfilter, Hilfsschütz, Regler, Schaltrelais, Transistor, Zeitrelais	
M	Bereitstellen von mechanischer Energie zu Antriebszwecken	Elektromotor, Stellantrieb	Die nachfolgende Tabelle zeigt beispielhaft die Unterklassen für die Klasse T (Umwandeln):
P	Darstellen von Information	Ampere- bzw. Voltmeter, Drucker, Klingel, Lautsprecher, LED, Uhr, Zähler	

= T A 1

Klasse Energieumwandlung — Unterklasse Leistung transformieren

Buchstaben	Aufgabe
TA	Leistung transformieren
TB	Leistung umformen (AC/DC)
TC ... TG	Frei
TH	Signale umformen
TJ	Signale verstärken
TK	Signale modulieren
TL	Frei
TM	Kombinierte Aufgabe (TG ... TL)
TN ... TT	Für Objekte, die mechanischer bzw. thermischer Energie zugeordnet werden.
TU ... TY	Für Objekte, die einem Materialfluss zugeordnet werden.
TZ	Kombinierte Aufgabe (TA ... TY)

Q	Schalten und Variieren von Energie, Signal- und Materialfluss	Leistungsschalter, Motoranlasser, Leistungstransistor, Schütz, Stromstoßschalter, Thyristor, Trennschalter
R	Begrenzen oder Stabilisieren von Energie-, Informations- oder Materialfluss	Begrenzer, Diode, Drosselspule, Widerstand
S	Umwandeln manueller Betätigung in Signale	Steuerschalter, Tastschalter, Tastatur, Wahlschalter
T	Umwandeln von Energie bzw. Signalen unter Beibehaltung von Energieart bzw. Informationsgehalt	Antenne, Gleichrichter, Ladegerät, Modulator, Netzgerät, Transformator, Verstärker, Wandler, Wechselrichter
U	Halten von Objekten in einer definierten Lage	Isolator, Kabelpritsche, Mast, Montageschiene
V	Verarbeiten oder Behandeln von Material oder Produkten	Abscheider, Filter
W	Leiten oder Führen von Energie oder Signalen	Bussystem, Kabel, Leiter, Lichtwellenleiter, Sammelschiene
X	Verbinden	Klemme, Klemmleiste, Steckdose, Stecker, Verbinder

Symbolelemente und Kennzeichen
Symbol elements and marks

DIN EN 60617-02: 97-08

Symbolelemente		
☐ Form 1	Betriebsmittel, Komponente, Funktionseinheit, Funktion	
▭ Form 2		
◯ Form 3		
◯ Form 1	Hülle, Gehäuse, Kolben, Kessel	
⬭ Form 2		
– – – – –	Begrenzungslinie einer Gruppe zusammengehöriger Objekte	
⌐ – – ¬	Schirm, Abschirmung	

Arten von Strömen und Spannungen

⎓	Gleichstrom
∿ 50 Hz	Wechselstrom, 50 Hz
3N∿400/230 V 50 Hz	Dreiphasen-Vierleitersystem
∼ Niedrige Frequenzen	Wechselstrom
≈ Mittlere Frequenzen	
≋ Hohe Frequenzen	
∾	Gleichgerichteter Strom mit Wechselstromanteil

Erde, Masse, Äquipotenzial

⏚	Erde
⏚ (Schutzerde)	Schutzerde
🖇	Masse Gehäuse

Kennzeichen	

Wirkungen von Abhängigkeiten

⌐⌐	Thermische Wirkung
⌡	Elektromagnetische Wirkung
├───┤	Verzögerung

Wirkungsrichtung

→	Übertragung, Energiefluss, Signalfluss, in einer Richtung (simplex)

Veränderbarkeit

↗	allgemein, nicht inhärent
↗	nicht inhärent, nicht linear
⁄	inhärent
↗	trimmbar
↗ 5	nicht inhärent, 5stufig

Mechanische Stellteile

– – – – – Form 1	Wirkverbindung, allgemein. Mechanische, pneumatische und hydraulische Wirkverbindung
═══ Form 2	
⇐	Verzögerte Wirkung
– – ⊲ –	Selbsttätiger Rückgang
– ⌵ –	Raste, Nichtselbsttätiger Rückgang
– ⌵ –	Raste, eingerastet
– ⌐ –	Sperre, nicht verklinkt
◌ – – ◌ – –	Getriebe

_⌂_	Blockiereinrichtung
_⊓_	Kupplung, gelöst
Ⓜ–⊓–	Elektromotor mit eingel. Bremse

Antriebsarten

⊞	Schaltschloss, Auslöseeinrichtung
✓– – –	Betätigung durch Pedal
├– – –	Handantrieb, allgemein
⊐– – –	Betätigung durch Ziehen
⌐– – –	Betätigung durch Drehen
E– – –	Betätigung durch Drücken
◁▷– –	Betätigung durch Annähern
◁▷– –	Betätigung durch Berühren
⊄– – –	Notschalter
⌐‾–	Betätigung durch Kurbel
♀– – –	Betätigung durch Schlüssel
⊖– – –	Betätigung durch Rolle
◖– –	Betätigung durch Nocken
⊏⊐– – –	Betätigung durch elektromagnetischen Antrieb
Ⓜ– – –	Betätigung durch Motor
☐– – –	Kraftantrieb, allgemein

Strahlungen

⬈	nicht ionisierend, elektromagnetisch

Passive Bauelemente – *Passive components* DIN EN 60617-04: 97-08

Symbol	Bezeichnung	Symbol	Bezeichnung	Symbol	Bezeichnung
	Widerstand, allgemein Dämpfungsglied		Kondensator, allgemein		Induktivität mit Luftspalt im Magnetkern
	Heizelement		Kondensator, ge-polt, Elektrolyt-Kondensator		Induktivität mit festen An-zapfungen
	Widerstand mit Anzapfungen		Kondensator mit Voreinstellung		Induktivität mit bewegbarem Kontakt, stufig veränderbar
	Nebenschluss-widerstand, Shunt		Kondensator, veränderbar		
	Widerstand, veränderbar, allgemein		Kondensator, ge-polt, spannungs-abhängig, Halblei-ter-Kondensator		Koaxiale Drossel mit Magnetkern
	Widerstand, spannungsab-hängig, Varistor		Induktivität, Spule, Wicklung, Drossel		Magnetkern
	Widerstand mit Schleifkontakt, Potentiometer		bevorzugte Form		Magnetkern mit einer Wicklung
			frühere Form		
	Widerstand, einstellbar, mit Schleifkontakt		Induktivität mit Magnetkern		Piezoelektrischer Kristall mit zwei Elektroden

Halbleiter – *Semiconductors* DIN EN 60617-05: 97-08

Halbleiterdioden		Transistoren		Thyristoren	
	Halbleiterdiode, allgemein		Isolierschicht-Feld-effekt-Transistor (IGFET), Anreicherungs-typ, Substratanschluss herausgeführt		Abschalt-Thyristortriode
	Leuchtdiode, allgemein		Isolierschicht-Feld-effekt-Transistor (IGFET), Substrat intern mit Source verbunden		Abschalt-Thyristor-triode, Anode ge-steuert (N-Gate)
	Kapazitätsdiode, Varactor		Isolierschicht-Feld-effekt-Transistor (IGFET), Verar-mungstyp		Thyristortetrode, rückwärts sperrend
	Durchbruch-Diode, Z-Diode		Insulated Gate Bipolar Transistor (IGBT)		Thyristortriode, bidirektional, Triac
Transistoren		**Thyristoren**			Thyristortriode, rückwärts leitend
	PNP-Transistor		Thyristordiode rückwärts sperrend		Thyristortriode, rück-wärts leitend, Anode gesteuert (N-Gate)
	NPN-Transistor		Thyristordiode, rückwärts leitend	**Sensoren**	
	NPN-Transistor mit zwei Basisan-schlüssen		Thyristordiode, bidirektional, Diac		Diode, lichtempfind-lich, Photodiode
	Sperrschicht-Feld-effekt-Transistor (JFET) mit N-Kanal		Thyristortriode, Thyristor		Widerstand, licht-empfindlich Photowiderstand
	Sperrschicht-Feld-effekt-Transistor (JFET) mit P-Kanal		Thyristortriode, rückwärts sperrend, Anode gesteuert (N-Gate)		Photoelement, Photozelle
	Isolierschicht-Feld-effekt-Transistor (IGFET), Anreiche-rungstyp		Thyristortriode, rückwärts sperrend, Kathode gesteuert (P-Gate)		Optokoppler, Leuchtdiode und Phototransistor
					Hall-Generator

Leitungen und Verbinder – *Cables and connectors*

DIN EN 60617-03: 97-08

Leiter		Kennzeichen für Leiter		Verbinder	
	Leiter, Gruppe von Leitern, Leitung, Kabel, Stromweg, Übertragungsweg (z.B. für Mikrowellen)		Neutralleiter (N) Mittelleiter (M)		Steckverbindung, vielpolig allpolige Darstellung
Form 1 Form 2	Einpolige Darstellung, drei Leiter, Anzahl der Leiter durch kleine Striche oder durch einen Strich mit einer Zahl angezeigt		Schutzleiter (PE)	3	einpolige Darstellung
== 110 V 2 × 120 mm² Al	Oberhalb der Linie: Stromart, Netzart, Frequenz und Spannung.		Neutralleiter mit Schutzfunktion (PEN)		Steckverbinder, festes Teil
3N ∼ 50 Hz 400 V 3 × 120 mm² + 1 × 50 mm²	Unterhalb der Linie: Anzahl der Leiter, Multiplikationskreuz, Querschnitt der einzelnen Leiter und Leitermaterial durch sein chemisches Zeichen angeben		Drei Leiter, ein Neutralleiter, ein Schutzleiter		Steckverbinder, bewegliches Teil
			Leiter auf Putz		Steckverbindung, zwei Buchsen durch einen Stecker verbunden.
	Leiter, bewegbar		im Putz		Steckverbindung mit Adapter
	Leiter, geschirmt		unter Putz	Form 1	Trennstelle, Lasche, geschlossen
	Leiter, verdrillt, zwei Leiter dargestellt	**Leitungen, Kabel**		Form 2	
	Leiter in einem Kabel, drei Leiter dargestellt		Leiter im Erdreich, Erdkabel		Trennstelle, Lasche, offen
	Leiter, koaxial		Leiter im Gewässer Seekabel	**Anschlüsse und Leiterverbindungen**	
	Koaxiale Leitung auf Anschlussstellen geführt		Leiter, oberirdisch Freileitung	•	Verbindung von Leitern
	Leiter, koaxial, geschirmt	O	Kabelkanal Trasse Elektro-Installationsrohr	o	Anschluss (z. B. Klemme)
	Lichtwellenleiter (LWL), allgemein Lichtwellenleiterkabel, allgemein		Erdkabel mit Verbindungsstelle		Klemmenleiste
Bus, Datenleitung			Abschottung in einem gas- oder ölisolierten Kabel	1 2 3 4 5 6	Reihenklemmen, mit Anschlussbezeichnung und Funktion
	Bus, unidirektional, Signalflussrichtung von links nach rechts	**Verbinder**		Form 1 Form 2	Abzweig von Leitern
			Buchse Pol einer Steckdose	Form 1	
	Bus, Signalfluss in beiden Richtungen		Stecker, Pol eines Steckers		Doppelabzweig von Leitern
			Buchse und Stecker, Steckverbindung	Form 2	
			Steckverbinder, mit Kennzeichnung des Schutzleiteranschlusses		Leiter-Verbindungsstück-Spleiß

Kontakte – *Contacts*

Kennzeichen		Symbolelemente			
⊲	Schütz-Funktion	Form 1	Schließer, Schaltfunktion, allgemein Schalter		Wischer mit Kontaktgabe bei Betätigung
×	Leistungsschalter-Funktion	Form 2			Voreilender Schließer
–	Trennschalter-Funktion		Öffner		Nacheilender Schließer
⊖	Lasttrennschalter-Funktion		Wechsler mit Unterbrechung		Nacheilender Öffner
■	Selbsttätige Ausschaltung		Wechsler mit Mittelstellung „Aus"		Schließer, Anzugverzögert
▽	Endschalter-Funktion	Form 1	Wechsler ohne Unterbrechung Folgeumschaltglied		Abfallverzögert
◁	Funktion „selbsttätiger Rückgang"	Form 2			Öffner, Anzugverzögert
○	Funktion „nichtselbsttätiger Rückgang"		Zwillingsschließer		Abfallverzögert

Elektroinstallation – *Electrical installations*

Schalter		Geräte		Steckdosen	
	Schalter, allgemein		Zeitrelais	Form 1	Mehrfachsteckdose, dargestellt als Dreifachsteckdose
	Schalter mit Kontrollleuchte		Stromstoßschalter	Form 2	
	Ausschalter, einpolig		Stromstoßrelais		Schutzkontaktsteckdose
	Zeitschalter, einpolig		Schaltuhr		Steckdose mit Abdeckung
	Ausschalter, zweipolig,		Schlüsselschalter Wächtermelder		Steckdose mit verriegeltem Schalter
	Serienschalter, einpolig	L×<	Dämmerungsschalter		Steckdose mit Trenntrafo, z. B. für Rasier-Apparat
	Wechselschalter, einpolig	**Geräte für Installation**			
			Leitung, nach oben führend		Steckdose mit Trenntrafo, z. B. für Rasier-Apparat
	Kreuzschalter, Zwischenschalter	○	Dose, allgemein Leerdose, allgemein	3/N/PE	Schutzkontaktsteckdose, dargestellt für Drehstrom, 5polig
	Dimmer	⊙	Anschlussdose Verbindungsdose		
	Schalter mit Zugschnur		Hausanschlusskasten, allgemein dargestellt mit Leitung	TP	Fernmeldesteckdose, allgemein TP = Telephon M = Mikrophon L = Lautsprecher FM = UKW-Rundfunk TV = Fernsehen TX = Telex
◎	Taster		Verteiler, dargestellt mit fünf Anschlüssen		
⊗	Taster mit Leuchte				

Elektroinstallation – *Electrical installations*

DIN EN 60617-10, -11: 97-08

Leuchten		Elektro-Haushaltsgeräte		Ton- und Fernseh-Rundfunk	
⊗	Leuchte, allgemein		Heißwasserspeicher		Abzweigdose, allgemein
	Leuchtenauslass, dargestellt mit Leitung		Durchlauferhitzer		Stichdose
	Leuchtenauslass auf Putz		Infrarotgrill		Durchschleifdose
	Leuchte für Leuchtstofflampe,		Futterdämpfer		Antenne, allgemein
	Leuchte mit drei Leuchtstofflampen,		Waschmaschine		Antenne, Polarisation zirkular
	Leuchte mit fünf Leuchtstofflampen		Wäschetrockner		Antenne, Azimut variabel
	Leuchte mit Schalter		Geschirrspülmaschine		Richtantenne, Azimut fest. Polarisation vertikal, horizontales Strahlungsdiagramm
	Sicherheitsleuchte Notleuchte mit getrenntem Stromkreis Rettungszeichenleuchte		Händetrockner Haartrockner		
	Scheinwerfer, allgemein		Speicherheizgerät		Dipolantenne
	Punktleuchte		Infrarotstrahler		Faltdipolantenne Schleifendipolantenne
	Flutlichtleuchte		Klimagerät		Funkstelle, allgemein
	Leuchte für Entladungslampe		Kühlgerät Tiefkühlgerät		
	Vorschaltgerät für Entladungslampen		Gefriergerät		Parabolantenne, dargestellt mit Rechteck-Hohlleiterzuleitung
Verschiedenes		E	Elektrogerät, allgemein	**Aufzeichnungs- und Wiedergabegeräte**	
	Heißwassergerät, dargestellt mit Leitung		Küchenmaschine		Hörer, allgemein
	Ventilator, dargestellt mit Leitung		Elektroherd, allgemein		Mikrophon, allgemein
	Zeiterfassungsgerät		Mikrowellengerät		Handapparat
	Türöffner		Backofen		Lautsprecher, allgemein
	Wechselsprechstelle Haus- oder Torsprechstelle Gegensprechstelle		Wärmeplatte		Lautsprecher/ Mikrophon
			Fritteuse		

Technische Dokumentation

Melde- und Signaleinrichtungen
Alarm- and signalling devices

DIN EN 60617-08: 97-08

Gefahrenmelde-, Melde-Signaleinrichtungen

Symbol	Beschreibung	Symbol	Beschreibung	Symbol	Beschreibung
	Kennzeichen: Hilferuf (z. B. an Polizei)		Leuchtmelder mit Glimmlampe		**Leuchte, allgemein** Leuchtmelder, allgemein
	Differenzialprinzip		Melder mit Fühleinrichtung, z. B. für Blinde		Neben dem Schaltzeichen darf die Farbe nach DIN IEC 757 angegeben werden: RD rot BU blau YE gelb WH weiß GN grün
	Uhr, allgemein Nebenuhr	ϑ	Temperaturmelder		Leuchtmelder, blinkend
	Passierschloss für Schaltwege in Sicherheits-anlagen		Rauchmelder, selbsttätig, licht-abhängiges Prinzip		Sichtmelder, elektro-mechanisch, Schau-zeichen, Fallklappe
	Lichtsender Gleichlichtsender		Erschütterungs-melder, Tresorpendel		Horn, Hupe
			Ruhestromschleife, als Brandfühler		Wecker, Klingel
	Lichtempfänger mit Hell-Schaltung und Kontaktausgang		Polizeimelder, mit Sperrung und mit Fernsprecher		Gong, Einschlagwecker
			Brandmelder		Sirene
	Lichtschranke • Lichtsender mit Wechsellicht • Lichtempfänger in Dunkelschaltung mit Kontaktausgang		Bandmelder, Polizeimelder, Laufwerk mit Sperrung Polizeimelder mit Sperrung		Schnarre, Summer
					Fernsprecher
					Fernsprecher, allgemein

Grafische Symbole für EIB – *Graphical symbols in building system engineering*

Basis und Systemkomponenten

Symbol	Beschreibung	Symbol	Beschreibung
	Busankoppler BA	com	Datenschnitt-stelle, Schnittstelle RS232
	Linienkoppler LK	EIB	Externe Schnittstelle, Gateway, GAT
	Bereichskoppler BK		Verbinder

Aktoren

Symbol	Beschreibung	Symbol	Beschreibung
	Aktor, allgemein	n/n	Schaltaktor, potenzialfrei
Δt	Aktor, allgemein m. Zeitverzögerung	n	Jalousieaktor, Jalousieschalter
INFO n	Anzeigetableau, Anzeigeeinheit	n	Dimmaktor, Schalt-/Dimmaktor

Sensoren

Symbol	Beschreibung	Symbol	Beschreibung
n	Analogsensor, Analogeingang	b)	Binärsensor, Binäreingang, Binärein-gabe(gerät)
n	Tastsensor, Taster	n	IR-Sender
n	Dimmsensor, Dimmtaster	IR	IR-Decoder
n	Steuertast-sensor, Steuertaster	t	Zeitwert-schalter, Zeitschaltuhr
n T	Temperatur-sensor	PIR	Bewegungs-melder PIR: Passiv Infra Rot
n t	Zeitsensor, Uhr	n lx	Helligkeits-sensor

Technische Dokumentation

Schaltgeräte und Schutzeinrichtungen
Switching devices and protection equipments

DIN EN 60617-07: 97-08

Schalter – Schaltgeräte				Elektromagnetische Antriebe	
	Schließer mit selbsttätigem Rückgang		Quecksilberschalter mit drei Anschlüssen	Form 1	Elektromechanischer Antrieb, Relaisspule
	Schließer mit nicht selbsttätigem Rückgang		Handbetätigter Schalter	Form 2	
	Öffner mit selbsttätigem Rückgang	E	Druckschalter, Taster		Elektromechanischer Antrieb mit Rückfallverzögerung
	Grenzschalter Endschalter (Schließer)		Berührungsempfindlicher Schalter		Elektromechanischer Antrieb mit Ansprechverzögerung
	Grenzschalter, Endschalter, mechanische Betätigung in beiden Richtungen		Näherungsempfindlicher Schalter		Elektromechanischer Antrieb mit Ansprech- und Rückfallverzögerung
	Öffner mit selbsttätiger thermischer Betätigung (Thermokontakt, z. B. Bimetall)		Motorschutzschalter, dreipolig, mit thermischer und magnetischer Auslösung		Elektromechanischer Antrieb eines Stützrelais
	Gasentladungsröhre mit Thermokontakt, Starter für Leuchtstofflampe		Fehlerstrom-Schutzschalter, vierpolig		Elektromechanischer Antrieb eines polarisierten Relais
	Schütz mit selbsttätiger Auslösung		Leitungsschutz-Schalter		Elektromechanischer Antrieb eines Thermorelais
	Schütz (Öffner)		Schließer betätigt dargestellt		Fortschaltrelais Stromstoßrelais
	Leistungsschalter		Pilz-Notdrucktaster mit zwangsläufiger Betätigung und Selbsthaltung des Öffners		Antrieb eines elektronischen Relais
	Trennschalter Leerschalter		Tastschalter mit Schließer, handbetätigt (**Ausschalter**)		Tonfrequenz-Rundsteuerrelais
	Lasttrennschalter		Stellschalter mit Schließer, handbetätigt (**Ausschalter**)		Stellschalter mit zwei Betätigungsstücken, handbetätigt (**Serienschalter**)
	Laststrennschalter mit selbsttätiger Auslösung		Stellschalter mit drei Schaltstellungen, Zweiwegschließer, handbetätigt, (**Gruppenschalter**)		Stellschalter mit zwei Schaltstellungen, Umschaltglied, Wechsler, handbetätigt (**Wechselschalter**)
	Erdungsschalter, allgemein				Kreuzschalter

Mess- und Schutzeinrichtungen
Measuring and protection equipments

DIN EN 60617-07, -08: 97-08

Schutzeinrichtungen

	Sicherung, allgemein
	Sicherung. Die breite Seite kennzeichnet den netzseitigen Anschluss.
	Sicherung mit mechanischer Auslösemeldung (Schlagbolzensicherung)
	Sicherung mit Meldekontakt und drei Anschlüssen
	Sicherungsschalter
	Dreipoliger Schalter mit selbsttätiger Auslösung durch den Schlagbolzen jeder einzelnen Sicherung
	Sicherungstrennschalter
	Sicherungs-Lasttrennschalter
D II / 10 A	Schraubsicherung, dargestellt 10 A, Typ D II, dreipolig
00 / 25 A	Niederspannungs-Hochleistungs-Sicherung (NH), dargestellt 25 A, Größe 00
S	Selektiver Hauptleitungsschutz-Schalter
	Blitzstromableiter
	Funkenstrecke
	Überspannungsableiter
	Überspannungsableiter in einer Gasentladungsröhre

Aufzeichnende Messgeräte

*	Messgerät, anzeigend, allgemein
V	Spannungsmessgerät
A	Amperemeter, Strommessgerät
W	Wattmeter, Leistungsmessgerät
var	Blindleistungsmessgerät
cos φ	Leistungsfaktormessgerät
Hz	Frequenzmessgerät
n	Drehzahlmessgerät
	Galvanometer
	Synchronoskop
φ	Phasenwinkelmessgerät
	Oszilloskop
V U_d	Differenzialspannungs-, Gleichspannungsmessgerät
A $I\sin\varphi$	Blindstrommessgerät
Ω	Widerstandsmessgerät
Θ	Thermometer, Pyrometer
	Messwerk mit Spannungspfad
	Messwerk mit einem Strompfad

	Messwerk zur Summen- oder Differenzbildung
	Messwerk zur Produktbildung
	Messwerk zur Quotientenbildung
	Kreuzzeigerinstrument

Zähler

h	Betriebsstundenzähler
Ah	Amperestundenzähler
Wh	Wattstundenzähler, Elektrizitätszähler
Wh	Mehrtarif-Wattstundenzähler, Zweitarifzähler dargestellt
Wh / P >	Wattstundenzähler, der nur zählt, wenn ein vorgegebener Wert überschritten wird
Wh →	Wattstundenzähler mit Übertragungseinrichtung
varh	Blindverbrauchszähler
	Impulszähler mit elektrischer Rückstellung auf Null

Messrelais

m < 3	Phasenausfallrelais in einem Dreiphasensystem
U = 0	Nullspannungsrelais
I >	Überstromrelais, verzögert
	Näherungsempfindliche Einrichtung, kapazitiv, reagiert auf Näherung eines Festkörpers

Erzeugung und Umwandlung elektrischer Energie

Generation and conversion of electrical energy

DIN EN 60617-06: 97-08

	Gleichstrom-Umrichter		Gleichrichter/ Wechselrichter (umschaltbar)	G	Generator, allgemein
	Gleichrichter		Wechselstrom-umrichter		Heizquelle, allgemein
	Gleichrichter in Brücken-schaltung	U const	Spannungs-konstanthalter		Verbrennungs-Heizquelle
	Wechselrichter		Primärzelle Primärelement Akkumulator	G	Fotoelektrischer Generator

Signalumformer		Übertragungseinrichtungen			
	Signalumformer, allgemein	G $\sim$ 500 Hz	Sinusgenerator, 500 Hz		Vorverzerrer Preemphase
	Analog/Digital-Umsetzer	G 500 Hz	Sägezahn-generator, 500 Hz		Entzerrer, allgemein
	Wechsel-Gleich-Spannungs-Umformer	G	Pulsgenerator		Zerhacker, elektronisch
	Gleichspannung-Pulsspannung-Umformer				Begrenzer

Steller- und Regelgeräte					
*	Regler (Asteriskus * muss durch Buchstaben bzw. Grafik ersetzt werden)	f_1 f_2	Frequenz-umsetzer, Umsetzung von f_1 nach f_2		Modulator, allgemein Demodulator, allgemein Diskriminator, allgemein
P	P-Regler	f $\frac{f}{n}$	Frequenzteiler	Sensoren	
	Regler, der ent-sprechend der Kurve regelt	Form 1	Verstärker, allgemein	Δl	Dehnungs-messstreifen
	Dreipunktregler mit schaltendem Ausgang	Form 2		ϑ	Widerstands-thermometer, Bolometer
PD	Zweipunktregler mit schaltendem Ausgang		Filter, allgemein	ϑ / I	Messumformer Temperatur in elektrischen Strom
PID	PID-Regler mit steigendem Aus-gangssignal bei steigendem Eingangssignal		Tiefpass	n	Drehzahlgeber
PI	PI-Regler mit fallendem Aus-gangssignal bei steigendem Ein-gangssignal		Hochpass	Thermoelemente	
*	Steller (hat nur einen Eingang)		Bandpass	$-\bigvee$ + Form 1 $\bigvee$ Form 2	Thermoelement
U	Spannungs-steller		Bandsperre	Ventile und magnetische Geräte	
					Absperrorgan, offen
					geschlossen

Technische Dokumentation

Erzeugung und Umwandlung elektrischer Energie
Generation and conversion of electrical energy

DIN EN 60617-06: 97-08

Kennzeichnung der Schaltungsart

I	Eine Wicklung		Wechselstrom-Reihenschlussmotor, einphasig	Synchronmotor, einphasig
III	Drei getrennte Wicklungen		Linearmotor	Drehstrom-Synchrongenerator, Sternschaltung, Neutralleiter herausgeführt
III 3 ~	Drei getrennte Wicklungen, Dreiphasen-System		Schrittmotor	
△	Dreieckschaltung		Gleichstrom-Reihenschlussmotor	Drehstrom-Linearmotor, Bewegung in nur einer Richtung
Y	Sternschaltung		Gleichstrom-Nebenschlussmotor	Drehstrom-Asynchronmotor mit Käfigläufer
Y̵	Sternschaltung, Neutralleiter herausgeführt			

Maschinenarten

(*)	Maschine, allgemein. An die Stelle des Sterns (*) muss eines der folgenden Kennzeichen eingetragen werden: C Umformer G Generator GS Synchrongenerator M Motor MG Als Generator oder als Motor nutzbare Maschine MS Synchronmotor		Gleichstrom-Doppelschlussgenerator, mit Anschlüssen und Bürsten	Asynchronmotor, einphasig, mit Käfigläufer, Enden für eine Anlaufwicklung herausgeführt
			Drehstrom-Reihenschlussmotor	Drehstrom-Asynchronmotor mit Schleifringläufer

Transformatoren und Drosseln

Form 1	Form 2		Form 1	Form 2	
		Transformator mit zwei Wicklungen, Spannungswandler			Drehstromtransformator mit Last-Stufenschalter, Stern/Dreieckschaltung
		Kennzeichnung gleicher Phasenlagen, gleichzeitig eintretende Ströme erzeugen Magnetflüsse in gleicher Richtung			
		Transformator mit drei Wicklungen			Stromwandler, Impulstransformator
		Spartransformator			Einphasentransformator mit zwei Wicklungen und Schirm
		Spartransformator, einphasig ist laut DIN korrekt			Transformator mit Mittenanzapfung an einer Wicklung
		Drossel			Transformator mit veränderbarer Kopplung

Binäre Elemente – *Binary logic elements*

DIN EN 60617-12: 99-04
DIN EN 60617-12-Bbl. 1: 98-09

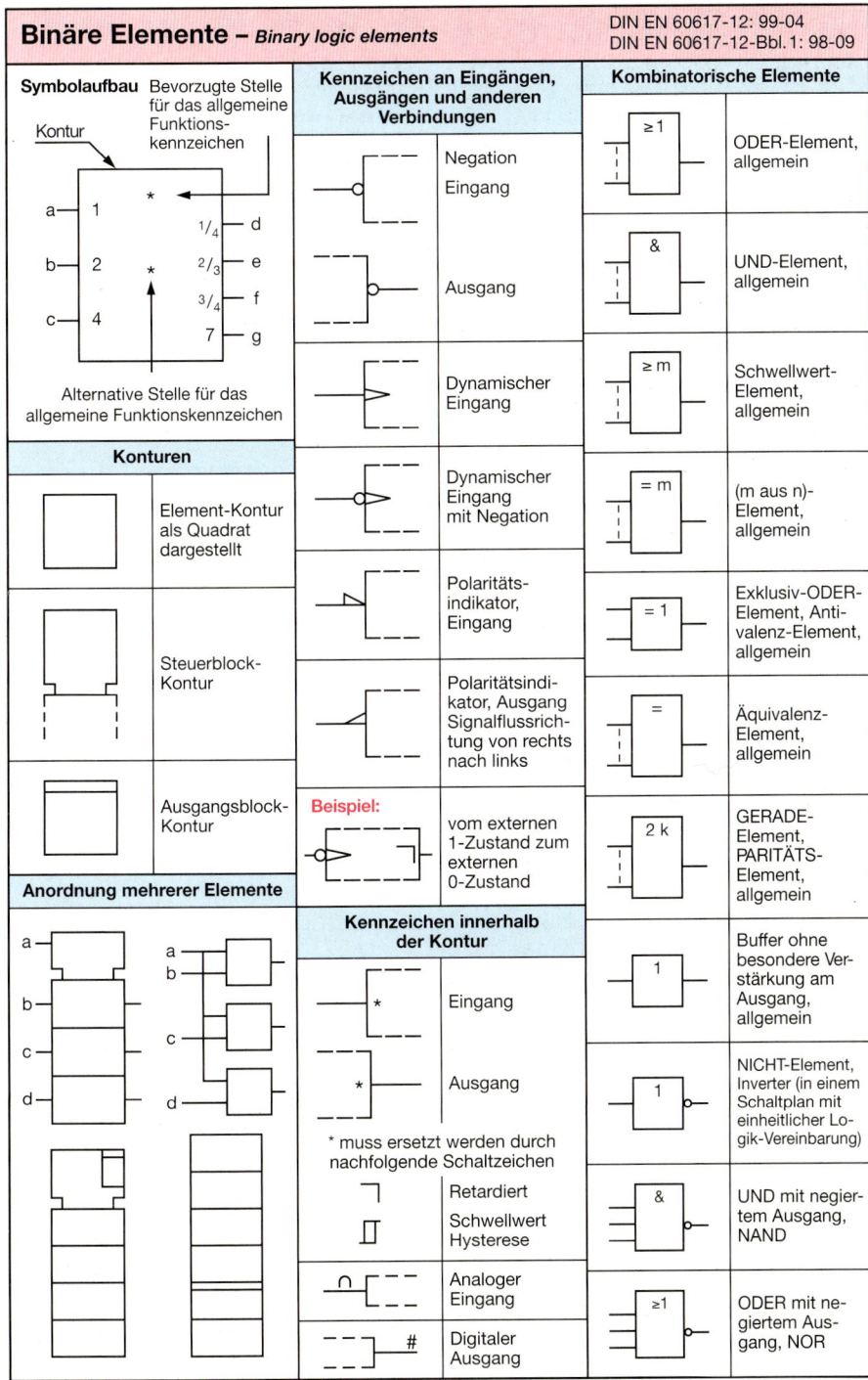

Symbolaufbau — Bevorzugte Stelle für das allgemeine Funktionskennzeichen

Kontur

a 1
b 2
c 4
$1/4$ d
$2/3$ e
$3/4$ f
7 g

Alternative Stelle für das allgemeine Funktionskennzeichen

Konturen

	Element-Kontur als Quadrat dargestellt
	Steuerblock-Kontur
	Ausgangsblock-Kontur

Anordnung mehrerer Elemente

a
b
c
d

Kennzeichen an Eingängen, Ausgängen und anderen Verbindungen

	Negation Eingang
	Ausgang
	Dynamischer Eingang
	Dynamischer Eingang mit Negation
	Polaritäts-indikator, Eingang
	Polaritätsindikator, Ausgang Signalflussrichtung von rechts nach links

Beispiel: vom externen 1-Zustand zum externen 0-Zustand

Kennzeichen innerhalb der Kontur

*	Eingang
*	Ausgang

* muss ersetzt werden durch nachfolgende Schaltzeichen

⌐	Retardiert
⊓	Schwellwert Hysterese
∩	Analoger Eingang
#	Digitaler Ausgang

Kombinatorische Elemente

≥ 1	ODER-Element, allgemein
&	UND-Element, allgemein
≥ m	Schwellwert-Element, allgemein
= m	(m aus n)-Element, allgemein
= 1	Exklusiv-ODER-Element, Anti-valenz-Element, allgemein
=	Äquivalenz-Element, allgemein
2 k	GERADE-Element, PARITÄTS-Element, allgemein
1	Buffer ohne besondere Ver-stärkung am Ausgang, allgemein
1	NICHT-Element, Inverter (in einem Schaltplan mit einheitlicher Lo-gik-Vereinbarung)
&	UND mit negier-tem Ausgang, NAND
≥1	ODER mit ne-giertem Aus-gang, NOR

269

Binäre Elemente
Binary logic elements

DIN EN 60617-12: 99-04
DIN EN 60617-12-Bbl.1: 98-09
DIN EN 60617-13: 94-01

Bistabile Elemente	Astabile Elemente	Schieberegister und Zähler

Bistabile Elemente

S — R — RS-Flipflop	RS-Flipflop
D-Flipflop, einzustands-gesteuert, zweifach	D-Flipflop, einzustandsgesteuert, zweifach
JK-Flipflop, einflanken-gesteuert	JK-Flipflop, einflankengesteuert
RS-Flipflop, zweizustands-gesteuert	RS-Flipflop, zweizustandsgesteuert

Spezielle Schalteigenschaften bistabiler Elemente

I = 0	RS-bistabiles-Element mit dem Anfangszustand 0
I = 1	RS-bistabiles-Element mit dem Anfangszustand 1
N V	RS-bistabiles-Element, null-spannungsgesichert

Monostabile Elemente

	Monostabiles Element, nachtriggerbar
	Monostabiles Element, nicht nachtriggerbar

Astabile Elemente

G	Astabiles Element, z. B. Takt-generator
!G	Gesteuertes astabiles Element, synchron gestartet

Elemente mit Hysterese

* ⎍	Element mit Hysterese, allgemein

Codierer, Code-Umsetzer

X/Y	Codierer, Code-Umsetzer, allgemein

Speicher

ROM *	Nur-Lese-Speicher, allgemein
RAM *	Schreib-Lese-Speicher, allgemein
ROM 32×8 ... A ⌸ EN	Nur-Lese-Speicher, 32 x 8 Bit

Digitale Verzögerungselemente

t₁ t₂	Verzögerungs-element mit An-gabe der Ver-zögerungszeiten

Schieberegister und Zähler

SRGm	Schiebe-register, allgemein
SRG8 C1/→ R & 1D	Schiebe-register, 8 Bit, mit paralleler Ausgabe

Arithmetische Elemente

Σ	Addierer, allgemein
P–Q	Subtrahierer, allgemein
COMP	Zahlen-komparator, allgemein

Verstärker

▷∞ − +	Operationsver-stärker (z. B. Teil von LM324)

Vergleicher (Komparator)

UCOMP X Y X > Y	Spannungs-vergleicher (z. B. Teil von LM339)
UCOMP V1 V2 X 1(X > Y) Y 2(X < Y)	Spannungs-vergleicher (z. B. LM361)

Technische Dokumentation

Nachrichtentechnik – *Communication engineering*

DIN EN 60 617-09, -10: 97-08

Schaltzeichen	Benennung	Schaltzeichen	Benennung	Schaltzeichen	Benennung
Fernsprecher		**Kennzeichen**		**Aufzeichnungs- u. Wiedergabegeräte**	
	Fernsprecher mit Lautsprecher		Magnetischer Typ		Ultraschall-Sender/ -Empfänger Hydrophon
	Fernsprecher für Zentralbatterie-Betrieb		Tauchspulen- oder Bändchentyp		
			Stereo		
	Fernsprecher mit Nummernschalter		Platte		Opto-elektronisches Aufzeichnungsgerät
			Band, Film		
	Fernsprecher mit Tastwahlblock		Aufnehmen und Wiedergeben		
			Löschen		Wiedergabegerät mit Lichtabtastung Compact-Disk-Gerät
	Münzfernsprecher		Zylinder Walze Trommel		
	Fernsprecher ohne Speisung, Fernsprecher, batterielos		Oberflächenwelle (SAW)		
		Aufzeichnungs- u. Wiedergabegeräte			Tonabnehmer, stereophon
	Fernsprecher für zwei oder mehr Amtsleitungen oder Nebenstellen-leitungen		Aufzeichnungs-gerät, Wiedergabegerät, allgemein		
					Wiedergabekopf, lichtempfindlich, monophon
Pulsmodulation					
	Pulsamplituden-modulation (PAM)				Löschkopf
			Aufzeichnungs-/ Wiedergabegerät mit Magnet-trommelspeicher		Aufnahmekopf (Schreibkopf), magnetisch, monophon
	Pulsfrequenz-modulation (PFM)				
Übertragungseinrichtungen					
	Funkstrecke, auf der Fernsehen (Bild und Ton) und Fernsprechen übertragen werden		Faltdipolantenne, mit drei Direktoren und einem Reflektor		Dämpfungsglied, veränderbar
F	Fernsprechen				Filter, allgemein
T	Telegrafie und Datenübertragung				
V	Bildübertragung (Fernsehen)		Rund-Hohlleiter		Tiefpass
S	Tonübertragung (Fernsehrundfunk und Tonrundfunk)		Koaxial-Hohlleiter		Bandpass
	Zweidrahtverbin-dung, Verstärkung in einer Richtung		Streifenleiter, mit drei Leitern		Bandsperre
	Weltraumfunkstelle, aktiv Fernmeldesatellit		Verstärker, allgemein Form 1		Entzerrer, allgemein
					Begrenzer
	Laser als Generator		Form 2		Modulator, allgemein Demodululator, allgemein Diskriminator, allgemein
	Erdefunkstelle zur Bahnverfolgung einer Weltraumfunk-stelle, mit Parabolantenne		Sinusgenerator, 500 Hz		Lichtwellenleiter (LWL), allgemein Lichtwellenleiter-kabel, allgemein

Technische Dokumentation

Programmablaufplan, Struktogramm – *Program flow chart, structure chart*

Programmablaufplan nach DIN 66 001	Nassi-Shneiderman Struktogramm DIN 66 261	Programmablaufplan nach DIN 66 001	Nassi-Shneiderman Struktogramm DIN 66 261

Verarbeitung (allgemein, Strukturblock, Elementarblock)

Wiederholung (kopfgesteuerte Schleife)

- Aufgabenkurzbeschreibungen
- Unterprogrammnamen,
- Anweisungen, Programmiersprachenbefehle

Reihenfolge (Sequenz)

- Aneinanderreihung von mehreren Anweisungen, Befehlen
- Aufzählung mehrerer nacheinander zu bearbeitender Aufgaben

Bedingte Verzweigung

- Auswahl von einer Verarbeitung aus zwei möglichen, aufgrund einer logischen Entscheidung.
- Ist die Abfrage mit Ja beantwortet, dann Verarbeitung a, andernfalls Verarbeitung b. Diese Verzweigung wird auch als **IF** (wenn Bedingung erfüllt) **THEN** (dann Verarbeitung a) **ELSE** (sonst Verarbeitung b) Abfrage bezeichnet.

Fallabfrage, Fallunterscheidung

- Auswahl einer Möglichkeit aus mehreren Vorgaben (engl. **Case**-Block)

- Schleifendurchläufe:
Abfrage der Bedingung erfolgt vor der Durchführung der Verarbeitung a. Ist die Bedingung bei der ersten Abfrage schon nicht erfüllt, erfolgt keine Durchführung der Verarbeitung a (engl. **WHILE**-Schleife).

Wiederholung (fußgesteuerte Schleife)

- Schleifendurchläufe:
Abfrage der Bedingung nach dem Durchlauf der Verarbeitung a (engl. **REPEAT**- oder **UNTIL**-Schleife).

Schleife (mit Unterbrechung)

- Schleifendurchläufe:
Die Bedingung (Abbruch-Bedingung) wird während der Verarbeitung abgeprüft (engl. **CYCLE**-Schleife).

Symbole und Kennbuchstaben der Prozessleittechnik
Symbols and code letters in process control engineering

DIN 19227-1: 93-10

Anwendungsbereiche	Kennbuchstaben

Anwendungsbereiche
Verfahrenstechnische Anlagen; Prozessbezogene **E**lektro-, **M**ess-, **S**teuerungs- und **R**egelungstechnik (**EMSR**-Technik)

Kennbuchstaben

Symbole für Messgrößen, andere Eingangsgrößen und ihre Verarbeitung

Beispiel: P   D   I   C

Erstbuchstabe ——┘ │ │ └── 2. Folgebuchstabe
(Druck)   (Regelung)
Ergänzungs- ─────┘   └── 1. Folgebuchstabe
buchstabe   (Anzeige)
(Differenz)

Weitere Folgebuchstaben sind möglich.

Darstellungsweise

Kennbuchstaben und graphische Symbole zur Darstellung der funktionellen Arbeitsweise in Fließbildern.
Aus Kennzeichnung soll hervorgehen:
• Messgröße oder andere Eingangsgröße,
• Verarbeitung,
• EMSR-Stellen-Kennzeichnung,
• Ortsangabe,
• Wirkungsweg.

Buch-stabe	Messgröße oder andere Eingangsgröße, Stellglied		Verarbeitung als Folgebuchstabe Reihenfolge: I, R, C
	Erstbuch-stabe	Ergänzungs-buchstabe	
A B C			Störungsmeldung
C			selbstt. Regelung
D E F	Dichte elektr. Größe Durchfluss, Durchsatz	Differenz Verhältnis	Aufnehmerfunkt.
G	Abstand, Länge, Stellung, Deh-nung, Amplitude		
H I J	Handeingabe, Handeingriff	Messstellen-abfrage	oberer Grenzwert (High) Anzeige
K L	Zeit Stand		frei verfügbar unterer Grenzwert (Low)
M N O	Feuchte frei verfügbar frei verfügbar		frei verfügbar Sichtzeichen, Ja/Nein-Anzeige
P Q R	Druck Stoffeigen-schaft Strahlungsgröße	Integral, Summe	Registrierung
S	Geschwindigkeit, Drehzahl, Frequenz		Schaltung, Ablaufsteuerung, Verknüpfungsst.
T U V	Temperatur zusammen-gesetzte Größe Viskosität		Messumformer-Fkt. zusammengefasste Antriebsfunktion Stellgeräte-Fkt.
W X	Gewichtskraft, Masse sonst. Größe		
Y Z	frei verfügbar		Rechenfunktion Noteingriff, Schutz durch Auslösung
+ / –			oberer Grenzwert Zwischenwert unterer Grenzwert

Grundsymbole für EMSR-Aufgaben

Kreis, Sechseck; je nach Textlänge als Langsymbol

allgemeine Darstellung	
Realisierung mit **P**rozess**l**eit**s**ystem (**PLS**)	
Realisierung mit **P**rozess**r**echnern (**PR**)	

Kennzeichnung des Ausgabe- und Bedienortes

Ohne Querstrich: vor Ort	
Querstrich: Prozessleitwarte	
Doppelquerstrich: örtlicher Leitstand	

Textfelder an grafischen Symbolen

Vorzugsdarstellung

— weitere Kennzeichnung

— EMSR-Stellenfunktion

— EMSR-Stellen-Kennzeichnung

— weitere Kennzeichnung

Messort

———	Bezugslinie
	Messort

Grafische Symbole für die Prozessleittechnik
Graphical symbols in process control engineering

DIN 19227-1: 93.10
DIN 19227-2: 91.02

Leitungen, Leitungsverbindungen, Anschlüsse, Signalkennzeichnung

Symbol	Bezeichnung	Symbol	Bezeichnung
	Rohrleitung, Linienbreite ≥ 1 mm	£	Einheitssignal, elektrisch
	EMSR-Leitung, allgemein, Linienbreite vorzugsweise 0,25 mm	A	Einheitssignal, pneumatisch
	Einheitssignalleitung, elektrisch	∩	Analogsignal
	Einheitssignalleitung, pneumatisch	♯	Digitalsignal
	hydraulische Leitung	⌐	Binärsignal
	Lichtwellenleiter	⊓	Impulsgeber
		+	Kreuzung ohne Verbindung
-----	Wirkungslinie	●	Leitungsverbindung, allgem. Verbindungsstelle

Regler

Ausführung wird dargestellt durch:
- Beschriftung,
- Symbole aus anderen Normen,
- Kennzeichnung der Wirkungsrichtung,
- Kennzeichnung des Algorithmus (P, PI usw.).

Symbol	Bezeichnung	Symbol	Bezeichnung
	Regler allgemein (Grundsymbol) Ausgang: rechts		Dreipunktregler mit schaltendem Ausgang
PID	PID-Regler mit steigendem Ausgangssignal bei steigendem Eingangssignal	PD	Zweipunktregler mit schaltendem Ausgang
PI	PI-Regler mit fallendem Ausgangssignal bei steigendem Eingangssignal	x w y	Regler als Softwarefunktion mit Kennzeichnung der Ein- und Ausgangsgrößen nach DIN 19226

Einwirkung auf die Strecke

Symbol	Bezeichnung	Symbol	Bezeichnung
▽	Stellart, Stellglied		Stellantrieb, bei Ausfall der Hilfsenergie nimmt das Stellgerät die Stellung für maximalen Massenstrom oder Energiefluss ein.
	Stellantrieb, allgemein		Stellantrieb, bei Ausfall der Hilfsenergie nimmt das Stellgerät die Stellung für minimalen Massenstrom oder Energiefluss ein.
	Stellgerät mit Stellort bzw. Stellglied		Stellantrieb, bei Ausfall der Hilfsenergie bleibt das Stellgerät in der zuletzt eingenommenen Stellung.

Aufnehmer

Kennzeichnung durch Kennbuchstaben (rechte untere Ecke), Symbole oder Beschriftung

Symbol	Bezeichnung	Symbol	Bezeichnung
F	Aufnehmer für Durchfluss, allgemein	L	Aufnehmer für Stand, Empfänger für Licht
F	Turbinen-Durchflussaufnehmer	CO_2 Q	Aufnehmer für CO_2-Gehalt
F	Induktiver Durchflussaufnehmer	Q	Aufnehmer für pH-Wert
T	Aufnehmer für Temperatur, allgemein	R	Aufnehmer für Strahlung, allgemein
T	Thermoelement	S	Aufnehmer für Geschwindigkeit, Drehzahl, Frequenz, allgemein
P	Aufnehmer für Druck, allgemein	G	Aufnehmer für Abstand, Länge, Stellung, allgem.
L	Aufnehmer für Stand, allgemein	FQ	Ovalradzähler Verdrängerprinzip
L	Kapazitiver Aufnehmer für Stand	Q	Aufnehmer für Leitfähigkeit
L	Aufnehmer für Stand mit Schwimmer	W	Aufnehmer für Gewichtskraft, Masse, allgem.

Bediengeräte

Ausführungsart ist darzustellen durch:
- Beschriftung,
- Symbole aus anderen Normen,
- Ausgabe der Einstellgröße.

Symbol	Bezeichnung	Symbol	Bezeichnung
	Einsteller, allgemein		Schaltgerät, allgem.
	Signaleinsteller für elektrisches Einheitssignal mit Anzeiger		Automatischer Messstellenabfrageschalter

Stellgeräte und Zubehör

Symbol	Bezeichnung	Symbol	Bezeichnung
	Membran-Stellantrieb		Kolben-Stellantrieb
M	Motor-Stellantrieb		Feder-Stellantrieb
	Magnet-Stellantrieb		Ventilstellglied

Steuergerät

Einzelheiten sind darzustellen durch:
- Beschriftung
- Symbole aus anderen Normen

Symbol	Bezeichnung
	Steuergerät (Basissymbol)

Funktionsplan (GRAFCET) – *Function chart (GRAFCET)*

DIN EN 60 848: 2002-12

Allgemeines	Grundsätze
• Grafische Entwurfssprache für funktionelle Beschreibung des Ablaufs von Steuerungssystemen • GRAFCET (**gra**phe **f**onctionnel de **c**ommande **e**tape **t**ransition)	• Die Charakterisierung des Systems erfolgt durch Beschreibung von Eingängen, Ausgängen und des Systemverhaltens.

GRAFCET-Plan

Struktur	Wirkungsteil
Sie beschreibt mögliche Abläufe zwischen verschiedenen Zustandssituationen.	Er verbindet Struktur mit den Eingangs- und Ausgangsvariablen.
Elemente: • **Schritt** Kennzeichnet den Zustand des Ablaufteils eines Systems. Der Zustand ist immer aktiv oder inaktiv. • **Transition** Zeigt einen Ablauf von Aktivitäten zwischen zwei Schritten. Ablauf erfolgt erst nach Auslösung einer Transition (Transitionsbedingung). • **Wirkverbindung** Verbindet Schritte mit Transitionen und zeigt so den Ablaufpfad zwischen den Schritten.	Elemente: • **Transitionsbedingung** logische Verknüpfung zwischen internen Variablen und Eingangsvariablen. • **Transitionszustand** Verbindet die Struktur mit den Eingangsvariablen. Wenn der Zustand aktiv ist (Transitionsbedingung = TRUE), erfolgt Auslösung einer Transition. • **Aktionen** Verbinden die Struktur mit den Ausgangsvariablen. Sie zeigt an, was mit den Ausgangsvariablen geschehen soll (z. B. Zuweisung oder Zuordnung).

Grundstrukturen (Auswahl)

Ablaufkette		Ablaufauswahl	
	• Jeder Schritt hat nur eine nachfolgende Transition. • Jeder Schritt hat nur eine vorangegangene Transition, die durch einen Schritt freigegeben wird. • Bei Rückführung zum Startschritt als geschlossene Ablaufkette bezeichnet.		• Durch die Transitionsbedingung kann erreicht werden, dass aus mehreren Schritten einer ausgewählt wird. • Exklusive Ausführung von nur einem Schritt muss durch die Transitionsbedingungen sichergestellt werden.

Überspringen	Rückführung	Parallele Ablaufketten	Synchronisierung
		   Untere Schritte werden parallel ausgeführt.	 Transition wird angestoßen, wenn alle oberen Schritte abgeschlossen sind.

Funktionsplan (GRAFCET) – *Function chart (GRAFCET)*

DIN EN 60 848: 2002-12

Elemente des Funktionsplans

Schritte		Transitionen	
*	**Schritt** (allgemein) Zustand ist aktiv oder inaktiv *: zugeordnetes Kennzeichen z. B. Schrittnummer Darstellung als Quadrat üblich, aber auch Rechtecke möglich.	(*)	**Transition** von einem Schritt zum nächsten. Dargestellt durch senkrechten Strich zur Wirkverbindung. (*) kann einen Namen der Transition darstellen.

*	**Anfangsschritt**
	bezeichnet, dass dieser Schritt
	Bestandteil der Anfangssituation
	ist.
		a) b)	**Synchronisierung**
			Verbindung mehrerer Schritte
			mit derselben Transition.
			a) eine Transition gibt mehrere
			   Schritte frei
			b) nach Abschluss mehrerer
			   Schritte wird eine Transition
			   freigegeben

*	**Einschließender Schritt** Dieser Schritt enthält weitere Schritte.		

Wirkverbindungen		Transitionsbedingungen	

	Wirkverbindung
	von oben nach unten
	• Verbindung zwischen den
	  Schritten
	• Verlauf horizontal oder
	  vertikal
	• Diagonaler Verlauf nur in
	  Ausnahmefällen
		*	**Transitionsbedingung**
			*: Beschreibung als Text oder lo-
			gischer Ausdruck mit dem Er-
			gebnis TRUE oder FALSE

		a) b)	**Flanke logischer Variablen** Transitionsbedingung, die nur bei Wechsel des Status erfüllt ist. a) steigend (0 → 1) b) fallend (1 → 0)

	Wirkverbindung
	von unten nach oben
	• Wirkverbindungen laufen
	  stets von oben nach unten.
	• Andere Richtungen müssen
	  durch Pfeile gekennzeichnet
	  werden.
		t1 / * /t2	**Zeitabhängige Transition**
			Die steigende Flanke der Transi-
			tion * wird um t1, die fallende
			Flanke um t2 verzögert.

		[*]	**Boolscher Wert einer Aussage** [*] zeigt, dass der boolsche Wert der Aussage * eine Transitions- variable bildet.

kontinuierlich wirkende Aktionen		gespeichert wirkende Aktionen	
Sie wirken so lange, wie der zugehörige Schritt aktiv ist.		Sie wirken über den zugehörigen Schritt hinaus, bis eine Rücksetzung erfolgt.	
*	**Kontinuierlich wirkende Aktion** muss mit einem Schritt verknüpft sein. * muss durch die Kennzeich- nung der Ausgangsvariablen er- setzt werden.	*: = #	**Zuordnung zu Variablen** Der Wert # wird der Variablen * zugeordnet (z. B. Motor := 1)
*	**Zuweisungsbedingung** Eine logische Bedingung (*) beeinflusst die kontinuierliche Aktion		**Aktion bei Aktivierung** Aktion wird ausgeführt, wenn der zugehörige Schritt aktiviert wird.
t1 / * /t2	**Zeitabhängige Zuweisungsbe- dingung** Steigende Flanke wird um t1, fallende Flanke um t2 verzögert.		**Aktion bei Deaktivierung** Aktion wird ausgeführt, wenn der zugehörige Schritt deaktiviert wird.
t1/X *	**Zeitbegrenzte Aktion** Zuweisungsbedingung, während t1 erfüllt	*	**Aktion bei Ereignis** Wenn der zugehörige Schritt aktiv ist und das Ereignis * eintritt, wird die Aktion ausgeführt.

7 Automatisierungstechnik

Regelungstechnik 278
Zeitverhalten 279
Zeitverhalten von Regel-
   strecken 280
Stetige Regeleinrichtungen............ 281
Unstetige Regeleinrichtungen........ 282
Einstellung von Reglern 283
Digitale Regelung 282
Kompaktregler 285
Leittechnik, Prozessleittechnik 286
Aktoren 287
Piezoelektrische Aktoren 288
Thermische Aktoren 289
Elektro- und magnetorheo-
   logische Aktoren 290
Magnetostriktive Aktoren 291
Linearantriebe............................... 291
Linearmotoren............................... 292
Feldbussysteme 293
Profibus.. 294
Interbus.. 295
CAN-Bus...................................... 296
Bit-Bus 297
DIN-Messbus 297
ASI-Bus.. 298
P-Net... 299
SafetyBus 300
Foundation Fieldbus 301
C, C++ 302
Programmieren von CNC-
   Maschinen 303
Mechatronik 304

Regelungstechnik – *Control engineering*

Kennzeichen des Regelns

- Fortlaufende Erfassung der zu regelnden Größe
- Vergleichen mit der Führungsgröße
- Angleichen an die Führungsgröße
- Geschlossener Wirkungsablauf (Regelkreis)

Elemente der Regelungstechnik

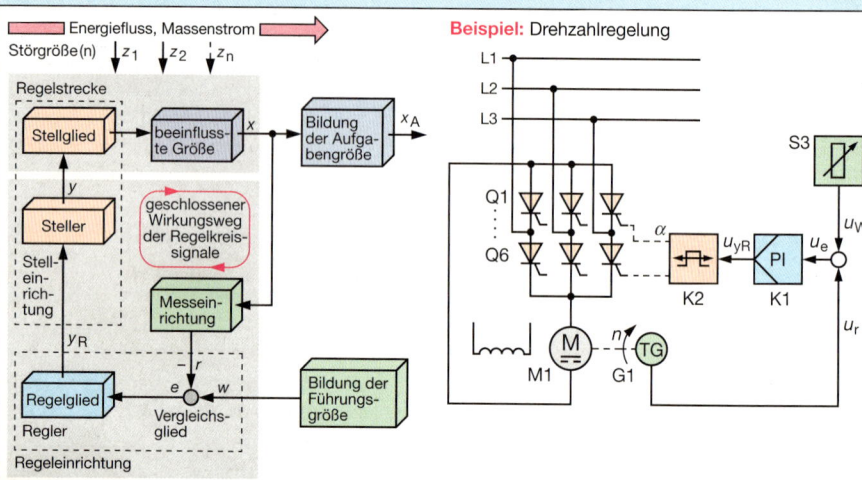

Beispiel: Drehzahlregelung

Bezeichnung	Erklärung	Beispiel
Regelstrecke	Teil des Systems oder Wirkungsplans, der aufgabengemäß beeinflusst werden soll.	Q1 … Q6, M1
Regler	Aus Vergleichsglied und Regelglied bestehende Funktionseinheit.	K1
Regeleinrichtung	Teil des Wirkungsweges, der die aufgabengemäße Beeinflussung der Strecke über das Stellglied bewirkt.	Vergleichsglied, K1
Steller	Funktionseinheit, in der aus der Reglerausgangsgröße die zur Aussteuerung des Stellgliedes erforderliche Stellgröße gebildet wird.	K2
Stellglied	Funktionseinheit am Eingang der Regelstrecke, die in den Massenstrom oder Energiefluss eingreift und zur Strecke gehört.	Q1 … Q6

Größen der Regelungstechnik (mit * auch der Steuerungstechnik)

Regelgröße	x	Größe der Regelstrecke, die zum Regeln erfasst und der Messeinrichtung zugeführt wird.	Störgröße*)	z	Von außen wirkende Größe, die die beabsichtigte Beeinflussung in der Steuerung oder Regelung beeinträchtigt.
Aufgabengröße*)	x_A	Von der Steuerung oder Regelung zu beeinflussende Größe, die mit der Regelgröße verknüpft sein muss, aber nicht unbedingt zum Regelkreis gehört.	Führungsgröße*)	w	Von der Steuerung oder Regelung unbeeinflusste Größe, der die Steuerung oder Regelung folgen soll. Sie wird dem Regelkreis von außen zugeführt.
Stellgröße*)	Y	Ausgangsgröße der Steuer- oder Regeleinrichtung, zugleich Eingangsgröße der Strecke. Sie überträgt die steuernde Wirkung der Einrichtung auf die Strecke.	Rückführgröße	r	Aus der Messung der Regelgröße hervorgegangene und dem Vergleichsglied zugeführte Größe.
			Regeldifferenz	e	Differenz zwischen der Führungsgröße w und der Rückführgröße r. $e = w - r$

Zeitverhalten – *Time behaviour*

Zeitverhalten von Führungsgrößen

DIN 19 225: 81-12

Bezeichnung	Erklärung	Beispiel
Folge-regelung	Regelgröße folgt der von außen vorgegebenen, zeitlich veränderlichen Führungsgröße.	Witterungsgeführte Heizungsregelung
Zeitplan-regelung	Führungsgröße wird nach einem Zeitplan vorgegeben.	Heizungsregelung mit tage- oder wochenweiser Programmierung
Festwert-regelung	Führungsgröße ist auf einen festen Wert eingestellt, bzw. innerhalb des Führungsbereiches einstellbar.	Drehzahlregelung, Spannungsstabilisierung

Zeitverhalten von Regelkreisgliedern

DIN 19 226-2: 94-02

Um optimales Zusammenwirken von Regelstrecke und Regeleinrichtung zu erreichen, ist die Kenntnis des zeitlichen Verhaltens der einzelnen Glieder notwendig.

Zur Untersuchung wird vorzugsweise die Regelstrecke mit verschiedenartigen Änderungen der Eingangsgröße beaufschlagt und die Ausgangsgröße im zeitlichen Verlauf beobachtet.

Verfahren	Erklärung	Zeitlicher Verlauf
Sprung-antwort	Zeitlicher Verlauf der Ausgangsgröße nach einer sprungartigen Änderung der Eingangsgröße.	
Impuls-antwort	Zeitlicher Verlauf der Ausgangsgröße bei einem Nadelimpuls der Eingangsgröße.	
Anstiegs-antwort	Zeitlicher Verlauf der Ausgangsgröße bei einer Anstiegsfunktion mit definierter Änderungsgeschwindigkeit als Eingangsgröße.	
Sinus-antwort	Zeitlicher Verlauf der Ausgangsgröße bei sinusförmigem Verlauf und Durchfahren der Frequenzen $\omega = 0$ bis $\omega = \infty$, ($\omega = 2\pi f$, Kreisfrequenz) der Eingangsgröße. Der Frequenzgang ($|G(\omega)| = |x/y|$) und der Phasengang (Phasenwinkelverlauf $\varphi = f(\omega)$) werden im Nyquist- oder Bode-Diagramm zur Beurteilung der Stabilität des Regelkreises dargestellt. Eckkreisfrequenz: $\frac{\omega}{\omega_1} = 1$	

Nyquist-Diagramm

Bode-Diagramm

Automatisierungs-technik

279

Zeitverhalten von Regelstrecken

Time behaviour of controlled systems

Sprungantwort-Verfahren

Dem Sprungantwort-Verfahren kommt in der Praxis die größte Bedeutung zu, da sich die Übergangsfunktion meist mit geringem Aufwand experimentell ermitteln lässt.

Bezeichnung, Kenngrößen	Sprungantwort	Beispiel	Übergangsverhalten
P_o-Strecke Proportional-Beiwert $K_{PS} = x/y$			x folgt proportional unverzögert der Eingangsgröße y.
PT_1-Strecke Proportional-Beiwert $K_{PS} = x_\infty/y$ Zeitkonstante T_S			x folgt proportional, nach einer e-Funktion verzögert, der Eingangsgröße y.
PT_2-Strecke Proportional-Beiwert $K_{PS} = x_\infty/y$ Verzugszeit T_u Ausgleichszeit T_g			x folgt proportional, mit zwei Zeitkonstanten verzögert der Eingangsgröße y.
PT_t-Strecke Proportional-Beiwert $K_{PS} = x/y$ Totzeit T_t		$T_t = s/v$	x folgt proportional, um die Zeit T_t verzögert, der Eingangsgröße y.
PT_t-T_1-Strecke Proportional-Beiwert $K_{PS} = x_\infty/y$ Totzeit T_t Zeitkonstante T_S		Mischung im Behälter	x folgt proportional, mit einer e-Funktion und einer Totzeit verzögert, der Eingangsgröße y.
I_o-Strecke Integrierzeit T_{IS} Integrierbeiwert $K_{IS} = v_x \cdot \dfrac{1}{y}$ $v_x = \dfrac{\Delta x}{\Delta t}$			x ist das Zeitintegral der Eingangsgröße y.
IT_1-Strecke Integrierzeit T_{IS} Verzögerungszeitkonstante T_S			x ist das Zeitintegral, verzögert mit einer Zeitkonstanten, der Eingangsgröße y.
IT_t-Strecke Integrierzeit T_{IS} Totzeit T_t			x ist das Zeitintegral, verzögert mit der Totzeit T_t, der Eingangsgröße y.

Zeile links: **P-Strecken** (Strecken mit Ausgleich) — **I-Strecken** (Strecken ohne Ausgleich)

Stetige Regeleinrichtungen
Continuous action control assemblies

DIN 19226-4: 94-02

Bei stetig wirkenden Regeleinrichtungen kann die Stellgröße y innerhalb des Stellbereiches Y_h jeden Wert annehmen.
Die mit elektronischen Reglern relativ einfach realisierbaren gewünschten Eigenschaften werden hier stellvertretend auch für nicht elektronisch (mechanisch, pneumatisch, hydraulisch) arbeitende Regeleinrichtungen behandelt.

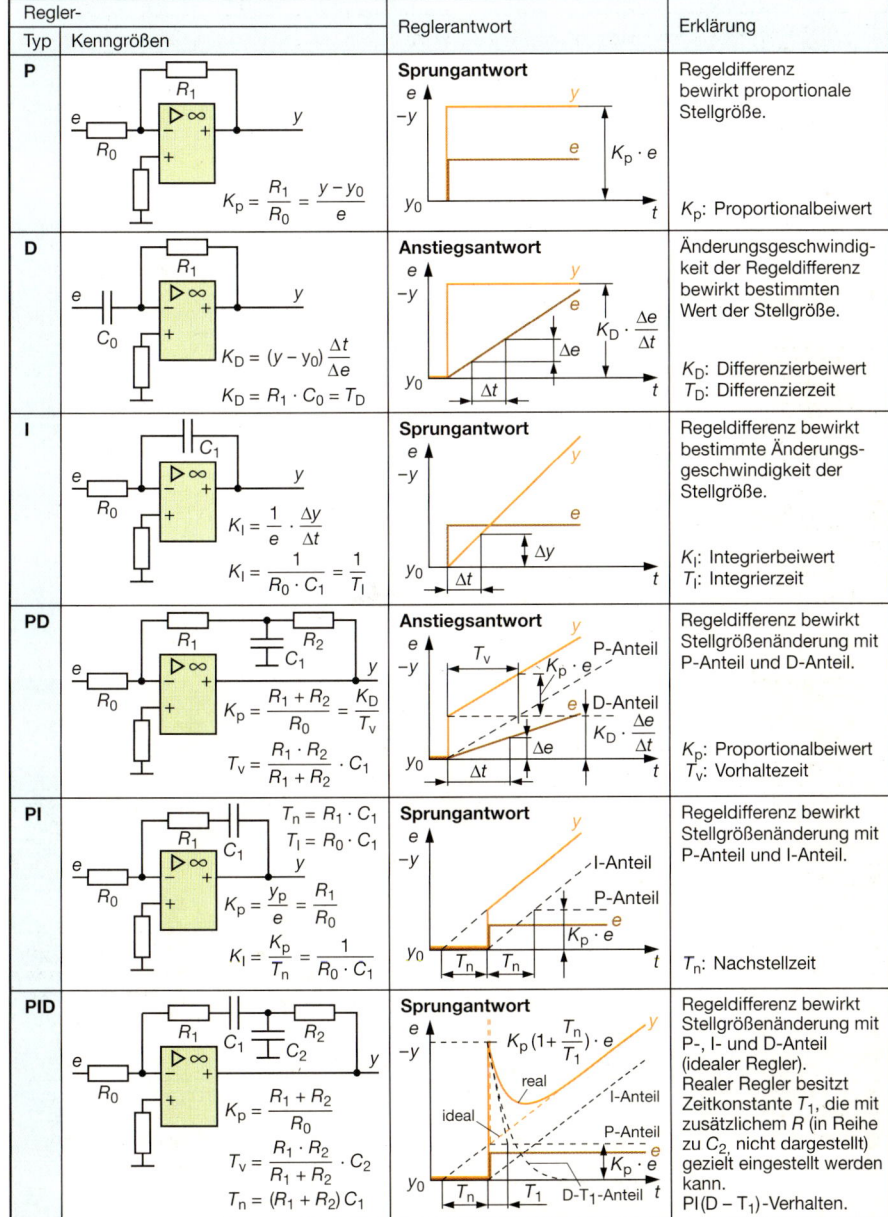

Regler- Typ	Kenngrößen	Reglerantwort	Erklärung
P	$K_p = \dfrac{R_1}{R_0} = \dfrac{y - y_0}{e}$	**Sprungantwort** — $K_p \cdot e$	Regeldifferenz bewirkt proportionale Stellgröße. K_p: Proportionalbeiwert
D	$K_D = (y - y_0)\dfrac{\Delta t}{\Delta e}$ $K_D = R_1 \cdot C_0 = T_D$	**Anstiegsantwort** — $K_D \cdot \dfrac{\Delta e}{\Delta t}$	Änderungsgeschwindigkeit der Regeldifferenz bewirkt bestimmten Wert der Stellgröße. K_D: Differenzierbeiwert, T_D: Differenzierzeit
I	$K_I = \dfrac{1}{e} \cdot \dfrac{\Delta y}{\Delta t}$ $K_I = \dfrac{1}{R_0 \cdot C_1} = \dfrac{1}{T_I}$	**Sprungantwort** — Δy, Δt	Regeldifferenz bewirkt bestimmte Änderungsgeschwindigkeit der Stellgröße. K_I: Integrierbeiwert, T_I: Integrierzeit
PD	$K_p = \dfrac{R_1 + R_2}{R_0} = \dfrac{K_D}{T_v}$ $T_v = \dfrac{R_1 \cdot R_2}{R_1 + R_2} \cdot C_1$	**Anstiegsantwort** — T_v, P-Anteil, $K_p \cdot e$, D-Anteil, $K_D \cdot \dfrac{\Delta e}{\Delta t}$	Regeldifferenz bewirkt Stellgrößenänderung mit P-Anteil und D-Anteil. K_p: Proportionalbeiwert, T_v: Vorhaltezeit
PI	$T_n = R_1 \cdot C_1$ $T_I = R_0 \cdot C_1$ $K_p = \dfrac{y_p}{e} = \dfrac{R_1}{R_0}$ $K_I = \dfrac{K_p}{T_n} = \dfrac{1}{R_0 \cdot C_1}$	**Sprungantwort** — I-Anteil, P-Anteil, $K_p \cdot e$, T_n	Regeldifferenz bewirkt Stellgrößenänderung mit P-Anteil und I-Anteil. T_n: Nachstellzeit
PID	$K_p = \dfrac{R_1 + R_2}{R_0}$ $T_v = \dfrac{R_1 \cdot R_2}{R_1 + R_2} \cdot C_2$ $T_n = (R_1 + R_2)\, C_1$	**Sprungantwort** — $K_p\left(1 + \dfrac{T_n}{T_1}\right) \cdot e$, real, ideal, I-Anteil, P-Anteil, $K_p \cdot e$, D-T_1-Anteil, T_n, T_1	Regeldifferenz bewirkt Stellgrößenänderung mit P-, I- und D-Anteil (idealer Regler). Realer Regler besitzt Zeitkonstante T_1, die mit zusätzlichem R (in Reihe zu C_2, nicht dargestellt) gezielt eingestellt werden kann. PI(D – T_1)-Verhalten.

Automatisierungstechnik

Unstetige Regeleinrichtungen
Discontinuous action control assemblies

DIN 19226-4: 94-02

Zweipunkt-Regeleinrichtung
Die Stellgröße kann beim Zweipunktregler nur zwei Zustände annehmen: EIN und AUS.
Zweipunktregler eignen sich aufgrund des unstetigen Verhaltens nur zum Betrieb an solchen Regelstrecken, deren Veränderung der Regelgröße zeitbehaftet (verzögert) erfolgt.

Dreipunkt-Regeleinrichtung
Dreipunktregeleinrichtungen verfügen über drei Schaltzustände: Zustand I – AUS – Zustand II. Auch diese Reglerart kann nur an verzögerten Regelstrecken und Regelstrecken mit I-Verhalten betrieben werden.

Kennlinie, Kenngrößen	Zeitverhalten	Elektronische Ausführung

Zweipunktregler

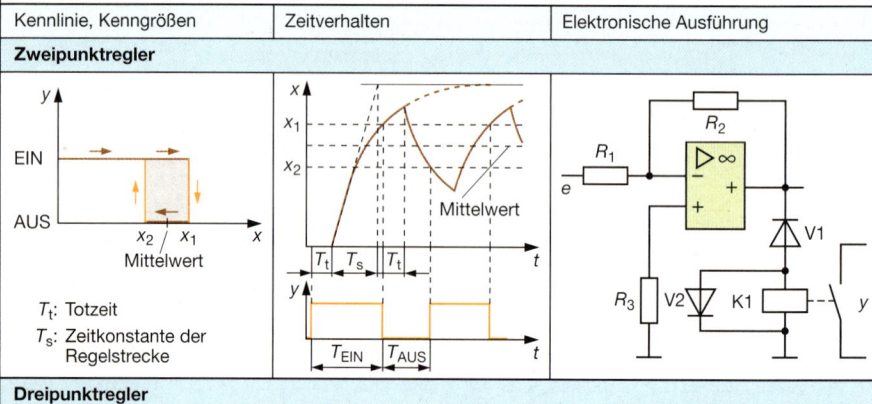

T_t: Totzeit
T_s: Zeitkonstante der Regelstrecke

Dreipunktregler

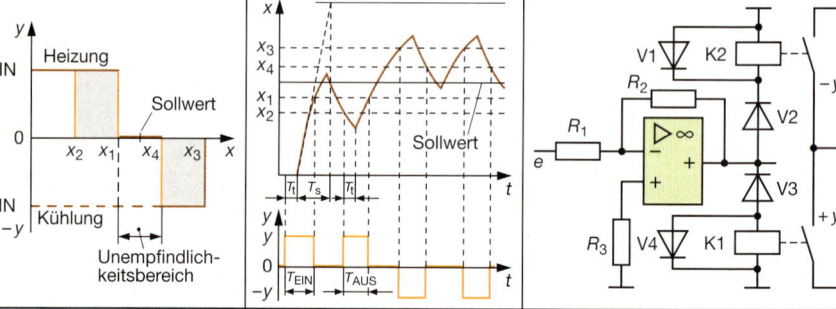

Eignung von Reglern bei gegebener Strecke

Strecke		Regler					
		P	**I**	**PI**	**PD**	**PID**	**2-Punkt-Regler**
P-Strecken	P_0	🟥	🟩	🟩	🟥	🟥	🟥
	PT_1	🟩	🟩	🟩	🟥	🟥	🟩
	PT_2	🟥	🟩	🟩	🟥	🟩	🟥
	PT_T	🟥	🟩	🟩	🟥	🟥	🟥
	$PT_t T_1$ $\tau \gg T_t$	🟩	🟥	🟩	🟩	🟩	🟩
	$\tau > T_t$	🟥	🟥	🟥	🟩	🟩	🟥
I-Strecken	I_0	🟩	🟥	🟩	🟥	🟥	🟩
	IT_1	🟥	🟥	🟩	🟩	🟩	🟩
	IT_t	🟥	🟥	🟥	🟩	🟩	🟥

🟩 besonders geeignet   🟩 geeignet   🟥 ungeeignet

Einstellung von Reglern – *Adjustment of controllers*

Kriterien

Eine Regeleinrichtung ist um so besser eingestellt,
- je kleiner die bleibende Regeldifferenz e,
- je kürzer die Einschwingzeit und
- je kleiner die Überschwingweite x_m ist.

Bei zu großer (Regel-)Kreisverstärkung kann der Regelkreis instabil werden.

$V_0 = K_{PR} \cdot K_{PS}$

K_{PR}: P-Beiwert (Regler)
K_{PS}: P-Beiwert (Strecke)
T_g : Ausgleichszeit
T_u : Verzugszeit

Sprungantwort der Regelstrecke

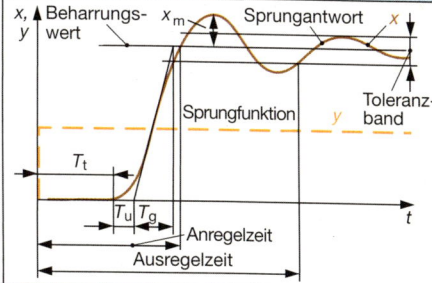

Verläufe von Regelvorgängen

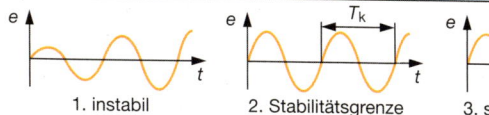

| 1. instabil | 2. Stabilitätsgrenze | 3. stabil, periodisch | 4. stabil, aperiodisch |

Verfahren von Ziegler und Nichols

Verfahren bei nicht bekannten Kennwerten. Vorgehen:
1. Regler als P-Regler im geschlossenen Regelkreis betreiben ($T_n = \infty$; $T_v = 0$ eingestellt).
2. Proportionalbeiwert K_{PR} erhöhen bis Regeldifferenz e Dauerschwingungen mit konstanter Amplitude ausführt.
3. In diesem Zustand Schwingungsdauer T_K und kritischen P-Beiwert K_{PRK} bestimmen.
4. Günstigste Reglereinstellung aus Tabelle

Reglertyp	P-Wert K_{PR}	Vorhaltzeit T_v	Nachstellzeit T_n
P	$0,5 \cdot K_{PRK}$	–	–
PD	$0,8 \cdot K_{PRK}$	$0,12 \cdot T_K$	–
PI	$0,45 \cdot K_{PRK}$	–	$0,85 \cdot T_K$
PID	$0,6 \cdot K_{PRK}$	$0,12 \cdot T_K$	$0,5 \cdot T_K$

Verfahren von Chien, Hrones und Reswick

Kennwerte einer Regelstrecke ggf. durch Sprungantwort (s.o.) ermitteln und in nachstehender Tabelle einsetzen. Dabei unterscheiden, ob
- der Regelverlauf aperiodisch oder
- periodisch, mit ca. 20 % Überschwingen erfolgen soll, bzw. ob
- die Regeleinrichtung optimal für das Ausregeln von Störungen (durch Störgrößen) oder von
- Änderungen der Führungsgröße (Führung) eingestellt sein soll.

Angestrebt wird die kleinstmögliche Dauer des Ausregelvorganges.

Totzeit T_t und Verzugszeit T_u, die bei Strecken mit P -T_t -T_n-Charakter zusammen die Ersatztotzeit T_{tE} bilden ($T_t + T_u = T_{tE}$), beeinträchtigen die Regelbarkeit einer Strecke, wenn sie im Verhältnis zur Ausgleichszeit T_g groß sind.

Richtwerte:
gut regelbar: $T_g/T_{tE} > 10$
mäßig regelbar: $T_g/T_{tE} > 4 \ldots 9$
schlecht regelbar: $T_g/T_{tE} < 3$

Ist keine Totzeit vorhanden, wird für T_{tE} in den folgenden Gleichungen T_u eingesetzt.

Bei Regelstrecken ohne Ausgleich $\dfrac{1}{K_I}$ für $\dfrac{T_g}{K_{PS}}$ einsetzen.

Regler-typ	Störung		Führung	
	Aperiodischer Regelvorgang	Periodisch mit $\approx$ 20 % Überschwingen	Aperiodischer Regelvorgang	Periodisch mit $\approx$ 20 % Überschwingen
P	$K_{PR} = 0,3 \cdot \dfrac{T_g}{K_{PS} \cdot T_{tE}}$	$K_{PR} = 0,7 \cdot \dfrac{T_g}{K_{PS} \cdot T_{tE}}$	$K_{PR} = 0,3 \cdot \dfrac{T_g}{K_{PS} \cdot T_{tE}}$	$K_{PR} = 0,7 \cdot \dfrac{T_g}{K_{PS} \cdot T_{tE}}$
PI	$K_{PR} = 0,6 \cdot \dfrac{T_g}{K_{PS} \cdot T_{tE}}$	$K_{PR} = 0,7 \cdot \dfrac{T_g}{K_{PS} \cdot T_{tE}}$	$K_{PR} = 0,35 \cdot \dfrac{T_g}{K_{PS} \cdot T_{tE}}$	$K_{PR} = 0,6 \cdot \dfrac{T_g}{K_{PS} \cdot T_{tE}}$
	$T_N = 4 \cdot T_{tE}$	$T_N = 2,3 \cdot T_{tE}$	$T_N = 1,2 \cdot T_g$	$T_N = T_g$
PID	$K_{PR} = 0,95 \cdot \dfrac{T_g}{K_{PS} \cdot T_{tE}}$	$K_{PR} = 1,2 \cdot \dfrac{T_g}{K_{PS} \cdot T_{tE}}$	$K_{PR} = 0,6 \cdot \dfrac{T_g}{K_{PS} \cdot T_{tE}}$	$K_{PR} = 0,95 \cdot \dfrac{T_g}{K_{PS} \cdot T_{tE}}$
	$T_v = 0,42 \cdot T_{tE}$	$T_v = 0,42 \cdot T_{tE}$	$T_v = 0,5 \cdot T_{tE}$	$T_v = 0,47 \cdot T_{tE}$
	$T_N = 2,4 \cdot T_{tE}$	$T_N = 2 \cdot T_{tE}$	$T_N = T_g$	$T_N = 1,35 \cdot T_g$

Automatisierungstechnik

Digitale Regelung – *Digital closed loop control*

DIN 19225: 81-12   DIN 19226-1-5: 94-02
DIN EN 19226-6: 93-07

Signalformen

wertdiskret-zeitkontinuierlich	wertdiskret-zeitdiskret

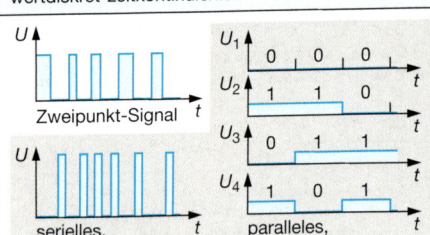

Zweipunkt-Signal

serielles, binäres Signal

paralleles, binäres Signal

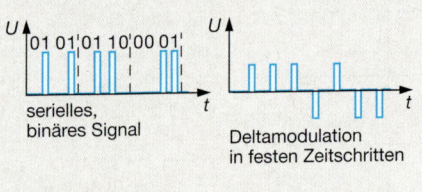

serielles, binäres Signal

Deltamodulation in festen Zeitschritten

Digitale Signale

Arbeitsprinzip

Regelkreis mit Digitalregler

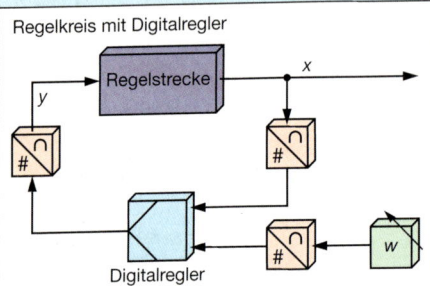

Digitalregler

- Führungsgröße w und Regelgröße x in Form digital codierter Zahlenwerte erforderlich.
- Eventuell müssen diese Größen mittels Analog-/Digitalumsetzern erzeugt werden.
- Berechnung der Stellgröße benötigt eine endliche Zeit.
- Istwert wird in zeitlichen Abständen gemessen und gespeichert.
- Bei der Rechnerregelung sind der Regelalgorithmus und die Regelparameter in Form eines Programms im Speicher abgelegt.
- Errechnete Stellgröße y wird bis zum nächsten Schritt gespeichert u. ggf. digital/analog umgesetzt.

Begriffe

Begriff	Erklärung	Begriff	Erklärung
Abtastregelung, zyklisch (polling)	Messstelle wird in festen Zeitabständen T_A abgefragt.	Algorithmus	Vollständig festgelegte endliche Folge von Vorschriften, nach denen aus zulässigen Eingangsgrößen eines Systems gewünschte Ausgangsgrößen erzeugt werden.
Abtastregelung, azyklisch (interrupt)	Messstelle wird nur bei Bedarf abgefragt (Programmunterbrechung).		
Adaptive Regelung	Regeleinrichtung passt sich veränderlichen Betriebsbedingungen (auch Struktur- und Parameteränderungen in der Regelstrecke) selbsttätig an.	Parameteridentifizierung	Ermittlung von Systemparametern aus der Messung zeitveränderlicher Größen des Systems.

Selbstoptimierung (Adaption)

Erklärung	Regelkreis mit adaptivem Regler

Verfahren zur selbsttätigen Anpassung der Reglerparameter an die Regelstrecke.
Die Anpassung kann einmalig erfolgen (bei invariablen Regelstrecken) oder ständig mit voll-adaptiven Reglern an Regelstrecken mit veränderlichen Streckenparametern. Mögliche Verfahren:

- Nach Ziegler/Nichols werden K_{PRkrit} und T_{krit} gemessen, die Reglerparameter errechnet und der Regler eingestellt.
- Im Sprungantwortverfahren werden die Regelstreckenparameter aufgenommen, für die der Regler optimal angepasst wird.
- Optimierung mit Parameterschätzung und mathematischen Modellen (Prozessrechner).

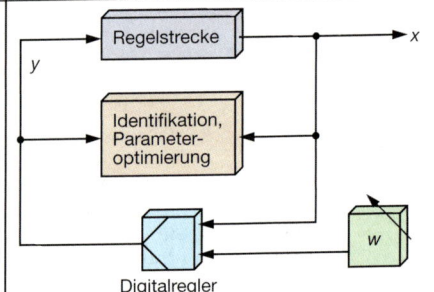

Digitalregler

Kompaktregler – *Compact controller*

Abgestufte Bedien- und Anzeigeebenen		Parametrierung (Auswahl)
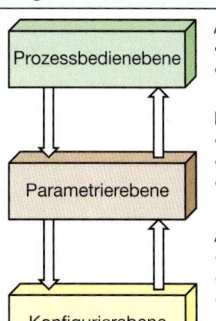	Anzeige u. Bedienung von: • w, x, y • Hand-/Automatikbetrieb Einstellen von: • K_P, T_V, T_N • Grenz- und Alarmwerten • Zykluszeit Anpassung von: • Ein- und Ausgängen • Fühlern, Messbereichen • Reglerarten, Regelalgorithmen • Schnittstellen	• **Zeitverhalten:** Nachstellzeit, Vorhaltezeit, Filterzeitkonstante, Sollwertrampe[1], Vorhalteverstärkung, Proportionalbeiwert, Arbeitspunkt y_0 • **Linearisierung:** Eingabe von Stützpunkten • **Sollwert:** Sollwertbegrenzung, oberer/unterer Wert, Sicherheitssollwert • **Grenzwertmeldung:** Minimal-/Maximalwert (strukturierbar für Regelgröße, Regeldifferenz und Sollwert) • **Stellgröße:** Stellwertbegrenzung, oberer/unterer Wert, Sicherheitsstellwert • **Konstanten:** c_1: Nullpunkteinstellung $\quad\quad\quad\quad\quad c_2$: Faktor für Störgröße (bei Störgrößenaufschaltung) [1] Genormte Bezeichnung für Sollwert: Führungsgröße

Funktionsschema (Beispiel)

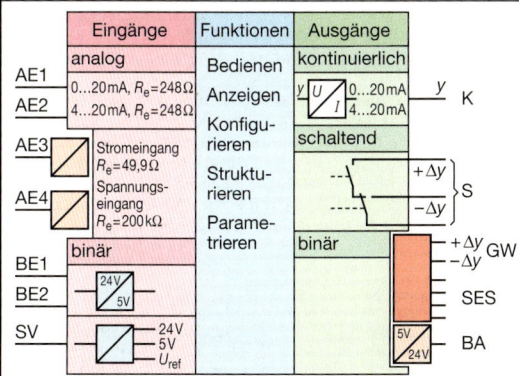

Anschlüsse, Steckplätze (SP 1…4)
AE1/2: Analogeingänge für wahlweise 0…20 mA, 4…20 mA
AE3/4: Analogeingänge für wahlweise 0…20 mA, 4…20 mA oder Spannungseingang 0…10 V, steckbare Module mit Potenzialtrennung oder für Widerstandsgeber mit Signalbereichen zwischen 0…100 Ω oder 0…2,8 kΩ
BE1, 2: Binäreingänge
SV: Interne Stromversorgung
K: Kontinuierlicher y-Ausgang
S: Zwei-, Dreipunkt- oder Schrittregler
GW: Grenzwertmeldung ⎫
SES: Serielle Schnittstelle ⎬(SP 3)
BA: Binärausgang (SP 4) ⎭

Vorteile digitaler Regelungen	Nachteile digitaler Regelungen
• Einfache Anpassung an übergeordnete Prozessleitsysteme. • Digitale Signalübertragung ist weitgehend fehlerfrei. • Struktur und Kennwerte sind einfach änderbar. • Reglerkennwerte genau und driftfrei einstellbar. • Größere Zeitkonstanten (D- und I-Anteil) sind leicht realisierbar.	• Erreichbare Schnelligkeit ist kleiner als bei kontinuierlichen Regelungen. • Informationsverlust innerhalb der Abtastzeit, Störgrößenänderungen werden erst bei nächster Abtastung erfasst.

Beispiel eines Kompaktreglers

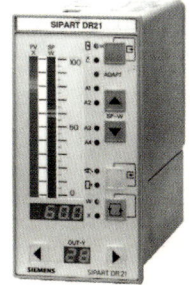

Bedien- und Anzeigefront
Anzeigen, Tasten, Kontroll-LEDs für z. B. x, w, Grenzwerte, sowie für das Ansteuern der Ebenen für Konfigurieren, Parametrieren, Prozessbedienen

Rückansicht
① Steckplatz AE3, bestückt mit Modul
② Steckplatz AE4, bestückt mit Blindkappe
③ Steckplatz 4 BA, 24 V, 2 BA Relais
④ Steckplatz SES, Profibus-DP
⑤ Anschlussklemmenblock Grundgerät
⑥ Netzstecker

Leittechnik, Prozessleittechnik
Instrumentation and control, process control engineering

DIN 19222: 85-03

Begriffe

Prozess

Gesamtheit von aufeinander einwirkenden Vorgängen in einem System, durch die Materie, Energie oder auch Informationen umgeformt, transportiert oder auch gespeichert werden.

Beispiele:
- Erzeugung elektrischer Energie im Kraftwerk
- Verteilung von Energie
- Verarbeitung von Daten in einer Rechenanlage
- Fertigung in einem Betrieb

Leiteinrichtung

Alle für die Aufgaben des Leitens verwendeten Geräte und Programme.

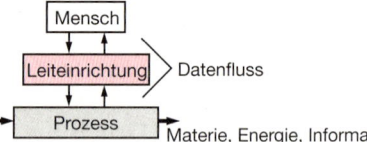

Leittechnik

Gezieltes Einwirken auf den Ablauf eines Prozesses.

Leiten

Gesamtheit aller Maßnahmen, die einen im Sinne festgelegter Ziele erwünschten Ablauf eines Prozesses bewirken. Die Maßnahmen werden vorwiegend unter Mitwirkung des Menschen aufgrund der aus dem Prozess erhaltenen Daten mit Hilfe einer Leiteinrichtung getroffen.

Aufgaben des Leitens

Priorität:
1. Schützen
2. Eingreifen
3. Steuern
4. Regeln
5. Optimieren

Weitere Aufgaben:
Messen, Zählen, Überwachen, Auswerten, Anzeigen, Melden, Aufzeichnen, Protokollieren, Stellen, Daten erfassen, Daten eingeben, Daten verarbeiten, Daten übertragen, Daten ausgeben.

Beispiel für die Struktur eines Prozessleitsystems

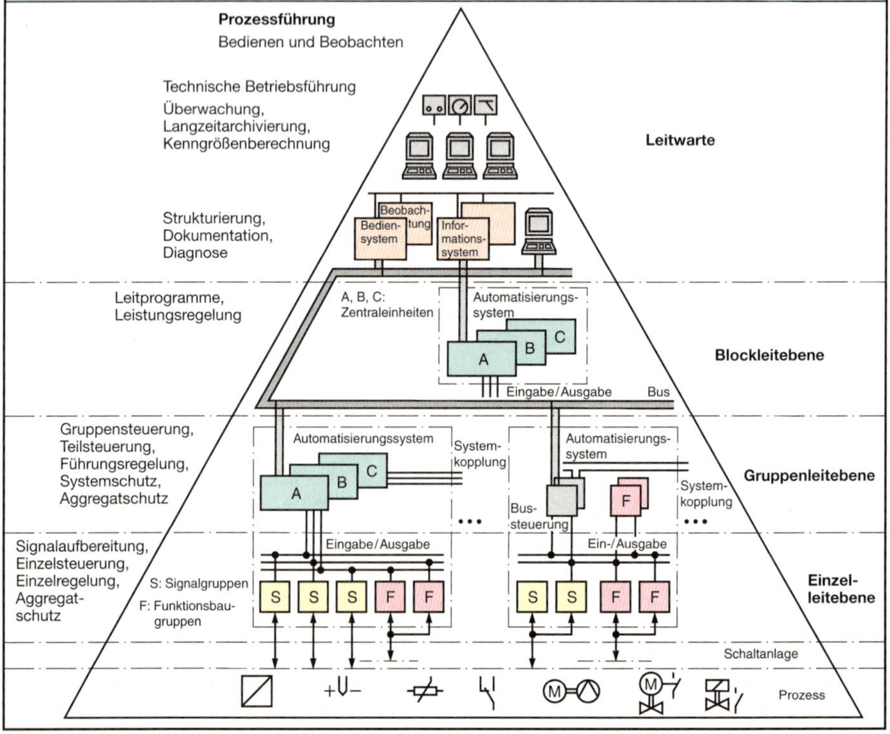

Prozessführung
Bedienen und Beobachten

Technische Betriebsführung
Überwachung,
Langzeitarchivierung,
Kenngrößenberechnung

Leitwarte

Strukturierung,
Dokumentation,
Diagnose

Beobachtung
Bedien-system
Informations-system

Leitprogramme,
Leistungsregelung

A, B, C:
Zentraleinheiten

Automatisierungs-system

A B C

Blockleitebene

Eingabe/Ausgabe   Bus

Gruppensteuerung,
Teilsteuerung,
Führungsregelung,
Systemschutz,
Aggregatschutz

Automatisierungssystem

A B C

System-kopplung

Automatisierungs-system

F

System-kopplung

Gruppenleitebene

Bus-steuerung

Signalaufbereitung,
Einzelsteuerung,
Einzelregelung,
Aggregat-schutz

S: Signalgruppen
F: Funktionsbau-gruppen

Eingabe/Ausgabe

S S S F F

Ein-/Ausgabe

S S F F

Einzel-leitebene

Schaltanlage

Prozess

Aktoren – *Actuators*

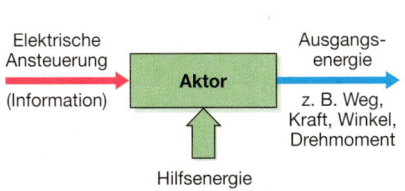

Elektrische Ansteuerung (Information) → **Aktor** → Ausgangsenergie z. B. Weg, Kraft, Winkel, Drehmoment

Hilfsenergie

Merkmale:
- Ein Aktor (Aktuator) ist ein System (Stellglied), mit dem eine physikalische Größe beeinflusst wird.
- Die Steuerung (Stellsignal, Eingangsinformation) erfolgt in der Regel mit elektrischen Signalen.
- Zur Funktion muss in der Regel Energie separat zugeführt werden (Hilfsenergie).
- Die Eingangsinformation wird verarbeitet, die Hilfsenergie wird in eine andere Energie umgewandelt.

Einteilung nach der Hilfsenergie

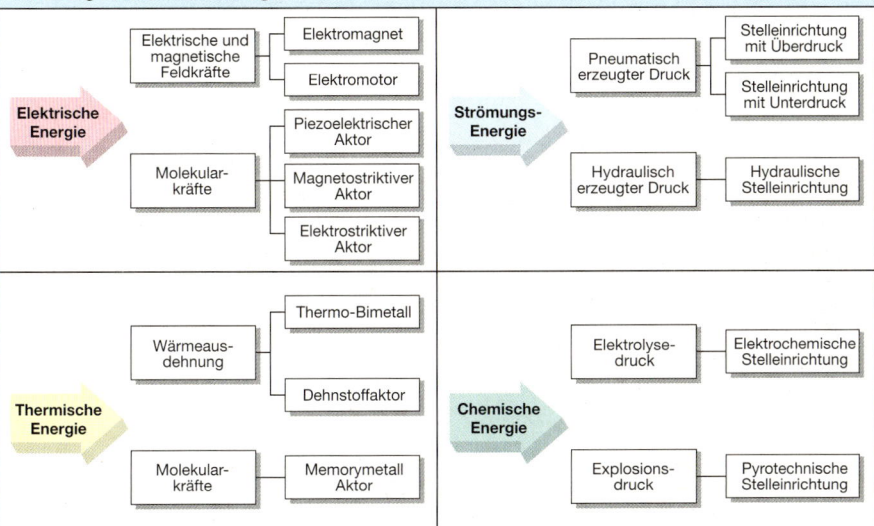

Funktionen von Aktoren

- Bewegen
  - Translation
  - Rotation
  - Schwingung
  - Bremsen
  - Bewegung in Bahnen
  - ...
- Halten
- Positionieren
- Bearbeiten
- Fördern
  - Gase
  - Flüssigkeiten
  - feste Körper, Partikel
  - ...
- Heizen und Kühlen
- Beschallen
- Beleuchten
- Ionisieren, Bestrahlen
- ...

Fluidische Aktoren

Mit Hilfe von gasförmigen oder flüssigen Medien lassen sich Kräfte und Bewegungen erzeugen. Die Medien besitzen dabei kinetische (Strömung) oder potenzielle Energie.
- Geradlinige Bewegung wird erzeugt mit
  - einfachwirkenden und
  - doppeltwirkenden Zylindern.
- Drehbewegung (Rotation) wird erzeugt mit
  - Luft- bzw. Hydromotoren,
  - Drehzylindern und
  - Schwenkantrieben.

Physikalische Effekte bei Aktoren

- **Piezoelektrisch**
  Bei bestimmten Kristallen lassen sich durch ein äußeres elektrisches Feld geometrische Veränderungen hervorrufen.
- **Elektrodynamisch**
  Auf einen stromdurchflossenen Leiter im Magnetfeld wirkt eine Kraft (z. B. Motor).
- **Elektromagnetisch**
  Zwischen ungleichnamigen Polen eines Magneten treten Anziehungskräfte und zwischen gleichnamigen Abstoßungskräfte auf (z. B. Reluktanzmotor, Hubmagnet).
- **Elektrostriktiv**
  Durch ein externes elektrisches Feld kommt es zur Polarisation in bestimmten Kristallen. Die Symmetrie der Kristalle ändert sich und es verändern sich die geometrischen Abmessungen.
- **Magnetostriktiv**
  Durch ein externes Magnetfeld werden Moleküle in bestimmten ferromagnetischen Werkstoffen (z. B. Terfenol TbDyFe) ausgerichtet. Es kommt zu geometrischen Veränderungen.
- **Magneto- und elektrorheologisch**
  Die Viskosität von Flüssigkeiten lässt sich durch magnetische bzw. elektrische Felder verändern.

Piezoelektrische Aktoren – *Piezoelectric actuators*

Piezo-Effekt

- Piezo (griechisch): Druck
- Bestimmte Kristalle (z. B. Quarz) und Keramiken geben bei Krafteinwirkung Ladungen ab (Sensor). Der Effekt wird durch Ionenverschiebung im Innern des Kristalls erreicht (piezoelektrischer Effekt).
- Umkehrung (inverser piezoelektrischer Effekt): Wenn Ladungen (elektrisches Feld) auf die Oberfläche gebracht werden, deformieren sich die Kristalle (Aktor).
  Unter Einfluss des elektrischen Feldes verändern sich die Abmessungen. Wenn die Verformung behindert wird, treten entsprechende Kräfte auf.
- Werkstoffe:
  - Natürliche Kristalle: Quarz, Turmalin, Seignettesalz
  - Synthetische Keramiken: z. B. PZT (Blei-Zirko-nat-Titanat)
- Legt man eine Wechselspannung an, beginnt das Material zu schwingen (Schwingquarz).
- Längenänderung: $\Delta l / l_0 = 10^{-3}$
  - Hochvolt-Aktoren (…1500 V): Anfangslänge 1 mm $\Rightarrow \Delta l = 1\ \mu m$
  - Niedervolt-Aktoren (ab 60 V): Anfangslänge 0,1 mm $\Rightarrow \Delta l = 0{,}1\ \mu m$

Merkmale

- Bei großen Kräften können geringe Stellwege realisiert werden (z. B. Stapelbauweise).
- Bei relativ großen Stellwegen können nur geringe Kräfte realisiert werden (Biegewandler).
- Nichtlineares Verhalten:

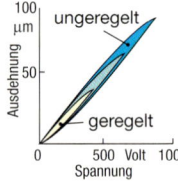
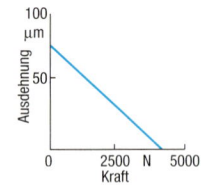

- Elektrische Ansteuerung
- Geringe Leistung, Dichte, geringes Gewicht
- Hohe Steifigkeit
- Sehr kleine Positionsänderungen (nm-Bereich)
- Große Ausdehnungsgeschwindigkeit
- Keine Verschleißteile
- Hoher Wirkungsgrad (etwa 50 %)
- Relativ hohe Betriebsspannung

Anwendungen

- Schalter
  Vorteile: geringes Gewicht, geringes Volumen, keine magnetischen Felder
  Nachteile: last- und temperaturabhängig

- Mikropositionierung
- Schwingungsdämpfung
- Rotationsantriebe

Bauformen

Stapel	Stapel mit Hebelübersetzung
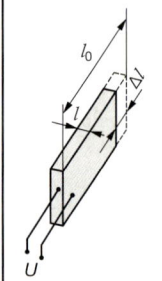$\Delta l\ 20\ \mu m\ …\ 200\ \mu m$ $F \le 30\ kN$ $U\ …\ 1\ kV$	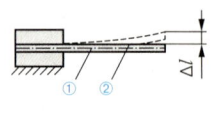 $\Delta l \le 1\ mm$ $F \le 3{,}5\ kN$ $U\ …\ 1\ kV$
Streifen	Biegescheibe, -wandler
l_0 U $\Delta l \le 50\ \mu m$ $F \le 1\ kN$ $U\ …\ 500\ V$	Aufbau: bimorphe Bauweise Streifen ①: z. B. Stahl Streifen ②: Piezokeramik ① ② $\Delta l \le 0{,}5\ mm;\ F \le 50\ N$ $U\ …\ 500\ V$ ① ② $\Delta l \le 1\ mm;\ F \le 5\ N$ $U\ …\ 400\ V$

Beispiele

- Ventilsteuerung

- Monolithischer Vielschichtaktor
- Kräfte im kN-Bereich
- Stellwege bis 50 μm
- Ansprechzeiten < 1 ms (erheblich geringer als bei magnetischen Akoren)

- Lichtwellenleiterjustierung

Wenn Lichtwellenleiter mit wenigen μm miteinander verbunden werden müssen, muss die Positionierung durch eine Regelung auf 0,1 μm möglich sein.

Thermische Aktoren – *Thermic actuators*

Thermobimetalle

Aufbau und Verhalten

Thermobimetalle sind Verbundstoffe aus mindestens zwei Metallen mit unterschiedlichen Wärmeausdehnungskoeffizienten α.
Bei Temperaturänderung kommt es zu einer Krümmung.
Diese Krümmung kann je nach Aufbau zu einer Hub- oder Drehbewegung führen.

Material:
Nickel-Eisen-Legierung
– FeNi36 (Handelsname Invar)
– FeNi42, FeNi48 (für höhere Temperaturen)

Merkmale:
Große Stabilität, geringer Preis, geringe Stellkraft

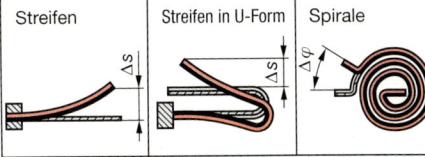

Ausführungsformen

Streifen · Streifen in U-Form · Spirale

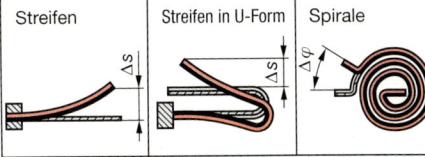

Anwendungsbeispiel

Thermoschalter

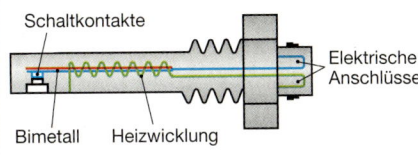

Schaltkontakte — Elektrische Anschlüsse
Bimetall · Heizwicklung

Dehnstoff Aktoren

Funktion

- Der Druckbehälter ist mit einem Stoff gefüllt, der einen großen Volumenausdehnungskoeffizienten γ besitzt, z. B. Wachs, Paraffin, Silikonöl.
- Bei Erwärmung (z. B. Schmelzen) nimmt das Volumen zu. Es wirkt eine Kraft auf den Kolben und es kommt zu einer Hubbewegung.
- Bei Abkühlung wird der Kolben durch eine Rückholfeder in die Ausgangslage zurückgeführt.

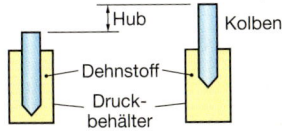

Hub · Kolben
Dehnstoff
Druckbehälter

Anwendungsbeispiel

Dehnstoffantrieb (Kolben mit Hubbewegung)

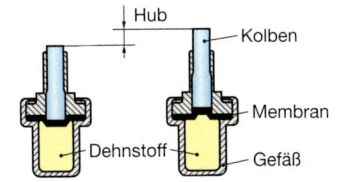

Hub · Kolben · Membran · Dehnstoff · Gefäß

Merkmale:
– Mechanisch robust
– Kein Einfluss von elektromagnetischen Feldern
– Großer Hub, große Stellkraft
– Geringe Dynamik
– Einsatz in begrenzten Temperaturbereichen

Formgedächtnis-Legierungen

- Legierungen mit Formgedächtnis (**SMA: S**hape **M**emory **A**lloy) aus Nickel-Titan (Handelsname Nitinol)
- **Erscheinung**
  Ein plastisch verformter Draht oder Blechstreifen kann verbogen werden, nimmt aber durch Erwärmung wieder seine ursprüngliche Form an.
- **Erklärung**
  Der thermische Formgedächtniseffekt (Shape-Memory) wird durch rasches Abkühlen des Werkstoffes eingestellt. Dabei erfolgt eine Gefügeumwandlung des Austenits in Martensit. Bei Erwärmung stellt sich das ursprünglich austenitische Gefüge wieder ein.
  Die Umwandlung der Struktur ist mit einem Energieumsatz verbunden. Zur Bildung von Austenit wird während der Erwärmung Energie benötigt. Sie wird beim Abkühlen und der Umwandlung in Martensit wieder frei.
  Bei Behinderung der Rückverformung können große Kräfte erzeugt werden (Aktor).

- **Umwandlungsbeispiel**

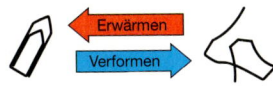

Erwärmen · Verformen

- **Einsatzgebiet**
  Mikroaktorik (Medizin-, Elektro-, Automobil-, Mess- und Regelungstechnik)
- **Probleme und Einschränkungen**
  – Stabilität des Formgedächtniseffektes (z. Zt. Begrenzte Zyklenzahl)
  – Begrenzter Temperaturbereich (bis ca. 100 °C)
- **Anwendung**
  – Aktor zur Erzeugung großer Kräfte bei großen Stellwegen
  – Die Betätigung kann durch eine elektrische Direktheizung über die Formgedächtnislegierung erfolgen.

Automatisierungstechnik

289

Elektro- und magnetorheologische Aktoren – *Electric and magnetorheologic actuators*

Merkmale

- **Rheologie:** Teilgebiet der Physik, das sich mit dem Fließverhalten von Substanzen (insbesondere Flüssigkeiten) befasst.
- Elektrorheologische (**ERF**) bzw. magnetorheologische Flüssigkeiten (**MFR**) sind Flüssigkeiten, deren Fließverhalten durch äußere elektrische bzw. magnetische Felder beeinflussbar ist. Der Fließwiderstand steigt mit der elektrischen bzw. magnetischen Feldstärke. Der Effekt tritt bei Gleich- und Wechselfeldern auf.
- Nach Abschalten der Felder wird der ursprüngliche Zustand wieder eingenommen. Die Reaktionszeiten betragen wenige Millisekunden (2–3 ms).
- Zusammensetzung: Isolierende Silikon- und synthetische Öle (Suspensionen), Stabilisator und polarisierte bzw. ferromagnetische Partikel (20 % bis 60 %, Durchmesser 1 bis 10 μm).
- Anforderungen: Alterungsstabilität, Wasserfreiheit, geringe elektrische Leitfähigkeit, einfache Entsorgung …

Anwendungsmöglichkeiten des rheologischen Effektes

Schermodus	Fließmodus	Quetschmodus
Flüssigkeit befindet sich zwischen zwei entgegengesetzt gepolten Platten. Eine Platte ist beweglich. Die Flüssigkeit wird zwischen zwei parallelen Platten geschert (Strömungswiderstand zwischen den Flüssigkeitsschichten ist veränderbar). Anwendung: Übertragenes Moment ist steuerbar ⇒ Kupplung	Flüssigkeit befindet sich zwischen zwei entgegengesetzt gepolten und feststehenden Platten. Strömungswiderstand wird in einem Kanal beeinflusst. Anwendung: Ventil	Flüssigkeit befindet sich zwischen zwei entgegengesetzt gepolten Platten. Eine Platte ist in zwei Richtungen beweglich (Quetschvorgang). Anwendung: Druckpolster ⇒ Dämpfung von Schwingungen

Elektrorheologische Flüssigkeiten

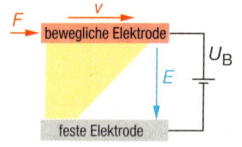 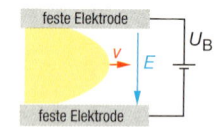 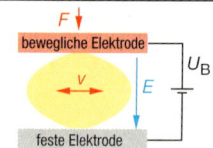

Magnetorheologische Flüssigkeiten

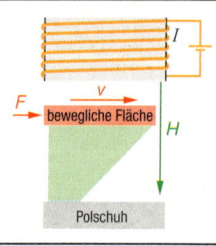 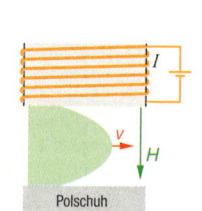 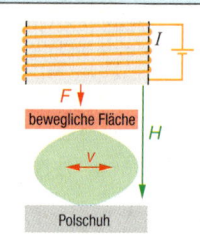

Anwendung: Prinzip Scheibenkupplung m. ERF	Fließkurve MRF	Anwendung: Prinzip Dämpfer mit MRF
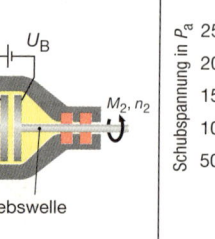		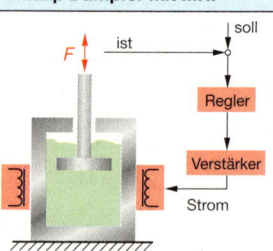

Fließkurve MRF: Schubspannung in P_a (2500, 2000, 1500, 1000, 5000) über Schergeschwindigkeit in 1/s (0 20 40 60 80 100). Kurven: 0 mT, 175 mT, 350 mT.

Magnetostriktive Aktoren – *Magnetostrictive actuators*

Merkmale magnetostriktiver Materialien	Aktoren

Merkmale magnetostriktiver Materialien

- **Magnetostriktion**
  Änderung der mechanischen Abmessungen (volumeninvariante Längenänderungen) eines ferromagnetischen Materials auf Grund eines äußeren Magnetfeldes (maximal ca. 80 kA/m)

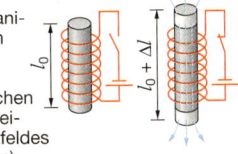

- **Längenänderungen**
  $\Delta l/l_0 = 0{,}15 \ldots 0{,}2\ \%$

- **Werkstoff**
  - Eisen-Selten-Erden-Verbindungen (Handelsname z. B. Terfenol-D: Terbium-Ferrum-Dysprosium, $Tb_{0{,}3}Dy_{0{,}7}Fe_2$)
  - Amorphe Einzel- und Viellagenschichten (Stäbe, Rohre)
  - Spröde (keine spanende Bearbeitung) und zugkraftempfindlich
  - Korrosionsgefährdet
  - Schlecht zu bearbeiten
  - Zulässige Druckbelastung erheblich größer als Zugbelastung
  - Temperaturabhängigkeit:
    Bei $\Delta\vartheta$ von 100 °C liegt die thermische Dehnung im Bereich der Längenänderung durch Magnetostriktion
  - Permeabilität ist klein, $\mu_r < 10$

Aktoren

- **Eigenschaften**
  - Große Kräfte (z. B. 500 N) und große Dynamik
  - Kurze Stellwege mit hoher Positionsgenauigkeit (Ansteuerung von Ventilen und Stellelementen in Maschinen)
  - Bei gewünschter positiver und negativer Auslenkung muss das Material mechanisch vorgespannt und vormagnetisiert werden (Permanent- oder Elektromagnet)
  - Sehr kurze Reaktionszeiten (μs-Bereich)
  - Hoher Wirkungsgrad (75 %)
  - Effekt bis ca. 400 °C ausnutzbar
  - Starke Magnetfelder, kein leistungsloses Halten
  - Nichtlinearität (Sättigung, Hysterese) ⇒ Kompensation durch nichtlineare Regelung

- **Anwendungen**
  - Mikropositionierung
  - Linearmotor
  - Rotatorische Antriebe (Wurmmotor)
  - Servoventile
  - Einspritzventile
  - Aktive Schwingungsdämpfung

Beispiel

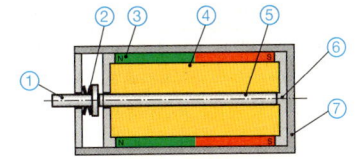

① Abtrieb ② Vorspannfeder ③ Permanentmagnet
④ Wicklung ⑤ Terfenol-D-Stab
⑥ Magnetischer Kreis ⑦ Gehäuse

Automatisierungstechnik

Linearantriebe – *Linear drives*

Direkte lineare Bewegung

- **Pneumatik- und Hydraulikzylinder**
  Die Kolbenbewegung wird kraftschlüssig mit einer magnetischen Kupplung auf den Außenläufer übertragen.

- **Linearmotor**
  Mechanische Übersetzungselemente entfallen, Achse des Linearmotors besteht aus einer einfachen Konstruktion mit geringer Masse (große Dynamik), minimale Wartung.

Umformung einer Drehbewegung

- **Gewindespindel**
  Eine Mutter wird durch die Drehbewegung einer Spindel linear bewegt.

- **Kugelgewindetrieb**
  Kugeln wälzen sich durch Laufrillen in der Spindel und der Mutter (mit Rückführkanal).

- **Zahnstangentrieb**
  Zahnstange wird durch die Drehbewegung eines Zahnrades verschoben.

- **Bandgetriebe**
  Ein Flachriemen oder eine Kette wird durch einen Motor angetrieben.

Beispiele für Umformungseinheiten

Keilwellen, Kreuzrollenlager

Kugelgewindetriebe, Linearachsen

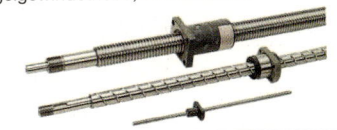

Linearführungen, Kugelbüchsen (mit und ohne Ketten)

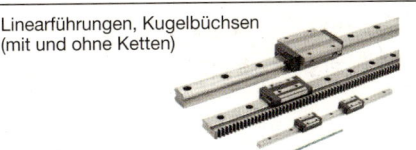

Linearmotoren – *Linear motors*

Prinzip

- **Aufbau**
  Ständer und Läufer eines Elektromotors sind auf einer Ebene ausgebreitet („abgewickelt"). Sie werden als Primär- (beweglich) und Sekundärelement (fest) bezeichnet.
  An Stelle eines Drehfeldes entsteht ein lineares Wanderfeld.
- **Asynchronprinzip:**
  – Beweglicher Schlitten mit dreiphasiger „Ständerwicklung"
  – Maschinenbett (Stahl) mit Kurzschlussgitter aus Aluminiumstäben
- **Synchronprinzip:**
  – Permanentmagnete (Neodyn) bzw. Elektromagnete im Maschinenbett

Systemkomponenten

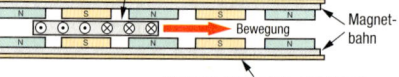

- **Linearcoder**
  – Maßstab mit Abtastkopf (optisch, magnetisch oder induktiv),
  – Inkrementelle Positionsinformation aus zwei um 90° phasenverschobenen sinusförmigen Analogsignalen
- **Regelung**
  Motorstrom, Geschwindigkeit, Position

Eisenbehaftet (ironcore)

- Sekundärteil (Stator) besitzt eine ein- oder zweiseitige Magnetanordnung.
- Primärteil (Läufer) besteht aus einer dreiphasigen Wicklung, die in Nuten eines Blechlaminats eingelegt und vergossen ist. Sie wird durch einen Servoregler angesteuert.

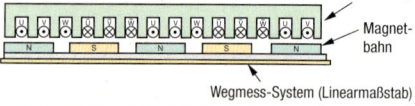

Anwendungsbeispiel: Hauptachsen für Werkzeugmaschinen

Bauformen

Eisenlos (ironless)

- Sekundärteil (Stator) besteht aus einem U-förmigen Profil, das auf beiden Seiten mit Magneten bestückt ist. Nord- und Südpole sind abwechselnd angeordnet.
- Primärteil (Läufer) besteht aus einer dreiphasigen Wicklung, die in Epoxidharz eingegossen ist. Sie wird von einem Servoregler angesteuert.
- Das Kommutierungssignal wird über ein angebrachtes Längenmesssystem oder durch Hallsensoren erzeugt (im Läufer integriert).

Anwendungsbeispiel: Schnelle u. hochgenaue Aufgaben, z. B. für Bestückungsmaschinen

Bauformen

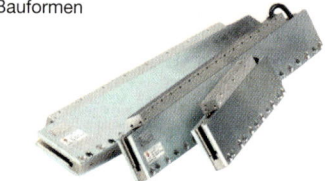

Vergleich

Merkmale	Ironcore	Ironless
	Beispiele	
Bewegbare Masse	> 50 kg	< 5 kg
Beschleunigung	2 g	10 g
Kraft	> 1 kN	< 500 N
Geschwindigkeit	> 3 m/s	7 m/s
Verfahrweg	2 m	0,5 m
Genauigkeit	5 µm	0,5 µm
Bewegbare Masse	groß	klein
Dauerleistung	groß	klein

Qualitätskriterien

- **Genauigkeit** (DIN EN ISO 9283)
  – Punkt-zu-Punkt-Bewegung
  – Bewegung entlang der Bahn
- **Positionssteifigkeit**
  – Statisch: Fähigkeit, die aktuelle Position auch unter dauerhaft wirkender Kraft zu halten (z. B. Bearbeitungskräfte)
  – Dynamisch: Verhalten des Systems bei einem impulsartigen Krafteinfluss
- **Einschwingverhalten**
  Zeitraum zwischen dem erstmaligen Erreichen der Soll-Position und dem endgültigen Verbleib in der Endposition

Feldbussysteme – *Fieldbus systems*

Herkömmliche Automatisierungs-Struktur

- Feldgeräte ① sind z. B. Sensoren, Aktoren, Ein- und Ausgabegeräte, die in einem Automatisierungsprozess eingesetzt werden.
- Feldgeräte sind über Schnittstellen (z. B. 4–20 mA) an Rangierverteiler ② angeschlossen (parallele Verdrahtung).
- Regler ③ übertragen die Ein- bzw. Ausgangssignale an die Rechner ④ zur Betriebsdatenerfassung. (**DCS**: **D**ata **C**ollecting **S**ystem).
- Nachteile:
  - Aufwändige Verdrahtung
  - Eingeschränkte Kommunikation, sie erfolgt nur in eine Richtung (unidirektional).

    z. B.: Sensor   → Steuerung
            Steuerung → Aktor

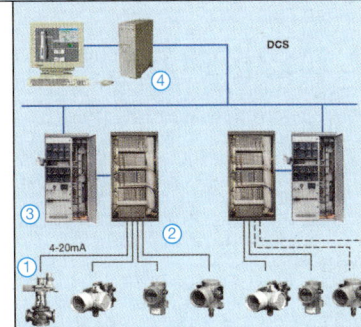

Feldbus-Struktur

- Es gibt zahlreiche Feldbusausführungen. Deshalb ist „Feldbus" ein Gattungsbegriff.
- Für die Feldgeräte wird ein serieller Bus ⑤ zur Datenübertragung verwendet (eine Busleitung).
  ⇒ geringer Verdrahtungsaufwand
- Busse mit unterschiedlichen Datenraten können über ein Verbindungsmodul ⑥ vernetzt werden.
- Die Daten werden digital übertragen.
- Die Kommunikation erfolgt bidirektional zwischen mehreren Teilnehmern.
- Die Gesamtheit aller Vorgänge kann erfasst und beeinflusst werden (z. B. Prozessdaten, Zustandsdaten, Wartungs- und Störungssignale).
- Je nach Feldbusart werden 2, 4 oder 5-adrige Leitungen verwendet.
- Vorteile:
  - Geringere Kosten
  - Flexible Handhabung (z. B. Konfiguration im Offline-Betrieb, Erweiterung)

Hierarchie

- Es gibt unterschiedliche Feldbussysteme. Sie sind für unterschiedliche technische Lösungen konzipiert und verfolgen mitunter unternehmenspolitische Interessen.
- Es gibt keinen einheitlichen internationalen Standard.
- Bei Feldbussen sind in der Regel die Schichten 1 bis 3 des OSI Referenzmodells von Bedeutung (Ausnahmen: z. B. LON, P-NET).
- **Feldebene:**
  - Sensoren erfassen Daten,
  - Aktoren veranlassen Reaktionen,
  - kleine Regelkreise für schnelle Reaktionen, …
- **Zellebene:**
  - Lösung von autarken Teilaufgaben,
  - Laden von Programmen, …
    CNC: **C**omputer **N**umerical **C**ontrol
    SPS: **S**peicher**p**rogrammierbare **S**teuerungen
- **Prozessleitebene:**
  - Prozessüberwachung,
  - Installation, Anfahren und Herunterfahren der Anlage,
  - Noteingriffe, …

CAM: **C**omputer **A**ided **M**anufacturing
CAQ: **C**omputer **A**ided **Q**uality Assurance
- **Planungsebene:**
  - Vorbereitung des Prozesses,
  - Abgekoppelt vom technischen Prozess, …
    CAD: **C**omputer **A**ided **D**esign
    PPS: **P**rodukt**p**lanung und **S**teuerung

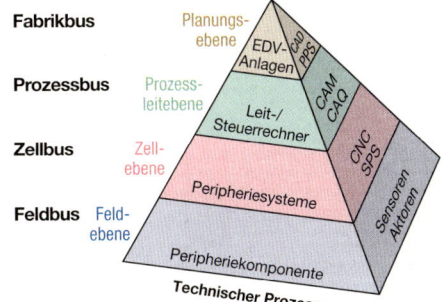

Profibus – *Process Field Bus*

Busstruktur

Process **Field Bus**

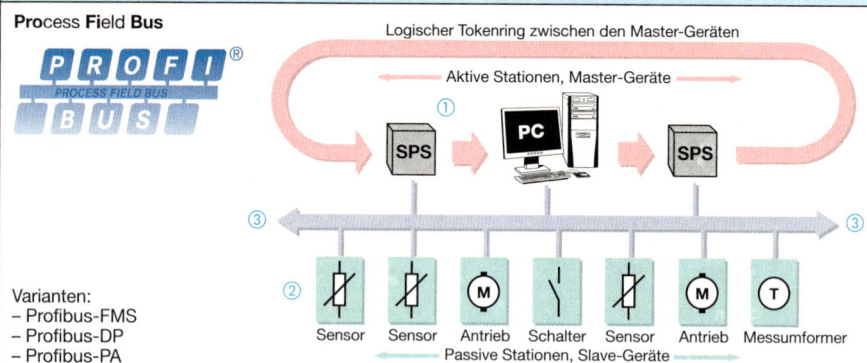

Logischer Tokenring zwischen den Master-Geräten

Aktive Stationen, Master-Geräte

① SPS → PC → SPS

③ ③

②

Sensor Sensor Antrieb Schalter Sensor Antrieb Messumformer

Passive Stationen, Slave-Geräte

Varianten:
– Profibus-FMS
– Profibus-DP
– Profibus-PA

Profibus-FMS (Fieldbus Message Specification)

- DIN 19245, IEC 61158/EN 50170
- Entwickelt von 14 Herstellern und 5 wissenschaftlichen Instituten
- Anwendung: Feldnahe Automatisierungstechnik zur Datenkommunikation zwischen Automatisierungs- und Feldgeräten, Master-Slave-Zugriffsverfahren
- Linienstruktur mit passiver Buskopplung, keine Verzweigungen
- Buszugriff nach dem Token-Passing-Verfahren Sendeberechtigung wird durch einen umlaufenden „Token" zyklisch erteilt.
- Multi-Master-Bus mit logischem Tokenring unter den aktiven Teilnehmern (Busmaster z. B. SPS, PC ①)
  - Busmaster kann mit passiven Teilnehmern (Slave, Sensoren, Aktoren ②) kommunizieren.
  - Dauer der Kommunikation hängt von der Token-Soll-Umlaufzeit ab. Sie wird mit der vom Master gemessenen (tatsächlichen) Umlaufzeit verglichen.
  - Wenn die Token-Soll-Umlaufzeit noch nicht überschritten ist, darf jeder Master mindestens eine Nachricht höchster Priorität und weitere normale Nachrichten absenden.
  - Buszykluszeit: < 100 ms
  - Reaktionszeit: Minimal 1,9 ms bis 10 ms
- Aktive Teilnehmer: 32
- Teilnehmerzahl: Maximal 124 (4 Bussegmente mit je 32 Teilnehmern)
- RS 485 Schnittstelle, 9-polige SUB-D-Steckverbindung
- Buslänge 1200 m (ohne Repeater), bis 4800 m erweiterbar
- Codierung: NRZ-Code
- Übertragungsleitung:
  - Zweidrahtleitung (geschirmt und verdrillt), Lichtwellenleiter,
  - Kurze Stichleitungen
  - Abschlusswiderstände an beiden Leitungsenden (Cu-Leiter ③)
- Datenrate: 9,6 kbit/s bis 500 kbit/s
- An- und Abkopplung des Slaves ist im laufenden Betrieb möglich (nicht bei LWL)
- Konfiguration und Parametrieren der Peripheriegeräte mit STEP 7 und COM PROFIBUS

Profibus-DP (Dezentrale Peripherie)

- DIN 19245, IEC 61158/EN 50170
- Erweiterung des Profibus-FMS (objektnaher Systembereich, anspruchsvolle Sensoren, weit verteilte Sensoren/Aktoren)
- Erweiterungen gegenüber Profibus-FMS: Ausdehnung:
  - Cu-Leiter: 9,6 km
  - LWL: 90 km
- Schneller zyklischer Datenaustausch mit Feldgeräten, bis 12 Mbit/s
- Durch Aufteilung des Bussystems in max. 5 Bussegmente wird eine flächendeckende Vernetzung erreicht.
- Umfangreiche Diagnosemöglichkeiten
- Codierung: NRZ-Code

Profibus-PA (Prozessautomatisierung)

- IEC 61158-2
- Erweiterung gegenüber dem Profibus-DP
- Linien und/oder Baumstruktur
- Ankopplung an Profibus DP durch Segmentkoppler ④ mit Trenner für die Spannungsversorgung

Steuerung

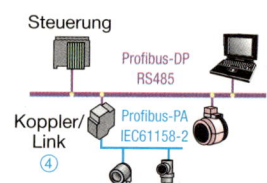

Profibus-DP RS485

Koppler/ Link

Profibus-PA IEC61158-2

④

- Anwendungen:
  - Prozessautomatisierung, insbesondere chemische Industrie
  - Eigensicherer Bereich (explosionsgefährdeter Bereich)
  - Schneller zyklischer Datenaustausch mit Feldgeräten
- EExi-Gruppe IIC: 6 bis 12 Teilnehmer; EExi-Gruppe IIB: 20 Teilnehmer (Stromversorgung über den Bus, Fernspeisung)
- Datenrate: 31,25 kbit/s, bitsynchron
- Codierung: Manchester-Codierung

Automatisierungstechnik

Interbus

Busstruktur

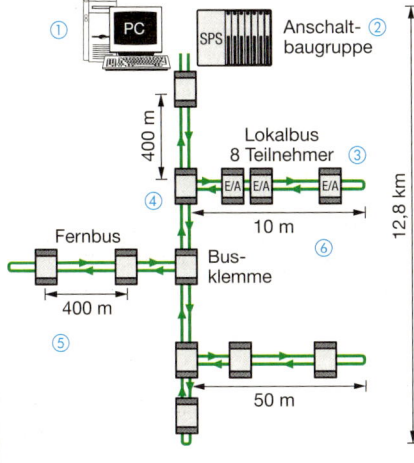

① PC SPS Anschalt- ②
baugruppe

400 m

Lokalbus
8 Teilnehmer ③
E/A E/A E/A
④
10 m
12,8 km

Fernbus
Bus- ⑥
klemme
400 m
⑤
50 m

Merkmale

- DIN 19258, EN 50254
- Entwickelt von Phoenix Contact, offenes System
- Aktive Ringstruktur (Ring-Topologie) aus Master ① (SPS, PC) und Anschaltbaugruppen (Slaves) ② mit Ein-/Ausgabemodulen ③. Sie bilden zusammen ein großes Schieberegister, dessen Daten einmal pro Zyklus vollständig verschoben werden. Die Daten des Masters befinden sich dann in allen Slaves und die Daten der Slaves befinden sich im Master.
- Maximal 512 Teilnehmer (Slaves), pro Slave max. 8 Sensoren bzw. Aktoren.
  ⇒ Maximal 4096 Ein-/Ausgabepunkte
- Busklemmen ④ (Buskoppler) schaffen Verzweigungen, die ein An- und Abkoppeln von Teilnehmern zulassen.
- Anwendung: Anschluss von Sensoren und Aktoren im Maschinen- und Anlagenbau, Verfahrenstechnik
- Hohe Datensicherheit, mehrere Schutzmechanismen
- Jeder Teilnehmer regeneriert das ankommende Signal und leitet es weiter.
- Feste Telegrammlänge, Adressierung der Teilnehmer entsprechend der Anordnung ihrer Reihenfolge im Ring
- Buslänge
  – Fernbus ⑤: 400 m zwischen zwei Teilnehmern
  – Gesamtlänge Kupfer 12,8 km, LWL 100 km
  – Lokalbus ⑥ 10 m, Abstand zwischen zwei Geräten maximal 1,5 m
- Übertragungsrate
  – Fernbus: 500 kbit/s, RS 485
  – Lokalbus: 300 kbit/s, 4 Adernpaare CMOS-Pegel

Einzelkomponenten (Beispiel)

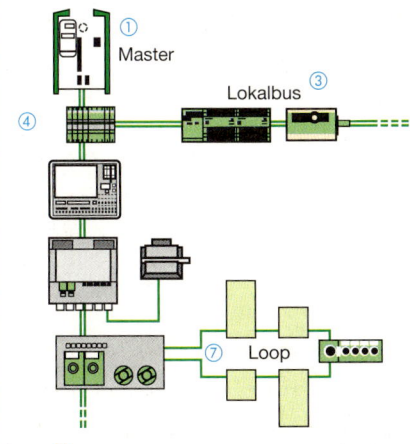

① Master
③ Lokalbus
④
⑦ Loop

Loop ⑦:
Einsatz für dezentral an Maschinen und Anlagen verteilte Sensoren und Aktoren. Eine zweiadrige und ungeschirmte Leitung übernimmt gleichzeitig den Datentransport und die Energieversorgung der Teilnehmer.

Summenrahmenverfahren

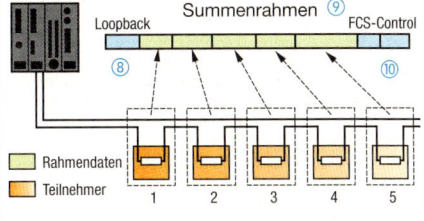

Summenrahmen ⑨
Loopback FCS-Control
⑧ ⑩

Rahmendaten
Teilnehmer
1 2 3 4 5

- Es wird ein Protokollrahmen für die Nachrichten aller Teilnehmer verwendet. Die Daten aller verbundenen Teilnehmer sind also zu einem Block zusammengefasst.
- Zusatzinformationen werden nur einmal pro Zyklus übertragen.
- Gleichzeitiges Senden und Empfangen (Vollduplexbetrieb) ist möglich.
- Konstante Abtastintervalle für Soll- und Istwerte
- Datenrahmen:
  – Anfangskennung (Loopback-Wort ⑧)
  – Summenrahmen (total frame ⑨)
  – Datensicherungs- und Endinformation (FCS Control ⑩)
- Datensicherung durch CRC-Register (Cycle Redundancy Check)

CAN-Bus

Busstruktur

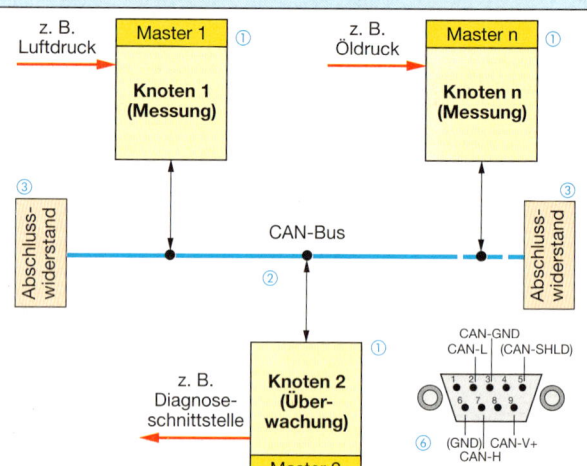

CAN

- **CAN**: **C**ontroller **A**rea **Net**work
- ISO 11 898
- Ursprünglich für den Automobilbereich von Intel und Bosch (1981) entwickelt. Zielsetzung: Gewichtsverringerung, vereinfachte Kabelführung, einfache Erweiterung, …
- Heute international verbreitet (offenes System). Beispiele: Haushaltsgeräte, Textilmaschinen, Medizintechnik, Automatisierungstechnik.
- Durch hohe Stückzahlen sind Komponenten für die Busankopplung preisgünstig.

Merkmale

- **Multimaster-Betrieb**
  ⇒ Jeder Teilnehmer (Knoten) ① kann über den seriellen Bus ② mit jedem kommunizieren (**Multitasking**), 9-polige Sub-D-Steckverbinder ⑥.
- Die Ankopplung (Sende-/Empfangsstufe) an den Bus erfolgt durch CAN-Controller („intelligente" Ein-/Ausgabeeinheiten, Sensoren, Aktoren) ④.
- **Objektorientierte Adressierung**: Der Sender der Nachricht ordnet seiner Nachricht eine eindeutige Nachrichtennummer (**Identifier**) zu und sendet diese. Er legt also die Priorität seiner Nachricht fest. Aufgrund der Software entscheiden die Teilnehmer (Einzel- oder Mehrfachempfang), ob die Nachricht für sie bedeutsam ist.
- Busteilnehmer sind gleichberechtigt.
  ⇒ Bus wird ständig überwacht, ob gleichzeitig gesendet wird (**CSMA/CD**-Verfahren, **C**arrier **S**ense **M**ultiple **A**ccess with **C**ollision **D**etection).
- **Datenkollision** wird durch rezessive (nachgebend „1") und dominante (überschreibend „0") Bits vermieden. Wenn zwei Teilnehmer gleichzeitig senden, dominiert derjenige, dessen Bitkombination in der ersten Stelle eine „0" aufweist (CSMA/**CA**; … with **C**ollision **A**voidance).
- Topologie in Linienstruktur (Zweidrahtleitung, ungeschirmt bzw. geschirmt, LWL) mit Abschlusswiderständen (Bus-Termination) ③ bei Zweidrahtleitung.
- Die Teilnehmerzahl wird nur durch die Leistungsfähigkeit der angekoppelten Bausteine begrenzt.
- Passive Anschlüsse: CAN-High (CANH) und CAN-Low (CANL). Die Datenübertragung erfolgt durch Spannungsdifferenzsignale zwischen den Busleitungen (dadurch hohe Störsicherheit).
- Übertragungsraten:
  – 1 Mbit/s bei 40 m
  – 50 kbit/s bei 1 km
  (CAN High-Speed 125 kbit/s bis 1 Mbit/s; CAN Low-Speed bis 125 kbit/s)

Physikalische Bus-Ankopplung

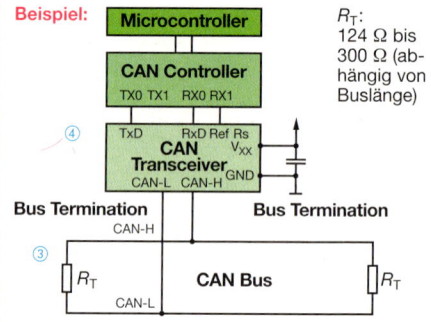

Beispiel:

R_T: 124 Ω bis 300 Ω (abhängig von Buslänge)

Datenrahmen

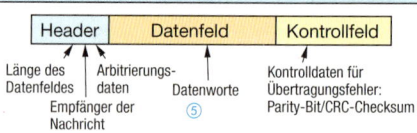

- Zwei Standards: CAN 2.0 A (Identifier 11 Bit) und 2.0 B (Identifier 29 Bit)
- Header: 19 Bit (in den Arbitrierungsdaten sind die Identifier-Daten enthalten)
- Datenwort ⑤: bis 64 Bit (8 Byte)
- Kontrollfeld: 27 Bit
- Es werden kurze Nachrichten von 110 Bit (CAN 2.0 A) gesendet, jedoch mit geringer Datenübertragungszeit (z. B. bei 40 m Buslänge und 1 Mbit/s und hochpriorer Nachricht 134 μs). Dadurch sind Echtzeit-Anwendungen möglich.
- Bitcodierung: NRZ-Verfahren (Non-Return-to-Zero, Buspegel bleibt konstant)
- OSI-Schichten 1, 2 und 7

Bitbus – *Bitbus*

Busstruktur	Merkmale

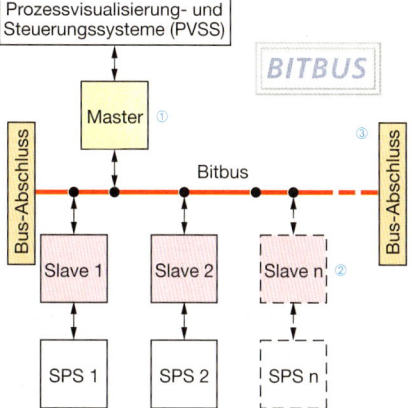**BEUG:** Bitbus European Users Group (Nicht-kommerzielle Organisation zur Verbreitung der Bitbus-Technologie)	• 1983 von Intel entwickelt, seit 1991 IEEE 1118
	• Anwendungsbereich: Automatisierungstechnik, Datentransport von Datenblöcken mittlerer Größe zwischen autonomen Stationen
	• Master-Slave serieller Bus mit einem Master ①, Dialog zwischen den Slaves ② nur über den Master möglich
	• Verstärkung/Regenerierung der Signale bei Übergabe von einem Segment auf das nächste.
	• Leitungen:
	  – Verdrillte Zweidrahtleitungen (120 Ω) mit Signalmasse und Abschirmung; bei Repeatereinsatz zweites Aderpaar nötig; beidseitig terminiert ③.
	  – Koaxialkabel
	  – Lichtwellenleiter
	• RS 485 (0/5 V Differenzsignale)
	• Datenraten:
	  – 375 kbit/s bei 300 m
	  – 62,5 kbit/s bei 1200 m
	• Maximal 32 Teilnehmer/Segment
	• 9-polige D-Sub Steckverbinder
	• Busstruktur: Linie (Baum über Repeater bzw. Splitter), Stichleitungen und Verlängerungen durch Repeater möglich
	• Protokoll: **SDLC** (**S**ynchronous **D**ata **L**ink **C**ontrol) bitsynchrone selbstgetaktete NRZ-Übertragung mit Abschlussflags, Adressprüfung und 16 Bit **CRC**-Prüfwort (**C**yclic **R**edundancy **C**heck)

DIN-Messbus – *DIN measurement bus*

Busstruktur	Merkmale
• DIN 66348, ab 1989 Teil 2: Schnittstellen und Steuerungsverfahren für die serielle Messdatenübermittlung, Start-Stop-Übertragung, 4-Draht-Bus. • OSI-Schichten 1, 2 und 7. • Preisgünstiger Bus für Mess- und Prüftechnik (Kosten entsprechend der seriellen Schnittstelle nach RS 232 C bzw. V.24). • Einsatzbereiche: Fertigungstechnik, Qualitätssicherung, Prozesskontrolle, Betriebs- und Maschinendatenerfassung • Einsatz in eichpflichtigen Anlagen (z. B. Tankanlagen). • Einfache Installation, Inbetriebnahme, Wartung und Fehlerbeseitigung im Störungsfall.	• Master-Slave-Struktur, zentralgesteuert • Bis zu 31 Teilnehmer, kann durch Kaskadierung auf 961 erhöht werden. • Stichleitungen und Verlängerbarkeit der Vernetzung ermöglicht eine flexible Anpassung an räumliche Bedingungen. • Handelsübliche PCs können als Leitstationen eingesetzt werden ④. • Die Leitstation ist gleichzeitig Zugangspunkt für übergeordnete Netze. • Flexibles Busmanagement erfasst hinzukommende und fehlende Teilnehmer ohne Störungen und ohne die Notwendigkeit zur erneuten Initialisierung des Systems. Teilnehmer können rückwirkungsfrei am Bus zu- und abgeschaltet werden. • Einfache Pegel- und Protokollwandler erlauben den Anschluss verschiedenartigster Geräte. • 4-Draht-Bus, getrennte Sende- und Empfangskanäle (Voll-Duplex-Übertragung) • Bus-Leitungslänge bis zu 500 m bei maximaler Übertragungsrate • Start-Stop-Übertragung, ASCII-Zeichensatz mit gerader Parität (7-Bit-Code) • Quittierter Datenaustausch: Aufforderung, Datenübermittlung, Abschluss • Übertragungsrate 110 bit/s bis 1 Mbit/s • Hohe Übertragungssicherheit auch bei starken elektromagnetischen Störungen durch physikalische Eigenschaften und Sicherungsschicht (Erkennung fehlerhafter Blöcke)

ASI-Bus

Aktuator-Sensor-Interface (Aktuator-sensor-interface)

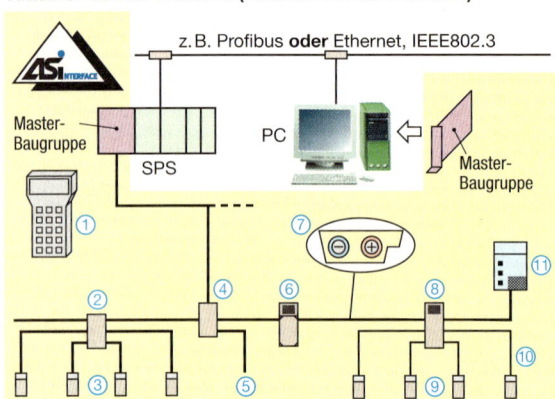

z. B. Profibus **oder** Ethernet, IEEE802.3

Master-Baugruppe
SPS
PC
Master-Baugruppe

① Adressprogrammier- und Diagnosegerät
② Passives ASI-Modul (ohne Slave-ASIC)
③ Binäre Sensoren/Aktuatoren (mit Slave-ASIC)
④ Aktives oder passives ASI-Modul
⑤ Abzweigung der ASI-Profilleitung
⑥ Aktuator/Sensor mit Direktanschluss und Slave-ASIC
⑦ ASI-Profilleitung, Energie u. Daten
⑧ Aktives ASI-Modul (mit Slave-ASIC)
⑨ Aktuator/Sensor (ohne Slave-ASIC)
⑩ Herkömmliche Leitung
⑪ ASI-Netzteil (versorgt Slaves)

Eigenschaften

- Master/Slave-Prinzip für untere Prozessebene
- Busstruktur, keine Parallelverdrahtung
- Versorgung der Komponenten über zweiadrige Profilleitung, zugleich Datenleitung
- Betrieb von binären Aktuatoren und Sensoren und solche mit ASI-Modul an PC oder SPS
- Übertragung von z. B. Diagnosedaten aus Selbsttest möglich
- Kontaktierung mit Durchdringungselementen (Schneidklemmen)

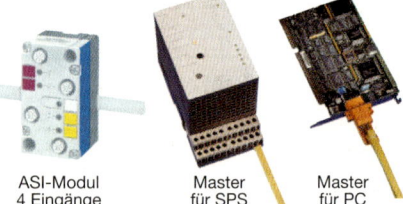

ASI-Modul 4 Eingänge   Master für SPS   Master für PC

Module

Aktives ASI-Modul

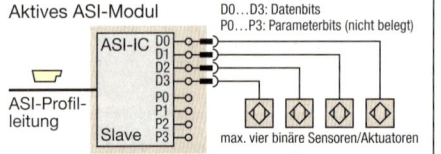

D0…D3: Datenbits
P0…P3: Parameterbits (nicht belegt)

ASI-IC — D0, D1, D2, D3
ASI-Profilleitung
Slave — P0, P1, P2, P3

max. vier binäre Sensoren/Aktuatoren

Passives ASI-Modul

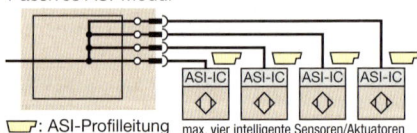

ASI-IC ASI-IC ASI-IC ASI-IC

▱: ASI-Profilleitung   max. vier intelligente Sensoren/Aktuatoren

Kenndaten

Begriff	Erklärung	Begriff	Erklärung
Netzstruktur Übertragungsmedium Leitungslänge	Linien- und Baumstruktur, ungeschirmte geometrisch codierte Zweidrahtleitung max. 100 m, darüber m. Repeater bzw. Extender	Geräteschnittstelle	Vier konfigurierbare Ein-/Ausgänge für Daten sowie vier Parameterausgänge und zwei Steuerausgänge (Strobe)
Zahl der Slaves Zahl anschließbarer Sensoren/Aktoren	max. 31 je Segment Bis zu vier je Slave (max. 124 Binärelemente je Segment)	Dienste des Masters	Zyklische Abfrage aller Teilnehmer (Polling), zyklische Datenweitergabe an bzw. Übernahme von SPS und PC.
Adressierung Nachrichten Nettodatenrate Zykluszeit	Feste Adresse je Teilnehmer, Einstellung über Adressiergerät Nachricht vom Master mit direkter Antwort des Slave 4 Bit pro Aufruf eines Slave, < 5 ms bei 31 Slaves	Managementfunktionen des Masters	Initialisierung des Netzes, Identifikation der Teilnehmer, azyklische Vergabe von Parameterwerten an die Teilnehmer, Diagnose der Datenübertragung und der ASI-Slaves, Fehlermeldung an die Steuerung, Adressierung neuer oder ausgewechselter Slaves
Fehlersicherung	Identifikation und Wiederholung gestörter Telegramme		

Automatisierungstechnik

P-NET

Busstruktur

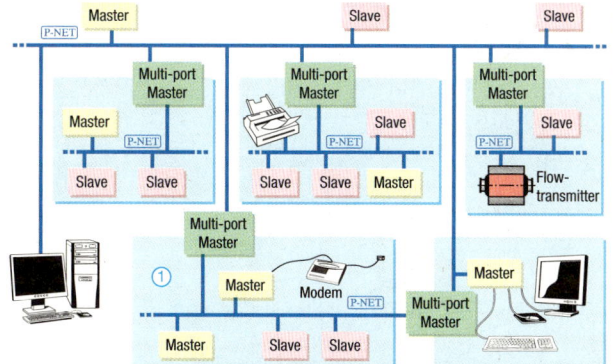

- **Multimaster-Feldbus**
  für die Prozessautomation
  zur Vernetzung verteilter
  Prozesskomponenten
  (PCs, „intelligente" Sensoren und Aktoren, Ein-
  und Ausgabemodule)
- 32 Master pro Bussegment
- EN 50 170
- 1983 eingeführt
- Ab 1989 offener Standard

Merkmale

- Anwendungen:
  - Übertragung digitaler Prozessdaten (Messwerte,
    Statusinformationen, Grenzwerte, Fehlermeldun-
    gen, …)
  - Datenerfassung
  - Konfiguration von Modulen, Sensoren
  - Download von Programmen
- Busstruktur besteht aus einzelnen Zellen ①, die
  bestimmten Abschnitten einer Anlage entspre-
  chen. Zellen können ausfallen, ohne dass andere
  beeinflusst werden.
- Innerhalb jeder Zelle werden Daten und Regelun-
  gen vorgenommen (verteilte „Intelligenz"). Da-
  durch verringert sich der Datenaustausch mit
  „höheren" Ebenen.
- Rechenleistung des gesamten Systems kann
  durch Hinzufügen zusätzlicher Master vergrößert
  werden.
- Multi-Net-Struktur:
  Direkte Adressierung zwischen verschiedenen
  Bussegmenten
- Hierarchische Strukturierung der Bussegmente ist
  nicht erforderlich.
- Daten können als komplette Prozesswerte (z. B.
  Temperatur, Druck, Strom) oder als Blöcke (typisch
  32 unabhängige binäre Signale) übertragen werden.
- Slaves können Daten verarbeiten und parallel Da-
  tenrahmen übertragen. Die Bearbeitung einer An-
  frage wird vom Slave gestartet, sobald das erste
  Datenbyte empfangen wird.
- Slave muss auf eine Anfrage innerhalb von 390 µs
  antworten (dadurch keine Notwendigkeit für
  Mehrfachanfragen).
- Kommunikation: Master sendet Anfrage und
  adressierter Slave gibt Anwort sofort zurück.
  Anfragetypen: Lesen oder Schreiben
- Zugriffsrecht auf den Bus geschieht durch „virtuelles token passing" (benötigt eine über den Bus
  zu versendende Nachricht). Jeder Master erhält
  eine Adresse (zwischen 1 und Gesamtzahl der vorhandenen Master). Wenn ein Master seinen Buszugriff beendet hat, wird der Token automatisch an
  den nächsten Master durch einen zyklischen und
  zeitbasierten Mechanismus weitergegeben.

Merkmale

- Komponenten – einschließlich der Master – kön-
  nen abgeschaltet werden, ohne dass das ver-
  bleibende Bussystem beeinflusst wird. Programm-
  ausführung kann innerhalb einer Zelle auf einen
  anderen Prozessor übertragen werden.
- Geschirmte Zweidrahtleitung
- RS 485
- Buslänge von bis zu 1200 m ohne Repeater
- Asynchrone Daten im NRZ-Code
- OSI-Schichten 1, 2, 3, 4 und 7
- Datenrahmen auf 56 Bytes begrenzt, wenn größe-
  re Datenmengen erforderlich sind, werden die
  Daten automatisch auf mehrere nachfolgende
  Übertragungen aufgeteilt.
- Datenrate bis zu 76,8 kbit/s

P-NET-Modul (Beispiel)

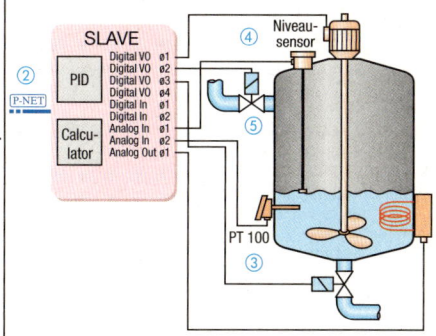

- Vom Master werden die Sollwerte für Temperatur
  und Füllstand über den Bus vorgegeben ②.
- Das Modul übernimmt folgende selbstständige
  Aufgaben:
  - Temperaturregelung ③
  - Füllstandsregelung ④
  - Steuerung des Befüllvorgangs ⑤

SafetyBUS

Busstruktur

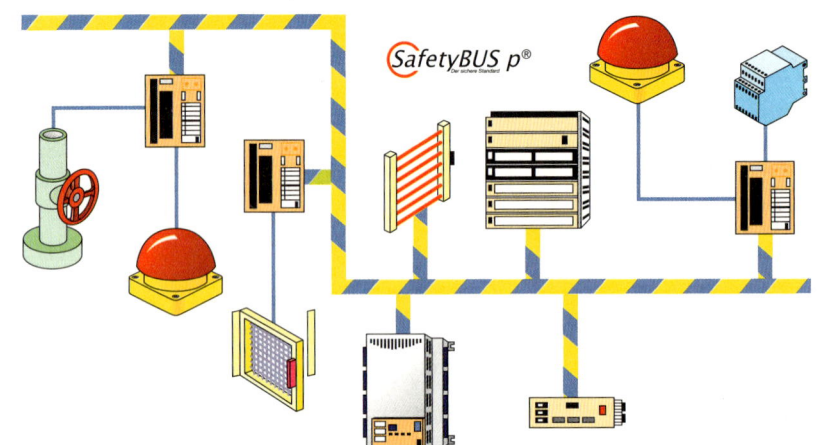

SafetyBUS p®

<table>
<tr><td>

Merkmale

- Offenes und sicheres Bussystem entsprechend der Sicherheitskategorie 4 nach DIN EN 954-1 (ein Fehler darf nicht zum Verlust der Sicherheitsfunktion führen).
- Verwendbar für sicherheitsgerichtete Anwendungen
- Ereignisorientiertes Multi-Master System (Nachrichten werden nur gesendet, wenn sich ein Zustand geändert hat), basierend auf dem CAN-Bus. Die Kontaktbelegung der 9-poligen Sub-D-Steckverbinder sind identisch.
- Kurze Reaktionszeiten, bis zu 25 ms
- Datenübertragungsraten
  - Bei 100 m 500 kbit/s
  - Bei 3500 m 20 kbit/s
- Lineare Bustopologie, der Bus wird mit einem Widerstand abgeschlossen, mit einem Router kann der Bus verlängert oder in logische Segmente aufgeteilt werden.
- Durch Netzstrukturelemente (Active Junction) können Stern- und Baumstrukturen aufgebaut werden (bis zu 64 Teilnehmer, in 32 Gruppen unterteilbar).
- Zusammenhängende Komponenten können als Gruppen konfiguriert und im Störfall abgeschaltet werden.
- Die Anbindung der Aktoren erfolgt zweikanalig. Die Busverbindung ist einkanalig und erfolgt über ein sicheres Telegramm. Die Auswertung in der Sicherheitssteuerung erfolgt zwei- oder dreikanalig.
- Prinzipien:
  - Die Dezentralisierung der Sicherheitssteuerung (PSS) erfolgt über dezentrale Ein-Ausgabeeinheiten.
  - Es wird eine Direktanbindung der sicherheitsgerichteten Sensoren und Aktoren an den Bus vorgenommen.
  - Es erfolgt eine sicherheitsgerichtete Kopplung mehrerer Sicherheitssteuerungen.

</td><td>

Leitungen

- Mehrfachgeschirmte Vierdrahtleitung (+ Schirmleitung)
  - Daten: braun und grün
  - Energie: rot (+) und schwarz (GND)
    30 m: 2,5 A; 100 m: 0,8 A

Beispiel:
High-Current-Ausführung
für feste Installationen
(z. B. Kabelkanal)

Busstecker (Beispiel)

Stecker zum Anschluss von SafetyBUS p-Teilnehmern an ein Buskabel aus Kupfer (9poliger Sub-D-Steckverbinder)

Merkmale:
- Von außen zuschaltbarer Abschlusswiderstand (automatische Trennung des abgehenden Busstranges)
- Integrierte Zugentlastung
- Robustes Kunststoffgehäuse

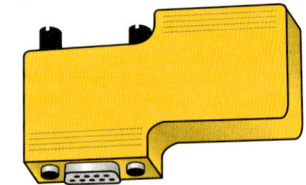

</td></tr>
</table>

Foundation Fieldbus

Buseigenschaften

- Linien- oder Baumtopologie möglich
- Speisung der Feldgeräte über Bus
- Einsatz in Ex-Bereich möglich (Eigensicherheit)
- Automationsaufgaben durch Feldgerät ausführbar
- An-/Abklemmen von Teilnehmern im Betrieb möglich

Kommunikationseigenschaften

- Multi-Master fähig
- Zeitliches Verhalten vorhersagbar (deterministisch)
- **DDT** (**D**istributed **D**ata **T**ransfer) verteilte Datenübertragung
- Datenrate 31,25 kbit/s
- Datenübertragung im Manchestercode

Zertifizierung

- Fieldbus Foundation ist eine unabhängige Organisation.
- Ziel ist Entwicklung eines internationalen Einheitsfeldbus für Automatisierungssysteme.
- Zertifizierte Foundation-Fieldbus-Mitglieder dürfen ein Logo tragen.

FOUNDATION

Funktionsblöcke

Jedes Gerät enthält vorgegebene, standardisierte Funktionsblöcke.

Dies sind z.B.:

- Analogeingang, Digitaleingang (Sensoren)
- Analogausgang, Digitalausgang (Aktoren)
- PD-Regler, PID-Regler

Installation

Topologie

- Maximale Buslänge je Segment 1900 m
- Mit Repeater können max. fünf Bussegmente gekoppelt werden
- Maximal 32 Teilnehmer je Bussegment
- Im Ex-Bereich deutlich weniger als 32 Teilnehmer je Segment; Eigensicherheit muss im Einzelfall nachgewiesen werden
- Bussegmente immer beidseitig mit Busabschluss (Terminator) abschließen
- Stichleitungen möglichst über Verbindungsbaugruppen (Junction Box) anschließen
- Schirmung nicht zwingend erforderlich aber empfohlen
- Schirm einseitig erden

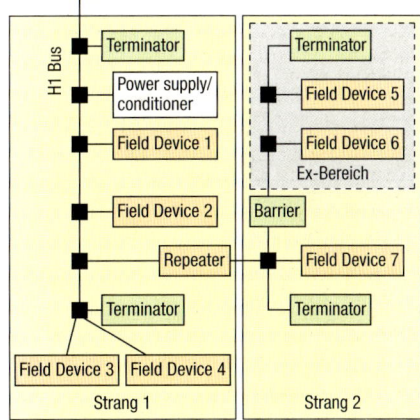

Maximale Stichlängen

Anzahl Geräte	1 Gerät je Stichleitung	2 Geräte je Stichleitung	3 Geräte je Stichleitung	4 Geräte je Stichleitung
25–32	1 m	1 m	1 m	1 m
19–24	30 m	1 m	1 m	1 m
15–18	60 m	30 m	1 m	1 m
13–14	90 m	60 m	30 m	1 m
1–12	120 m	90 m	60 m	30 m

Busleitungen

	Typ A	Typ B	Typ C	Typ D
Kabelaufbau	verdrilltes Adernpaar, geschirmt	einzelne oder mehrere verdrillte Adernpaare, Gesamtschirm	mehrere verdrillte Adernpaare, nicht geschirmt	mehrere nicht verdrillte Leitungen, nicht geschirmt
Adernquerschnitt	0,8 mm² (AWG 18)	0,32 mm² (AWG 22)	0,13 mm² (AWG 26)	1,25 mm² (AWG 16)
Kabellänge inkl. Stichleitungen	1900 m	1200 m	400 m	200 m

Komponenten

Bridge:	• Verbindet den relativ langsamen H1-Bus mit übergeordnetem schnellen Bussystem
Power supply:	• Versorgung aller Busteilnehmer mit elektrischer Energie
Power conditioner:	• Begrenzung der eingespeisten Energie und Vermeidung von Signalverzerrungen durch Energiequelle.
Terminator:	• Busabschluss zur Vermeidung von Reflexionen
Repeater:	• Verbindung zwischen mehreren Bussegmenten
Barrier:	• Barriere zum Ex-Bereich; stellt Eigensicherheit sicher

C

Allgemeines

- Entwicklung Anfang der 70er Jahre in den Bell Laboratories von Dennis Ritchie
- Maschinennahe Programmierung
- Betriebssystemunabhängig
- Seit 1989 Standard durch ANSI festgelegt

Nomenklatur

- Groß-/ Kleinschreibung wird unterschieden
- Kommentare werden von /* *Kommentar*/ eingeschlossen.
- Befehle mit „;" abschließen

Programmstruktur

Beispiel:
```
# include <stdio.h>     Bibliotheken einbinden
void main(void)         Beginn des
{                       Hauptprogrammes
    int i;              Variablendeklaration
    i = 1;              Programmcode
    print(„i =", i);
}                       Hauptprogrammende
```

Standardbibliotheken

<math.h>	Mathematische Funktionen
<ctype.h>	Charakterbildung
<signal.h>	Signalbehandlung
<stdio.h>	Ein-, Ausgabe-, Dateibehandlung
<string.h>	Zeichenfolge

Datentypen

char	ein Zeichen (z. B. ASCII-Code), meist 1 Byte
int	ganze Zahl (je nach Rechner 2 oder 4 Byte)
float	Gleitkommazahl (meist 4 Byte)
double	Gleitkommazahl (meist 8 Byte)
void	Leeres Element (z. B. bei Zeigern)

Vektoren/Felder arrays

char b [n]	Definition einer eindimensionalen Zeichenvariable b mit n Elementen
int c [n] [m]	Definition einer zweidimensionalen Integervariable c mit n x m Elementen
b [5]	Zugriff auf 5. Element des Vektors b

Schleifen

Block (*Code*)	Umklammerter Code wird zu einem Verbund. Im Verbund können lokale Variablen deklariert werden.
while (*Bed.*) Code	Solange die Bedingung *Bed.* erfüllt, wird der Programmteil wiederholt. Erst Überprüfung, dann Ausführung.
do Code while (*Bed.*)	Solange die Bedingung *Bed.* erfüllt, wird der Programmteil wiederholt. Erst Ausführung, dann Überprüfung.
break	Innerste Schleife wird sofort verlassen.

Bedingte Anweisungen, Verzweigung

if (*Bed.*) Code1 Else Code2	Wenn die Bedingung *Bed.* erfüllt, wird code1 ausgeführt, andernfalls code2. Else-Anweisung kann entfallen.
switch (*var*) {case "x": code1 case "y": code2 default code3}	Wenn Variable *var* = «x», dann wird code1 ausgeführt und anschliessend code2. Wenn var = «y», dann wird nur code2 ausgeführt. Mit „code1 break" kann ausschließlich code1 ausgeführt werden. Wenn *var* weder „x" noch „y", dann Ausführung von code3.

C++

Allgemeines

- Um objektorientiertes Programmieren erweiterte Variante von C
- Für sehr große Softwarepakete geeignet

Nomenklatur

- Kommentare können durch // eingeleitet werden und enden am Zeilenende.
- Deklarationen sind überall im Quellcode möglich.

Begriffe

- **Objekte:**
  Sie fassen zusammengehörige Daten und Programmlogik zusammen.
- **Kapselung:**
  Objekte können gegenseitig nur über definierte Schnittstellen kommunizieren. Zugriff oder Veränderungen interner Objektzustände ist ausgeschlossen.

- **Klassen:**
  Gleichartige Objekte werden zu Klassen zusammengefasst. Aus den Klassen können während der Programmlaufzeit neue Objekte definiert werden.
- **Vererbung:**
  Neue Objektarten können auf Basis bestehender definiert werden. Ergänzung oder Überlagerung vorhandener Definitionen ist möglich.

Kapselungsarten

- **public:**
  Alle Objekte können zugreifen.
- **private:**
  Nur Objekte der eigenen Klasse können zugreifen.
- **protected:**
  Nur Objekte der eigenen Klasse und Ausprägungen (→ Vererbung) können zugreifen.
- **package:**
  Alle Elemente eines Pakets haben Zugriff.

Klassendefinition

```
class name
{
    private:
    // klasseninterne Komponenten
    public:
    // allgemein zugängliche Komponenten
    protected:
    // geschützte Abschnitte
};
```

- **class**: Schlüsselwort zu Beginn einer Klassendefinition mit Name der Klasse (name).

Programmieren von CNC-Maschinen[1] – *Programming of CNC-machines*

Bewegungsrichtungen an CNC-Maschinen

DIN 66217: 75-12

Achse	Festlegungen
Z	Liegt parallel zur Arbeitsspindel bzw. fällt mit ihr zusammen. Positive Orientierung der Z-Achse vom Werkstück zum Werkzeug.
X	Liegt parallel zur Aufspannfläche des Werkstücks. Sie verläuft vorzugsweise horizontal.
Y	Ergibt sich bei rechtwinkligen, rechtshändigem Koordinatensystem aus der Lage und Richtung der Z- und X-Achse.
A, B, C	Drehungen besitzen parallele Drehachsen zu den X-, Y- und Z-Achsen. Drehbewegungen werden im Uhrzeigersinn positiv gezählt, Blick in positive Achsrichtung.

Programmaufbau für CNC-Maschinen

DIN 66025-1: 83-01, -2: 88-09

Steuerprogramm besteht aus dem
– Programm-Anfangszeichen, einer
– Folge von Sätzen und dem
– Programmende.

Satz kann programmtechnische Anweisungen, geometrische und technische Daten enthalten. Wortbildung aus Adressbuchstaben und Schlüsselzahl. Wortanordnung siehe Tabelle:

programm-techn. Anw.	geometrische Anweisungen		technologische Anweisungen			
N-Wort	G-Wort	Koordinaten	F-Wort	S-Wort	T-Wort	M-Wort
N40	G01	X50 Z-120	F0.35	S1400	T05	M03
Satz-Nr. 40	Geradeninterpolation	Koordinaten des Zielpunkts	Vorschub 0,35 mm/U	Drehzahl 1400 $\frac{1}{min}$	Werkzeug Nr. 5	Spindel im Uhrzeigersinn

Bedeutung der Adressbuchstaben

A	Drehen um X-Achse	L	frei verfügbar
B	Drehen um Y-Achse	M	Zusatzfunktion
C	Drehen um Z-Achse	N	Satznummer
D	Werkzeugkorrektur-speicher[2]	O	frei verfügbar
		P	3. Bewegung parallel zur X-Achse
E	Zweiter Vorschub[2]		
F	Vorschub	Q	3. Bewegung parallel zur Y-Achse
G	Wegbedingung		
H	frei verfügbar	R	3. Bewegung parallel zur Z-Achse
I	Interpolationspara-meter oder Gewinde-steigung parallel zur X-Achse	S	Spindeldrehzahl
		T	Werkzeug-Nummer
		U,V,	2. Bewegung parallel zu
J	wie I, doch parallel zur Y-Achse	W	X-, Y- oder Z-Achse
		X,Y,	Bewegung in Richtung
		Z	X-, Y- oder Z-Achse
K	wie I, doch parallel zur Z-Achse		

Auswahl von Wegbedingungen (G-Funktionen) und Zusatzfunktionen (M-Funktionen)

G00	Punktsteuerungsverhalten, Gerade im Eilgang
G01	Geraden-Interpolation
G02	Kreis-Interpolation im Uhrzeiger-Sinn
G04	Verweilzeit
G17	Ebenenauswahl XY (G18: ZX; G19: YZ)
G33	Gewindeschneiden, Steigung gleichbleibend
G41	Werkzeugbahnkorrektur, links (G42: rechts)
G81	Arbeitszyklus 1 (G82: 2 … G89: 9)
M00	Programmierter Halt
M03	Spindel im Uhrzeigersinn
M04	Spindel im Gegenuhrzeigersinn
M05	Spindel Halt
M06	Werkzeugwechsel
M08	Kühlschmiermittel Ein (M09: Aus)
M30	Programmende mit Rücksetzen
M60	Werkstückwechsel

Funktionsbildzeichen

DIN 55003: 81-08

Programm-Anfang	Schneidenradius-Korrektur	Werkzeugdurch-messer-Korrektur	Daten im Speicher ändern
Programmspeicher	Programm-Ende	Nullpunkt-Verschiebung	Werkstück-Nullpunkt
Daten-Eingabe in einen Speicher	Programm-Einlesen mit Maschinen-funktionen	Löschen	Referenzpunkt
Werkzeuglängen-Korrektur	Daten-Ausgabe aus einem Speicher	Handeingabe	Koordinaten-Nullpunkt

[1] computerized numerical control   [2] oder frei verfügbar

Mechatronik – *Mechatronics*

Übersicht	Fachinhalte	Mechatronikberufe

Elektronische Systeme, Informationsverarbeitung, Mechatronik, Mechanischer Prozess	• Mikro- und Leistungselektronik
	• Sensorik
	• Aktorik
	
	• Automatisierungstechnik
	• Signalverarbeitung
	• Software
	
	• Geräte-, Anlagen- und Maschinenbau
	• Feinwerkmechanik
	• Hydraulik/Pneumatik
		Ausbildungsberuf
		• Montage,
		• Betrieb,
		• Instandhaltung
		  von mechatronischen Gesamtsystemen.
		Ingenieur (FH, TU)
		• Entwicklung,
		• Konstruktion,
		• Instandhaltung
		  von komplexen mechatronischen Gesamtsystemen.

Mechatronisches System

- Mechatronische Systeme sind in der Regel modular aufgebaut.
- Module sind in vielen Fällen autonom funktionsfähig, sie lassen sich separat überprüfen.
- Module haben definierte Schnittstellen.
- Ausgangsgrößen sind eine Funktion von Eingangsgrößen.

Digitale Signalverarbeitung (steuern, regeln)

Verarbeitung der Messwerte | Leistungsausgabe

Eingang — **Ausgang**

Messen | Stellen

Sensoren Erfassen physikalischer Größen — **Aktoren** Antriebe (linear, rotatorisch)

Bewegung Kräfte

Beispiele

Fertigungsstation

- Steuerung
- Sensor
- Aktoren

Anti-Blockier-System

- Aktor
- Steuergerät
- Sensor

• Sensoren	Erfassen Positionen von Werkstücken und Aktoren	• Sensoren	Erfassen Drehzahl der Räder
• Steuergerät (Elektronik, Software)	Wertet Sensorinformationen aus und veranlasst automatisierten Ablauf mit Hilfe der Aktoren	• Steuergerät (Elektronik, Software)	Wertet die Drehzahlinformation aller Räder aus und gibt Steuersignal aus
• Aktoren	Setzen Energie in Arbeit um	• Aktor	Verringert Hydraulikdruck und vermindert so die Bremsleistung

Automatisierungstechnik

8 Antriebe

Maschinenrichtlinie 306
Antriebssysteme 307
Formelzeichen 307
Drehstrom-Asynchron-
  maschinen 308
Synchronmaschinen 309
Gleichstrom-Motoren 310
Gleichstrom-Generatoren 311
Wechselstrom-Motoren 312
Bemessungsspannungen
  und Prüfspannungen für
  Maschinen 312
Motoren für spezielle
  Anwendungen 313
Servoantriebe 314
Anlassen von Motoren 315
Sanftanlasser 316
Motorschutz 317
Leistungsschild von Maschinen 318
Wartung von Maschinen............... 318
Anschlussbezeichnungen und
  Drehsinn................................... 319
Drehzahlsteuerung 320
Polumschaltbare Drehstrom-
  motoren 321
Bremsen von Motoren 322
Fehlerarten bei Motoren 323
Betriebswerte von Drehstrom-
  Käfigläufermotoren 324
Betriebswerte von Asynchron-
  motoren 324
Normmaße von Drehstrom-
  motoren 325
Gebrauchskategorien für Nieder-
  spannungs-Schaltgeräte 326

Betriebsarten von elektrischen
  Maschinen 327
Kurzzeichen für Bauformen
  und Befestigung........................ 328
Stromrichter 329
Stromrichterbenennung und
  -kennzeichen 330
Kennzeichen von Stromrichter-
  sätzen und -geräten................... 330
Ungesteuerte Stromrichter
  (Gleichrichter)........................... 331
Halbgesteuerte Stromrichter
  (Gleichrichter)........................... 332
Vollgesteuerte Stromrichter 333
Vollgesteuerte Stromrichter/
  Steuerkennlinien 334
Gleichstromsteller....................... 335
Steuerarten von Gleichstrom-
  stellern 335
Wechselrichter 336
Frequenzumrichter 336
Elektronische Antriebstechnik 337
Elektronische Drehzahlsteuerung
  von Drehfeldmaschinen 338
Wechselstromsteller 339
Überspannungsschutz von
  Halbleiter-Ventilen und
  -Stromrichtern 340
Überstromschutz von
  Halbleiter-Ventilen und
  -Stromrichtern 340
Kühlung und Kühlarten von
  Halbleiter-Ventilen und
  -Stromrichtern 341
Filter 342

Maschinenrichtlinie – *EC machinery directive*

Maschinen	Grundlegende Sicherheitsanforderungen

Maschinen

- Gesamtheit von miteinander verbundenen Teilen oder Vorrichtungen, von denen mindestens eine beweglich ist.
- Betätigungsgeräte, Steuer- und Energiekreise usw., die für eine bestimmte Anwendung (Verarbeitung, Behandlung, Fortbewegung und Aufbereitung eines Werkstoffes) zusammengefügt sind.

Keine Maschinen (Ausnahmen der Richtlinie):

- Handbetriebene Einrichtungen, wenn Sie nicht für Hebezwecke eingesetzt werden (z. B. Kettenzug).
- Beförderungsmittel (PKW, Eisenbahnen, …)
- Militärisch genutzte Geräte
- Aufzüge
- Medizinische Geräte

Herstellerpflichten

- Vor Herstellung der Maschine Gefahrenanalyse durchführen.
- Mögliche Gefahren müssen durch
  1. Konstruktion vermieden,
  2. Schutzeinrichtungen vermindert und
  3. Unterrichtung des Benutzers bekannt gemacht werden.
  (Reihenfolge ist einzuhalten!)
- Sicherheitsfunktionen erfüllen
- Betriebsanleitung, Dokumentation erstellen
- Eine Konformitätserklärung ausstellen.
- Kennzeichnung der Maschine mit CE-Zeichen

CE

Gefahrenanalyse

- Gefahrenbereich definieren (Bereich innerhalb oder im Umkreis der Maschine, in dem die Sicherheit oder Gesundheit einer Person gefährdet wird.)
- Gefährdungen auflisten (z. B. Elektrischer Schlag), Schnittverletzungen (heilbar), nicht heilbare Verletzungen (Tod)
- Gefährdungen bewerten und Vermeidung planen (z. B. nach DIN EN 954-1)

Konformitätserklärung

Inhalte:

- Name, Anschrift des Herstellers
- Beschreibung der Maschine
- Auflistung aller relevanten und angewandten Bestimmungen und nationalen Normen
- Angabe zum Unterzeichner (z. B. Planer, Sicherheitskoordinator, …)

Grundlegende Sicherheitsanforderungen

Steuerungen, Befehlseinrichtungen

- Alle Bauteile müssen den zu erwartenden Betriebsbeanspruchungen stand halten.
- Ausfall/Wiederkehr der Energieversorgung, sowie Fehler in der Logik darf nicht zu gefährlichen Zuständen der Maschinen führen.
- Stellteile müssen
  - deutlich sichtbar sein,
  - ein sicheres Bedienen ermöglichen,
  - außerhalb des Gefahrenbereiches angeordnet sein.

Schutzeinrichtungen

- Sie müssen stabil gebaut sein und dürfen keine weiteren Gefahren verursachen.
- Sie dürfen nicht auf einfache Weise umgangen oder unwirksam gemacht werden können.
- Demontage nur mit Werkzeug möglich. Wenn sie gelöst sind, dürfen Sie nicht in Schutzstellung sein.

Bewegliche Schutzeinrichtungen (z. B. Gitter):

- Sie müssen in geöffnetem Zustand mit der Maschine verbunden bleiben.
- Bewegliche Teile dürfen nur inganggesetzt werden, wenn Schutzeinrichtung geschlossen ist.

Ingangsetzen

- Ingangsetzen darf nur durch absichtliche Betätigung einer hierfür vorgesehenen Befehlseinrichtung erfolgen.
- Bei mehreren Befehlseinrichtungen zum Ingangsetzen muss eine Zustimmungs- oder Wahlschaltung installiert werden, wenn eine gegenseitige Gefährdung besteht.

Stillsetzen

Normales Stillsetzen

- Befehlseinrichtung für normales Stillsetzen muss an jedem Arbeitsplatz vorhanden sein
- Befehl muss Ingangsetzen übergeordnet sein

Stillsetzen im Notfall

- Mindestens eine Notbefehlseinrichtung erforderlich
- Befehlseinrichtung muss gut sichtbar, deutlich kenntlich und schnell zugänglich sein.
- Stillsetzen muss ohne Gefährdung erfolgen, auch wenn Befehlseinrichtung nicht mehr betätigt ist.
- Wiederingangsetzen darf erst möglich sein, wenn Freigabe erfolgte. Rücksetzung von Not-Aus darf kein Anlaufen der Maschine bewirken.

Antriebe

Antriebssysteme – *Drive systems*

Schematischer Aufbau

Netz	**Elektrische Steuergeräte**	**Elektrischer Motor**	**Mechanische Verbindung**	**Arbeitsmaschine**
Drehstrom, Wechselspannung, Gleichspannung	Schalter, Anlasser, Umformer, Gleichrichter, Umrichter	Drehstrommotor, Wechselstrommotor, Gleichstrommotor	Kupplung, Getriebe, Riementrieb	

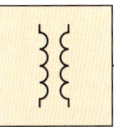 elektr. Energie  elektr. Energie 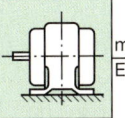 mech. Energie  mech. Energie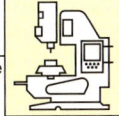

Formelzeichen – *Formula signs*

Formelzeichen	Bedeutung	Formelzeichen	Bedeutung	Formelzeichen	Bedeutung
U	Klemmenspannung	C_A	Kapazität des Anlaufkondensators	P_v	Verlustleistung
U_n	Bemessungsspannung			$P_{v,\,Fe}$	Eisenverlustleistung
U_o	Leerlaufspannung (Generator) bzw. Gegenspannung (Motor)	C_B	Kapazität des Betriebskondensators	$P_{v,\,Cu}$	Wicklungsverlustleistung
				Q_C	kapazitive Blindleistung
U_a	Spannung an der Ankerwicklung	Z	Impedanz	$Q_{C,\,B}$	kapazitive Blindleistung des Betriebskondensators
U_f	Spannung an der Feldwicklung	R_i	innerer Widerstand		
		R_a	Widerstand der Ankerwicklung	$\cos \varphi_n$	Bemessungsleistungsfaktor
U_1	Primärspannung	R_W	Widerstand der Wendepolwicklung	$\cos \varphi_o$	Leerlaufleistungsfaktor
U_2	Sekundärspannung			φ_{ind}	Phasenverschiebungswinkel (induktiv)
I	Stromstärke Motor bzw. Stromstärke Generator	R_K	Widerstand der Kompensationswicklung	φ_{kap}	Phasenverschiebungswinkel (kapazitiv)
		R_f	Widerstand der Feldwicklung		
I_n	Bemessungsstromstärke	$R_{f,\,ser}$	Widerstand der Reihenschlusswicklung	n	Läuferdrehzahl (Umdrehungsfrequenz)
I_o	Leerlaufstromstärke	$R_{f,\,par}$	Widerstand der Nebenschlusswicklung	n_f	Drehfelddrehzahl
I_A	Anlaufstromstärke	R_{Cu}	Wicklungswiderstand	n_S	Satteldrehzahl
I_a	Stromstärke in der Ankerwicklung	R_{Fe}	Ersatzwiderstand für die Eisenverluste	n_n	Bemessungsdrehzahl
				n_K	Kippdrehzahl
I_f	Stromstärke in der Feldwicklung	X_L	induktiver Blindwiderstand	n_s	Schlupfdrehzahl
I_1	Stromstärke in der Primärwicklung	X_{Li}	innerer induktiver Blindwiderstand	n_o	Leerlaufdrehzahl
I_2	Stromstärke in der Sekundärwicklung	X_C	kapazitiver Blindwiderstand	s	Schlupf
				$s_\%$	Schlupf in %
t_A	Anlaufzeit	Φ_{ser}	magnetischer Fluss der Reihenschlusswicklung	f_r	Frequenz der Läuferspannung
t_B	Belastungszeit			f_s	Frequenz der Ständerspannung
t_{St}	Stillstandszeit	Φ_{par}	magnetischer Fluss der Nebenschlusswicklung		
t_r	relative Einschaltdauer			M_A	Anlaufdrehmoment
t_S	Spieldauer			M_n	Bemessungsdrehmoment
t_{Br}	Bremszeit	P, P_{ab}	abgegebene Leistung	$M_K (M_b)$	Kippdrehmoment
t_L	Leerlaufzeit	P_{zu}	zugeführte Leistung	$M_S (M_{\ddot u})$	Satteldrehmoment
				τ_p	Polteilung

Antriebe

Drehstrom-Asynchronmaschinen – *Three phase asynchronous machines*

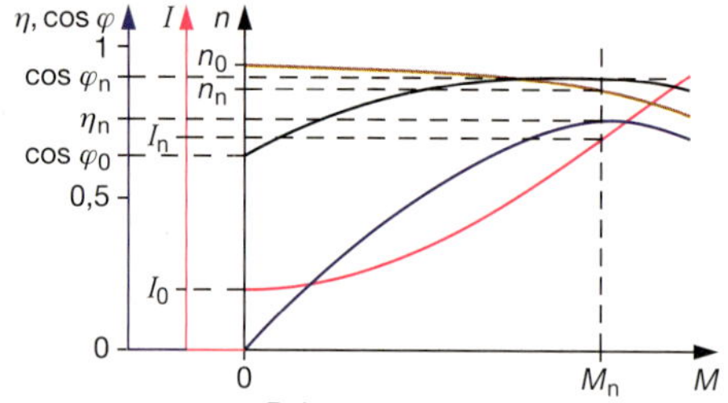

Belastungskennlinien

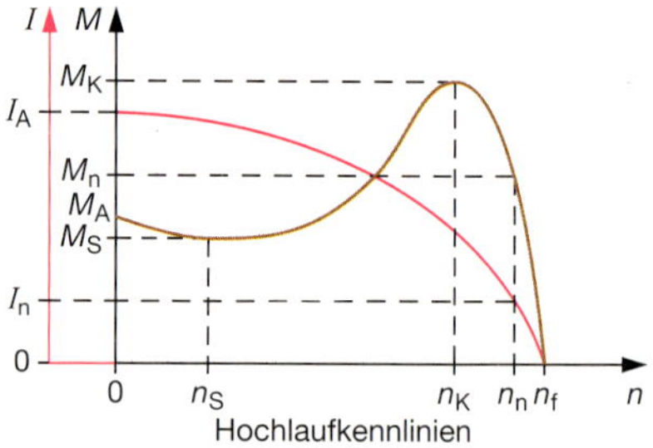

Hochlaufkennlinien

$$n_f = \frac{f}{p} \qquad s = \frac{n_f - n}{n_f} \qquad f_r = s \cdot f \qquad P_{zu} = U \cdot I \cdot \sqrt{3} \cdot \cos \varphi$$

$$n_s = n_f - n \qquad s_\% = \frac{n_f - n}{n_f} \cdot 100\,\% \qquad \eta = \frac{P_{ab}}{P_{zu}} \qquad P = P_{ab} = U \cdot I \cdot \sqrt{3} \cdot \cos \varphi \cdot \eta$$

	Kurzschlussläufer-Motor	Schleifringläufer-Motor
Anwen-dungen	• Werkzeugmaschinen • kleine Hebezeuge • Verarbeitungsmaschinen • landwirtschaftliche Maschinen	• Hebezeuge • Schweranlauf • Maschinen mit großen Schwungmassen • große Werkzeugmaschinen
Schaltung	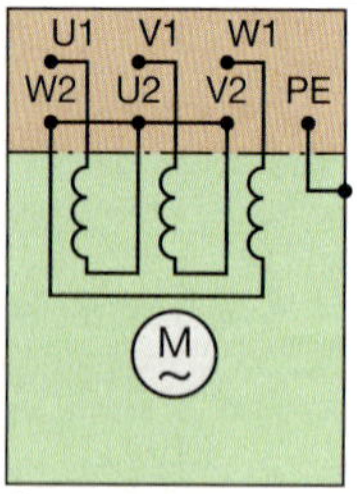 Sternschaltung 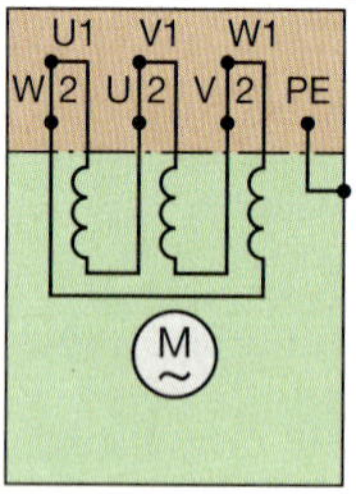 Dreieckschaltung	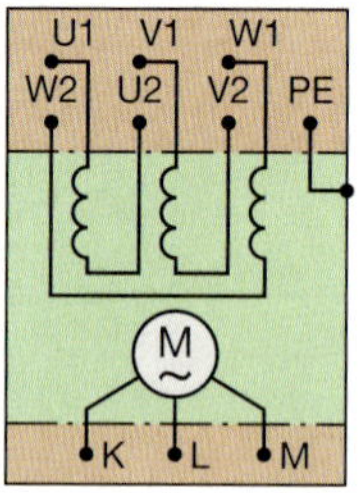 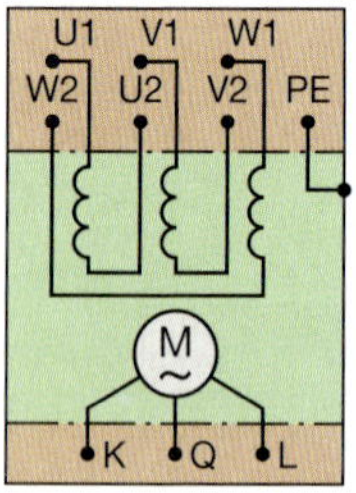 dreiphasige Läuferwicklung zweiphasige
Hochlauf-kennlinien		
$\dfrac{I_A}{I_n}$	3…7	1,5…2,5
$\dfrac{M_A}{M_n}$	0,5…3	1…3
Eigen-schaften	• robust • wartungsarm • kompakt • schlechter Anlauf • Drehzahlsteuerung über Umrichter • Nebenschlussverhalten	• relativ wartungsarm • guter Anlauf • Nebenschlussverhalten • Drehzahlsteuerung durch einen Wider- stand im Ankerkreis möglich

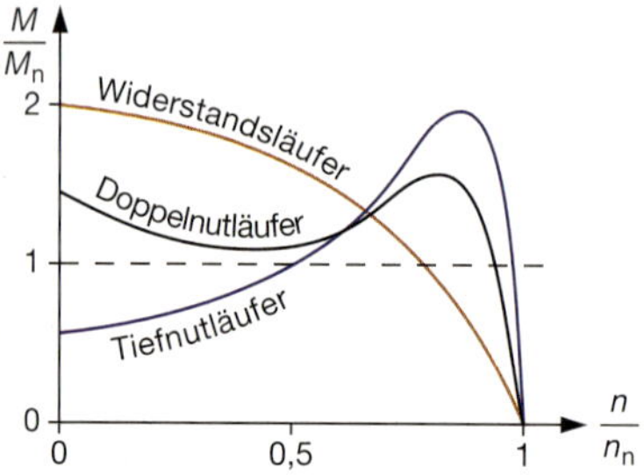

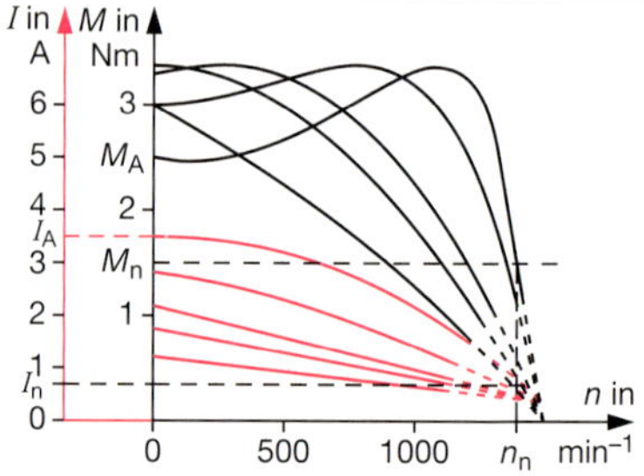

Antriebe

Synchronmaschinen – *Synchronous machines*

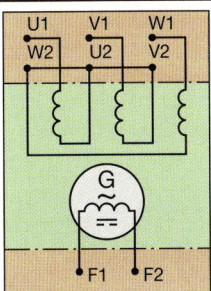

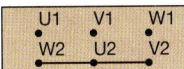

Sternschaltung

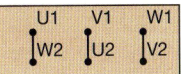

Dreieckschaltung

Generator:

$$f = n \cdot p \qquad n = n_f$$

Motor:

$$n = \frac{f}{p}$$

	Drehstrom-Synchrongenerator	Drehstrom-Synchronmotor
Anwendungen	• Erzeugung von Drehstrom in Kraftwerken und bei Inselbetrieb • Notstromaggregate	• Kolbenverdichter • Umformersätze • Maschinenantrieb mit hoher Drehzahlkonstanz • Phasenschieber
Kennlinien	**Einpoliges Ersatzschaltbild** **Zeigerbilder bei Belastung** a) ohmsche Last b) induktive Last c) kapazitive Last **Belastungskennlinien**	**Drehzahl-Drehmoment-Kennlinie** **Abhängigkeit des Eingangsstromes von Belastung und Feldstrom** Außer Tritt $\cos \varphi = 1$ Volllast Halblast Leerlauf Außer Tritt induktiver Bereich untererregt kapazitiver Bereich übererregt
Eigenschaften	• Klemmenspannung abhängig von der Drehzahl und der Belastungsart • Frequenz abhängig von der Drehzahl und der Polpaarzahl	• Selbstanlauf nur durch zusätzliche Anlaufkäfigwicklung oder durch Kurzschluss der Erregerwicklung möglich • Drehzahl abhängig von der Frequenz, aber unabhängig von der Belastung • Fällt bei Überlast außer Tritt • Blindstromanteil durch Erregerstrom steuerbar (Phasenschieber)

Antriebe

309

Gleichstrommotoren – DC Motors

Antriebe

Kompensationswicklung[1)]

Wendepolwicklung[1)]

Ankerwicklung

Feldwicklung

[1)] Sind linksherumgewickelt, damit das Ankerquerfeld aufgehoben wird.

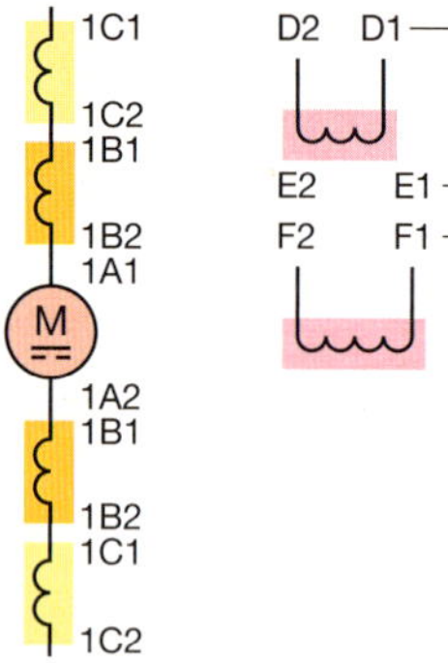

1C1
1C2
1B1
1B2
1A1
M ==
1A2
1B1
1B2
1C1
1C2

D2 D1 ——— Reihenschlusswicklung

E2 E1 ——— Nebenschlusswicklung
F2 F1 ——— Fremderregte Wicklung

$$P_{zu} = U \cdot I_a + U_f \cdot I_f\,^{2)}$$

$$\eta = \frac{P}{U \cdot I + U_f \cdot I_f}\,^{2)}$$

$$R_i = R_a + R_W + R_K$$

[2)] Erregerleistung $U_f \cdot I_f$ nur dann berücksichtigen, wenn das Feld separat eingespeist wird.

Motorart	Fremderregter Motor	Nebenschlussmotor	Reihenschlussmotor	Doppelschlussmotor
Anwendungen	• Drehzahlsteuerung über Leonard-Umformer oder gesteuerte Gleichrichter	• Werkzeugmaschinen • Förderanlagen	• Elektrische Fahrzeuge • Hebezeuge • Anlasser im Kraftfahrzeug	• Werkzeugmaschinen • Antrieb von Schwungmassen z. B. Pressen, Stanzen, Scheren • Walzwerkantriebe
Schaltung	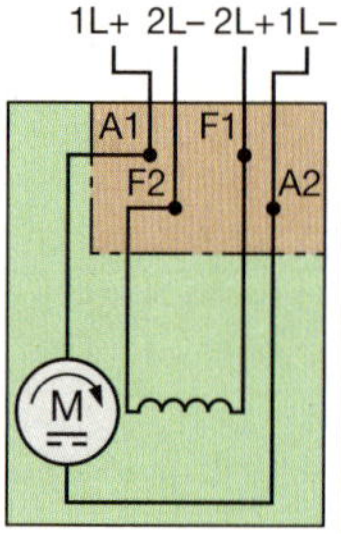 1L+ 2L– 2L+1L– A1 F1 F2 A2 M==	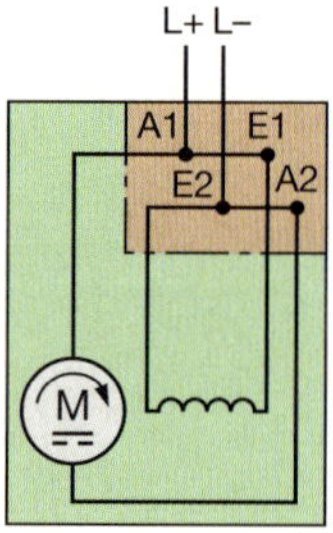 L+ L– A1 E1 E2 A2 M==	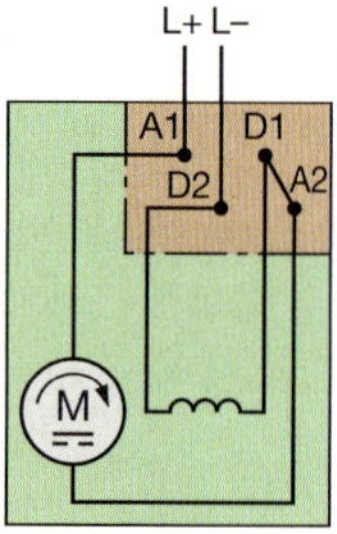 L+ L– A1 D1 D2 A2 M==	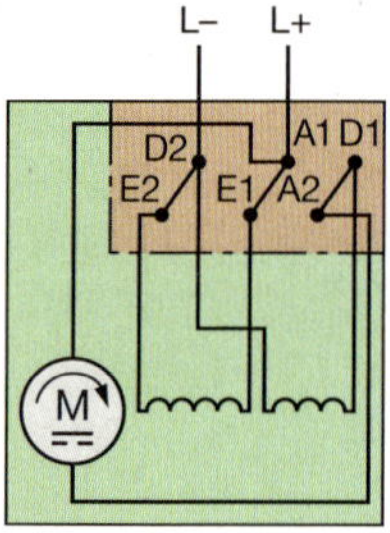 L– L+ D2 A1 D1 E2 E1 A2 M==
Kennlinien	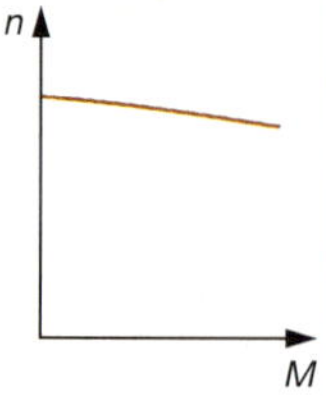 n ↑ / M →	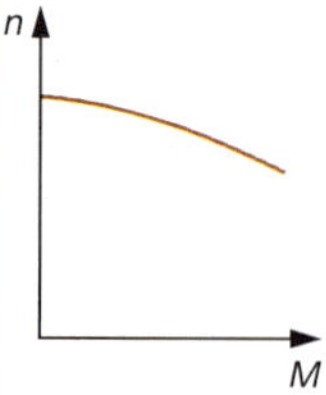 n ↑ / M →	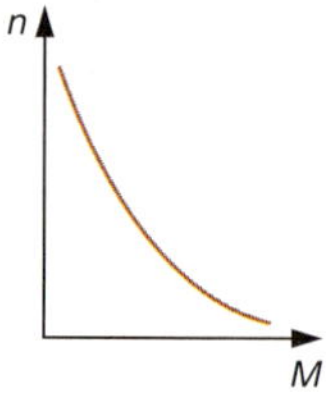 n ↑ / M →	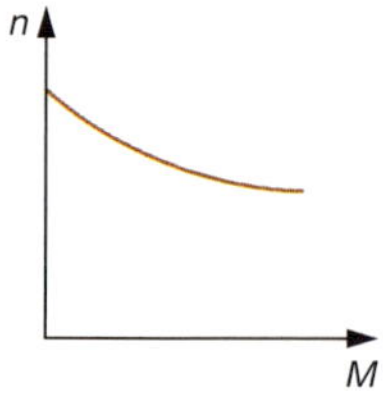 n ↑ / M →
Eigenschaften	• Geringfügige Drehzahländerung bei Belastungsänderung • Drehzahlsteuerung über Ankerspannung oder Feldstrom • Ankerwicklung und Feldwicklung haben eventuell unterschiedliche Spannungen.		• Hohes Anlaufdrehmoment • Drehzahl lastabhängig • Geht bei Leerlauf eventuell durch • Drehzahlsteuerung über Ankerspannung oder Feldstrom	• Je nach Kompoundierung vorwiegend Reihenschluss- oder Nebenschlussverhalten • Bei Gegenkompoundierung kommt es zur Instabilität.
Anlaufstrom	$I_A = \dfrac{U}{R_i}$	$I_A = \dfrac{U}{R_i} + \dfrac{U}{R_f}$	$I_A = \dfrac{U}{R_i + R_f}$	$I_A = \dfrac{U}{R_i + R_{f,ser}} + \dfrac{U}{R_{f,par}}$

Gleichstrom-Generatoren – *D.c. generators*

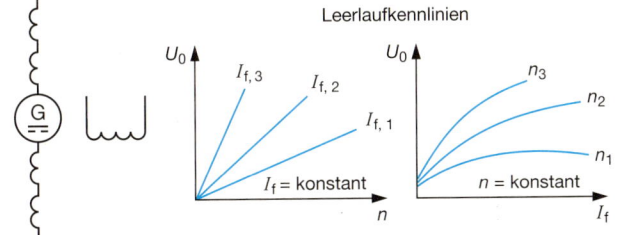

Leerlaufkennlinien

$$P = P_{ab} = U \cdot I$$

$$P_{zu} = P_{mech}$$

$$\eta = \frac{U \cdot I}{P_{mech}}$$

	Fremderregter Generator	Nebenschluss-generator	Reihenschluss-generator	Doppelschluss-generator
Anwendungen	• Notstromanlagen • Hilfserregermaschinen (mit Permanenterregung)	• Notstromanlagen • Haupterregermaschinen • Inselbetrieb • Schweissgenerator	• geringe praktische Bedeutung	• Haupterregermaschinen • bei stark wechselnden Belastungen
Schaltung (ohne Wendepol- und Kompensationswicklung gezeichnet)	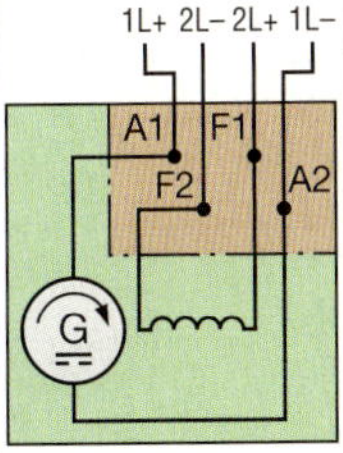	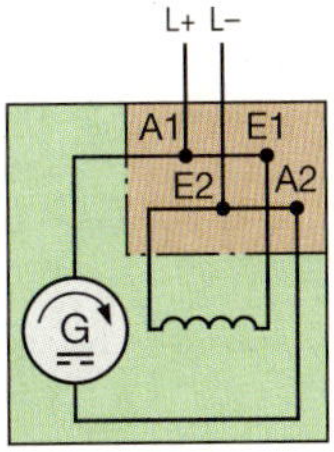	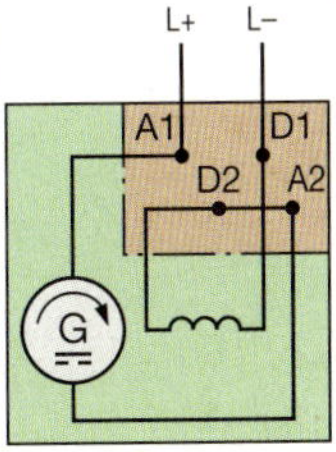	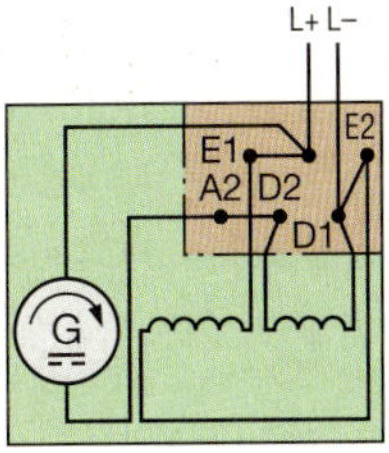
Kennlinien	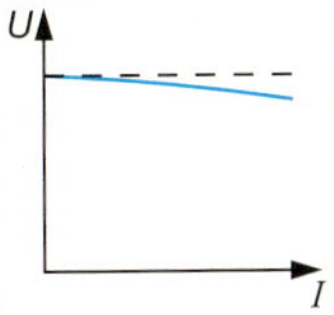	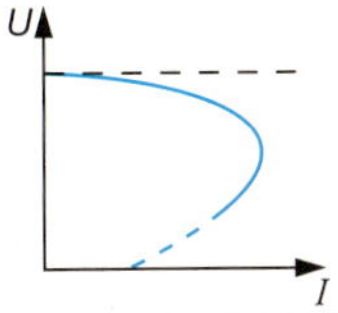	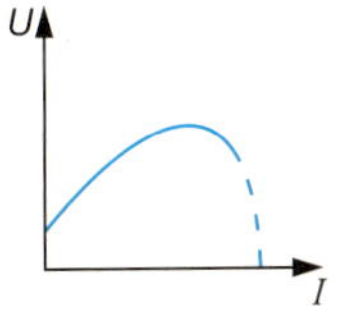	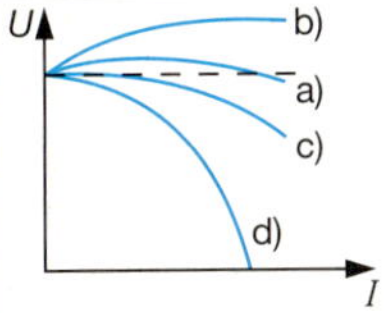
Klemmenspannung	$U = U_o - I \cdot R_i - U_B$	$U = \dfrac{U_o - I \cdot R_i - U_B}{1 + \dfrac{R_i}{R_f}}$	$U = U_o - I\,(R_i + R_f) - U_B$	$U = U_o - I_a\,(R_i + R_f) - U_B$
Leerlaufspannung	$U_o = f\,(n;\, I_f)$	$U_o = f\,(n;\, I_f)$	$U_o = f\,(n;\, I)$	$U_o = f\,[n\,u;\,(\Phi_{ser} + \Phi_{par})]$
Eigenschaften	• U sinkt nur geringfügig bei steigendem I • U durch n und I_f einstellbar • nicht kurzschlussfest	• U sinkt bei steigendem I • U durch n und I_f einstellbar • kurzschlussfest	• U steigt bei steigendem I bis in den Sättigungsbereich und sinkt dann stark ab • U durch Parallelwiderstand zur Feldentwicklung einstellbar	a) Kompoundierung: U nahezu unabhängig von I b) Überkompoundierung: U steigt bei steigendem I c) Unterkompoundierung: U sinkt bei steigendem I d) Gegenkompoundierung: U sinkt bei steigendem I schnell auf 0 V ab

Antriebe

Wechselstrom-Motoren – *A.c. motors*

	Drehstrommotor an Wechselspannung	Kondensatormotor	Spaltpolmotor	Universalmotor
Anwendungen	Baumaschinen	Haushaltsgeräte wie Waschmaschinen u. ä.	Für kleine Leistungen, z. B. in Haushaltsgeräten	Haushaltsgeräte, elektrisch betriebene Werkzeuge
Schaltung				
Kennlinien	 $U = 230\,\text{V},\ C_B = 70\,\dfrac{\mu F}{kW} \cdot P$ $U = 400\,\text{V},\ C_B = 20\,\dfrac{\mu F}{kW} \cdot P$ $C_A = 2 \cdot C_B$	 $Q_{CB} = 1\,\dfrac{kvar}{kW} \cdot P$ $C_A = 3 \cdot C_B$		
Eigenschaften	Nebenschlussverhalten, schlechter Wirkungsgrad	Nebenschlussverhalten, mit C_A hohes Anlaufdrehmoment	Nebenschlussverhalten, einfache Bauweise, schlechter Wirkungsgrad	Reihenschlussverhalten

Bemessungsspannungen und Prüfspannungen für Maschinen
Rated voltages and test voltages for machineries   DIN EN 60034-1: 05-04; DIN 40030: 93-09

Bemessungsspannungen					Prüfspannungen	
Gleichspannungen für stromrichtergespeiste Motoren in V					Maschinenart	Prüfspannung (Effektivwert)
Netzanschluss einphasig	dreiphasig				$P \le 1\ \text{kW}$ bzw. 1 kVA oder $U < 100\ \text{V}$	$2\,U_n + 500\ \text{V}$
Netzspannung in V					$P < 10\ \text{MW}$ bzw. 10 MVA	$2\,U_n + 1000\ \text{V}$
230	400	400	500	690	$P \ge 10\ \text{MW}$ bzw. 10 MVA $\quad U \le 24\ \text{kV}$	$2\,U_n + 1000\ \text{V}$
160 180					$U > 24\ \text{kV}$	nach Vereinbarung
	280 310				Fremderregte Erregerwickl. Gleichstrommaschinen	$2\,U_f + 1000\ \text{V} \ge 1500\ \text{V}$
		420 470			Erregerwicklung $\quad U_f \le 500\ \text{V}$ von Synchronmaschinen $\quad U_f > 500\ \text{V}$	10 U_n mind. 1500 V 4000 V + 2 U_f
			520 600		Läuferwicklung von Schleifringläufer-Motoren	$2\,U_r + 1000\ \text{V} \ge 1500\ \text{V}$
				720 810	Erregermaschinen	$2\,U_n + 1000\ \text{V} \ge 1500\ \text{V}$
empfohlene Erregerspannungen in V					Maschinensätze und Geräte	Entsprechend der Art der verwendeten Maschinen und Geräte
200	310	310				

Antriebe

Motoren für spezielle Anwendungen – *Motors for specific applications*

Motorart	Kleinstmotoren					Servomotoren		Elektronikmotoren		Linear-motor	Getriebe-motor
	Universal-motor	Spaltpol-motor	Reluktanz-motor	Hysterese-motor	Synchron-motor	Scheiben-läufermotor	Lang-gezogene Bauweise	Ständer-kommutierter Gleichstrom-motor	Schrittmotor	Linear-motor	Getriebe-motor
Anwendungsbeispiele	• Hausgeräte, • elektrische Kleinwerkzeuge	• Büromaschinen, • Hausgeräte, • Lüfter, • Tonwiedergabegeräte	• Industrieantriebe, • Tonwiedergabegeräte		• Regelungstechnik, • Zeitrelais, • Schaltuhren	• Automatisierung, • Roboter, • Drehzahlsteuerungen, • als Antriebe mit hoher Dynamik		• In Steuer- und Regelanlagen für Stellglieder, • Tonwiedergabegeräte		• Pumpen für leitende Flüssigkeiten, • Fahrzeugantriebe, • Büromaschinen	• Werkzeugmaschinen, • Stellglieder
Arbeitsweise	Reihenschlussmotor für Gleich- und Wechselspannung	Spaltpolmotor mit Kurzschlussläufer	Drehfeldmotor, läuft asynchron an, geht dann in den synchronen Lauf über.		Synchronmotor mit Dauermagnetläufer	Asynchronmotor- oder Gleichstrommotorprinzip		Ständerwicklung wird durch elektronische Schaltung kommutiert.	Digitale Steuerbefehle werden in Winkelschritte umgewandelt.	Induktionsmotorprinzip	Asynchron- oder Gleichstrommotor mit eingebautem Getriebe
Kennzeichen	Reihenschlussverhalten, Drehzahl steuerbar	Nur eine Drehrichtung, Nebenschlussverhalten, symmetrische und asymmetrische Bauweise	Läufer mit ausgeprägten Polen, keine Erregerwicklung	Zylinder aus hartmagnetischem Werkstoff als Läufer	Wechselspannungsmotor mit Hilfsphase, kompakte Bauweise, evtl. Getriebe	Rascher Anlauf und kurze Bremszeit, kompakte Bauweise / kurze- und gedrungene Bauweise	überproportionale Länge	Eingebauter Rotorlagegeber	Welle dreht sich in Winkelschritten, Schrittbewegung in beiden Drehrichtungen	Lineare Antriebsbewegung	Motoren mit angebautem Getriebe, feste Übersetzung oder Stellgetriebe
Leistungsbereich	10 W...500 W	0,5 W...25 W	ca. 10 W ... einige kW		1 W ... 3 W	400 W ... 10 kW		Einige W...einige kW		ca. 10 W ... einige MW	Einige W ... ca. 100 kW
Drehzahlbereich	7 000 min⁻¹ ... 28 000 min⁻¹	1 300 min⁻¹ ... 2 700 min⁻¹	$n = \dfrac{f}{p}$; $n = \dfrac{3000}{p}$ min⁻¹ bei 50 Hz		375 min⁻¹ ... 500 min⁻¹	1 000 min⁻¹ ... 13 000 min⁻¹		1 : 30 000	In Winkelschritten bis zu 5 000 min⁻¹	Lineare Geschwindigkeit $v = 3 \cdot \tau_p \cdot f(1-s)$	Entsprechend Über- oder Untersetzung
Wirkungsgrad	ca. 50 %	10 %...30 %	ca. 10 %	ca. 40 %	ca. 10 %	70 % ... 90 %		70%...80%	ca. 45 %	ca. 60 %	Geringer als ohne Getriebe

Antriebe

Servoantriebe – *Servo drive*

Komponenten

Netz | | | | | | | | Prozess

L1
L2
L3

≋ → ⊢▷ ⊢╪ ⊢⊣K → (M) — (R) — [i✕] — [Last]

Steuerung/Regelung

Netz-filter · Servo-Umrichter · Motor · Geber · Getriebe · Arbeits-maschine

Servo-Umrichter	Motor
Schrittmotor-Ansteuerung	**Schrittmotor** (Geber kann entfallen, Sonderanwendungen)
2- oder 4-Quadranten Gleich-stromsteller	**Gleichstrommotor** (nur noch bei Sonderanwendungen wegen Wartungsaufwand der Bürsten)

3-Wechselrichter mit integriertem Brems-Chopper oder rückspeisefähigem Zwischenkreisgleichrichter	**Asynchronmotor** • geringes Trägheitsmoment • hohe Überlastfähigkeit • hohe Maximaldrehzahl	**Synchronmotor** • hohes Beschleunigungsvermögen • hoher Wirkungsgrad • kleines Bauvolumen mit hohem Drehmoment

Geber

digital		analog
Inkrementalgeber	Absolutwertgeber (Winkel als Absolutwert erfassbar)	

Inkrementalgeber	**Encoder**	**Resolver**
• Lichtschranke wird durch Lochblende ① unterbrochen. • Jeder Lichtimpuls entspricht einem definierten Winkelschritt. • Zweite Spur ist um 1/4 der Schrittweite versetzt. Mit Auswertelogik ist Drehrichtungserkennung möglich. • Absoluter Messwert ist nur im Speicher vorhanden. Nach Spannungsunterbrechung muss der Messwert neu justiert werden.	• Codescheibe ② enthält die Information des Winkels in Hell-dunkel-Feldern • Lichtschranken ③ werten den Wert der Codescheibe aus. • Aus dem Digitalwert lässt sich der aktuelle Winkel errechnen.	• Drehwinkel zwischen 0 und 360° absolut bestimmbar • Zwei Statorwicklungen sind geometrisch um 90° versetzt. • u_{S1} und u_{S2} haben eine Phasenverschiebung von 90°. • Je nach Drehwinkel der Rotorwicklung ergibt sich eine Phasenlage zwischen u_R und u_{S1} in Abhängigkeit des Drehwinkels.

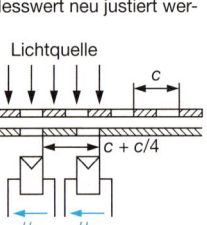

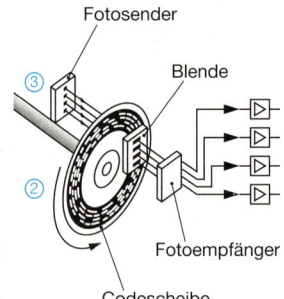

Fotosender

Blende

Fotoempfänger

Codescheibe

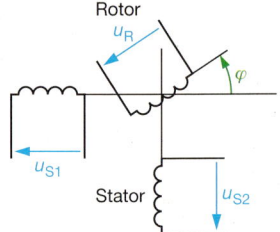

Rotor

Stator

Anforderungen

• Großer Drezahlstellbereich 0,01 ... 10000 ^{1}/min
• Hohes Drehmoment und Dynamik (kurzzeitige Spitzendrehmomente)
• Hohe Kurzzeitüberlastbarkeit
• Gute Rundlaufeigenschaften im gesamten Drehzahlbereich
• Hohe Genauigkeit bei Positionierung bzw. Winkelgleichlauf
• Hohe Schutzart

Anwendungen

• Antriebssysteme mit mehreren zu koordinierenden Bewegungen.
• Positionieraufgaben mit hoher Genauigkeit (z.B. Roboter, Werkzeugmaschinen, Handhabungsgeräte)
• Verkettung mehrerer Antriebe mit hohen Anforderungen an Winkelgleichlauf (z.B. Druckmaschinen, Transportanlagen, Schneideeinrichtungen)
• Elektronische Kurvenscheiben

Antriebe

Anlassen von Motoren – *Starting of motors*

Nach den **T**echnischen **A**nschluss**b**edingungen (**TAB**) dürfen elektrische Verbrauchsgeräte keine störenden Spannungsabsenkungen im Netz des **V**erteilungs**n**etz**b**etreibers (**VNB**) verursachen.

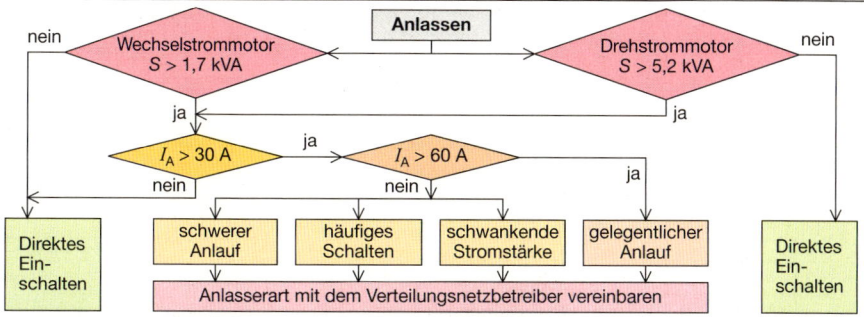

Motorart	Anwendung	Anlassart	Schaltung	Eigenschaften
Kurz-schluss-läufer-motor	Normaler Anlauf	Stern-Dreieck-Schaltung	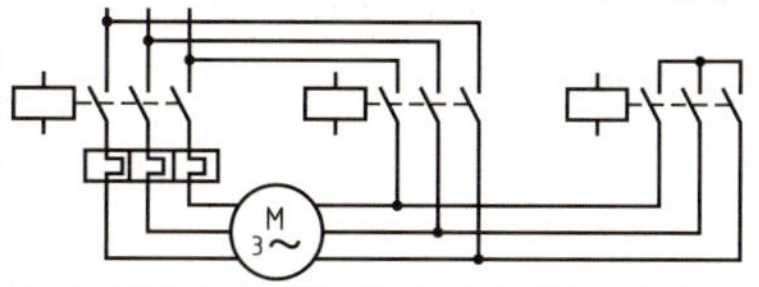	$I_{AY} = \frac{1}{3} \cdot I_{A\Delta}$ $M_{AY} = \frac{1}{3} \cdot M_{A\Delta}$ Einstellstrom $= 0{,}58 \cdot I_n$
	Überlanger Anlauf		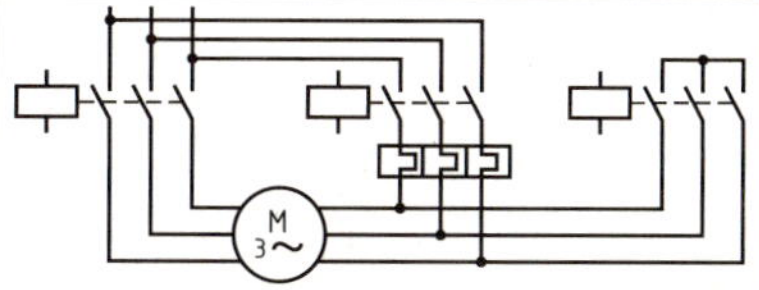	
	Schwerer Anlauf		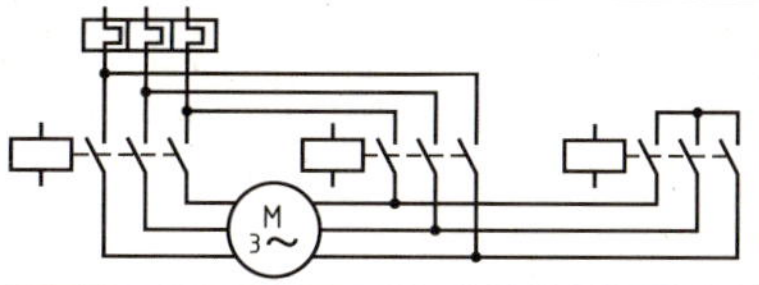	$I_{AY} = \frac{1}{3} \cdot I_{A\Delta}$ $M_{AY} = \frac{1}{3} \cdot M_{A\Delta}$ Einstellstrom $= I_n$
	Hochspannungsmotoren	Anlass-transformator	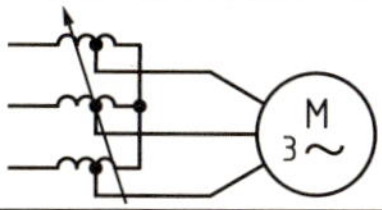	$I_A \sim U$ $M_A \sim U^2$ relativ teuer
	Füllanlagen, Textilindustrie, Verpackungsanlagen, Automatisierung	Sanft-anlauf	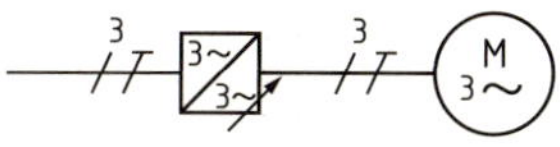	I_A bzw. M_A werden elektronisch, durch Umrichter eingestellt
	Selten	Vor-widerstände bzw. Spulen	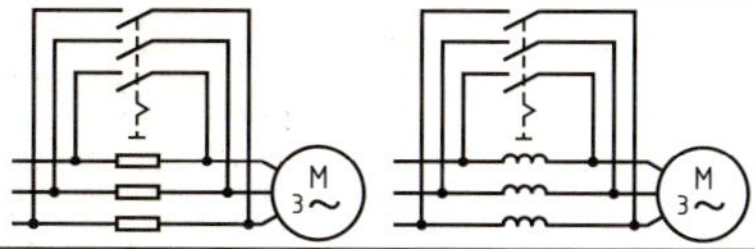	$I_A \sim U$ $M_A \sim U^2$
Schleif-ring-läufer-motor	Große Werkzeug-maschinen, Pumpen, Hebezeuge	Läufer-anlasser	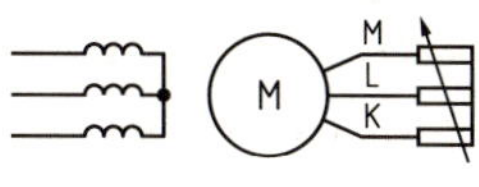	Niedriger Anlaufstrom, hohes Anlaufdrehmoment, Drehzahlsteuerung mit den Widerständen möglich

Antriebe

Sanftanlasser – *Soft starter*

Anwendung

- Ersatz für konventionelle Anlassverfahren (Direktanlauf, Stern-Dreieck)
- Verminderung von Anlaufströmen, Strom-/Drehmomentspitzen
- Funktionsprinzip der Phasenanschnittsteuerung
- Kostengünstiger als Frequenzumformer

Anlaufverhalten

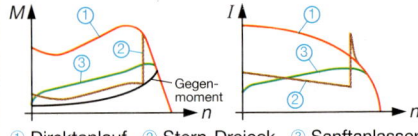

① Direktanlauf ② Stern-Dreieck ③ Sanftanlasser

Schaltungsvarianten

Sparschaltung

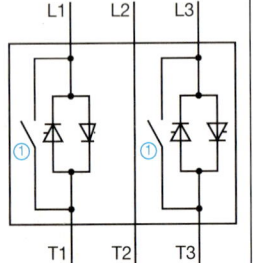

Vorteile:
- Günstiger als Vollbrücken

Nachteile:
- Unsymmetrie zwischen Phasenstömen möglich.
- Gleichstromanteil im Motorstrom möglich.
- Erhöhte Geräusche und Verluste beim Anlauf

Vollbrücke

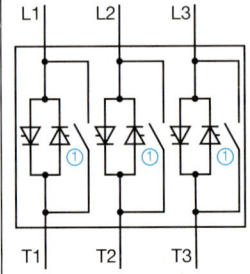

Vorteile:
- Symmetrischer Betrieb

Nachteile:
- Teurer als Sparschaltung

Kontakte des Bypass-Schütz ① werden geschlossen, wenn Anlauf abgeschlossen.
→ Vermeidung der Verluste in Halbleitern. Nicht bei allen Sanftanlassern integriert.

Anschlussvarianten

Standardschaltung

Vorteile:
- Geringer Verdrahtungsaufwand
- Bremsbetrieb möglich

Nachteile:
- Sanftanlasser muss auf Motorbemessungstrom ausgelegt sein.
$I_{rG} = I_{rM}$

√3-Schaltung

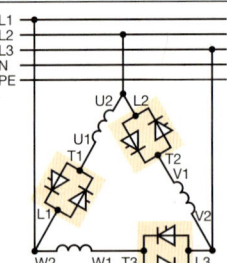

Vorteile:
- Sanftanlasser muss nur auf ca. 58 % des Motorbemessungsstroms ausgelegt sein.
$I_{rG} = 58\% \cdot I_{rM}$

Nachteile:
- Erhöhter Verdrahtungsaufwand
- Kein Bremsbetrieb möglich.

Regelgrößen

Regelgrößen können durch Sanftanlasser begrenzt werden bzw. über eine parametrierbare Rampe ohne Sprung verändert werden.

Spannung	**Stromstärke**	**Wirkleistung (Drehmoment)**
• Einfachste Variante (häufig nur als Steuerung nicht Regelung ausgeführt) • Spannung wird über Veränderung des Zündwinkels langsam gesteigert.	• Strombegrenzung auf Maximalwert möglich. • Wenn Anlaufströme wegen Netzrückwirkungen oder TAB-Anforderungen begrenzt werden müssen.	• Drehmoment kann begrenzt bzw. langsam geändert werden. • Einsatz bei empfindlicher Mechanik

Optionen

- Integrierter Motor-Überlastschutz
- Kompensation von Gleichstromanteilen
- Programmierbare Grenzwerte und Rampen U, I, M
- Feldbusanbindung

Motorschutz – *Motor protection*

Fehlermöglichkeit

Körperschluss	Überlast		Kurzschluss
Gefahr für Mensch und Tier	Gefahr für Motor	Gefahr für Zuleitung	Gefahr für Leitung und Wicklungen
Schutzmaßnahmen nach VDE 0100	Motorschutz-gerät	Schutz durch Sicherungen, Leitungs-schutz-Schalter o. ä.	

Motoren müssen bei Bemessungsspannung und -frequenz die 1,6 fache Bemessungs-stromstärke 15 s lang aushalten

Motorschutz

Anforderungen an Motorschutzgeräte:
- Belastbarkeit: dauernd mit I_n
- Überwachung: alle Strompfade
- Einstellstromstärke: veränderbar
- thermischer Aufbau: wie bei Motor

Schutzart	Schaltungen	Besonderheiten
Motorschutz-schalter		 zweipolige Belastung einpolige Belastung
Motorschutz-relais		Motorschutzrelais haben mechanische Wiedereinschaltsperre, sonst würde nach Erkalten der Bimetalle das Relais wieder selbsttätig einschalten. Sperre wird durch Entsperrungstaste wieder aufgehoben.
Thermischer Motorschutz (Motorvoll-schutz)		**Widerstandsthermometer** Überwachen der Wicklungs- und Lager-temperaturen
		Thermostat Bimetall-Temperaturfühler mit Öffner oder Schließer sind in die Wicklung eingebaut. Diese schalten das Motorschütz.
		Thermistor-Motorschutz Halbleiter-Temperaturfühler, die in der Motorwicklung eingebaut sind, wirken auf das Auslösegerät ein, das das Motorschütz schaltet.

Leistungsschild von Maschinen – *Rating plate of machines*

Beispiel:

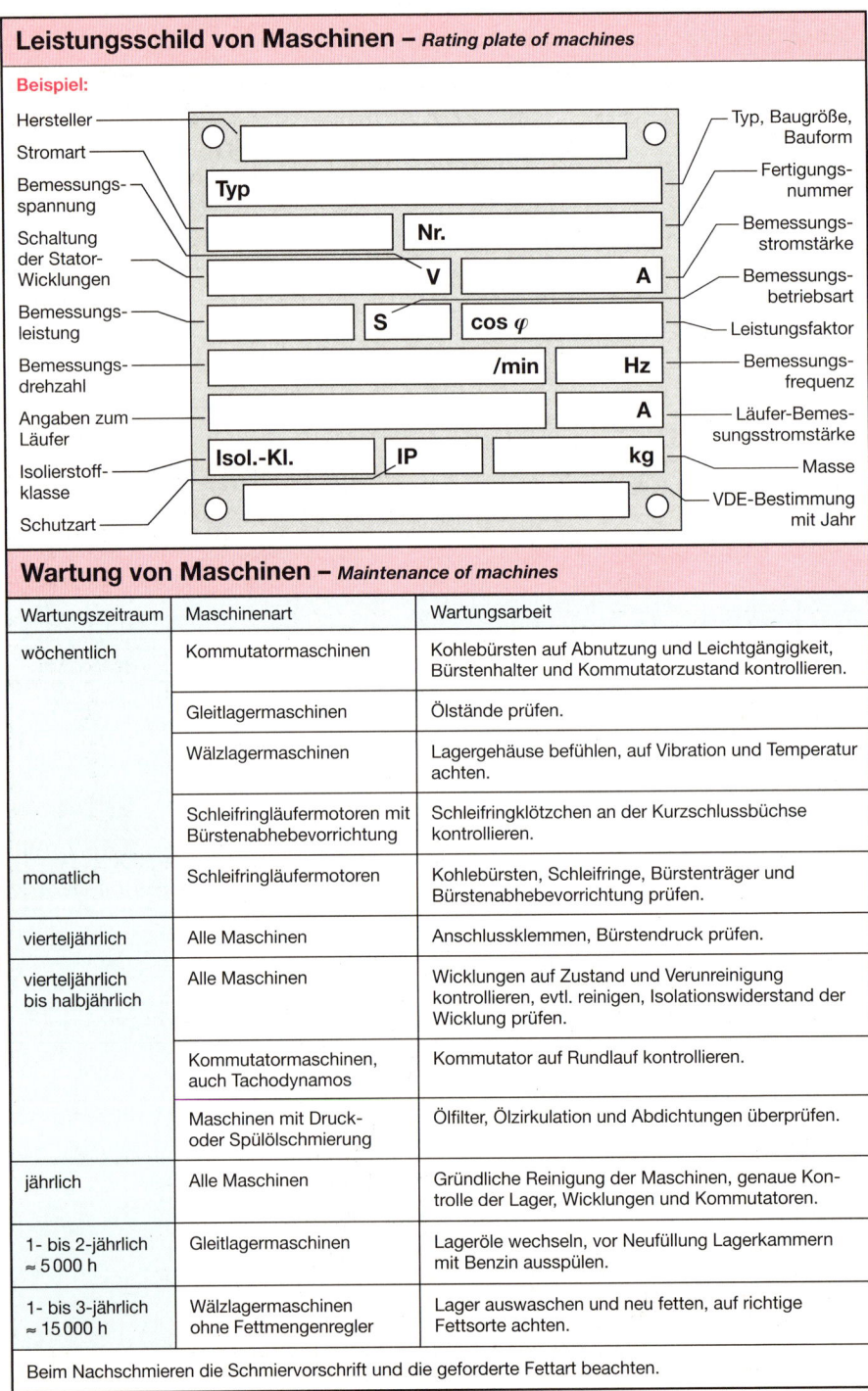

Hersteller — Typ, Baugröße, Bauform

Stromart

Bemessungsspannung

Typ

Schaltung der Stator-Wicklungen — **Nr.**

Bemessungsleistung — **V** **A**

Bemessungsdrehzahl — **S** **cos φ**

Angaben zum Läufer — **/min** **Hz**

Isolierstoffklasse — **A**

Schutzart — **Isol.-Kl.** **IP** **kg**

Typ, Baugröße, Bauform
Fertigungsnummer
Bemessungsstromstärke
Bemessungsbetriebsart
Leistungsfaktor
Bemessungsfrequenz
Läufer-Bemessungsstromstärke
Masse
VDE-Bestimmung mit Jahr

Wartung von Maschinen – *Maintenance of machines*

Wartungszeitraum	Maschinenart	Wartungsarbeit
wöchentlich	Kommutatormaschinen	Kohlebürsten auf Abnutzung und Leichtgängigkeit, Bürstenhalter und Kommutatorzustand kontrollieren.
	Gleitlagermaschinen	Ölstände prüfen.
	Wälzlagermaschinen	Lagergehäuse befühlen, auf Vibration und Temperatur achten.
	Schleifringläufermotoren mit Bürstenabhebevorrichtung	Schleifringklötzchen an der Kurzschlussbüchse kontrollieren.
monatlich	Schleifringläufermotoren	Kohlebürsten, Schleifringe, Bürstenträger und Bürstenabhebevorrichtung prüfen.
vierteljährlich	Alle Maschinen	Anschlussklemmen, Bürstendruck prüfen.
vierteljährlich bis halbjährlich	Alle Maschinen	Wicklungen auf Zustand und Verunreinigung kontrollieren, evtl. reinigen, Isolationswiderstand der Wicklung prüfen.
	Kommutatormaschinen, auch Tachodynamos	Kommutator auf Rundlauf kontrollieren.
	Maschinen mit Druck- oder Spülölschmierung	Ölfilter, Ölzirkulation und Abdichtungen überprüfen.
jährlich	Alle Maschinen	Gründliche Reinigung der Maschinen, genaue Kontrolle der Lager, Wicklungen und Kommutatoren.
1- bis 2-jährlich ≈ 5000 h	Gleitlagermaschinen	Lageröle wechseln, vor Neufüllung Lagerkammern mit Benzin ausspülen.
1- bis 3-jährlich ≈ 15000 h	Wälzlagermaschinen ohne Fettmengenregler	Lager auswaschen und neu fetten, auf richtige Fettsorte achten.
Beim Nachschmieren die Schmiervorschrift und die geforderte Fettart beachten.		

Anschlussbezeichnungen und Drehsinn
Terminal markings and sense of rotation

DIN EN 60034-8: 03-09

Wellenart	Blickrichtung auf	Rechtsdrehung
Ein Wellenende	Stirnseite des Wellenendes	
Zwei ungleiche Wellenenden	Stirnseite des dickeren Wellenendes	
Zwei gleiche Wellenenden	Stirnseite des Wellenendes, das nicht auf der Seite des Kommutators oder der Schleifringe liegt; sonst Vereinbarung treffen	

Anschlussbezeichnung:

- Wicklungsteil: Lateinische Großbuchstaben zuordnen.
- Gleichstrommaschinen und Einphasen-Wechselstrom-Kommutatormaschinen: A bis J.
- Kommutatorlose Wechselstrommaschinen: K bis Z mit Ausnahme von O.
- Anfang, Ende und Anzapfungen durch nachgestellte Zahlen kennzeichnen:
  Anfang: 1   Ende: 2

Anzapfungen:
1 Wicklung 11; 12; 13; …
2 Wicklung 31; 32; 33; …
3 Wicklung 51; 52; 53; …
⋮
Mit niedrigster Ziffer neben dem Wicklungsanfang beginnen.

- Räumlich getrennte oder verschiedenen Stromsystemen angehörende Wicklungsteile mit ähnlicher Aufgabe durch vorgesetzte Zahlen kennzeichnen.
- Zahlen weglassen, wenn Missverständnisse ausgeschlossen sind.

Kommutatorlose Wechselstrommaschinen		Gleichstrommaschinen	
Wicklung	Kennbuchstabe	Wicklung	Kennbuchstabe
primär — Strang 1	U	Ankerwicklung	A
primär — Strang 2	V	Wendepolwicklung	B
primär — Strang 3	W	Kompensationswicklung	C
primär — Sternpunkt	N	Reihenschlusswicklung	D
sekundär — Strang 1	K	Nebenschlusswicklung	E
sekundär — Strang 2	L	fremderregte Wicklung	F
sekundär — Strang 3	M	Hilfswicklung (Längsachse)	H
sekundär — Sternpunkt	Q	Hilfswicklung (Querachse)	J
sonstige	R, S, T, X, Y, Z		
gleichstromdurchflossen	F		

Rechtslauf: Alphabetische Reihenfolge der Buchstaben und zeitliche Phasenfolge der Spannungen stimmen überein.

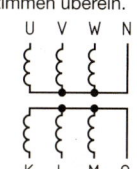

Wicklung einer Drehstrom-Asynchronmaschine

Schleifringläufermotor

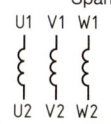

F1 F2
Synchronmaschine

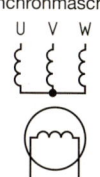

Wechselstrommotor mit Hilfsphase

Rechtslauf: Ankerwicklung und Feldwicklung werden von einem Strom gleicher Richtung durchflossen.

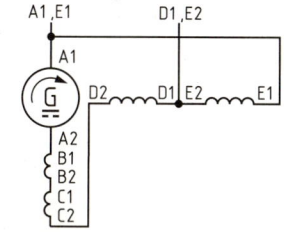

Kompoundierter Gleichstromgenerator mit Kompensations- und Wendepolwicklung

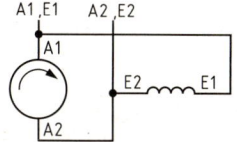

Gleichstrom-Nebenschlussmaschine für Rechtslauf geschaltet

Antriebe

319

Drehzahlsteuerung – *Speed control*

Steuerart	Motorart	Zusatzein-richtungen	Eigenschaften	Anwendungs-beispiele
Getriebe	Bei allen Motorarten möglich	Angebaute Getriebe	Feste Übersetzung, Stellgetriebe, Über- und Untersetzung	Werkzeug-maschinen
		Getriebe-motoren	Siehe Seite 313	
Polumschaltung $n_f = \dfrac{f}{p}$		Getrennte Wicklungen	Bis zu vier unterschiedliche feste Drehzahlen, siehe Seite 321	Lüfter
	Asynchron-motoren, Synchron-motoren	Dahlander-schaltung	Drehzahlverhältnis 1 : 2, siehe Seite 321	
Frequenz-steuerung $n_f = \dfrac{f}{p}$		Maschinen-umformer	Feste Drehzahlen, Frequenzen bis zu 400 Hz	Schleifmaschinen, Holzbearbeitungs-maschinen u. Ä.
		Umrichter mit Zwischenkreis	Wechselstrom-Umrichter	Siehe Seite 336 f. Elektronische Dreh-zahlsteuerung von Drehfeldmaschinen
		Direkt-umformer		
Spannungs-steuerung	Asynchron-motoren	Spannungs-steller	$M \sim U^2$ Drehzahl im Bereich n_K bis n steuerbar	Selten angewandt
Spannungs-dosierung	bei allen Motoren möglich	Zweipunkt-regler	Regler hält vorgegebene Drehzahl durch Ein- und Ausschalten konstant	Bei kleinen Leistungen
Veränderung des Läufer-widerstandes	Schleifring-läufermotoren	Läuferanlasser	Anlasser muss für Dauerlast ausgelegt sein, kleiner Stell-bereich	Lüfter- und Kompressor-antriebe
Steuerung von U_a		Vorwiderstände	Anlasser für Dauerlast aus-legen, nur unterhalb n_N steuerbar	Werkzeugmaschi-nen, Walzstraßen, Bagger
	Gleichstrom-motoren	Leonardsatz	Stufenlose Drehzahlsteuerung in beiden Drehrichtungen	
		Gesteuerte Gleichrichter	Stromrichter gesteuert	
Steuerung von I_f		Feldsteller	Stellbereich 1 : 1,5 bis 1 : 4	
		Gesteuerter Gleichrichter	Weniger Verluste als beim Steuern mit Anlasser	
Anschnitt-steuerung	Universal-motor	Triac-Steuerung	Phasenanschnittsteuerung	Elektrowerkzeuge, Haushaltsgeräte
	Gleichstrom-motoren (strom-richtergesp.)	Thyristor-steuerung	Stromrichter gesteuert	
Bürsten-verstellung	Repulsions-motor, Derimotor		Drehzahlsteuerung durch Bürstenverstellung in beiden Drehrichtungen	Textilmaschinen
	Drehstrom-kollektormotor			Gebläse, Verdichter, Druckmaschinen

Antriebe

Polumschaltbare Drehstrommotoren – *Pole-changing three phase motors*

2p	2	4	6	8	10	12	16	20	24	32	f
$n_f = \dfrac{f}{p}$ in min⁻¹	1000	500	333	250	200	166	125	100	83,3	62,6	$16\frac{2}{3}$ Hz
	3000	1500	1000	750	600	500	375	300	250	188	50 Hz
	3600	1800	1200	900	720	600	450	360	300	225	60 Hz

Motorart	Drehzahl	Klemmenbrett	Wicklung	Schaltung	2p
Zwei getrennte Wicklungen – zwei Drehzahlen	Niedrig	L1 L2 L3 / 1U 1V 1W / 2U 2V 2W	1U, 1W, 1V	人/人	6/2, 6/4, 8/2, 8/6, 12/2, 12/4
	Hoch	L1 L2 L3 / 1U 1V 1W / 2U 2V 2W	2U, 2W, 2V		
Dahlanderschaltung	Niedrig	L1 L2 L3 / 1U 1V 1W / 2U 2V 2W	1U, 2W, 2V, 1W, 2U, 1V	△/人人	4/2, 8/4, 12/6
	Hoch	L1 L2 L3 / 1U 1V 1W / 2U 2V 2W	2U, 1V, 1W, 2V, 1U, 2W	人/人人	
Zwei getrennte Wicklungen – drei Drehzahlen	Niedrig	L1 L2 L3 / 1U 1V 1W / 3U 3V 3W / 2U 2V 2W	1U, 3W, 3V, 1W, 3U, 1V	△/人/人人	8/6/4, 12/8/6, 16/12/8
	Mittel	L1 L2 L3 / 1U 1V 1W / 3U 3V 3W / 2U 2V 2W	2U, 2W, 2V	人/△/人人	6/4/2, 12/4/2, 12/8/4, 16/4/2, 20/4/2, 20/8/4
	Hoch	L1 L2 L3 / 1U 1V 1W / 3U 3V 3W / 2U 2V 2W	3U, 1V, 1W, 3V, 1U, 3W	△/人人/人	8/4/2, 12/6/2, 12/6/4, 16/8/2, 16/8/4, 16/8/6, 20/10/2, 20/10/4
PAM Pol-Amplituden-Modulation	Niedrig	L1 L2 L3 / 1U 1V 1W / 2U 2V 2W	Wicklung besteht aus vielen Spulen mit Anzapfungen. Durch Umschaltung der Stromrichtung in einzelnen Spulen Überlagerung (Modulation) der Felder. Das resultierende Feld hat andere Polzahl.	△/人人	6/2, 6/4, 8/2, 8/6
	Hoch	L1 L2 L3 / 1U 1V 1W / 2U 2V 2W		人/人人	

Antriebe

Bremsen von Motoren – *Braking of motors*

Bremsart	Maschinenart	Schaltung/Abbildung	Eigenschaften	Anwendung
Mecha-nische Bremsung	Bremslüfter		Können an allen Motoren angebaut werden, Motor wird durch Brem-sung ther-misch nicht beansprucht	Werkzeug-maschinen kleiner bis mittlerer Leistung
	Brems-motoren		Motor wird durch Brem-sung thermisch nicht bean-sprucht, hohe Schalthäufigkeit	Werkzeug-maschinen zum Bohren, Fräsen u. ä. Hebezeuge
Gegen-strom-bremsung	Wechsel- und Drehstrom-motoren Gleichstrom-motoren		Hohe ther-mische Bean-spruchung, große Kräfte an der Befesti-gung, einfach, unkompliziert, hohe Motor-ströme, keine Halt-bremsung, feinfühlig	Hebezeuge, Tippbetrieb
Nutz-bremsung	Wechsel- und Drehstrom-motoren Gleichstrom-motoren		Keine Halt-bremsung	Bahnen bei Talfahrten als Zusatz-bremse
Wider-stands-bremsung	Gleichstrom-motoren		Motor arbeitet als Generator mit ange-schlossenen Widerständen, keine Halt-bremsung	Fahrzeuge, (Nachlauf-Bremse) Hebezeuge (Senk-bremsung)
Gleich-strom-bremsung	Wechsel- und Drehstrom-motoren		Hohe ther-mische Bean-spruchung, keine Halt-bremsung	Hebezeuge, Bahnen

Fehlerarten bei Motoren – *Failure modes of motors*

Störung	Mögliche Ursachen		
	Käfigläufermotoren	**Schleifringläufermotoren**	**Gleichstrommotoren**
Motor läuft nicht an, kein Geräusch	• Zuleitung unterbrochen • Keine Spannung • Leitungsschutzgeräte ausgefallen • Wicklungen defekt		
		• Anlasser ausgefallen oder beschädigt	
			• Feldsteller ausgefallen
Motor läuft nicht an, starkes Brummen	• Lager beschädigt • Zuleitung unterbrochen		
Motor läuft unter Last nicht an	• Last zu hoch • Netzspannung zu niedrig		
Motor läuft ruckartig an			• Anlasser unterbrochen • Ankerwicklungsschluss • Lamellenschluss
Motor zieht bei Belastung nicht durch	• Zuleitung unterbrochen • Last zu hoch		• Bürstenstellung falsch • Spannung fällt ab
	• Läuferstäbe gebrochen • Kurzschlussringe lose	• Läuferkreis unterbrochen	
Motor läuft zu schnell und pendelt bei Belastung			• Bürstenstellung falsch • Feldstromkreis unterbrochen oder Vorwiderstand zu groß • Schaltung falsch
Motor erwärmt sich bei Betrieb zu stark	• Motor überlastet • Spannung zu hoch oder zu niedrig • Motor läuft einphasig • Läufer schleift im Ständer • Kühlung ungenügend		• Last zu hoch • Wicklungsschlüsse • Kühlung beeinträchtigt
Motor erwärmt sich schon im Leerlauf	• Schaltung der Ständerwicklung falsch • Netzspannung zu hoch • Kühlung ungenügend		
Örtliche Erwärmungen		• Windungsschlüsse • Wicklung unterbrochen	
Bürsten feuern			• Bürsten liegen schlecht auf • Bürstendruck zu gering • Verschmutzungen • Bürstensorte falsch
		• Unrunde Schleifringe	• Unrunder, gerillter Kommutator • Bürsten beschädigt • Lamellenschluss • Überlastung • Drehzahl zu hoch
Motor verursacht unnormale Geräusche	• Elektrische Ursachen (Verschwinden beim Abschalten) • Lagerschäden • Getriebeschäden • Schäden an der Kraftübertragung • Unwuchten • Fundamentveränderung		

Antriebe

Betriebswerte von Drehstrom-Käfigläufermotoren
Operating characteristics of three phase cage motors

Drehstrom-Asynchronmotoren

Bau-größe	P_n in kW	n in min⁻¹	I_n bei 400 V in A	M_n in Nm	η in %	cos φ	$\dfrac{I_A}{I_n}$	$\dfrac{M_A}{M_n}$	$\dfrac{M_K}{M_n}$	m in kg
$n_f = 3000$ min⁻¹										
63	0,25	2765	0,68	0,86	66	0,81	4,3	2,3	2,3	4,1
71	0,55	2800	1,3	1,9	71	0,85	4,9	2,3	2,3	6,6
80	0,75	2850	1,7	2,5	74	0,84	6,0	2,4	2,3	8,2
80	1,1	2850	2,6	3,7	77	0,85	6,1	2,4	2,3	9,9
90S	1,5	2860	3,4	5,0	77	0,82	6,2	2,5	2,5	12,9
90L	2,2	2860	4,6	7,4	82	0,85	6,8	2,8	2,8	15,7
100L	3	2895	6,1	9,8	83	0,86	7,2	2,4	2,6	21
112M	4	2895	7,8	13	84	0,88	7,6	2,4	2,8	25
132S	5,5	2925	10,6	18	85	0,88	7,0	2,2	2,8	43
132S	7,5	2930	14,2	25	87	0,88	7,7	2,5	3,0	50
160M	11	2935	21,5	36	88	0,84	6,5	2,1	2,6	71
160M	15	2940	29	49	90	0,85	7,1	2,3	2,8	82
160L	18,5	2940	34,2	60	91	0,86	7,6	2,5	2,9	99
180M	22	2940	39	71	91,5	0,89	6,9	2,5	3,0	165
$n_f = 1500$ min⁻¹										
71	0,25	1325	0,75	1,8	62	0,78	3,2	1,7	1,7	4,8
80	0,55	1400	1,4	3,7	71	0,80	4,7	2,3	2,4	8,0
80	0,75	1400	1,8	5,1	74	0,80	5,0	2,5	2,6	9,4
90S	1,1	1410	2,6	7,5	75	0,81	5,0	2,1	2,5	12,3
90L	1,5	1405	3,5	10	75	0,82	4,9	2,2	2,6	15,6
100L	2,2	1415	4,9	15	79	0,82	6,0	2,2	2,6	22
100L	3	1415	6,4	20	81	0,83	6,2	2,7	3,0	24
112M	4	1435	8,7	27	83	0,80	7,0	2,9	3,0	29
132S	5,5	1450	11,1	36	84	0,85	7,0	2,2	2,8	39
132M	7,5	1450	14,8	49	86	0,85	7,6	2,4	3,3	53
160M	11	1460	22	72	88	0,84	7,6	2,4	3,0	74
160L	15	1460	29	98	89	0,85	7,7	2,2	2,9	90
180M	18,5	1455	35	121	90,5	0,84	6,2	2,6	2,5	165
180L	22	1455	41	144	91,2	0,85	6,4	2,6	2,5	180

Einphasen-Wechselstrommotoren mit Betriebskondensator, 230 V; 50 Hz
$n_f = 3000$ min⁻¹ bzw. $n_f = 1500$ min⁻¹

Bau-größe	P_n in kW	n in min⁻¹	I_n in A	cos φ	$\dfrac{I_A}{I_n}$	$\dfrac{M_A}{M_n}$	C_B in μF	U_C in V	m in kg
63	0,120	2800	1,2	0,9	3,0	0,6	4	400	5
71	0,3	2760	2,4	0,98	3,0	0,45	10	400	7
71	0,5	2790	3,6	0,95	3,5	0,46	12	400	8
80	0,9	2800	6,2	0,95	4,0	0,35	20	400	11
90S	1,1	2740	7,4	0,97	3,4	0,38	30	400	14
90L	1,7	2700	11	0,97	3,5	0,35	40	400	17
63	0,12	1390	1,3	0,98	2	0,54	5	400	5
63	0,18	1390	1,85	0,86	2,8	0,51	6	400	5
71	0,3	1380	3	0,92	2,6	0,52	12	400	8
80	0,55	1380	4,2	0,91	3,3	0,64	16	400	11
90S	0,9	1370	6,0	0,97	3,3	0,38	30	400	14
90L	1,25	1380	8,5	0,95	3,8	0,42	40	400	17

Normmaße von Drehstrommotoren
Standard dimensions of three phase motors
DIN 42673-1: 83-04

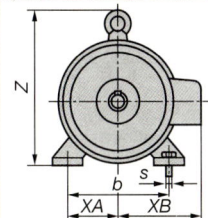
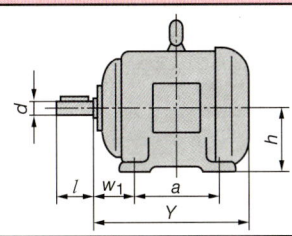

Die Angaben gelten für die Bauformen IM B3, IM B6, IM B7, IM B8, IM V5, IM V6 von oberflächengekühlten Käfigläufermotoren.

Bau-größe	h in mm	a in mm	b in mm	w₁ in mm	s	XA in mm	XB in mm	Y in mm	Z in mm
56	56	71	90	36	M 5	62	104	174	166
63	63	80	100	40	M 6	73	110	210	181
71	71	90	112	45	M 6	78	130	224	196
80	80	100	125	50	M 8	96	154	256	214
90S	90	100	140	56	M 8	104	176	286	244
90L		125						298	
100L	100	140	160	63	M 10	122	194	342	266
112M	112	140	190	70		134	218	372	300
132S	132	140	216	89	M 10	158	232	406	356
132M		178						440	
160M	160	210	254	108	M 12	186	274	542	480
160L		254						562	
180M	180	241	279	121	M 12	208	312	602	554
180L		279						632	
200L	200	305	318	133	M 16	240	382	680	600
225S	225	286	356	149	M 16	270	428	764	675
225M		311							
250M	250	349	406	168	M 20	300	462	874	730
280S	280	368	457	190	M 20	332	522	984	792
280M		419						1036	
315S	315	406	508	216	M 20	372	576	1050	865
315M		457						1100	

Bau-größe	d × l in mm		Leistung in kW			
	3000 $\frac{1}{min}$	1500 $\frac{1}{min}$	3000 $\frac{1}{min}$	1500 $\frac{1}{min}$	1000 $\frac{1}{min}$	750 $\frac{1}{min}$
56	9 × 20		0,09/0,12	0,06/0,09	–	–
63	11 × 23		0,18/0,25	0,12/0,18	–	–
71	14 × 30		0,37/0,55	0,25/0,37	–	–
80	19 × 40		0,75/1,1	0,55/0,75	0,37/0,55	–
90S	24 × 50		1,5	1,1	0,75	–
90L			2,2	1,5	1,1	–
100L	28 × 60		3	2,2/3	1,5	0,75/1,1
112M			4	4	2,2	1,5
132S	38 × 80		5,5/7,5	5,5	3	2,2
132M			–	7,5	4/5,5	3
160M	42 × 110		11/15	11	7,5	4/5,5
160L			18,5	15	11	7,5
180M	48 × 110		22	18,5	–	–
180L			–	22	15	11
200L	55 × 110		30/37	30	18,5/22	15
225S	55 × 110	60 × 140	–	37	–	18,5
225M			45		30	22
250M	60 × 140	65 × 140	55		37	30
280S	65 × 140	75 × 140	75		45	37
280M			90		55	45
315S	65 × 140	80 × 170	110		75	55
315M			132		90	75

Gebrauchskategorien für Niederspannungs-Schaltgeräte – *Utilization category of low-voltage switchgears*

Schütze und Motorstarter

Gebrauchs-kategorien	Ein- und Ausschaltbedingungen					I	Anwendungen
	$\dfrac{I_A^{1)}}{I}$	$\dfrac{U_r^{2)}}{U_e}$	cos φ	$\dfrac{L}{R}$ in ms	Anzahl der Schaltspiele[4]		
AC - 1	1,5	1,05	0,8		50		ohmsche Last, schwach induktive Last, Widerstandsöfen
AC - 2	4,0	1,05	0,65		50		Schleifringläufermotoren, Anlassen, Ausschalten
AC - 3	8,0	1,05	0,45 / 0,35		50	<100 A / >100 A	Käfigläufermotoren, Anlassen, Ausschalten, gelegentliches Tippen oder Gegenstrombremsen
AC - 4	10,0	1,05	0,45 / 0,35		50	<100 A / >100 A	Käfigläufermotoren, Anlassen, Ausschalten, Gegenstrombremsen, Reversieren, Tippen
AC - 7a	1,5	1,05	0,8		50		Haushaltsgeräte mit schwach induktiver Last
AC - 7b	8,0	1,05	0,45 / 0,35		50	<100 A / >100 A	Motoren in Haushaltsgeräten
DC - 1	1,5	1,05		1,0	50		ohmsche oder schwach indukt. Last
DC - 3	4,0	1,05		2,5	50		Nebenschlussmotoren, alle Betriebsarten
DC - 5	4,0	1,05		15,0	50		Reihenschlussmotoren, alle Betriebsarten
Einschaltbedingungen							
AC - 3	10,0	1,05 2)	0,45 / 0,35		50	<100 A / >100 A	siehe oben
AC - 4	12,0	1,05 2)	0,45 / 0,35		50	<100 A / >100 A	siehe oben

Lastschalter, Trennschalter, Lasttrennschalter

Gebrauchs-kategorien	I_e in A[1]	Einschalten				Ausschalten				Anzahl der Schaltspiele[4]	Anwendungen
		$\dfrac{I_A^{1)}}{I_e}$	$\dfrac{U_r^{2)}}{U_e}$	cos φ	$\dfrac{L}{R}$ in ms	$\dfrac{I_C^{1)}}{I_e}$	$\dfrac{U_r^{2)}}{U_e}$	cos φ	$\dfrac{L}{R}$ in ms		
AC - 21 A 3) / AC - 21 B	alle Werte	1,5	1,05	0,95		1,5	1,05	0,95		5	ohmsche Last, geringe Überlast
AC - 22 A 3) / AC - 22 B	alle Werte	3	1,05	0,65		3	1,05	0,65		5	ohmsche - induktive Last
AC - 23 A 3)	0<I_e<100A	10	1,05	0,45		8	1,05	0,45		5	Schalten von Motoren
AC - 23 B	100A<I_e	10	1,05	0,35		8	1,05	0,35		5	
DC - 21 A 3) / DC - 21 B	alle Werte	1,5	1,05		1	1,5	1,05		1	5	ohmsche Last
DC - 22 A 3) / DC - 22 B	alle Werte	4	1,05		2,5	4	1,05		2,5	5	Nebenschlussmotoren
DC - 23 A 3) / DC - 23 B	alle Werte	4	1,05		15	4	1,05		15	5	Reihenschlussmotoren

1) I_e: Bemessungsbetriebsstrom
I_A: Ausschaltstrom
U_e: Bemessungsbetriebsspannung
U_r: Wiederkehrende Spannung

2) $\dfrac{U_r}{U_e}$ darf eine Abweichung von ±20 % haben

3) A: häufige Betätigung
B: gelegentliche Betätigung

4) Mindestzahl der Schaltspiele, die das Schaltgerät aushalten muss, wenn es unter Bemessungsbedingungen geschaltet bzw. geprüft wird.

Antriebe

Betriebsarten von elektrischen Maschinen
Operating modes of electrical machines

DIN EN 60034-1: 04-09

S1
Dauerbetrieb

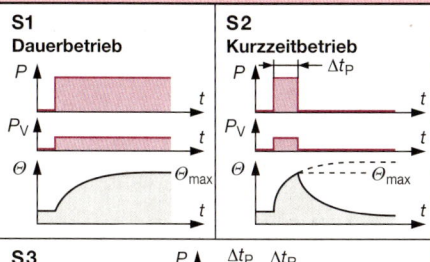

S2
Kurzzeitbetrieb

S3
Periodischer Aussetzbetrieb ohne Einfluss des Anlaufvorganges

$$t_r{}^{1)} = \frac{\Delta t_P}{T_C}$$

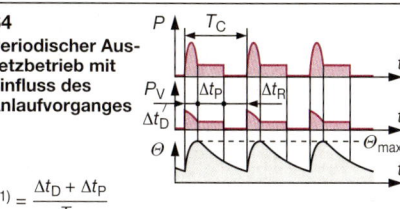

S4
Periodischer Aussetzbetrieb mit Einfluss des Anlaufvorganges

$$t_r{}^{1)} = \frac{\Delta t_D + \Delta t_P}{T_C}$$

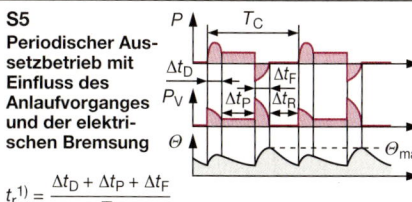

S5
Periodischer Aussetzbetrieb mit Einfluss des Anlaufvorganges und der elektrischen Bremsung

$$t_r{}^{1)} = \frac{\Delta t_D + \Delta t_P + \Delta t_F}{T_C}$$

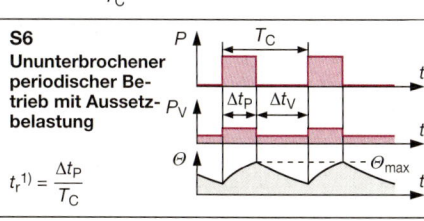

S6
Ununterbrochener periodischer Betrieb mit Aussetzbelastung

$$t_r{}^{1)} = \frac{\Delta t_P}{T_C}$$

S7
Ununterbrochener periodischer Betrieb mit Anlauf und elektrischer Bremsung

$$t_r{}^{1)} = 1$$

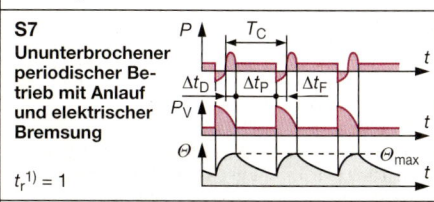

S8
Ununterbrochener periodischer Betrieb mit periodischer Drehzahländerung

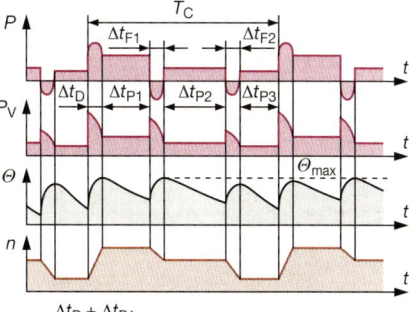

$$t_{r1}{}^{1)} = \frac{\Delta t_D + \Delta t_{P1}}{T_C}$$

$$t_{r2}{}^{1)} = \frac{\Delta t_{F1} + \Delta t_{P2}}{T_C}$$

$$t_{r3}{}^{1)} = \frac{\Delta t_{F2} + \Delta t_{P3}}{T_C}$$

S9
Betrieb mit nichtperiodischer Last- und Drehzahländerung

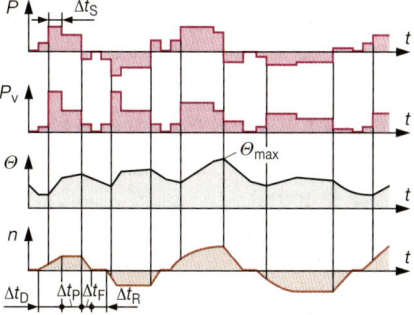

S10
Betrieb mit einzelnen konstanten Belastungen

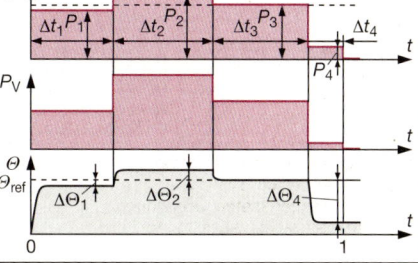

---

1) t_r = relative Einschaltdauer

327

Kurzzeichen für Bauformen und Befestigung
Symbols for styles and installation

EN 60034-7: 01-12

- Die Bezeichnung der Bauform ist nach Code I und Code II möglich.
- Code II nur anwenden, wenn Code I nicht ausreicht.

Beispiel:

Maschine mit
a) waagerechter Anordnung der Welle,
b) zwei Lagerschildern und unten liegenden Füßen,
c) freiem zylindrischen Wellenende links,
d) zur Aufstellung auf Unterbau.

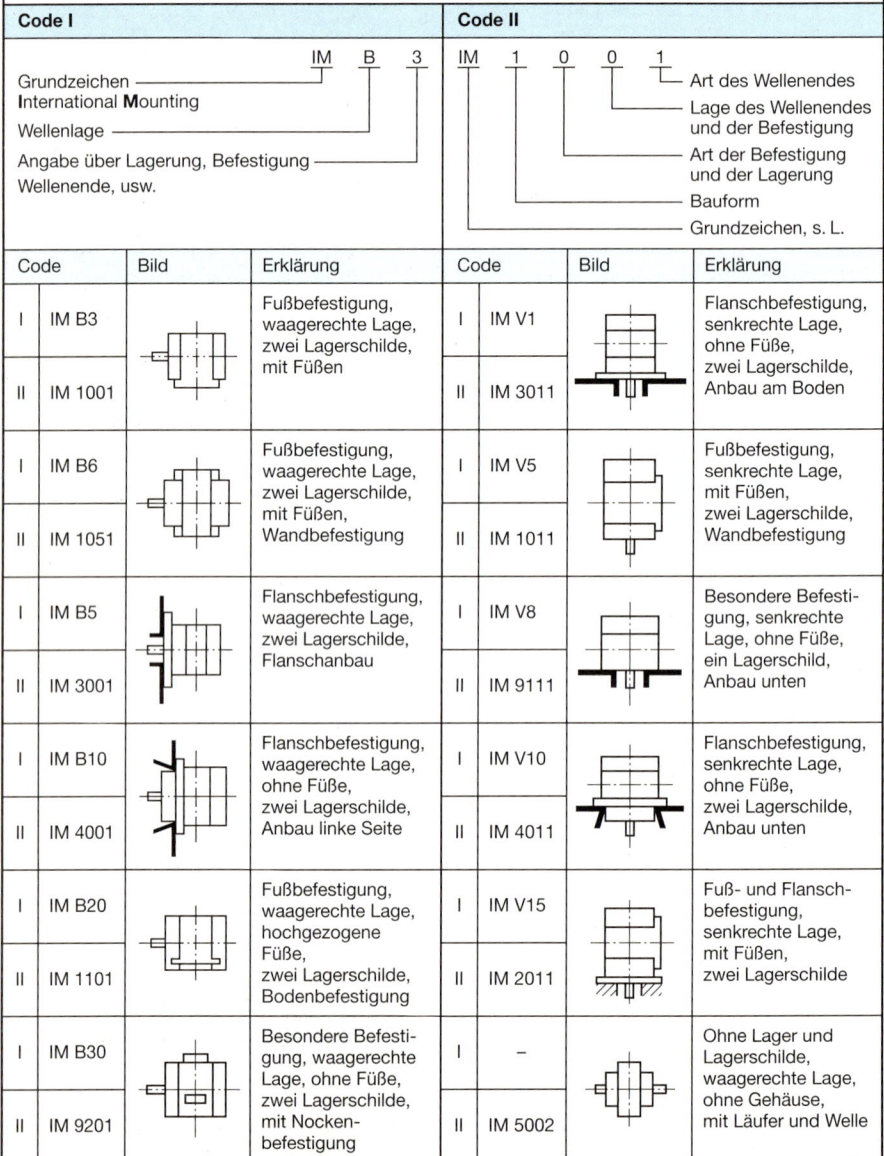

Code I	Code II
IM B 3	IM 1 0 0 1
Grundzeichen — International Mounting	Art des Wellenendes
Wellenlage	Lage des Wellenendes und der Befestigung
Angabe über Lagerung, Befestigung Wellenende, usw.	Art der Befestigung und der Lagerung
	Bauform
	Grundzeichen, s. L.

	Code	Bild	Erklärung		Code	Bild	Erklärung
I	IM B3		Fußbefestigung, waagerechte Lage, zwei Lagerschilde, mit Füßen	I	IM V1		Flanschbefestigung, senkrechte Lage, ohne Füße, zwei Lagerschilde, Anbau am Boden
II	IM 1001			II	IM 3011		
I	IM B6		Fußbefestigung, waagerechte Lage, zwei Lagerschilde, mit Füßen, Wandbefestigung	I	IM V5		Fußbefestigung, senkrechte Lage, mit Füßen, zwei Lagerschilde, Wandbefestigung
II	IM 1051			II	IM 1011		
I	IM B5		Flanschbefestigung, waagerechte Lage, zwei Lagerschilde, Flanschanbau	I	IM V8		Besondere Befestigung, senkrechte Lage, ohne Füße, ein Lagerschild, Anbau unten
II	IM 3001			II	IM 9111		
I	IM B10		Flanschbefestigung, waagerechte Lage, ohne Füße, zwei Lagerschilde, Anbau linke Seite	I	IM V10		Flanschbefestigung, senkrechte Lage, ohne Füße, zwei Lagerschilde, Anbau unten
II	IM 4001			II	IM 4011		
I	IM B20		Fußbefestigung, waagerechte Lage, hochgezogene Füße, zwei Lagerschilde, Bodenbefestigung	I	IM V15		Fuß- und Flanschbefestigung, senkrechte Lage, mit Füßen, zwei Lagerschilde
II	IM 1101			II	IM 2011		
I	IM B30		Besondere Befestigung, waagerechte Lage, ohne Füße, zwei Lagerschilde, mit Nockenbefestigung	I	–		Ohne Lager und Lagerschilde, waagerechte Lage, ohne Gehäuse, mit Läufer und Welle
II	IM 9201			II	IM 5002		

Antriebe

Stromrichter – Converter

Umwandlungsarten

Die Umwandlung elektrischer Energie ermöglicht Energiefluss zwischen Systemen mit unterschiedlicher Stromart.

Gleichrichten: Umwandeln von Wechselstrom in Gleichstrom. Energiefluss vom Wechsel- zum Gleichstromsystem.

Gleichstromumrichten:
Umwandeln von Gleichstrom gegebener Spannung und Polarität in Gleichstrom anderer Spannung und/oder Polarität.

Wechselstromumrichten:
Umwandeln von Wechselstrom gegebener Spannung, Frequenz und Phasenzahl in Wechselstrom anderer Spannung und/oder Frequenz und/oder Phasenzahl.

U_2

Energiefluss in Pfeilrichtung

U_1

Gleichstromstellen:
Gleichstromumrichten ohne Wechselspannungszwischenkreis.

Wechselstromstellen:
Wechselstromumrichten mit Verstellung der Ausgangswechselspannung bei Vorgabe der Eingangswechselspannung. Die Grundschwingungen von Eingangs- und Ausgangsfrequenz sind gleich.

Wechselrichten: Umwandeln von Gleichstrom in Wechselstrom. Energiefluss vom Gleich- zum Wechselstromsystem.

Formelzeichen

Spannungen[1]

U	Wechselspannung, Effektivwert
U_v	Außenleiterspannung
U_w	Brummspannung
U_s	Sternspannung, Steuerspannung
U_{im}	ideale Scheitelsperrspannung
U_d	Gleichspannung, arithm. Mittelwert
U_1, U_2	Eingangs-, Ausgangsgleichspannung
U_z	Z-Diodenspannung
U_{RRM}	negative Spitzensperrspannung
$U_{\text{Ü}}$	Effektivwert des Wechselanteils einer Mischspannung

Ströme[1]

I	Wechselstrom, Effektivwert
I_d	Gleichstrom, arithmetischer Mittelwert
I_E	Emitterstrom
$I_F; I_T$	Durchlassstrom Diode, -Thyristor
I_f	Feldstrom, Erregerstrom
I_Z	Z-Diodenstrom

Zeiten, Winkel, Frequenzen

$T; T_S$	Periodendauer; Schaltperiode
$t_E; t_p$	Einschalt-, Pausendauer
α	Steuerwinkel
ωt	Phasenwinkel (Kreisfrequenz x Zeit)
$f; f_B$	Netz-, Betriebsfrequenz
$f_1; f_2$	Eingangs-, Ausgangsfrequenz
$f_{\text{Ü}}$	Frequenz der überlagerten Wechselspannung

Sonstige Größen

$C; C_L$	Kapazität; Ladekondensator
G	Glättungsfaktor $\dfrac{\Delta U_1}{\Delta U_2}$
$L; L_D$	Induktivität, Glättungsdrossel
M	Moment
n	Drehzahl
p	Pulszahl
P	Wirkleistung
P_d	Gleichstromleistung ($U_d \cdot I_d$)
P_v, P_{tot}	Verlustleistung
$R; R_i$	Widerstand; Innenwiderstand
R_L	Lastwiderstand
R_{th}	Thermischer Widerstand
s	Siebfaktor
S_T	Transformatorbauleistung
ϑ	Celsius-Temperatur

Weitere Indizes

0	Leerlauf, Resonanzfall, physikalische Größe bei $\alpha = 0°$ (Vollaussteuerung)
i	ideell, verlustfrei
α	Physik. Größe beim Steuerwinkel α
AV	Mittelwert (average)
RMS	Effektivwert (root mean square)
J C	Sperrschicht, Gehäuse
K, A	Kühlkörper, Umgebung

[1] Kleine Buchstaben geben den Momentanwert der physikalischen Größen an.

Antriebe

Stromrichterbenennungen und -kennzeichen
Converter naming and designation

DIN IEC 60 971: 94-08

Beispiel:

B 2 H A F

Kennbuchstabe
Kennzahl
Ergänzende Kennzeichen: Hilfszweige
Kennzeichen: Steuerbarkeit

Schaltungsart	Bezeichnung	Kennbuchstabe	Kennzahl
Einwegschaltung	Mittelpunktschaltung	M	
Zweiwegschaltung	Brückenschaltung	B	Pulszahl p
	Verdopplerschaltung	D	
	Wechselwegschaltung	W	Phasenzahl m des
	Parallelschaltung	P	Wechselstromsystems

Ergänzende Kennzeichen

Steuerbarkeit		Haupt- und Hilfszweige	
Kurzzeichen	Bedeutung	Kurzzeichen	Bedeutung
U	ungesteuert	A (K)	anodenseitige (katodenseitige)
C	vollgesteuert		Zusammenfassung der Hauptzweige
H	halbgesteuert	Q	Löschzweig
HA (HK)	halbgesteuert mit anodenseitiger	R	Rücklaufzweig
	(katodenseitiger) Zusammenfassung	F	Freilaufzweig
	der gesteuerten Ventile	FC	Freilaufzweig gesteuert
HZ	Zweigpaar halbgesteuert	n	Vervielfachungsfaktor

Kennzeichen von Stromrichtersätzen und -geräten
Identifier of converter assemblies and -equipment

DIN 41 752: 82-11
DIN 41 762-2: 74-02

Leistungskennzeichen für Vielkristallhalbleiter-Gleichrichtersätze

Beispiel:

$^{1}/_{2}$ B 250 / 220 – 5 S

Anzahl der Schaltungen
Schaltungskurzzeichen
Bemessungsanschlussspannung
Kühlart
Bemessungsgleichstrom in A
Bemessungsgleichspannung in V[1]

[1] Bei Kondensatorlast wird statt Bemessungsgleichspannung ein C gesetzt, Schräg- und Bindestrich entfallen, Bemessungsgleichstrom in mA.

Leistungskennzeichen für Einkristallhalbleiter-Stromrichtersätze

Beispiel:

Si $^{2}/_{6}$ B6 HA 380 / 510 – 800 F

Chem. Zeichen des Halbleitermaterials[2]
Bruchteil bei Teilstromrichtersätzen
Schaltungskurzzeichen
Ergänzende Kennzeichen
Kühlart
Typengleichstrom in A
Typengleichspannung in V[1]
Typenanschlussspannung in V

[2] Bei Siliciumventilen kann Si-Zeichen entfallen.

Anschlusskennzeichen

Kurzzeichen	Bedeutung
A (K)	Anoden- (Katoden-)seitiger Anschluss von Stromrichterzweigen
AM (KM)	Anoden- (Katoden-)seitiger Zusammenschluss zu Gleichstromanschluss
AK	Wechselstromseitiger Mittelanschluss von Zweig- und Wechselwegpaaren
G (H)	Steueranschluss (Hilfskatode, Katode) von Thyristoren ohne Impulsübertrager
E, F	Eingangsanschlüsse von Impulsübertragern, E pos. Potential gegenüber F
U, V (U, N)	Wechselstromanschlüsse von Hauptkreisen auf Eingangs- oder Ausgangsseite
U, V, W, ev. N	Drehstromanschlüsse von Hauptkreisen auf Eingangs- oder Ausgangsseite
C, D	Gleichstromanschlüsse der Hauptkreise; C positiv, D negativ im Gleichrichter-Betrieb[3]
C (D), D (C)	Zusammengefasste Gleichstromanschlüsse von Doppelstromrichtern bez. Vorzugsrichtung

[3] Bei Gleichrichtergeräten kann C mit + oder roter Farbe und D mit – oder schwarzer Farbe gekennzeichnet werden.

Ungesteuerte Stromrichter (Gleichrichter)

Uncontrolled converter (rectifier)

DIN IEC 60917: 94-08

Schaltungs- und Ventilkennwerte

Bezeichnung	Schaltung	Spannungsverlauf	p	$\dfrac{U_{di}}{U_{vo}}$	$\dfrac{U_{im}}{U_{di}}$	$\dfrac{I_v}{I_d}$	$\dfrac{I_{FAV}}{I_d}$	$\dfrac{I_{FRMS}}{I_d}$	$\dfrac{S_{Li}}{U_{di} \cdot I_d}$	w_U
Einpuls-Mittelpunkt-Schaltung M1U			1	0,45	3,14 / 6,28[2]	1,57	1,0	1,57	3,49	1,21
Zweipuls-Mittelpunkt-Schaltung M2U			2	0,45	3,14 / 3,14[2]	0,785	0,50	0,785	1,23	0,48
Zweipuls-Brücken-Schaltung B2U			2	0,90	1,57 / 1,57[2]	1,11 / 1,0[3]	0,50	0,785 / 0,707[3]	1,23 / 1,11[3]	0,48
Dreipuls-Mittelpunkt-Schaltung M3U			3	0,675	2,09	0,588 / 0,577[3]	0,333	0,588 / 0,577[3]	1,23 / 1,21[3]	0,18
Sechspuls-Brücken-Schaltung B6U			6	1,35	1,05	0,820 / 0,816[3]	0,333	0,580 / 0,577[3]	1,06 / 1,05[3]	0,04

[1] Spannungsverlauf mit Glättungskondensator   [2] Maximalwerte mit Glättungskondensator   [3] Kennwerte bei induktiver Last

Antriebe

331

Halbgesteuerte Stromrichter (Gleichrichter)

Half-controlled converter (rectifier)

Bezeichnung	Schaltung	Spannungsverlauf bei $\alpha = 45°$	Steuerkennlinien	Eigenschaften[1]	Anwendungen
Zweigpaar-halbgesteuerte Zweipuls-Brücken-Schaltung B2HZ			$$\frac{U_{di\alpha}}{U_{diO}} = \frac{1+\cos\alpha}{2}$$	• $U_{dio} = 0{,}9 \cdot U_{sO}$ • Interner Freilaufkreis, Entlastung der Thyristoren bei Teilaussteuerung	• Leistungsbereich bis ca. 10 kW • Im Bahnbetrieb für höhere Leistungen einsetzbar
Einpolig gesteuerte Zweipuls-Brücken-Schaltung B2HK				• $U_{dio} = 0{,}9 \cdot U_{sO}$ • Für Steuerbereich bis Null ist Freilaufdiode erforderlich (B2HKF oder BZHAF)	• Leistungsbereich bis ca. 10 kW bei einer Energieflussrichtung und geringen Anforderungen an die Welligkeit
Halbgesteuerte Sechspuls-Brücken-Schaltung B6HK			$$\frac{U_{di\alpha}}{U_{diO}} = \frac{1}{2} + \frac{1}{4}(\cos\alpha_I + \cos\alpha_{II})$$ $\alpha_{II} = 180°$, $\alpha_I = 0°$	• $U_{dio} = 1{,}35 \cdot U_{vo}$ • Für Steuerbereich bis Null ist Freilaufdiode erforderlich (B6HKF). Gleichspannung ab $\alpha \geq 60°$ dreipulsig	• Schaltung für Gleichspannungen über 300 V • Gleichstromantriebe mit einer Energieflussrichtung
Reihenschaltung zweier B2HZ-Schaltungen 2B2HZS (Folgesteuerung)				• $U_{dio} = 1{,}8 \cdot U_{vo}$ • Interner Freilaufkreis, geringe Welligkeit der Gleichspannung, verminderte Steuerblindleistung	• Bahnbetrieb im hohen Leistungsbereich

[1] Für $\alpha = 0°$ gelten die Schaltungswerte der entsprechenden ungesteuerten Stromrichter

Vollgesteuerte Stromrichter – *Controlled converter*

Bezeichnung	Schaltung	Spannungsverlauf bei nichtlückendem Gleichstrom		Eigenschaften	Anwendungen
		$\alpha = 60°$ (Gleichrichterbetrieb)	$\alpha = 120°$ (Wechselrichterbetrieb)		
Zweipuls-Brücken-schaltung B2C				• Kleine Sperrspannungsbeanspruchung der Ventile • Geringfügig erhöhte Bauleistung des Stromrichter-Transformators	• Leistungsbereich bis ca. 10 kW bei geringen Anforderungen an die Spannungswelligkeit
Dreipuls-Mittelpunkt-schaltung M3C				• Lückbetrieb erst ab $\alpha \geqq 30°$ möglich • Hohe Sperrspannungsbeanspruchung der Ventile • Sternpunkt muss voll belastbar sein	• Teilstromrichter beim Aufbau von Umkehrstromrichtern
Doppel-Dreipuls-Mittelpunkt-schaltung M3.2C				• Lückbetrieb erst ab $\alpha \geqq 60°$ möglich • Alle Ventile auf einem Kühlkörper • Zusätzlicher Aufwand für Saugdrossel	• Stromrichter für Spannungen bis 300 V • Einsatz auch bei großen Leistungen mit hohen Anforderungen an die Spannungswelligkeit
Sechspuls-Brücken-schaltung B6C				• Lückbetrieb erst ab $\alpha \geqq 60°$ möglich • Minimale Transformatorbauleistung	• Wichtigste Stromrichterschaltung für Gleichstromantriebe mit Nennspannungen über 300 V

Vollgesteuerte Stromrichter/Steuerkennlinien – *Controlled converter*

Bezeichnung	Steuerkennlinien	Kennwerte[1]
Zweipuls-Brücken-schaltung B2C	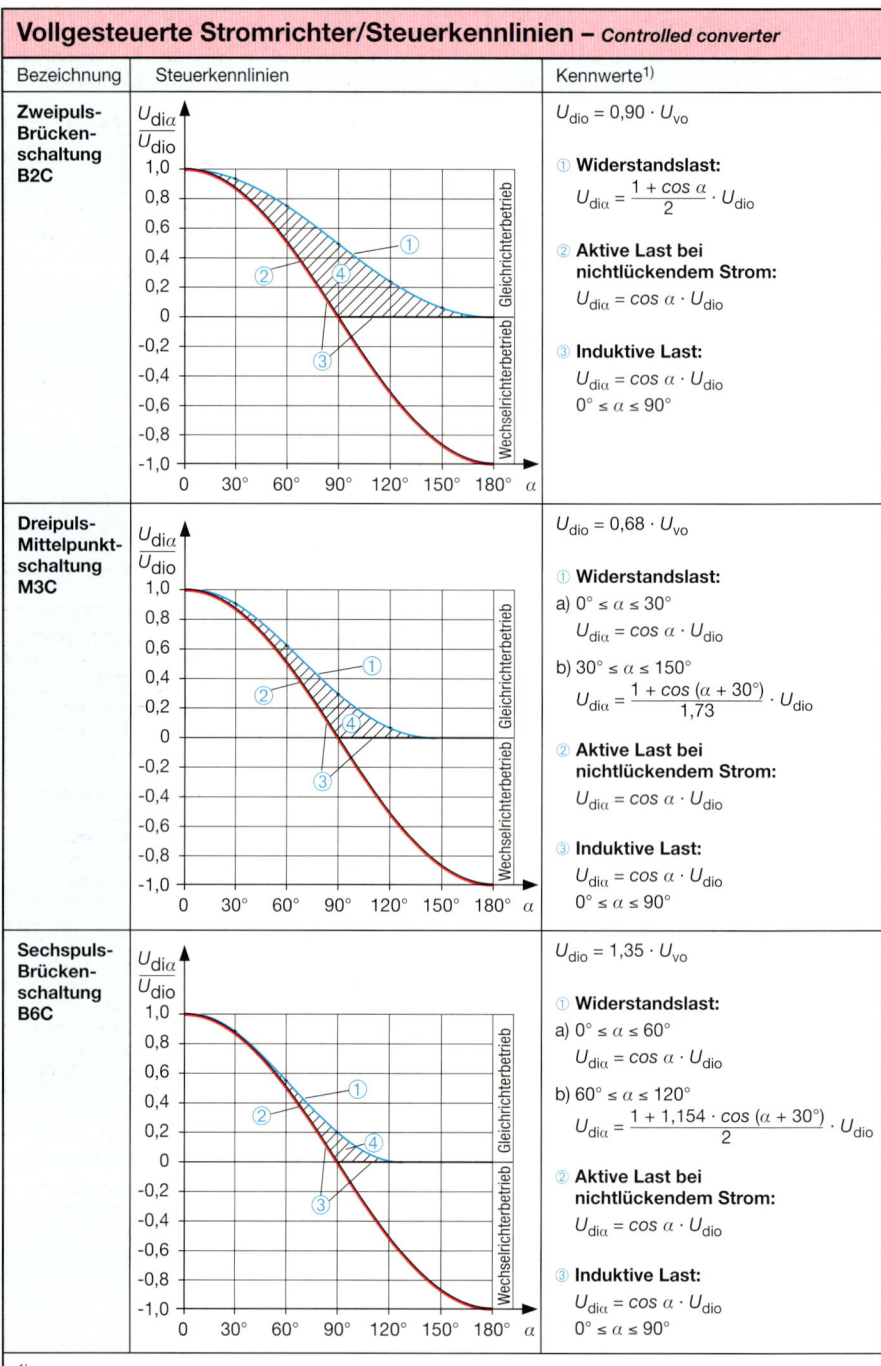	$U_{dio} = 0,90 \cdot U_{vo}$ ① **Widerstandslast:** $U_{di\alpha} = \dfrac{1 + \cos \alpha}{2} \cdot U_{dio}$ ② **Aktive Last bei nichtlückendem Strom:** $U_{di\alpha} = \cos \alpha \cdot U_{dio}$ ③ **Induktive Last:** $U_{di\alpha} = \cos \alpha \cdot U_{dio}$ $0° \leq \alpha \leq 90°$
Dreipuls-Mittelpunkt-schaltung M3C		$U_{dio} = 0,68 \cdot U_{vo}$ ① **Widerstandslast:** a) $0° \leq \alpha \leq 30°$ $U_{di\alpha} = \cos \alpha \cdot U_{dio}$ b) $30° \leq \alpha \leq 150°$ $U_{di\alpha} = \dfrac{1 + \cos (\alpha + 30°)}{1,73} \cdot U_{dio}$ ② **Aktive Last bei nichtlückendem Strom:** $U_{di\alpha} = \cos \alpha \cdot U_{dio}$ ③ **Induktive Last:** $U_{di\alpha} = \cos \alpha \cdot U_{dio}$ $0° \leq \alpha \leq 90°$
Sechspuls-Brücken-schaltung B6C		$U_{dio} = 1,35 \cdot U_{vo}$ ① **Widerstandslast:** a) $0° \leq \alpha \leq 60°$ $U_{di\alpha} = \cos \alpha \cdot U_{dio}$ b) $60° \leq \alpha \leq 120°$ $U_{di\alpha} = \dfrac{1 + 1,154 \cdot \cos (\alpha + 30°)}{2} \cdot U_{dio}$ ② **Aktive Last bei nichtlückendem Strom:** $U_{di\alpha} = \cos \alpha \cdot U_{dio}$ ③ **Induktive Last:** $U_{di\alpha} = \cos \alpha \cdot U_{dio}$ $0° \leq \alpha \leq 90°$

[1] Für $\alpha = 0°$ gelten die Kennwerte der entsprechenden ungesteuerten Stromrichter, siehe Seite 263.

④ Stellbereich bei ohmsch-induktiver Last.

Gleichstromsteller – *d.c. chopper converter*

- Periodisch arbeitende Gleichstromschalter sind Gleichstromsteller (Chopper).
- Beide Gleichstromseiten sind galvanisch miteinander verbunden.
- Einsatz erfolgt zunehmend in Stromrichtern für 1- und 4-Quadrantenbetrieb.
- Wegen geringer Totzeit ideales Stellglied bei Servoantrieben.

Tiefsetzsteller	Hochsetzsteller
Bei gegebener fester Eingangsgleichspannung U_d ist eine verminderte variable Ausgangsgleichspannung U_L verlustarm lieferbar.	Einsatz von Induktivitäten als Energiespeicher ermöglichen eine Ausgangsgleichspannung U_L, die höher ist als die Eingangsspannung U_d.

Beispiel: Einpulsiger Tiefsetzsteller E1C F

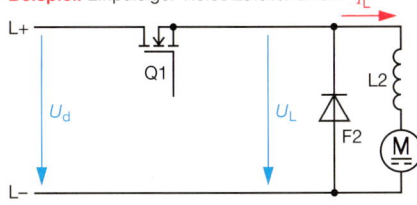

Beispiel:
Parallelschaltung zweier Hochsetzsteller

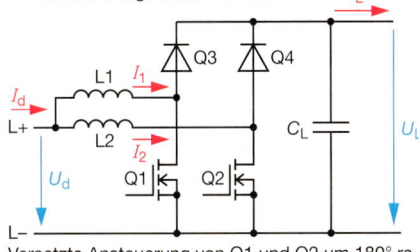

Ausführung des Stellgliedes Q1 bei
Schaltleistungen ≤ 10 kVA: MOSFET
≤ 150 kVA: IGBT
≤ 12 MVA: GTO, Thyristoren

Versetzte Ansteuerung von Q1 und Q2 um 180° reduziert die Welligkeit von I_d.

Steuerarten von Gleichstromstellern – *Control mode of d.c. chopper converters*

Bezeichnung	Spannungs- und Stromverlauf	Eigenschaften	Anwendungen
Pulsbreitensteuerung	U_L, U_d ; T, T ; i_L ; T_{e1}, T_{e2}, T_{e3}	• Konstante Periodendauer T. • Variable Einschaltdauer T_e. • Konstantes Verhältnis von Lastkreiszeitkonstante $\tau = \dfrac{L}{R}$ und Periodendauer T.	• Speisung von Fahrmotoren in Elektrofahrzeugen. • Einsatz in Anlagen, bei denen veränderliche Frequenzen zu Störungen führen. • Spannungsregler für bürstenlose Drehstromgeneratoren.
Pulsfolgesteuerung	U_L, U_d ; T_1, T_2, T_3 ; i_L ; T_e, T_e, T_e	• Variable Periodendauer T. • Konstante Einschaltdauer T_e. • Kommutierungsverluste erreichen Maximalwert erst bei höchster Aussteuerung.	• Einfache Schaltkreise mit geringen Anforderungen an die Stromwelligkeit. • Speisung von Gleichstrommaschinen im Anker- und Feldstellbereich. • Regulierung eines Widerstandes (gepulster Widerstand).
Zweipunkt-Regelung	U_L, U_d ; T_1, T_2, T_3 ; i_L, I_{L1}, I_{L2} ; T_{e1}, T_{e2}, T_{e3}	• Zweipunkt-Regelung nur möglich, wenn im Lastkreis ein Energiespeicher vorhanden ist. • Variable Periodendauer T und variable Einschaltdauer T_e.	• Drehzahl- und stromgeregelte Antriebe mit zulässiger Restwelligkeit des Laststromes.

Wechselrichter – *Inverter*

Beispiel	Eigenschaften
	• Jede Phase wird wechselweise auf + oder – geschaltet. • U-Umrichter: Eingeprägte Spannung am Eingang. • I-Umrichter: Eingeprägter Strom am Eingang. • Rechteckförmige Strom-/Spannungsverläufe am Ausgang. • Bei hoher Schaltfrequenz Glättung durch Lastinduktivitäten und -kapazitäten. • Lastfluss in beiden Richtungen möglich. • Bei Antriebsanwendung 4-Quadrantenantrieb möglich.

Frequenzumrichter – *Frequency converter*

Direktumrichter	Zwischenkreisumrichter Gleichrichter (GR) + Zwischenkreis (ZK) + Wechselrichter (WR)		
		I-Umrichter	U-Umrichter (variabel)	U-Umrichter (konstant)
	GR	vollgesteuert, selbstgeführt	vollgesteuert, selbstgeführt	ungesteuert, vollgesteuert, selbstgeführt
	ZK			
	WR	Brückenschaltung mit abschaltbaren Bauelementen (s.o.)		
Zwei antiparallele Teilstromrichter erzeugen eine Ausgangswechselspannung ($f_2 < f_1$). Für Drehstromerzeugung sind sechs Teilstromrichter erforderlich.	Bremsen/Energie-rückspeisung	Vollgesteuerte oder selbstgeführte Gleichrichter können zwei Leistungs-flussrichtungen einstellen. Dadurch kann Bremsenergie ins Netz zurück gespeist werden. Bei netzgeführten Gleichrichtern ist Bremschopper mit Widerstand oder Rückspeisestromrichter erforderlich.		Bremsen mit Bremschopper und Widerstand oder separatem Rückspeisestrom-richter.

Antriebe

Elektronische Antriebstechnik – *Electronic drive engineering*

Betriebsdiagramm von Stromrichterantrieben

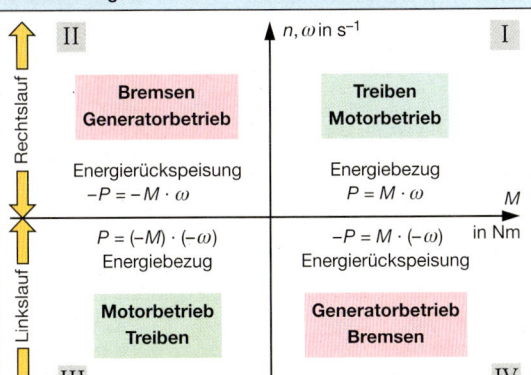

II n, ω in s⁻¹   I

Rechtslauf / Linkslauf

Bremsen Generatorbetrieb
Energierückspeisung
$-P = -M \cdot \omega$

Treiben Motorbetrieb
Energiebezug
$P = M \cdot \omega$
M

$P = (-M) \cdot (-\omega)$
Energiebezug

$-P = M \cdot (-\omega)$
in Nm
Energierückspeisung

Motorbetrieb Treiben

Generatorbetrieb Bremsen

III   IV

- Die Betriebsarten von Stromrichterantrieben bilden ein Vierquadrantenfeld.
- Einquadrantantrieb:
  Nur für Treiben, also je nach Drehrichtung I. oder III. Quadrant. Definition gilt auch für Bremsbetrieb, wenn Energie nicht dem Netz, sondern z.B. einem Bremswiderstand zugeführt wird.
- Zweiquadrantenantrieb:
  Bei Rechtslauf mit Treiben und Nutzbremsen
- Vierquadrantenantrieb:
  Rechts- und Linkslauf, Treiben und Nutzbremsen

Drehmoment-Drehzahl-Kennlinien von Arbeitsmaschinen

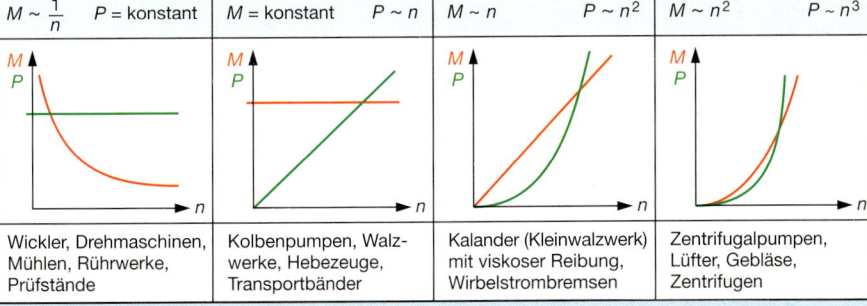

$M \sim \dfrac{1}{n}$ $P =$ konstant	$M =$ konstant $P \sim n$	$M \sim n$ $P \sim n^2$	$M \sim n^2$ $P \sim n^3$
Wickler, Drehmaschinen, Mühlen, Rührwerke, Prüfstände	Kolbenpumpen, Walzwerke, Hebezeuge, Transportbänder	Kalander (Kleinwalzwerk) mit viskoser Reibung, Wirbelstrombremsen	Zentrifugalpumpen, Lüfter, Gebläse, Zentrifugen

Elektronische Gleichstromantriebe

- Fremderregter Gleichstrommotor ist häufigste Antriebsmaschine.
- Drehzahlsteuerung üblicherweise durch Veränderung der Ankerspannung U_a.
- Spannungsversorgung ist über netzgeführte Stromrichter bzw. über Steller (Chopper) mit Gleichspannungszwischenkreis möglich.

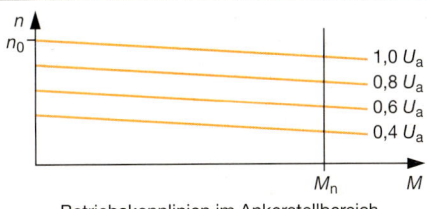

n / n_0

1,0 U_a
0,8 U_a
0,6 U_a
0,4 U_a

M_n M

Betriebskennlinien im Ankerstellbereich

Elektronische Drehstromantriebe

- Drehstromasynchronmotor mit Käfigläufer ist die häufigste Antriebsmaschine, da besonders wartungsarm.
- Kontinuierliche und verlustarme Drehzahlveränderung durch variable Frequenz und Spannung.
- Versorgung überwiegend durch Umrichter mit Spannungszwischenkreis, da diese Einzelantrieb und Antriebsverbund ermöglichen.

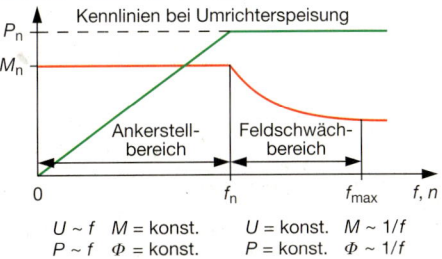

Kennlinien bei Umrichterspeisung

P_n / M_n

Ankerstellbereich / Feldschwächbereich

0 f_n f_{max} f, n

$U \sim f$ $M =$ konst.
$P \sim f$ $\Phi =$ konst.

$U =$ konst. $M \sim 1/f$
$P =$ konst. $\Phi \sim 1/f$

Antriebe

Elektronische Drehzahlsteuerung von Drehfeldmaschinen
Electronic speed control of polyphase machines

Versorgung	Direkt aus dem Drehstromnetz				Indirekt aus dem Drehstromnetz über Zwischenkreisumrichter			
Ständerfrequenz	konstant	variabel						
Bezeichnung	Drehstromsteller	Gepulster Läuferwiderstand	Untersynchrone Stromrichterkaskade	Direktumrichter	Umrichter mit Spannungszwischenkreis	Umrichter mit Stromzwischenkreis	Stromrichtermotor	Pulsumrichter
Schaltung								
Eigenschaften	Reduzierte Ständerspannung senkt magnetischen Fluss. Größerer Schlupf erzeugt höheren Läuferstrom, damit konstantes Moment bei niedrigerer Drehzahl.	Beeinflussung des Läuferwiderstandes durch pulsgesteuerten Widerstand. Schlupfleistung wird im Läuferkreis in Wärme umgesetzt.	Schlupfleistung wird über Stromrichterkaskade ins Drehstromnetz zurückgeführt.	• Vollgesteuerte Umkehrstromrichter erzeugen Wechselspannung und -strom • Ständerfrequenz $f_2 \leq 0,5$ Netzfrequenz	Lastspannung wird durch Spannungszwischenkreis eingeprägt. Netz wird durch Steuerblindleistung belastet.	Geringerer Stromrichteraufwand. Bedingt durch eingeprägten Strom nur Speisung von dauernd eingeschalteten Einzellasten möglich.	Eingeprägter Strom versorgt Synchronmaschine. Polradstellung taktet Maschinenstromrichter, kein Kippen bei Laststößen.	Ungesteuerter Netzstromrichter verhindert Steuerblindleistung. Gepulste Ausgangsspannung ist oberschwingungsarm.
Anwendung	Lüfter- und Kreiselpumpenantriebe bis ca. 10 kW.	Schleifringläuferantriebe bis ca. 20 kW.	Verlustarme Schleifringläuferantriebe bis MW-Bereich, z. B. Pumpen- u. Lüfterantriebe.	Versorgung von Reiselzügen mit Diesellokomotive, Rohrmühlenantrieb im MW-Bereich.	Gruppenantriebe mit hoher Gleichlaufanforderung bis $f_2 \leq$ 600 Hz.	Einmotorantriebe bis 1 MW im Drehzahlstellbereich von 1:20.	Antriebe bis zum MW-Bereich. Kleine Antriebe z. B. in Tonbandgeräten, Plattenspielern.	Konst. Zwischenkreissp. kann durch Gleichsp.-Netz gestützt werden. Bis 10 kW Transistor-Pulsumrichter.

GR: Gleichrichter, gesteuert oder ungesteuert; WR: Wechselrichter, selbst- oder netzgeführt; UR: Direktumrichter; DS: Drehstromsteller

GR: Gleichrichter; GS: Gleichstromsteller; UR: Direktumrichter; DS: Drehstromsteller

Wechselstromsteller – *A.c. power controller*

	Phasenanschnittsteuerung	Nullspannungsschalter	Schwingungspaketsteuerung
Anwendung	• Einsatz im Dimmer • Stellglied für Anker-/Erregerkreis von Gleichstrommotoren • Zwischenkreiseinspeisung bei Frequenzumformern • Hochspannungs-Gleichstromübertragung	• elektronisches Lastrelais • beliebige Lasten • Vermeidung von Ausgleichsvorgängen	• Heizungs-/Temperaturregelung z. B. bei Schmelz-, Trockenöfen, Elektroheizungen, Lötkolben usw.
Beschreibung	Netzspannung wird erst bei Erreichen des Steuerwinkels α zugeschaltet. Dadurch wird der Spannungseffektivwert zwischen 0 und 100 % eingestellt.	Unabhängig vom Zeitpunkt des Steuersignals erfolgt die Einschaltung beim nächsten Spannungsnulldurchgang über der Schaltstrecke.	Einschaltung des Schalters erfolgt so, dass immer eine komplette Spannungsschwingung die Last versorgt.
Schaltverhalten	 Laststrom bei $a = 90°$		
Beispiel	W1C-Schaltung mit Triac als Dimmer $U_{L1N} = 230\,V,$ $50\,Hz$		Zusatz für Trafolast Taktgeber Steuersatz mit Langimpulsstufe
Eigenschaften	• verursacht Stromoberschwingungen und Steuerblindleistung • große Verbraucher nur mit Sondergenehmigung des VNB zu betreiben • nach TAB 2000 max. 1,7 kW Glühlampenleistung pro Außenleiter; bei induktivem Vorschaltgerät bzw. Motoren max. 3,4 kVA	• prellfreies Schalten möglich • Ausschaltung nach natürlichem Stromnulldurchgang • geringe Funkstörung und Netzrückwirkungen • hohe Schaltgeschwindigkeit • geräuscharmes Schalten	• keine Stromoberschwingungen, keine Steuerblindleistung • verursacht Flicker (optisch wahrnehmbare Beleuchtungsstärkeschwankung) durch schnelle Änderung der Netzspannung • max. Anschlussleistung beschränkt; abhängig von Schalthäufigkeit und Netzform

Überspannungsschutz von Halbleiter-Ventilen und -Stromrichtern
Over-voltage protection of semiconductor valves and converters

Überspannungen entstehen u. a. durch:
- Trägerstaueffekt (TSE) der Ventile
- Schalthandlungen an kapazitiven oder induktiven Lasten
- atmosphärische Einflüsse

Schaltungsbeispiele	Eigenschaften	Anwendungen
Kombinierter Schutz	• Schutz gegen TSE-Überspannungen durch *RC*-Einzelbeschaltung der Ventile. • Überspannungsbegrenzung der Eingangsspannung durch Varistor.	• Schutz kleinerer Stromrichter und elektronischer Lastrelais vor Schaltüberspannungen. • Varistoren sind als TSE-Beschaltung nur für Thyristoren mit Rückstromspitzen < 20 A geeignet.

TSE-Beschaltung

	R	C
125–249 V, 40–60 Hz	47– 68 Ω/ 6 W	0,22 µF, 600 V~
250–379 V, 40–60 Hz	68–100 Ω/ 6 W	0,1 µF, 600 V~
380–500 V, 40–60 Hz	100–150 Ω/10 W	0,1 µF, 600 V~

Schaltungsbeispiele	Eigenschaften	Anwendungen
Avalanche-Diode	• Überspannungsbegrenzung durch symmetrische Avalanche-Dioden (Gegenreihenschaltung) • Verlustwärme bei Überspannungsbegrenzung kann durch konstruktive Maßnahmen leicht abgeführt werden.	• Überspannungsbegrenzung von Thyristoren in Anlagen ab 100 kW. • Für Thyristoren mit geringer Spannungssteilheit ist eine zusätzliche TSE-Beschaltung erforderlich.
Kippdiode	• Kippdioden besitzen eine festgelegte Kippspannung U_{BO} von 500 V … 4000 V und sind für Überkopfzünden geeignet.	• Überspannungsableiter zum Schutz großer Leistungsthyristoren in Blockierrichtung. • Nur für Anlagen, in denen eine Schutzzündung erlaubt ist.

Überstromschutz von Halbleiter-Ventilen und -Stromrichtern
Over-current protection of semiconductor valves and converters

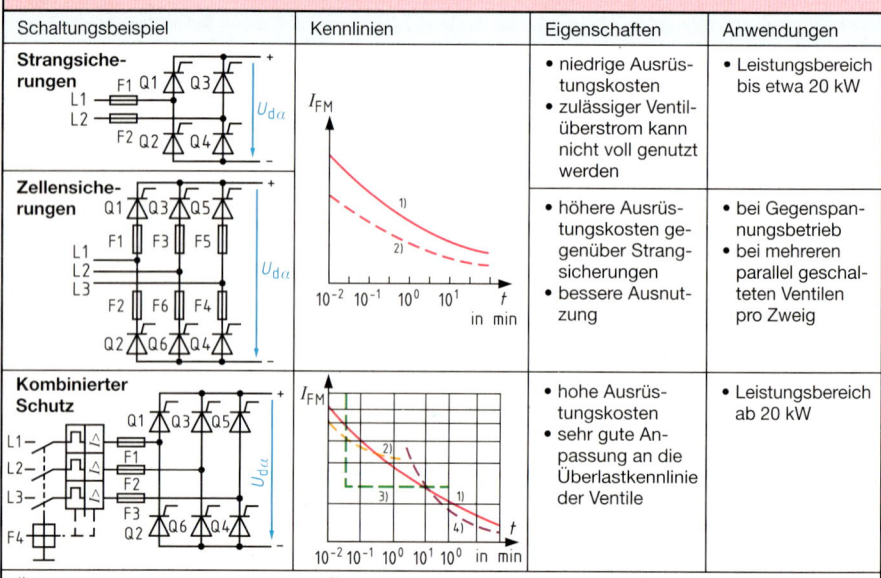

Schaltungsbeispiel	Kennlinien	Eigenschaften	Anwendungen
Strangsicherungen		• niedrige Ausrüstungskosten • zulässiger Ventilüberstrom kann nicht voll genutzt werden	• Leistungsbereich bis etwa 20 kW
Zellensicherungen		• höhere Ausrüstungskosten gegenüber Strangsicherungen • bessere Ausnutzung	• bei Gegenspannungsbetrieb • bei mehreren parallel geschalteten Ventilen pro Zweig
Kombinierter Schutz		• hohe Ausrüstungskosten • sehr gute Anpassung an die Überlastkennlinie der Ventile	• Leistungsbereich ab 20 kW

[1] Grenzstromkennlinie des Ventils, [2] Schmelzkennlinie der Sicherung, [3] Schnellauslöser-Kennlinie,
[4] Thermische Überstromauslöse-Kennlinie

Kühlung und Kühlarten von Halbleiterventilen und Stromrichtern
Cooling and cooling methods of semiconductor

DIN 41751: 77-05

Die Ableitung der Verlustwärme von Halbleiterventilen beeinflusst Belastbarkeit und Bauvolumen der Stromrichteranlagen.

Beispiel: Ventil mit Druckgusskörper

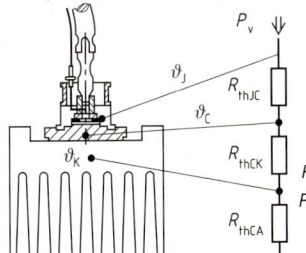

Stationärer Zustand:

$$R_{th} \neq f(t); \quad [R_{th}] = \frac{K}{W}$$

$$P_v = \frac{\vartheta_J - \vartheta_A}{R_{thJA}}$$

$$R_{thJA} = R_{thJA} + R_{thCK} + R_{thKA}$$

Ersatzschaltbild für den Wärmewiderstand R_{th}

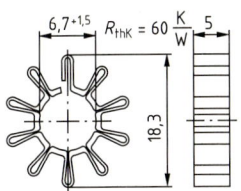

$6{,}7^{+1{,}5}$ $R_{thK} = 60 \frac{K}{W}$

Federkühlkörper aus Federbronze, geschwärzt

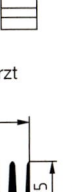

Fingerkühlkörper aus Aluminium $R_{thK} = 6 \frac{K}{W}$

Rippenkühlkörper aus Aluminium-Druckguss als Stangenmaterial

R_{th} in $\frac{K}{W}$

Wärmewiderstand des Rippenkühlkörpers als f(l)

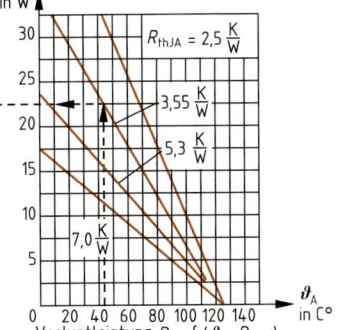

P_V in W

$R_{thJA} = 2{,}5 \frac{K}{W}$

$3{,}55 \frac{K}{W}$

$5{,}3 \frac{K}{W}$

$7{,}0 \frac{K}{W}$

Verlustleistung $P_V = f(\vartheta_A; R_{thJA})$

ϑ_A in °C

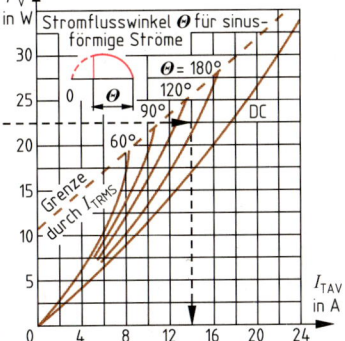

P_V in W

Stromflusswinkel Θ für sinusförmige Ströme

$\Theta = 180°$
$120°$
$90°$
$60°$
DC

Grenze durch I_{TRMS}

I_{TAV} in A

Thyristor $I_{TAV} = f(P_v; \Theta)$
Strombelastbarkeit des Thyristors CS 8
bei $\vartheta_A = 45$ °C, $R_{thJA} = 3{,}55 \frac{K}{W}$
und $\Theta = 180°$

Kennlinien gelten für senkrechte Montage. Bei waagerechter Montage muss die Fläche um ca. 20 % vergrößert werden. Bei schwarzer Oberfläche kann die Fläche um ca. 15 % reduziert werden.

Wärmewiderstände R_{thKA} von 1 mm starken, blanken, quadratischen Blechen

Kurzzeichen für Kühlarten

Kühlart	Kühlmittel	Unmittelbare Kühlung		Mittelbare Kühlung durch Wärmeträger im					
				Wärmeleiter	natürlicher Umlauf		erzwungener Umlauf		
					Luft	Öl	Luft	Öl	Wasser
Natürlich	Luft	S		KS	LS	OS	LUS	OUS	–
Verstärkt	Luft[1]	F	G	KF	–	OF	LUF	OUF	WUF
	Wasser	W		–	–	OW	LUW	OUW	WUW

[1] Bei mittelbarer verstärkter Luftkühlung ist statt Kurzzeichen F auch G möglich.

Antriebe

341

Filter – *Filter*

Tiefpässe

Eigenschaften:

- Eindringen von Oberschwingungsströmen/ -spannungen in empfindliche Geräte und Emission von Oberschwingungsströmen werden verhindert.
- Schwingungen mit hohen Frequenzen (Oberschwingungen) werden gesperrt.

- Spannungsanstiegsgeschwindigkeit wird begrenzt (EX-Schutz).
- Motoren laufen leiser
- EMV-Verhalten ist besser

Saugkreise

- Sie saugen vorhandene Oberschwingungsströme im Energieversorgungsnetz ab, um umliegende Geräte zu schützen.
- Impedanz von Kondensatoren wird bei hohen Frequenzen klein
- Überlastung durch hohen Oberschwingungsstrom möglich

- Maßnahme: Verdrosselung zur Begrenzung der abgeführten Oberschwingungsströme. Für jede Oberschwingungsordnung (n) kann ein Saugkreis aufgebaut werden.
- Bei Grundschwingung ist das Verhalten kapazitiv, d.h. Beitrag zur Blindstromkompensation

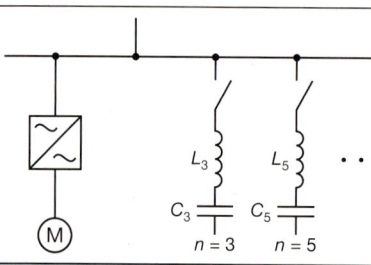

$$p = \frac{X_L}{X_C}$$ p: Verdrosselungsfaktor

$$f_{res} = \frac{1}{2\,\pi\,\sqrt{L_n\,C_n}}$$ f_{res}: Resonanzfrequenz

$$f_{res} = f_1 \sqrt{\frac{1}{p}} = n \cdot 50\,Hz$$

Sperrkreise

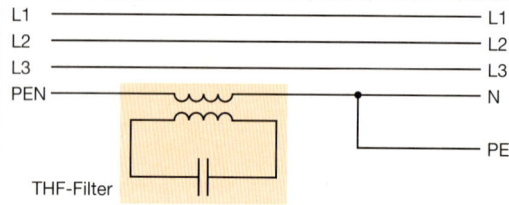

THF-Filter

- Sperrkreise sind bei ihrer Resonanzfrequenz hochohmig.
- Anwendung, wenn bestimmte Frequenzanteile in Anlagen unerwünscht sind.
- z. B. Vermeidung von 150 Hz-Strömen in N-/PEN-Leitern (verursacht durch nichtlineare Verbraucher)

Aktive Filter

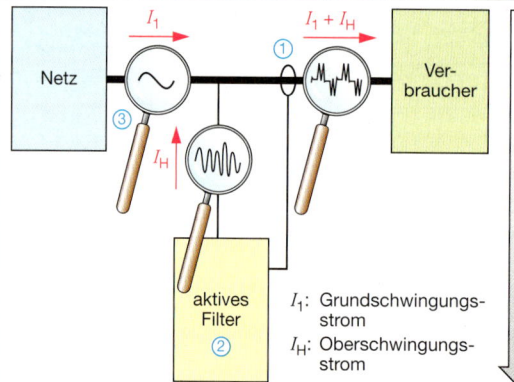

I_1: Grundschwingungsstrom

I_H: Oberschwingungsstrom

- Stromwandler ① misst den mit Oberschwingungen belasteten Netz- oder Verbraucherstrom.

- Aktives Filter ② ermittelt vorhandene Oberschwingungsströme.

- IGBT-Wechselrichter speist die ermittelten Oberschwingungsströme ins Netz ein.

- Stromeinkopplung erfolgt direkt oder über Stromwandler.

- Die Summe aus Verbraucherstrom und Strom des aktiven Filters ergibt eine reine Sinusform ③.

9 Kommunikationstechnik

Kommunikationsnetze 344
Mobilkommunikation (GSM) 345
GPS 346
Internet 347
Dämpfung, Übertragung, Pegel 348
Schaltungen zur Haus-
    kommunikation 349
Frequenz- und Wellenlängen-
    bereiche 351
Terrestrische Empfangs-
    antennen – DVB-T 352
Terrestrische Antennen-
    anlagen – DVB-T 353
Satelliten-Empfang 355
Satelliten-Empfangsanlagen 355
Multischalter für den
    Satellitenempfang 356
Antennenkabel und Steck-
    verbinder 357
Breitbandkommunikation 358
Analoges TK-Netz 359
Anschluss analoger Tele-
    kommunikationsgeräte 360
ISDN-Dienste und -Anschlüsse 361
Anschluss von ISDN-Geräten 362
DSL 363
Kabel für TK-Anlagen 364
Modem 365
ISDN-Karte 365
Internetzugang 366
Videoüberwachung 367
Komponenten einer Video-
    überwachung 368

Kommunikationsnetze – *Communication networks*

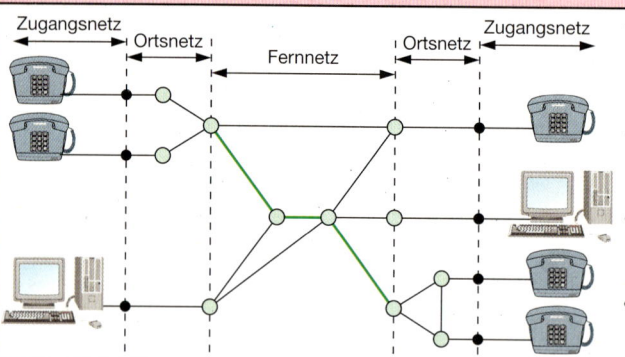

Zugangsnetz	Zugangsnetz
Ortsnetz	Ortsnetz
Fernnetz	

- **Netzknoten** ⭘
  Ein Punkt im Netz, in dem mehrere Datenübertragungsstrecken zusammenlaufen.
- **Verbindungsleitung** —
  Kupferleitungen, Glasfaserkabel zwischen Netzknoten.
- **Trunk** —
  Engl.: Stamm, Strang; Kabelbündel zwischen Netzknoten.
- **Zugangspunkt** ●
  Benutzer-Schnittstelle für den Netzzugang.

Dienst (Service)

Darunter versteht man eine Dienstleistung (Funktionen) im Netz, die der Betreiber (**Provider**) in der Regel gegen Gebühr einem Nutzer im Netz (engl.: **network**) zur Verfügung stellt.

Beispiele:
Telephonie, Fax, Teletext, Datenübertragung, Videoüberwachung

Diensten lassen sich **Dienstmerkmale** zuordnen.

Beispiele:
Rufweiterschaltung, Gebührenanzeige, automatischer Rückruf bei „Besetzt", Anrufaufzeichnung, Anklopfen

Netzeinteilung

- **Lokales Netz**
  (**LAN**: **L**ocal **A**rea **N**etwork)
  Räumlich begrenztes Netz bis zu wenigen Kilometern, oft nur innerhalb von Gebäuden.

- **Regionales Netz**
  (**MAN**: **M**etropolitan **A**rea **N**etwork)
  Ausdehnung bis 20 km, z.B. im Stadtgebiet.

- **Weitverkehrsnetz**
  (**WAN**: **W**ide **A**rea **N**etwork)
  Ausdehnung von mehr als 10 km, länderübergreifende und weltweite Vermittlung.

Protokolle

Protokolle sind Vereinbarungen und Regeln für die Verständigung zwischen den Teilnehmern einer Kommunikation.
Ein Informationsaustausch zwischen Kommunikationspartnern ist nur dann möglich, wenn dieselben Protokolle verwendet werden.

Transportkontrolle:
Technische Einzelheiten der Übermittlung.

Beispiele:
Signalart, Format der Information, Steuerungsverfahren

Anwenderprotokolle:

Beispiele:
Darstellung der Daten, Abläufe der Vermittlung bzw. Übertragung

Netzstrukturen, Netztopologien

Stern
Sämtliche Teilnehmer sind über eine Zentrale und getrennte Kanäle miteinander verbunden.

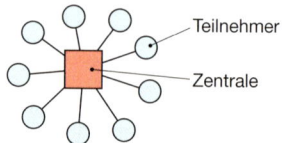

Teilnehmer

Zentrale

Baum
Kombination aus mehreren Stern-Netzen. Alle Teilnehmer sind über Zweige und Unterzentralen mit der Hauptzentrale verbunden.

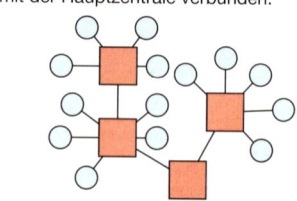

Bus
Die Teilnehmer sind parallel geschaltet und mit der Zentrale verbunden. Je nach Aufgabenstellung kann ein Busnetz auch ohne Zentrale arbeiten.

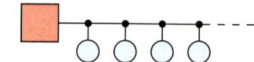

Ring
Die Teilnehmer sind über einen Bus zu einem geschlossenen Kreis zusammengeschlossen. Alle Teilnehmer sind gleichberechtigt.

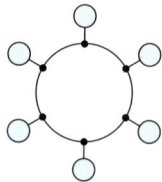

Mobilkommunikation (GSM) – *Mobile communication*

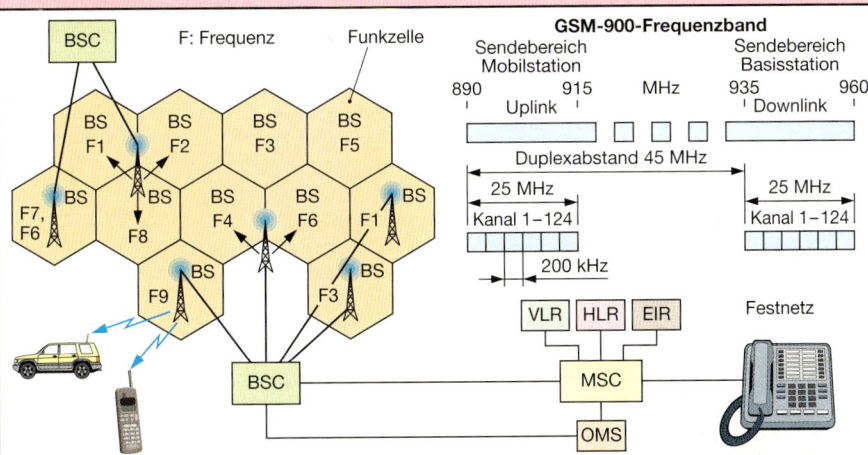

BSC F: Frequenz Funkzelle

GSM-900-Frequenzband

Sendebereich Mobilstation   Sendebereich Basisstation

890   915   MHz   935   960

Uplink   Downlink

Duplexabstand 45 MHz

25 MHz   25 MHz

Kanal 1–124   Kanal 1–124

200 kHz

VLR HLR EIR   Festnetz

MSC

OMS

BSC

Begriffe, Erklärungen	Kenndaten des GSM-Systems		
	Merkmal	**GSM-900**	**GSM-1800**

• GSM
Global System for Mobile Communications: Internationaler Standard für den digitalen Mobilfunk, D1, D2 (GSM-900) eplus (E1, GSM-1800).

• BS
Base Station: Funk- oder Basisstation für einen Funkversorgungsbereich (Funkzelle).

• BSC
Base Station Controller: Basisstationssteuerung für die einzelnen Basisstationen.

• MSC
Mobile Switching Center: Mobilfunkvermittlung Über sie werden Verbindungen zwischen Teilnehmern im öffentlichen Telefon- und Datennetz und mobilen Teilnehmern sowie zwischen einzelnen mobilen Teilnehmern hergestellt.

• VLR
Visitors Location Register: Besucherdatei Datei, in der die Mobilteilnehmer registriert sind, die zu einem bestimmten Zeitpunkt im Funkversorgungsbereich aktiv sind (eingeschaltete Mobilstationen).

• HLR
Home Location Register: Heimatdatei Datei mit Daten der in einem MSC-Bereich registrierten Teilnehmer (z. B. Zugangsberechtigung, Daten für Gebührenabrechnung).

• EIR
Equipment Identity Register: Gerätekennzeichnungsdatei

• OMS
Operation and Maintenance System: Betriebs- und Kontrollsystem

• SIM
Subscriber Identity Module: Chipkarte für den Netzzugang.

Kenndaten des GSM-Systems

Merkmal	GSM-900	GSM-1800
Frequenzband **Uplink** **Downlink**	890 MHz bis 915 MHz 935 MHz bis 960 MHz	1710 MHz bis 1785 MHz 1805 MHz bis 1880 MHz
Kanalraster	200 kHz	200 kHz
Träger-frequenzen	124	372
Kanäle full rate half rate	992 1984	2976 5952
Bandbreite	25 MHz (up)+ 25 MHz (down)	75 MHz (up)+ 75 MHz (down)
Duplexabstand	45 MHz	95 MHz
Zellengröße	0,2 bis 35 km	0,3 bis 8 km
Leistung (Handy maximal)	1 W	0,25 W
Vorwahl-rufnummer	D1: z. B. 0171 D2: z. B. 0172	z. B. 0177

Leistungsmerkmale im GSM-System

Beispiele: Rufumleitung, Mailbox, Anklopfen, Rückrufautomatik, Halten, Konferenzschaltungen, Rufnummernübermittlung, Kurznachrichten, Rufsperre, Gesprächsdaueranzeige

Begriffe, Erklärungen

• Uplink
Sendevorgang: Mobilstation → Basisstation
• Downlink
Sendevorgang: Basisstation → Mobilstation
• Funkzelle
Räumlich abgegrenzter Funkbereich einer Basisstation

Kommunikations-technik

GPS – Global Positioning System

Ortungsprinzip

Nacheinander werden zwei Entfernungen zu einem sich bewegenden Satelliten gemessen (Messung der **Entfernungsänderung**).

a_1: Entfernung zum Satelliten zum Zeitpunkt t_1

a_2: Entfernung zum Satelliten zum Zeitpunkt t_2

$\Delta a = a_2 - a_1$

Diese Entfernungsänderung ist eine Messgröße, die für eine Ortung verwendbar ist.

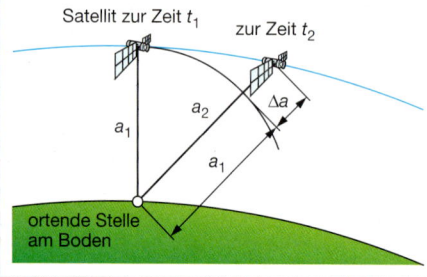

Segmente im GPS-System

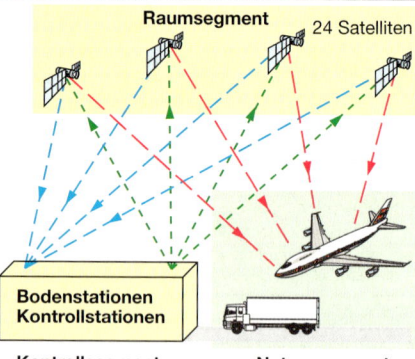

- - - - - Ortungsinformationen
- - - - - Bahnbeobachtung
- - - - - Datenübertragung

GPS-Grundkonzeption

Aufgaben	Positionsbestimmung (Ortung), Geschwindigkeitsbestimmung, Zeitinformationsbestimmung
Ortungs-verfahren	Entfernungsmessung, dreidimensional
Satelliten	24 umlaufende Satelliten (21 aktiv, 3 Ersatz)
Bahnhöhe	20 230 km
Sende-frequenzen (Träger)	Träger L1: $f_1 = 1575,42$ MHz Träger L2: $f_2 = 1227,60$ MHz (aus Atomfrequenznormal $f_0 = 10,23$ MHz abgeleitet)
Messgrößen	Entfernung durch Messen von **Signallaufzeiten** (Impulslaufzeitverfahren), **Trägerphasendifferenz** (kontinuierliche Schwingungen, CW-Verfahren)
Positions-bestimmung	Genauigkeit: Signallaufzeitmessung: 30 b. 100 m Trägerphasendifferenz: 3 bis 30 cm
Geschwin-digkeit	Genauigkeit: Fehler 3 m/s
Zeit-information	Genauigkeit: Fehler 100 ns

Anwendung von GPS im zivilen Bereich

Ortung und Navigation:
- **C/A**-Code (**C**oarse **A**cquisation) des Trägers L1 wird empfangen, ausgewertet und daraus die Position berechnet.
- Zur Berechnung muss der Standort des Satelliten bekannt sein. Die Daten liefern 5 auf der Erde verteilte Kontrollstationen (Kontrollsegmente).
- Zur dreidimensionalen Positionsbestimmung sind Signale von drei Satelliten erforderlich.
- Voraussetzung für eine exakte Messung ist die mitgesendete „Uhrzeit" (GPS-Zeit).

Differenzial-GPS (DGPS)

Bei der Auswertung der GPS-Signale können Abweichungen von 30 bis 500 m auftreten. Eine verbesserte Positionsbestimmung wird durch eine **Differenzialmessung** erreicht.

Prinzip:
- Genau vermessene Referenzstation mit GPS-Empfänger, Referenzprozessor, Referenzsender.
- Die Differenz zwischen den über die GPS-Daten ermittelten Koordinaten und den geodätischen Koordinaten wird ständig ermittelt, ausgewertet und Korrekturdaten errechnet.
- Die Korrekturdaten werden über einen Sender abgestrahlt (z. B. über RDS, Langewelle).
- Der GPS-Nutzer kann beide Signale verwenden, um seine Position zu bestimmen. Genauigkeit bis zu 10 m.

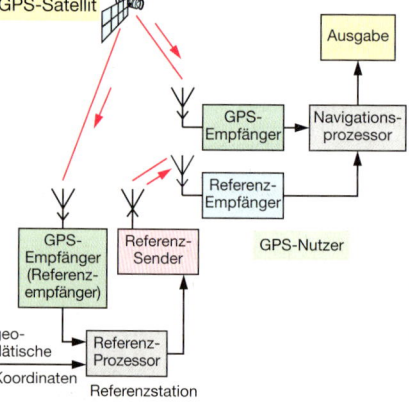

Internet – *Internet*

Aufbau und Funktion

- Weltumspannendes Netzwerk von Computern (Weitbereichsnetz).
- Zusammenschluss voneinander unabhängiger internationaler, nationaler, regionaler und lokaler Subnetze.
- Einheitliche Netzwerktopologie.
- Einheitliches Übertragungsprotokoll (**TCP/IP**, **T**ransmission **C**ontrol **P**rotocol/**I**nternet working **P**rotocol).
- Nichtkommerzielle Einrichtung.
- Keine zentrale Verwaltung oder Koordinierung.
- Funktion: Austausch von Daten über Internetdienste (WWW, E-Mail, usw.).

Internetdienste

Internet-Dienste:

E-Mail
Elektronische Post

News
Diskussionsforen

WWW
Multimediale Informationen

FTP
Datenaustausch

Internetdienste

E-Mail (**E**lectronic **Mail**)
Elektronisches Versenden oder Empfangen von Nachrichten. Die Nachricht kann gespeichert, ausgedruckt oder sofort beantwortet werden. Alle Teilnehmer besitzen eine elektronische Postadresse.
Beispiel: Schulservice@westermann.de

WWW (**W**orld-**W**ide-**W**eb)
Multimediale Benutzeroberfläche des Internets. Angebote und Informationen können aufgerufen, gespeichert oder ausgedruckt werden. Die Informationen können umfassen: Texte, Bilder, grafische Symbole, Ton- und Videosequenzen.
Beispiel: http://www.westermann.de

FTP (**F**ile-**T**ransfer-**P**rotokoll)
Dieses ist eine Abkürzung für ein Verfahren zum Datentransfer im Internet. Mit diesem Verfahren können aus dem weltweiten Softwarepool des Internets die unterschiedlichsten Programme direkt ausgetauscht werden. Hochschulen und größere Firmen bieten entsprechende Software über ihre FTP-Server an.
Beispiel: ftp://ftp.mcafee.com/
(Hauptverzeichnis des Rechners der Firma McAfee)

Usenet (**Use**rs **Net**work), **News**
Im Internet finden sich Gruppen (**Newsgroups**) zum Gedanken- und Meinungsaustausch zusammen. Diskussionsbeiträge und Ratschläge zu unterschiedlichsten Themen werden ausgetauscht.
In **Diskussionsforen** stellt jeder Teilnehmer seine Nachricht für alle anderen als elektronische Post zur Verfügng („schwarzes Brett").
News-Server sind Computer, auf deren Festplatten die Nachrichten der Diskussionsforen gespeichert sind und abgerufen werden können.
Z.B.: news.btx.dtag.de
(News-Server des Datendienstes T-Online)

Telnet
Programm, mit dem man sich bei einem beliebigen Host (Gastgeber, Hauptcomputer) einwählen kann, um dort Programme abzuarbeiten, Datenbanken zu durchforsten usw. Der eigene PC arbeitet dann wie ein Terminal des Gastgeber-Computers.

URL (**U**niform **R**esource **L**ocater)

Standardisierte Adresse eines beliebigen Multimedia-Dokuments.
Sie wird im Web-Browser oder einer anderen Internet-Software eingegeben, um bestimmte Seiten bzw. Dokumente aufzurufen.

Allgemeine Struktur:
Dienst://Adresse/Verzeichnis/Datei
Beispiel:
http://www.westermann.de/katalog/bbs.cgi

- **Dienst**:
  Serverprogramm, im WWW wird das Übertragungsprotokoll **HTTP** (**H**yper **T**ext **T**ransfer **P**rotocol) verwendet, Kennzeichnung: **http**.
  Lässt man den Dienst und die Zeichen :// weg, ergänzen gängige Browser den Dienst.

- **Adresse**:
  Name des Computers,
  Beispiel: www.westermann.de

- **Verzeichnis**:
  Ort, an dem sich die gewünschte Information befindet, **Beispiel:** katalog

- **Datei**: bbs.cgi

Die URL kann durch weitere Angaben (z.B. Parameter für die Arbeitsweise mit dem Dokument) sehr komplex sein.

HTML

HTML: **H**ypertext **M**arkup **L**anguage
Beschreibungssprache im WWW, die zum Formatieren von Seiten verwendet wird.

Browser (Web-Browser)

Anwendungsprogramme zum „Blättern" und Recherchieren im WWW. Die einzelnen und auf verschiedenen Wegen gesendeten Datenpakete (Text, Bild, Ton usw.) werden beim Empfänger entsprechend der mitübertragenen Vorschrift zusammengesetzt.
Beispiele: Microsoft Internet Explorer, Netscape Navigator
Die Seiten sind in der Regel **Hypertext-Seiten**, da die Informationen durch Querverweise (**Links**) verbunden sind.
Begonnen werden die Seiten in der Regel mit der Leitseite (**Homepage**) des jeweiligen Anbieters.

Kommunikationstechnik

Dämpfung, Übertragung, Pegel – *Attenuation, transmission, level*

Dämpfungs- und Übertragungsfaktoren

Schaltung	Dämpfungsfaktor D	Übertragungsfaktor T Verstärkungsfaktor
I_1 Dämpfung oder Verstärkung $U_1 \Rightarrow P_1$ $P_2 \Rightarrow U_2$ I_2 Eingang Ausgang	Stromdämpfungs- faktor $\quad D_I = \dfrac{I_1}{I_2}$ Spannungs- dämpfungsfaktor $\quad D_u = \dfrac{U_1}{U_2}$ Leistungs- dämpfungsfaktor $\quad D_p = \dfrac{P_1}{P_2}$	Stromübertragungs- faktor $\quad T_I = \dfrac{I_2}{I_1}$ Spannungs- übertragungsfaktor $\quad T_u = \dfrac{U_2}{U_1}$ Leistungs- übertragungsfaktor $\quad T_p = \dfrac{P_2}{P_1}$

Dämpfungs- und Übertragungsmaße

Schaltung (Einzelglied)	Dämpfungsmaß a	Übertragungsmaß $-a$ Verstärkungsmaß
I_1 Dämpfung oder Verstärkung $U_1 \Rightarrow P_1$ $P_2 \Rightarrow U_2$ I_2 R_1 R_2 Eingang Ausgang	Leistungsdämpfungsmaß $a_p = \lg \dfrac{P_1}{P_2}$ B $\qquad$ B: Bel $a_p = 10 \cdot \lg \dfrac{P_1}{P_2}$ dB $\quad$ dB: dezi Bel Spannungsdämpfungsmaß $a_u = 20 \cdot \lg \dfrac{U_1}{U_2}$ dB $\quad R_1 = R_2$ Stromdämpfungsmaß $a_u = 20 \cdot \lg \dfrac{I_1}{I_2}$ dB $\quad R_1 = R_2$	Leistungsübertragungsmaß $-a_p = 10 \cdot \lg \dfrac{P_2}{P_1}$ dB Spannungsübertragungsmaß $-a_u = 20 \cdot \lg \dfrac{U_2}{U_1}$ dB $\quad R_1 = R_2$ Stromübertragungsmaß $-a_I = 20 \cdot \lg \dfrac{I_2}{I_1}$ dB $\quad R_1 = R_2$

Zusammenhang zwischen Dämpfungsfaktoren und Dämpfungsmaßen

Dämpfungsmaß in dB	a	0	1	3	6	10	20	30	40
Leistungsdämpfungsfaktor	D_p	1	1,26	2	4	10	100	1000	10 000
Spannungsdämpfungsfaktor	D_u	1	1,12	1,41	2	3,16	10	31,6	100

Absoluter Pegel L_{abs}

Der Pegel 0 dB liegt bei der Leistung $P_0 = 1$ mW oder der Spannung $U_0 = 775$ mV vor. ($I = 1{,}29$ mA) P_0: Bezugsleistung U_0: Bezugsspannung

$$L_{Pabs} = 10 \lg \frac{P}{P_0} \text{ dBm}$$

$$L_{Uabs} = 20 \lg \frac{U}{U_0} \text{ dBu}$$

$$R_L = 600 \ \Omega$$

Pegelplan

Restdämpfung

$a_r = L_1 - L_2$

$a_r = 20 \text{ dB} - (-5 \text{ dB}) = 25 \text{ dB}$

oder als Summe aller Dämpfungen:

$a_r = 35 \text{ dB} + (-40 \text{ dB}) + 35 \text{ dB} + (-40 \text{ dB}) + 35 \text{ dB} = 25 \text{ dB}$

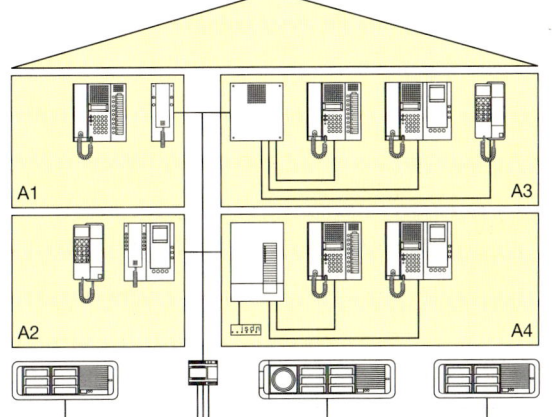

Hauskommunikationsanlagen

Signalrufanlagen – ohne Türöffnerfunktion – mit Türöffnerfunktion	Sprechanlagen – Wechselsprechen – Gegensprechen	Sprechanlage mit Videoübertragung	Sprechanlage mit inte- grierter Telefonanlage

A1: einfache Türsprech-
anlage

A2: Türsprechanlage mit
Videofunktion

A3: Türsprechanlage mit
integrierter Video-
und analoger Telefon-
funktion

A4: Türsprechanlage mit
integrierter Video-
und ISDN Telefon-
funktion

Installationshinweise

Leitungsnetz

- Getrennte Führung von Energie- und Signalleitungen
- Mindestabstand von 10 cm bei gemeinsamer Leitungs-führung einhalten
- Leitungsmaterial: Y (Signalleitung),
  YR (Signalleitung),
  JY(St)Y Telekommunikationsleitung und
  A2Y(St)2Y Telekommunikations-Erdkabel
- Bei der Bemessung der Leitungslänge darf der Schleifen-widerstand die maximalen Herstellerangaben nicht über-steigen.
  Wird dieser Wert überschritten, kann der Querschnitt durch Adernverdopplung vergrößert werden.

Türöffner

- Die Spannungsversorgung erfolgt über einen kurzschluss-festen und schutzisolierten Transformator.
- Wird der Türöffner über einen potenzialfreien Kontakt ge-steuert, ist dessen Strombelastbarkeit zu prüfen.

Lichtschaltung

- Wird die Beleuchtung über einen Kontakt der Sprechanlage geschaltet, muss ein Relais zwischengeschaltet werden.

Schleifenwiderstand in Ω

Leitungslänge in m	Leitungsdurchmesser	
	0,6 mm	0,8 mm
10	1,22	0,69
20	2,45	1,38
50	6,12	3,44
100	12,24	6,89
150	18,37	10,33
200	24,49	13,78
250	30,61	17,22
300	36,73	20,66

Adernverdopplung

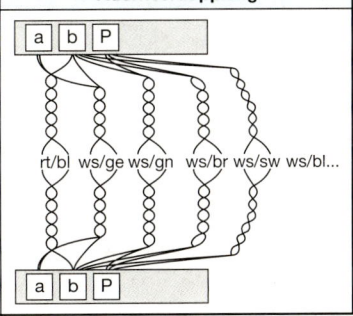

a b P

rt/bl ws/ge ws/gn ws/br ws/sw ws/bl...

a b P

Kommunikations-technik

349

Schaltungen zur Hauskommunikation – *Circuits in home-communication*

Türsprechanlage

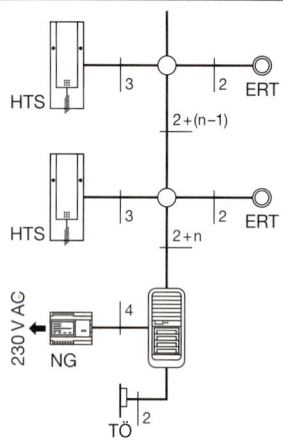

Funktionsbeschreibung

- Türsprechanlage mit drei Systemtelefonen und einer Türstation.
- Mithören eines Gespräches durch Dritte ist gesperrt.
- Auf jeder Etage befindet sich ein Etagenruftaster, dessen Rufsignal sich von dem Türruf unterscheidet.
- Türöffnerkontakt von jedem Haustelefon bedienbar.

Module

HTS/HTC: Systemtelefon
ERT: Etagenruftaster
TÖ: Türöffner
NG: Netzgerät versorgt die Anlage mit
- Gleichspannung zur Sprechfunktion
- Wechselspannung für Rufsignal, Türöffner und Ruftasterbeleuchtung.
n: Anzahl der Rufstationen

Auszug aus den Herstellerunterlagen

Türsprechanlage mit Videofunktion

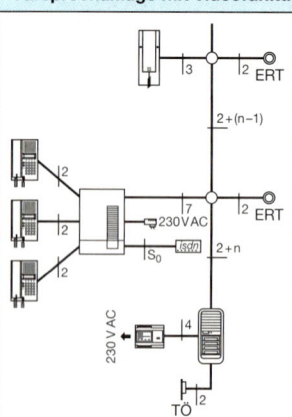

Funktionsbeschreibung

- Türsprechanlage mit Übertragung des Videosignals zwischen der Kamera (Türstation) und den Systemtelefonen.
- Bei Betätigung des Ruftasters werden automatisch das Licht der zugeordneten Kamera und der Monitor eingeschaltet. Die Videoübertragung bleibt für die Dauer des Gespräches erhalten.
- Mithören und Mitsehen durch Dritte ist gesperrt.
- Kameraobjektiv ist vom Monitor aus schwenkbar.

Installationshinweise

- Kameraposition nicht auf direkte Sonneneinstrahlung, Gegenlicht usw. ausrichten.
- Übertragung des Videosignals über Koaxialkabel (je nach Kabeltyp bis 800 m).

Auszug aus den Herstellerunterlagen

Türsprechanlage mit integrierter Telefonanlage

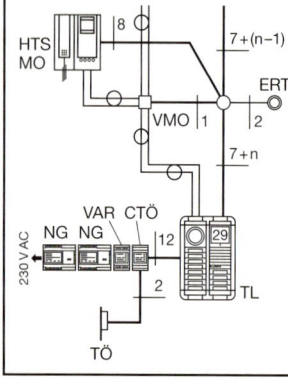

Funktionsbeschreibung

- Türsprechfunktion zwischen der Türstation und den Systemtelefonen sowie den angeschlossenen analogen Telefonen.
- Gespräche zwischen Türstation und Haustelefonen ist mithörgesperrt.
- Führen von Amtsgesprächen und internen Gesprächen bei gleichzeitiger Abschaltung des Türlautsprechers.
- Bei einem bestehenden Gespräch werden interne Rufe, Amts- und Türrufe durch ein Anklopfsignal eingeblendet.

Installationshinweise

- Die maximale Kabellänge ist von dem verwendeten Kabeltyp abhängig. Maximale Länge des passiven S0-Busses bei Verwendung von JY(St) Y 0,8 beträgt 130 m.

Auszug aus den Herstellerunterlagen

Frequenz- und Wellenlängenbereiche – *Frequency and wavelength-ranges*

Elektromagnetisches Spektrum

$c = \lambda \cdot f$

c: Ausbreitungsgeschwindigkeit der elektromagnetischen Welle
c = 299792,5 km/s
λ: Wellenlänge f: Frequenz

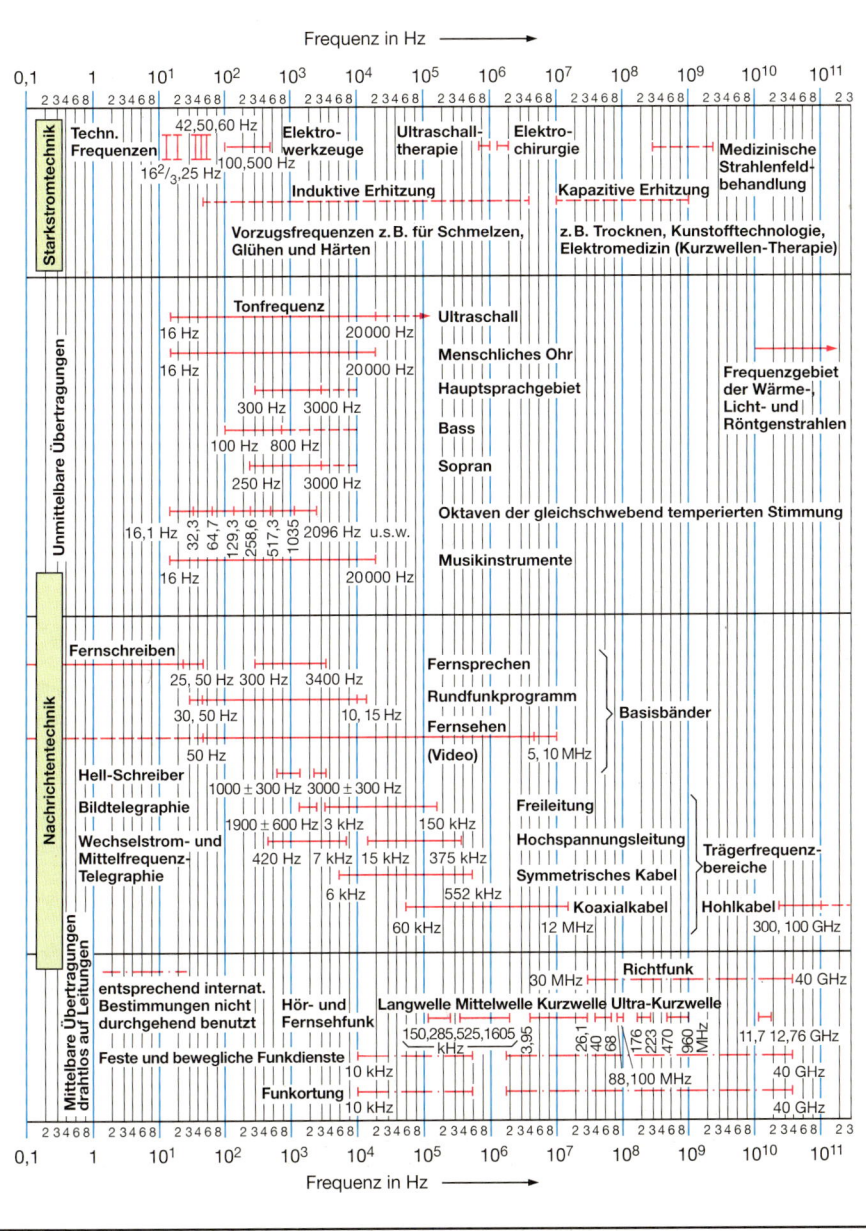

Terrestrische Empfangsantennen – DVB-T – *Terrestrial reception aerials – DVB-T*

DVB-Systeme

Digitales Fernsehen

DVB-S	**DVB-C**	**DVB-T**
Verbreitung über **Satelliten**	Verbreitung über **Kabelnetze**	**Terrestrische Verbreitung**
Modulation: **QPSK**	Modulation: **QAM**	Modulation: **OFDM**

QPSK
Quadratur **P**hase **S**hift **K**eying
Quadratur-Phasenumtastung

QAM
Quadratur-**A**mplituden-**m**odulation

OFDM
Orthogonal **F**requency **D**ivision **M**ultiplex (Coded OFDM)
Vielträgerverfahren

Eigenschaften

- Digitale Übertragung von Fernsehsignalen über Satelliten ①
- Große Sendebreite
  Beispiel:
  30 MHz pro Kanal bei ASTRA
- Konstante Sendeleistung innerhalb eines Kanals erforderlich
- Starke Dämpfung und Störung der Signale im erdnahen Bereich, deshalb wird störsicheres Modulationsverfahren (QPSK) angewendet.
- Signalaufbereitung mit Decoder ②, RF-/FS-Empfang ③

- Digitale Übertragung über das Kabelnetz
- Sendebandbreite: 7 bis 8 MHz
- Geringere Störanfälligkeit im Kabelnetz als bei Satellitenübertragung
- Träger/Rauschabstand: 28 dB
- Erreichbare Datenrate: 38 Mbit/s
- Einspeisung ins Kabelnetz ④

- Empfangssignale erreichen auf verschiedenen Wegen den Empfänger, es liegt Mehrwegeempfang vor (**Multipath**).
- Störungen ergeben sich durch Laufzeitunterschiede, deshalb werden Signale auf viele Träger verteilt (OFDM).
- Abstand der Träger: 4,4 kHz bzw. 1,1 kHz
- Überlagerungen durch Reflexionen an Gebäuden ⑤
- Empfang durch neu ausgerichtete Außenantenne ⑥

Prinzip der Umsetzung

Digitale Signale aus:

DVB-C
DVB-S
DVB-T

Set-Top-Box

Umsetzung der Bild- und Tonsignale (SCART)

FS-Gerät mit analogem Eingang

Terrestrische Antennenanlagen – DVB-T – *Terrestrial aerial installations – DVB-T*

Außenantennen

Umrüstung für digitalen Empfang
Beispiel: UHF-TV-Antenne
(Geeignet für DVB-T, lt. Hersteller)
Montage für **horizontale Polarisation** ①

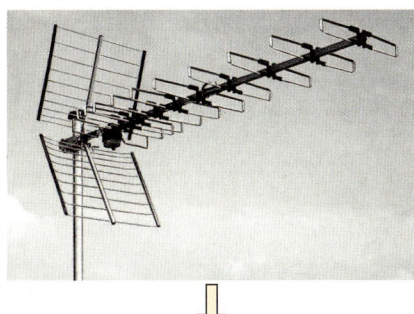

Montage für **vertikale Polarisation** ②

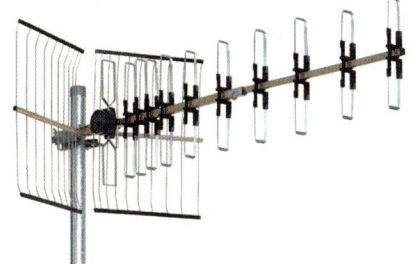

Polarisation von DVB-T Signalen je nach Ausstrahlung:
• horizontal oder
• vertikal
Bedingungen für den Empfang von DVB-T Signalen:
• Werkseitig eingestellte Antennen für horizontal polarisierte FS-Signale ①
• Erforderliche Änderung zum Empfang von vertikal polarisierten FS-Signalen:
Drehung der Antenne in Längsausrichtung zum Sender um **90°** ②
Erforderliche **Montageschritte**:
1. Befestigungsschelle am Mast vom Tragrohr durch Lockern der Klemmschrauben lösen.
2. Befestigungsschelle vom Mast abziehen.
3. Schelle um 90° drehen.
4. Befestigungsschelle auf Tragrohr an vorherige Position schieben.
5. Klemmschrauben anschließend festziehen.

Erdungsleitungen für Antennenanlagen

Nach DIN EN 50083-1 gelten:

Leitungs-material	Quer-schnitt in mm^2	Beschaffen-heit	Leitungs-bezeich-nung
Kupfer	≥ 16	blank oder isoliert	H 07 V-U, H 07 V-R (NYA), NYY, NYM
Aluminium	≥ 16	blank (nur in Innenräumen oder isoliert)	NAYY
Stahlband	2,6 x 20	verzinkt	–

Innenantennen

Nutzung von Innenantennen (bisher analoger Empfang) auch für digitalen Empfang, wenn
• **Schwenkbarkeit** zur Anpassung an örtliche Polarisationsverhältnisse möglich ist und
• **Breitbandigkeit** (Abdeckung des VHF- und UHF-Bereichs) vorliegt, um in allen DVB-T Regionen eingesetzt zu werden.
Indoor-Antennen für DVB-T:
• **Sperrfilter** unterdrücken Störungen, die z.B. durch Handys hervorgerufen werden.
(**GSM**: **G**lobal **S**ystem for **M**obile Communication/ Mobilfunksystem)

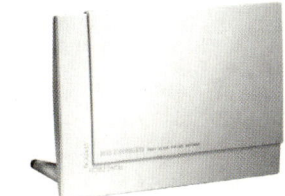

Indoor-Antenne für DVB-T Empfang bei horizontaler und vertikaler Polarisation mit GSM-Filter

Gemeinschafts-Antennenanlagen

Kriterien zur Nutzung installierter **Gemeinschafts-Antennenanlagen** für DVB-T Empfang:
• Anlage muss breitbandig sein,
• Verteilnetz kann unabhängig von der Netzstruktur (z.B. Baum- oder Sternnetz) unverändert bleiben,
• weitere Verwendung vorhandener Anschlussdosen, wenn die erforderliche Bandbreite vorliegt,
• kein Auswechseln von Empfänger-Anschlusskabel.

Erforderliche Änderungen:
• Austausch der Verstärker, wenn erforderliche Bandbreite für alle DVB-T Kanäle fehlt,
• je Anschluss ein DVB-T Empfänger erforderlich,
• Ausrichtung der Antenne auf horizontalen bzw. vertikalen Empfang.

Terrestrische Antennenanlagen – *Terrestrial aerial installations*

Antennenanlage (Hausgemeinschaft)

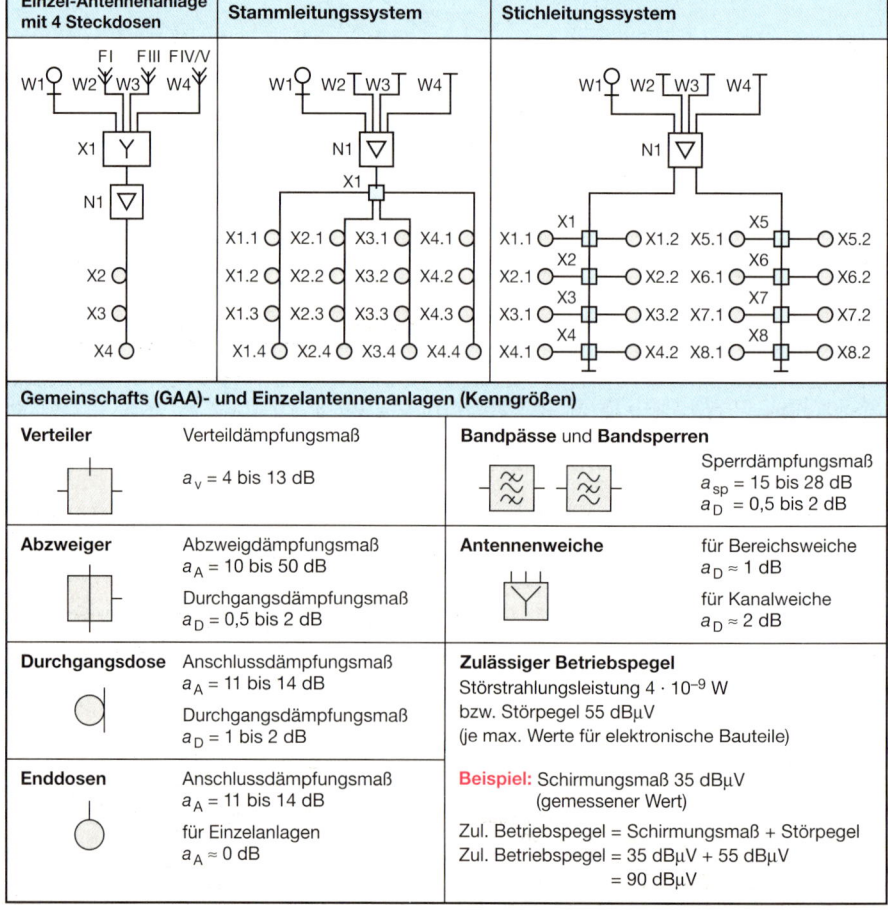

Schutzpotenzial-
ausgleichsleitungen
4 mm² Cu

Erdungs-
schienen

Erdungs-
leitung
16 mm²
Cu

Haupterdungsschiene   ⏚ Erder

Erdungsleitungen

Verlegung innerhalb und außerhalb von Gebäuden:

- Cu, Querschnitt > 16 mm² (d > 4,6 mm)
  blank oder isoliert (gnge)
- Al, Querschnitt > 25 mm²   (d > 5,7 mm)
  blank, nur Verlegung in Innenräumen
  oder isoliert (gnge)

Leitungen, ein- oder mehrdrähtig (nicht feindrähtig):

- Al-(Knet)-Legierung, Querschnitt > 50 mm²
  (d > 8,0 mm)
- Stahldraht, verzinkt, d = 8 mm
- Stahlband, verzinkt, 2,5 mm · 20 mm

Die Antennenanlage ist in den Schutzpotenzialausgleich einzubeziehen.

Einzel-Antennenanlage mit 4 Steckdosen	Stammleitungssystem	Stichleitungssystem

Gemeinschafts (GAA)- und Einzelantennenanlagen (Kenngrößen)

Verteiler
Verteildämpfungsmaß

a_v = 4 bis 13 dB

Abzweiger
Abzweigdämpfungsmaß
a_A = 10 bis 50 dB

Durchgangsdämpfungsmaß
a_D = 0,5 bis 2 dB

Durchgangsdose
Anschlussdämpfungsmaß
a_A = 11 bis 14 dB

Durchgangsdämpfungsmaß
a_D = 1 bis 2 dB

Enddosen
Anschlussdämpfungsmaß
a_A = 11 bis 14 dB

für Einzelanlagen
$a_A \approx 0$ dB

Bandpässe und Bandsperren
Sperrdämpfungsmaß
a_{sp} = 15 bis 28 dB
a_D = 0,5 bis 2 dB

Antennenweiche
für Bereichsweiche
$a_D \approx 1$ dB

für Kanalweiche
$a_D \approx 2$ dB

Zulässiger Betriebspegel
Störstrahlungsleistung 4 · 10⁻⁹ W

bzw. Störpegel 55 dBµV
(je max. Werte für elektronische Bauteile)

Beispiel: Schirmungsmaß 35 dBµV
(gemessener Wert)

Zul. Betriebspegel = Schirmungsmaß + Störpegel
Zul. Betriebspegel = 35 dBµV + 55 dBµV
= 90 dBµV

Satelliten-Empfang – *Satellite reception*

Satellitenempfangs-Antennen

Parabol-Antenne	Parabol-Offsetantenne	Cassegrain-Antenne	Flachantenne
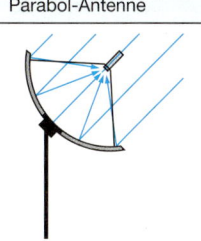	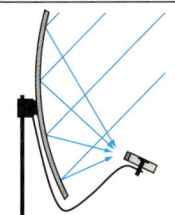	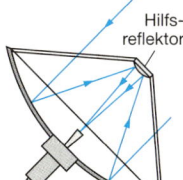Hilfs-reflektor	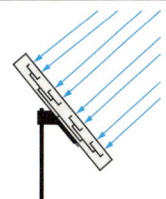
• Elektromagnetische Wellen werden im Brennpunkt vereinigt. • Flächenwirkungs-grad: 50 – 60 %	• Ausschnitt aus einer Parabol-Antenne. • Flächenwirkungs-grad: 60 – 65 %	• Symmetrische Parabol-Antenne mit Hilfsreflektor. • Flächenwirkungs-grad: 60 – 70 %	• Empfangssystem in der Antenne integriert. • Flächenwirkungs-grad: 40 – 80 %

Einstellungen der Antenne und Satellitenstandorte

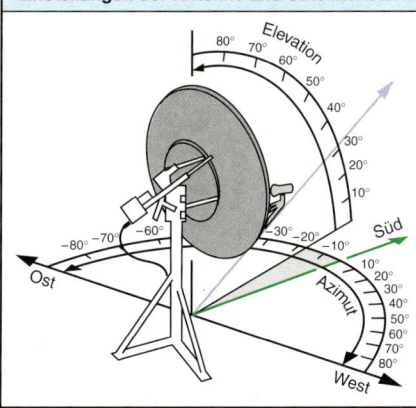

23,5° Ost Kopernikus 1 — 19,2° Ost ASTRA 1A, 1B, 1C, 1D, 1E, 1F, 1G, 1H — 16° Ost EUTELSAT II-F3 — 13° Ost EUTELSAT II-F1 HOT BIRD 1-5 — 10° Ost EUTELSAT II-F2 — 7° Ost EUTELSAT II-F4

- **LNB** (**L**ow **N**oise **B**lock Converter) empfängt das Satelliten-Signal (10,7 GHz bis 12,75 GHz) und verstärkt es rauscharm. Anschließend erfolgt eine Umwandlung in ein ZF-Signal (Zwischenfrequenz) von 0,95 GHz bis 1,7 GHz.
- **Azimut**
  Winkel der Himmelsrichtung aus der das Signal empfangen wird, Angabe in Grad.
- **Elevation**
  Winkel zwischen dem theoretischen Horizont und dem Satelliten (Erhebungswinkel), Angabe in Grad.

Satelliten-Empfangsanlagen – *Satellite reception installations*

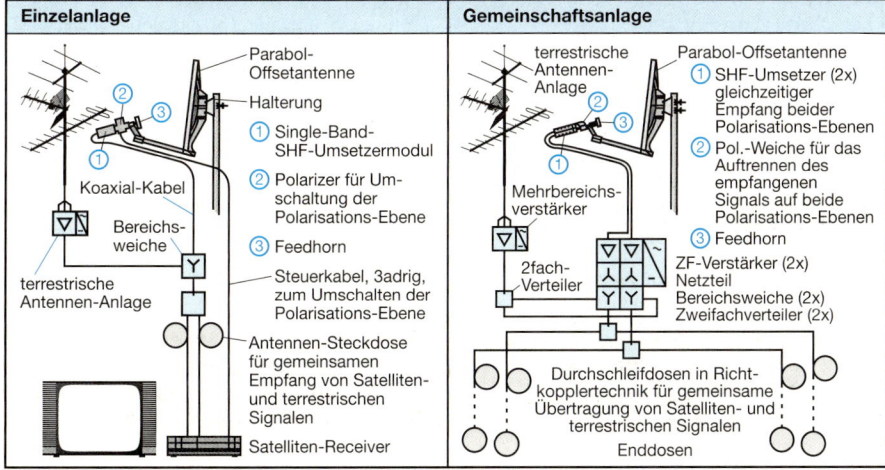

Einzelanlage

- Parabol-Offsetantenne
- Halterung
- ① Single-Band-SHF-Umsetzermodul
- Koaxial-Kabel
- Bereichs-weiche
- ② Polarizer für Um-schaltung der Polarisations-Ebene
- ③ Feedhorn
- terrestrische Antennen-Anlage
- Steuerkabel, 3adrig, zum Umschalten der Polarisations-Ebene
- Antennen-Steckdose für gemeinsamen Empfang von Satelliten- und terrestrischen Signalen
- Satelliten-Receiver

Gemeinschaftsanlage

- terrestrische Antennen-Anlage
- Parabol-Offsetantenne
- ① SHF-Umsetzer (2x) gleichzeitiger Empfang beider Polarisations-Ebenen
- ② Pol.-Weiche für das Auftrennen des empfangenen Signals auf beide Polarisations-Ebenen
- ③ Feedhorn
- Mehrbereichs-verstärker
- ZF-Verstärker (2x) Netzteil Bereichsweiche (2x) Zweifachverteiler (2x)
- 2fach-Verteiler
- Durchschleifdosen in Richt-kopplertechnik für gemeinsame Übertragung von Satelliten- und terrestrischen Signalen
- Enddosen

Multischalter für den Satellitenempfang – *Multi-switch for satellite reception*

Frequenzen und ihre Umsetzung

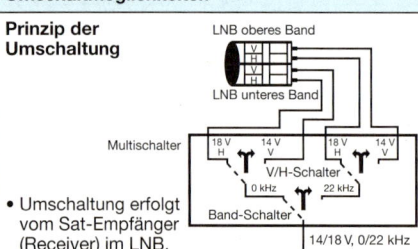

	10,7	11,7	12,75

Satelliten-frequenzen

H	H
V	V

f in GHz **Umsetzung in Zwischenfrequenzen (Sat-ZF)**

0,95 1,95   1,1   2,15

H		H
V		V

Unteres Band
Lower Band

Oberes Band
Upper Band

Die Umsetzung erfolgt im LNB mit Hilfe eines Oszillators.

LNB: **L**ow **N**oise **B**lock Converter; Empfangskopf
(Empfangskonverter)
H: Horizontal polarisierte Wellen
V: Vertikal polarisierte Wellen

Umschaltmöglichkeiten

Prinzip der Umschaltung

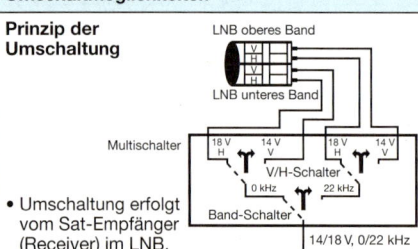

LNB oberes Band
LNB unteres Band
Multischalter
18 V H / 14 V H / 18 V V / 14 V V
V/H-Schalter
0 kHz / 22 kHz
Band-Schalter
14/18 V, 0/22 kHz

- Umschaltung erfolgt vom Sat-Empfänger (Receiver) im LNB.
- Verwendet werden Gleichspannungen (14 V und 18 V) und/oder Wechselspannungen (22 kHz).
- Wechselspannung wird der Gleichspannung überlagert.
- Zuführung erfolgt über die Koaxial-Leitung.

U in V	*f* in kHz	Polarisation	Band
14	0	H	unteres
14	22	H	oberes
18	0	V	unteres
18	22	V	oberes

LNB

- **Single-LNB**
  - Zwei interne Umschalter für Bänder und Polarisation.
  - Ein Ausgang für die Sat-ZF ⇒ Es kann jeweils nur ein Band eingespeist werden.
- **Twin-LNB**
  - Zwei Single-LNBs zu einer Funktionseinheit zusammengeschaltet.
  - Zwei Sat-ZF Ausgänge mit Umschaltmöglichkeit für Bänder und Polarisation.
- **Dual-Output-LNB**
  - Zwei Umschalter im LNB.
  - Zwei Sat-ZF Ausgänge mit Umschaltmöglichkeit für Bänder und Polarisation.
- **Quattro-LNB, Universal-LNB**
  - Jedes Band mit jeder Polarisation steht an getrennten Ausgängen zur Verfügung.
  - Vier Sat-ZF Ausgänge.

Multischalter für vier Teilnehmer

Multischalter werden eingesetzt, wenn mehrere Teilnehmer auf eine Sat-Antenne zugreifen.

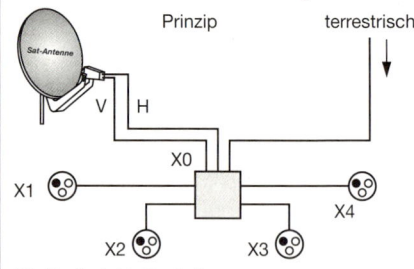

Prinzip   terrestrisch

Sat-Antenne

V H

X0

X1   X4

X2   X3

X0: Vierfach Multischalter

Übersichtsschaltplan

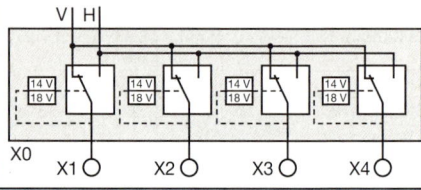

V H

14 V / 18 V (×4)

X0
X1   X2   X3   X4

DiSEqC

DiSEqC
- **Di**gital **S**atellite **Eq**uipment **C**ontrol (sprich: Disäck)
- Digitales Steuerungsverfahren für Satelliteneinrichtungen.
- 0- und 1-Zustände werden durch getastetes 22-kHz-Signal erzeugt (0,6 V Spitze-Spitze).

Bitstruktur:

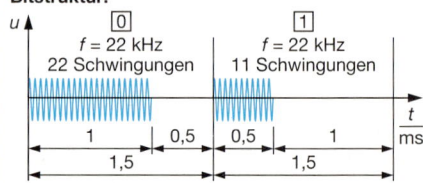

u

[0]
f = 22 kHz
22 Schwingungen

[1]
f = 22 kHz
11 Schwingungen

1 | 0,5 | 0,5 | 1   *t*/ms

1,5   1,5

Logo:

DiSEqC 2.0

Versionen:

1,0 1,1 1,2
2,0 2,1 2,2

Erste Ziffer: Art der Kommunikation
1: Übertragung von Befehlen vom analogen oder digitalen Empfänger zur Funktionseinheit (unidirektional).
2: Bidirektionale Kommunikation zwischen analogem oder digitalem Empfänger und der Funktionseinheit.

Zweite Ziffer: Umfang der Kommunikation
0: Schaltvorgänge für vier Satelliten, jeweils beide Bänder, Polarisation und weitere Optionen.
1: Wie Ziffer 0, zusätzl. Befehle über eine Leitung.
2: Wie Ziffer 0 und 1, zusätzliche Befehle für eine drehbare Satellitenantenne.

Antennenkabel und Steckverbinder – *Aerial cables and connectors*

Verwendung

Verwendung		Hausverlegung				Außen-Verleg.	Erd-kabel
Koaxialkabel Impedanz 75 Ω							
Innenleiter	Ø in mm	0,75 Cu	0,4 Staku	1,13 Cu	0,75 Cu	1,13 Cu	1,63 Cu	1,1 Cu
Isolation	Ø in mm	3,2 Cell-PE	2,65 PE	4,8 Cell-PE	4,8 PE	4,8 Cell-PE	7,2 Cell-PE	7,25 PE
Außenleiter	Ø in mm	3,8 Al + CuSn[1]	3,3 Al + CuSn[1]	5,3 Al + CuSn[1]	5,5 Al + CuSn[1]	5,3 Al + CuSn[1]	7,9 Al + CuSn[1]	7,5 Cu
Außenmantel	Ø in mm	5,0 PVC weiß	4,1 PVC weiß	6,8 PVC weiß	6,8 PVC weiß	6,8 PE schwarz	10,4 PE schwarz	10,2 PE schwarz
Kupferanteil	in kg/km	10,6	3,6	14,0	8,3	30,0	42,0	41,0
Biegeradius	in mm	≥ 25	≥ 30	≥ 35	≥ 35	≥ 35	≥ 50	≥ 110
Dämpfung in dB/100 m bei 20 °C	5 MHz	2	4	1	3	1	1	1
	50 MHz	7	10	4	6	4	3	4
	100 MHz	9	15	6	9	6	4	5
	450 MHz	18	32	13	19	12	9	12
	1000 MHz	28	48	21	29	19	14	19
	2050 MHz	40	72	31	43	28	21	30
	3000 MHz	50	88	39	53	36	28	–
Gleichstromwiderstand in Ω/km		≤ 90	≤ 375	≤ 45	≤ 100	≤ 30	≤ 20	≤ 25,5
Schirmungs-maß in dB	47–108 MHz	≥ 70	≥ 70	≥ 75	≥ 70	≥ 90	≥ 90	≥ 90
	108–470 MHz	≥ 75	≥ 75	≥ 75	≥ 75			
	1000–2400 MHz	≥ 65	≥ 65	≥ 65	≥ 65			

F-Stecker		**IEC-Stecker**[2]
schraubbar	crimpbar	

[1] Folie beidseitig mit Aluminium beschichtet + verzinntes Kupfergeflecht
[2] **IEC**: **I**nternational **E**lectrotechnical **C**ommission

alle Angaben in mm

Breitbandkommunikation – *Broadband communication*

DIN EN 50083-1: 94-03

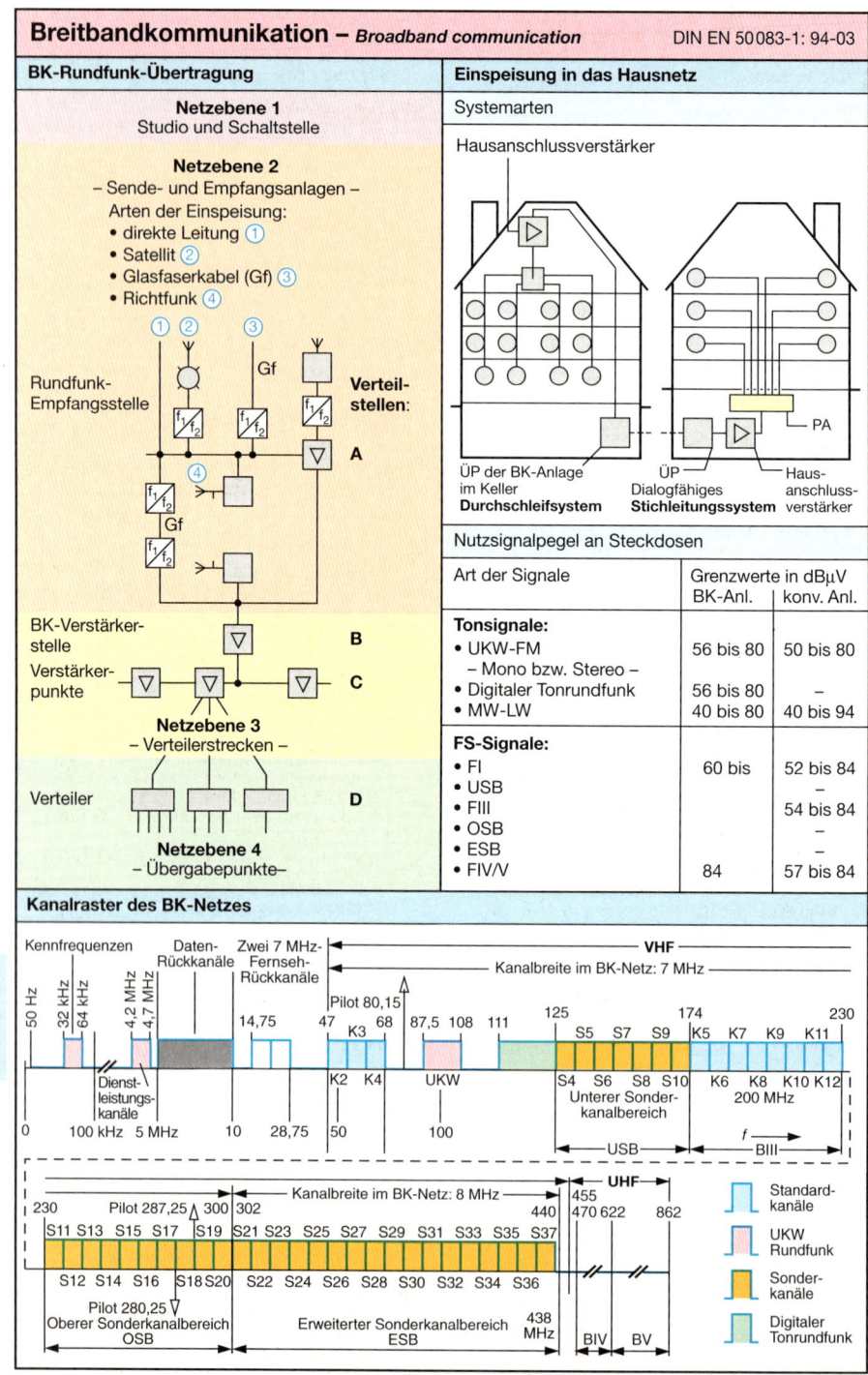

BK-Rundfunk-Übertragung

Netzebene 1
Studio und Schaltstelle

Netzebene 2
– Sende- und Empfangsanlagen –
Arten der Einspeisung:
• direkte Leitung ①
• Satellit ②
• Glasfaserkabel (Gf) ③
• Richtfunk ④

Rundfunk-Empfangsstelle

Gf

Verteil-stellen:

A

Gf

BK-Verstärker-stelle

B

Verstärker-punkte

C

Netzebene 3
– Verteilerstrecken –

Verteiler

D

Netzebene 4
– Übergabepunkte–

Einspeisung in das Hausnetz

Systemarten

Hausanschlussverstärker

ÜP der BK-Anlage im Keller
Durchschleifsystem

ÜP
Dialogfähiges
Stichleitungssystem

PA

Haus-anschluss-verstärker

Nutzsignalpegel an Steckdosen

Art der Signale	Grenzwerte in dBµV BK-Anl.	konv. Anl.
Tonsignale:		
• UKW-FM	56 bis 80	50 bis 80
– Mono bzw. Stereo –		
• Digitaler Tonrundfunk	56 bis 80	–
• MW-LW	40 bis 80	40 bis 94
FS-Signale:		
• FI	60 bis	52 bis 84
• USB		–
• FIII		54 bis 84
• OSB		–
• ESB		–
• FIV/V	84	57 bis 84

Kanalraster des BK-Netzes

Kennfrequenzen   Daten-Rückkanäle   Zwei 7 MHz-Fernseh-Rückkanäle

VHF
Kanalbreite im BK-Netz: 7 MHz

50 Hz   32 kHz   64 kHz   4,2 MHz   4,7 MHz

Pilot 80,15

14,75   47   68   87,5 108   111   125   174   230

K3   S5 S7 S9   K5 K7 K9 K11

Dienst-leistungs-kanäle

K2 K4   UKW   S4 S6 S8 S10   K6 K8 K10 K12
Unterer Sonder-kanalbereich   200 MHz

0   100 kHz 5 MHz   10   28,75   50   100

USB   BIII

UHF
Kanalbreite im BK-Netz: 8 MHz

230   Pilot 287,25   300 302   440   455 470 622   862

S11 S13 S15 S17 S19 S21 S23 S25 S27 S29 S31 S33 S35 S37

S12 S14 S16 S18 S20 S22 S24 S26 S28 S30 S32 S34 S36

Pilot 280,25
Oberer Sonderkanalbereich
OSB

Erweiterter Sonderkanalbereich
ESB

438 MHz

BIV BV

Standard-kanäle

UKW Rundfunk

Sonder-kanäle

Digitaler Tonrundfunk

Analoges TK-Netz – Analog TC-network

Netzhierarchie

Beispiele für Vorwahl:

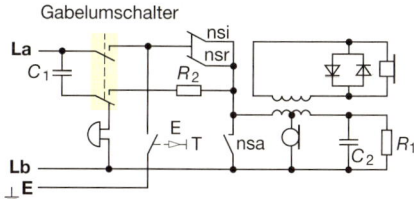

06 — Zentralvermittlungsstelle ZVSt
061 — Hauptvermittlungsstelle HVSt
0617 — Knotenvermittlungsstelle KVSt
06174 — Endvermittlungsstelle EVSt
Teilnehmervermittlungsstelle TVSt
Kabelverzweiger KVz
Teilnehmeranschluss

Fernnetz

Ortsnetz

Analoges Telefon (Fernsprechapparat)

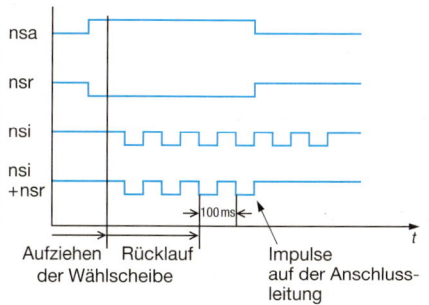

Gabelumschalter

- **Gabelumschalter:**
  Einleiten oder Aufheben der Verbindung.
- **Kontakt nsr:**
  Der **N**ummern**s**chalter-**R**uhekontakt überbrückt die letzten zwei Impulse.
- **Kontakt nsa:**
  Der **N**ummern**s**chalter-**A**rbeitskontakt überbrückt beim Betätigen der Wähleinrichtung den Hör-/Sprechkreis.
- **Kontakt nsi:**
  Durch den **N**ummern**s**chalter-**I**mpulskontakt werden Wählimpulse beim Rücklauf der aufgezogenen Scheibe erzeugt.

Wählablauf für die Ziffer 4 (IWV)

nsa
nsr
nsi
nsi +nsr

100 ms

Aufziehen / Rücklauf
der Wählscheibe

Impulse auf der Anschlussleitung

Begriffe und Funktionen

- **Vermittlungseinrichtung:**
  Auf- und Abbau von Verbindungen, Erfassen von Gebühren.
- **Endeinrichtungen:**
  Fernsprechapparate, Anrufbeantworter, Fax-Geräte
- **Wählverfahren:**
  Impulswahlverfahren (IWV),
  Mehrfrequenzwahl (MFW)
- **Übertragungseinrichtungen:**
  Leitungen (Kupfer, Glasfaser) zwischen den Endeinrichtungen und der jeweiligen Vermittlung, Richtfunkstrecken oder Funkstrecken über Satelliten.
- **Bandbreite:** 300 Hz bis 3,4 kHz

Mehrfrequenzwahl (MFW)

Durch Betätigen der Ziffern wird mindestens 40 ms lang ein niederfrequentes Tonsignal (Mischung aus zwei Frequenzen) erzeugt.
Beispiel: Ziffer 8: Übertragung von 852 Hz u. 1336 Hz

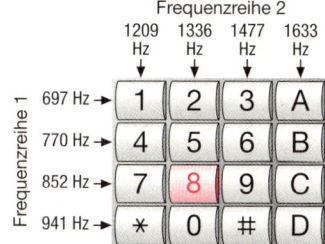

Frequenzreihe 2

	1209 Hz	1336 Hz	1477 Hz	1633 Hz
697 Hz	1	2	3	A
770 Hz	4	5	6	B
852 Hz	7	8	9	C
941 Hz	*	0	#	D

Frequenzreihe 1

Spannungen und Stromstärken

- Speisespannung im öffentlichen Netz:
  Gleichspannung 60 V, Minuspol an La
- Gleichspannung bei abgehobenem Hörer am Endgerät 10 V bis 20 V.
- Gleichstrom (Schleifenstrom): 25 mA bis 40 mA
- Rufwechselspannung:
  50 V bis 90 V (Spitze-Spitze-Wert bis 200 V),
  $f = 25$ Hz $\pm 8\,\%$, Impulsdauer 1 s, Impulspausen 4 s 5 s.
  Sie wird unterbrochen, wenn der angerufene Teilnehmer abhebt oder der Verbindungsaufbau abgebrochen wird.
- Zählimpulse: 16 kHz

Signaltöne

t_D: Zeit für den Dauerton; t_P: Zeit für die Pause
- **Wählton**
  Dauerton von 425 Hz; Vermittlungsstelle kann die Rufnummer aufnehmen.
- **Rufton**
  Impulston von 425 Hz ($t_D = 1$ s; $t_P = 4$ s); Verbindungsweg wird vorbereitet, Anschluss wird angerufen.
- **Besetztton**
  Impulston von 425 Hz ($t_D = 150$ ms; $t_P = 425$ ms); Verbindung kommt nicht zustande.
- **Aufschaltton**
  Impulston von 425 Hz ($t_{D1} = 125$ ms; $t_{P1} = 150$ ms; $t_{D2} = 125$ ms; $t_{P2} = 425$ ms, usw.); Netzbetreiber hat sich aufgeschaltet.

Anschluss analoger Telekommunikationsgeräte
Connection of analog telecommunication equipment

TAE

TAE: **T**elekommunikations-**A**nschluss-**E**inheit
Steckdose zum Anschluss analoger Endgeräte an das **TK**-Netz (**Tele**kommunikations-Netz).

Es dürfen nur zugelassene Geräte angeschlossen werden (**B**undesamt für **Z**ulassung in der **T**elekommunikation, **BZT**).

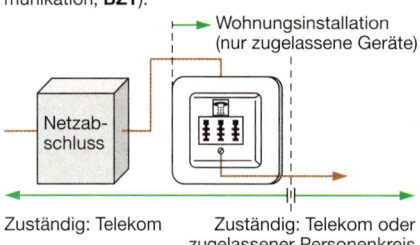

Wohnungsinstallation
(nur zugelassene Geräte)

Netzab-
schluss

Zuständig: Telekom   Zuständig: Telekom oder
zugelassener Personenkreis

TAE 3 x 6 NFN

Mechanische Codierung:

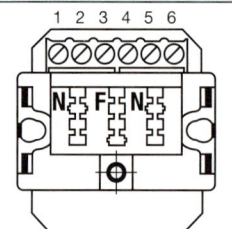

1 2 3 4 5 6

- **N**: **N**icht-Fernsprechbetrieb, z. B. Anrufbeantworter, Fax, Modem
- **F**: **F**ernsprechbetrieb, z. B. Telefon, TK-Anlage

Innenschaltung der TAE 3 x 6 NFN

Durch die Stecker werden in der Dose Schalter betätigt (Schaltbuchsen), die den Signalfluss unterbrechen.

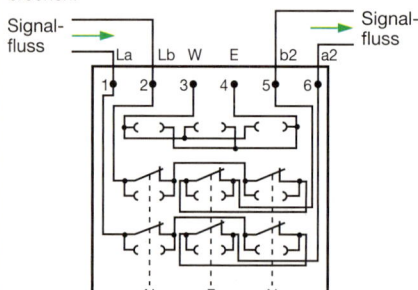

Signal-
fluss

Signal-
fluss

La Lb W E b2 a2

1 2 3 4 5 6

N F N

Kontakte der TAE-Stecker

Kontakt	Bedeutung der Anschlüsse	Farbe
1	La, a-Ader, Signalleitung	ws … weiß
2	Lb, b-Ader, Signalleitung	br … braun
3	W, Wecker	gn … grün
4	E, Erde, Nebenstelle	ge … gelb
5	b2, b-Ader, Weiterführung	gr … grau
6	a2, a-Ader, Weiterführung	rs … rosa

TAE-Stecker

F-Codierung

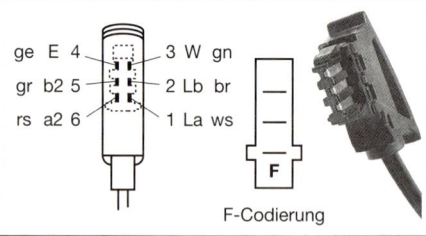

ge E 4   3 W gn
gr b2 5   2 Lb br
rs a2 6   1 La ws

F

F-Codierung

N-Codierung

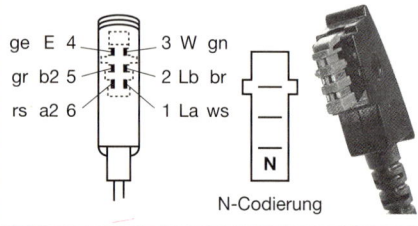

ge E 4   3 W gn
gr b2 5   2 Lb br
rs a2 6   1 La ws

N

N-Codierung

Western-Steckverbindung

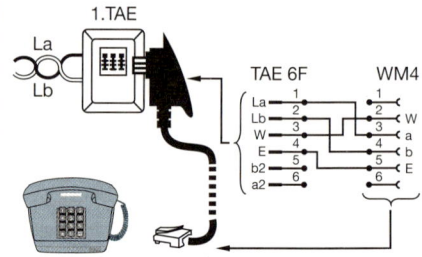

1.TAE

La
Lb

TAE 6F   WM4

La 1   1
Lb 2   2   W
W   3   3   a
E   4   4   b
b2 5   5   E
a2 6   6

Telefonkabel (Sternvierer)

Ringcodierung bei einem Sternvierer (Farbe: Rot).
1. Paar: 1a, a-Ader, ohne Ring
        1b, b-Ader, ein Ring
2. Paar: 2a, a-Ader, zwei Ringe m. großen Intervallen
        2b, b-Ader, zwei Ringe m. kleinen Intervallen

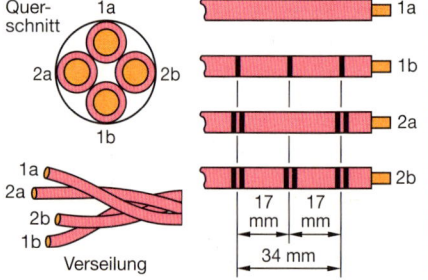

Quer-
schnitt

1a

2a   2b

1b

1a
2a
2b
1b

Verseilung

1a
1b
2a
2b

17   17
mm   mm

34 mm

Kommunikations-
technik

ISDN-Dienste und -Anschlüsse – *ISDN-services and interfaces*

Dienstmerkmale (Auswahl)

- Automatischer Rückruf wenn besetzt
- Anklopfen
- Anrufumleitung
- Anrufweiterschaltung
- Sperre für abgehende Verbindungen
- Gebührenübernahme durch B-Teilnehmer
- Rückfrage/Makeln
- Dreier-Konferenz
- Gebührenermittlung und -anzeige
- Datum und Uhrzeit
- Rufnummernanzeige
- Mehrfachrufnummern
- Umstecken von Endgeräten am Bus

ISDN-Anschlussarten

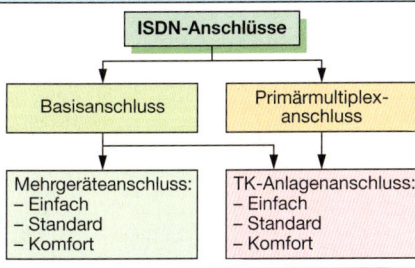

Basisanschluss (BaAs)

NTBA: **N**etwork **T**erminal for ISDN **B**asic **A**ccess (Netzabschlussgerät für den ISDN-Basisanschluss)
- U_{k0}: Netzseitige ISDN-Schnittstelle
- S_0: Kundenseitige ISDN-Schnittstelle
- B1, B2: Nutzkanäle mit jeweils 64 kbit/s
- D: Steuer- und Zeichengabekanal mit 16 kbit/s (DSS1-Protokoll)

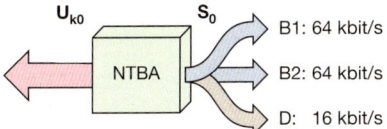

Primärmultiplexanschluss

NTPM: **N**etwork **T**erminal for ISDN-**P**rimary Rate Access
- U_{2M}: Netzseitige ISDN-Schnittstelle
- S_{2M}: Kundenseitige ISDN-Schnittstelle
- Synchronisationskanal mit 64 kbit/s
- B1 bis B15: Nutzkanäle mit jeweils 64 kbit/s
- B16 bis B30: Nutzkanäle mit jeweils 64 kbit/s
- D-Kanal: 64 kbit/s (DSS1-Protokoll)

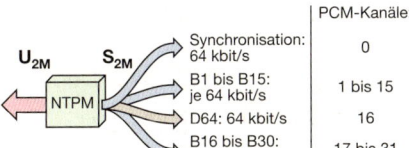

Mehrgeräteanschluss

- Bis zu zwölf Anschlusssteckdosen (IEA) können installiert werden.
- Acht ISDN-Endgeräte oder eine TK-Anlage können gleichzeitig eingesteckt/angeschlossen (maximal vier Telefone) sein.
- Drei Rufnummern (**Mehrfachnummern, MSN**: **M**ultiple **S**ubscriber **N**umber) stehen zur Verfügung. Sieben weitere können beantragt werden.
- Entfernung vom NTBA zur letzten Dose: Bis 180 m.

Beispiel:

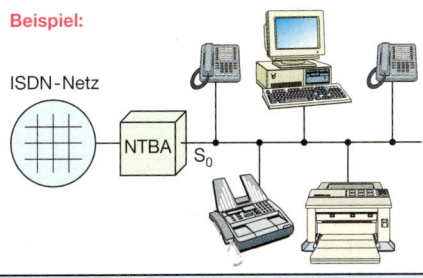

Anlagenanschluss

- Eine Durchwahl zu jedem Teilnehmer der Nebenstelle ist möglich.
- Entfernung vom NTBA zur letzten Dose: 1 km.
- Keine Einschränkung der Zahl der anzuschließenden Telefone.
- Kostenlose interne Gespräche.
- Mehrere Basiskanäle sind möglich.

Beispiel:

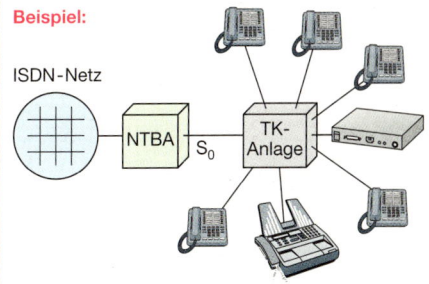

Anschluss analoger Endgeräte

Analoge Endgeräte können über a/b-Terminal-Adapter angeschlossen werden. In TK-Anlagen sind a/b-Adapter mitunter integriert.

analoges Telefon

ISDN-Netz

NTBA S_0

Terminal-
Adapter a/b

Anschluss von ISDN-Geräten – *Connection of ISDN-equipment*

NTBA

NTBA: **N**etwork **T**erminal for ISDN **B**asic **A**ccess (Netzabschlussgerät für den ISDN-Basisanschluss)
Mit ihm erfolgt die Umsetzung der 2-Draht-Leitung in eine hausinterne 4-Draht-Leitung (S_0-Schnittstelle).

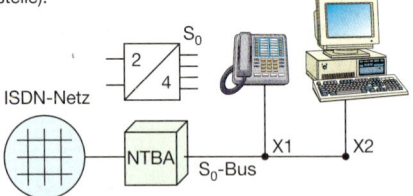

S_0-Bus

* Für die Leitungsverlegung vom NTBA muss die Busstruktur eingehalten werden (s.Abb.).
* Leitungen:
  – 1a und 1b (Sendeleitungen),
  – 2a und 2b (Empfangsleitungen).
* Die Anschlussdosen werden mit **IAE** (**I**SDN-**A**nschlusse**inheiten**) bezeichnet.
* Zwölf IAE's sind möglich, acht ISDN-Endgeräte können gleichzeitig angeschlossen sein, zwei können gleichzeitig betrieben werden.
* Die Leitung in der letzten IAE muss mit zwei Widerständen von 100 Ω +/- 5 % abgeschlossen werden.
* Die Anschlussleitung für ein Gerät darf 10 m nicht überschreiten.
* Die Gesamtlänge des Busses darf 180 m nicht überschreiten (hängt vom Leitungstyp ab).
* Bus-Struktur:

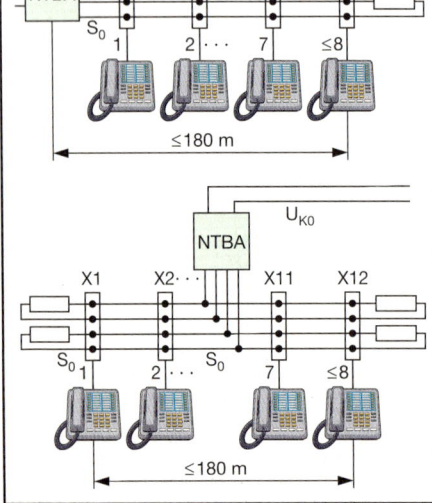

ISDN Anschlusseinheit IAE

Beispiel: IAE 8 (4)
(8 polig, 4 Buchsenkontakte)

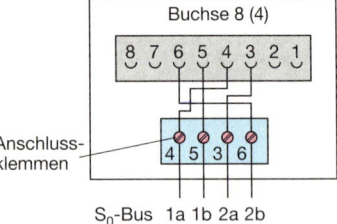

Buchse 8 (4)

Anschluss-klemmen

S_0-Bus 1a 1b 2a 2b

Universal-Anschlusseinheit UAE

UAE: **U**niversal **A**nschlusse**inheit**
Beispiel: UAE 8 (4)
(8 polig, 4 Buchsenkontakte)

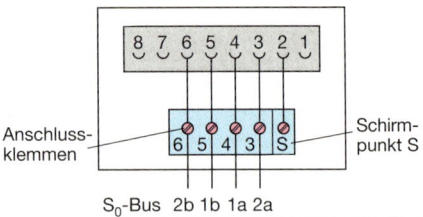

Anschluss-klemmen

Schirm-punkt S

S_0-Bus 2b 1b 1a 2a

Western-Steckverbinder

* Sie wurden von der US-Telefongesellschaft Western Bell entwickelt.
* Die Steckerform entspricht einem 8 poligen Stecker, wie sie für ISDN-Geräte zum Anschluss an die IAE bzw. UAE verwendet werden.
* Andere Bezeichnung: RJ-45.
* Verwendet werden auch Stecker mit 4 (IAE-Stecker) oder 6 Kontakten.
* Vierpolige Stecker werden auch für Telefonhörer verwendet.

Belegung der Buchsenkontakte

Klemmen-Nummer	4	5	3	6
ISDN-Anschluss	1a	1b	2a	2b
Analoger Anschluss	a	b	E	W

Stecker

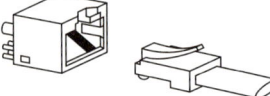

Buchsen

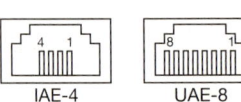

Anpassungs-elemente

IAE-4   UAE-8   UAE-6

DSL-Anschlüsse – *DSL-connections*

Begriffe und Merkmale

- **T-DSL**
  Produktname der Deutschen Telekom AG für die DSL-Anbindungen.
- **POTS**
  Plain **O**ld **T**elephone **S**ervice: Analoger Bereich der Telekommunikation (300 Hz bis 3,4 kHz).
- **BBAE**
  Breit**b**and**a**nschluss**e**inheit (Splitter) zur Trennung der Signale (POTS, ISDN, ADSL).
- **Splitter**
  BBAE zur Trennung der Signale in ISDN- und DSL-Signale.
- **NTBBA**
  Netzwerk**t**erminationspunkt **B**reit**b**and**a**ngebot: ADSL-Modem zur bidirektionalen Verarbeitung der ADSL-Signale.
- **Geräte bzw. Baueinheiten**:
  Splitter (BBAE), ADSL-Modem (NTBBA) und Netzwerkkarte (10 Mbit/s).
- **Übertragungsraten**

Übertragungs-raten in kbit/s	T-DSL 1000	T-DSL 2000	T-DSL 3000
Downstream	1024	2084	3072
Upstream	128	192	384

- **Downstream-Kanal**
  Abwärtskanal zum Teilnehmer (bei T-DSL von 100 kHz bis 1,1 MHz).
- **Upstream-Kanal**
  Aufwärtskanal vom Teilnehmer aus (bei T-DSL von 20 kHz bis 100 kHz).
- **Beispiele für ADSL-Bitraten**

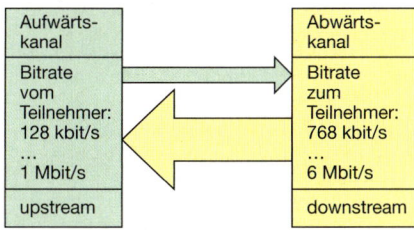

Aufwärts-kanal	Abwärts-kanal
Bitrate vom Teilnehmer: 128 kbit/s ... 1 Mbit/s	Bitrate zum Teilnehmer: 768 kbit/s ... 6 Mbit/s
upstream	downstream

- **TAE**
  Frequenzbereich aus ISDN- und T-DSL-Signalen bis 1,1 MHz steht zur Verfügung.
- **ADSL-Modem**
  Verarbeitung der T-DSL-Signale, Verbindung mit PC über Netzwerkkarte, Steckverbinder RJ 45.
- **ISDN-NTBA**
  Weiterleitung der ISDN-Signale zur TK-Anlage.
- **Verbindung zwischen NTBBA und PC**.

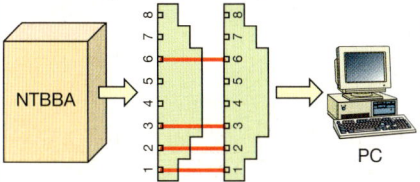

Anschlussbeispiele

PC mit Ethernet-Karte

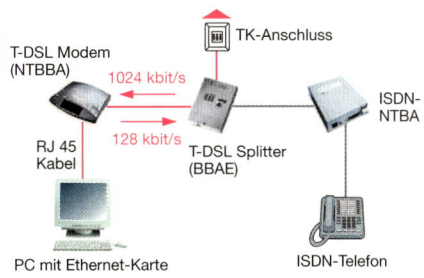

PC mit Ethernet-Karte

Anschluss über einen Hub

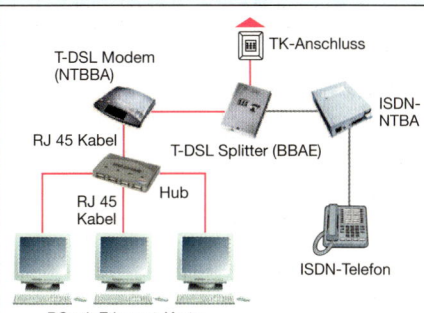

- Der Hub verbindet mehrere PCs mit individuellen Zugangsdaten über einen DSL-Anschluss mit dem Internet.
- Die PCs stellen eigenständig und unabhängig voneinander ihre Verbindung her.

Anschluss über einen Router

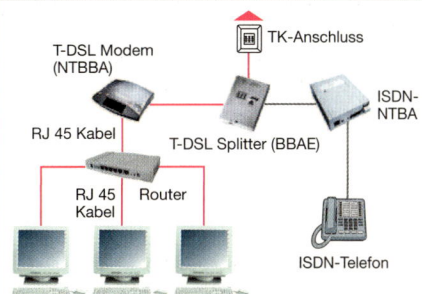

- Der Router verbindet über einen gemeinsamen DSL-Zugang mehrere PCs mit dem Internet.
- Er übernimmt auf Anforderung eines PCs die Einwahl.
- Er sorgt für die Verteilung der Datenströme zwischen den einzelnen PCs.
- Alle PCs verwenden dieselben Zugangsdaten.

Kabel für TK-Anlagen – *Cables for TC-installations*

Verwendung	Kurzzeichen
• Installationskabel mit statischer Abschirmung für Sprechstellen, Signal- und Messdatenübertragung; Inneninstallation in trockenen und feuchten Räumen • Im Freien zur festen Verlegung an Außenwänden von Gebäuden **Beispiel:** J-Y(St)Y…Lg  • Schaltkabel mit statischer Abschirmung als Verbindungskabel zwischen Sprechstellen • Übertragung von Nachrichten und Steuersignalen im Niederfrequenzbereich **Beispiel:** S-Y(St)Y…Bd 	Bd: Bündelverseilung J: Installationskabel Lg: Lagenverseilung S: Schaltkabel (St): Statischer Schirm Y: Isolierhülle oder Mantel aus PVC **Kabelaufbau** **Beispiel:** Installationskabel J-Y(St)Y 6x2x0,8 Lg **Lagenverseilung**: • 6 Leiterpaare, Kupfer mit d = 0,8 mm; • ein Paar bildet einen Leitungskreis (Schleife). **Kennzeichnung der Paare**: • a-Ader beim ersten Paar (Zählpaar) in jeder Lage rot, bei allen anderen Paaren weiß, • b-Ader in weiterer Reihenfolge blau, gelb, grün, braun, schwarz.

Lagenverseilung

Zahl der Doppeladern	Zahl der Paare in Lage 1	2	3	4	5	6
2	2					
4	4					
6	6					
10	2	8				
16	5	11				
20	1	6	13			
24	2	8	14			
30	4	10	16			
40	1	7	13	19		
50	4	10	15	21		
60	1	6	12	18	23	
80	4	10	16	22	28	
100	2	8	14	20	25	31

Eigenschaften

Typ	J-Y(St)Y…Lg		S-Y(St)Y…Bd
d in mm	0,6	0,8	0,6
Leiterwiderstand in Ω/km	Schleife		
	130	73,2	130
Isolationswiderstand in MΩ/km	100		
Mindestbiegeradius x d_{Kabel}	einmal Biegen ohne Zug 2,5 mehrm. Biegen unter Zug 7,5		bei Verlegung 7,5
Prüfwechselspannung U bei 50 Hz	Ader gegen Ader 800 V Ader gegen Schirm 800 V		

Verseilelemente

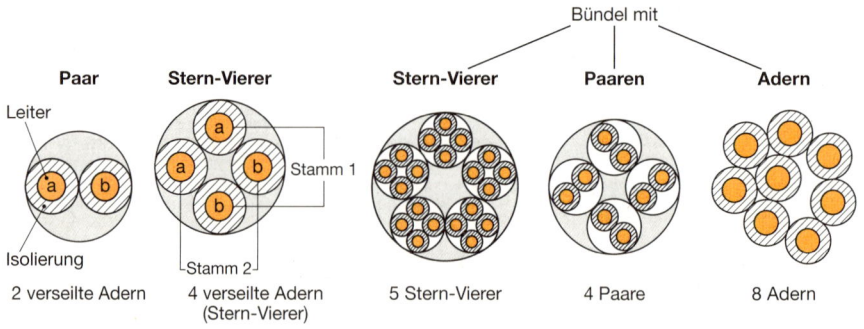

Paar — Leiter, Isolierung — 2 verseilte Adern

Stern-Vierer — Stamm 1, Stamm 2 — 4 verseilte Adern (Stern-Vierer)

Bündel mit **Stern-Vierer** — 5 Stern-Vierer

Bündel mit **Paaren** — 4 Paare

Bündel mit **Adern** — 8 Adern

Beispiel:
Installationskabel mit zwei Doppeladern als Stern-Vierer

Stamm 1: a-Ader in rot und b-Ader in schwarz   **Stamm 2**: a-Ader in weiß und b-Ader in gelb

Modem

Datenübertragung im TK-Netz

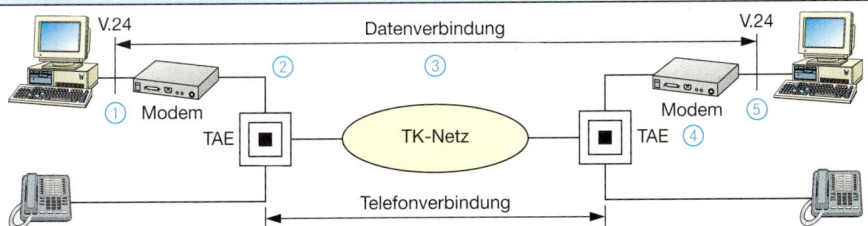

Prinzip der Datenübertragung	Übertragungsraten		
Modem: **Mo**duator-**Dem**odulator • Digitale Informationen gelangen über die V.24 Schnittstelle (seriell) in das Modem ①. • Im Modem werden die digitalen Signale in Schwingungen (analoge Signale) umgewandelt (moduliert) ②. • Die Übertragung erfolgt im TK-Netz im Bereich von 300 Hz bis 3,2 kHz (**POTS**: **P**lain **O**ld **T**elephone **S**ystem, Sprachfrequenzbereich) ③. • Im Empfängermodem erfolgt die Umwandlung der analogen Signale in digitale Signale (Demodulation) ④. • In den PC gelangen die digitalen Signale über die serielle V.24 Schnittstelle ⑤. Für einen geordneten Datentransport müssen sich die Modems auf einen gemeinsamen gültigen Übertragungsstandard einigen (Datenübertragungsrate, Verbindungsauf- und -abbau, usw.).	**ITU/TS** V.22 V.22bis[2] V.32 V.34 V.34+ V.90[3] V.92[3]	**Übertragungs-raten in bit/s** 1200[1] 1200, 2400 4800, 9600 28800 33600 max. 56000 max. 56000	**ITU/TS**-Empfehlungen **ITU/TS**: International Telecommunication Union/ Telecommunication Standards [2] bis bedeutet, dass es sich um die 2. Version handelt (bis: Franz.: die Zweite)
	[1] Duplexmodem (gleichzeitig in beide Richtungen) – Trägerfrequenz für die rufende Station: 1200 Hz (Rufmodus) – Trägerfrequenz für die gerufende Station: 2400 Hz (Antwortmodus) – Modulation: Phasendifferenzmodulation [3] Übertragungsrate entspricht der ISDN-Datenrate		

ISDN-Karte – *ISDN-board*

Aufgaben

• Anschluss des PC an die S_0-Schnittstelle des ISDN-Netzes.
• Übersetzung der Signale der CPU in „verständliche" Signale für das ISDN-Netz (Protokolle).
• **D-Kanal**: Signalisiert und steuert die ISDN-Datenströme in den B-Kanälen (Diensteerkennung, Verbindungskontrolle, usw.).
• Simulation von Modems (**virtuelle Modems**).

Aktive Karte:
Realisiert die erforderliche Schnittstelle, Prozessor mit Speicher auf der Karte vorhanden, anfallende Rechnerleistung wird teilweise von der Karte übernommen.

Passive Karte:
Nur Schnittstelle, alle Anwendngen laufen über den PC.

Installation und Konfiguration

• Die Software für ISDN-Karten enthält den **CAPI-Treiber** (CAPI.DLL), mit dem die einheitliche Schnittstelle für ISDN-Karten realisiert wird.
CAPI: **C**ommon **A**pplication **P**rogramming Interface
CAPI 1.1: 16-Bit-Treiber
CAPI 2.0: 32-Bit-Treiber
Beide Schnittstellen (Treiber) sind nicht kompatibel.
• Die Karte wird als **Netzwerk-Karte** konfiguriert. Deshalb müssen entsprechende Netzwerkprotokolle (TCP/IP, IPX/SPX) eingerichtet werden.
• D-Kanal-Protokoll: DSS1 (Euro ISDN)
• Ressourcen sind erforderlich, z. B. E/A-Bereich 0300 – 031F, Interrupt 11
• Die installierten virtuellen Modems unterscheiden sich durch unterschiedliche Protokolle.

Protokolle

• **X.75**:
ISDN-Datenkommunikation mit max. 64000 bit/s (ein B-Kanal) bzw. 128000 bit/s (beide B-Kanäle).
• **V.110**:
Asynchroner Übertragungsmodus mit bis zu 19200 bit/s oder synchron max. 56000 bit/s.
• **V.120**:
Erweiterter V.110 Standard, zusätzlich mit Fehlerkorrektur und Komprimierung.

• **TCP/IP**:
Transmission **C**ontrol **P**rotocol/**I**nternet **P**rotocol regelt den Versand von Datenpaketen, auch über unterschiedliche Kanäle im Internet (Standard-Netzwerkprotokoll).
• **PPP**:
Point-to-**P**oint **P**rotocol, Punkt-zu-Punkt-Verbindung zwischen PC-Systemen, serielle Verbindung mit Korrektur von Übertragungsfehlern.

Internetzugang – *Internet access*

Online-Provider

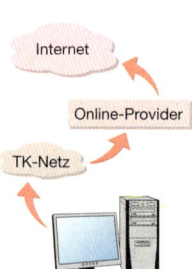

- Die Einwahl erfolgt über Online-Dienste. Sie stellen zusätzlich ausgewählte Inhalte (Contents) zur Verfügung.
- Online Provider
  - T-Online, Deutsche Telekom
  - AOL: America Online
- Die Verbindung wird über ein Modem, eine ISDN-Karte oder einen DSL-Zugang hergestellt.
- Bei jeder Verbindung wird vom Provider dem Nutzer eine IP-Adresse zugeteilt.

- **Software**
  - Browser
  - E-Mail-Client
  - Anwendungen
  - ...

Internet Service Provider (ISP)

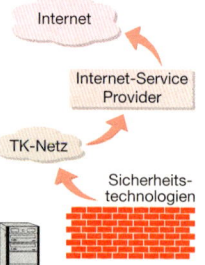

Internet Service Provider bieten gegen Entgelt verschiedene Leistungen zusätzlich an, z.B. über
- **Hosting-Provider** Registrierung von Domains, Vermietung von Webservern,
- **Access-Provider** (Zugang) Bereitstellung von Wählverbindungen, Breitbandzugängen, Standleitungen,
- **Content-Provider** (Inhalt) Bereitstellung ausgewählter Inhalte.

- **Anbieter** UUnet, Xlink, Deutsche Telekom, ECRC

Internetprotokoll TCP/IP

- **IP**: **I**nternet **P**rotocol
  Das Protokoll besitzt folgende Merkmale und Funktionen (Auswahl):
  - Adressierung der Daten u. deren Fragmentierung
  - Datenaustausch vom Sender zum Empfänger (Routing)
  - Mit dem Protokoll erfolgt keine Absicherung der Übertragung, verbindungslos, unzuverlässig
  - IPv4: 32 Bit-Adressen; IPv6: 128 Bit-Adressen
- **TCP**: **T**ransmission **C**ontrol **P**rotocol
  - Das Protokoll baut auf IP auf.
  - Es sorgt beim Empfänger für die Einsortierung der Pakete in die richtige Reihenfolge.
  - Die Kommunikation ist durch Bestätigung des Paket-Empfangs sicher.
  - Übertragungsfehler werden automatisch korrigiert.
  - Die Übertragung erfolgt verbindungsorientiert, ist zuverlässig.
- **IP-Adresse**
  - Aufbau: 4 Byte = 32 Bit
    (2^{32} = 4.294.967.296 mögliche Adressen)
  - Vereinfachung: Umwandlung der Bytes in Dezimalzahlen, die durch Punkte getrennt sind.

Beispiel: 10110011 11000001 10011010 00001011

179.193.154.11

- **Netzklassen (A, B, C)**
  Aufteilung der IP-Adresse: **Netzwerk-adresse** + **PC-(Host) Adresse**

Netz-klasse	Netzwerk-adresse	Host-adresse
A 0-Netz	0.x.x.x – 127.x.x.x (126 Netze)	x.0.0.0 – x.255.255.255 (16 Mio. Rechner)
B 10-Netz	128.0.x.x – 191.255.x.x (16382 Netze)	x.x.0.0 – x.x.255.255 (65534 Rechner)
C 110-Netz	192.0.0.x – 223.255.255.x (2.097.150 Netze)	x.x.x.0 – x.x.x.255 (254 Rechner)

Domain

- Eine Domain ist ein Begriff, Name, ... für eine IP-Adresse. Sie fungiert somit als eine menschliche „Gedächtnishilfe" für die IP-Adressen.
- Eine Domain darf im Internet nur einmal vorkommen. Die Vergabe und Zuteilung erfolgt über das **NIC** (**N**etwork **I**nformation **C**enter). Für deutsche Domains (.de) ist das **dNIC** als zentrale Registrierungsstelle zuständig.

DENIC .de

- Das System wird als **Domain Name System** (**DNS**) bezeichnet. Es ist hierarchisch aufgebaut.

Top Level Domain (TLD), z. B. de

Second Level Domain
z. B. ...tu-darmstadt.de
...westermann.de

- **Top Level Domains** (Beispiele)

ccTLDs (country code)		gTLDs (generic)	
at	Österreich	biz	business
ch	Schweiz	com	commercial
de	Deutschland	edu	education
fr	Frankreich	net	network
us	USA	org	organisation

Bandbreite

Die Geschwindigkeit, mit der die Daten einer Internetverbindung übertragen werden, wird häufig als Bandbreite bezeichnet. Sie wird in Baud oder bit/s (Bit pro Sekunde) angegeben.

Zugang über	Bandbreite
analoges Modem	bis 56 kbit/s
ISDN 1 Kanal	64 kbit/s
ISDN 2 Kanäle	128 kbit/s
DSL	1 Mbit/s, 2 Mbit/s, 3 Mbit/s, ...

Videoüberwachung – *Video control*

Grundschaltungen mit Koaxialkabel

Direkte Videoüberwachung

Monitore

Video-kamera

Durchschleifbetrieb, hochohmig

Abschluss 75 Ohm

- Letzter Monitor: Abschluss mit 75 Ω
- Signal wird durchgeschleift und erscheint auf allen Monitoren

Video-Verteiler-Verstärker

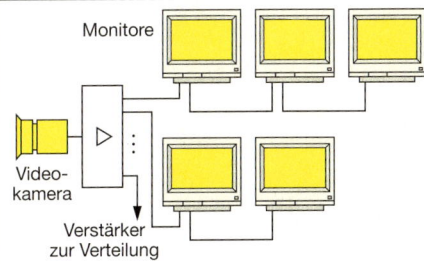

Monitore

Video-kamera

Verstärker zur Verteilung

- Signal wird auf verschiedene Überwachungslinien verteilt, z.B. in mehrere Gebäude.
- Signal wird durchgeschleift, Abschluss mit 75 Ω.

Anlage mit Kamera-Umschalter

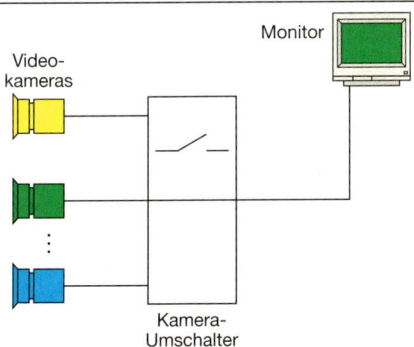

Monitor

Video-kameras

Kamera-Umschalter

- Bildinformation wird bei Bedarf gewählt.
- Manuelle bzw. elektronische Umschaltung

Anlage mit Quadraturselektor

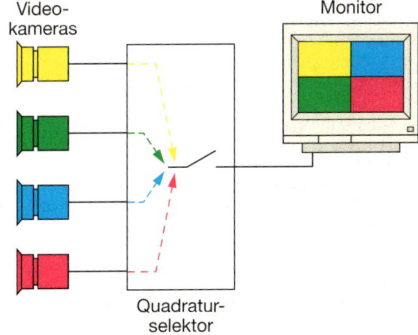

Video-kameras

Monitor

Quadratur-selektor

- Gleichzeitige Übertragung von vier Kamerasignalen
- Monitor mit vier Quadranten
- Umschaltung auf Vollformat möglich

Videoüberwachung über TK-Netz

Prinzip:
Übertragung von Live-Bildern für Überwachungs-, Fernwartungs- sowie andere Aufgaben und Datenaustausch über das vorhandene TK-Netz, lokale Intranet oder Internet. Die Module kommunizieren über das Netzwerkprotokoll (TCP/IP) miteinander.

Vorteile:
- Nutzung vorhandener Netzwerke
- Verwaltung beliebig vieler Kameras
- Anpassung an wachsende Anforderungen
- Drahtgebundene und drahtlose Verbindungen sind möglich
- Offene Schnittstellen für weitere Anwendungen
- Alarm-Weiterleitung z.B. per E-Mail
- Fernsteuerung von Kameras und angeschlossenen Geräten
- Plattform unabhängiger WebViewer

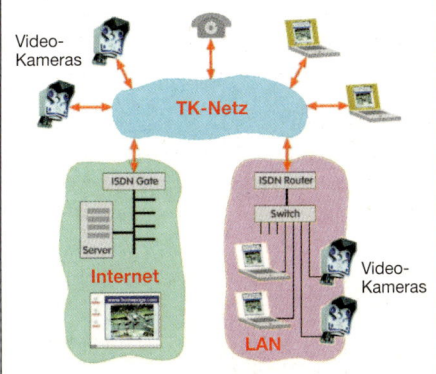

Video-Kameras

TK-Netz

ISDN Gate

Server

Internet

ISDN Router

Switch

Video-Kameras

LAN

Komponenten einer Videoüberwachung – *Components of video control system*

CCD[1]-Kamera

Eigenschaften	1/3"-Platinenkamera mit Objektiv
• Verschleißfreier Dauerbetrieb • Konstante optische und elektrische Eigenschaften • Keine Schäden durch Überbelichtung und Einbrennen • Keine Beeinflussung durch elektrische oder magnetische Felder • Stoß- und vibrationsfest • Genormte Anschlüsse (Objektiv, Videoausgang) • Bild wird in horizontale und vertikale Bildelemente zerlegt (Pixel) und zeilenweise ausgelesen. • Anzahl der Pixel ist ein Maß für die Qualität der Bildauflösung. • Bildauflösungsbereiche in Horizontallinien. 220 – 400: Einsatz für nahen und mittleren Aufnahmebereich, Standardübertragung (2 bis 25 m) 400 – 500: sehr gute Erkennbarkeit > 500: professioneller Einsatz • Frequenzbereich bei 400 Linien etwa 5 MHz • Sensorformate der Kameras (in Zoll): 1/2"-, 1/3"-, 1/4"-Format • Ausgangssignal: FBAS-Signal (Farb-Bild-Austast-Synchronsignal) [1] **C**harge **C**oupled **D**evice (Halbleitersensor, der mit Ladungsverschiebungen arbeitet)	**Beispiel:**  • Mindestbeleuchtung: 0,75 Lux • Fernsehnorm: PAL, 625 Zeilen, 50 Hz • Videoausgangssignal: FBAS 1 Vss, 75 Ω • Betriebsspannung: 9,5 V – 14,5 V DC • Leistung: 2,7 W • Masse: 30 g • Abmessungen: 38 x 38 mm (2 Platinen)

Übertragungsmöglichkeiten für Videosignale

• **Koaxialkabel** (Standardleitung)
Dämpfung hängt vom Leitungstyp und der Länge ab; Dämpfung ist bis 3 dB optisch nicht wahrnehmbar; bei > 6 dB werden feine Strukturen weniger erkannt. Bei größeren Strecken ist ein Verstärker erforderlich.

• **Zweidraht-Leitung** (verdrillte Kupferleitung)
Das unsymmetrische Videosignal muss in ein symmetrisches Videosignal umgewandelt werden. „Zweidraht-Sender" und „Zweidraht-Empfänger" sind erforderlich.

• **Glasfaserleitung** (LWL)
– Vorteile gegenüber Kupferleitungen: abhörsicher und störstrahlungsfrei, geringes Gewicht, unempfindlich gegen elektrische und magnetische Störfelder
– Nachteile: Hohe Kosten durch Leitungspreis und Anschlusstechnik

• **Funkübertragung**
Frequenz 2,4 GHz, nur geringe Leistung zulässig, Reichweite innerhalb von Gebäuden 50 m, außerhalb 300 m.

Monitor

Monitorarten:
• LCD-TFT-Monitor (Flachbildschirm)
• Schwarz-Weiß-Monitor
• Farbmonitor
Zusatzkomponenten (Beispiele):
• 4fach Umschalter für Kamera
• Wechselsprechanlage
• Quadraturselektor
• Alarmeingänge

Beispiel: Anschlüsse bei einem Farbmonitor mit Quadrantensektor

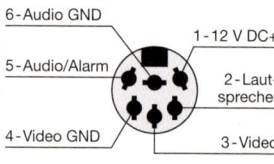

Hauptnetzschalter
Video-Norm Umschalter (für Europa auf PAL stellen)
Schraubanschlüsse für 4 Alarmeingänge
Schraubanschlüsse für 1 Alarmausgang

230 V Kaltgeräteanschluss
BNC-Buchsen
Kamera-Eingänge 1 – 4
6polige DIN-Buchsen
Cinch-Buchsen für Videorecorder

6-polige DIN-Buchse
6 - Audio GND
1 - 12 V DC+
5 - Audio/Alarm
2 - Lautsprecher
4 - Video GND
3 - Video

10 Gebäudetechnik

Elektrische Anlagen in
Wohngebäuden 370
Begriffe der Lichttechnik 371
Beleuchtungsberechnung
für Innenräume 372
Lichtstärkeverteilungskurven 373
Einteilung von Leuchten 374
Kennzeichnung von Leuchten 374
Lampenbezeichnungen 375
Lichtfarben 376
Kompakt-Leuchtstofflampen 377
Halogen-Glühlampen 377
Schaltungen für Leucht-
stofflampen 378
Schaltungen für Metall-
dampflampen 379
Steuerungen für Leucht-
stofflampen 379
Niedervoltanlagen 380
Notbeleuchtung 381
Schutzarten durch Gehäuse 382
Überspannungsschutz 383
Blitzschutzanlagen 385
Explosionsschutz 386
Brandschutz 388
Funktionserhalt 389
Wärmepumpen 390
Wärmepumpenarten 391
Klimatisierung 392
Mechanische Lüftung 393
Sicherheitstechnik 394
Einbruchmelder und Melde-
linien 395
Einbruchmeldeanlagen 396
Gebäudesystemtechnik (EIB) 397
Powernet EIB 401
LON 402
LCN 402

Elektrische Anlagen in Wohngebäuden
Electrical installations in residential buildings

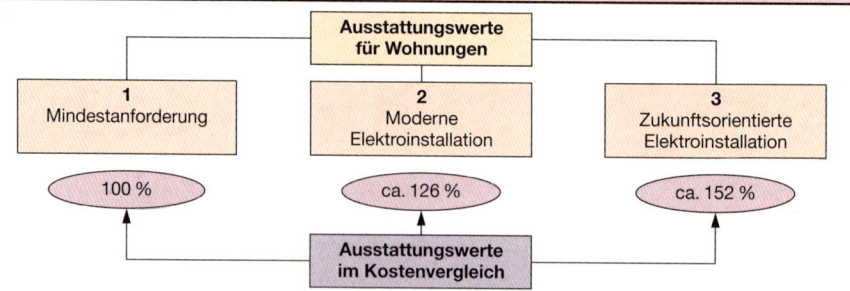

Stromkreise

Beleuchtung und Steckdosen in Wohnungen						Geräte

Fläche in m² / Werte	bis 50	51 bis 75	76 bis 100	101 bis 125	über 125
1	2	3	4	5	6
2	3	4	6	7	8
3	4	5	7	8	9

Geräte

- Ausstattungswert 1: Elektroherd, Geschirrspülmaschine, Waschmaschine, Wäschetrockner, Heisswassergerät ⇒ 5 getrennte Stromkreise
- Ausstattungswert 2: wie bei 1 und Backofen ⇒ 6 getrennte Stromkreise
- Ausstattungswert 3: wie bei 2 und Reservestromkreis ⇒ 7 getrennte Stromkreise

Hinweis: Empfohlene Ausstattungswerte nach RAL[1]

Vergleich der Ausstattungswerte

Ausstattungswert	1		2		3	
Räume	Steckdosen	Lichtauslässe	Steckdosen	Lichtauslässe	Steckdosen	Lichtauslässe
Wohnzimmer	3 – 5	1 – 2	7 – 9	2 – 3	9 – 11	3 – 4
Essplatz/ -raum	1	1	1	1	1	1
Abstellraum, Keller/Bodenraum	1	1	2	1	2	1
Küche	5 – 7	2	7 – 9	3	8 – 11	3
Hausarbeitsraum/Büro	4	1	7	2	9	3
Schlafraum, Kind	3 – 4	1	5 – 7	2	7 – 9	3
Schlafraum, Eltern	5	2	9	3	9 – 11	4
Bad	3	2	4	3	5	3
WC	1	1	2	1	2	2
Flur/Diele	1	1	2	2	3	3
Terrasse, Balkon	1	1	2	1	3	2
Hobbyraum	3	1	5	2	7	2

Ausstattungswert	1		2		3	
Anschlüsse	Telefon	Antenne	Telefon	Antenne	Telefon	Antenne
Wohnzimmer	1		1	2	1	2
Essplatz/ -raum						1
Küche						1
Hausarbeitsraum/Büro					1	1
Schlafraum, Kind		1		1	1	1
Schlafraum, Eltern		1		1	1	1
Flur/Diele			1		1	

[1] RAL (**R**eichs-**A**usschuss für **L**ieferbedingungen, gegr. 1925) = Deutsches Institut für Gütesicherung u. Kennzeichnung e.V.

Gebäudetechnik

Begriffe der Lichttechnik – *Lightning engineering*

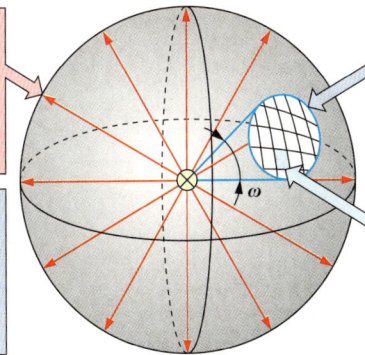

Lichtstrom Φ
Gesamte Lichtstrahlung einer Lichtquelle

Einheit: lm (Lumen)

Lichtstärke I
Lichtstrahlung in eine Richtung

$$I = \frac{\Phi}{\omega} \qquad \omega: \text{Raumwinkel}$$

Einheit: cd (Candela)

Lichtstärkeverteilungskurven
Darstellung der Lichtstärke von Leuchten in Polardiagrammen (bezogen auf 1000 lm)

Leuchtdichte L
Lichtstärke bezogen auf eine Fläche

$$L = \frac{I}{A}$$

Einheit: cd/m²

Beleuchtungsstärke E

1. Auftreffender Lichtstrom bezogen auf beleuchtete Fläche

$$E = \frac{\Phi}{A}$$

2. Beleuchtungsstärke **eines Punktes** ist Lichtstärke bezogen auf das Quadrat der Entfernung von der Lichtquelle.

$$E = \frac{I}{r^2}$$

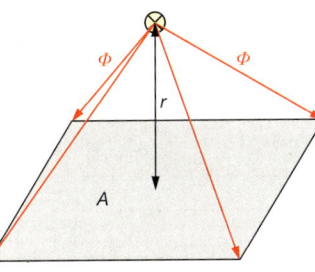

Einheit: lx (Lux)
1 lx = 1 lm/m²

Mittlere Beleuchtungsstärke $\overline{E}$
Mittelwert von E bezogen auf eine Fläche

NennBeleuchtungsstärke E_n
Vorgeschriebene Beleuchtungsstärke für bestimmte Tätigkeiten oder Raumarten

---

Absorbtionsgrad α
Verhältnis des vom Material aufgenommenen Lichtstroms zum auftreffenden Lichtstrom

$$\alpha = \frac{\Phi_a}{\Phi}$$

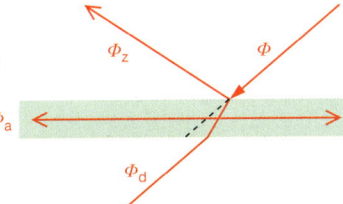

Reflexionsgrad ρ

$$\rho = \frac{\Phi_z}{\Phi}$$

Transmissionsgrad τ

$$\tau = \frac{\Phi_d}{\Phi}$$

Licht-Wirkungsgrade

Lichtausbeute η	Leuchten-Betriebswirkungsgrad η_{LB}	Raumwirkungsgrad η_R	Beleuchtungswirkungsgrad η_B
$\eta = \dfrac{\Phi}{P}$ P: Lampenleistung	$\eta_{LB} = \dfrac{\Phi_{Le}}{\Phi_{La} \cdot v}$ Φ_{Le}: Leuchten-Lichtstrom Φ_{La}: Lampen-Lichtstrom v: Verminderungsfaktor	η_R hängt von den Farben und den Wandoberflächen des Raumes ab.	$\eta_B = \eta_{LB} \cdot \eta_R$

Beleuchtungsgüte

Beleuchtungsstärke	Lichtrichtung	Schatten	Blendung	Lichtfarbe
Möglichst geringe Unterschiede von E	Arbeitsplatz-Licht: Möglichst von links oben	Weiche Schatten $\Rightarrow$ großflächige Leuchten	Leuchtdichte-Unterschied von < 100 : 1	Lichtfarbe bestimmt wesentlich die Farbe der Gegenstände

Beleuchtungsberechnung für Innenräume – *Indoor lighting calculation*

Programmanbieter

Leuchtenhersteller
(nur eigene Produkte werden unterstützt)

Programm Softwarefirmen
- DIALux   • RELUX   • TX-Win
  (www.dial.de)   (www.relux.biz)   (www.trilux.de)
  (Leuchten von teilnehmenden Partnerfirmen)

DIALux

DIALux CD Startbildschirm

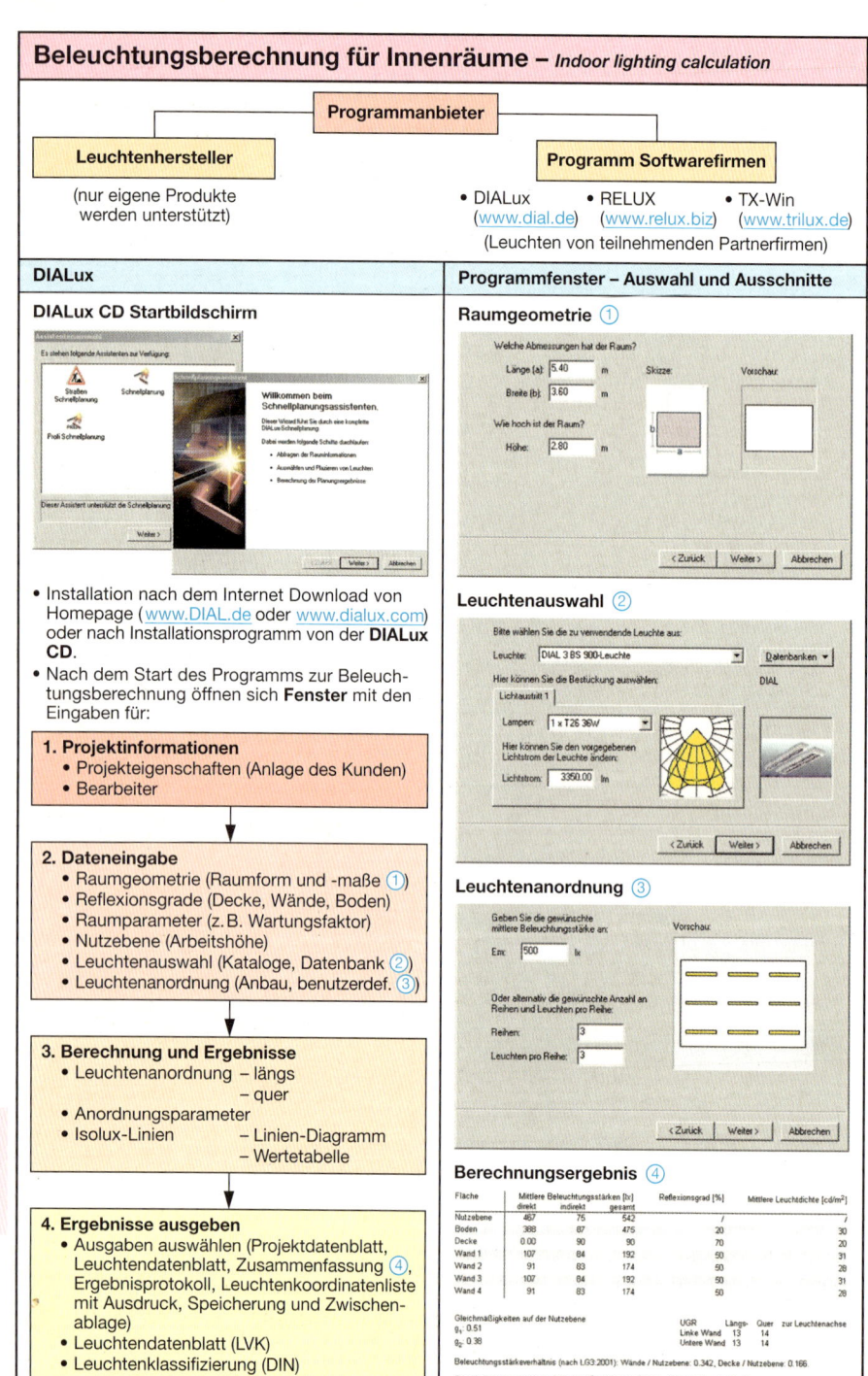

- Installation nach dem Internet Download von Homepage (www.DIAL.de oder www.dialux.com) oder nach Installationsprogramm von der **DIALux CD**.
- Nach dem Start des Programms zur Beleuchtungsberechnung öffnen sich **Fenster** mit den Eingaben für:

1. Projektinformationen
- Projekteigenschaften (Anlage des Kunden)
- Bearbeiter

2. Dateneingabe
- Raumgeometrie (Raumform und -maße) ①
- Reflexionsgrade (Decke, Wände, Boden)
- Raumparameter (z. B. Wartungsfaktor)
- Nutzebene (Arbeitshöhe)
- Leuchtenauswahl (Kataloge, Datenbank) ②
- Leuchtenanordnung (Anbau, benutzerdef.) ③

3. Berechnung und Ergebnisse
- Leuchtenanordnung – längs
                          – quer
- Anordnungsparameter
- Isolux-Linien   – Linien-Diagramm
                        – Wertetabelle

4. Ergebnisse ausgeben
- Ausgaben auswählen (Projektdatenblatt, Leuchtendatenblatt, Zusammenfassung ④, Ergebnisprotokoll, Leuchtenkoordinatenliste mit Ausdruck, Speicherung und Zwischenablage)
- Leuchtendatenblatt (LVK)
- Leuchtenklassifizierung (DIN)

Programmfenster – Auswahl und Ausschnitte

Raumgeometrie ①

Leuchtenauswahl ②

Leuchtenanordnung ③

Berechnungsergebnis ④

Fläche	Mittlere Beleuchtungsstärken [lx] direkt	indirekt	gesamt	Reflexionsgrad [%]	Mittlere Leuchtdichte [cd/m²]
Nutzebene	467	75	542	/	/
Boden	388	87	475	20	30
Decke	0.00	90	90	70	20
Wand 1	107	84	192	50	31
Wand 2	91	83	174	50	28
Wand 3	107	84	192	50	31
Wand 4	91	83	174	50	28

Gleichmäßigkeiten auf der Nutzebene

g₁: 0.51

g₂: 0.38

UGR   Längs   Quer   zur Leuchtenachse
Linke Wand   13   14
Untere Wand   13   14

Beleuchtungsstärkeverhältnis (nach LG3:2001): Wände / Nutzebene: 0.342, Decke / Nutzebene: 0.166

Spezifischer Anschlußwert: 19.91 W/m² = 3.67 W/m²/100 lx (Grundfläche: 19.44 m²)

Lichtstärkeverteilungskurven – *Light distribution curves*

Reflexionsgrade

Decke	0,8				0,5				0,3
Wände	0,5		0,3		0,5		0,3		0,3
Boden	0,3	0,1	0,3	0,1	0,3	0,1	0,3	0,1	0,1

direkt: stark gerichtet — A1

Raumwirkungsgrad η_R in %

Raumindex k									
0,6	61	58	54	52	59	57	53	51	51
1,0	80	75	73	69	76	73	70	68	67
1,5	95	86	88	82	90	84	84	80	79
2,0	102	91	96	87	95	89	91	86	84
3,0	111	97	106	95	103	95	99	92	91
5,0	119	102	115	100	109	98	106	97	96

Beispiele für Leuchten:

Erläuterung	η_{LB} in %
Spiegelraster, engstrahlend	60
Spiegelreflektor, einlampig	80
Rundreflektor	75

direkt: tiefstrahlend — A2

Raumwirkungsgrad η_R in %

Raumindex k									
0,6	52	49	43	42	49	48	42	41	41
1,0	73	67	64	60	69	65	61	59	58
1,5	89	81	81	75	83	78	77	73	72
2,0	97	86	89	81	90	83	84	79	78
3,0	107	94	101	90	99	91	94	88	86
5,0	116	100	111	97	106	96	102	94	93

Beispiele für Leuchten:

Erläuterung	η_{LB} in %
Wanne, prismatisch	65
Paneele, prismatisch	45
Spiegelreflektor, mehrlampig	75

vorwiegend direkt: breitstrahlend — B3

Raumwirkungsgrad η_R in %

Raumindex k									
0,6	41	39	31	30	37	35	29	28	27
1,0	59	55	49	46	52	50	44	43	41
1,5	74	67	64	60	66	61	58	55	52
2,0	83	74	73	67	73	68	66	62	59
3,0	95	83	87	77	83	76	77	71	68
5,0	105	91	99	86	91	83	87	80	76

Beispiele für Leuchten:

Erläuterung	η_{LB} in %
Wanne, opal	50
Wanne, prismatisch	65
Glasleuchte	70

gleichförmig: allseitig strahlend — C4

Raumwirkungsgrad η_R in %

Raumindex k									
0,6	36	34	27	26	29	28	23	22	19
1,0	52	48	43	40	41	39	35	33	29
1,5	65	59	56	52	52	49	45	43	38
2,0	74	66	65	59	58	54	52	49	43
3,0	84	74	77	68	66	61	61	57	50
5,0	94	81	88	77	74	67	70	64	56

Beispiele für Leuchten:

Erläuterung	η_{LB} in %
freistrahlend	90
Lamellenraster	82
Opalglas	80

indirekt: hochstrahlend — E2

Raumwirkungsgrad η_R in %[1]

Raumindex k									
0,6	15	15	9	10	11	12	6	8	5
1,0	28	27	20	19	18	19	13	13	8
1,5	41	39	31	30	26	25	20	19	13
2,0	51	48	41	40	32	30	26	25	16
3,0	65	58	55	52	39	37	34	32	20
5,0	77	68	70	63	45	43	42	39	24

Beispiele für Leuchten:

Erläuterung	η_{LB} in %
Kehle, breit, weiß	70
Kehle, schmal, weiß	50

[1] Bei Hohlkehle in Wandanordnung: $0,6 \cdot \eta_R$

Gebäudetechnik

Einteilung von Leuchten – *Classification of luminairies*

Beispiel:

```
                          B 3 1
Kennbuchstabe ───────────┘ │ └── 2. Kennziffer: Lichtstrom-Anteil gegen Decke
für Lichtstromverteilung   └───── 1. Kennziffer: Lichtstrom-Anteil auf Nutzebene
```

Kenn-buch-stabe	Beleuchtungsart	Lichtstrom-Anteil bezogen auf Horizontale		Kenn-ziffer	Anteil des auftreffenden Lichts auf	
		unten φ_u	oben φ_o		Nutzebene bezogen auf φ_u	Decke bezogen auf φ_o
A	direkt	0,9 … 1	0 … 0,1	1	0 … 0,3	0 … 0,5
B	vorwiegend direkt	0,6 … 0,9	0,1 … 0,4	2	0,3 … 0,4	0,5 … 0,7
C	direkt-indirekt	0,4 … 0,6	0,4 … 0,6	3	0,4 … 0,5	0,7 … 0,9
D	vorwiegend indirekt	0,1 … 0,4	0,6 … 0,9	4	0,5 … 0,6	0,9 … 1
E	indirekt	0 … 0,1	0,9 … 1	5	0,6 … 0,7	
				6	0,7 … 1	

Kennzeichnung von Leuchten – *Designation of luminairies*

- Hersteller
- Typ bzw. Nummer
- Bemessungsspannung
- Bemessungsfrequenz
- Bemessungsaufnahmeleistung (ohne Vorschaltgerät)
- Schutzart
- Schutzklasse
- Brandsicherheit
- Sonderanforderungen
- Funkschutz
- Montageart (Leuchten in Möbeln)

Kennzeichnung der Brandsicherheit	Kennzeichnung der Montageart bei Leuchten in Möbeln

Kennzeichnung der Brandsicherheit

$\overline{\triangledown}$ F — Leuchten dürfen auf brennbaren Stoffen (Entzündungstemperatur 200 °C) angebracht werden.

F/F — Leuchten eignen sich für staub- und faserstaubgefährdete Betriebsstätten.

M — Leuchten eignen sich in und an Möbeln aus brennbaren Stoffen (schwer- und normalentflammbar).

M/M — wie M, begrenzte Oberflächen-Temperatur, daher auch bei Stoffen mit unbekanntem Entflammverhalten.

Kennzeichnung der Montageart bei Leuchten in Möbeln

- an Decke
- waagerecht an Wand
- senkrecht an Wand
- Ecke waagerecht, Lampe seitlich
- Ecke waagerecht, Lampe unterhalb
- auf Boden
- in U-Profil
- nicht zur Montage an Decke geeignet

Kennzeichnung der Sonderanforderungen	Kennzeichnung der Vorschaltgeräte

Kennzeichnung der Sonderanforderungen

- Leuchten für rauhe Betriebsstätten
- EEx — Leuchten für explosionsgefährdete Betriebsstätten
- T — Leuchten für erhöhte Umgebungstemperatur
- ballwurfsicher nach VDE Mit Öffnungen > 60 mm: für Tennis nicht geeignet.

Kennzeichnung der Vorschaltgeräte

t_w…/…/… — Kennzeichnung von Wicklungstemperaturen

Beispiel: t_w 90/55/125

90 °C Grenztemperatur
55 °C Übertemperatur im Normalfall
125 °C Übertemperatur im anomalen Betriebsfall

(F) — flammsicher

(FP) — flamm- und platzsicher

Gebäudetechnik

Lampenbezeichnungen – *Lamp designations*

Beispiel: I Q R-CB35 20W/c/10° GZ4 12V

Lichterzeugungsart
Materialart des Kolbens
oder der Lichterzeugung
Kolbenform
Ausführungsform

größter Durchmesser in mm

Spannung
Fassung (Sockel)
Ausstrahlungswinkel
Kolbenfarbe
Leistung

Wenn keine Verwechslungen möglich sind, können Teile der Bezeichnung fortgelassen werden.
Beispiel: QR 20W/10° 12V

Lichterzeugungsart		Material der Lichterzeugung		Material des Kolbens	
I	Glühlampe (incandescent lamp)	M	Quecksilber (Mercury)	G	Glas
H	Hochdruck (high pressure)	S	Natrium (Sodium)	Q	Quarzglas
L	Niederdruck (low pressure)	I	Halogen (Iodine)		

Kolbenformen (s. auch Kompakt-Leuchtstofflampen, Halogen-Glühlampen)

Allgebrauchs-Lampe	Pilzform	Kerzenform	Konusform	Tropfenform	Ellipsoidform	Globeform
A	M	C	CO	D	E	G

Reflektor-lampe	Parabol-Reflektor-Lampe	Linien-lampen	einseitig	Röhrenform zweiseitig gesockelt	U-förmig	Ringform
R	PAR	L	T	T16 / T26	T – U	T – R

Ausführungsformen (Auswahl) — **Farben**

CB	Kaltlicht	E	Zündgerät extern	SB	KVG, eingebaut	am	goldgelb	o	opal
CG	kopfverspiegelt gold	h	Brennlage, horiz.	SE	EVG, eingebaut	bl	blau	re	rot
D	Doppelrohr	IHf	Induktion, HF	te	temp. beständig	c	klar	s	silber
DD	Doppel-D-Lampe	L	lange L-Lampe	TV	Fernsehlicht	g	gold	vi	violett
DE	Doppel-Endkontakte	Q	4-fach-Kompakt	ϑ	Brennlage, vert.	gr	grün	ye	gelb

Fassungen (Sockelformen)

Glühlampen — Niedervolt-Lampen — Halogenlampen — Hochvolt-Lampen

B 22 d 22 | E 14 14 | G 4 4 | GU 4 4 | GY 6,35 6,35 | G 53 13 | BA 15 d 15 | R7 s-7 7 | Fa 4 4

Leuchtstofflampen — Entladungslampen

G 13 13 | 2 G 13 13 | 13 | G 10 q 10 | BY 22 d 22 | RX 7 s 7 | Fc 2 2 | G 12 12

Kompakt-Leuchtstofflampen

2 G 7 7,7,7 | G 24 q-1 24 | GX 24 q-3 24 | 2 G 10 10 10 | 2 G 11 11 11

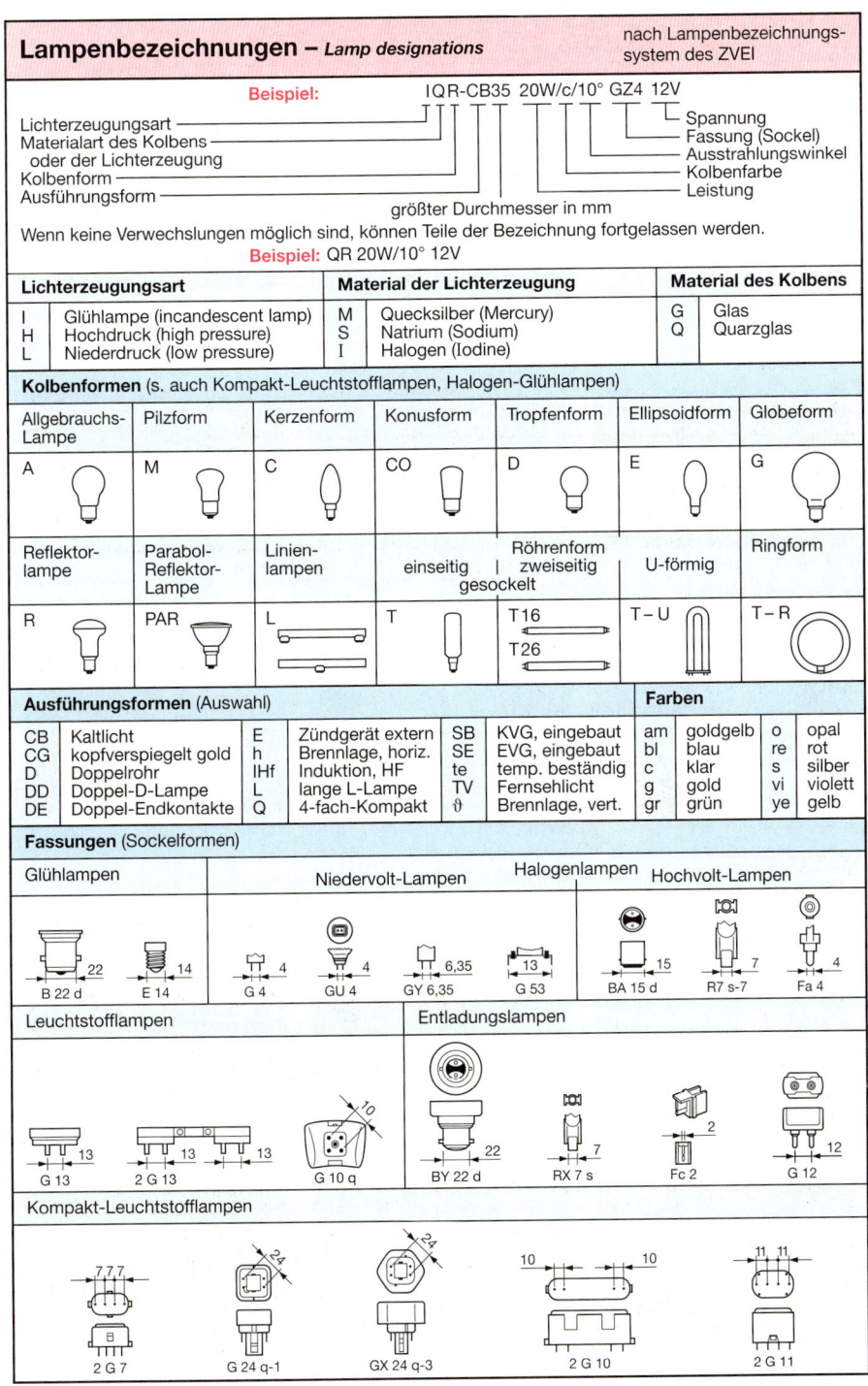

Gebäudetechnik

Lichtfarben – *Luminous colours*

Erläuterung:
Die Diagramme stellen die Leistung in mW pro jeweils 10 nm Wellenlänge dar, wobei sich auf den Lichtstrom von 1000 lm bezogen wurde.
Bildhöhe ≙ 200 mW

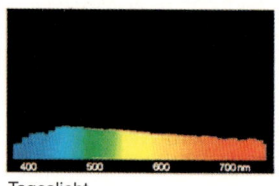

Tageslicht

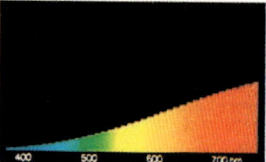

Glühlampen

Standard-Leuchtstofflampen

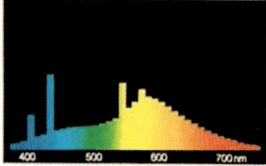

Farbe: Universal-Weiß

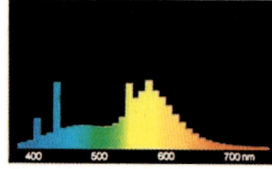

Farbe: Hellweiß

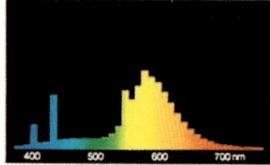

Farbe: Warmton

Dreibanden-Leuchtstofflampen

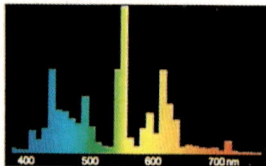

Farbe: Tageslicht

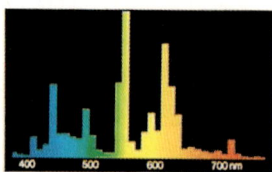

Farbe: Weiß

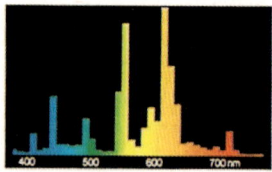

Farbe: Warmton

Halogen-Metalldampflampen

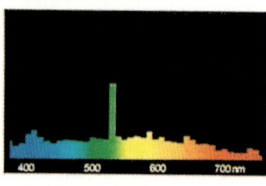

Quecksilberdampf-Hochdrucklampen

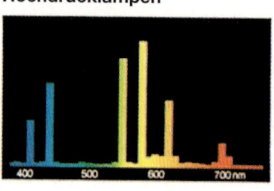

Farbe: Interna ®

Natriumdampflampen

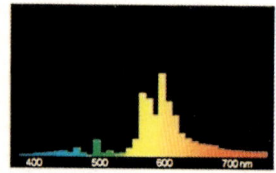

Hochdrucklampen

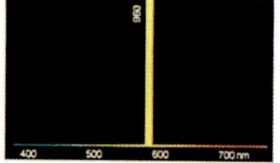

Niederdrucklampen

Mischlichtlampen

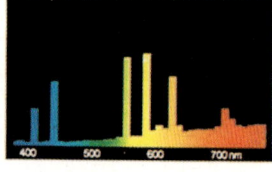

Kompakt-Leuchtstofflampen – *Compact fluorescent lamps*

Eigenschaften gegenüber Glühlampen

- …10 fache Lebensdauer
- … 5 facher Lichtstrom
- bei eingebautem Vorschaltgerät schwerer
- verträgt höhere Schalthäufigkeit
- teurer
- in der Regel nicht dimmbar

Bauformen

eingebaute EVG	separate EVG
Sockel: E14 oder E27	Sockel (siehe Seite 375)

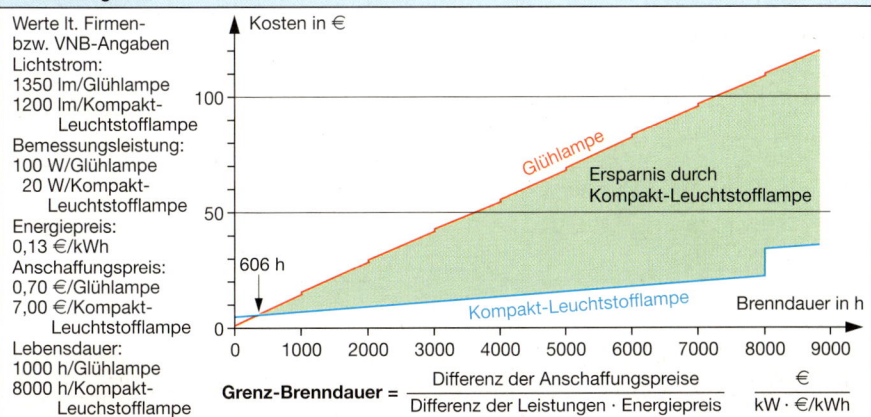

Kompakt-Röhrenform			Kompakt-Röhrenform		
Globeform TCG	Reflektorform TCR	mit Hüllglas TC-SB	2fach Rohr, kurz, TC	2fach Rohr, lang, TC-L	2fach Doppel-rohr TC-D
Ringform TC-SER	2fach Doppel-rohr TC-DSE	3fach Doppel-rohr TC-TSE	3fach Doppel-rohr TC-T	4fach Rohr, flach, TC-F	quadratisch TC-DD

Kostenvergleich

Werte lt. Firmen- bzw. VNB-Angaben

Lichtstrom:
1350 lm/Glühlampe
1200 lm/Kompakt-Leuchtstofflampe

Bemessungsleistung:
100 W/Glühlampe
20 W/Kompakt-Leuchtstofflampe

Energiepreis:
0,13 €/kWh

Anschaffungspreis:
0,70 €/Glühlampe
7,00 €/Kompakt-Leuchtstofflampe

Lebensdauer:
1000 h/Glühlampe
8000 h/Kompakt-Leuchtstofflampe

Kosten in €

Glühlampe

Ersparnis durch Kompakt-Leuchtstofflampe

606 h

Kompakt-Leuchtstofflampe

Brenndauer in h

$$\text{Grenz-Brenndauer} = \frac{\text{Differenz der Anschaffungspreise}}{\text{Differenz der Leistungen} \cdot \text{Energiepreis}} \quad \frac{€}{\text{kW} \cdot €/\text{kWh}}$$

Halogen-Glühlampen – *Halogen lamps*

Eigenschaften

- hohe Temperaturen ⇒ hohe Lichtausbeute
- warmweiche Lichtfarbe ⇒ gute Farbwiedergabe
- Regenerierung der Wendel ⇒ keine Schwärzung des Kolbens ⇒ gleichmäßiger Lichtstrom

Bauformen

Hochvolt-Lampen (230 V)	Niedervolt-Lampen (6 V, 12 V, 24 V)
Sockel: E27, BA15d, R7s, Fa4	Sockel: G, GU, GY, GX, GZ, G53, BA

Quarz-Röhren-Lampen			Quarz-Reflektor-Lampen			
ø 32	ø 18	zweiseitig gesockelt	einseitig gesockelt	ø 48	Cool-Beam	ø 111
QT 32	QT 18	QT-DE	QT-TE	QR 48	QR-CB	QR 111

Schaltungen für Leuchtstofflampen – *Circuits for fluorescent lamps*

Vorschaltgeräte

Gerätearten

Konventionelle Vorschaltgeräte **KVG** [1]	Verlustarme Vorschaltgeräte **VVG**	Elektronische Vorschaltgeräte **EVG**

- Betriebsfrequenz: $f = 50$ Hz
- Induktive Geräte mit jeweiliger Zündung bei Nulldurchgängen

• Spule mit Eisenkern ⇒ Leistungsverlust P_V durch R_{Sp} (Wirkwiderstand der Spule)	• Spule mit legiertem Eisenkern ⇒ Verkleinerung des Leistungsverlust P_V

[1] Nicht mehr zugelassen seit November 2005 laut Europäischer Energieeffizienz-Richtlinie 2000/55EG

- Betriebsfrequenz: $f \approx 25$ kHz
- Abschaltung defekter Röhren
- Einfaches Dimmen möglich
- Keine neue Zündung bei Nulldurchgängen, da Gas ionisiert bleibt
  - ⇒ verlustarmer und flackerfreier Betrieb

Grundschaltungen

VVG mit elektronischem Starter und Drossel

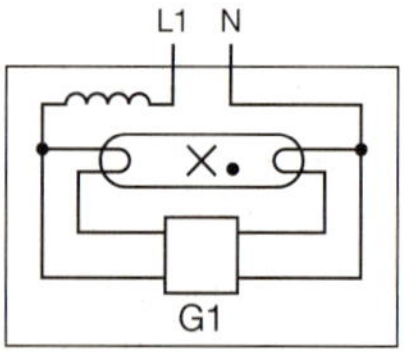

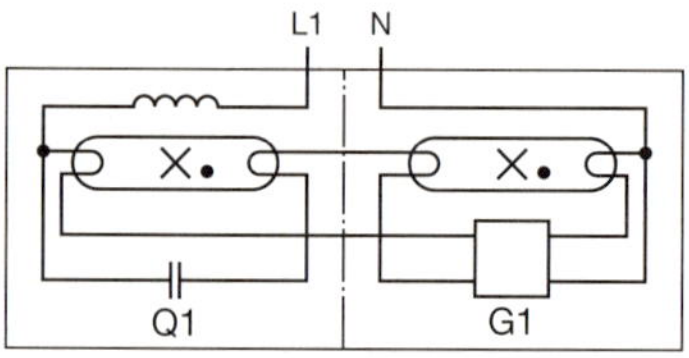

G1: elektronischer Starter

Q1: Kondensator 0,1 μF

EVG

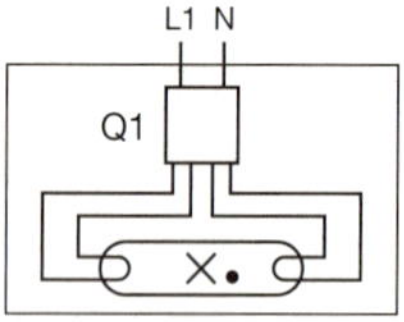

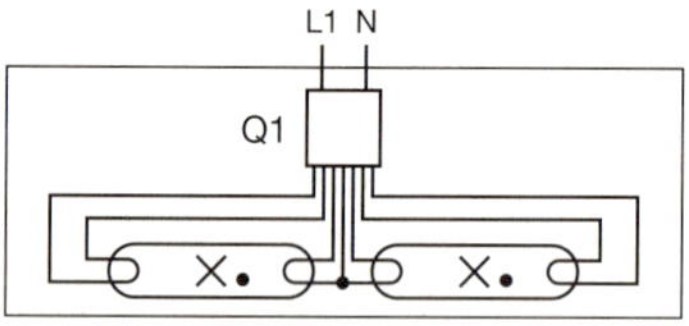

Q1: EVG

Bestandteile:
- Filter gegen HF-Störungen
- Gleichrichter mit Kondensator
- Wechselrichter (25…40 kHz)
- Abschaltautomatik

Vorteile:
- $\cos \varphi = 1$, keine Kompensation nötig
- Gleich- und Wechselstrom-Betrieb
- Dimmen möglich
- Abschaltung bei defekten Lampen

EVG und Heiztransformator

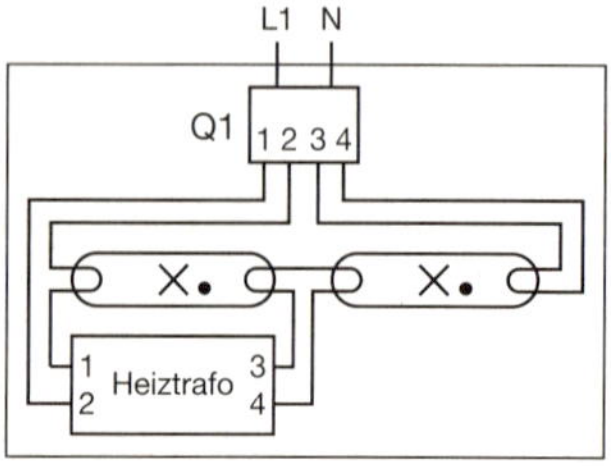

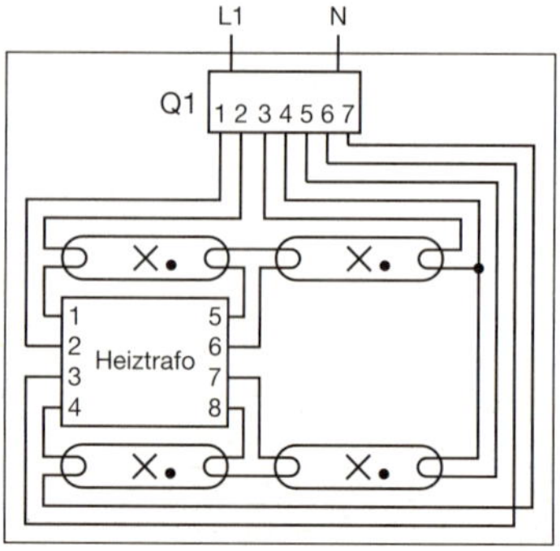

Q1 1 2 3 4

Heiztrafo 1 2 3 4

Q1 1 2 3 4 5 6 7

Heiztrafo 1 2 3 4 5 6 7 8

Starterloser Betrieb: Spannungsgesteuerte Vorheizung mit Heiztrafo für Schnellstart

Schaltungen für Metalldampflampen – *Circuits for metal vapour lamps*

- Natrium-Niederdrucklampen
- Quecksilber-Hochdrucklampen

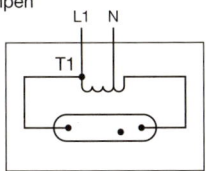

T1: Streufeldtransformator

- Halogen-lampen
- Natrium-Niederdruck-lampen (stabförmig)

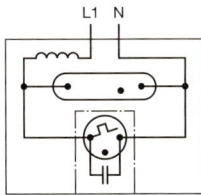

Schaltungen mit elektronischen Zündgeräten

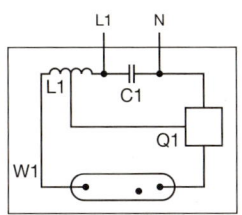

C1: Rückschluss-Kondensator für HF
Q1: Impulsgenerator (Zündgerät)
L1: Vorschaltdrossel
L2: Dämpfungsdrossel
W1: HF-Zündleitung ⚡

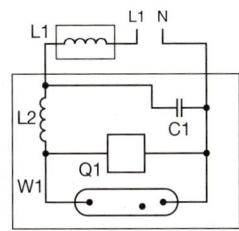

Vorschaltgerät in der Leuchte

Vorschaltdrossel außerhalb der Leuchte

Steuerungen für Leuchtstofflampen – *Controls for fluorescent lamps*

Ansteuerungsarten

Einphasiger Betrieb mit Potentiometer

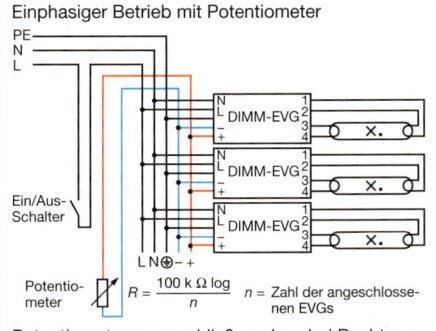

Ein/Aus-Schalter

Potentio-meter $R = \dfrac{100 \text{ k}\Omega \log}{n}$ n = Zahl der angeschlossenen EVGs

Potentiometer so anschließen, dass bei Rechtsanschlag das volle Beleuchtungsniveau erreicht wird.

Dreiphasiger Betrieb mit Schütz und Dimmer

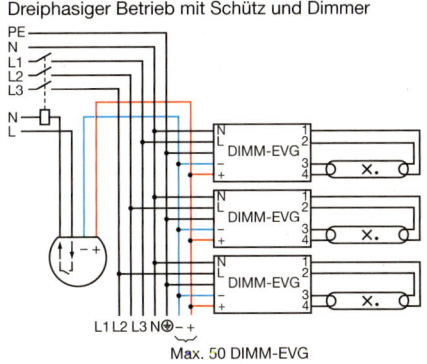

Max. 50 DIMM-EVG

Mit DIMM-EVG

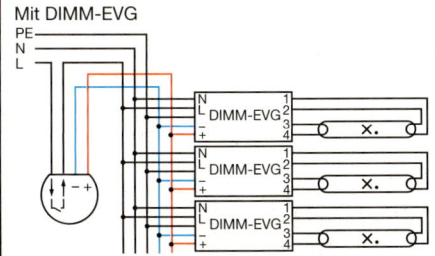

Maximal schaltbare EVGs abhängig von:
- Belastbarkeit der Leitungsschutz-Schalter und
- Belastbarkeit des Schützes.

Anschluss:
- EVG muss geerdet sein.
- Beim Anschließen des EVG mind. 5 cm Abstand zum Ende der Leuchtstofflampe einhalten.

Niedervoltanlagen – *Low-voltage installations*

Aufbau

Niedervolt-Systembauteile:

- **Transformator** (kurzschlussfester Sicherheits-transformator oder elektronischer Transformator) z. B. für 230 V/12 V
  Bemessungsleistung/Bemessungsstrom:
  35 VA/0,16 A; 70 VA/0,33 A; 105 VA/0,49 A; 150 VA/0,71 A;
  Maximale Umgebungstemperatur:
  50 °C bzw. 65 °C je nach Typ

- **Trägerelemente** wie Seile, Stangen und Strom-schienen für Strahler und Leuchten

- **Befestigungselemente** für Decken- oder Wand-befestigung

- **Verbindungselemente** für Träger und Verbindung der Strahler und Leuchten über Steckadapter

- **Einspeiseelemente** für End- und Mittel-einspeisung

- **Montage** horizontal oder vertikal meist an zwei Befestigungspunkten

Auswahl und Installation des Transformators:

- Elektronischer Transformator mit Symbol,
  Überlastschutz durch Feinsicherung auf der Primärseite, lastunabhängige Sekundärspannung, Verwendung ab Lampenleistung von 50 W.

- Belastung des Transformators mit Bemessungs-last, z. B.
  35 VA ⇒ 3 × 10 W oder 1 × 10 W + 1 × 20 W
  50 VA ⇒ 5 × 10 W oder 1 × 10 W + 2 × 20 W
  60 VA ⇒ 6 × 10 W oder 3 × 20 W

- Nähe zum Einspeisepunkt ≤ 1 m

- Verlegung auf Holz oder anderen entflammbaren Stoffen

Sicherheitsabstände

Bauform	zur Decke in mm	zur Wand in mm
Sicherheitstransformator	20	100
Elektron. Transformator	10	20

Auswahl der Leitungen:

- Auswahl nach DIN VDE 0298-4 bzw. DIN VDE 0100-430,
  z. B. NYM 3 × 1,5 mm² oder 3 × 2,5 mm² je nach Länge der Zuleitung von der Verteilerdose zu den NV-Leuchten.

- Maximaler Spannungsfall 5 %, empfohlener Wert nach DIN VDE 0100-715.

Maximale Leitungslängen –
sternförmige Verlegung, angenommener Spannungs-fall 4 %, 12 V

P in VA	I in A	\multicolumn{5}{c}{Abstand vom Transformator}
		1 m	2,5 m	5 m	10 m	15 m
		\multicolumn{5}{c}{Leiterquerschnitt in mm²}
20	1,7	1,5	1,5	1,5	1,5	2,5
50	4,2	1,5	1,5	2,5	4,0	–
100	8,3	1,5	2,5	4,0	–	–
150	12,5	1,5	2,5	–	–	–

Auswahl der NV-Lampen:

- Halogen-Glühlampe mit und ohne Reflektor
- Kaltlichtspiegel-Reflektorlampe
- NV-Lampen mit Steck- oder Schraubsockel

Arten der Stromzuführung:

- Leitung, z. B. NYM
- NV-Stangen- oder Seilsystem
- NV-Stromschiene
- NV-Metallband

Dimmen:

- Dimmer nach Scheinleistung des Transformators bemessen,
- Phasenabschnittsdimmer (Elektronik-Dimmer) auf Eingangsseite des Transformators anschließen.

Schaltungen von Niedervolt-Lampen

Ringförmig

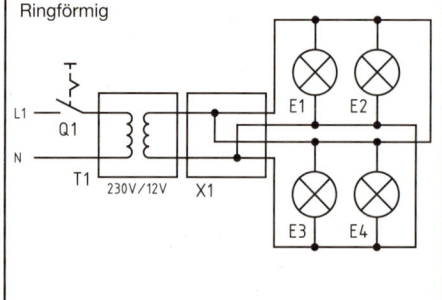

Sternförmig

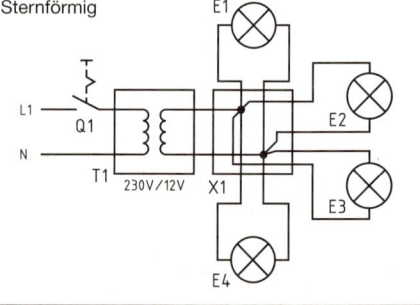

Gebäudetechnik

Notbeleuchtung – *Emergency lighting*

```
                Notbeleuchtung
        ┌──────────────┴──────────────┐
Sicherheitsbeleuchtung      Ersatzbeleuchtung
```

Sicherheitsbeleuchtung
- Rettungswege zum gefahrlosen Verlassen, z. B. Tiefgarage,
- Erkennen von Hindernissen, z. B. Treppen
- Anti-Panik-Beleuchtung (Mindest-Grundbeleuchtung), z. B. im Kino,
- Arbeitsplätze mit besonderer Gefährdung, z. B. Erkennen von Bauteilen (Messgeräte, rotierende Maschinen), Beendigung des Arbeitsvorgangs.

Ersatzbeleuchtung
- unterbrechungsfreie Fortsetzung der Arbeit, z. B. in Operationssälen (Umschaltzeit ≤ 0,5 s)

Schaltungen für Sicherheitsbeleuchtung

Zweileiternetz
- Energieversorgung über eine Leitung (Zweileiteranschluss)

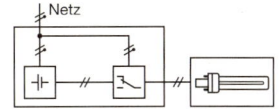

Vierleiternetz
- Energieversorgung über zwei getrennte Leitungen (Vierleiteranschluss)

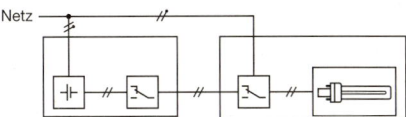

Ersatzstromquellen

Batteriesysteme	Notstrom-aggregat	Besonders gesichertes Netz
Einzelbatterie	Ersatzstrom-aggregat	Zwei unabhängige Einspeisungen
Gruppen- oder Zentralbatterie mit Netzvorrangs-schaltung[1]	Schnell- oder Sofortbereit-schaftsaggregat	

[1] Bei Ausfall der Energieversorgung in Gebäudeteil Versorgung der Sicherheitsbeleuchtung in Bereitschaftsschaltung aus allgemeiner Stromversorgung („Vorrang zur Versorgung aus Batterie").

Ersatzstromaggregat (stationär oder nicht stationär)

Einsatz/Start	Einschalt-zeit t in s	Eigenschaft/Anwendung
normal	≤ 15	Einzel- oder Gesamtversorgung in Krankenhäusern und Kaufhäusern
schnell	1	Antriebsmotor ständig in Betrieb für Flughafen- und Tunnelbeleuchtung
sofort	0	Antriebsmotor (Dieselaggregat) treibt Synchrongenerator für Fernsprech- und Computeranlage in Betrieben

Besondere Bestimmungen

DIN VDE 0108-100: 05-01

Größen \ Anlagen	Versammlungs-stätten, Geschäfts-häuser, Gaststätten	Hotels, Hochhäuser, Schulen	Bühnen, Szenen-flächen	Rettungswege in Arbeits-stätten	Geschlossene Großgaragen	Arbeitsplätze mit besonderer Gefährdung
Beleuchtungs-stärke E_{min} in lx	1	1	3	1	1	10 % von E_n, mindestens 15
Umschaltzeit t in s	1	15	1	15	15	0,5
Betriebsdauer der Ersatzstromquelle t in h	3	3	3	1	3	mindestens 1/60[2]
Dauerschaltung für Rettungszeichen-Bel.	ja	ja	ja	nein	ja	nein
Dauerschaltung für Rettungswege-Bel.	ja[1]	nein	nein	nein	nein	nein

[1] Nur für Rettungswege außerhalb von Versammlungsstätten   [2] Dauer der Gefährdung

Bemessung und Prüfungsvorschriften

Eigenschaften	Einzelbatterie	Gruppenbatterie	Zentralbatterie
Leuchtenzahl	≤ 2 Leuchten	≤ 20 Leuchten	> 2 Leuchten
Batteriegröße	keine Begrenzung	900 W	keine Begrenzung
Batterieart	wartungsfrei	wartungsfrei und ortsfest	offen und ortsfest
Aufstellungsort	nahe der Leuchte	gesonderter Betriebsraum	
Umschaltung	automatisch, wenn Netzspannung für t ≤ 0,5 s auf 85 % von U_n sinkt		
Funktionsprüfung	wöchentlich	täglich	
Betriebsdauerprüfung	jährlich, Betriebsdauertest außerhalb der Betriebszeit		

Schutzarten durch Gehäuse
Degrees of protection provided by enclosures

DIN VDE 0470-1: 00-09

Kennzeichnung

IP 2 3 C H

Kennbuchstaben (**I**nternational **P**rotection)
1. Kennziffer
(Schutz geg. Eindringen von Fremdkörpern u. Staub)
2. Kennziffer
(Schutz gegen Eindringen von Wasser)
Wird eine Kennziffer nicht angegeben, so ist sie
durch ein X zu ersetzen.

Zusätzlicher Buchstabe (Schutz gegen Zugang zu gefährlichen Teilen)
Ergänzender Buchstabe
Ergänzender/zusätzlicher Buchstabe kann
entfallen. Mehrere Buchstaben sind in al-
phabetischer Reihenfolge zu nennen.

1. Kenn-ziffer	Bild-zeichen[1]	Beschreibung	2. Kenn-ziffer	Bild-zeichen[1]	Beschreibung
0		Kein Schutz	0		Kein Schutz
1		Schutz gegen Eindringen großer Fremdkörper (d > 50 mm)	1		Schutz gegen senkrecht fallendes Wasser (Tropfwasser)
2		Schutz gegen Eindringen mittelgroßer Fremdkörper (d > 12 mm)	2		Schutz gegen schräg fallendes Wasser (Tropfwasser) bis zu 15° Neigung
3		Schutz gegen Eindringen kleiner Fremdkörper (d > 2,5 mm)	3		Schutz gegen Sprühwasser mit max. 60° zur Senkrechten (Regen)
4		Schutz gegen Eindringen kornförmiger Fremdkörper (d > 1 mm)	4		Schutz gegen Spritzwasser aus allen Richtungen
5		Schutz gegen Staubablagerungen (staubgeschützt) und vollständiger Berührungsschutz	5		Schutz gegen Wasserstrahl aus allen Richtungen
6		Schutz gegen Eindringen von Staub (staubdicht), vollständiger Berührungsschutz	6		Schutz gegen starken Wasserstrahl aus allen Richtungen
			7		Schutz bei zeitweiligem Untertauchen
			8		Schutz bei dauerndem Untertauchen
			–	...m	Schutz gegen Eindringen von Wasser unter Druck (druckwasserdicht)

ergänzender Buchstabe	Beschreibung	zusätzlicher Buchstabe	Beschreibung
A	Schutz gegen Zugang mit Handrücken	H	Hochspannungs-Betriebsmittel
B	Schutz gegen Zugang mit Finger	M	Schutz gegen Wasser geprüft bei bewegten Teilen
C	Schutz gegen Zugang mit Werkzeug	S	Schutz gegen Wasser geprüft bei stillstehenden, beweglichen Teilen
D	Schutz gegen Zugang mit Draht	W	Schutz vor festgelegten Wetterbedingungen, mit zusätzlichen Schutzmaßnahmen

[1] Übliche Kennzeichnung bei Leuchten

Gebäudetechnik

Überspannungsschutz – *Over-voltage protection*

Störursachen

Blitzentladung

Ferneinschlag in Freileitung	Naheinschlag in Daten-/Versorgungsleitung	Direkteinschlag in Gebäude	Atmosphärische Spannungsentladung	Schalthandlung in Versorgungsnetzen
⇩	⇩	⇩	⇩	⇩
Überschreiten der Spannungsfestigkeit	Einkopplung des Blitzstromes in Anlage	Potenzialanhebung metallener Teile	Übertragungsfehler in Bereichen der EDV, Mess-, Steuer- und Regelungstechnik	

Schutzgeräte

Installationsort	Schutzmaßnahme	Funktion der Schutzmaßnahme	Schutzgerät/Anforderungsklasse	Überspannungsbegrenzung	Abb.
Hauptverteilung – zwischen HAK und Zähler	Blitzschutz, Potenzialausgleich	Schutz gegen Eindringen von Blitzströmen	Blitzstromableiter, Typ 1 (Grobschutz)	$U \leq 6$ kV	①
Unterverteilung – vor RCD	Überspannungsschutz in Verteileranlage	Schutz gegen Überspg. zwischen L und PE sowie N und PE	Überspannungsschutzgerät, Typ 2 (Mittelschutz)	$U \leq 4$ kV	②
Steckdose, Geräteanschluss	Überspannungsschutz am Endgerät	Geräteschutz	Überspannungsschutzgerät, Typ 3 (Feinschutz)	$U \leq 1,5$ kV	③

Blitzstromableiter ①	Überspannungsschutzgerät ②	Geräteschutzadapter ③
Einbau in Schaltanlage nicht möglich ⇒ Blitzstromableiter in separatem Gehäuse installieren. (Bedienungsanleitung beachten!)	Signal bei Auslösung der Vorsicherung ⇒ Überspannungsschutzgerät mit Meldekontakten (Wechsler) einsetzen.	Schutz gegen Über- und Störspannungen ⇒ Adapter mit Schutzschaltung einbauen.

Schutzgeräte vor Endgeräten

Einbau im TN-System

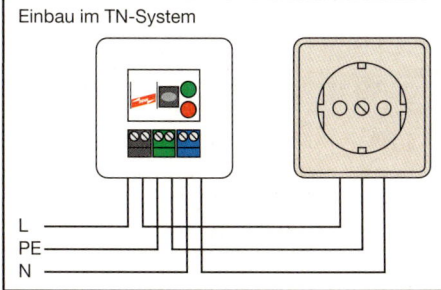

Einbau im TT-System

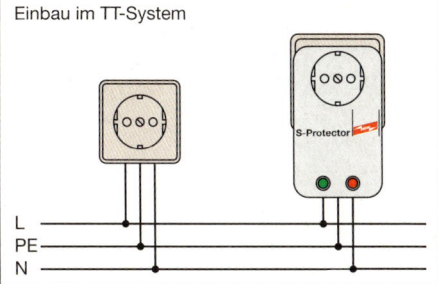

L
PE
N

Überspannungsschutz – *Over-voltage protection*

Übersicht

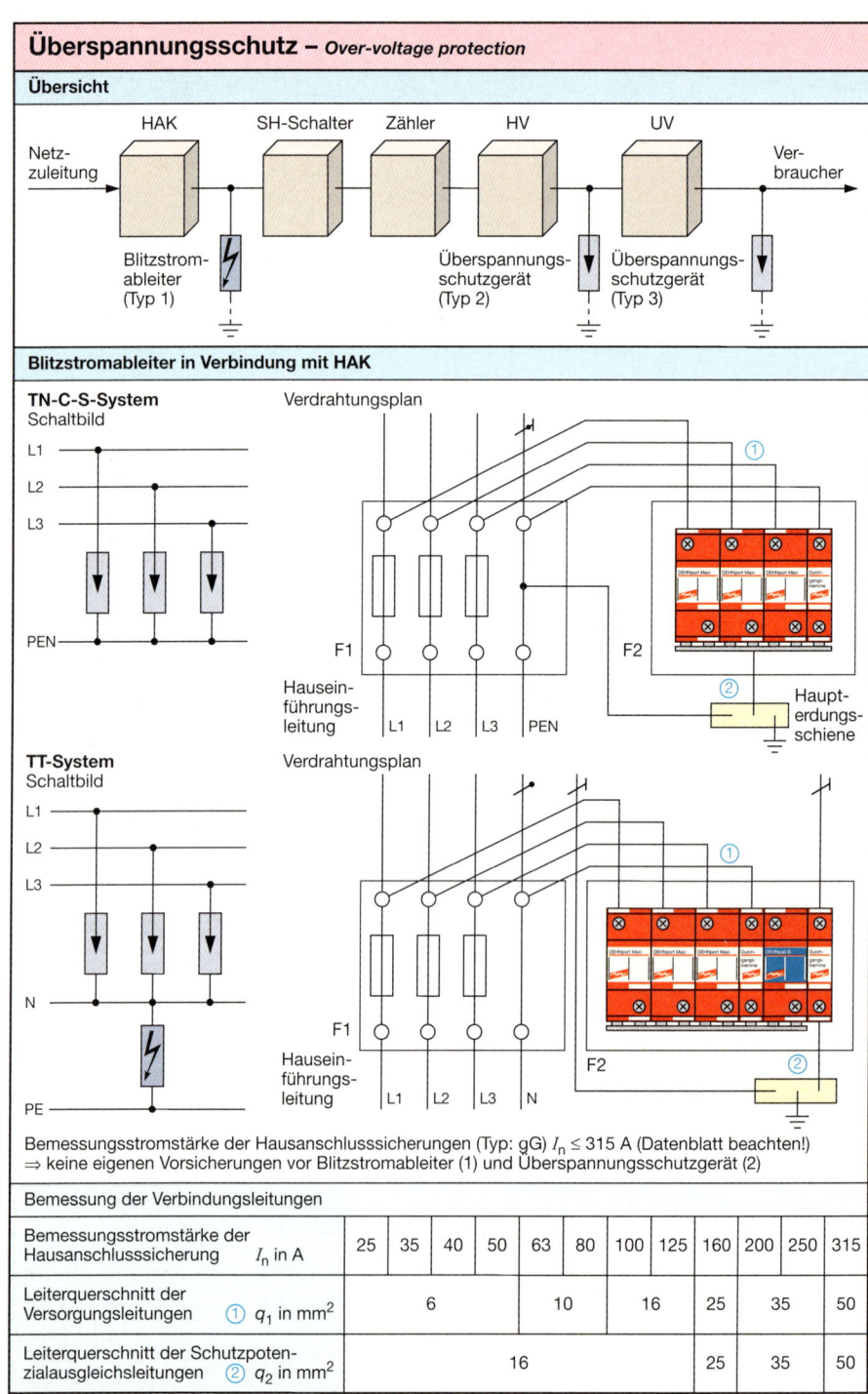

Blitzstromableiter in Verbindung mit HAK

TN-C-S-System Schaltbild — Verdrahtungsplan

TT-System Schaltbild — Verdrahtungsplan

Bemessungsstromstärke der Hausanschlusssicherungen (Typ: gG) $I_n \leq 315$ A (Datenblatt beachten!)
⇒ keine eigenen Vorsicherungen vor Blitzstromableiter (1) und Überspannungsschutzgerät (2)

Bemessung der Verbindungsleitungen

Bemessungsstromstärke der Hausanschlusssicherung I_n in A	25	35	40	50	63	80	100	125	160	200	250	315
Leiterquerschnitt der Versorgungsleitungen ① q_1 in mm²	6	6	6	6	10	10	16	16	25	35	35	50
Leiterquerschnitt der Schutzpotenzialausgleichsleitungen ② q_2 in mm²	16	16	16	16	16	16	16	16	25	35	35	50

Blitzschutzanlagen – *Lightning protection systems*

Bauteile der Anlage

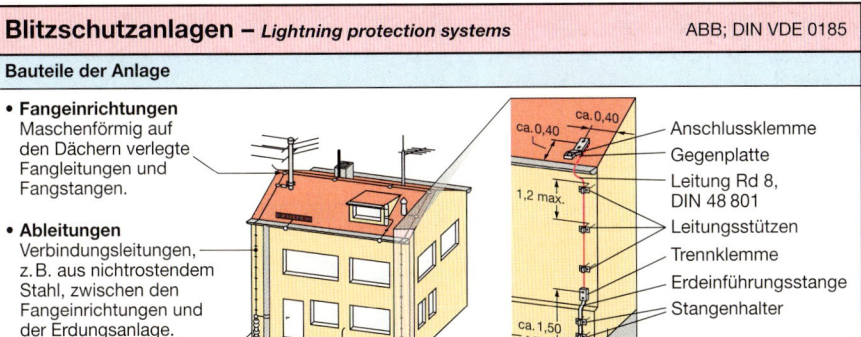

- **Fangeinrichtungen**
  Maschenförmig auf den Dächern verlegte Fangleitungen und Fangstangen.

- **Ableitungen**
  Verbindungsleitungen, z. B. aus nichtrostendem Stahl, zwischen den Fangeinrichtungen und der Erdungsanlage.

- **Erdungen**
  Z. B. der Fundamenterder.

Labels in figure:
- ca. 0,40
- ca. 0,40
- ca. 0,40
- 1,2 max.
- ca. 1,50
- ca. 0,50
- Maße in m
- Anschlussklemme
- Gegenplatte
- Leitung Rd 8, DIN 48 801
- Leitungsstützen
- Trennklemme
- Erdeinführungsstange
- Stangenhalter
- Klemmschraube M 10
- Leitung Rd 10, DIN 48 801

Hauptableitungen (HA)

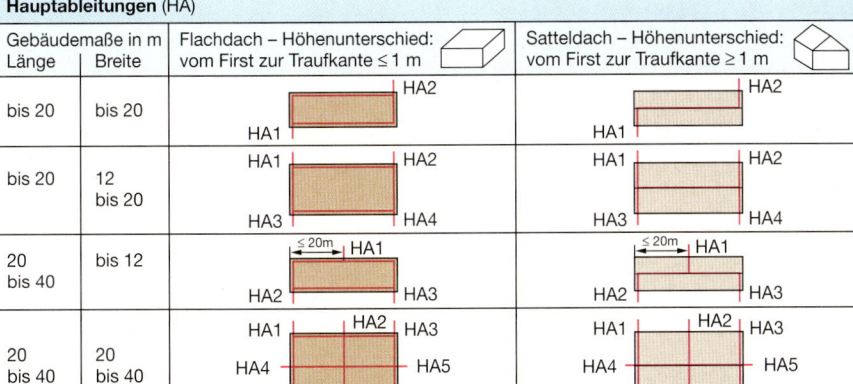

Gebäudemaße in m		Flachdach – Höhenunterschied: vom First zur Traufkante ≤ 1 m	Satteldach – Höhenunterschied: vom First zur Traufkante ≥ 1 m
Länge	Breite		
bis 20	bis 20	HA1 · HA2	HA1 · HA2
bis 20	12 bis 20	HA1 · HA2 / HA3 · HA4	HA1 · HA2 / HA3 · HA4
20 bis 40	bis 12	≤ 20m HA1 / HA2 · HA3	≤ 20m HA1 / HA2 · HA3
20 bis 40	20 bis 40	HA1 · HA2 · HA3 / HA4 · HA5 / HA6 · HA7 · HA8	HA1 · HA2 · HA3 / HA4 · HA5 / HA6 · HA7 · HA8

Werkstoffe und Abmessungen

Hauptableitungen		Erder	
Werkstoff	Abmessung	Werkstoff	Abmessung
Rundstahl, stark verzinkt, Bandstahl, stark verzinkt, rost- und säurebeständige Stähle	Ø 8 mm Ø 10 mm 20 mm · 2,5 mm Ø 12 mm 30 mm · 3,5 mm	Rundstahl, Bandstahl, Profilstahl, stark verzinkt für Staberder rost- und säurebeständige Stähle	Ø 10 mm 30 mm · 3,5 mm Rohrerder Ø 1 mm Kreuzprofilerder 50 mm · 3 mm Rundstahl Ø 20 mm Ø 12 mm 30 mm · 3,5 mm
Rundkupfer Bandkupfer Kupferseil	Ø 8 mm 20 mm · 2,5 mm 7 mal Ø 3 mm	Rundkupfer Bandkupfer	Ø 8 mm · nur in 20 mm · 2,5 mm · Sonderfällen
Kupferleiter mit Bleimantel, Bleimanteldicke mindestens 1 mm	Draht Ø 8 mm Seil 7 mal Ø 3 mm	Kupferseil	unzulässig
		Kupferleiter mit Bleimantel, Bleimantel mindestens 1 mm dick	Draht Ø 8 mm Seil 7 mal Ø 3 mm
Stahldraht	Ø 8 mm mit 30 % Kupferauflage	Stahldraht	Ø 8 mm mit 30 % · nur in Kupferauflage · Sonderfällen
Rundaluminium[1] Bandaluminium[1]	Ø 10 mm 20 mm · 4 mm		

[1] Verlegung **nicht zulässig**: • unter, auf oder im Putz • in Mörtel oder Beton • im Erdreich

Gebäudetechnik

Explosionsschutz – *Explosion protection*

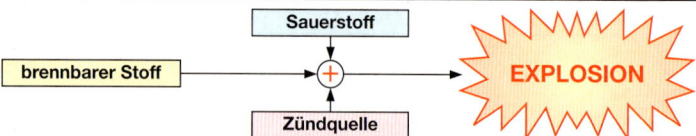

Sauerstoff	
brennbarer Stoff → + →	**EXPLOSION**
Zündquelle	

Integrierter Explosionsschutz

- Bildung explosionsfähiger Atmosphäre verhindern durch
  - Vermeidung brennbarer Stoffe
  - Inertisierung (Unterbindung der Zündfähigkeit durch Zugabe von Stickstoff, Kohlendioxid)
  - Konzentration begrenzen
  - natürliche oder technische Belüftung
- Zündung explosionsfähiger Atmosphäre verhindern
- Auswirkungen einer Explosion auf ein unbedenkliches Maß beschränken.

Sekundärer Explosionsschutz

Anwendung, wenn kein ausreichender integrierter Explosionsschutz möglich ist.
- Zündung explosionsfähiger Atmosphäre verhindern
- EX-Zonen geben Wahrscheinlichkeit für vorhandene explosionsfähige Atmosphäre an.
- Für Zonenanforderung zugelassene Betriebsmittel einsetzen

Gerätegruppen, Zoneneinteilung

Gerätegruppe I		Gerätegruppe II				
für den Einsatz unter Tage		Häufigkeit vorhandener explosionsfähiger Atmosphäre	brennbare Gase, Dämpfe und Nebel	Geräte-kategorie	brennbare Stäube	Geräte-kategorie
M1	Betrieb bei EX-Atmosphäre	ständig, langzeitig	Zone 0	II 1G	Zone 20	II 1D
M2	Abschaltung beim Auftreten explosionsfähiger Atmosphäre	gelegentlich	Zone 1	II 2G	Zone 21	II 2D
		selten, kurzzeitig	Zone 2	II 3G	Zone 22	II 3D

Voraussetzungen für Inverkehrbringen

Inverkehrbringen: Dem Nutzer wird erstmalig ein Produkt zur Verfügung gestellt.

Inverkehrbringer: Hersteller (innerhalb der EU) oder Importeur (in die EU)

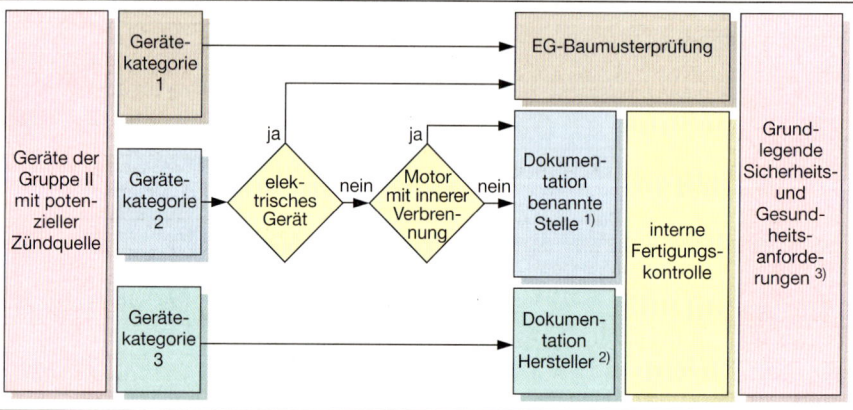

Der Hersteller muss dokumentieren, wie die Gefährdungsanalyse erstellt wurde und der Explosionsschutz konstruktiv gewährleistet wird.

Der Betreiber muss die Inhalte der Baumusterprüfbescheinigung bzw. der Gebrauchs-/Installationsanweisung genau beachten und diese für Prüfzwecke aufbewahren.

[1] Die Dokumentation wird verschlossen bei einer benannten Stelle hinterlegt.

[2] Die Dokumentation muss beim Hersteller aufbewahrt werden.

[3] Der Hersteller muss Hinweise zum bestimmungsgemäßen Gebrauch angeben. Hierin sind insbesondere Gebrauchs-/Installationsvorschriften zu machen, die Einfluss auf den Explosionsschutz haben.

Explosionsschutz – *Explosion protection*

Temperaturklassen

- Beschrieben wird die maximale Oberflächentemperatur in Klassen bei elektrischen Betriebsmitteln der Gruppe II
- Gase und Dämpfe werden in Explosionsgruppen eingeteilt und Temperaturklassen zugeordnet.

Temp.-klasse	Höchstzulässige Oberflächentemperatur	Zündtemperaturen der brennbaren Stoffe
T1	450 °C	> 450 °C
T2	300 °C	300 °C … 450 °C
T3	200 °C	200 °C … 300 °C
T4	135 °C	135 °C … 200 °C
T5	100 °C	100 °C … 135 °C
T6	85 °C	85 °C … 100 °C

Temp.-klasse	Explosionsgruppen			
	I	II A	II B	II C
T1	Methan	Aceton, Aethan, Ethylacetat, Ammoniak, Benzol (rein), Essigsäure, Kohlenoxyd, Methanol, Propan, Toluol	Stadtgas (Leuchtgas)	Wasserstoff
T2	–	Ethylalkohol, i-Amylacetat, n-Butan, n-Butylalkohol	Ethylen	Acetylen
T3	–	Benzine, Dieselkraftstoff, Flugzeugkraftstoff, Heizöle, n-Hexan	–	–
T4	–	Acetaldehyd, Ethylether	–	–
T5	–	–	–	–
T6	–	–	–	Schwefelkohlenstoff

Zündschutzarten

e: erhöhte Sicherheit	d: druckfeste Kapselung
Vermeidung von – unzulässig hohen Temperaturen – Funken-/Lichtbogenbildung	Explosion wird auf Geräteinnenraum begrenzt, geringe Druckabgabe nach außen.
p: Überdruckkapselung	**i: Eigensicherheit**
Zündschutzgas mit Überdruck verhindert Bildung explosionsfähiger Atmosphäre.	geringe Energien, kein Funke/thermischer Effekt möglich
o: Ölkapselung	**q: Sandkapselung**
aktive Teile in Schutzflüssigkeit	Sandfüllung vermeidet Ausbreitung von Explosionen.
m: Vergusskapselung	**n: Zündschutzmethode**
aktive Teile vergossen, keine Zündung möglich	keine Zündung umgebender Atmosphäre möglich; Kombination mehrerer Zündschutzarten

Kennzeichnung explosionsgeschützter Betriebsmittel

Beispiel:

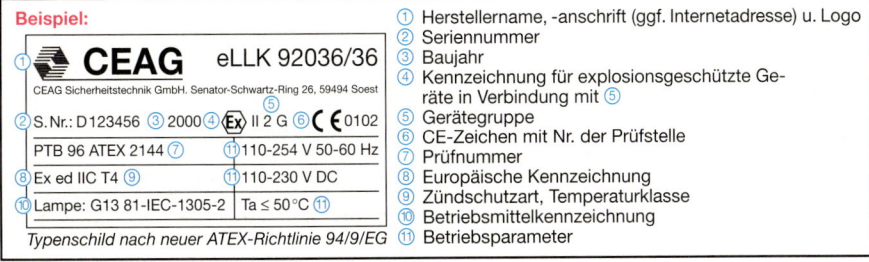

Typenschild nach neuer ATEX-Richtlinie 94/9/EG

① Herstellername, -anschrift (ggf. Internetadresse) u. Logo
② Seriennummer
③ Baujahr
④ Kennzeichnung für explosionsgeschützte Geräte in Verbindung mit ⑤
⑤ Gerätegruppe
⑥ CE-Zeichen mit Nr. der Prüfstelle
⑦ Prüfnummer
⑧ Europäische Kennzeichnung
⑨ Zündschutzart, Temperaturklasse
⑩ Betriebsmittelkennzeichnung
⑪ Betriebsparameter

Gebäudetechnik

Brandschutz – *Fire prevention*

```
                    ┌──────────────┐
                    │ Brandschutz  │
                    └──────┬───────┘
         ┌─────────────────┴─────────────────┐
```

| Tragfähigkeit von Gebäuden sichern. | Mögliches Verlassen brennender Gebäude und Zugang für Rettungsmannschaften ermöglichen. |

| Feuerentstehung vermeiden | Feuerausweitung verhindern | Rauchentwicklung vermeiden | Notwendige Funktionen erhalten |

| Leitungen und Leitungsschutz richtig dimensionieren. | Anlagen, Wanddurchführungen abschotten, Brandlast verringern. | Maßnahmen zum Funktionserhalt |

Begriffe

Brandabschnitt	Abschnitt eines Gebäudekomplexes, der durch Brandwände abgegrenzt ist.	Feuerwiderstandsklasse	Mindestdauer, die ein Bauteil genormter Anforderungen bei definiertem Brandversuch widersteht.
Brandwand	Wand zwischen Brandabschnitten mit dem Ziel, die Ausbreitung von Feuer und Rauch zu verhindern.	Kurzzeichen:	**Beispiel:** F 90 ─┐
		F	Brandwände Dauer in Min.
		T	Türen, Tore, Klappen
		S	Kabelabschottungen
Brandlast	Energiemenge von Baustoffen, die bei Verbrennung freigesetzt wird.	E	Funktionserhalt elektr. Leitungen
		I	Installationsschächte/ -kanäle

Durchführung durch Brandwände

| Brandschutzrahmen | Brandschutzmörtel/ -spachtel | Brandschutzkissen |

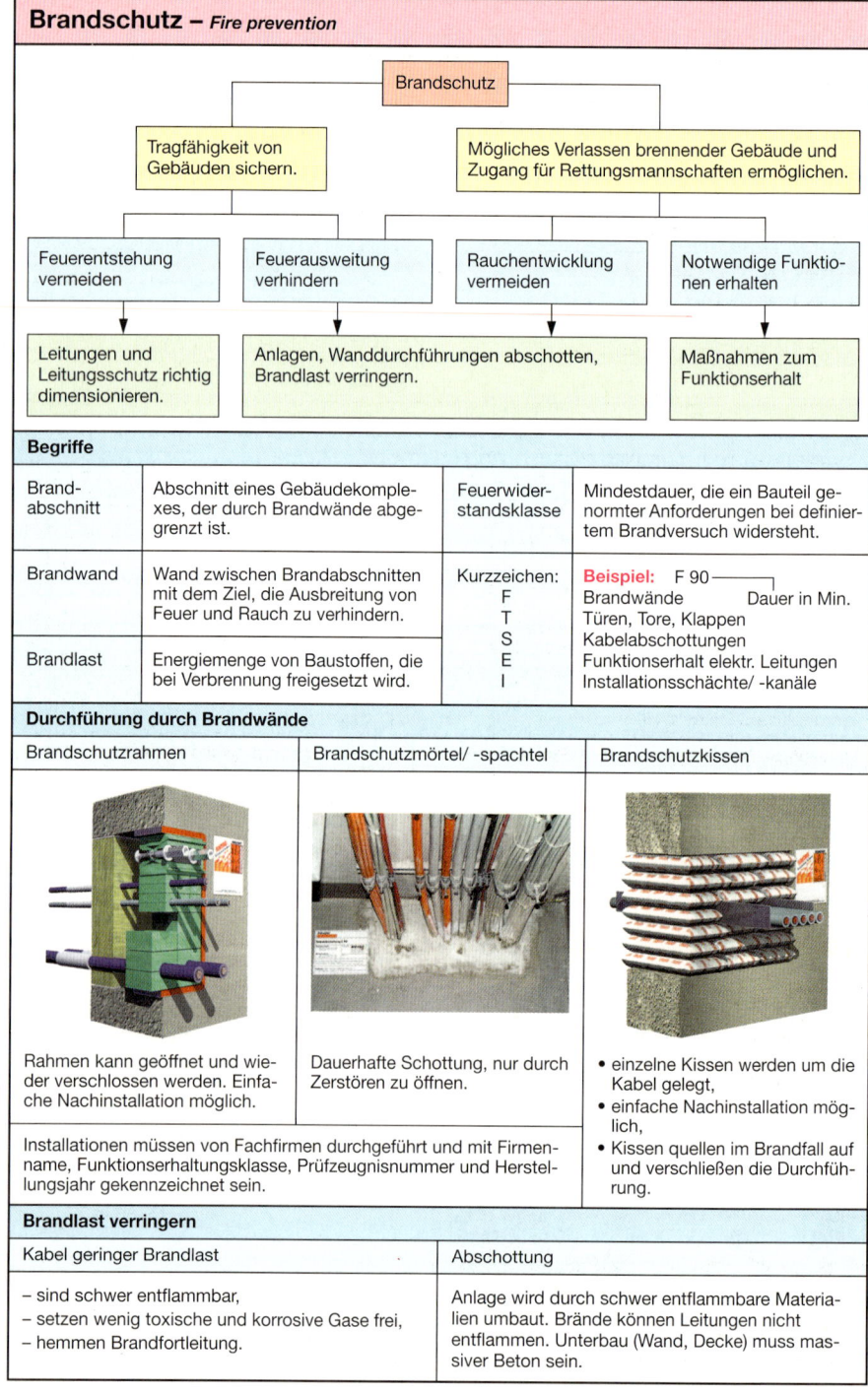

| Rahmen kann geöffnet und wieder verschlossen werden. Einfache Nachinstallation möglich. | Dauerhafte Schottung, nur durch Zerstören zu öffnen. | • einzelne Kissen werden um die Kabel gelegt,
 • einfache Nachinstallation möglich,
 • Kissen quellen im Brandfall auf und verschließen die Durchführung. |

Installationen müssen von Fachfirmen durchgeführt und mit Firmenname, Funktionserhaltungsklasse, Prüfzeugnisnummer und Herstellungsjahr gekennzeichnet sein.

Brandlast verringern

Kabel geringer Brandlast	Abschottung
– sind schwer entflammbar, – setzen wenig toxische und korrosive Gase frei, – hemmen Brandfortleitung.	Anlage wird durch schwer entflammbare Materialien umbaut. Brände können Leitungen nicht entflammen. Unterbau (Wand, Decke) muss massiver Beton sein.

Gebäudetechnik

Funktionserhalt – *Functional endurance*

- Aufrechterhaltung der Stromversorgung im Brandfall
- Funktion muss bei Brand definierte Zeit erhalten bleiben.
- Forderung für Gebäude mit erhöhtem Sicherheitsrisiko (Versammlungsstätten, Krankenhäuser, Hotels, Industrieanlagen, Rechenzentren)

- **MLAR** (**M**uster **L**eitungs **A**nlagen **R**ichtlinie) durch deutsches Institut für Baurecht veröffentlicht.
- MLAR ist Basis für Umsetzung in bundeslandspezifisches Baurecht.

Dauer des Funktionserhalts

E30 (30 min. für Evakuierung)	E90 (90 min. für Brandbekämpfung)
• Sicherheitsbeleuchtungsanlagen • Brandmeldeanlagen • Alarmierungs-/Lautsprecheranlagen (ELA) • Lüftungs-, Rauchabzugsanlagen	• Feuerwehraufzüge • Bettenaufzüge in Krankenhäusern • maschinelle Rauchabzugsanlagen • Wasserdruckerhöhungsanlagen • Sprinkleranlagen

Installationsanforderungen

- Leitungsanlagen inkl. Verteiler, zentraler Notlicht-/ELA-Anlagen in Funktionserhalt installieren.
- Sicherheitsbeleuchtungsanlagen, die ausschließlich zur Versorgung des betroffenen Brandabschnittes dienen, sind von den Anforderungen ausgenommen.
- Bei Leitungsdimensionierung ist für die längste Brandabschnittsdurchquerung eine erhöhte Leitertemperatur/ -widerstand zu berücksichtigen (im Beispiel Leitung durch Brandabschnitt 2).

Beispiel:

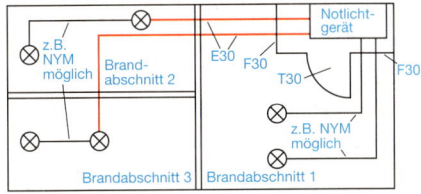

Installation

Integrierter Funktionserhalt	Abschottung

- Leitungsanlage kann direkt einem Brand ausgesetzt werden.
- Verwendung feuerbeständiger, geprüfter Leitungen

Beispiele:

Aderumhüllung Polyolefin flammwidrig halogenfrei	**Flammbarriere** Keram-Hochleistungscompound, flammwidrig halogenfrei

Mantel Polyolefin flammwidrig halogenfrei	**Aderisolation** Spezialcompound flammwidrig halogenfrei	**Adern** Ein-/Mehrdrähtig

- Installation nur mit geprüften und zugelassenen Trage- und Befestigungseinheiten

Beispiel:

zugelassene Metalldübel und Metallschellen

- Leitungsanlage wird durch feuerwiderstandsfähiges Material umbaut.
- Installation nur mit geprüften und zugelassenen Trageeinheiten.
- Es können Standardleitungen verwendet werden.

Beispiel:

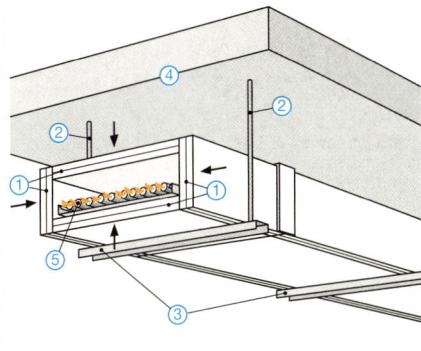

① feuerbeständige Platten
② Gewindestab
③ U-Profil
④ Decke
⑤ konventionelle Leitungen

Gebäudetechnik

389

Wärmepumpen – *Heat pumps*

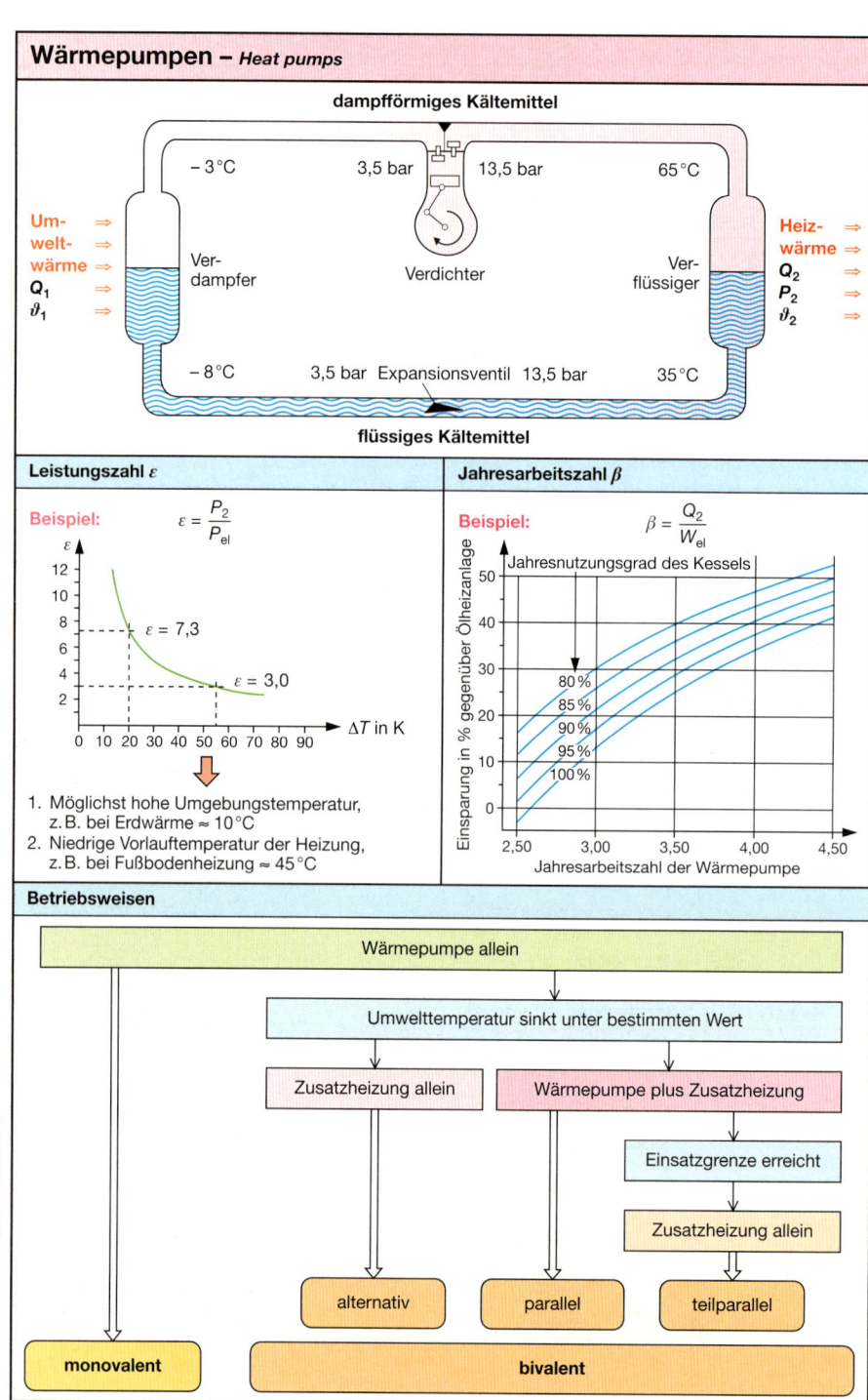

dampfförmiges Kältemittel

– 3 °C   3,5 bar   13,5 bar   65 °C

Um-weltwärme Q_1 ϑ_1 ⇒

Verdampfer   Verdichter   Verflüssiger

Heizwärme Q_2 P_2 ϑ_2 ⇒

– 8 °C   3,5 bar   Expansionsventil   13,5 bar   35 °C

flüssiges Kältemittel

Leistungszahl ε

Beispiel:

$$\varepsilon = \frac{P_2}{P_{el}}$$

$\varepsilon = 7{,}3$

$\varepsilon = 3{,}0$

ΔT in K

1. Möglichst hohe Umgebungstemperatur, z.B. bei Erdwärme ≈ 10 °C
2. Niedrige Vorlauftemperatur der Heizung, z.B. bei Fußbodenheizung ≈ 45 °C

Jahresarbeitszahl β

Beispiel:

$$\beta = \frac{Q_2}{W_{el}}$$

Jahresnutzungsgrad des Kessels

80 %
85 %
90 %
95 %
100 %

Einsparung in % gegenüber Ölheizanlage

Jahresarbeitszahl der Wärmepumpe

Betriebsweisen

Wärmepumpe allein

Umwelttemperatur sinkt unter bestimmten Wert

Zusatzheizung allein

Wärmepumpe plus Zusatzheizung

Einsatzgrenze erreicht

Zusatzheizung allein

alternativ   parallel   teilparallel

monovalent   bivalent

Wärmepumpenarten – *Heat pump-types*

DIN 8901: 02-12

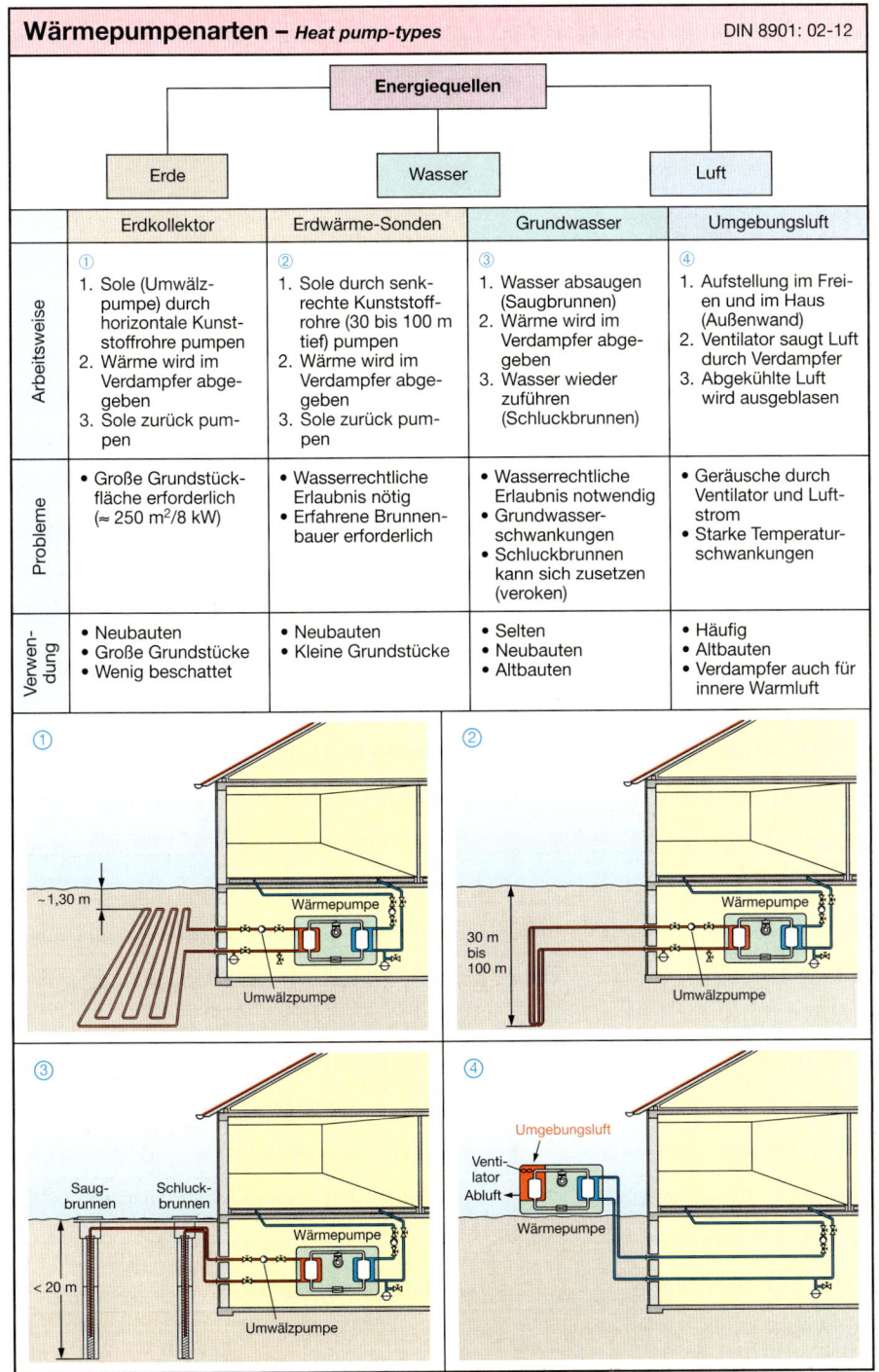

Energiequellen

Erde		Wasser	Luft

	Erdkollektor	Erdwärme-Sonden	Grundwasser	Umgebungsluft
Arbeitsweise	① 1. Sole (Umwälz-pumpe) durch horizontale Kunst-stoffrohre pumpen 2. Wärme wird im Verdampfer abge-geben 3. Sole zurück pum-pen	② 1. Sole durch senk-rechte Kunststoff-rohre (30 bis 100 m tief) pumpen 2. Wärme wird im Verdampfer abge-geben 3. Sole zurück pum-pen	③ 1. Wasser absaugen (Saugbrunnen) 2. Wärme wird im Verdampfer abge-geben 3. Wasser wieder zuführen (Schluckbrunnen)	④ 1. Aufstellung im Frei-en und im Haus (Außenwand) 2. Ventilator saugt Luft durch Verdampfer 3. Abgekühlte Luft wird ausgeblasen
Probleme	• Große Grundstück-fläche erforderlich (≈ 250 m²/8 kW)	• Wasserrechtliche Erlaubnis nötig • Erfahrene Brunnen-bauer erforderlich	• Wasserrechtliche Erlaubnis notwendig • Grundwasser-schwankungen • Schluckbrunnen kann sich zusetzen (veroken)	• Geräusche durch Ventilator und Luft-strom • Starke Temperatur-schwankungen
Verwen-dung	• Neubauten • Große Grundstücke • Wenig beschattet	• Neubauten • Kleine Grundstücke	• Selten • Neubauten • Altbauten	• Häufig • Altbauten • Verdampfer auch für innere Warmluft

① ~1,30 m · Wärmepumpe · Umwälzpumpe

② 30 m bis 100 m · Wärmepumpe · Umwälzpumpe

③ Saug-brunnen · Schluck-brunnen · < 20 m · Wärmepumpe · Umwälzpumpe

④ Umgebungsluft · Venti-lator · Abluft · Wärmepumpe

Gebäudetechnik

391

Klimatisierung – *Air-conditioning*

Behaglichkeit

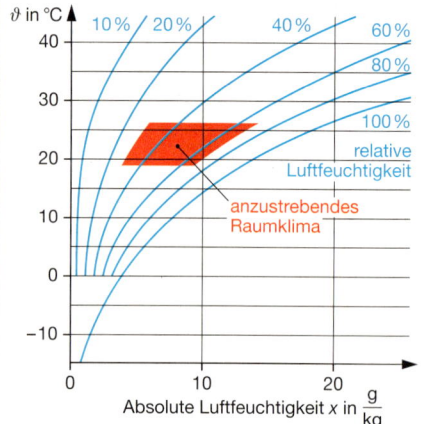

ϑ in °C

Absolute Luftfeuchtigkeit x in $\frac{g}{kg}$

10 % 20 % 40 % 60 % 80 % 100 %

relative Luftfeuchtigkeit

anzustrebendes Raumklima

Einflussgrößen:

- **Gleichmäßige Temperatur**
  Im Raum soll die Temperatur möglichst gleich hoch sein.

- **Empfundene Temperatur**
  liegt ungefähr im Mittel zwischen Raumtemperatur und Gebäudewand-Temperatur.

- **Luftströmung**
  über 0,2 m/s wird als unangenehmer „Zug" empfunden.

- **Relative Luftfeuchtigkeit**
  ist das Verhältnis des vorhandenen Wasserdampfes in der Luft zum speicherbaren Wasserdampf. Je höher die Temperatur der Luft ist desto größer ist die speicherbare Menge.

- **Absolute Luftfeuchtigkeit**
  ist der vorhandene Wasserdampf in g bezogen auf die Luftmasse in kg.

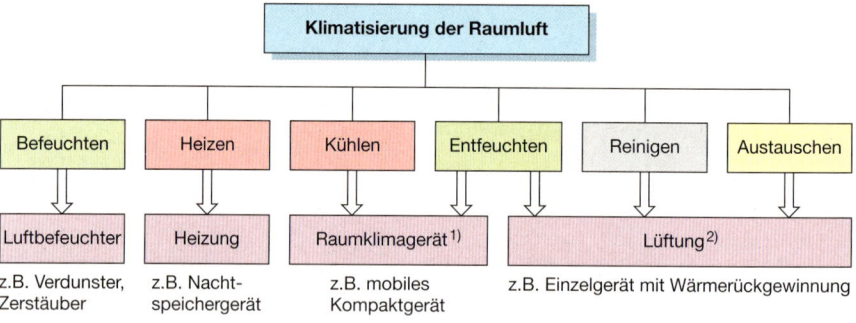

Klimatisierung der Raumluft

| Befeuchten | Heizen | Kühlen | Entfeuchten | Reinigen | Austauschen |

| Luftbefeuchter | Heizung | Raumklimagerät[1] | Lüftung[2] |

z.B. Verdunster, Zerstäuber

z.B. Nachtspeichergerät

z.B. mobiles Kompaktgerät

z.B. Einzelgerät mit Wärmerückgewinnung

[1] Diese Bezeichnung ist irreführend, da diese Geräte nicht „Klimatisieren".

[2] In Lüftungsgeräten können Geräte eingebaut sein, die die Zuluft erhitzen.

Wohnraumlüftung

Belastungen der Raumluft:

- Stoffwechselprodukte des Menschen
  z.B. H_2O, CO_2, Ausdünstung

- Tätigkeiten des Menschen
  z.B. H_2O, Geruch (Kochen)

- Baumaterialien, Möbel, Teppiche u.ä.
  z.B. Schadstoffe

- Textilien, Haustiere
  z.B. Staub, Keime

- Verbrennungen
  z.B. Tabakrauch, Kaminrauch

Folgen:

- Unwohlsein durch CO_2-Konzentration

- Schimmel durch Wasserniederschlag

- Hausstaubmilben u.a. Kleinlebewesen durch zu hohe relative Luftfeuchtigkeit

Luftaustausch erforderlich

mindestens alle 3 h

Lüftung durch Anlagen

Vorteile mechanischer Belüftungsanlagen:

- Energieeinsparung durch Wärmerückgewinnung

- Dämpfung der Außengeräusche

- Reinigung der Raumluft

- Reinigung der Außenluft

- Verringerung der Luftströmung

Mechanische Lüftung – *Mechanical ventilation*

Prinzip

① Lüfter
für Fortluft

②⑦ Wärme-
austau-
scher

③ Lüfter
für Zuluft

④ Filter
für Zuluft

⑤ Luftkanäle

⑥ Filter
für Abluft

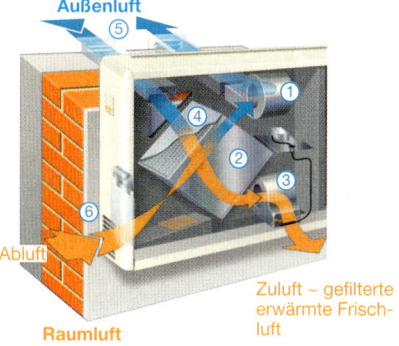

Zuluft ~ gefilterte
erwärmte Frisch-
luft

Kreuzstrom-Wärmeaustauscher

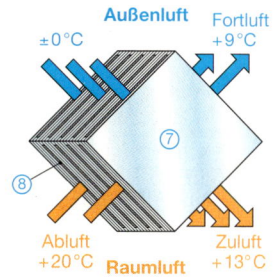

Die hier angegebenen Temperaturen sind Richtwerte

Komponenten

- **Ein-/Auslässe**
müssen richtig platziert werden, damit die Frisch-
luft gut verteilt wird. Sie können an der Decke
oder im oberen Wandteil sitzen, für Zuluft auch
im Boden.

- **Kanäle/Rohre**
sollen glatte Innenflächen haben.
Flexible Rohre haben große Strömungswider-
stände.
Zum Vermeiden von Geräuschübertragungen
sind Schalldämpfer eingebaut.

- **Filter**
werden als Faser-, Kohle- oder Elektrofilter ein-
gebaut.
Grobfilter (G1…G4) haben Wirkungsgrade von
65…90%,
Feinfilter (F5…F9) von 60…95%.
Filter erhöhen den Luftwiderstand.
Wartung: 3…6 Monate

- **Ventilatoren**
müssen leise und energiesparend sein.
Es werden 0,5 W Leistung je m³ beförderte Luft

benötigt. Die eingesetzte Ventilatorenergie ver-
hält sich zur gewonnenen Wärmeenergie wie
etwa 1:5.
Wartung: 1…2 Jahre

- **Wärmeaustauscher**
übertragen die Wärmeenergie der Abluft in die
Zuluft.
Bei den **Rekuperatoren** (Wärmeaustauscher)
werden die beiden Luftströme durch getrennte
Kammern geführt. Der Wärmeaustausch erfolgt
dabei über die Trennwände ⑧.
Kreuzstrom-Wärmeaustauscher werden dabei
am häufigsten eingesetzt. Sie haben eine Rück-
wärmezahl (Temperaturdifferenz der Zuluft und
der Außenluft geteilt durch die Differenz der Abluft und der Außenluft) von 65%.
Beim Gegenstrom-Verfahren werden bis zu 80%
erreicht.
Regenerative Wärmeaustauscher arbeiten mit
Speichermedien.
Wartung: 1…2 Jahre

Arten

Einzelraumlüftung		Zentrale Wohnungslüftung	
ohne	mit	ohne	mit
Wärmerückgewinnung		Wärmerückgewinnung	
• Schalldämmlüfter mit Ventilator z.B. Fensterbank-gerät	• Kompaktgerät für – Außen-, – Innenmontage oder – Wanddurchlass	• Ventilator saugt Raumluft ab. • Entstandener Unter-druck saugt Außen-luft durch Durchlässe in die Räume.	• Ventilator führt Abluft durch Wärmeaustau-scher und/oder Wär-mepumpe. • Zuluft wird erwärmt. • Energienutzung für Warmwasserversor-gung möglich.
Anwendung: • Außenlärm • Starke Emission im Raum • Hohe Feuchtigkeit im Raum		Anwendung: • Einfamilienhäuser • Wohnungen in Mehrfamilienhäusern	

Sicherheitstechnik – *Safety systems*

Bestimmungen und Vorschriften

- DIN VDE 0833
  Inhalt: Allgemeine und spezielle Anforderungen

> **Teil 1: Gefahrenmeldeanlagen (GMA)**
> Sie sind Fernmeldeanlagen, die Gefahren für Leben und Sachwerte melden. Dazu gehören auch die
> – Erfassung von Störngen in der Anlage und
> – Überwachung der Übertragungswege

> **Teil 2: Brandmeldeanlagen (BMA)**

> **Teil 3: Einbruch- (EMA) und Überfallmeldeanlagen (ÜMA)**

- DIN VDE 0800
- Verband der Schadensversicherer (VdS)
  – Prinzip, Aufbau, Installation und Betrieb von GMA
  – Unterschieden werden dabei die Sicherheitsklassen A, B und C
- Unfallverhütungsvorschriften
- Polizei-Richtlinien, Landeskriminalamt
- Bundesamt für Sicherheit in der Informationstechnik (BSI)
- EX-Schutz
- Baurecht

Brandmeldeanlagen

- Aufgabe: Brand und Feuer sollen frühzeitig erkannt und gemeldet werden. Die automatischen bzw. nichtautomatischen Sensoren sind ständig aktiv und mit der Zentrale verbunden.
- Eine zusätzliche Löschanlage kann ggf. durch die BMA ausgelöst werden.
- Energieversorgung:
  – Wechselspannungsnetz mit separatem und rot gekennzeichneten Leitungsschutzschalter
  – Unterbrechungsfreie Stromversorgung bei Netzausfall (Akkumulatoren)
  – Der Ausfall einer der beiden Energiequellen muss akustisch und optisch signalisiert werden.
- Die in der Peripherie angeschlossenen Geräte müssen mit einem eigenen Leitungsnetz betrieben werden.
- Die Leitungen sind in der Regel rot gekennzeichnet.
- Bei Verlegung von Brandmeldeleitungen mit anderen Leitungen müssen diese besonders gekennzeichnet werden.

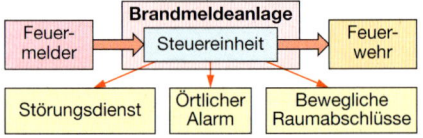

Gefahrenmeldeanlage (DIN VDE 0833)

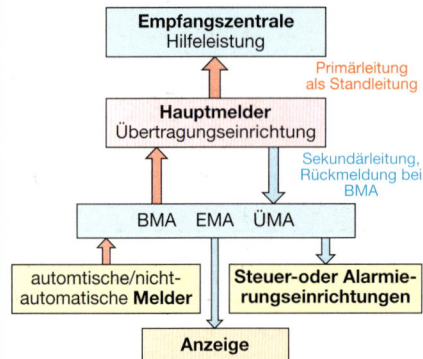

- **Primärleitungen:**
  Eine Leitung, die ständig auf Unterbrechung und Kurzschluss überwacht wird.
- **Sekundärleitung:**
  Eine nicht überwachte Leitung, die als Signal- und Meldeleitung verwendet wird.
- **Scharfschaltung:**
  Über einen mechanischen oder automatischen Schlüsselschalter wird die Anlage in Alarmbereitschaft geschaltet.
- **Stiller Arm:**
  Alarmauslösung erfolgt ohne optische oder akustische Signalisierung bei der örtlichen Meldeanlage.

Einbruchmeldeanlage

- Aufgabe: Automtische Überwachung von Gegenständen auf Diebstahl oder Flächen bzw. Räumen auf unbefugtes Eindringen.
- Sensoren in Meldegruppen sind ständig aktiv oder werden über eine Scharfstellung ein- bzw. ausgeschaltet.
- Die Ergebnisse der Sensorüberwachung werden ausgewertet, signalisiert oder weitergeleitet.
- Zugängliche Türen und die Deckel der Anlage müssen im scharf geschalteten Zustand gegen Sabotage überwacht werden.

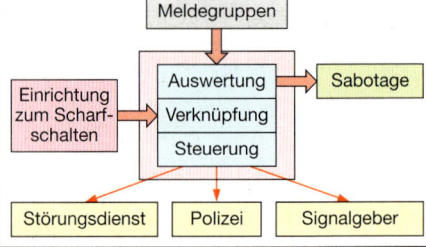

Überfallmeldeanlage

- In der Regel ist sie Bestandteil einer Einbruchmeldeanlage und dient dem direkten Hilferuf von Personen bei einem Überfall.
- Die Anlage hat die Aufgabe, die Meldung von einem Alarmauslöser bzw. Überfallmelder auszuwerten und weiterzuleiten, in der Regel an die Polizei.

Einbruchmelder und Meldelinien – *Burglar alarm sensors and alarm lines*

Einbruchmelder

VdS: **V**erband **d**er **S**achversicherer e.V.

- **Kontaktüberwachung**
  - Magnetkontakte
  - Schließblechkontakte
  - Elektromechanische Kontakte
  - Übergangskontakte
- **Flächenüberwachung**
  - Vibrationskontakte
  - Folien (aus Metallstreifen)
  - Alarmdrahttapeten, Bespannungen und Kunststoff-Folien mit Alarmdrahteinlage
  - Alarmglas
  - Fadenzugkontakte
  - Passive Glasbruchmelder
  - Aktive Glasbruchmelder
  - Körperschallmelder
- **Feldmäßige Überwachung**
  - Kapazitive Feldänderungsmelder
- **Streckenüberwachung**
  - Lichtschranken
- **Räumliche Überwachung**
  - Bewegungsmelder
  - Mikrowellen-Bewegungsmelder
  - Ultraschall-Bewegungsmelder
  - Infrarot-Bewegungsmelder

Melder mit 4-Leiter-Anschluss

GM1

Vorteil: Höhere Sabotagesicherheit durch Einbindung der zusätzlichen Anschlüsse in die Meldelinien.

Melder mit Betriebsspannung

GM1

Elektronischer Glasbruchmelder in 4-Leiter-Technik.

Meldelinien

Ruhestromprinzip

MK1 MK2

S0

Nachteil: Sabotagemöglichkeit durch Überbrückung der Melder.

Arbeitsstromprinzip

S0

GM1 GM2 Melder

Nachteil: Sabotagemöglichkeit durch Unterbrechung am Melder.

Differenzialprinzip

MK1 MK2

GM1 GM2 R

Ein oder mehrere Widerstände werden in die Meldelinie eingefügt. Der Widerstandswert wird von der Zentrale (Brückenschaltung) ständig überwacht.

Symbole für Einbruchmeldeanalgen (EMA)

Symbol	Bezeichnung	Symbol	Bezeichnung	Symbol	Bezeichnung	Symbol	Bezeichnung
■	Magnetkontakt **MK**	⊔⊔⊔⊔	Flächenschutz **FÜ**	♟	Schließblechkontakt **SK**	▢···▢	Lichtschranke **LS**
●	Öffnungskontakt **ÖK**	⊓⊓⊓	Alarmglas **ADG**	⊃o	Glasbruchmelder **GM**	Z	Zentrale **Z**
◄	Vibrationskontakt **VK**	⊥	Druckmelder **DM**	⊃o	Körperschallmelder **KS**	V	Verteiler **V**
▼	Pendelkontakt **PK**	⚭	Bildermelder **BM**	◎	Überfallmelder **ÜM**	⊗	Optischer Signalgeber **SO**
✦	Fadenzugkontakt **FK**	⚙	Blockschloss **SM**	⇌	Kapazitiv-Feldänderungsmelder **KFM**	⊏┄┄┐	Hochfrequenzschranke **HFS**
⦙⋰	Ultraschall-Bewegungsmelder **UM**	◁ː	Infrarot-Bewegungsmelder **IM**	◀⌒	Mikrowellen-Bewegungsmelder **MM**	◀⟋	Mikrowellenschranke **MS**

Einbruchmeldeanlagen – *Burglar alarm systems*

Beispiel für Melder im Fensterbereich

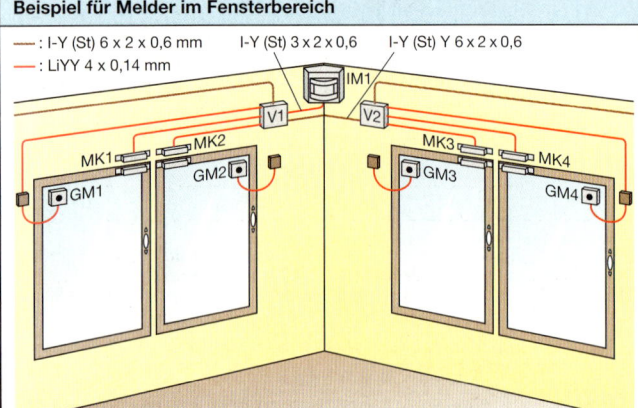

— : I-Y (St) 6 x 2 x 0,6 mm   I-Y (St) 3 x 2 x 0,6   I-Y (St) Y 6 x 2 x 0,6
— : LiYY 4 x 0,14 mm

Leitung LiYY

0,14 mm^2 x Aderzahl	Durchmesser in mm
2 x 2	4,9
3 x 2	5,0
4 x 2	5,4
5 x 2	5,9
6 x 2	6,3

Flexible PVC Signalleitung für den Anschluss von Geräten und Bauteilen.

Beispiel für Melder an Türen

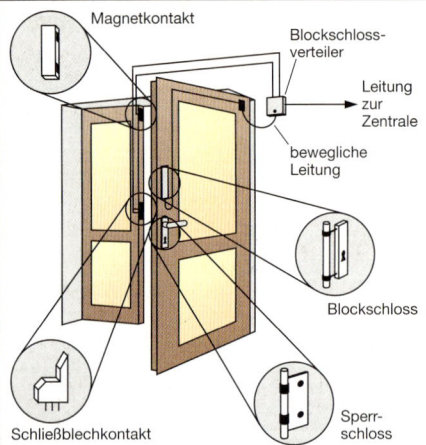

Magnetkontakt
Blockschlossverteiler
Leitung zur Zentrale
bewegliche Leitung
Blockschloss
Sperrschloss
Schließblechkontakt

Stromlaufplan einer Einbruchmeldeanlage

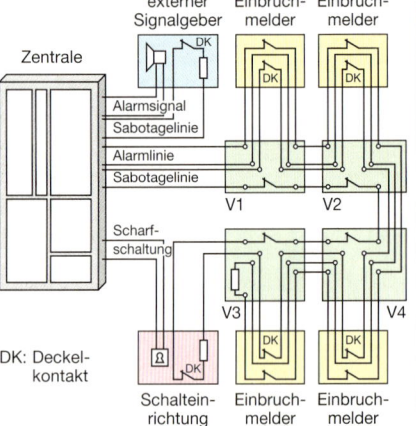

Zentrale
externer Signalgeber
Einbruchmelder
Einbruchmelder
Alarmsignal
Sabotagelinie
Alarmlinie
Sabotagelinie
Scharfschaltung
V1   V2
V3   V4
DK: Deckelkontakt
Schalteinrichtung
Einbruchmelder
Einbruchmelder

Begriffe

- **Alarmschleife**
  Ein Stromkreis, der bei einer Unterbrechung oder bei einer definierten Widerstandsänderung zu einer Meldung führt.

- **AWAG**
  Automatisches **W**ähl- und **A**nsage**g**erät (Telefonwählgerät, bei dem die Information durch Sprache übertragen wird).

- **Blockschloss**
  Ein Schloss für das Scharf- bzw. Unscharfschalten von Einbruchmeldeanlagen mit gleichzeitiger mechanischer Ver- bzw. Entriegelung sowie mit Möglichkeiten der Sperrung des Zu- bzw. Aufschließvorganges.

- **Klassifizierung**
  Einteilung der Einbruchmeldeanlagen in Klassen (A: einfacher Schutz; B: mittlerer Schutz; C: erhöhter Schutz).

- **Sabotagemeldung**
  Meldung des Ansprechens von Sabotagemeldern (z. B. Deckelkontakt).

- **Scharfschalten**
  Durchschalten der Einbruchmeldeanlage oder von Teilen der Anlage zu den Alarmierungseinrichtungen (z. B. Melder).

- **Schließblechkontakt**
  Am Schließblech angeordnete Einrichtung (z. B. Kontakt, Sensor), der bei der Verriegelung des Schlosses durch den Riegel betätigt wird.

- **Überfallmeldeanlage (ÜMA)**
  Eine Anlage, die Personen zum direkten Hilferuf bei Überfällen dient.

- **Unscharfschalten**
  Rücknahme der Durchschaltung der Einbruchmeldeanlage oder von Teilen der Anlage zu den Alarmierungseinrichtungen.

Gebäudesystemtechnik (EIB) – *Building system engineering*   DIN EN 50090

Systemarten	Vorteile des EIB

• Europäischer Installationsbus (EIB)
 	
• Powernet EIB
  Powerline EIB
 	
• Funk-EIB
	• Vereinfachte Planung u. geringere Montagezeiten
	• Reduzierung des Verdrahtungsaufwandes
	• Einfaches Nachrüsten und Erweitern des Systems
	• Flexible Funktionserweiterung
	• Senkung des Energiebedarfs durch Energie-
	  management
	• Hoher Bedienkomfort

EIB

Türkontakt · Bewegungsmelder · Windwächter · Zeitschaltuhr · Helligkeitsfühler · Maximumwächter · Thermostat · Schalter · Blockschloss der Alarmzentrale · IR-Fernbedienung · Glasbruchmelder

Sensoren (Befehlsgeber)

Installationsbus

230/400 V AC

Aktoren (Befehlsempfänger)

Elektroantrieb · Jalousie · Lüfter · Leuchte · Heizung · Alarmleuchte

- Getrennte Leitungsnetze (Energienetz und Busnetz)
- Getrennte Übertragung von **Energie** und **Information**
- Alle Busteilnehmer sind über die Busleitung parallel miteinander verbunden.

- Die Aktoren sind über das Energienetz (AC 230/400 V) miteinander verbunden.
- Keine fest verdrahteten Zuordnungen zwischen den Sensoren und Aktoren.
- Die Zuordnung der Schaltfunktion zwischen den Busteilnehmern wird über ein Programm gesteuert.

Unterteilung der Busteilnehmer

Betriebsmittelarten	Funktion	Beispiel
Systemgeräte	Geräte zur Spannungsversorgung der Busteilnehmer und Programmierung bzw. Inbetriebnahme des EIB-Systems	Spannungsversorgung; Linien- und Bereichskoppler; PC-Schnittstelle; Drossel
Sensoren (Befehlsgeber)	Erfassung von Informationen (Binäre Meldungen und analoge Messwerte) und Senden des Datentelegramms	Taster; Schalter; Temperatur-, Helligkeits- und Bewegungsfühler; Binäreingang; Türkontakt
Aktoren (Befehlsempfänger)	Empfangen die Datentelegramme und führen in Abhängigkeit der Aufgabe eine Aktion aus	Schaltaktor; Dimmaktor; Jalousieaktor; Heizkörperstellventil
Controller	Bearbeitung von komplexen Steuer- und Regelfunktionen	Zeitschaltuhr
Anzeige- und Bediengeräte	Anzeigegeräte dienen der Visualisierung des aktuellen Systemzustandes; Bediengeräte vereinfachen die Eingabe der Schaltbefehle in das EIB-System.	Bedien- und Meldetableaus; Displays; Touch-Screen

Gebäudetechnik

Gebäudesystemtechnik (EIB) – *Building system engineering*

Netzstruktur

Hauptlinie

Linie 1 2 3 4 5 6 . . . . 11 15

Geräteanzahl

- In jeder **Linie** können 64 Busteilnehmer angeschlossen werden.
- Jeweils 15 Linien werden zu einem **Bereich** zusammengefasst.
- Die einzelnen Linien in einem Bereich werden über Linienkoppler (LK) zu einer **Hauptlinie** verbunden.
- In dieser Hauptlinie können ebenfalls 64 Busteilnehmer angeschlossen werden.
- Mit Hilfe von Bereichskopplern (BK) können maximal 15 Bereiche miteinander verbunden werden.
- Die Linie oberhalb der Bereichskoppler wird als Bereichslinie (Backbone) bezeichnet.
- Die Bereichslinie kann wiederum 64 Busteilnehmer aufnehmen.

Maximale Anzahl n der Busteilnehmer:

$n = (((64 \cdot 15) + 64) \cdot 15) + 64$

$n = 15\,424$

Busleitungen und -klemmen

Funktionen der Busleitung:
- Einwandfreie Kommunikation,
- sichere Trennung zum Energienetz.

Leitungsart	Verlegung
YCYM 2x2x0,8	Feste Verlegung: Trockene, feuchte und nasse Räume; auf, in und unter Putz Im Freien, wenn vor Sonneneinstrahlung geschützt
J-Y(St)Y 2x2x0,8 (EIB-Ausführung)	Feste Verlegung: Trockene und feuchte Räume; auf bzw. unter Putz und in Rohren Im Freien: in und unter Putz

Die Busleitung ist nach DIN VDE 0100-510 mit einer dauerhaften Kennzeichnung versehen.

EIB   T: 12 L: 2 B: 4

Bus –   Bus +

Notwendige Kennzeichnung:
- Bereich (B : 4)
- Linie (L : 2)
- Teilnehmer (T : 12)

Busanschlussklemme:
Bus + auf „Rot"
Bus – auf „Schwarz"

Bus +
Bus –

Leitungslängen

Gesamte Leitungslänge aller Teilabschnitte ① + ② + ③ + ④ + ... + ⑭	≤ 1000 m
Maximale Leitungslänge zwischen zwei Busteilnehmern	≤ 700 m
Maximale Leitungslänge zwischen der Spannungsversorgung und jedem Busteilnehmer	≤ 350 m
Maximale Leitungslänge zwischen zwei Spannungsversorgungen	≤ 200 m

Spannungsversorgung

☐ Gerät
◯ Abzweig

Busline

Ende

Gebäudesystemtechnik (EIB) – *Building system engineering*

Funktion der EIB Betriebsmittel

- **Spannungsversorgung SV** mit eingebauter **Drossel** in jeder Linie (Linien, Hauptlinien und Bereichslinien)
- Busteilnehmer werden mit Sicherheits-Kleinspannung (SELV) von maximal DC 32 V versorgt.
- Minimale Versorgungsspannung am Busteilnehmer DC 21 V
- **Linien- und Bereichskoppler** (LK und BK) sorgen für galvanische Trennung, um Störungen zu vermeiden.
- Koppler verhindern die Übertragung der Schaltbefehle über die jeweilige Linie hinaus.
- **Sensoren** erstellen ein Datentelegramm.
- **Aktoren** werten die Telegramme aus und erzeugen den entsprechenden Schaltbefehl.
- Schaltbefehle werden am Computer programmiert und über die Datenschnittstelle zu den Busteilnehmern übertragen.
- In jeder Linie Reserven für spätere Erweiterungen einplanen.

Übersicht EIB-Installation

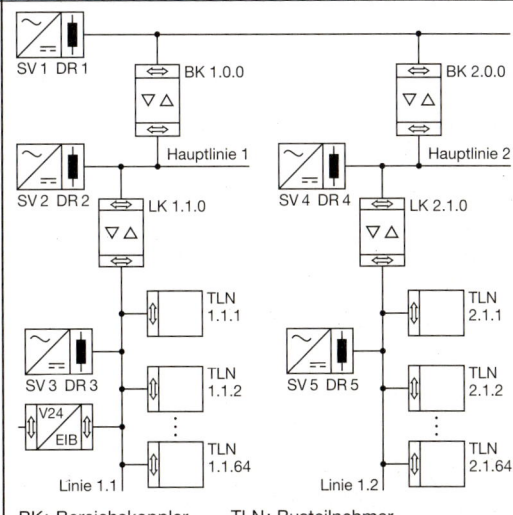

BK: Bereichskoppler   TLN: Busteilnehmer
LK: Linienkoppler   SV: Spannungsversorgung
DR: Drossel

Informationsübertragung (Beispiel)

Telegrammerzeugung:

- Der Sensor mit der physikalischen Adresse 1.1.2 wird betätigt und erstellt aus diesem Schaltbefehl ein Datentelegramm.
- Im Telegramm ist die physikalische Adresse des Sensors, die Empfängeradresse sowie der Schaltbefehl hinterlegt.
- Die Priorität des Schaltbefehls wird ebenfalls im Telegramm vermerkt.

Telegrammübermittlung:

- Das Telegramm wird über die Busleitung seriell übertragen (9 600 bit/s).
- Die Koppler lassen nur die Telegramme durch, die für ein Gerät außerhalb der eigenen Linie bestimmt sind.
- Die Übertragungszeit für eine Schaltinformation liegt im Durchschnitt bei 25 ms.
- Störsignale, die auf beide Adern gleichzeitig wirken, beeinflussen die Informationsübertragung nicht.

Telegrammempfang:

- Die Aktoren mit der entsprechenden Adresse empfangen den Schaltbefehl.
- Das Signal gilt als korrekt übertragen, wenn alle Empfänger eine positive Quittung gesendet haben.
- Bei einer Übertragungsstörung wird der Fehler entweder anhand des Prüfbytes behoben oder ein neues Telegramm angefordert.

Physikalische Adresse

- Die physikalische Adresse kennzeichnet jeden Busteilnehmer im System eindeutig.
- Die Adresse besteht aus drei Zahlen:
  z.B.: **1 . 1 . 12**

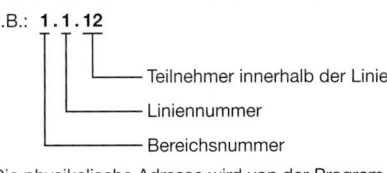

Teilnehmer innerhalb der Linie
Liniennummer
Bereichsnummer

- Die physikalische Adresse wird von der Programmier-Software erzeugt.
- Bei Inbetriebnahme werden die physikalischen Adressen gesendet und am jeweiligen Busteilnehmer per Hand quittiert.

Gruppenadresse

- Die Zuordnung der Steuerfunktionen zwischen Sensor und Aktor wird über die Gruppenadresse getroffen, z.B. 2/1/2.
- Die Gruppenadresse kennzeichnet dabei eine Funktion, z.B. Licht Hausflur EIN/AUS.
- Die Gruppenadresse ist in drei Bereiche untergliedert:
  z.B.: **2 / 1 / 2**

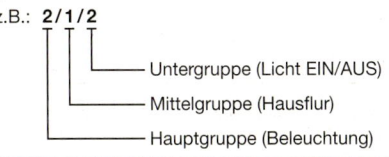

Untergruppe (Licht EIN/AUS)
Mittelgruppe (Hausflur)
Hauptgruppe (Beleuchtung)

Gebäudesystemtechnik (EIB) – *Building system engineering*

Telegrammaufbau

- Die Übertragung im EIB ist ereignisorientiert, d.h. wenn nichts passiert, ist der Bus frei.

- Ein Telegramm besteht aus 7 Datenblöcken.

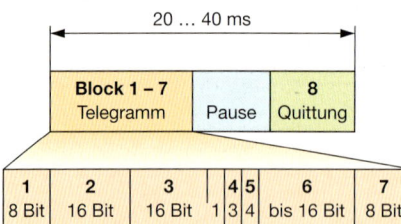

20 … 40 ms

| Block 1 – 7 Telegramm | Pause | 8 Quittung |

| 1 | 2 | 3 | 4 | 5 | 6 | 7 |
| 8 Bit | 16 Bit | 16 Bit | 1 3 | 4 | bis 16 Bit | 8 Bit |

Block 1: **Kontrollfeld:** Legt die Nachrichtenpriorität fest.

Block 2: **Quelladresse:** Physikalische Adresse des Absenders.

Block 3: **Zieladresse:** Gruppenadresse oder physikalische Adresse des Empfängers.

Block 4: **Routing-Zähler:** Weiterleitung über Linien und Bereiche hinweg.

Block 5: **Längenfeld:** Länge der Nutzinformation

Block 6: **Nutzinformation:** Zu übertragende Befehle, z.B. Schaltaktor EIN.

Block 7: **Prüffeld:** Übertragungsstörungen im Datentelegramm bestimmen.

Buszugriffsverfahren

- Da alle Busteilnehmer parallel an die Busleitung angeschlossen sind, wird der Zugriff verwaltet.

- CSMA/CA-Zugriffsverfahren (**C**arrier **S**ense **M**ultiple **A**ccess with **C**ollision **A**voidance)

- Es gibt keine zentrale Steuerung.

- Zugriffsverfahren

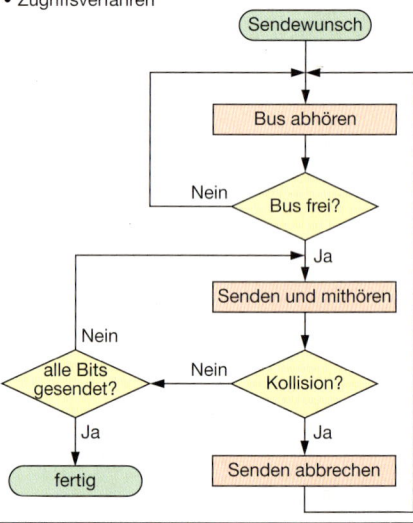

Programmierumgebung (ETS3)

- **Produktverwaltung**
  Einlesen der Produktdatenbank der Gerätehersteller

- **Projektierung** des EIB-Systems:
  – Erstellung der Gebäudeansicht
  – Vergabe der Gruppenadressen
  – Einfügen der Geräte
  – Programmierung der Funktionen (z.B. Verbindung der Wippe des Tasters im Erdgeschoss mit der Gruppenadresse Beleuchtung 1. OG ein/aus im Flur; Adresse 0/3/2)
  – Prüfen der Gerätezuordnung

- **Inbetriebnahme** des Systems
  – Zuweisung der physikalischen Adresse zu den Geräten
  – Test der Funktionen

- **Projektverwaltung**

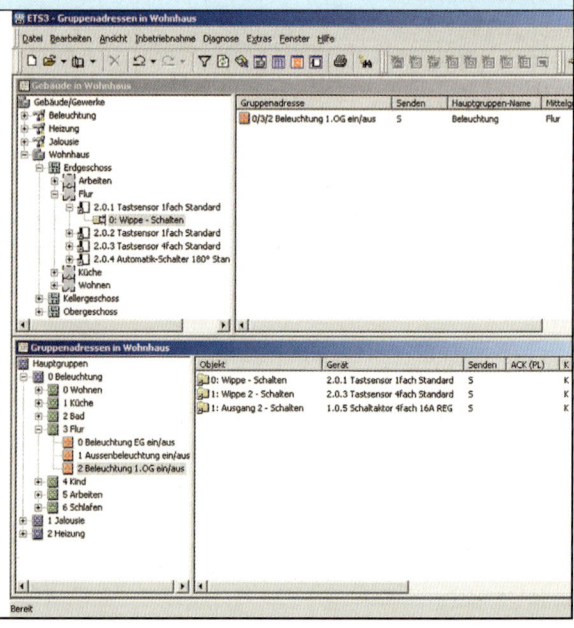

Powernet EIB

Aufbau

- Keine getrennte Busleitung zur Übertragung der Informationen.
- Die Übertragung der Daten erfolgt über das Energienetz.
- Die Netzstruktur ist mit EIB vergleichbar (Aufteilung in Linien und Bereiche).
- In einer Linie sind maximal 256 Busteilnehmer enthalten.
- 16 Linien bilden einen Powernet Bereich.
- Die Daten werden in Telegrammform der Netzspannung von 230 V überlagert.
- Die Telegramme werden mit 1 200 bit/s übertragen.
- Übertragungsstörungen werden korrigiert.

Einschränkungen

- Der Betrieb von Powernet EIB über eine Trafostation hinaus ist nicht möglich.
- Alle Geräte müssen vorschriftsmäßig entstört sein.
- Maximal 4096 EIB-Betriebsmittel pro Bereich.
- Die Leitungslänge zwischen zwei Busteilnehmern darf nicht größer als 500 m sein.
- Zur Datenübertragung ist erforderlich, dass Neutral- und Außenleiter in jeder Abzweigdose vorhanden sind.
- Um Störungen zu vermeiden, müssen die Netzschwankungen innerhalb eines Toleranzbereiches bleiben:
  Netzspannung: $U = 230\ V \pm 10\ \%$
  Netzfrequenz: $f = 50\ Hz \pm 0,5\ \%$

Systemübersicht

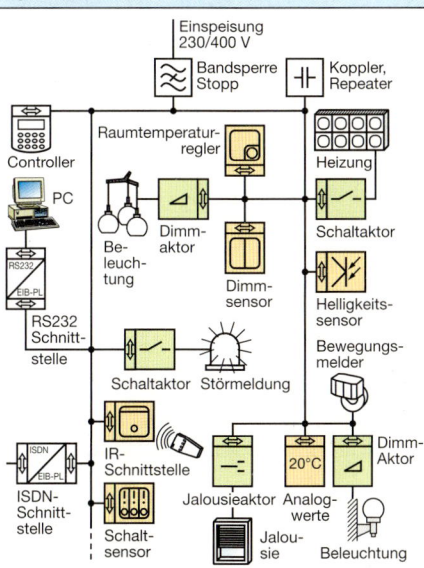

Übertragungsverfahren

- Datenübertragung: SFSK-Verfahren (Spread Frequency Shift Keying)
- Übertragung in zwei getrennten Frequenzen 105,6 kHz und 115,2 kHz

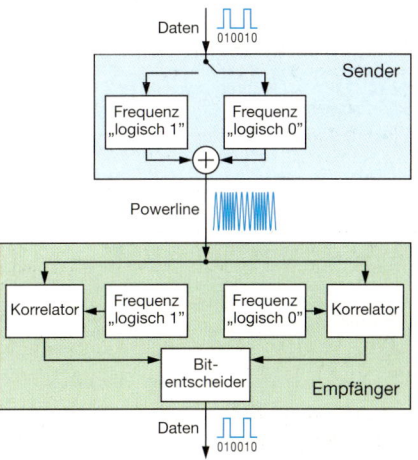

Funk EIB

- Datenübertragung per Funksignal (868…870 MHz)
- Flexibler Einsatz auch bei schwierigen Installationssituationen.
- Kompatibel zu den bestehenden EIB-Systemen.
- Die Komponenten werden über das 230 V-Netz oder Batterie versorgt.
- 15 Bereiche mit jeweils 6 Linien und maximal 64 Teilnehmern in jeder Linie möglich.
- Die Reichweite beträgt bis zu 300 m (im Freiraum).
- Jeder Teilnehmer empfängt das Funksignal und sendet es wieder aus. Durch diese Retransmitter-Technik erhöht sich die Reichweite innerhab eines Gebäudes.
- Adressierung der Geräte über die physikalische Adresse bzw. Gruppenadresse.

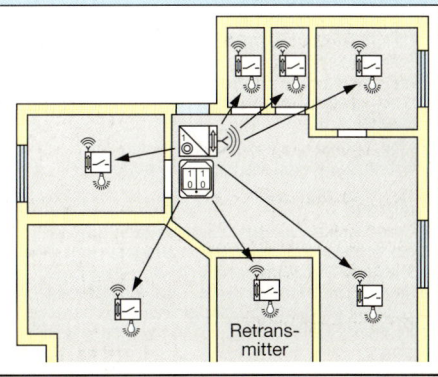

Local Operating Network (LON)

Merkmale:

- Aufbau weitverzweigter dezentraler Netze
- Ausführung des Datennetzes als Linien-, Ring- oder Sternnetz
- Knoten bilden kleine Funktionseinheiten mit eigener „Intelligenz".
- Maximal 127 Knoten bilden ein Teilnetz; mehrere Teilnetze werden zu einem Bereich zusammengefasst.
- Integration unterschiedlicher Gewerke (Subnet)
- Anbindung an das Internet/Intranet möglich
- Die LONWORKS-Technologie wird von einem Standardisierungsgremium (LONMARK®) überwacht.

Vorteile:

- Sensoren und Aktoren besitzen eigene „Intelligenz"
- Informationsverarbeitung findet vor Ort statt
- Minimaler Verdrahtungsaufwand
- Keine zentrale Verarbeitungseinheit erforderlich

LONWORKS-Bausteine:

Alle Geräte basieren auf speziellen Mikroprozessoren (Neuron-Chip), die über Transceiver an die unterschiedlichen Übertragungsmedien angeschlossen werden. Die Sprache innerhalb des LON heißt Lon-Talk®. Die Programmierung erfolgt über die Entwicklungswerkzeuge LonBuilder® oder NodeBuilder®.

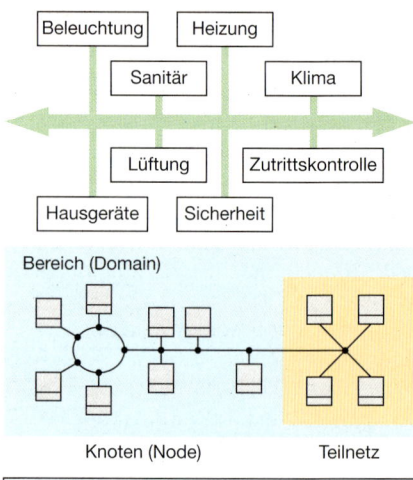

Bereich (Domain)

Knoten (Node)   Teilnetz

LON-Netzwerk		
deutsch	**englisch**	**Zahlenbereich**
Bereichs-Nr.	Domain-ID	$1 \ldots 2^{48}$
Teilnetz-Nr.	Subnet-ID	$1 \ldots 255$
Konten-Nr.	Node-ID	$1 \ldots 127$

Local Control Network (LCN)

Merkmale:

- LCN ist sowohl in Großobjekten als auch im Ein- oder Mehrfamilienhaus einsetzbar.
- Alle LCN-Module werden an 230 V angeschlossen.
- Es ist kein getrennt verlegtes Busnetz erforderlich.
- Die Kommunikation erfolgt über einen zusätzlichen Leiter, der zusammen mit der 230 V-Versorgungsleitung geführt werden darf.
- Die Ausbaugrenze liegt bei 30000 Modulen.

Vorteile:

- Kein separates Datennetz notwendig.
- Sensoren und Aktoren sind in einem Gerät vereint.
- Die LCN-Module stellen standardmäßig mehrere Funktionen zur Verfügung (z.B. schalten, regeln, dimmen).
- Kostengünstig in der Erstausrüstung und bei Nachrüstung bestehender Installationen.

Funktion:

Die Nachrichten werden über eine Ader und den N-Leiter zwischen den Geräten ausgetauscht. Alle LCN-Module verfügen über zwei Aus- und zwei bzw. drei Eingänge, Zeitgeber und Verknüpfungsbausteine. Maximal 250 Module können über eine Datenader zu einem Segment zusammengeschaltet werden.

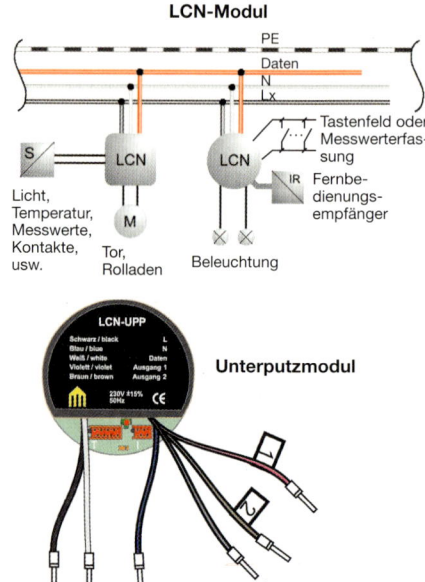

LCN-Modul

Unterputzmodul

Gebäudetechnik

402

11 Betrieb und Umfeld – Planen, Realisieren, Bewerten

Rechtsformen von Unternehmen 404
Allgemeine Geschäftsbedingungen 405
Überlassen von Eigentum 405
Rechtsgeschäfte 406
VOB 407
Beschaffung 408
Kalkulation und Kosten 409
Gesprächsführung 410
Lastenheft, Pflichtenheft 411
Arbeitsbericht 412
Arbeitsorganisation 412
Arbeitsschutz 413
Verhalten bei Notfällen 414
Regeln für das Arbeiten an
  elektrischen Anlagen 415
Ergonomie 416
Leitern und Gerüste 417
Heben und Tragen 418
Teamarbeit 419

Informationsquellen 420
Suchen im Internet 421
Umgang mit Texten 422
Textaufbau, Bericht,
  Protokoll 423
Wissensmanagement, Lernen 424
Präsentation 425
Visualisierung 426
Nutzereinweisung 427
Kommunikation 428
Moderation 429
Vortrag, Referat 430
Arbeitsanweisungen 431
Konfliktlösung 432
Kontinuierlicher Verbesserungsprozess 433
Projekte 434
Projektmanagement 435
Qualitätsmanagement 436
Zeitmanagement 437
Packung und Verpackung 438

Rechtsformen von Unternehmen – *Legal forms of companies*

```
                    Privatwirtschaftliche Unternehmung
                    ┌─────────────────────┴─────────────────────┐
      Erwerbswirtschaftliche Unternehmung      Gemeinwirtschaftliche Unternehmen
                                                      Genossenschaften
        ┌──────────────┴──────────────┐
   Einzelunternehmen        Gesellschaftsunternehmen
                            ┌───────────────┴───────────────┐
                   Personengesellschaft          Kapitalgesellschaft
                   (GbR, OHG und KG)             (GmbH und AG)
```

Unternehmen/Unternehmung	Rechtsform einer Unternehmung
Marktwirtschaftliche Einheit mit • selbstständiger Wirtschaftsplanbestimmung, • Verfolgung des erwerbswirtschaftlichen Prinzips (Gewinnmaximierung) bei eigenem Risiko. Ein Unternehmen kann aus mehreren Betrieben bestehen.	Die Rechtsform legt die Unternehmensstruktur mit externer und interner Wirksamkeit fest. • Extern werden die Rechtsbeziehungen zwischen der Unternehmung mit außenstehenden Personen, anderen Unternehmen und dem Staat festgelegt.
Betrieb	• Intern werden durch die Rechtsform u. a. die Rechte und Pflichten der einzelnen Gesellschafter zueinander festgelegt.
Örtlich begrenzte Wirtschaftseinheit zur Erstellung von Sachgütern und Dienstleistungen. Durch Kombination der Produktionsfaktoren werden die Leistungen unter Beachtung des Wirtschaftlichkeitsprinzips erstellt und vertrieben.	• Im Rahmen der inneren Organisation wird durch die Rechtsform u. a. die Leitungsbefugnis vorgegeben.

Rechtsform	Gründung/Führung	Merkmale
Einzelunternehmung	• Einzelne Person gründet und leitet das Unternehmen. • Eigentümer ist voll verantwortlich und haftet mit seinem Gesamtvermögen.	• Kein Eintrag ins Handelsregister. • Kein Mindestkapital erforderlich.
Gesellschaft bürgerlichen Rechts (GbR) auch BGB-Gesellschaft	• Mindestens zwei Gesellschafter gründen und leiten die GbR. • Bei gemeinsamem Gesellschaftsvermögen besteht gemeinsame Haftung.	• Kein Eintrag ins Handelsregister, daher kein offizieller Firmenname. • Es reicht ein formfreier Gesellschaftsvertrag ohne Vorgabe von Mindestkapital.
Gesellschaft mit begrenzter Haftung (GmbH)	• Gesellschafter legen im Gesellschaftsvertrag die Höhe des Stammkapitals (mindestens 25.000 €) und die Geschäftsführer fest. Grundsätzlich genügt ein Gesellschafter. • Die Haftung ist auf das Gesellschaftsvermögen beschränkt. Von diesem ist die Kreditwürdigkeit abhängig. • Anteil eines Gesellschafters, auch Stammkapital beträgt mindestens 250 €.	• Gesellschaftsvertrag (auch Satzung) muss notariell beurkundet werden. • Eintragung ins Handelsregister vorgeschrieben. Dadurch wird die GmbH zur juristischen Person. • Pro Geschäftsjahr sind eine Bilanz sowie eine Gewinn- und Verlustrechnung zu erstellen.

Allgemeine Geschäftsbedingungen (AGB) – *Generell terms of business*

Merkmale	Absichten
AGB • werden von einer Vertragspartei einseitig aufgestellt, ohne dass vorher die einzelnen Punkte im Einzelnen zwischen den Vertragsparteien ausgehandelt worden sind; • können von einzelnen Wirtschaftsbereichen bzw. Unternehmen aufgestellt werden (z. B. Groß- und Einzelhandel, Transportunternehmen, Banken). Ausführung: Oft in klein gedruckter Form auf der Rückseite von Angeboten bzw. Verträgen.	• Vereinfachung von Massenverträgen durch vorformulierte Verkaufsbedingungen, Pflichten usw., • Risikobegrenzung für den Verkäufer durch Einschränkung von Vertragspflichten. **Vereinbarungsbeispiele:** Liefer- und Zahlungsbedingungen, Zahlungsweise, Erfüllungsort, Gerichtsstand, Lieferzeit, Eigentumsvorbehalt, Gewährleistungsansprüche bei Mängeln, Verpackungs- und Beförderungskosten.

Schutz gegenüber unangemessener Benachteiligung durch AGB

• Verkäufer muss auf AGB hinweisen. • AGB müssen für die Käufer leicht erreichbar und gut lesbar sein. • Käufer muss den AGB zustimmen. • Persönliche Absprachen haben Vorrang (auch mündliche Ansprachen); Problem: Beweis unter Umständen schwierig.	• Ausschluss oder Einschränkung von Reklamationsrechten sowie Haftung bei grobem Verschulden ist verboten. • Verbot nachträglicher Preiserhöhungen (innerhalb von vier Monaten). • Rücktritt bzw. das Recht auf Schadenersatz bei zu später Lieferung darf nicht ausgeschlossen werden.

Überlassung von Eigentum – *Passage of ownership*

Leihen	Mieten	Pachten	Leasen
		Überlassen	
einer Sache zum unentgeldlichen Gebrauch (z.B. Bücher aus einer Bücherei).	einer Sache gegen Zahlung eines vereinbarten Mietpreises (z.B. Mietvertrag für eine Wohnung)	von Sachen und Rechten gegen Zahlung eines Pachtzinses (z.B. Pachtvertrag für eine landwirtschaftliche Nutzfläche).	von Sachen durch Vermietung oder Verpachtung. (Übernahme möglich)

Leasing

Merkmale: Nutzung von Investitionsgütern (z. B. Maschinen, Fahrzeuge) ohne Kauf (Mieten). Gegen Zahlung von festgelegten Raten stellt der Leasinggeber dem Leasingnehmer die gewünschten Investitionsgüter zur beliebigen Nutzung zur Verfügung. Während der gesamten Mietzeit sind die Investitionsgüter Eigentum des Leasinggebers.	Arten des Leasings: • Beim **direkten Leasing** ist der Hersteller oder eine dafür speziell eingerichtete Gesellschaft der Leasinggeber. • Beim **indirekten Leasing** ist ein vom Hersteller unabhängiges Unternehmen der Leasinggeber.

Vorgang beim indirekten Leasing

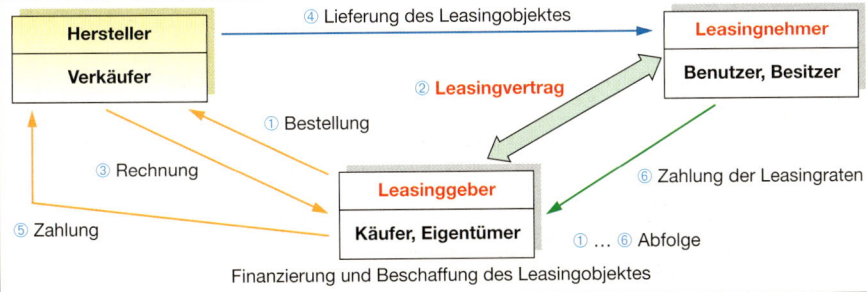

Rechtsgeschäfte – *Legal transactions*

Mehrseitige Rechtsgeschäfte (Verträge)

Sie werden rechtswirksam durch
• mindestens **zwei** übereinstimmende Willenserklärungen (Antrag und Annahme).

Beispiele für Vertragsarten:

– Darlehensvertrag   – Reisevertrag
– Dienstvertrag   – Schenkung
– Kaufvertrag   – Tauschvertrag
– Leihvertrag   – Werklieferungs-
– Mietvertrag   vertrag
– Pachtvertrag

Einseitige Rechtsgeschäfte

Sie werden rechtswirksam durch
• die Willenserklärung einer Person.

Empfangs-bestätigung erforderlich	Empfangs-bestätigung nicht erforderlich
Rechtsgeschäft	
wird erst wirksam, wenn sie der anderen Person zugeht. **Beispiele:** Kündigung, Mahnung	wird gültig, ohne dass sie einer anderen Person zugeht. **Beispiel:** Testament

Nichtigkeit von Rechtsgeschäften

Ein Rechtsgeschäft ist von Anfang an ungültig bei einer **Willenserklärung**
– von Geschäftsunfähigen,
– von beschränkt Geschäftsfähigen gegen den Willen des gesetzlichen Vertreters,
– die bei Störung der Geistesfähigkeit abgegeben wurde,
– die gegenüber einer anderen Person, mit deren Einverständnis nur zum Schein (Scheinvertrag) abgegeben wurde,
– die nicht ernst gemeint war,
– die nicht in der vorgeschriebenen Form abgeschlossen wurde,
– die gegen Gesetze verstößt,
– die gegen gute Sitten verstößt.

Anfechtung von Rechtsgeschäften

Rechtsgeschäfte können im Nachhinein durch Anfechtung ungültig werden.
Sie sind jedoch bis zur Klärung gültig!

Anfechtungsgründe bei:
• Irrtum
   – in Erklärungen (z.B. Mengenbestellung);
   – über die Eigenschaften einer Person oder Sache;
   – bei der Übermittlung (z.B. falsche Weitergabe).
• Drohungen zur Abgabe einer Willenserklärung.
• Arglistiger Täuschung (z.B. gebrauchter PKW wird als unfallfrei angegeben, obwohl dieses nicht zutrifft.)

Möglichkeiten der Entstehung von Kaufverträgen

Antrag
(1. Willenserklärung)

Annahme
(2. Willenserklärung)

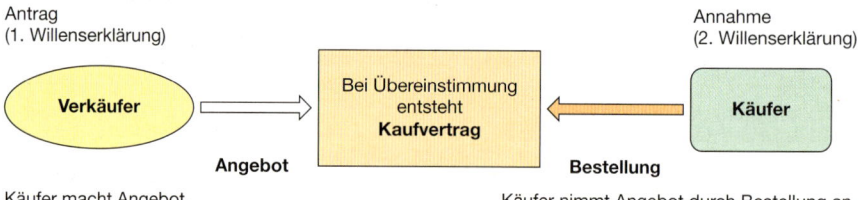

Käufer macht Angebot.   Käufer nimmt Angebot durch Bestellung an.

Antrag
(1. Willenserklärung)

Annahme
(2. Willenserklärung)

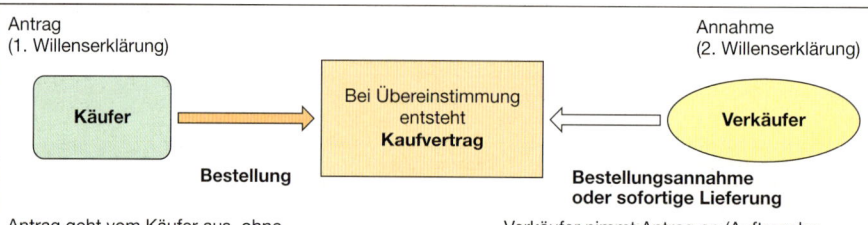

Antrag geht vom Käufer aus, ohne dass ein Angebot vorliegt.

Verkäufer nimmt Antrag an (Auftragsbestätigung) oder liefert sofort.

Verdingungsordnung für Bauleistungen (VOB)
Official contracting terms for the award of construction performance contracts VOB Ausgabe 2006

Bestandteile der VOB

VOB
(Bestimmungen für Vergabe und Ausführung von Bauleistungen)

Teil A (DIN 1960)	**Teil B** (DIN 1961)	**Teil C**
Allgemeine Bestimmungen für die Vergabe von Bauleistungen	Allgemeine Vertragsbedingungen für die Ausführung von Bauleistungen	Allgemeine Technische Vertragsbedingungen für Bauleistungen

Wichtige Inhalte der einzelnen Teile

– Regelungen über die Vergabe – Art der Vergabe – Umfang der Vergabeunterlagen und der Leistungsbeschreibung – Angebotsprüfung – Vertragsart festlegen – Fristen – Gewährleistung	– Art und Umgang der Leistungen – Vergütung – Ausführung – Ausführungsfristen – Kündigung – Haftung – Vertragsstrafen – Abnahme – Gewährleistung	– Allgemeine Regelungen für Bauarbeiten jeder Art (DIN 18299) – Spezielle Regelungen von 57 Einzelgewerken **Beispiel:** Nieder- und Mittelspannungsanlagen bis 36 kV (DIN 18382)

Hinweise:

– Bauverträge werden laut BGB (Bürgerliches Gesetzbuch) als Werkverträge abgeschlossen. Sie enthalten keine bauspezifischen Angaben.

– Die VOB wird erst dann wirksam, wenn sie im Bauvertrag ausdrücklich vereinbart ist.

– Werden Teile der VOB aus einem Vertrag ausgeschlossen, ist die Anwendung der verbleibenden VOB-Bestandteile ebenfalls ungültig. Es gilt dann nur noch das BGB.

Wichtig für ausführende Firmen

§4 VOB/B – **Ausführung**	§5 VOB/B – **Ausführungsfristen**	§8 VOB/B – **Auftragsentzug**
• Der Auftragnehmer erstellt die Leistungen in eigener Verantwortung. • Der Auftraggeber hat das Recht die Leistungen zu überwachen. • Der Auftragnehmer muss mangelhafte Leistungen auf eigene Kosten durch mangelfreie ersetzen. • Der Auftragnehmer muss die Leistungen im eigenen Betrieb ausführen (Nachunternehmer sind zustimmungspflichtig). • Der Zustand von Teilleistungen muss auf Verlangen gemeinsam schriftlich festgestellt werden, wenn diese Leistungen durch den weitern Baufortschritt verborgen werden.	• Verzögert der Auftragnehmer den Ausführungsbeginn oder gerät in Verzug, kann der Auftraggeber Schadensersatz verlangen. • Ist kein Ausführungsbeginn vereinbart, muss der Auftragnehmer innerhalb von zwölf Werktagen nach Aufforderung beginnen. • Arbeitskräfte, Geräte und Bauteile müssen vom Auftragnehmer in ausreichender Menge bereitgestellt werden, um die Ausführungsfristen nicht zu gefährden.	• Der Auftraggeber kann den Vertrag bis zur Vollendung der Leistungen jederzeit kündigen. • Er kann den Vertrag in Folge einer Fristüberschreitung in folgenden Fällen kündigen: a) Nicht fristgerechte Auftragsausführung b) Nicht fristgerechte Mängelbeseitigung • Nach einer Kündigung des Vertrages hat der Auftraggeber das Recht, die Arbeiten zu Lasten des Auftragnehmers von einem Dritten ausführen zu lassen.

Beschaffung – *Procuring*

Grundsätze

Was soll beschafft werden?

> **Material**

⬇

Wie viel soll beschafft werden?

> **Menge**

⬇

Wann soll beschafft werden?

> **Zeit**

⬇

Wo soll beschafft werden?

> **Bezugsquelle**

Anfrage

Form

Es ist keine bestimmte Form vorgeschrieben, z. B.
- mündlich, telefonisch
- schriftlich (Brief, Fax, E-Mail)

Rechtliche Bedeutung

Sie ist stets unverbindlich, eine Kaufverpflichtung besteht nicht.

Unterscheidung

- **Allgemein** gehaltene Anfrage
  Beispiele:
  Warenprobe, Muster, Katalog, Preisliste
- **Bestimmt** gehaltene Anfrage
  Beispiele:
  Artikelnummer, Beschaffenheit, Lieferzeit, Zahlungsbedingung, Lieferbedingung

Aufbau einer bestimmt gehaltenen Anfrage

1. Grund
2. Gewünschte Ware
3. Erforderliche Menge
4. Preis, Lieferungs- und Zahlungsbedingungen
5. Gewünschter Liefertermin

Angebotsvergleich

> **Angebote**

⬇ **Ziel**

> Ermittlung des Lieferanten

Beschaffungskreislauf

Entscheidungen

quantitativ	qualitativ
• Listenpreis	• Warenqualität
• Lieferrabatt	• Liefermenge
• Lieferskonto	• Lieferzeit
• Zahlungsziel	• Zuverlässigkeit des Lieferanten
• Bezugskosten	• Verhalten bei Reklamationen
– Verpackungskosten	• Kulanz
– Transportkosten	• Kundendienst, Service
– ...	• ...

⬇ **Ziel**

> Möglichst günstiger Einstandspreis

⬇ **Ziel**

> Möglichst „reibungslose" Beschaffung

Beschaffung und Lager

Lager als „Gelenkstelle"

Betrieb und Umfeld

Kalkulation und Kosten – *Calculation and costs*

Prinzipien einer soliden Betriebsführung:
- Eine einwandfreie Wertarbeit,
- tragbare und angemessene Preisgestaltung,
- Kostenrechnung und Kalkulation (Teilgebiete des betrieblichen Rechnungswesens),
- Ermittlung der Selbstkosten,
- Marktgerechte Preisgestaltung bei Leistungs- oder Produktionseinheiten.

Zuschlagskalkulation

Sie eignet sich besonders für Betriebe mit unterschiedlichen Produkten bzw. Leistungen (z.B. Montagebetrieb). Dabei werden die gesamten Jahreskosten auf die Kundenleistungen bzw. das Produkt umgelegt und aufgeteilt nach:

- **Einzelkosten**
  Diese zeichnen sich durch Auftragsnähe aus. Sie sind direkt verrechenbar (Material, Lohn).

- **Gemeinkosten**
  Sie haben keinen unmittelbaren Auftragsbezug und können nur indirekt (aus Betriebsabrechnungen; BAB) ermittelt werden.

- **Zuschlagsätze**
  Sie sind Prozentsätze, mit denen die Gemeinkosten anteilig auf die Einzelkosten pro Auftrag umgelegt werden.

Beispiel:

	100,00 €	Materialkosten
+	5,00 €	5 % Materialgemeinkosten
=	105,00 €	**Materialgesamtkosten**
+	500,00 €	Arbeitslohn
+	35,00 €	7 % Lohngemeinkosten
+	150,00 €	Produktionssonderkosten
=	790,00 €	**Herstellungskosten**
+	23,70 €	3 % Zuschlag für Verwaltung und Vertrieb
=	813,70 €	**Selbstkosten**
+	40,69 €	5 % Zuschlag für Gewinn und Wagnis
=	854,39 €	**Nettopreis des Angebotes**
+	162,33 €	19 % Umsatzsteuer
=	1016,72 €	**Bruttopreis des Angebotes**

Kostenrechnungsarten

Vollkostenrechnung

- Alle Kosten werden dem Produkt bzw. der Leistung (auch Kostenträger) zugerechnet.
- Die Genauigkeit der Kalkulation ist umso besser, je differenzierter die Zuschlagsätze der einzelnen Kalkulationen sind.
- Nachteil: Durch Ermittlung der Zuschlagsätze aus den zurückliegenden Geschäftsjahr werden laufende Veränderungen der betrieblichen Gegebenheiten nicht erfasst. Dennoch ist die Vollkostenrechnung im Handwerk noch dominierend.

Teilkostenrechnung

- Die Mängel der Vollkostenrechnung werden vermieden, indem man dem Produkt oder Auftrag nur die variablen Kosten anlastet.
- **Variable Kosten** steigen oder sinken mit der Veränderung der Auftragslage linear, progressiv oder degressiv.
- **Fixe Kosten** sind unabhängig vom Beschaffungsgrad. Der Fixkostenanteil ist dann am geringsten, wenn der Betrieb maximal ausgelastet ist.

Deckungsbeitragsrechnung

- **Deckungsbeitrag** ist bei der Teilkostenrechnung die Differenz von Auftragserlös und variablen Kosten.
- **Gewinn** entsteht dann, wenn im Abrechnungszeitraum die Deckungsbeiträge höher sind als die Fixkosten.
- **Konkurrenzsituation** erfordert die Kenntnis der unteren Kosten- und Preisgrenze.
- **Kalkulatorischer Ausgleich** liegt dann vor, wenn Aufträge mit relativ hohem Deckungsbeitrag solche ausgleichen, bei denen nur ein geringer Teil der Fixkosten gedeckt wird.

Beispiel:

Auf-trag	Erlös	variable Kosten	Deckungs-beitrag (D)	fixe Kosten (F)	Gewinn (= D – F)
1	9.500,00 €	6.500,00 €	3.000,00 €	–	–
2	11.500,00 €	7.500,00 €	4.000,00 €	–	–
3	6.000,00 €	4.500,00 €	1.500,00 €	–	–
4	8.500,00 €	6.000,00 €	2.500,00 €	–	– ①
Summe	35.500,00 €	24.500,00 €	11.000,00 €	11.100,00 €	–100,00 €
⋮	⋮	⋮	⋮	⋮	⋮
5	10.000,00 €	9.000,00 €	1.000,00 €	–	– ②
Summe	45.500,00 €	33.500,00 €	12.000,00 €	11.100,00 €	900,00 €

Aufträge 1 … 4 ergeben Verlust ①.
Ausführung des 5. Auftrages führt zum Gewinn ②.

Kundengespräch – *Conversing with the customer*

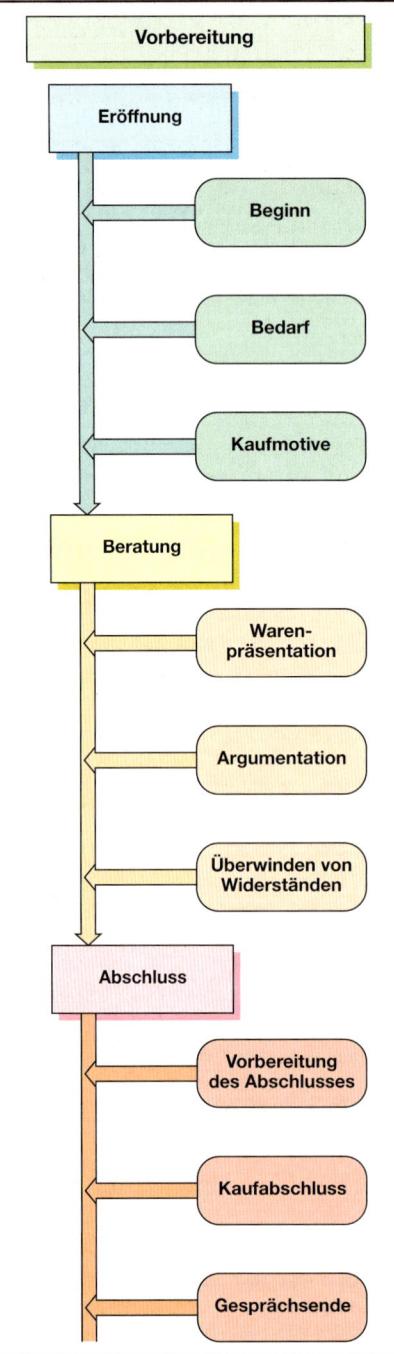

Vorbereitung
– Intensive Auseinandersetzung mit dem Ziel und dem möglichen Kunden.
– Gesprächsstrategie entwickeln.

Beginn
– Kunden zur Kenntnis nehmen (Blickkontakt).
– Kontakt aufnehmen, ihn positiv ansprechen.
– Beratung anbieten.
– Fachkundige Erstinformationen.

Bedarf
– Offene Fragen zum Bedarf stellen.
– Offene Fragen zum Nutzen stellen.
– Präzisierung der Wünsche vornehmen.
– Keine peinlichen oder indiskreten Fragen stellen.
– Fragen nach Preisvorstellungen noch vermeiden.

Kaufmotive
– Aufmerksam zuhören, Verständnisfragen stellen.
– Kaufmotive erforschen.
– Kaufmotive rationaler und emotionaler Art unterscheiden.
– Argumente kundenorientiert und motivationsfördernd einbringen.

Warenpräsentation (evtl. Modelle)
– Präsentation dem Auffassungsvermögen des Kunden anpassen.
– Auswahl und Vergleich ermöglichen.
– Unterstützende Materialien (Prospekte usw.) zur Veranschaulichung einsetzen.
– Vielfältige Sinne ansprechen.
– Beginn mit mittlerer Preisklasse.

Argumentation
– Preis-Nutzen-Relation herausstellen.
– Entscheidungshilfen vorbereiten.
– Kenntnisse über Produkte gezielt einsetzen.

Überwinden von Widerständen
– Argumente des Kunden wahrnehmen.
– Argumentationsketten aufbauen (Behauptung mit Begründung).
– Qualitätsbestimmende Merkmale und Eigenschaften hervorheben.
– Nutzungsargumente betonen.
– Zusatzangebote, Serviceleistungen hervorheben.

Vorbereitung des Abschlusses
– Einwände beachten und eventuell entkräften.
– Dem Kunden die Entscheidung überlassen.

Kaufabschluss
– Zügige Abwicklung.
– Kaufentscheidung positiv herausstellen.
– Zufriedenheit artikulieren.

Gesprächsende
– Dank aussprechen und Verabschiedung.
– Wunsch für weitere Besuche zum Ausdruck bringen.

Lastenheft, Pflichtenheft – *Requirment specification, System specification*

Lastenheft	Pflichtenheft
DIN VDI/VDE 3694: 91-04	DIN VDI/VDE 3694: 91-04

Lastenheft

DIN VDI/VDE 3694: 91-04
- Das Lastenheft enthält alle Forderungen des Auftraggebers (Kunden) an die Lieferungen und/oder Leistungen eines Auftragnehmers.
- Die Forderungen sind aus Anwendersicht einschließlich aller Randbedingungen zu beschreiben. Diese sollten quantifizierbar und prüfbar sein.
- Im Lastenheft wird definiert, was für eine Aufgabe vorliegt und wofür diese zu lösen ist.

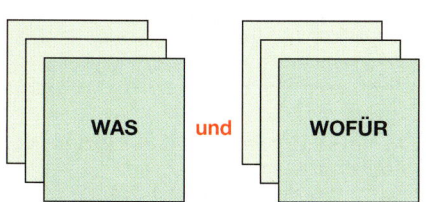

WAS und **WOFÜR**

Voraussetzungen für die Erstellung
- Guten Kontakt zwischen allen Beteiligten herstellen.
- Wesentliche Anforderungen durch Markt-, Kunden- und Umfeldanalyse ermitteln.

Durchführung
- Keine allgemeingültigen Vorgaben.
- Umfang und Inhalt ist stark von der Zielsetzung abhängig.
- Ermittlung der
  - Anforderungsträger
  - Produktfaktoren aus Kundensicht
  - Kaufentscheidende Faktoren
  - Anforderungen aus dem Umfeld
  - Anforderungen aus dem Unternehmen
  - Anforderungen des Vertriebs
  - Anforderungen von Lieferanten und von Kooperationspartnern
  - Produktionsprofile
  - …

Vorteile
- Einheitliche Vorgabe für alle am Entwicklungsprozess Beteiligten.
- Weniger Missverständnisse und Versäumnisse durch eine systematische Dokumentation.

Nachteile
- Hoher Aufwand
- Individuelle Erstellung (keine Standardisierung)

Einsatzbereiche
- Dokumentation der Anforderungen als Abschluss der Planung eines Produktes bzw. einer Dienstleistung.
- Prinzipiell für alle Produkte bzw. Dienstleistungen einsetzbar.

Pflichtenheft

DIN VDI/VDE 3694: 91-04
- Das Pflichtenheft enthält das vom Auftragnehmer erarbeitete Realisierungsvorhaben auf der Grundlage des Lastenheftes.
- Das Pflichtenheft ist Anlage des Lastenheftes.
- Im Pflichtenheft werden die Anwendervorgaben detailliert und in einer Erweiterung die Realisierungsforderungen unter Berücksichtigung konkreter Lösungsansätze beschrieben.
- Im Pflichtenheft wird definiert, wie und womit die Forderungen zu realisieren sind.

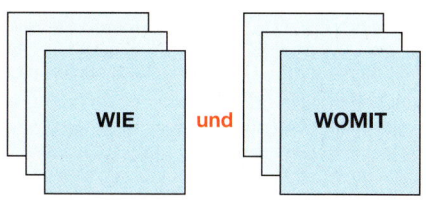

WIE und **WOMIT**

Funktion
- „Roter Faden" während des Ablaufs der Entwicklung, Produktion, …

Wesentliche Bestandteile (Beispiele)
- Name des Prozesses, Projektes, Vorhabens, …
- Verfasser des Pflichtenheftes
- Version
- Ablage der Datei, Dokumentation
- Ziele
  Beschreibung, Nutzen für den Auftraggeber (Kunden), aktuelle Situation (z. B. bisheriges System)
- Anforderungen
  - **Vollständigkeit**
    Alle Details der Anforderungen sind zu definieren. Es sollten so wenig wie möglich Aspekte als selbstverständlich eingeschätzt werden.
  - **Eindeutigkeit**
    Damit keine Missverständnisse entstehen, sind die Anforderungen möglichst mit einfachen Worten zu definieren.
  - **Testbarkeit**
    Alle Anforderungen müssen überprüfbar sein. Dieses ist eine Voraussetzung für die Abnahme durch den Auftraggeber.
- Schnittstellen
  Verbindungen zu anderen Systemen, Projekten, usw.
- Randbedingungen
- Unterschriften
  - Projektauftraggeber
  - Projektleiter
  - …

Arbeitsbericht – *Work report*

Ein Bericht soll | **verständlich** geschrieben sein, | das **Wesentliche** enthalten | und | **übersichtlich** gestaltet sein.

Arbeitsbericht

Projekt	Name, Beschreibung
Auftraggeber	Name. Institut, …
Verfasser	Der Verantwortliche für die Erstellung des Berichts.
Letzte Änderung	Datum der letzten Änderung.
Dateiablage	Dateiname, Ort der Dateiablage, Ordner, …
Zeit	Zeitspanne, für den dieser Bericht erstellt wurde (von … bis …)
Status	Z. B. unproblematisch, kritisch, ansatzweise kritisch, …, 50 %, …
Aufgabenfortschritt	Fertigstellungsgrad (Angabe z. B. in %)
Besondere Ereignisse	Z. B. folgende Teilaufgabe wurde erfolgreich abgeschlossen: …
Nachfolgende Aktivitäten	Was ist als nächstes zu erledigen, …
Zu erwartende Schwierigkeiten	Welche Probleme können bei den nächsten Teilaufgaben auftreten?
	Welche Entscheidungen müssen von wem und bis wann getroffen werden?
Entscheidungs- und Handlungsbedarf	Welche Probleme treten auf, wenn die geforderten Entscheidungen nicht getroffen werden?
…	Welche Handlungen müssen von wem und wann durchgeführt werden?
	Welche Probleme treten auf, wenn die Handlungen nicht ausgeführt werden?

Arbeitsorganisation – *Work organisation*

Gliederung und **Gestaltung** eines Arbeitsablaufs nach
- aufgabenmäßigen,
- inhaltlichen und
- zeitlichen Gesichtspunkten.

Einteilung
- aufbauorganisatorisch und
- ablauforganisatorisch

Menschliche Leistungskurve

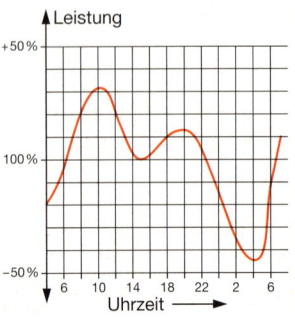

Zusammenwirken mehrerer Arbeitsplätze

Arbeitsaufgabe auftragsbezogen

Arbeitsorganisation
- **Kapazitätsbedarf** (Zeitbedarf, gegenseitige Abhängigkeit)
- **Kooperation** (Kommunikations- und Informationsformen)

Arbeitsergebnis objektbezogen: personenbezogene Überprüfung der Leistung

Eingabe

Ausgabe

Nicht gestaltbare Umgebungsbedingungen: z. B. gesetzliche Bestimmungen, tarifvertragliche und betriebliche Vereinbarungen

Gestaltbare Umgebungsbedingungen z. B. Arbeitszeit, Pausenregime

Arbeitsergebnis subjektbezogen: Förderung der Motivation durch Information, Lernangebot, Partizipation und Entgeltdifferenzierung

```
                        Gefährdungen bei Elektro-
                        installationsarbeiten
```

Umgang mit elektrischen Betriebsmitteln	Arbeiten in gefährdeten Bereichen (z.B. große Höhe)	Äußere Umwelteinwirkungen und Maschinen (z.B. beim Schleifen)	Art der Baustelleneinrichtung (z.B. Erste-Hilfe-Material)

Gesetzliche Regelung im Arbeitsschutzgesetz (ArbSchG) zur
- Regelung der grundlegenden Pflichten des Arbeitgebers,
- Festlegung der Pflichten und Rechte des Arbeitnehmers,
- Überwachung des Arbeitsschutzes durch die zuständigen Behörden (**Berufsgenossenschaften BGV**).

Pflichten des Arbeitgebers

- Elektrische Anlagen und Betriebsmittel
  - nach den elektrotechnischen Regeln betreiben,
  - nur von einer Elektrofachkraft bzw. unter deren Aufsicht errichten, ändern und instandhalten,
  - auf einen ordnungsgemäßen Zustand prüfen und Mängel unverzüglich beseitigen.
- Erforderliche persönliche Schutzkleidung dem Arbeitnehmer zur Verfügung stellen.
- Sicherheitsrelevante Arbeitsgeräte (z.B. Leitern) in ausreichender Anzahl und technisch einwandfreiem Zustand zur Verfügung stellen.

Pflichten des Arbeitnehmers

- Sicherheitstechnische Bestimmungen am Arbeitsplatz einhalten und Anweisungen befolgen.
- Vor Arbeitsbeginn alle sicherheitsrelevanten Arbeitsgeräte und Hilfsmittel überprüfen.
- Elektrotechnische Bestimmungen einhalten.
- Bei Übertragung der Unternehmerpflichten an die Elektrofachkraft (BGV A1, §12) deren Einhaltung kontrollieren. Die Übertragung muss schriftlich bestätigt werden.
- Persönliche Schutzausrüstung tragen.

Elektrotechnische Fachkräfte

Anlagenverantwortlicher	Elektrofachkraft	Verantwortliche Elektrofachkraft	Arbeitsverantwortlicher
Verantwortlich für den Betrieb einer elektrischen Anlage (Elektrofachkraft) DIN VDE 0105-100	Maßnahmen und Entscheidungen in eigener Verantwortung. Voraussetzung ist eine Fachausbildung.	Fach- und Aufsichtsverantwortung bei Übertragung durch den Unternehmer. DIN VDE 0100-100	Für jede Arbeit benannt; verantwortet die Durchführung der Arbeiten. VDE 0105-100

Persönliche Schutzausrüstung

Zusätzlich zur Arbeitsschutzbekleidung muss je nach Arbeitsgefährdung folgende Schutzausrüstung getragen werden:

- **Kopfschutz** – Schutzhelm DIN 4840
- **Augenschutz** – Schutzbrille DIN 4646-1
- **Schallschutz** – Gehörschutzstöpsel bis 110 dB (A) bzw. Gehörschutzkapseln bis 120 dB (A)
- **Fußschutz** – Sicherheitsschuhe DIN 4843
- **Handschutz** – Sicherheitshandschuhe DIN 4841-1
- **Atemschutz** – Filtergeräte DIN 3181
- **Absturzschutz** – Sicherheitsgeschirr (Halte- bzw. Auffanggurt)

Betrieb und Umfeld

Verhalten bei Notfällen – *Behaviour in emergencies*

Logo: Erste Hilfe

Erste-Hilfe-Kasten

Rettungsdienste:

Malteser · DEUTSCHES ROTES KREUZ · DLRG · JOHANNITER-UNFALL-HILFE · ASB

Notfall-Rettungskette

1. **Sofortmaßnahme**
2. **Notruf**
3. **Erste Hilfe**
4. **Rettungsdienst**
5. **Krankenhaus**

Notruf
- Wo ist der Unfall?
- Was ist geschehen?
- Wie viele Verletzte gibt es?
- Welche Verletzungen sind vorhanden?
- Warten auf Rückfragen!

Verletzten ansprechen/anfassen

ansprech-bar — nein → Atemkontrolle

ja ↓

Hilfeleistung je nach Notwendigkeit (z.B. Verband)

Atmung — nein →

ja ↓ Atemspende, Pulskontrolle am Hals

Stabile Seitenlage herstellen, ständige Kontrolle von
– Bewusstsein
– Atmung
– Kreislauf

Puls — nein →

ja ↓ Herz-Lungen-Wiederbelebung

Fortsetzung der Atemspende

	Versagen der Atmung/ Atemstillstand	Herzversagen/ Herzstillstand	Kreislaufversagen/ Schock	Starke Blutung
Symptome	• Flache, unregelmäßige Atmung bzw. keine Atembewegung mehr wahrnehmbar; • keine Atemgeräusche hörbar; • bläuliche Verfärbung der Haut (Lippen, Ohrläppchen); • Bewusstlosigkeit	• Bewusstlosigkeit; • erweiterte Pupillen; • blaue oder weißliche (blasse) Verfärbung der Haut	• Schwacher, beschleunigter Puls; • feuchte, blasse, kalte Haut; • Unruhe, Angst	• Bei Verletzung der Schlagader pulsierender Blutaustritt; • hellrote Farbe des Blutes
Maßnahmen	• Verletzten in stabile Seitenlage bringen; • Mund- und Rachenraum von Fremdkörpern (Speisereste, Erbrochenes) säubern; • Atmung überwachen; • Bei Atemstillstand mit der Atemspende beginnen	• Sofort mit Herzdruckmassage beginnen; • Achtung: Ersthelferausbildung ist hierfür unbedingt erforderlich	• Schocklage herstellen (Oberkörper flach legen, Beine schräg nach oben); • Achtung: Schocklage nicht bei Verletzung der Beine oder Wirbelsäule; • vor Unterkühlung schützen; • durch Ansprache beruhigend wirken; • Atmung und Puls kontrollieren	• Druckverband anlegen, sterile Auflage (Einmalhandschuh verwenden!); • leichte Blutung aus Nase: Kopf nach vorne neigen, Kinn in die Hand stützen lassen, kalter Umschlag auf den Nacken; • bei verletzter Schlagader die Ader abdrücken bzw. abbinden

Regeln für das Arbeiten an elektrischen Anlagen
Rules for working on electrical installations DIN VDE 0105-100: 05-06

Freigabe der Anlage zur Arbeit
durch die verantwortliche Aufsichtsperson
- nach Aufstellen des Sicherheitsschildes und
- Befolgen der Sicherheitsregeln.

5 Sicherheitsregeln

1. Freischalten
Das Anlagenteil muss allpolig und allseitig abgeschaltet werden.

2. Gegen Wiedereinschalten sichern
Nur die an der Anlage tätigen Personen dürfen das betreffende Anlagenteil wieder in Betrieb nehmen.

3. Spannungsfreiheit feststellen
Durch Messung mit Messgerät oder zweipoligem Spannungsprüfer vergewissern, dass keine Spannung gegen Erde am betreffenden Anlagenteil vorhanden ist.

4. Erden und Kurzschließen [1]
Von der Erdungsklemme ausgehend alle Leiter untereinander verbinden.

5. Benachbarte, unter Spannung stehende Teile abdecken und abschranken
Durch Abdecken, Abschranken oder Isolieren von spannungsführenden Anlagenteilen soll verhindert werden, dass diese Teile berührt werden können.

[1] In Anlagen mit Bemessungsspannungen bis 1 kV darf unter bestimmten Umständen hiervon abgewichen werden (vgl. DIN VDE 0105-100, Punkt 6.2.4.2)

Verhalten bei Unfällen durch Strom
- Schnelle Hilfe für den Verunglückten, da lebensbedrohende Folgen bei längerer Stromeinwirkung auf den Körper.

Erste Hilfe je nach Notfallsituation

Spannung abschalten.

Verunglückten aus dem Gefahrenbereich bringen.

Arzt oder Rettungsdienst rufen.

Verletzung feststellen.

Bei Atmung Verunglückten in stabile Seitenlage bringen.

Bei Atem- oder Kreislaufstillstand Atemspende oder Herzmassage veranlassen.

Bei Schock Verunglückten in Schocklage bringen.

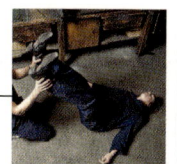

Maßnahmen vor dem Wiedereinschalten nach beendeter Arbeit

1. Werkzeug und Hilfsmittel entfernen.

2. Gefahrenbereich verlassen.

3. Kurzschließung und Erdung zuerst an der Arbeitsstelle, dann an den übrigen Stellen aufheben ①.

4. Anlagenteile und Leitungen ohne Erdungsseil dürfen nicht berührt werden.

5. Entfernte Schutzverkleidungen und Sicherheitsschilder wieder anbringen ②.

6. Schutzmaßnahmen an den Schaltstellen erst nach Freimeldung von den Arbeitsstellen aufheben.

Ergonomie – *Ergonomies*

Begriff

Analyse der
- Aufgabenstellung,
- Arbeitsumwelt,
- Mensch-Maschine-Interaktion

mit dem **Ziel**:

- **Verbesserung** der Leistungsfähigkeit,
- **Minderung** der auf den Menschen wirkenden Belastungen.

Mensch-Maschine-Struktur

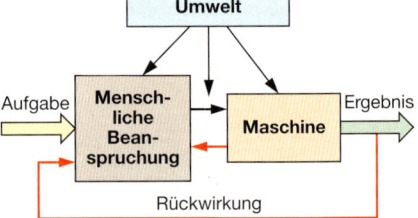

Greifbereich

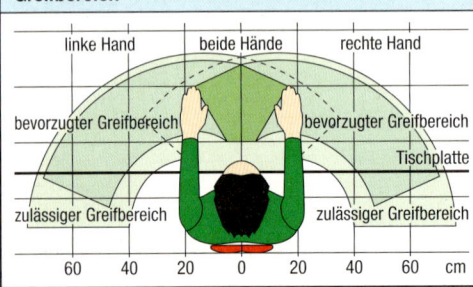

Sehraum

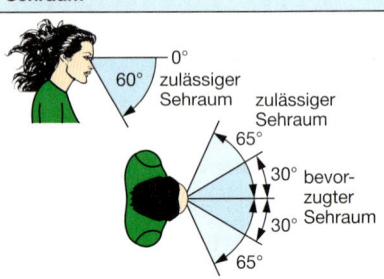

Bildschirmarbeitsplätze

Bestimmungen

- Bildschirmarbeitsverordnung (BildscharbV)
- Sicherheitsregeln für Büroarbeitsplätze (VBG ZH 1/535 und GUV 17.7)
- Sicherheitsregeln für Bildschirm-Arbeitsplätze im Bürobereich (VBG ZH 1/618 und GUV 17.8)
- Arbeitsstätten-Richtlinien (ASR) zur Arbeitsstättenverordnung (ArbStättV)
- Unfallverhütungsvorschriften (UVV)

Checkliste

- Bildschirmgerät (Zeichengröße, flimmerfrei, …)
- Tastatur (neigbar, Druckpunkt, …)
- Arbeitsfläche (Größe, Beinfreiheit, …)
- Arbeitsstuhl (Verstellbarkeit, Rückenabstützung, …)
- Fußstütze (Größe, Verstellbarkeit, …)
- Vorlagenhalter (Stabilität, Größe, …)
- Beleuchtung (Blendfreiheit, flimmerfrei, …)
- Lärm (Geräuschentwicklung der Geräte, …)
- Wärme (Einstellbare Heizung, …)
- Software (Hilfe, Korrektur, Geschwindigkeit, …)

Stuhl und Arbeitsfläche

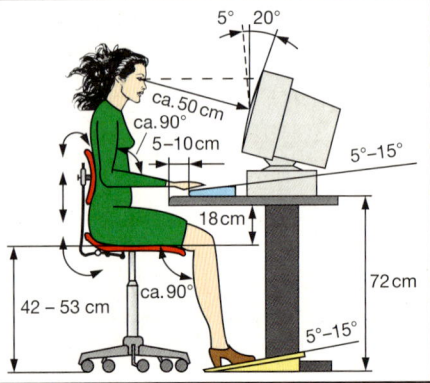

Blendungsabgrenzung

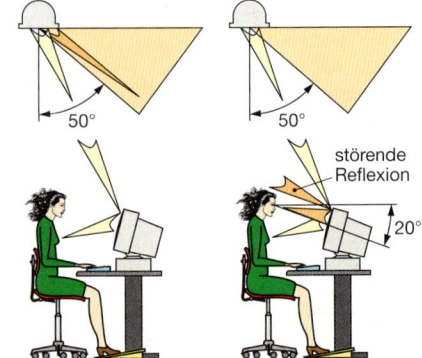

Leitern und Gerüste – *Ladders and scaffolding*　　DIN EN 131, BGV D36

Technische Anforderungen für Aufstiegshilfen

Aufstiegs-hilfen	Tritte ①	Anlege- ②	Steh- ③	Podest- ④	Mehrzweck- ⑤	Kleingerüste ⑥
		Leiter				
Eigen-schaften	bis 1 m Höhe mit einer zug- bzw. druck-festen Verbin-dung; obere Fläche ist zum Betre-ten geeignet	zur Benutzung an einen rutschfesten Untergrund lehnen bzw. befestigen (Anlegewinkel $\alpha \approx 70°$)	zweischenklige freistehende Sprossen- oder Stufenleitern	einseitig besteigbare Stufenleiter, die eine um-wehrte Platt-form (0,5 m²) besitzt	Steh- oder Anlegeleiter, die zu der je-weilig anderen Leiterart um-gebaut wer-den kann.	gerüstähn-liche Kon-struktionen, Bühnen oder Po-deste mit einer Belag-höhe < 2 m
Spreiz-sicherung (z. B. Gurt) erforderlich	–	–	ja	–	ja	
Betriebs-anleitung erforderlich	ja	ja	ja	ja	ja	ja
Benut-zungs-hinweise	Schenkel müssen fest miteinander verbunden sein; kein Verschie-ben beim Betreten.	Länge muss 1 m über der Auftrittstelle liegen; nicht als dauerhafter Arbeitsplatz geeignet.	Nicht als Anle-geleiter ver-wenden; zwei Stehlei-tern können zu einem Behelfs-gerüst umge-baut werden.	Eventuell vorhandene Rollen müs-sen bei Be-treten selbst-ständig abgebremst werden.	Für kurzzeitige Arbeiten ist der Umbau als Behelfsgerüst möglich, wenn ein Belag als Standfläche verwendet wird.	Ab einer Belaghöhe von 1 m ist ein Seiten-schutz notwendig; Belagbreite ≥ 0,5 m.

Umgang mit Leitern und Gerüsten

Der Vorgesetzte
- stellt richtige Leiter (z. B. Steh- oder Anlegeleiter) mit notwendigem Zubehör für sicheren Stand bereit,
- bringt Hinweis für die Benutzung der Leiter und Gerüste an und unterweist Mitarbeiter in deren Handhabung,
- garantiert einwandfreie Beschaffenheit und kon-trolliert sichere Funktion,
- lässt beschädigte Teile reparieren bzw. ersetzen und untersagt einen bestimmungswidrigen Ein-satz.

Der Mitarbeiter
- prüft ordnungsgemäßen Sicherheitszustand vor **jedem** Gebrauch,
- achtet auf Standsicherheit und zulässige Belas-tungen (Benutzungshinweise),
- setzt nach Möglichkeit Gerüste statt Leitern ein,
- berücksichtigt die Kraftrückwirkung, z. B. bei Stemmarbeiten auf einer Leiter,
- steigt nicht über das Ende einer Stehleiter hinaus,
- lehnt sich bei der Arbeit nicht seitlich hinaus.

Heben und Tragen – *Lift and carry*

Beurteilung der Arbeitsbedingungen beim Heben und Tragen von Lasten

1. Lastwichtung

Wirksame Last für Frauen	Wirksame Last für Männer	Last-wichtung
< 5 kg	< 10 kg	1
5 … 10 kg	10 … 20 kg	2 ①
10 … 15 kg	20 … 30 kg	4
15 … 25 kg	30 … 40 kg	7
> 25 kg	> 40 kg	25

2. Ausführungswichtung

Ausführungsbedingungen	Wichtung
gute ergonomische Bedingungen (z. B. ausreichend Platz)	0
Bewegungsfreiheit eingeschränkt (z. B. geringe Arbeitshöhe und -fläche)	1 ②
Bewegungsfreiheit stark eingeschränkt	2

3. Haltungswichtung

Lastposition und Körperhaltung		Haltungswichtung
	• Oberkörper aufrecht und nicht verdreht • Last am Körper	1
	• geringe Vorneigung oder Verdrehung des Körpers • Last am Körper bzw. körpernah	2
	• tiefes Beugen oder weites Vorneigen • Last körperfern oder über Schulterhöhe	4 ③
	• weites Vorneigen mit gleichzeitigem Verdrehen des Oberkörpers • Last körperfern • hocken oder knien	8

4. Zeitwichtung

Tragen (> 5 m)		Halten (> 5 s)		Hebe- oder Umsetzvorgänge	
Gesamtweg pro Arbeitstag	Zeitwichtung	Gesamtdauer pro Arbeitstag	Zeitwichtung	Anzahl pro Arbeitstag	Zeitwichtung
< 300 m	1	< 5 min	1	< 10	1
300 m … 1 km	2	5 … 15 min	2	10 … 40	2
1 km … 4 km	4	15 min … 1 h	4	40 … 200	4
4 km … 8 km	6	1 h … 2 h	6	200 … 500	6 ④
8 km … 16 km	8	2 h … 4 h	8	500 … 1000	8
> 16 km	10	> 4 h	10	> 1000	10

5. Bewertung
Beispiel: Umsetzen von 300 Leuchten (12 kg) in 1,50 m Höhe

2 ①	Lastwichtung
+ 1 ②	Ausführungswichtung
+ 4 ③	Haltungswichtung
= 7	x 6 ④ = 42
	Zeitwichtung Punktwert

Punktwert	Beschreibung
< 10	geringe Belastung
10 … 25	erhöhte Belastung
25 … 50	wesentlich erhöhte Belastung
> 50	hohe Belastung

Der tätigkeitsbezogene Punktwert gibt Aufschluss über die jeweilige Belastung. Bei einem Punktwert > 10 sind Maßnahmen (Gewichtsverminderung, geringe zeitliche Belastung) erforderlich.

Teamentwicklung, Teamarbeit – *Team development, team work*

Traditionelle Organisationseinheiten	Teamarbeit
• Abläufe und Vorgänge sind eindeutig festgelegt. Jeder weiß genau, **wer was wie** zu tun hat.	• Teams sind Arbeitsgruppen, die sich mit Hilfe des Teamleiters selbst organisieren.
• Die Aufgaben werden den einzelnen Mitarbeitern vom jeweiligen Vorgesetzten zugeteilt.	• Innerhalb eines Teams gibt es keine Hierarchiestufen. Jeder beteiligt sich nach persönlichen Fähigkeiten und Fertigkeiten an der gemeinsamen Aufgabe.
• Es gibt klare Kontrollmechanismen zur Sicherung der vorschriftsmäßigen Arbeitsdurchführung und der zu erwartenden Qualität.	• Die Arbeit erfolgt in fach- und abteilungsübergreifenden Gruppen.
• Kommunikation und übergreifende Problemlösungen mit anderen Abteilungen oder sonstigen Unternehmensbereichen erfolgen über den Vorgesetzten oder durch eine ausdrücklich von diesem bestimmte Person.	• Unterschiedliches Spezialistenwissen und unterschiedliche Erfahrungen werden im Team zur gemeinsamen Lösung komplexer Aufgaben kombiniert.
• Organisationseinheiten sind dauerhaft installiert. Sie haben klar umrissene Aufgaben- und Kompetenzbereiche.	• Zwischen den Teams eines Unternehmens bestehen rege Kontakte. Informationen werden offen ausgetauscht.

Phasen der Teamentwicklung

Kontaktphase

Vorgesetzte und Teammitglieder:
– Klärung gegenseitiger Erwartungen, Ziele, Rahmenbedingungen

Notwendige Voraussetzungen der Beteiligten:
– Offenheit, Ehrlichkeit und Engagement

(Teamarbeit, Fortsetzung)
• Teams werden nicht auf Dauer installiert, sondern für bestimmte Vorhaben oder Projekte zusammengestellt.
• Wenn das gemeinsame Ziel erreicht oder die gemeinsame Aufgabe gelöst ist, können die einzelnen Mitglieder neuen Teams zugeordnet werden.

Voraussetzungen an die Beteiligten:

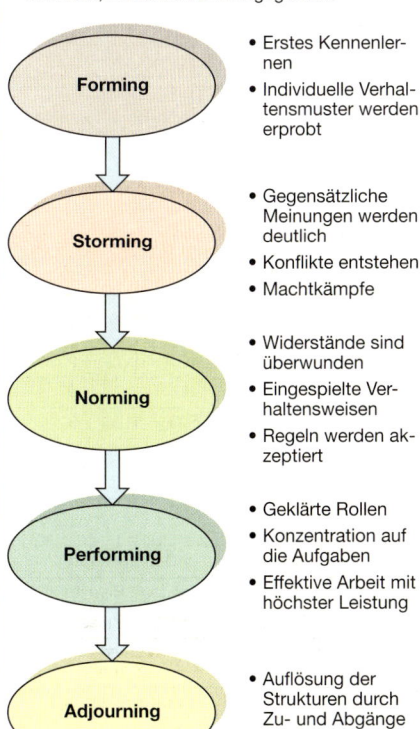

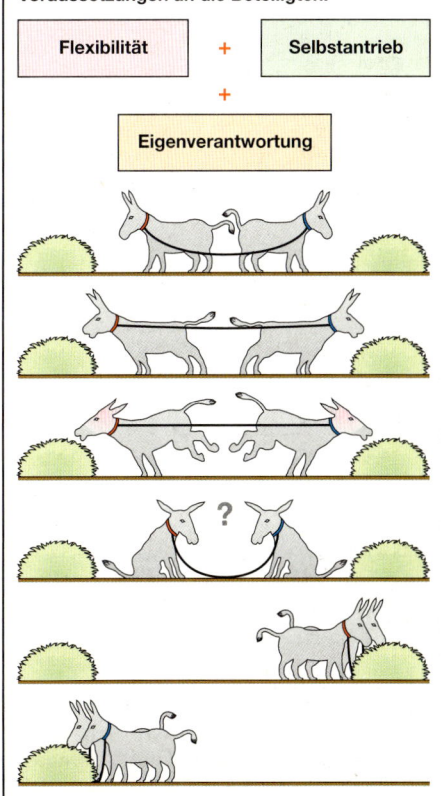

Forming
• Erstes Kennenlernen
• Individuelle Verhaltensmuster werden erprobt

Storming
• Gegensätzliche Meinungen werden deutlich
• Konflikte entstehen
• Machtkämpfe

Norming
• Widerstände sind überwunden
• Eingespielte Verhaltensweisen
• Regeln werden akzeptiert

Performing
• Geklärte Rollen
• Konzentration auf die Aufgabe
• Effektive Arbeit mit höchster Leistung

Adjourning
• Auflösung der Strukturen durch Zu- und Abgänge
• Neubeginn

Flexibilität + Selbstantrieb
+
Eigenverantwortung

Informationsquellen – *Sources of information*

Druckmedien (Printmedien)	Internet

Druckmedien (Printmedien)

Fachbücher

Der Inhalt ist systematisch, übersichtlich und im Zusammenhang dargestellt.

Fachbücher sind gut geeignet zur Vorbereitung und Nachbereitung an beliebigen Orten.

Dauerhafte und individuell eingefügte Markierungen erleichtern den Zugriff und die Handhabbarkeit.

Fachbücher können auch über das Stichwortverzeichnis als Nachschlagewerk verwendet werden. Das Quellen- und Literaturverzeichnis liefert Hinweise über weiterführende Literatur.

Fachzeitschriften

Behandelt werden begrenzte Gebiete oder nur Teile eines Fachgebietes.

Fachzeitschriften sind aktuelle Informationsquellen. Mitunter kann es sinnvoll sein, die reinen Fachaufsätze getrennt zu sammeln und zu archivieren.

Lexikon, Tabellenbuch, Handbuch

Einzelne Fachgebiete sind geordnet, übersichtlich, anschaulich und mitunter in Tabellenform dargestellt. Ein schneller Zugriff auf wesentliche Informationen soll dadurch erleichtert werden.

Sie eignen sich in der Regel zum Nachschlagen bestimmter Sachverhalte oder Themen. Alphabetische oder themenbezogene Gliederungen kommen vor.

Ein sinnvoller Zugriff auf Themen oder Begriffe erfolgt in der Regel über das Stichwortverzeichnis.

Firmenunterlagen

Diese Informationsquellen sind in der Regel auf eine bestimmte Zielgruppe ausgerichtet, z.B.:

Käufer ⇒ Produktwerbung, Selbstdarstellung

Service ⇒ Technische Informationen und Bedienungsanleitungen

Multimedia

Informationsquellen mit diesem Merkmal enthalten neben Textinformationen auch akustische Informationen und Videosequenzen. Die Datenträger sind in der Regel CDs bzw. DVDs.

Mit Hilfe des Computers lassen sich einzelne Programmelemente bzw. Seiten abrufen (über Links) und dem eigenen Auffassungsvermögen (Schnelligkeit, Wiederholung, Standbild, usw.) anpassen.

Der Benutzer kann aufgefordert werden, aktiv in die Darbietung einzugreifen (interaktiv).

Bestimmte Teile lassen sich ausdrucken und können dann wie eine reine Textinformation benutzt werden.

Internet

Internet-Dienste:

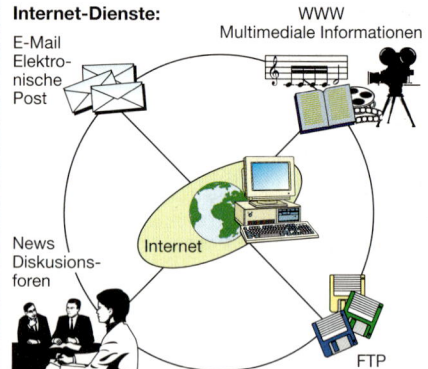

E-Mail Elektronische Post

News Diskussionsforen

WWW Multimediale Informationen

FTP Softwareprodukte

E-Mail

Elektronisches Versenden oder Empfangen von Nachrichten (Electronic Mail). Die Nachricht kann gespeichert oder ausgedruckt oder sofort beantwortet werden. Alle Teilnehmer besitzen eine elektronische Postadresse, z.B.:
Schulservice@westermann.de.

WWW (World-Wide-Web)

Multimediale Benutzeroberfläche des Internets. Angebote und Informationen können aufgerufen, gespeichert oder ausgedruckt werden. Die Informationen können umfassen: Texte, Bilder, grafische Symbole, Ton- und Videosequenzen, z.B.:
http://www.westermann.de

FTP (File-Transfer-Protokoll)

Dieses ist eine Abkürzung für ein Verfahren zum Datentransfer im Internet. Mit diesem Verfahren können aus dem weltweiten Softwarepool des Internets die unterschiedlichsten Programme direkt kopiert werden. Hochschulen und größere Firmen bieten entsprechende Software über ihre FTP-Server an, z.B.:
ftp://ftp.mcafee.com/ (Hauptverzeichnis des Rechners der Firma McAfee)

News

Im Internet finden sich Gruppen (Newsgroups) zum Gedanken- und Meinungsaustausch zusammen. Diskussionsbeiträge u. Ratschläge zu unterschiedlichsten Themen werden ausgetauscht. In Diskussionsforen stellt jeder Teilnehmer seine Nachricht für alle anderen als elektonische Post zur Verfügung ("schwarzes Brett").

News-Server sind Computer, auf deren Festplatten die Nachrichten der Diskussionsforen gespeichert sind und abgerufen werden können, z.B. News-Server des Datendienstes T-Online:
News.btx.dtag.de

Suchen im Internet – *Search on the Internet*

Allgemeine Hinweise	Symbole und Verfahren für das Suchen

Allgemeine Hinweise

Vorüberlegungen:
Suchen im
– gesamten Internet
– deutschsprachigen Raum
– …
Trotz aller Unterschiede gibt es einige oft anwendbare Suchfunktionen.
Verwendet werden mathematische Zeichen, boolesche Operatoren (Großbuchstaben, Leerzeichen davor und dahinter), Klammern, Anführungszeichen …
Suchstrategie:
1. Zu Beginn weder zu allgemeine noch zu konkrete Begriffe verwenden, evtl. auch Synonyme verwenden.
2. Zunehmende Suche verfeinern durch Begriffseinengung.

Web-Verzeichnisse, Kataloge

- Diese Verzeichnisse bzw. Kataloge werden von Fachleuten erstellt und nach Themen sortiert.
- Hierarchische Strukturen für die einzelnen Themen mit kurzen Beschreibungen erleichtern den Einstieg.
- Schritt für Schritt kann man sich der speziellen Thematik nähern.
- Problem: Verzeichnisse bzw. Kataloge enthalten die „Wertvorstellungen" der jeweiligen Verfasser.

Deutschsprachige Verzeichnisse, Kataloge

Alleskar	http://www.allesklar.de
Bellnet	http://www.bellnet.de
Dino-Online	http://www.dino-online.de
Sharelook	http://www.sharelook.de
Web.de	http://www.web.de
Witch	http://www.witch.de
Yahoo!	http://www.yahoo.de

Englischsprachige Verzeichnisse, Kataloge

LookSmart	http://www.looksmart.com
Open Directory Project (ODP)	http://www.dmoz.org
SNAP	http://www.snap.com
Yahoo!	http://www.yahoo.com

Symbole und Verfahren für das Suchen

Plus und Minuszeichen
- Pluszeichen vor dem Wort bedeutet: Im Suchergebnis ist das Wort enthalten.
  Beispiel: Buch +Elektrotechnik
- Minuszeichen vor dem Wort bedeutet: Im Suchergebnis ist das Wort nicht enthalten.
  Beispiel: Betriebssytem –Windows

Boolesche Operationen

AND	z. B.: Festplatte AND Einbau
OR	z. B.: Shareware OR Freeware
NOT	z. B.: CD-ROM NOT Philips
AND NOT	z. B.: Software AND NOT Adobe

NEAR
Gesucht werden mit dieser Eingrenzung Begriffe in enger Nähe (logisches UND).
Beispiel: Microsoft NEAR Office
Besonderheit: NEAR/n (logisches UND, wobei zwischen den Suchbegriffen max. n Wörter vorkommen dürfen)

Anführungszeichen, Phrasensuche
Verwendbar bei der Suche nach Herstellernamen, Typenbezeichnungen usw.
Die in Anführungszeichen gesetzten Begriffe werden in der vorgegebenen Reihenfolge gesucht.
Beispiel: „Internet Explorer"

Klammern
Verwendbar für komplexe Abfragen einer booleschen Abfrage.
Beispiel: Software AND (Adobe OR Corel)

Titelsuche
Hiermit erfolgt eine Einschränkung auf den Titelbereich des Dokuments.
Beispiel: title:Hardware   bzw. t:Hardware

Zeitrahmen
Die Einschränkung der Treffer erfolgt hier durch die Angabe von z. B. Monaten, Wochen usw.

Suchen mit Booleschen Operationen

Suchmaschine		UND	ODER	NICHT	NEAR
AltaVista	www.altavista.com (Simlpe Search)	+a +b	a b	a –b	
AltaVista	www.altavista.com (Advanced Search)	a AND b	a OR b	a AND NOT b	a NEAR b
Abacho	www.abacho.de	+a +b a AND b	a b a OR b	a –b a NOT b	
Exite	www.exite.de	+a +b a AND b	a b a OR b	a –b a AND NOT b	
Fireball	www.fireball.de (Express Suche)	+a +b	a b	a –b	
Fireball	www.fireball.de (Detail Suche)	a AND b	a OR b	a AND NOT b	a NEAR b
Hot Bot	www.hotbot.de	+a +b	a b	a –b	
Go.com	http://go.com	+a +b a AND b	a b a OR b	a –b a NOT b	a NEAR b
Infoseek	www.infoseek.com	+a +b a AND b	a b a OR b	a –b a NOT b	
Lycos	www.lycos.de (Standardsuche)	+a +b	a b	a –b	

Umgang mit Texten – *Dealing with texts*

1. Überblick verschaffen

Ziel: Erste Orientierung und Überblick.
- **Titel** (evtl. Untertitel), Verfasser bzw. Herausgeber, Verlag, Auflage, Erscheinungsort und Jahr.
- **Inhaltsverzeichnis** (Gliederung, Aufbau und Gewichtung werden sichtbar).
- **Vorwort**, **Einführung** (Ziele und Inhalte werden deutlich).
- **Gestaltung** (flüchtiges „Durchblättern" verdeutlicht den Grad der Visualisierung).
- **Schluss** (Vergleich von Zielen und Ergebnissen).
- **Literaturverzeichnis** (Niveau wird sichtbar).
- **Stichwortverzeichnis** (Register), **Glossar**, **Personenverzeichnis**, …
- **Anhang** (Tabellen, Übersichten, …).

2. Text durcharbeiten

Ziel: Eine strukturierte Übersicht erarbeiten und das Wesentliche herausfinden.

Lesetechniken
- **Diagonales Lesen** (rasches „Überfliegen" des Textes, anwendbar bei einem nicht völlig fremden Sachgebiet, erste Markierungen vornehmen)
- **Eiliges Lesen** (vollständiges u. schnelles Lesen, Markierungen vornehmen)
- **Verweilendes Lesen** (gründliches und vollständiges Lesen, Satz für Satz, Gedanken des Autors nachvollziehen, sich Fragen stellen, Markierungen und Anmerkungen vornehmen)
- **Selektives Lesen** (Textpassagen mit unterschiedlicher Intensität lesen, evtl. vorher Fragestellungen festlegen)

Textmarkierungen
Grundregel: Sparsam und gezielt markieren. Symbole und Farben verwenden. Markierungssystem beibehalten.
Vorteil: Zugriff zu bstimmten Textstellen wird erleichtert, durch Visualisierung werden Strukturen sichtbar.

Im Text Kernbegriffe bzw. Kernaussagen unterstreichen, hervorheben.

Am Rand wiederkehrende Kurzzeichen verwenden.
Beispiele:
!	Beachtenswert, Besonderheit, Achtung, …
?	Bedenklich, fraglich, unklar, …
1, 2, …	Reihenfolge
Zus	Zusammenfassung
Def	Definition

Fragestellungen
- Welches sind die Absichten des Verfassers?
- Was sind die Kernaussagen, was sind Randbereiche?
- Was sind Meinungen, was sind Argumente?
- Welche Struktur liegt dem Text zugrunde?
- Kann das Gelesene mit den eigenen Vorkenntnissen in eine Beziehung gebracht werden?
- …

3. Inhaltsauszug erstellen

Spezieller Inhaltsauszug:
Exzerpt
- Eigene Gliederung erstellen.
- Fragestellung entwickeln, unter der der Inhaltsauszug erstellt werden soll.
- Zusammentragen von Textauszügen, die im Zusammenhang mit der jeweiligen Fragestellung stehen.
- Strukturen unter Umständen durch Grafiken verdeutlichen (z. B. Mind-Map, Flussdiagramm).
- Auszüge mit Seitenverweisen des Originaltextes versehen.
- Stichwörter und knappe Formulierungen verwenden.
- Möglichst eigene Formulierungen benutzen.
- Zitate „sparsam" einsetzen (nur Kerngedanken).
- Wörtliche Übernahmen als Zitate kennzeichnen.
- …

Quellenangaben
Wörtliche Wiedergabe, Zitat:
Wörtliche Textübernahme.
Der übernommene Text wird durch Anführungszeichen („…") gekennzeichnet.
Folgende Angaben sind zum Zitat erforderlich:
- Autor (Zuname und Vorname), evtl. Herausgeber (durch Hrsg. kennzeichnen)
- Vollständiger Titel, Nummer der Auflage (nur dann, wenn es sich nicht um die erste Auflage handelt)
- Erscheinungsort (evtl. noch Verlagsangabe)
- Erscheinungsjahr
- Seitenangabe

Sinngemäße Wiedergabe:
Größere Zusammenhänge werden sinngemäß und verkürzt dargestellt.
Text wird mit eigenen Worten wiedergegeben.
Quellenangabe wie beim Zitat, vorangestellter Zusatz: vgl. (vergleiche)

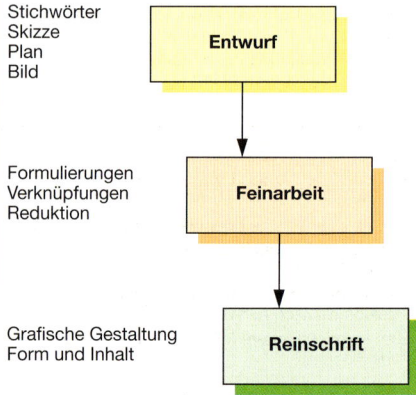

Stichwörter Skizze Plan Bild	**Entwurf**
Formulierungen Verknüpfungen Reduktion	**Feinarbeit**
Grafische Gestaltung Form und Inhalt	**Reinschrift**

Textaufbau, Bericht, Protokolle – *Text structure, report, records*

Prinzipien

Verständlich ausdrücken durch:
- **Einfachheit**
- **Gliederung und Ordnung**
- **Kürze und Prägnanz**
- **Zusätzliche Stimulanz**

W-Fragen (Beispiele)

Wer war wann beteiligt?
Was kann wen interessieren?
Wann ist es geschehen?
Wie soll vorgegangen werden?
Wozu dient das Ergebnis?

Gliederung

Überschrift, Verfasser, Datum
- **Einleitung**
  Übersicht und Information, Thema mit kurzen Sätzen skizzieren, Zweck und Ziel angeben, evtl. auf Handlungen hinweisen.
- **Hauptteil**
  Kernbereiche herausstellen, zielorientierte klare Aussage mit Veranschaulichungen (Visualisieren).
- **Schluss**
  Zusammenfassung und Vertiefung, Ausblick.

Anhang, Quellenangaben

Gliederungsbeispiele

- **Prozess**
  Materialanlieferung → Verteilung → Produktion
- **Zeitliche Abfolge**
  Vergangenheit → Gegenwart → Zukunft
- **Ursache – Wirkung**
  Ausgangssituation (Ursache) → Wirkung
- **Problemorientierung**
  Ist-Zustand → Lösung
- **Raum**
  Kernbereich (Mittelpunkt) → Randbereich (Umgebung)
- **Reihenfolge**
  Aufsteigend: Klein (elementhaft) → groß (komplex)
  Absteigend: Groß → klein
- **Empfehlung**
  Tatsachen → Schlussfolgerung → Empfehlung (sachlogischer Aufbau);
  Vorteile der Empfehlung → Empfehlung → Begründung
- **Zielsetzungen**

Analyse	→ Interpretation	→ Erklärung
Bitte	→ Empfehlung	→ Rückbesinnung
Dank	→ Bestätigung	→ Ausblick
Besprechung	→ Vorschlag	→ Ausblick

Gestaltung

- Kurze Absätze, Sätze und Wörter
- Leerräume
- Ausreichende Ränder
- Geeignete Schriftgröße (z. B.: 12 Punkt)
- Klare Formulierungen
- Überschriften und Gliederungspunkte
- Sachinformationen und persönliche Meinungen sorgfältig voneinander trennen.
- Bei Meinungsäußerungen: Meinung sollte klar erkennbar sein, taktvolle Formulierungen verwenden, objektive Darstellungen.
- Endkontrolle nicht vergessen (Korrekturlesen), Grammatik und Rechtschreibung.
- Nur notwendige Informationen angeben, Weitschweifigkeiten vermeiden.
- ...

Überprüfung durch Endkontrollfragen

- Entspricht der Aufbau meiner ursprünglichen Zielsetzung?
- Gibt es überflüssige oder weitschweifige Anteile?
- Habe ich die Bedürfnisse der Leser genügend berücksichtigt?
- Tritt meine dem Text zum Ausdruck gebrachte Position deutlich hervor?
- Gibt es noch weitere Möglichkeiten der Veranschaulichung?
- ...

Ausdrucksweise

- **Verständlichkeit**
- **Überzeugend**
- **Ausdrucksstarke Verben**
  z. B.: „Ich stimme zu."
- **Aktive Verben**
  z. B.: „Wir haben entschieden."

Protokolle

Verlaufsprotokoll **Ergebnisprotokoll**

- **Protokollkopf**
  - Anlass bzw. Überschrift
  - Datum, Beginn, Ende
  - Ort, Raum
  - Teilnehmerinnen und Teilnehmer, Leitung
  - Protokollantin, Protokollant
  - Tagesordnung
- **Protokolltext**
  - Verlauf (chronologisch) bzw. Ergebnis (Zusammenfassung, Ordnung nach Wichtigkeit, Übersichten, Tabellen, usw.)
  - Anlagen
- **Protokollende**
  - Unterschrift des Protokollanten, der Protokollantin
  - Datum der Protokollerstellung
  - Unterschrift des Gegenzeichnenden (z. B. Leiter/in der Konferenz dokumentiert damit die sachliche Richtigkeit)

Wissensmanagement, Lernen – *Knowledge management, Learning*

Lerntypen

- Sehtyp (**visuell**)
- Hörtyp (**auditiv**)
- Gesprächstyp (**verbal**)
- Fühltyp (**haptisch**)

Diese Lerntypen treten in der Regel nicht in reiner Form auf. Vorherrschend sind Mischformen. Je nach Lerntyp sind entsprechende Lehr- und Lernmethoden anzuwenden, damit das Lernergebnis im Langzeitgedächtnis verankert wird.

Ziel:
Erkennen, zu welchem Lerntyp man selbst gehört und in diesem Rahmen die Lernfähigkeit verbessern.

Verbesserung der Lernfähigkeit

- Sich die eigenen **Lernmotive** verdeutlichen.
- Entspannte und angemessene **Lern-/Arbeitsatmosphäre** herstellen.
- Lern- bzw. Arbeitsplatz den individuellen Bedürfnissen anpassen.
  - Schreibtisch, Arbeitsfläche für die Lernaufgabe herrichten,
  - bequeme Sitzhaltung einnehmen,
  - für ausreichende Beleuchtung sorgen,
  - Materialien bereitlegen.
- **Überblick** über die Aufgabe verschaffen.
- **Zeitbedarf** abschätzen.
- **Strukturen** des Lernstoffs herausarbeiten (Element, Beziehungen und Abhängigkeiten zwischen den Elementen).
- Informationen auf den **Kerngehalt** reduzieren.
- **Merktechniken** und **Visualisierungen** während des Lernprozesses verwenden.
- Ergebnis bzw. **Zusammenfassung** festhalten.
- **Rückbesinnung** auf den Lernprozess und das Lernergebnis vornehmen.
- **Beseitigung von Lernblockaden**
  Negative Einstellungen durch positive Lerneinstellungen ersetzen (entspannteres Lernen).
  - Ich kann mich nicht konzentrieren.
    ⇒ Ich bin ruhig und ausgeglichen!
  - Das habe ich noch nie gekonnt.
    ⇒ Was andere können, kann ich auch!

Behaltensquote

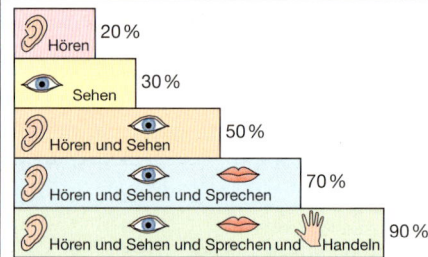

Hören	20 %
Sehen	30 %
Hören und Sehen	50 %
Hören und Sehen und Sprechen	70 %
Hören und Sehen und Sprechen und Handeln	90 %

Kurzzeitgedächtnis:
Speicherung der Information ca. 30 bis 60 Sekunden lang.

Langzeitgedächtnis:
Lebenslange Speicherung.
Ziel von Lernprozessen: Gewünschte Informationen in das Langzeitgedächtnis transformieren.

Text verarbeiten und behalten

- Gelesenes nachsprechen.
- Text mit eigenen Worten wiedergeben.
- Über Gelesenes nachdenken.
- Unterstreichungen und Markierungen mit gleichbleibender Bedeutung verwenden.
- Einfache und sich wiederholende Markierungen benutzen.
  Beispiele:
  !:   wichtig, bedeutsam
  !!: sehr wichtig, sehr bedeutsam
  ?:   bedenklich, fragwürdig
  ??: sehr bedenklich, sehr fragwürdig
- Text durch Grafiken und Bilder veranschaulichen (Visualisierungen vornehmen).
  Beispiele:
  Flussdiagramm, Mind-Map, Struktogramm, …
- Theoretische Sachverhalte mit praktischen Möglichkeiten verbinden.
- Sich den Text in Form von Bildern vorstellen, den Text gedanklich „ausmalen".
- Individuelle Merkhilfen erfinden (Eselsbrücken).
- Pausen einhalten. Damit erhöht sich der Lernwirkungsgrad und der Behaltenseffekt.
- Ablenkungen vermeiden (akustisch, optisch, …).
- Je nach Lerntyp: Hintergrundmusik verwenden.
- …

Lernen mit der Projektmethode

Weitgehend selbstorganisiertes Lernen in Gruppen.
Ablauf:
1. Projektinitiative
2. Projektskizze (Absichten, Vorhaben)
3. Projektplan (Schritte, Zeitbedarf, Aufgabenverteilung; „Wer macht was bis wann")
4. Durchführung
5. Abschluss (Ergebnis, kritische Betrachtung des gesamten Projekts)

Lernen durch Rollenspiele

Probehandeln in simulierten Situationen.
Ablauf:
1. Einführung in die Rolle (Lehrkraft, Leiter, …)
2. Erarbeitung des Rollenprofils
3. Darstellung der Rolle
4. Herausführen aus der Rolle (Lehrkraft, Leiter, …)
5. Reflexion über die gespielte Rolle
6. Feedback durch Beobachter

Präsentation – *Presentation*

Beschreibung

- Informationsübermittlung an einen bestimmten Adressatenkreis.
- Adressaten zeigen im Wesentlichen passives und konsumierendes Informationsverhalten.
- Hohe Behaltensrate wird erreicht durch Kombination von visuellen und verbalen Informationen.
- Vertiefung und Festigung der Präsentation wird erreicht durch
  - Dialog
  - Diskussion
  - Beantwortung zusätzlicher Fragen

Ziele

- Motivation
- Verschiedene menschliche Sinne ansprechen
- Information
- Darstellung komplexer Sachverhalte
- Überzeugen
- Repräsentieren
- Aufbau eines Images
- Handlungen auslösen

Voraussetzungen

- Geeignete technische Hilfsmittel
  - Metaplanwand und -karten, Nadeln, Stifte, …
  - Flipchart mit Papier, Stifte, …
  - Schreibtafel mit Kreide, Karten, Plakate, Klebeband, …
  - Overhead-Projektor mit Folien, Stifte, Tuch zum Löschen, …
  - PC, Software, Daten-/Video-Projektor mit Leinwand, Lichtzeiger, …
- Übung im Umgang mit den technischen Hilfsmitteln

Vorbereitung

1. Ziel bzw. Absicht formulieren.
2. Sammeln von Ideen, Informationen, Materialien.
3. Auswählen geeigneter Materialien im Hinblick auf das Ziel.
4. Sortieren der Materialien: Kernaussagen, Hintergrundinformationen.
5. Gewichtung
6. Geeignete Methoden und Medien für die Präsentation auswählen.
7. Besonderheiten der Adressaten und des Raumes beachten.
8. Informationen wirkungsvoll aufbereiten.
9. Präsentationsmanuskript erstellen.
10. Abfolge „durchspielen", Probelauf, Test, …

Medien

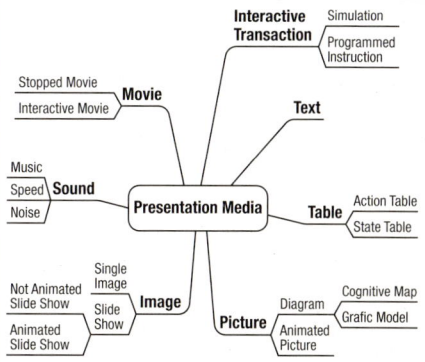

Durchführung

- „**Roten Faden**" einhalten.
- Zusammenspiel zwischen **verbalen Aussagen** und **Visualisierungen** einhalten.
- Dramaturgie und Dynamik durch **Sprache** und geeignete Medien.
- Funktion von **Sprechpausen**:
  Gelegenheit zum Atmen, eigene Gedanken neu ordnen, Denkpausen für Zuhörer, Aufmerksamkeit und Spannung
- Medien nacheinander (z.B. durch Aufdecken) präsentieren (**Abfolge**).

- **Haltung, Körpersprache**:
  Stehend:
  Leicht geöffnete Füße auf gleicher Höhe, Gewicht gleichmäßig verlagern, nicht schaukeln oder wippen, mit Händen und Armen ruhig die Visualisierung unterstützen.
  Sitzend:
- Aufrechte Haltung, Arme und Hände ruhig halten, nicht mit Gegenständen spielen.
- Nicht zum Medium, sondern zu den Zuhörern sprechen (**Konzentration**).

Visualisierung – *Visualization*

Visualisierungs-Regeln

- Zuhörer müssen alle Materialien gut sehen und Texte gut lesen können, evtl. Sitzordnung ändern.
- Materialien zielgerichtet einsetzen.
- Wirkung der Materialien bedenken (Pausen zum Betrachten einplanen).
- Texte übersichtlich und gut lesbar gestalten (Größe, Form, Farbe, Druckbuchstaben). Weniger ist oft mehr!
- Innere Ordnung muss durch Überschriften und Textanordnung deutlich werden.
- Dramaturgie durch geeignete Reihenfolge der Elemente herstellen.
- Verknüpfung verbaler Aussagen mit bildhaften Darstellungen.
- Blickkontakt während des Medieneinsatzes herstellen.
- Wenn Medien nicht mehr benötigt werden, diese entfernen bzw. abschalten.

Vorteile

- Sprachaussagen werden anschaulicher und verständlicher.
- Zusammenhänge werden deutlicher.
- Kernaussagen treten klarer hervor.
- Redeanteil lässt sich verkürzen.
- Struktur wird erkennbar.
- Bilder können komplexe Zusammenhänge auf „einen Blick" verdeutlichen.

Visualisierung durch MindMap

- Bildhafte Darstellung von Gedankengängen (bildhafte Gedankenstütze).
- Grafische Strukturierung von Sachverhalten, Zusammenhängen, Ideen und Denkprozessen (Überblick).
- MindMaps lassen sich einzeln oder durch Gruppen erstellen.
- Innere Ordnung: Vom Abstrakten zum Konkreten, vom Allgemeinen zum Speziellen.
- Vielseitig verwendbar, fördert Kreativität.
- Viel auf einen „Blick", nichts geht „verloren". Geringer Aufwand.

Möglichkeiten

Text:	Unterstützung der Sprache durch Folien, Plakate, Karten.
Tabellen:	„Ordnung" von Zahlen.
Bilder:	Veranschaulichung komplexer Beziehungen, Assoziationen wecken.
Schaubilder:	Strukturen und Abhängigkeiten.
Symbole:	Reduzierung auf das „Wesentliche".

Anordnung und Gestaltung von Textkarten

Reihung	Rhythmus
Themenstruktur wird deutlich.	Erfassung von Zusammenhängen.

Betonung	Ballung und Streuung
Blick wird auf wichtige Aussagen gelenkt.	Bearbeitungsschwerpunkte treten hervor.

Symmetrie und Asymmetrie	Dynamik
Ähnlichkeiten und Unterschiede treten hervor.	Offene Struktur

Betrieb und Umfeld

Nutzereinweisung – *Instructions to the user*

Tätigkeiten zum Betrieb einer elektrischen Anlage

Der Betrieb einer elektrischen Anlage umfasst laut DIN VDE 0105 folgende **Tätigkeiten**, in die der Nutzer bei der Übergabe eingewiesen werden muss:

In- bzw. Außerbetriebnahme	Überwachung	Schalten, Steuern und Regeln	Störungsbeseitigung	Instandhaltung – Inspektion – Warten	Wiederinbetriebnahme

Personenkreis

Anlage	Personenkreis	Hinweise
Wohnhaus	Nutzer der Wohnung (Eigentümer, Mieter), Hausmeister	• Der Nutzer einer Anlage ist in den meisten Fällen nicht identisch mit dem Betreiber.
Anlagen zur elektrischen Spannungsversorgung in Betrieben (Verteiler usw.)	Anlagenverantwortlicher, beauftragte Elektrofachkraft, Sicherheitsbeauftragter	• Die Einweisung erfolgt in der Regel im Beisein einer Elektrofachkraft oder der anlagenverantwortlichen Person. • Der Betreiber erhält die Anlage in einem ordnungsgemäßen und den Normen entsprechenden Zustand.
Sicherheitstechnische Einrichtungen	Anlagenverantwortlicher, Sicherheitsbeauftragter	• Der Betreiber überzeugt sich davon während der Nutzereinweisung. Sie ist Bestandteil der Übergabe.
Frei zugängliche Einrichtungen zum Steuern, Schalten usw.	Bedienpersonal unter Aufsicht des Anlagenverantwortlichen	

Merkmale

• Ausreichend Zeit für die Einweisung einplanen.

• Den Betreiber bereits in der Planungsphase mit einbeziehen, damit er mit der Anlage vertraut wird.

• Kundenorientierte Sprache verwenden.

• Alle Anlagenteile ausführlich besprechen.

• Kunden Gelegenheit zu Rückfragen geben.

• Begehung der Örtlichkeiten vorsehen.

• Dokumentation auf Vollständigkeit und Übereinstimmung mit den örtlichen Gegebenheiten prüfen.

• Die Durchführung der Nutzereinweisung schriftlich bestätigen lassen (Protokoll/Checkliste)

• Bei wesentlichen Mängeln sollte die Übernahme verweigert werden.

• Die Einweisung kann in Abschnitten oder für das komplette Bauvorhaben vereinbart werden.

Checkliste zur Nutzereinweisung

Projekt:

Ansprechpartner:

KRUSKOP
ELEKTROTECHNIK
Lindenstraße 3   Telefon (0 58 23) 98 17-0
29553 Bienenbüttel   Telefax (0 58 23) 98 17-20

Teilnehmer/eingewiesene Personen:

Arbeiten an elektrische Anlagen (VDE 0105-100)
• Hinweis auf Anlagenverantwortlichen
• Hinweis auf Arbeitsverantwortlichen

Hauptverteilung
• Einweisung in die Schalthandlungen (5 Sicherheitsregeln, Schaltberechtigungen, Arbeitsschutz)
• Einweisung in die Messeinrichtungen
• Einweisung in die Schaltpläne/Dokumentation
  – Betriebsanleitungen
  – Checklisten
  – Kennzeichnung der Betriebsmittel
  – Lage der Sicherungen in der Verteilung
  – Größe und Bemessungsstrom von Sicherungen
  – Einstellwerte der Schutzeinrichtungen
  – Zielbezeichnung von Kabel und Leitungen
  – Kabel- und Leitungstyp mit Angabe von Querschnitt und Adernzahl
• Kontrolle der Beschilderung
• Handlampe als Notbeleuchtung
• Ersatzsicherungen

Unterverteilungen (____ Verteiler)
• Einweisung in die Schaltpläne/Dokumentation
  – Betriebsanleitungen

Trafostation
☑ • Sicherheitsbestimmungen
  (Schutz gegen direktes Berühren)
• Sicherheitsabstände
• Zutrittsberechtigungen
☑ • Verschlusspflicht der Räume
• Schlüsselmanagement
• Einweisung in den Arbeitsschutz

☑ **Notstromaggregat**
• Startvorgang erläutern
☑ • Einweisung in die Messeinrichtungen
☑ • Kraftstoffvorrat
☑ • Fehlermeldungen und Fehlerbehebung
☑ • Wartungsintervalle

☑ **Batterieräume**
• Einweisung in die Messeinrichtungen
☑ • Fehlermeldungen und Fehlerbehebung
• Wartungsintervalle

Sicherheitsrelevante Einrichtungen
• _____
• _____

Mit der Unterschrift wird die Übergabe der nach den geltenden Vorschriften und Normen installierten Elektroanlage bestätigt. Die Ergebnisse der Prüfungen sind in einem separaten Prüfbericht dokumentiert.

Ort, Datum   Unterschrift

Original verbleibt beim Auftragnehmer!
Kopie verbleibt beim Auftraggeber!

Ort, Datum   Unterschrift

Betrieb und Umfeld

Kommunikationsmodell – *Communication model*

Ablauf einer Nachrichtenübertragung

– Die Nachricht geht vom Sender aus und ist in einer bestimmten Weise codiert.

– Auf dem Weg zum Empfänger können „Störungen" die Nachricht verändern.

– Die Nachricht enthält sprachliche und nichtsprachliche Anteile.

– Der Empfänger decodiert die Nachricht entsprechend seiner Wahrnehmung (mit seinem eigenen „Vorrat" an Decodiermöglichkeiten).

– Eine ungestörte Kommunikation kann nur dann stattfinden, wenn Sender und Empfänger den angewendeten Code aufeinander abstimmen.

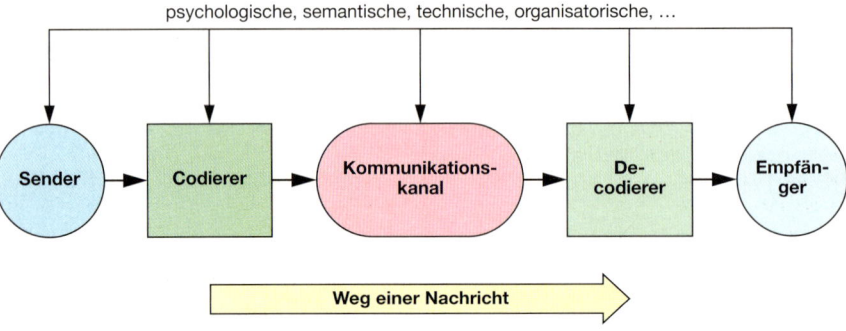

Störungen

psychologische, semantische, technische, organisatorische, …

Sender → Codierer → Kommunikationskanal → De-codierer → Empfänger

Weg einer Nachricht

Vier Seiten einer Nachricht

Jede Nachricht kann grundsätzlich vom Empfänger auf vier verschiedenen Ebenen wahrgenommen (decodiert) werden, als:

• Sachinformation, Sachinhalt,

• Beziehung,

• Selbstoffenbarung,

• Appell, Aufforderung.

Je nach Absicht des Senders können die verschiedenen Aspekte unterschiedlich stark in Erscheinung treten (codiert sein).

Vier-Ohren-Modell

Sache · Selbstoffenbarung · Beziehung · Appell

Gesprächs- und Wahrnehmungsregeln für die Kommunikation

Sender (Codierung)

• Betonung der Sachebene:
Sachen, Fakten, Begriffe in den Mittelpunkt rücken, sachlichen Sprachstil verwenden.

• Betonung der Beziehungsebene:
Gefühle direkt benennen, Rückmeldung über Wahrnehmung geben.

• Betonung der Selbstoffenbarung:
Etwas über sich selbst ausdrücken (Ich-Botschaft), eigene Meinung herausstellen.

• Betonung der Appellebene:
Zu Handlungen auffordern, Lenkungen vornehmen.

Empfänger (Decodierung)

• Wahrnehmung der Sachebene:
Wie ist der Sachverhalt zu verstehen, was ist der Kerngehalt der Äußerungen.

• Wahrnehmung der Beziehungsebene:
Welche Beziehungsebene kommt zum Ausdruck, wie wird mit mir umgegangen.

• Wahrnehmung der Selbstoffenbarung:
Was will mein Gesprächspartner über sich sagen, was ist mit ihm?

• Wahrnehmung der Apellebene:
Was wird von mir erwartet, was soll ich tun? Was ist der Grund für diese Mitteilung?

Moderation – *Presenting*

Die **Moderation** wird angewendet, um selbst organisiert und gemeinsam zielgerichtet Themen, Aufgaben, Probleme, … in einer hierarchiefreien Atmosphäre zu bearbeiten.

Das Ziel ist dabei, eine möglichst vielfältige, breite und effektive Beteiligung unter Berücksichtigung der Bedürfnisse und Interessen der Gruppenmitglieder.

Der **Moderator**, die **Moderatorin**

- ist nur methodischer Helfer (Katalysator, Leiter ohne Funktion eines Vorgesetzten),

- ist Prozess- bzw. Lern-Helfer (und erbringt eine Dienstleistung),

- „öffnet" die Gruppe für das Thema,

- stellt eigene Meinungen und Ziele zurück,

- bewertet keine Meinungsäußerungen oder Verhaltensweisen,

- nimmt eine fragende Haltung ein (Aktivierung der Gruppe),

- hat Geduld und hört aufmerksam zu,

- stellt aktivierende Fragen und gibt Denkanstöße,

- verhindert Abschweifungen,

- fasst zusammen,

- visualisiert und akzentuiert,

- vergewissert sich, ob seine Visualisierungen mit den Beiträgen übereinstimmen,

- arbeitet in der Regel mit einer weiteren Person zusammen,

- nimmt Rücksicht auf natürliche Bedürfnisse der Teilnehmerinnen und Teilnehmer (sinnvoller Wechsel von Arbeitsphasen und Pausen),

- hat den Raum angemessen vorbereitet (Sitzordnung, Material, …).

Moderationsphasen

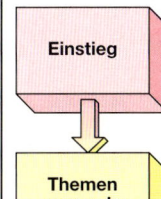

Beispiel:

Einstieg — Eröffnung, Kennenlernen, Abklärung von Erwartugen.

Themen sammeln — Themen sammeln, ordnen, gewichten.

Thema auswählen — Entscheidung, Reihenfolgen festlegen.

Thema bearbeiten — Arbeitsschritte festlegen, Informationen sammeln, Problem analysieren, Problem lösen.

Maßnahmen planen — Maßnahmen beschreiben, Verantwortlichkeiten festlegen, Termine planen.

Abschluss — Rückbesinnung, Vergleich mit Zielsetzung, Würdigung der Arbeitsweise und des Ergebnisses.

Medien und Methoden

- Visualisierungskarten (Rechtecke, Kreise, Ovale, …), Nadeln, Klebestifte, Schere, große Papierbögen, Klebepunkte, Stifte in verschiedenen Ausführungen, …

- Flip-Chart, Pinnwand

- Fragetechnik:
  Offene und geschlossene Fragen, Frage zurückgeben, Suggestivfrage, Gegenfrage, rhetorische Frage, …

- Kennenlernen:
  Wir berichten über uns, „Steckbrief", …

- Erwartungen:
  Brainstorming, Kartenabfrage, was soll passieren – nicht passieren, ich erwarte, …

- Sammlung:
  Themenspeicher, Ein-Punkt- oder Mehrpunkt-Frage, …

- Problemanalyse:
  Ursache-Wirkungs-Diagramm, Gegenüberstellungen, Netzbilder, Matrix, Mind-Map, …

- Bearbeitung:
  Ablaufplan, Maßnahmenkatalog (z. B. was, wer, wozu, wann), …

- Abschluss:
  Reflexion, Stimmungsbarometer, Punktabfrage, Blitzlicht, …

- Nachbereitung:
  Vergleich Soll-Ist, Konsequenzen, …

Betrieb und Umfeld

Vortrag, Referat – *Lecture*

Induktiv	Deduktiv
1. Beginn: Konkretes Beispiel 2. Teilaussagen (Elemente des Ganzen) 3. Gesamtaussage	1. Beginn: Hauptaussage 2. Teilaussagen (Thesen) 3. Begründung durch Beispiele und Argumente

Vorteile

- Es entsteht „Spannung", Zuhörer werden am Prozess beteiligt, der Ausgang ist zunächst offen.
- Konkrete Beispiele erhöhen die Anschaulichkeit.
- Bilder können gut die Gedankengänge verdeutlichen.

Vorteile

- Information der Zuhörer zu Beginn.
- Unproblematischere Zeitplanung als bei der induktiven Methode, da bei Bedarf einzelne Beispiele entfallen können.

Nachteile

- Es ist mitunter schwierig, geeignete Beispiele zu finden.
- Beispiele enthalten mitunter nicht alle zu betrachtenden Aspekte.
- Auch aus Beispielen müssen Verallgemeinerungen abgeleitet werden.

Nachteile

- Geringes „Spannungselement" zu Beginn.
- Gefahr der Überfrachtung mit vielen Details.
- Verführung zur Abstraktion („Kopflastigkeit", Lebensferne).

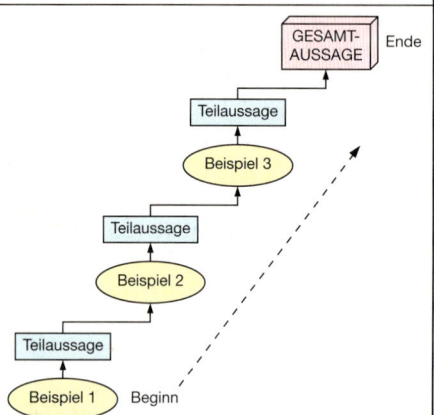

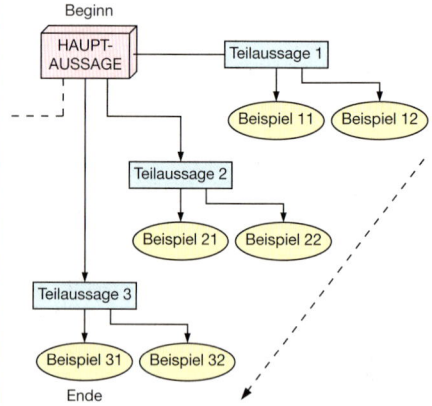

Regeln	Vergleiche und Metaphern

Regeln

- Pünktlichkeit, Zeiten einhalten.
- Blickkontakt mit den Zuhörern aufnehmen und variieren.
- Zuhörerinnen und Zuhörer mit Namen ansprechen.
- Lautstärke, Sprechtempo und Dynamik der Situation anpassen.
- Denkpausen einlegen.
- Spannung aufbauen.
- Offene Fragen verwenden.
- Zur Beteiligung auffordern. Beiträge ernst nehmen.
- Offene Mimik/Gestik.
- Angemessene Kleidung.
- Zugewandte Körperhaltung.
- Sitzordnung der Zuhörer optimieren.

Vergleiche und Metaphern

Anschaulichkeit lässt sich durch Vergleiche oder eine Metapher erzeugen.

Beispiel:
Herr Meier ist ein Fuchs;
Bedeutung: Er ist schlau wie ein Fuchs.

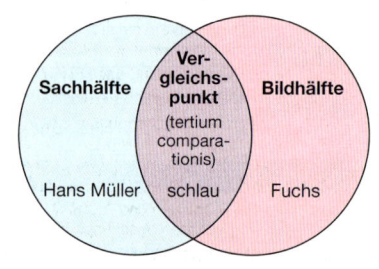

Betriebsanweisung – *Directive for save work*	BetrSichV, ArbSchG BGV A1, BGI 578, GefStoffV

Ziele	Grundsätze
• Personenschutz, • Sachschutz und • Umweltschutz	• Betriebsanweisung (BA) in Schriftform erstellen. • BA den Arbeitnehmern zugänglich machen (z. B. Aushang) und regelmäßig unterweisen.

Arbeitgeberpflichten	Arbeitnehmerpflichten
• Durchführung einer Gefährdungsbeurteilung • Unterweisung der Mitarbeiter über Sicherheit und Gesundheitsschutz (insbesondere mit der Arbeit verbundene Gefahren) • Unterweisung muss mindestens jährlich wiederholt und dokumentiert werden. • Bereitstellung von persönlicher Schutzausrüstung (PSA) • Vorsätzliche oder fahrlässige Verstöße sind Ordnungswidrigkeiten.	• Die Beschäftigten sind verpflichtet, die Anweisungen zur Vermeidung von Unfällen, Krankheiten und Gefahren zu befolgen. • Die Nichtbeachtung von Betriebsanweisungen kann arbeitsrechtliche Konsequenzen haben. • Der Arbeitnehmer muss an regelmäßigen Unterweisungen teilnehmen. • Vorsätzliche oder fahrlässige Verstöße sind Ordnungswidrigkeiten.

Arten von Betriebsanweisungen	Inhalte von Betriebsanweisungen

• Betriebsanweisungen für gefährliche Arbeitsstoffe
  – chemisch nach § 14 GefStoffV sowie TRGS 555
  – biologisch nach § 12 BioStoffV
• Betriebsanweisungen für Maschinen bzw. für besonders gefährliche Tätigkeiten (nach § 9 ArbSchG und § 9 BetrSichV)
	• Anwendungsbereich
	• Gefahren für Mensch und Umwelt
	• Schutzmaßnahmen und Verhaltensregeln
	• Verhalten bei Störungen
	• Verhalten bei Unfällen, Erste Hilfe
	• Instandhaltung
	• Folgen der Nichtbeachtung

Beispiel (Auszug aus Betriebsanweisung für gefährliche Tätigkeiten)

Nummer: 01234
Datum: 12.10.07
Bearbeiter: Herr Müller
Verantwortlich: Herr Meyer
Arbeitsbereich: FB 6/FG 12
Arbeitsplatz/Tätigkeit: MA018/03

Betriebsanweisung für Maschinen

Betrieb/Unterschrift Ersteller:

ANWENDUNGSBEREICH

Diese Betriebsanweisung enthält allgemeine Regeln für den Umgang mit Drehmaschinen.

GEFAHREN FÜR MENSCH UND UMWELT

Gefahren beim Arbeiten an Drehmaschinen bestehen durch das Eingezogenwerden von schnell rotierenden Teilen.

SCHUTZMAßNAHMEN UND VERHALTENSREGELN

• Beachten Sie die in Ihrem Arbeitsbereich gegebenen Anweisungen. Hierzu gehören auch Aushänge und Verbots-, Warn-, Gebots- und Hinweisschilder.
• Passen Sie auf, dass Sie durch Ihre Arbeit nicht sich selbst oder andere gefährden.
• Nehmen Sie während der Arbeitszeit keine alkoholischen Getränke zu sich.
• Halten Sie Ordnung an Ihrem Arbeitsplatz.

VERHALTEN BEI STÖRUNGEN

Bei Störungen und Auffälligkeiten die Maschine abschalten, sichern und den nächsten Vorgesetzten benachrichtigen.

Betrieb und Umfeld

Konflikt – *Conflict*

Konfliktursachen

Eisbergmodell

Sachebene
Ziele
Inhalte
Methoden
Medien…

Psycho-soziale Ebene
Macht   Kränkung
Zuneigung
Distanz   Angst
Aggression
Vertrauen   Nähe
Sexualität
Einfluss   Offenheit

Zwischenmenschliche Beziehungen und Verhaltensweisen werden nicht nur durch die von außen zu erkennende **Sachebene** bestimmt.

Unterhalb dieser Ebene befindet sich die nicht erkennbare **psycho-soziale Ebene**. In ihr sind Ängste, Vorurteile, Vertrauen usw. eingelagert. Diese beeinflussen in starkem Maße das Verhalten auf der Sachebene.

Wenn bei Gruppen- und Arbeitsprozessen diese psycho-soziale Ebene wenig oder nicht beachtet wird, kann es zu Konflikten kommen.

Verhalten in Konfliktsituationen

Flucht
Konflikt wird verdrängt, ignoriert, …
Lösung wird aufgeschoben.

Ergebnis:
Aggressives Verhalten gegenüber sich selbst und Anderen.

Anpassung
Dominierende Personen bzw. Vorgaben und Regeln werden vollständig akzeptiert.
Eigene Wünsche und Bedürfnisse treten in den Hintergrund.

Ergebnis:
Orientierung an Leitfiguren, geringere Arbeitsmotivation und geringe Kreativität.

Kampf
Interessen werden massiv und mit verschiedensten Mitteln (direkte u. indirekte) vertreten.
Konkurrenzkampf entsteht untereinander.

Ergebnis:
Sieger und Verlierer. Geringe Arbeitsmotivation.

Konsens
Konflikt wird analysiert. Unterschiedliche Positionen werden ausgesprochen und gemeinsam nach Lösungen gesucht.
Ziel ist ein für beide Seiten akzeptabler Kompromiss.

Ergebnis:
Gegenseitiges Verständnis und Akzeptanz, keine Sieger und keine Besiegten, Kooperation mit hoher Arbeitsmotivation.

Konfliktgespräch

Ziel: Konfliktlösung

1. Konflikt benennen
Gründliche Analyse der jeweiligen Konfliktsituation.

2. Problematisierung
Alle vorhandenen Ziele, Vorstellungen und Probleme benennen.

3. Lösung
Gemeinsames Suchen nach Lösungen, Kompromiss finden.

4. Vereinbarung
Ziele und Änderungen festhalten, „Vertrag" schließen, Vereinbarung treffen.

Fragen zur Konfliktanalyse

- Wie stellt sich der Konflikt dar (Konfliktbeschreibung aus verschiedenen Perspektiven)?
- Wer ist in welcher Weise am Konflikt beteiligt?
- Seit wann besteht der Konflikt?
- Welche Themen wurden bisher im Zusammenhang mit dem Konflikt besprochen?
- Welche Lösungsansätze wurden bisher verwendet?
- Welche Erwartungen könnten die Konfliktparteien besitzen?
- Welche Unterstützung könnten die Konfliktparteien von außerhalb erhalten?
- Welche Personen könnten im Konflikt vermitteln?
- Wieviel Zeit steht für die Lösung zur Verfügung?

Kontinuierlicher Verbesserungsprozess (KVP)
Continuous improvement process

Begriff

KVP ist die Anpassung des japanischen Management-Prinzips **Kaizen** ① auf den westlichen Kulturkreis.

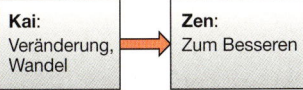

Dauerhaft angelegter Prozess

Ziel:
Verbesserung der Produkt- und Prozessqualität durch
– ständige Verbesserung der Organisations- und Arbeitsabläufe
– viele kleine Schritte, nicht in großen Sprüngen

Einbeziehung aller Mitarbeiter und Führungskräfte

Notwendigkeiten zur ständigen Verbesserung ergeben sich aus Veränderungen der
– Anforderungen
– Bedingungen
– Umwelt
– ...

Kaizen ① (Japanisch)

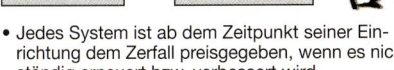

Kai:	**Zen:**
Veränderung, Wandel	Zum Besseren

- Jedes System ist ab dem Zeitpunkt seiner Einrichtung dem Zerfall preisgegeben, wenn es nicht ständig erneuert bzw. verbessert wird.
- Um auf Veränderungen zu reagieren, sind ständig Anpassungen und Flexibilität erforderlich.

Merkmale

- Ständiges Streben nach Perfektion
- Problembewusstsein ist Voraussetzung, wird gegebenenfalls geweckt.
- Probleme bzw. Schwachstellen werden identifiziert.
- Alle Hierarchieebenen werden einbezogen, jeder Mitarbeiter wird einbezogen.
- „Verborgene" Aktivitäts- und Innovationspotenziale werden freigesetzt.
- Motivierende Zusammenarbeit der Mitarbeiter
- Durch Fehler werden Verbesserungsmöglichkeiten erkannt.
- Bei Fehlentwicklungen werden Schuldige nicht gesucht, sondern Lösungen der Probleme angestrebt.
- Gemeinsam wird nach kostengünstigen Lösungen gesucht.
- KVP ist Bestandteil der täglichen Arbeitsabläufe.
- Die Umsetzung der Verbesserungen erfolgt durch die Mitarbeiterinnen und Mitarbeiter selbst.
- KVP ist überall anwendbar.

Moderation

Kontinuierliche Verbesserungsprozesse müssen durch geeignete Moderatorinnen bzw. Moderatoren begleitet werden.

Aufgaben der Moderation:
- Regelmäßige Zusammenkünfte der Mitarbeiterinnen und Mitarbeiter organisieren
- Arbeitsfähige Gruppen bilden (definierte Teams)
- Themen analysieren und aufbereiten
- Themen optisch darstellen und ordnen
- Fragen zur Auflösung von Interaktionen stellen
- Regeln vereinbaren
- Gruppe zu einem gemeinsamen Ergebnis führen
- Gruppenergebnisse festhalten
- Vereinbarungen mit der Gruppe treffen

Schritte im KVP-Prozess

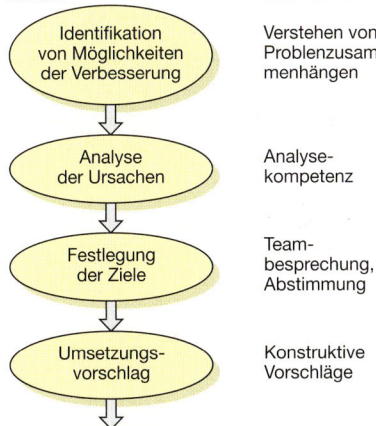

Ablauf	**Mitarbeiter**
Identifikation von Möglichkeiten der Verbesserung	Verstehen von Problemzusammenhängen
Analyse der Ursachen	Analysekompetenz
Festlegung der Ziele	Teambesprechung, Abstimmung
Umsetzungsvorschlag	Konstruktive Vorschläge
Dauerhafte Verbesserung	Zufriedenheit, Motivation

Auf jeden Durchlauf folgt ein weiterer.

Zyklischer Durchlauf

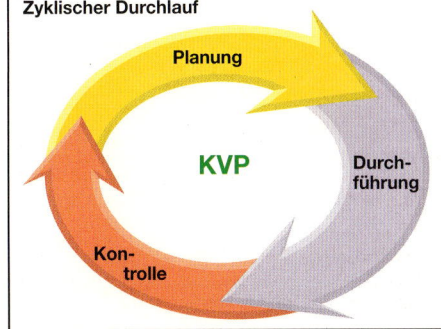

Planung

KVP

Durchführung

Kontrolle

Projekte – *Projects*

Definitionen

Projekt

- Ein **Projekt** ist ein Vorhaben
  - das ein bestimmtes Ziel realisieren soll (**Sachziele**),
  - dessen Anfangs- und Endpunkte festgelegt sind (**Termine**),
  - das über begrenzte personelle und materielle Ressourcen verfügt (**Kosten**).
- Weitere Kennzeichen für Projekte sind:
  - **einmalig** und **neuartig** im Ablauf,
  - **komplex** in den Zusammenhängen,
  - **interdisziplinär** in der Zusammenarbeit.
- Projekte werden von **Projektleitern** mittels **Projektmanagementmethoden** geführt.

Projektmanagement

- Das **Projektmanagement** ist eine Methodik zur optimalen Abwicklung von Projekten und wird vom **Projektleiter** angewendet zur
  - **Führung** der Projektmitarbeiter,
  - **Planung** der erforderlichen Projektaktivitäten,
  - **Koordinierung** der beteiligten internen und externen Projektbeteiligten,
  - **Kontrolle** der erreichten Projektziele.
- Das Projektmanagement ist die **zentrale Funktion** im Rahmen einer Projektabwicklung.

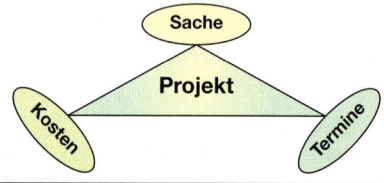
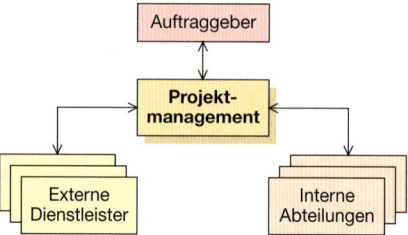

Projektarten

Innovations-/ Produktprojekte	Auftrags-/ Abwicklungsprojekte	Organisations-/ DV-Projekte
• Entwicklung/Herstellung von (neuen) Produkten • Lösung des Projektziels erfolgt während des Projektes.	• Bei Projektstart ist meist klar, was an Auftraggeber übergeben werden soll. • Schwerpunkte bei Detailprojektierung, Montage und Inbetriebnahme	• Meistens innerbetriebliche Projekte • Erfordert starkes Einfühlungsvermögen • Konsens und Akzeptanz sind besonders wichtig.

Organisationsformen

Reine Projektorganisation

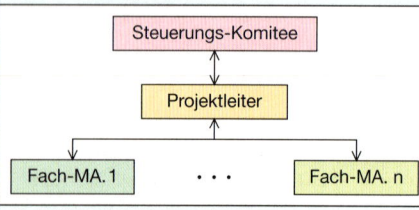

- **Vorteile**:
  - 100 % Zuteilung der Mitarbeiter,
  - klare Kompetenzteilung,
  - klare Verantwortlichkeiten.
- **Nachteile**:
  - Spezialisierungsgefahr,
  - zeitweise Überkapazitäten, wenn keine Projekte vorliegen/geplant sind
  - Ausgliederung aus Firmenhierarchie.

Stab-Linien-Projektorganisation

Geschäftsleitung

Fachabteilung 1 · · · Fachabteilung n

Fach-MA.

Fach-MA.

Fach-MA.

Fach-MA.

Fach-MA.

Fach-MA.

(MA: Mitarbeiter) Projektleiter

- **Vorteile**:
  - unwesentliche organisatorische Umstellung,
  - hohe Flexibilität durch Mitarbeiter-Pool in den Fachabteilungen,
  - kostengünstig,
  - Wiedereingliederung der Mitarbeiter nach Projektende entfällt.
- **Nachteile**:
  - ggf. umständliche Entscheidungsfindung,
  - Interessenkonflikte zwischen Abteilungsleitung und Projektmitarbeitern,
  - durch Dezentralisierung der Aufgaben ist starke Kontrolle erforderlich.

Projektmanagement – *Project management*

Projektphasen

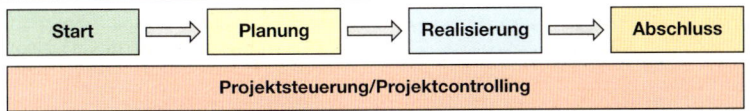

Start ⟹ Planung ⟹ Realisierung ⟹ Abschluss

Projektsteuerung/Projektcontrolling

Projektstart

Frage: Was soll gemacht werden?
- Ziele für das Projekt festlegen (Abstimmung mit Auftraggeber und Projektteam)
- Ziele schriftlich fixieren und bestätigen lassen.
- Mehrere Lösungsmöglichkeiten analysieren.
- Die umzusetzende Lösung festlegen.

Anforderungen an Projektziele:
- Leitlinie für Messgröße aller Aktivitäten im Projekt
- Akzeptierbar für alle Beteiligten
- Messbar, überprüfbar
- Abnahmekriterien für Projektende
- Widerspruchsfrei
- Realistisch und machbar
- Möglichst Ziele vorgeben – keine Lösungen

Planung

Frage: Wie, wann und was soll gemacht werden?
- Inhaltliche und terminliche Struktur erstellen
- Zwischenziele (Meilensteine) festlegen
- Kostenrahmen festlegen
- Projektverantwortlichkeiten definieren
- Arbeitspakete und Aufgaben mit Verantwortung vergeben

Realisierung

- Organisation erstellen (Kompetenzen und Stellen zuweisen, Arbeitsumgebung bereitstellen, …)
- Personalbetreuung (Personalauswahl, Fortbildung, Verantwortung, Entlohnung)
- Führung (Abstimmungen im Projektteam zwischen allen Beteiligten, Konfliktmanagement, …)

Abschluss

- Abnahmetests durchführen, Dokumentation an den Auftraggeber übergeben
- Produktdokumentation prüfen und übergeben
- Projektziele und Ergebnisse vergleichen
- Projektteam mit allen Ressourcen auflösen oder in neue/andere Projekte überführen
- Projektabschluss feiern

Review durchführen:
- Abschlusskalkulation erstellen
- Analyse des Projektablaufs (Stärken/Schwächen in Projektentwicklung, Projektmanagement, Projektleitung, …)
- Verbesserungspotenzial ermitteln und dokumentieren
- Ergebnisse der Projektanalyse dokumentieren

Projektsteuerung/-controlling

- Haupttätigkeit der Projektleitung gegebenenfalls mit Kontrollteams
- Aufgabe für Verantwortliche von Teilaufgaben
- Ständige Kontrolle von Soll- und Ist-Zuständen (Kosten, Projektfortschritt, Qualität, Dokumentation, …)
- Korrekturmaßnahmen veranlassen
- Nutzung von Analysemethoden: z. B. Projektstatusanalyse (Termine), Kostentrend-Analyse, Meilenstein-Trendanalyse)
- Änderungsmanagement

Terminverfolgung:
- z. B. mit Projektstrukturplan aus der Planung
- Kritischer Pfad (Ablauf mit kürzester zeitlicher Reihenfolge) ist besonders intensiv zu überwachen.

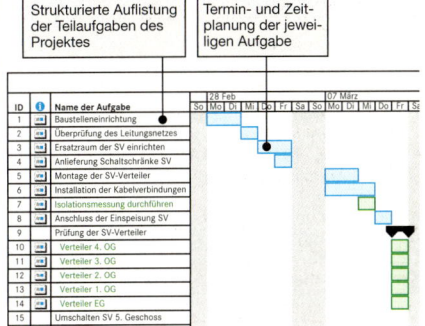

Strukturierte Auflistung der Teilaufgaben des Projektes | Termin- und Zeitplanung der jeweiligen Aufgabe

Meilenstein-Trendanalyse:
- Geplante Meilensteintermine eintragen
- Im Projektverlauf korrigierte Meilensteintermine eintragen
- Ergebnis: gerade Linien → Termin OK
  steigende Linien → Termin verzögert
  fallende Linien → Termin vorgezogen

Berichtszeitpunkte

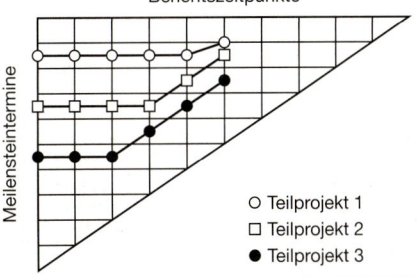

Meilensteintermine

○ Teilprojekt 1
□ Teilprojekt 2
● Teilprojekt 3

Qualitätsmanagement (QM) – *Quality management*

Normenübersicht

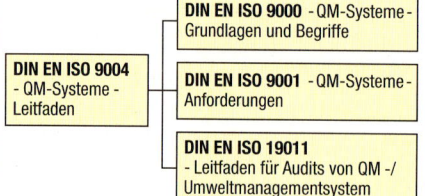

DIN EN ISO 9004 - QM-Systeme - Leitfaden

DIN EN ISO 9000 - QM-Systeme - Grundlagen und Begriffe

DIN EN ISO 9001 - QM-Systeme - Anforderungen

DIN EN ISO 19011 - Leitfaden für Audits von QM -/ Umweltmanagementsystem

Ergänzende Vorschriften z. B. durch Automobilkonzerne (Quality System Requirements QS-9000, VDA) oder Medizinalanwendungen (DIN EN 46001 ff.)

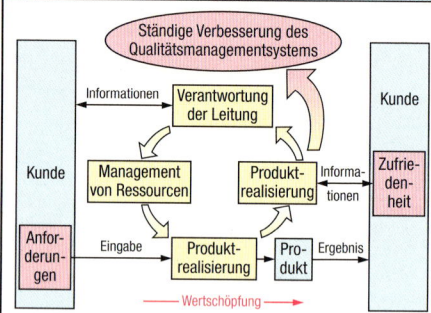

Ziele

- Kundenorientierung (Produkt, Service, Termine, Preis)
- Verringern von Fehlerkosten, Produkthaftungsrisiken
- Verbesserung der Wettbewerbsfähigkeit (Kostendruck, Innovationszyklen, Globalisierung)
- Erreichen von Unternehmenszielen (Qualität, Wirtschaftlichkeit, Image, …)
- Auflagenerfüllung (Sicherheitsvorschriften, Normen, Umweltverordnung, Produkthaftung, …)

Ansätze

- Kundenerfordernisse und -erwartungen ermitteln.
- Qualitätspolitik und -ziele festlegen.
- Verantwortlichkeiten und Prozesse für QM-Ziele festlegen.
- Ressourcen zum Erreichen der QM-Ziele ermitteln und bereitstellen.
- Strategien zur Vermeidung von Fehlern sowie Beseitigung von Fehlerursachen festlegen.
- Prozesse zur ständigen Verbesserung des QM-Systems

Prozesse

- **Verantwortung der Leitung**: Geschäftsführung ist für Umsetzung der Qualitätspolitik verantwortlich. (Erstellung eines QM-Handbuches mit Verfahrens-, Arbeits- und Prüfanweisungen; interne Audits[1])
- **Ressourcenmanagement**: Planung von materiellen und personellen (Aus- und Weiterbildung) Ressourcen.
- **Kundenkontakt**: Verträge mit eindeutig definierten Kundenwünschen und erfüllbaren Zielen abschließen.
- **Beschaffung**: Qualität eingekaufter Materialien und Dienstleistungen sicherstellen.
- **Leistungserbringung**: Planung und Sicherstellung einer ordnungsgemäßen Leistung.

- **Messung, Analyse, Verbesserung**: Kundenzufriedenheit erfragen, Kritik aufnehmen, prüfen und in Verbesserung des QM einbinden.
- **Dokumentation**: Handlungsanweisungen schriftlich dokumentieren; Aufzeichnungen nachträglich nicht ändern, um sie als Nachweisdokumente verwenden zu können.
- **Kennzeichnung**: Um Fehlerquellen ermitteln zu können, ist eine Kennzeichnung von Produkten, Unterlagen und Aufzeichnungen erforderlich.
- **Lenkung fehlerhafter Produkte**: Regeln zur Fehlererkennung, -erfassung und -beurteilung festlegen; Weiterverwendung fehlerhafter Produkte verhindern.

[1] englisch audit = Revision; lat. audire = hören

Zertifizierung

- Nachweis über eingeführte und systematisch praktizierte Qualitätsmanagementsysteme
- Wettbewerbsvorteil durch QM-Nachweis
- Zertifizierung durch akkreditierte Stelle (TÜV, ZDH-Zert, …)

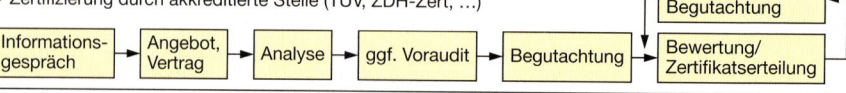

1. Im Informationsgespräch wird vorab über Ablauf, Kosten, … der Zertifizierung informiert.
2. Nach Angebotserstellung wird die Zertifizierungsstelle vertraglich mit der Betreuung beauftragt. Die Analyse erfolgt durch einen Auditor, der das Unternehmen durch den Prozess begleitet. Erarbeitung eines QM- Handbuches.
3. Bewertung des QM-Handbuches und Überprüfung der Praktikabilität gemäß ISO 9001 in einem

optionalen Voraudit.
4. Verbesserung des QM-Handbuches, interne Audits mit abschließender Auditierung (Begutachtung) durch die Zertifizierungsstelle.
5. Bewertung des Audits und bei Erfolg Ausstellung des QM-Zertifikates
6. Wiederholungsaudit, um Gültigkeit des Zertifikates zu verlängern.

Zeitmanagement – *Time management*

Probleme	**Grundsätze**
• Aufschieben (Unangenehme Tätigkeiten werden nicht erledigt, sondern ständig aufgeschoben.) • Ich habe gar keine Zeit für …	• Jeder hat gleich viel Zeit. • Die Nutzung der Zeit muss optimiert und mit den persönlichen Zielen abgestimmt werden.

Prioritäten setzen

• Häufiger Widerspruch:
„Ich habe so viele dringende Aufträge, dass ich nicht dazu komme die wichtigen auszuführen."
• Prioritäten müssen dazu führen, wichtigen Aufgaben Freiraum zu geben.

Prioritäten planen

Alle Tätigkeiten klassifizieren nach

Wichtigkeit			Dringlichkeit		
A	B	C	1	2	3

• Auf jedem Arbeitsauftrag, Telefonnotiz, Projektordner Klassifizierung notieren.
• Je nach Priorität die Umsetzung, Delegierung oder das Hinterfragen des Auftrages planen.

Prioritäten umsetzen

	A	B	C
1	sofort erledigen	Delegieren; Kontrollieren	Delegieren in Eigenverantwortung
2	selbst kurzfristig Termin setzen und halten	Delegieren; Rückfragen in Kontaktzeit	Prüfen, ob andere Aufgabe wichtiger
3	Zwischenziele planen	Delegieren; Zwischenziele vereinbaren	Prüfen, ob Aufgabe sinnvoll ist

Arbeitseinsatz optimieren

Tagesplan

• Abends einen Tagesplan für den kommenden Arbeitstag erstellen (schriftlich).
• Dabei maximal 60 % der Zeit fest verplanen.
• Punkte konsequent bearbeiten (nur A1-Aufgaben vorziehen).
• Unangenehme Tätigkeiten zuerst erledigen.

Tätigkeiten bündeln

• Gleichartige Tätigkeiten bündeln, da sie so effektiver ausgeführt werden.
• Organisation/Verwaltungstätigkeiten
• Rundgänge, Kurzbesprechungen
• Anrufe, E-Mailbearbeitung
• Alle B-Aufgaben

Pausen / Erholung planen

• Die Leistungsfähigkeit steigt, wenn regelmäßig kurze Pausen eingelegt werden, statt bis zur Erschöpfung zu arbeiten.
• Pausen sollten geplant werden, um auch eingehalten zu werden.
• Alle 20 Min.: 1 Min. Pause; alle 60 Min.: 5 Min. Pause; alle 180 Min.: 20 Min. Pause

Kontaktzeiten

• Feste Zeiten vereinbaren, in denen Sie für jedermann, jederzeit ansprechbar sind.
• Feste Telefonzeiten vereinbaren
• Kontaktzeit durch Symbole kenntlich machen (Tür auf/Tür zu)
• Reise-/Fahrzeit als Kontaktzeit nutzen (nur für B- und C-Aufgaben)

Zeitfallen vermeiden

Besprechungen optimieren

• Verbindliche Tagesordnung erstellen
• Beginn und Ende für jeden Tagesordnungspunkt und die gesamte Besprechung verbindlich festlegen.
• Ziel und Ansprechpartner für jeden Tagesordnungspunkt benennen.
• Pünktlich beginnen (der pünktliche wird belohnt, nicht der verspätete Teilnehmer)
• Ergebnisprotokoll mit Prioritäten, Terminen und Verantwortlichen erstellen.

Telefonieren

• Kontakt- und Sperrzeiten definieren, zu denen man sicher bzw. sicher nicht erreichbar ist.
• Häufige wiederkehrende Störungen abrufen (selbst zu gewünschter Zeit anrufen).
• Anrufe planen (Zeit, Ziel, Inhalte)
• Störung abkürzen und Rückruf vereinbaren
→ Störung minimiert, Rückruf erfolgt vorbereitet.

Betrieb und Umfeld

Packung und Verpackung – *Packet and packing*

Begriffe

Verpackung

Umhüllung einer Ware aus Gründen der Zweck-mäßigkeit (z.B. Schutz vor Beschädigung, Feuch-tigkeit).

Packung

Zusätzliche, über die Zweckmäßigkeit hinausge-hende Verpackung, die den Verkauf fördern und Anreize schaffen soll (z.B. einprägsame Bilder, Far-ben, durchsichtige Folien).

Verpackungsverordnung

Verordnung über die Vermeidung von Verpackungs-abfällen vom 21.06.1991.

Transport-Verpackung	Umver-packung (Doppelver-packung)	Verkaufs-verpackung (Einzelver-packung)
Fässer Kanister Säcke Paletten usw.	Folien Kartonagen usw.	Becher Dosen Flaschen Tragetaschen usw.

Geschäft

Rücknahme der Verpackung durch:

Hersteller und Vertreiber	Vertreiber	Hersteller und Vertreiber

Wiederverwertung

oder

Stoffliche Verwertung (Recycling)

Duales System
Gebrauchte Verpackungen werden beim Verbrau-cher gesammelt und der stofflichen Verwertung (Recycling) zugeführt.

Grüner Punkt
Hersteller, die sich am dualen System beteiligen, kennzeichnen ihre Produkte mit dem grünen Punkt.

DER GRÜNE PUNKT

Ziel: Kreislaufwirtschaft

1

Abfälle verringern
- **Produktion**:
  - „Abfallstoffe" der Produk-tion wieder zuführen.
  - „Abfallarme" Produktion durch Materialeinsparung, Einsatz langlebiger Pro-dukte, „sparsame" Verpa-ckung usw.
- **Verbraucher**:
  Veränderung der Einstellun-gen gegenüber Abfällen (je-der kann etwas zur Verrin-gerung beitragen).

2

Abfälle verwerten
- **Recycling**:
  Wiederverwertung von Abfallstoffen
  - im gleichen Produktions-kreislauf,
  - in einem anderen Pro-duktionsprozess.
- **Energetische Verwertung**:
  Abfälle als Ersatzbrenn-stoffe umweltverträglich nutzen.

3

Abfälle verwerten
- **Trennung**:
  Sortengerechte Trennung und Lagerung
- **Lagerung**:
  Umweltschonende Lage-rung auf entsprechenden Deponien.
- **Verbrennung**:
  Umweltschonende Ver-brennung

Arbeitsweise Duales System
Verpackungen im Kreislauf

12 Formeln

Mathematik 440

Mechanik 441

Wärme 442

Größen der Elektrotechnik 442

Elektrischer Stromkreis 442

Elektrischer Widerstand 442

Schaltungen mit Widerständen 443

Elektrisches Feld 444

Magnetisches Feld 444

Umwandlung von Schaltungen 445

Wechselspannung und -strom 445

Stern- und Dreieckschaltung
   im Drehstromnetz 445

RC- und RL-Schaltungen 446

RCL-Schaltungen 446

Schaltungen mit Operations-
   verstärker 447

Schaltalgebra 447

Dämpfungs- und Übertragungs-
   maße 447

Schwingkreise 447

Transistoren 448

Umlaufende Maschinen 449

Spannungsfall und Verlust-
   leistung 450

Kompensation 450

Messtechnik 450

Mathematik – *Mathematics*

Operation	Regeln und Gesetze
Addieren $a + b = c$ **Subtrahieren** $a - b = c$	**Kommutativgesetz:** $a + b = b + a$ **Assoziativgesetz:** $(a + b) + c = a + (b + c)$

Addieren
$a + b = c$

Subtrahieren
$a - b = c$

Kommutativgesetz:
$a + b = b + a$

Assoziativgesetz:
$(a + b) + c = a + (b + c)$

Vorzeichenregeln:
$a + (-b) = a - b$
$a - (-b) = a + b$
$a - (b + c) = a - b - c$
$a - (b - c) = a - b + c$

Multiplizieren
$a \cdot b = c$

Dividieren
$a : b = c$

Kommutativgesetz:
$a \cdot b = b \cdot a$

Assoziativgesetz:
$a \cdot (b \cdot c) = (a \cdot b) \cdot c$

Klammerregeln:
$-(a + b - c) = -a - b + c$
$+(a + b - c) = a + b - c$

Distributivgesetz:
$a \cdot (b + c) = ab + ac$
$(a + b) \cdot (c + d) = ac + ad + bc + bd$

◄— Ausklammern
Ausmultiplizieren —►

Dividieren:
$\dfrac{a}{b} : \dfrac{c}{d} = \dfrac{a \cdot d}{b \cdot c}$

Vorzeichenregeln:
$(+a) \cdot (+b) = \ ab$
$(-a) \cdot (+b) = -ab$
$(+a) \cdot (-b) = -ab$
$(-a) \cdot (-b) = \ ab$

Multiplizieren:
$\dfrac{a}{b} \cdot \dfrac{c}{d} = \dfrac{ac}{bd}$

Potenzieren
$a^n = c$

$a^n \cdot a^m = a^{n+m}$ $a^n \cdot b^n = (a \cdot b)^n$ $\dfrac{a^n}{b^n} = \left(\dfrac{a}{b}\right)^n$ $\dfrac{a^n}{a^m} = a^{n-m}$ $(a^n)^m = a^{n \cdot m}$

Radizieren
$\sqrt{a} = c$

$\sqrt[n]{ab} = \sqrt[n]{a} \cdot \sqrt[n]{b}$ $\sqrt[n]{\dfrac{a}{b}} = \dfrac{\sqrt[n]{a}}{\sqrt[n]{b}}$ $\sqrt[n]{b^m} = b^{\frac{m}{n}}$ $\sqrt[m]{\sqrt[n]{b}} = \sqrt[m \cdot n]{b}$ $\sqrt[n]{a^m} = a^{\frac{m}{n}}$

Potenzen

Zehner	Binäre	Hexadezimale
$10^0 = \quad\ \ 1$	$2^0 = \ 1$	$16^0 = \qquad 1$
$10^1 = \quad\ 10$	$2^1 = \ 2$	$16^1 = \qquad 16$
$10^2 = \quad 100$	$2^2 = \ 4$	$16^2 = \quad\ 256$
$10^3 = \quad 1000$	$2^3 = \ 8$	$16^3 = \quad 4096$
$10^{-1} = \quad 1/10$	$2^{-1} = 1/2$	$16^{-1} = \quad 1/16$
$10^{-2} = \quad 1/100$	$2^{-2} = 1/4$	$16^{-2} = \ 1/256$
$10^{-3} = 1/1000$	$2^{-3} = 1/8$	$16^{-3} = 1/4096$

Logarithmieren

Multiplizieren
$\log (c \cdot d) = \log c + \log d$

Potenzieren
$\log c^n = n \cdot \log c$

Dividieren
$\log \dfrac{c}{d} = \log c - \log d$

Radizieren
$\log \sqrt[m]{c} = \dfrac{1}{m} \log c$

Dreieck

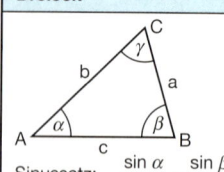

$\alpha + \beta + \gamma = 180°$

$A = \dfrac{g \cdot h}{2}$

Umfang:
$U = a + b + c$

Sinussatz: $\dfrac{\sin \alpha}{a} = \dfrac{\sin \beta}{b} = \dfrac{\sin \gamma}{c}$

Kosinussatz: $a^2 = b^2 + c^2 - 2\,bc \cdot \cos \alpha$
$b^2 = a^2 + c^2 - 2\,ac \cdot \cos \beta$
$c^2 = a^2 + b^2 - 2\,ab \cdot \cos \gamma$

Komplexe Zahlen

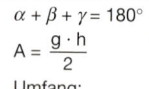

$z = a + jb$
$b = r \cdot \sin \varphi$
$z = r\,(\cos \varphi + j \cdot \sin \varphi)$
$z = r \cdot e^{j\varphi}$
$r = \sqrt{a^2 + b^2}$
$a = r \cdot \cos \varphi$
$j = \sqrt{-1}$

Trigonometrie

Einheitskreis

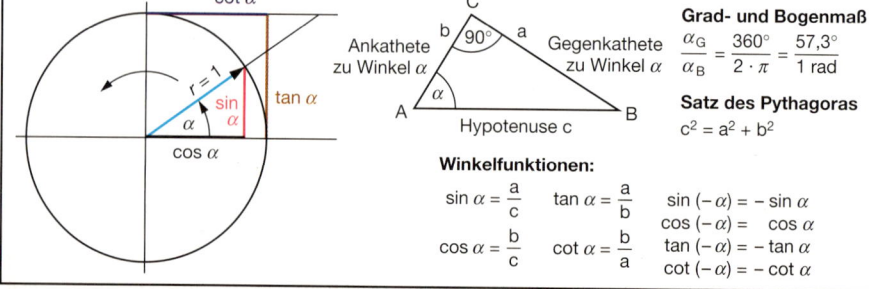

Grad- und Bogenmaß
$\dfrac{\alpha_G}{\alpha_B} = \dfrac{360°}{2 \cdot \pi} = \dfrac{57{,}3°}{1\ \text{rad}}$

Satz des Pythagoras
$c^2 = a^2 + b^2$

Winkelfunktionen:

$\sin \alpha = \dfrac{a}{c}$ $\tan \alpha = \dfrac{a}{b}$ $\sin (-\alpha) = -\sin \alpha$
$\cos (-\alpha) = \ \ \cos \alpha$

$\cos \alpha = \dfrac{b}{c}$ $\cot \alpha = \dfrac{b}{a}$ $\tan (-\alpha) = -\tan \alpha$
$\cot (-\alpha) = -\cot \alpha$

Formeln

Mechanik – *Mechanics*

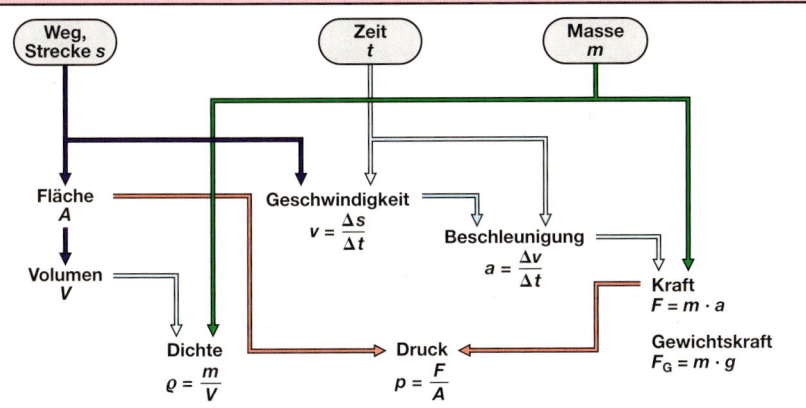

Geradlinig gleichmäßige Beschleunigung		Gleichförmige Kreisbewegung	
Kraft	$F = m \cdot a$	Kraft	$F = m \cdot \omega^2 \cdot r \qquad F = m \cdot \dfrac{v^2}{r}$
Geschwindigkeit	$v = a \cdot t \qquad v = \sqrt{2 \cdot s \cdot a}$	Geschwindigkeit	$v = d \cdot \pi \cdot n \qquad v = \dfrac{2\,\pi \cdot r}{T}$
Beschleunigung	$a = \dfrac{v}{t} \qquad a = \dfrac{2 \cdot s}{t^2}$	Beschleunigung	$a_r = \dfrac{v^2}{r}$
Wegstrecke	$s = \dfrac{a \cdot t^2}{2}$	Winkelgeschwindigkeit	$\omega = 2\,\pi \cdot f \qquad f = \dfrac{1}{T} \qquad n = \dfrac{1}{T}$
Arbeit und Kraft		**Energie**	
Allgemein	$W = F \cdot s$	Energieerhaltung	$E = W$
Hubarbeit	$W = F_G \cdot s \qquad W = m \cdot g \cdot s$	Potenzielle Energie	$E_P = m \cdot g \cdot s$
Federspannarbeit	$W = \dfrac{F_F \cdot s}{2}$	Spannenergie	$E_S = \dfrac{F_F \cdot s}{2}$
Beschleunigungsarbeit	$W = \dfrac{m \cdot v^2}{2}$	Kinetische Energie	$E_K = \dfrac{m \cdot v^2}{2}$
Reibungsarbeit	$W = F_R \cdot s$	**Drehmoment**	
Reibung	$F_R = \mu \cdot F_N$	Drehmoment	$M = F \cdot r$
Schiefe Ebene	$F_H = \dfrac{F_G \cdot h}{l}$	Hebel	$F_1 \cdot s_1 = F_2 \cdot s_2$
Leistung und Wirkungsgrad		Feste Rolle	$F_1 = F_2$
Leistung	$P = \dfrac{W}{t} \qquad P = F \cdot v$	Lose Rolle	$F_1 = \dfrac{F_2}{2}$
Wirkungsgrad	$\eta = \dfrac{W_{ab}}{W_{zu}} \qquad \eta = \dfrac{P_{ab}}{P_{zu}}$ $W_V = W_{zu} - W_{ab}$ $P_V = P_{zu} - P_{ab}$	Flaschenzug	$F_1 = \dfrac{F_2}{n}$
		Leistung und Drehmoment	$P = 2\,\pi \cdot n \cdot M$
Gesamtwirkungsgrad	$\eta_{ges} = \eta_1 \cdot \eta_2 \cdot \ldots \cdot \eta_n$	**Hydraulik**	
Antriebe		Hydrostatischer Druck	$p = \varrho \cdot g \cdot h$
Riemenantrieb	$d_1 \cdot n_1 = d_2 \cdot n_2$	Hydraulische Anlagen	$\dfrac{F_1}{A_1} = \dfrac{F_2}{A_2}$
Zahnradantrieb	$z_1 \cdot n_1 = z_2 \cdot n_2$		
Schneckenantrieb	$z_1 \cdot n_1 = z_2 \cdot n_2$		

Wärme – *Heat*

Längen-ausdehnung	$l_\vartheta = l_0 + \Delta l$ $\Delta l = l_0 \cdot \alpha \cdot \Delta\vartheta$	**Wärmemenge**	$Q = m \cdot c \cdot \Delta\vartheta$
Volumen-ausdehnung	$V_\vartheta = V_0 + \Delta V$ $\Delta V = V_0 \cdot \gamma \cdot \Delta\vartheta \quad \gamma \approx 3\alpha$	**Mischung**	$Q_{ab} = Q_{auf}$ $\vartheta_m = \dfrac{m_1 \cdot c_1 \cdot \vartheta_1 + m_2 \cdot c_2 \cdot \vartheta_2}{m_1 \cdot c_1 + m_2 \cdot c_2}$
Wärme-wirkungsgrad	$\eta_{th} = \dfrac{W_{ab}}{W_{zu}} \quad P = \dfrac{\Delta\vartheta \cdot c \cdot m}{\eta_{th} \cdot t}$	**Wärme-leitfähigkeit**	$\lambda = \dfrac{Q \cdot s}{\Delta\vartheta \cdot A \cdot t}$

Größen der Elektrotechnik – *Quantities in electrical engineering*

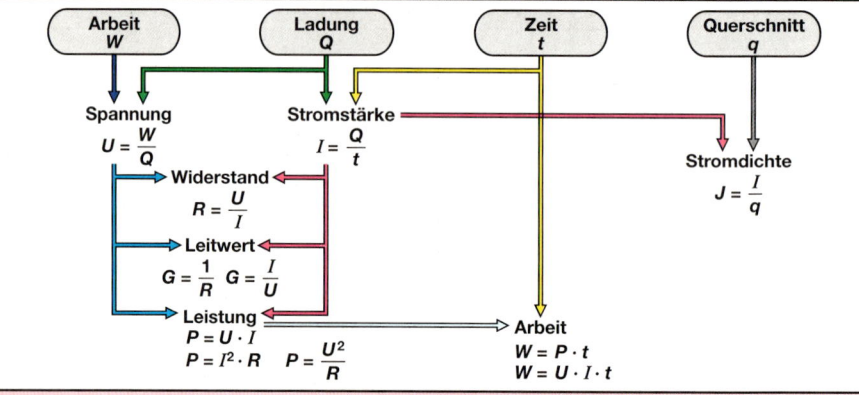

Elektrischer Stromkreis – *Electrical circuit*

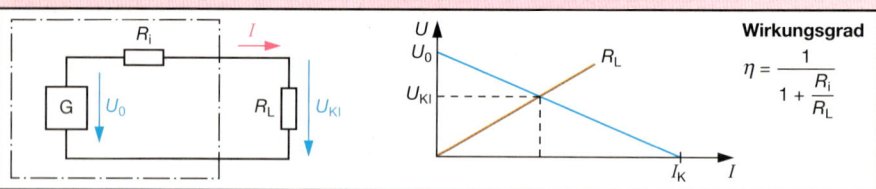

Wirkungsgrad

$$\eta = \dfrac{1}{1 + \dfrac{R_i}{R_L}}$$

Fälle	**Belastungs-widerstand R_L**	**Stromstärke I**	**Klemmen-spannung U_{Kl}**	**abgegebene Leistung P_L**	**Wirkungsgrad η**
Leerlauf	$R_L = \infty$	$I = 0$	$U_{Kl} = U_0$	$P_L = 0$	$\eta = 0$
Belastung	$0 < R_L < \infty$	$I = \dfrac{U_0}{R_i + R_L}$	$U_{Kl} = U_0 - I \cdot R_i$	$P_L = \dfrac{U_0^2 \cdot R_L}{(R_i + R_L)^2}$	$\eta = \dfrac{R_L}{R_i + R_L}$
Anpassung	$R_L = R_i$	$I = \dfrac{I_K}{2}$	$U_{Kl} = \dfrac{U_0}{2}$	$P_L = \dfrac{U_0^2}{4 \cdot R_i}$	$\eta = \dfrac{1}{2}$
Kurzschluss	$R_L = 0$	$I = I_K = \dfrac{U_0}{R_i}$	$U_{Kl} = 0$	$P_L = 0$	$\eta = 0$

Elektrischer Widerstand – *Electrical resistance*

Ohmsches Gesetz	**Differentieller Widerstand**	**Leiterwiderstand**	**Widerstand und Temperatur**
$R = \dfrac{U}{I}$	$r = \dfrac{\Delta U}{\Delta I}$	$R = \dfrac{\varrho \cdot l}{q}$ $\varkappa = \dfrac{1}{\varrho}$ $R = \dfrac{l}{\varkappa \cdot q}$ Kreisfläche: $q = \dfrac{d^2 \cdot \pi}{4}$	$R_\vartheta = R_{20} + \Delta R$ $\Delta R = R_{20} \cdot \alpha \cdot \Delta\vartheta$ $R_\vartheta = R_{20}(1 + \alpha \cdot \Delta\vartheta + \beta \cdot \Delta\vartheta^2)$

Schaltungen mit Widerständen – *Circuits with resistors*

Stromverzweigung **(Erstes Kirchhoffsches Gesetz)**	**Maschenregel** **(Zweites Kirchhoffsches Gesetz)**
$\sum I = 0$	$\sum U = 0$
Parallelschaltung	Reihenschaltung

$U = U_1 = U_2 = \ldots = U_n$

$U_g = U_1 + U_2 + \ldots + U_n$

$I_g = I_1 + I_2 + \ldots + I_n$	$I = I_1 = I_2 = \ldots = I_n$
$\dfrac{1}{R_g} = \dfrac{1}{R_1} + \dfrac{1}{R_2} + \ldots + \dfrac{1}{R_n}$ $G_g = G_1 + G_2 + \ldots + G_n$	$R_g = R_1 + R_2 + \ldots + R_n$
$\dfrac{I_1}{I_2} = \dfrac{R_2}{R_1}$; $\quad \dfrac{I_1}{I_n} = \dfrac{R_n}{R_1}$; $\quad \dfrac{I_1}{I_g} = \dfrac{R_g}{R_1}$; $\ldots$	$\dfrac{U_1}{U_2} = \dfrac{R_1}{R_2}$; $\quad \dfrac{U_1}{U_n} = \dfrac{R_1}{R_n}$; $\quad \dfrac{U_1}{U_g} = \dfrac{R_1}{R_g}$; $\ldots$
$P_g = P_1 + P_2 + \ldots + P_n$ $P_1 = U \cdot I_1$; $\quad P_2 = U \cdot I_2$; $\quad P_g = U \cdot I_g$; $\ldots$	$P_g = P_1 + P_2 + \ldots + P_n$ $P_1 = U_1 \cdot I$; $\quad P_2 = U_2 \cdot I$; $\quad P_g = U_g \cdot I$; $\ldots$

Messbereichserweiterung

Strommessung	Spannungsmessung
$n = \dfrac{I}{I_M} \qquad R_p = \dfrac{R_i}{(n-1)}$	$n = \dfrac{U}{U_M} \qquad R_v = (n-1) \cdot R_i$

Gruppenschaltung (Beispiel)	**Stern-Dreieck-Umwandlung**

$$R_{10} = \frac{R_{12} \cdot R_{31}}{R_{12} + R_{23} + R_{31}}$$

$$R_{20} = \frac{R_{12} \cdot R_{23}}{R_{12} + R_{23} + R_{31}}$$

$$R_{30} = \frac{R_{23} \cdot R_{31}}{R_{12} + R_{23} + R_{31}}$$

$$R_{12} = \frac{R_{10} \cdot R_{20}}{R_{30}} + R_{10} + R_{20}$$

$$R_{23} = \frac{R_{20} \cdot R_{30}}{R_{10}} + R_{20} + R_{30}$$

$$R_{31} = \frac{R_{10} \cdot R_{30}}{R_{20}} + R_{10} + R_{30}$$

Spannungsteiler	**Brückenschaltung**
unbelastet	belastet	

Abgleichbedingung:

$$\frac{R_1}{R_2} = \frac{R_3}{R_4}$$
$$\Downarrow$$
$$I = 0$$

$$\frac{U_2}{U} = \frac{R_2}{R_1 + R_2}$$

$$\frac{U_2}{U} = \frac{R_2 \cdot R_L}{R_1 \, (R_2 + R_L) + R_2 \cdot R_L}$$

Formeln

Elektrisches Feld – *Electric field*			Magnetisches Feld – *Magnetic field*		
Elektrische Feldstärke	$E = \dfrac{F}{Q}$	$E = \dfrac{U}{d}$	Magnetische Feldstärke	$H = \dfrac{\Theta}{l}$	$\Theta = I \cdot N$ Durchflutung
Elektrische Flussdichte	$D = \dfrac{Q}{A}$		Magnetische Flussdichte	$B = \dfrac{\Phi}{A}$	
Verknüpfung	$D = \varepsilon \cdot E$	$\varepsilon = \varepsilon_0 \cdot \varepsilon_r$	Verknüpfung	$B = \mu \cdot H$	$\mu = \mu_0 \cdot \mu_r$
Kraft zwischen Ladungen	$F = \dfrac{Q_1 \cdot Q_2}{4\pi \cdot \varepsilon \cdot l^2}$		Kraft zwischen stromdurchflossenen Leitern	$F = \dfrac{\mu_0 \cdot I_1 \cdot I_2 \cdot l}{2\pi \cdot a}$	
			Tragkraft von Magneten	$F = \dfrac{B^2 \cdot A}{2\mu_0}$	

Kondensator, Kapazität / Spule, Induktivität

Kondensator, Kapazität			Spule, Induktivität		
Kapazität	$C = \dfrac{Q}{U}$ $\varepsilon = \varepsilon_0 \cdot \varepsilon_r$	$C = \dfrac{\varepsilon \cdot A}{d}$	Induktivität	$L = \dfrac{\mu \cdot N^2 \cdot A}{l}$ $\mu = \mu_0 \cdot \mu_r$	$L = A_L \cdot N^2$
Elektrische Feldkonstante	$\varepsilon_0 = 8{,}86 \cdot 10^{-12}\ \dfrac{As}{Vm}$		Magnetische Feldkonstante	$\mu_0 = 1{,}257 \cdot 10^{-6}\ \dfrac{Vs}{Am}$	
Stromstärke	$I_C = C \cdot \dfrac{\Delta U}{\Delta t}$		Spannung	$U_L = L \cdot \dfrac{\Delta I}{\Delta t}$	
Elektrische Energie	$W_{el} = \dfrac{1}{2} \cdot C \cdot U^2$		Magnetische Energie	$W_{mag} = \dfrac{1}{2} \cdot L \cdot I^2$	

Schaltungen mit Kondensatoren / Schaltungen mit Spulen

Schaltungen mit Kondensatoren		Schaltungen mit Spulen	
Parallelschaltung	Reihenschaltung	Parallelschaltung	Reihenschaltung
$Q_g = Q_1 + Q_2 + \ldots + Q_n$	$Q_g = Q_1 = Q_2 = \ldots = Q_n$	$I_g = I_1 + I_2 + \ldots + I_n$	$I = I_1 = I_2 = \ldots = I_n$
$U = U_1 = U_2 = \ldots = U_n$	$U_g = U_1 + U_2 + \ldots + U_n$	$U_g = U_1 = U_2 = \ldots = U_n$	$U_g = U_1 + U_2 + \ldots + U_n$
$C_g = C_1 + C_2 + \ldots + C_n$	$\dfrac{1}{C_g} = \dfrac{1}{C_1} + \dfrac{1}{C_2} + \ldots + \dfrac{1}{C_n}$	$\dfrac{1}{L_g} = \dfrac{1}{L_1} + \dfrac{1}{L_2} + \ldots + \dfrac{1}{L_n}$	$L_g = L_1 + L_2 + \ldots + L_n$

RC-Schaltung / RL-Schaltung

RC-Schaltung		RL-Schaltung	
Zeitkonstante	$\tau = R \cdot C$	Zeitkonstante	$\tau = \dfrac{L}{R}$
Einschaltvorgang (Aufladung)	Ausschaltvorgang (Entladung)	Einschaltvorgang	Ausschaltvorgang
$u_C = U \cdot \left(1 - e^{-\frac{t}{\tau}}\right)$	$u_C = U \cdot e^{-\frac{t}{\tau}}$	$u_L = U \cdot e^{-\frac{t}{\tau}}$	$u_L = -U \cdot e^{-\frac{t}{\tau}}$
$i_C = \dfrac{U}{R} \cdot e^{-\frac{t}{\tau}}$	$i_C = -\dfrac{U}{R} \cdot e^{-\frac{t}{\tau}}$	$i_L = \dfrac{U}{R} \cdot \left(1 - e^{-\frac{t}{\tau}}\right)$	$i_L = \dfrac{U}{R} \cdot e^{-\frac{t}{\tau}}$
Tiefpass/Hochpass	$f_g = \dfrac{1}{2\pi \cdot R \cdot C}$	Tiefpass/Hochpass	$f_g = \dfrac{R}{2\pi \cdot L}$

Strom und Magnetfeld / Magnetischer Kreis mit Luftspalt

Strom und Magnetfeld		Magnetischer Kreis mit Luftspalt	
Leiter im Magnetfeld		Magnetischer Widerstand	$R_m = \dfrac{\Theta}{\Phi}$
Kraftwirkung	$F = B \cdot I \cdot l \cdot z$		
Induktionsspannung	$U = B \cdot l \cdot v \cdot z$	Magnetischer Leitwert	$\Lambda = \dfrac{1}{R_m}$
Spule im Magnetfeld			
Drehmoment	$M = \dfrac{F \cdot a \cdot \sin\alpha}{2}$	Magnetischer Gesamtwiderstand	$R_m = R_{m1} + R_{m2} + \ldots + R_{mn}$
Kraftwirkung	$F = 2 \cdot N \cdot B \cdot l \cdot I$		
Induktionsspannung	$U = N \cdot \dfrac{\Delta \Phi}{\Delta t}$	Gesamtdurchflutung	$\Theta_g = \Theta_1 + \Theta_2 + \ldots + \Theta_n$

Umwandlung von Schaltungen – *Transformation of circuits*

Ausgangsschaltung

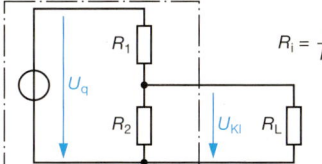

$$R_i = \frac{R_1 \cdot R_2}{R_1 + R_2}$$

Ersatzspannungsquelle

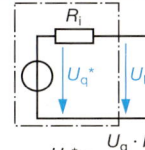

$$U_q^* = \frac{U_q \cdot R_2}{R_1 + R_2}$$

Ersatzstromquelle

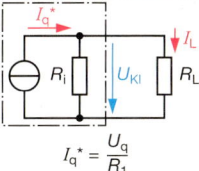

$$I_q^* = \frac{U_q}{R_1}$$

Reihenschaltung von Spannungsquellen

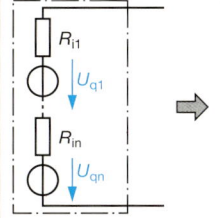

$$U_{qg} = U_{q1} + U_{q2} + \dots + U_{qn}$$
$$R_{ig} = R_{i1} + R_{i2} + \dots + R_{in}$$

Parallelschaltung von Spannungsquellen

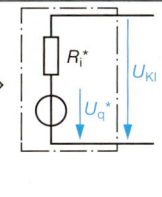

$$\frac{1}{R_i^*} = \frac{1}{R_{i1}} + \frac{1}{R_{i2}}$$

bei $U_{q1} > U_{q2}$ gilt: $\quad U_q^* = U_{q2} + I_A \cdot R_{i2}$

$$I_A = \frac{\Delta U}{R_{i1} + R_{i2}} \qquad \Delta U = U_{q1} - U_{q2}$$

Wechselspannung und -strom – *Alternating voltage and alternating current*

Sinusform

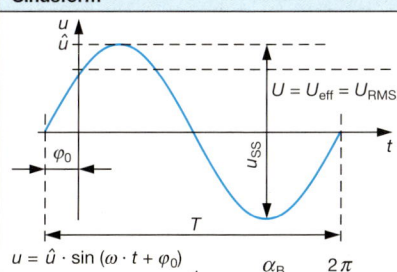

$$u = \hat{u} \cdot \sin(\omega \cdot t + \varphi_0)$$

$$\omega = 2\pi \cdot f \qquad f = \frac{1}{T} \qquad \frac{\alpha_B}{\alpha_G} = \frac{2\pi}{360°}$$

$$U = \frac{\hat{u}}{\sqrt{2}} \qquad I = \frac{\hat{i}}{\sqrt{2}} \qquad u_{SS} = 2 \cdot \hat{u}$$
$$\qquad\qquad\qquad\qquad\qquad i_{SS} = 2 \cdot \hat{i}$$

$$U = \frac{u_{SS}}{2\sqrt{2}} \qquad I = \frac{i_{SS}}{2\sqrt{2}}$$

Rechteckform

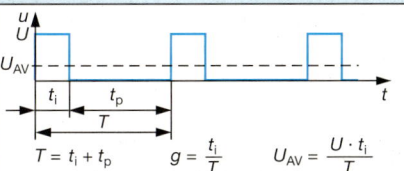

$$T = t_i + t_p \qquad g = \frac{t_i}{T} \qquad U_{AV} = \frac{U \cdot t_i}{T}$$

Gleichgerichtete sinusförmige Spannung

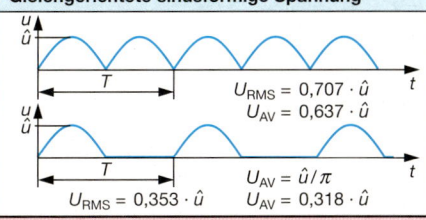

$$U_{RMS} = 0{,}707 \cdot \hat{u}$$
$$U_{AV} = 0{,}637 \cdot \hat{u}$$

$$U_{AV} = \hat{u}/\pi$$

$$U_{RMS} = 0{,}353 \cdot \hat{u} \qquad U_{AV} = 0{,}318 \cdot \hat{u}$$

Stern- und Dreieckschaltung im Drehstromnetz – *Star-delta connection*

symmetrische Belastung

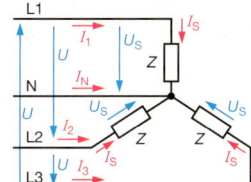

$$U_S = \frac{U}{\sqrt{3}}$$
$$I = I_S$$
$$S = \sqrt{3} \cdot U \cdot I$$
$$S = \sqrt{P^2 + Q^2}$$
$$P = \sqrt{3} \cdot U \cdot I \cdot \cos\varphi$$
$$Q = \sqrt{3} \cdot U \cdot I \cdot \sin\varphi$$

$$U = U_S$$
$$I = \sqrt{3} \cdot I_S$$
$$S = \sqrt{3} \cdot U \cdot I$$
$$S = \sqrt{P^2 + Q^2}$$
$$P = \sqrt{3} \cdot U \cdot I \cdot \cos\varphi$$
$$Q = \sqrt{3} \cdot U \cdot I \cdot \sin\varphi$$

unsymmetrische Belastung

$$I_N = \sqrt{0{,}75 \cdot (I_2 - I_3)^2 + (I_1 - 0{,}5 \cdot I_2 - 0{,}5 \cdot I_3)^2}$$

$$I_1 = \sqrt{I_{S1}^2 + I_{S3}^2 + I_{S1} \cdot I_{S3}}$$

Formeln

RC- und RL-Schaltungen – *RC- and RL-circuits*

Kapazitiver Blindwiderstand	$X_C = \dfrac{1}{2\pi \cdot f \cdot C}$ $\omega = 2\pi \cdot f$	Induktiver Blindwiderstand	$X_L = 2\pi \cdot f \cdot L$ $\omega = 2\pi \cdot f$

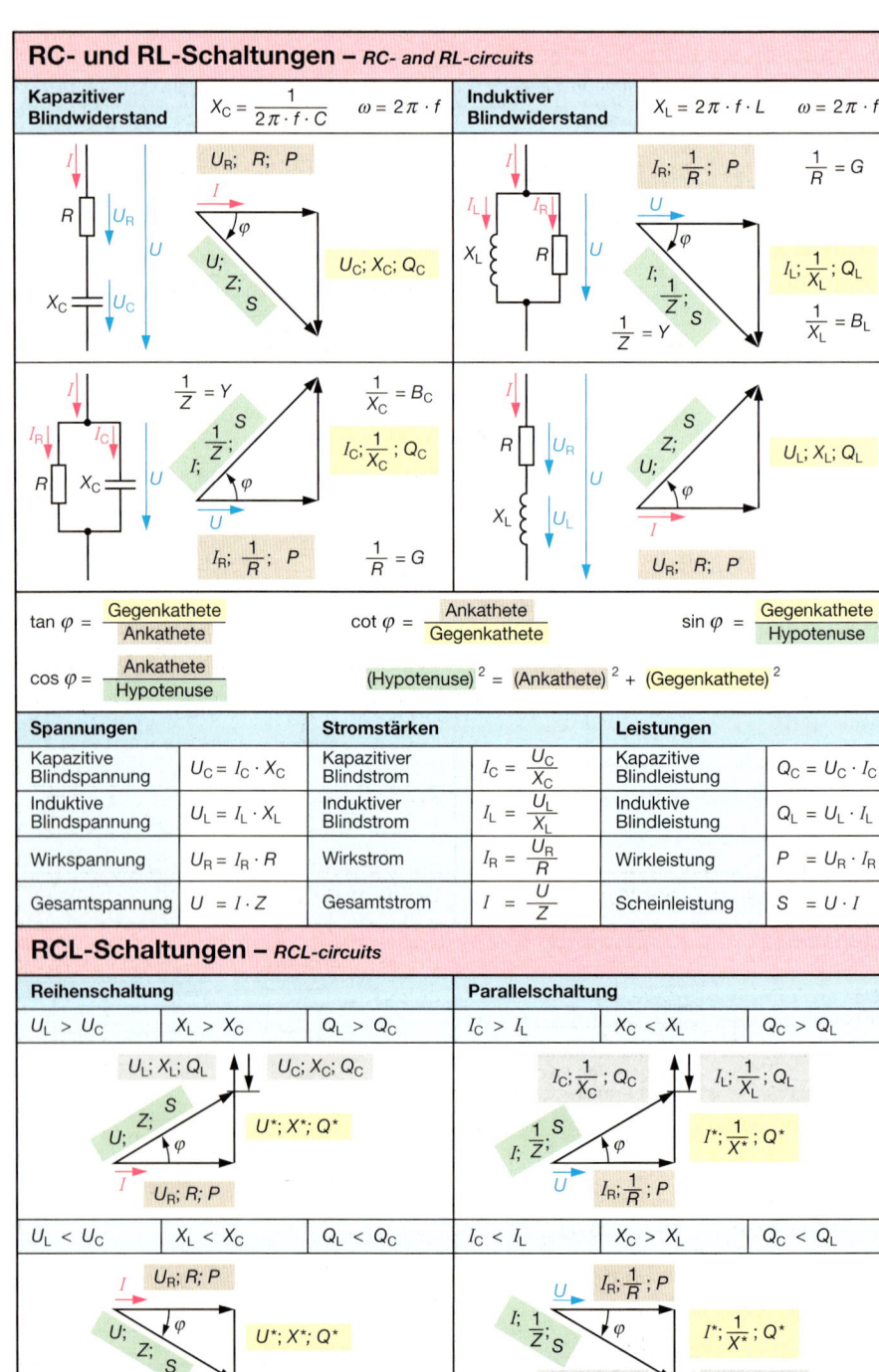

$$\tan \varphi = \frac{\text{Gegenkathete}}{\text{Ankathete}} \qquad \cot \varphi = \frac{\text{Ankathete}}{\text{Gegenkathete}} \qquad \sin \varphi = \frac{\text{Gegenkathete}}{\text{Hypotenuse}}$$

$$\cos \varphi = \frac{\text{Ankathete}}{\text{Hypotenuse}} \qquad (\text{Hypotenuse})^2 = (\text{Ankathete})^2 + (\text{Gegenkathete})^2$$

Spannungen		Stromstärken		Leistungen	
Kapazitive Blindspannung	$U_C = I_C \cdot X_C$	Kapazitiver Blindstrom	$I_C = \dfrac{U_C}{X_C}$	Kapazitive Blindleistung	$Q_C = U_C \cdot I_C$
Induktive Blindspannung	$U_L = I_L \cdot X_L$	Induktiver Blindstrom	$I_L = \dfrac{U_L}{X_L}$	Induktive Blindleistung	$Q_L = U_L \cdot I_L$
Wirkspannung	$U_R = I_R \cdot R$	Wirkstrom	$I_R = \dfrac{U_R}{R}$	Wirkleistung	$P = U_R \cdot I_R$
Gesamtspannung	$U = I \cdot Z$	Gesamtstrom	$I = \dfrac{U}{Z}$	Scheinleistung	$S = U \cdot I$

RCL-Schaltungen – *RCL-circuits*

Reihenschaltung			Parallelschaltung		
$U_L > U_C$	$X_L > X_C$	$Q_L > Q_C$	$I_C > I_L$	$X_C < X_L$	$Q_C > Q_L$

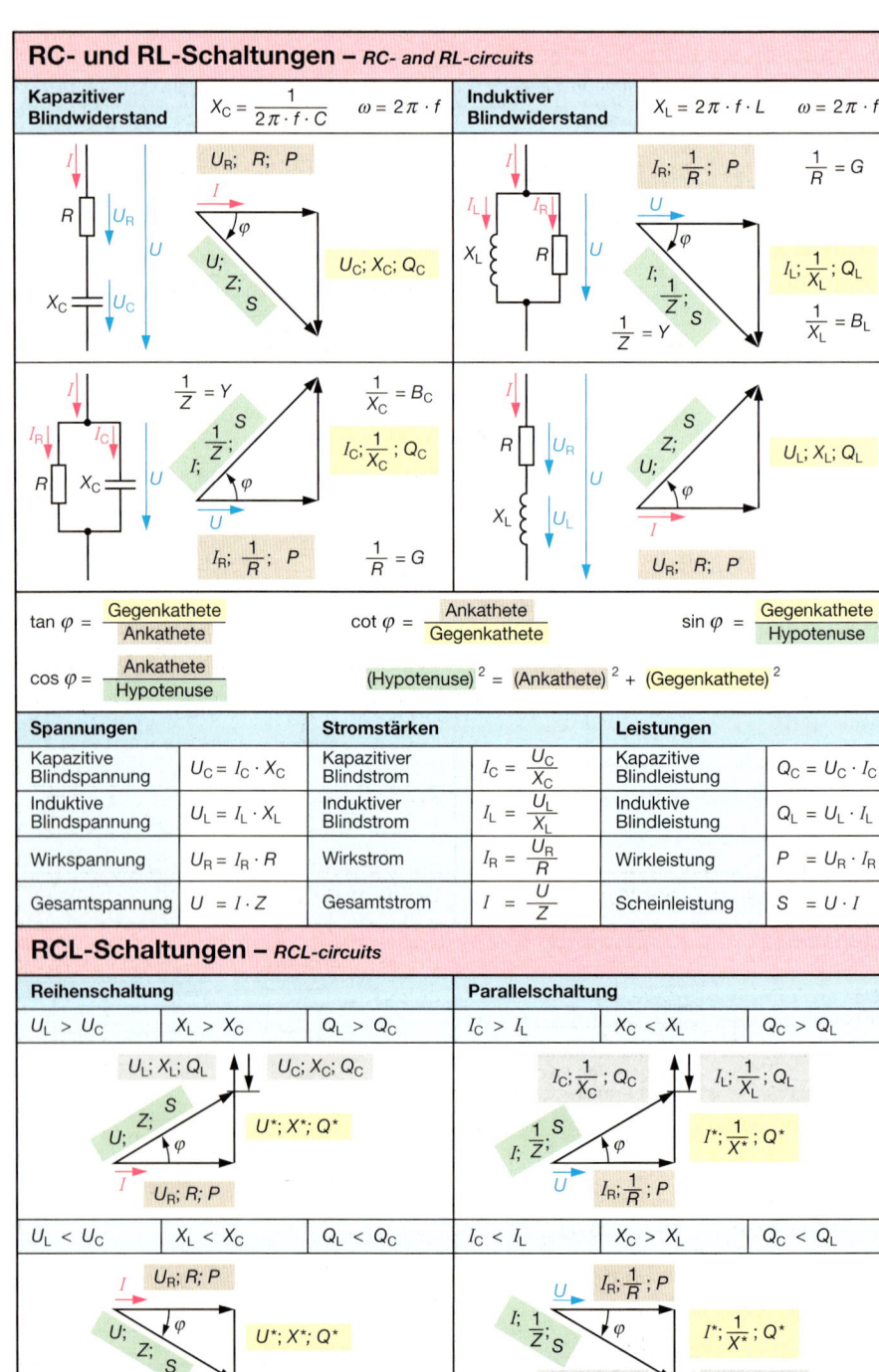

$U_L < U_C$	$X_L < X_C$	$Q_L < Q_C$	$I_C < I_L$	$X_C > X_L$	$Q_C < Q_L$

Schaltungen mit Operationsverstärkern – *Circuits with operational amplifiers*

Nichtinvertierer

$$U_A = U_E \left(1 + \frac{R_2}{R_1}\right)$$

Invertierer

$$U_A = -U_E \frac{R_2}{R_1}$$

Addierer (Summierer)

$$U_A = -R_3 \left(\frac{U_{E1}}{R_1} + \frac{U_{E2}}{R_2}\right)$$

Subtrahierer (Diff.Verst.)

$$U_A = \frac{U_{E2} \cdot R_4 (R_1 + R_3)}{R_1 (R_2 + R_4)} - \frac{U_{E1} \cdot R_3}{R_1}$$

Integrierer (Tiefpass)

$$\Delta U_A = -\frac{U_E \cdot \Delta t}{R_1 \cdot C_1}$$

$$U_A = -U_E \frac{1}{R_1 \cdot \omega \cdot C_1}$$

Differenzierer (Hochpass)

$$\Delta U_A = -\frac{R_2 \cdot C_1 \cdot \Delta U_E}{\Delta t}$$

$$U_A = -U_E \cdot R_2 \cdot \omega \cdot C_1$$

Schaltalgebra
Boolean logic

Kommutativgesetz (Vertauschungsregel)

$$a \wedge b \wedge c = b \wedge c \wedge a$$

(gilt auch für ODER-Verknüpfungen)

Assoziativgesetz (Verbindungsregel)

$$a \wedge (b \wedge c) = (a \wedge b) \wedge c$$

(gilt auch für ODER-Verknüpfungen)

Distributivgesetz (Verteilungsregel)

$$(a \wedge b) \vee (a \wedge c) = a \wedge (b \vee c)$$
$$(a \vee b) \wedge (a \vee c) = a \vee (b \wedge c)$$

De Morgansche Gesetze

$$\overline{a \wedge b} = \overline{a} \vee \overline{b}$$

$$a \wedge b = \overline{\overline{a} \vee \overline{b}}$$

$$\overline{a \vee b} = \overline{a} \wedge \overline{b}$$

$$a \vee b = \overline{\overline{a} \wedge \overline{b}}$$

Dämpfungs- u. Übertragungsmaße
Attenuation- and propagation constants

Dämpfungsmaß *a*	Übertragungsmaß, − *a* Verstärkungsmaß
Leistungsdämpfungsmaß $a_p = 10 \cdot \lg \dfrac{P_1}{P_2}$ dB	Leistungsübertragungsmaß $-a_p = 10 \cdot \lg \dfrac{P_2}{P_1}$ dB
Spannungsdämpfungsmaß $a_u = 20 \cdot \lg \dfrac{U_1}{U_2}$ dB $R_1 = R_2$	Spannungsübertragungsmaß $-a_u = 20 \cdot \lg \dfrac{U_2}{U_1}$ dB $R_1 = R_2$
Stromdämpfungsmaß $a_I = 20 \cdot \lg \dfrac{I_1}{I_2}$ dB $R_1 = R_2$	Stromübertragungsmaß $-a_I = 20 \cdot \lg \dfrac{I_2}{I_1}$ dB $R_1 = R_2$

Gesamtdämpfungsmaß (Übertragungskette)

$$a_{ges} = a_1 + a_2 + \ldots + a_n \text{ (Vorzeichen beachten)}$$

Schwingkreise
Resonating circuits

Reihenschwingkreis	Parallelschwingkreis
Bandsperre	Bandpass

Güte

$$Q = \frac{X_{Lser}}{R_{ser}} \qquad\qquad Q = \frac{R_{par}}{X_{Lpar}}$$

Resonanzbedingung

$$X_L = X_C \qquad f_0 = \frac{1}{2\pi \sqrt{L \cdot C}}$$

Transistoren – *Transistors*

Bipolare Transistoren

NPN

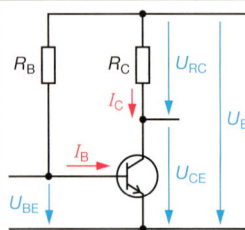

$\Sigma I = 0 \qquad I_E = I_C + I_B$

$B = \dfrac{I_C}{I_B}$

$P_{tot} = U_{CE} \cdot I_C + U_{BE} \cdot I_B$

$\Sigma U = 0$

$U_{CE} = U_{BE} + U_{CB}$

Bei PNP: Umkehrung der Vorzeichen I und U

Wechselstromkenngrößen:

$$r_{BE} = \frac{\Delta U_{BE}}{\Delta I_B} \qquad r_{CE} = \frac{\Delta U_{CE}}{\Delta I_C} \qquad \beta = \frac{\Delta I_C}{\Delta I_B}$$

Unipolare Transistoren (FET)

Sperrschicht FET, N-Kanal   **Isolierschicht FET, N-Kanal-MOS-FET**

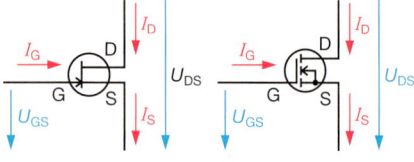

$$I_G = 0; \quad I_D = I_S \qquad S = \frac{\Delta I_D}{\Delta U_{GS}} \qquad r_{DS} = \frac{\Delta U_{DS}}{\Delta I_D}$$

Emitterschaltung mit Vorwiderstand

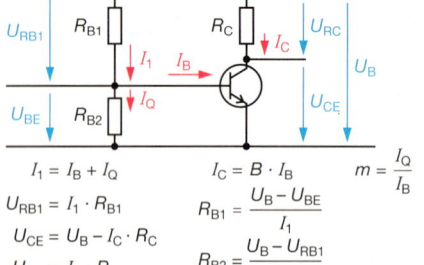

$U_B = U_{RC} + U_{CE}$

$R_B = \dfrac{U_B - U_{BE}}{I_B}$

$R_C = \dfrac{U_B - U_{CE}}{I_C}$

$r_e = R_B \parallel r_{BE}$

$r_a = R_C \parallel r_{CE}$

Sourceschaltung mit Sourcewiderstand

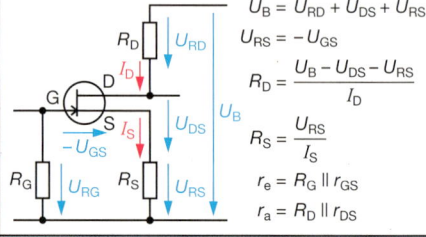

$U_B = U_{RD} + U_{DS} + U_{RS}$

$U_{RS} = -U_{GS}$

$R_D = \dfrac{U_B - U_{DS} - U_{RS}}{I_D}$

$R_S = \dfrac{U_{RS}}{I_S}$

$r_e = R_G \parallel r_{GS}$

$r_a = R_D \parallel r_{DS}$

Emitterschaltung mit Basisspannungsteiler

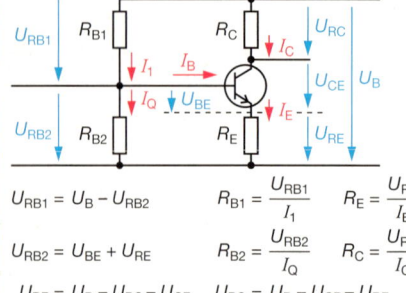

$I_1 = I_B + I_Q \qquad I_C = B \cdot I_B \qquad m = \dfrac{I_Q}{I_B}$

$U_{RB1} = I_1 \cdot R_{B1} \qquad R_{B1} = \dfrac{U_B - U_{BE}}{I_1}$

$U_{CE} = U_B - I_C \cdot R_C$

$U_{RC} = I_C \cdot R_C \qquad R_{B2} = \dfrac{U_B - U_{RB1}}{I_Q}$

$r_e = r_{BE} \parallel R_{B1} \parallel R_{B2} \qquad r_a = R_C \parallel r_{CE}$

Sourceschaltung mit Basisspannungsteiler

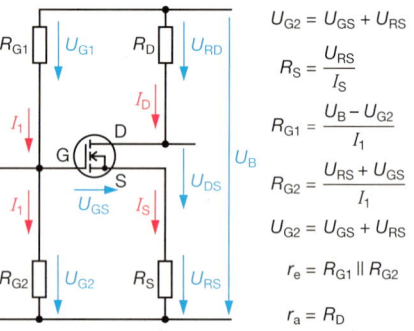

$U_{G2} = U_{GS} + U_{RS}$

$R_S = \dfrac{U_{RS}}{I_S}$

$R_{G1} = \dfrac{U_B - U_{G2}}{I_1}$

$R_{G2} = \dfrac{U_{RS} + U_{GS}}{I_1}$

$U_{G2} = U_{GS} + U_{RS}$

$r_e = R_{G1} \parallel R_{G2}$

$r_a = R_D$

Emitterschaltung mit Stromgegenkopplung

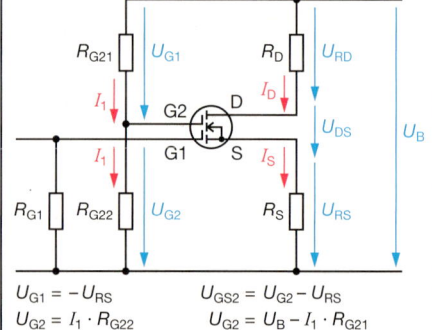

$U_{RB1} = U_B - U_{RB2} \qquad R_{B1} = \dfrac{U_{RB1}}{I_1} \qquad R_E = \dfrac{U_{RE}}{I_E}$

$U_{RB2} = U_{BE} + U_{RE} \qquad R_{B2} = \dfrac{U_{RB2}}{I_Q} \qquad R_C = \dfrac{U_{RC}}{I_C}$

$U_{RE} = U_B - U_{RC} - U_{CE} \qquad U_{RC} = U_B - U_{CE} - U_{RE}$

$r_e = (r_{BE} + \beta \cdot R_E) \parallel R_{B1} \parallel R_{B2} \qquad r_a = R_C \parallel r_{CE}$

Dual-Gate-MOS-FET mit Spannungsteiler

$U_{G1} = -U_{RS} \qquad U_{GS2} = U_{G2} - U_{RS}$

$U_{G2} = I_1 \cdot R_{G22} \qquad U_{G2} = U_B - I_1 \cdot R_{G21}$

Formeln

Umlaufende Maschinen – *Rotating machines*

Drehfeldmaschinen

Frequenz-Drehfelddrehzahl	Schlupf	Läuferfrequenz
$n_f = \dfrac{f}{p}$	$s = \dfrac{n_f - n}{n_f}$ $s_\% = \dfrac{n_f - n}{n_f} \cdot 100\,\%$	$f_r = s \cdot f$

Drehstrom-Maschinen

Maschinenart	Leistung	Wirkungsgrad	Drehzahl	Frequenz
Motor	$P = P_{ab};\ P_{zu} = U \cdot I \cdot \sqrt{3} \cdot \cos\varphi$	$\eta = \dfrac{P}{U \cdot I \cdot \sqrt{3} \cdot \cos\varphi}$	$n = (1 - s) \cdot n_f$	–
Generator	$S_{ab} = S = U \cdot I \cdot \sqrt{3}$			$f = n \cdot p$

	Anlassen		Steinmetzschaltung
Asynchron-maschinen	Stern-Dreieck-Schaltung	Anlasstrans-formator	(Drehstrommotor an Wechselspannung) $C_B = 70\ \mu F/kW$ bei 230 V
	$I_{AY} = \dfrac{1}{3} I_{A\triangle}$ $M_{AY} = \dfrac{1}{3} M_{A\triangle}$	$I_A \sim U$ $M_A \sim U^2$	$C_B = 20\ \mu F/kW$ bei 400 V $C_A = 2 \cdot C_B$
Synchron-maschinen	Drehzahl – Schlupf		Erregerleistung
	$n = n_f$ $s = 0$		$P_f = U_f \cdot I_f$

Wechselstrom-Motoren

Leistung	Wirkungsgrad	Kondensatormotor
$P = P_{ab}$ $P_{zu} = U \cdot I \cdot \cos\varphi$	$\eta = \dfrac{P}{U \cdot I \cdot \cos\varphi}$	$Q_{CB} = 1$ kvar pro kW Motorleistung $Q_C = U^2 \cdot \omega \cdot C$ $C_A = 3 \cdot C_B$

Gleichstrom-Maschinen

Innerer Spannungsfall	Innenwiderstand	Verluste
$U_i = I_a \cdot R_i$	$R_i = R_a + R_W + R_K$	$P_V = P_{V,a} + P_{V,W} + P_{V,K} + P_{V,Bü} + P_{V,f} + P_{V,Reib}$ $P_{V,a} = I_a^2 \cdot R_a$ $P_{V,Bü} = U_{Bü} \cdot I_a$ $P_{V,W} = I_a^2 \cdot R_W$ $P_{V,K} = I_a^2 \cdot R_K$ $P_{V,f} = \dfrac{U_f^2}{R_f}$

Feldsteller	$R_{St} = \dfrac{U}{I_{f,St}} - R_i$	**Anlasser**	$R = \dfrac{U}{I_{A,Anl}} - R_i$

	Fremderregt	**Nebenschluss**	**Reihenschluss**	**Doppelschluss**
Gene-rator	Klemmenspannung $U = U_o - U_i - U_B$	Leistung $P_{ab} = P = U \cdot I$ $P_{zu} = P_{ab} + P_v$		Wirkungsgrad $\eta = \dfrac{P_{ab}}{P_{ab} + P_v}$
	$U = U_o - I \cdot R_i - U_B$	$U = \dfrac{U_o - I \cdot R_i - U_B}{1 + \dfrac{R_i}{R_f}}$	$U = U_o - I \cdot (R_i + R_f)$ $- U_B$	$U = U_o - I_a \cdot (R_i + R_f) - U_B$
Motor	Klemmenspannung $U = U_o + U_i + U_B$	Leistung $P_{ab} = P = P_{zu} - P_v$ $P_{zu} = U \cdot I$		Wirkungsgrad $\eta = \dfrac{P}{U \cdot I}$ $\eta = \dfrac{U \cdot I - P_v}{U \cdot I}$
	$I_A = \dfrac{U}{R_i}$	$I_A = \dfrac{U}{R_i} + \dfrac{U}{R_f}$	$I_A = \dfrac{U}{R_i + R_f}$	$I_A = \dfrac{U}{R_i + R_{f,ser}} + \dfrac{U}{R_{f,par}}$

Schrittmotor

Schritt-winkel	$\alpha = \dfrac{360°}{z}$ $\alpha = \dfrac{360°}{2 \cdot m \cdot p}$	**Drehzahl**	$n = \dfrac{f_z}{z}$

Spannungsfall und Verlustleistung – *Voltage drop and power loss*

Netzart	Stichleitungen			Hauptleitung
	Spannungsfall	Verlustleistung	Maximale Leitungslänge	Spannungsfall
Gleich-strom	$\Delta U = \dfrac{2 \cdot l \cdot I}{\varkappa \cdot q}$	$P_V = \dfrac{2 \cdot l \cdot I^2}{\varkappa \cdot q}$	$l = \dfrac{\Delta u \cdot U \cdot q \cdot \varkappa}{2 \cdot 100\% \cdot I}$	$\Delta U = \dfrac{2}{\varkappa \cdot q} \cdot \Sigma \; (I \cdot l)$
Wechsel-strom	$\Delta U = \dfrac{2 \cdot l \cdot I \cdot \cos \varphi}{\varkappa \cdot q}$	$P_V = \dfrac{2 \cdot l \cdot I^2}{\varkappa \cdot q}$	$l = \dfrac{\Delta u \cdot U \cdot q \cdot \varkappa}{2 \cdot 100\% \cdot I \cdot \cos \varphi}$	$\Delta U = \dfrac{2 \cdot \cos \varphi}{\varkappa \cdot q} \cdot \Sigma \; (I \cdot l)$
Dreh-strom	$\Delta U = \dfrac{\sqrt{3} \cdot l \cdot I \cdot \cos \varphi}{\varkappa \cdot q}$	$P_V = \dfrac{3 \cdot l \cdot I^2}{\varkappa \cdot q}$	$l = \dfrac{\Delta u \cdot U \cdot q \cdot \varkappa}{\sqrt{3} \cdot 100\% \cdot I \cdot \cos \varphi}$	$\Delta U = \dfrac{\sqrt{3} \cdot \cos \varphi}{\varkappa \cdot q} \cdot \Sigma \; (I \cdot l)$

Kompensation – *Compensation*

Einzelkompensation

Leuchtstofflampen
in Duoschaltung an 230 V/50 Hz

- Reihenkompensation im kapazitiven Zweig

$$Q_c = P \cdot (\tan \varphi_1 - \tan \varphi_2) \qquad C = \dfrac{Q_c}{\omega \cdot U^2}$$

- Näherungsformel für 230 V: $C \approx 60 \cdot Q_c$

Beachte: $[Q_c] = \text{kvar} \qquad [C] = \mu\text{F}$

Drehstrommotor
an 400 V/50 Hz

- Kompensationskondensatoren in Dreieckschaltung

$$Q_c = P_g \cdot (\tan \varphi_1 - \tan \varphi_2)$$

$$Q_{c1} = \dfrac{1}{3} \cdot Q_c \qquad C_1 = \dfrac{Q_{c1}}{\omega \cdot U^2}$$

- Näherungsformel für 400 V: $C_1 \approx 20 \cdot Q_c$

Beachte: $[Q_c] = \text{kvar} \qquad [C] = \mu\text{F}$

Messtechnik – *Measurement technique*

Messfehler

Absoluter Messfehler	Angezeigter Wert	Wahrer Wert	Relativer Fehler
$F = \dfrac{M \cdot G}{100\%}$	$A = k \cdot n$	$W = A \pm F$	$f = \dfrac{F}{W} \cdot 100\%$
M: Messbereich	k: Skalenkonstante	$+F$: größter Wert W_1	f_1: kleinster relativer Fehler
G: Güteklasse	n: Anzeige	$-F$: kleinster Wert W_2	

Indirekte Messung von Widerständen

Spannungsfehlerschaltung	Stromfehlerschaltung
Große Widerstände: $\quad R = \dfrac{U - I \cdot R_{i(I)}}{I}$	Kleine Widerstände: $\quad R = \dfrac{U}{I - \dfrac{U}{R_{i(U)}}}$

Messbrücken

Widerstand		Kapazität		Induktivität
Wheatstone	Thomson	Wien	Schering	Maxwell
$R_X = R_N \cdot \dfrac{R_1}{R_2}$	$R_X = R_N \cdot \dfrac{R_1}{R_2} = R_N \cdot \dfrac{R_3}{R_4}$	$C_X = C_N \cdot \dfrac{R_1}{R_2}$		$L_X = L_N \cdot \dfrac{R_4}{R_2}$

Sachwortverzeichnis
deutsch / englisch
Die fettgedruckten Begriffe entsprechen den Seitenübersichten

(B-1)-Komplement / (B-1)-complement 11
1 aus 10-Code / 1 out of 10 code 172
2 aus 5-Code / 2 out of 5 code 172
3,5 Zoll-Diskettenlaufwerk / 3,5 inch disk drive 179
6NFN / 6 NFN 360
a/b-Adapter / a/b-adaptor 361

A

Abfallverzögerung / off delay 50
Ablaufdiagramm / flowchart 250
Ablaufsprache (SPS) / sequential function chart 137, 139
Ablaufsteuerung / sequence control system 128
Ableiter / arrester 383 ff.
Ablenkfaktor / deflection coefficient 230
Ablenksystem / deflection unit 230
Abnutzung / wear 119
Abschaltbedingungen / disconnect conditions 112
Abschaltzeiten in Verteilungssystemen / clearing times in distribution systems 109, 112
Abschottung / barrier 388 f.
absoluter Druck / absolute pressure 25
absoluter Nullpunkt / absolute zero 26
absoluter Pegel / absolute level 348
Absorptionsgrad / absorptance 371
Abstandssensor / distance sensor 156
Absturzschutz / protection against falling 413
ABT / advanced BiCMOS Technology 144
Abtastrate / sampling rate 229
Abtastregelung / sampled data control 284
Abtastung / sampling 229
Abwärtszähler (SPS) / down counter 138
Abzweiger / junction box 354
AC / Advanced CMOS Logic 144
Achse / axis 303
Achsenbeschriftung / axis lettering 240
ACR / ACR 199
Actinide / actinides 70
ACV / Advanced Very-Low-Voltage CMOS 144
Adaption / adaptation 284
Adaptive Regelung / adaptive control 284
Addition / addition 7
Addition (SPS) / addition 137
Addition von Kräften / addition of forces 19
Addition von Spannungen / addition of voltages 38
Addition von Vektoren / addition of vectors 10
Additionstheoreme / addition theorem 13
Aderisolierung / core insulation 111
Aderkennzeichnung / wire marking 209
Adernverdopplung / doubling of cores 349
Adressbuchstaben / address letters 303
Adresse, absolute (SPS) / address, absolute 138
Adressprogrammier- und Diagnosegerät (SPS) / adress-programmer and diagnosis equipment 298
ADSL / ADSL 363
Advanced BiCMOS Technology / Advanced BiCMOS Technology 144
Advanced CMOS Logic / Advanced CMOS Logic 144
Advanced Low-Power Schottky / Advanced Low-Power Schottky 144
Advanced Low-Voltage BiCMOS Technology-Logic / Advanced Low-Voltage BiCMOS Technology-Logic 144

Advanced Low-Voltage CMOS / Advanced Low-Voltage CMOS 144
Advanced Schottky Logic / Advanced Schottky Logic 144
Advanced Ultra-Low-Voltage-CMOS Logic / Advanced Ultra-Low-Voltage-CMOS Logic 144
Advanced Very-Low-Voltage CMOS / Advanced Very-Low-Voltage CMOS 144
AGB / general terms of business 405
AGP / AGP 175
AHC / Technology Logic Advanced-High-Speed CMOS 144
Aiken-Code / Aiken code 172
Akkumulatoren / accumulators (storage batteries) 217, 221
Aktive Filter / active filter 342
Aktiver Sensor / active sensor 148
Aktoren / actuators 128, 287 ff., 397, 399
Aktuator / actuator 287
Aktuator-Sensor-Interface / actuator sensor interface 298
Akustik / acoustics 17
Alarmschleife / alarm loop 396
Algol / Algol 192
Alkali-Mangan-Batterien / alkaline manganese batteries 218 f.
Allgemeine Geschäftsbedingungen / general terms of business 405
Alphabet, griechisches / alphabet, Greek 12
ALS / Advanced Low-Power Schottky 144
ALU / ALU 174
Aluminium / aluminium 76
Aluminium-Elektrolytkondensator / aluminium electrolytic capacitor 51
ALVC / Advanced Low-Voltage CMOS 144
ALVT / Advanced Low-Voltage BiCMOS Technology-Logic 144
AMD / AMD 174
Amplitude / amplitude 38
analog / analog 222
Analoge Endgeräte, Anschluss / analog terminals, connection 361
Analogeingang, dig. Regler / analog input, digital controller 285
analoger TK-Anschluss / analog TC-connection 360
analoges Telefon / analog telephone 359, 362
analoges TK-Netz / analog TC-network 359, 362
Analyse von Konflikten / analysis of conflicts 432
AND (SPS) / AND 138
Angebot / offer 408
Ankerstellbereich / armature control range 337
Anlagen im Freien / outdoor installations 93, 116
Anlagen, hydraulische / installations, hydraulic 25
Anlagenanschluss / exchange access 361
Anlagenverantwortlicher / installation officer 413, 427
Anlassen, Motor / starting, motor 315
Anlasser / starter 315
Anlasskondensator / starting, capacitor 54, 312
Anlasstransformator / starting transformer 315
Anlaufverhalten / starting characteristics 316
Anordnungsplan / location diagram 252, 256

Anpassung / matching, power 32
Anrufumleitung / call forward 361
Anrufweiterschaltung / call diversion 361
Anschluss analoger Endgeräte / connection of analog terminals 361
Anschluss analoger TK-Geräte / connection of analog TC-units 360
Anschluss von ISDN-Geräten / connection of ISDN-equipment 362
Anschlussarten, ISDN- / connection types, ISDN 361
Anschlussbezeichnung, Relais / terminal markings, relays 129
Anschlussbezeichnung, Betriebsmittel / terminal markings, units 246
Anschlussbezeichnung, Motoren / terminal markings, motors 319
Anschlussbezeichnung, Schütz / terminal markings, contactors 129 f.
Anschlussbezeichnung, Transformatoren / terminal markings, transformers 214
Anschlussdose / junction box 201
Anschlüsse von Kondensatoren / termimals of capacitors 54
Anschluss-Funktionsschaltplan / terminal diagram 250
Anschlusskennzeichnung, Ventile / port identification, valves 160
Anschlussliste / terminal list 256
Anschlussplan / terminal diagram 251, 256
Anschlusstabelle / terminal diagram 251
Anschnittsteuerung, Motor / phase control, motor 320
Anschwingzeit / response time 283
Ansteigener Prüfstrom / raising text current 115
Ansteuerung, Pneumatik / control, pneumatic 165
Anstiegsantwort / ramp response 279
Antennen / aerials 352 ff.
Antennen für Satellitenempfang / aerials for satellite reception 355
Antennenanlagen / aerial installations 354
Antennenausrichtung / aerial orientation 355
Antennenkabel / aerial cables 357
Antennenweiche / combiner 354
Anti-Blockier-System / anti-skid system 304
Antriebe / drives 305 ff.
Antriebsarten / types of drives 259
Antriebssysteme / drive systems 307
Antriebstechnik / drive engineering 305 ff.
Antriebstechnik, elektronische / drive engineering, electronic 337
Anweisungsliste / statement list 140
Anweisungsliste (SPS) / instruction list 137 f.
Anwenderprogramm / application program 140
Anwendungsbereiche von Kondensatoren / application fields of capacitors 52
Anwendungsklassen / utilization classes 45
Anwendungssoftware / application software 192
Anzeigefeld / display panel 147
Anzeigegerät / indication device 397
Anzeigeleuchten, Farben / indicator lamps, colours 129
Anzugsverzögerung / pick-up delay 50
Appell / appeal 428
Äquivalent, elektrochemisches / equivalent, electrochemical 73
Äquivalenz-Verknüpfung / equivalence operator 142
Arbeit, elektrische / work, electric 27
Arbeit, mechanische / work, mechanical 20

Arbeitgeberpflichten / managements duty 431
Arbeitnehmerpflichten / employees duty 431
Arbeitsbedingungen / working conditions 418
Arbeitsbericht / work report 412
Arbeitsglied, pneumatisches / operating component, pneumatic 159
Arbeitsmaschinen / working machines 307
Arbeitsorganisation / work organisation 412
Arbeitspunktstabilisierung / stabilisation of operation point 50
Arbeitsschutz / maintenance of industrial and safety standards 413
Arbeitsschutzgesetz / labour protection laws 413
Arbeitsverantwortlicher / work officer 413
Arithmetical Logical unit / arithmetical logical unit 174
arithmetische Verknüpfungen / arithmetic logic operations 6
AS / Advanced Schottky Logic 144
ASCII-Code / ASCII code 173
ASI (Aktuator-Sensor-Interface) / ASI (actuator sensor interface) 298
ASI-Bus / ASI bus 298
ASI-Modul / ASI module 298
Assoziativgesetz / associative law 141
Astabile Elemente / astable element 270
asynchrone Frequenzteiler / asynchronous frequency divider 146
asynchrone Steuerung / asynchronous controller 128
Asynchronmaschinen / asynchronous machines 308, 312
Asynchronzähler / asynchronous counter 145
AT / AT 175
AT Bus / AT bus 176
ATA / ATA 176
ATAPI / ATAPI 176
ATAPI-Schnittstellen / ATAPI-interfaces 176
Atemschutz / breathing protection 413
Athlon / Athlon 174
Atmosphärendruck / atmospheric pressure 25
atmosphärische Druckangaben / atmospheric pressure data 25
Atom / atom 72
Atommassezahl / atomic mass number 70
Atomphysik, Einheiten für / atomic physics, units of 17
Atomphysik, Formelzeichen für / atomic physics, formula signs of 17
Atomsymbol / symbol for atom 72
ATX / ATX 177
AU / AU 174
AUC / advanced Ultra-Low-Voltage-CMOS Logic 144
Audit / audit 436
Auffanggurt / safety belt 413
Aufgabengröße / task size 128
Aufgelöste Darstellung / exploded view 248
Aufladung / charging 37
Auflösung / resolution 183
Aufnehmer / sensors 274
Aufschalteton / offering tone 359, 362
Aufstellung / installation 99
Auftragsentzug / revocation of a order 407
Auftrieb / buoyant 24
Auftriebskraft / buoyant force 24
Aufwärtszähler (SPS) / up counter 138
Augenblickswert / instantaneous value 38
Augenempfindlichkeit (spektrale) / eye sensitivity 65

Augenschutz / eye protection 413
Ausbreitungsgeschwindigkeit von Wellen / propagation speed of waves 351
Ausdehnung / expansion 26
Ausdehnungskoeffizient / expansion coefficient 70
Ausfall von Außenleitern / failure of phases 40
Ausfallquotient / failure ratio 45
Ausführung / execution 407
Ausführungsfristen / execution time limit 407
Ausführungswichtung / quantifying of execution 418
Ausgangswiderstand / output resistance 61
Auslösecharakteristiken / tripping characteristics 100
Auslösekennlinien / tripping curves 100
Auslöseschutzverhalten von Überstromschutzorganen / tripping behaviour of overcurrent protection devices 100, 102
Auslösestromstärken / tripping amperages 100
Ausschaltung / breaking operation 103, 105 f.
Ausschaltverzögerung (SPS) / breaking operation delay 138
Ausschaltvorgang / opening operation 37
Außenantennen / outdoor aerials 353
Außenleiter / phase 109
Außenleiter, Ausfall / phase, failure 40
Außenleiterspannung / phase voltage 39
Ausstattungswerte nach RAL / data for equipment of RAL 370
Austauschprogrammierbare Steuerung / programmable controller with interchangeable memory 128
Auszug / excerpt 422
Autogenschweißen / autogenous welding 82
Avalanche-Diode / Avalanche diode 340
AWAG / AWAG 396
AWG / Foreign Trade and Payments Law 201
AWL (SPS) / IL 137 f.
Azimut / azimuth 355

B

B1-, B2-Kanal / B1-, B2-channel 361
Backbone / backbone 398
Backdoor / backdoor 195
Bandbreite / bandwith 44, 366
Banderder / earth strip 107
Bandgetriebe / belt drive 291
Barcodescanner / barcode scanner 155
Basic / Basic 192
Basisanschluss (BaAs) / basic access 361
Basiseinheit / base unit 15
Basisisolierung / basic insulation 111
Basisschaltung / common base 61
Basisschutz / basic protection 111
BAT / BAT 177
Batteriearten / kinds of batteries 218 ff.
Batteriebetrieb / operation from battery 236
Baud / baud 171
Baudot / Baudot 171
Bauelemente, magnetfeldabhängige / components, magnetic field dependent 67
Bauelemente, optoelektronische / components, opto-electronic 63 ff.
Bauformen, elektrische Maschinen / styles, electrical machines 328
Bauleistungen / nominal power 407
Baum-Netz / tree network 344
Baustromverteiler / low-voltage switchgear and control gear assembly for construction (ACS) 117
Bauzeichnungen / architect drawings 241

BBAE / BBAE 363
BCD-Code / BCD-code 172
BCD-Zähler / BCD-counter 145
BCT / BiCMOS Technology 144
BDSG / BDSG 194
Beanspruchung, Mechanische / stress, mechanical 45
Beanspruchungsdauer / stress time 45
Bedienebene / control level 285
Bediengerät / operating device 274, 397
Bedienpersonal / operating stuff 427
Bedientastenfeld / panel for operator buttons 147
Bedingte Anweisung / conditional instruction 302
Bedingungen / conditions 303
Begriffe der Mengenlehre / terms of set theory 6
Begriffe zur Datenübertragung / terms in data transmissions 171
Begriffe, mathematische / terms, mathematical 6
Behaglichkeit / comfort 392
Behaltensquote / remember quote 424
Beharrungswert / steady-state value 283
Bel / Bel 15
Belastbarkeit von Leitungen / load capability of cables 92 f., 450
Belasteter Spannungsteiler / voltage divider with load 31
Belastung, unsymmetrische / load, asymmetric 40, 213
Beleuchtungsberechnung für Innenräume / indoor lighting calculation 372
Beleuchtungsgüte / quality of lighting 371
Beleuchtungsstärke / luminance level 371
Beleuchtungswirkungsgrad / utilization efficiency 371
Bemaßung / dimensioning 242
Bemaßungsregeln / dimensioning rules 242
Bemessungs- Fehlerstromstärke / rated residual current intensity 115
Bemessungsbürde / rated burden 223
Bemessungskapazität / rated capacity 217
Bemessungs-Kurzschlussfestigkeit / rated short-circuit current capability 115
Bemessungsladestromstärken / rated currents 217
Bemessungsspannungen / rated voltages 28
Bemessungsspannungen von Kondensatoren / rated voltage of capacitors 51
Bemessungsspannungen, Maschinen / rated voltage, machines 312
Bemessungsströme / rated current density 28, 109
Benannte Stelle / named institution 386
Berechnung von Flächen / calculation of areas 14
Berechnung von Körpern / calculation of solids 14
Berechnung von Längen / calculation of lengths 14
Berechnung von Volumen / calculation of volumes 14
Bereich / zone 398
Bereichskoppler / backbone coupler 398
Bereichsnummer / zone number 399
Bericht / report 423
Berufe / occupations 304
Berufsgenossenschaft / employers' liability insurance association 413
Berührungsspannung / contact voltage 109, 115
Berührungsstrommessung, Geräte / contact current measurment, equipment 120
Beschaffung / procuring 408
Beschleunigung / acceleration 23
Beschleunigungsarbeit / acceleration work 21
Beschleunigungssensor / acceleration sensor 154

453

Besetztton / busy tone 362, 359
Besondere Zahlen / special numbers 6
Betätigung von Ventilen / operating of valves 160
Beträge / amounts 7, 10, 15
Beträge von Vektoren / amounts of vectors 10
Betrieb / business enterprise 404
Betriebsanweisung / directive for save work 431
Betriebsarten, elektrische Maschinen / opera-
ting modes, electrical machines 327
Betriebsdiagramm / operation graph 337
Betriebsführung / business management 409
Betriebsisolierung / functional insulation 111
Betriebsklassen / utilization categories 101
Betriebskondensator / running capacitor 54
Betriebskondensator, Wechselstrom-Motoren / run-
ning capacitor, a.c. motors 312
Betriebsmittel, Kennzeichnung explosionsgeschütz
ter / equipments, designation of hazardous-duty
desigend 387
Betriebspegel / operating level 354
Betriebsreststrom / operating residual current 53
Betriebsstätten / operating areas 116
Betriebssysteme / operating systems 188
Betriebsweisen von Wärmepumpen / operating
modes of heat pumps 390
Betriebswerte von Drehstrom-Käfigläufer-
motoren / operating values of three phase
cage motors 324
Betriebswerte, Asynchronmotoren / operating
values, asynchronous motors 324
Bewegung / motion 23
Bewegungsenergie / motion energy 21
Bewehrung / armour 203
Bezugserde / ground reference plane 39
BGB / German Civil Code 407
BGV / Employer's Liability Insurance Association
413
BiCMOS Technology / BiCMOS Technology 144
Biegefestigkeit / bending strength 74
Bildröhre / cathode ray tube 183
Bildschirmarbeitsplatz / workstation 416
Bildwiederholfrequenz / refresh rate 183
Bildzeichen der Elektrotechnik / symbols in
electrical engineering 244
Bildzeichen, elektro-mangnetische Felder / sym-
bols, electro magnetic fields 124
Bildzeichen, gefährliche Strahlung / symbols,
hazard radiation 125
Binäre Elemente / binary logic elements 269 f.
Binäre Potenzen / binary powers 9
Binäreingang, dig. Regler / binary input, digital
controller 285
BIOS / BIOS 190
Bipolare Ansteuerung (Schrittmotor) / bipolar
control (stepper motor) 158
Bipolare Transistoren / bipolar transistors 58
Biquinär-Code / biquinary code 172
Bistabile Elemente / bistable components 270
Bistabile Kippglieder / bistable elements 143
Bit / bit 157
Bitbus / Bitbus 297
BIU / BIU 174
bivalent / bivalent 390
BK-Netz / broad band cable network 358
B-Komplement / b-complement 11
BK-Rundfunk-Übertragung / audio transmission by
broadband communication 358
Blattformate / sheet formats 239
Bleiakkumulatoren / lead acid batteries 217
Blindleistung / reactive power 38

Blindleistungsfaktor / reactive power factor 38
Blindleistungsmessgerät / var meter 224
Blindstrom-Kompensationsschaltungen / cir-
cuits for reactive-current compensation 94
Blitzentladung / lightning discharge 383
Blitzschutz / lightning protection 123, 385
Blitzschutzanlagen / lightning protection
systems 385
Blitz-Schutzzonen / lightning protection zones 123
Blitzstromableiter / lightning-stroke arrester 383 f.
Blockheizkraftwerk / unit-type district-heating
power station 207
Blockleitebene / unit control level 286
Blockschaltplan / block diagram 249
Blockschloss / block lock 396
Bluetooth / Bluetooth 186
BNC-Stecker / BNC-plug 198
Bodediagramm / Bode diagram 279
Bodensegment / earth segment 346
Bohrung / drill hole 242
Boolesche Operationen / Boolean operations 421
Boost-converter / boost converter 233
BOOT-Vorgang / BOOT-process 188
Brandabschnitt / fire area 388
Brandlast / fire load 388
Brandmeldeanlage / fire alarm system 394
Brandschott / fireproof bulkhead 388
Brandschutz / fire prevention 388
Braunsche Röhre / cathode ray tube 183
Breakout-Kabel / breakout fibreoptic cable 203
Breitbandkommunikation / broad-band com-
munication 358
Bremsen / braking 337
Bremsen von Motoren / braking of motors 322
Bremsen, elektrische Motoren / braking, electrical
motors 322
Brennwert, spezifischer / calorific value, specific 75
Brinell / Brinell 74
Browser / browser 347
Bruchdehnung / elongation at rupture 74
Brüche / fractures 7
Brückenschaltung / bridge circuit 29
BS / BS 345
BSC / BSC 345
Bündeladerkabel / buffered fibre optic cable 203
Bundesamt für Zulassung in der Telekommunikation /
Federal Office for Approval in Telecommunication
360
Bundesdatenschutzgesetz / federal data protection
art 194
Bürde / burden 223
Busabschluss / bus termination 301
Busanschlussklemme / bus terminal 398
Busleitung / bus cable 301, 398
Busnetz / bus network 397
Busstruktur / bus topology 294 ff., 299f.
Bussystem / bus system 174
Bustakt / bus clock 174
Busteilnehmer / bus station 397
Buszugriffsverfahren / bus access method 400
B-Wert / B-value 49
Bypassbetrieb / bypass operation 236
Byte / byte 157
BZT / BZT 360

C

C / C 192
C++ / C++ 192
CAD / CAD 192
Camcorder / camcorder 181

CAN / Controller Area Network 296
CAN-Bus / CAN bus 296
CAPI / CAPI 365
Cassegrain-Antenne / Cassegrain-aerial 355
CAV / CAV 180
CBT / Crossbar Technology 144
CBTLV / CBT Low-Voltage Crossbar 144
ccTLD / country code top level domain 366
CD 4000 / CMOS B-Serie 144
CD-ROM / CD-ROM 180
CE-Kennzeichnung / CE-marking 245
CEN / CEN 238
CENELEC / CENELEC 238
Central Prozessing Unit / Central Processing Unit 174
Centronics Schnittstelle / Centronics interface 185
Cermet / Ceramic metall 48
Chemie, Grundlagen der / chemistry, basics of 72
chemische Elemente / chemical elements 72
chemische Verbindungen / chemical compounds 72
Chien-Hrones-Reswick-Verfahren / Chien-Hrones-Reswick-method 283
Chipsatz / chipset 175, 176
Chopper / chopper 335
Client-Server-System / client-server-system 200
CLV / CLV 180
CMOS / CMOS 175
CMOS B-Serie / CMOS B-series 144
CMOS-Speicher / CMOS-chip 190
CNC-Maschine / CNC machine 303
Coating / coating 203
Cobol / Cobol 192
Codes / codes 172
Codierer / encoder 428
COM / COM 175
Compakt Disc / Compact Disk 180
Control Unit / control unit 174
Cosinus / cosine 13
Cosinussatz / cosine theorem 13
Cotangens / cotangent 13
Coulombsches Gesetz / Coulomb's law 33
CPU / CPU 174
Cracker / cracker 195
Crest-Faktor / crest-factor 223
Crossbar Technology / Crossbar Technology 144
CSMA / CA / CSMA / CA 400
CTR / CTR 183
CU / CU 174
Cursormessung / cursor measurement 229

D

Dachständer / service entry mast 84
Dahlanderschaltung / Dahlander circuit 136, 321
Dämpfung / attenuation 199, 348
Dämpfungs- und Übertragungsmaße, Formeln / attenuation- and propagation constans, formulas 447
Dämpfungsfaktor / attenuation factor 348
Darlingtonschaltung / Darlington circuit 62
Darstellung pneumatischer Systeme / presentation of pneumatic systems 159
Darstellungsart / kind of view 247
Datagramm / datagramm 200
Dateiformate / file formats 192
Datenausgabegeräte / data output devices 182
Datenbit / data bit 171
Datendurchsatz / data throughput 171
Dateneingabegeräte / data input devices 181

Datenendeinrichtung / data terminal equipment 171
Datenpaket / data packet 200
Datenschutz / data protection 194
Datensicherheit / data security 194
Datensicherung / data save 195
Datenspeicher, magnetische / data storage, magnetic 179
Datenspeicher, optische / data storage, optical 180
Datentechnische Sicherheit / data security 196
Datentelegramm / data gramm 399
Datentypen / data types 302
Datenübertragung, Formeln / in data transmission, formulas 171
Datenübertragungseinrichtung / Data circuit Terminating Equipment (DTE) 171
Datenübertragung, Begriffe / in data transmission, terms 171
Dauermagnet-Werkstoff / hard magnetic material 78
DC / DC-Wandler / DC / DC converter 233
DDR-RAM / DDR-RAM 178
De Morgansches Gesetz / De Morgan's law 141
Deckungsbeitrag / contribution margin 409
Deckungsbeitragsrechnung / contribution margin costing 409
Decodierer / decoder 428
Deduktiv / deductive 430
DEE / DTE 171
Dehnmessstreifen (DMS) / strain gauge 153
Dehnstoff-Aktoren / stretch material actuator 289
Dehnstoffantrieb / stretch material drive 289
Dehnung / strain 74
Deinstallation / uninstallation 193
dekadische Teilung / decadic scaling 240
dekadischer Logarithmus / decadic logarithm 9
Denic / Denic 366
Desktop-Publishing-Programme / desktop-publishing programs 192
Deutsche Elektrotechnische Kommission / German Electro technical Commission 238
Dezibel / decibel 15
Dezimalzahlen / decimal numbers 11
DGPS / DGPS 346
Diac / diac 7, 57
Diagramm, Ablauf- / flowchart 250
Diagramm, Zeitablauf- / chart, time-flow 250
DIALux / DIALux 372
Dichte / density 24, 71
Dienst / service 344
Dienste, ISDN / services, ISDN 361
Dienstmerkmal / service attribute 344
Dienstmerkmale für ISDN / service attributes for ISDN 361
Differential-Feldplatten-Potentiometer / differential magneto resistor potentiometer 67
Differenz-Eingangsspannung / input offset voltage 68
Differenzial-GPS / differential GPS 346
Differenzierer / differentiator 69
Differenzierzeit / derivative time 281
Differenzspannung / difference voltage 230
Differenzverstärker / differential amplifier 62, 68, 231
Digital / digital 222
Digital Versatile Disc / Digital Versatile Disc 180
Digitale Messtechnik / digital measuring technique 227
Digitale Regelung / digital control 284

Digitale Zähler / digital counters 145
Digitales Fernsehen / digital television 352 f.
Digitales Oszilloskop / digital oscilloscope 229
Digitalisiertablett / digitiser 182
Digitalisierung / digitalization 157, 229
Dimetrische Projektion / dimetric projection 239
DIMM / DIMM 178
Dimmer / dimmer 105 f., 379 f.
Dimm-EVG / electronic ballast for dimming 379
DIN-Messbus / DIN measurement bus 297
DIN-Normen / DIN standard 238
Dioden / diodes 56, 260
Diodenkennlinie / diode characteristic 230
Direktumrichter / direct converter 336, 338
DiSEqC / DiSEqC 356
Disjunktion / disjunction 141
Diskettenlaufwerk / disk drive 179
Dispersion / dispersion 203
Distributivgesetz / distributive law 141
Division / division 7
Division (SPS) / division 137, 138
D-Kanal / D-channel 361
DKE / DKE 238
DMI / DMI 176
DMS / SG 153
DNS / Domain Name System 366
Dokumentation / documentation 181, 238 ff.
Dokumentation, technische / documentation, technical 237 ff., 247 ff.
Dokumente der Elektrotechnik / documents of electrical engineering 254
Dokumente, funktionsbezogen / functional documents 255
Dokumente, ortsbezogen / documents, location orientaded 256
Dokumente, rechnergestützt / documents, computer-based 254
Dokumente, verbindungsbezogen / documents, connection related 256
Domain (Bereich) / Domain 366
Doppelbasisdiode / Unijunction transistor 57
Doppelschlussmotor,Gleichstrom / compoundend wound motor (d.c.) 310
doppeltwirkender Zylinder / double acting cylinder 163
DO-System / DO-system 101
DOT-Pitch / dot pitch 183
Downlink / downlink 345
Downstream-Kanal / Downstream-channel 363
Drahtwiderstände / wire wound resistors 46
Drainschaltung / common drain 61
Drehfeldmaschinen / polyphase machines 308 ff.
Drehfeldmaschinen, Formeln / polyphase machines, formulas 449
Drehmoment / torque 20
Drehmoment-Drehzahl-Kennlinie / torque-speed characteristic 337
Drehsinn, Motoren / direction of rotation 319
Drehstrom / tree-phase current 39
Drehstrom-Asynchronmaschinen / three phase asynchronous machines 308
Drehstromantriebe / three-phase drives 308 ff., 337
Drehstrom-Asynchronmaschinen, Betriebswerte / three-phase asynchronous machines, operating characteristics 324
Drehstrom-Asynchronmaschinen, Normmaße / three-phase asynchronous machines, standard dimensions 325
Drehstrom-Blindverbrauchzähler / three-phase varhour meter 226

Drehstrom-Dreileiternetz / three-phase three wire system 28
Drehstromgenerator / three-phase generator 39, 309
Drehstrom-Käfigläufermotoren, Betriebswerte von / three phase cage motors, operating characteristics of 324
Drehstrommaschinen / three-phase machines 308 ff.
Drehstrommmotor an Wechselspannung / three-phase motor connected to a.c. voltage 312
Drehstrommmotor, Normmasse / three-phase motor, nominal dimensions 325
Drehstrommotoren, polumschaltbare / tree phase motors, pole-changable 321
Drehstromnetze / three-phase systems 28
Drehstromschaltung, gestörte / three-phase system, faulted 40
Drehstromsteller / three-phase a.c. power controller 338
Drehstrom-Synchrongenerator / three-phase synchronous generator 309
Drehstrom-Synchronmaschinen / three-phase synchronous machines 83, 405
Drehstrom-Synchronmotor / three-phase synchronous motor 309
Drehstrom-Transformator, Anschlussbezeichnung / three-phase transformer, terminal designation 214
Drehstrom-Transformator, Leistungsschild / three-phase transformer, rating plate 214
Drehstrom-Transformator, Parallelschaltung / three-phase transformer, parallel connection 214
Drehstromtransformatoren / three phase transformers 211, 213 f.
Drehstromübertragung / three-phase transmission 39
Drehstrom-Vierleiternetz / three-phase four wire system 28
Drehstrom-Wirkverbrauchzähler / three-phase watt-hour meter 226
Drehzahlregelung, Beispiel / closed loop speed control, example 278
Drehzahlsteuerung, Beispiel / open loop speed control, example 128
Drehzahlsteuerung, Motoren / open loop speed control, motors 320
Drehzylinder / rotary cylinder 163
Dreieckschaltung / delta circuit 213
Dreileitermessung / three wire measuring 113, 149
Dreileitertechnik / three wire method 152
Dreipuls-Brückenschaltung / three pulse bridge circuit 331, 333 f.
Dreipunktregler / three step controller 282
Drosseln / inductor 268, 399
Drosselrückschlagventil / one-way flow control valve 161
Drosselventil / flow control valve 161
Druck / pressure 25
Druck, hydraulischer / pressure, hydraulic 25
druckabhängige Steuerung / pressure depended control 166
Druckangaben, atmosphärische / pressure data, atmospheric 25
Druckdifferenz / pressure difference 25
Druckeinheiten,Umrechnung / pressure units, translation 25
Drucker / printer 182
Druckerschnittstelle / printer interface 185
druckfeste Kapselung / explosion-proof enclosure 387

Druckfestigkeit / compressive strength 74
Druckgleichgewicht / pressure balance 25
Druckmedien / print products 420
Druckregelventil / pressure regulating valve 162
Druckschaltventil / pressure sequence valve 162
Drucksensor / pressure sensor 153
Drucksensor, piezoelektrischer / pressure sensor, piezoelectric 154
Drucktaster, Farben / push-button, colours 129
Druckventil / pressure control valve 160, 241
Druckventile, pneumatische / pressure valves, pneumatic 162
Druckwasserdichtigkeit / pressure-water-tight 382
DSL-Anschlüsse / DSL-connections 363
DSS1-Protokoll / DSS1-protocoll 361
D-System / D-system 101
DTP / DTP 192
Dual-Code / binary code 172
Duales System / dual system 438
Dual-Output-LNB / dual-output LNB 356
Dualzahlen / binary numbers 11
Dualzahlen, Rechnen mit / binary numbers, calculation with 12
Dual-Zähler / binary counter 145
DÜE / DTE 171
Duo-Schaltung / dual lamp circuit 94
Duplexabstand / duplex distance 345
Duplex-Betrieb / duplex-operation 170
Duplexkabel / duplex cable 203
Durchflussnullstellung / flow neutral position 166
Durchflutung, elektrische / current linkage 34
Durchführung / penetration 388
Durchgangsdose / throughway box 354
Durchlasskurve / conducting state voltage current characteristic 43
Durchlassspannung (LED) / forward voltage 63
Durchleitungsgebühr / transit charge 95
DVB / DVB 352
DVB-C / DVB-C 352
DVB-S / DVB-S 352
DVB-T / DVB-T 352 f.
DVD / DVD 180

E

Echtzeituhr / real time clock 147
Edelmetall / precious metal 70
Edelmetallschichtwiderstand / precious metal film resistor 46
Effektivwert / root-mean-square value (r.m.s.) 38
e-Funktion / e-function 37
EG-Baumusterprüfung / EC type examination test 386
EIB / EIB 147 f., **264**
EIB-Projektierung / EIB projecting 400
EIDE / EIDE 175, 176
EIDE-Schnittstellen / EIDE-interfaces 176
Eigensicherheit / intrinsic safety 387
Ein- / Ausgabeeinheit / input- / output unit 174
Einbruchmeldeanlagen / burglar alarm systems 394, 396
Einbruchmeldeanlagen, Symbole für / burglar alarm systems, symbols for 395
Einbruchmelder / burglar alarm sensors 395
Eindringtiefe / impression depth 74
Einerkomplement / one's complement 11
Einfachheit / simplicity 423
Einfachwirkender Zylinder / single acting cylinder 163
Eingabegeräte / input devices 181
Eingangsoperatoren (SPS) / input operators 137

Eingangssignal / input signal 230
Eingangswiderstand / input resistance 61
Einheiten / units 16 ff.
Einheiten, physikalische / units, physical 15
Einheitengleichung / unit equation 15
Einheitenname / unit name 15
Einheitenzeichen / unit sign 15
Einmoden- Lichtwellenleiter / single mode fibre optic cable 202
Einmoden-Stufenfaser / single mode step index fibre 202
Einphasen-Dreileiternetz / single phase-three wire system 28
Einphasentransformatoren / single phase transformers 36, 211
Einpuls-Mittelpunktschaltung / single pulse-centre tap connection 331
Einquadrantenbetrieb / one-quadrant operation 337
Einschaltdauer / operating time 335
Einschaltverzögerung (SPS) / on delay 138
Einschaltvorgang / closing operation 37
Einschraubstutzen / screw-in gland 168
Einschrittige Codes / single step codes 172
Einseitige Rechtsgeschäfte / unilateral legal transactions 406
Einseitiger Hebel / single sided lever 22
Einstellbare Widerstände / adjustable resistors 48
Einstellung von Reglern / adjustment of controllers 283
Einstellwiderstand / potentiometer 46
Eintakt-Durchflusswandler / single ended forward converter 233
Einteilung der Steuerungen / classification of control types 128
Einteilung von Leuchten / classification of luminaires 374
Einweg-Lichtschranke / one-way light barrier 156
Einzelanlage für Antennen / single user installation for aerials 354
Einzelinduktivität / single inductor 35
Einzelkompensation / individual compensation 94, 450
Einzelkosten / direct cost 409
Einzelleitebene / plant component control level 286
Einzelraumlüftung / single room ventilation 393
Einzelunternehmen / individual enterprise 404
EIR / EIR 345
Eisbergmodell / iceberg model 432
Eisenkern / iron core 34
Eisenverluste / iron losses 211
Elastische Verformung / elastic deformation 74
Elastizität / elasticity 74
Elektrische Anlagen / electric installations 98, 116 ff., 370
Elektrische Anlagen in Wohngebäuden / electrical installations in residential buildings 370
Elektrische Anlagen, Regel für das Arbeiten an / electrical installations, rules for workingon 415
Elektrische Arbeit / electric work 27
Elektrische Betriebsmittel / electrical equipment 257 f.
Elektrische Durchflutung / current linkage 34
Elektrische Feldstärke / electrical field strength 33
Elektrische Leistung / electric power 27
Elektrische Rückstellung / electrical reset 225
Elektrische Spannung / electric voltage 27 f.
Elektrische Stromstärke / electric current intensity 27 f.

Elektrischer Stromkreis, Formeln / **electrical circuit, formulas** **442**
Elektrischer Widerstand / **electrical resistance** **29**
Elektrischer Widerstand, Formeln / **electrical circuit, formulas** **442**
Elektrisches Feld, Formeln / **electric field, formulas** **444**
Elektrisches Feld, Kondensator / **electric field, capacitor** **33**
Elektrizität, Einheiten für / electricity, units of 17
Elektrizität, Formelzeichen für / electricity, formula signs of 17
Elektrizitätszähler / **electricity meter** **225**
Elektroblech / electrical sheet 78
Elektrochemisches Äquivalent / electrochemical equivalent 73
Elektrofachkraft / skilled electrical engineering technician 413
Elektroinstallation / **electrical installation** **262 f.**
Elektrolyse / **electrolysis** **73**
Elektrolytkondensator / electrolytic capacitor 51
elektromagnetische Felder / electro-magnetic fields 124 f.
elektromagnetische Relais / **electromagnetic relays** **131**
elektromagnetische Schalter / electromagnetic switches 104
elektromagnetische Strahlung / electro-magnetic radiation 18
elektromagnetische Verträglichkeit (EMV) / **electromagnetic compatibility (EMV)** **122 f.,** 124
elektromagnetische Welle / electro-magnetic wave 351
elektromagnetisches Spektrum / electro-magnetic spectrum 351
Elektron / electron 72
Elektronenstrahl / electron beam 183
Elektronenstrahlröhre / electron beam tube 228
elektronische Antriebstechnik / **electronic drive engineering** **337**
elektronische Drehzahlsteuerung von Drehfeldmaschinen / electronic speed control of polyphase machines 338
elektronische Relais / **electronic relays** **132**
elektronische Vorschaltgeräte / electronic ballasts 378 f.
elektronischer Spannungsteiler / electronic voltage divider 59
elektronisches Lastrelais / solid state relay 132, 339
Elektropneumatik / **electropneumatics** **164**
elektrorheologische Aktoren / **electrorheologic actuators** **290**
Elektrotechnik, Dokumente / electrical engineering, documents 254
Elektrotechnik, Formeln der / of electrical engineering, formulas 27
Elektrotechnik, Größen der / of electrical engineering, quantities 27
Elektrotechnik, Pläne der / of electric engineering, plans 247
Elektrotechnische Dokumente / electrical engineering documents 248 ff., 255 f.
elektrotechnische Fachkraft / skilled electrical engineering technician 413
Elementare Geometrie / basic geometry 6
Elemente, Chemische / elements, chemical 72
Elevation / elevation 355
ElFEXT / ELFEXT 199

ELR / ELR 132
E-Mail / e-mail 347
Emitterschaltung / common emitter 61
Empfänger / receiver 428
Empfangsantennen / reception aerials 352 f.
EMV / EMC 122 f., 124
EMV-Störquellen / EMC-interfering source 122
Encoder / encoder 314
Enddosen / outlet box 354
Endeinrichtung / terminal equiment 170
Endkontrollfragen / final control questions 423
Energie, mechanische / energy,mechanicel 21
Energiearten / kinds of energy 21
Energieerhaltung / energy conservation 21
Energieerzeugung in Kraftwerken / **energy generation in power plants** **206**
Energiekabel / energy cable 86
Energieübertragung / **power transmission** **208**
Energieumwandlung / energy conversion 207 f., 211
Entladekennlinien / discharge characteristics 218 ff.
Entladung / discharge 37
Entmagnetisierungs-Kennlinien / demagnetisation-characteristics 78
Entsorgung von Batterien / disposal of batteries 219, 221, 365
Entstörung / interference suppression 121
Erder / **earth electrodes** **107 f.,** 110, 385
Erdkollektor / terrestrial collector 391
Erdschluss / earth fault 109
Erdungsleitung / earthing conductor 354
Erdungsleitungen für Antennenanlagen / earthing conductor of aerial installations 353
Erdungstrennungsschalter / earthing disconnector 96
Erdungswiderstand / earth resistance 113
Erdwärme-Sonde / terrestrial heat-probe 391
Erdwiderstand, spezifischer / earth resistance, spezific 107
Ergebnisprotokoll / result listing 423
Ergonomie / **ergonomics** **416**
Erhöhte Sicherheit / increased safety 387
Ersatzableiterstrommessung / equivalent leakage current measurement 120
Ersatzbeleuchtung / stand-by lighting 381
Ersatzstromquellen / equivalent current sources 381
Ersatztotzeit / equivalent dead time 283
Ersetzen von Verknüpfungsgliedern / substitution of logic elements 142
Erste Hilfe / first aid 415
erweiterte Partition / extended partition 179
erwerbswirtschaftliche Unternehmung / operations side ebterprise 404
Erzeuger-Pfeilsystem / generator reference arrow system 30
ETD-Kern / ETD core 66
Ethernet / Ethernet 201
ETS2 / ETS2 400
EU-Richtlinie / EC directive 245
Europäische Norm / European standard 238
Europäische Vornormen / European draft standard 238
Europäischer Installationsbus / European Installation Bus 397
EVG / electronic ballast 378 f.
EWG-Verlag / EU publisher 238
Exklusiv-ODER (SPS) / exclusive OR 138
Exklusiv-ODER-Verknüpfung / exclusive OR operator 142

explosionsgefährdete Bereiche / explosive zones 93, 117
Explosionsschutz / explosion protection 386 f.
Exponentialfunktion / exponential function 6
Exzerpt / excerpt 422
EX-Zone / explosion zones 386

F

Fangeinrichtungen / air-terminations 385
Faradaysches Gesetz / Faradays law 73
Farben für Drucktaster / colours for push-buttons 129
Farben für Leuchtdrucktaster (Leuchten) / colours for illuminated push-buttons 129
Farbkennzeichnung von Kondensatoren / colour marking of capacitors 47
Farbkennzeichnung von Widerständen / colour marking of resistors 47
Farbschlüssel / colour key 47, 87
Farbsensor / colour sensor 155
Faserart / kinds of fibre optic cable 203
Faserschutz / protection of fibre optic cables 203
Fassungen / sockets 375
Fast CMOS Technology / Fast CMOS Technology 144
Fast Logic / Fast Logic 144
FBS (SPS) / function block diagram 137 f.
F-Codierung / V-coding 360
FCT / Fast CMOS Technology 144
FDDI-Steckverbinder / fddi-connector 204
Feder / spring 20
Federspannarbeit / spring tension work 20
Fehlerarten, Motor / fault types, motor 323
Fehlerhafte Produkte / defect products 436
Fehlerkosten / costs by defects 436
Fehlerrechnung / error analysis 227
Fehlerschutz / fault protection 111 f.
Fehlerspannung / fault voltage 109
Fehlerstrom / fault current 109
Fehlerstromschutz-Schutzeinrichtung / residual current protective device 100, 110, 112, 114 f.
Fehlerursache / source of fault 115
Feinsicherungen / miniature fuses 102
Feldbus-Struktur / fieldbus structure 293
Feldbussysteme / fieldbus systems 293
Feldebene / field level 293
Feldeffekttransistor (FET) / field effect transistor 59
Feldkonstante, elektrische / field constant, electric 33
Feldlinienlänge / field line length 34 f.
Feldplatte (Grundwiderstand) / magnetoresistor 67
Feldschwächbereich / operation with field suppression 337
Feldstärke, elektrische / field strength, electric 33
Feldstärke, magnetische / field strength, magnetic 34
FELV / functional extra-low voltage 111
Fernes Nebensprechen / far end crosstalk 199
Fernsprechapparat / telephone 359, 362
Fernsprecher / telephone 271
Feste Rolle / fixed pulley 22
Festigkeit / strength 74
Festplatte / hard disk 179
Festwertregelung / setpoint control 279
Festwiderstand / fixed resistor 46
feuchte und nasse Räume / damp and wet locations 93, 116
Feuchtebeanspruchung / humidity rating 45
feuergefährdete Betriebsstätten / locations exposed to fire hazards 93, 116

Feuerwiderstandsklasse / fire resistance rating 388
FEXT / FEXT 199
File-Transfer-Protokoll / file transfer protocol 347
Filter / filter 342
Filterschaltungen / filter circuits 43
Fingersicher / safe from finger-touch 382
Firewall / firewall 195
FireWire / fire wire 184
FI-Schutzschalter / residual current circuit breaker 100, 114
Fixe Kosten / fixed cost 409
Flachantenne / flat dipole 355
Flachbildschirme / flat sreen display 183
Flächenberechnung / area calculations 14
Flachriemengetriebe / flat belt gears 22
Flammlöten / flame soledring 81
Flankenerkennung (SPS) / edge detection 138
Flaschenzug / pulley block 22
Flicker / flicker 235
Fließgrenze / yielding point 74
Fließmodus / flow mode 290
Flipflop / flip flop 143
Floppy Disk / floppy disk 179
Flussänderung / flux, chance 11
Flussdiagramm / flowchart 253
Flussdichte, magnetische / flux density, magnetic 34
Flüssigkeitsniveaufühler / fluid level sensor 50
Flüssigkristall-Anzeigen / liquid crystal display 65
Flusswandler / flow converter 233
Folgeregelung / follow-up control 279
Folgeventil / sequence valve 162
Folienkondensator / film capacitor 51
Formeln der Elektrotechnik / formulas of electrical engineering 27
Formeln zur Datenübertragung / formulas in data transmission 171
Formeln, Dämpfungs- und Übertragungsmaße / formulas, attenuation- and propagation constans 447
Formeln, elektrische Maschinen / formulas, electrical machines 449
Formeln, elektrischer Stromkreis / formulas, electrical circuit 442
Formeln, Elektrischer Widerstand / formulas, electrical circuit 442
Formeln, Elektrisches Feld / formulas, electric field 444
Formeln, Größen der Elektrotechnik / formulas, quantities in electrical engineering 442
Formeln, Kompensation / formulas, compensation 450
Formeln, Magnetisches Feld / formulas, magnetic field 444
Formeln, Mathematik / formulas, mathematics 440
Formeln, Mechanik / formulas, mechanics 441
Formeln, Messtechnik / formulas, measurement technique 450
Formeln, RC- und RL- Schaltungen / formulas, RC- and RL-circuits 446
Formeln, RCL- Schaltungen / formulas, RCL- circuits 446
Formeln, Schaltalgebra / formulas, boolean logic 447
Formeln, Schaltungen mit Operationsverstärkern / formulas, circuits with operational amplifiers 447
Formeln, Schaltungen mit Widerständen / formulas, circuits with resistors 443
Formeln, Schwingkreise / formulas, resonat circuits 447
Formeln, Spannungsfall / formulas, voltage drop 450

Formeln, Stern- und Dreieckschaltung im Drehstromnetz / formulas, star-delta connection 445
Formeln, Transistoren / formulas, transistors 448
Formeln, Umlaufende Maschinen / formulas, rotating machines 449
Formeln, Umwandlung von Schaltungen / formulas, transformation of circuits 445
Formeln, Verlustleistung / formulas, power loss 450
Formeln, Wärme / formulas, heat 442
Formeln, Wechselspannung und -strom / formulas, alternating voltage and alternating current 445
Formelzeichen / formula signs 16 ff.
Formelzeichen, elektrische Maschinen / formula signs, electrical machines 307
Formelzeichen, Stromrichter / formula signs, converter 329
Formgedächtnis-Legierung / shape memory alloys 289
Fortran / Fortran 192
Forward-Converter / forward-converter 233
Fotodiode / photo diode 63
Fotoelement / photo element 63
Fotothyristor / photo thyristor 63
Fototransistor / photo transistor 63
Fotovoltaik / photo voltaic 216
Fotovoltaisches Relais / photo voltaic relay 64
Fotowiderstand / photo resistor 63
Foundation Fieldbus / foundation fieldbus 301
FPU / FPU 174
Frage / question 423
Fragestellung / question formulation 422
Freier Fall / free fall 23
Freileitungen, Kabel / overhead lines, cables 84, 209
freiprogrammierbare Steuerung / programmable controller 128
fremderregter Generator / separately excited generator 311
fremderregter Motor / separately excited motor 310
Frequenzband / frequency band 186
Frequenzbereiche / frequency ranges 351
Frequenzen, Umsetzung / frequency translating 356
Frequenzkompensation / frequency compensation 68
Frequenzspektrum / frequency spectrum 234
Frequenzteiler / frequency devider 146
Frequenzumrichter / frequency converter 336
Frequenzverhalten / frequency behavior 68
F-Stecker / F-connector 357
FTP / FTP 200, 347
Führungsgröße / reference variable 128, 278
Fundamenterder / foundation earth 98, 107 f., 385
Funk-EIB / radio eib 397, 401
Funkenlöschung / spark-discharging 121
Funkentstörkondensatoren / radio interference suppression capacitor 121
Funkentstörung / interference suppression 121
Funkstörung / radio interference 121
Funktionsbaustein (FBS) / function block 253
Funktionsbausteinsprache (SPS) / function block diagram 137, 138
Funktionsbeschreibung / functional description 140
Funktionsbezogene Struktur / functional structure 257
Funktionsbildzeichen / function symbol 303
Funktionserhalt / functional endurance 389
Funktionsfähigkeit / operativeness 115
Funktionsklassen / function classes 101

Funktionskleinspannung / functional extra-low voltage 111
Funktionsplan / function plan 250
Funktionsplan (GRAFCET) / function chart (GRAFCET) 275 f.
Funktionsschaltplan / function circuit diagram 250
Funktionstasten / function keys 181
Funkzelle / radio cell 186
Fußschutz / foot guard 413

G

Gabellichtschranke / slot light barrier 156
Gabelumschalter / hook switch 359, 362
Galvanisieren / galvanize 73
Ganzbereichssicherungen / full range fuses 101
Gasdichte Akkumulatoren / sealed accumulators 221
Gasdichte Batterien / sealed batteries 220
Gasofen-Löten / gas oven soldering 81
Gateschaltung / common gate 61
GbR / civil law association 404
Gebäude-Ansicht / building view 400
Gebäudesystemtechnik / building system engineering 397 ff.
Geber / sensor 314
Gebrauchskategorien, Niederspannungs-Schaltgeräte / utilization category, low-voltage switchgear 326
Gedächtnis / memory 424
Gefährdungsbereiche / hazardous areas 109
Gefahrenanalyse / hazard analysis 306
Gefahrenmeldeanlage / hazard alert system 394
gefährliche Stoffe / hazardous materials 431
gefährliche Tätigkeiten / dangerous tasks 431
Gegenbetrieb / full duplex operation 170
Gegeninduktivität / mutual inductance 36
Gegenstrombremsung / breaking by plugging 322
Gegentakt-Durchflusswandler / push-pull forward converter 233
Gegentaktverstärker / push-pull class b amplifier 62
Gehäuseformen / package types 55
Gehörschutz / ear protection 413
Gemeinkosten / overhead cost 409
Gemeinschafts-Antennenanlagen / multi-user aerial systems 353 f.
Genauigkeitsklassen / accuracy classes 222
Generator / generator 305, 311, 319
Generator, fremderregt / generator, sperately excitated 311
Generatorbetrieb / generator operation 337
Genossenschaft / co-operative 404
Geometrie, elementare / geometry, basic 6
gepulster Läuferwiderstand / impulse commutated rotor resistance 338
Geradlinig gleichförmige Bewegung / constant linear motion 23
Gerätegruppen, Ex / equipment classes, EX 386
Gerätekategorie, Ex / equipment category, EX 386
Geräteklassen / equipment classes 234
Geräteschutzadapter / appliance protective device 383
Geräteschutzsicherungen / minature fuses 102
Gerätesteckdosen / couplet socket 126
Gerätestecker / connector socket 126
Gerätetransformator / associated transformer 215
Geräteverdrahtungsplan / unit wiring diagram 251, 256
Geräteverdrahtungstabelle / unit wining table 256

Germanium-Diode / germanium diode 56
Gerüst / scaffolding 417
Gesamtinduktivität / overall inductance 35
Gesamtwirkungsgrad / overall efficiency 20
Geschäftsbedingungen, allgemeine / general terms of business 405
Geschlossener Wirkungsablauf / closed loop 278
Geschwindigkeit / speed 24
Gesellschaft bürgerlichen Rechts / civil law association 404
Gesellschaft mit begrenzter Haftung / limited liability company 404
Gesellschaftsunternehmen / corporations 404
Gesetz, Coulombsches / Law, Coulmb's 33
Gesetz, Faradaysches / Law, Faraday's 73
Gespräch mit Kunden / conversation with customers 410
Gespräch, Konflikt- / conversation, conflict 432
Gesprächsregeln / conversation rules 428
Gestaltung, Text / layout, text 423
Gestörte Drehstromschaltung / faulted three phase circuit 40
Getriebe / gears 22
Getriebemotor / gear motor 313
Gewährleistung / warrantee 407
Gewichtskraft / force of gravity 19
Gewinde / thread 242
Gewindespindel / threaded spindle 291
Gigabit-Ethernet / gigabit-ethernet 201
Glasfaserkabel / fibre optic cable 198
Glasisolierstoffe / glass insulation materials 80
Glaskeramische Werkstoffe / glass ceramic materials 80
Glaskondensatoren / glass, capacitors 52
Gleichförmige Kreisbewegung / uniform cicular motion 24
Gleichheit (SPS) / equality 137
Gleichmäßig beschleunigte Bewegung / constant accelerated motion 23
Gleichrichten / rectifying 329
Gleichrichter / rectifier 231, 332
Gleichstrom / direct current 39
Gleichstromantriebe / d.c. drive 337
Gleichstrom-Bahnnetz / direct current traction supply 28
Gleichstrombremsung / direct current injection braking 322
Gleichstrom-Generatoren / direct current generator 311
Gleichstrommaschinen / direct current machines 310 ff.
Gleichstrom-Motoren / direct current motors 310, 313
Gleichstromstellen / direct current chopping 329
Gleichstromsteller / direct current chopper controler 335
Gleichstromumrichten / direct current converting 329
Gleichung, Einheiten- / equation, unit- 15
Gleichung, Größen- / equation, quantity 15
Gleichung, physikalische / equation, physical 15
Gleichung, Zahlenwert- / equation, numeral value 15
Gleichungen / equations 12, 15
Gleitreibung / sliding friction 21
Gleitreibungszahl / sliding friction coefficient 21
Gliederung / structure 423
Glimmerkondesator / mica capacitor 51
Glixon-Code / Glixon-code 172
Global Positioning System / Global Positioning System 346

GmbH / limited liability company 404
GPRS / GPRS 186
GPS / GPS 346
Grafcet-Plan / grafcet - plan 275
Grafiksoftware / graphic software 192
Grafische Sprachen (SPS) / graphical language 137
Grauguss / cast iron 78
Gray-Code / Gray-code 172
Grenzfrequenz / cut-off-frequency 43 f.
Grenzstromkennlinie / limiting overload characteristic 340
Grenztemperatur / temperature limit 45, 80
Grenzwerte für Personen, elektromagnetische Felder / limiting values for persons, electromagnetic fields 124
Grenzwerte für Personen, gefährliche Strahlung / limiting values for persons, hazardous radiation 125
Grenzwertmeldung / limit value signals 285
Grenzwertpegel / limit value level 121
Griechisches Alphabet / Greek alphabet 12
Größen der Elektrotechnik / quantities of electrical engineering 27
Größen der Elektrotechnik, Formeln / quantities in electrical engineering, formulas 442
Größen, physikalische / quantities, physical 15
Größengleichung / quantity equation 15
Größenwert / quantity value 15
Grundbegriffe der Messtechnik / basic terms of measureing technique 222
Grundlast / base load 206
Grundschaltungen der Pneumatik / basic circuits of pneumatics 165 f.
Grundschwingung / fundamental oscillation 234 f.
Grundwiderstand (Feldplatte) / basic resistance 67
Grüner Punkt / green point 438
Gruppen des VDE-Vorschriftenwerks / Groups of VDE standards 238
Gruppenadresse / group address 399
Gruppenkompensation / group compensation 94
Gruppenleitebene / group control level 286
Gruppenschaltung / combination connection 103
Gruppensteuerung / group control 128
GSM / GSM 186
GS-Zeichen / GS-symbol 245
gTLD / generic top level domain 366
GTLP / Gunning-Transceiver Logic Plus 144
GTO / gto 57
Gummiaderleitung / rubber insulation wire 89
Gummischlauchleitungen / tough-rubber-sheathed flexible cables 89
Gunning-Transceiver Logic Plus / Gunning-Transceiver Logic Plus 144

H

Hacker / hacker 195
Haftreibungszahl / static friction coefficient 21
HAK / service entrance box 98, 108
Halbduplex-Betrieb / half-duplex operation 170
Halbgesteuerte Stromrichter / half-controlled converter 332
Halbleiter / semiconductors 260
Halbleiter Dehnmessstreifen / semiconductor strain gauge 153
Halbleiterbauelemente / semiconductor devices 55 ff.
Halbleiterkennzeichnungen / semiconductor marking codes 55
Halbleiterventile / semiconductor value 340
Halbmetall / semimetall 70

Halbschrittbetrieb / half-step operation 158
Halleffekt / hall effect 67
Hallgenerator / Hall generator 67
Hallkonstante / hall constant 67
Halogen-Glühlampen / halogen lamps 377
Haltestrom / holding current 57
Haltungswichtung / quantifying of posture 418
Hammer-Lötkolben / chisel-shaped soldering iron 81
Hamming-Code / Hamming-code 172
Handbereich / arm's reach 111
Handrückensicher / safe from touch by the back of the hand 382
Handschutz / hand guard 413
Hardwareinstallation / hardware installation 191
Harmonische / harmonic 234
Harmonisierungsdokumente / harmonization documents 238
Härte / hardness 74
Hartlöten / hard-solder 81
Häufung von Leitungen / bundling of cables 92
Hauptableitungen / main lightning conductors 385
Haupterdungsschiene / main earthing bar 98, 108, 354
Hauptgruppe / standard series 399
Hauptlinie / main line 398
Hauptplatine / mainboard 175
Hauptschaltglieder / main contact elements 130
Hauptschütz / main contactor 130
Hauptverteilung / main distribution board 98
Hauptzweck / principle purpose 257
Hausanschlusskasten / service entrance box 98, 108
Hausanschlussraum / service entrance equipment room 108
Hausanschlussverstärker / private connection amplifier 358
Haushaltsgeräte / household appliances 263
Hausinstallationen / domestic electrical installations 98
Hauskommunikation / home communication 349 f.
HC / High Speed CMOS 144
HDK / HDK 51
HDK-Kondensator / HDK capacitor 52
HDSL / HDSL 363
Hebel / lever 22
Heben / lift 418
Heißleiter / NTC thermistor 49 f.
Heizelementschweißen / heated tool welding 82
Herzkammerflimmern / ventricular fibrillation 109
Hexadezimale Potenzen / hexadecimal powers 9
Hexadezimalzahlen / hexadecimal numbers 11
High Speed CMOS / High Speed CMOS 144
Hilfsschaltglieder / auxiliary contacts 130
Hilfsschütz / control relay 130
Hintergrundunterdrückung / background suppression 156
HLR / HLR 345
Hochsetzsteller / step-up converter 233, 335
Hochspannungsschalter / high-voltage switch 59
Hochvoltinverter / high-voltage inverter 59
Homepage / homepage 347
Horizontale Polarisation / horizontal polarisation 356
Horizontalverstärker / horizontal amplifier 228
Horner-Schema / Horner's scheme 11
Hot Spot / hot spot 186
HTML / TML 347
HTTP / http 200, 347

Hubarbeit / potential energy 20
Hydraulik / hydraulics 168
Hydraulik, Schaltzeichen / hydraulics, graphical symbols 243
Hydraulikaggregat / hydraulic power unit 167
Hydraulikplan / hydraulic plan 167
Hydraulische Anlagen / hydraulic installations 25
hydraulische Montage / hydraulic mounting 168
Hydraulischer Druck / hydraulic pressure 25
Hydrosysteme / hydraulic systems 167
Hypertext / hypertext 347
Hysteresemotor / hysteresis motor 313

I

i.Link / i.Link 184
I / O Unit / I / O unit 174
IAE / ISDN access unit 362
IDE / IDE 176
IDE-Schnittstellen / IDE-interfaces 176
IEC 625 / IEC 625 187
IEC-BUS-Schnittstelle / IEC-bus interface 187
IEC-Stecker / IEC-connector 357
IEEE 1394 / IEEE 1394 184
IEEE 488 / IEEE 488 187
IEEE 802.11 / IEEE 802.11 186
IGBT / IGBT 60
Impedanzwandler / impedance transformer 69
Implikation / implication 142
Impulsantwort / impulse response 279
Impulsdauer / pulse duration 38
Impulsmessung / pulse measurement 115
Impulswählverfahren / pulse dialing 359
Inbetriebnahme / system start-up 400, 427
indirekt / indirect 222
Indizes / indices 18
Induktion / induction 34
Induktion der Bewegung / induction of motion 36
Induktion der Ruhe / stationary induction 36
Induktionslöten / induction soldering 81
Induktionsmaschinen / induction machines 308 ff.
Induktionsspannung / inducted voltage 36
Induktiv / inductive 430
Induktive Näherungssensoren / inductive proximity sensors 150
Induktive Sensoren / inductive sensors 150
Information / information 170
Informationsformen / kind of information 170
Informationsquellen / information gathering 420
Informationsübertragung / information transfer 170
Informationsverarbeitung / information processing 253
Infrastrukturelle Objekte / objects of infrastructure 257
Ingangsetzen / actuation 306
Inhaltsauszug / excerpt 422
Inhibition / inhibition 142
Inkrementalgeber / incremental encoder 314
Innenantennen / indoor aerials 353
Inspektion / inspection 119
Installation, Software / installation, software 193
Installationsplan / installation plan 252, 256
Installationsschalter / installation switches 103
Installationsschaltplan / installation circuit diagram 252, 256
Installationszonen / installations zones 98
Installieren von Leitungen / cable installation 90
Instandhaltung / maintenace 119, 427
Instandsetzung / corrective maintenance 119
Instruktion List (SPS) / instruction list 137

Integrierbeiwert / integral action factor 281
Integrierer / integrator 69
Integrierte Telefonanlage / integrated telephon system 350
Integrierter Festspannungsregler / integrated fixed voltage controller 232
integrierter Funktionserhalt / integrated functional endurance 389
Integrierzeit / integral action time 280
Interbus / Interbus 295
Internationale Normung / international standards 238
Internet / internet 347, 420
Internet-Adresse / uniform resource locator (url) 347
Internetdienste / internet services 347
Internet-Kataloge / Internet catalogues 421
Internetprotokoll / internet protocol 366
Internetzugang / internet access 366
Inverkehrbringen / placing to the market 386
Inverter / inverter 233
Invertierender Eingang / inverting input 68
Invertierer / inverter 69
Ionenladung / Ionic charge 72
I_0-Strecke / I_0-controlled system 280
IP / Internet Protocol 200, 366
IP-Adresse / IP address 366
IP-Schutzart / degree of protection 382
ISA / ISA 175
ISDN / ISDN 361
ISDN-Anschlussarten / ISDN connection types 361
ISDN-Anschlüsse / ISDN-interface 361
ISDN-Dienste / ISDN-services 361
ISDN-Geräte, Anschluss von / ISDN-equiment connection of 362
ISDN-Karte / ISDN-board 365
ISO / ISO 238
Isolationsgüte / insulation quality 53
Isolations-Überwachungseinrichtung / insulation monitoring device 110, 112
Isolationswiderstand / insulations resistance 113
Isolationswiderstansmessung / measuring of insulation resistance 120
Isolator / insulator 80
Isolierrohre / insulation conuits 90
Isolierschicht-FET / insulated gate FET 59
Isolierschlauch / insulating sleeving 80
Isolierstoffe aus Keramik bzw. Glas / ceramic or glass insulating materials 80
Isolierstoffkasten / insulating case 99
Isolierstoffklassen / insulation classes 80
Isolierwerkstoffe / insulating materials 88
Isotope / isotope 72
ISP / Internet Service Provider 366
I-Strecken / I-controlled system 280
I-T$_1$-Strecke / I-T$_1$-controlled system 280
IT-System / IT-system 85, 109 f., 112
I-T$_t$-Strecke / I-T$_t$-controlled system 280
ITU / TS / ITU / TS 365
I-Umrichter / current-source inverter 336, 338
IWF / IMF 359

J

Jahresarbeitszahl / anual energy factor 390
Jahresnutzungsgrad / annual utilization factor 390
JAVA / JAVA 192
J-K-Master-Slave-Flipflop / J-K-master-slave-flip-flop 143
Jumper / jumper 175

K

Kabel / cables 84, 86, f. 89, 209, 364
Kabel für TK-Anlagen / cable for tc-installations 364
Kabel, Koaxial- / cable, coax 357
Kabelarten / kinds of cable 86 f., 209
Kabelbezeichnungen / cable designations 86
Kabelendverschluss / cable sealing end 210
Kabelgarnituren / cable fittings 210
Kabel-Hausanschlusskasten / cable service box 98
Kabelkategorie / data cable category 201
Kabelplan / interconnection diagram 252
Kabelschutzrohr / cable protective conduit 108
Kabeltypen / types of data cables 201
Käfigläufermotoren / squirrel-cage motor 308, 312, 313
Kaizen / Kaizen 433
Kalkulation / calculation 409
Kalkulationsprogramme / calculation programs 192
Kalkulatorischer Ausgleich / compensation by margin 409
Kaltleiter / PTC-resistor 49 f.
Kamera-Umschalter / camera switch 367
Kanal / channel 170
Kanalraster / channel arrangement 358
Kapazität / capacitance 33
Kapazitätsdiode / variable capacitance diode 56
Kapazitive Näherungssensoren / capacitive proximity sensors 151
Kapazitive Sensoren / capacitive sensors 151
Kapitalgesellschaft / corporation 404
Kapselungsarten / kinds of encapsulation 302
Kartesisches Koordinatensystem / cartesian coordinate system 240
Kategorie / category 201
Kaufmotive / buying motives 410
Kaufvertrag / purchase contract 406
Kennbuchstaben / code letter 258
Kennbuchstaben der Prozessleittechnik / code letters in process control engineering 273
Kenndaten von Kondensatoren / characteristic data of capacitors 52
Kennfarben für Leiter und Kabel / code coulors of cors and cables 87
Kennfrequenzen / characteristic frequencies 358
Kennlinie / charcteristic (curve) 240
Kennliniendarstellung / characteristic representation 230
Kennzeichen / marks 259
Kennzeichnung / marking (labeling) 436
Kennzeichnung der Brandsicherheit / designation of fire safety 374
Kennzeichnung der Montageart / designation of mounting type 374
Kennzeichnung der Sonderanforderungen / designation of special requirements 374
Kennzeichnung der Vorschaltgeräte / designation of ballast 374
Kennzeichnung explosionsgeschützter Betriebsmittel / designation of hazardous-duty designed equipment 387
Kennzeichnung von Adern / marking of cores 209
Kennzeichnung von Betriebsmittelanschlüsse / designation of electrical equipment terminals 246
Kennzeichnung von elektrischen Betriebsmitteln / Designation of electrical equipment 257 f.
Kennzeichnung von Kondensatoren / marking codes of capacitors 47

Kennzeichnung von Leitern / designation of conductors 246
Kennzeichnung von Leitern / marking of conductors 39, 246
Kennzeichnung von Leuchten / designation of luminairies 374
Kennzeichnung von Systempunkten / designation of system points 39
Kennzeichnung von Widerständen / marking codes of resistors 47
Keramik / ceramic 80
Keramikkondensator / ceramic capacitor 51
Keramische Isolierstoffe / ceramic insulation materials 80
Keramischer Drucksensor / ceramic pressure sensor 153
Kernladungszahl / atomic charge 72
Kernphysik, Formelzeichen für / nuclear physics, formula signs of 17
Kippdiode / break-over diode 340
Kippglieder, bistabile / bistable elements 143
Kippschaltungen / trigger circuits 143
Kippspannung / breake over voltage 57
Kirchhoffsches Gesetz / Kirchhoff's law 30
Klassen / classes 201, 257, 302
Klassendefinition / class definition 302
Klassifizierung / classification 257
Kleinstmotoren / sub-fractional horsepower motors 313
Kleispannungen / extra-low voltages 111
Klimatischer Bereich / climatic area 45
Klimatisierung / air-conditioning 392
Knickfestigkeit / buckling strength 74
Knoten / nodes 402
Knotenpunkt / node 30
Knotenregel / first Kirchhoff law 30
Koaxial-Kabel / coax cable 357
Koeffizient, Volumenausdehnungs- / coefficient, volumetric expansion 26
Kohleschichtwiderstand / carbon film resistor 46
Kolbenlöten / iron soldering 81
Kollektorschaltung / common collector 61
Kombinierter Schutz / combined protection 340
Kombioszilloskop / analog-digital oscilloscope 229
Kommunikation / communication 170, 428
Kommunikationskanal / communication channel 428
Kommunikationsmodell / communication model 428
Kommunikationsnetze / communication, networks 344
Kommutativgesetz / commutative law 141
Kompakt-Leuchtstofflampen / compact fluorescent lamps 377
Kompaktregler / compact controller 285
Kompaktzylinder / compact cylinder 163
Komparator / comparator 69
Komparatorfunktion / comparator function 147
Kompensation / compensation 94, 450
Kompensation, Formeln / compensation, formulas 450
Kompensationsleistung / compensating power 94
Kompensationsschaltung / compensaiting current 94
Komplementbildung / complementation 11
Komponenten einer Videoüberwachung / components of video control system 368
Komponenten von Vektoren / components of vectors 10

Kondensator, Anlass- / capacitor, starter 54
Kondensator, Anlauf- / starting capacitor 312
Kondensator, Betriebs- / capacitor, operator 54, 312
Kondensatoranschlüsse / capacitor terminals 54
Kondensatoren / capacitors 51 ff. , 260
Kondensatoren, Kennzeichnung von / capacitors, marking codes of 47
Kondensatoren, Motor- / capacitors, motor 54
Kondensatoren, Parallelschaltung / capacitors, parallel connection 33
Kondensatoren, Reihenschaltung / capacitors, series connection 33
Kondensatormotor / capacitor motor 312, 324
Konfigurierebene / configuration level 285
Konflikt / conflict 432
Konfliktgespräch / conflict conversation 432
Konformitätserklärung / declaration of conformity 306
Konjunktion / conjunction 141 f.
Konkurrenz / business cometition 409
Konstanten, physikalische / constans, physical 18
Konstantspannungsquelle / constant voltage source 59, 232
Konstantspannungsquelle mit Transistor / constant voltage source with transistor 232
Konstantstromquelle mit Feldeffekttransistor / constant current source with field-effect transistor 232
Kontakte / contacts 262
Kontaktfelder / entry field for contacts 147
Kontaktplan / ladder diagram 253
Kontaktplan (SPS) / ladder diagram 137 f.
Kontakt-Werkstoffe / contact materials 77
Kontaktzeiten / times for contacts 437
Kontinuierlicher Verbesserungsprozess / continuous improvement process 433
Kontrastsensor / contrast sensor 155
Kontrollsegment / control segment 346
Kopfschutz / headgear 413
Körperberechnung / solid volume calculations 14
Körperhaltung / posture 418
Körperwiderstand / body resistance 109
Korrosionsschutzmaßnahmen / corrosion protection measures 73
Kosten / costs 409
Kostenrechnungsarten / kinds of cost accounting 409
Kostenvergleich / costs comparing 377
KP / KP 52
Kraft / force 19
Kraft auf Leiter / force to conductor 35
Kraft zwischen Ladungen / force between charges 33
Kräfte, Addition von / forces, addition of 19
Kräfte, Zerlegung von / forces, split-up of 19
Kraftsensor / force sensor 153
Kraftsensoren, piezoelektrische / force sensors, piezoelectric 154
Kraft-Wärme-Kopplung / combined head and power 207
Kraftwerke / power plants 206
Kreisbewegung, gleichförmig / circular motion, uniform 37
Kreisfrequenz / angular frequency 38
Kreislaufwirtschaft / recycling management 438
Kreuzstrom-Wärmeaustauscher / cross-flow heat exchanger 393
Kritischer Pfad / critical path 435

Kryptographie / cryptography 195
Kubische Ausdehnung / cubical expansion 26
Kugelgewindetrieb / ball screw drive 291
Kugelsitzventil / ball poppet valve 160
Kühlarten von Halbleiterventilen / cooling methods of semiconductors 340
Kühlarten von Stromrichtern / cooling methods of converters 341
Kühlkörper / heat sink 341
Kühlung von Halbleiterventilen / cooling of semiconductors 340
Kühlung von Stromrichtern / cooling of converters 341
Kundenanlage / consumer installation 114
Kundengespräch / conversing with the customer 410
Kundenorientierung / customer orientation 436
Kunststoffe / plastics 79
Kunststoff-Folienkondensator / plastic film capacitor 51
Kunststoffkabel / plastic insulated cable 89
Kunststoffschlauchleitungen / plastic-sheathed flexible cords 89
Kupfer / copper 76
Kupferkabel, Aufbau / copper cable, design 201
Kupferverluste / copper losses 211
Kupplungen / plug and socket connections 126
Kurvenform / waveform 236
Kurzschlussfestigkeit / short-circuit strength 97
Kurzschlussläufer-Motor / squirrel cage induction motor 308, 324
Kurzschlussschutz / short-circuit protection 100
Kurzschlussspannung, Transformator / short-circuit voltage, transformer 212
Kurzschlussstrom, Transformator / short-circuit current, transformer 212
Kurzschlussverluste / short-circuit losses 213
Kurzzeichen von Leitungen / identification symbols of conductors 88
Kurzzeitverzögerung / short time delay 115
KVG / conventional ballast 378
KVP / KVP 433

L

L / R-Steuerung / L / R-control 158
L1-Cache / L1-cache 174
Ladearten / charging methods 221
Ladedaten / charging data 217
Ladekennlinien / charging characteristic 217 f.
Ladekondensator / charging capacitor 232
Laden von Akkumulatoren / charging of accumulators 217, 221
Ladung / charge 33
Lageenergie / potential energy 21
Lampenbezeichnungen / lamp designations 375
Lampenformen / lamp shape 375
Lampenkolben / lamp bulbs 375
LAN / LAN 344
Längen, Einheiten für / length, units of 16
Längen, Formelzeichen für / length, formula signs for 16
Längenabhängiges Nebensprechen / equal level far end crosstalk 199
Längenberchnung / length calculation 14
Lanthanide / lanthanides 70
Laserdiode / laser diode 64
Lastdrehmoment / load torque 158
Lastenheft / requirement specification 411
Lastkreiszeitkonstante / load circuit time constant 335

Lastschalter / load interrupter switch 96
Lastschütz / load contactor 130
Lastträgheitsmoment / load inertia moment 158
Lasttrennschalter / switch disconnetor 84, 96
Lastwichtung / quantifying of weight 418
Laufzeit / operating time 199
Lautheit / loudness 15
Lautstärkepegel / loudness level 15
LCD, Flüssigkristallanzeige / LCD, Liquid-Crystal-Display 65, 183
LCN / LCN 402
LC-Siebglied / LC-filter 232
Leasing / leasing 405
LED, Lumineszenzdiode / LED, Light-Emitting-Diode 63
LED-Anzeigen / LED-displays 65
Leerlaufstrom / no load current 211
Leerlaufverluste / no-load losses 211, 213
Leerschalter / off-load switch 96
Lehrsätze / theorems 13
Leichtmetall / light metal 70
Leihen / borrowing 405
Leistung im Wechselstromkreis / power in a. c. circuit 38
Leistung, elektrische / power, electrical 27
Leistung, mechanische / power, mechanical 20
Leistungsanpassung / power, matching 32
Leistungs-BIMOS-Transistor (IGBT) / power BIMOS transistor (IGBT) 60
Leistungsfaktormessung / power factor measuring 224
Leistungskurve, menschliche / human output curve 412
Leistungsmessung / power meassuring 224
Leistungsmessung mit Elektrizitätszähler / power measuring with electricity meter 225
Leistungs-MOS-FET / power MOS FET 60
Leistungsschalter / circuit breaker 84, 96
Leistungsschild von elektrischen Maschinen / rating plate of machines 318
Leistungsschild, Transformatoren / rating plate, transformers 214
Leistungsselbstschalter / automatic circuit breaker 96
Leistungstransistor / power transistor 60
Leistungszahl / performance number 390
Leistungtrennschalter / load interrupter 96
Leiteinrichtung / controlling system 286
Leiten / control 286
Leiter / ladder 417
Leiter, Kennzeichnung von / conductor, designation of 39, 246
Leiterarten / conductor types 88
Leiterbezeichnung / conductor, designation 87
Leiterkurzzeichen / conductor identification symbol 88
Leiterquerschnitte / condouctor cross-sections 92, 201
Leiterquerschnitte / conductor cross-sections 92 f.
Leiterspannung / phase voltage 40
Leiterstrom / phase current 40
Leittechnik / instrumentation and control technique 286
Leitungen / cables 261
Leitungen / insulates wires 88 f.
Leitungen, hydraulische / lines, hydraulic 168
Leitungen, pneumatische / lines, pneumatic 168
Leitungsaluminium / conductor aluminium 76
Leitungschutz-Sicherungen / fuses 101 f.

Leitungskupfer / conductor copper 76
Leitungsmaterial / line material 71
Leitungsschutz / cable protection 100, 102
Leitungsschutz-Schalter / circuit breaker 100
Leitungsseile / stranded conductors 209
Leitungsverlegung / cable installation 88 ff., 91
Leitwarte / control room 286
Leitwert / admittance 27
Lernen / learning 424
Lerntypen / learning types 424
Lesen / reading, diagonal 422
Lesetechnik / reading practice 422
Leuchtdichte / utilization factor 371
Leuchtdrucktaster, Farben / luminous push-button 129
Leuchten / lamps 263
Leuchten, Einteilung von / luminairies, classification of 374
Leuchten, Kennzeichnung von / luminairies, desi gnation of 374
Leuchten-Betriebswirkungsgrad / luminaire efficiency 371
Leuchtstofflampen, Schaltungen für / fluorescent lamps, circuits for 105, 378 f.
Leuchtstofflampen, Steuerungen für / fluorescent lamps, controls for 379
Libaw-Craig-Code / Libaw-Craig-Code 172
Licht, Einheiten für / light, units of 18
Licht, Formelzeichen für / light, formula signs for 18
Lichtausbeute / luminous efficiency 371
Lichtbogenschweißen / arc welding 82
Lichterzeugungsart / kind of light generation 375
Lichtfarben / luminous colour 376
Lichtgitter / light curtain 155
Lichtleiter / fibre optic 156
Lichtschnittsensor / split beam sensor 156
Lichtschranken / light barriers 156
Lichtstärke / luminous intensity 371
Lichtstärkeverteilungskurven / light distribution curves 371, 373
Lichtstrom / luminous flux 371
Lichttaster / diffuse sensor 156
Lichttechnik / lightning engineering 371
Lichtwellenleiter / fibre optic cable 202 ff.
Lichtwellenleiter-Montage / mounting of fibre optic cables 204
Licht-Wirkungsgrade / luminous efficiency 371
Linearantriebe / linear drives 291
Linearcoder / linear encoder 292
lineare Ausdehnung / linear expansion 26
lineare Spannungsregler / linear voltage controler 231
linearer Widerstand / linear resistor 46
Linearität (Hallgenerator) / linearity 67
Linearmotoren / linear motors 292, 313
Linie / line 398
Linien / lines 239
Linienart / type of line 239
Linienbreite / line width 239
Linienbreiten / line width 240
Liniendiagramm / line diagram 39, 240
Linienkoppler / line coupler 398
Liniennummer / line number 399
Link / link 347
Linkslauf / anti-clockwise rotation 337
Liquid Cristal Display / liquid crystal display 183
Lithium-Zellen / lithium cells 219
LNB / LNB 356
LNC / LNC 355

Local Control Network (LCN) / local control net-work (LCN) 402
Local Operating Network (LON) / local operating network (LON) 402
Lochmaske / shadow mask 183
Lochmaskenabstand / shadow mask distance 183
Logarithmieren / take the logarithm 6, 9
Logarithmische Kennlinie / logarithmic characteristic 46
Logarithmus / logarithm 6
Logigfunktion / logic function 147
Logikfamilien / logic families 144
Logik-Funktionsschaltplan / logic function diagram 250
lokales Netz / local network 344
LON / LON 402
LONWORKS / LONWORKS 402
lose Rolle / loose pulley 22
Loslassschwelle / let go threshold 109
Löten / soldering 81
Lötkolben-Arten / solder irol types 81
Lötnadel / soldering needle 81
Lötpistole / soldering gun 81
Lötverfahren / soldering process 81
Lower Band / lower band 356
Low-Power Schottky Logic / Low-Power Schottky Logic 144
LPC Bus / LPC bus 176
LPX / LPX 175
LS / Low-Power Schottky Logic 144
LS-Schalter / circuit breaker 100
Luft / air 70
Luftaustausch / air convection 392
Luftdrosselung / air throttling 165
Luftdruck / air pressure 45
Luftfeuchtigkeit / humidity 392
Luftspalt / air gap 34
Lumineszenzdiode / light emitting diode 63
Lumineszenztaster / luminescene sensor 156
LWL-Faser / fibre optic cable 203
LWL-Montage / mounting of fibre optic cables 204

M

Magnetfeldabhängige Bauelemente / Magnetic field-dependent components 67
Magnetische Datenspeicher / magnetic data storage 179
magnetische Feldstärke / magnetic field strength 34
magnetische Flussdichte / magnetic flux densitiy 34
magnetische Weglänge / magnetic path length 66
magnetischer Leitwert / air-gap permeance 34
magnetischer Querschnitt, effektiv / magnetic cross-section, effektiv 66
magnetisches Feld / magnetic field 34 f.
magnetisches Feld, Formeln / magnetic field, formulas 444
Magnetismus, Einheiten für / magnetism, units of 17
Magnetismus, Formelzeichen für / magnetism, formulà signs 17
Magnetooptisches Laufwerk / magnetic-optic drive 179
Magnetorheologische Aktoren / magnetorheo-logic actuator 290
Magnetostriktion / magnetostriction 291
Magnetostriktive Aktoren / magnetostrictive actuators 291
Magnetventil / soleonid valve 164
Magnet-Werkstoffe / magnetic materials 77 f.

Mainboard / mainboard 175
Makroviren / macro viruses 195
MAN / MAN 344
Mantelleitungen / light plastic-sheated cables 84, 88f.
Mantelwerkstoffe von Leitungen / cable jacked materials 88
Markierung, Text / marking, text 422
Maschenerder / grid-type earth electrode 107
Maschennetz / meshed network 84
Maschenregel / Kirchhoffs voltage law 30
Maschine / machine 306
Maschinen, elektrische, Bauformen / machines, electrical, styles 328
Maschinen, elektrische, Drehstrom / machines, three-phase 308 f.
Maschinen, elektrische, Formelzeichen / machines, formula signs 307
Maschinen, elektrische / machines 308 ff.
Maschinen, elektrische, Anschlussbezeichnung / machines, terminal designation 319
Maschinen, elektrische, asychron / machines, asynchronous 308 ff.
Maschinen, elektrische, Befestigung / machines, electrical, installation 328
Maschinen, elektrische, Bemessungsspannungen / machines, rated voltages 312
Maschinen, elektrische, Betriebsarten / machines, operating modes 327
Maschinen, elektrische, Drehsinn / machines, rotation direction 319
Maschinen, elektrische, Formeln / machines, electrical, formulas 449
Maschinen, Gleichstrom / machines, direct current 310 f.
Maschinen, synchron / machines, synchronous 309
Maschinen, Wechselstrom / machines, alternating current 312
Maschinenarten / machine types 268
Maschinenrichtlinie / machinery directive 306
Masken / shadow masks 183
Masse / mass 19
Master / master 180
Master (ASI) / master (ASI) 298
Master-Slave-Flipflop / master-slave flip flop 143
Masttypen / pole types 208
Mathematik, Formeln / mathematics, formulas 440
Mathematische Begriffe / mathematicel terms 6
Mathematische Zeichen / mathematical signs 6
Matrixdrucker / matrix printer 182
Maus / mouse 181
Maximalwert / maximum value 38
Maximumschalter / maximum demand switch 225
Mechanik, Einheiten für / mechanics, units of 16
Mechanik, Formeln / mechanics, formulas 441
Mechanik, Formelzeichen für / mechanics, formula signs 16
mechanische Arbeit / mechanical work 20
mechanische Beanspruchung / mechanicel stress 45
mechanische Energie / mechanical energy 21
mechanische Leistung / mechanical power 20
mechanische Lüftung / mechanical ventilation 393
Mechatronik / mechatronics 304
Mechatronikberufe / mechatronics occupation 304
Medienrecht / mediaright 197
Medizinisch genutzte Räume / medical utilized rooms 117

Mehrere Ansichten / several views 239
Mehrfachrufnummern / multi subscriber numbers 361
Mehrfrequenzwahlverfahren / dual tone mulitifrequency dialling 359
Mehrgeräteanschluss / multipoint interface 361
Mehrkanalvorsatz / mulit-channel adapter 228
Mehrmoden-Gradientenfaser / multi mode graded index fibre 202
Mehrmoden-Stufenfaser / multi mode step index fibre 202
Mehrschrittige Codes / multistep code 172
Mehrseitige Rechtsgeschäfte / multilateral legal transactions 406
Meilenstein-Trendanalyse / milestone trend analysis 435
Meldeeinrichtungen / alarm devices 264
Meldelinien / alarm lines 395
Memory-Effekt / memory effect 220 f.
Mengenlehre, Begriffe der / of set theory, terms 6
Mengenlehre, Zeichen der / of set theory, sings 6
Menschliche Leistungskurve / human output curve 412
Mensch-Maschine-Struktur / man-machine-structure 416
Merker (SPS) / flag 137 f.
Messbereichserweiterung / extension of measuring range 31
Messbrücken / measurement bridges 450
Messdatenerfassung / measurement data acquisition 187
Messeinrichtungen / measuring equipment 222, 266
Messen / measure 222
Messen in Datennetzen / measurements in data networks 199
Messen von Mischspannungen / measuring of pulsating voltages 223
Messfehler / measuring error 227, 450
Messgerät / measuring instrument 223, 266
Messort / measuring position 273
Messprinzip / measuring principle 222
Messschaltungen / measuring circuit 224
Messschleife / measuring loop 113
Messen von Mischströmen / measuring of pulsating currents 223
Messtechnik, digital / measurement technique, digital 227
Messtechnik, Formeln / measurement technique, formulas 450
Messung in Niederspannungsnetz / measuring in low-voltage systems 230
Messung von Widerständen / measuring error 29
Messverfahren / measuring, method 115, 222
Messwandler / instrument transformer 223
Messwert / measured value 222
Messzeit / measuring time 225
Metalldampflampen, Schaltungen für / vapour lamps, circuits for 379
Metalle / metals 72
Metallglasur-Widerstand / metal glaze film resistor 46
Metallische Dehnmessstreifen / metallic strain gauge 153
Metallisierte Kunststoffkondensatoren / metallised plastic capacitor 52
Metallpapier-Kondensator / metallic paper capacitor 51
Metallschichtwiderstand / metal film resistor 46
Metaphern / metaphor 430
MFV / dual tone multifrequence dialling 359

Mieten / leasing 405
Mikroprozessor / microprocessor 174, 402
MindMap / mind map 426
Miniaturlötstift / miniature soldering pen 81
Mischspannung / pulsating voltage 223
Mischstrom / pulsating current 223
Mischungstemperatur / mixing temperature 26
Mischungsvorgang / mixing process 26
Mittelgruppe / medium group 399
Mittellast / medium load 206
Mittelleiter / neutral conductor 39
Mittelpunkt / neutral point 39
Mittelspannungskabel / medium voltage cable 86
Mittelwert / mean value 38
MKC / MKC 52
MKP / MKP 52
MKS / MKS 52
MKT / MKT 52
MKU / MKU 52
MMX / MMX 174
MO / MO 179
Mobilkommunikation / mobile communication 345
Modem / modem 365
Moderation / moderation 429
Modulator-Demodulator / modulator-demodulator 365
Momentanwert / instantaneous value 38
Momentengleichgewicht / moment equilibrium 22
Monitor / monitor 183
Monomode / monomode 203
Monostabile Elemente / monostable element 270
monovalent / monovalent 390
Montage, Lichtwellenleiter / mounting, fibre optic cables 204
Montage, pneumatisch / hydraulisch / mounting, pneumatic / hydraulic 168
MOS-FET / MOS-FET 59 f.
motherboard / motherboard 175
Motor, Bremsen / motor, braking 322
Motor, Fehlerarten / motor, types of faults 323
Motorbetrieb / motor operation 337
Motoren für spezielle Anwendungen, elektrisch / motor für special applications 313
Motoren, Drehzahlsteuerung / motors, speed control 320
Motor-Kondensatoren / motor capacitors 54
Motorschutz / motor protection 317
Motorschutzrelais / motor protective relay 317
Motorschutzschalter / motor protecting switch 317
Motorvollschutz / full motor protection 317
m-Phasensystem / m-phase systems 39
MP-Kondensatoren / MP-Kondensatoren 53
MSC / MSC 345
MSN / MSN 361
Muffe / junction box 210
Multimedia / multimedia 420
Multimode-LWL / multi mode fibre optic cable 202
Multiplikation / multiplication 7, 137
Multiplikation (SPS) / multiplication 137
Multischalter / multi switch 356
Multischalter für den Satellitenempfang / multi switch for satellite reception 356
Multitask / multi task 188
Multiuser / multi user 188
Multivibrator / multivibrator 69, 143

N

Nachricht / message 170, 428
Nachrichtebübertragungssystem / message transfers system 170

Nachrichtentechnik / communication, engineering 271
Nachrichtenübertragung / message transfer 170, 428
Nachstellzeit / integral action time 281
Nadeldrucker / stylus printer 182
Näherungssensoren / proximity sensors 150 f.
Nahes Nebensprechen / near end crosstalk 199
NAND-Verknüpfung / NAND operation 142
Nationale Normung / national standards 238
Navigation / navigation 346
N-Codierung / N-coding 360
NDK / NDK 51
NDK-Kondensator / NDK-capacitor 52
Nebenschlussgenerator / shunt generator 311
Nebenschlussmotor / shunt motor 310
Nebensprechen / crosstalk 199
Negation / negation 141 f.
Negativ logarithmisch / negative logarithmic 46
Nenn-Beleuchtungsstärke / nominal illuminance 371
Nennlagen / standard orientations 222
Neper / neper 15
Network Terminating for ISDN Basic Access / network terminating for ISDN Basic Access 361
Network Terminating for ISDN-Primary Rate Access / network terminating for ISDN Primary rate Access 361
Netz, ISDN- / network, ISDN 361
Netzanschlusstransformatoren / power supply transformers 211
Netzarten / network types 84
Netzbetrieb / network operation 236
Netzebenen / network levels 208, 358
Netzeinteilung / network classification 344
Netzformen / system configurations 110
Netzgerät / power supply unit 231
Netzhierarchie / network hierarchy 359
Netzklassen / network classes 366
Netzknoten / network node 344
Netzpotenzial / main potential 230
Netzstruktur / network structure 398
Netztafel / calculation graph 240
Netzteil / power supply unit 177
Netzteile / power supplies 231
Netztopologie / network topology 344
Netztransformator / mains transformer 215
Netzvorrangsschaltung / mains priority circuit 381
Netzwerkkarte / network diagram 249
Netzwerkprotokolle / network access protocol 200
Netzwerkschicht / network layer 200
Neunerkomplement / nine's complement 11
Neutralleiter / neutral conductor 109
Neutron / neutron 72
News / news 347
Newsgroup / newsgroup 347
NEXT / NEXT 199
N-Gate-Thyristor / n-gateThyristor 57
NH-Sicherungen / low-voltage high breaking capacity fuses 98, 101
NH-Sicherungseinsätze / l.v.h.b.c. fuse-units 97
NIC / Network Information Centre 366
Ni-Cd-Zellen / Ni-Cd-cells 220 f.
NICHT / inerter 141
Nicht aufladbare Batterien / non-rechargeable batteries 218 f.
Nichtdekadische Codes / non-decadic codes 172
Nichteisen-Metalle / non ferrous metals 76
Nichtinvertierender Eingang / non-inverting input 68

Nichtinvertierer / non-inverter 69
Nichtlinearer Widerstand / non-linear resistor 46
Nickel-Cadmium-Batterien / nickel-cadmium batteries 220
Nickel-Metallhydrid-Zellen / nickel-metal hybrid cells 220
Niederspannungskabel / low-voltage cable 86
Niederspannungsnetz / low-voltage system 84
Niederspannungs-Schaltgeräte / low-voltage switchgear and controlgear 97, 326
Niederspannungs-Schaltgeräte, Gebrauchskategorien / low-voltage switching device, utilization category 326
Niederspannungs-Sicherungen / low-voltage fuses 101
Niederspannungsstromerzeugungsanlagen / low-voltage current generation installations 116
Niederspanungsschaltanlagen / low-voltage switchgear and controlgear assemblies 99
Niedervoltanlagen / low-voltage installations 380
Normalkraft / normal force 21
Normierte Achse / normalized axis 240
Normmaße von Drehstrommotoren / standard dimensions of three phase motors 325
Normung / standardisation 238
NOR-Verknüpfung / NOR operator 142
NOT (SPS) / NOT 138
Not-Aus / emergency stop 134
Notbeleuchtung / emergency lighting 381
Notfälle / emergencies 414
NPN-Transistor / NPN-transistor 58
NTBA / NTBA 362
NTBBA / NTBBA 363
NTC-Widerstand / NTC-resistor 49 f.
NTPM / NTPM 361
Nullpunkt, absoluter / zero, absolute 26
Nullspannungsschalter / zero voltage switch 339
Nutzbremsung / regenerative braking 322
Nutzdaten / user data 200
Nutzereinweisung / instructions to the user 427
Nutzersegment / user segment 346
Nutzkanal / information channel 361
Nyquist-Diagramm / Nyquist diagram 279

O

O' Brien-Code / O-Brien code 172
obere Grenzfrequenz / upper cut-off frequency 44
obere Grenztemperatur / upper limit temperature 45
oberer Heizwert / upper calorific value 75
oberes Band / upper band 356
Oberschwingungen / harmonics 234 f.
Oberschwingungsspannung, Grenzwerte / harmonic voltage, limit values 235
Oberschwingungsstrom, Grenzwerte / harmonic current, limit values 234
Objekte / objects 257, 302
Objektklassifizierung / classification of objects 258
ODER-Funktion / OR function 141
ODER-Verknüpfung / OR operation 142
Offener Wirkungsablauf / open control action 128
Office-Programme / office programs 192
Öffnungsarten / kinds of opening 241
Ökostrom / ecological electrical energy 95
Ölkapselung / oil immersion 387
OMS / OMS 345
Online-Anbieter / online provider 366
Operation / operation 137
Operationsverstärker / operational amplifier 68
Operationsverstärker, Schaltungen / operational amplifier, circuits 69

Operator (SPS) / operator 137
Opferanode / sacrifical anode 73
optische Datenspeicher / optical data storage 180
optische Maus / optical mouse 181
optoelektronische Bauelemente / opto-electronic components 63 ff.
optoelektronische Sensoren / opto-electronic sensors 155 f.
Optokoppler / opto-coupler 64
OR (SPS) / OR 138
Ordnung / order 423
Ordnungszahl / ordinal number 70, 72
Organisationsformen / form of oranisation 434
Organisationsprogramme / operating programs 192
Ortsbezogene Struktur / location orientated structure 257
Ortsnetzstation / secondary substation 84
Ortungsprinzip / position detection principle 346
Oszilloskop / oscilloscope 228 ff.
Oxid, Aluminium- / oxid, aluminium 70

P

Pachten / leasing 405
Packung / packet 438
Papierfolien-Kondensator / paper film capacitor 51
Parabol-Antenne / dish reflector aerial 355
Parabol-Offsetantenne / dish reflector offset aerial 355
Parallele Schnittstelle / parallel interface 185
Parallel-Port / parallel port 179
Parallelschaltung aus R und X_C / parallel connection of R and X_C 42
Parallelschaltung aus R und X_L / parallel connection of R and X_L 41
Parallelschaltung aus R, X_C und X_L / parallel connection of R, X_C and X_L 42
Parallelschaltung von Kondensatoren / parallel connection of capacitors 33
Parallelschaltung von Spulen / parallel connection of coils 35
Parallelschaltung von Widerständen / parallel connection of resistors 30
Parallelschwingkreis / parallel resonant circuit 44
Parameter (SPS) / parameter 137
Parameteridentifizierung / parameter identification 284
Parameteroptimierung / parameter optimization 284
Parametrierebene / parameterization level 285
Parametrierung / parameterization 285
Paritätsbit / parity bits 171
Partiell typgeprüfte Schaltgerätekombination / partially type-tested l.v. switchgear assembly 99
Partition / partition 179
Passive Bauelemente / passive components 260
Passiver Sensor / passive sensor 148
Patchkabel / patch cable 203
Pausen / break 437
Pausendauer / off-period 38
PC-Anschlüsse / PC-connectors 176
PC-Hauptplatine / PC-main board 175
PCI / PCI 175
PCI Bus / PCI bus 176
PCI-Express / PCI-Express 176
PC-Messtechnik / PC-measuring technique 227
PC-Netze / PC-networks 198
PC-Netzteil / PC power supply unit 177

PC-Schnittstellen / PC-interfaces 147, **176**
PD-Regler / PD-controller 281
Pegel / level 348
Pegelplan / level plan 348
PELV-Stromkreis / PELV-circuit 111
PEN-Leiter / PEN-conductor 109
Pentium / Pentium 174
Periode / periode 70
Periodensystem / periodic system 70
Permeabilität / permeability 34 f.
Permittivität / pernittivity 33
Personengesellschaft / business partnership 404
Pflichtenheft / system specification 411
P-Gate-Thyristor / p-gate thyristor 57
Phasenabschnittsdimmer / phase angle dimmer 380
Phasenanschnittsteuerung / phase angle control 339
Phasengang / phase response 279
Phasenzahl (Schrittmotor) / phase number 158
physikalische Adresse / physical address 399
physikalische Einheiten / physical units 15 f.
physikalische Gleichung / physical equation 15
physikalische Größen / physical quantities 15
physikalische Konstanten / physical constants 18
Piezo-Effekt / piezo effect 288
Piezoelektrische Aktoren / piezoelectric actuators 288
Piezoelektrische Drucksensoren / piezoelectric pressure sensors 154
Piezoelektrische Kraftsensoren / piezoelectric force sensors 154
Piezoelektrische Verfahren / piezoelectric process 182
PING / packet internet groper 200
PIO / PIO 176
Pipeline-Prinzip / pipeline principle 174
PI-Regler / PI-controller 281
Pixel-Grafik / pixel graphic 192
P-Kern / P core 66
PL / 1 / PL / 1 192
Plan für Hydraulik / diagram for hydraulics 167
Pläne der Elektrotechnik / plans of electric engineering 247
Pläne, pneumatische / diagrams, pneumatic 159
Plasma-Display / plasma diaplay 183
Plastizität / plasticity 74
Plattenerder / earth plate 107
PLD / PLD 183
Plotter / plotter 182
Plug & Play / plug and play 191
P-NET / P-NET 299
Pneumatik / pneumatics 168
Pneumatik, Grundschaltungen der / pneumatics, basic circuits in 165
Pneumatik, Schaltzeichen / pneumatics, graphical symbols 243
pneumatische Druckventile / pneumatic pressure valves 162
pneumatische Montage / pneumatic mounting 168
pneumatische Pläne / pneumatic diagrams 159
pneumatische Systeme, Darstellung / pneumatic systems, presentation of 159
pneumatische Ventile / pneumatic valves 160 f.
pneumatische Zeitverzögerungsventile / pneumatic time delay valves 162
pneumatische Zylinder / pneumatic cylinders 163
pneumatisches System / pneumatic system 159
PNP-Transistor / pnp transistor 58

Pol-Amplituden-Modulation / pulse amplitude modulation 321
Polarisation / polarisation 353
Polarisationsfilter / polarization filter 156
Polarisator / polarizer 65
Polarkoordinaten / polar coordinates 240
Polling / polling 284
Polpaarzahl / number of pole pairs 158
Polumschaltbare Drehstrommotoren / pole-changing three phase motors 321
Polumschaltbarer Drehstrommotor / pole changing three phase motor 136, 321
Polumschaltung / pole changing 321
Positiv logarithmisch / positive logarithmic 46
POST / POST 188
P_0-Strecke / P_0-controlled system 280
Potentiometer / potentiometer 48
Potenz / power 8
Potenzen, binäre / powers, binary 9
Potenzen, hexadezimale / powers, hexadecimal 9
Potenzieren / raise to a power 8
Potenzwert-Verfahren / power value principle 11
POTS / POTS 363
Powerline EIB / powerline EIB 397
Powernet EIB / powernet EIB 397, 401
PPP / PPP 365
pragmatische Zeichen / pragmatic signs 6
Prägnanz / conciseness 423
Präsentation / presentation 425
Präsentationsmedien / presentation media 425
Präsentationsprogramme / presentations programs 192
P-Regler / P-controller 281
Pre-Trigger / pretrigger 229
Primärbatterien / primary batteries 218 f.
Primärbereich / primary area 201
Primärgrößen / primary quantities 36
Primärmultiplexanschluss / primary multiplex access 361
Primärpartition / primary partition 179
Primärspannung / primary voltage 36
Printmedien / print products 420
Priorität / prioritiy 437
privatwirtschaftliche Unternehmung / private business enterprise 404
produktionsbezogene Struktur / product orientated structure 257
Profibus / profibus 147, 294
Profilleitung (ASI) / shaped conductor (ASI) 298
Profilzylinder / profile cylinder 163
Programmablaufplan / program flow chart 272
Programme / programs 192
Programmed In / Out-Modus / programmed In / Out mode 176
Programmieren von CNC-Maschinen / programming of CNC-machines 303
Programmiersprachen / programming languages 192
Programmierung (SPS) / programming 137
Projektabschluss / project completion 435
Projektarten / project type 434
Projekte / projects 434 f.
Projektierung / project planning 400
Projektmanagement / project management 435
Projektmethode / project method 424
Projektphasen / project phase 435
Projektplanung / project planning 435
Projektrealisierung / realisation of the project 435
Projektsteuerung / -controlling / project controlling 435

Projektverwaltung / project management 400
Proportionalbeiwert / proportional action coefficient 280 f.
Protokolle / records 200, 344, 423
Proton / proton 72
Provider / provider 344
Prozentrechnung / calculation of percentages 10
Prozess / process 286
Prozessleitebene / process control level 293
Prozessleitsystem / process control system 286
Prozessleittechnik / process control engineering 286
Prozessleittechnik, graphische Symbole / process control engineering, graphical symbols 274
Prozessleittechnik, Kennbuchstaben der / in process control engineering, code letters 273
Prozessor / processor 174
Prozessortakt / processor clock 174
Prüfen / testing 222
Prüfen, elektrische Geräte / testing, electrical equipment 120
Prüfspannungen / testing voltage 222
Prüfspannungen, Maschinen / test voltage, machines 312
Prüfung / test 99
Prüfung der Fehlerstromschutzeinrichtung / testing of residual current protective devices 115
Prüfung der Schutzmaßnahmen / checking of protection measurements 113
Prüfzeichen an elektrischen Betriebsmitteln / test marks at electrical equipment 245
Prüfzeichen an elektrischen Geräten / tests marks at electrical devices 245
PS / 2 / PS / 2 175
PS / 2-SIMM / PS / 2-SIMM 178
P-Strecken / P controlled systems 280
Psycho-soziale Ebene / psycho social level 432
P-T1-Strecke / P-T1 controlled system 280
P-T2-Strecke / P-T2 controlled system 280
PTC-Widerstand / PTC resistor 49 f.
PTSK / partially type-tested l.v. switchgear / assembly (PTSK) 99
P-Tt-Strecke / P-Tt controlled system 280
P-Tt-T1-Strecke / P-Tt-T1 controlled system 280
Pulsamplitudenmoduliertes Signal / pulse amplitude modulated signal 157
Pulsbreitensteuerung / pulse width modulation control 335
Pulsfolgesteuerung / pulse frequency control 335
Pulsumrichter / pulse converter 338
Push-Pull-converter / push-pull converter 233
PVC-Leitungen / PVC-cables 88 f.
PWM / PMW 233

Q

QM-Handbuch / QM manual 436
Quadraturselektor / square root selector 367
Qualitätsmanagement (QM) / quality management (QM) 436
Quarz / quartz 70
Quattro-LNB / quad LNB 356
Quelle / source 170
Quellenangabe / source entry 422
Quetschmodus / crimping mode 290

R

Radizieren / extract the root 8
RAID / RAID 196
RAID-Controller / RAID-Controller 196

RAM / RAM 178
Rastergrafik / pixel graphic 192
Rauchentwicklung / formation of smoke 388
Raum, Einheiten für / volume, units of 16
Raum, Formelzeichen für / volume, formula signs of 16
Räume mit Badewanne oder Dusche / rooms with bathub or shower basin 93, 118
Räume mit elektrischen Anlagen / rooms with electrical installations 93, 116 ff.
Raumsegment / space segment 346
Raumwirkungsgrad / room utilization factor 371, 373
Rausch-Signal-Abstand / attenuation to crosstalk ratio 199
RC- und RL-Schaltungen, Formeln / RC- and RL-circuits, formulas 446
RCD / residual-current protective device 100, 106 ff., 112, 114
RCL- Schaltungen, Formeln / RCL- circuits, formulas 446
RC-Siebglied / RC filter 232
Rechnen mit Dualzahlen / calculation with binary numbers 12
Rechnen mit Hexadezimalzahlen / calculation with hex-decimal numbers 12
Rechte / rights 197
Rechtecksignale / square wave signals 38
Rechtsform / legal form 404
Rechtsform von Unternehmen / legal forms of companies 404
Rechtsgeschäfte / legal transactions 406
Rechtslauf / clockwise rotation 337
Recycling / recycling 221
Reed-Relais / Reed relay 131
Referat / lecture 430
Reflexionsgrad / reflection factor 371 ff.
Reflexions-Lichtschranke / reflex sensor 156
Reflexions-Lichttaster / reflex difuse sensor 156
Regelbarkeit von Strecken / adjustability of controlled system 283
Regeldifferenz / system deviation 278
Regeleinrichtung / controlling system 278
Regeleinrichtungen, stetige / controlling systems, continuous-action 281
Regeleinrichtungen, unstetige / controlling systems, discontinuous-action 282
Regelgeräte / automatic control equipment 267
Regelgröße / controlled variable 278 f.
Regelkreis / feedback control circuit 278 f.
Regeln / closed loop control 278
Regeln für das Arbeiten an elektrischen Anlagen / rules for working on electrical installations 415
Regeln für Vortrag / rules for lecture 430
Regelstrecke / controlled system 278
Regelungstechnik / control engineering 278
Regenerativer Wärmeaustauscher / regenerative heat exchanger 393
Regionales Netz / regional network 344
Register / register 174
Regler / controller 278
Regler, Einstellung von / controller, adjustment of 283
Reibung / friction 21
Reibungsarbeit / friction energy 20
Reibungskraft / frictional force 21
Reibungszahl / coefficient of friction 21
Reihenschaltung aus R und X_C / series connection of R and X_C 41

Reihenschaltung aus R und X_L / series connection of R and X_L 41
Reihenschaltung aus R, X_C und X_L / series connection of R, X_C and X_L 42
Reihenschaltung von Kondensatoren / series connection of capacitors 33
Reihenschaltung von Spulen / series connection of coils 35
Reihenschaltung von Widerständen / series connection of resistors 30
Reihenschlussgenerator / series wound generator 311
Reihenschlussmotor, Gleichstrom / series wound motor 310
Reihenschlussmotor, Wechselstrom / series wound motor, a.c. 312
Reihenschwingkreis / series resonant circuit 44
Reine Stoffe / pure materials 72
Rekuperator / recuperator 393
Relais, Anschlussbezeichnung / relay, terminal markings 129, 131 f.
Relaisschutzbeschaltung / relay protective circuit 131
Relais-Werkstoff / relay, material 78
Reluktanzmotor / reluctance motor 313
Remote-Einheit / remote unit 199
Reparatur elektrischer Geräte / repair of electric devices 120
Resistive Drucksensoren / resistive pressure sensors 153
Resistive Kraftsensoren / resistive force sensors 153
Resolver / resolver 314
Resonanz / resonant 44
Resonanzfrequenz / resonant frequency 44
Resonanzwiderstand / resonant impedance 44
Restdämpfung / overall attenuation 348
Rettungsdienst / ambulance 414
Rheologie / rheology 290
Richtungsbetrieb / directional operation 170
Ringerder / ring earth electrode 107
Ringnetz / ring network 84
RJ 45 / RJ 45 201
RM-Kern / RM core 66
Rohrarten / pipe types 90
Rohrleitung / pipeline 168
Rollen / pulleys 22
Rollenlöten / roller soldering 81
Rollenspiel / role-playing 424
Rollreibung / rolling friction 21
Rollreibungszahl / rolling friction coefficient 21
Römische Zahlen / roman numbers 12
RS-232 / RS 232 185
RS-NAND-Flipflop / RS-NAND flip flop 143
RS-NOR-Flipflop / RS-NOR flip flop 143
Rückflussdämpfung / return loss 199
Rückführgröße / feedback variable 278
Rücksetzen (SPS) / reset 138
Rücksprung (SPS) / return 137
Rückwärtszähler / down counter 145
Rufton / dial tone 359
Ruhestellung, Ventile / neutral position, valves 160
Rundfunk / radio 263
Rundsteuerempfänger / ripple control receiver 225
RZ-Stabilisierung / RZ stabilisation 232

S

S / Schottky Logic 144
S / STP / S / STP 201
S / UTP / S / UTP 201

S_0-Bus / S_0-Bus 362
S_{2M}-Schnittstelle / S_{2M}-interface 361
Sabotagemeldung / signalling of sabotage 396
Sachebene / subject level 432
Sachinformation / subject information 428
SafetyBus / SafetyBus 300
Salzbadlöten / salt bath soldering 81
Sandkapselung / sand filling 387
Sanftanlasser / soft starter 316
Satelliten / satellites 355
Satelliten-Empfang / satellite reception 355
Satellitenempfang, Multischalter für den / satellite reception, multi switch for 356
Satelliten-Empfangsanlagen / satellite reception installations 355
Satellitenfrequenzen / satellite frequencies 356
Sat-ZF / sat-IF 356
Saugbrunnen / suction well 391
Saugkreise / series resonant circuits 342
Sauna-Anlagen / sauna installations 118
Säuredichte / acid density 217
Schächte / shaft 241
Schallschutz / noise protection 413
Schaltalgebra / boolean algebra 141
Schaltalgebra, Formeln / boolean logic, formulas 447
Schaltanlage / switchgear assembly 99
Schaltdrähte / interconnecting wires 89
Schalter / switches 96 f., 262
Schaltfunktion / logic function 142
Schaltgeräte / switching devices 97, 265
Schaltgerätekombination / switchgear and control-gear assembly 99
Schaltglieder / contacts 130
Schaltgruppen / vector groups 213
Schaltnetzteile / switch mode power supply 231, 233
Schaltregler / switching controller regulator 233
Schaltstellung, Ventile / switching position, valves 160
Schaltung, Dreieck- / circuit, delta- 39 f.
Schaltung, RC- / circuit, RC- 41 f.
Schaltung, RCL- / circuit, RCL- 41 f.
Schaltung, RL- / circuit, RL- 41 f.
Schaltung, Stern- / circuit, star- 39 f.
Schaltungen für Leuchtstofflampen / circuits for fluorescent lamps 105, 378 f.
Schaltungen für Metalldampflampen / circuits for vapour lamps 379
Schaltungen mit Dimmern / circuits with dimmer 105 f.
Schaltungen mit elektromagnetischen Schaltern / circuits with electromagnetic switches 104
Schaltungen mit Installationsschaltern / circuits with installation switches 103
Schaltungen mit Operationsverstärkern / circuit with operation amplifier 69
Schaltungen mit Operationsverstärkern, Formeln / circuits with operational amplifiers, formulas 447
Schaltungen mit Sensoren / circuits with sensors 106
Schaltungen mit Spannungsquellen / circuit with voltage source 32
Schaltungen mit Widerständen / circuits with resistors 30 f.
Schaltungen mit Widerständen, Formeln / circuits with resistors, formulas 443
Schaltungen von Niedervoltlampen / circuit with low-voltage lamps 380

Schaltungen, Filter / circuits, filter 43
Schaltvorgänge bei Kondensatoren / switching actions of capacitors 37
Schaltvorgänge bei Spulen / switching actions of coils 37
Schaltzeichen, Hydraulik / graphical symbols, hydraulics 243
Schaltzeichen, Pneumatik / graphical symbols, pneumatics 243
Scharfschalten / arm 396
Scheibenläufermotor / disc type motor 313
Scheitelfaktor / peak factor 223
Scherfestigkeit / shearing strength 74
Schermodus / shear mode 290
Schichtwiderstand / film resistor 46
Schieberegister / shift register 146, 270
Schienenverteiler / busbar trunking system 90
Schlauch / tube 168
Schlauchleitung / flexible sheathed cable 168
Schleifen / loops 302
Schleifenimpedanz / loop impedance 113
Schleifenwiderstand / loop resistance 113
Schlitzmaske / slotted mask 183
Schluckbrunnen / injection well 391
Schmelzeinsätze / fuse links 101 f.
Schmelzkennlinie / melting characteristic 340
Schmelzpunkt / melting point 71
Schmelzsicherungen / fuses 101 f.
Schmelzspleiß / melting splice 204
Schmitt-Trigger / Schmitt-trigger 143
Schnellauslöser-Kennlinie / instantaneous release characteristic 340
Schnellentlüftung / quick exhausting 165
Schnellentlüftungsventil / quick exhaust valve 161
Schnell-Lötgerät / quick soldering device 81
Schnitte / sections 242
Schnittstelle / interface 176
Schnittstelle, ISDN- / interface, ISDN 361
Schottky Logic / Schottky Logic 144
Schottky-Diode / Schottky diode 56
Schrank-Anreihsystem / multible-cubicle arrangement 99
Schrittdauer / symbol time 171
Schrittfrequenz / stepping rate 158
Schrittmotor / stepping motor 158, 313
Schrittmotorsteuerung / stepping motor control 158
Schubfestigkeit / shear strength 74
Schütz / contactor 130
Schutz durch RCD / protection by RCD 114, 116 ff.
Schutz gegen elektrischen Schlag / protection against electric shock 111
Schütz, Anschlussbezeichnung / contactor, terminal markings 129 f.
Schutzart / degree of protection 99, 382
Schutzarten durch Gehäuse / degrees of protection provided by enclousures 382
Schutzausrüstung / protective equipment 413
Schutzbeschaltung, Relais / protective circuit, relay 131
Schutzbrille / safety glasses 413
Schütze / contactors 130
Schutzeinrichtungen / protection equipment 92, 265 f., 306
Schutzgeräte / protective gears 383 f.
Schutzhelm / hard hat 413
Schutzisolierung / total insulation 111
Schutzklassen / classes of protection 111

Schutzkleidung / protective clothing 413
Sicherheitskleinspannung / Safety Extra-Low Voltage (SELV) 111
Schutzleiter / protective earth conductor 109
Schutzleiterstrommessung / measuring of current in protective conductor resistance 120
Schutzmaßnahmen / protective measures 109 ff.
Schutzpotenzialausgleich / protective equipotential bonding 108, 111
Schutzpotenzialausgleichsleiter / protective equipotential bonding conductor 98, 108
Schutzrelais / protective relay 223
Schutztrennung / protective separation 111 f.
Schweißen / welding 82
Schweißtransformator / welding transformer 215
Schweißverfahren / welding method 82
Schwenkantrieb / semi-rotary drive 163
Schwermetall / heavy metal 70
Schwingkreise / resonant circuits 44
Schwingkreise, Formeln / resonating circuits, formulas 447
Schwingungspaketsteuerung / burst firing control 339
SCR-Koppler / SCR coupler 64
SDRAM / SDRAM 178
Sechspuls-Brückenschaltung / six pulse brigde connection 331, 333 f.
Segmentanzeige / segment display 65
Sekundärbereich / secondary area 201
Sekundärgrößen / secondary quantities 36
Sekundärkreis / secondary circuit 223
Sekundärspannung / secondary voltage 36
Sekundärwicklung / secondary winding 223
Selbstladung / self-discharge 218 f.
Selbstinduktivität / self inductance 36
Selbstoffenbarung / self revelation 428
selektive Abschaltung / selective clearing 115
selektiver Hauptleitungs-Schutzschalter / selective main switch 96
Selektivität / selektivity 102
SELV-Stromkreis / SELV circuit 111
semantischer Aspekt / semantic aspekt 170
Semaphore (SPS) / semaphore 138
Sender / transmitter 428
Senke / drain 170
Sensoren / sensors 106, 128, 153 ff., 158, 148, 260, 397, 399
Sensoren zur Beschleunigungsmessung / sensors for acceleration measurement 154
Sensoren, induktive / sensors, inductive 150
Sensoren, kapazitive / sensors, capacitive 151
Sensoren, optoelektronische / sensors, opto-electronic 155 f.
Sensoren, Übersicht / sensors, overview 148
Sensorschalter / sensor switch 106
Sensorsysteme / sensor systems 149
Sensortaster / sensor pushbutton 106
Serielle Schnittstelle / serial interface 185
Serienschaltung / series connection 103
Servoantriebe / servo drives 314
Servomotor / servomotor 313
Setzen (SPS) / set 138
SFSK-Verfahren / SFSK method 401
SH-Schalter / selective main switch 96, 98
SI-Basiseinheiten / SI base units 15 f.
Sicherheit / security 196
Sicherheit,datentechnische / security, data 196
Sicherheitsanforderungen / safety requirement 306
Sicherheitsbeauftragte / safety authorised representative 427

Sicherheitsbeleuchtung / emergency lighting 381
Sicherheitshandschuhe / safety gloves 413
Sicherheitskategorien, Steuerungen / safety categories, controllers 133
Sicherheitsregeln / safety rules 415
Sicherheitsrelais / safety relay 131
Sicherheitsschuhe / safety shoes 413
Sicherheitssollwert / safety set-point-value 285
Sicherheitsstellwert / safety control output 285
Sicherheittechnik / safety systems 394
Sicherheittransformatoren / safety insolation transformers 211, 215
Sicherungen / fuses 92, 101 f.
Sicherungs-Lasttrennschalter / fuse switch disconnector 84, 96
Sicherungstrennschalter / fuse inerrupter 96
Sieben-Segment-Anzeige / seven segment display 65
Siebschaltungen / filter circuit 232
Siedepunkt / boiling point 71
Signal, pulsamplitudenmoduliertes / signal, pulse amplitude modulated 157
Signal, pulscodemoduliertes / signal, pulse code modulated 157
Signale / signals 284
Signaleinrichtungen / signalling devices 264
Signalleitungen / signal lines 89
Signalrufanlage / signal call system 349
Signaltöne / signal tones 359
Signalumformer / signal converter 267
Silicium-Diode / silicion diode 56
SIM / SIM 345
Simatic / Simatic 140
Simplex-Betrieb / simplex operation 170
Single-LNB / single LNB 356
Singlemode / singlemode 203
Single-Speed-Laufwerk / single speed drive 180
Sinusantwort / sinusoidal response 279
Sinusförmige Wechselspannung / sinusoidal alternative voltage 38
Skalar / scalar 15
Skalensymbole / scale symbols 222
Slave / slave 180
Slave (ASI) / slave 298
Slot 1 / slot 1 174
Slot 2 / slot 2 174
Slot A / slot A 174
Slots für Erweiterungen / extension slot 175
SMBus / SMBus 176
SMTP / SMTP 200
SNT / switched power supply 233
Sockel 423 / socket 423 174
Sockel 7 / socket 7 174
Sockelformen / kinds of sockets 375
Software / software 192
Softwareinstallation / software installation 193
Solarmodule / solar modules 216
Solarzellen / solar cells 63, 216
Sollwertbegrenzung / set-point limitation 285
Sonderbeanspruchung / special stress 45
Sondertransformatoren / special transformers 215
S_0-Schnittstelle / S_0-interface 361
Sourceschaltung / common source 61
Spaltpolmotor / split-pole motor 312 f.
Spannenenergie / tension energy 21
Spannung / voltage 27 f.
Spannung, gekürzte Schreibweise / voltage, abbreviated notation 28
Spannung, Induktions- / voltage, induction 36
Spannungsfall / voltage drop 87, 98, 450

Spannungsfall, Formeln / voltage drop, formulas 450
Spannungsabhängige Widerstände / voltage dependent resistors 49 f.
Spannungsabweichung / voltage variation 235
Spannungsaddition / voltage addition 38
Spannungsänderung / voltage variation 235
Spannungsanpassung / voltage matching 32
Spannungsausfall / power failure 236
Spannungsfehlerschaltung / voltage error circuit 29, 450
Spannungsglättung / voltage smoothing 232
Spannungskomparator / voltage comparator 69
Spannungsqualität / power quality 235 f.
Spannungsquelle / voltage source 30
Spannungsquelle mit Innenwiderstand / voltage source with internal resistance 32
Spannungsquellen, Schaltungen mit / voltage sources, circuits with 32
Spannungsstabilisierung / voltage stabilisation 50
Spannungs-Stromwandler / voltage-current converter 69
Spannungsteiler, belasteter / voltage divider, loaded 31
Spannungsteiler, elektronisch / voltage divider, electronic 59
Spannungsteiler, unbelasteter / voltage divider, unloaded 31
Spannungstrichter / resistance area 113
Spannungsversorgung / power supply 399
Sparschaltung / economy circuit 316
Spartransformator / autotransformer 215
Speicher / memory 270
Speicher (SPS) / memory 138
Speicherbänke / memory banks 178
Speicherbausteine / memory chips 178
Speichermodule / memory modules 178
Speicherort (SPS) / memory location 138
Speicherprogrammierbare Steuerungen (SPS) / programmable logic controllers (PLC) 137 ff.
Speichertiefe / memory depth 229
Spektrum, elektromagnetisches / spectrum, electro magnetic 351
Sperrkreise / parallel resonant cirucit 342
Sperrnullstellung / stop zero position 166
Sperrschicht-FET / Junction FET 59
Sperrventil / stop value 241
Sperrwandler / fly back converter 233
spezifische Schmelzwärme / spezific melting heat 71
spezifische Verdampfungswärme / specific evaporation heat 75
spezifischer Brennwert / specific calorific value 75
spezifischer elektrischer Widerstand / resistivity 75
spezifischer Widerstand / specific resistivity 29
spezifisches Volumen / specific volume 24
Spiralleitung / coiled cable 89
Spitzenlast / peak load 206
Spitzenwert / peak value 38
Spleißen / splicing 204
Spleißkassette / splice box 204
Splitter / splitter 363
Sprechanlage / intercommunication system 349
Spritzwasser / splashing water 382
Sprühwasser / spraying water 382
Sprungantwort / step response 279
SPS / PLC 137 f. ,140
SPS-Projekt / SPS-project 140
Spule / coil 260
Spule (SPS) / coil 139

Spulen, Parallelschaltung von / coils, parallel connection of 35
Spulen, Reihenschaltung von / coils, series connection of 35
Spulenfeld / magnetic field in coils 147
SRAM / SRAM 178
SSR / Solid State Relay 132
Staberder / earth rod 107
Stabilisierte Gleichspannung / stabilized d.c. voltage 231
Stabilisierungsschaltungen / stabilisation circuits 232
Stabilität von Regelkreisen / stability of controlled systems 283
Stammleitungssystem / trunk cable system 354
Standardbibliotheken / standard library 302
Standard-Funktionsbausteine (SPS) / standard function blocks 138
Standard-Lötkolben / standard soldering iron 81
Standard-SIMM / standard SIMM 178
Standard-Zahlenmengen / standard number sets 10
Ständerfrequenz / stator frequency 338
Standsicherheit / stability 417
Standverteilung / floor-mounted distribution board 99
Startbit / start bit 171
Starterbatterien / starter batteries 217
Startfrequenz / starting frequency 158
Statische Kontakte (SPS) / static contact 139
Steckdosen / socket outlets 262
Steckermontage / mounting of connectors 204
Steckverbinder / connectors 201, 357
Steckvorrichtungen / plugs, socket-outlets and couplers 126
Stegleitung / ribbon type webbed building wire 88
Steller / actuator 278
Stellgerät / final controlling device 274
Stellglied / final controlling element 128, 278
Stellglieder, pneumatische / final control elements, pneumatic 159
Stellgröße / manipulated variable 278
Stellwertbegrenzung / limitation of control output 285
Stern- und Dreieckschaltung im Drehstromnetz, Formeln / star-delta connection, formulas 445
Stern-Dreieck-Anlasser / star-delta starter 315
Stern-Dreieck-Umwandlung / star-delta conversion 31
Sternpunkt / neutral point 39
Sternpunktspannung / neutral point displacement voltage 39
Sternschaltung / star connection 213
Steuerarten von Gleichstromstellern / control modes for d. c. chopper converters 335
Steuerdaten / control data block 200
Steuereinrichtung / control device 128
Steuergerät / control unit 274
Steuerglied, pneumatisches / controlling element, pneumatic 159
Steuerkennline / control characteristic 332, 334
Steuerkette / forward controlling elements 128
Steuern / control 128
Steuerprogramm / control program 303
Steuerrelais / control relays 147
Steuerschütz / control contactor 130
Steuerstrecke / controlled system 128
Steuertransformator / control power transformer 215

Steuerung, druckabhängige / control system, pressure depended 166
Steuerungen für Leuchtstofflampen / controls for fluorescent lamps 379
Steuerungen mit Schützen / contactor controllers 135 f.
Steuerungen, Einteilung der / control, classification of 128
Steuerungen, speicherprogrammierbare / programmable logic controller 128, 137 f.
Steuerungstechnik / control engineering 128
Stichlänge / spur length 301
Stillsetzen / control characteristic 306
Stillsetzen im Notfall / stop operation by emergency 134
Stimulans / stimulant 423
Stoffabscheidung / material separation 73
Stoffe / materials 72
Stoffwerte / physical characteristics 70
Stopbit / stop bit 171
Stopp-Kategorie / stop category 134
Störgröße / disturbance 128, 278
STP / STP 198
Strahlenerder / star-type earth electrode 107
Strahlennetz / star network 84
Strahlenschutz / protection against radiation 125
Strahlwasser / jet-water 382
Strangsicherung / phase fuse 340
Strangspannung / phase voltage 40
Strangstrom / phase current 40
Strecken, mit Ausgleich / controlled systems, self-regulating 280
Strecken, ohne Ausgleich / controlled systems, non self-regulating 280
Streckgrenze / yield point 74
Streifenmaske / slotted mask 183
Strom, gekürzte Schreibweise / current, abbreviated notation 29
Stromanbieter / electricity provider 95
Stromanpassung / current matching 32
Strombelastbarkeit / current carrying capacity 91 f.
Stromdichte / current density 27
Stromdurchflossener Leiter / current carrying conductor 35
Stromfehlerschaltung / current error circuit 29, 450
Stromglättung / current smoothing 232
Stromlaufplan / circuit diagram 248
Strompfad / current path 147
Strompreisberechnung / electrical control price calculation 95
Stromquelle / current source 30
Stromrauschen / current noise 46
Stromrichter / power converter 329, 331ff., 340
Stromrichterbenennungen / converter naming 330
Stromrichterkennzeichen / converter designation 330
Stromrichtermotor / converter fed motor 313, 338
Stromschienensysteme / bus bar systems 90
Strom-Spannungswanler / current voltage converter 69
Stromstärke, elektrische / current intensity, electrical 27 f.
Stromstoßschaltung / remote control circuit 104, 106
Stromsysteme / distribution systems 39
Stromtarife / electricity tariffs 95
Stromübertragungsverhältnis / current ratio 64
Stromventil / flow control valve 160, 241
Stromwirkungen / current effects 109
Stromzange / current probe 228

Struktogramm / structured chart 272
strukturierte Verkabelung / structured cabling 201
strukturierter Text (SPS) / structured text 137
ST-Steckverbinder / st-connector 204
Subnet / subnet 402
Subtrahieren (SPS) / subtraction 138
Subtraktion / subtraction 7
Subtraktion (SPS) / subtraction 137
Subtraktion von Vektoren / subtraction of vectors 10
Suchen im Internet / search on the Internet 421
Suchmaschinen / search engines 421
Summierverstärker / summing amplifier 69
Symbolaufbau / symbol construction 65
Symbole für Einbruchmeldeanlagen / symbols for burglar alarm systems 395
Symbolelemente / symbols 259
Symmetrische Belastung / symmetrical load 40
synchrone Frequenzteiler / synchronous frequency divider 146
synchrone Steuerung / synchronous control 128
Synchrongenerator / synchronous generator 309
Synchronmaschinen / synchronous machines 309
Synchronmotor / synchronous motor 309
Synchron-Zähler / parallel counter 145
syntaktischer Aspekt / syntactic aspekt 170
System, pneumatisches / system, pneumatic 159
Systempunkte Kennzeichnung / systems points, designation 39
Systemsoftware / system software 192
Systemtakt / system clock 174

T

TAB / technical conditions for energy supply 98, 114
TAE / TLU (Telecommunication Line Unit) 360
Tagesschalter / twenty four hour switch 225
Tantaloxid-Kondensator / tantalum electrolytic capacitor 51
Tarifkunden / customer with standard rate 114
Tarifschaltuhren / tarif switching clock 225
Tarifstromrechner / calculator for electricity tariffs 95
Tastatur / keyboard 181
Tastdimmer / touch dimmer 106
Tastenblock, numerisch / key pad, numerical 181
Tastenfeld, alphanumerisch / key pad, alphanumerical 181
Taster / pushbutton 104 ff.
Tastverhältnis / pulse duty factor 38
Tau / tau 37
TCP / Transmission Control Protocol 200, 366
T-DSL / T-DSL 363
Teamarbeit / team work 419
Teamentwicklung / team development 419
Technische Anschlussbedingungen / technical conditions for energy supply 98, 114
Technische Kommunikation / technical communication 170
Technology Logic Advanced-High-Speed / Technology Logic Advanced-High-Speed 144
Teilbereichssicherungen / back-up fuses 101
Teiler / divider 146, 230
Teilerarten / divider types 146
Teilkostenrechnung / direct costing 409
Teilnehmer / participant 398 f.
Teilung, logarithmische / scaling, logarihmic 9
Telefon, analoges / telephone, analog 359
Telefonanlage / telephone system 349
Telefonkabel / telephone cable 360

Telegramm / message 399
Telegrammaufbau / message format 400
Telekommunikationsgeräte-Anschluss / telecommunication equipment connection 360
Telekomunikations-Anschluss-Einheit / telecommunication line unit 360
Tellersitzventil / disc poppet valve 160
Temperatur / temperature 26
Temperaturabhängige Widerstände / temperature depedent resistors 49 f.
Temperaturabhängigkeit von Kondensatoren / temperature dependability of capacitors 52
Temperaturklasse, EX / temperature classification, EX 387
Temperaturmessung / temperature measuring 26
Temperaturregelung / temperature control 50
Temperatursensoren / temperature sensors 152
Temperaturskala / temperature scale 26
Terminverfolgung / monitoring of dates 435
terrestrische Antennenanlagen / terrestrial aerial installations 353 f.
terrestrische Empfangsantennen / terrestrial reception aerials 352
Tertiärbereich / tertiary area 201
Tetradische Codes / tedradic codes 172
Text / text 422
Textaufbau / text structure 423
Textgestaltung / text layout 423
Textmarkierung / text marking 422
Textuelle Sprachen (SPS) / text languages 137
Textverarbeitungsprogramme / text processing languages 192
TFT / TFT 183
THD / total harmoic distortion (thd) 234 f.
thermische Aktoren / thermic actuators 289
thermische Überstromauslösekennlinie / thermally overcurrent release characteristic 340
Thermistor / thermistor 317
Thermodynamik, Einheiten für / thermo-dynamics, units of 18
Thermodynamik, Formelzeichen für / thermo-dynamics, signs of 18
Thermoelement / thermoelement 152
Thermoplaste / thermoplastics 79
Thermospannung (Relais) / thermal electro magnetic force 64
Thermo-Verfahren / thermal process 182
Thyristor / thyristor 57, 260
Tiefpass / low pass 69, 342
Tiefsetzsteller / step-down converter 335
Timer (SPS) / timer 137
Tintenstrahldrucker / ink-jet printer 182
TK-Anlagen, Kabel für / tc-installations, cable for 364
TK-Geräte-Anschluss / telecommunication unit connection 360
TK-Netz, analoges / telecommunication network, analog 359
TLD / Top Level Domain 366
TN-C-S-Systeme / TN-C-S-systems 85, 110, 112, 384
TN-C-Systeme / TN-C-systems 85, 98, 108, 110
TN-S-Systeme / TN-S-systems 85, 110
TN-Systeme / TN-systems 85, 109 f., 383 f.
Toleranzen / tolerances 47, 53 f.
Totzeit / dead time 280, 283
Touchscreen / touch screen 182
Trackball / trackball 181
Tragen / carry 418
Tragkraft von Magneten / lifting capacity of solenoid 34

Transflektive LCD / transflective LCD 65
Transformator, Anschlussbezeichnung / monitoring of dates 214
Transformator, Leistungsschild / temperature class, Ex 214
Transformator, Parallelschaltung / transformer, terminal markings 214
Transformatoren / transformers 211 f., 268
Transformatorhauptgleichung / tranfomers main equation 212
Transistor / transistor 58 ff., 260
Transistor als Schalter / transistor as switch 62
Transistoren, Formeln / transistors, formulas 448
Transistorgrundschaltungen / basic transistor circuits 61 f.
Transistor-Transistor Logic / Transistor-Transistor Logic 144
Transitionsbedingung (SPS) / transition condition 139
Translation Voltage Clamp Logic / Translation Voltage Clamp Logic 144
Transmissionsgrad / transmittance 371
tansmissive LCD / transmissive LCD 65
tansparente Elektroden / transparent electrodes 65
Transportprotokolle / transport protocols 344
Treiben / drive 337
Treiber-Update / driver installation 191
Trenner / disconnector 96
Trennschalter / disconnecting switch 96
Trenntransformator / isolating transformer 111, 215
Trennverstärker / isolation amplifier 228
Treppen / staircases 241
Treppenhausschaltung / staircase circuit 104
Triac / triac 57
Triac-Koppler / triac-coupler 64
Triggerdioden / trigger diodes 57
Triggerimpulsstufe / trigger pulse unit 228
Trigonometrische Funktion / trigonometric function 6
Triode / triode 57
Tritt / step 417
Trockene Räume / dry locations 93, 116
Trojaner / trojan 195
Trommelplotter / drum plotter 182
Tropfwasser / dripping water 382
Trunk / trunk 344
TSE-Beschaltung / surge suppressor circuit 340
TSK / TTA 99
TTL / Transistor-Transistor Logic 144
TT-System / TT-system 85, 109 f., 112, 383 f.
Türöffner / door opener 349
Türsprechanalge / door intercommunication system 350
TVC / Translation Voltage Clamp Logic 144
Twin-LNB / twin LNB 356 f.
Twisted Pair / twisted pair 201
Twisted Pair-Kabel / twisted pair cable 198
Typenkurzzeichen von Leitungen / type symbols of cables 88
Typgeprüfte Schaltgerätekobination (TSK) / type-tested l.v. switchgear and controlgear assembly (TSK) 99
TZ-Präzisions-Stabilisierung / TZ precision stabilation 232

U

U_{2M}-Schnittstelle / U_{2M}-interface 361
UAE / universal line unit 362
Überdruck / pressure above atmospheric pressure 25
Überdruckkapselung / pressurized enclosure 387
Übergabepunkt / point of interconnection 358
Überlassung von Eigentum / passage of ownership 405
Übersetzungen / transmission ratios 22
Übersetzungsverhältnis / transformation ratio 211, 213
Übersichtsschaltplan / block diagram 249, 255
Überspannungsableiter / surge arrester 123, 383 f.
Überspannungsschutz / over-voltage protection 122 f., 340, 383f.
Überspannungsschutz (Schaltnetzteile) / over-voltage-protection (OVP) 233
Überspannungsschutz von Halbleiter-Stromrichtern / over voltage protection of converters 340
Überspannungsschutz von Halbleiter-Ventilen / over-voltage protection of semiconductor vaves 340
Überspannungsschutzgerät / surge protection device 123, 383 f.
Überstromschutz / overcurrent protection 91 f., 100, 340
Überstrom-Schutzorgane / overcurrent protection devices 91 f., 100 ff.
Übertrager / transformer 36, 66
Übertragung / transmission 348
Übertragungseinrichtungen / routing equipment 267
Übertragungsfaktor / transfer ratio 348
Übertragungskanal / tranmission channel 170
Übertragungsrate / transfer rate 201
Übertragungsstörung / failure in transfer 401
Übertragungsstrecke / transmission path 170
Übertragungsverfahren / transmission procedure 401
UDP / transformer, rating plate 200
UJT (Unijunktion-Transistor) / UJT (unijunction transistor) 57
U-Kern / U-core 66
U_{k0}-Schnittstelle / U_{k0}-interface 361
Umgang mit Texten / dealing with text 422
Umgebungsklassen bei EMV / environment classes in EMC 122
Umlaufende Maschinen, Formeln / rotating machines, formulas 449
Umlaufsinn / circulation direction 30
Umrichter / converter 314
Umschaltfrequenz / switch-over frequency 356
Umschaltspannung / switch-over voltage 356
Umsetzer / converter 157
Umsteuern der Drehrichtung / reversing of rotation 135
UMTS / UMTS 186
Umwandlung von Schaltungen, Formeln / transformation of circuits, formulas 445
Umwandlung von Zahlen / converting of numbers 11 f.
Umweltschutz / environment protection 219, 221
Unbelasteter Spannungsteiler / no-loaded voltage divider 31
UND-Funktion / AND function 141
UND-Verknüpfung / AND operation 142
Unfallverhütung / accident prevention 414
Ungepoltes Relais / non-polarised relay 131
Ungesteuerte Stromrichter / uncontrolled converter 331
ungesteuerter Gleichrichter / transformer, parallel connection 231
Unijunktion-Transistor / unijunction transistor 57

Unipolare Ansteuerung (Schrittmotor) / unipolar control 158
Universal-Anschlusseinheit / universal line unit 362
Universal-LNB / universal LNB 356
Universalmotor / universal motor 312 f.
Unsymmetrische Belastung / asymmetric load 40, 213
Unterbrechungsfreie Stromversorgung (USV) / uninteruptable power supply (ups) 236
untere Grenzfrequenz / lower cut-off frequency 44
untere Grenztemperatur / lower limiting temperature 45
unterer Heizwert / lower calorific value 75
unteres Band / lower band 356
Untergruppe / sub-family 399
Unterklassen / lower class 258
Unternehmen / business enterprises 404
Untersynchrone Stromrichterkaskade / subsynchronous static Kraemer system 338
Uplink / uplink 345
Upper Band / upper band 356
Upstream-Kanal / Upstream-channel 363
Urheberrecht / copyright 197
URL / URL 347
Ursachen von Konflikten / reasons of conflicts 432
USB / USB 184
Usenet / usenet 347
Users Network / users network 347
USV / ups 236
UTP / UTP 198
U-Umrichter / voltage-source inverter 336, 338

V

V.110 / V.110 365
V.120 / V. 120 365
V.24 / V.24 185
Vakuum-Fluoreszenz-Anzeigen / vacuum fluorescence displays 65
variable Kosten / variable cost 409
Varistor / varistor 49 f.
VDE-Prüfzeichen / VDE test mark 238
VDE-Vorschriftenwerk / VDE standard 238
VDE-Zeichen / VDE symbol 245
VDR-Widerstand / VDR resistor 49 f.
VDSL / VDSL 363
Vektoren / Vectors; phasors 10, 15
Vektor-Grafik / vector graphic 192
Vektorkomponenten / vector compenents 10
Vektorsubtraktion / vector subtraction 10
Ventilbetätigung / valve operation 160
Ventile / valves 160
Ventile, pneumatische / valves, pneumatic 160 f.
Verantwortliche Elektrofachkraft / responsible skilled employee 413
Verben / verbs 423
Verbinder / connectors 261
Verbindungsliste / connection list 256
Verbindungsplan / connection plan 251, 256
Verbindungsregel / connection rule 141
Verbindungstabelle / connection table 256
Verbindungsverschraubung / screw joints 168
Verbraucher-Pfeilsystem / load reference arrow system 30
Verbraucherschaltung / consumer circuit 40
Verbundnetz / interconnected network grid 208
Verdingungsordnung für Bauleistungen (VOB) / official contracting terms for the award of construction performance contracts 407
Verdrahtungsplan / wiring plan 251
Verdrehfestigkeit / torsional strength 74

Verdrosselungsfaktor / choking factor 342
Vergleicher / comparator 270
Vergusskapselung / encapsulation 387
Verhalten bei Notfällen / behaviour in emergencies 414
Verkabelung, strukturierte / cabeling, structured 201
Verkabelungsstruktur / cabling structure 201
Verknüpfungen / logic operations 6
Verknüpfungsbausteine / logic gates 142
Verknüpfungsglieder, Ersetzen von / logic elements, substitute 142
Verknüpfungssteuerung / logic controller 128
Verlaufsprotokoll / minutes of meeting 423
Verlegearten / installations principles 88 ff., 92
Verlustarme Kondensatoren / low-loss capacitors 52
Verlustenergie / energy loss 206
Verlustleistung / power loss 87, 206, 450
Verlustleistung, Formeln / power loss, formulas 450
Verlustwärme / heat loss 341
Veröffentlichungsrecht / law of publication 197
Verpackung / packing 438
Verpackungsverordnung / regulation on packaging 438
Verschlüsselung / encryption 186
Verseilung / stranding 364
Versorgungsglieder, pneumatische / supply units, pneumatic 159
Verständlichkeit / audibility 423
Verstärker / amplifier 62, 270
Vertauschungsregel / permutation rule 141
Verteiler / distribution unit 354
Verteilungen / distributions 98
Verteilungnetzbetreiber / distribution system operator 98, 114
Verteilungsnetz / distribution system 39
Verteilungsregel / distribution rule 141
Verteilungssysteme / distribution systems 85, 110
Vertikal-Abschwächer / vertical attenuator 228
Vertikale Polarisation / vertical polarization 356
Vertikal-Maßstab / vertical scale 230
Vertikalverstärker / vertical amplifier 228
Vertrag / contract 406
Vertragsbedingungen / official contracting terms for the award / of construction performance contracts 407
Verzögerungs-Zeitkonstante / delay time constant 280
Verzugszeit / delay time 283
VGA / VGA 185
Videoanschlüsse / video interface 185
Videofunktion / video function 350
Videokamera / video camera 367
Videosignal / video signal 368
Videoübertragung / video transmission 349, 368
Videoüberwachung / video control 367
Vierleiter-Drehstromzähler / four wire three phase meter 226
Vierleitermessung / four line measuring 149
Vierleitertechnik / four wire technique 152
Vier-Ohren-Modell / four ears model 428
Vierquadrantenbetrieb / four-quadrant operation 337
Viren / viruses 195
Virenschutz / protection against viruses 195
Virtuelles Modem / virtual modem 365
Visualisierung / visualization 423, 426

VLR / VLR 345
VNB / VNB 85, 98, 114
VOB / German Construction Contract Procedures 407
vollgesteuerte Stromrichter / fully controlled power converter 333 f.
Vollkostenrechnung / full costs accounting 409
Vollschrittbetrieb / full-step operation 158
Volumen, spezifisches / volume, specific 24
Vorhaltzeit / derivative action time 281
Vorsätze / prefixes 15
Vorsatzzeichen / prefix sign 9, 15
Vorschaltgeräte / ballasts 378 f.
Vortrag / lecture 430
Vortragsregeln / lecture rules 430
Vorwärtszähler / up counter 145
Vorzugswerte / prefered values 223
VVG / low-loss ballast 378

W

Wählablauf / dialling process 359
Wählton / dial tone 359
Wahrnehmbarkeitsschwelle / threshold current 109
Wahrnehmung / perception 428
Walzenplotter / drum plotter 182
WAN / WAN 344
Wandler / instrument transformer 223
Wandverteiler / wall-mounted distribution unit 99
Wanzen / bugs 195
Warenpräsentation / goods presentation 410
Wärme / heat 26
Wärme, Formeln / heat, formulas 442
Wärmeausdehnung / thermal expansion 75
Wärmeaustauscher / heat exchanger 393
Wärmekraftwerk / thermal power station 206
Wärmeleitfähigkeit / thermal conductivity 75
Wärmeleitung / thermal conduction 75
Wärmemenge / quantity of heat 26
Wärmepumpen / heat pumps 390
Wärmepumpenarten / heat pump-types 391
Wärmeübertragung, Einheiten für / heat transfer, units of 18
Wärmeübertragung, Formelzeichen für / heat transfer, formula signs of 18
Wärmewiderstand / thermal resistance 341
Wärmewirkungsgrad / thermal efficiency 32
Warmfestigkeit / high temperature strength 75
Warmgasschweißen / warm gas welding 82
Warmstandfestigkeit / warm resistance to continous stress 75
Wartung / maintenance 119, 318
Wartung von Maschinen / maintenance of machines 318
Wartungsfaktor / maintenance factor 372
Web-Browser / Web browser 347
Web-Verzeichnisse / Web catalogues 421
Wechselbetrieb / half-duplex transmission 170
Wechselrichten / inverting 329
Wechselrichter / inverter 336
Wechselschaltung / two way circuit 103, 105 f.
Wechselspannung und - strom, Formeln / alternating voltage and alternating current, formulas 445
Wechselspannung,sinusförmige / alternating voltage, sinusoidal 38
Wechselspannungs-Schaltgeräte / alternating voltage, controlgear 97
Wechselstrom / alternating current 38
Wechselstrom-Asynchronmaschinen / alternating current asynchronous machines 312

Wechselstrom-Einphasen-Bahnnetz / alternating current single phase traction supply 28
Wechselstromkreis, Widerstände im / alternating current circuit , resistors in 41 f.
Wechselstrom-Motoren / alternating current motors 312 f.
Wechselstrom-Reihenschlussmotor / alternating current 312 f.
Wechselstromstellen / a. c. power controlling 329
Wechselstromsteller / alternating current power controller 339
Wechselstromumrichten / alternating current conversion 329
Weg / way 24
Wegeventile / directional control valves (way valves) 160, 241
Wehnelt-Zylinder / Wehnelt cylinder 183
Weichlöten / soft-solder 81
Weitverkehrsnetz / wide area network 344
Welle, elektromagnetische / wave, electromagnetic 351
Wellenlänge / wavelength, ranges 65, 351
Wellenlängenbereiche / wavelength, ranges 351
Wellenwiderstand / characteristic impedance 357
Werkstoff-Bezeichnung / designation of material 76
Werkstoff-Eigenschaften / material characteristics 74 f.
Werkverträge / terms of contract 407
Wertigkeit / weight 70
Wertigkeit von Codes / weight of codes 172
Western-Steckverbinder / Western connector 362
Western-Steckverbindung / Western connection 360
Wettbewerbsfähigkeit / abilityto compete 436
W-Fragen / questions with W 423
Wheelmaus / wheelmouse 181
Wichtigkeit / importance 437
Wickelsinn / winding direction 36
Wicklungen / windings 80
Widerstand / resistance 260
Widerstand von Leitern / resistance of conductors 29
Widerstand, spannungsabhängige / resistor, voltage dependent 49 f.
Widerstand, spezifischer / resistivity 29
Widerstände / resistors 46
Widerstände im Wechselstromkreis / resistor in a. c. circuits 41 f.
Widerstände, einstellbare / resistors, adjustable 48
Widerstände, Kennzeichnung von / resistors, marking codes of 47
Widerstände, Schaltungen mit / resistor, circuits with 30 f.
Widerstände, spannungsabhängige / resistors, voltage dependent 49 f.
Widerstände, temperaturabhängige / resistors, temperature dependent 49 f.
Widerstandsänderung / resistor in resistance 29
Widerstandsbremsung / rheostatic braking 322
Widerstandslöten / resistance soldering 81
Widerstandsmessung / resistance measuring 29, 149
Widerstandsthermometer / resistance thermometer 152
Widerstands-Werkstoffe / resistance materials 77
Wiederinbetriebnahme / contract for services 427
Windkonverter / wind converter 216
Windkraftanlagen / wind power stations 216
Windows Vista / Windows Vista 188
Windows-Betriebssysteme / windows operating systems 189

Winkel, Einheiten für / angle, units of 16
Winkel, Formelzeichen für / angle, formula signs 16
Winkelfunktionen / angular functions 13
Winkelgeschwindigkeit / angular velocity 24
Wireless LAN (WLAN) / Wireless Local Network
186
Wirkleistungsfaktor / active power factor 38
Wirkleistungsmessgerät / wattmeter 224
Wirkungsgrad / efficiency 20, 206, 213
Wirkungsgrad, Wärme- / efficiency, thermal 32
Wirkverbrauchszähler / watthour meter 226
Wissensmanagement / knowledge management
424
WLAN / wireless localarea network 186
Wochenschalter / seven day switch 225
Wohnraumlüftung / housing space ventilation 392
World-Wide-Web / Word-Wide-Web 347
Würmer / worms 195
Wurzel-3-Schaltung / reconnection 316
WWW / WWW 347

X

X.75 / X.75 365
xDSL / xDSL 363

Y

Y-Ablenksystem / Y-deflection system 230
Y-Eingangssignal / Y-input signal 230

Z

Zähigkeit / toughness 74
Zahlen / numbers 11 f.
Zählen / counting 222
Zahlen, besondere / numbers, special 6
Zahlen-Codes / number codes 172
Zahlenmengen, Standard- / number sets, standard
10
Zahlensysteme / number systems 11 f.
Zahlenwert / numerical value 15
Zahlenwertgleichung / numerical value equation 15
Zähler / counter 145, 266, 270
Zähler (SPS) / counter 137
Zähler, digital / counter, digital 145
Zähleranordnung / meter arrangement 98
Zählerarten, digital / counter types, digital 145
Zählerkonstante / meter constant 225
Zählerplatz / meter mounting board 98, 108
Zählerschaltungen / meter circuits 226
Zählerscheibe / meter disc 225
Zählerschild / meter plate 225
Zählerschrank / numerical value cabinet 108
Zählfunktion / counter function 147
Zählpfeilsystem / reference arrow system 30
Zahnradgetriebe / gear cutting 22
Zahnstangentrieb / rack and pinion drive 291
Z-Diode / Z-diode 56
Zehnerkomplement / ten's complement 11
Zehnerpotenzen / powers of ten 8
Zeichen der Mengenlehre / signs of set theory 6
Zeichen, mathematische / signs, mathematical 6
Zeichnungsregeln / drawing rules 254 ff.
Zeigerdiagramm / vector diagram 39
Zeilenfrequenz / horizontal frequency 183
Zeit, Einheiten für / time, units of 16
Zeit, Formelzeichen für / time, formula signs for 16
Zeitablaufdiagramm / timing diagram 250
Zeitbasisgenerator / time base generator 228
Zeitfallen / root-3-circuit 437

Zeitfunktion / time function 147
Zeitgeber (SPS) / timer 138
Zeitmanagement / time management 437
Zeitplanregelung / time program control 279
Zeitrelais / timing relay 130
Zeit-Strom-Bereiche / time-current zones 102
Zeit-Strom-Diagramm / time-current diagramm 109
Zeitverhalten / time behaviour 279
Zeitverhalten von Führungsgrößen / dynamic beha-
viour of reference variables 279
Zeitverhalten von Regelkreisgliedern / dynamic
behaviour of control loop elements 279
Zeitverhalten von Regelstrecken / dynamic
behaviour of controlled systems 280
Zeitverzögerungsventil, pneumatische / time delay
valve, pneumatic 162
Zeitwichtung / quantifying of time 418
Zellebene / cell level 293
Zellensicherung / valve protection 340
Zentralkompensation / central compensation 94
Zerlegung von Kräften / spit-up of forces 19
Zertifizierung / certification 436
Ziegler-Nichols-Verfahren / Ziegler-Nichols method
283
ZIF-Sockel / ZIF socket 174
Zink-Luft-Batterien / zinc-air batteries 219
Zinsrechnung / calculation of interest 10
Zitat / quotation 422
Zone, Ex / category zone, EX 386
Zugangspunkt / access point 344
Zugfestigkeit / tensile strength 74
Zugfestigkeits-Grenze / ultimate tensile strength 74
zulässige Berührungsspannung / allowable contact
voltage 115
Zündschutzarten / type of protection 387
Zündtransformatoren / ignition transformers 211,
215
Zündwinkel / ignition angle 332 ff.
Zuordnungsliste / correlation list 140
Zusammenhängende Darstellung / assembled
representation 248
Zusatzfunktionen / added functions 303
Zusätzlicher Schutzpotenzialausgleich / supple-
mentary equipotential bonding 108, 110
Zuschlagsätze / rate of loading 409
Zuschlagskalkulation / production order accounting
409
Zuverlässigkeitsangaben / reliability data 45
Zuweisung (SPS) / assignment 137
Zweierkomplement / two's complement 11
Zweileitermessung / two line measuring 113, 149
Zweileitertechnik / two wire technique 152
Zweipuls-Brückenschaltung / two-pulse bridge
connection 331 ff.
Zweipuls-Mittelpunktschaltung / double pulse
centre tap connection 331
Zweipunkt-Regelung / two state control 282, 335
Zweipunktregler / two state controller 282
Zweiquadrantenbetrieb / two-quadrant operation
332
Zweirichtungsdiode / bidirectional diode 57
Zweirichtungsthyristor / bidirectional thyristor 57
Zweiseitiger Hebel / double sided level 22
Zweitarif / two rate tariff 225
Zwischenfrequenz für Sat-Empfang / intermediate
frequency for satellite / reception 356
Zwischenharmonische / sub-harmonic 234
Zwischenkreisumrichter / d. c. link converter 336
Zylinder / cylinder 163

Bildquellenverzeichnis

Verlag und Autoren möchten hiermit den nachstehend aufgeführten Firmen, Verbänden, Institutionen, Zeitschriften- und Buchredaktionen sowie Einzelpersonen für ihre tatkräftige und großzügige Hilfe bei der Bereitstellung von Bild- und Informationsmaterial und für ihre Beratung danken.

F = Foto(s); Z = Zeichnung(en)

ABB AG, Mannheim: F: 293

Albert Ackermann GmbH & Co. KG, Gummersbach: Z: 201 (oben)

ALTRAD pettac assco GmbH, Plettenberg: Z: 417.6

AMD GmbH, München: F: 174

AMSYS GmbH & Co. KG, Mainz: F: 153 (unten)

Bachofen AG, CH-Uster: F: 161 (unten links), 163 (Bauformen), 167, 291

Balluff GmbH, Neuhausen: Z: 150, 151

Baumer sensopress AG, CH-Frauenfeld: Z: 154 (Kraftsensor), 156 (Reflexions-Lichtschranke mit Polarisationsfilter)

Berufsgenossenschaft der Feinmechanik und Elektronik (BGFE), Köln: F: 413, 415

Gerhard Brechmann, Cremlingen: Z: 156 (Lichtschranke mit Lichtleitern); F: 181

DataOptics GmbH, Rebesgrün: F: 204.1+3

Dätwyler Kabel + Systeme GmbH, Lahnstein: F: 388 (Mitte), 389 (links)

Dehn + Söhne, Neumarkt/ OPF: Z: 383

Dell Computer GmbH, Langen: F: 176

Dimplex, Kulmbach: Z: 393

Driescher GmbH, Moosburg: F: 101

Festo Didactic GmbH & Co. KG, Esslingen: Z: 161, 162, 163, 164; F: 161 (3 Fotos/ rechts), 163 (Schwenkantrieb)

Fluke Deutschland GmbH, Kassel: F: 227

Fraunhofer-Institut für Siliziumtechnologie, Itzehoe: F: 154

Hager Tehalit GmbH, Blieskastel: F: 90 (K)

Helukabel GmbH, Hemmingen/ Stuttgart: F: 86, 88, 89

Gustav Hensel GmbH & Co. KG, Lennestadt: F: 90 (A)

Hymer-Leichtmetallbau, Wangen: Z: 417.1-5

Kaiser GmbH & Co., Schalksmühle: F: 90 (U/H/B)

Kathrein-Werke KG, Rosenheim: F+Z: 353, 355, 357

KELLER AG für Druckmesstechnik (www.kellerdruck.com): F: 153 (oben)

Knipex-Werk C. Gustav Putsch, Wuppertal: F: 204.2, 357 (unten Mitte)

Moeller GmbH, Bonn: F: 99, 130, 134, 147, 150, 151

Omron Electronics GmbH, Langenfeld: F+Z: 292

Phoenix Contact GmbH & Co., Blomberg: F: 131, 132, 383.1,2,3; Z: 152 (oben)

Volker Rodenberg GmbH, Düsseldorf: F: 388 (links und rechts)

Schupa Elektro GmbH, Schalksmühle: F: 115

Sick AG, Waldkirch: Z: 156 (8 Zeichnungen)

Siemens AG, Nürnberg: F: 285

Siemon, Frankfurt: F: 201 (unten)

Swisslux AG, CH-Oetwil am See: F+Z: 402

Thermax-Technik Deutschland, Oberhausen: Z: 389 (unten rechts)

TKM GmbH, Mönchengladbach: F: 204.4

Tyco Electronics Raychem GmbH, Energy Division, Ottobrunn: F: 210

VC Videocomponents GmbH, Neumünster: F: 368

wenglor sensoric gmbh, Tettnang: Z: 155

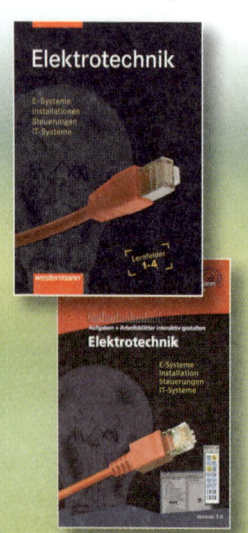

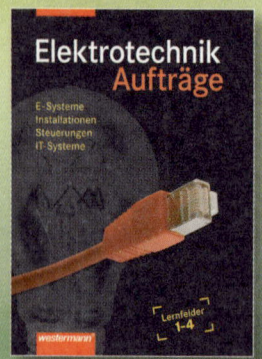
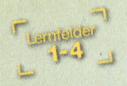